2026

유일한 단기합격 자격서

# 전기기능사

## 필기

★★★★★

Y.S.전기교육연구회 편저

**NCS 기반으로 재구성한 합격비법서**

- 빈출 개념, 핵심노트로 요약!
- 핵심유형 문제로 출제 경향 파악!
- 최신 9개년 기출문제 복원!
- 최신 한국전기설비규정(KEC) 반영!

**비전공자를 위한 초단기 합격 솔루션!**

저자 직강
**무료강의**

실전같은 시험
**CBT모의고사**

합격 서포트
**학습지원센터**

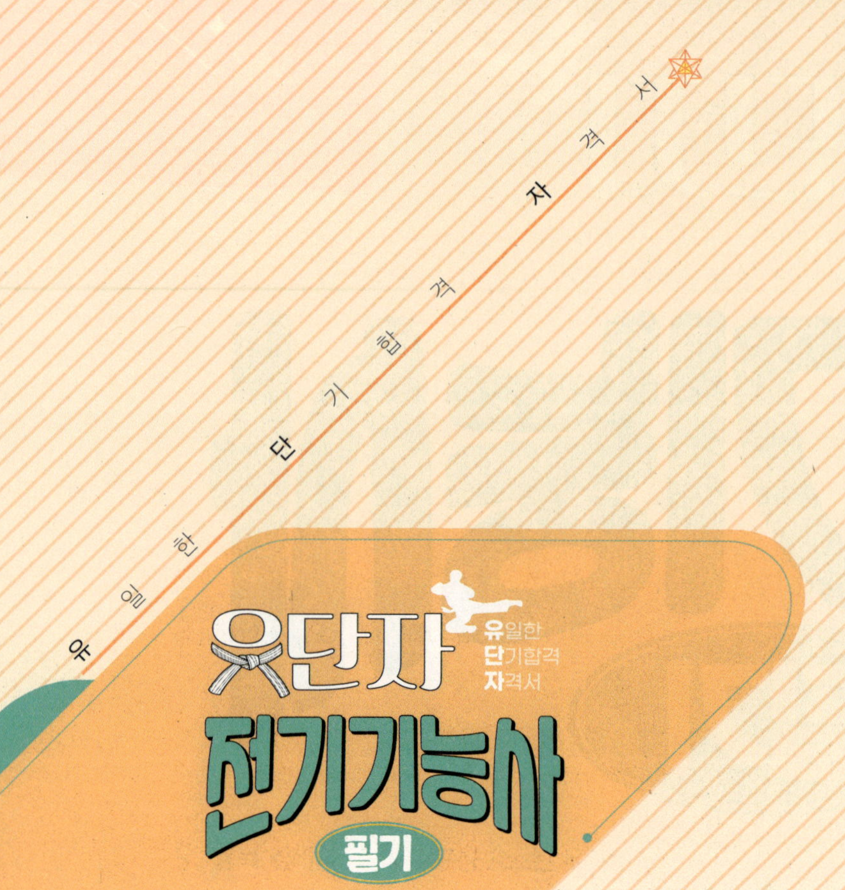
유일한 단기합격 자격서
유단자
유일한
단기합격
자격서
전기기능사
필기

# 머리말

빠르게 변화하는 현대 사회에서 끊임없는 학습을 통해 자신의 가치를 높이는 것은 기술 중심 사회에서 능동적으로 대처하기 위해 필수적이다. 기능사 자격증은 산업기사, 기사, 기능장, 기술사 등의 상위 자격증을 취득하기 위한 첫 단계이며 응시 자격에 제한이 없는 유일한 등급으로 중·고등학생에서부터 성인까지 많은 수험자가 기초 지식과 기술을 쌓기 위해 취득하고 있다. 그중에서도 전기기능사는 중소기업, 공기업, 기술직 공무원 등 다양한 취업처에서 필수 조건 또는 가산점으로 적용되고 있어 전기 분야 취업의 출발점이라고 할 수 있다. 더불어 최근 5년 동안 시험 응시 접수 인원 6위권 안에 들며 매년 응시 인원이 증가하고 있어 공업계열 기능사 자격증 중에서 제일 인기 있는 자격증이다.

집필진은 세 명 모두 현재 직업계고에 근무 중인 교사로서 학생들이 전기기능사 취득을 위해 노력하는 것을 줄곧 보았으며 가장 효율적인 기능사 자격증 취득을 위한 학습법은 무엇일지에 대해 고민해왔다. 전기기능사의 경우 2017년부터 2021년까지 실기 합격률은 60~70%지만 필기 합격률은 30% 내외를 웃도는 수준으로 필기 합격의 장벽이 다소 높은 편이다. 이는 전기기능사 과목이 전기이론, 전기기기, 전기설비로 이루어져 있으며 전기이론과 전기기기에서는 기본 개념과 원리를 정확하게 인지하고 문제 해결에 적용하는 문제해결 능력이 필요하고, 전기설비는 개념을 체계적으로 정리하여 관련 규정과 전기설비의 명칭과 역할을 인지하고 현장에 적용하는 실기능력이 필요하기 때문에 학습자의 높은 기술 역량을 요구하기 때문이라고 판단하였다.

이 도서는 수험자들이 전기기능사의 기본 개념을 더 쉽게 이해할 수 있도록 간략하되 명확하게 포인트 설명을 해두었으며, 기출문제에는 자세한 풀이를 덧붙였다. 또한, 수험자들의 학습을 돕기 위해 동영상 강의도 첨부하였다.

학교에서 밤낮으로 공부하는 학생들이 전기기능사 자격증을 취득하길 바라는 교사들의 마음을 담아 수험서를 제작하였으며 앞으로도 기능사 시험 경향에 맞추어 연구하고 보완할 계획이다. 본서가 전기기능사를 준비하는 모든 수험생에게 많은 도움이 되기를 진심으로 기원한다. 끝으로 본서가 출간되기까지 큰 도움 주신 미디어몬 출판사에 감사를 드린다.

Y.S.전기교육연구회 편저

# 이 책의 구성 및 특징

## 핵심내용 정리

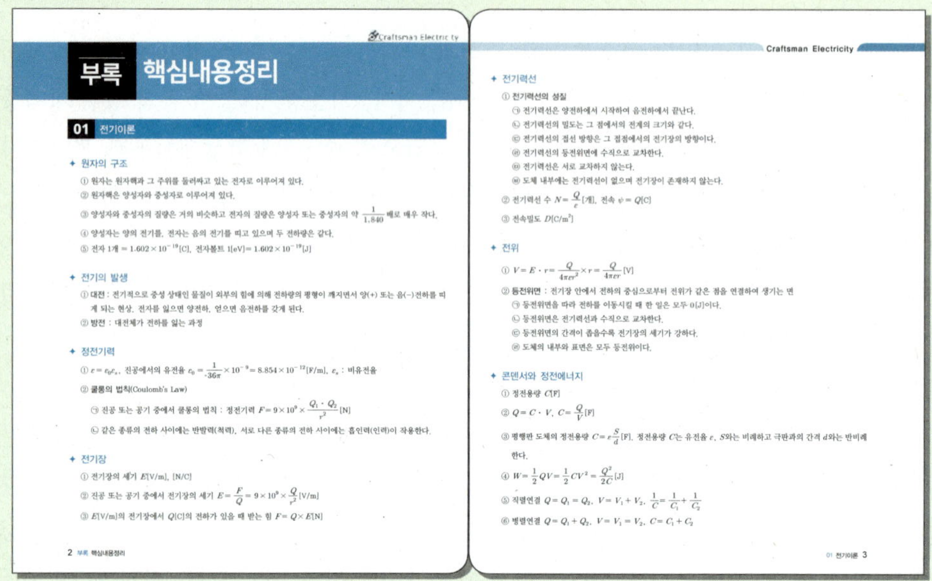

Craftsman Electricity

부록 핵심내용정리

01 전기이론

✦ 원자의 구조

① 원자는 원자핵과 그 주위를 둘러싸고 있는 전자로 이루어져 있다.
② 원자핵은 양성자와 중성자로 이루어져 있다.
③ 양성자와 중성자의 질량은 거의 비슷하고 전자의 질량은 양성자 또는 중성자의 약 $\frac{1}{1,840}$ 배로 매우 작다.
④ 양성자는 양의 전기를, 전자는 음의 전기를 띠고 있으며 두 전하량은 같다.
⑤ 전자 1개 = $1.602 \times 10^{-19}$[C], 전자볼트 1[eV] = $1.602 \times 10^{-19}$[J]

✦ 전기의 발생

① 대전 : 전기적으로 중성 상태인 물질이 외부의 힘에 의해 전하량의 평형이 깨지면서 양(+) 또는 음(−)전하를 띠게 되는 현상. 전자를 잃으면 양전하, 얻으면 음전하를 갖게 된다.
② 방전 : 대전체가 전하를 잃는 과정

✦ 정전기력

① $\varepsilon = \varepsilon_0 \varepsilon_s$, 진공에서의 유전율 $\varepsilon_0 = \frac{1}{36\pi} \times 10^{-9} = 8.854 \times 10^{-12}$[F/m], $\varepsilon_s$ : 비유전율
② 쿨롱의 법칙(Coulomb's Law)
㉠ 진공 또는 공기 중에서 쿨롱의 법칙 : 정전기력 $F = 9 \times 10^9 \times \frac{Q_1 \cdot Q_2}{r^2}$[N]
㉡ 같은 종류의 전하 사이에는 반발력(척력), 서로 다른 종류의 전하 사이에는 흡인력(인력)이 작용한다.

✦ 전기장

① 전기장의 세기 $E$[V/m], [N/C]
② 진공 또는 공기 중에서 전기장의 세기 $E = \frac{F}{Q} = 9 \times 10^9 \times \frac{Q}{r^2}$[V/m]
③ $E$[V/m]의 전기장에서 $Q$[C]의 전하가 있을 때 받는 힘 $F = Q \times E$[N]

2 부록 핵심내용정리

Craftsman Electricity

✦ 전기력선

① 전기력선의 성질
㉠ 전기력선은 양전하에서 시작하여 음전하에서 끝난다.
㉡ 전기력선의 밀도는 그 점에서의 전계의 크기와 같다.
㉢ 전기력선의 접선 방향은 그 접점에서의 전기장의 방향이다.
㉣ 전기력선의 등전위면에 수직으로 교차한다.
㉤ 전기력선은 서로 교차하지 않는다.
㉥ 도체 내부에는 전기력선이 없으며 전기장이 존재하지 않는다.
② 전기력선 수 $N = \frac{Q}{\varepsilon}$[개], 전속 $\psi = Q$[C]
③ 전속밀도 $D$[C/m$^2$]

✦ 전위

① $V = E \cdot r = \frac{Q}{4\pi\varepsilon r^2} \times r = \frac{Q}{4\pi\varepsilon r}$[V]
② 등전위면 : 전기장 안에서 전하의 중심으로부터 전위가 같은 점을 연결하여 생기는 면
㉠ 등전위면을 따라 전하를 이동시킬 때 한 일은 모두 0[J]이다.
㉡ 등전위면은 전기력선과 수직으로 교차한다.
㉢ 등전위면의 간격이 좁을수록 전기장의 세기가 강하다.
㉣ 도체의 내부와 표면은 모두 등전위이다.

✦ 콘덴서와 정전에너지

① 정전용량 $C$[F]
② $Q = C \cdot V$, $C = \frac{Q}{V}$[F]
③ 평행판 도체의 정전용량 $C = \varepsilon\frac{S}{d}$[F], 정전용량 $C$는 유전율 $\varepsilon$, $S$와는 비례하고 극판과의 간격 $d$와는 반비례한다.
④ $W = \frac{1}{2}QV = \frac{1}{2}CV^2 = \frac{Q^2}{2C}$[J]
⑤ 직렬연결 $Q = Q_1 = Q_2$, $V = V_1 + V_2$, $\frac{1}{C} = \frac{1}{C_1} + \frac{1}{C_2}$
⑥ 병렬연결 $Q = Q_1 + Q_2$, $V = V_1 = V_2$, $C = C_1 + C_2$

01 전기이론 3

중요한 내용을 **한눈에 정리**하고, 시험장에서 시험 전 **핵심노트**로 활용

## 이론은 간략하게 정리

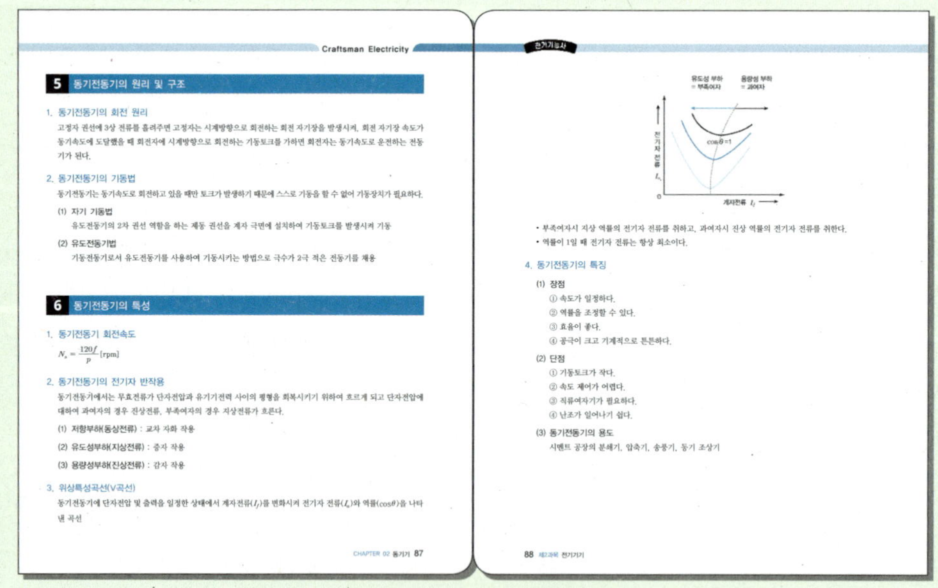

Craftsman Electricity

5 동기전동기의 원리 및 구조

1. 동기전동기의 회전 원리

고정자 권선에 3상 전류를 흘려주면 고정자는 시계방향으로 회전하는 회전 자기장을 발생시켜, 회전 자기장 속도가 동기속도에 도달했을 때 회전자에 시계방향으로 회전하는 기동토크를 가하면 회전자는 동기속도로 운전하는 전동기가 된다.

2. 동기전동기의 기동법

동기전동기는 동기속도로 회전하고 있을 때만 토크가 발생하기 때문에 스스로 기동을 할 수 없어 기동장치가 필요하다.

(1) 자기 기동법
유도전동기의 2차 권선 역할을 하는 제동 권선을 계자 극면에 설치하여 기동토크를 발생시켜 기동

(2) 유도전동기법
기동전동기로서 유도전동기를 사용하여 기동시키는 방법으로 극수가 2극 적은 전동기를 채용

6 동기전동기의 특성

1. 동기전동기 회전속도

$N_s = \frac{120f}{p}$[rpm]

2. 동기전동기의 전기자 반작용

동기전동기에서는 무효전류가 단자전압과 유기기전력 사이의 평형을 회복시키기 위하여 흐르게 되고 단자전압에 대하여 과여자의 경우 진상전류, 부족여자의 경우 지상전류가 흐른다.

(1) 저항부하(동상전류) : 교차 자화 작용
(2) 유도성부하(지상전류) : 증자 작용
(3) 용량성부하(진상전류) : 감자 작용

3. 위상특성곡선(V곡선)

동기전동기에 단자전압 및 출력을 일정한 상태에서 계자전류($I_f$)를 변화시켜 전기자 전류($I_a$)와 역률($\cos\theta$)을 나타낸 곡선

CHAPTER 02 동기기 87

전기기능사



• 부족여자시 지상 역률의 전기자 전류를 취하고, 과여자시 진상 역률의 전기자 전류를 취한다.
• 역률이 1일 때 전기자 전류는 항상 최소이다.

4. 동기전동기의 특징

(1) 장점
① 속도가 일정하다.
② 역률을 조정할 수 있다.
③ 효율이 좋다.
④ 공극이 크고 기계적으로 튼튼하다.

(2) 단점
① 기동토크가 작다.
② 속도 제어가 어렵다.
③ 직류여자기가 필요하다.
④ 난조가 일어나기 쉽다.

(3) 동기전동기의 용도
시멘트 공장의 분쇄기, 압축기, 송풍기, 동기 조상기

88 제2과목 전기기기

복잡한 내용을 **간략하게 정리**하여 수험생의 이론 정리 UP!

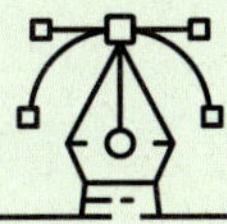

## 핵심유형문제 구성

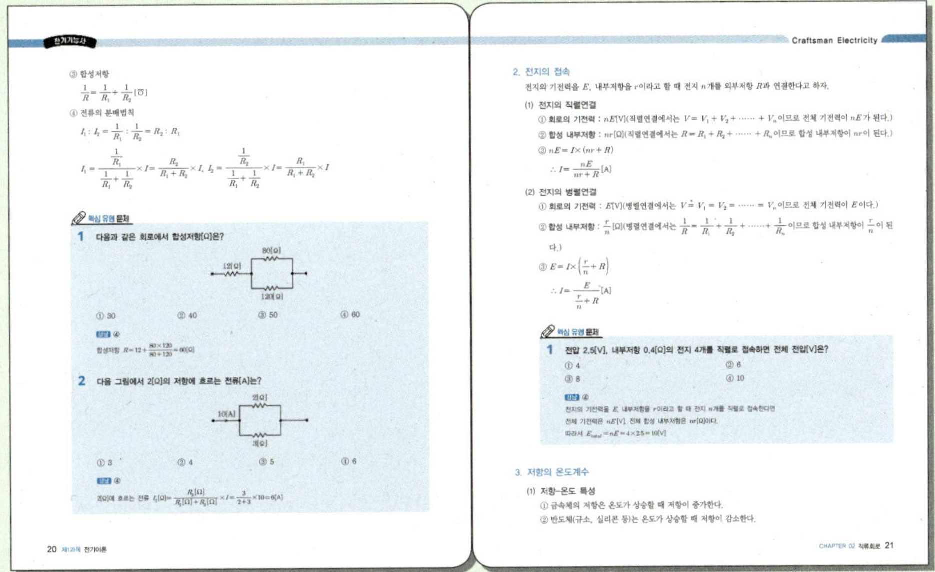

출제유형 맞춤형 '**핵심유형문제**'로 이론 정리 및 출제유형 파악

## 기출복원문제 수록

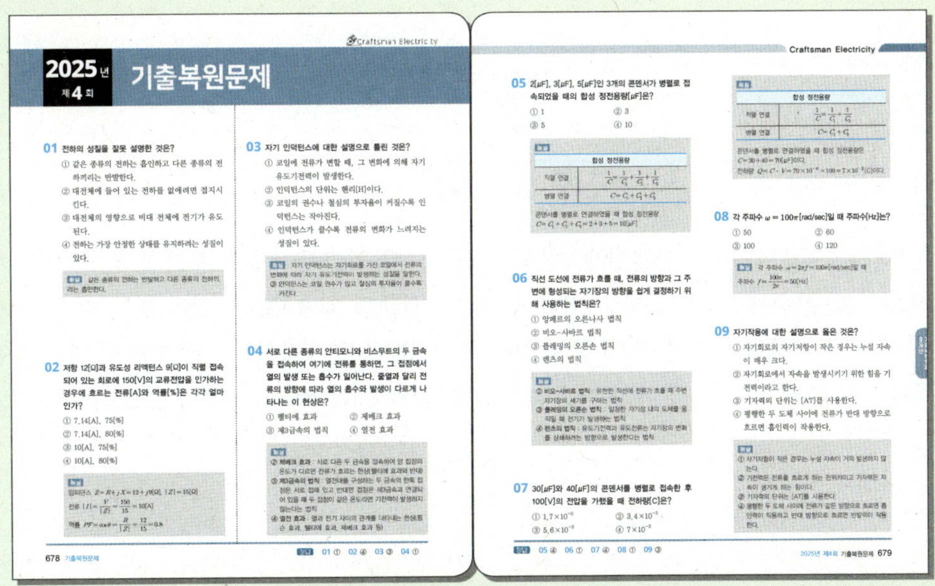

**최근 9년간 기출문제를 복원** 편성하여 출제유형 파악 및 최종 테스트용으로 활용

## 1

### 개요

전기로 인한 재해를 방지하기 위하여 일정한 자격을 갖춘 사람으로 하여금 전기기기를 제작, 제조 조작, 운전, 보수 등을 하도록 하기 위해 자격제도를 제정하였다.

## 2

### 수행직무

전기에 필요한 장비 및 공구를 사용하여 회전기, 정지기, 제어장치 또는 빌딩, 공장, 주택, 및 전력시설물의 전선, 케이블, 전기기계 및 기구를 설치, 보수, 검사, 시험 및 관리하는 일을 수행한다.

## 3

### 진로 및 전망

발전소, 변전소, 전기공작물시설업체, 건설업체, 한국전력공사 및 일반사업체나 공장의 전기부서, 가정용 및 산업용 전기 생산업체, 부품제조업체 등에 취업하여 전기와 관련된 제반시설의 관리 및 검사업무 보조 및 담당할 수 있다. 설치된 전기시설을 유지 · 보수하는 인력과 전기제품을 제작하는 인력수요는 계속될 전망이며, 새롭게 등장하는 신기술의 개발로 상위의 기술수준 습득이 요구되므로 꾸준한 자기개발을 하는 노력이 필요하다.

## 시험범위 및 취득방법

### ① 시험범위

| 구분 | 전기기능사 | |
|---|---|---|
| 전기이론<br>·<br>전기기기<br>·<br>전기설비 | • 전기의 성질과 전하에 의한 전기장<br>• 자기의 성질과 전류에 의한 자기장<br>• 전자력과 전자유도<br>• 직류회로<br>• 교류회로<br>• 전류의 열작용과 화학작용<br>• 변압기<br>• 직류기<br>• 유도전동기<br>• 동기기 | • 정류기 및 제어기기<br>• 보호계전기<br>• 배선재료 및 공구<br>• 전선접속<br>• 배선설비공사 및 전선허용전류계산<br>• 전선 및 기계기구의 보안공사<br>• 가공인입선 및 배전선 공사<br>• 고압 및 저압 배전반 공사<br>• 특수장소 공사<br>• 전기응용시설 공사 |

※ 원서는 인터넷으로만 접수 가능하며, 정확한 시험 일정은 한국산업인력공단 사이트(www.q-net.or.kr)를 참고하시기 바랍니다.

### ② 취득방법

시행처 : 한국산업인력공단

### ③ 시험과목

- 필기 : 전기이론, 전기기기, 전기설비
- 실기 : 전기설비작업

### ④ 검정방법

- 필기 : 객관식 4지 택일형(60문항)
- 실기 : 작업형(4시간 30분 정도, 전기설비작업)

### ⑤ 합격기준

- 필기 : 100점 만점에 60점 이상
- 실기 : 100점 만점에 60점 이상

# CBT 응시 요령

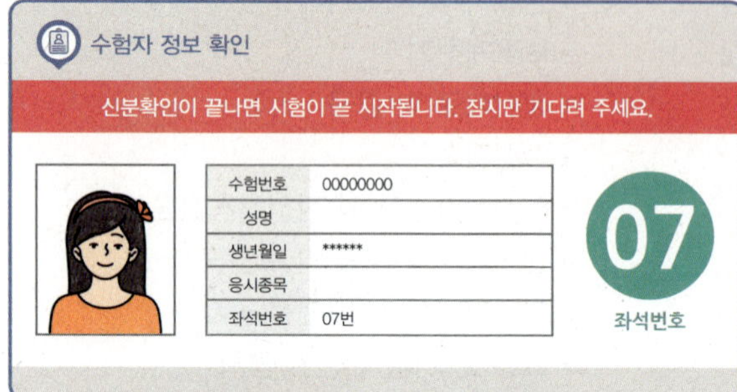


## 수험자 정보 확인

- 시험장 감독위원이 컴퓨터에 나온 수험자 정보와 신분증이 일치하는지를 확인하는 단계입니다.
- 수험번호, 성명, 생년월일, 응시종목, 좌석번호를 확인합니다.

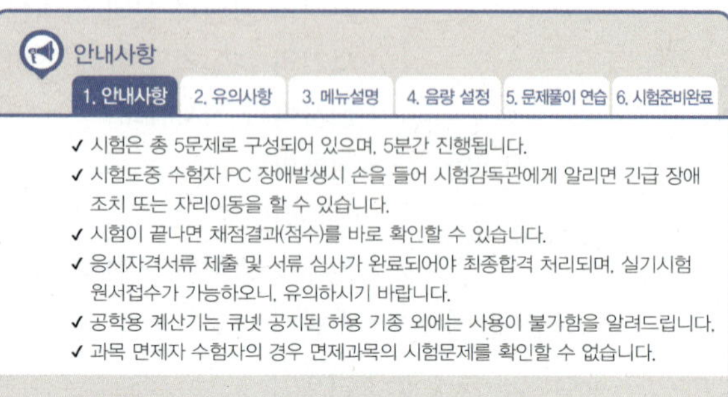


## 안내사항

- 시험에 관한 안내사항을 확인합니다.

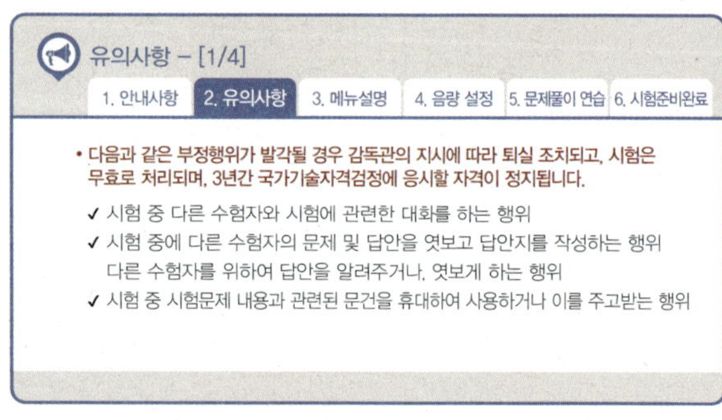


## 유의사항

- 부정행위에 관한 유의사항이므로 꼼꼼히 확인합니다.

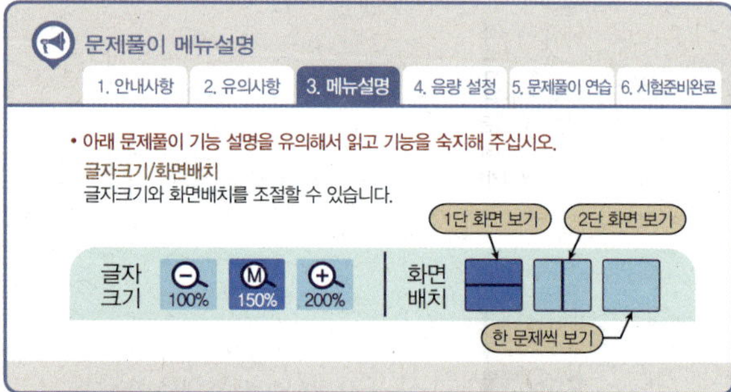


## 문제풀이 메뉴설명

- 문제풀이 메뉴의 기능에 관한 설명을 유의해서 읽고 기능을 숙지해 주세요.

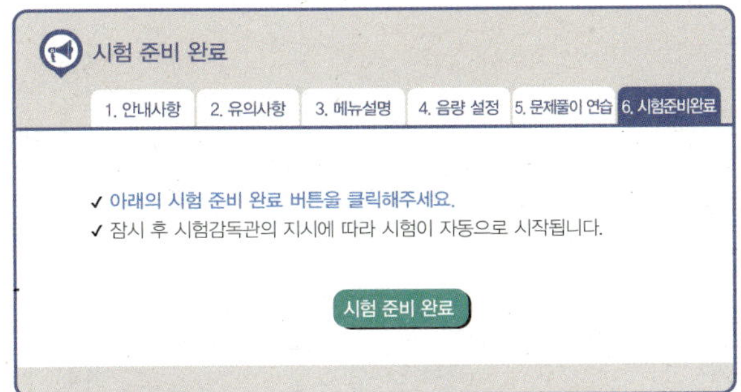


## 시험 준비 완료

- 시험 안내사항 및 문제풀이 연습까지 모두 마친 수험자는 시험 준비 완료 버튼을 클릭한 후 잠시 대기합니다.

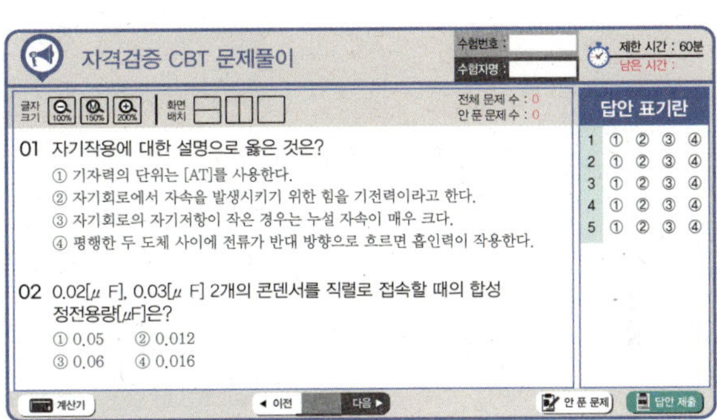


## 시험 화면

- 시험 화면이 뜨면 수험번호와 수험자명을 확인하고, 글자크기 및 화면배치를 조절한 후 시험을 시작합니다.

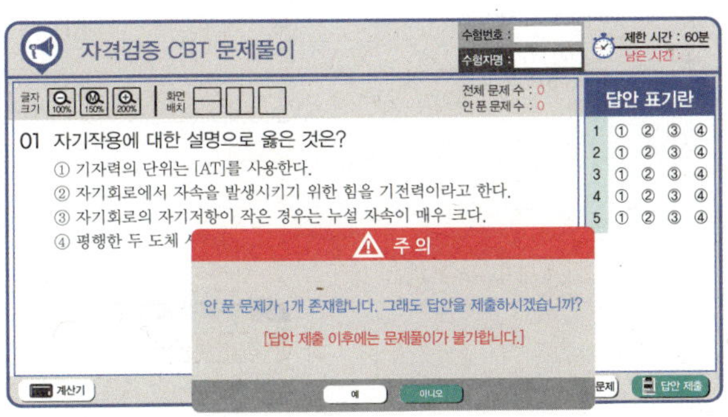


## 답안 제출

- [답안 제출] 버튼을 클릭하면 답안 제출 승인 알림창이 나옵니다. 시험을 마치려면 [예] 버튼을 클릭하고 시험을 계속 진행하려면 [아니오] 버튼을 클릭하면 됩니다.
- 답안 제출은 실수 방지를 위해 두 번의 확인 과정을 거칩니다. [예] 버튼을 누르면 답안 제출이 완료되며 득점 및 합격여부 등을 확인할 수 있습니다.

## CBT 필기시험 Hint

1. CBT 시험이란 인쇄물 기반 시험인 PBT와 달리 컴퓨터 화면에 시험문제가 표시되어 응시자가 마우스를 통해 문제를 풀어나가는 컴퓨터기반의 시험을 말합니다.
2. 입실 전 본인좌석을 반드시 확인 후 착석하시기 바랍니다.
3. 전산으로 진행됨에 따라, 안정적 운영을 위해 입실 후 감독위원의 안내에 적극 협조하여 응시하여 주시기 바랍니다.
4. 최종 답안 제출 시 수정이 절대 불가하오니 충분히 검토 후 제출 바랍니다.
5. 제출 후 본인 점수 확인완료 후 퇴실 바랍니다.

# 목차

## 핵심내용정리



## 제1과목 전기이론



## 제2과목 전기기기



## 제3과목 전기설비

## 9개년 기출복원문제

# 목차

# 핵심내용정리

Craftsman Electricity
전기기능사

# 핵심내용정리

## 01 전기이론

### ✦ 원자의 구조

① 원자는 원자핵과 그 주위를 둘러싸고 있는 전자로 이루어져 있다.

② 원자핵은 양성자와 중성자로 이루어져 있다.

③ 양성자와 중성자의 질량은 거의 비슷하고 전자의 질량은 양성자 또는 중성자의 약 $\frac{1}{1,840}$ 배로 매우 작다.

④ 양성자는 양의 전기를, 전자는 음의 전기를 띠고 있으며 두 전하량은 같다.

⑤ 전자 1개 $= 1.602 \times 10^{-19}$[C], 전자볼트 1[eV]$= 1.602 \times 10^{-19}$[J]

### ✦ 전기의 발생

① **대전** : 전기적으로 중성 상태인 물질이 외부의 힘에 의해 전하량의 평형이 깨지면서 양(+) 또는 음(−)전하를 띠게 되는 현상. 전자를 잃으면 양전하, 얻으면 음전하를 갖게 된다.

② **방전** : 대전체가 전하를 잃는 과정

### ✦ 정전기력

① $\varepsilon = \varepsilon_0 \varepsilon_s$, 진공에서의 유전율 $\varepsilon_0 = \frac{1}{36\pi} \times 10^{-9} = 8.854 \times 10^{-12}$[F/m], $\varepsilon_s$ : 비유전율

② **쿨롱의 법칙**(Coulomb's Law)

㉠ 진공 또는 공기 중에서 쿨롱의 법칙 : 정전기력 $F = 9 \times 10^9 \times \frac{Q_1 \cdot Q_2}{r^2}$[N]

㉡ 같은 종류의 전하 사이에는 반발력(척력), 서로 다른 종류의 전하 사이에는 흡인력(인력)이 작용한다.

### ✦ 전기장

① 전기장의 세기 $E$[V/m], [N/C]

② 진공 또는 공기 중에서 전기장의 세기 $E = \frac{F}{Q} = 9 \times 10^9 \times \frac{Q}{r^2}$[V/m]

③ $E$[V/m]의 전기장에서 $Q$[C]의 전하가 있을 때 받는 힘 $F = Q \times E$[N]

## ✦ 전기력선

① 전기력선의 성질

㉠ 전기력선은 양전하에서 시작하여 음전하에서 끝난다.

㉡ 전기력선의 밀도는 그 점에서의 전계의 크기와 같다.

㉢ 전기력선의 접선 방향은 그 접점에서의 전기장의 방향이다.

㉣ 전기력선의 등전위면에 수직으로 교차한다.

㉤ 전기력선은 서로 교차하지 않는다.

㉥ 도체 내부에는 전기력선이 없으며 전기장이 존재하지 않는다.

② 전기력선 수 $N=\frac{Q}{\varepsilon}$[개], 전속 $\psi=Q$[C]

③ 전속밀도 $D$[C/m$^2$]

## ✦ 전위

① $V=E\cdot r=\frac{Q}{4\pi\varepsilon r^2}\times r=\frac{Q}{4\pi\varepsilon r}$[V]

② **등전위면** : 전기장 안에서 전하의 중심으로부터 전위가 같은 점을 연결하여 생기는 면

㉠ 등전위면을 따라 전하를 이동시킬 때 한 일은 모두 0[J]이다.

㉡ 등전위면은 전기력선과 수직으로 교차한다.

㉢ 등전위면의 간격이 좁을수록 전기장의 세기가 강하다.

㉣ 도체의 내부와 표면은 모두 등전위이다.

## ✦ 콘덴서(커패시터)와 정전에너지

① 정전용량 $C$[F]

② $Q=C\cdot V$, $C=\frac{Q}{V}$[F]

③ 평행판 도체의 정전용량 $C=\varepsilon\frac{S}{d}$[F], 정전용량 $C$는 유전율 $\varepsilon$, $S$와는 비례하고 극판과의 간격 $d$와는 반비례한다.

④ $W=\frac{1}{2}QV=\frac{1}{2}CV^2=\frac{Q^2}{2C}$[J]

⑤ 직렬연결 $Q=Q_1=Q_2$, $V=V_1+V_2$, $\frac{1}{C}=\frac{1}{C_1}+\frac{1}{C_2}$

⑥ 병렬연결 $Q=Q_1+Q_2$, $V=V_1=V_2$, $C=C_1+C_2$

## ✦ 전압, 전류, 저항

① 전하 $Q = I \cdot t$[C], 전류 $I = \dfrac{Q}{t}$[A]

② **일** : 어떠한 공간에서 단위 전하와 전기량의 곱

$W = V \times Q$[J], $V = \dfrac{W}{Q}$[V]

③ 저항 $R = \rho \dfrac{l}{S} = \dfrac{l}{\sigma S}$[Ω] ($\rho$ : 고유저항, $l$ : 도체의 길이, $S$ : 도체의 단면적, $\sigma$ : 도전율)

④ 컨덕턴스 $G = \dfrac{1}{R}$[℧, 모호], [$S$, 지멘스]

## ✦ 옴의 법칙과 직병렬 연결

① 전류 $I = \dfrac{V}{R}$[A], 전압 $V = IR$[V], 저항 $R = \dfrac{V}{I}$[Ω]

② 직렬회로에서 전압 분배법칙 $V_1 = \dfrac{R_1}{R_1 + R_2} \times V$, $V_2 = \dfrac{R_2}{R_1 + R_2} \times V$

③ 병렬회로에서 전류 분배법칙 $I_1 = \dfrac{R_2}{R_1 + R_2} \times I$, $I_2 = \dfrac{R_1}{R_1 + R_2} \times I$

④ **전지의 직렬연결** : 회로의 기전력 $nE$[V], 합성 내부저항 $nr$[Ω] $\therefore I = \dfrac{nE}{nr + R}$[A]

⑤ **전지의 병렬연결** : 회로의 기전력 $E$[V], 합성 내부저항 $\dfrac{r}{n}$[Ω] $\therefore I = \dfrac{E}{\dfrac{r}{n} + R}$[A]

## ✦ 줄의 법칙

① 전력량 $W = P \cdot t = I^2 R \cdot t$[W]

② 열에너지 $H = 0.24 P \cdot t = 0.24 \times I^2 R \cdot t$[cal]

## ✦ 열의 법칙

① **제백효과** : 서로 다른 두 금속을 접속하여 양 접점의 온도가 다르면 전류가 흐르는 현상

② **펠티에효과** : 제백효과의 반대되는 현상으로 서로 다른 두 금속을 접속하여 전류를 흘리면, 줄열 외의 그 접점에서 열의 발생 또는 흡수가 일어나는 현상 예 전자냉동기

③ **톰슨효과** : 같은 금속에 있어서 온도 차이가 있는 부분에 전위차가 생겨 전류가 흐르는 현상

④ **제3금속의 법칙** : 열전대를 구성하는 두 금속의 한쪽 접점은 서로 접해 있고 반대편 접점은 제3금속과 연결되어 있을 때 두 접점이 같은 온도라면 기전력이 발생하지 않는다는 법칙

## ✦ 전력과 전력량

① 전력 $P = V \times I = I^2 R = \dfrac{V^2}{R}$[W], $P = \dfrac{W}{t}$[W]

② 전력량 $W = P \cdot t = V \cdot I \cdot t = \dfrac{V^2 \cdot t}{R}$[J]

③ 1[Wh]= 3,600[J], 1[kWh]= 1,000[Wh]= $10^3 \times 3{,}600$[W · sec]= $3.6 \times 10^6$[J]

## ✦ 전기분해 작용

① 납축전지의 화학반응식

$$\underset{\text{양극}}{PbO_2} + \underset{\text{전해액}}{2H_2SO_4} + \underset{\text{음극}}{Pb} \underset{\text{충전}}{\overset{\text{방전}}{\rightleftarrows}} \underset{\text{양극}}{PbSO_4} + \underset{\text{전해액}}{2H_2O} + \underset{\text{음극}}{PbSO_4}$$

② **패러데이의 법칙** : 전기 분해에 의해 석출되는 물질의 양 $W$는 전해액에 흐른 전기량 $Q$와 물질의 화학당량 $k$에 비례한다는 법칙

$W = kQ = kIt$[g], 전기 화학당량 $k = \dfrac{\text{원자량}}{\text{원자가}}$[g/c] ($k$ : 물질의 전기 화학당량, $I$ : 전류, $t$ : 시간)

## ✦ 자기장

① **쿨롱의 법칙** : 자기력 $F = \dfrac{1}{4\pi\mu} \times \dfrac{m_1 m_2}{r^2} = 6.33 \times 10^4 \times \dfrac{m_1 m_2}{\mu_s r^2}$[N]

② 자기장의 세기 $H$[AT/m], [A/m]

③ 자기력선

㉠ 자석은 고온이 되면 자력이 감소하며 자석의 성질을 잃게 되는 온도를 큐리 온도라고 한다.

㉡ 자기력선에는 수축하려는 성질이 있다.

㉢ 자기력선은 N극에서 나와 S극으로 향한다.

㉣ 자기력선의 밀도는 자기장의 세기와 비례한다.

㉤ 자기력선은 자성체는 투과하고, 비자성체는 투과하지 못한다.

㉥ 자석의 같은 극끼리는 서로 반발하고, 다른 극끼리는 끌어당긴다.

④ 자기력선 수 $N = \dfrac{m}{\mu}$[개]

⑤ 자속밀도 $B$[Wb/m$^2$], [T]

⑥ 1[Wb/m$^2$]= $\dfrac{10^8\,[\text{max}]}{10^4\,[\text{cm}^2]} = 10^4\,[\text{max/cm}^2] = 10^4$[gauss], 1[gauss]= $10^{-4}$[Wb/m$^2$]

⑦ 자기 모멘트 $M = m \cdot l$[Wb · m]

## ✦ 전류에 의한 자기 현상

① 2개의 평행 도체에 의한 자기장에서 단위 길이당 도체 간에 작용하는 힘

$$F=\frac{\mu}{2\pi}\times\frac{I_1\cdot I_2}{r}=2\times10^{-7}\times\frac{I_1\cdot I_2}{r}[\mathrm{N}]$$

② 패러데이의 법칙 $e=-N\dfrac{d\phi}{dt}[\mathrm{V}]$

③ **플레밍의 오른손 법칙** $e=Blv\sin\theta[\mathrm{V}]$ : (발전기의 원리) 자기장 공간에서 도체가 움직일 때 유도기전력의 방향을 결정하는 규칙

④ **플레밍의 왼손 법칙** $F=BlI\sin\theta[\mathrm{N}]$ : (전동기의 원리) 자기장 공간에서 도체에 전류가 흐를 때 힘의 방향을 결정하는 규칙

| 구분 | | 식 | 기호 |
|---|---|---|---|
| 무한 직선 전류에 의한 자계의 세기 | | $H=\dfrac{I}{2\pi r}[\mathrm{AT/m}]$ | $I$ : 전류<br>$r$ : 무한 직선과의 거리 |
| 원형 코일의 중심에서 자계의 세기 | | $H=\dfrac{NI}{2a}[\mathrm{AT/m}]$ | $N$ : 코일을 감은 횟수<br>$a$ : 원형 코일의 반지름 |
| 솔레노이드에 의한 자계의 세기 | 내부 | $H=n_0I[\mathrm{AT/m}]$ | $n_0$ : 단위 길이당 권선수 |
| | 외부 | $H=0[\mathrm{AT/m}]$ | |
| 환상 솔레노이드에 의한 자계의 세기 | | $H=\dfrac{NI}{2\pi r}[\mathrm{AT/m}]$ | $r$ : 환상 솔레노이드의 반지름 |

## ✦ 자기유도와 인덕턴스

① 패러데이 전자유도 법칙 $e=N\dfrac{d\phi}{dt}=L\dfrac{di}{dt}$, $LI=N\phi$, $L=\dfrac{N\phi}{I}$

② 자체 인덕턴스 $L=\dfrac{N\phi}{I}=\dfrac{N}{I}\times\mu S\times\dfrac{NI}{l}=\dfrac{\mu SN^2}{l}[\mathrm{H}]$

③ 상호 인덕턴스 $M=k\sqrt{L_1L_2}$, $M=k\dfrac{\mu SN_1N_2}{l}[\mathrm{H}]$

④ **코일의 접속** : 가동 접속 $L=L_1+L_2+2M[\mathrm{H}]$, 차동 접속 $L=L_1+L_2-2M[\mathrm{H}]$

⑤ 자체 인덕턴스에 축적되는 전자 에너지 $W_L=\dfrac{1}{2}LI^2[\mathrm{J}]$

## ✦ 교류회로

① 주파수 $f$[Hz], 주기 $T$[sec], 주파수와 주기의 관계 $T=\frac{1}{f}$

② 실횻값과 평균값

| 구분 | 정현파 | 반파정류파 | 삼각파 | 구형파 | 반파구형파 |
|---|---|---|---|---|---|
| 실횻값 | $\frac{V_m}{\sqrt{2}}$ | $\frac{V_m}{2}$ | $\frac{V_m}{\sqrt{3}}$ | $V_m$ | $\frac{V_m}{\sqrt{2}}$ |
| 평균값 | $\frac{2V_m}{\pi}$ | $\frac{V_m}{\pi}$ | $\frac{V_m}{2}$ | $V_m$ | $\frac{V_m}{2}$ |

③ 임피던스와 어드미턴스

| $\dot{Z}=R+jX$ | $\dot{Y}=\frac{1}{\dot{Z}}=G+jB$ |
|---|---|
| • $\dot{Z}$ : 임피던스<br>• $R$ : 저항(실수부)<br>• $X$ : 리액턴스(허수부) | • $\dot{Y}$ : 어드미턴스<br>• $G$ : 컨덕턴스(실수부)<br>• $B$ : 서셉턴스(허수부) |

④ 유도성 리액턴스 $X_L=\omega L=2\pi fL[\Omega]$, 용량성 리액턴스 $X_C=\frac{1}{\omega C}=\frac{1}{2\pi fC}[\Omega]$

⑤ R-L 또는 R-C 회로

| 직렬회로(임피던스 $Z$로 해석) | | 병렬회로(어드미턴스 $Y$로 해석) | |
|---|---|---|---|
| R-L<br>직렬회로 | $\dot{Z}=R+jX_L=R+jwL$ | R-L<br>병렬회로 | $\dot{Y}=\frac{1}{R}-j\frac{1}{X_L}=\frac{1}{R}-j\frac{1}{\omega L}$ |
| R-C<br>직렬회로 | $\dot{Z}=R-jX_C=R-j\frac{1}{wC}$ | R-C<br>병렬회로 | $\dot{Y}=\frac{1}{R}+j\frac{1}{X_C}=\frac{1}{R}+j\omega C$ |

⑥ R-L-C 회로에서 공진 조건

직렬 $\omega L=\frac{1}{\omega C}$, 병렬 $\omega L=\frac{1}{\omega c}$, 공진 주파수 $f_0=\frac{1}{2\pi\sqrt{LC}}$[Hz]

## ✦ 교류 전력

① 복소전력 $S=v\times i^*$ ($i^*$ : $i$의 켤레복소수), $S=P+jQ$[VA]

② 피상전력 $P_a$ 또는 $|S|=|V_{rms}|\times|I_{rms}|=\frac{|V_{rms}|^2}{|Z|}$, $|S|=\sqrt{P^2+Q^2}$[VA]

③ 유효전력 $P=|S|\cos\theta=|V_{rms}|\times|I_{rms}|\cos\theta=|I_{rms}|^2\times R=\frac{|V_{rms}|^2}{R}$[W]

④ 무효전력 $Q=|S|\sin\theta=|V_{rms}|\times|I_{rms}|\sin\theta=|I_{rms}|^2\times X=\frac{|V_{rms}|^2}{X}$[Var]

⑤ 역률 $PF=\cos\theta=\frac{\text{유효전력}P}{\text{피상전력}|S|}=\frac{R}{|Z|}$

⑥ 3상 교류전력 $P=3V_pI_p\cos\theta=\sqrt{3}V_lI_l\cos\theta$[W]

# 02 전기기기

## ✦ 직류기의 구조

① **계자** : 자속을 만드는 부분

② **전기자** : 자속을 끊어 기전력을 유도

③ **정류자** : 전기자에서 발생한 교류를 직류로 바꾸어주는 역할

④ **브러시** : 정류자에 연결되어 기전력을 외부로 인출

## ✦ 유도기전력

$$E = e \times \frac{Z}{a} = \frac{p\phi N}{60} \times \frac{Z}{a} = \frac{pZ\phi N}{60a}[\mathrm{V}] = K\phi N[\mathrm{V}]$$

## ✦ 직류발전기의 구조

① **타여자발전기** : 발전기의 외부 전원에서 여자전류를 공급하여 계자를 여자시키는 발전기

$I_a = I,\ E = V + I_a R_a[\mathrm{V}]$

② **자여자발전기**

㉠ 분권발전기 : 계자 회로와 전기자 회로가 병렬로 접속된 발전기

$I_a = I + I_f[\mathrm{A}],\ E = V + I_a R_a[\mathrm{V}]$

㉡ 직권발전기 : 계자 회로와 전기자 회로가 직렬로 접속된 발전기

$I_a = I_s = I[\mathrm{A}],\ E = V + I_a R_a + I_a R_s = V + I_a(R_a + R_s)[\mathrm{V}]$

## ✦ 직류전동기의 구조

① **타여자전동기** : 여자를 공급하기 위한 전원을 외부에서 공급받는 전동기

$I_a = I,\ E = V - I_a R_a[\mathrm{V}]$

② **자여자전동기**

㉠ 분권전동기 : 전기자 권선과 계자 권선이 병렬로 접속되어 있고 부하 전류에 의해 여자되는 전동기

$I_a = I + I_f[\mathrm{A}],\ E = V - I_a R_a[\mathrm{V}]$

㉡ 직권전동기 : 계자 권선과 전기자 권선이 직렬로 접속되어 있고 부하 전류에 의해 여자되는 전동기

$I_a = I_s = I[\mathrm{A}],\ E = V - I_a R_a - I_a R_s = V - I_a(R_a + R_s)[\mathrm{V}]$

## ✦ 직류기의 효율

① 실측 효율

$$\eta = \frac{\text{출력}}{\text{입력}} \times 100[\%]$$

② 규약 효율

㉠ 발전기 $\eta_G = \frac{\text{출력}}{\text{출력} + \text{손실}} \times 100[\%]$

㉡ 전동기 $\eta_M = \frac{\text{입력} - \text{손실}}{\text{입력}} \times 100[\%]$

## ✦ 동기속도($N_s$)

$$N_s = \frac{120f}{p}[\text{rpm}]$$

($p$ : 극수, $f$ : 주파수[Hz])

## ✦ 동기기의 전기자 반작용

전기자 전류에 의한 회전 자속이 계자 자속에 영향을 미치는 현상

① **교차 자화 작용**(횡축 반작용) : 동기발전기에 저항 부하를 연결하면 기전력과 전류가 동위상이 된다. 이때 전기자 전류에 의한 기자력과 주 자속이 직각이 되는 현상이다.

② **감자 작용**(직축 반작용) : 동기발전기에 리액터 부하를 연결하면 기전력보다 90° 늦은 위상이 된다. 전기자 전류에 의한 자속이 주 자속을 감소시키는 방향으로 유도기전력이 작아지는 현상이다.

③ **증자 작용**(직축 반작용) : 동기발전기에 콘덴서 부하를 연결하면 전류가 기전력보다 90° 앞선 위상이 된다. 전기자 전류에 의한 자속이 주 자속을 증가시키는 방향으로 작용하며 유도기전력이 증가하게 되는데, 이러한 현상을 동기발전기의 여자 작용이라고도 한다.

## ✦ 단락비

부하측을 단락하였을 때와 개방하였을 때 각각 정격전류와 정격전압을 발생시키는 계자 전류의 비

※ **단락비가 큰 동기기**(철기계)

- 전기자 반작용이 작다.
- 공극이 크고 계자자속이 크다.
- 동일 정격에 대하여 동기 임피던스가 작다.
- 전압 변동률이 작다.
- 안정도가 크다.

- 중량이 무겁고 가격이 고가이다.
- 부하 내량 및 충전 용량이 크다.

## ✦ 동기발전기의 병렬운전 조건

① 기전력의 크기가 같을 것(다르면 무효순환전류 발생)
② 기전력의 위상이 같을 것[다르면 유효순환전류(동기화 전류) 발생]
③ 기전력의 주파수가 같을 것(다르면 난조 발생)
④ 기전력의 파형이 같을 것(다르면 고조파 무효순환전류 발생)

## ✦ 동기 이탈과 난조

① **난조** : 부하의 급작스러운 변동에 의하여 진동 주기가 동기기의 고유진동에 가까워지면 공진 작용에 의한 진동이 계속 증대하는 현상으로 정도가 심해지면 동기 운전을 이탈하게 된다.
② **난조 방지 대책** : 제동 권선 또는 플라이 휠을 설치한다.

## ✦ 변압기 내부 구조

① **철심**
　㉠ 규소 함유량 3.5[%] 사용(히스테리시스손 감소)
　㉡ 두께 0.35[mm] 규소강판 성층(맴돌이 전류손 감소)
② **권선** : 에나멜구리손(소용량), 평각구리선(대용량)
③ **외함** : 변압기의 본체와 절연유를 넣는 함
④ **부싱** : 변압기권선 인출선을 끌어내는 절연단자
⑤ 절연유(변압기유)

## ✦ 권수비

| 권수비 | $N_1$ | $N_2$ |
|---|---|---|
| 전압($V$) | $N_1$ | $N_2$ |
| 전류($I$) | $N_1$ | $N_2$ |
| 임피던스($Z$), 저항($R$) | $N_1^2$ | $N_2^2$ |
| 전력($P$) | 1 | 1 |

## ✦ 변압기 효율

① 규약효율

$$\eta = \frac{\text{출력}[\text{kW}]}{\text{출력}[\text{kW}] + \text{손실}[\text{kW}]} \times 100[\%]$$

② 전부하 효율

$$\eta = \frac{\text{출력}}{\text{출력} + \text{철손} + \text{부하손}} \times 100$$

$$= \frac{V_{2n} I_{2n} \cos\theta}{V_{2n} I_{2n} \cos\theta + P_i + P_c} \times 100[\%]$$

## ✦ 최대효율조건

① 전부하시 : 철손$(P_i)$=동손$(P_c)$

② $\frac{1}{m}$ 부하시 : $\frac{1}{m} = \sqrt{\frac{P_i}{P_c}}$

## ✦ 단상 변압기의 3상 결선

① $Y-\Delta$ 결선

- 높은 전압을 낮은 전압으로 강압하는 경우 사용한다.(수전단 변전소용)
- $\Delta$ 결선에 의한 제3고조파 통로가 형성되어 통신선의 유도 장해가 적다.
- $Y$결선의 중성점을 접지할 수 있어 변압기 보호가 가능하다.
- 1차 선간전압과 2차 선간전압 사이에 $30°$의 위상차가 생긴다.

② $\Delta - Y$결선

- 낮은 전압을 높은 전압으로 승압하는 경우 적용된다.(송전단 변전소용)
- $\Delta$ 결선에 의한 제3고조파 통로가 형성되어 통신선의 유도 장해가 적다.
- $Y$결선의 중성점을 접지할 수 있어 변압기 보호가 가능하다.
- 1차 선간전압과 2차 선간전압 사이에 $30°$의 위상차가 생긴다.

③ V결선

- $\Delta - \Delta$ 운전 중 변압기 1대 고장시 나머지 2대를 이용한 결선법으로 설치 방법이 간단하고, 소용량이다.
- V결선과 $\Delta$ 결선의 출력비

$$\frac{P_v}{P_\Delta} = \frac{\sqrt{3}\, V_{2n} I_{2n}}{3\, V_{2n} I_{2n}} = \frac{1}{\sqrt{3}} \fallingdotseq 0.577\ (57.7[\%])$$

• V결선 변압기의 이용률

$$\frac{\sqrt{3}\,V_{2n}I_{2n}}{2\,V_{2n}I_{2n}} = \frac{\sqrt{3}}{2} \fallingdotseq 0.866(86.6[\%])$$

## ✦ 변압기의 병렬운전

변압기의 부하 증대나 경제적인 운전을 위해 2대 이상의 변압기를 병렬운전하여 사용한다.

※ 3상 변압기군의 병렬운전 조합

| 병렬운전 가능 | 병렬운전 불가능 |
|---|---|
| • $\Delta-\Delta$와 $\Delta-\Delta$<br>• $Y-Y$와 $Y-Y$<br>• $Y-\Delta$와 $Y-\Delta$<br>• $\Delta-Y$와 $\Delta-Y$<br>• $\Delta-\Delta$와 $Y-Y$<br>• $\Delta-Y$와 $Y-\Delta$ | • $\Delta-\Delta$와 $\Delta-Y$<br>• $\Delta-Y$와 $Y-Y$ |

## ✦ 변압기유

변압기 권선의 절연과 냉각 작용을 위해 사용

※ 변압기유의 구비조건

① 절연 내력이 클 것

② 비열이 커서 냉각효과가 클 것

③ 인화점이 높고 응고점이 낮을 것

④ 고온에서도 산화하지 않을 것

⑤ 절연재료와 화학작용을 일으키지 않을 것

## ✦ 회전수와 슬립

① 동기속도

$N_s = \dfrac{120f}{p}$[rpm] ($p$ : 극수, $f$ : 주파수[Hz])

② 슬립

$$s = \frac{N_s - N}{N_s} \times 100[\%]$$

($N_s$ : 동기속도[rpm], $N$ : 회전자 속도[rpm])

## ✦ 유도전동기의 기동

① 권선형 유도전동기의 기동법

- 2차 저항기동법 : 비례추이를 이용한 방식. 외부에서 2차 저항을 조정하여 기동시키는 방법

② 농형 유도전동기의 기동법

- 직접 기동법 : 별도의 기동장치 없이 직접 전원을 가하는 방법
- $Y-\Delta$ 기동법 : 기동시 $Y$결선하여 기동 전류를 줄이고 운전시 $\Delta$결선하여 정상 운전하도록 하는 방식
- 리액터 기동법 : 전원과 전동기 사이에 리액터를 접속하여 기동시 리액턴스 작용으로 인한 전류를 제한하는 방식
- 기동 보상기법 : 기동 보상기를 설치하여 전동기 단자에 걸리는 전압을 떨어뜨려 기동 전류를 제한하는 방식

## ✦ 3상 유도전동기의 제동법

① **발전제동** : 운전 중인 전동기를 전원에서 분리하고 발전기로 적용시켜 회전체의 운동에너지를 전기에너지로 변화시킨 후 저항을 통해 열에너지로 소비시켜 제동하는 방법

② **역상(전)제동** : 3상 유도전동기를 운전 중 급히 정지시키고자 할 경우 1차측 3선 중 2선을 바꾸어 접속하여 회전자의 방향을 반대로 하여 제동하는 방법

③ **회생제동** : 유도전동기를 발전기처럼 사용하여 발생되는 전력을 전원에 반환하여 제동하는 방법

## ✦ 단상 유도전동기의 기동

단상 유도전동기는 고정자 권선에 단상 교류전류가 흐르므로 교번자계가 발생한다. 따라서 기동장치가 필요하다.

① **분상 기동형** : 위상이 서로 다른 두 전류에 의하여 회전자계를 발생시켜 기동

② **콘덴서 기동형** : 진상용 콘덴서의 90° 앞선 전류에 의하여 회전자계를 발생시켜 기동

- 기동 토크가 크다.
- 효율이 높고, 소음이 적다.

③ **영구 콘덴서 기동형** : 기동시에나 운전시 항상 콘덴서를 기동권선과 직렬로 접속시켜 기동

- 구조가 간단하고 역률이 좋다.
- 선풍기, 세탁기 등에 이용한다.

④ **반발 기동형** : 직류전동기와 같은 전기자 권선 및 정류자를 사용하고 전기가 180°로 떨어져서 정류자와 접촉하고 있는 2개의 브러시를 굵은 도선으로 단락하고 고정자 권선에 단상전압을 공급하여 기동

⑤ **셰이딩 코일형** : 기동토크를 얻기 위해 자극 홈에 고저항의 단락 코일이나 구리로 만들어진 환형 고리를 장착한 전동기이다. 구조가 간단하나 기동토크가 작고 효율 및 역률이 떨어지며, 회전 방향을 바꿀 수 없는 단점이 있다.

## ✦ 사이리스터의 종류

- SCR(Silicon Controller Rectifier) : 다이오드에 래치 기능이 있는 스위치를 내장한 단방향성 3단자 소자로 PNPN 구조이며, 정류기능 및 통과 전류 제어기능이 있고 고속도 스위칭 작용을 한다.
- GTO(Gate Turn Off Thyristor) : 게이트 신호로 Turn Off 할 수 있는 단방향성 3단자 사이리스터로 자기소호능력이 뛰어나다.
- LASCR(Light Activated SCR) : 광 신호를 이용하여 트리거 시킬 수 있는 단방향성 3단자 사이리스터이다.
- SCS(Silicon Controlled Switch) : 2개의 게이트를 가지고 있는 단방향성 4단자 사이리스터이다.
- DIAC(Diode AC) : 양방향성 2단자 교류 제어용 소자이다.
- TRIAC(Triode AC Switch) : 교류회로에서 양방향 점호 및 소호를 이용하고 위상제어가 가능한 양방향성 3단자 사이리스터이다.

## ✦ 전력 변환 장치

① 초퍼 : 고정 DC(직류) ➜ 가변 DC(직류)
② 컨버터(순변환장치) : AC(교류) ➜ DC(직류)
③ 인버터(역변환장치) : DC(직류) ➜ AC(교류)
④ 사이클로 컨버터 : 고정 AC(교류) ➜ 가변 AC(교류)

# 03 전기설비

## ✦ 사용전압의 구분

- **저압** : 직류 – 1.5[kV] 이하, 교류 – 1[kV] 이하
- **고압** : 직류 – 1.5[kV] 초과 7[kV] 이하, 교류 – 1[kV] 초과 7[kV] 이하
- **특고압** : 직류, 교류 – 7[kV] 초과

## ✦ 전선의 구비 조건

① 내구성이 클 것　② 기계적 강도가 클 것　③ 경제적으로 적당할 것
④ 가요성이 클 것　⑤ 도전율이 클 것　⑥ 비중이 작을 것

## ✦ 단선과 연선

① **단선** : 한 가닥으로 이루어진 전선. 단단하지만 유연성이 떨어짐.
② **연선** : 가는 소선이 연합된 전선. 공칭단면적으로 표현하며 인장강도가 단선에 비해 낮다.

- 소선의 총개수 $N=1+3n(n+1)$
- 연선의 지름 $D=(1+2n)d$[mm] ($n$ : 층수, $d$ : 소선의 지름)
- 단면적 $A=\frac{\pi}{4}d^2\times N$[mm$^2$] ($d$ : 소선의 지름, $N$ : 소선의 총개수)

## ✦ 전선의 종류

① **나전선** : 절연피복이 없는 노출된 도체전선
② **절연전선** : 도체에 절연체를 피복한 전선
③ **케이블** : 보호 외피나 외장 안에 두 개 이상의 전선이 묶여 있는 전선

| 나전선 | | 절연전선 | | 케이블 | |
|---|---|---|---|---|---|
| 약호 | 전선 명칭 | 약호 | 전선 명칭 | 약호 | 전선 명칭 |
| A | 연동선 | DV | 인입용 비닐절연전선 | MI | 무기물 절연 케이블 |
| H | 경동선 | OW | 옥외용 비닐절연전선 | CV | 가교 폴리에틸렌절연 비닐시스 케이블 |
| HA | 반경동선 | FL | 형광 방전등용 비닐절연전선 | VCT | 비닐절연 비닐캡타이어 케이블 |
| ACSR | 강심알루미늄연선 | NRI | 기기 배선용 단심 비닐절연전선 | VV | 비닐절연 비닐시스 케이블 |

## ✦ 전선의 접속시 유의사항

① 전선 접속시 접속 부분의 전기저항이 증가하지 않도록 접속한다.

② 전선 접속 부분의 인장강도가 20[%] 이상 감소하지 않도록 접속한다.

③ 교류회로에서 병렬회로를 구성할 때에는 금속관 안에서 전자적 불평형이 생기지 않도록 시설한다.

## ✦ 전선 접속의 종류

① 단선과 연선의 접속법

| 전선의 종류 / 접속법 | 단선 | 연선 |
|---|---|---|
| 직선 접속 | 트위스트 접속(6[mm$^2$] 이하의 가는 단선) | 브리타니아 접속,<br>단권 접속,<br>복권 접속 |
| | 브리타니아 접속(10[mm$^2$] 이상의 굵은 단선) | |
| 분기 접속 | 트위스트 접속 | 권선 분기 접속,<br>단권 분기 접속,<br>분할 분기 접속 |
| | 브리타니아 접속 | |
| 종단 접속 | 쥐꼬리 접속 | |
| | 와이어 커넥터를 이용한 종단 접속 | |
| | 링 슬리브를 이용한 종단 접속 | |
| | 터미널 러그를 이용한 종단 접속 | |

② 동 전선과 알루미늄 전선의 종단 접속

| 동 전선 | 알루미늄 전선 |
|---|---|
| • 꽂음형 커넥터에 의한 접속<br>• 동선 압착 단자에 의한 접속<br>• 종단 겹침용 슬리브(E형)에 의한 접속<br>• 직선 겹침용 슬리브(P형)에 의한 접속<br>• 가는 단선(4[mm$^2$] 이하)의 종단접속(쥐꼬리 접속)<br>• 비틀어 꽂는 형의 전선 접속기 접속(와이어 커넥터) | • 터미널 러그에 의한 접속<br>• C형 전선 접속기에 의한 접속<br>• 종단 겹침용 슬리브(링 슬리브)에 의한 접속<br>• 비틀어 꽂는 형의 전선 접속기 접속(와이어 커넥터) |

## ✦ 테이프

① **고무 테이프** : 두껍고 폭이 넓어 전선의 접속 부분을 절연할 때 사용

② **리노 테이프** : 내온성, 내유성, 절연 내력이 뛰어나 연피 케이블 접속용으로 사용

③ **비닐 테이프** : 다양한 색상이 있으며 일반 전선의 접속 부분을 절연할 때 사용

④ **자기 융착 테이프** : 비닐 외장 케이블 및 클로로프렌 외장 케이블을 접속할 때 사용

## ✦ 스위치

① **나이프 스위치** : 회로의 개폐에 사용하는 개방형 수동식 개폐기

② **점멸 스위치**

㉠ 텀블러 스위치 : 노브를 위아래로 움직여 점멸하는 스위치. 매입형과 노출형이 있다.

㉡ 로터리 스위치 : 노브를 좌우로 돌려 히터의 발열량 혹은 전구 광도의 강약을 조절할 수 있는 스위치

㉢ 누름단추 스위치 : 전등의 온, 오프 혹은 전동기의 기동, 정지를 폐로 및 개로하는 스위치. 푸시버튼 스위치라고도 한다.

㉣ 코드 스위치 : 소형 전기기구의 코드 중간에 부착하여 회로를 개폐하는 스위치

㉤ 타임 스위치 : 지정 시간에 점멸하거나 일정 시간 동안에만 동작하도록 타이머를 내장한 스위치

㉥ 3로 스위치 : 3개의 단자를 가진 전환용 스위치. 2개소 점멸 회로를 구성할 때 사용하며 2개의 3로 스위치가 필요하다.

## ✦ 콘센트

① **방우형 콘센트** : 물이 들어가지 않도록 덮개가 부착된 콘센트. 욕실 내에 설치하는 경우 사람이 쉽게 접촉하지 않는 위치에 바닥면상 80[cm] 이상의 높이로 설치한다.

② **플로어 콘센트** : 플로어 덕트 공사시 바닥면에 부착하여 사용하는 콘센트

## ✦ 플러그

① **멀티 탭** : 하나의 콘센트에 다수의 전기기구를 사용할 때 이용하는 접속기구

② **코드 접속기** : 코드와 코드를 접속할 때 사용하는 접속기

③ **테이블 탭** : 코드의 길이가 짧을 때 연장하여 사용하는 접속기구

## ✦ 전기 공사용 공구

① **펜치** : 전선을 절단하거나 전선을 접속할 때 사용하는 공구

② **와이어 스트리퍼** : 절연전선의 피복 절연물을 벗기기 위한 공구. 자동탈피형과 수동형이 있다.

③ **프레셔 툴** : 전선의 심선에 압착 단자를 물리기 위해 사용하는 공구

④ **피시 테이프** : 전선관에 전선을 손쉽게 넣기 위해 사용하는 공구

⑤ **홀쏘** : 배전반이나 분전반과 같은 금속 혹은 PVC 재질의 함에 구멍을 뚫기 위해 사용하는 공구

⑥ **녹아웃펀치** : 배전반과 분전반에 구멍을 뚫거나 확대하기 위해 사용하는 공구

⑦ **클리퍼** : 굵은 전선이나 케이블을 절단할 때 사용하는 공구

⑧ **플라이어** : 나사, 로크너트, 볼트, 너트 등을 조일 때나 펜치 대용으로 사용하는 공구

⑨ **쇠톱** : 200[mm], 250[mm], 300[mm]의 길이가 있으며 금속관 혹은 합성수지관을 절단할 때 사용하는 공구
⑩ **파이프 커터** : 금속관을 절단할 때 사용하는 공구
⑪ **오스터** : 금속관에 나사선을 낼 때 사용하는 공구
⑫ **리머** : 잘라낸 금속관이나 합성수지관의 단면을 다듬을 때 사용하는 공구
⑬ **히키, 벤더** : 금속관을 구부릴 때 사용하는 공구

## ✦ 측정 계기

① **와이어 게이지** : 원형 도체, 전선의 굵기를 측정할 때 사용하는 기구
② **버니어 캘리퍼스** : 파이프의 안지름과 바깥지름을 측정할 때 사용하는 기구
③ **멀티미터** : 저항, 전압, 전류 등 전기적 특성을 측정하는 계기
④ **클램프 미터** : '후크 미터'라고도 하며, 전선을 절단하지 않고 전류 측정이 가능한 계기
⑤ **절연저항계** : '메거'라고도 하며 절연저항을 측정할 때 사용하는 계기
⑥ **접지저항계** : '어스테스터기'라고도 하며, 접지 전극과 대지 사이의 저항을 측정할 때 사용하는 계기
⑦ **검류계** : 직류용과 교류용이 있으며 전기회로에 흐르는 미소 전류, 전압, 전기량을 측정하는 계기
⑧ **네온검전기** : 전류가 흐르는 상태의 전선이나 등기구 작업시 통전 여부를 쉽게 검사할 수 있는 계기

## ✦ 과전류 보호장치의 시설장소

① 송전선로, 배전선로 등 전선로의 보호가 필요한 장소
② 발전기, 전동기, 변압기 등 전기기계기구를 보호하는 장소
③ 인입구, 옥내 간선의 전원측, 분기점 등 보호 및 보안을 필요로 하는 장소

## ✦ 과전류 보호장치의 시설 제한 장소

① 저압가공전로의 접지측
② 전로 일부에 접지공사를 실시한 접지측 전선
③ 다선식 전로(단상 3선식, 3상 4선식)의 중성선

## ✦ 누전차단기(ELB)의 시설

① 사람이 쉽게 접촉할 우려가 있고, 전기를 공급하는 전로의 금속제 외함을 가지는 사용전압이 50[V]를 초과하는 저압의 기계기구
② 주택의 인입구 등 누전차단기 설치를 필요로 하는 전로
③ 주택 세대 내 분전반 및 이와 유사한 장소와 같이 일반인의 접촉 우려가 있는 장소

## ✦ 배선차단기의 과전류 트립 동작시간 및 특성

| 주택용 배선차단기 | | | | | 산업용 배선차단기 | | | | |
|---|---|---|---|---|---|---|---|---|---|
| 분류 | 정격전류 | 동작시간 | 정격전류 배수 | | 분류 | 정격전류 | 동작시간 | 정격전류 배수 | |
| | | | 부동작 전류 | 동작 전류 | | | | 부동작 전류 | 동작 전류 |
| 주택용 | 63[A] 이하 | 60분 이내 | 1.13배 | 1.45배 | 산업용 | 63[A] 이하 | 60분 이내 | 1.05배 | 1.3배 |
| | 63[A] 초과 | 120분 이내 | | | | 63[A] 초과 | 120분 이내 | | |

## ✦ 과부하 보호장치의 설치 위치

① **분기점으로부터 거리의 제한 없이 설치하는 경우 :** 전원측 보호장치($P_1$)에 의해 분기회로($S_2$)의 도체가 단락전류에 대해 보호를 받는 경우 과부하 보호장치($P_2$)를 분기점($O$)으로부터 거리($l$[m])의 제한이 없이 설치할 수 있다.

② **분기점으로부터 3[m] 이내에 설치해야 하는 경우 :** 단락 위험과 화재, 인체에 대한 위험성이 최소화 되도록 전선관, 케이블 트레이, 케이블 덕트 등의 공사방법으로 사람의 손이 닿지 않는 위치에 설치하는 경우 과부하 보호장치($P_2$)를 분기점($O$)으로부터 $l \leqq 3$[m] 범위까지 이동하여 설치할 수 있다.

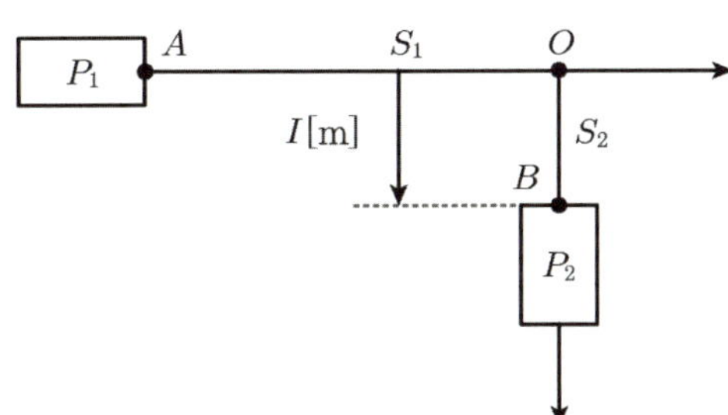


- $P_1$ : 전원측 보호장치
- $P_2$ : 과부하 보호장치
- $S_1$ : 저압 옥내 간선
- $S_2$ : 분기회로
- $O$ : 분기점
- $l$ : 분기점과 과부하 보호장치 사이의 거리[m]

## ✦ 건축물 종류에 따른 표준 부하

| 건축물의 종류 | 표준부하[VA/m$^2$] |
|---|---|
| 복도, 계단, 세면장, 창고, 다락 | 5 |
| 강당, 관람석, 공장, 공회당, 사원, 교회, 극장, 영화관, 연회장 | 10 |
| 기숙사, 여관, 호텔, 병원, 학교, 음식점, 다방, 대중목욕탕 | 20 |
| 사무실, 은행, 상점, 이발소, 미용원 | 30 |
| 주택, 아파트 | 40 |

## ✦ 접지공사의 목적

① 이상 전압의 억제
② 전로의 대지 전압 상승 방지
③ 기기와 전기설비의 손상 방지
④ 전기설비 보호계전기의 동작 확보
⑤ 누설전류로 인한 감전 및 화재 사고 방지

## ✦ 접지도체

| 접지도체의 최소 단면적 | 일반 | 구리 | 구리 6[mm$^2$] 이상 |
|---|---|---|---|
| | | 철제 | 철제 50[mm$^2$] 이상 |
| | 피뢰시스템 접속 | 구리 | 구리 16[mm$^2$] 이상 |
| | | 철제 | 철제 50[mm$^2$] 이상 |

## ✦ 접지저항 저감법

① 접지극의 매설 깊이를 깊게 한다.
② 접지극을 상호 2[m] 이상 이격하여 병렬 접속한다.
③ 접지봉의 길이, 접지판의 면적 등 접지극의 크기를 크게 한다.
④ 메시 공법이나 매설 지지선 공법 등에 의한 접지극의 형상을 변경한다.
⑤ 접지저항 저감재와 같은 화학적 재료를 사용하여 접지와 대지 사이의 저항을 줄인다.

## ✦ 수도관 등을 접지극으로 사용하는 경우

지중에 매설되어 있고 대지와의 전기저항 값이 3[Ω] 이하의 값을 유지하는 금속제 수도관로

## ✦ 기계기구의 철대 및 외함의 접지 생략

① 사용 전압이 직류 300[V] 또는 교류 대지전압이 150[V] 이하인 기계기구를 건조한 곳에 시설하는 경우
② 저압용의 기계기구를 건조한 목재의 마루 기타 이와 유사한 절연성 물건 위에서 취급하도록 시설한 경우
③ 철대 또는 외함의 주위에 적당한 절연대를 설치하는 경우
④ 「전기용품 및 생활용품 안전관리법」에 따른 2중 절연구조로 되어 있는 기계기구를 시설하는 경우
⑤ 물기 없는 장소에 시설하는 저압용 기계기구에 정격감도전류 30[mA] 이하, 동작시간이 0.03초 이하인 인체감전보호용 누전차단기를 설치한 경우

## ✦ 가공전선로 전선의 굵기

<table>
<tr><th>사용전압</th><th colspan="2">사용 전선의 굵기</th></tr>
<tr><td rowspan="2">400[V] 이하</td><td>시가지 내</td><td>절연전선인 경우</td></tr>
<tr><td>• 인장강도 3.43[kN] 이상<br>• 지름 3.2[mm] 이상의 경동선</td><td>• 인장강도 2.3[kN] 이상<br>• 지름 2.6[mm] 이상의 경동선</td></tr>
<tr><td rowspan="2">400[V] 초과, 고압</td><td>시가지 내</td><td>시가지 외</td></tr>
<tr><td>• 인장강도 8.01[kN] 이상<br>• 지름 5[mm] 이상의 경동선</td><td>• 인장강도 5.26[kN] 이상<br>• 지름 4[mm] 이상의 경동선</td></tr>
</table>

## ✦ 가공케이블의 시설

① 조가용선에 행거로 시설하는 경우 : 고압 및 특고압인 경우 행거의 간격은 50[cm] 이하

② 조가용선에 행거를 사용하지 않는 경우

- 조가용선에 케이블을 꼬아 합쳐 조가하는 경우
- 조가용선을 케이블에 접촉시켜 금속 테이프 등을 20[cm] 이하의 간격으로 나선상으로 감는 경우

## ✦ 가공전선의 높이

<table>
<tr><th>구분 / 사용전압</th><th>도로(지표상)</th><th>철교(레일면상)</th><th>횡단보도교(노면상)</th><th>기타 장소(지표상)</th></tr>
<tr><td>저압</td><td rowspan="3">6[m] 이상</td><td rowspan="3">6.5[m] 이상</td><td>3.5[m] 이상<br>(절연전선은 3[m] 이상)</td><td rowspan="3">5[m] 이상</td></tr>
<tr><td>고압</td><td>3.5[m] 이상</td></tr>
<tr><td>특고압<br>(35[kV] 이하)</td><td>4[m] 이상</td></tr>
</table>

## ✦ 지지물에 따른 가공전선로의 경간

| 지지물의 종류 | 보통개소 | 장경간공사 | 보안공사 |
|---|---|---|---|
| 목주, A종 철주, A종 철근콘크리트주 | 150[m] | 300[m] | 100[m] |
| B종 철주, B종 철근콘크리트주 | 250[m] | 500[m] | 150[m] |
| 철탑 | 600[m] | 제한없음 | 400[m] |

## ✦ 가공인입선

가공전선로의 지지물로부터 다른 지지물을 거치지 않고 직접 수용가의 붙임점에 이르는 가공전선

## ✦ 저압 가공인입선

케이블인 경우 이외에는 인장강도 2.30[kN] 이상의 것 또는 지름 2.6[mm] 이상, 또는 지름 2[mm] 이상의 인입용 비닐절연전선을 사용한다.

## ✦ 저압 가공인입선의 높이

| 시설 장소 | 저압 인입선 | 시설 장소 | 저압 인입선 |
|---|---|---|---|
| 일반 도로 횡단 | 노면상 5[m] 이상 | 도로 횡단<br>(교통에 지장이 없는 곳) | 노면상 3[m] 이상 |
| 철도, 궤도 횡단 | 레일면상 6.5[m] 이상 | 기타 장소 | 지표상 4[m] 이상 |
| 횡단 보도교 | 노면상 3[m] 이상 | 기타 장소<br>(기술상 부득이한 경우) | 지표상 2.5[m] 이상 |

## ✦ 고압 가공인입선

특고압 케이블 및 고압 케이블인 경우 이외에는 인장강도 8.01[kN] 이상의 것 또는 지름 5[mm] 이상의 고압 절연전선, 특고압 절연전선

## ✦ 고압 가공인입선의 높이

| 시설 장소 | 고압 인입선 | 시설 장소 | 고압 인입선 |
|---|---|---|---|
| 일반 도로 횡단 | 노면상 6[m] 이상 | 횡단 보도교 | 노면상 3.5[m] 이상 |
| 철도, 궤도 횡단 | 레일면상 6.5[m] 이상 | 기타 장소<br>(케이블 이외 위험표시) | 지표상 5[m] 이상<br>(지표상 3.5[m] 이상) |

## ✦ 이웃 연결 인입선

하나의 수용장소 인입구에서 분기하여 중간에 지지물을 거치지 않고 다른 수용장소의 인입구까지 이르는 전선

① 이웃 연결 인입선은 옥내를 통과해서는 안 된다.
② 폭 5[m]를 초과하는 도로를 횡단해서는 안 된다.
③ 인입선에서 분기하는 점(인입점)으로부터 100[m]를 초과해서는 안 된다.

## ✦ 지지물

전선을 지지하는 기둥. 목주, 철주, 철근 콘크리트주, 철탑이 있다.

## ✦ 지지물의 설치

지지물을 세우는 것을 건주라 하며, 지지물의 기초의 안전율은 2 이상이어야 한다.

## ✦ 지지물의 매설 깊이(전체 길이 16[m] 이하, 설계하중 6.8[kN] 이하의 철주, 철근 콘크리트주, 목주)

① **전체 길이 15[m] 이하 :** 매설 깊이를 전체 길이의 $\frac{1}{6}$ 이상으로 한다.

② **전체 길이 15[m] 초과 :** 매설 깊이를 2.5[m] 이상으로 한다.

③ 논이나 그 밖의 지반이 연약한 곳에는 견고한 근가를 시설한다.

## ✦ 지지선

① 지지선의 안전율은 2.5 이상, 허용 인장하중은 최저 4.31[kN]

② **지지선에 연선을 사용할 경우**

- 소선 3가닥 이상의 연선을 사용한다.
- 소선의 지름은 2.6[mm] 이상의 금속선을 사용한다.
- 지중부분 및 지표상 0.3[m]까지의 부분에는 내식성이 있거나 아연도금을 한 철봉을 사용하고 쉽게 부식되지 않는 근가에 견고하게 붙인다.

## ✦ 지지선의 높이

| 시설 장소 | 지지선 높이 |
|---|---|
| 도로 횡단 | 지표상 5[m] 이상 |
| 도로 횡단<br>(기술상 부득이하고 교통에 지장을 초래할 우려가 없는 경우) | 지표상 4.5[m] 이상 |
| 보도 | 지표상 2.5[m] 이상 |

## ✦ 지지물의 철탑오름 및 전주오름 방지

가공전선로의 지지물에 취급자가 오르고 내리는 데 사용하는 발판 볼트 등은 지표상에서 최저 1.8[m] 이상 높이에 시설한다.

## ✦ 애자의 종류

① **핀 애자** : 가공전선로의 직선 부분을 지지하는 애자

② **노브 애자** : 전선을 조영재로부터 일정 간격만큼 떨어뜨리기 위해 사용하는 애자

③ **라인포스트 애자** : LP애자, 전선을 지지하고 고정하는 데 사용하는 장주용 애자

④ **인류 애자** : 전선로 말단에 사용하며 인입선에 적용하는 애자

⑤ **지지선 애자** : 옥 애자, 구슬 애자, 구형 애자 등이 있으며, 지지선의 중간에 설치하여 지지선의 상부와 하부를 전기적으로 절연하기 위해 사용하는 애자

⑥ **현수 애자** : 철탑 등에서 전선을 내장, 인류개소에서 전선을 지지하는 데 사용

## ✦ 지중전선로

① 관로식, 암거식, 직접 매설식에 의해 시설

② **매설 깊이**(직접매설식, 관로식)

- 차량 기타 중량물의 압력을 받을 우려가 있는 장소 : 1[m]
- 차량 기타 중량물의 압력을 받을 우려가 없는 장소 : 0.6[m]

## ✦ 배전반 설치 장소

① 안정되고 노출된 장소

② 개폐기를 쉽게 개폐할 수 있는 장소

③ 전기 회로를 쉽게 조작할 수 있는 장소

## ✦ 배전반 종류

① **폐쇄식 배전반** : 큐비클형 배전반이다. 주기기류와 각종 계기 및 개폐기 등 부품이 금속제 상자 안에 조립되어 있는 형태이며, 점유 면적이 작고 운전 및 보수에 안전하여 공장이나 빌딩의 전기실에서 많이 사용한다.

② **데드 프런트식** : 각종 기기와 개폐기의 조작 핸들만 배전반 표면에 위치하고 모든 기기류 및 개폐기와 모선, 충전 부분이 노출되지 않는 구조이다.

③ **라이브 프런트식** : 각종 기기, 개폐기, 계전기, 계기가 배전반 표면에 부착된 구조이다.

## ✦ 배전용 기기

① **계기용 변성기**(MOF) : 계기용 변압기(PT)와 변류기(CT)를 하나의 함에 구성한 기기

② **계기용 변압기**(PT) : 고전압을 저전압으로 변압하는 기기

③ **계기용 변류기**(CT) : 대전류를 소전류로 변성하는 기기

④ **단로기**(DS) : 설비 계통의 보수, 점검, 시험시 무부하 상태인 전로를 개폐하는 기기
⑤ **선로 개폐기**(LS) : 보안상 책임 분계점에서 보수 및 점검을 위해 전로를 개폐하는 기기
⑥ **자동 고장 구분 개폐기**(ASS) : 수용가 구내에서의 지락 및 단락사고시 전원으로부터 즉시 분리하여 구내의 설비가 피해를 입지 않도록 하는 개폐기
⑦ **리클로저**(Recloser) : 부하측에서 지락 및 단락사고가 발생할 경우 고장전류를 감지하여 신속하게 고장 구간을 차단하고 자동으로 재폐로하는 장치로 섹셔널라이저와 조합하여 사용하는 기기
⑧ **전력 퓨즈**(PF) : 전력용 변압기와 고압전동기를 단락전류로부터 기기를 보호하는 퓨즈
⑨ **컷아웃 스위치**(COS) : 배전용 변압기 과부하 보호용으로 변압기의 보호와 개폐를 위해 사용
⑩ **영상변류기**(ZCT) : 고압전로에 지락사고가 발생했을 때 지락전류를 검출하며 지락계전기와 조합하여 차단기를 작동

## ✦ 보호계전기

① **과전류계전기**(OCR) : 전류의 크기가 일정값 이상으로 되었을 때 동작하는 계전기
② **선택단락계전기**(SSR) : 송전선로에서 한 회선에 고장이 발생했을 때 고장 회선을 선택 차단하는 계전기
③ **재폐로계전기**(Reclosing Relay) : 차단기가 차단된 후 고장점의 절연이 회복된 후 재폐로 조건이 이루어지면 자동으로 차단기를 투입시키는 계전기
④ **차동계전기**(DR) : 전압 또는 전류의 차에 의해 기준값 이상의 값이 검출되는 경우 동작하는 계전기
⑤ **비율차동계전기**(RDR) : 전류의 비율을 계산하여 정정값 이상일 경우 동작하는 계전기

## ✦ 차단기

① **누전차단기**(ELB) : 전로의 누전과 합선, 과부하시 전기를 차단하여 감전의 위험을 방지하는 차단기
② **가스차단기**(GCB) : 차단기 개방시 발생하는 아크를 $SF_6$(육불화황) 가스로 소호시키는 차단기이다.
③ **공기차단기**(ABB) : 차단기 개방시 발생하는 아크를 압력 10~30[kg/cm$^2$]의 압축공기로 소호시키는 차단기
④ **유입차단기**(OCB) : 고장전류 차단시 발생하는 아크를 절연유를 이용하여 소호시키는 차단기
⑤ **진공차단기**(VCB) : 진공을 이용하여 아크를 소멸시키는 차단기

## ✦ 피뢰기

전기설비를 뇌 서지와 같은 이상전압으로부터 보호하고 이상전압을 대지로 방전시키기 위한 장치

## ✦ 피뢰기의 접지저항값

고압 및 특고압의 전로에 시설하는 피뢰기 접지저항값은 10[Ω] 이하로 한다.

## ✦ 배전반 및 분전반을 넣은 함의 두께

| 강판제인 경우 | 난연성 합성수지제인 경우 |
|---|---|
| 두께 1.2[mm] 이상 | 두께 1.5[mm] 이상, 내아크성 |

## ✦ 애자사용공사

① 특징 : 절연전선을 애자를 이용하여 조영재에 지지하여 시설하는 공사

② 전선의 간격

| 구분 | 전선 상호 사이의 거리 | 전선과 조영재 사이의 거리 |
|---|---|---|
| 400[V] 이하 | 60[mm] 이상 | 25[mm] 이상 |
| 400[V] 초과, 건조한 장소 | | |

③ 전선의 지지점 거리(조영재의 윗면, 옆면에 따라 붙이는 경우) : 2[m] 이하

④ 애자는 절연성, 내수성, 난연성이 있는 것을 사용

## ✦ 합성수지관공사

① 특징 : 금속관에 비해 경량, 내식성이 뛰어남. 기계적 강도가 낮고 온도 변화에 따른 신축 작용이 큼.

② 합성수지관의 규격

- 두께 2[mm] 이상의 것을 사용
- 한 본의 길이는 4.0[m]
- 경질 폴리염화비닐전선관(KS C 8431) : 14, 16, 22, 28, 36, 42, 54, 70, 82, 100[mm]
- 합성수지제 가요전선관(KS C 8454) : 14, 16, 18, 22, 28, 36, 42[mm]

③ 관과 지지점 사이의 거리 : 1.5[m] 이하

④ 관의 삽입 길이 : 관 바깥지름의 1.2배 이상(접착제를 사용하는 경우 0.8배 이상)

⑤ 합성수지관 부속품

- 커플링 : 합성수지관을 상호 간에 연결할 때 사용하는 부속품
- 커넥터 : 합성수지관과 박스 및 캐비닛에 연결할 때 사용하는 부속품

## ✦ 금속제 가요전선관 공사

① 특징 : 습기와 추위에 강하며 내화학성이 뛰어남. 가요성이 우수하여 배관작업이 용이함.

② 관과 지지점 사이의 거리 : 1.0[m] 이하, 접속개소로부터 0.3[m] 이하

③ 금속제 가요전선관 부속품

- 스플릿 커플링 : 금속제 가요전선관을 상호 접속할 때 사용

- 콤비네이션 커플링 : 금속제 가요전선관과 금속관을 상호 접속할 때 사용
- 스트레이트 박스 커넥터 : 금속제 가요전선관을 박스 또는 캐비닛에 직선으로 접속시킬 때 사용
- 앵글 박스 커넥터 : 금속제 가요전선관을 박스 또는 캐비닛에 직각으로 접속시킬 때 사용

## ✦ 금속관공사

① **특징** : 내열성과 강도가 크며, 화재에 강하고 기계적 충격에 강함. 내약품성과 부식에 약하고 중량이 많이 나감. 관의 전도성으로 인해 접지공사가 요구됨. 교류회로 구성시 전선으로 인해 전자적 불평형이 일어나지 않도록 동일 관 내에 전선 전부를 삽입해야 함.

② **금속관의 규격**
- 두께 1[mm] 이상의 것을 사용(콘크리트에 매입하는 경우 1.2[mm] 이상)
- 한 본의 길이는 3.6[m]
- 후강 전선관 : 16, 22, 28, 36, 42, 54, 70, 82, 92, 104[mm]
- 박강 전선관 : 19, 25, 31, 39, 51, 63, 75[mm]

③ **관과 지지점 사이의 거리** : 2.0[m] 이하

④ 관의 끝 부분에는 전선의 피복을 손상하지 않도록 부싱을 사용

⑤ 전선관 접속 부분의 나사는 5턱 이상

⑥ **관을 구부릴 경우 곡률 반경(R)** : 관 안지름의 6배 이상. R≧6d

⑦ **금속관 부속품**
- 로크너트 : 금속관과 박스를 연결할 때 관이 커넥터와 단단히 고정되도록 사용
- 링 리듀서 : 관과 박스 접속시 녹아웃 지름이 금속관의 지름보다 클 경우 사용
- 절연 부싱 : 관 말단에 부착하여 전선의 절연 피복을 보호
- 앤트러스 캡 : 인입구에서 빗물의 침입 방지용으로 사용
- 터미널 캡 : 서비스 캡이라고도 하며 금속관이나 합성수지관에서 전선을 뽑아 전동기 단자 부근에 접속할 때 전선 보호를 위해 관 끝에 설치하는 부속품
- 유니버설 엘보 : 금속관을 노출로 시공할 때 배관을 직각으로 접속하기 위해 사용하는 부속품
- 유니온 커플링 : 금속관을 상호 접속할 때 금속관의 회전 없이 접속 가능한 부속품

## ✦ 금속덕트 공사

① **특징** : 공장 내, 사무실 빌딩 등의 변전실로부터의 인출구 등에서 다수의 배선을 수납하는 공사에 이용

② **금속덕트에 넣은 전선의 단면적의 합계** : 덕트의 내부 단면적의 20[%](전광표시장치 기타 이와 유사한 장치 또는 제어회로 등의 배선만을 넣는 경우에는 50[%]) 이하

③ **금속덕트의 선정** : 폭이 40[mm] 이상, 두께가 1.2[mm] 이상인 철판 또는 동등 이상의 기계적 강도를 가지는 금속제로 견고하게 제작된 것을 사용

④ 덕트의 지지점 간의 거리
- 덕트를 조영재에 붙이는 경우 : 3[m] 이하
- 취급자 이외의 자가 출입할 수 없도록 설비한 곳에서 수직으로 붙이는 경우 : 6[m] 이하

⑤ 금속덕트의 시설
- 덕트의 끝부분은 막는다.
- 덕트 안에 먼지가 침입하지 않도록 한다.
- 물이 고이는 낮은 부분을 만들지 않도록 시설한다.
- 누전에 의한 위험을 방지하기 위해 접지공사를 한다.

## ✦ 버스덕트의 종류

① **피더 버스덕트** : 도중에 부하를 접속하지 않은 것으로 환기형과 비환기형이 있다.
② **트롤리 버스덕트** : 도중에 이동 부하를 접속할 수 있도록 트롤리 접속식 구조로 한 것이다.
③ **플러그인 버스덕트** : 도중에 부하 접속용으로 꽂음 플러그를 만든 것으로 환기형과 비환기형이 있다.

## ✦ 폭연성 먼지 위험장소의 공사

① **장소의 구분** : 마그네슘, 알루미늄, 티탄, 지르코늄 등의 먼지가 쌓여있는 상태에서 불이 붙었을 때 폭발할 우려가 있는 장소, 화약류의 분말이 전기설비가 발화원이 되어 폭발할 우려가 있는 장소
② **사용 가능한 공사 방법** : 금속관공사, 케이블공사
③ 전동기의 접속 부분에는 먼지 방폭형 유연성 부속품을 사용

## ✦ 가연성 먼지 위험장소의 공사

① **장소의 구분** : 소맥분, 전분, 유황 기타 가연성의 먼지가 공중에 떠다니는 상태에서 불이 붙었을 때 폭발할 우려가 있는 장소
② **사용 가능한 공사 방법** : 금속관공사, 케이블공사, 합성수지관공사(두께 2[mm] 이상)
③ 전동기의 접속 부분에는 먼지 방폭형 유연성 부속품을 사용

## ✦ 불연성 먼지가 많은 장소의 공사

① **장소의 구분** : 정미소, 제분소, 시멘트 제조장 등
② **사용 가능한 공사 방법** : 애자공사, 합성수지관공사, 금속관공사, 금속덕트공사, 버스덕트공사(환기형 덕트 제외), 케이블공사(캡타이어케이블 포함)

### ✦ 위험물 등이 존재하는 장소의 공사

① **장소의 구분** : 셀룰로이드, 성냥, 석유류 기타 타기 쉬운 위험한 물질을 제조하거나 저장하는 장소

② **사용 가능한 공사 방법** : 금속관공사, 케이블공사, 합성수지관공사(두께 2[mm] 이상)

### ✦ 화약류 저장소 등의 위험장소의 공사

① **장소의 구분** : 화약, 폭약 및 화공품을 포함하는 화약류의 저장소

② **사용 가능한 공사 방법** : 금속관공사, 케이블공사

③ **특징**

- 원칙적으로 전기설비 시설을 금지하나 화약고 내의 조명에 필요한 최소한의 전기설비 시설 가능
- 전로의 대지전압이 300[V] 이하이어야 함.
- 개폐기 및 과전류 차단기는 화약고 밖에 최소 3[m] 이상 떨어진 장소에 시설함.

### ✦ 사람이 상시 통행하는 터널 안의 공사

① **사용 가능한 공사 방법** : 합성수지관공사, 금속관공사, 금속제 가요전선관공사, 케이블공사

② **사용전압** : 저압

③ 터널 입구 가까운 곳에 전용 개폐기를 설치해야 한다.

### ✦ 전주외등의 공사

① **장소의 구분** : 전주, 도로 및 보도의 시설물 등에 형광등, 고압방전등, LED등 등을 설치하는 장소

② **사용 가능한 공사 방법** : 금속관공사, 케이블공사, 합성수지관공사

③ **사용 전압** : 대지전압 300[V] 이하

④ **기구 인출선의 도체 단면적** : 0.75[$mm^2$] 이상

⑤ 배선이 전주에 연한 부분은 1.5[m] 이내마다 새들 또는 밴드로 지지해야 한다.

### ✦ 조명설비 용어

① **광속** F[lm] : 빛의 속력을 나타내는 값으로 어떤 면을 통과하는 빛의 양이다. 단위는 루멘[lm]이다.

② **조도** E[lx] : 단위 면적당 비춰지는 빛의 밝기이다. 단위는 럭스[lx]이다.

③ **광도** I[cd] : 시감도에 기초하여 광원의 밝기를 나타내는 값이다. 단위는 칸델라[cd]이다.

④ **광속 발산도** M[$lm/m^2$] : 광출사도라고도 하며 단위 면적에 대한 발산 광속의 비다. 단위는 [$lm/m^2$]이다.

⑤ **휘도** B[$cd/m^2$] : 광원의 단위 면적당의 광도이다. 단위는 니트(nt) 혹은 [$cd/m^2$]이다.

## ✦ 조명기구의 분류

① 직접 조명기구 : 특정한 장소만을 고조도로 하기 위한 조명방식
② 간접 조명기구 : 전구에서 발산된 광원을 천장이나 벽에 비추고 그 반사광을 이용하는 조명방식
③ 반직접 조명기구 : 빛의 60~90%가 대상체에 직접 조사하고 나머지는 천장, 벽에서 반사되어 조사되는 방식
④ 반간접 조명기구 : 빛의 10~40%가 대상체에 직접 조사하고 나머지는 천장, 벽에서 반사되어 조사되는 방식
⑤ 전반 확산 조명기구 : 조명기구를 일정한 높이와 간격으로 배치하여 방 전체를 균일하게 조명하는 방식

## ✦ 조명방식의 분류

① 코브 조명방식 : U자 형태로 천장과 벽에 조명을 감추고, 반사광을 통해 비추는 방식
② 코퍼방식 : 천장 면을 사각형이나 원형으로 파내고 그 내부에 조명기구를 매립하는 방식
③ 밸런스방식 : 커튼의 상부 및 하부로 빛이 나오도록 하여 천장면에 반사시켜 실내 전반을 조명하는 방식
④ 다운라이트방식 : 천장에 작은 구멍을 뚫고 등기구를 매입시키는 방식
⑤ 광천장 조명방식 : 천장 전면을 확산투과성 재료로 덮고, 그 위에 광원을 배치한 조명방식

## ✦ 전기기호

① 전기 배선 기호

| ——— | - - - - | ▣ | ▬ |
|---|---|---|---|
| 천장 은폐 배선 | 바닥 은폐 배선 | 점검구 | 버스덕트 |
| - - - - - - | ─┬─ | MD | ---□--- LD |
| 노출배선 | 전선의 접속점 | 금속덕트 | 라이팅 덕트 |

② 전기 부품 기호

| ○ | ⊗ | ● | ◐ | ◐ E | ◐ WP | ⊙⊙ |
|---|---|---|---|---|---|---|
| 전등 | 유도등 | 점멸기 | 콘센트 | 접지극 붙이 콘센트 | 방우형 콘센트 | 비상용 콘센트 |
| ◪ | ⊠ | ⧓ | S | E | B | EQ |
| 분전반 | 배전반 | 제어반 | 개폐기 | 누전 차단기 | 배선용 차단기 | 지진 감지기 |

Craftsman Electricity

# 제 1 과목

# 전기이론

# CHAPTER 01 전기의 성질

## 1 전기의 본질

### 1. 물질과 전기

(1) 물질의 구성

① 모든 물질은 원자로 구성되어 있다.

② 원자는 원자핵과 그 주위를 둘러싸고 있는 전자로 이루어져 있다.

③ 원자핵은 양성자와 중성자로 이루어져 있다.

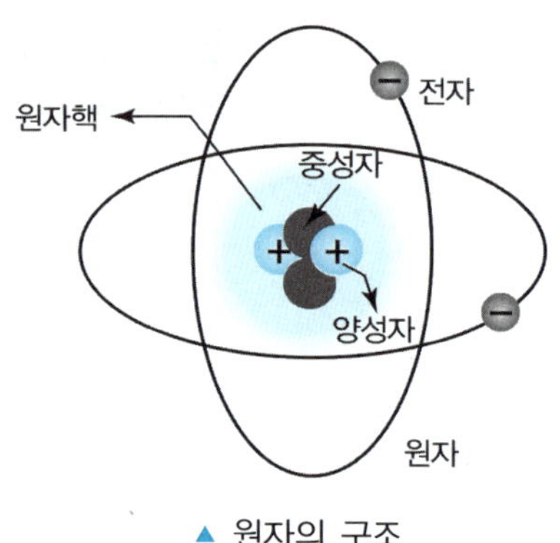


▲ 원자의 구조

| | | | 전하량 | 질량 |
|---|---|---|---|---|
| 원자 | 원자핵 | 양성자 | $+1.602 \times 10^{-19}$[C] | $1.673 \times 10^{-27}$[g] |
| | | 중성자 | 0[C] | $1.675 \times 10^{-27}$[g] |
| | 전자 | | $-1.602 \times 10^{-19}$[C] | $9.109 \times 10^{-31}$[g] |

④ 양성자와 중성자의 질량은 거의 비슷하고 전자의 질량은 약 $\frac{1}{1,840}$배로 매우 작다.

⑤ 양성자는 양의 전기를, 전자는 음의 전기를 띠고 있으며, 두 전하량은 같다.

⑥ 어떤 물체 내부에 양성자 수와 전자 수가 같을 때 전기적으로 중성이다.

### (2) 전기의 발생

① **최외각 전자** : 원자핵 주위를 둘러싸고 있던 전자의 궤도 중에서 가장 바깥쪽 궤도를 돌고 있는 전자

② **자유전자** : 최외각 전자 중 외부의 자극에 의해 원자핵의 구속력을 벗어나 자유로이 이동할 수 있는 전자

③ **대전** : 평소엔 물체 내부에 양성자 수와 전자 수가 같아서 전기적으로 중성이지만 외부로부터 어떠한 영향으로 인하여 자유전자를 잃게 되면 양의 전기를 띠게 되고, 자유전자를 얻으면 음의 전기를 띠게 되어 전기적 성질을 가지게 되는 것

### (3) 도체와 부도체

① **도체** : 소량의 에너지만으로도 전자의 이동이 자유로워 전류가 잘 흐르는 물질

예 은, 금, 구리, 알루미늄, 텅스텐, 니크롬, 탄소

② **부도체** : 저항이 매우 커서 전류를 잘 전달하지 못하는 물질

예 유리, 에보나이트, 고무, 나무, 수소, 헬륨

③ **반도체** : 도체와 부도체의 중간적 성질을 가지고 있어 특정한 조건에서만 전기가 통하는 물질

예 게르마늄, 규소, 서미스터, 탄소, 셀렌

④ **초전도체** : 특정 온도에서 전자의 이동을 방해하는 성질이 없어지는 물질

제1과목 전기이론

**핵심 유형 문제**

**1** **정상 상태에서 원자에 대한 설명으로 틀린 것은?**

① 양성자와 전자의 극성은 반대이다.
② 원자는 외부자극이 없을 때 전체적으로 보면 전기적으로 중성이다.
③ 원자 내에 자유전자의 수가 양성자의 수보다 많으면 양의 전기로 대전된다.
④ 양성자 1개가 지니는 전기량은 전자 1개가 지니는 전기량과 크기는 같고 극성은 반대이다.

정답 ③

③ 원자 내에서 자유전자의 수가 양성자의 수보다 적으면 양의 전기로 대전되고, 자유전자의 수가 양성자의 수보다 많으면 음의 전기로 대전된다.

**2** **"물질 중 자유전자가 부족한 상태"를 일컫는 말은?**

① (−) 대전상태 ② (+) 대전상태
③ 중성상태 ④ 발열상태

정답 ②

② 물질이 외부 에너지로 인하여 전자를 잃어 자유전자가 양성자보다 적은 상태에는 양의 전기로 대전된다.

### 2. 단위계

| 지수 | 기호 | 표현 | 지수 | 기호 | 표현 |
|---|---|---|---|---|---|
| $10^{-2}$ | c | 센티 | $10^{2}$ | h | 헥토 |
| $10^{-3}$ | m | 밀리 | $10^{3}$ | k | 킬로 |
| $10^{-6}$ | $\mu$ | 마이크로 | $10^{6}$ | M | 메가 |
| $10^{-9}$ | n | 나노 | $10^{9}$ | G | 기가 |
| $10^{-12}$ | p | 피코 | $10^{12}$ | T | 테라 |

## 2 정전기

### 1. 정전기 현상

(1) 정전기의 발생 원리

① 정전기 : 연속적으로 흐르지 않는 전기 (↔ 동전기 : 연속적으로 흐르는 전기)

② 대전 : 전기적으로 중성 상태인 물질이 외부의 힘에 의해 전하량의 평형이 깨지면서 양(+) 또는 음(−) 전하를 띠게 되는 현상

③ 물질의 대전 서열 : (+) 모피 – 상아 – 유리 – 명주 – 나무 – 솜 – 고무 – 에보나이트 (−)

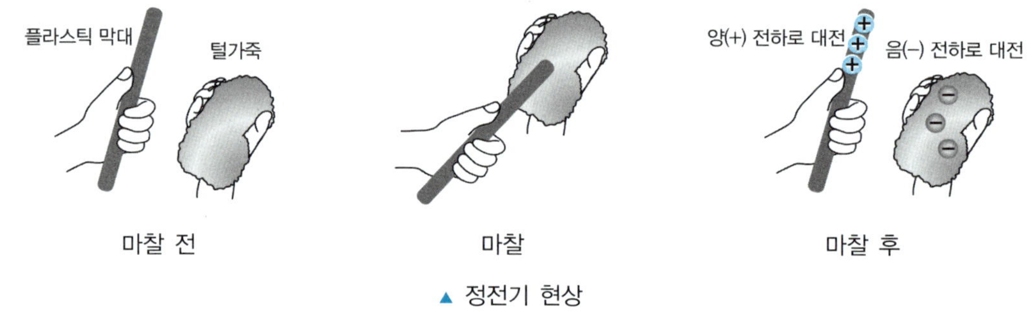


▲ 정전기 현상

(2) 정전기의 성질

① 접지 : 대전체를 지구 지면에 도선으로 연결하여 대전체에 들어 있는 전기적 성질(전하)를 없애는 것

② 정전 유도 : 전기적으로 중성인 도체에 대전체를 가까이 하면 대전체의 영향으로 인해 비대전체에 전기가 유도되는 현상. 대전체의 전하와 부호가 반대인 입자는 대전체와 가까운 방향으로, 대전체의 전하와 부호가 같은 입자는 대전체와 먼 방향으로 이동한다.

③ **정전 차폐** : 접지된 금속에 의해 대전체를 완전히 둘러싸서 외부 정전계에 의한 정전 유도를 차단하는 것

④ **유전 분극** : 전기장을 가했을 때 전기적으로 극성을 가진 분극들이 정렬하여 물체가 전기적 성질을 띠는 현상

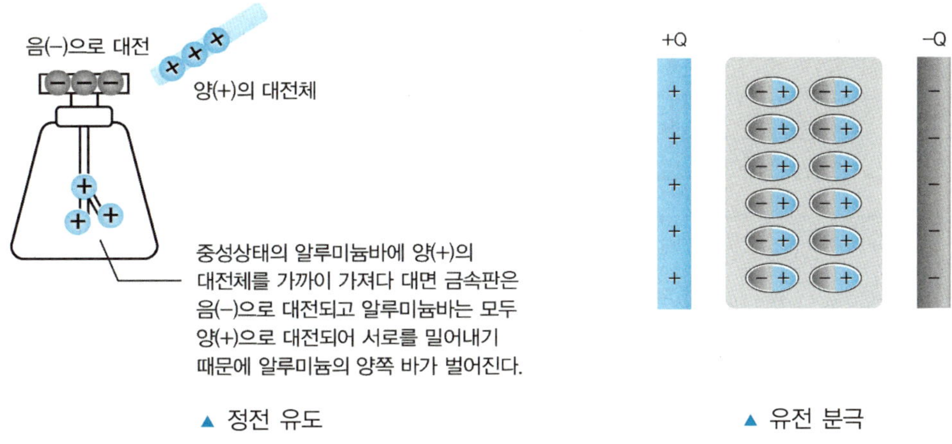


▲ 정전 유도 ▲ 유전 분극



**핵심 유형 문제**

**1 정전기 발생 방지책에 대해 나열한 것으로 옳지 않은 것은?**

① 접지 및 보호장구를 사용한다.

② 대전 방지제를 사용한다.

③ 대기의 습도를 20% 이하로 하여 건조함을 유지한다.

④ 배관 내 액체의 흐름 속도를 제한한다.

정답 ③

③ 대기 중 습도가 낮을수록 정전기가 쉽게 발생하기 때문에 대기의 습도를 70% 이상으로 유지해야 정전기 발생을 방지할 수 있다.

## 3 전기장과 전위

### 1. 정전기력

#### (1) 유전율

① 전하 사이에 전기장이 작용할 때, 외부 전기장에 반응하여 유전 분극 현상이 일어나 가해진 외부 전기장에 반대 방향으로 분극에 의한 전기장이 생긴다. 그 결과 유전체 내의 전기장의 세기가 작아지는 비율을 유전율이라고 한다. 유전율이 클수록 매질이 저장할 수 있는 전하량이 크다.

② 진공에서의 유전율 $\varepsilon_0 = \frac{1}{36\pi} \times 10^{-9} = 8.854 \times 10^{-12}$[F/m]

③ 비유전율 $\varepsilon_s = \frac{\varepsilon}{\varepsilon_0}$ : 한 물질의 유전율을 진공에서의 유전율을 기준으로 상대적 비율로 나타낸 것

| 유전체 | 비유전율 $\varepsilon_s$ | 유전체 | 비유전율 $\varepsilon_s$ |
|---|---|---|---|
| 진공 | 1 | 절연유 | 2.2~2.4 |
| 공기 | 약 1 | 유리 | 3.5~10 |
| 종이 | 2~2.6 | 운모 | 6.7 |
| 고무 | 2.0~3.5 | 물(증류수) | 80 |

④ $\varepsilon = \varepsilon_0 \varepsilon_s$

(2) 쿨롱의 법칙(Coulomb's Law)

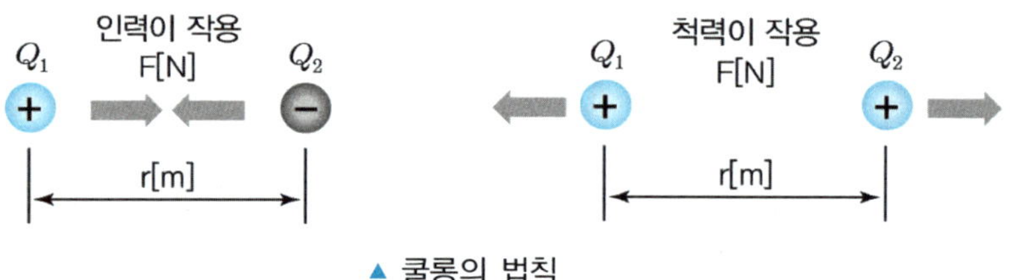


▲ 쿨롱의 법칙

① 같은 종류의 전하 사이에는 반발력(척력), 서로 다른 종류의 전하 사이에는 흡인력(인력)이 작용한다.

② 두 전하 사이에 작용하는 힘의 세기(정전기력)를 계산하는 법칙

정전기력 $F = \frac{1}{4\pi\varepsilon} \times \frac{Q_1 \cdot Q_2}{r^2} = \frac{1}{4\pi\varepsilon_0\varepsilon_s} \times \frac{Q_1 \cdot Q_2}{r^2}$[N]

($Q_1$, $Q_2$ : 전하의 크기[C], $r$ : 두 전하 사이의 거리[m])

③ 진공 또는 공기 중에서 쿨롱의 법칙

㉠ 쿨롱 상수 $k = \frac{1}{4\pi\varepsilon} = \frac{1}{4\pi\varepsilon_0\varepsilon_s} = \frac{1}{4\pi \times \frac{1}{36\pi} \times 10^{-9} \times 1} = 9 \times 10^9$

㉡ 정전기력 $F = 9 \times 10^9 \times \frac{Q_1 \cdot Q_2}{r^2}$[N]

**핵심 유형 문제**

**1** **비유전율이 9인 물질의 유전율[F/m]은?**

① $10\times10^{-8}$　② $10\times10^{-12}$
③ $80\times10^{-8}$　④ $80\times10^{-12}$

정답 ④

유전율 $\varepsilon=\varepsilon_0\varepsilon_s=8.854\times10^{-12}\times9 \fallingdotseq 80\times10^{-12}$

**2** **공기 중에서 $3\times10^{-5}$[C]과 $8\times10^{-5}$[C]의 두 전하를 2[m]의 거리에 놓을 때 그 사이에 작용하는 힘[N]은?**

① 2.7　② 5.4
③ 10.8　④ 24

정답 ②

쿨롱의 법칙 $F=\dfrac{1}{4\pi\varepsilon}\times\dfrac{Q_1\cdot Q_2}{r^2}=9\times10^9\times\dfrac{3\times10^{-5}\times8\times10^{-5}}{2^2}=5.4$[N]

## 2. 전기장과 전기력선

(1) 전기장(electric field, 전장, 전계)

① 전기장 : 전기력이 작용하는 공간

② 전기장의 세기

㉠ 문자 : $E$

㉡ 단위 : [V/m], [N/C]

㉢ $E$[V/m]의 전기장에서 $Q$[C]의 전하가 있을 때 받는 힘

$F=Q\times E$[N]

㉣ $Q$[C] 전하에서 임의의 거리 $r$[m]만큼 떨어진 점에 작용하는 전기장의 세기

$$E=\frac{F}{Q}=\frac{1}{4\pi\varepsilon}\times\frac{Q}{r^2}=\frac{1}{4\pi\varepsilon_0\varepsilon_s}\times\frac{Q}{r^2}\text{[V/m]}$$

㉤ 진공 또는 공기 중에서 전기장의 세기

$$E=9\times10^9\times\frac{Q}{r^2}\text{[V/m]}$$

(2) 전기력선

① 전기력선의 성질

㉠ 전기력선은 양전하에서 시작하여 음전하에서 끝난다.

㉡ 전기력선의 밀도는 그 점에서의 전계의 크기와 같다.

㉢ 전기력선의 접선 방향은 그 접점에서의 전기장의 방향이다.

㉣ 전기력선의 등전위면에 수직으로 교차한다.

㉤ 전기력선은 서로 교차하지 않는다.

㉥ 도체 내부에는 전기력선이 없으며 전기장이 존재하지 않는다.

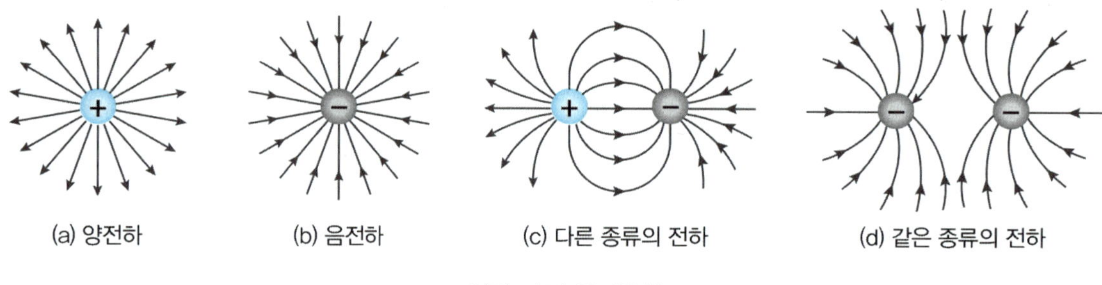


▲ 여러 가지 전기력선

② **전기력선 수** : 임의의 폐곡면 내 전하량 $Q$[C]가 있을 때 이 폐곡면을 통해 나오는 전기력선 수. 매질의 종류에 따라 전기력선 수가 달라진다.

전기력선 수 $N = \dfrac{Q}{\varepsilon}$[개]

③ **전속**(dielectric flux) : 전계의 상태를 나타내기 위한 가상의 선. 매질에 관계없이 $Q$[C]의 전하에서 $Q$[C]의 전속이 나온다.

전속 $\psi = Q$[C]

④ **전속밀도**(dielectric flux density) : $1[\text{m}^2]$의 단위 면적 중 통과하는 전속 수

전속밀도 $D = \dfrac{\text{전속 } Q}{\text{단면적 } S}$, $D = \varepsilon E = \varepsilon_0 \cdot \varepsilon_s E[\text{C/m}^2]$

• 구 표면(점전하)을 통과하는 경우

전속밀도 $D = \dfrac{Q}{S} = \dfrac{Q}{4\pi r^2}[\text{C/m}^2]$, 전기장의 세기 $E = \dfrac{D}{\varepsilon} = \dfrac{Q}{4\pi\varepsilon r^2}[\text{V/m}]$

(3) 전위

① 전위(electric potential) : 한 점에서 단위 전하가 가지는 전기적 위치에너지

$$V = E \cdot r = \frac{Q}{4\pi\varepsilon r^2} \times r = \frac{Q}{4\pi\varepsilon r}\,[\text{V}]$$

$$V = 9 \times 10^9 \times \frac{Q}{\varepsilon_s r}\,[\text{V}]$$

② 전위차 : 단위 전하를 이동시키는 데 필요한 일(에너지)

$$V = V_1 - V_2 = \frac{Q}{4\pi\varepsilon}\left(\frac{1}{r_1} - \frac{1}{r_2}\right)[\text{V}] = \frac{9 \times 10^9}{\varepsilon_s} \times Q\left(\frac{1}{r_1} - \frac{1}{r_2}\right)$$

③ 등전위면 : 전기장 안에서 전하의 중심으로부터 전위가 같은 점을 연결하여 생기는 면

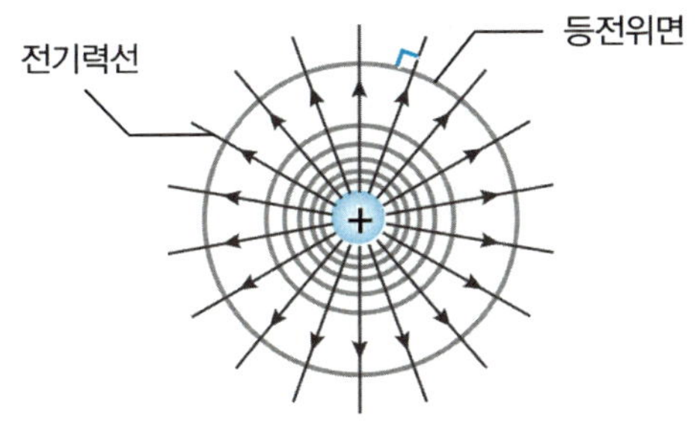


㉠ 등전위면을 따라 전하를 이동시킬 때 한 일은 모두 0[J]이다.

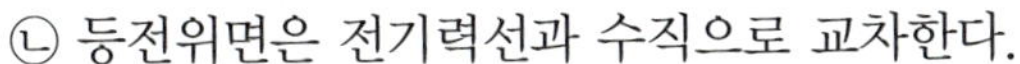

㉡ 등전위면은 전기력선과 수직으로 교차한다.

㉢ 등전위면의 간격이 좁을수록 전기장의 세기가 강하다.

㉣ 도체의 내부와 표면은 모두 등전위이다.

### 핵심 유형 문제

**1** **전속과 전기력선 사이에는 어떤 관계가 있는가?**

① 전속 수는 전기력선 수의 $\varepsilon$배와 같다.
② 전기력선 수는 전속 수의 $\varepsilon$배와 같다.
③ 전속 수는 전기력선 수의 $2\pi\varepsilon$배와 같다.
④ 전기력선 수는 전속 수의 $4\pi\varepsilon$배와 같다.

정답 ①

전속 $\psi = Q$[C], 전기력선 수 $N = \frac{Q}{\varepsilon}$[개]

**2** **전기력선의 성질로 옳지 않은 것은?**

① 전기력선은 서로 교차하지 않는다.
② 전기력선의 밀도는 전기장의 크기를 나타낸다.
③ 전기력선의 접선 방향은 그 접점에서의 전기장의 방향이다.
④ 음전하에서 출발하여 양전하에서 끝나는 선을 전기력선이라고 한다.

정답 ④

전기력선은 양전하에서 출발해서 음전하로 끝나는 선이다.

# 4 콘덴서(커패시터)

## 1. 콘덴서의 구조와 원리

(1) 콘덴서

전하를 모으는 장치

(2) 정전용량(커패시턴스)

① 문자 : $C$

② 단위 : [F]

③ $Q = C \cdot V$, $C = \dfrac{Q}{V}$[F] ($Q$ : 전하량[C], $V$ : 전압[V])

④ 평행판 도체의 정전용량

$C = \varepsilon \dfrac{S}{d}$[F] ($S$ : 극판의 면적[m²], $d$ : 극판의 간격[m])

정전용량 $C$는 $\varepsilon$, $S$와는 비례하고 $d$와는 반비례한다.

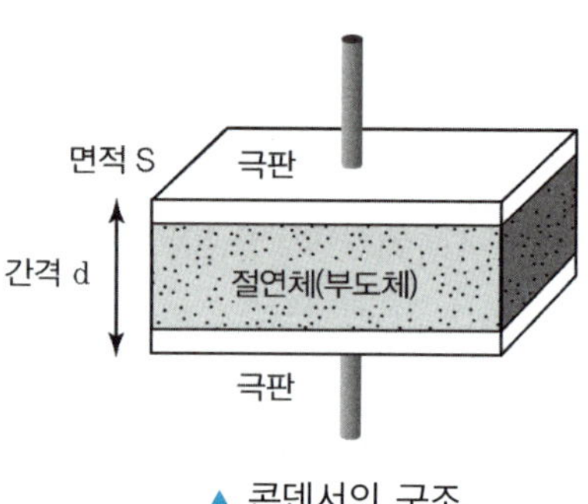


▲ 콘덴서의 구조

(3) 정전에너지(electrostatic energy)

콘덴서에 전압 $V$[V]의 전압을 가하고 $Q$[C]의 전하가 축적되었을 때 축적된 에너지

① 정전에너지 : $W = \dfrac{1}{2}QV = \dfrac{1}{2}CV^2 = \dfrac{Q^2}{2C}$[J]

($Q$ : 축적된 전하[C], $V$ : 가해진 전압[V], $C$ : 정전용량[F])

② 단위 체적 $1\text{m}^3$당 축적되는 정전에너지[J/m³]

$$W_0 = \frac{1}{2}ED = \frac{1}{2}\varepsilon E^2 = \frac{D^2}{2\varepsilon}\,[\text{J/m}^3]$$

($W_0$ : 에너지 밀도[J/m³], $E$ : 전계의 세기[V/m], $D$ : 전속밀도[C/m²], $\varepsilon$ : 유전율[F/m])

## 핵심 유형 문제

**1** **콘덴서의 정전용량에 대해 설명한 것이다. 맞지 않는 것은?**

① 극판의 간격에 비례한다.
② 극판의 넓이에 비례한다.
③ 이동 전하량에 비례한다.
④ 전압에 반비례한다.

정답 ①

평행판 도체의 정전용량 $C=\varepsilon\frac{S}{d}$[F] ($S$ : 극판의 면적[m$^2$], $d$ : 극판의 간격[m])
정전용량 $C$는 $\varepsilon$, $S$와는 비례하고 $d$와는 반비례한다.
$Q=C\cdot V$[C], $C=\frac{Q}{V}$[F]이므로 전압과는 반비례한다.

**2** **어떤 콘덴서에 250[V]의 전압을 가하였더니 50×10$^{-2}$[C]의 전하가 축적되었다. 이 콘덴서의 용량[μF]은?**

① 2
② 20
③ 200
④ 2000

정답 ④

$Q=CV$이므로 $C=\frac{Q}{V}=\frac{50\times10^{-2}}{250}=2\times10^{-3}=2000\times10^{-6}=2000[\mu\text{F}]$

**3** **정전용량 C[F]의 콘덴서에 W[J]의 에너지를 축적하려면 이 콘덴서에 가해 줄 전압[V]은?**

① $\frac{2W}{C}$
② $\frac{2C}{W}$
③ $\sqrt{\frac{2W}{C}}$
④ $\sqrt{\frac{2C}{W}}$

정답 ③

$W=\frac{1}{2}CV^2$[J]에서 $V^2=\frac{2W}{C}$이므로 $V=\sqrt{\frac{2W}{C}}$ [V]이다.

(4) 콘덴서의 종류

① 가변 콘덴서 : 손잡이를 돌리면 회전극판이 회전해서, 상대 부분의 면적을 바꾸어 정전용량을 변화시킴.

예 트리머, 바리콘

② 전해 콘덴서

㉠ (+)극과 (-)극을 가지고 있어 직류회로에만 사용

㉡ 비교적 큰 용량을 얻을 수 있음.

㉢ 전원의 평활 회로, 바이패스를 가할 때 직류전압에 남아 있는 맥류를 제거하기 위해 사용함.

③ 세라믹 콘덴서

㉠ 극성이 없음.

㉡ 티탄산바륨과 같은 유전율이 높은 물질을 유전체로 하는 콘덴서

㉢ 고주파 특성이 양호해 바이패스에 흔히 사용됨.

㉣ 가격에 비해 성능이 우수하여 많이 사용됨.

④ 마일러 콘덴서

㉠ 양면에 금속박을 대고 원통형으로 감은 것

㉡ 극성이 없고 내열성과 절연 저항이 양호함.

㉢ 가격이 저렴하고 정밀도가 낮음.

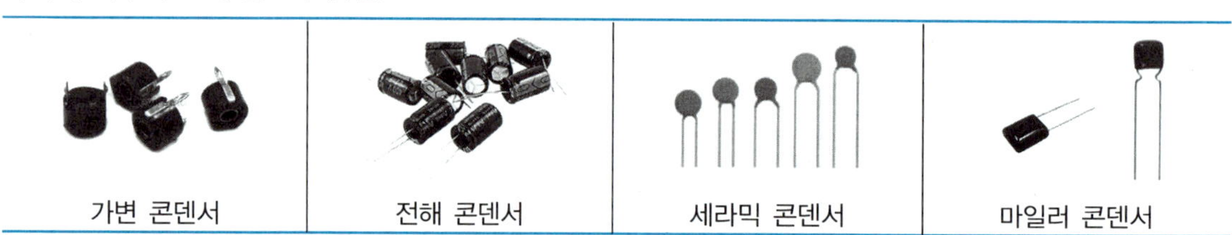

가변 콘덴서 | 전해 콘덴서 | 세라믹 콘덴서 | 마일러 콘덴서

## 2. 콘덴서의 연결 방법과 용량 계산법

(1) 직렬연결

① 전하량 : $Q = Q_1 = Q_2$

② 전압 : $V = V_1 + V_2$, $V = \frac{Q}{C}$, $V_1 = \frac{Q_1}{C_1} = \frac{Q}{C_1}$, $V_2 = \frac{Q_2}{C_2} = \frac{Q}{C_2}$

$$V = V_1 + V_2 = \frac{Q_1}{C_1} + \frac{Q_2}{C_2} = \frac{Q}{C_1} + \frac{Q}{C_2} = Q \times \left(\frac{1}{C_1} + \frac{1}{C_2}\right) = \frac{Q}{C}$$

$$\therefore \frac{1}{C} = \frac{1}{C_1} + \frac{1}{C_2}$$

③ 합성 커패시턴스 : $\frac{1}{C} = \frac{1}{C_1} + \frac{1}{C_2}$, $C = \frac{C_1 \cdot C_2}{C_1 + C_2}$ [F]

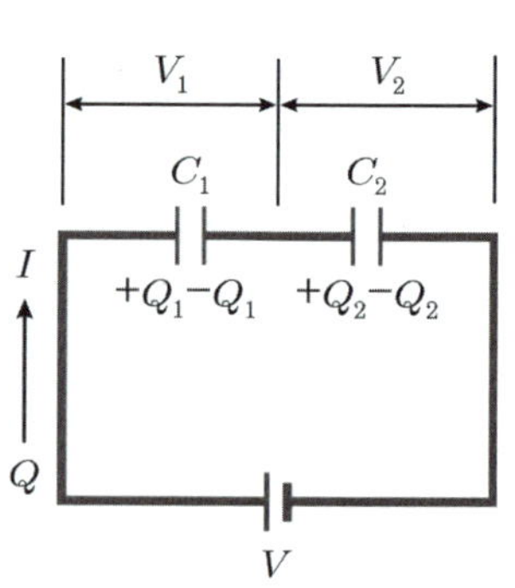


▲ 콘덴서의 직렬연결

(2) 병렬연결

① 전하량 : $Q = Q_1 + Q_2$, $Q = CV$, $Q_1 = C_1V_1$, $Q_2 = C_2V_2$

$$\begin{aligned} Q &= Q_1 + Q_2 \\ &= C_1V_1 + C_2V_2 \\ &= C_1V + C_2V \\ &= (C_1 + C_2) \times V \\ &= CV \end{aligned}$$

$\therefore\ C = C_1 + C_2$

② 전압 : $V = V_1 = V_2$

③ 합성 커패시턴스 : $C = C_1 + C_2$ [F]

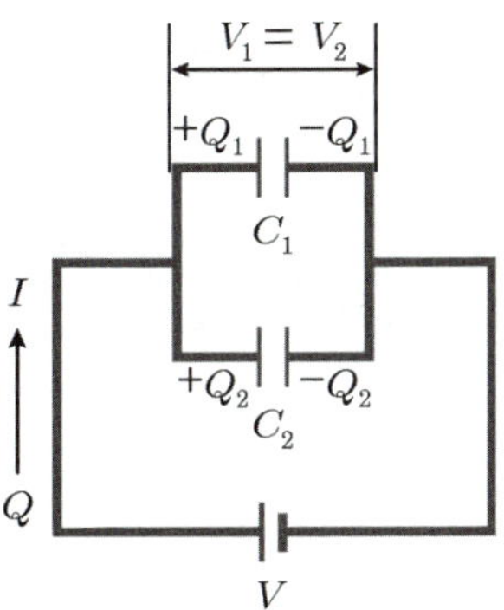


▲ 콘덴서의 병렬연결



**핵심 유형 문제**

**1** 12[μF], 8[μF]의 두 콘덴서를 직렬 접속할 때 합성 정전용량[μF]은?

① 1.2 ② 2.4

③ 3.6 ④ 4.8

정답 ④

$C_0 = \frac{C_1 \times C_2}{C_1 + C_2} = \frac{12 \times 8}{12 + 8} = \frac{12 \times 8}{20} = 4.8[\mu F]$

**2** 20[μF]과 30[μF]의 콘덴서를 병렬로 접속한 다음 100[V] 전압을 가했을 때 전하량[C]은?

① $1 \times 10^{-2}$ ② $5 \times 10^{-2}$

③ $1 \times 10^{-3}$ ④ $5 \times 10^{-3}$

정답 ④

$C = 50[\mu F]$, $V = 100[V]$이므로 $Q = CV = (50 \times 10^{-6}) \times 100 = 5 \times 10^{-3}[C]$

# CHAPTER 02 직류회로

## 1 전기회로의 기초

### 1. 전압, 전류, 저항

(1) 전류(current)

① 전하의 흐름으로 단위 시간 동안 이동한 전하의 흐름

② 전류는 (+)극에서 (−)극으로 이동하며 전자는 (−)극에서 (+)극으로 이동한다.

③ 문자 : $I$

④ 단위 : [A, 암페어]

⑤ 전류의 세기는 단위 시간 동안 도선의 한 단면을 지나는 전하량이다.

시간 $t$[초] 동안에 도선의 한 단면을 지나는 전하량이 $Q$[C]일 때 전류 $I$[A]는 다음과 같다.

$$Q = I \cdot t[\mathrm{C}],\ I = \frac{Q}{t}[\mathrm{A}]$$

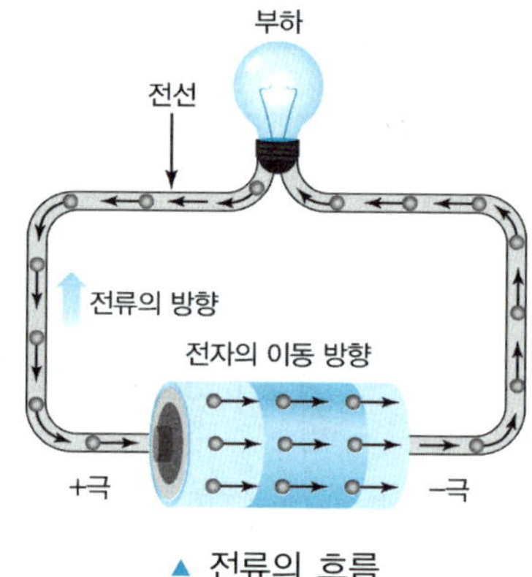

▲ 전류의 흐름

(2) 전압(voltage)

① 전압 : 전하를 한 지점에서 다른 지점으로 이동하는 데 필요한 전기적 위치에너지(전위차)

② 전류는 전압이 높은 지점에서 낮은 지점으로 흐른다.

③ 문자 : $V$

④ 단위 : [V, 볼트]

⑤ 일 : 어떠한 공간에서 단위 전하와 전기량의 곱.

어떤 도체에 $Q$[C]의 전하가 이동하여 $W$[J]의 일을 하였을 때 전압 $V$[V]는 다음과 같다.

$$W = V \times Q[\mathrm{J}],\ V = \frac{W}{Q}[\mathrm{V}]$$

⑥ 기전력(e.m.f) : 전류를 계속 흐르게 하는 힘 [V]

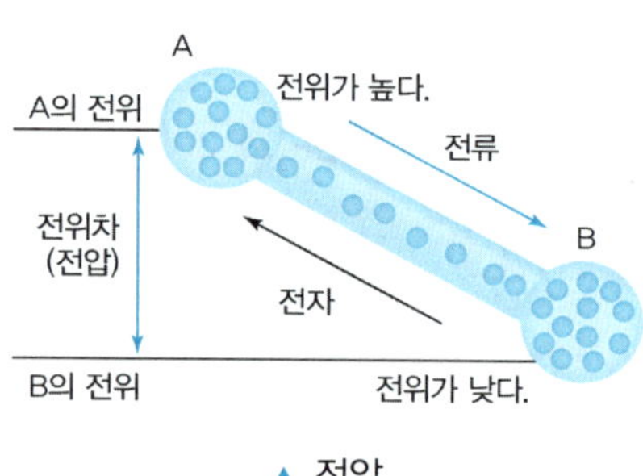

▲ 전압

(3) 저항(resistance)

① 전류의 흐름을 방해하는 정도를 나타내는 상수

② 문자 : $R$

③ 단위 : [Ω, 옴]

④ 저항 $R$은 $\rho$, $l$과는 비례하고 $\sigma$, $S$와는 반비례한다.

$$R=\rho\frac{l}{S}=\frac{l}{\sigma S}[\Omega]$$

($\rho$ : 고유저항, $l$ : 도체의 길이, $S$ : 도체의 단면적, $\sigma$ : 전도율)

⑤ 전도율 $\sigma$ : 도체에서 전류가 통하기 쉬운 정도(= 도전율)

$$\sigma=\frac{1}{\rho}=\frac{l}{RS}[℧/\mathrm{m}][\frac{1}{\Omega\cdot m}]$$

⑥ 컨덕턴스 $G$ : 전류가 잘 흐르는 정도

$$G=\frac{1}{R}[℧,\ 모호],\ [S,\ 지멘스]$$

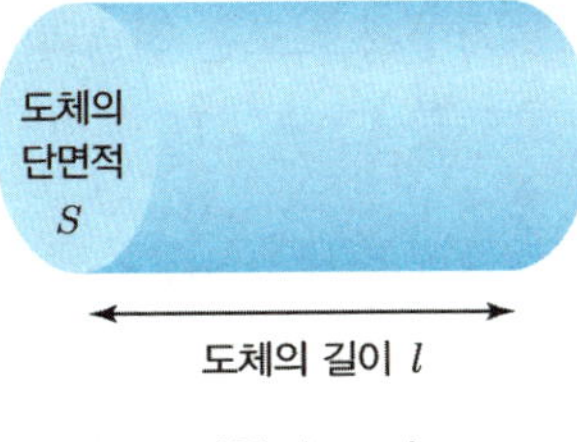


▲ 저항의 크기



### 핵심 유형 문제

**1** **전기가 흐르는 도체의 단면을 2시간에 36000[C]의 전기량이 지났다면 전류[A]는?**

① 10　② 5　③ 3　④ 1

정답 ②

전류 $I=\frac{Q}{t}=\frac{36000}{2\times3600}=5[A]$

**2** **어떤 한 도체의 단면적을 $\frac{1}{2}$배로, 길이를 3배로 하면 저항은 몇 배가 되는가?**

① 3배　② 6배　③ 9배　④ 12배

정답 ②

저항 $R$은 $\rho$, $l$과는 비례하고 $\sigma$, $S$와는 반비례한다. $R=\rho\frac{l}{S}$

$R=\rho\frac{3l}{\frac{1}{2}S}=6\times\rho\frac{l}{S}$이므로 6배이다.

## 2. 옴의 법칙과 전압강하

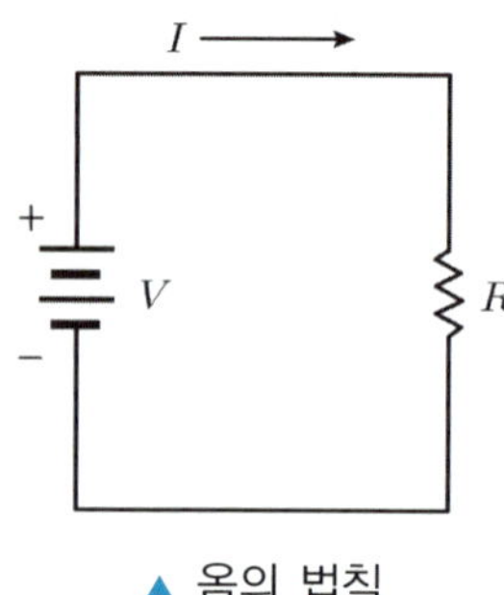

▲ 옴의 법칙

### (1) 옴의 법칙

전압 $V$[V], 전류 $I$[A], 저항 $R$[Ω]과의 관계를 나타내는 법칙.

저항에 흐르는 전류의 크기는 전압에 비례하고 저항에 반비례한다.

① 전류 $I = \dfrac{V}{R}$[A]

② 전압 $V = IR$[V]

③ 저항 $R = \dfrac{V}{I}$[Ω]

### (2) 전압강하

전지에서 제공하는 전압을 저항에서 떨어뜨려 소모하는 것.

① 직렬회로에서 저항에 걸리는 전압은 저항에 비례하며, 저항에 흐르는 전류는 일정하다.

$V_1 : V_2 = R_1 : R_2$

$V_1 = IR_1,\ V_2 = IR_2$

② 병렬회로에서 저항에 걸리는 전압은 일정하며, 저항에 흐르는 전류는 저항에 반비례한다.

$I_1 : I_2 = R_2 : R_1$

$I_1 = \dfrac{V}{R_1},\ I_2 = \dfrac{V}{R_2}$

## 3. 키르히호프의 법칙

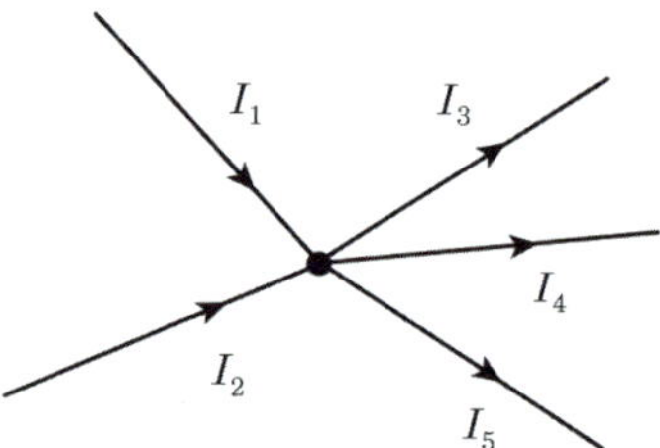

▲ 키르히호프의 제1법칙

### (1) 키르히호프의 제1법칙(전류 법칙 : KCL)

회로의 한 점에서 유입되는 전류의 총합은 유출되는 전류의 총합과 같다.

$\sum$유입전류 = $\sum$유출전류

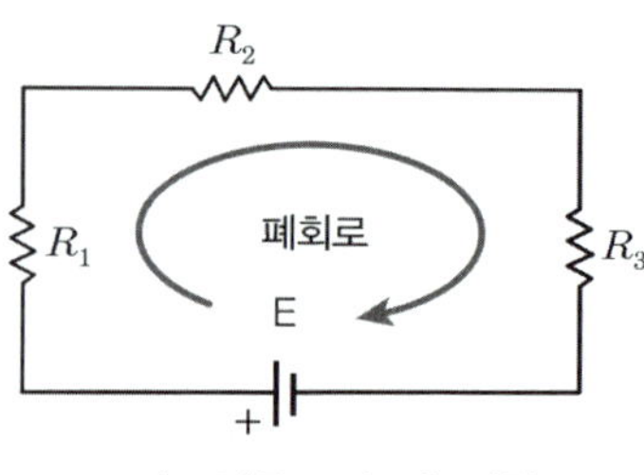

▲ 키르히호프의 제2법칙

### (2) 키르히호프의 제2법칙(전압 법칙 : KVL)

폐회로에서의 기전력 총합은 회로소자에서 발생하는 전압강하의 총합과 같다.

$\sum$전압강하 = 기전력

## 4. 전압과 전류의 측정

### (1) 전압계와 전류계

① **전압계** : 전기회로에서 전압의 크기를 측정하는 계기(부하와 병렬로 접속)

② **전류계** : 전기회로에서 전류의 크기를 측정하는 계기(부하와 직렬로 접속)

### (2) 배율기와 분류기

① **배율기(Multiplier)** : 전압계의 측정 범위를 넓히기 위해서 전압계와 직렬로 접속.

직렬접속에서 전압과 저항은 비례하므로 $R_s + r_a : r_a = V : V_a$, $(R_s + r_a)V_a = r_a V$, $R_s + r_a = r_a \dfrac{V}{V_a}$,

$$m = \frac{V}{V_a} = \frac{1}{r_a}(r_a + R_s) = 1 + \frac{R_s}{r_a}$$

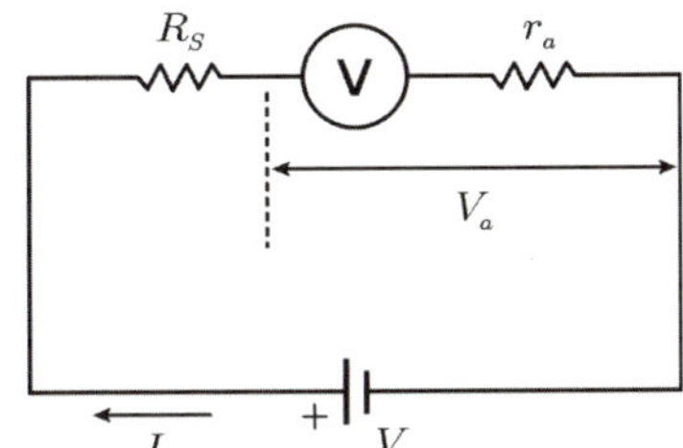


- $R_s$ : 배율기의 저항
- $r_a$ : 전압계의 내부저항
- $V$ : 측정하고자 하는 전압
- $V_a$ : 전압계 양단의 전압
- $m$ : 배율기의 배율

② **분류기(Shunt)** : 전류계의 측정 범위를 넓히기 위해서 전류계와 병렬로 접속.

병렬접속에서 전류와 저항은 반비례하므로 $I_a : I - I_a = R_s : r_a$, $(I - I_a)R_s = I_a r_a$,

$IR_s - I_a R_s = I_a r_a$, $IR_s = I_a(R_s + r_a)$, $m = \dfrac{I}{I_a} = \dfrac{R_s + r_a}{R_s} = 1 + \dfrac{r_a}{R_s}$

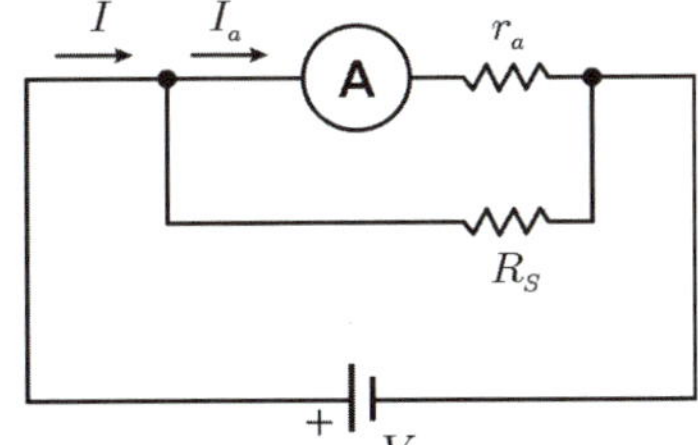


- $R_s$ : 분류기의 저항
- $r_a$ : 전류계의 내부저항
- $I$ : 측정하고자 하는 전류
- $I_a$ : 전류계에 흐르는 전류
- $m$ : 분류기의 배율

## 5. 전위의 평형

### (1) 휘스톤브리지(Wheatstone Bridge)

① **휘스톤브리지 회로** : 미지의 저항을 측정하기 위한 회로

② 미지의 저항 $R$과 가변저항 $X$를 포함한 $P$, $Q$, $R$, $X$의 저항 4개를 다음과 같이 접속하고 여기에 미소 전류를 검출하기 위한 검류계를 그림과 같이 연결한 다음 가변저항 $X$를 조절하여 검류계에 흐르는 전류가 0이 되었을 때 전위가 평형되었다고 한다.

③ **전위의 평형** : 전기회로에 전압이 가해져 있는데도 전기회로의 두 점 사이의 전위차가 0이 되는 경우

④ 평형조건은 $P \times R = X \times Q$이며, 이때 미지의 저항 $R = \frac{X \times Q}{P}$[Ω]이다.

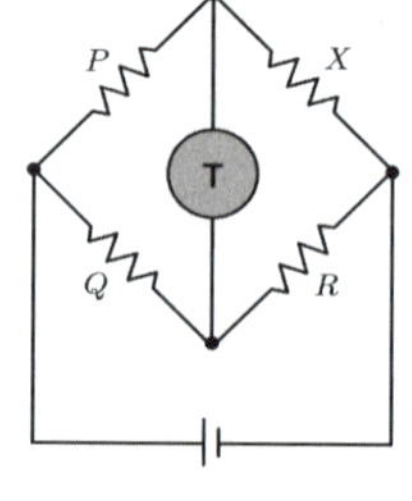

▲ 휘스톤브리지

(2) 그 밖의 브리지 회로

① **드소테브리지** : 임의의 컨덕턴스를 측정하고자 할 때 사용하는 회로

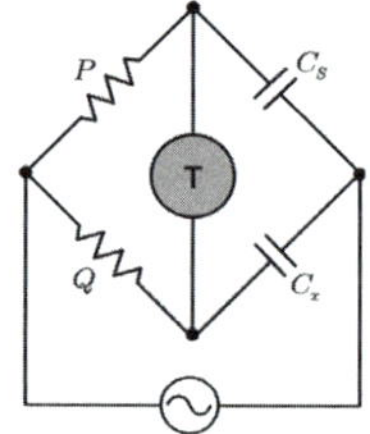


$$C_x = \frac{P}{Q} C_s$$

② **맥스웰브리지** : 임의의 인덕턴스를 측정하고자 할 때 사용하는 회로

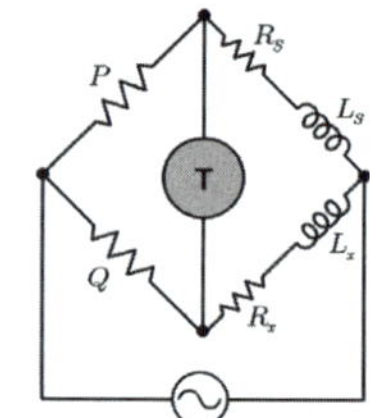


$$R_x = \frac{Q}{P} R_s$$

$$L_x = \frac{Q}{P} L_s$$

**핵심 유형 문제**

**1** **200V에 10A가 흐르는 다리미에 120V를 가하면 흐르는 전류[A]는?**

① 4 ② 6 ③ 8 ④ 10

정답 ②

$R = \frac{V}{I}$이므로 다리미 내부저항 $R = \frac{200}{10} = 20$[Ω]이다.

전압이 120V일 때 전류 $I = \frac{V}{R} = \frac{120}{20} = 6$[A]이다.

**2** **다음 빈칸에 들어갈 내용으로 옳은 것은?**

"배율기는 ( ㉠ )의 측정범위를 넓히기 위한 목적으로 사용하는 것으로서, 회로에 ( ㉡ )로 접속하는 저항기를 말한다."

① ㉠ 전압계, ㉡ 병렬 ② ㉠ 전류계, ㉡ 병렬
③ ㉠ 전압계, ㉡ 직렬 ④ ㉠ 전류계, ㉡ 직렬

정답 ③

# 2 전기저항

## 1. 저항의 접속

### (1) 저항의 직렬연결

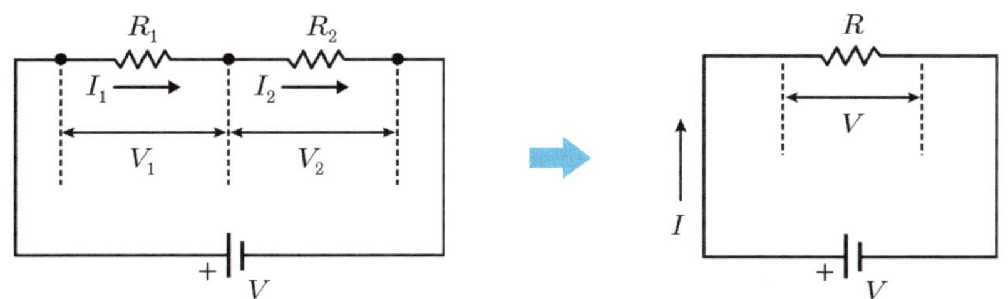


▲ 저항의 직렬연결

① 전류 $I = I_1 = I_2$[A]

② 전압 $V_1 = IR_1$, $V_2 = IR_2$, $V = V_1 + V_2$[V]

$V = IR = IR_1 + IR_2 = I(R_1 + R_2)$

③ 합성 저항 $R = R_1 + R_2$[Ω]

④ 전압의 분배법칙

$V_1 : V_2 = R_1 : R_2$

$V_1 = \frac{R_1}{R_1 + R_2} \times V$, $V_2 = \frac{R_2}{R_1 + R_2} \times V$

### (2) 저항의 병렬연결

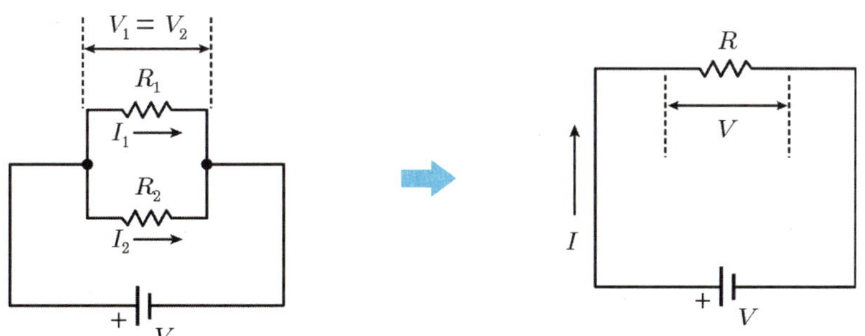


▲ 저항의 병렬연결

① 전압 $V = V_1 = V_2$[V]

② 전류 $I_1 = \frac{V}{R_1}$[A], $I_2 = \frac{V}{R_2}$[A], $I = I_1 + I_2$[A], $I = \frac{V}{R} = \frac{V}{R_1} + \frac{V}{R_2}$[A]

③ 합성저항

$$\frac{1}{R} = \frac{1}{R_1} + \frac{1}{R_2}[℧]$$

④ 전류의 분배법칙

$$I_1 : I_2 = \frac{1}{R_1} : \frac{1}{R_2} = R_2 : R_1$$

$$I_1 = \frac{\frac{1}{R_1}}{\frac{1}{R_1} + \frac{1}{R_2}} \times I = \frac{R_2}{R_1 + R_2} \times I,\ I_2 = \frac{\frac{1}{R_2}}{\frac{1}{R_1} + \frac{1}{R_2}} \times I = \frac{R_1}{R_1 + R_2} \times I$$

## 핵심 유형 문제

**1 다음과 같은 회로에서 합성저항[Ω]은?**

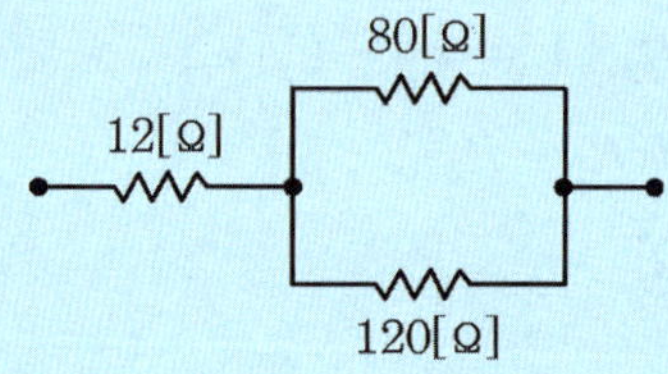


① 30 ② 40 ③ 50 ④ 60

정답 ④

합성저항 $R = 12 + \frac{80 \times 120}{80 + 120} = 60[\Omega]$

**2 다음 그림에서 2[Ω]의 저항에 흐르는 전류[A]는?**

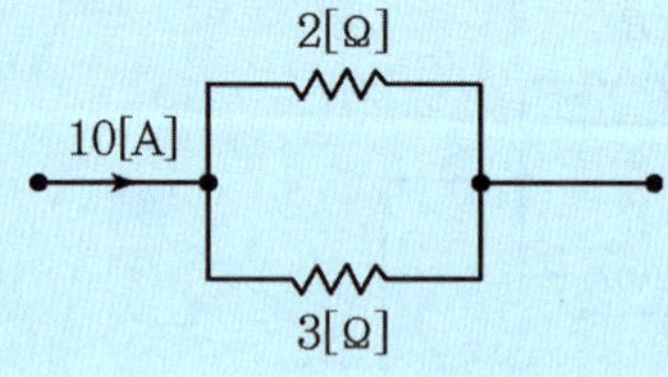


① 3 ② 4 ③ 5 ④ 6

정답 ④

2[Ω]에 흐르는 전류 $I_2[\Omega] = \frac{R_3[\Omega]}{R_2[\Omega] + R_3[\Omega]} \times I = \frac{3}{2+3} \times 10 = 6[A]$

## 2. 전지의 접속

전지의 기전력을 $E$, 내부저항을 $r$이라고 할 때 전지 $n$개를 외부저항 $R$과 연결한다고 하자.

### (1) 전지의 직렬연결

① 회로의 기전력 : $nE$[V](직렬연결에서는 $V = V_1 + V_2 + \cdots\cdots + V_n$이므로 전체 기전력이 $nE$가 된다.)

② 합성 내부저항 : $nr$[Ω](직렬연결에서는 $R = R_1 + R_2 + \cdots\cdots + R_n$이므로 합성 내부저항이 $nr$이 된다.)

③ $nE = I \times (nr + R)$

$\therefore I = \dfrac{nE}{nr + R}$[A]

### (2) 전지의 병렬연결

① 회로의 기전력 : $E$[V](병렬연결에서는 $V = V_1 = V_2 = \cdots\cdots = V_n$이므로 전체 기전력이 $E$이다.)

② 합성 내부저항 : $\dfrac{r}{n}$[Ω](병렬연결에서는 $\dfrac{1}{R} = \dfrac{1}{R_1} + \dfrac{1}{R_2} + \cdots\cdots + \dfrac{1}{R_n}$이므로 합성 내부저항이 $\dfrac{r}{n}$이 된다.)

③ $E = I \times \left(\dfrac{r}{n} + R\right)$

$\therefore I = \dfrac{E}{\dfrac{r}{n} + R}$[A]

**핵심 유형 문제**

**1** **전압 2.5[V], 내부저항 0.4[Ω]의 전지 4개를 직렬로 접속하면 전체 전압[V]은?**

① 4 ② 6

③ 8 ④ 10

정답 ④

전지의 기전력을 $E$, 내부저항을 $r$이라고 할 때 전지 $n$개를 직렬로 접속한다면
전체 기전력은 $nE$[V], 전체 합성 내부저항은 $nr$[Ω]이다.
따라서 $E_{total} = nE = 4 \times 2.5 = 10$[V]

## 3. 저항의 온도계수

### (1) 저항-온도 특성

① 금속체의 저항은 온도가 상승할 때 저항이 증가한다.

② 반도체(규소, 실리콘 등)는 온도가 상승할 때 저항이 감소한다.

(2) 온도변화에 의한 전기저항의 변화

① $R_T = R_0[1+\alpha_t(T-t)][\Omega]$

㉠ $T$ : 상승 후의 온도(℃)

$t$ : 상승 전의 온도(℃)

㉡ $\alpha_t$ : $t$(℃)에서의 온도계수

㉢ $R_0$ : $t$(℃)에서의 도체의 저항

㉣ $R_T$ : $T$(℃)에서의 도체의 저항

② 저항온도 계수

㉠ 0[℃]에서 저항온도 계수 $\alpha_0 = \dfrac{1}{234.5}$

㉡ $t$[℃]에서 저항온도 계수 $\alpha_t = \dfrac{1}{234.5+t}$

### 4. 저항의 종류

(1) **절연저항** : 절연체에 전압을 가했을 때 절연체가 나타내는 저항

(2) **접촉저항** : 도체의 기계적 접촉부에 존재하는 저항

(3) **접지저항** : 땅에 매설한 접지 전극과 땅 사이의 저항

## 3 전류의 발열 작용과 전력

### 1. 전류의 발열 작용

(1) 줄의 법칙

① 저항 $R$[Ω]의 도체에 전류 $I$[A]가 흐를 때 전류에 의한 단위 시간당 발생하는 열에너지는 도체의 저항과 전류의 제곱에 비례한다는 법칙

② 전력량 $W = P\cdot t = I^2R\cdot t$[W]

③ 열에너지 $H = 0.24P\cdot t = 0.24\times I^2R\cdot t$[cal]

㉠ 1[J] ≒ 0.24[cal]

㉡ 1[cal] ≒ 4.2[J]

(2) 열과 전기

① **제백효과(Seebeck Effect)** : 서로 다른 두 금속을 접속하여 양 접점의 온도가 다르면 전류가 흐르는 현상 예 열전온도계

② **펠티에효과(Peltier Effect)** : 제백효과의 반대되는 현상으로 서로 다른 두 금속을 접속하여 전류를 흘리면, 줄열 외의 그 접점에서 열의 발생 또는 흡수가 일어나는 현상 예 전자냉동기

③ **톰슨효과(Thomson Effect)** : 같은 금속에 있어서 온도 차이가 있는 부분에 전위차가 생겨 전류가 흐르는 현상

④ **제3금속의 법칙** : 열전대를 구성하는 두 금속의 한쪽 접점은 서로 접해 있고 반대편 접점은 제3금속과 연결되어 있을 때 두 접점이 같은 온도라면 기전력이 발생하지 않는다는 법칙



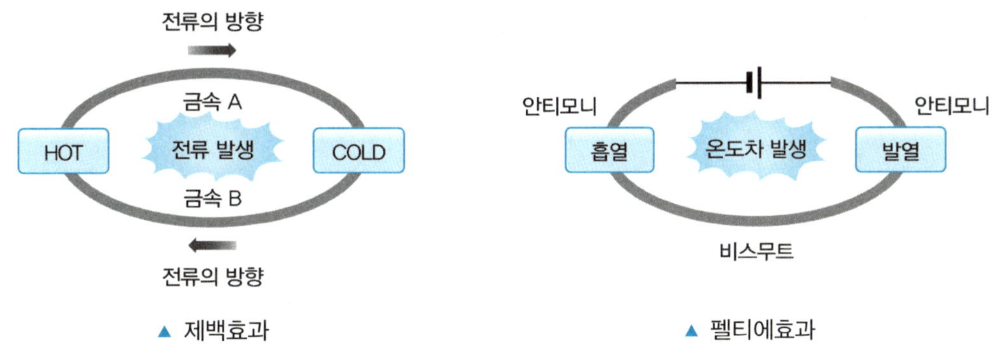


▲ 제백효과 ▲ 펠티에효과

**핵심 유형 문제**

**1** **전류의 발열작용과 관계가 있는 것은?**

① 옴의 법칙 ② 줄의 법칙

③ 플레밍의 법칙 ④ 키르히호프의 법칙

정답 ②

**줄의 법칙** : 저항 $R$[Ω]의 도체에 전류 $I$[A]가 흐를 때 전류에 의한 단위 시간당 발생하는 열에너지는 도체의 저항과 전류의 제곱에 비례한다는 법칙

$H = 0.24P \cdot t = 0.24 \times I^2 R \cdot t$[cal]

**2** **두 종류의 금속을 접속하여 두 접점을 다른 온도로 유지하면 전류가 흐르는 현상은?**

① 제벡효과 ② 펠티에효과

③ 패러데이의 법칙 ④ 제3금속 효과

정답 ①

**제백효과** : 서로 다른 두 금속을 접속하여 양 접점의 온도가 다르면 전류가 흐르는 현상 예 열전온도계

## 2. 전력과 전력량

### (1) 전력

① 전력 : 단위 시간당 전류가 할 수 있는 일의 양

② 문자 : $P$

③ 단위 : [W, 와트]

④ 전력 $P = V \times I = I^2 R = \dfrac{V^2}{R}$[W], $P = \dfrac{W}{t}$[W]

### (2) 전력량

① 전력량 : 일정 시간 동안의 전기에너지의 총량을 나타내는 것

② 문자 : $W$

③ 단위 : [J, 줄], [Wh, 와트시]

④ 전력량 $W = P \cdot t = V \cdot I \cdot t = \dfrac{V^2}{R} \cdot t$[J]

⑤ 1[J] = 1[W] × 1[sec]

⑥ 1[Wh] = 1[W] × 1[시간] = 1[W] × 3,600[sec] = 3,600[J]

⑦ 1[kWh] = 1,000[Wh] = $10^3$ × 3,600[W · sec] = $3.6 \times 10^6$[J]

**핵심 유형 문제**

**1** 30[A]의 전류를 흘렸을 때의 전력이 90[W]인 저항에 40[A]를 흘렸을 때의 전력[W]은?

① 90　② 100

③ 120　④ 160

정답 ④

전력 $P = \dfrac{V^2}{R} = I^2 R$이므로 저항 $R = \dfrac{P}{I^2} = \dfrac{90}{30^2} = 0.1[\Omega]$

$P = I^2 R = 40^2 \times 0.1 = 160$[W]이다.

**2** 2[V]의 전위차로 4[A]의 전류가 3분 동안 흐를 때 한 일[J]은?

① 980　② 1220

③ 1440　④ 2880

정답 ③

$W = Pt = VIt = 2 \times 4 \times (3 \times 60) = 1440$[J]

(3) 최대전력 공급의 원리

부하저항 $R$이 전원의 내부저항 $r$과 같을 때 최대전력이 부하에 전달된다는 원리

① 최대전력 전달조건 : $r=R$

② 합성저항 : $r+R[\Omega]$

③ 전류 $I=\dfrac{E}{r+R}[\text{A}]$

④ 전력 $P=I^2R=\dfrac{E^2}{(r+R)^2}\times R=\dfrac{E^2}{4R}[\text{W}]$

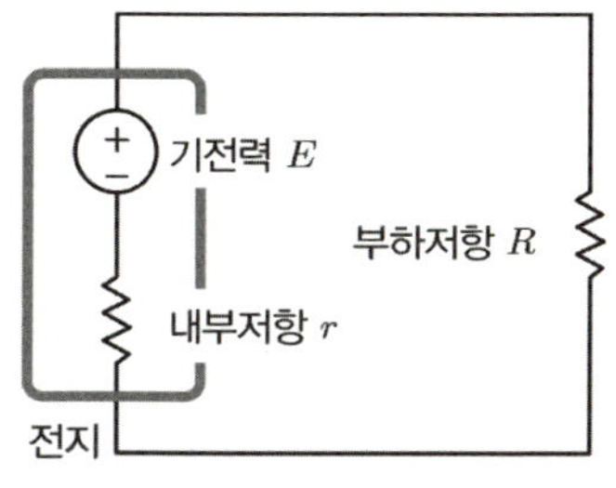

▲ 최대전력 공급의 원리



## 4 전류의 화학작용과 전지

### 1. 전기분해 작용

(1) 전기분해 : 전해액에 전기에너지를 가해서 산화, 환원 반응에 의하여 물질의 분해 혹은 변환 등의 화학 변화를 일으키는 현상

① 납축전지의 화학반응식

$$\underset{\text{양극}}{PbO_2}+\underset{\text{전해액}}{2H_2SO_4}+\underset{\text{음극}}{Pb}\ \underset{\text{충전}}{\overset{\text{방전}}{\rightleftarrows}}\ \underset{\text{양극}}{PbSO_4}+\underset{\text{전해액}}{2H_2O}+\underset{\text{음극}}{PbSO_4}$$

㉠ 음극제 : 납(Pb)

㉡ 양극제 : 이산화납($PbO_2$)

㉢ 전해액 : 묽은 황산($H_2SO_4$)

방전 시　　충전 시

(2) 전기분해의 성질

① 분극(성극) 작용

㉠ 전지에 부하를 걸어 전류를 얻으면 양극의 표면에 수소 기체에 둘러싸여 기전력이 감소하는 현상

㉡ 방지대책 : 양극 표면에서 발생한 수소 기체를 제거하여 전극의 작용을 활발하게 유지하기 위한 산화물(감극제)을 사용한다.

② 국부작용

㉠ 전해액 중에 포함된 불순물 등으로 인하여 전지의 전극이 부분적으로 용해되면서 자기 방전하는 현상

㉡ 방지대책 : 불순물 등이 포함되지 않은 순수 금속이나 수은 도금을 하여 방지한다.

## 2. 패러데이의 법칙

전기분해에 의해 석출되는 물질의 양 $W$는 전해액에 흐른 전기량 $Q$와 물질의 화학당량 $k$에 비례한다는 법칙

$W = kQ = kIt$[g], 전기 화학당량 $k = \dfrac{\text{원자량}}{\text{원자가}}$[g/c]

($k$ : 물질의 전기 화학당량, $I$ : 전류, $t$ : 시간)

## 3. 전지의 종류

(1) **1차 전지** : 한 번 방전되면 충전을 해도 본래의 상태로 되돌릴 수 없는 재충전이 불가능한 전지

예 망간 전지, 리튬 1차 전지, 산화은 전지, 수은 전지

(2) **2차 전지** : 충전하여 여러 번 반영구적으로 사용할 수 있는 전지

예 납축전지, 니켈 카드뮴 전지, 니켈수소 전지, 리튬 이온 전지, 리튬 폴리머 전지

### 핵심 유형 문제

**1** **전기분해를 하면 석출되는 물질의 양은 통과한 전기량에 관계가 있다고 설명한 법칙은?**

① 줄의 법칙 ② 앙페르의 법칙

③ 가우스의 법칙 ④ 패러데이의 법칙

정답 ④

**2** **은 전량계에 2시간 동안 전류를 통과시켜 18.054[g]의 은이 석출되면 이때 흐른 전류의 세기[A]는 약 얼마인가? (단, 은의 전기 화학당량 k=0.001118[g/c])**

① 1.14 ② 2.24

③ 3.24 ④ 4.24

정답 ②

$W = kQ = kIt$에서 $I = \dfrac{W}{kt} = \dfrac{18.054}{0.001118 \times (2 \times 3600)} = 2.24$[A]

# CHAPTER 03 자기의 성질

## 1 자석에 의한 자기 현상

### 1. 자석의 근원

(1) 자석의 성질

① 자기 : 금속을 끌어당기는 힘

② 자석 : 자기를 가지고 있는 물체

③ 자하 : 자석이 가지는 자기량

㉠ 문자 : $m$

㉡ 단위 : [Wb, 웨버]

④ 자기장 : 자력이 미치는 공간

(2) 자기유도

① 자화 : 자석이 아닌 물체가 자석의 성질을 가지는 것

② 자기유도 : 물질을 자기장 속에 두면 자화하는 현상

③ 자성체 : 자화되는 물체

(3) 자성체의 종류

① 강자성체($\mu_s \gg 1$) : 외부에서 강한 자기장을 걸어주었을 때 그 자기장의 방향으로 강하게 자화되어 외부 자기장이 사라져도 자화가 남아 있고 쉽게 자석이 되는 물질 예 철, 니켈, 코발트, 망간

② 약자성체 : 강자성체에 비해 극히 미약하게 자화되는 물질

㉠ 상자성체($\mu_s > 1$) : 강자성체와 같은 방향으로 자화되는 물질

예 알루미늄, 백금, 주석, 이리듐, 산소

㉡ 반자성체($\mu_s < 1$) : 강자성체와는 반대의 극성으로 자화되는 물질

예 비스무트, 탄소, 인, 금, 은, 구리, 안티모니, 아연, 납, 수은, 이산화탄소, 수소, 질소

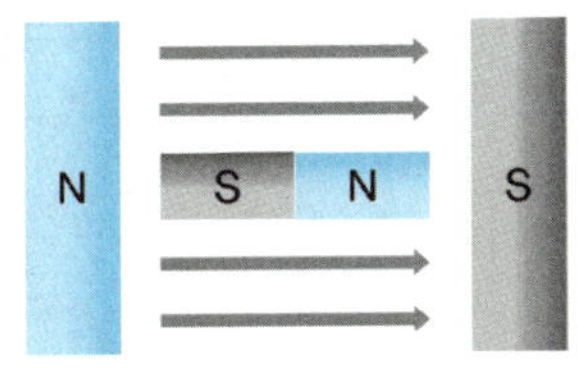


▲ 강자성체 / 상자성체

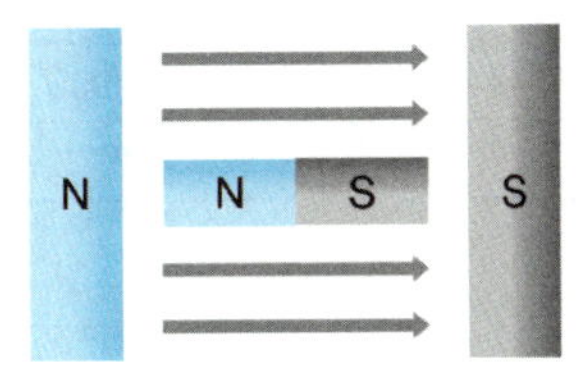


▲ 반자성체

제1과목 전기이론

(4) 자석의 종류

① **영구자석** : 강한 자화 상태를 오래 보존하는 자석. 잔류자속밀도, 보자력 모두 크다.

예 강철, 합금

② **전자석** : 전류가 흐르면 자기화되고, 전류를 끊으면 자화되지 않은 원래의 상태로 돌아가는 자석. 잔류자속밀도는 크고 보자력은 작다.

예 연철

**핵심 유형 문제**

**1 다음 물질 중에서 반자성체는 어느 것인가?**

① 구리 ② 백금
③ 니켈 ④ 알루미늄

정답 ①

- 강자성체 ($\mu_s \gg 1$) : 철, 니켈, 코발트, 망간
- 상자성체 ($\mu_s > 1$) : 알루미늄, 백금, 주석, 이리듐, 산소
- 반자성체 ($\mu_s < 1$) : 비스무트, 탄소, 인, 금, 은, 구리, 안티모니, 아연, 납, 수은

## 2. 자석 사이에 작용하는 힘

(1) 투자율

① **투자율** : 자성체가 자성을 띠는 정도로 투자율이 클수록 자속이 잘 통과한다.

② $\mu = \mu_0 \mu_s$

③ 진공에서의 투자율 $\mu_o = 4\pi \times 10^{-7} = 1.256 \times 10^{-6}\,[\mathrm{H/m}]$

④ 비투자율 $\mu_s = \dfrac{\mu}{\mu_0}$

| 물질 | 비투자율 $\mu_s$ | 물질 | 비투자율 $\mu_s$ |
|---|---|---|---|
| 진공 | 1 | 글리세린 | 40 |
| 공기 | 약 1 | 니켈 | 50 |
| 나무 | 0.99999 | 코발트 | 60 |
| 구리 | 0.99991 | 증류수 | 80 |

(2) 쿨롱의 법칙

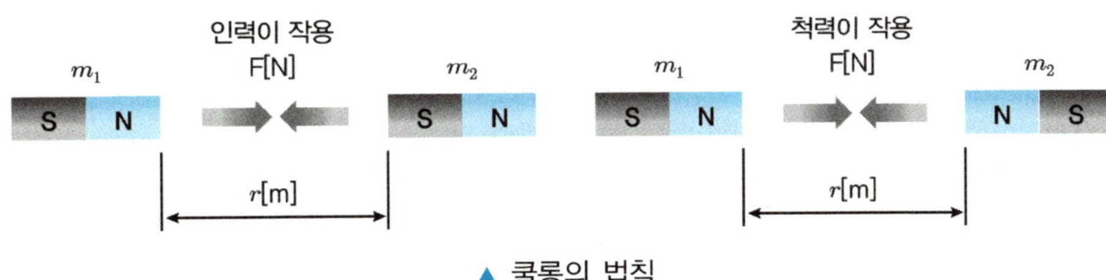


▲ 쿨롱의 법칙



① 같은 종류의 극성 사이에는 반발력(척력), 서로 다른 종류의 극성 사이에는 흡인력(인력)이 작용한다.

② 두 자극 사이에 작용하는 힘의 세기(자기력)를 계산하는 법칙

자기력 $F=\dfrac{1}{4\pi\mu}\times\dfrac{m_1m_2}{r^2}=6.33\times10^4\times\dfrac{m_1m_2}{\mu_s r^2}$[N]

($m_1$, $m_2$ : 자극의 크기[Wb], $r$ : 두 전하 사이의 거리[m])

③ 진공 또는 공기 중에서 쿨롱의 법칙

㉠ 비투자율 $\mu_s=1$

㉡ 쿨롱 상수 $k=\dfrac{1}{4\pi\varepsilon}=\dfrac{1}{4\pi\mu_0\mu_s}=\dfrac{1}{4\pi\times(4\pi\times10^{-7})\times1}=6.33\times10^4$

㉢ 자기력 $F=6.33\times10^4\times\dfrac{m_1m_2}{r^2}$[N]

**핵심 유형 문제**

**1** $m_1=8\times10^{-3}$[Wb], $m_2=12\times10^{-3}$[Wb], r = 20[cm]이면 두 자극 $m_1$, $m_2$ 사이에 작용하는 힘[N]은 얼마인가?

① 1.52 ② 15.2
③ 152 ④ 304

정답 ③

$F=\dfrac{1}{4\pi\mu}\times\dfrac{m_1m_2}{r^2}=6.33\times10^4\times\dfrac{8\times10^{-3}\times12\times10^{-3}}{0.2^2}\fallingdotseq152$[N]

## 3. 자기장과 자기력선

(1) 자기장의 세기

① 자기장 : 자기력이 작용하는 공간(자장, 자계)

② 자기장의 세기

㉠ 문자 : $H$

㉡ 단위 : [AT/m], [A/m]

㉢ $H$[AT/m]의 자기장에서 $m$[Wb]의 자하가 있을 때 받는 힘

$F = mH$[N]

㉣ $m$[Wb] 자하에서 임의의 거리 $r$[m]만큼 떨어진 점에 작용하는 자기장의 세기

$$H = \frac{F}{m} = \frac{1}{4\pi\mu} \times \frac{m}{r^2} = \frac{1}{4\pi\mu_0\mu_s} \times \frac{m}{r^2}\text{[AT/m]}$$

㉤ 진공 또는 공기 중에서 자기장의 세기

$$H = 6.33 \times 10^4 \times \frac{m}{r^2}\text{[AT/m]}$$

(2) 자기력선

① 자기력선 : 자기장의 세기와 방향을 선으로 표시한 것

② 자기력선의 성질

㉠ 자석은 고온이 되면 자력이 감소하며 자석의 성질을 잃게 되는데, 이때의 온도를 큐리 온도라고 한다.

㉡ 자기력선에는 수축하려는 성질이 있다.

㉢ 자기력선은 N극에서 나와 S극으로 향한다.

㉣ 자기력선의 밀도는 자기장의 세기와 비례한다.

㉤ 자기력선은 자성체는 투과하고, 비자성체는 투과하지 못한다.

㉥ 자석의 같은 극끼리는 서로 반발하고 다른 극끼리는 끌어당긴다.

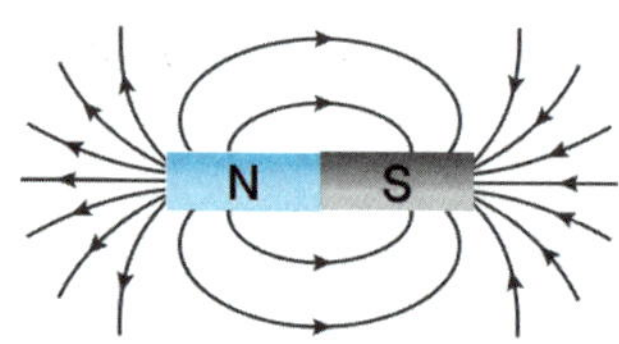


(a) N극에서 나와 S극으로 들어간다.

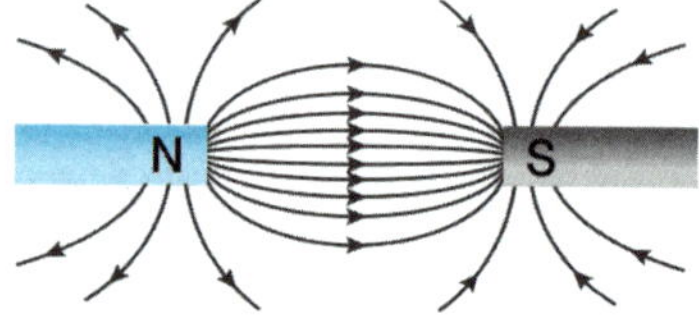


(b) 다른 극끼리는 인력이 작용한다.

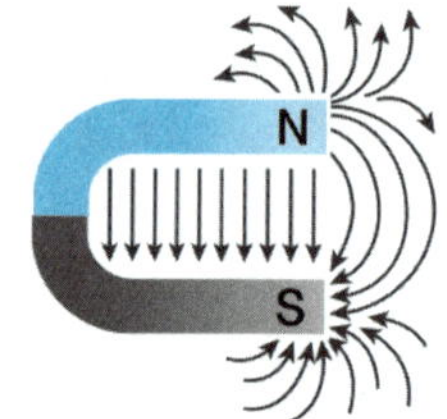


(c) 자석의 끝 부분이 자극의 세기가 크다.

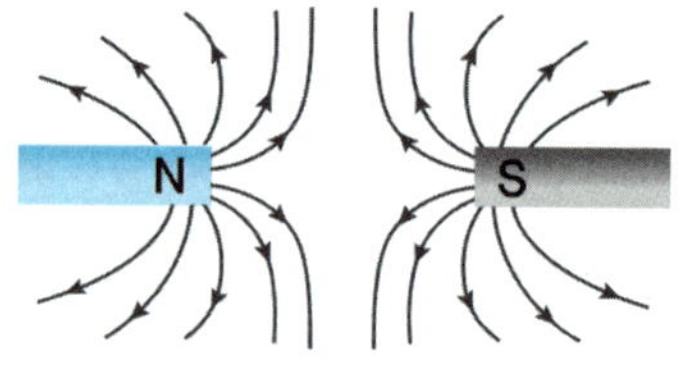


(d) 같은 극끼리는 척력이 작용한다.

▲ 자기력선의 성질

③ **가우스의 정리** : 임의의 폐곡면 내 자하 $m$[Wb]가 있을 때 이 폐곡면을 통해 나오는 자기력선 수. 매질의 종류에 따라 자기력선 수가 달라진다.

자기력선 수 $N = \frac{m}{\mu}$[개]

④ **자속(magnetic flux)** : 자계의 상태를 나타내기 위한 가상의 선. 매질에 관계없이 $m$[Wb]의 자하에서 $m$[Wb]의 자속이 나온다.

자속 $\phi = m$[Wb]

⑤ **자속밀도(magnetic flux density)** : 1[$m^2$]의 단위 면적 중 통과하는 자속 수

자속밀도 $B = \frac{\text{자속 } \phi}{\text{단면적 } S}$, $B = \mu H = \mu_0 \cdot \mu_s H$[Wb/$m^2$]

⑥ **[gauss, 가우스]** : 자속밀도의 CGS 단위

$1[\text{Wb/m}^2] = \frac{10^8[\text{max}]}{10^4[\text{cm}^2]} = 10^4[\text{max/cm}^2] = 10^4[\text{gauss}]$

$1[\text{gauss}] = 10^{-4}[\text{Wb/m}^2]$

### (3) 자기 모멘트

① **자기 쌍극자(magnetic dipole)** : 미세한 자석과 같이 N극과 S극이 일정 거리를 두고 서로 반대쪽에 떨어져 있는 것

② **자기 모멘트(magnetic moment)** : 자기장을 생성하는 가장 작은 단위. 자극의 세기가 $m$[Wb]이고 길이가 $l$[m]인 자석에서의 자극의 세기와 자석의 곱

$M = m \cdot l$[Wb·m]

### (4) 히스테리시스 곡선

① 자성체의 자기장 세기 $H$를 (+)극에서 (−)극으로 변화시켰을 때 자속밀도 $B$의 변화를 나타낸 그래프

② 히스테리시스 곡선에서 횡축(가로축)은 자기장의 세기를, 종축(세로축)은 자속밀도를 나타내며 횡축과 만나는 점은 보자력, 종축과 만나는 점은 잔류 자기라고 한다.

③ **자기 포화** : 외부 자기장의 세기를 증가시키면 철심 내부의 자속밀도는 점차 증가하다가 점차 기울기가 완만한 곡선을 이루다가 더 이상 증가하지 않는 지점

④ **잔류 자기** : 외부 자기장의 세기를 0으로 줄였을 때 철심 내부에 남아 있는 자속밀도

⑤ **보자력** : 잔류 자기를 없애기 위해 역방향으로 가해준 외부 자기장의 세기

⑥ **자석의 구비조건**

㉠ 영구자석 : 강한 자화 상태를 오래 보존하는 자석. 잔류자속밀도, 보자력 모두 크다. 예 강철, 합금

㉡ 전자석 : 전류가 흐르면 자기화되고, 전류를 끊으면 자화되지 않은 원래의 상태로 돌아가는 자석. 잔류자속밀도는 크고 보자력은 작다. 예 연철

⑦ 히스테리시스 손실 $P_c = \eta f B_m^{1.6}$[Wb/$m^2$] ($\eta$ : 히스테리시스상수, $f$ : 주파수)

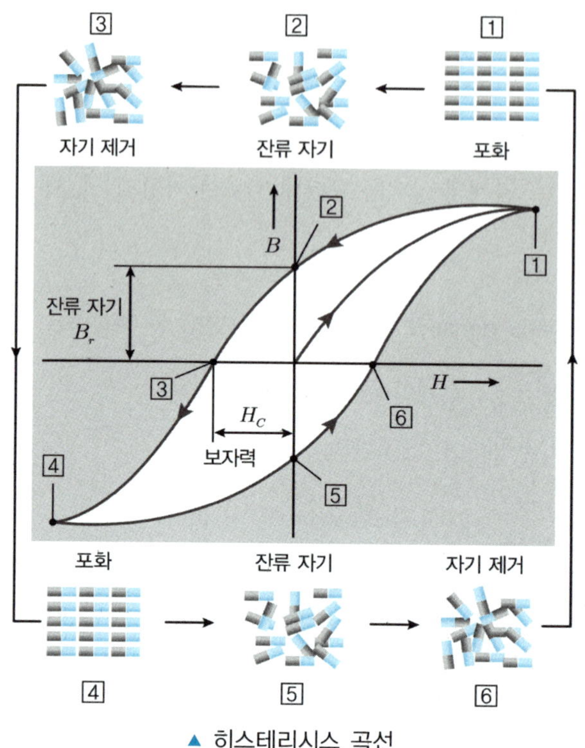


▲ 히스테리시스 곡선

## 핵심 유형 문제

**1** **자기력선에 대해 설명한 것이다. 옳지 않은 것은?**

① 자기력선은 N극에서 시작하여 S극에서 끝난다.
② 자기력선은 서로 만나 교차한다.
③ 자극 m[Wb]에서 m개의 자속이 발생한다.
④ 자기장의 크기는 그 점에서의 자기력선의 밀도를 나타낸다.

정답 ②

② 자기력선은 서로 만나 교차하지 않는다.
③ 자속은 m개, 자기력선은 $\frac{m}{\mu}$개다.

**2** **자속밀도 단위는?**

① [Wb]　② [Wb/m²]
③ [AT/Wb]　④ [Wb · m]

정답 ②

자속밀도 $B=\frac{\text{자속}\,\phi[\text{Wb}]}{\text{단면적}\,S[\text{m}^2]}$ 이므로 단위는 $[\text{Wb/m}^2]$이다.

# 2 전류에 의한 자기 현상

## 1. 앙페르의 오른나사 법칙

전류가 흐르면 주변에 자기장이 발생하게 되는데 전류의 방향에 따라 자기장의 회전 방향을 결정하는 법칙

### (1) 직선 도선에서의 앙페르의 오른나사 법칙

직선 도선에서 전류의 방향을 오른손 엄지손가락과 같은 방향으로 두었을 때 나머지 네 손가락의 방향은 자기력선의 방향과 같다.

### (2) 원형 도선에서의 앙페르의 오른나사 법칙

원형 도선에서 전류의 방향을 오른손 네 손가락과 같은 방향으로 두었을 때 엄지손가락의 방향은 자기력선의 방향과 같다.



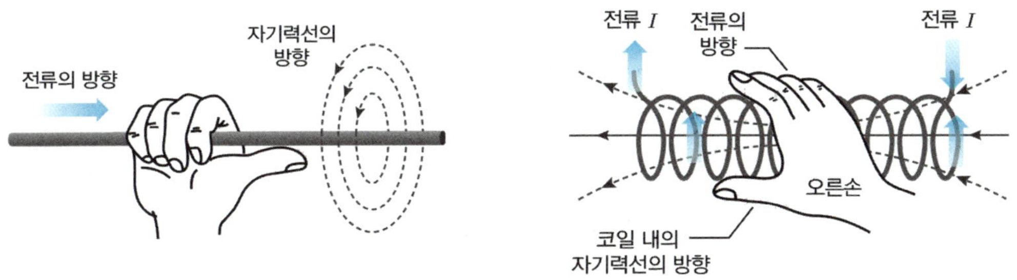


▲ 앙페르의 오른나사 법칙

## 2. 2개의 평행 도체 사이의 힘의 크기

2개의 평행한 직선 도체에 흐르는 전류의 방향이 같을 때는 서로 끌어당기는 힘(인력, 흡인력)이 작용하고, 전류의 방향이 반대일 때는 서로 반발하는 힘(척력, 반발력)이 작용한다.

단위 길이당 도체 간에 작용하는 힘

$$F = \frac{\mu}{2\pi} \times \frac{I_1 \cdot I_2}{r}$$

$$= 2 \times 10^{-7} \times \frac{I_1 \cdot I_2}{r} \text{[N]}$$

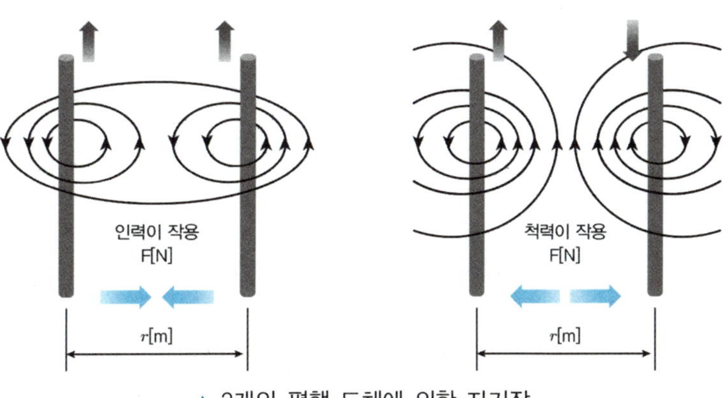


▲ 2개의 평행 도체에 의한 자기장

## 3. 자기장의 세기를 구하는 법칙

(1) 비오-사바르의 법칙

유한장 전선에 전류가 흐를 때 주변 자기장의 세기를 구하는 법칙

$$dH = \frac{Idl\sin\theta}{4\pi r^2}\text{[AT/m]}$$

(2) 앙페르의 주회적분 법칙

무한장 전선에 전류가 흐를 때 주변 자기장의 세기를 구하는 법칙

$\int H \cdot dl = \sum I,\ Hl = NI\,[\text{A}]$ ($N$ : 코일의 권수, $I$ : 전류)

**핵심 유형 문제**

**1** **전류로 만들어지는 자기장의 자기력선의 방향을 간단하게 알아보는 법칙은?**

① 앙페르의 오른나사 법칙 ② 키르히호프의 법칙

③ 렌츠의 법칙 ④ 줄의 법칙

정답 ①

**2** **평행한 두 도체에 각각 다른 방향의 전류가 흘렀을 때 두 도체 사이에 작용하는 힘으로 맞는 것은?**

① 반발력

② 흡인력

③ 힘이 작용하지 않는다.

④ 반발력과 흡인력이 번갈아 작용한다.

정답 ①

2개의 평행한 직선 도체에 흐르는 전류의 방향이 같을 때는 서로 끌어당기는 힘(인력, 흡인력)이 작용하고, 전류의 방향이 반대일 때는 서로 반발하는 힘(척력, 반발력)이 작용한다.

## 4. 도체의 모양별 자기장의 세기

(1) 무한 직선 전류에 의한 자기장의 세기

$$H = \frac{I}{2\pi r}\text{[AT/m]}$$

($I$ : 전류, $r$ : 무한 직선과의 거리)

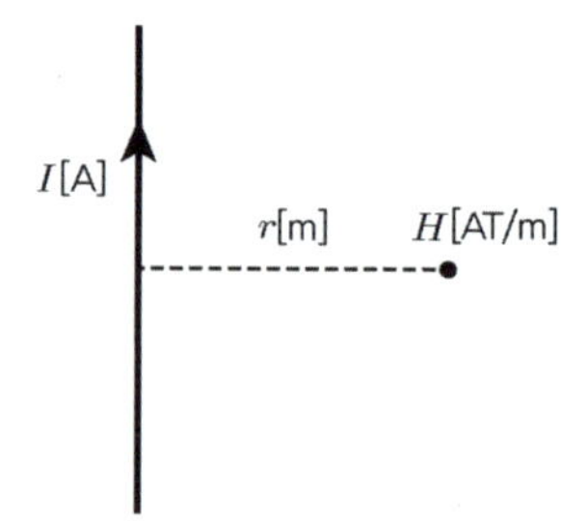

▲ 무한 직선 전류에 의한 자기장의 세기

(2) 원형 코일의 중심에서 자기장의 세기

$H = \dfrac{NI}{2r}$ [AT/m]

($N$ : 코일을 감은 횟수, $r$ : 원형 코일의 반지름)

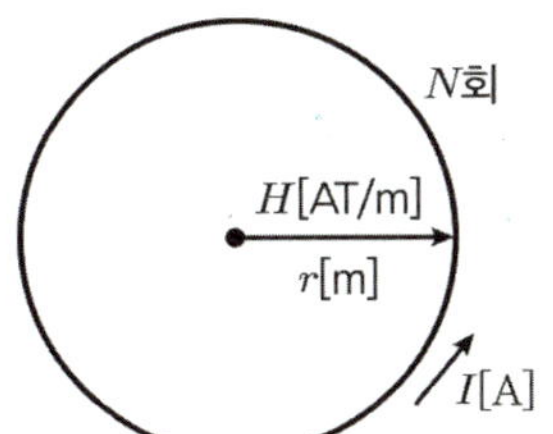


▲ 원형 코일의 중심에서 자기장의 세기

(3) 무한장 솔레노이드에 의한 자기장의 세기

① 내부 : $H = n_0 I$[AT/m]

($n_0$ : 단위 길이 1[m]당 권수)

② 외부 : $H = 0$[AT/m]

(4) 환상 솔레노이드에 의한 자기장의 세기

$H = \dfrac{NI}{l} = \dfrac{NI}{2\pi r}$ [AT/m]

($r$ : 환상 솔레노이드의 반지름)

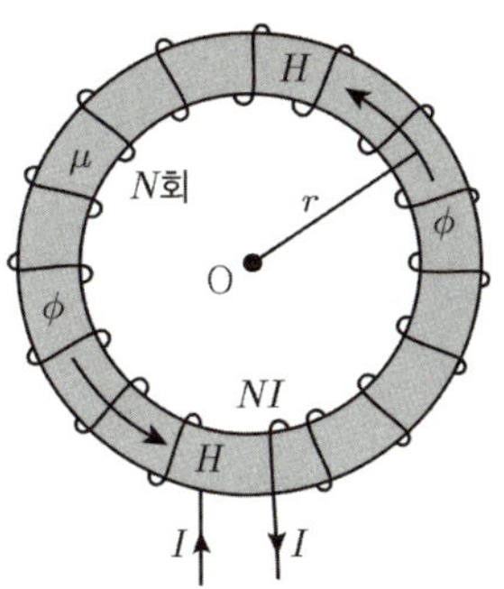


▲ 환상 솔레노이드에 의한 자기장의 세기

## 5. 전자 유도 작용

(1) 패러데이의 법칙

① 유도기전력의 크기

② 전자 유도에 의해 발생하는 유도기전력의 크기는 코일을 관통하는 자속 $\phi$의 시간적인 변화율에 비례한다.

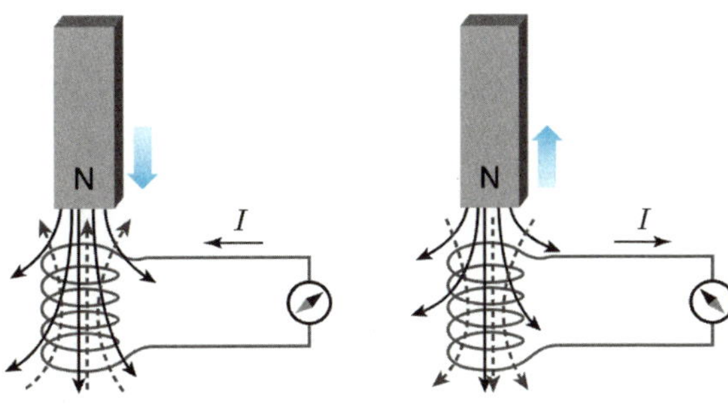


▲ 패러데이의 법칙

$e = -N\dfrac{d\phi}{dt}$ [V]
- $N$ : 코일의 권선수
- $\dfrac{d\phi}{dt}$ : 단위 시간당 자속의 변화율
- (−) : 유도기전력의 방향(렌츠의 법칙)

(2) 렌츠의 법칙

① 유도기전력의 방향

② 전자 유도에 의해 발생하는 유도전류는 항상 자속의 변화를 방해하는 방향으로 흐른다.

**핵심 유형 문제**

**1** 20회 감은 코일을 지나가는 자속이 1/10[sec] 동안에 0.5[Wb]에서 1.0[Wb]로 증가하였다면 유도기전력[V]은?

① 25 ② 50
③ 75 ④ 100

정답 ④

$$e = N\frac{d\phi}{dt} = 20 \times \frac{1.0 - 0.5}{1/10} = 20 \times \frac{0.5}{0.1} = 100\,[\text{V}]$$

## 6. 플레밍의 법칙

(1) 플레밍의 오른손 법칙

① 발전기의 원리

② 자기장 내에서 도체를 움직이면 도체의 운동에 의한 유도기전력의 방향과 크기를 알 수 있다.

③ $e = Blv\sin\theta\,[\text{V}]$

($B$ : 자속밀도, $l$ : 도체의 길이, $v$ : 도체의 회전속도, $\theta$ : 도체와 자기장이 이루는 각)

(2) 플레밍의 왼손 법칙

① 전동기의 원리

② 자기장 내에서 전류를 흐르게 하였을 때 도체가 받는 힘의 방향과 크기를 알 수 있다.

③ $F = BlI\sin\theta\,[\text{N}]$

($F$ : 도선이 받는 힘, $B$ : 자속밀도, $l$ : 도체의 길이, $I$ : 전류, $\theta$ : 도체와 자기장이 이루는 각)

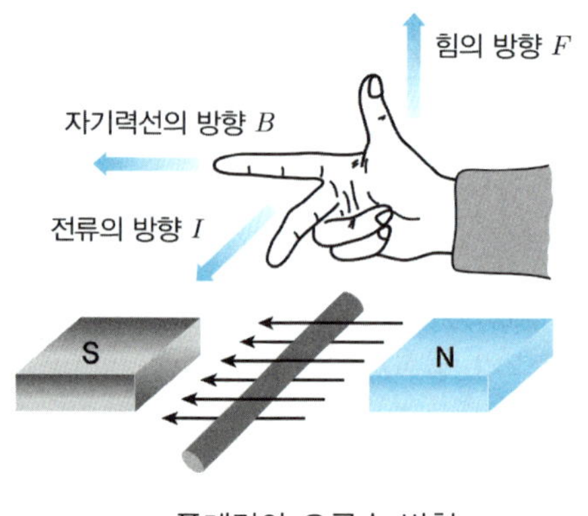

▲ 플레밍의 오른손 법칙

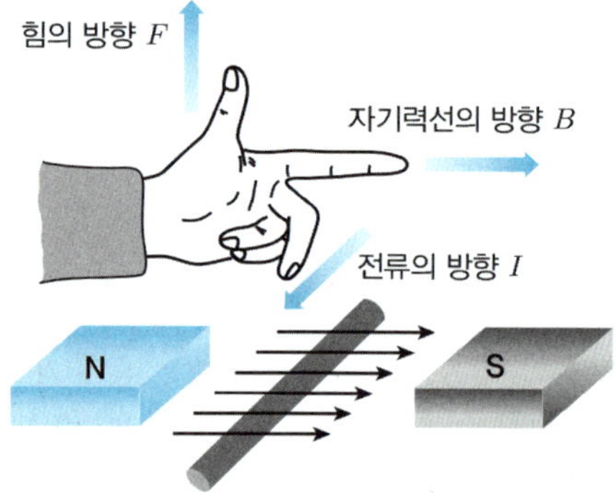

▲ 플레밍의 왼손 법칙

**핵심 유형 문제**

**1** 무한장 직선도체에 5[A]의 전류가 흐르고 있다. 이때 생기는 자장의 세기가 20[AT/m]인 점은 도체로부터 약 몇 [cm] 떨어져 있는가?

① 2 ② 4
③ 6 ④ 8

정답 ②

무한 직선 전류에 의한 자기장의 세기 $H=\dfrac{I}{2\pi r}$[AT/m] ($I$ : 전류, $r$ : 무한 직선과의 거리)

$H=\dfrac{I}{2\pi r}=\dfrac{5}{2\pi r}=20$, $r=\dfrac{5}{2\pi\times 20}\fallingdotseq 0.04$[m]이므로 $r=4$[cm]이다.

**2** 플레밍의 오른손 법칙에서 둘째 손가락의 방향은?

① 자기력선속의 방향 ② 힘의 방향
③ 기전력의 방향 ④ 전류의 방향

정답 ①

첫째 손가락 : 힘의 방향, 둘째 손가락 : 자기력선속의 방향, 셋째 손가락 : 전류의 방향

## 3 자기회로

### 1. 자기회로

코일에 전류 $I$를 흘리면 자기장이 발생하여 철심 내에서는 자속 $\phi$가 흐르게 된다.

(1) 기자력 : 자속을 발생시키는 힘

$F=NI=R_m\phi$[AT]

(2) 자기저항 $R_m=\dfrac{l}{\mu S}=\dfrac{NI}{\phi}$[AT/Wb]

(3) 자기회로에서의 자속

$$\phi=\frac{F}{R_m}=\frac{\mu SNI}{l}=BS=\mu HS[\mathrm{Wb}]$$

(4) 자속밀도

$$B=\frac{\phi(\text{자속})}{S(\text{단면적})}[\mathrm{Wb/m^2}],\ \ B=\mu H$$

## 2. 전기회로와 자기회로의 비교

| 전기회로 | 단위 | 자기회로 | 단위 |
|---|---|---|---|
| 전류 $I$ | [A] | 자속 $\phi$ | [Wb] |
| 기전력 $e$<br>$e = IR$ | [V] | 기자력 $F$<br>$F = NI = R_m\phi = Hl$ | [AT] |
| 전기저항 $R$<br>$R = \rho\frac{l}{S} = \frac{l}{\sigma S}$ | [Ω] | 자기저항 $R_m$<br>$R_m = \frac{l}{\mu S}$ | [AT/Wb] |
| 전도율 $\sigma$ | [℧/m] | 투자율 $\mu$ | [H/m] |
| 전기력선수 $N$<br>$N = \frac{\psi}{\varepsilon} = \frac{Q}{\varepsilon}$ | [개] | 자기력선 수 $N$<br>$N = \frac{\phi}{\mu} = \frac{m}{\mu}$ | [개] |
| 전속 $\psi$<br>$\psi = Q$ | [C] | 자속 $\phi$<br>$\phi = m$ | [Wb] |
| 전속밀도 $D$<br>$D = \frac{\text{전속 } Q}{\text{단면적 } S}$, $D = \varepsilon E$ | [C/m²] | 자속밀도 $B$<br>$B = \frac{\text{자속 } \phi}{\text{단면적 } S}$, $B = \mu H$ | [Wb/m²] |
| 전기장의 세기 $E$<br>$E = \frac{F}{Q}$ | [V/m], [N/C] | 자기장의 세기 $H$<br>$H = \frac{F}{m}$ | [AT/m], [A/m] |

### 핵심 유형 문제

**1** **자기저항은 자기회로의 길이에 ( ㉠ )하고 자로의 단면적에 ( ㉡ )한다. ( )에 들어갈 말은?**

① ㉠ – 비례, ㉡ – 비례
② ㉠ – 비례, ㉡ – 반비례
③ ㉠ – 반비례, ㉡ – 비례
④ ㉠ – 반비례, ㉡ – 반비례

정답 ②

자기저항 $R_m = \frac{l}{\mu S} = \frac{NI}{\phi}$[AT/Wb]이므로 자기회로의 길이에 비례하고, 자로의 단면적과 투자율의 곱에 반비례한다.

# 4 자기유도와 인덕턴스

## 1. 자기유도 작용

코일에 흐르는 전류 $I$[A]를 변화시키면 코일을 통과하는 자속 $\phi$[Wb]도 변화한다. 패러데이의 법칙에 의해 자속의 변화를 방해하는 방향으로 새로운 기전력이 유도된다.

즉, 코일에 흐르는 전류가 변화하여 코일 자체에 생기는 자속의 변화에 의해 코일 자체에 기전력이 발생하는 것을 '자기유도 작용'이라고 한다.

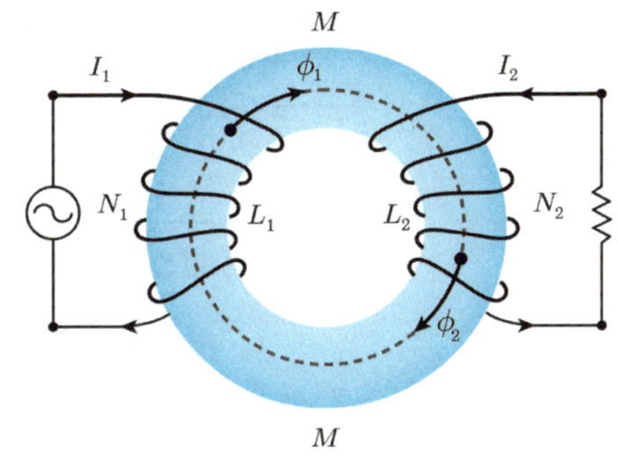

▲ 자기유도 작용

제1과목 전기이론

## 2. 인덕턴스

### (1) 자체 인덕턴스

① 코일에 전류를 흘리면 코일 자체에 유도기전력이 발생하는 현상

② 패러데이 전자유도 법칙에 의해 $e = N\dfrac{d\phi}{dt} = L\dfrac{di}{dt}$, $LI = N\phi$, $L = \dfrac{N\phi}{I}$

③ 자속 $\phi = BS = \mu HS = \mu S \times \dfrac{NI}{l}$ ($B$ : 자속밀도, $S$ : 단면적, $N$ : 권선 수, $l$ : 자로의 길이)

④ 자체 인덕턴스 $L = \dfrac{N\phi}{I} = \dfrac{N}{I} \times \mu S \times \dfrac{NI}{l} = \dfrac{\mu S N^2}{l}$ [H]

따라서 자체 인덕턴스는 코일 권수의 제곱 $N^2$에 비례하다. ($L \propto N^2$)

### (2) 상호 인덕턴스

① 한쪽 코일의 전류가 변화할 때 다른 쪽 코일에 유도기전력이 발생하는 현상

$$e_1 = -M\frac{di_2}{dt} = -N_1\frac{d\phi_1}{dt}\text{[V]},\ e_2 = -M\frac{di_1}{dt} = -N_2\frac{d\phi_2}{dt}\text{[V]}$$

② 상호 인덕턴스 $M = k\sqrt{L_1 L_2}$, $M = k\dfrac{\mu S N_1 N_2}{l}$ [H]

③ **결합계수** $k$ : 실제 코일의 회로에 존재하는 누설자속으로 인해 상호 인덕턴스가 작아지는 비율

[결합계수 $k$] $k = \dfrac{M}{\sqrt{L_1 L_2}}$

- $k = 0$ : 자기적 결합이 전혀 없는 경우
- $0 < k < 1$ : 누설자속이 있는 경우
- $k = 1$ : 완전한 자기적 결합인 경우(누설 자속이 0인 경우)

## 3. 코일의 접속 방법

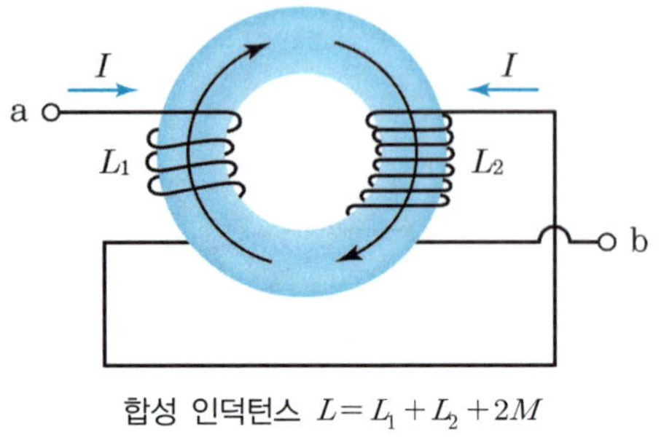


합성 인덕턴스 $L = L_1 + L_2 + 2M$

▲ 가동 접속

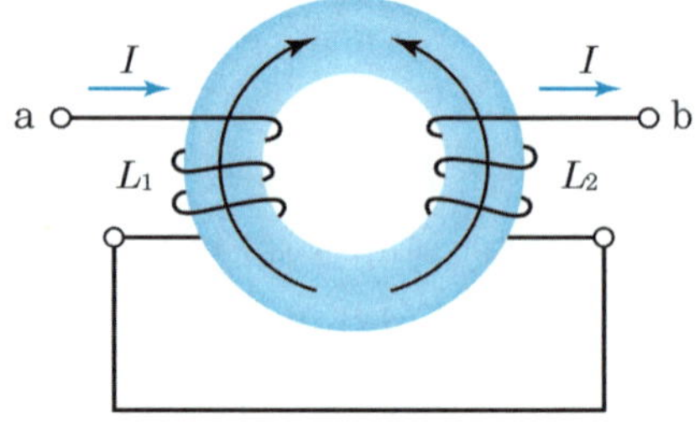


합성 인덕턴스 $L = L_1 + L_2 - 2M$

▲ 차동 접속

(1) 가동 접속 : 1차 코일과 2차 코일이 만드는 자속의 방향이 같은 방향(정방향)일 때
$L = L_1 + L_2 + 2M$[H]

(2) 차동 접속 : 1차 코일과 2차 코일이 만드는 자속의 방향이 반대 방향(역방향)일 때
$L = L_1 + L_2 - 2M$[H]

## 4. 전자에너지

(1) 자체 인덕턴스에 축적되는 에너지 $W_L = \frac{1}{2}LI^2$(J)

(2) 단위 체적당 축적되는 에너지 $W_0 = \frac{1}{2}BH = \frac{1}{2}\mu H^2 = \frac{1}{2}\frac{B^2}{\mu}$ [J/m³]

### 핵심 유형 문제

**1** **자체 인덕턴스가 20[mH]와 80[mH]인 두 개의 코일이 있다. 두 코일 사이에 누설자속이 없을 때 상호 인덕턴스[mH]는?**

① 20 ② 30
③ 40 ④ 50

정답 ③

$k = \frac{M}{\sqrt{L_1 L_2}}$ 에서 누설자속이 없을 때 결합계수 $k = 1$이므로 $M = k\sqrt{L_1 L_2}$ 이다.

$M = 1 \times \sqrt{20 \times 10^{-3} \times 80 \times 10^{-3}} = 4 \times 10^{-2} = 40$[mH]

# CHAPTER 04 교류회로



## 1 교류회로의 기초

### 1. 사인파 교류

(1) 사인파 교류의 파형

① 교류와 직류

㉠ 교류(AC, Altermating current) : 시간이 변함에 따라 크기와 방향이 주기적으로 변하는 전압 또는 전류

㉡ 직류(DC, Direct Current) : 시간이 변해도 크기와 방향이 일정한 전압 또는 전류

② 정현파와 비정현파

㉠ 정현파 : 크기와 방향이 시간과 함께 사인파 모양으로 변화하는 전압 또는 전류. 사인파

㉡ 비정현파 : 삼각파, 구형파(직사각형파), 톱니파, 펄스파, 왜형파

③ 비정현파의 발생 요인

㉠ 전기자 반작용에 의한 주 자속의 일그러짐.

㉡ 철심의 자기 포화 및 히스테리시스 현상에 의한 여자 전류의 일그러짐.

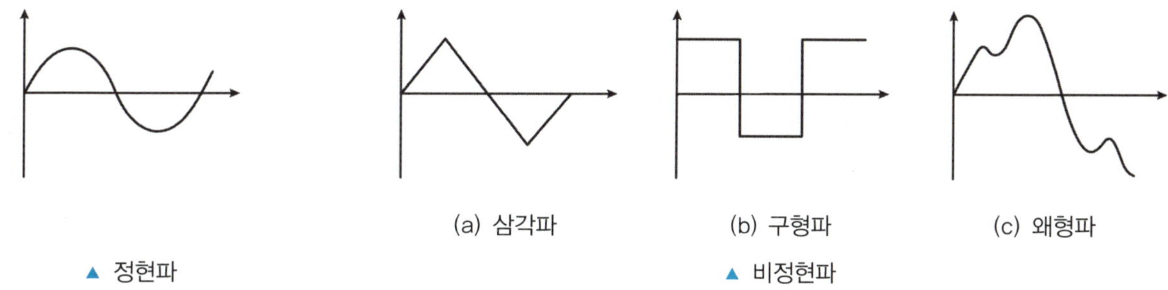

(a) 삼각파 (b) 구형파 (c) 왜형파

▲ 정현파 ▲ 비정현파

(2) 사인파 교류의 발생

① 호도법과 도수법

| 도수법 | 0° | 30° | 45° | 60° | 90° | 120° | 180° | 270° | 360° |
|---|---|---|---|---|---|---|---|---|---|
| 호도법 | 0 | $\frac{\pi}{6}$ | $\frac{\pi}{4}$ | $\frac{\pi}{3}$ | $\frac{\pi}{2}$ | $\frac{2}{3}\pi$ | $\pi$ | $\frac{3}{2}\pi$ | $2\pi$ |

② 주파수와 주기

㉠ 주파수 $f$ : 1초 동안 반복되는 사이클의 수[Hz]

㉡ 주기 $T$ : 1 사이클의 변화에 필요한 시간[sec]

㉢ $T = \frac{1}{f}$

③ 각속도(각주파수) : 회전운동시 1[sec] 동안 발생하는 각의 변화율

$\omega = 2\pi f$[rad/sec]

④ 위상 : 파형의 어떤 임의의 지점에 대한 시간적 위치

⑤ 위상차 : 주파수가 같은 2개 이상의 교류 사이에서 시간적 위치 차이

| $v_1 = \sin(\omega t + \theta_1)$ | $v = \sin\omega t$ | $v_2 = \sin(\omega t - \theta_1)$ |
|---|---|---|
| $v_1$은 $v$보다 $\theta_1$만큼 앞선다. | 기준 | $v_2$는 $v$보다 $\theta_2$만큼 뒤진다. |

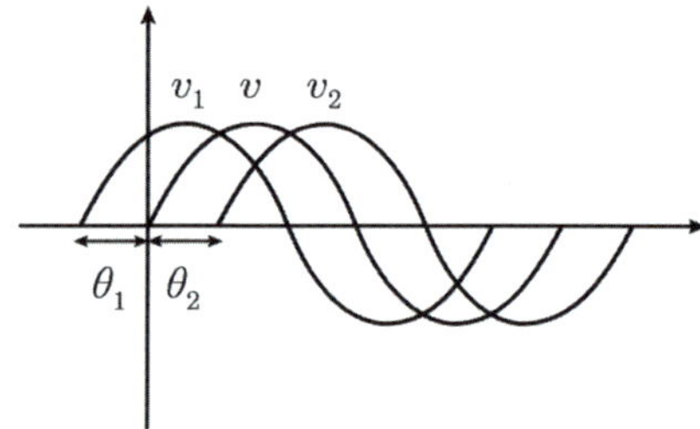


▲ 위상차

⑥ 최댓값 : 교류전류 또는 교류전압에서 가장 높은 값

$v = V_m \sin(wt + \theta)$에서 최댓값은 $V_m$이다.

$i = I_m \sin(wt + \theta)$에서 최댓값은 $I_m$이다.

**핵심 유형 문제**

**1** $i = 50\cos 314t$[A]의 주기[sec]는 얼마인가?

① 0.01 ② 0.02
③ 0.03 ④ 0.04

정답 ②

각주파수 $\omega = 2\pi f = 314$[rad/sec], 주파수 $f = \frac{314}{2\pi} = 50$[Hz], 주기 $T = \frac{1}{f} = \frac{1}{50} = 0.02$[sec]

## 2. 사인파 교류의 크기

### (1) 순시값, 평균값, 실횻값

① 순시값 : 교류에서 임의의 순간에서의 전류, 전압의 크기를 나타내는 값

전압 $v(t) = V_m \sin(\omega t + \theta)$[V], 전류 $i(t) = I_m \sin(\omega t + \theta)$[A]

② 평균값 : 한 주기 동안의 면적의 산술적인 평균값

$$V_{avg} = \frac{2}{\pi} V_m \fallingdotseq 0.637 V_m [V], \ I_{avg} = \frac{2}{\pi} I_m \fallingdotseq 0.637 I_m [A]$$

③ 실횻값 : 직류와 동일한 일을 하는 크기의 교류값. 일반적으로 교류전류 또는 교류전압의 크기를 표시하는 값

$$V_{rms} = \frac{V_m}{\sqrt{2}} \fallingdotseq 0.707 V_m [V], \ I_{rms} = \frac{I_m}{\sqrt{2}} \fallingdotseq 0.707 I_m [A]$$

| | 정현파 | 반파정류파 | 삼각파 | 구형파 | 반파구형파 |
|---|---|---|---|---|---|
| 실횻값 | $\frac{V_m}{\sqrt{2}}$ | $\frac{V_m}{2}$ | $\frac{V_m}{\sqrt{3}}$ | $V_m$ | $\frac{V_m}{\sqrt{2}}$ |
| 평균값 | $\frac{2V_m}{\pi}$ | $\frac{V_m}{\pi}$ | $\frac{V_m}{2}$ | $V_m$ | $\frac{V_m}{2}$ |

(2) 파고율과 파형률

① 파고율 : 파형의 날카로움의 정도를 나타낸 것. 파고율 $= \frac{\text{최댓값}}{\text{실횻값}}$

② 파형률 : 파형의 평평한 정도(평활도)를 나타낸 것. 파형률 $= \frac{\text{실횻값}}{\text{평균값}}$

**핵심 유형 문제**

**1** 실횻값 100[V], 주파수 60[Hz], 위상 30°인 사인파 교류전압의 순시값은?

① $50\sqrt{2}\sin(60\pi t+30°)$
② $50\sqrt{2}\sin(60\pi t-30°)$
③ $100\sqrt{2}\sin(120\pi t+30°)$
④ $100\sqrt{2}\sin(120\pi t-30°)$

정답 ③

최댓값 $V_m = 100\sqrt{2}$[V], 각주파수 $\omega = 2\pi f = 2\pi \times 60 = 120\pi$[rad/sec]

$v = V_m \sin(\omega t + \theta) = 100\sqrt{2}\sin(120\pi t + 30°)$[V]

**2** 한 정현파 교류의 최댓값 $V_m = 220$[V]일 때 평균값 $V_{avg}$는?

① 125
② 130
③ 135
④ 140

정답 ④

평균값 $V_{avg} = \frac{2}{\pi} V_m = \frac{2}{\pi} \times 220 = \frac{440}{\pi} \fallingdotseq 140$[V]

## 3. 복소수에 의한 사인파 교류의 표시

### (1) 복소 기호법

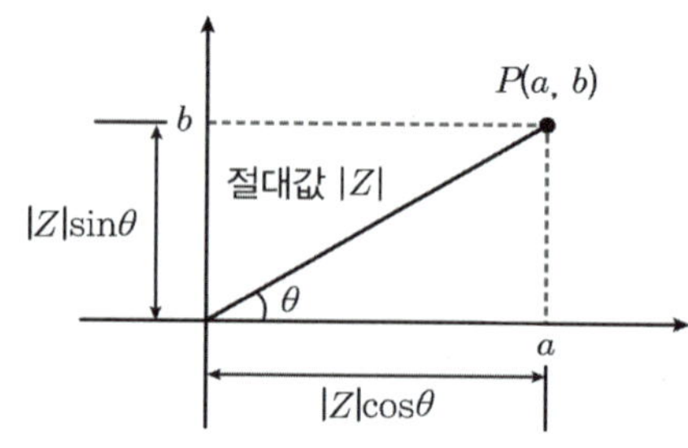

▲ 복소 기호법

① 직각 좌표법 : $\dot{Z} = a + jb$

㉠ $a$ : 실수부, $b$ : 허수부

㉡ 크기 : $|Z| = \sqrt{a^2 + b^2}$

㉢ 편각 : $\theta = \tan^{-1}\dfrac{b}{a}$

㉣ $\dot{Z}_1 = a + jb$ , $\dot{Z}_2 = c + jd$일 때

ⓐ $\dot{Z}_1 + \dot{Z}_2 = (a+c) + j(b+d)$

ⓑ $\dot{Z}_1 - \dot{Z}_2 = (a-c) + j(b-d)$

ⓒ $\dot{Z}_1 \times \dot{Z}_2 = (ac - bd) + j(bc + ad)$

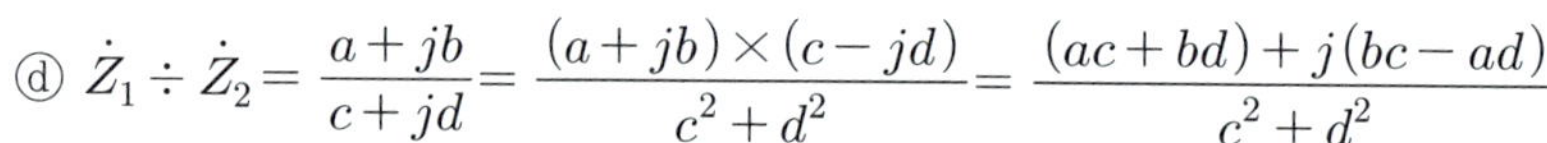

ⓓ $\dot{Z}_1 \div \dot{Z}_2 = \dfrac{a+jb}{c+jd} = \dfrac{(a+jb)\times(c-jd)}{c^2+d^2} = \dfrac{(ac+bd)+j(bc-ad)}{c^2+d^2}$

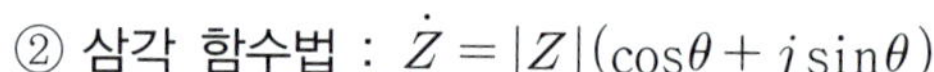

② 삼각 함수법 : $\dot{Z} = |Z|(\cos\theta + j\sin\theta)$

③ 극좌표법

㉠ $\dot{Z} = |Z| \angle \theta$

㉡ $\dot{Z}_1 = |Z_1| \angle \theta_1$ , $\dot{Z}_2 = |Z_2| \angle \theta_2$일 때

ⓐ $\dot{Z}_1 \times \dot{Z}_2 = |Z_1||Z_2| \angle \theta_1 + \theta_2$

ⓑ $\dot{Z}_1 \div \dot{Z}_2 = \dfrac{|Z_1|}{|Z_2|} \angle \theta_1 - \theta_2$

### (2) 사인파 교류를 복소수로 표시

전압 $v(t) = V_m \sin(\omega t + \theta)$[V]를 복소수로 바꿀 때 전압 $V(t)$의 크기는 실횻값으로 계산한다.

① 직각 좌표법 $\dot{V} = V_{rms}\cos\theta + jV_{rms}\sin\theta = \dfrac{V_m}{\sqrt{2}}\cos\theta + j\dfrac{V_m}{\sqrt{2}}\sin\theta$[V]

② 삼각함수법 $\dot{V} = V_{rms}(\cos\theta + j\sin\theta) = \dfrac{V_m}{\sqrt{2}}(\cos\theta + j\sin\theta)$[V]

③ 극좌표법 $\dot{V} = V_{rms} \angle \theta = \dfrac{V_m}{\sqrt{2}} \angle \theta$[V]

(3) 임피던스와 어드미턴스

| $\dot{Z}=R+jX$ | $\dot{Y}=\frac{1}{\dot{Z}}=G+jB$ |
|---|---|
| • $\dot{Z}$ : 임피던스<br>• $R$ : 저항(실수부)<br>• $X$ : 리액턴스(허수부) | • $\dot{Y}$ : 어드미턴스<br>• $G$ : 컨덕턴스(실수부)<br>• $B$ : 서셉턴스(허수부) |

**핵심 유형 문제**

**1** **임피던스 $\dot{Z}=3+j4[\Omega]$에서 컨덕턴스[℧]는?**

① 0.06
② 0.08
③ 0.10
④ 0.12

정답 ④

임피던스 $\dot{Z}=3+j4[\Omega]$에서 어드미턴스 $\dot{Y}=\frac{1}{\dot{Z}}=G+jB[℧]$이므로

어드미턴스 $\dot{Y}=\frac{1}{3+j4}=\frac{3-j4}{(3+j4)(3-j4)}=\frac{3-j4}{25}=0.12-j0.16[℧]$이다.

따라서 컨덕턴스 $G=0.12[℧]$이다.

## 2 교류전류에 대한 R, L, C의 작용

### 1. 저항(R)만의 회로

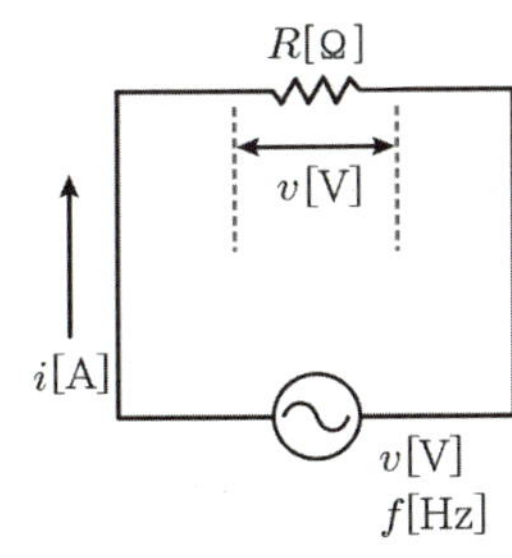


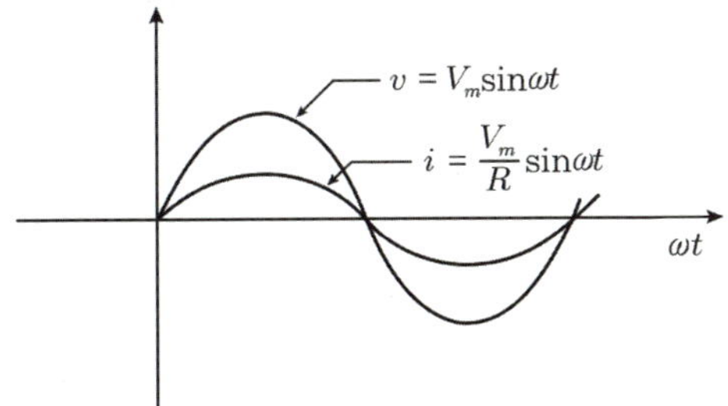


(1) 전류 $i$

전압 $v=V_m\sin\omega t[\mathrm{V}]$일 때 전류 $i=\frac{v}{R}=\frac{V_m\sin\omega t}{R}=\frac{V_m}{R}\sin\omega t=I_m\sin\omega t[\mathrm{A}]$

따라서 $I_m=\frac{V_m}{R}[\mathrm{A}]$

(2) 전압 $v$와 전류 $i$의 위상

전압 $v$와 전류 $i$에 위상차가 없으므로 동상이다.

## 2. 인덕터(L)만의 회로

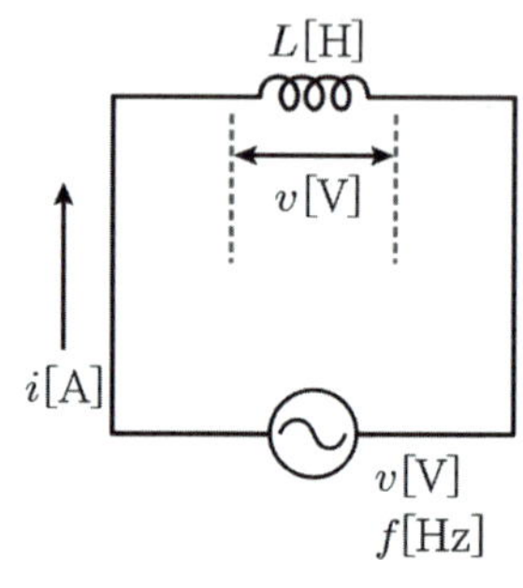


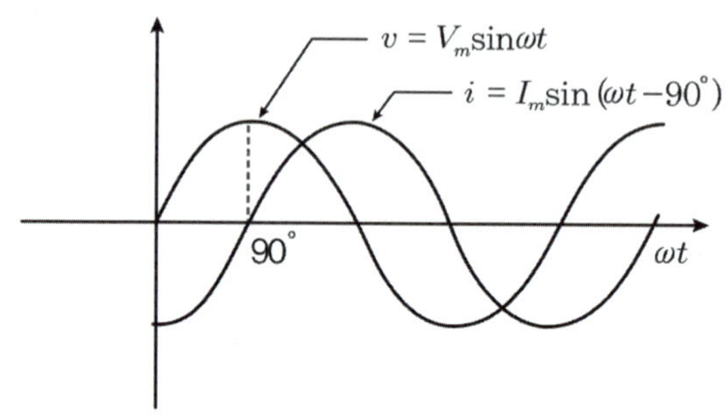


(1) 임피던스

① 유도성 리액턴스 $X_L = \omega L = 2\pi f L[\Omega]$

② 임피던스 $Z = jX_L = j\omega L = \omega L \angle 90°[\Omega]$

(2) 전류 $i$

전압 $v = V_m \sin\omega t[\mathrm{V}]$일 때

$$\text{전류 } i = \frac{v}{Z} = \frac{V_m \sin\omega t}{jX_L} = -j\frac{V_m \sin\omega t}{\omega L} = \frac{V_m}{\omega L}\sin(\omega t - 90°) = I_m \sin(\omega t - 90°)[\mathrm{A}]$$

$$I_m = \frac{V_m}{\omega L}[\mathrm{A}]$$

(3) 전압 $v$와 전류 $i$의 위상

① 전압 $v$가 전류 $i$보다 위상이 90° 앞선다.

② 전류 $i$가 전압 $v$보다 위상이 90° 뒤진다. (지상)

## 3. 커패시터(C)만의 회로

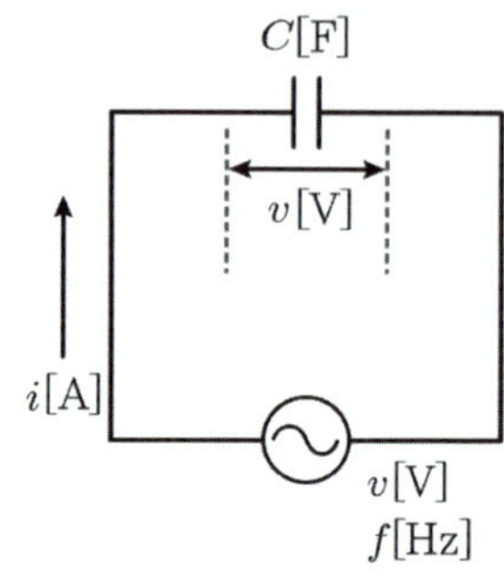


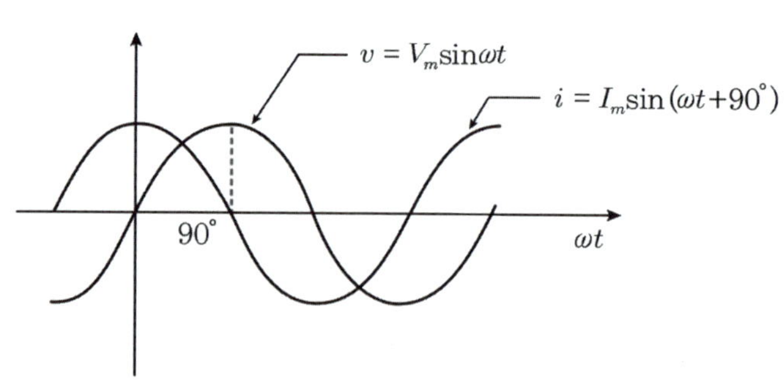

(1) 임피던스

용량성 리액턴스 $X_C = \dfrac{1}{\omega C} = \dfrac{1}{2\pi f C}[\Omega]$

임피던스 $Z = -jX_C = -j\dfrac{1}{\omega C} = \dfrac{1}{j\omega C} = \dfrac{1}{\omega C}\angle -90°[\Omega]$

(2) 전류 $i$

전압 $v = V_m \sin\omega t[V]$일 때

전류 $i = \dfrac{v}{Z} = \dfrac{V_m \sin\omega t}{-jX_C} = j\dfrac{V_m \sin\omega t}{\dfrac{1}{\omega C}} = V_m \omega C \sin(\omega t + 90°) = I_m \sin(\omega t + 90°)[A]$

$I_m = V_m \omega C[A]$

(3) 전압 $v$와 전류 $i$의 위상

① 전압 $v$가 전류 $i$보다 위상이 90° 뒤진다.

② 전류 $i$가 전압 $v$보다 위상이 90° 앞선다. (진상)



**핵심 유형 문제**

**1** 0.5[H]인 코일에 주파수가 50[Hz]인 교류전압을 인가했을 때 코일의 리액턴스[Ω]는?

① $30\pi$ ② $40\pi$
③ $50\pi$ ④ $60\pi$

정답 ③

$X_L = 2\pi fL = 2\pi \times 50 \times 0.5 = 50\pi[\Omega]$

**2** 20[μF]의 콘덴서에 60[Hz], 100[V]의 교류전압을 가하면 흐르는 전류[A]는?

① 0.75 ② 1.0
③ 1.25 ④ 1.5

정답 ①

$X_C = \dfrac{1}{\omega C} = \dfrac{1}{2\pi f C}$, $I = \dfrac{V}{X_C} = 2\pi fCV = 2\pi \times 60 \times 20 \times 10^{-6} \times 100 \fallingdotseq 0.75[V]$

# 3 RLC 직렬회로

## 1. R-L 직렬회로

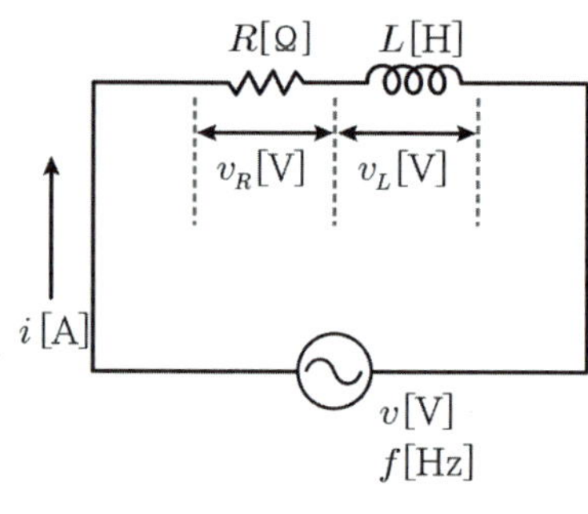


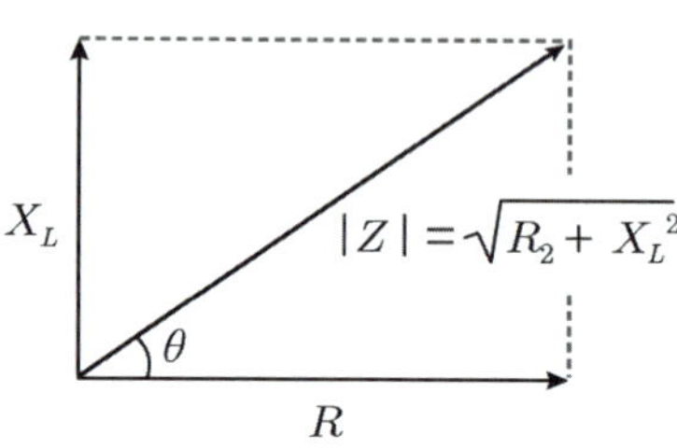


### (1) 임피던스

$$Z=R+jX_L=R+j\omega L=|Z|\angle\theta[\Omega],\ |Z|=\sqrt{R^2+X_L^2}=\sqrt{R^2+(\omega L)^2}\,[\Omega]$$

### (2) 전류 $i$

전압 $v=V_m\sin\omega t$[V]일 때

$$i=\frac{v}{Z}=\frac{V_m\sin\omega t}{|Z|\angle\theta}=\frac{V_m}{|Z|}\sin(\omega t-\theta)[\text{A}]$$

$$I=\frac{V_m}{|Z|}=\frac{V_m}{\sqrt{R^2+X_L^2}}=\frac{V_m}{\sqrt{R^2+(\omega L)^2}}[\text{A}]$$

### (3) 전압 $v$와 전류 $i$의 위상각

$$\tan\theta=\frac{X_L}{R}=\frac{\omega L}{R}$$

$$|\theta|=\tan^{-1}\frac{X_L}{R}=\tan^{-1}\frac{\omega L}{R}=\tan^{-1}\frac{2\pi fL}{R}[\text{rad}]$$

전류 $i$는 전압 $v$에 비해 위상 $\theta$만큼 뒤진다. (지상)

### (4) 역률

$$\cos\theta=\frac{R}{|Z|}=\frac{R}{\sqrt{R^2+X_L^2}}=\frac{R}{\sqrt{R^2+(\omega L)^2}}$$

## 2. R-C 직렬회로

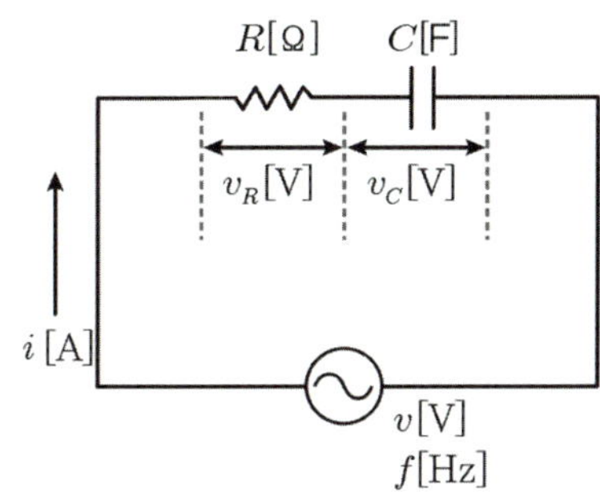


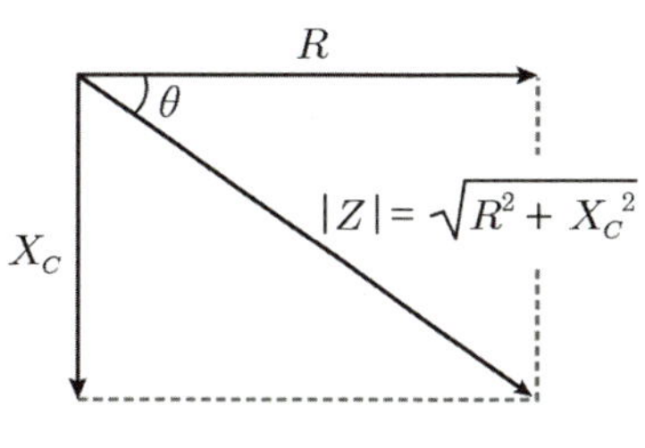




### (1) 임피던스

$$Z = R - jX_C = R - j\frac{1}{\omega C} = |Z| \angle -\theta [\Omega],\ |Z| = \sqrt{R^2 + X_C{}^2} = \sqrt{R^2 + \left(\frac{1}{\omega C}\right)^2}\ [\Omega]$$

### (2) 전류 $i$

전압 $v = V_m \sin\omega t$[V]일 때

$$i = \frac{v}{Z} = \frac{V_m \sin\omega t}{|Z| \angle -\theta} = \frac{V_m}{|Z|}\sin(\omega t + \theta)[\mathrm{A}]$$

$$I = \frac{V_m}{|Z|} = \frac{V_m}{\sqrt{R^2 + X_C{}^2}} = \frac{V_m}{\sqrt{R^2 + \left(\frac{1}{\omega C}\right)^2}}[\mathrm{A}]$$

### (3) 전압 $v$와 전류 $i$의 위상각

$$\tan\theta = \frac{-X_C}{R} = -\frac{\frac{1}{\omega C}}{R} = -\frac{1}{\omega RC}$$

$$|\theta| = \tan^{-1}\left(\frac{X_C}{R}\right) = \tan^{-1}\left(\frac{1}{\omega RC}\right) = \tan^{-1}\left(\frac{1}{2\pi f RC}\right)[\mathrm{rad}]$$

전류 $i$는 전압 $v$에 비해 위상 $\theta$만큼 앞선다. (진상)

### (4) 역률

$$\cos\theta = \frac{R}{|Z|} = \frac{R}{\sqrt{R^2 + X_C{}^2}} = \frac{R}{\sqrt{R^2 + \left(\frac{1}{\omega C}\right)^2}}$$

## 3. R-L-C 직렬회로

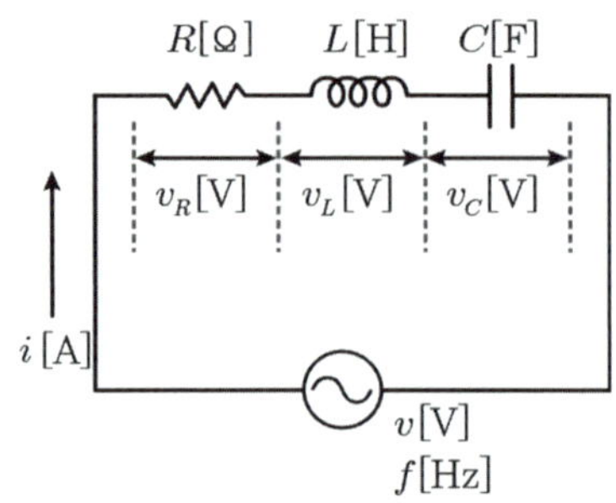


### (1) 임피던스

$$Z = R + j(X_L - X_C) = R + j\left(\omega L - \frac{1}{\omega C}\right) = |Z| \angle \pm\theta[\Omega],\ |Z| = \sqrt{R^2 + (X_L - X_C)^2}\ [\Omega]$$

### (2) 전류 $i$

전압 $v = V_m \sin\omega t$[V]일 때

$$i = \frac{v}{Z} = \frac{V_m \sin\omega t}{|Z| \angle \pm\theta} = \frac{V_m}{|Z|}\sin(\omega t \mp \theta)[\text{A}]$$

$$I = \frac{V_m}{|Z|} = \frac{V_m}{\sqrt{R^2 + X^2}} = \frac{V_m}{\sqrt{R^2 + (X_L - X_C)^2}} = \frac{V_m}{\sqrt{R^2 + \left(\omega L - \frac{1}{\omega C}\right)^2}}[\text{A}]$$

① $\omega L > \frac{1}{\omega C}$ : 유도성 회로(지상)

② $\omega L = \frac{1}{\omega C}$ : 저항성 회로(동상)

③ $\omega L < \frac{1}{\omega C}$ : 용량성 회로(진상)

### (3) 전압 $v$와 전류 $i$의 위상각

$$\tan\theta = \frac{X}{R} = \frac{X_L - X_C}{R} = \frac{\omega L - \frac{1}{\omega C}}{R}$$

$$\theta = \tan^{-1}\left(\frac{X}{R}\right) = \tan^{-1}\left(\frac{\omega L - \frac{1}{\omega C}}{R}\right)[\text{rad}]$$

### (4) 역률

$$\cos\theta = \frac{R}{|Z|} = \frac{R}{\sqrt{R^2 + X^2}} = \frac{R}{\sqrt{R^2 + \left(\omega L - \frac{1}{\omega C}\right)^2}}$$

## 4. R-L-C 직렬회로에서 공진조건

### (1) 공진

모든 물체가 가지고 있는 고유 진동수와 가해지는 공진 주파수와 같아져 진폭이 커지면서 에너지가 증가하는 현상

### (2) 공진 조건

RLC 직렬회로에서 리액턴스 $X = X_L - X_C = wL - \dfrac{1}{wC} = 0$이어야 한다.

$\omega L = \dfrac{1}{\omega C}$, $\omega^2 = \dfrac{1}{LC}$, $\omega = \dfrac{1}{\sqrt{LC}}$, 공진 주파수 $f_0 = \dfrac{1}{2\pi\sqrt{LC}}$[Hz]

$Z = R + j(X_L - X_C) = R + j\left(\omega L - \dfrac{1}{\omega C}\right) = R[\Omega]$

㉠ 임피던스 $Z$가 최소가 된다.

㉡ 전류 $I = \dfrac{V}{Z}$는 최대가 된다.

**핵심 유형 문제**

**1** R-L 직렬회로에서 임피던스 Z의 크기를 나타내는 식은?

① $R^2 + X_L{}^2$　② $R^2 - X_L{}^2$

③ $\sqrt{R^2 + X_L{}^2}$　④ $\sqrt{R^2 - X_L{}^2}$

정답 ③

$Z = R + jX = R + jX_L[\Omega]$, $Z = \sqrt{R^2 + X_L{}^2}[\Omega]$

**2** 저항 3[Ω], 유도 리액턴스 9[Ω], 용량 리액턴스 5[Ω]이 직렬로 된 회로에서의 역률은?

① 0.4　② 0.6

③ 0.8　④ 1.0

정답 ②

임피던스 $Z = R + j(X_L - X_C) = 3 + j(9-5) = 3 + j4[\Omega]$, $|Z| = \sqrt{3^2 + 4^2} = 5[\Omega]$

역률 $PF = \cos\theta = \dfrac{R}{|Z|} = \dfrac{3}{5} = 0.6$

# 4 RLC 병렬회로

## 1. R-L 병렬회로

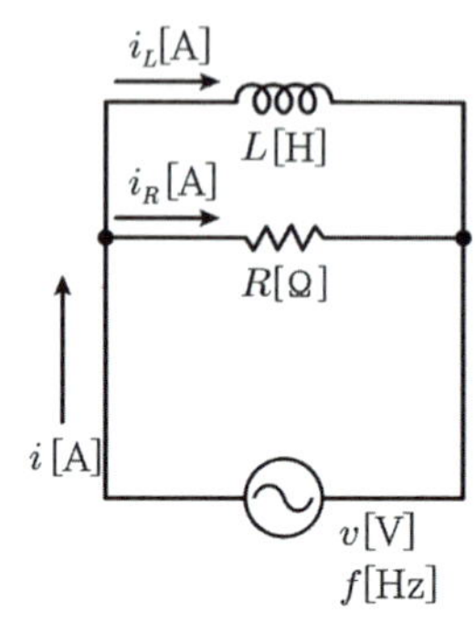


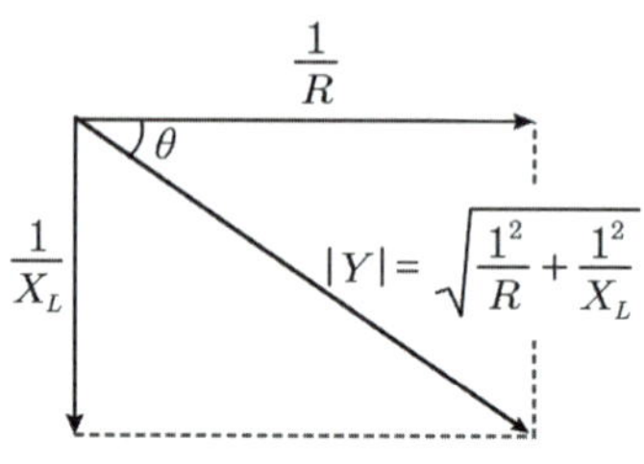


(1) 어드미턴스

$$Y=\frac{1}{R}+\frac{1}{jX_L}=\frac{1}{R}-j\frac{1}{\omega L}=|Y|\angle-\theta[℧],\ |Y|=\sqrt{\left(\frac{1}{R}\right)^2+\left(\frac{1}{X_L}\right)^2}=\sqrt{\left(\frac{1}{R}\right)^2+\left(\frac{1}{\omega L}\right)^2}\ [℧]$$

(2) 전류 $i$

전압 $v=V_m\sin\omega t[\mathrm{V}]$일 때

$$i=vY=V_m\sin\omega t\times|Y|\angle-\theta=V_m|Y|\sin(\omega t-\theta)[\mathrm{A}]$$

$$I=V_m|Y|=V_m\sqrt{\left(\frac{1}{R}\right)^2+\left(\frac{1}{X_L}\right)^2}=V_m\sqrt{\left(\frac{1}{R}\right)^2+\left(\frac{1}{\omega L}\right)^2}\ [\mathrm{A}]$$

전류 $i$는 전압 $v$에 비해 위상 $\theta$만큼 뒤진다. (지상)

(3) 전압 $v$와 전류 $i$의 위상각

$$\tan\theta=\frac{-\frac{1}{X_L}}{\frac{1}{R}}=\frac{-\frac{1}{\omega L}}{\frac{1}{R}}=-\frac{R}{\omega L}$$

$$|\theta|=\tan^{-1}\frac{R}{X_L}=\tan^{-1}\frac{R}{\omega L}=\tan^{-1}\frac{R}{2\pi fL}[\mathrm{rad}]$$

(4) 역률

$$\cos\theta=\frac{\frac{1}{R}}{|Y|}=\frac{\frac{1}{R}}{\sqrt{\left(\frac{1}{R}\right)^2+\left(\frac{1}{X_L}\right)^2}}=\frac{X_L}{\sqrt{R^2+X_L{}^2}}$$

## 2. R-C 병렬회로

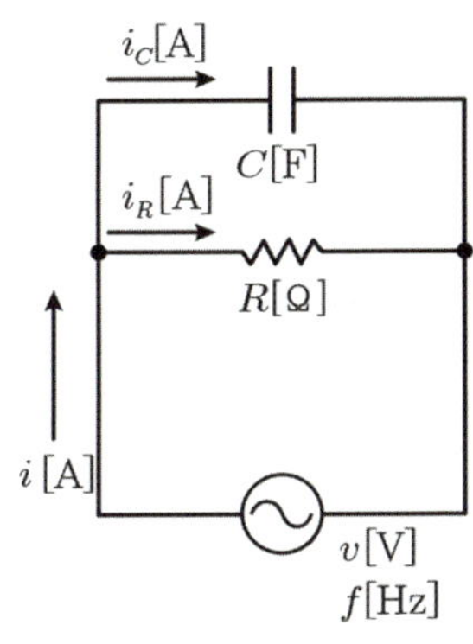


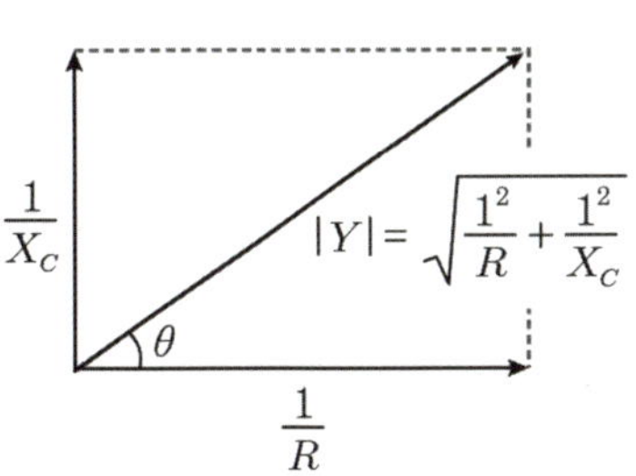




(1) 어드미턴스

$$Y = \frac{1}{R} - \frac{1}{jX_C} = \frac{1}{R} + j\omega C = |Y| \angle \theta [℧],\ |Y| = \sqrt{\left(\frac{1}{R}\right)^2 + \left(\frac{1}{X_C}\right)^2} = \sqrt{\left(\frac{1}{R}\right)^2 + (\omega C)^2}\ [℧]$$

(2) 전류 $i$

전압 $v = V_m \sin \omega t$[V]일 때

$$i = vY = V_m \sin \omega t \times |Y| \angle \theta = V_m |Y| \sin(\omega t + \theta)[A]$$

$$I = V_m |Y| = V_m \sqrt{\left(\frac{1}{R}\right)^2 + \left(\frac{1}{X_C}\right)^2} = V_m \sqrt{\left(\frac{1}{R}\right)^2 + (\omega C)^2}\ [A]$$

전류 $i$는 전압 $v$에 비해 위상 $\theta$만큼 앞선다. (진상)

(3) 전압 $v$와 전류 $i$의 위상각

$$\tan\theta = \frac{\frac{1}{X_C}}{\frac{1}{R}} = \frac{\omega C}{\frac{1}{R}} = \omega RC$$

$$\theta = \tan^{-1}\frac{R}{X_C} = \tan^{-1}\omega RC = \tan^{-1}(2\pi f RC)[\text{rad}]$$

(4) 역률

$$\cos\theta = \frac{\frac{1}{R}}{|Y|} = \frac{\frac{1}{R}}{\sqrt{\left(\frac{1}{R}\right)^2 + \left(\frac{1}{X_C}\right)^2}} = \frac{X_C}{\sqrt{R^2 + {X_C}^2}}$$

## 3. R-L-C 병렬회로

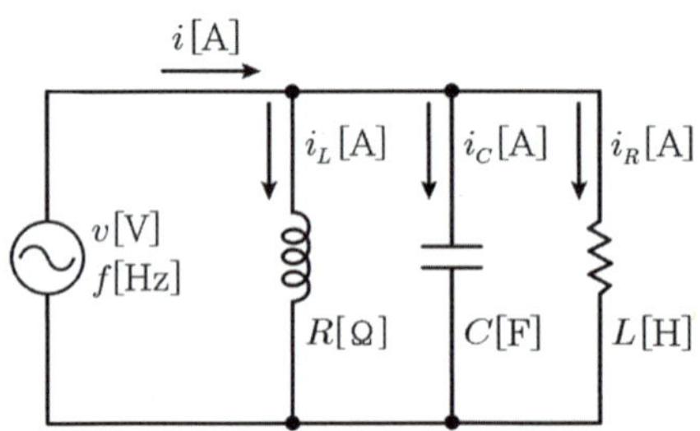


### (1) 어드미턴스

$$\dot{Y}=\frac{1}{R}+j\left(\frac{1}{X_C}-\frac{1}{X_L}\right)=\frac{1}{R}+j\left(\omega C-\frac{1}{\omega L}\right)=|Y|\angle\pm\theta[\Omega],\ |Y|=\sqrt{\left(\frac{1}{R}\right)^2+\left(\frac{1}{X_C}-\frac{1}{X_L}\right)^2}\ [℧]$$

### (2) 전류 $i$

전압 $v=V_m\sin\omega t$[V]일 때

$$i=vY=V_m\sin\omega t\times|Y|\angle\pm\theta=V_m|Y|\sin(\omega t\pm\theta)[\text{A}]$$

$$I=V_m|Y|=V_m\sqrt{\left(\frac{1}{R}\right)^2+\left(\frac{1}{X_C}-\frac{1}{X_L}\right)^2}=V_m\sqrt{\left(\frac{1}{R}\right)^2+\left(\omega C-\frac{1}{\omega L}\right)^2}\ [\text{A}]$$

### (3) 전압 $v$와 전류 $i$의 위상각

$$\tan\theta=\frac{\frac{1}{X_C}-\frac{1}{X_L}}{\frac{1}{R}}=R\left(\frac{1}{X_C}-\frac{1}{X_L}\right)=R\left(\omega C-\frac{1}{\omega L}\right)$$

$$\theta=\tan^{-1}R\left(\omega C-\frac{1}{\omega L}\right)[\text{rad}]$$

### (4) 역률

$$\cos\theta=\frac{\frac{1}{R}}{|Y|}=\frac{\frac{1}{R}}{\sqrt{\left(\frac{1}{R}\right)^2+\left(\frac{1}{X_C}-\frac{1}{X_L}\right)^2}}=\frac{\frac{1}{R}}{\sqrt{\left(\frac{1}{R}\right)^2+\left(\omega C-\frac{1}{\omega L}\right)^2}}$$

## 4. R-L-C 병렬회로에서 공진조건

RLC 병렬회로에서 서셉턴스 $B=\frac{1}{X_C}-\frac{1}{X_L}=wC-\frac{1}{wL}=0$이어야 한다.

$\omega C=\frac{1}{\omega L}$, $\omega^2=\frac{1}{LC}$, $\omega=\frac{1}{\sqrt{LC}}$, 공진 주파수 $f_0=\frac{1}{2\pi\sqrt{LC}}$[Hz]

$$\dot{Y} = \frac{1}{R} + j\left(\frac{1}{X_C} - \frac{1}{X_L}\right) = \frac{1}{R} + j\left(\omega C - \frac{1}{\omega L}\right) = \frac{1}{R}[℧]$$

① 어드미턴스 $Y$가 최소가 된다.

② 전류 $I = VY$는 최소가 된다.

**핵심 유형 문제**

**1** R = 5[Ω], C = 220[μF]의 병렬회로에 f = 50[Hz], V = 100[V]의 사인파 전압을 가할 때 저항 R에 흐르는 전류[A]는?

① 10　　② 20
③ 30　　④ 40

정답 ②

저항 $R$에 흐르는 전류 $I_R = \frac{V}{R} = \frac{100}{5} = 20[\text{A}]$

**2** R-L-C 병렬회로가 병렬공진 되었을 때 합성전류에 대한 설명으로 옳은 것은?

① 전류는 무한대가 된다.　　② 전류는 최대가 된다.
③ 전류는 최소가 된다.　　④ 전류는 흐르지 않는다.

정답 ③

병렬공진이 되었을 때 어드미턴스 $Y$는 최소가 되며, 전류 $I = VY$도 최소가 된다.

## 5 교류전력

### 1. 교류전력의 표시

(1) 복소전력 $S$

① 교류전력을 복소수로 표현한 것

② 단위 : [VA, 볼트암페어]

③ $S = v \times i^*$ ($i^*$ : $i$의 켤레복소수)

$S = P + jQ$

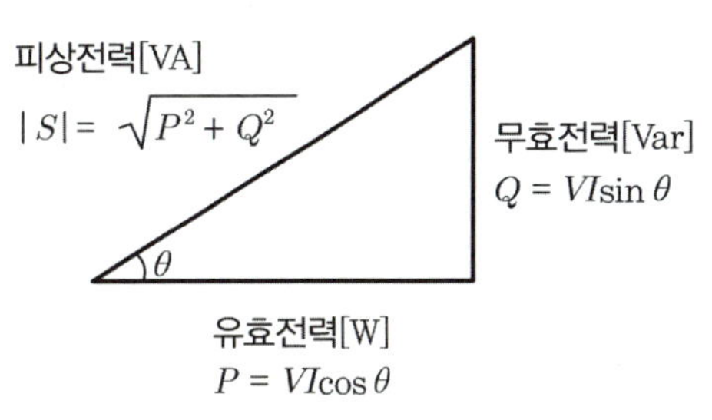


▲ 교류전력의 표시

(2) 피상전력 $P_a$ 또는 $|S|$

① 임피던스에서 발생하는 전력으로 복소전력의 크기와 같다.

② 단위 : [VA, 볼트암페어]

③ $|S| = |V_{rms}| \times |I_{rms}| = \dfrac{|V_{rms}|^2}{|Z|}$, $|S| = \sqrt{P^2 + Q^2}$

(3) 유효전력 $P$

① 전원에서 공급된 피상전력 중 부하에서 유효하게 이용하는 전력

② 단위 : [W, 와트]

③ $P = |S|\cos\theta = |V_{rms}| \times |I_{rms}|\cos\theta = |I_{rms}|^2 \times R = \dfrac{|V_{rms}|^2}{R}$

(4) 무효전력 $Q$

① 전원에서 공급된 피상전력 중 리액턴스에서 발생하는 전력, 실제 일을 할 수 없는 전력

② 단위 : [Var, 바]

③ $Q = |S|\sin\theta = |V_{rms}| \times |I_{rms}|\sin\theta = |I_{rms}|^2 \times X = \dfrac{|V_{rms}|^2}{X}$

## 2. 역률

역률은 일정한 크기의 교류전압이 가해져 일정한 전류가 흐를 때 평균전력의 대소를 결정하는 매우 중요한 값이다. 즉, 같은 크기의 전압에 같은 크기의 전류가 흐르더라도 역률이 좋지 않으면 부하로의 전력 전달이 잘 되지 않는다.

역률 $PF = \cos\theta = \dfrac{\text{유효전력}P}{\text{피상전력}|S|} = \dfrac{R}{|Z|}$

**핵심 유형 문제**

**1** 어떤 회로의 전압의 실횻값은 200[V]이고 전류의 실횻값은 5[A]일 때 피상전력[VA]은?

① 250 ② 500
③ 750 ④ 1000

정답 ④

$|S| = V_{rms} \times I_{rms} = 200 \times 5 = 1000$[VA]

**2** 어떤 회로의 전압의 실횻값은 50[V]이고 전류의 실횻값은 4[A]이며 역률이 0.6일 때 복소전력[VA]은?

① $60+j100$　　② $100+j60$
③ $120+j200$　　④ $200+j120$

정답 ③

유효전력 $P=V_{rms}\times I_{rms}\times\cos\theta=50\times4\times0.6=120$[W]

무효전력 $Q=V_{rms}\times I_{rms}\times\sin\theta=50\times5\times0.8=200$[Var]

복소전력 $S=P+jQ=120+j200$[VA]



# 6 3상 교류회로

## 1. 3상 교류의 발생과 표시

### (1) 발생 원리

$\frac{2}{3}\pi(=120^\circ)$ 만큼씩의 간격을 두고 평등 자장 내에서 도체를 회전시키면 주파수는 같으나 각각 위상 $\frac{2}{3}\pi(=120^\circ)$를 달리하는 기전력이 동시에 존재하는 교류 방식

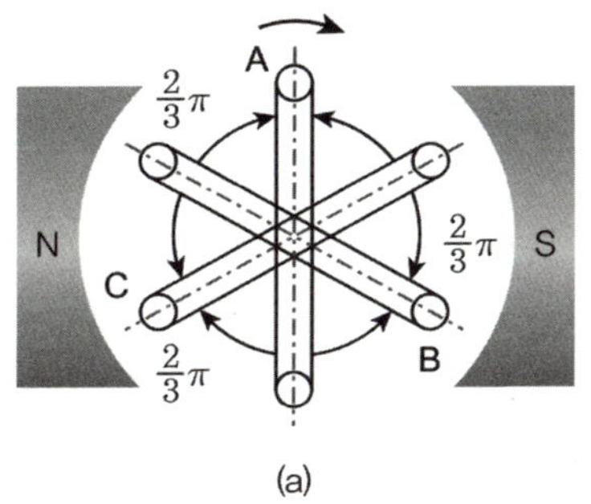


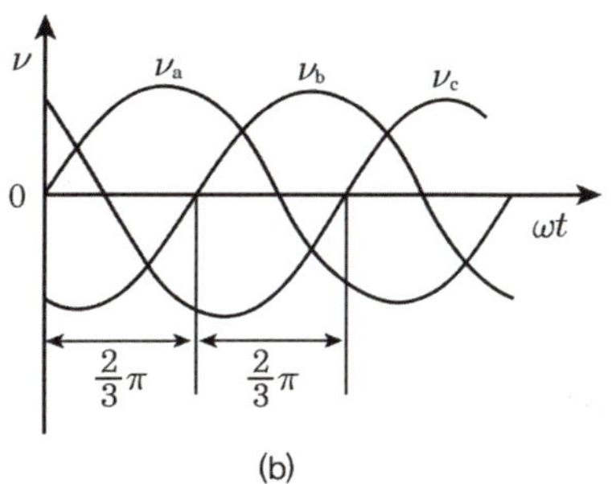


▲ 대칭 3상 교류의 발생

### (2) 3상 교류의 순시 전압

$v_a=\sqrt{2}\,V\sin\omega t$[V]

$v_b=\sqrt{2}\sin\left(\omega t-\frac{2}{3}\pi\right)$[V]

$v_c=\sqrt{2}\,V\sin\left(\omega t-\frac{4}{3}t\right)$[V]

$\dot{V}_a+\dot{V}_b+\dot{V}_c=0$

(3) 대칭 3상 교류의 조건

① 기전력의 크기가 같을 것

② 각 상의 주파수가 같을 것

③ 각 상의 파형이 같을 것

④ 각 상의 위상차가 모두 $\frac{2}{3}\pi(=120°)$일 것

## 2. 3상 교류의 결선 방식

(1) Y결선 방식

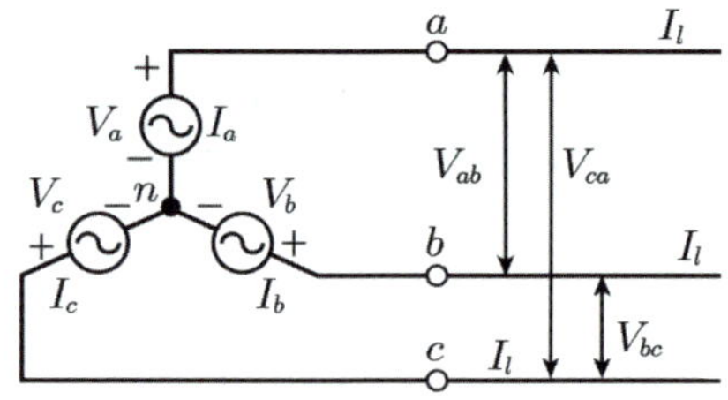


▲ 상전압, 선간전압, 상전류, 선전류

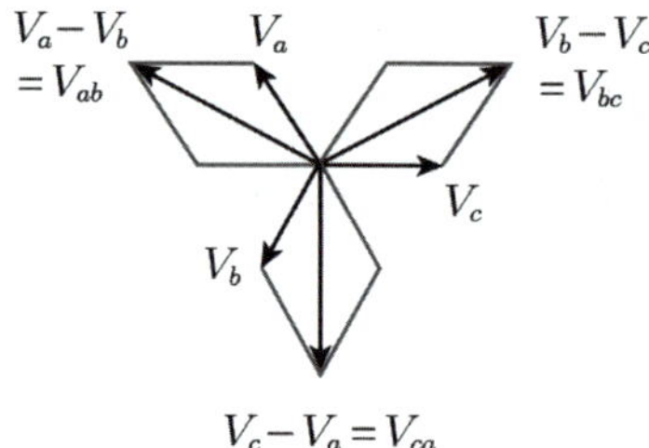


▲ 상전압과 선간전압의 관계 벡터도

① 선간전압은 상전압의 $\sqrt{3}$ 배이고 위상은 30° 앞선다.

$$\dot{V}_l = \sqrt{3}\,V_p \angle \frac{\pi}{6}$$

② 상전류와 선전류는 서로 같다.

$$\dot{I}_l = \dot{I}_p$$

(2) Δ결선 방식

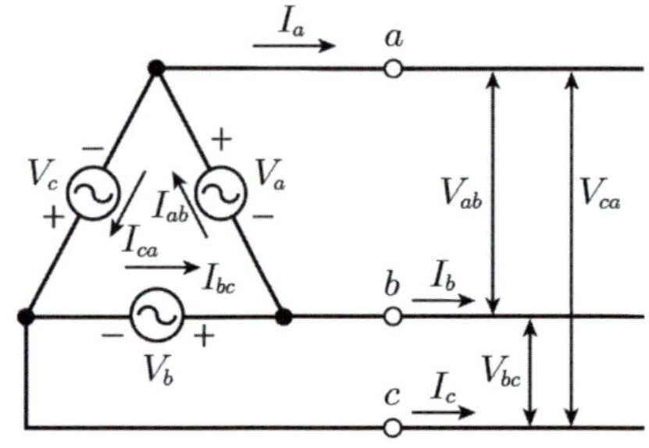


▲ 상전압, 선간전압, 상전류, 선전류

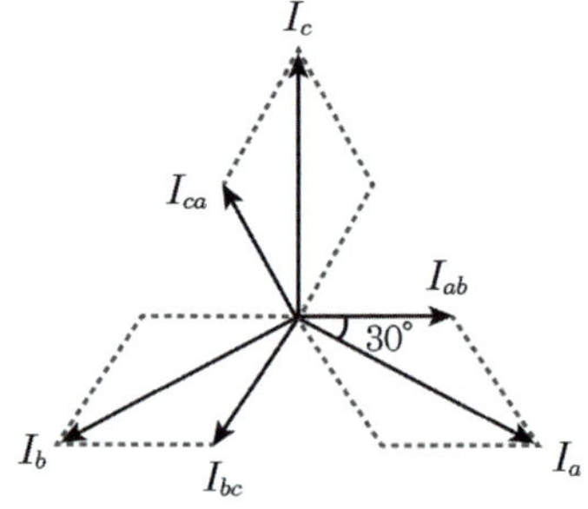


▲ 선전류, 상전류 관계 벡터도

① 상전압과 선간전압은 서로 같다.

$$\dot{V}_l = \dot{V}_p$$

② 선전류는 상전류의 $\sqrt{3}$ 배이고 위상은 30° 뒤진다.

$$\dot{I}_l = \sqrt{3}\, I_p \angle -\frac{\pi}{6}$$

(3) V결선 방식

① △결선에서 1상을 제외한 상태에서 3상 전력을 공급하고 있는 결선이다.

② V결선에서의 피상전력 $P_V = \sqrt{3}\, V_P I_P$ 참고 △결선에서의 피상전력 $P_\triangle = 3 V_p I_p$

③ $\text{출력비} = \dfrac{V\text{결선 시 출력 } P_V}{\triangle\text{결선 시 출력 } P_\triangle} \times 100[\%] = \dfrac{\sqrt{3}\, V_p I_p}{3 V_p I_p} \times 100[\%] = 57.7[\%]$

④ $\text{이용률} = \dfrac{V\text{결선 시 출력}}{\text{설비용량}} \times 100[\%] = \dfrac{\sqrt{3}\, V_p I_p}{2 V_p I_p} \times 100[\%] = 86.6[\%]$

(4) 병렬운전이 가능한 경우

| 병렬운전이 불가능한 경우 | 병렬운전이 가능한 경우 |
|---|---|
| • △-△와 △-Y<br>• Y-Y와 △-Y | • △-△와 △-△<br>• Y-Y와 Y-Y<br>• Y-△와 Y-△<br>• △-Y와 △-Y<br>• △-△와 Y-Y<br>• V-V와 V-V |

## 3. 저항의 Y, △ 접속 및 변환

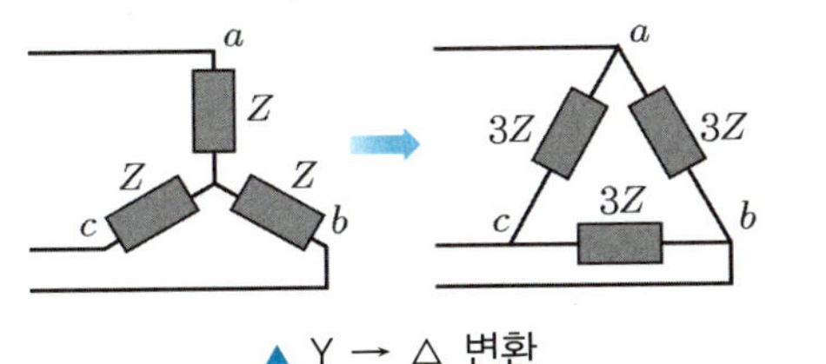


▲ Y → △ 변환

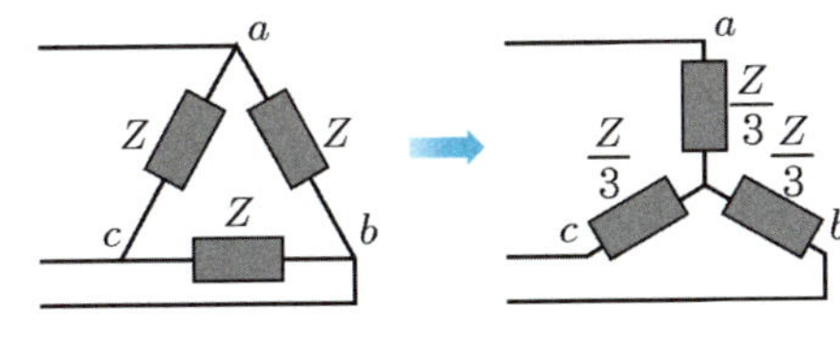


▲ △ → Y 변환

(1) Y ⇒ △ 변환 : $Z_\triangle = 3Z_Y$

(2) △ ⇒ Y 변환 : $Z_Y = \dfrac{1}{3} Z_\triangle$

## 4. 3상 교류전력

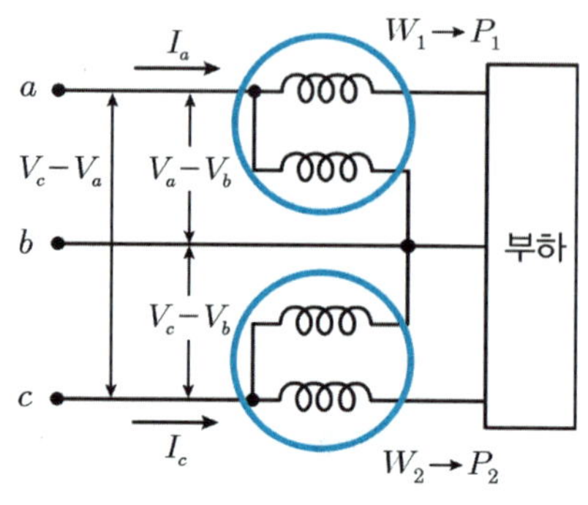


▲ 2전력계법

(1) 3상 교류전력

① 유효전력 $P = 3V_pI_p\cos\theta = \sqrt{3}\,V_lI_l\cos\theta$

② 무효전력 $Q = 3V_pI_p\sin\theta = \sqrt{3}\,V_lI_l\sin\theta$

(2) 3상 교류전력의 측정

① 2전력계법에 의한 3상 유효전력 $P = P_1 + P_2$[W]

② 2전력계법에 의한 3상 무효전력 $P = \sqrt{3}(P_1 - P_2)$[Var]

**핵심 유형 문제**

**1** 세 변의 저항 $R_1 = R_2 = R_3 = 10[\Omega]$인 Y결선 회로가 있다. 이것과 등가인 △결선 회로가 각 변의 저항은 몇 [Ω]인가?

① 10 ② 20
③ 30 ④ 40

정답 ③

$Z_\triangle = 3Z_Y = 3\times10 = 30[\Omega]$

**2** 전압 100[V], 전류 5[A], 역률 0.7인 3상 전동기 사용시 소비전력[W]은?

① 303 ② 606
③ 909 ④ 1818

정답 ②

$P = 3V_PI_P\cos\theta = \sqrt{3}\,V_lI_l\cos\theta = \sqrt{3}\times100\times5\times0.7 \fallingdotseq 606$[W]

# 7 비정현파 교류회로

## 1. 푸리에 급수 분석법

- 비정현파를 여러 개의 정현파의 합으로 표시하는 방법
- 비정현파 $f(t)=$ 직류분 + 기본파 + 고조파(제2고조파 + 제3고조파 + ⋯)
- $f(t)=a_0+a_1\cos\omega_0 t+a_2\cos 2\omega_0 t+\ ...\ +a_n\cos n\omega_0 t$

## 2. 비정현파 교류의 실횻값

각 파형의 실횻값의 제곱의 합을 제곱근한 값

- 전류의 실횻값 $I=\sqrt{{I_0}^2+\left(\frac{I_{m1}}{\sqrt{2}}\right)^2+\left(\frac{I_{m2}}{\sqrt{2}}\right)^2+\cdots+\left(\frac{I_{mn}}{\sqrt{2}}\right)^2}$ [A]
- $I_0$ : 직류전류, $I_{m1}$ : 기본파 전류의 최댓값, $I_{m2}$ : 제2고조파 전류의 최댓값, $I_{mn}$ : 제n고조파 전류의 최댓값



**핵심 유형 문제**

**1** $v=10+5\sqrt{2}\sin\omega t+7\sqrt{2}\sin 3\omega t+9\sqrt{2}\sin 5\omega t$[V]에서 실횻값은?

① 8 ② 12

③ 16 ④ 20

정답 ③

$V=\sqrt{10^2+5^2+7^2+9^2}=\sqrt{255}\fallingdotseq 16$

Craftsman
Electricity

# 제 2 과목

# 전기기기

# CHAPTER 01 직류기

## 1 직류기의 개요

### 1. 직류기의 구조

(1) 계자(Field System)

자속을 만드는 부분

(2) 전기자(Armature)

① 전기자 철심과 전기자 권선으로 구성되어 있으며, 자속을 끊어 기전력을 유도

② 철심

㉠ 규소(3.5[%] 함유) 강판 : 히스테리시스손 감소

㉡ 성층(0.35~0.5[mm]) : 와류손 감소

(3) 정류자(Commutator)

전기자에서 발생한 교류를 직류로 바꾸어 주는 역할

(4) 브러시(Brush)

정류자에 연결되어 기전력을 외부로 인출

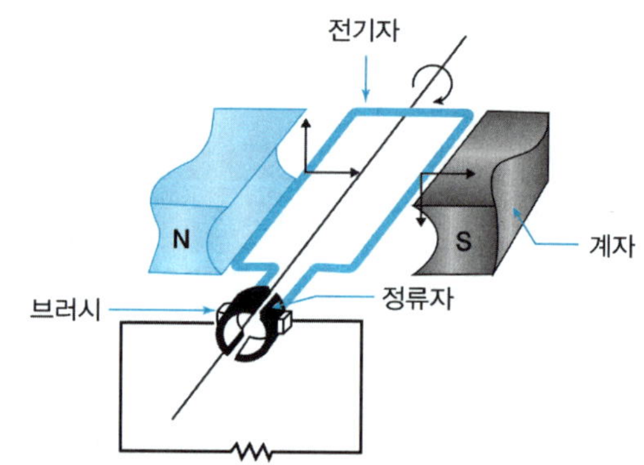


**핵심 유형 문제**

**1 직류기에서 교류를 직류로 변환하는 장치는?**

① 정류자　　② 계자
③ 전기자　　④ 브러시

정답 ①

① 정류자는 브러시와 접촉하여 전기자에서 유기 기전력을 정류해 직류로 변환하는 부분이다.

## 2. 권선법

직류기는 고상권, 폐로권, 이층권을 채용

### (1) 중권과 파권

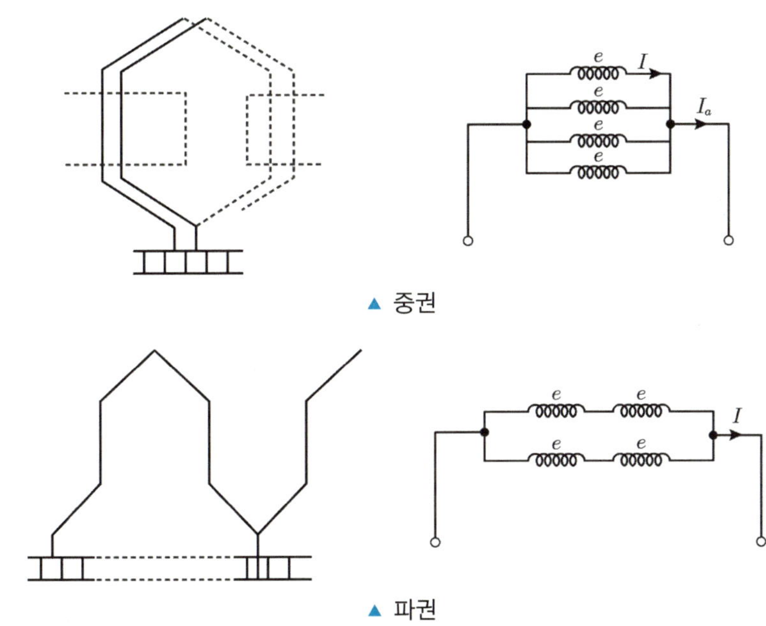


▲ 중권

▲ 파권

| 비교 | 중권 | 파권 |
|---|---|---|
| 병렬회로 수($a$) | 극수($p$) | 2 |
| 브러시 수 | 극수($p$) | 2 |
| 용도 | 저전압, 대전류용 | 고전압, 소전류용 |
| 균압환 | 4극 이상의 경우 필요 | 필요 없음 |

### (2) 균압환

다극기를 중권으로 할 때 공작상의 오차나 베어링 마모 등으로 공극이 균일하지 못하게 되면 각 병렬회로에서 유도되는 기전력의 크기는 일정하지 않고 불평형하게 될 수 있다. 병렬회로 사이에 기전력의 차이가 약간만 있어도 큰 순환전류가 브러시를 통하여 흐르게 되고, 이는 정류 불량이나 불꽃이 발생하는 원인이 된다. 이러한 현상을 방지하기 위해 등전위가 되어야 할 점을 도선으로 접속하여 순환전류가 브러시가 아닌 접속선을 통해 흐를 수 있도록 하는데, 이 접속선을 균압결선 또는 균압환이라 한다.

### 핵심 유형 문제

**1** **다중 중권의 극수 $p$인 직류기에서 전기자 병렬회로 수($a$)는?**

① $a=p$　② $a=2$　③ $a=2p$　④ $a=3p$

정답 ①

① 중권에서 병렬회로 수($a$)는 극수와 같다.

## 3. 유도기전력과 토크

(1) 유도기전력

① 도체 1개의 유도기전력 : $e=Blv\sin\theta[\mathrm{V}]$

② 도체 1개에 유기되는 최대 기전력 : $e=Bli[\mathrm{V}]$

③ 회전자 주변 속도 : $v=\omega r=2\pi nr=2\pi r\dfrac{N}{60}[\mathrm{m/sec}]$

④ 자속밀도 : $B=\dfrac{\text{전체 자속}(\Phi)}{\text{원통의 표면적}(S)}=\dfrac{p\phi}{2\pi rl}[\mathrm{Wb/m^2}]$

⑤ 도체 1개의 유도기전력 : $e=Blv=\dfrac{p\phi}{2\pi rl}\times l\times 2\pi r\times\dfrac{N}{60}=\dfrac{p\phi N}{60}[\mathrm{V}]$

⑥ 전체 유도기전력 : $E=e\times\dfrac{Z}{a}=\dfrac{p\phi N}{60}\times\dfrac{Z}{a}=\dfrac{pZ\phi N}{60a}[\mathrm{V}]=K\phi N[\mathrm{V}]$

(2) 토크

$$T=\frac{P}{\omega}=\frac{EI_a}{2\pi f}=\frac{\dfrac{pZ\phi N}{60a}I_a}{2\pi\dfrac{N}{60}}=\frac{pZ\phi}{2\pi a}I_a[\mathrm{N\cdot m}]=K\phi I_a[\mathrm{N\cdot m}]$$

### 핵심 유형 문제

**1** **직류분권발전기의 전기자 총 도체수 110, 매극의 자속 수 0.01[Wb], 극수 4, 회전수 1,500[rpm]일 때 유도기전력[V]은? (단, 전기자 권선은 파권이다.)**

① 50　② 55　③ 60　④ 65

정답 ②

$E=\dfrac{P}{a}Z\phi\dfrac{N}{60}[\mathrm{V}]$

(병렬회로 수 $a$는 파권이므로 2)

$\therefore\ E=\dfrac{4}{2}\times110\times0.01\times\dfrac{1,500}{60}=55[\mathrm{V}]$

(3) 전기자 반작용

전기자 도체에 흐르는 전류에 의한 자속이 계자 자속에 영향을 미치는 현상

① 영향

㉠ 중성축 이동(발전기 : 회전 방향, 전동기 : 회전 반대 방향)

㉡ 주 자속 감소

㉢ 전압 불균일로 브러시에서 불꽃이 발생

② 방지 대책

㉠ 브러시 중성축 이동 방향으로 이동

㉡ 보상권선 설치 : 계자극의 철심 부분에 홈을 파고 전기자 전류와 크기는 같지만 방향이 반대인 전류를 흘려주는 권선을 설치

㉢ 보극 설치



**핵심 유형 문제**

**1** **직류기에서 전기자 반작용을 방지하기 위한 보상권선의 전류방향은?**

① 전기자 권선의 전류방향과 같다.
② 전기자 권선의 전류방향과 반대이다.
③ 계자권선의 전류방향과 같다.
④ 계자권선의 전류방향과 반대이다.

정답 ②

보상권선은 전기자 권선에 흐르는 전류에 의해 발생하는 자속을 없애기 위한 것으로 전기자 전류와 크기는 같으면서 방향은 서로 반대인 전류를 흘려주어야 한다.

(4) 정류작용

전기자 도체의 전류가 브러시를 통과할 때 전기자 전류의 방향을 반전시켜 교류 기전력을 직류 기전력으로 바꾸어 주는 작용

① 정류곡선

㉠ 직선정류(ⓐ) : 가장 이상적인 정류

㉡ 정현정류(ⓑ) : 보극을 이용하여 양호한 정류

㉢ 부족정류(ⓒ) : 정류 말기에서 불꽃 발생

㉣ 과정류(ⓓ) : 정류 초기에 불꽃 발생

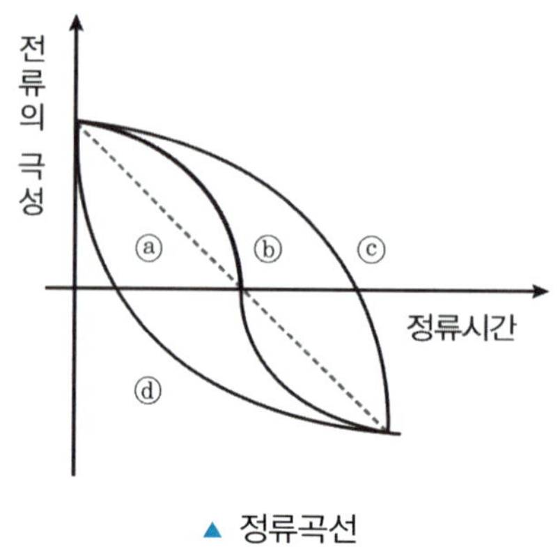


▲ 정류곡선

② 양호한 정류 대책

㉠ 보극을 설치한다.

㉡ 접촉 저항이 큰 탄소 브러시를 사용한다.

㉢ 리액턴스 전압을 작게 한다.

㉣ 정류 주기를 길게 한다.

㉤ 전기자 권선을 단절권으로 채용한다.

## 2 직류발전기의 원리 및 구조

### 1. 직류발전기의 원리

기계(운동)에너지 → 전기에너지

#### (1) 플레밍의 오른손 법칙

자속밀도 $B\,[\mathrm{Wb/m^2}]$의 자계에서 길이 $l\,[\mathrm{m}]$의 도체가 자계와 $\theta$ 각도 방향으로 속도 $v\,[\mathrm{m/s}]$로 움직이면 기전력 $e\,[\mathrm{V}]$가 유도된다.

$$e = Blv\sin\theta\ [\mathrm{V}]$$

① 엄지 : 도체의 운동방향($v\,[\mathrm{m/s}]$)

② 검지 : 자기장의 방향($B\,[\mathrm{Wb/m^2}]$)

③ 중지 : 기전력의 방향($e\,[\mathrm{V}]$)

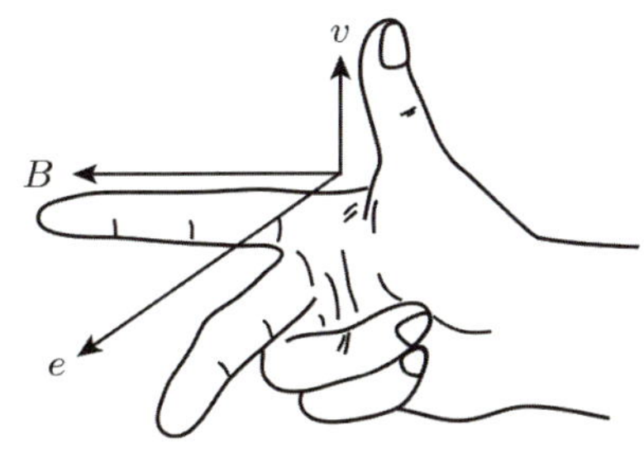

▲ 플레밍의 오른손 법칙

## 2. 직류발전기의 구조

### (1) 타여자발전기

발전기의 외부 전원에서 여자전류를 공급하여 계자를 여자시키는 발전기

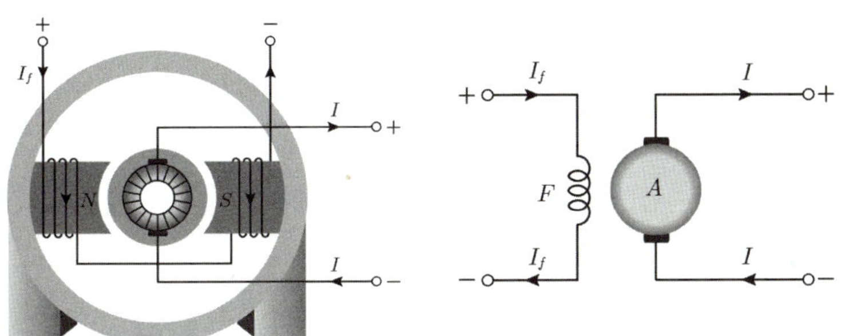


| 정상상태 | $I_a = I$<br>$E = V + I_a R_a$[V] |
|---|---|
| 무부하상태 | $I_a = I = 0$<br>$E = V_o$(무부하 단자 전압) |
| 용도 | • 시험용 직류 전원<br>• 교류발전기 주여자기 |

### (2) 자여자발전기

발전기 자체에서 발생한 잔류 기전력에 의해 계자를 여자시키는 발전기로 접속하는 방법에 따라 분권발전기, 직권발전기, 복권발전기가 있다.

① 분권발전기

계자 회로와 전기자 회로가 병렬로 접속된 발전기

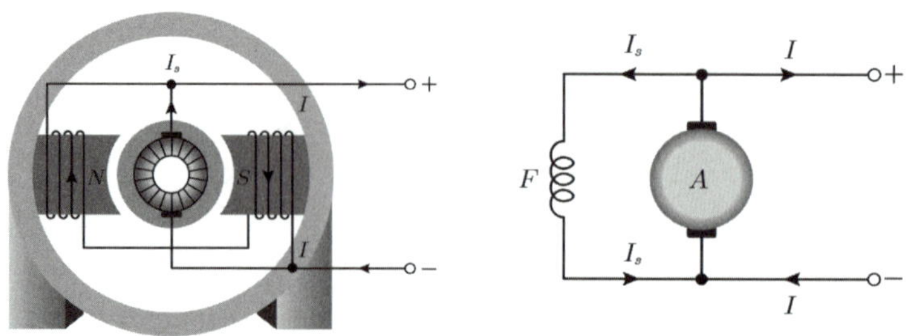


| | |
|---|---|
| 정상상태 | $I_a = I + I_f$[A]<br>$E = V + I_a R_a$[V]<br>$V = I_f R_f$[V] |
| 무부하상태 | $I = 0$<br>$I_a = I_f$ |
| 용도 | • 일반 직류전원용<br>• 축전지의 충전용, 동기기 여자용, 전기 화학 공업용 전원 |

② 직권발전기

계자 회로와 전기자 회로가 직렬로 접속된 발전기

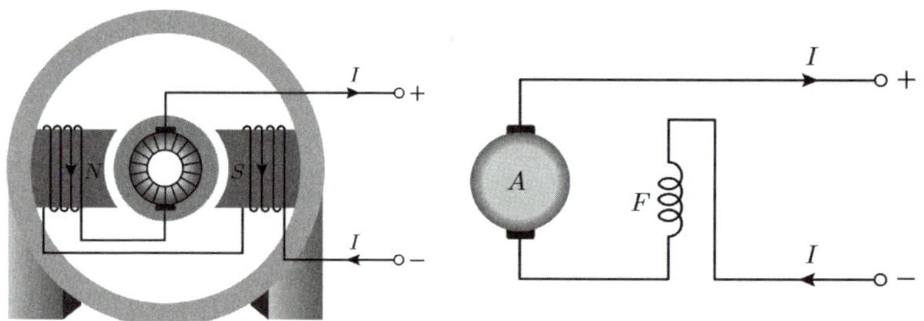


| | |
|---|---|
| 정상상태 | $I_a = I_s = I$[A]<br>$E = V + I_a R_a + I_a R_s$<br>$= V + I_a(R_a + R_s)$[V] |
| 무부하상태 | $I = 0$<br>$I_s = 0, E = 0$<br>※ 무부하 포화곡선은 존재하지 않음. |
| 용도 | 선로 전압강하 보상을 위한 승압기 |

③ 복권발전기

분권 계자 권선과 직권 계자 권선을 병용한 발전기로 자속 방향에 따른 분류로는 차동복권발전기, 가동복권발전기로 구분하고, 계자 권선의 접속 방법에 따라 내분권과 외분권으로 구분한다.

㉠ 가동복권발전기 : 직권 계자에 흐르는 전류와 분권 계자에 흐르는 전류가 같은 방향일 때 직권 계자의 자기력 선속과 분권 계자의 자기력 선속이 합해지는 발전기

㉡ 차동복권발전기 : 직권 계자에 흐르는 전류와 분권 계자에 흐르는 전류가 반대 방향일 때 직권 계자의 자기력 선속과 분권 계자의 자기력 선속이 서로 상쇄되는 발전기

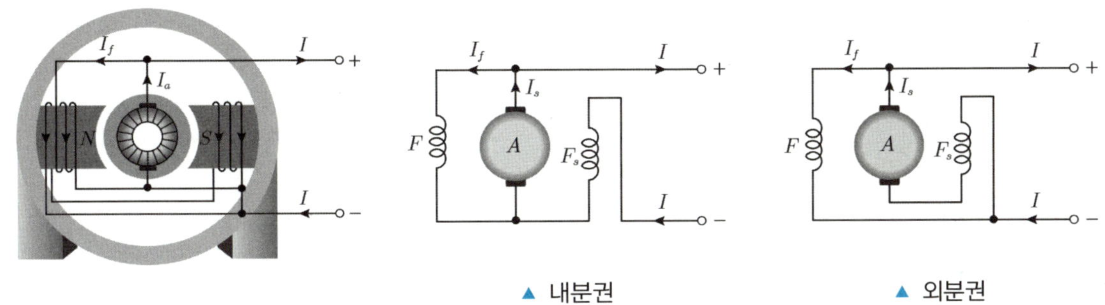


▲ 내분권　　▲ 외분권

| 정상상태 | 내분권 | $I_a = I_f + I_s (= I)$ [A]<br>$E = V + I_a R_a + I_a R_s$ [V] | 외분권 | $I_a (= I_s) = I_f + I$ [A]<br>$E = V + I_a (R_a + R_s)$ [V] |
|---|---|---|---|---|
| 용도 | • 가동복권발전기<br>– 평복권발전기( $V_n = V_o$ ) : 전부하 전압과 무부하 전압이 같은 특성으로 직류전원 및 전기기기 여자전원<br>– 과복권발전기( $V_n > V_o$ ) : 전부하 전압이 무부하 전압보다 높은 특성으로 급전선의 전압강하 보상용<br>– 부족복권발전기( $V_n < V_o$ ) : 전부하 전압이 무부하 전압보다 낮은 특성<br>• 차동복권발전기 : 수하특성이 있어 아크 용접 등에 사용 | | | |

### 핵심 유형 문제

**1** **전기자 저항 0.1[Ω], 전기자 전류 100[A], 유도기전력 100[V]인 직류분권발전기의 단자전압[V]은?**

① 90　② 100
③ 105　④ 110

정답 ①

$E = V + I_a R_a$ [V]

$100 = V + (100 \times 0.1)$

$V = 90$ [V]

## 3. 전압변동률

$$\epsilon = \frac{\text{무부하 전압} - \text{정격 전압}}{\text{정격 전압}} \times 100[\%]$$
$$= \frac{V_o - V_n}{V_n} \times 100[\%]$$

(1) $\epsilon > 0$ : 타여자, 분권, 부족복권발전기

(2) $\epsilon = 0$ : 평복권발전기

(3) $\epsilon < 0$ : 과복권발전기

## 4. 직류발전기의 병렬운전

발전기 용량이 부족하거나 경부하에 대한 효율을 개선하기 위해 또 다른 발전기를 병렬로 접속하고, 양 발전기 사이에 부하를 분배하여 줄 필요가 있다.

(1) 목적

① 1대의 발전기로 용량이 부족한 경우
② 부하 변동 폭이 커 효율을 개선하기 위해(경부하시 1대, 전부하시 2대로 병렬운전)
③ 점검·보수를 위해 예비기기로 활용

(2) 조건

① 극성이 같을 것
② 단자전압이 같을 것
③ 부하전류 분담이 용량에 비례할 것
④ 외부 특성이 수하 특성일 것
㉠ 분권, 복권 : 스스로 수하특성을 가지고 있음.
㉡ 직권, 과복권 : 균압선을 연결하여 사용

**핵심 유형 문제**

**1** **직류분권발전기의 병렬운전조건에 해당하지 않는 것은?**

① 극성이 같을 것
② 단자전압이 같을 것
③ 균압선을 접속할 것
④ 외부특성곡선이 수하특성일 것

정답 ③

균압선 접속은 직류직권발전기, 직류복권발전기에 해당하는 조건이다.

# 3 직류전동기의 원리 및 구조

## 1. 직류전동기의 원리

전기에너지 → 기계(운동)에너지

### (1) 플레밍의 왼손 법칙

자속밀도 $B$[Wb/m$^2$]의 자계에서 길이 $l$[m]의 도체에 전류 $I$[A]가 흐르면 도체가 자기장에서 힘 $F$[N]을 받는다.

$$F = BlI\sin\theta\,[\mathrm{N}]$$

① 엄지 : 힘의 방향($F$[N])
② 검지 : 자기장의 방향($B$[Wb/m$^2$])
③ 중지 : 전류의 방향($I$[A])
④ $\theta$ : $B$[Wb/m$^2$]와 $I$[A]가 이루는 각도

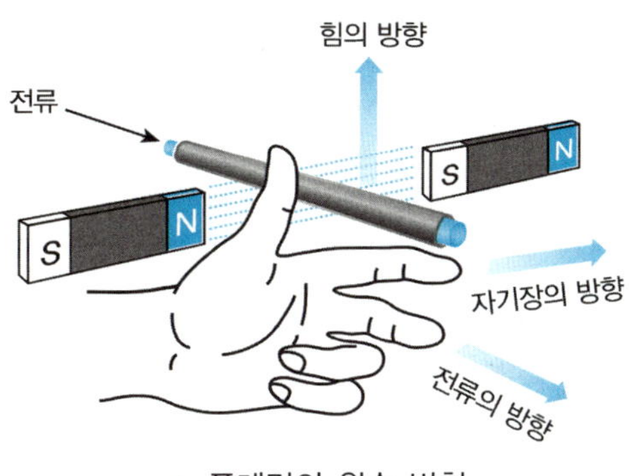


▲ 플레밍의 왼손 법칙

## 2. 직류전동기의 구조

### (1) 타여자전동기

계자 권선과 전기자 권선이 각각 다른 전원에 접속되어 있는 구조의 전동기

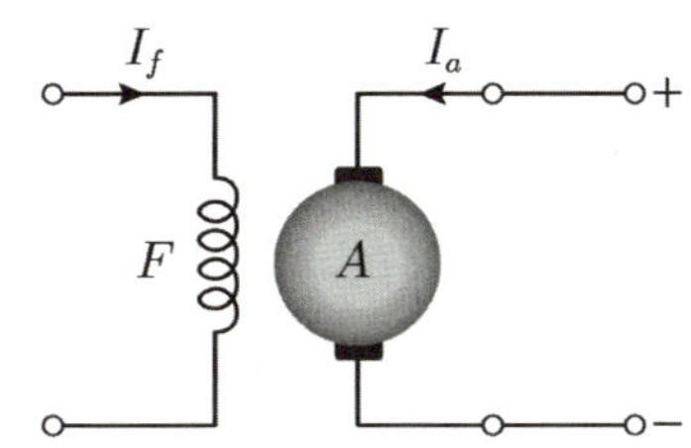

$I_a = I$
$V = E + I_a R_a$
$E = V - I_a R_a$ [V]

| 용도 | • 대형 압연기, 승강기<br>• 워드-레오나드 방식 속도제어장치의 주 전동기 |
|---|---|

(2) 자여자전동기

① 분권전동기

전기자 권선과 계자 권선이 병렬로 접속된 전동기

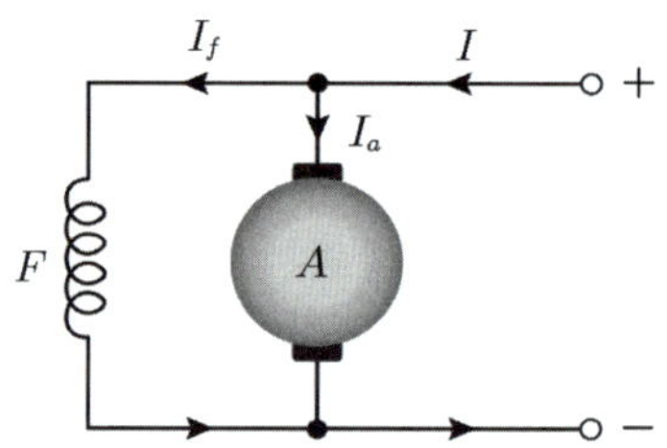


$I_a = I + I_f$ [A]
$V = E + I_a R_a$ [V]
$E = V - I_a R_a$ [V]

| 용도 | 정속도 특성이 강해 공작기계, 펌프 등에 이용 |
|---|---|

② 직권전동기

계자 권선과 전기자 권선이 직렬로 접속된 전동기

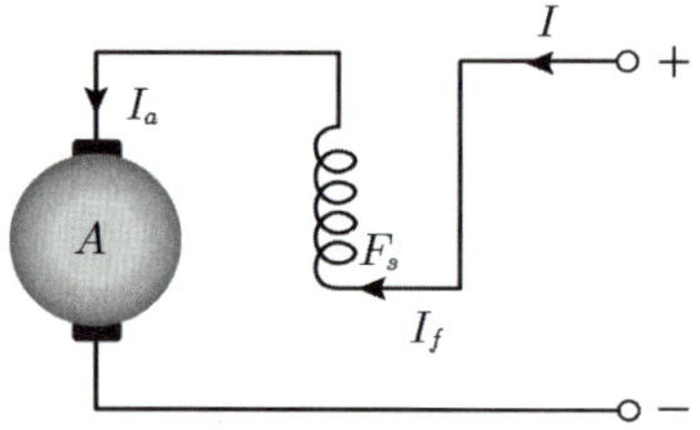


$I_a = I_s = I$ [A]
$V = E + I_a R_a + I_s R_s$
$E = V - I_a R_a - I_a R_s$
$= V - I_a(R_a + R_s)$ [V]

| 용도 | 부하 변동이 심하고 큰 기동토크가 요구되는 전동차, 크레인, 전기철도 등에 이용 |
|---|---|

③ 복권전동기

㉠ 가동복권전동기 : 분권전동기와 직권전동기의 중간 특성이 있으며, 공작기계 및 공기 압축기, 양묘기 등에 사용된다.

㉡ 차동복권전동기 : 직권 계자 자속과 분권 계자 자속이 서로 상쇄되는 구조로 전부하시에도 무부하 상태에서의 속도를 내게 할 수 있지만, 과부하시에는 속도가 올라가 위험하고 토크 특성도 좋지 않아 거의 사용되지 않는다.

**1** **전기자 저항 0.1[Ω], 전기자 전류 104[A], 단자전압 110.4[V]인 직류분권전동기의 역기전력[V]은?**

① 98 ② 100 ③ 102 ④ 104

정답 ②

$V = E + I_a R_a$[V]

$E = V - I_a R_a$[V]

$E = 110.4 - (104 \times 0.1) = 100$[V]

## 3. 직류전동기의 특성

### (1) 직류전동기의 속도 특성

① $E = K\phi N$[V]

② $E = V - I_a R_a$[V]

③ $N = \dfrac{E}{K\phi} = \dfrac{V - I_a R_a}{K\phi}$[rpm]

④ 부하시 $I$가 커지면 $I_a \uparrow$ $N \downarrow$

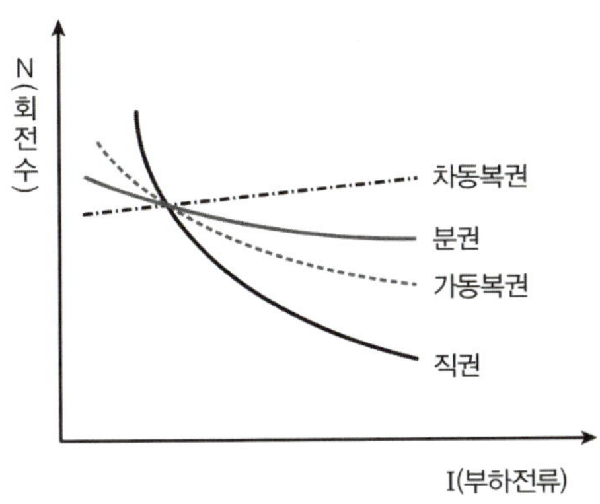


▲ 직류전동기 속도 특성 비교 그래프

(2) 직류전동기 토크 특성

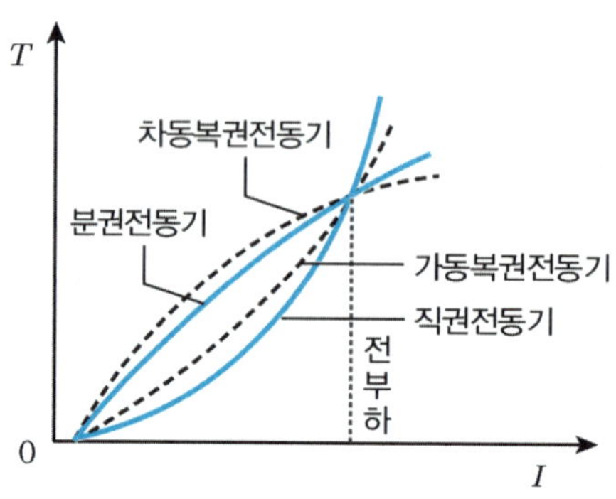


▲ 직류전동기 토크 특성 비교 그래프

**핵심 유형 문제**

**1** **직류직권전동기에서 토크 $T$와 회전수 $N$의 관계는?**

① $T \propto N$ ② $T \propto N^2$

③ $T \propto \frac{1}{N}$ ④ $T \propto \frac{1}{N^2}$

정답 ④

역기전력(E)이 일정하고 자기포화를 무시할 경우 속도 $N$은

$N \propto \frac{E}{\phi} \propto \frac{1}{I_a} (\because \phi = KI_a), T \propto \phi I_a$

$\phi \propto I_a$ 이므로 $T \propto \frac{1}{N^2}$ 이다.

(3) 직류전동기 기동법

부하가 큰 대용량 전동기는 관성모멘트가 매우 크기 때문에 가속력이 작아 기동시 정상속도까지 도달하는 시간이 오래 걸린다. 따라서 정상속도에 도달하기까지 오랜 시간이 흘러 전동기가 과열될 수 있으므로 기동시 전류를 제한하여 사용한다.

$$T = k\phi I_a [\mathrm{N \cdot m}]$$

$$E = V - I_a R_a [\mathrm{V}],\ I_a = \frac{V-E}{R_a} = \frac{V - k\phi N}{R_a} [\mathrm{A}]$$

① 저항 기동법

㉠ 속도에 따라 저항을 바꾸어 전동기에 흐르는 전류를 제어

㉡ 기동 초기에는 큰 저항을 사용하여 전류를 제한하고 속도가 증가함에 따라 저항을 감소시켜 전류를 일정한 크기의 범위에서 제어

㉢ 저항을 이용하여 전류를 제한하기 때문에 전원에 전달하는 전력 중 많은 부분이 저항에서 열로 소모되므로 효율이 나쁘다.

② 전압 기동법

㉠ 전전압 기동법

ⓐ 1[kW] 이하의 소형 직류전동기에서 사용

ⓑ 용량이 작은 전동기는 전전압을 가하여 기동해도 열적으로 안정하기 때문에 기동장치가 불필요하다.

㉡ 직병렬 기동법

ⓐ 기동 초기에는 전동기를 직렬로 연결하여 전원전압의 $\frac{1}{2}$로 기동하고, 어느 속도 이상에서는 병렬로 연결하여 사용

ⓑ 전압을 2단계로만 제어할 수 있어 전류 제한에는 한계가 있다.

㉢ 전압 제어 기동법

ⓐ 기동시에는 저전압을 사용하고, 속도가 상승하면 비례적으로 전압도 증가시켜 전류를 일정하게 제어

ⓑ 속도가 상승함에 따라 실시간으로 전압을 바꾸어 줄 수 있는 전력 변환기가 필요하다.

### (4) 직류전동기 속도 제어

$$E = K\phi N[\mathrm{V}]$$
$$E = V - I_a R_a[\mathrm{V}]$$
$$N = \frac{E}{K\phi} = \frac{V - I_a R_a}{K\phi}[\mathrm{rpm}]$$

① **저항 제어법** : 저항 $R_a$를 가변시키는 제어 ($R_a \uparrow \ N \downarrow$)

② **전압 제어법** : 단자전압 $V$를 가변하는 방법

㉠ 워드-레오나드 방식 : 타 여자 발전기 출력전압을 이용하여 광범위한 속도 조절이 가능

㉡ 일그너 방식 : 부하 변동이 심한 경우 플라이 휠 효과 이용

③ **계자 제어법** : 자속 $\phi$를 가변시키는 방법 ($\phi \downarrow \ N \uparrow$)

### (5) 직류전동기 제동

① **역상제동(역전제동)** : 전동기를 전원에 접속시킨 상태에서 전동기의 전기자 접속을 반대로 바꾸어 원래 회전하던 방향과 반대인 토크를 발생시켜 전동기를 급속히 정지시키는 방법

② **발전제동** : 전동기 전기자 회로를 전원에서 차단하는 동시에 회전하고 있는 전동기를 발전기로 동작시켜 이때 발생하는 전기자의 역기전력을 전기자에 병렬 접속된 외부저항에서 열로 소비하여 제동하는 방식

③ **회생제동** : 전동기의 전원을 접속한 상태에서 전동기에 유기되는 역기전력을 전원 전압보다 크게 하여 이때 발생하는 전력을 전원 속에 반환하여 제동하는 방식으로, 엘리베이터의 하강과 전기차가 언덕을 내려갈 때 사용

## 4 직류기의 손실과 효율

### 1. 직류기의 손실

(1) 고정손(무부하손) : 부하와 관계없이 항상 일정한 손실

① 철손($P_i$)

㉠ 히스테리시스손

㉡ 와류손

② 기계손($P_m$)

㉠ 마찰손

㉡ 풍손

(2) 가변손(부하손) : 부하에 따라 변화하는 손실

① 동손($P_c$)

㉠ 전기자동손

㉡ 계자 동손

② 포유 부하손($P_s$)

∴ 총손실($P_l$)= 철손($P_i$)+기계손($P_m$)+동손($P_c$)+포유 부하손($P_s$)

### 2. 직류기의 효율

① 실측 효율

$$\eta = \frac{\text{출력}}{\text{입력}} \times 100[\%]$$

② 규약 효율

㉠ 발전기 $\eta_G = \dfrac{\text{출력}}{\text{출력}+\text{손실}} \times 100[\%]$

㉡ 전동기 $\eta_M = \dfrac{\text{입력}-\text{손실}}{\text{입력}} \times 100[\%]$

핵심 유형 문제

**1** 직류전동기의 규약효율을 표시하는 식은?

① $\dfrac{출력}{출력+손실} \times 100[\%]$

② $\dfrac{출력}{입력} \times 100[\%]$

③ $\dfrac{입력-손실}{입력} \times 100[\%]$

④ $\dfrac{입력}{출력+손실} \times 100[\%]$

정답 ③

직류전동기 규약효율

$\dfrac{입력-손실}{입력} \times 100[\%]$

# CHAPTER 02 동기기

## 1 동기기의 원리 및 구조

### 1. 동기기

정상 운전상태에서 전원 주파수에 동기화하여 회전자가 동기속도로 회전하는 교류기

### 2. 동기기의 원리

(1) 교류 기전력의 발생

여자기를 통해 계자 권선에 투입된 직류로 회전자를 여자시킨 후 회전시키면 고정자 권선에 자속이 쇄교하여 플레밍의 오른손 법칙에 따라 3상 교류 기전력이 발생한다.

(2) 동기속도($N_s$)

$$N_s = \frac{120f}{p}[\text{rpm}]$$

($p$ : 극수, $f$ : 주파수[Hz])

**핵심 유형 문제**

**1** 2극, 주파수 60[Hz]의 동기발전기 동기속도[rpm]는?

① 900　　② 1,800

③ 2,400　　④ 3,600

정답 ④

$$N_s = \frac{120f}{p} = \frac{120 \times 60}{2} = 3{,}600[\text{rpm}]$$

### 3. 동기기의 구조

(1) 고정자 : 고정자 틀, 고정자 철심, 고정자 코일로 구성

(2) 회전자 : 일반적으로 자극, 회전자 계철, 스파이더, 주축 및 슬립링으로 구성

(3) 슬립링과 브러시

### (4) 회전자 형태에 의한 분류

① **비돌극형** : 전자석의 권선이 회전자 표면에 내장

② **돌극형** : 전자석의 권선은 회전자 표면에 내장되어 있지 않고 극 둘레에 감겨 있는 형태

### (5) 회전자 형식에 의한 분류

① **회전 계자형** : 전기를 유기하는 전기자 코일을 고정시키고 계자를 회전하는 구조로, 대부분이 회전 계자형을 사용하는 이유로는 다음과 같다.

㉠ 기계적 측면

ⓐ 계자의 철의 분포가 전기자에 비하여 크기 때문에 계자가 회전할 때 더 안정적이다.

ⓑ 원동기 측면에서 구조가 간단한 계자를 회전시키는 것이 유리하다.

㉡ 전기적 측면

ⓐ 교류 고압인 전기자보다 직류 저압인 계자를 회전하는 것이 위험성이 적다.

ⓑ 교류 고압인 전기자가 고정되어 있으므로 절연이 용이하다.

ⓒ 교류 고압인 전기자 권선은 전압이 높고 결선이 복잡하며 인출선도 많지만, 계자 회로는 직류, 저전압 회로이므로 소요 전력도 적고 인출선도 2개이다.

② **회전 전기자형** : 계자는 고정되어 있고, 기전력을 유기하는 전기자가 회전하는 구조



# 2 동기발전기의 이론

## 1. 전기자 권선법

### (1) 집중권과 분포권

① **집중권** : 매극 매상의 슬롯수가 1개인 권선법

② **분포권** : 매극 매상의 슬롯수가 2개 이상인 권선법

㉠ 기전력의 파형이 개선된다.

㉡ 권선의 누설 리액턴스를 감소시킨다.

㉢ 전기자 동손으로 발생하는 열이 고르게 분포되어 과열이 감소한다.

㉣ 동기기에 주로 분포권을 적용한다.

㉤ 분포권 계수 $K_d = \dfrac{\sin\dfrac{\pi}{2m}}{q\sin\dfrac{\pi}{2mq}}$ ($q$ : 매극 매상 슬롯수, $m$ : 상수)

### (2) 전절권과 단절권

① **전절권** : 권선 간격과 극 간격이 같은 권선법

② **단절권** : 권선 간격이 극 간격보다 작은 권선법

㉠ 특정 고조파를 제거하여 기전력의 파형을 개선할 수 있다.

㉡ 권선단의 길이가 짧아져 기계 전체 길이가 축소된다.

㉢ 동량이 적게 들어 동기기에 주로 단절권을 사용한다.

㉣ 단절권 계수 $K_p = \frac{\sin\beta\pi}{2}$

### (3) 전기자 권선을 Y결선으로 하는 이유

① 중성점을 접지할 수 있어 이상 전압 방지 대책이 용이하다.

② $\Delta$ 결선에 비해 상전압이 선간전압보다 $\frac{1}{\sqrt{3}}$로 낮아 절연이 용이하다.

③ 코일의 코로나 및 열화가 적다.

④ 권선의 불평형 및 제 3고조파에 의한 순환전류가 흐르지 않는다.

## 2. 유기기전력

$E = 4.44K_w f N\phi[\text{V}]$

($K_w$ : 권선 계수, $f$ : 주파수[Hz], $N$ : 권수, $\phi$ : 자속[Wb])

## 3. 전기자 반작용

전기자 전류에 의한 회전 자속이 계자 자속에 영향을 미치는 현상

### (1) 교차 자화 작용(횡축 반작용)

동기발전기에 저항 부하를 연결하면 기전력과 전류가 동위상이 된다. 이때 전기자 전류에 의한 기자력과 주 자속이 직각이 되는 현상이다.

### (2) 감자 작용(직축 반작용)

동기발전기에 리액터 부하를 연결하면 기전력보다 $90°$ 늦은 위상이 된다. 전기자 전류에 의한 자속이 주 자속을 감소시키는 방향으로 유도기전력이 작아지는 현상이다.

### (3) 증자 작용(직축 반작용)

동기발전기에 콘덴서 부하를 연결하면 전류가 기전력보다 $90°$ 앞선 위상이 된다. 전기자 전류에 의한 자속이 주 자속을 증가시키는 방향으로 작용하며 유도기전력이 증가하게 되는데, 이러한 현상을 동기발전기의 여자작용이라고도 한다.

핵심 유형 문제

**1** 3상 동기발전기에서 전기자 전류가 무부하 유도기전력보다 앞선 경우의 전기자 반작용은?

① 횡축 반작용　　② 증자 작용
③ 감자 작용　　④ 편자 작용

정답 ②

동기전동기의 전기자 반작용
- 교차 자화 작용(횡축 반작용) : 계자에 의한 기전력과 전기자 부하전류가 동상(역률 1)
- 감자 작용(직축 반작용) : 전기자 부하전류가 계자 기전력보다 90° 뒤진 경우(역률 0, 지상)
- 증자 작용(자화 작용) : 전기자 전류가 계자 기전력보다 90° 앞선 경우(역률 0, 진상)



## 4. 동기 리액턴스

(1) 누설 리액턴스($x_l$) : 자속이 누설에 의하여 생기는 리액턴스

(2) 동기 리액턴스($x_s$) : 전기자 반작용 리액턴스($x_a$)와 누설 리액턴스($x_l$)의 합

(3) 동기 임피던스($Z_s$) : 전기자 저항과 동기 리액턴스의 합

## 5. 동기기의 전압변동률

(1) $\varepsilon = \dfrac{V_o - V_n}{V_n} \times 100[\%]$

($V_o$ : 무부하 단자전압[V], $V_n$ : 정격 단자전압[V])

(2) 유도성 부하시 전압변동률 : $+(V_o > V_n)$

(3) 용량성 부하시 전압변동률 : $-(V_o < V_n)$

## 6. 동기발전기의 출력

(1) 비돌극기(원통형) 동기발전기의 출력

$$P = \frac{EV}{Z_s}\sin\delta = \frac{EV}{x_s}\sin\delta[\mathrm{W}]$$

(2) 비돌극기(원통형) 동기발전기의 출력은 $\delta = 90°$에서, 돌극기(철극형) 동기발전기는 $\delta = 60°$에서 출력이 최대이다.

## 3 동기발전기의 특성

### 1. 무부하 포화곡선

계자전류($I_f$)를 점차 증가시키면서 계자전류($I_f$)와 무부하 유기기전력($E$)의 관계를 나타낸 곡선

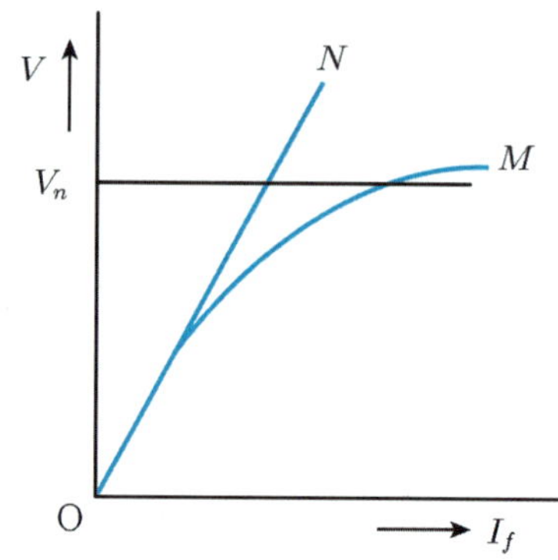


- $\overline{ON}$ : 공극선
- $\overline{OM}$ : 무부하 포화곡선

### 2. 단락곡선

동기발전기의 3상 단자를 단락시키고 정격속도로 운전하면서 계자전류($I_f$)를 0에서 서서히 증가시켰을 때 단락전류($I_s$)와 계자전류($I_f$)와의 관계를 나타낸 곡선 $\overline{OS}$를 단락곡선이라 한다.

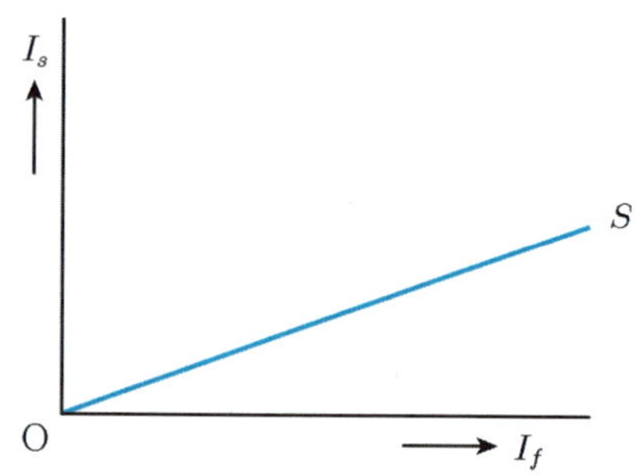


※ 단락곡선이 직선인 이유 : 철심이 포화되면서 전기자 반작용에 의해 감자 작용이 발생하여 자기포화가 일어나지 않기 때문

### 3. 단락비

부하측을 단락하였을 때와 개방하였을 때 각각 정격전류와 정격전압을 가지게 하는 계자전류의 비

$$K_s = \frac{\text{정격전류를 만들기 위해 필요한 계자전류}}{\text{정격전압을 만들기 위해 필요한 계자전류}} = \frac{I_{fs}}{I_{fn}} = \frac{I_s}{I_n} = \frac{100}{\%Z_s}\ (\%Z_s : \%\text{임피던스})$$

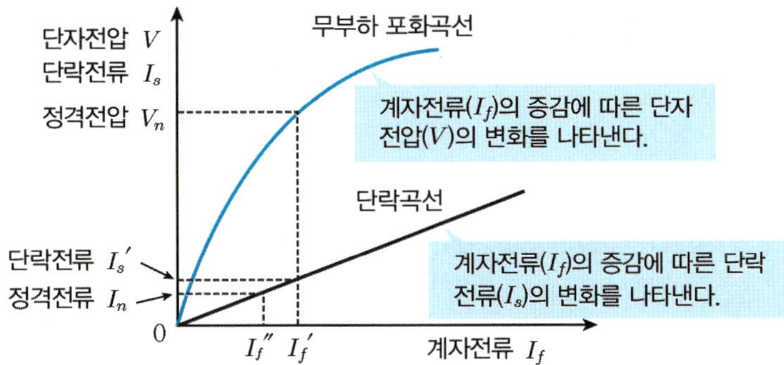


### ※ 단락비가 큰 동기기(철기계)

- 전기자 반작용이 작다.
- 공극이 크고 계자자속이 크다.
- 동일 정격에 대하여 동기 임피던스가 작다.
- 전압변동률이 작다.
- 안정도가 높다.
- 중량이 무겁고 가격이 고가이다.
- 부하 내량 및 충전 용량이 크다.



### 핵심 유형 문제

**1** 단락비가 큰 동기기에 대한 설명으로 옳은 것은?

① 기계가 소형이다.
② 안정도가 높다.
③ 전압변동률이 크다.
④ 전기자 반작용이 크다.

정답 ②

단락비가 큰 동기기의 특성

- 안정도가 높다.
- 중량이 무겁고 가격이 비싸다.
- 전압변동률이 작다.
- 전기자 반작용이 작다.
- 공극과 계자기자력이 크다.
- 효율이 나쁘다.

## 4 동기발전기의 운전

### 1. 동기발전기의 병렬운전 조건

① 기전력의 크기가 같을 것(다르면 무효순환전류 발생)

② 기전력의 위상이 같을 것[다르면 유효순환전류(동기화 전류) 발생]

③ 기전력의 주파수가 같을 것(다르면 난조 발생)

④ 기전력의 파형이 같을 것(다르면 고조파 무효순환전류 발생)

**핵심 유형 문제**

**1 동기발전기의 병렬운전 조건이 아닌 것은?**

① 기전력의 크기가 같을 것

② 기전력의 위상이 같을 것

③ 기전력의 주파수가 같을 것

④ 기전력의 용량이 같을 것

정답 ④

동기발전기의 병렬운전 조건

- 기전력의 크기가 같을 것
- 기전력의 위상이 같을 것
- 기전력의 주파수가 같을 것
- 기전력의 파형이 같을 것

### 2. 동기발전기의 안정도 향상 대책

① 단락비를 크게 한다.

② 회전부의 관성을 크게 한다.(플라이 휠을 설치한다.)

③ 속응 여자방식을 채용한다.

④ 동기 임피던스를 작게 한다.

### 3. 동기 이탈과 난조 방지 대책

(1) **난조** : 부하의 급작스러운 변동에 의하여 진동 주기가 동기기의 고유진동에 가까워지면 공진 작용에 의한 진동이 계속 증대하는 현상으로, 정도가 심해지면 동기 운전을 이탈하게 된다.

(2) **난조 방지 대책** : 제동 권선 또는 플라이 휠을 설치한다.

# 5 동기전동기의 원리 및 구조

## 1. 동기전동기의 회전 원리

고정자 권선에 3상 전류를 흘려주면 고정자는 시계방향으로 회전하는 회전 자기장을 발생시켜, 회전 자기장 속도가 동기속도에 도달했을 때 회전자에 시계방향으로 회전하는 기동토크를 가하면 회전자는 동기속도로 운전하는 전동기가 된다.

## 2. 동기전동기의 기동법

동기전동기는 동기속도로 회전하고 있을 때만 토크가 발생하기 때문에 스스로 기동을 할 수 없어 기동장치가 필요하다.

### (1) 자기 기동법

유도전동기의 2차 권선 역할을 하는 제동 권선을 계자 극면에 설치하여 기동토크를 발생시켜 기동

### (2) 유도전동기법

기동전동기로서 유도전동기를 사용하여 기동시키는 방법으로 극수가 2극 적은 전동기를 채용



# 6 동기전동기의 특성

## 1. 동기전동기 회전속도

$$N_s = \frac{120f}{p}\,[\text{rpm}]$$

## 2. 동기전동기의 전기자 반작용

동기전동기에서는 무효전류가 단자전압과 유기기전력 사이의 평형을 회복시키기 위하여 흐르게 되고 단자전압에 대하여 과여자의 경우 진상전류, 부족여자의 경우 지상전류가 흐른다.

(1) **저항부하(동상전류)** : 교차 자화 작용

(2) **유도성부하(지상전류)** : 증자 작용

(3) **용량성부하(진상전류)** : 감자 작용

## 3. 위상특성곡선(V곡선)

동기전동기에 단자전압 및 출력을 일정한 상태에서 계자전류($I_f$)를 변화시켜 전기자 전류($I_a$)와 역률($\cos\theta$)을 나타낸 곡선

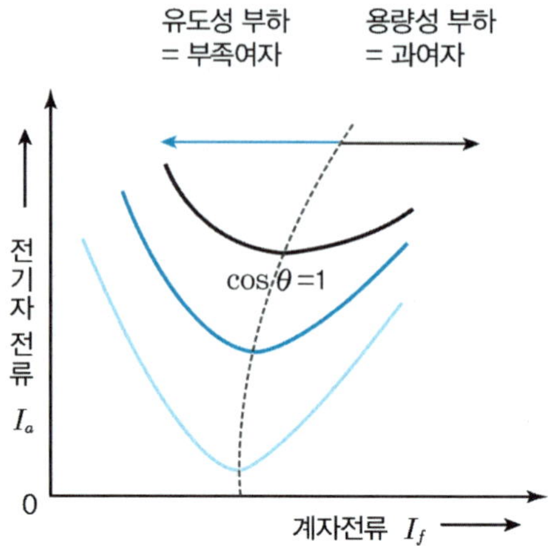


- 부족여자시 지상 역률의 전기자 전류를 취하고, 과여자시 진상 역률의 전기자 전류를 취한다.
- 역률이 1일 때 전기자 전류는 항상 최소이다.

## 4. 동기전동기의 특징

### (1) 장점

① 속도가 일정하다.

② 역률을 조정할 수 있다.

③ 효율이 좋다.

④ 공극이 크고 기계적으로 튼튼하다.

### (2) 단점

① 기동토크가 작다.

② 속도 제어가 어렵다.

③ 직류여자기가 필요하다.

④ 난조가 일어나기 쉽다.

### (3) 동기전동기의 용도

시멘트 공장의 분쇄기, 압축기, 송풍기, 동기 무효 전력 보상 장치

# CHAPTER 03 변압기

## 1 변압기의 원리와 구조

### 1. 변압기의 원리

(1) 변압기

① 하나의 회로에서 교류전력을 받아 전자 유도 작용에 의해 같은 주파수의 교류전력으로 변성하여 다른 회로에 공급하는 기기를 말한다.

② 전원 쪽에 접속된 권선을 1차 권선(Primary Winding), 부하 쪽에 접속된 권선을 2차 권선(Secondary Winding)이라 한다.



(2) 전자 유도 작용

아래 그림에서 철심에 권선을 감고 스위치를 개폐하면 검류계의 지침이 움직인다. 이는 코일에서의 자속 변화가 코일에 전류를 유도하는 것인데, 이를 전자 유도 법칙이라 한다.

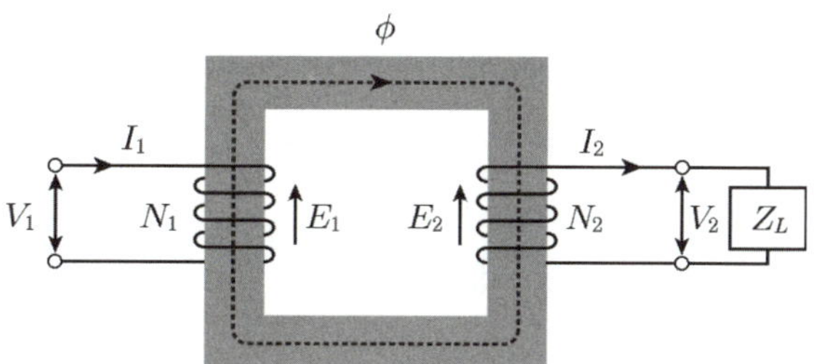


$$E_1 = -N_1\frac{d\phi}{dt}[\text{V}]$$

$$E_2 = -N_2\frac{d\phi}{dt}[\text{V}]$$

(3) 이상적인 변압기의 조건

① 철심의 투자율이 무한대이다.

② 철손이 없다.

③ 누설자속이 없다.

④ 권선의 저항이 없다.

## 2. 변압기의 구조

### (1) 변압기 형태

① **내철형** : 철심이 안쪽에 있고, 권선은 양쪽의 철심각에 감겨져 있는 구조

② **외철형** : 권선이 철심의 안쪽에 감겨져 있고, 권선은 철심이 둘러싸고 있는 구조

③ **권철심형** : 규소강판을 성층하지 않고 권선 주위에 방향성 규소강대를 나선형으로 감아서 만드는 구조

### (2) 변압기 내부 구조

① 철심

㉠ 규소 함유량 3.5[%] 사용(히스테리시스손 감소)

㉡ 두께 0.35[mm] 규소강판 성층(맴돌이 전류손 감소)

② 권선 : 에나멜구리손(소용량), 평각구리선(대용량)

③ 외함 : 변압기의 본체와 절연유를 넣는 함

④ 부싱 : 변압기권선 인출선을 끌어내는 절연단자

⑤ 절연유(변압기유)

#### 핵심 유형 문제

**1** **변압기의 철심을 성층하는 이유는?**

① 기계손을 적게 하기 위해

② 표유부하손을 적게 하기 위해

③ 히스테리시스손을 적게 하기 위해

④ 와류손을 적게 하기 위해

정답 ④

• 전기기기에서 철심을 성층하는 이유는 자기회로를 만드는 부분에서 회전에 따른 자속이 수시로 변화하면서 발생하는 와전류손(맴돌이 전류손)을 감소하기 위함이다.

③ 규소강판을 사용하는 이유는 히스테리시스손을 감소하기 위함이다.

## 2 변압기 이론

### 1. 유도기전력

(1) 1차 권선에 유도되는 기전력

$$E_1 = N_1 \frac{d\phi}{dt} [\mathrm{V}]$$

$$E_1 = 4.44 f N_1 \phi_m [\mathrm{V}] \text{ (실횻값)}$$

(2) 2차 권선에 유도되는 기전력

$$E_2 = N_2 \frac{d\phi}{dt} [\mathrm{V}]$$

$$E_2 = 4.44 f N_2 \phi_m [\mathrm{V}] \text{ (실횻값)}$$

### 2. 권수비(= $\frac{N_1}{N_2}$)

| 권수비 | $N_1$ | $N_2$ |
|---|---|---|
| 전압($V$) | $N_1$ | $N_2$ |
| 전류($I$) | $N_1$ | $N_2$ |
| 임피던스($Z$), 저항($R$) | $N_1^2$ | $N_2^2$ |
| 전력($P$) | 1 | 1 |

제2과목 전기기기

**핵심 유형 문제**

**1** 1차 전압 2,200[V], 2차 전압 220[V]인 변압기의 권수비는?

① 10　　② 22
③ 100　　④ 220

정답 ①

권수비$(a) = \frac{N_1}{N_2} = \frac{2,200}{220} = 10$

## 3. 여자전류

변압기의 무부하전류로 1차측에 흐르는 전류

$I_o = \sqrt{I_i^2 + I_\phi^2}$ [A]

(1) 철손전류($I_i$) : 변압기 철심에서 철손을 발생시키는 전류

(2) 자화전류($I_\phi$) : 변압기 철심에서 자속을 발생시키는 전류

## 4. 등가회로

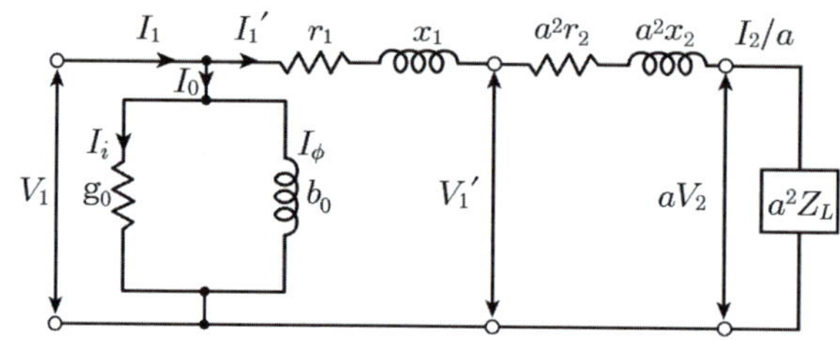


(1) 1차 임피던스 : $\dot{Z}_1 = r_1 + jx_1[\Omega]$

(2) 2차 임피던스 : $\dot{Z}_2 = r_2 + jx_2[\Omega]$

(3) 부하 임피던스 : $\dot{Z}_L = r_L + jx_L[\Omega]$

(4) 여자 어드미턴스 : $\dot{Y}_o = g_o - jb_o[℧]$

$\dot{V}_1 = \dot{V}_1' + (r_1 + jx_1)\dot{I}_1 = -\dot{E}_1 + (r_1 + jx_1)\dot{I}_1$ [V]

$\dot{V}_2 = \dot{E}_2 + (r_2 + jx_2)\dot{I}_2 = \dot{I}_2\dot{Z}_L$[V]

$\dot{I}_1 = \dot{I}_o + \dot{I}_1'$ [A]

## 5. 변압기의 전압변동률

(1) 전압변동률

$\varepsilon = \dfrac{V_{2o} - V_{2n}}{V_{2n}} \times 100[\%]$($V_{2o}$ : 무부하 2차 전압, $V_{2n}$ : 정격 2차 전압)

$\varepsilon = p\cos\theta + q\sin\theta[\%]$($p$ : 백분율 저항 강하, $q$ : 백분율 리액턴스 강하)

### 핵심 유형 문제

**1** **변압기의 백분율 저항 강하가 3[%], 백분율 리액턴스 강하가 2[%]일 때 부하의 무효율이 60[%]인 변압기의 전압변동률은?**

① 2.8 ② 3.0

③ 3.4 ④ 3.6

정답 ④

변압기의 전압변동률

$$\epsilon = \frac{V_{20} - V_{2n}}{V_{2n}} \times 100[\%] = pcos\theta \pm qsin\theta[\%]$$

$\epsilon = 3 \times 0.8 + 2 \times 0.6 = 2.4 + 1.2 = 3.6[\%]$ (※ $\sin\theta = 0.6$이므로, $\cos\theta = 0.8$)

($p$ : 백분율 저항 강하, $q$ : 백분율 리액턴스 강하)

(2) 임피던스 전압, 임피던스 와트

① 임피던스 전압($V_s$) : 변압기 2차측을 단락한 상태에서 1차측에 정격전류($I_{1n}$)가 흐르도록 1차측에 인가하는 전압

② 임피던스 와트($P_s$) : 임피던스 전압을 인가한 상태에서 발생하는 와트

## 3 변압기의 손실 및 효율

### 1. 변압기의 손실

(1) 무부하손

① 히스테리시스손

$P_h = k_h f B_m^{1.6}[\mathrm{W/m^3}]$ ($B_m$ : 최대자속밀도[$\mathrm{Wb/m^2}$], $k_h$ : 히스테리시스 상수, $f$ : 주파수[Hz])

② 와류손

$P_e = k_e (tfB_m)^2[\mathrm{W/m^3}]$

($B_m$ : 최대자속밀도[$\mathrm{Wb/m^2}$], $t$ : 강판 두께, $f$ : 주파수[Hz], $k_e$ : 와류 상수)

(2) 부하손

동손 $P_c = (r_1 + a^2 r_2) \cdot I_1^2[\mathrm{W}] \fallingdotseq \mathrm{I^2R}$

($a$ : 권수비)

### 2. 변압기의 효율

(1) 규약효율

$$\eta = \frac{\text{출력[kW]}}{\text{출력[kW]} + \text{손실[kW]}} \times 100\,[\%]$$

(2) 전부하 효율

$$\eta = \frac{\text{출력}}{\text{출력} + \text{철손} + \text{부하손}} \times 100\,[\%]$$

$$= \frac{V_{2n}I_{2n}\cos\theta}{V_{2n}I_{2n}\cos\theta + P_i + P_c} \times 100\,[\%]$$

(3) 최대효율조건

① 전부하시 : 철손$(P_i)$=동손$(P_c)$

② $\frac{1}{m}$ 부하시 : $\frac{1}{m} = \sqrt{\frac{P_i}{P_c}}$

(4) 전일효율

$$\eta_d = \frac{\text{24시간 출력 전력량[kWh]}}{\text{24시간 입력 전력량[kWh]}} \times 100\,[\%]$$

## 4 변압기의 결선 및 병렬운전 조건

### 1. 변압기의 극성

변압기 단자의 유도기전력 방향

(1) 감극성

우리나라 표준으로 1·2차 유도기전력이 180° 위상차를 가진다.

(2) 가극성

1·2차 유도기전력이 동상이다.

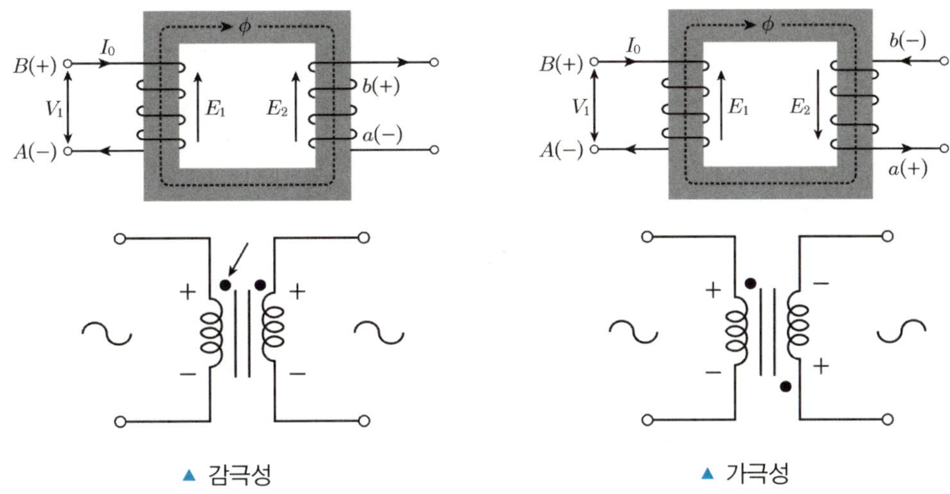


▲ 감극성　　▲ 가극성



## 2. 단상 변압기의 3상 결선

### (1) $\Delta-\Delta$ 결선

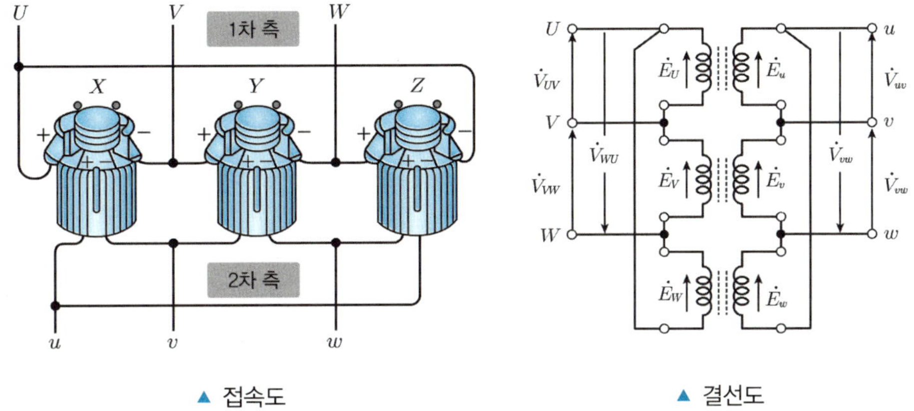


▲ 접속도　　▲ 결선도

① 단상 변압기 한 대 고장시 V결선에 의한 3상 전력 공급이 가능하다.

② 제3고조파가 $\Delta$ 결선 내를 순환하므로 통신 장해가 발생하지 않는다.

③ 비접점 방식이므로 지락사고시 보호가 어렵다.

④ 선간전압과 상전압의 크기가 같다.

### (2) $Y-Y$결선

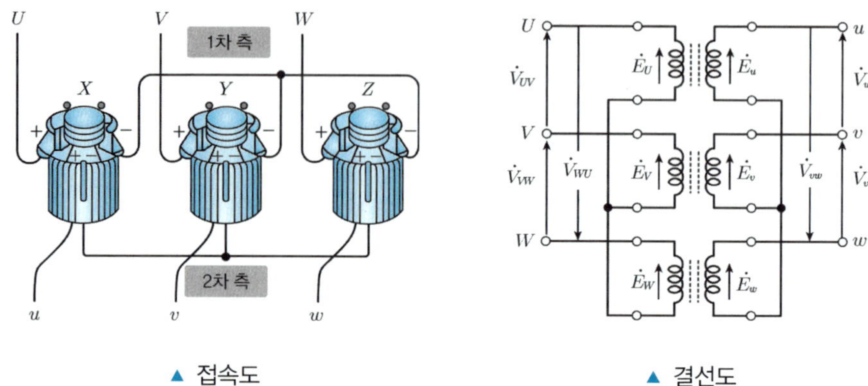


▲ 접속도 ▲ 결선도

① 중성점을 접지시킬 수 있어 이상 전압으로부터 변압기 보호가 가능하다.

② 상전압이 선간전압의 $\frac{1}{\sqrt{3}}$이 되어 절연이 용이하여 고전압에 유리하다.

③ 중성점 접지시 접지선을 통해 제3고조파가 흐르면 통신선에 유도 장해가 발생한다.

④ 3차 권선을 설치하여 $Y-Y-\Delta$의 3권선 변압기로 송전용에 사용된다.

### (3) $Y-\Delta$ 결선

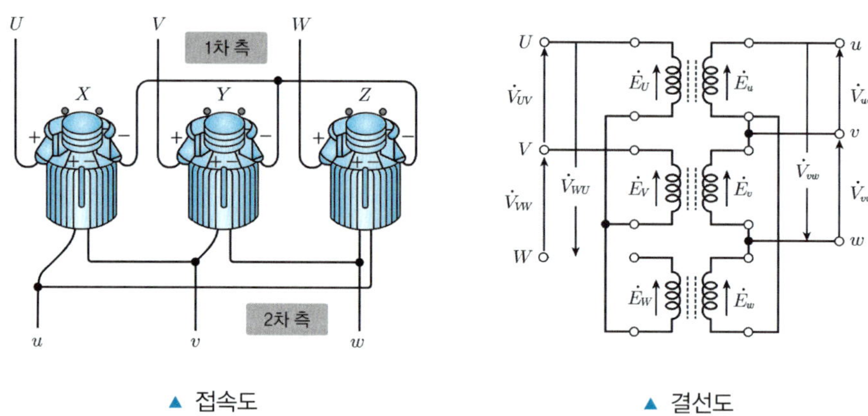


▲ 접속도 ▲ 결선도

① 높은 전압을 낮은 전압으로 강압하는 경우 사용한다.(수전단 변전소용)

② $\Delta$ 결선에 의한 제3고조파 통로가 형성되어 통신선의 유도 장해가 적다.

③ $Y$결선의 중성점을 접지할 수 있어 변압기 보호가 가능하다.

④ 1차 선간전압과 2차 선간전압 사이에 30°의 위상차가 생긴다.

(4) $\Delta - Y$결선

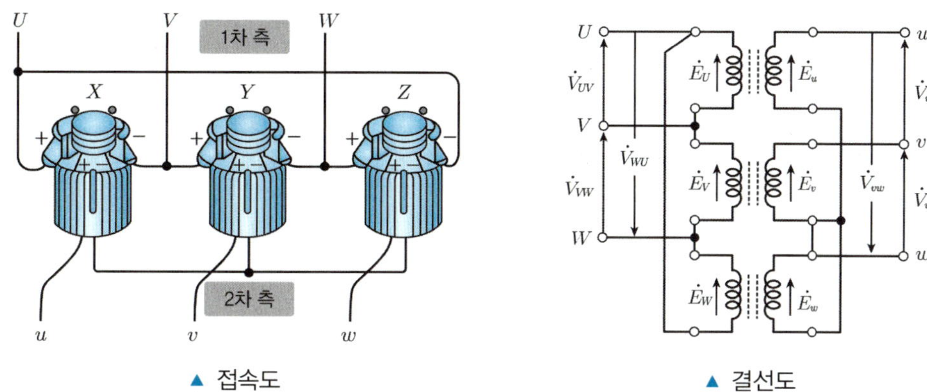


▲ 접속도　　▲ 결선도

① 낮은 전압을 높은 전압으로 승압하는 경우 적용된다.(송전단 변전소용)

② $\Delta$ 결선에 의한 제3고조파 통로가 형성되어 통신선의 유도 장해가 적다.

③ $Y$결선의 중성점을 접지할 수 있어 변압기 보호가 가능하다.

④ 1차 선간전압과 2차 선간전압 사이에 30°의 위상차가 생긴다.



(5) V결선

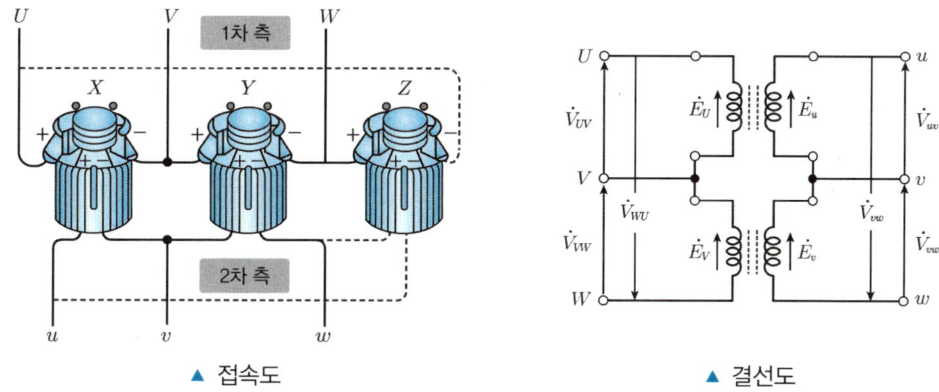


▲ 접속도　　▲ 결선도

① $\Delta - \Delta$ 운전 중 변압기 1대 고장시 나머지 2대를 이용한 결선법으로 설치 방법이 간단하고, 소용량이다.

② V결선과 $\Delta$ 결선의 출력비

$$\frac{P_v}{P_\Delta} = \frac{\sqrt{3}\,V_{2n}I_{2n}}{3\,V_{2n}I_{2n}} = \frac{1}{\sqrt{3}} \fallingdotseq 0.577(57.7[\%])$$

③ V결선 변압기의 이용률

$$\frac{\sqrt{3}\,V_{2n}I_{2n}}{2\,V_{2n}I_{2n}} = \frac{\sqrt{3}}{2} \fallingdotseq 0.866(86.6[\%])$$

## 3. 변압기의 병렬운전

변압기의 부하 증대나 경제적인 운전을 위해 2대 이상의 변압기를 병렬운전하여 사용한다.

### (1) 변압기의 병렬운전 조건

① 변압기의 극성이 일치할 것

② 각 변압기의 권수비가 같고 1차, 2차의 정격전압이 일치할 것

③ 각 변압기의 백분율 임피던스 강하가 일치할 것

④ 내부저항과 리액턴스 비가 일치할 것

### (2) 3상 변압기군의 병렬운전 조합

| 병렬운전 가능 | 병렬운전 불가능 |
|---|---|
| • $\Delta-\Delta$와 $\Delta-\Delta$<br>• $Y-Y$와 $Y-Y$<br>• $Y-\Delta$와 $Y-\Delta$<br>• $\Delta-Y$와 $\Delta-Y$<br>• $\Delta-\Delta$와 $Y-Y$<br>• $\Delta-Y$와 $Y-\Delta$ | • $\Delta-\Delta$와 $\Delta-Y$<br>• $\Delta-Y$와 $Y-Y$ |

**핵심 유형 문제**

**1** **3상 변압기의 병렬운전시 병렬운전이 불가능한 결선 조합은?**

① $\Delta-\Delta$와 $Y-Y$

② $\Delta-\Delta$와 $\Delta-Y$

③ $\Delta-Y$와 $\Delta-Y$

④ $\Delta-\Delta$와 $\Delta-\Delta$

정답 ②

# 5 특수 변압기

## 1. 단권 변압기

작은 양의 전압을 변화시킬 필요가 있을 때 사용하는 변압기로 1·2차 권선이 공통으로 되어 있으며, 누설 자속이 적고, 전압변동률이 적다.

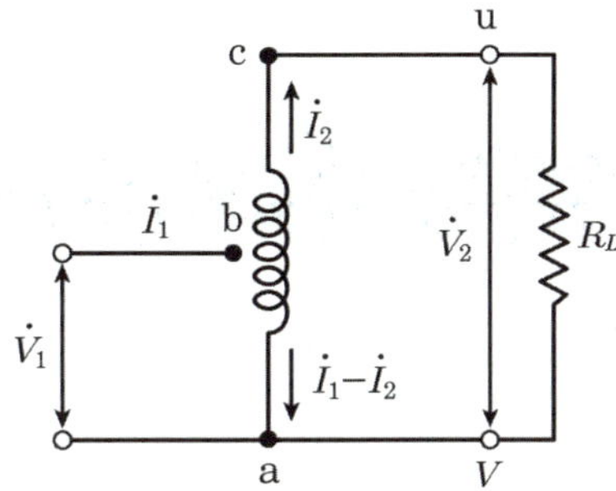


(1) 변압비

$$\frac{V_1}{V_2}=\frac{N_1}{N_1+N_2}=a$$

(2) 변류비

$$\frac{I_1}{I_2}=\frac{N_1+N_2}{N_1}=\frac{1}{a}$$

(3) 자기용량

$$(V_2-V_1)I_2=V_2I_2\left(1-\frac{V_1}{V_2}\right)$$

$$=(1-a)V_2I_2$$

$$=(1-a)\times\text{부하용량[VA]}$$

(4) 자기용량에 대한 부하용량

$$\frac{\text{자기용량}}{\text{부하용량}}=\frac{I_2(V_2-V_1)}{V_2I_2}=1-\frac{V_1}{V_2}$$

## 2. 계기용 변성기

고전압이나 대전류를 계기 또는 계전기용 전압과 전류로 변성하는 기기

(1) 계기용 변압기(PT : Potential Transfomer)

고전압을 저전압으로 변성하여 계전기나 측정용 계기(전압계)에 공급하기 위한 계기용 변성기

(2) 계기용 변류기(CT : Current Transfomer)

① 대전류를 소전류로 변성하여 계전기나 측정용 계기(전류계)에 공급하기 위한 계기용 변성기

② **변류기 점검시 주의사항** : 반드시 2차측을 단락시킨 후 분리해야 한다. 변류기 2차측을 개방하면 변류기 1차측에 흐르는 부하전류가 모두 여자전류가 되어 변류기 2차측에 고전압이 유기되어 변류기 권선의 소손 및 절연파괴의 우려가 있다.

## 6 변압기유

### 1. 변압기 권선의 절연과 냉각 작용을 위해 사용

(1) 변압기유의 구비조건

① 절연내력이 클 것

② 비열이 커서 냉각효과가 클 것

③ 인화점이 높고 응고점이 낮을 것

④ 고온에서도 산화하지 않을 것

⑤ 절연재료와 화학작용을 일으키지 않을 것

**핵심 유형 문제**

**1** **변압기유가 구비해야 할 조건으로 옳은 것은?**

① 절연내력이 작고 산화하지 않을 것

② 비열이 작아서 냉각효과가 클 것

③ 인화점이 높고 응고점이 낮을 것

④ 절연재료나 금속에 접촉할 때 화학작용을 일으킬 것

정답 ③

변압기유 구비조건

- 절연내력이 클 것
- 절연재료 및 금속과 접촉해도 화학작용을 일으키지 않을 것
- 인화점이 높고 응고점이 낮을 것
- 유동성이 크고 비열이 커서 냉각효과가 클 것
- 점도가 낮을 것
- 고온에서도 산화하지 않을 것

(2) 변압기의 열화 방지 대책

① **브리더** : 변압기의 호흡 작용에 의한 외부 공기와의 접촉으로 발생한 습기를 흡수한다.

② **콘서베이터** : 공기가 변압기 외함으로 들어갈 수 없게 하여 기름의 열화를 방지한다. 콘서베이터 유면 위에 공기와의 접촉을 막기 위해 질소를 봉입한다.

③ **부흐홀츠계전기** : 변압기 내부 고장으로 인한 절연유 온도 상승시 발생하는 유증기를 검출하여 경보 및 차단하기 위한 계전기로 변압기 본체와 콘서베이터 사이에 설치한다.

④ **비율차동계전기** : 변압기 내부 고장 발생시 1, 2차측에 설치한 CT 2차측의 억제 코일에 흐르는 전류 차가 일정 비율 이상이 되었을 때 동작하는 방식의 계전기로 변압기 단락 보호용으로 사용된다.

# CHAPTER 04 유도기

## 1 유도전동기의 원리와 구조

### 1. 유도전동기의 원리(아라고의 원판)

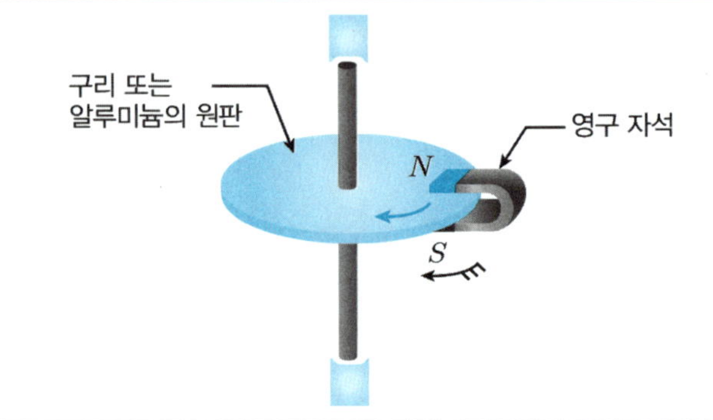


ⓐ 회전의 원리

아라고가 실험한 것으로 그림 ⓐ와 같이 알루미늄 또는 구리로 만든 원판을 수직으로 지지하고 말굽자석을 화살표 방향으로 움직이면 원판은 자석보다 늦은 속도로 같은 방향을 향해 움직인다.

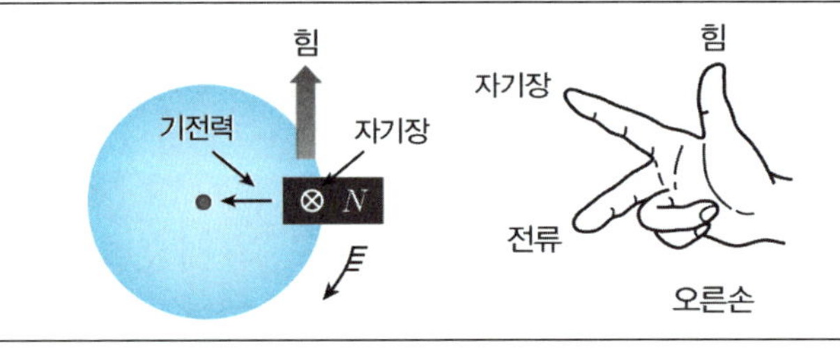


ⓑ 플레밍의 오른손 법칙

그림 ⓑ는 원판이 상대적으로 느끼는 회전(힘)방향, 자석의 방향에 따라 플레밍의 오른손 법칙에 근거해 원판 중심으로 향하는 기전력이 발생한다.

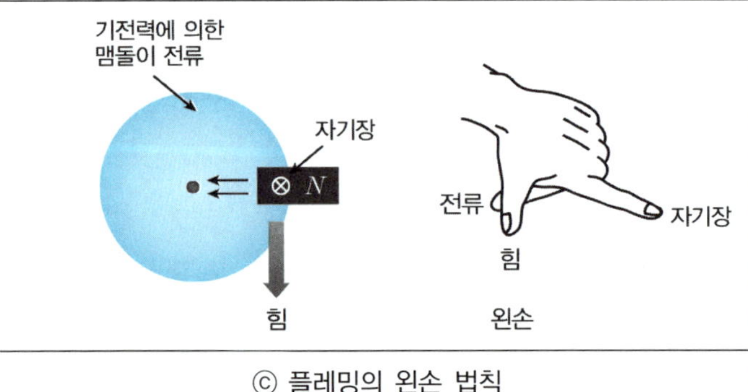


ⓒ 플레밍의 왼손 법칙

그림 ⓒ에서 원판에 생기는 기전력과 자석의 방향에 따라 플레밍의 왼손 법칙을 적용하면 시계방향의 힘이 발생한다.

이와 같은 현상은 원통 도체에서도 동일하게 발생하고, 원통 도체는 자석의 회전 방향을 따라 회전하게 되는데, 이것이 3상 유도전동기의 원리가 된다.

### 2. 유도전동기의 구조

(1) 고정자

① **고정자 틀** : 전동기 전체를 지탱하는 것으로, 주철로 되어 있다.

② **고정자 철심** : 두께 0.35~0.5[mm]의 규소강판을 성층한 구조

③ **고정자 권선** : 회전자계를 만들기 위한 권선

(2) 회전자

회전자는 축, 철심, 권선의 세 부분으로 되어 있으며 농형 회전자(Squirrel Type Rotor)와 권선형 회전자(Wound Type Rotor)가 있다.

① **농형 회전자** : 원 둘레 부분에 원형 또는 사각형 모양의 반폐 슬롯을 만들고 그 속에 구리 막대를 넣는다. 양 끝을 구리로 만든 단락 고리 도체에 접속시킨다. 회전자의 구조가 간단하고 튼튼하다.

② **권선형 회전자** : 큰 전류가 흐르는 대형 전동기에서 평각 구리선을 슬롯 속에 끼우고, 그 양 끝을 구부려 3상 접속을 하여 납땜한다. 권선형 회전자 내부 권선의 결선은 일반적으로 Y결선으로 한다.



### 3. 유도전동기의 회전 자기장

(1) **3상 유도전동기** : 회전자계 발생

(2) **단상 유도전동기** : 교번자계 발생

## 2 3상 유도전동기의 이론

### 1. 회전수와 슬립

(1) 동기속도

$N_s = \dfrac{120f}{p}$[rpm] ($p$ : 극수, $f$ : 주파수[Hz])

(2) 슬립

$$s = \frac{N_s - N}{N_s} \times 100[\%]$$

($N_s$ : 동기속도[rpm], $N$ : 회전자 속도[rpm])

(3) 상대속도

$sN_s = N_s - N$

(4) 전동기 속도

$$N = (1-s)N_s = (1-s)\frac{120f}{p}[\text{rpm}]$$

 핵심 유형 문제

**1** 회전수 570[rpm], 12극, 3상 유도전동기의 슬립[%]은? (단, 주파수는 60[Hz]이다.)

① 1 ② 4
③ 5 ④ 10

정답 ③

$$N_s = \frac{120f}{p} = \frac{120 \times 60}{12} = 600[\text{rpm}]$$

$$s = \frac{N_s - N}{N_s} = \frac{600-570}{600} = 0.05, \text{ 즉 } 5[\%]$$

## 2. 유도기전력

(1) 정지시 유도기전력($s=1$)

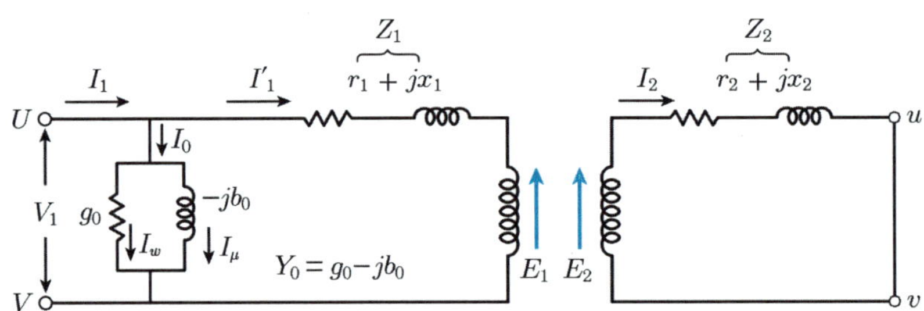


- $E_1 = 4.44 f_1 N_1 \phi K_{w1}[\text{V}]$
- $E_2 = 4.44 f_2 N_2 \phi K_{w2}[\text{V}]$

① 주파수 $f_1 = f_2$

② 권선비 $\alpha = \dfrac{E_1}{E_2} = \dfrac{K_{w1}N_1}{K_{w2}N_2}$

(2) 운전시 유도기전력

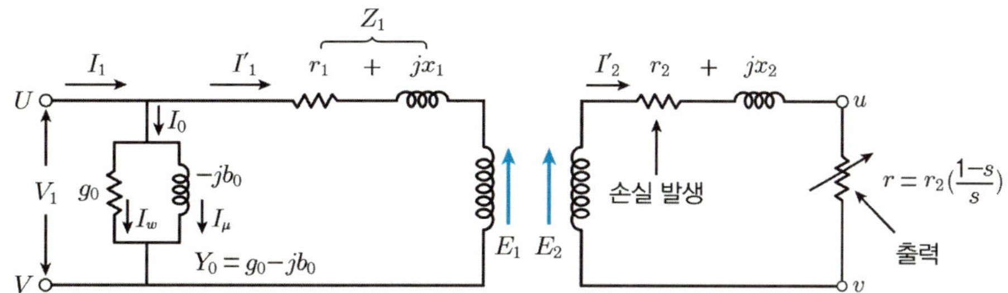


- $E_1 = 4.44 f_1 N_1 \phi K_{w1}[\mathrm{V}]$
- $E_2 = 4.44 f_2 N_2 \phi K_{w2}[\mathrm{V}]$

$$= 4.44 s f_1 N_2 \phi K_{w2}[\mathrm{V}](N_s - N = sN_s)$$

$$\therefore E_{2s} = 4.44 s f_1 N_2 \phi K_{w2}[\mathrm{V}]$$

① 주파수 $f_2 = sf_1$

② 유도기전력 $E_{2s} = sE_2$

③ 권선비 $\alpha' = \dfrac{E_1}{E_{2s}} = \dfrac{E_1}{sE_2} = \dfrac{\alpha}{s} = \dfrac{K_{w1}N_1}{sK_{w2}N_2}$

## 3. 유도전동기의 전력 변환

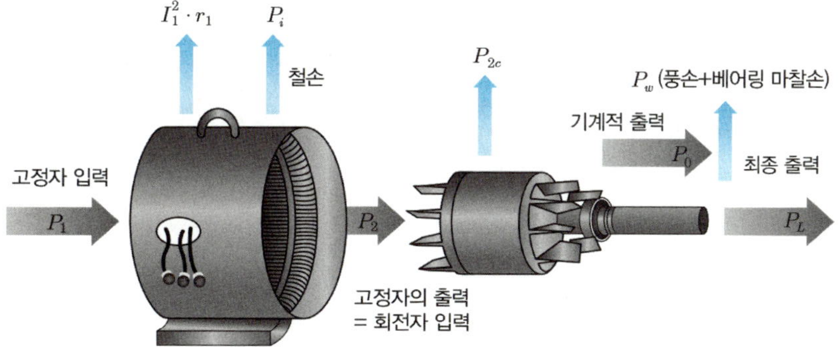


(1) 2차 전류

① 정지시

$$I_2' = \frac{E_2}{\sqrt{r_2^2 + x_2^2}}[\mathrm{A}]$$

② 회전시

$$I_2 = \frac{sE_2}{\sqrt{r_2^2 + (sx_2)^2}} = \frac{E_2}{\sqrt{\left(\frac{r_2}{s}\right)^2 + x_2^2}} = \frac{E_2}{\sqrt{(r_2 + R)^2 + x_2^2}}[\mathrm{A}]$$

($R$ : 전 부하 토크와 같은 토크로 기동하기 위한 외부 등가 저항)

(2) 2차 입력 $P_2$(=1차 출력)

$P_2$(2차 입력)= $P_o$(2차 출력) + $P_{c2}$(2차 동손) + $P_l$(2차 손실)

(3) 2차 동손 $P_{c2}$

$$P_{c2} = sP_2$$

(4) 2차 출력 $P_o$(=2차 입력−2차 동손)

$$P_o = (1-s)P_2 = I_2^2 R[\mathrm{W}]$$

(5) 2차 효율 $\mu_2$

$$\mu_2 = \frac{P_o}{P_2} = 1 - s = \frac{N}{N_s}$$

## 4. 3상 유도전동기의 토크 특성

(1) 3상 유도전동기의 토크 특성

$$P_o = \omega\tau = \frac{2\pi N}{60}\tau[\mathrm{W}]$$

$$\tau = \frac{60}{2\pi N}P_o = 9.55\frac{P_2(1-s)}{N_s(1-s)} = 9.55\frac{P_2}{N_s}[\mathrm{N \cdot m}]$$

$$\tau = 0.975\frac{P_o}{N} = 0.975\frac{P_2}{N_s}[\mathrm{kg \cdot m}]$$

$$\therefore \tau \propto P_2$$

(2) 토크와 공급전압의 관계

$$P_2 = E_2 I_2 \cos\theta_2 = E_2 \times \frac{E_2}{\sqrt{\left(\frac{r_2}{s}\right)^2 + x_2^2}} \times \frac{\frac{r_2}{s}}{\sqrt{\left(\frac{r_2}{s}\right)^2 + x_2^2}} = \frac{E_2^2}{\left(\frac{r_2}{s}\right)^2 + x_2^2} \times \frac{r_2}{s}[\mathrm{W}]$$

$$\therefore \tau \propto E_2^2$$

(3) 토크와 슬립의 관계

① 토크

$$\tau = \frac{60}{2\pi N_s} P_2 = \frac{60}{2\pi N_s} \times \frac{\frac{r_2'}{s} V_1^2}{\left(r_1 + \frac{r_2'}{s}\right)^2 + (x_1 + x_2')^2} [\text{N} \cdot \text{m}]$$

② 기동토크($s = 1$)

$$\tau = \frac{60}{2\pi N_s} \times \frac{r_2' V_1^2}{(r_1 + r_2')^2 + (x_1 + x_2')^2} [\text{N} \cdot \text{m}]$$

㉠ $\tau \propto V^2$

㉡ 최대토크 슬립 $s_t = \dfrac{r_2' V_1^2}{\sqrt{r_1^2 + (x_1 + x_2')^2}} ≒ \dfrac{r_2'}{x_2'} = \dfrac{r_2}{x_2}$

㉢ 최대토크 $\tau_t = K_o \dfrac{V_1^2}{2x_2} = K \dfrac{E_2^2}{2x_2} [\text{N} \cdot \text{m}]$

㉣ 최대토크의 크기는 2차 저항 $r_2$ 및 슬립에 관계없이 일정하다.

## 5. 비례추이

$$\tau = \frac{60}{2\pi N_s} P_2 = \frac{60}{2\pi N_s} \times \frac{\frac{r_2'}{s} V_1^2}{\left(r_1 + \frac{r_2'}{s}\right)^2 + (x_1 + x_2')^2} [\text{N} \cdot \text{m}]$$

최대토크 슬립 $s_t = \dfrac{r_2' V_1^2}{\sqrt{r_1^2 + (x_1 + x_2')^2}} ≒ \dfrac{r_2'}{x_2'} = \dfrac{r_2}{x_2}$ 에서 2차 저항이 증가하면 슬립이 증가한다. 슬립이 증가하면 속도는 감소하고, 토크는 증가하게 된다.

- **비례추이** : 권선형 유도전동기에 기동시 2차에 외부저항을 삽입하여 2차 저항을 2배, 3배로 증가시키면 슬립도 2배, 3배로 비례하여 증가하기 때문에 기동시 속도는 작아지고 토크는 증가한다. 이때 2차 저항이 증가하는 만큼 비례해서 슬립이 증가하지만 최대토크 $\tau_{max}$는 항상 일정하다.

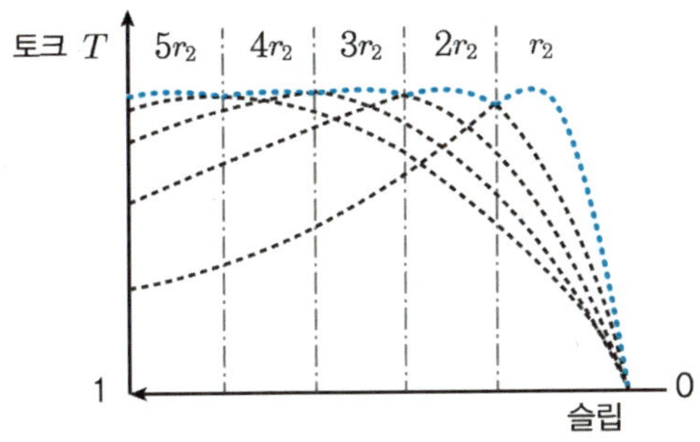

**핵심 유형 문제**

**1** **권선형 유도전동기의 2차측 단자에 외부저항 R을 삽입하였다. 이 저항 R을 증가시킨 경우의 설명으로 옳지 않은 것은?**

① 최대토크 발생 슬립이 증가한다.

② 최대토크가 감소한다.

③ 기동토크가 증가한다.

④ 기동전류가 감소한다.

정답 ②

3상 권선형 유도전동기는 2차 회로에 저항을 가감시켜 슬립을 조정하는 비례추이를 활용하여 기동 회전력을 크게 하거나 속도를 제어한다. 외부저항을 삽입하더라도 최대토크값은 변화하지 않는다.

### 6. 유도전동기의 원선도(Heyland)

유도전동기 1차 부하전류의 선단의 부하의 증감과 더불어 그리는 그 궤적이 항상 반원주 상에 있는 것을 이용하여 유도전동기의 효율 및 역률 등을 그리기 위한 원선도

(1) 저항측정시험 : 1차 동손

(2) 무부하시험 : 여자전류, 철손

(3) 구속시험(단락시험) : 2차 동손

## 3 유도전동기의 기동 및 속도 제어

### 1. 유도전동기의 기동

(1) 권선형 유도전동기의 기동법

① 2차 저항제어(저항기동법)

㉠ 권선형 유도전동기에서 외부의 단락환을 사용하여 속도에 따라 외부 가변저항을 가변함으로써 제어

㉡ 비례추이의 원리 이용

② 게르게스법

(2) 농형 유도전동기의 기동법

① 전전압(직입) 기동법

㉠ 5[kW] 이하의 소형 전동기에 사용

㉡ 기동전류 : 정격전류의 4~6배 정도

② $Y-\Delta$ 기동법

㉠ 5~15[kW] 용량의 농형 유도전동기에서 많이 사용

㉡ 기동시 : $Y$결선 이용

㉢ 기동 후 : $\Delta$결선 이용

③ 기동 보상기법

㉠ 15[kW] 이상의 대용량급 유도전동기에서 사용

㉡ 대용량급에서 $Y-\Delta$ 기동법을 사용하면 기동시간이 오래 걸리므로 유도전동기가 소손될 우려가 있다. 이때 단권 변압기를 이용하여 인가전압을 조절하는 전압기동을 이용한다. 사용되는 변압기를 기동보상기(Srarting Compensator)라 한다.

## 2. 기동시 이상 현상

### (1) 크롤링(Crawling) 현상

농형 유도전동기에서 고정자와 회전자의 슬롯수가 적당하지 않을 경우 발생하는 현상으로, 공극이 일정하지 않거나 계자에 고조파가 유기될 때 전동기가 정격속도에 이르지 못하고 정격속도 이전의 낮은 속도에서 안정되어 버리는 현상(소음이 발생)을 말한다.

### (2) 게르게스 현상

권선형 유도전동기에서 전동기가 무부하 또는 경부하로 운전 중 고주파 발생으로 인해 3상 중 1상이 단선되어 결상되더라도 2차 회로에는 단상 전류가 지속적으로 흘러 전동기가 정격속도의 약 $\frac{1}{2}$배 정도의 속도를 내면서 회전하는 현상을 말한다.

## 3. 유도전동기의 속도 제어

$$N=(1-s)N_s=(1-s)\frac{120f}{p}\,[\text{rpm}]$$

### (1) 농형 전동기

① **극수 변환법** : 고정자 권선의 접속 상태를 변경하여 극수를 조절하는 방식

② **주파수 제어법** : SCR 등을 이용하여 전동기 전권의 주파수를 변환하여 속도를 조정하는 방식으로 선박 추진용 전동기로 사용

### (2) 권선형 전동기

① **2차 저항 제어법(슬립 제어)** : 비례추이의 원리를 이용한 것으로 2차 회로에 저항을 넣어 같은 토크에 대한 슬립 $s$를 변화시켜 속도를 제어

② **2차 여자법(슬립 제어)** : 유도전동기의 외부에서 슬립링을 통하여 슬립주파수 전압을 인가하여 회전자 슬립에 의한 속도를 제어하는 방식

## 4. 3상 유도전동기의 제동법

### (1) 발전제동

운전 중인 전동기를 전원에서 분리하고 발전기로 적용시켜 회전체의 운동에너지를 전기에너지로 변화시킨 후 저항을 통해 열에너지로 소비시켜 제동하는 방법이다.

### (2) 역상(전)제동

3상 유도전동기를 운전 중 급히 정지시키고자 할 경우 1차측 3선 중 2선을 바꾸어 접속하여 회전자의 방향을 반대로 하여 제동하는 방법이다.

### (3) 회생제동

유도전동기를 발전기처럼 사용하여 발생되는 전력을 전원에 반환하여 제동하는 방법이다.

## 5. 단상 유도전동기의 기동

단상 유도전동기는 고정자 권선에 단상 교류전류가 흘러 교번자계가 발생하므로 기동장치가 필요하다. 기동 방법에 따라 분상 기동형, 콘덴서 기동형(2차 콘덴서형, 영구 콘덴서형), 반발 기동형, 셰이딩 코일형 등으로 분류한다.

### (1) 분상 기동형

주 권선과 보조 권선으로 구성되어 있고, 위상이 서로 다른 두 전류에 의하여 자계를 발생시킨다. 기동토크가 작고, 기동전류가 커서 잘 사용되지 않는다.

### (2) 콘덴서 기동형

진상용 콘덴서의 90° 앞선 전류에 의하여 회전 자계를 발생시켜 기동한다.

① 기동토크가 크다.

② 효율이 높고, 소음이 적다.

### (3) 영구 콘덴서 기동형

진상용 콘덴서의 90° 앞선 전류에 의한 회전자계를 발생시키며, 기동시에나 운전시 항상 콘덴서를 기동권선과 직렬로 접속시켜 기동한다.

① 구조가 간단하고 역률이 좋다.

② 선풍기, 전기냉장고, 세탁기 등에 이용한다.

### (4) 반발 기동형

기동 시에는 브러시를 통해 외부에서 단락된 반발 전동기 특유의 큰 기동토크를 이용한다. 펌프용, 공기 압축기용으로 사용한다.

### (5) 셰이딩 코일형

기동토크를 얻기 위해 자극 홈에 고저항의 단락 코일이나 구리로 만들어진 환형 고리를 장착한 전동기이다. 구조가 간단하나 기동토크가 작고 효율 및 역률이 떨어지며, 회전 방향을 바꿀 수 없는 단점이 있다. 전축용 전동기, 소형 선풍기 등에 사용된다.

**핵심 유형 문제**

**1 셰이딩 코일형 유도전동기의 특징을 나타낸 것으로 틀린 것은?**

① 역률과 효율이 좋고 구조가 간단하여 세탁기 등 가정용 기기에 많이 쓰인다.
② 회전자는 농형이고 고정자의 성층 철심은 몇 개의 돌극으로 되어 있다.
③ 기동토크가 작고 출력이 수십[W] 이하의 소형 전동기에 주로 사용한다.
④ 운전 중에도 셰이딩 코일에 전류가 흐르고 속도 변동률이 크다.

정답 ①

셰이딩 코일형 유도전동기
- 회전자는 농형이고 고정자의 성층 철심은 몇 개의 돌극으로 되어 있다.
- 구조가 간단하나 기동토크가 작고 운전 중에 셰이딩 코일에 전류가 흘러 효율과 역률이 떨어진다.
- 회전 방향을 변경할 수 없는 단점이 있다.
- 수십[W] 이하의 소형 전동기에 주로 사용한다.
- 영구콘덴서 기동형 단상 유도전동기는 역률이 90[%] 이상이고 운전 특성이 좋아 속도를 조정할 필요가 있는 선풍기, 세탁기 등에 널리 사용한다.

# CHAPTER 05 정류기

## 1 다이오드를 이용한 정류회로

### 1. 다이오드의 종류와 특성

(1) 접합 다이오드

P형 반도체와 N형 반도체를 결합시킨 것

(2) 제너 다이오드

제너 항복에 의한 전압 포화 특성 이용

(3) 발광 다이오드(LED)

다이오드 특성을 가지고 있으면서 일정 전류가 흐르면 적색, 녹색, 청색, 백색, 노란색 빛을 내는 것

(4) 바렉터 다이오드(가변 용량 다이오드)

P-N 접합에서 역 바이어스시 전압에 따라 광범위하게 변화하는 다이오드의 공간 전하를 이용한다.

(5) 터널 다이오드

불순물의 함량을 증가시켜 공간 전하 영역의 폭을 좁혀 터널효과가 나타나도록 한다.

### 2. 다이오드 정류회로

(1) 단상 반파 정류회로

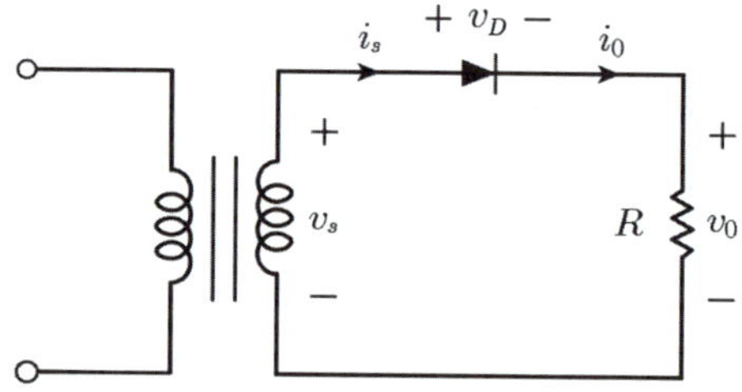


① 입력 정현파의 양(+)에 해당하는 반주기만을 출력시키는 회로

② 직류전압 평균값

$$v_o = \frac{1}{2\pi}\int_0^{2\pi} v_o \, d(wt) = \frac{1}{2\pi}\int_0^{2\pi} \sqrt{2}\,V\sin wt\, d(wt) = \frac{\sqrt{2}\,V}{\pi} = 0.45\,V[\mathrm{V}]$$

(2) 단상 전파 정류회로

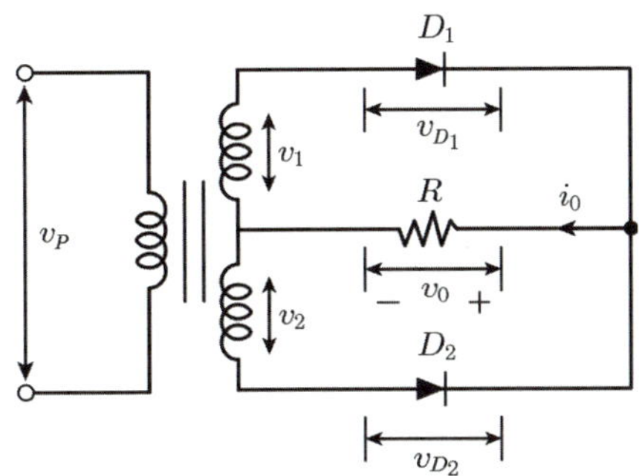


① 입력 정현파의 양(+)과 음(−)에 해당하는 반주기 모두를 출력시키는 회로

② 중간탭을 만들어야 하므로 변압기 비용이 올라가고 첨두값이 반파 정류회로나 브리지 정류회로의 반으로 줄어듦.

③ 직류전압 평균값

$$v_o = \frac{1}{\pi}\int_0^{\pi} v_o\, d(wt) = \frac{1}{\pi}\int_0^{\pi} \sqrt{2}\, V\sin wt\, d(wt) = \frac{2\sqrt{2}\, V}{\pi} = 0.9\, V[\mathrm{V}]$$

(3) 브리지 정류회로

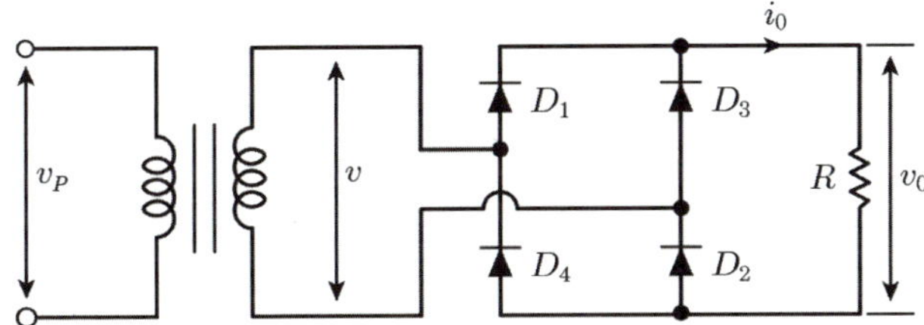


① 뛰어난 효율성으로 가장 많이 사용

② 직류전압 평균값

$$v_o = \frac{1}{\pi}\int_0^{\pi} v_o\, d(wt) = \frac{1}{\pi}\int_0^{\pi} \sqrt{2}\, V\sin wt\, d(wt) = \frac{2\sqrt{2}\, V}{\pi} = 0.9\, V[\mathrm{V}]$$

(4) 3상 반파 정류회로

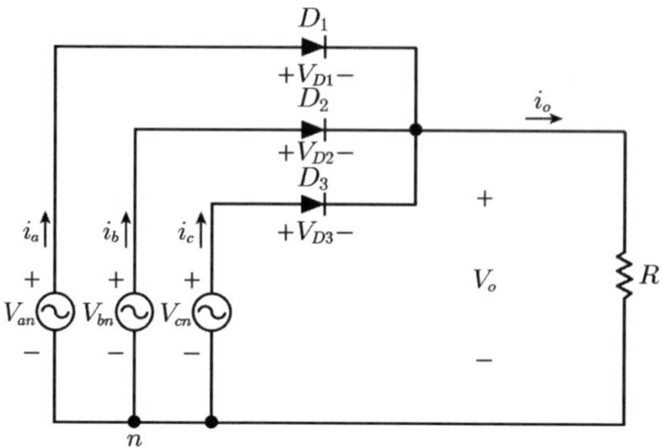


직류전압 평균값

$$v_o = \frac{3}{2\pi}\int_{\frac{\pi}{6}}^{\frac{5\pi}{6}} v_{an} d(wt) = \frac{3}{2\pi}\int_{\frac{\pi}{6}}^{\frac{5\pi}{6}} \sqrt{2}\, V sin wt d(wt) = \frac{3\sqrt{6}\, V}{2\pi} = 1.17\, V[\mathrm{V}]$$

(5) 3상 전파 정류회로

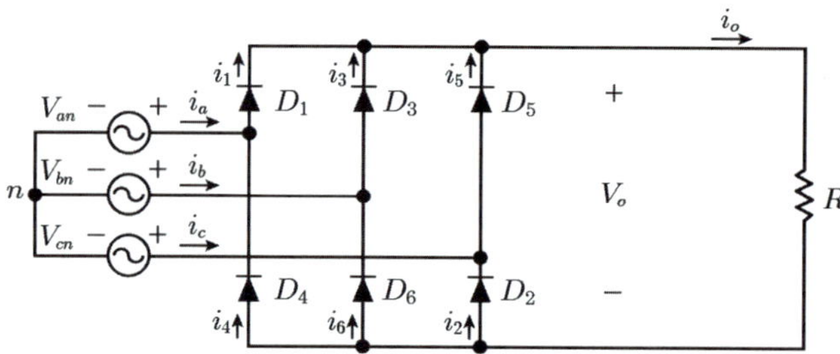


직류전압 평균값

$$v_o = \frac{3}{\pi}\int_{\frac{\pi}{6}}^{\frac{3\pi}{6}} v_{ab} d(wt) = \frac{3}{2\pi}\int_{\frac{\pi}{6}}^{\frac{5\pi}{6}} \sqrt{6}\, V sin wt d(wt+\frac{\pi}{3}) = \frac{3\sqrt{2}\, V}{\pi} = 1.35\, V[\mathrm{V}]$$

(6) 맥동률

정류된 성분에 포함되어 있는 교류성분의 정도

(7) 정류회로별 특성( $V$는 교류 전압[V])

| | 직류 출력[V] | 맥동 주파수[Hz] | 효율[%] | 맥동률[%] |
|---|---|---|---|---|
| 단상 반파 | $E_d = 0.45\, V$ | $f$ | 40.6 | 121 |
| 단상 전파 | $E_d = 0.9\, V$ | $2f$ | 81.2 | 48 |
| 3상 반파 | $E_d = 1.17\, V$ | $3f$ | 96.7 | 17 |
| 3상 전파 | $E_d = 1.35\, V$ | $6f$ | 99.8 | 4 |

# 2 사이리스터 정류회로

## 1. 사이리스터의 종류

- 단방향성 3단자 : SCR, GTO, LASCR
- 단방향성 4단자 : SCS
- 양방향성 2단자 : SSS, DIAC
- 양방향성 3단자 : TRIAC

① SCR(Silicon Controller Rectifier) : 다이오드에 래치 기능이 있는 스위치를 내장한 단방향성 3단자 소자로 PNPN 구조이며, 정류기능 및 통과 전류 제어기능이 있고 고속도 스위칭 작용을 한다.

② GTO(Gate Turn Off Thyristor) : 게이트 신호로 Turn Off 할 수 있는 단방향성 3단자 사이리스터로 자기소호 능력이 뛰어나다.

③ LASCR(Light Activated SCR) : 광 신호를 이용하여 트리거 시킬 수 있는 단방향성 3단자 사이리스터이다.

④ SCS(Silicon Controlled Switch) : 2개의 게이트를 가지고 있는 단방향성 4단자 사이리스터이다.

⑤ DIAC(Diode AC) : 양방향성 2단자 교류 제어용 소자이다.

⑥ TRIAC(Triode AC Switch) : 교류회로에서 양방향 점호 및 소호를 이용하고 위상제어가 가능한 양방향성 3단자 사이리스터이다.

| 소자 | 기호 |
|---|---|
| SCR (Silicon Controller Rectifier) | A, K, G |
| GTO (Gate Turn Off Thyristor) | A, K, G |
| DIAC | $A_1$, $A_2$ |
| TRIAC (Triode AC Switch) | $A_2$, $A_1$, G |

**핵심 유형 문제**

**1** 다음 중 3단자 소자가 아닌 것은?

① SCR ② SSS
③ GTO ④ TRIAC

정답 ②
SSS는 양방향성 2단자 소자이다.

## 3 전력변환기

(1) 초퍼 : 고정 DC(직류) → 가변 DC(직류)

(2) 컨버터(순변환장치) : AC(교류) → DC(직류)

(3) 인버터(역변환장치) : DC(직류) → AC(교류)

(4) 사이클로 컨버터 : 고정 AC(교류) → 가변 AC(교류)

**핵심 유형 문제**

**1** 인버터란?

① 교류를 직류로 변환 ② 직류를 교류로 변환
③ 교류를 교류로 변환 ④ 직류를 직류로 변환

정답 ②
인버터는 직류를 교류로 변환하는 장치이다.

Craftsman Electricity

# 제 3 과목

# 전기설비

# CHAPTER 01 전기설비 개요

## 1 용어의 정의

### 1. 가공인입선

가공전선로의 지지물로부터 분기하여 다른 지지물을 거치지 않고 수용장소(전기를 사용하는 장소)의 붙임점에 이르는 가공전선이다.

▸ **지지물** : 철근 콘크리트주, 목주, 강관주, 철주, 철탑

▸ **수용장소** : 전기를 사용하는 장소

▸ **가공전선** : 지지물 위의 절연체(애자)에 고정하여 지지물과 지지물 사이 공중을 가로지르는 전선

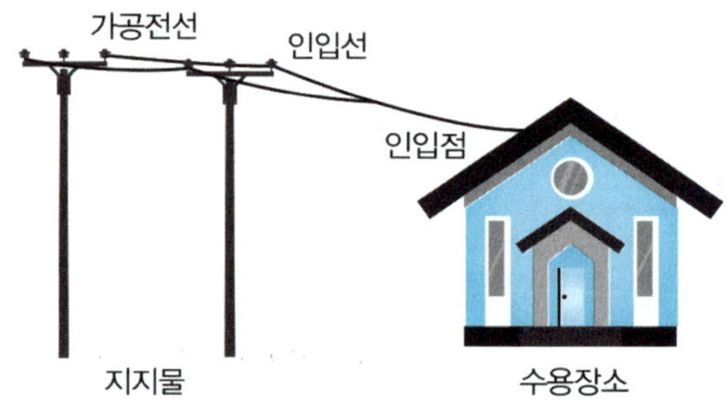


### 2. 계통접지

전력계통의 이상현상에 대비하여 대지와 계통을 연결하는 것으로 중성점을 대지에 접속한다.

▸ **전력계통 이상현상** : 번개, 개폐기의 조작, 지락사고 등 과도한 이상전압이 발생되는 현상

### 3. 고장보호

전기기기의 고장시 기기의 노출도전부의 접촉으로 인해 발생할 수 있는 위험요소로부터 사람과 동물을 보호하는 것을 말한다.

▸ **노출도전부** : 고장시 전기가 통하여 사람이나 동물이 쉽게 접촉할 위험이 있는 부분

### 4. 관등회로

방전등용 안정기 혹은 방전등용 변압기에서 방전관까지의 전로를 말한다.

▸ **방전관** : 방전(전기방출) 효과를 이용한 전기관. 대표적으로 네온사인이 있다. 이를 램프로 활용하면 방전등이다.

### 5. 급수설비

수차와 발전기와 같은 발전소 기기에 냉각수, 봉수 등 물을 공급하는 설비이다.

### 6. 기본보호

정상운전시 기기의 전류가 통하는 부분에 사람이나 가축이 직접 접촉하여 발생할 수 있는 위험으로부터 보호하는 것을 말한다.

### 7. 등전위본딩

도전부를 서로 같은 전위로 만들어주기 위해 전기적으로 연결하는 것을 말한다.

### 8. 배관

발전용 기기 중 증기, 물, 가스, 공기를 이동시키는 장치를 말한다.

### 9. 배수설비

수차 내부 혹은 발전소 건물의 누수를 밖으로 내보내는 설비를 말한다.

### 10. 보호도체

감전에 대한 보호 등 안전을 위한 도체를 말한다.

### 11. 보호접지

고장시 감전에 대한 보호를 위한 접지를 말한다.

### 12. 수차

물이 가지고 있는 위치에너지를 기계에너지로 변환하는 회전기계를 말한다.

### 13. 옥내배선

건축물 내부의 전기사용장소에 고정하여 시설하는 전선이다.

### 14. 옥외배선

건축물 외부의 전기사용장소에서 고정하여 시설하는 전선이다.

### 15. 옥측배선

건축물 외부의 전기사용장소에서 조영물에 고정시켜 시설하는 전선이다.

### 16. 이웃 연결 인입선

한 수용장소의 인입구에서 분기하여 지지물을 거치지 않고 다른 수용장소의 인입구까지 이르는 전선을 말한다.

### 17. 정격전압

발전기가 정격운전상태에 있을 때의 단자전압이다.

### 18. 중성선 다중접지 방식

전력계통의 중성선을 대지에 다중으로 접속하고, 변압기의 중성점을 중성선에 연결하는 계통접지방식이다.

### 19. 지락고장전류

충전부에서 대지 또는 고장점(지락점)의 접지된 부분으로 흐르는 전류이다. 지락고장전류는 화재, 사람이나 동물의 감전 또는 전로나 기기의 손상 등 사고를 일으킨다.

### 20. 특별저압(ELV : Extra Low Voltage)

인체에 위험을 초래하지 않을 정도의 저압을 의미한다. 여기에서 SELV(Safety Extra Low Voltage)는 비접지회로에 해당되며, PELV(Protective Extra Low Voltage)는 접지회로이다.

### 21. 피뢰시스템

구조물에 번개가 떨어졌을 경우 물리적인 손상을 최소화하기 위한 전체 시스템을 말한다. 외부와 내부의 시스템으로 구분한다.

### 22. PEN 도체(Protective Earthing conductor and Neutral conductor)

교류회로에서 중성선 겸용 보호도체를 말한다.

### 23. PEM 도체(Protective Earthing conductor and a Mid-point conductor)

직류회로에서 중간선 겸용 보호도체를 말한다.

### 24. PEL 도체(Protective Earthing conductor and a Line conductor)

직류회로에서 선도체 겸용 보호도체를 말한다.

### 핵심 유형 문제

**1 가공전선로의 지지물에서 다른 지지물을 거치지 않고 수용장소의 인입점에 이르는 가공 전선은?**

① 계통접지
② 옥측배선
③ 가공인입선
④ 등전위본딩

정답 ③

가공인입선 : 가공전선로의 지지물로부터 다른 지지물을 거치지 않고 수용장소의 붙임점까지 이르는 가공전선이다.

**2 이웃 연결 인입선에 대해 가장 바르게 설명한 것은?**

① 건축물 외부의 전기사용장소에서 고정하여 시설하는 전선
② 건축물 외부의 전기사용장소에서 조영물에 고정시켜 시설하는 전선
③ 구조물에 번개가 떨어졌을 경우 물리적인 손상을 최소화하기 위한 전체 시스템
④ 한 수용장소의 인입선에서 나와 지지물을 거치지 않고 다른 수용장소의 인입구에 이르는 부분의 전선

정답 ④

이웃 연결 인입선 : 한 수용장소의 인입선에서 나와 지지물을 경과하여 다른 수용장소의 인입구까지의 전선



## 2 사용전압의 구분

### 1. 저압, 고압, 특고압의 구분

| 전압의 구분 / 전압의 종류 | 저압 | 고압 | 특고압 |
|---|---|---|---|
| 직류(Direct Current) | 1.5[kV] 이하 | 1.5[kV] 초과 7[kV] 이하 | 7[kV] 초과 |
| 교류(Alternating Current) | 1[kV] 이하 | 1[kV] 초과 7[kV] 이하 | |

### 핵심 유형 문제

**1 전압을 구분할 때 저압에 해당하는 것은?**

① 1,000[V] 이하의 교류
② 7,000[V]를 초과하는 모든 전압
③ 1,000[V]를 초과하고 7,000[V] 이하인 교류
④ 1,500[V]를 초과하고 7,000[V] 이하인 직류

정답 ①

저압은 1,000[V] 이하의 교류와 1,500[V] 이하의 직류를 말한다.

# CHAPTER 02 전선의 종류 및 전선의 접속법

## 1 전선 및 케이블

### 1. 전선의 구비 조건

① 내구성이 클 것
② 기계적 강도가 클 것
③ 경제적으로 적당할 것
④ 시공 및 가공이 쉬울 것
⑤ 가요성(휘는 정도)이 클 것
⑥ 도전율이 클 것(고유 저항이 작을 것)
⑦ 비중이 작을 것(부피에 비해 무게가 적을 것)

### 2. 단선과 연선

전선은 크게 단선과 연선으로 구분한다. 물리적인 차이가 있어 상황에 따라 적합한 재질을 사용한다.

#### (1) 단선

전선이 한 가닥으로 이루어져 있어 규격을 지름으로 표기할 수 있다. 단단하나 유연성이 떨어지며, 자주 구부릴 경우 파손될 가능성이 높다. 인장강도가 연선에 비해 높다.

#### (2) 연선

가는 소선이 연합되어 이루어져 있으며 규격을 공칭단면적 $[mm^2]$로 표현한다. 유연하지만 인장강도가 단선에 비해 낮다.

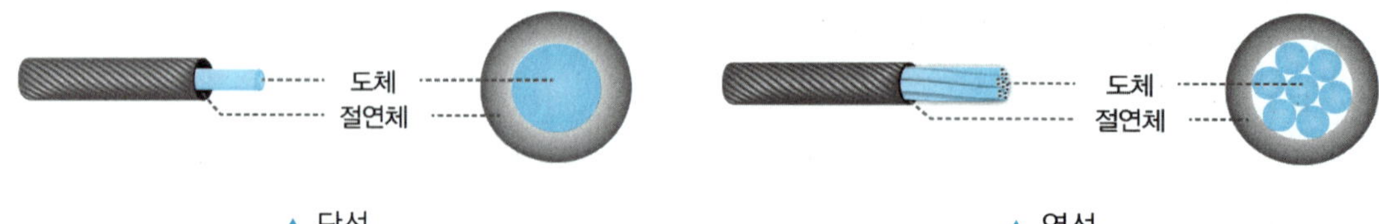


▲ 단선 ▲ 연선

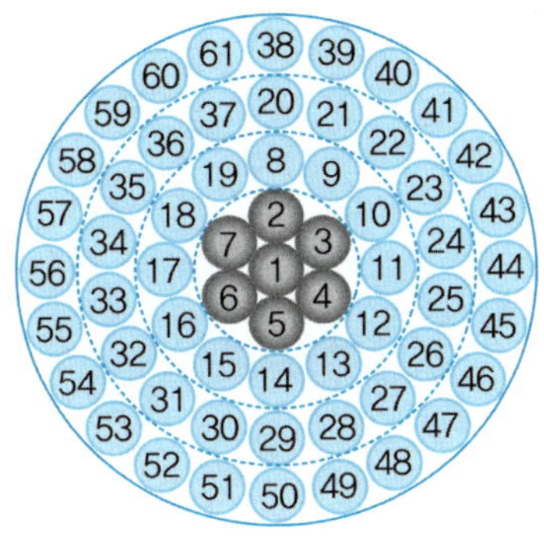

▲ 소선의 총개수

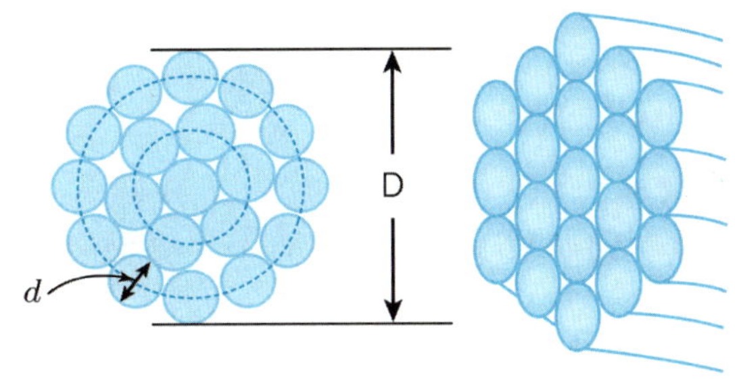


▲ 연선의 지름

① 소선의 총개수 $N$

$N=1+3n(n+1)$, ($n$ : 층수)

| 층수($n$) | 1층 | 2층 | 3층 | 4층 |
|---|---|---|---|---|
| 소선의 총개수($N$) | 7 | 19 | 37 | 61 |

② 연선의 지름 $D$[mm]

$D=(1+2n)d$, ($n$ : 층수, $d$ : 소선의 지름)

| 층수($n$) | 1층 | 2층 | 3층 | 4층 | … |
|---|---|---|---|---|---|
| 연선의 지름($D$) | $3d$ | $5d$ | $7d$ | $9d$ | … |

③ 단면적 기호 $A$[mm$^2$]

$A=\frac{\pi}{4}d^2\times N$, ($d$ : 소선의 지름, $N$ : 소선의 총개수)

**핵심 유형 문제**

**1 전선의 구비 조건으로 옳은 것은?**

① 비중이 클 것
② 가요성이 적을 것
③ 고유저항이 작을 것
④ 인장강도가 작을 것

정답 ③

전선은 비중이 작고, 가요성이 크며, 고유저항이 작고, 인장강도가 커야 한다.

**2** **중심 소선을 뺀 연선의 층수가 3층이다. 소선의 총개수 $N$은?**

① 7 ② 19

③ 37 ④ 61

정답 ③

소선의 총개수 $N=1+3n(n+1)$, $N=1+3\times3(3+1)=37$

## 3. 전선의 종류

### (1) 나전선

나전선은 절연피복이 없는 노출된 도체전선을 말한다. 절연전선과 케이블의 도체 혹은 가공송전선, 배전선으로 사용한다. 주로 경동선, 연동선, 경동연선, 알루미늄연선으로 구분한다. 알루미늄연선은 전선 용량이 같은 동선에 비해 굵으나 가볍고, 가격이 낮은 장점으로 송전선으로 많이 사용한다.

| 번호 | 약호 | 전선 명칭 |
|---|---|---|
| 1 | A | 연동선 |
| 2 | H | 경동선 |
| 3 | HA | 반경동선 |
| 4 | HAL | 경알루미늄선 |
| 5 | ACSR | 강심알루미늄연선 |

### (2) 절연전선

절연전선은 도체에 절연체를 피복하여 감전의 위험을 줄인 것으로 주로 조명용, 전열 콘센트용, 제어함의 배선용으로 주로 사용한다.

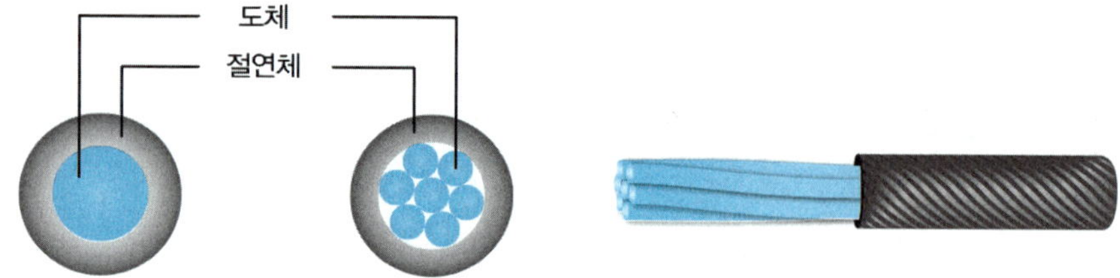

| 번호 | 약호 | 전선 명칭 |
|---|---|---|
| 1 | DV | 인입용 비닐절연전선 |
| 2 | OW | 옥외용 비닐절연전선 |
| 3 | AL-OC | 옥외용 알루미늄도체 가교 폴리에틸렌 절연전선 |
| 4 | AL-OE | 옥외용 알루미늄도체 폴리에틸렌 절연전선 |
| 5 | AL-OW | 옥외용 알루미늄도체 비닐절연전선 |
| 6 | ACSR-OC | 옥외용 강심 알루미늄도체 가교 폴리에틸렌 절연전선 |
| 7 | ACSR-OE | 옥외용 강심 알루미늄도체 폴리에틸렌 절연전선 |
| 8 | FL | 형광 방전등용 비닐절연전선 |
| 9 | HR(0.5) | 500[V] 내열성 고무 절연전선(110[℃]) |
| 10 | NF | 450/750[V] 일반용 유연성 단심 비닐절연전선 |
| 11 | NFI(70) | 300/500[V] 기기 배선용 유연성 단심 비닐절연전선(70[℃]) |
| 12 | NR | 450/750[V] 일반용 단심 비닐절연전선 |
| 13 | NRI(70) | 300/500[V] 기기 배선용 단심 비닐절연전선(70[℃]) |



### (3) 케이블

케이블은 보호 외피나 외장 안에 두 개 이상의 전선이 묶여 있는 전선을 말하며 저압 케이블, 고압 및 특고압 케이블, 캡타이어 케이블로 분류한다.

① 저압 케이블

| 번호 | 약호 | 전선 명칭 |
|---|---|---|
| 1 | MI | 무기물 절연 케이블 |
| 2 | CE | 가교 폴리에틸렌 절연 폴리에틸렌 시스 케이블 |
| 3 | CV | 가교 폴리에틸렌 절연 비닐 시스 케이블 |
| 4 | CCE | 제어용 가교 폴리에틸렌 절연 폴리에틸렌 시스 케이블 |
| 5 | CCV | 제어용 가교 폴리에틸렌 절연 비닐 시스 케이블 |
| 6 | CVV | 비닐절연 비닐 시스 제어 케이블 |
| 7 | HFCO | 가교 폴리에틸렌 절연 저독성 난연 폴리올레핀 시스 케이블 |
| 8 | HFCCO | 가교 폴리에틸렌 절연 저독성 난연 폴리올레핀 시스 제어 케이블 |
| 9 | VCT | 비닐절연 비닐캡타이어 케이블 |
| 10 | PV | 고무절연 비닐 시스 케이블 |
| 11 | PN | 고무절연 클로로프렌 시스 케이블 |
| 12 | PNCT | 고무절연 클로로프렌 캡타이어 케이블 |
| 13 | VV | 비닐절연 비닐 시스 케이블 |

② 고압 및 특고압 케이블

| 번호 | 약호 | 전선 명칭 |
| --- | --- | --- |
| 1 | FR CNCO-W | 난연성 동심중성선 전력케이블 |
| 2 | TR CNCE-W | 수트리억제 충실 전력케이블 |
| 3 | TR CNCE-W/AL | 수트리억제 충실 알루미늄 전력케이블 |
| 4 | FR-CO-W | 난연성 할로겐프리 폴리올레핀 수밀형 시스 전력케이블 |
| 5 | FR CNCO-W/AL | 수트리억제 난연 알루미늄 전력케이블 |

(4) 기타 전선 관련 약호

① 전선 재료 약호

| 약호 | 전선 명칭 |
| --- | --- |
| A, Al | 알루미늄 |
| AW | 알루미늄피 강심 |
| CR | 클로로프렌 고무 |
| Cu | 구리 |
| PE, E | 폴리에틸렌 |
| N | 네온 |
| NR | 천연고무 |
| PVC | 폴리염화비닐 |
| R | 고무 |
| V | 비닐 |
| O | 올레핀 |

② 전선 특성 약호

| 약호 | 전선 명칭 |
| --- | --- |
| C | 제어 |
| F | 가교 |
| D | 인입용 |
| HF | 저독성, 난연성 |
| I | 절연성 |
| H | 내열성 |
| CN | 동심 중성선 |
| W | 수밀, 방수 |

**핵심 유형 문제**

**1** **전선 약호가 'NRI'인 전선의 명칭은?**

① 비닐절연 네온전선
② 형광 방전등용 비닐절연전선
③ 기기 배선용 단심 비닐절연전선
④ 기기 배선용 유연성 단심 비닐절연전선

정답 ③

'NRI'는 기기 배선용 단심 비닐절연전선이다.

## 2 전선의 접속

### (1) 전선의 접속시 유의사항

① 전선 접속시 접속 부분의 전기 저항이 증가하지 않도록 접속한다.

② 전선 접속 부분의 인장강도를 20[%] 이상 감소시키지 않도록 접속한다.

③ 다음과 같이 상호 접속하는 경우에는 절연성능이 있는 접속기를 사용하거나 절연 테이프로 충분히 피복한다.

㉠ 절연전선과 절연전선의 상호 접속

㉡ 절연전선과 코드의 상호 접속

㉢ 절연전선과 케이블의 상호 접속

④ 아래와 같이 상호 접속하는 경우에는 코드 접속기나 접속함 기타의 기구를 사용한다.

㉠ 케이블과 케이블의 상호 접속

㉡ 케이블과 코드의 상호 접속

㉢ 코드와 코드의 상호 접속

⑤ 알루미늄 전선과 동 전선을 상호 접속하는 경우 전기화학적 성질이 다르므로 접속 부분에 전기적 부식이 생기지 않도록 접속한다.

⑥ 두 개 이상의 전선을 병렬로 사용하는 경우는 다음에 따른다.

㉠ 병렬로 사용하는 각 전선의 굵기는 동선 50[$mm^2$] 이상 또는 알루미늄 70[$mm^2$] 이상으로 하고, 전선은 같은 도체, 같은 재료, 같은 길이 및 같은 굵기의 것을 사용한다.

㉡ 같은 극의 각 전선은 동일한 터미널러그로 완전히 접속한다.

㉢ 같은 극인 각 전선의 터미널러그는 동일한 도체에 2개 이상의 리벳, 또는 2개 이상의 나사로 접속한다.

㉣ 병렬로 사용하는 전선에는 각각에 퓨즈를 설치하지 않는다.

㉤ 교류회로에서 병렬로 사용하는 전선은 금속관 안에서 전자적 불평형이 생기지 않도록 시설한다.

### (2) 전선의 접속 종류

① 직선 접속

㉠ 단선의 직선 접속

ⓐ 트위스트 접속 : 단면적 6[$mm^2$] 이하의 가는 단선에 사용하는 접속법으로, 먼저 두 심선을 겹쳐 2~3회 꼬은 후 전선의 끝을 각각 맞은편 전선에 5~6회 정도 감아서 접속한다.

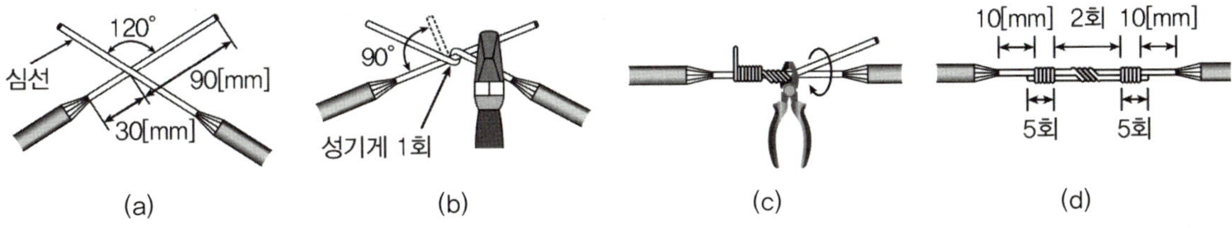

ⓑ 브리타니아 접속 : 단면적 10[$mm^2$] 이상의 굵은 단선에 사용하는 접속법으로, 두 심선을 나란히 한 다음 지름 1.0~1.2[mm] 정도의 첨선과 접속선을 이용하여 본선 지름의 15배 정도의 길이로 감아 접속한다.

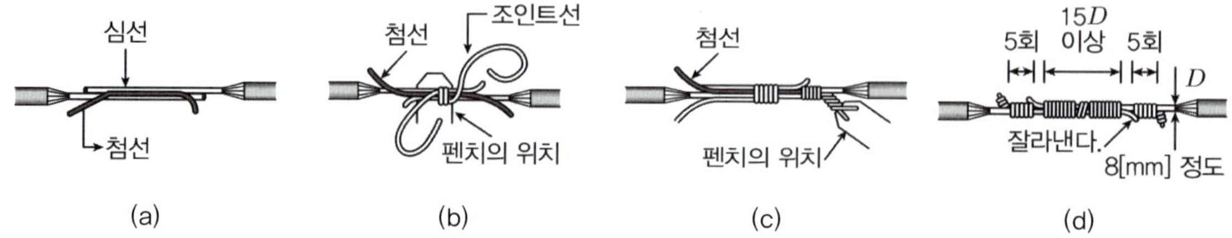


㉡ 연선의 직선 접속

ⓐ 브리타니아 접속 : 연선의 중심 소선을 제거한 다음, 첨선과 접속선을 이용하여 단선의 브리타니아 직선 접속과 같은 방법으로 접속한다.

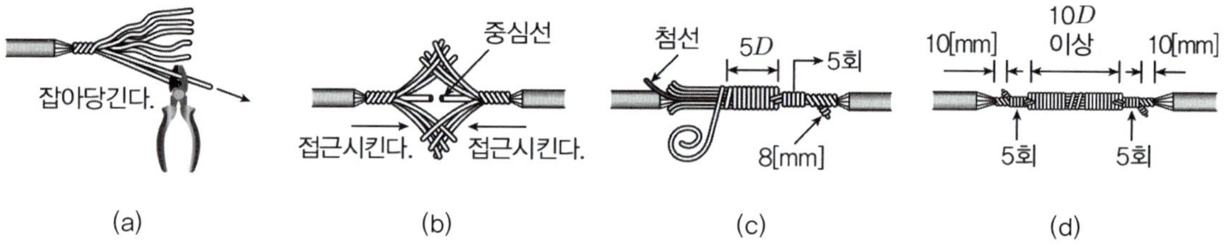


ⓑ 단권 접속 : 연선의 중심 소선을 제거한 다음 연선의 소선 자체를 하나씩 나누어 감아 접속한다.

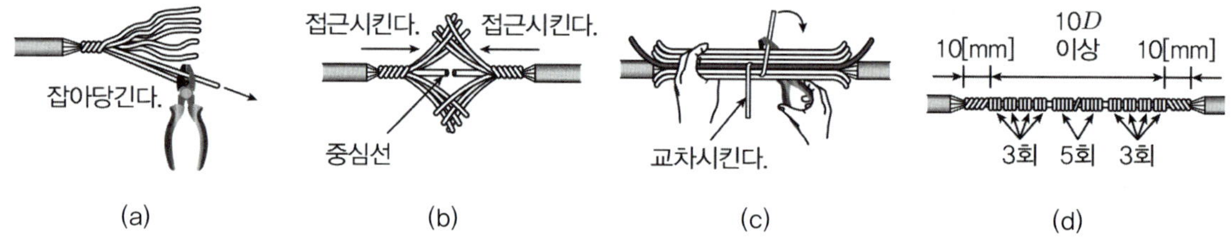


ⓒ 복권 접속 : 연선의 중심 소선을 제거한 후 연선의 소선 자체를 한꺼번에 감아 접속한다.

② 분기 접속

㉠ 단선의 분기 접속

ⓐ 트위스트 접속 : 단면적 6[mm$^2$] 이하의 가는 전선의 분기 접속법으로, 본선과 분기선의 피복을 벗긴 후 분기선을 본선에 감기게 5회 이상 조밀하게 감은 후 남은 부분을 잘라내어 마무리한다.

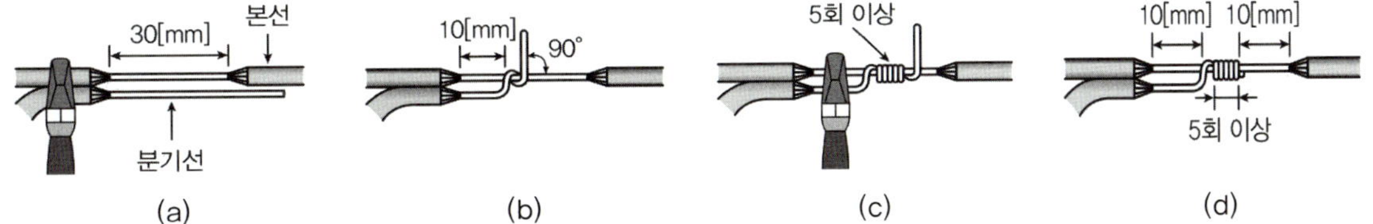


ⓑ 브리타니아 접속 : 단면적 10[mm$^2$] 이상의 굵은 단선의 분기 접속법으로, 본선과 분기선 사이에 첨선을 삽입한 후 조인트 선을 접속한다.

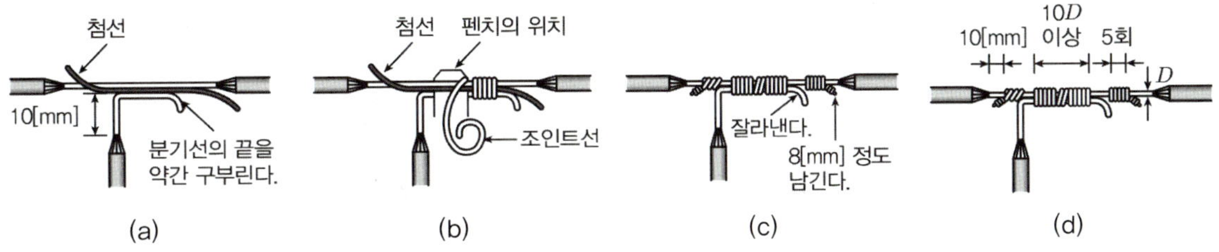




㉡ 연선의 분기 접속

ⓐ 권선 분기 접속 : 분기선의 소선을 풀어 곧게 편 다음 본선에 대고 첨선을 삽입한 후 조인트 선을 이용하여 접속한다.

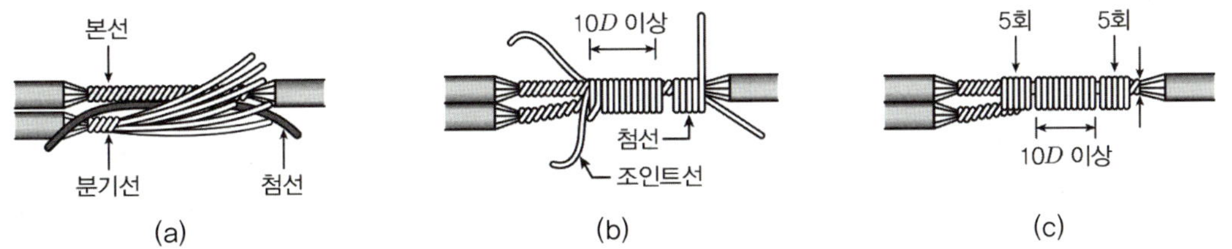


ⓑ 단권 분기 접속 : 분기선의 소선을 풀어 곧게 편 다음 분기선의 소선 자체를 하나씩 나누어 감는다. 감는 길이는 전선의 지름 10배 이상이 되도록 감는다.

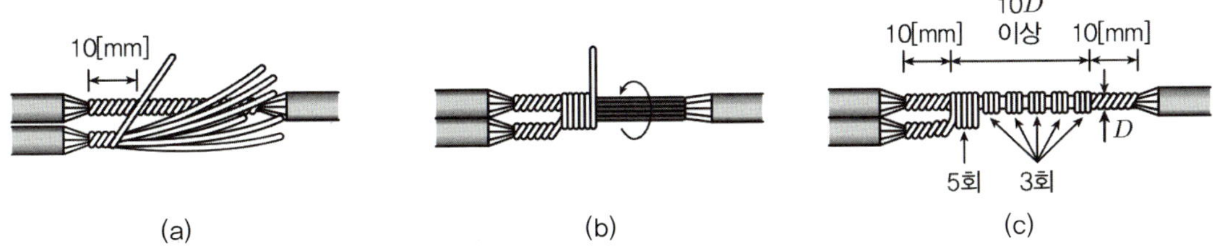

ⓒ 분할 분기 접속 : 분기선의 소선을 두 개로 나누어 벌린 다음 첨선과 접속선을 이용하여 접속한다.

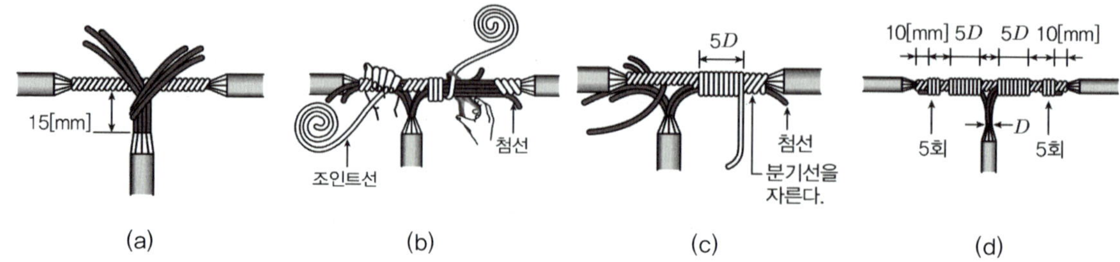


③ 종단 접속(쥐꼬리 접속)

㉠ **단선의 종단 접속** : 접속함(박스) 안에서 굵기가 같은 가는 단선을 두 가닥에서 세 가닥 정도를 모아 서로 접속할 때 이용하는 접속법이다. 접속 방법은 접속한 부분에 절연 테이프를 감는 방법과 박스용 커넥터를 끼우는 방법이 있다. 박스용 커넥터를 사용할 때는 납땜이나 테이프 처리를 하지 않으므로 심선이 밖으로 나오지 않도록 유의한다.

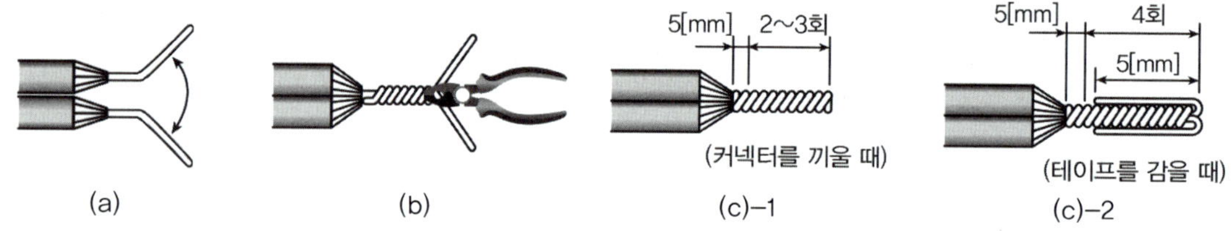


㉡ **연선의 종단 접속** : 박스 안에서 연선을 접속할 때 접속하려는 심선을 나란히 한 후 조인트선을 이용하여 접속하는 방법으로, 접속을 한 부분에는 절연 테이프를 감거나 박스용 커넥터를 끼운다.

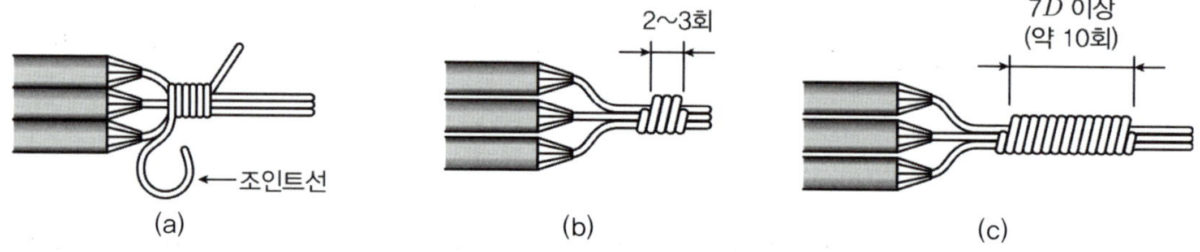


㉢ **와이어 커넥터를 이용한 종단 접속** : 금속관공사나 합성수지관공사시 박스 내에서 전선을 접속할 때 접속하고자 하는 심선을 나란히 합쳐 꼬은 후 와이어 커넥터를 돌려 끼워 넣어 전선을 접속하는 방법이다. 와이어 커넥터가 절연체이므로 별도로 절연 테이프를 감을 필요가 없다.

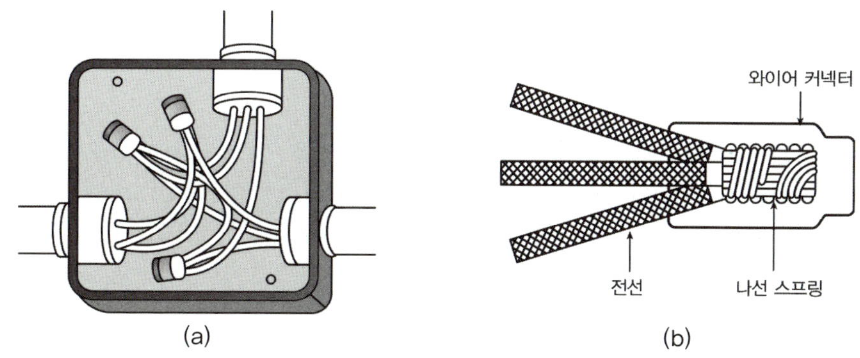


㉣ **링 슬리브를 이용한 종단 접속 :** 심선을 두 가닥 내지 세 가닥을 모아 2~3회 꼬은 다음 링 슬리브를 씌우고 압착펜치로 슬리브를 압착하여 접속하는 방법이다. 전선 접속시 납땜 과정이 필요없지만 슬리브를 절연하기 위한 비닐제 캡이 별도로 필요하다.

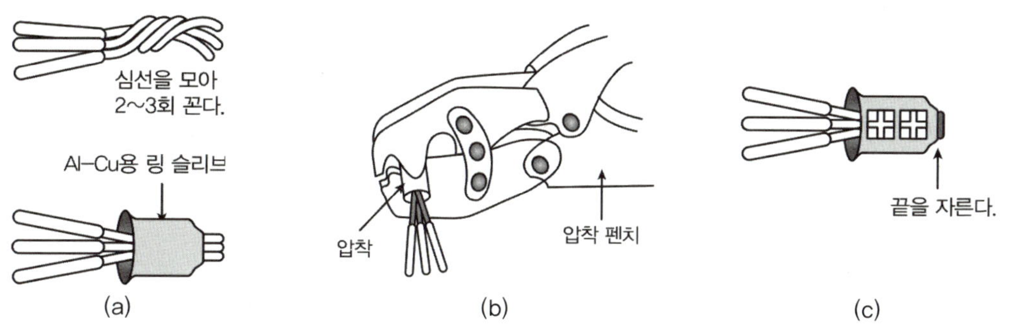


㉤ **터미널 러그를 이용한 종단 접속 :** 접속하고자 하는 심선의 끝을 납땜으로 고정한 다음 볼트 등을 이용하여 접속하는 방법이다. 주로 굵은 전선을 박스 안에서 접속할 때 사용한다.

④ 동전선의 접속 방법

㉠ 직선 접속

ⓐ 직선 맞대기용 슬리브(B형)에 의한 압착 접속

ⓑ 가는 단선(6[$mm^2$] 이하)의 직선 접속(트위스트 접속)



제3과목 전기설비

㉡ 분기 접속

ⓐ T형 커넥터에 의한 분기 접속

ⓑ 가는 단선(6[$mm^2$] 이하)의 분기 접속

㉢ 종단 접속

ⓐ 꽂음형 커넥터에 의한 접속

ⓑ 동선 압착 단자에 의한 접속

ⓒ 가는 단선(4[$mm^2$] 이하)의 종단 접속

ⓓ 종단 겹침용 슬리브(E형)에 의한 접속

ⓔ 직선 겹침용 슬리브(P형)에 의한 접속

ⓕ 비틀어 꽂는 형의 전선 접속기에 의한 접속

㉣ 슬리브에 의한 접속

ⓐ S형 슬리브에 의한 직선 접속

ⓑ S형 슬리브에 의한 분기 접속

ⓒ 매킹타이어 슬리브(mcintire sleeve)에 의한 직선 접속(가는 전선 – 2회 이상 꼬음, 굵은 전선 – 3회 이상 꼬음)

⑤ 알루미늄 전선의 접속 방법

㉠ 직선 접속 : 인입선과 인입구 배선과의 접속 등과 같이 비교적 장력이 작은 장소에 사용한다.

㉡ 분기 접속 : 간선에서 분기선을 분기하는 경우에 사용한다.

㉢ 종단 접속

ⓐ 종단 겹침용 슬리브에 의한 접속 : 가는 전선을 박스 내에서 접속시 사용한다.

ⓑ 비틀어 꽂는 형의 접속기에 의한 접속 : 가는 전선을 박스 내에서 접속시 사용한다.

ⓒ C형 전선 접속기 등에 의한 접속 : 굵은 전선을 박스 내에서 접속시 사용한다.

ⓓ 터미널 러그에 의한 접속 : 굵은 전선을 박스 내에서 접속시 사용한다.

⑥ 전선과 기계기구의 단자 접속

㉠ 동관 단자 : 굵은 전선과 기계기구의 단자를 접속할 경우 접속하려는 전선의 심선 끝을 납땜 등으로 고정시킨 다음 볼트너트 등을 이용하여 접속하는 접속기구로, 온도나 진동 등의 원인으로 접속단자가 풀릴 우려가 있는 경우에는 이중너트나 스프링 와셔를 사용한다.

※ 스프링 와셔 : 스프링 모양의 와셔로 진동을 흡수하여 접속단자가 풀리는 것을 방지한다.

㉡ 압착 단자 : 코드나 케이블 등을 기계기구의 단자 등에 접속할 때 이용하는 단자대이다. 접속시 전선 굵기에 적합한 단자를 선정하고 전용 압착공구를 사용하여 심선에 압착한 다음 볼트 및 너트를 이용하여 기계기구의 단자에 접속한다. 납땜을 할 필요가 없다.

㉢ 고리형 단자의 기구 접속 : 전선의 굵기가 10[$mm^2$] 이하일 때 기계기구의 단자에 전선을 직접 접속하는 방법으로, 접속시 단자의 너트가 돌아가는 방향(시계 방향)으로 전선을 구부려 사용한다.

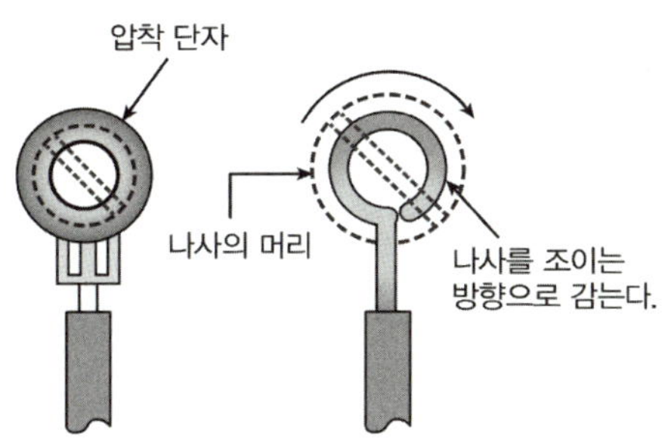


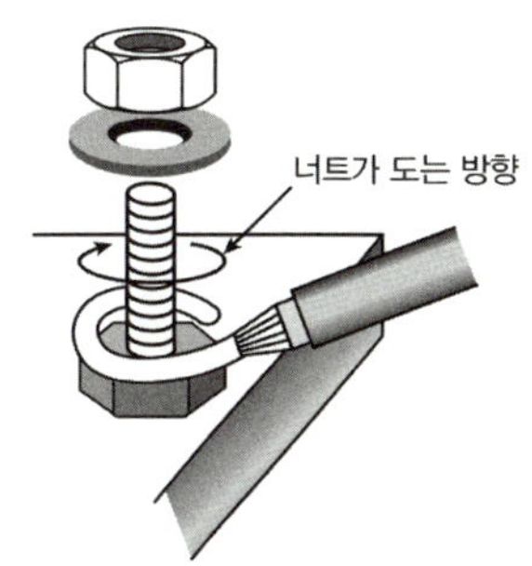


**핵심 유형 문제**

**1** **브리타니아 접속법을 사용하지 않는 경우는?**

① 단면적 10[$mm^2$] 이상의 굵은 단선끼리의 직선 접속
② 단면적 10[$mm^2$] 이상의 굵은 단선끼리의 분기 접속
③ 단면적 10[$mm^2$] 이상의 굵은 연선끼리의 직선 접속
④ 단면적 10[$mm^2$] 이상의 굵은 연선끼리의 종단 접속

정답 ④

종단 접속에는 브리타니아 접속법을 사용하지 않는다.



(3) 납땜과 테이핑

① 전선을 접속할 때 커넥터나 슬리브를 이용하여 전선을 접속하는 경우를 제외하고는 접속 부분의 전기 저항을 증가시키지 않도록 반드시 납땜을 실시한다. 이때 납물의 고른 투입과 산화 방지를 위해 페이스트(Paste)라는 화학 약품을 바른 후 납땜을 한다.

② 테이핑시 주의사항

㉠ 테이프를 감기 전 납땜 후 남은 페이스트를 닦아낸다.

㉡ 테이프 폭의 절반만큼 겹쳐 감은 테이프의 두께가 피복 두께보다 얇지 않도록 감는다.

③ 테이프의 종류

㉠ 고무 테이프 : 절연성 고무 혼합물을 압연하여 황이나 첨가제를 첨가하여 가교결합을 형성해 탄성을 높인 뒤 그 표면에 접착제로 고무를 칠한 것으로, 테이프를 감을 때 약 1.2배 정도 늘려 감는다.

㉡ 리노 테이프 : 건조한 목면 위에 절연성 니스를 몇 차례 칠한 다음 건조시킨 테이프로 점착성은 없으나 내온성, 내유성, 절연내력이 뛰어나 연피 케이블의 접속에 사용한다.

㉢ **면 테이프** : 건조한 목면 위에 점착성이 강한 고무혼합물을 함침시킨 테이프로 주로 고무 테이프를 감은 다음 고무테이프의 외상 및 풍화를 방지하기 위해 사용한다. 점착성이 강해 심선에 닿지 않도록 유의한다.

㉣ **비닐 테이프** : 염화비닐수지를 이용하여 만든 테이프로 그 한쪽 면에 접착제를 바른 것이다. 일반 전선의 접속 부분 절연시 사용하며 표준색상으로 검정색, 하얀색, 빨간색, 파란색, 녹색, 황색, 주황색, 회색 등이 있다.

㉤ **자기 융착 테이프** : 합성 수지와 합성 고무를 주성분으로 하며 테이핑을 할 때 약 2배 정도 늘려 감아야 한다. 비닐 외장 케이블 및 클로로프렌 외장 케이블의 접속에 사용한다.

### 핵심 유형문제

**1 고무 테이프의 외상과 풍화를 방지하기 위해 사용하는 테이프는?**

① 면 테이프
② 리노 테이프
③ 비닐 테이프
④ 자기 융착 테이프

정답 ①

면 테이프는 건조한 목면 위에 점착성이 강한 고무혼합물을 함침시킨 테이프로 고무 테이프의 풍화와 외상을 방지하기 위해 사용한다.

# CHAPTER 03 배선기구 및 공구

## 1 개폐기

### 1. 나이프 스위치

회로의 개폐에 사용하는 개방형 수동식 개폐기로, 사용시 감전 우려가 있어 전기실과 같이 취급자만 출입하는 장소의 배전반이나 분전반 등에 설치한다.

### 2. 커버 나이프 스위치

나이프 스위치 전면의 충전부에 커버를 씌워 덮은 것이다. 전열 및 동력용 부하의 인입 개폐기나 분기 개폐기 등에 설치한다.

### 3. 점멸 스위치

#### (1) 누름단추 스위치(push button switch)

매입형으로 위, 아래 단추가 동시에 동작하는 전등용 푸시버튼 스위치와 전동기의 기동, 정지시 각각 폐로, 개로하는 전동기용 푸시버튼 스위치가 있다.

#### (2) 텀블러 스위치(tumbler switch)

노브(knob)를 위아래로 움직여 점멸하는 것을 벽이나 기둥 등에 시설한 박스 안에 설치하는 매입형과 벽이나 기둥 등의 바깥면에 직접 붙이는 노출형이 있다.

### (3) 풀 스위치(pull switch)

끈을 잡아당겨 회로를 폐로 혹은 개로할 수 있는 스위치로 한 번 당기면 개로, 다시 당기면 폐로되는 원리이다.

### (4) 팬던트 스위치(pendant switch)

코드 끝단이나 전등을 하나씩 따로 점멸하는 곳에서 사용하는 스위치이다. 빨간 단추를 누르면 개로, 반대쪽 단추를 누르면 폐로가 되는 원리이다.

### (5) 캐노피 스위치(canopy switch)

조명기구의 플랜지 안에 부착하는 소형의 단극 스냅 스위치의 일종으로 끈을 잡아당겨 전등을 점멸하는 구조이다.

### (6) 코드 스위치(cord switch)

전기담요나 전기방석 같은 소형 전기기구의 코드 중간에 부착하여 회로를 개폐하는 스위치이다.

### (7) 도어 스위치(door switch)

문이나 문기둥에 부착하여 문을 열고 닫을 때 자동적으로 회로를 개폐하는 형태의 스위치이다.

### (8) 로터리 스위치(rotary switch)

노브를 좌우로 돌려가며 개로나 폐로 또는 강약을 조절하여 점멸하는 것으로 저항선이나 전구를 직·병렬로 접속 변경하여 발열량이나 광도를 조절할 수 있는 형태의 스위치이다.

### (9) 타임 스위치(time switch)

타이머를 내장한 스위치로 지정 시간에 점멸할 수 있는 것과 일정 시간 동작할 수 있는 것이 있다.

### (10) 히터 스위치(heater switch)

2개 저항선을 직렬이나 병렬로 변경하여 발열량을 조절할 수 있는 일종의 로터리 스위치로 3단 스위치라고도 한다.

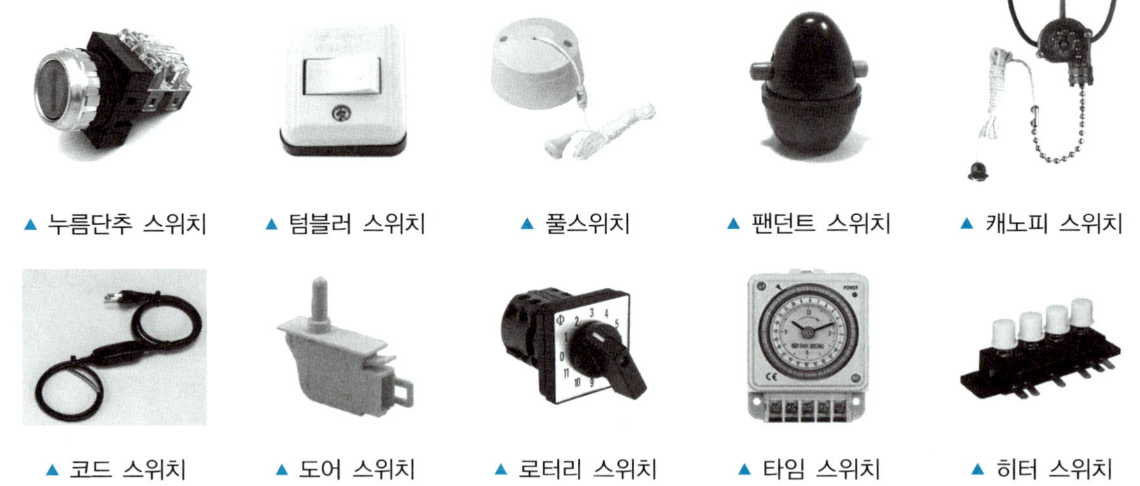

▲ 누름단추 스위치 ▲ 텀블러 스위치 ▲ 풀스위치 ▲ 팬던트 스위치 ▲ 캐노피 스위치

▲ 코드 스위치 ▲ 도어 스위치 ▲ 로터리 스위치 ▲ 타임 스위치 ▲ 히터 스위치

### (11) 3로 스위치

3개의 단자를 가진 전환용 스위치로 1개의 전등을 2개소에서 점멸할 수 있는 스위치이다. 2개소 점멸회로를 구성하기 위해서는 2개의 3로 스위치가 필요하다.

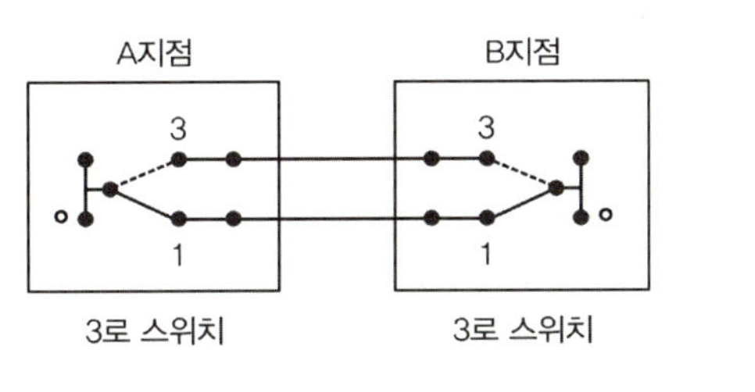


▲ 스위치 결선

▲ 회로 구성

### (12) 4로 스위치

스위치 접점이 교대로 바뀌는 구조로 되어 있는 스위치로, 보통 3로 스위치와 조합하여 3개소 이상의 장소에서 점멸시 사용하는 스위치이다.

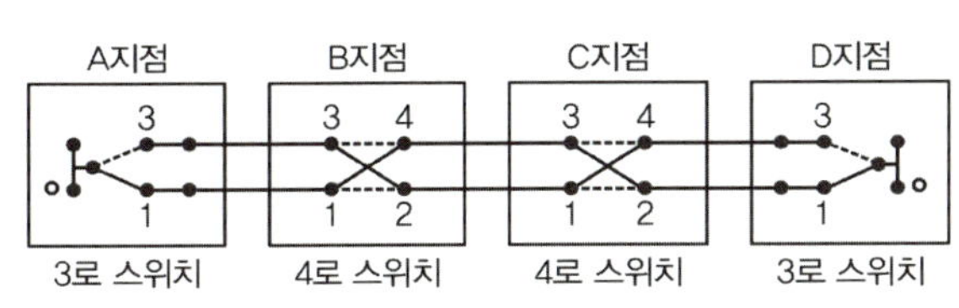


▲ 스위치 결선

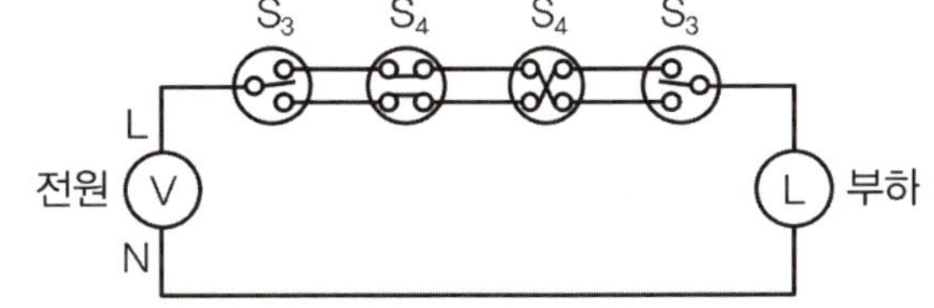


▲ 회로 구성

**핵심 유형 문제**

**1 서로 다른 장소 두 군데에서 전등을 제어하고자 한다. 이때 필요한 스위치의 종류는?**

① 3로 스위치
② 타임 스위치
③ 히터 스위치
④ 누름단추 스위치

정답 ①

3로 스위치는 2개소에서 전등을 점멸할 수 있는 스위치이다.

## 2 콘센트와 플러그 및 소켓

### 1. 콘센트

전기 기구와 배선과의 접속에 사용하는 접속기로 벽이나 기둥의 표면에 부착하는 노출형 콘센트와 벽이나 기둥에 매입하여 시설하는 매입형 콘센트로 구분한다.

#### (1) 콘센트 설치시 유의사항

① 콘센트는 꽂음형 또는 걸림형의 것을 사용한다.

② 일반적인 옥내 장소에 시설시 바닥면상 간격은 30[cm] 정도 높이를 유지한다.

③ 세탁용과 조리대용의 콘센트는 접지극이 부착된 것을 사용하거나 콘센트 박스에 접지용 단자가 있는 것을 사용한다.

④ 욕실 내에 콘센트를 설치하는 경우 방우(수)형의 것을 사용하며, 사람이 쉽게 접촉하지 않는 위치에 바닥면 기준 높이 80[cm] 이상으로 설치한다.

#### (2) 콘센트의 종류

① **방우(수)형 콘센트** : 물이 들어가지 않도록 덮개가 부착되어 있으며, 욕실 혹은 외부에 시설할 때 사용한다.

② **플로어 콘센트** : 플로어 덕트 공사시 바닥면에 부착하여 사용하는 콘센트이다.

③ **턴 로크 콘센트** : 콘센트에 끼운 플러그의 탈락 방지 기능으로 플러그를 끼우고 돌리면 콘센트에 플러그가 고정되는 구조로 된 콘센트이다.

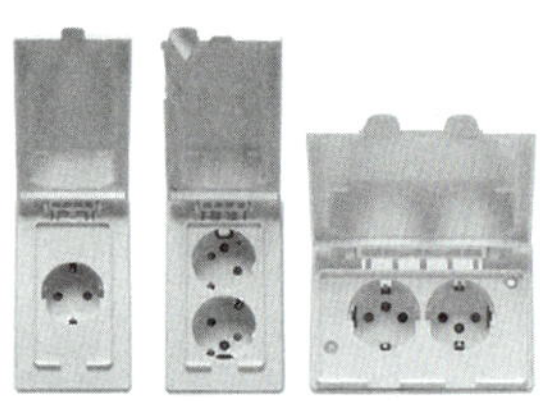
▲ 방우(수)형 콘센트

▲ 플로어 콘센트

▲ 턴 로크 콘센트

(2) 콘센트 전기 기호(심벌)

| 기호(심벌) | 명칭 | 기호(심벌) | 명칭 |
|---|---|---|---|
| | 비상용 콘센트 | | 플로어 콘센트 |
| WP | 방우(수)형 콘센트 | 20A | 20A 콘센트 |
| E | 접지극붙이 콘센트 | 2 | 2개 콘센트 |
| EX | 방폭형 콘센트 | 3P | 3극 콘센트 |

## 2. 플러그

플러그는 2극용 플러그와 3극용 플러그로 구분한다. 2극용에는 평행형과 ㄱ형이 있다.

(1) 멀티 탭(multi-tab)

하나의 콘센트에 다수의 전기 기구를 사용하고자 할 때 이용하는 접속기구이다.

(2) 코드 접속기(cord connection)

코드와 코드를 서로 접속할 때 사용하는 접속기로 플러그와 커넥터 바디로 구성된다.

(3) 테이블 탭(table tap)

코드의 길이가 짧을 때 연장하여 사용하는 것으로 '익스텐션 코드'라고도 한다.

(4) 아이언 플러그(iron plug)

전기다리미, 온탕기와 같이 전열 기구에 사용하는 플러그로 내열성이 뛰어난 플러그이다.

▲ 2극용 플러그 ▲ 3극용 플러그 ▲ 멀티 탭 ▲ 코드 접속기 ▲ 테이블 탭 ▲ 아이언 플러그

## 3. 소켓(socket)

소켓은 코드의 끝 단에 부착하여 전구를 끼울 수 있게 한 것으로 점멸 장치의 일종이다.

### (1) 리셉터클(receptacle)

전구를 점멸하기 위한 전기 소켓으로 벽이나 천장에 고정하여 사용한다. 합성수지제와 도자기제가 있는데, 도자기제는 방수, 방습, 내열을 필요로 하는 곳에 사용한다.

### (2) 분기용 소켓

2개 이상의 전구를 동시에 끼울 수 있는 구조의 소켓이다.

### (3) 로우젯(rosette)

코드 펜던트를 시설할 때 천장에 코드를 매달기 위해 사용하는 배선기구로, 섬유 등 먼지가 많은 장소에 사용할 경우 화재발생 방지를 위해 안에 퓨즈를 설치하지 않는다.

▲ 리셉터클

▲ 분기 소켓

▲ 로우젯

**핵심 유형 문제**

**1 욕실이나 외부로 노출된 벽에 콘센트를 시설하고자 할 때 사용하는 콘센트는?**

① 방수용 콘센트 ② 방폭형 콘센트
③ 플로어 콘센트 ④ 턴 로크 콘센트

정답 ①

욕실이나 외부로 노출된 벽은 콘센트 내부로 물기가 침투할 수 있으므로 방수용 콘센트로 시설한다.

**2 전기다리미, 온탕기와 같이 전열기구에 사용하는 플러그는?**

① 멀티 탭 ② 테이블 탭
③ 코드 접속기 ④ 아이언 플러그

정답 ④

아이언 플러그는 내열성이 뛰어나 전열기구의 플러그로 사용한다.

# 3 전기 공사용 공구

## 1. 공사용 기구

### (1) 드라이버

배선기구나 조명기구 등을 시설하는 경우 나사못을 조일 때 사용하는 공구이다. 십자형과 일자형이 있다.

### (2) 펜치

전선을 절단하거나 전선을 접속할 때 사용하는 공구로, 현장에서 제일 많이 사용하는 공구이다.

### (3) 와이어 스트리퍼

절연 전선의 피복 절연물을 벗기기 위한 공구로 작업자가 전선의 두께에 맞게 사용할 수 있도록 여러 개의 홈이 파여있다. 손쉽게 피복을 벗길 수 있는 자동탈피형도 있다.

### (4) 프레셔 툴

전선 접속시 압착 단자를 압착하기 위해 사용하는 공구이다. 사용하는 압착 단자의 규격에 따라 전용 프레셔 툴을 사용해야 한다.

### (5) 클리퍼

펜치로 절단하기 힘든 케이블 같은 굵은 전선이나 철선, 볼트 등을 절단할 때 사용하는 공구이다.

### (6) 전공 칼

케이블 전선의 피복을 벗기거나 그 밖의 재료를 절단할 때 사용한다. 전기용 전공 칼은 작업자가 감전되지 않도록 손잡이에 절연처리가 되어 있다.

### (7) 피시 테이프

전선관에 전선을 넣을 때 사용하는 공구이다.

### (8) 철망사 그립

전선관에 전선 여러 가닥을 한 번에 넣을 때 사용하는 공구이다.

### (9) 홀쏘

녹아웃 펀치와 마찬가지로 배전반이나 분전반과 같은 금속제 혹은 PVC제 함에 구멍을 뚫기 위해 사용하는 공구이다. 전동드라이버에 연결하여 사용한다.

### (10) 녹아웃펀치

천공기라고도 하며 배전반이나 분전반 등의 금속제 함의 구멍을 확대하거나 뚫기 위해 사용하는 공구이다. 15[mm], 19[mm], 25[mm] 등이 있다.

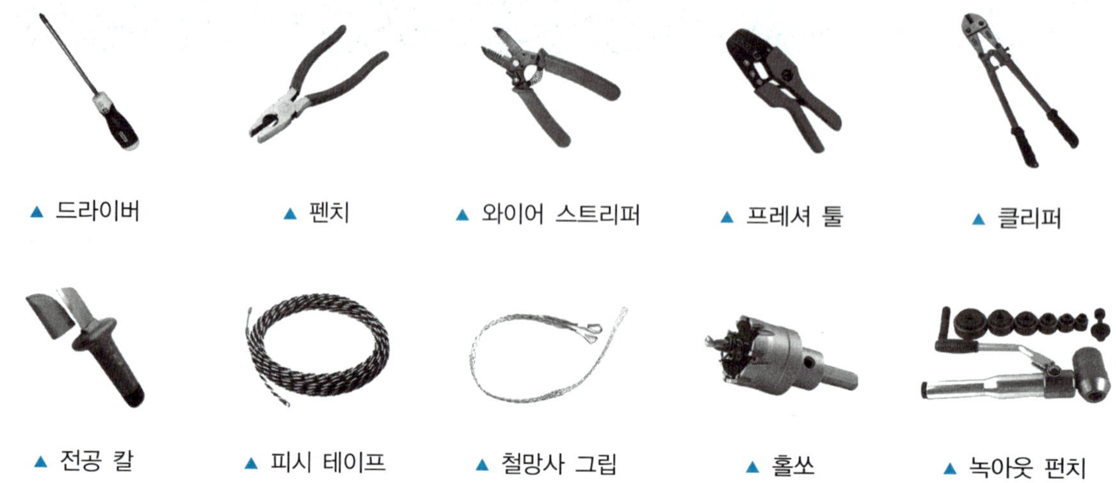

▲ 드라이버 ▲ 펜치 ▲ 와이어 스트리퍼 ▲ 프레셔 툴 ▲ 클리퍼

▲ 전공 칼 ▲ 피시 테이프 ▲ 철망사 그립 ▲ 홀쏘 ▲ 녹아웃 펀치

(11) 전선 피박기(활선 피박기)

가선된 배전선로의 절연전선에 전류가 흐르고 있는 상황에서 전선을 교체하거나 보강하기 위해 피복을 벗겨야 할 때 사용하는 공구이다.

(12) 스패너

볼트, 너트, 로크너트 등을 조이기 위한 공구로 잉글리시 스패너와 몽키 스패너가 있다.

(13) 플라이어

나사나 로크너트, 볼트, 너트 등을 조일 때 사용하는 공구로, 전선 접속시 전선을 공구로 고정하고자 할 때 펜치 대용으로 사용할 수 있다.

(14) 파이프 렌치

금속관공사시 커플링으로 금속관을 상호 연결하는 경우 금속관에 커플링을 단단히 고정시킬 때 사용하는 공구이다. 사용시 렌치 2개를 필요로 하며 하나는 지지용으로 힘을 받게 하고, 다른 한 개는 힘을 가해 커플링을 회전시켜 단단히 고정시킨다.

(15) 쇠톱

금속관이나 합성수지관을 절단할 때 사용하는 공구이다. 쇠톱 날의 길이로 200[mm], 250[mm], 300[mm]가 있다. 빠른 작업을 필요로 하거나 작업의 편의상 고속절단기를 사용하여 금속관을 절단하기도 한다.

(16) 파이프 커터

금속관을 절단할 때 사용하는 공구이다. 날에 의해 금속관이 눌려 관 안쪽에 거스러미가 생긴다.

(17) 파이프 바이스

금속관을 절단하거나 끝 단에 나사선을 낼 때 금속관을 단단히 물려 고정시키기 위한 공구이다.

### (18) 리머

금속관이나 합성수지관을 쇠톱과 파이프 커터를 활용하여 잘라낸 뒤 절단 부분 관 안쪽의 거스러미를 제거하여 매끈하게 다듬어주기 위한 공구이다.

### (19) 오스터

금속관공사시 금속관의 끝부분에서 나사를 내기 위한 공구로, 손잡이가 달린 랫치와 나사날인 다이스로 구성된다.

### (20) 히키

금속관을 구부릴 때 사용하는 공구로 여러 번 구부려 사용한다.

### (21) 벤더

구부리고자 하는 금속관을 원하는 각도로 한 번에 구부릴 수 있는 공구이다.

### (22) 유압식 벤더

히키나 벤더를 사용하여 사람의 힘으로 구부리기 힘든 굵은 전선관을 유압을 이용하여 구부리기 위한 공구이다.

### (23) 토치램프

합성수지관을 구부릴 때 가공부에 열을 가하기 위해 사용하는 기구이다. 열풍기로 대체하여 사용하기도 한다.

▲ 스패너 ▲ 플라이어 ▲ 파이프 렌치 ▲ 쇠톱 ▲ 파이프 커터 ▲ 파이프 바이스

▲ 리머 ▲ 오스터 ▲ 히키 ▲ 벤더 ▲ 유압식 벤더 ▲ 토치램프

### 핵심 유형 문제

**1** **전선 접속시 전선에 압착 단자를 압착하기 위해 사용하는 공구는?**

① 오스터 ② 프레셔 툴
③ 녹아웃 펀치 ④ 와이어 스트리퍼

정답 ②

프레셔 툴은 전선의 심선에 압착 단자를 압착시켜 고정시키기 위해 사용하는 공구이다. 압착 단자의 종류에 따라 사용하는 프레셔 툴이 달라진다.

**2** **금속관 절단 후 금속관 절단 부위 내부를 다듬기 위해 사용하는 공구는?**

① 쇠톱 ② 리머
③ 파이프 렌치 ④ 파이프 커터

정답 ②

리머는 금속관을 쇠톱과 파이프 커터를 활용하여 잘라낸 뒤 절단 부분 관 안쪽의 거스러미를 제거하여 매끈하게 다듬어주기 위한 공구이다.

## 2. 측정 계기

### (1) 와이어 게이지

전선과 같이 원형 도체의 굵기를 측정할 때 사용하는 기구로, 측정하고자 하는 전선을 홈에 끼워 굵기를 잰다.

### (2) 버니어 캘리퍼스

주로 원형으로 된 물체의 안지름과 바깥지름을 측정할 때 사용한다. 길이를 재는 쇠로 된 자에 간격 조정이 가능한 버니어가 설치된 형태이다. 버니어에는 본체의 자(어미자)와 눈금자(아들자)가 그려져 있으며, 소수점 이하의 수치를 측정할 수 있다.

### (3) 멀티미터(회로시험기, 멀티테스터)

저항, 전압, 전류 등 기본적인 전기적 특성을 측정하는 계기이다. 디지털형과 아날로그형이 있으며 '회로시험기', '멀티테스터'라고도 한다.

### (4) 클램프 미터(후크 미터)

클램프형 전류계로 회로의 전선을 절단하지 않고도 전류를 측정할 수 있는 계기이다. '후크 미터'라고도 한다.

### (5) 절연저항계(메거)

전기기기나 배선공사의 안정성을 확보하기 위해 절연이 잘 되었는지 절연저항을 측정할 때 사용하는 계측기로 '메거'라고도 한다.

(6) 접지저항계(어스테스터기)

접지 전극과 대지 사이의 저항, 즉 접지저항을 측정하고자 할 때 사용하는 계기이다. '어스테스터기'라고도 한다.

(7) 검류계

전기회로에 흐르는 매우 작은(미소) 전류, 전압, 전기량을 측정하는 계기이다. 직류용과 교류용이 있다.

(8) 네온 검전기

네온관과 고저항, 콘덴서를 절연성이 높은 케이스에 수납한 구조의 검전기이다. 전로나 전기기기에 대전상태나 충전 여부를 확인하는 데 사용하는 기구이다.

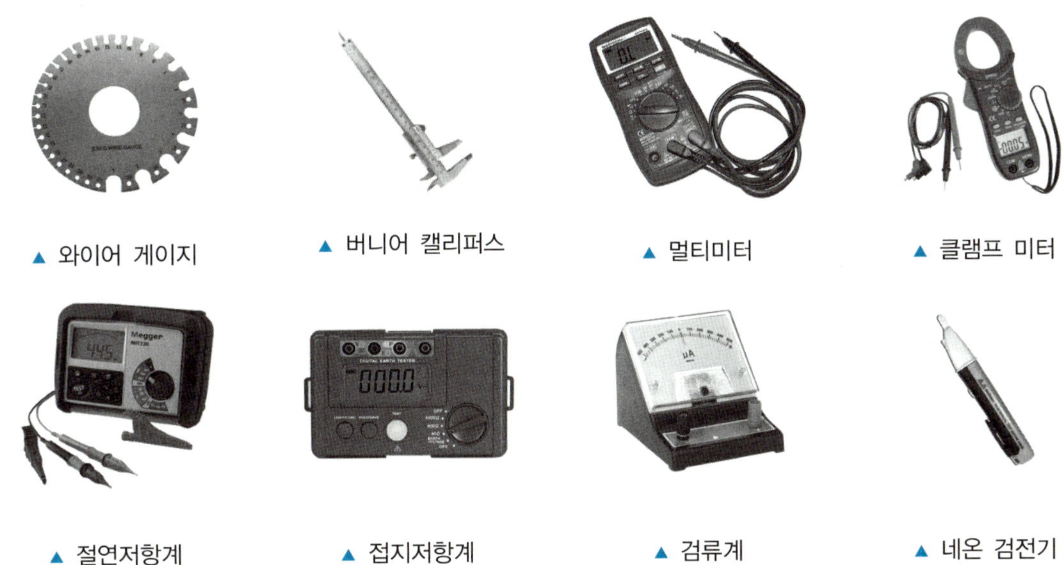

▲ 와이어 게이지 ▲ 버니어 캘리퍼스 ▲ 멀티미터 ▲ 클램프 미터

▲ 절연저항계 ▲ 접지저항계 ▲ 검류계 ▲ 네온 검전기



### 핵심 유형 문제

**1 충전부의 통전 여부를 쉽게 검사하기 위한 계전기는?**

① 절연저항계
② 접지저항계
③ 네온 검전기
④ 와이어 게이지

정답 ③

네온 검전기는 전류가 흐르는 상태의 전선이나 등기구를 작업할 때 쉽게 통전 여부를 검사할 수 있는 계전기이다.

# CHAPTER 04 저압전로의 보호

## 1 과전류 보호

### 1. 과전류와 보호장치

(1) 과전류

전기기기의 정격전류 혹은 도체의 허용전류를 초과한 전류를 말하며, 전기를 사용하는 기기의 과부하, 단락 또는 지락과 같은 경우에 발생한다.

(2) 과전류의 피해

과전류가 지속적으로 흐르면 회로 도체의 온도가 상승하여 과열 및 소손이 발생하고 이로 인해 화재, 화상, 감전의 사고를 유발한다.

(3) 과전류 보호 방법

과전류로 인한 도체, 절연체, 접속부, 단자부 또는 도체를 감싸는 물체 등에 유해한 열적 및 기계적 위험이 발생하지 않도록, 그 회로의 과전류를 차단하는 보호장치를 설치해야 한다.

(4) 과전류 보호장치

저압전로에서 과전류(과부하전류 또는 단락고장전류)로부터 분기회로와 배전간선을 보호하기 위해 전원을 자동으로 차단하여 배전간선 및 분기회로를 보호하는 장치이다. 크게 세 가지의 형태로 분류할 수 있다.

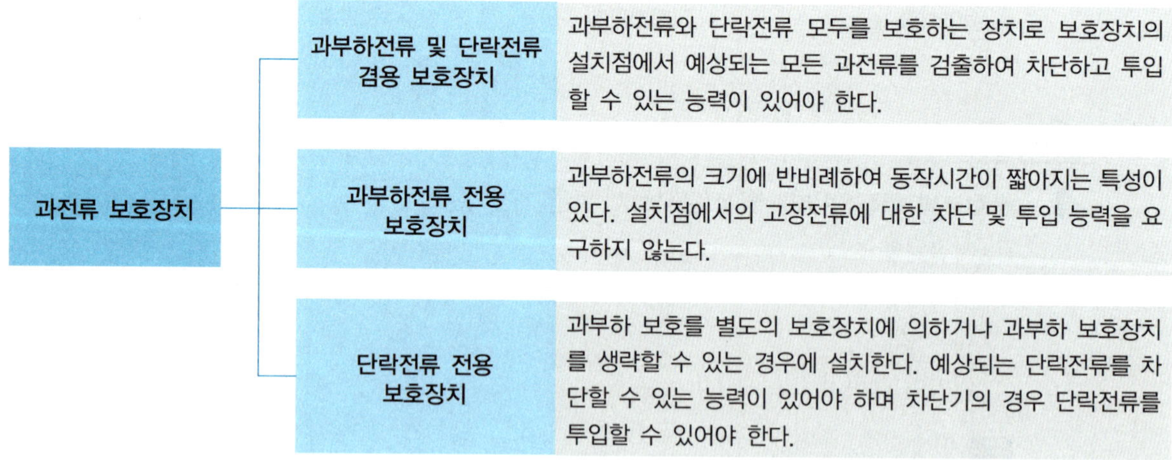

### (5) 과전류 보호장치의 시설장소

① 송전선로, 배전선로 등 전선로의 보호가 필요한 장소

② 발전기, 전동기, 변압기 등 전기기계기구를 보호하는 장소

③ 인입구, 옥내 간선의 전원측, 분기점 등 보호 및 보안을 필요로 하는 장소

### (6) 과전류 보호장치의 시설 제한 장소

① 저압가공전로의 접지측

② 전로 일부에 접지공사를 실시한 접지측 전선

③ 다선식 전로(단상 3선식, 3상 4선식)의 중성선

### (7) 과전류 보호장치의 생략(일반사항)

다음과 같은 경우 과부하 보호장치를 생략할 수 있으나 화재, 폭발 위험성이 있는 장소에 설치되는 설비의 요구사항을 별도로 규정하는 경우에는 과부하 보호장치를 생략할 수 없다.

① 일반사항

㉠ 분기회로에서 발생하는 과부하가 분기회로의 전원측에 설치된 보호장치에 의해 유효한 보호가 이루어지는 경우

㉡ 부하에 설치된 과부하 보호장치가 유효하게 동작하여 과부하전류가 분기회로에 전달되지 않도록 조치를 하는 경우

㉢ 통신회로용, 제어회로용, 신호회로용 및 이와 유사한 설비

② 안전을 위해 과부하 보호장치를 생략할 수 있는 경우 : 사용 중 예상치 못한 회로의 개방이 위험 또는 큰 손상을 초래할 수 있는 다음과 같은 부하에 전원을 공급하는 회로에 대해서는 과부하 보호장치를 생략할 수 있다.

㉠ 회전기의 여자회로

㉡ 소방설비의 전원회로

㉢ 전류변성기의 2차회로

㉣ 전자석 크레인의 전원회로

㉤ 안전설비(주거침입경보, 가스누출경보 등)의 전원회로

### (8) 누전차단기(ELB)의 시설

① 사람이 쉽게 접촉할 우려가 있고, 전기를 공급하는 전로의 금속제 외함을 가지는 사용전압이 50[V]를 초과하는 저압의 기계기구

② 주택의 인입구 등 누전차단기 설치를 필요로 하는 전로

③ 주택 세대 내 분전반 및 이와 유사한 장소와 같이 일반인의 접촉 우려가 있는 장소

## 2. 보호장치의 특성

과전류 보호장치는 퓨즈, 누전차단기, 배선차단기 등의 동작 특성에 적합한 것을 사용해야 한다.

(1) 저압용 범용 퓨즈(gG)의 용단 특성

| 정격전류 | 용단 시간 | 정격전류 배수 | |
|---|---|---|---|
| | | 불용단전류 | 용단전류 |
| 4[A] 이하 | 60분 이내 | 1.5배 | 2.1배 |
| 4[A] 초과 16[A] 미만 | | | 1.9배 |
| 16[A] 이상 63[A] 이하 | | 1.25배 | 1.6배 |
| 63[A] 초과 160[A] 이하 | 120분 이내 | | |

(2) 배선차단기의 과전류 트립 동작시간 및 특성

| 분류 | 정격전류 | 동작시간 | 정격전류 배수 | |
|---|---|---|---|---|
| | | | 부동작 전류 | 동작 전류 |
| 주택용 | 63[A] 이하 | 60분 이내 | 1.13배 | 1.45배 |
| | 63[A] 초과 | 120분 이내 | | |
| 산업용 | 63[A] 이하 | 60분 이내 | 1.05배 | 1.3배 |
| | 63[A] 초과 | 120분 이내 | | |

**핵심 유형 문제**

**1** **과전류차단기를 반드시 설치해야 하는 장소는?**

① 접지공사의 접지도체

② 다선식 선로의 중성도체

③ 저압 옥내 간선의 전원측 전로

④ 전로의 일부에 접지공사를 한 저압 가공전로의 접지측 전선

정답 ③

과전류 보호장치의 시설장소

- 송전선로, 배전선로 등 전선로의 보호가 필요한 장소
- 발전기, 전동기, 변압기 등 전기기계기구를 보호하는 장소
- 인입구, 옥내 간선의 전원측, 분기점 등 보호 및 보안을 필요로 하는 장소

# 2 간선 및 분기 회로의 보호

## 1. 과부하 보호 설계 조건

도체에 설계전류 이상의 과부하전류가 흐르는 경우 도체의 절연체 및 피복이 온도상승으로 인해 열적손상이 일어나기 때문에 이를 방지하기 위해 보호장치를 설치한다. 과부하에 대해 전선을 보호하는 장치의 동작 특성은 다음의 조건을 충족해야 한다.

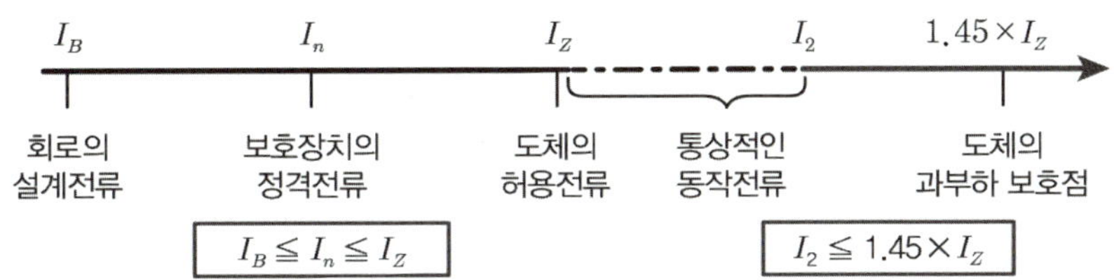


① $I_B$는 부하의 효율과 역률 및 부하율이 고려된 부하최대전류를 의미한다.

② $I_Z$는 정상상태에서 절연물의 종류에 따른 최고허용온도를 초과하지 않는 범위 이내에서 도체에 연속적으로 흐를 수 있는 최대전류이다.

③ $I_n$은 사용현장에 적합하게 조정된 전류의 전류값이다. 대기중의 노출상태에서 규정된 온도상승한도를 초과하지 않는 한도 이내에서 연속적으로 흐릴 수 있는 최대전류이다.

④ $I_2$는 규약동작전류로 보호장치가 규약시간 이내에 유효한 동작을 보장하는 전류이다. 제조자로부터 제공되거나 제품 표준에 제시되어야 한다.

⑤ $1.45 \times I_Z$는 도체의 과부하 보호점으로 $I_2$의 동작전류를 결정하는 범위의 한계값으로 $I_2$는 과부하 보호점 이내에서 선정되어야 한다. 보호가 불확실한 경우에는 허용전류의 1.45배에 따라 선정된 전선의 단면적보다 더 큰 단면적의 전선을 선정해야 한다.

## 2. 과부하 보호장치의 설치 위치

과부하 보호장치는 전로 중 도체의 단면적, 특성, 설치방법, 구성의 변경으로 도체의 허용전류가 줄어드는 곳에 설치해야 한다. 허용전류가 줄어드는 곳을 분기점이라고 한다. 허용전류가 줄어드는 요인에는 도체의 단면적, 도체의 종류, 절연체의 종류, 설치방법, 주위온도, 복수회로의 수 등이 있다.

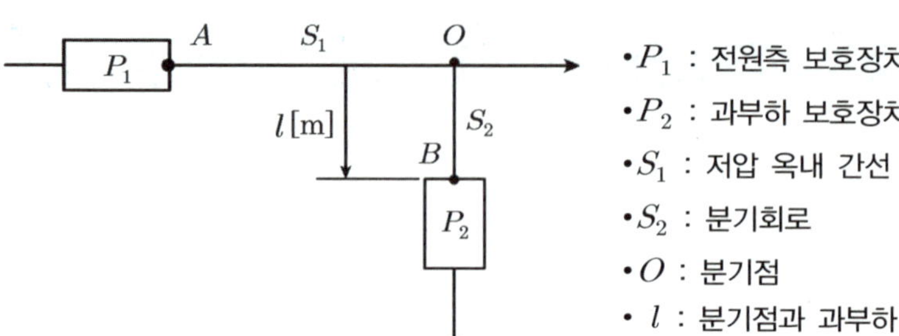


분기점($O$)과 과부하 보호장치($P_2$) 사이에 다른 분기회로나 콘센트의 설치가 없을 때, 과부하 보호장치의 설치는 거리의 제한 없이 설치하는 경우와 3[m] 이내에 설치해야 하는 경우로 나눈다.

① **분기점으로부터 거리의 제한 없이 설치하는 경우** : 전원측 보호장치($P_1$)에 의해 분기회로($S_2$)의 도체가 단락전류에 대해 보호를 받는 경우 과부하 보호장치($P_2$)를 분기점($O$)으로부터 거리($l$[m])의 제한이 없이 설치할 수 있다.

② **분기점으로부터 3[m] 이내에 설치해야 하는 경우** : 단락 위험과 화재, 인체에 대한 위험성이 최소화되도록 전선관, 케이블 트레이, 케이블 덕트 등의 공사방법으로 사람의 손이 닿지 않는 위치에 설치하는 경우 과부하 보호장치($P_2$)를 분기점($O$)으로부터 $l \leq 3$[m] 범위까지 이동하여 설치할 수 있다.

## 3. 건축물 종류에 따른 표준부하

| 건축물의 종류 | 표준부하[VA/m$^2$] |
|---|---|
| 복도, 계단, 세면장, 창고, 다락 | 5 |
| 강당, 관람석, 공장, 공회당, 사원, 교회, 극장, 영화관, 연회장 | 10 |
| 기숙사, 여관, 호텔, 병원, 학교, 음식점, 다방, 대중목욕탕 | 20 |
| 사무실, 은행, 상점, 이발소, 미용원 | 30 |
| 주택, 아파트 | 40 |

## 핵심 유형 문제

**1** **분기회로의 과부하 보호장치 설치점과 분기점 사이에 다른 분기회로 또는 콘센트의 접속이 없고, 단락의 위험과 화재 및 인체에 대한 위험성이 최소화되도록 시설된 경우 과부하 보호장치는 분기점으로부터 몇 [m]까지 이동하여 설치 가능한가?**

① 1　　② 2
③ 3　　④ 4

정답 ③

단락 위험과 화재, 인체에 대한 위험성이 최소화되도록 전선관, 케이블 트레이, 케이블 덕트 등의 공사방법으로 사람의 손이 닿지 않는 위치에 설치하는 경우 과부하 보호장치를 분기점으로부터 3[m] 범위까지 이동하여 설치할 수 있다.

**2** **배선설계를 위한 전등 및 소형 전기기계기구의 부하용량 산정시 건축물의 종류에 대응한 표준부하에서 원칙적으로 표준부하를 20[VA/m$^2$]으로 적용하여야 하는 건축물은?**

① 교회, 극장　　② 호텔, 병원
③ 은행, 상점　　④ 아파트, 미용원

정답 ②

표준부하 20[VA/m$^2$]을 적용하는 건축물에는 기숙사, 여관, 호텔, 병원, 학교, 음식점, 다방, 대중목욕탕 등이 있다.

# CHAPTER 05 전로의 절연과 접지공사

## 1 전로의 절연

### 1. 저압전로의 절연저항

(1) 저압전로에서 절연저항 측정이 곤란한 경우 저항 성분의 누설전류가 1[mA] 이하이면 전로의 절연성능이 적합한 것으로 본다.

(2) 전로의 절연저항값

| 전로의 사용전압[V] | DC 시험전압[V] | 절연저항[MΩ] |
|---|---|---|
| SELV 및 PELV | 250 | 0.5 |
| FELV, 500[V] 이하 | 500 | 1.0 |
| 500[V] 초과 | 1,000 | 1.0 |

① SELV(Safety Extra-Low Voltage) : 1차와 2차가 전기적으로 절연이 되어있으나 접지가 되어있지 않다. 수영장, 휴대용 전등, 놀이공원, 기타 옥외용 이동기구 등과 같이 심각한 위험을 초래하는 장소에 사용된다.

② PELV(Protective Extra-Low Voltage) : 1차와 2차가 전기적으로 절연 및 접지되어 있다. SELV의 심각한 위험을 초래하는 장소 이외에 안전을 위해 특별저압이 요구되는 장소에 사용된다.

③ FELV(Functional Extra Low Voltage) : 1차와 2차의 회로가 절연되어 있지 않으며 기능상의 이유로 교류 50[V], 직류 120[V] 이하인 공칭전압을 사용하지만 SELV, PELV에 대한 모든 요구조건에 적합하지 않은 경우에 기본보호 및 고장보호를 위해 적용한다.

### 2. 절연내력 시험

(1) 절연내력 시험 전압을 전로와 대지 사이에 연속하여 10분간 가하여 절연내력을 시험했을 때 이에 견뎌야 한다.

(2) 전로에 케이블을 사용하는 경우에는 시험전압의 2배의 직류전압을 전로와 대지 사이에 연속하여 10분간 가하여 절연내력을 시험했을 때 이에 견뎌야 한다.

(3) 전로 절연내력 시험전압

| 최대 사용전압 | 전로 접지 방식 | 배율 | 최저 시험전압 |
|---|---|---|---|
| 7[kV] 이하 | 비접지 | 1.5배 | |
| 7[kV] 초과 25[kV] 이하 | 중성점 다중접지 전로 | 0.92배 | |
| 7[kV] 초과 60[kV] 이하 | 중성점 접지 전로 | 1.25배 | 10.5[kV] |
| 60[kV] 초과 | 중성점 비접지식 전로 | 1.25배 | |
| | 중섬점 접지식 전로 | 1.1배 | 75[kV] |
| | 중성점 직접 접지식 전로 | 0.72배 | |
| 170[kV] 초과 | 중성점 직접 접지식 전로 | 0.64배 | |

(4) 회전기 및 정류기 시험전압

| 최대 사용전압 | 기구의 종류 | 배율 | 최저 시험전압 |
|---|---|---|---|
| – | 회전변류기 | 1배 | 500[V] |
| 7[kV] 이하 | 발전기, 전동기, 회전기, 무효 전력 보상 장치 | 1.5배 | 500[V] |
| 7[kV] 초과 | | 1.25배 | 10.5[kV] |
| 60[kV] 이하 | 정류기 | 1배 | 500[V] |
| 60[kV] 초과 | | 1.1배 | |

제3과목 전기설비

**핵심 유형 문제**

**1** **저압전로의 사용전압이 500[V]를 초과하는 경우 절연저항의 하한값[MΩ]은?**

① 0.5 ② 1.0
③ 1.5 ④ 2.0

정답 ②

전로의 사용전압이 500[V]를 초과하는 경우 절연저항값은 1[MΩ] 이상이어야 한다.

**2** **최대 사용전압이 70[kV]인 중성점 직접접지식 전로의 절연내력 시험전압은 몇 [V]인가?**

① 35,000 ② 50,400
③ 64,400 ④ 77,000

정답 ②

최대 사용전압이 70[kV]인 중성점 직접 접지식 전로의 절연내력 시험전압
시험전압 $= 70,000 \times 0.72 = 50,400$

# 2 접지공사

## 1. 접지공사의 목적

(1) 이상 전압의 억제

(2) 전로의 대지 전압 상승 방지

(3) 기기와 전기설비의 손상 방지

(4) 전기설비 보호계전기의 동작 확보

(5) 누설전류로 인한 감전 및 화재사고 방지

## 2. 접지시스템의 구성

### (1) 접지시스템의 분류

접지시스템은 계통접지, 보호접지, 피뢰시스템접지 등으로 구분한다.

① **계통접지** : 대지와 계통을 연결하는 것으로 일반적으로 중성점 접지를 말한다.

② **보호접지** : 고장시 감전에 대한 보호를 목적으로 기기의 한 점 또는 여러 점을 접지하는 것을 말한다.

③ **피뢰시스템접지** : 뇌격전류를 대지로 안전하게 방류하기 위한 설비를 말한다.

### (2) 접지시스템의 시설

접지시스템의 시설은 단독접지, 공통접지, 통합접지로 구분한다.

① **단독접지** : 고압·특고압 계통의 접지극과 저압 계통의 접지극이 독립적으로 설치된 경우를 말한다.

② **공통접지** : 등전위가 형성되도록 고압·특고압 접지계통과 저압 접지계통을 공통으로 접지하는 방식을 말한다.

③ **통합접지** : 전기설비의 접지계통·건축물의 피뢰설비·전자통신설비 등의 접지극을 통합하여 접지하는 방식을 말한다.

### (3) 접지시스템의 구성요소

접지시스템의 구성 요소에는 접지극, 접지도체, 보호도체가 있다.

① 접지극

㉠ 접지극으로 시설 가능한 도체의 종류

ⓐ 지중 금속 구조물(배관 등)

ⓑ 토양에 매설된 기초 접지극

ⓒ 콘크리트에 매입된 기초 접지극

ⓓ 케이블의 금속외장 및 그 밖의 금속 피복

ⓔ 대지에 매설된 철근콘크리트의 용접된 금속 보강재

ⓕ 토양에 수직 또는 수평으로 직접 매설된 금속전극(봉 전선, 테이프, 배관, 판 등)

㉡ 접지극의 매설 유의사항

ⓐ 접지극은 동결 깊이를 고려하여 시설하되 매설하는 깊이는 지표면으로부터 지하 75[cm] 이상으로 한다.

ⓑ 접지도체를 철주 기타의 금속체를 따라서 시설하는 경우, 접지극을 철주의 밑면으로부터 30[cm] 이상의 깊이에 매설하는 경우 이외에는 접지극을 지중에서 그 금속체로부터 1[m] 이상 띄어 매설해야 한다.

ⓒ 접지도체는 지하 75[cm]부터 지표상 2[m]까지 부분은 합성수지관(두께 2[mm] 미만의 합성수지제 전선관 및 가연성 콤바인덕트관 제외) 또는 이와 동등 이상의 절연 효과와 강도를 갖는 몰드로 보호해야 한다.

ⓓ 접지도체는 절연전선(옥외용 비닐절연전선 제외), 캡타이어 케이블 또는 케이블(통신용 케이블 제외)을 사용한다. 단, 접지도체를 철주, 기타의 금속체에 따라 시설하는 경우 이외의 경우에는 접지도체의 지표상 60[cm]를 초과하는 부분에 대해서는 절연전선을 사용하지 않을 수 있다.

② **접지도체**

㉠ 접지도체의 최소 단면적은 구리 6[$mm^2$] 이상, 철제 50[$mm^2$] 이상으로 한다.

㉡ 접지도체에 피뢰시스템이 접속되는 경우, 구리 16[$mm^2$] 이상, 철제 50[$mm^2$] 이상으로 한다.

㉢ 접지도체의 굵기

| 구분 | | 접지도체의 굵기 |
|---|---|---|
| 특고압·고압 전기설비용 | | 단면적 6[$mm^2$] 이상의 연동선 |
| 중성점 접지 7[kV] 이하의 전로 | | |
| 사용전압이 25[kV] 이하인 특고압 가공전선로, 중성선 다중접지 방식, 지락 발생시 2초 이내에 자동 차단하는 장치가 설치되어 있는 전로 | | |
| 중성점 접지용 | | 단면적 16[$mm^2$] 이상의 연동선 |
| 이동 전기기계기구의 금속제 외함 등 | 특고압·고압 전기설비용 접지도체 및 중성점 접지용 | 단면적이 10[$mm^2$] 이상의 클로로프렌캡타이어케이블(3종 및 4종) 또는 클로로설포네이트 폴리에틸렌캡타이어케이블(3종 및 4종)의 1개 도체 또는 다심 캡타이어케이블의 차폐 또는 기타의 금속체 |
| | 저압 전기설비용 | 0.75[$mm^2$] 이상의 다심 코드 또는 다심 캡타이어케이블의 1개 도체(기타 유연성이 있는 연동연선은 1개 도체의 단면적이 1.5[$mm^2$] 이상인 것을 사용) |

③ **보호도체** : 보호도체란 지락고장시에 고장전류의 귀환 회로를 만들어 감전을 방지하기 위해 사용하는 도체이다.

㉠ 상도체와 동일 외함에 설치한 경우의 최소 단면적

| 선도체의 단면적 S ([$mm^2$], 구리) | 보호도체의 최소 단면적([$mm^2$], 구리) | |
|---|---|---|
| | 보호도체의 재질 | |
| | 선도체와 같을 때 | 선도체와 다를 때 |
| $S \leq 16$ | S | $(k_1/k_2) \times S$ |
| $16 < S \leq 35$ | 16 | $(k_1/k_2) \times 16$ |
| $S > 35$ | S/2 | $(k_1/k_2) \times (S/2)$ |

- $k_1$ : 선정된 선도체에 대한 k값
- $k_2$ : 선정된 보호도체에 대한 k값
- k : 보호도체, 절연, 기타 부위의 재질 및 초기온도와 최종온도에 따라 정해지는 계수

㉡ 보호장치의 차단 시간이 5초 이하인 경우

보호도체의 단면적 $S = \dfrac{\sqrt{I^2 \times t}}{k}$

- S : 단면적[$mm^2$]
- I : 보호장치를 통해 흐를 수 있는 예상 고장전류 실횻값[A]
- t : 자동차단을 위한 보호장치의 동작시간[s]
- k : 재질 및 온도에 따라 정해지는 계수

㉢ 상도체와 동일 외함에 설치되지 않은 경우 보호도체의 최소 단면적

ⓐ 기계적 손상에 대해 보호되는 경우 : 구리 2.5[$mm^2$], 알루미늄 16[$mm^2$] 이상

ⓑ 기계적 손상에 대해 보호되지 않는 경우 : 구리 4[$mm^2$], 알루미늄 16[$mm^2$] 이상

ⓒ 보호도체가 전선관 및 트렁킹 내부에 설치되거나 이와 유사한 방법으로 보호되는 경우는 기계적 손상에 대해 보호되는 것으로 간주한다.

㉣ 보호도체와 계통도체의 겸용

ⓐ 겸용도체는 고정된 전기설비에서만 사용할 수 있다.

ⓑ 중성선, 선도체, 중간도체와 겸용하는 경우 계통의 기능에 대한 조건을 만족해야 한다.

ⓒ 중성선과 보호도체의 겸용도체는 전기설비의 부하측으로 시설해서는 안 된다.

ⓓ 단면적은 구리 10[$mm^2$], 알루미늄 16[$mm^2$] 이상이어야 한다.

### (4) 접지저항 저감법

① 접지극의 매설 깊이를 깊게 한다.

② 접지극을 상호 2[m] 이상 이격하여 병렬 접속한다.

③ 접지봉의 길이, 접지판의 면적 등 접지극의 크기를 크게 한다.

④ 메시 공법이나 매설 지지선 공법 등에 의한 접지극의 형상을 변경한다.

⑤ 접지 저항 저감제와 같은 화학적 재료를 사용하여 접지와 대지 간의 저항을 줄인다.

### (5) 수도관 등을 접지극으로 사용하는 경우

지중에 매설되어 있고 대지와의 전기저항 값이 3[Ω] 이하의 값을 유지하는 금속제 수도관로가 다음의 조건을 만족하는 경우 접지극으로 사용 가능하다.

① 접지도체와 금속제 수도관로의 접속은 안지름 75[mm] 이상인 부분 또는 여기에서 분기한 안지름 75[mm] 미만인 분기점으로부터 5[m] 이내의 부분에서 하여야 한다. 다만, 금속제 수도관로와 대지 사이의 전기저항 값이 2[Ω] 이하인 경우에는 분기점으로부터의 거리는 5[m]를 넘을 수 있다.

② 접지도체와 금속제 수도관로의 접속부를 수도계량기로부터 수도 수용가 측에 설치하는 경우에는 수도계량기를 사이에 두고 양측 수도관로를 등전위본딩을 해야 한다.

③ 접지도체와 금속제 수도관로의 접속부를 사람이 접촉할 우려가 있는 곳에 설치하는 경우에는 손상을 방지하도록 방호장치를 설치해야 한다.

④ 접지도체와 금속제 수도관로의 접속에 사용하는 금속제는 접속부에 전기적 부식이 생기지 않아야 한다.

### (6) 기계기구의 철대 및 외함의 접지 생략

전로에 시설하는 기계기구의 철대 및 금속제 외함에는 접지공사를 해야 한다. 단, 다음의 경우 접지공사를 생략할 수 있다.

① 사용전압이 직류 300[V] 또는 교류 대지전압이 150[V] 이하인 기계기구를 건조한 곳에 시설하는 경우

② 저압용의 기계기구를 건조한 목재의 마루 기타 이와 유사한 절연성 물건 위에서 취급하도록 시설하는 경우

③ 저압, 고압, 특고압 전선로에 접속하는 기계기구를 사람이 쉽게 접촉할 우려가 없도록 목주 기타 이와 유사한 것 위에 시설하는 경우

④ 철대 또는 외함의 주위에 적당한 절연대를 설치하는 경우

⑤ 외함이 없는 계기용 변성기를 고무 및 합성수지 등의 절연물로 피복한 경우

⑥ 「전기용품 및 생활용품 안전관리법」에 따른 2중 절연구조로 되어 있는 기계기구를 시설하는 경우

⑦ 저압용 기계기구에 전로의 전원측에 절연변압기를 시설하고 또한 부하측 전로를 접지하지 않은 경우

⑧ 물기 있는 장소 이외의 장소에 시설하는 저압용 개별 기계기구에 정격감도전류 30[mA] 이하, 동작시간이 0.03초 이하인 인체감전보호용 누전차단기를 시설하는 경우

⑨ 외함을 충전하여 사용하는 기계기구에 사람이 접촉할 우려가 없도록 시설하거나 절연대를 시설한 경우

### (7) 피뢰시스템

① 피뢰시스템의 적용범위

㉠ 전기전자설비가 설치된 건축물·구조물로서 낙뢰로부터 보호가 필요한 것 또는 지상으로부터 높이가 20[m] 이상인 것

㉡ 전기설비 및 전자설비 중 낙뢰로부터 보호가 필요한 설비

② 피뢰시스템의 적용범위

㉠ 외부피뢰시스템 : 외부피뢰시스템은 직격뢰로부터 건축물, 시설물 등을 보호하기 위해 뇌전류를 뇌격점에서 대지로 흘려보내기 위한 시스템이다.

ⓐ 수뢰부 시스템

㉮ 돌침, 수평도체, 메시도체의 요소 중에 한 가지 또는 이를 조합한 형식으로 시설한다.

㉯ 보호각법, 회전구제법, 메시법 중 하나 또는 조합된 방법으로 배치한다.

㉰ 건축물, 구조물의 뾰족한 부분과 모서리 등에 우선하여 배치한다.

ⓑ 인하도선 시스템 : 인하도선이란 수뢰부 시스템과 접지시스템을 전기적으로 연결하는 것을 말한다.

ⓒ 접지극 시스템 : 뇌전류를 대지로 방류시키기 위한 시스템이다. 가능한 한 접지극의 접지저항이 10[Ω] 이하가 되도록 시설한다.

㉡ 내부피뢰시스템

ⓐ 전기전자설비를 뇌서지로부터 보호한다.

ⓑ 전기적 절연으로 인하도선을 통해 흐르는 뇌격전류의 영향을 받지 않도록 보호한다.

ⓒ 접지를 통해 뇌서지 전류를 대지로 방류하고, 본딩을 구성하여 전위차를 해소함으로써 자기장의 영향을 최소화하여 전자·통신설비를 보호한다.

ⓓ 전기·전자설비에 연결된 전선로를 통한 서지의 유입을 보호하기 위해 서지보호장치를 설치한다.

### 핵심 유형 문제

**1** **접지를 하는 목적이 아닌 것은?**

① 감전의 방지 ② 이상 전압의 발생
③ 전로의 대지전압의 저하 ④ 보호 계전기의 동작 확보

정답 ②

접지를 하는 이유는 이상 전압의 발생이 아닌 억제하기 위해서이다.

**2** **접지저항의 저감 대책이 아닌 것은?**

① 접지극을 깊게 매설한다.
② 접지판의 면적을 감소시킨다.
③ 접지봉의 연결 개수를 증가시킨다.
④ 토양의 고유저항을 화학적으로 저감시킨다.

정답 ②

접지판의 면적을 크게 하여 대지와의 저항을 줄여야 한다.

**3** **지중에 매설되어 있는 금속제 수도관로는 대지와의 전기저항 값이 얼마 이하로 유지되어야 접지극으로 사용 가능한가?**

① 3[Ω] ② 4[Ω]

③ 5[Ω] ④ 6[Ω]

정답 ①

지중에 매설되어 있고 대지와의 전기저항 값이 3[Ω] 이하의 값을 유지하고 있는 금속제 수도관로가 다음에 따르는 경우 접지극으로 사용이 가능하다.

**4** **전로에 시설하는 기계기구의 철대 및 금속제 외함에 접지공사를 생략할 수 없는 경우는?**

① 30[V] 이하의 기계기구를 건조한 곳에 시설하는 경우

② 철대 또는 외함의 주위에 적당한 절연대를 설치하는 경우

③ 「전기용품 및 생활용품 안전관리법」의 적용을 받는 이중절연구조로 되어 있는 기계기구를 시설하는 경우

④ 물기 없는 장소에 설치하는 저압용 기계기구를 위한 전로에 정격감도전류 40[mA]이하, 동작시간 2초 이하의 전류동작형 누전차단기를 시설하는 경우

정답 ④

물기 있는 장소 이외의 장소에 시설하는 저압용 개별 기계기구에 정격감도전류 30[mA] 이하, 동작시간이 0.03초 이하인 인체감전보호용 누전차단기를 설치한 경우에 생략할 수 있다.

# CHAPTER 06 전선로와 배전공사

## 1 전선로

전선로란 발전소, 변전소, 개폐소, 전기를 사용하는 장소(수용가)를 상호 연결하는 전선과 이를 지지하거나 수용하는 시설물을 일컫는다.

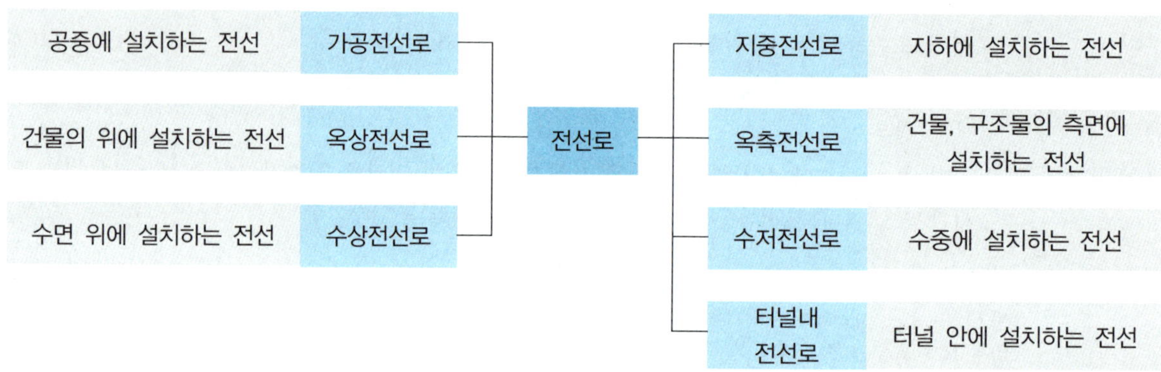


▲ 전선로의 분류

## 2 가공전선로

발전소와 변전소 등 발전 및 변성된 전력을 철근 콘크리트주나 철주, 철탑과 같은 지지물을 통해 수용가 등 전기 사용 장소로 전송하기 위해 가설된 전선이다.

### 1. 가공전선의 종류 및 굵기

(1) 저압, 고압의 가공전선

① 저압 가공전선 : 나전선, 절연전선, 다심형 전선, 케이블

② 고압 가공전선 : 고압 절연전선, 특별고압 절연전선, 케이블

③ 사용전압 400[V]를 초과하는 지역의 저압 및 고압 가공전선에는 인입용 비닐절연전선과 다심형 전선을 사용해서는 안 된다.

(2) 저압 및 고압의 사용전압에 따른 전선의 굵기

| 사용전압 | 사용 전선의 굵기 | |
|---|---|---|
| 400[V] 이하 | 시가지 내 | 절연전선인 경우 |
| | • 인장강도 3.43[kN] 이상<br>• 지름 3.2[mm] 이상의 경동선 | • 인장강도 2.3[kN] 이상<br>• 지름 2.6[mm] 이상의 경동선 |
| 400[V] 초과, 고압 | 시가지 내 | 시가지 외 |
| | • 인장강도 8.01[kN] 이상<br>• 지름 5[mm] 이상의 경동선 | • 인장강도 5.26[kN] 이상<br>• 지름 4[mm] 이상의 경동선 |

## 2. 가공케이블의 시설

케이블은 조가용선에 행거로 시설한다. 조가용선은 메신저와이어라고도 하며 인장강도가 낮은 통신선, 전력선 등을 지지해주는 선을 말하며, 행거는 케이블을 조가용선에 매달기 위해 사용하는 부속품이다.

(1) 조가용선의 규격

① 저고압 조가용선 : 인장강도 5.93[kN] 이상의 것 또는 단면적 22[$mm^2$] 이상인 아연도강연선

② 특고압 조가용선 : 인장강도 13.93[kN] 이상의 연선 또는 단면적 22[$mm^2$] 이상의 아연도강연선

(2) 케이블을 조가용선에 행거로 시설하는 경우

고압 및 특고압인 경우 행거의 간격은 50[cm] 이하로 권장한다.

(3) 조가용선에 행거를 사용하지 않는 경우

① 조가용선 : 인장강도 5.93[kN] 이상의 것 또는 단면적 22[$mm^2$] 이상인 아연도강연선을 사용

② 조가용선을 케이블의 외장에 견고하게 붙이는 경우

③ 조가용선에 케이블을 꼬아 합쳐 조가하는 경우

④ 조가용선을 케이블에 접촉시켜 그 위에 부식하지 않는 금속테이프 등을 20[cm] 이하의 간격으로 나선상으로 감는 경우

⑤ 고압 가공전선에 반도전성 외장 조가용 고압케이블을 사용하는 경우 : 조가용선을 케이블에 접속시켜 그 위에 쉽게 부식하지 않는 금속테이프를 6[cm] 이하의 간격을 유지하면서 나선상으로 감아야 한다.

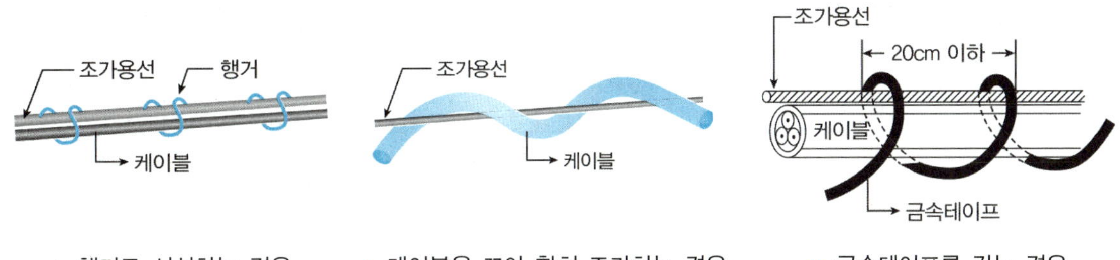


▲ 행거로 시설하는 경우 ▲ 케이블을 꼬아 합쳐 조가하는 경우 ▲ 금속테이프를 감는 경우

(4) 전압별 가공전선의 높이

| 사용전압 \ 구분 | 도로(지표상) | 철교(레일면상) | 횡단보도교(노면상) | 기타 장소(지표상) |
|---|---|---|---|---|
| 저압 | 6[m] 이상 | 6.5[m] 이상 | 3.5[m] 이상<br>(절연전선은 3[m] 이상) | 5[m] 이상 |
| 고압 | | | 3.5[m] 이상 | |
| 특고압<br>(35[kV] 이하) | | | 4[m] 이상 | |

(5) 지지물에 따른 가공전선로의 경간

| 지지물의 종류 | 보통개소 | 장경간공사 | 보안공사 |
|---|---|---|---|
| 목주, A종 철주,<br>A종 철근콘크리트주 | 150[m] | 300[m] | 100[m] |
| B종 철주,<br>B종 철근콘크리트주 | 250[m] | 500[m] | 150[m] |
| 철탑 | 600[m] | 제한없음 | 400[m] |

## 3. 가공인입선

가공인입선이란 가공전선로의 지지물로부터 다른 지지물을 거치지 않고 직접 수용가의 붙임점에 이르는 가공전선을 의미한다. 통상적으로 이 지점에서 전기 계량기까지를 전력회사가 시공하며, 이후 배선은 전기 공사업체에 의뢰하여 배선공사가 이루어진다.

(1) 저압 가공인입선

① 사용전선 : 절연전선, 케이블, 다심형 전선

② 케이블인 경우 이외에는 인장강도 2.30[kN] 이상의 것 또는 지름 2.6[mm] 이상, 또는 지름 2[mm] 이상의 인입용 비닐절연전선을 사용한다.

③ 전선이 옥외용 비닐절연전선 경우에는 사람이 접촉할 우려가 없도록 시설한다.

④ 저압 가공인입선의 높이

| 시설 장소 | 저압 인입선 | 시설 장소 | 저압 인입선 |
|---|---|---|---|
| 일반 도로 횡단 | 노면상 5[m] 이상 | 도로 횡단<br>(교통에 지장이 없는 곳) | 노면상 3[m] 이상 |
| 철도, 궤도 횡단 | 레일면상 6.5[m] 이상 | 기타 장소 | 지표상 4[m] 이상 |
| 횡단 보도교 | 노면상 3[m] 이상 | 기타 장소<br>(기술상 부득이한 경우) | 지표상 2.5[m] 이상 |

(2) 고압 가공인입선

① 사용전선 : 고압 절연전선, 특고압 절연전선, 케이블

② 케이블인 경우 이외에는 인장강도 8.01[kN] 이상의 고압 절연전선, 특고압 절연전선 또는 지름 5[mm] 경동선의 고압・절연전선, 특고압 절연전선

③ 전선이 옥외용 비닐절연전선 경우에는 사람이 접촉할 우려가 없도록 시설한다.

④ 고압 가공인입선의 높이

| 시설 장소 | 고압 인입선 | 시설 장소 | 고압 인입선 |
|---|---|---|---|
| 일반 도로 횡단 | 노면상 6[m] 이상 | 횡단 보도교 | 노면상 3.5[m] 이상 |
| 철도, 궤도 횡단 | 레일면상 6.5[m] 이상 | 기타 장소<br>(케이블 이외 위험표시) | 지표상 5[m] 이상<br>(지표상 3.5[m] 이상) |

## 4. 이웃 연결 인입선

이웃 연결 인입선이란 하나의 수용장소 인입구에서 분기하여 중간에 지지물을 거치지 않고 다른 수용장소의 인입구까지 이르는 전선을 말한다. 이웃 연결 인입선의 시설시 유의사항으로는 다음과 같다.

① 옥내를 통과해서는 안 된다.

② 폭 5[m]를 초과하는 도로를 횡단해서는 안 된다.

③ 인입선에서 분기하는 점(인입점)으로부터 100[m]를 초과해서는 안 된다.



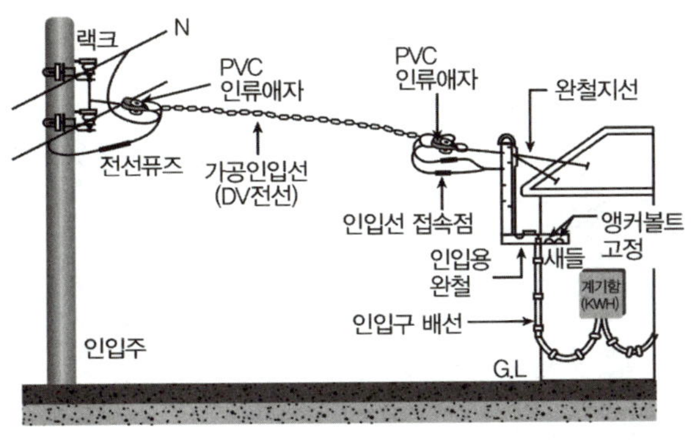


▲ 가공인입선

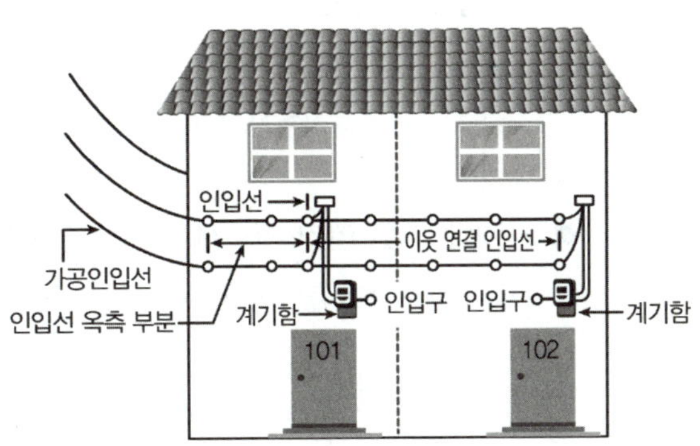


▲ 이웃 연결 인입선

## 핵심 유형 문제

**1** **고압 가공전선이 도로를 횡단하는 경우 전선의 지표상 최소 높이는 몇 [m]인가?**

① 4 ② 5
③ 6 ④ 7

정답 ③

도로를 횡단하는 경우에는 지표상 6[m] 이상

**2** **가공케이블 시설시 조가용선에 금속테이프 등을 사용하여 케이블 외장을 견고하게 붙여 조가하는 경우 나선형으로 금속제 테이프를 감는 간격은 몇 [cm] 이하를 확보하여 감아야 하는가?**

① 10 ② 20
③ 30 ④ 50

정답 ②

케이블을 조가용선에 금속테이프로 시설하는 경우 금속테이프는 쉽게 부식하지 않는 것을 사용하며 0.2[m] 이하의 간격을 유지하여 나선상으로 감는다.

**3** **가공전선로의 지지물에서 다른 지지물을 거치지 않고 수용장소의 인입선 접속점에 이르는 가공전선은?**

① 관등 회로 ② 옥외 전선
③ 가공인입선 ④ 이웃 연결 인입선

정답 ③

가공전선로의 지지물로부터 다른 지지물을 거치지 않고 수용장소의 붙임점까지 이르는 가공전선을 가공인입선이라 한다.

**4** **저압 이웃 연결 인입선의 시설규정으로 적합한 것은?**

① 6[m] 도로를 횡단하여 시설
② 수용가 옥내를 관통하여 시설
③ 분기점으로부터 90[m] 지점에 시설
④ 지름 1.5[mm] 인입용 비닐절연전선을 사용

정답 ③

이웃 연결 인입선의 시설시 유의사항
- 옥내를 통과해서는 안 된다.
- 폭 5[m]를 초과하는 도로를 횡단해서는 안 된다.
- 인입선에서 분기하는 점(인입점)으로부터 100[m]를 초과해서는 안 된다.

# 3 가공 배전선로의 구성 요소

## 1. 지지물

지지물은 전선을 지지하는 기둥을 말한다. 배전선로에는 목주, 철주, 철근 콘크리트주가 주로 사용되며 송전선로에는 철탑을 주로 사용한다.

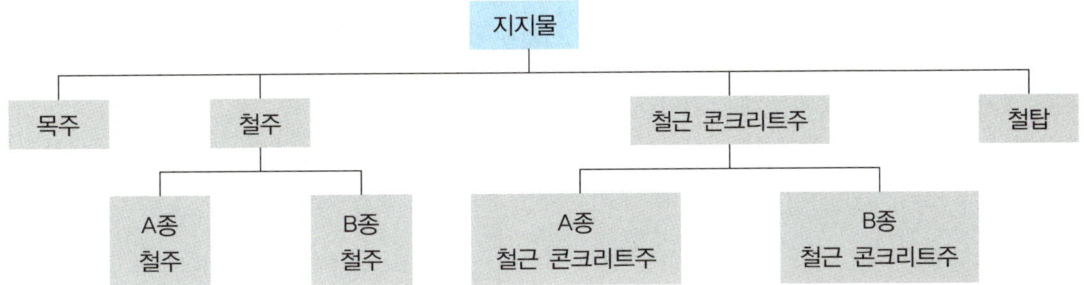


지지물은 형태별로 목주, 철주, 철근 콘크리트주, 철탑의 네 가지로 분류하며, 지지물 기초 강도계산의 산출 유무에 따라 A종 및 B종을 나눈다.

(1) A종 : 기초의 강도계산을 하지 않고, 가공전선로 지지물의 기초의 안전율 규정을 준수하는 경우

(2) B종 : 기초의 강도계산을 하고 장주를 하는 경우

(3) 특고압 가공전선로의 B종 철주, B종 철근 콘크리트주 또는 철탑의 종류

① 직선형 : 전선로의 직선부분(수평각도 3° 이하)에 사용하는 것

② 각도형 : 전선로 중 수평각도가 3°를 초과하는 곳에 사용하는 것

③ 인류형 : 전가섭선을 인류하는 곳에 사용하는 것

④ 내장형 : 전선로의 지지물 양쪽의 경간의 차가 큰 곳에 사용하는 것

⑤ 보강형 : 전선로의 직선부분에 그 보강을 위해 사용하는 것

## 2. 지지물 설치

목주, 철근 콘크리트주 등 지지물을 땅에 세우는 것을 지지물 설치 혹은 건주라 한다.

(1) 지지물의 기초 안전율

가공전선로의 지지물에 하중이 가해지는 경우에 그 하중을 받는 지지물의 기초 안전율은 2 이상이어야 한다.

(2) 가공전선로 지지물(철주, 철근 콘크리트주, 목주)의 매설 깊이

① 전체 길이 16[m] 이하, 설계하중 6.8[kN] 이하의 철주와 철근 콘크리트주 혹은 목주인 경우

㉠ 전체 길이 15[m] 이하 : 매설 깊이를 전체 길이의 $\frac{1}{6}$ 이상으로 한다.

㉡ 전체 길이 15[m] 초과 : 매설 깊이를 2.5[m] 이상으로 한다.

㉢ 논이나 그 밖의 지반이 연약한 곳에는 견고한 근가를 시설한다.

② 전체 길이 16[m] 초과 20[m] 이하, 설계하중 6.8[kN] 이하의 철근 콘크리트주를 논이나 그 밖의 지반이 연약한 곳 이외의 곳에 시설하는 경우 : 2.8[m] 이상

③ 전체 길이 14[m] 이상 20[m] 이하, 설계하중 6.8[kN] 초과 9.8[kN] 이하의 철근 콘크리트주를 논이나 그 밖의 지반이 연약한 곳 이외의 곳에 시설하는 경우

㉠ 전체 길이 15[m] 이하 : 매설 깊이를 전체 길이의 $\frac{1}{6}$[m] 이상으로 한다.

㉡ 전체 길이 15[m] 초과 : 매설 깊이를 2.8[m] 이상으로 한다.

④ 전체의 길이가 14[m] 이상 20[m] 이하이고, 설계하중이 9.8[kN] 초과 14.72[kN] 이하의 철근 콘크리트주를 논이나 그 밖의 지반이 연약한 곳 이외에 시설하는 경우

㉠ 전체 길이 15[m] 이하 : 매설 깊이를 전체 길이의 $\frac{1}{6}+0.5$[m]를 더한 값 이상으로 한다.

㉡ 전체 길이 15[m] 초과 18[m] 이하 : 매설 깊이를 3[m] 이상으로 한다.

㉢ 전체 길이 18[m]를 초과하는 경우 : 매설 깊이를 3.2[m] 이상으로 한다.

## 3. 지지선 설치

지지물의 강도를 보강하여 전선로의 안정도를 높이는 목적으로 시설하는 금속선을 지지선이라 한다.

### (1) 지지선의 시설 목적

① 지지물의 강도 보강

② 전선로의 안정성 증대

③ 불평형 장력에 대한 평형 유지

④ 전선로가 건조물 등과 접근하여 보안이 필요한 경우

### (2) 지지선 설치시 유의사항

① 철탑은 지지선을 사용하여 강도를 분담시키지 않는다.

② 지지선의 안전율은 2.5 이상이어야 하며, 허용 인장하중은 최저 4.31[kN]으로 한다.

③ 지지선에 연선을 사용할 경우

㉠ 소선 3가닥 이상의 연선을 사용한다.

㉡ 소선의 지름은 2.6[mm] 이상의 금속선을 사용한다.(단, 소선의 지름이 2[mm] 이상인 아연도강연선으로 인장강도가 0.68[kN/mm$^2$] 이상인 경우는 제외)

㉢ 지중부분 및 지표상 0.3[m]까지의 부분에는 내식성이 있거나 아연도금을 한 철봉을 사용하고 쉽게 부식되지 않는 근가에 견고하게 붙인다.(목주 제외)

㉣ 지지선의 높이

| 시설 장소 | 지지선 높이 |
|---|---|
| 도로 횡단 | 지표상 5[m] 이상 |
| 도로 횡단<br>(기술상 부득이하고 교통에 지장을 초래할 우려가 없는 경우) | 지표상 4.5[m] 이상 |
| 보도 | 지표상 2.5[m] 이상 |

## (3) 지지선의 종류

① **보통지지선** : 일반적인 경우에 사용하며 전주 근원으로부터 전주길이의 약 $\frac{1}{2}$ 거리에 지지선용 근가를 매설하여 설치하는 지지선이다. 1조선과 2조선이 있으며, 1조로 필요한 강도를 얻기 어려울 경우 2조를 적용한다.

② **수평지지선** : 지형의 상황 등으로 보통지지선을 시설할 수 없을 경우에 전주와 전주, 전주와 지지선주 간에 시설하는 지지선이다.

③ **공동지지선** : 두 개의 지지물에 공통으로 시설하는 지지선으로 지지물 상호 거리가 비교적 근접한 경우에 시설하는 지지선이다.

④ **Y지지선** : 여러 개의 완금이 설치되거나 장력이 큰 경우 혹은 H주인 경우에 보통지지선을 2단으로 부설하는 지지선이다.

⑤ **궁지지선** : 장력이 비교적 적고 타 종류의 지지선 설치가 곤란한 장소에 설치하는 지지선이다.

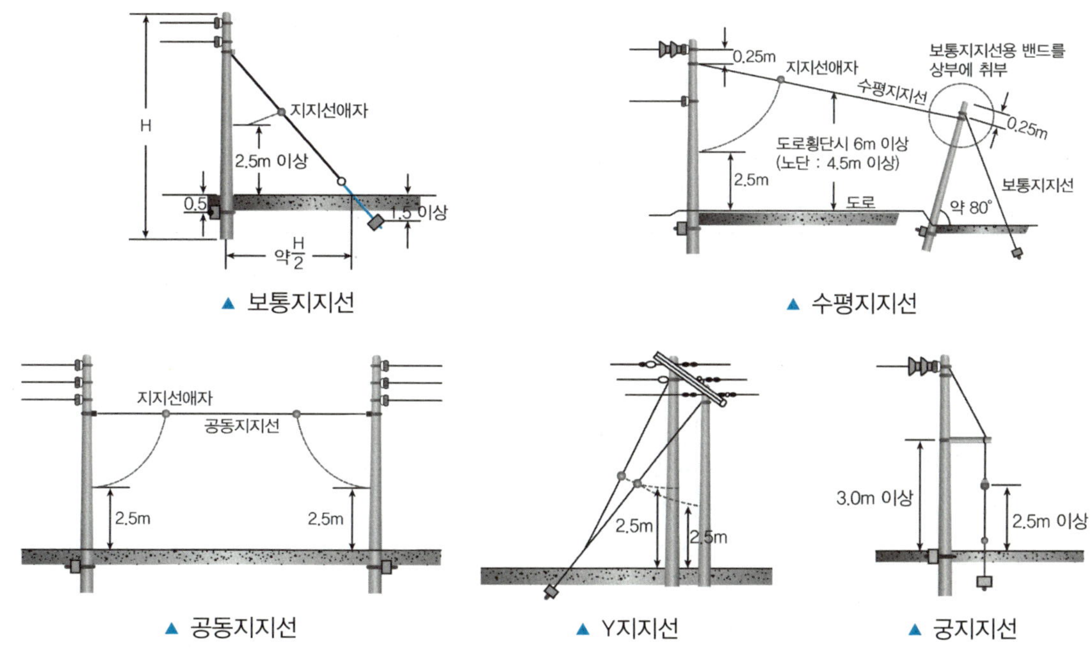


▲ 보통지지선

▲ 수평지지선

▲ 공동지지선

▲ Y지지선

▲ 궁지지선

## 4. 장주

지지물인 전주에 부속품인 완목이나 완금(완철), 애자 등을 시설하는 것을 장주라 한다.

### (1) 장주의 종류

① **수평배열** : 보통장주, 창출장주, 편출장주가 있다.

② **수직배열** : 랙크장주, 돌출랙크장주가 있다.

### (2) 완철의 길이

| 전압의 구분 \ 가선조수 | | 1조 | 2조 | 3조 |
|---|---|---|---|---|
| 저압 | | – | 900 | 1,400 |
| 고압 | 경부하 | – | 900 | 1,400 |
| | 중부하 | | 1,400 | 1,800 |
| 특고압 | | 900 | 1,800 | 2,400 |

### (3) 지지물의 철탑오름 및 전주오름 방지

가공전선로의 지지물에 취급자가 오르고 내리는 데 사용하는 발판 볼트 등은 지표상에서 최저 1.8[m] 이상 높이에 시설한다. 단, 다음의 경우는 예외로 한다.

① 지지물에 철탑오름 및 전주오름 방지장치를 시설하는 경우

② 지지물이 산간 등에 있어 사람이 쉽게 접근할 우려가 없는 경우

③ 발판 볼트 등을 내부에 넣을 수 있는 구조로 되어 있는 지지물에 시설하는 경우

④ 지지물 주위에 취급자 이외의 사람이 출입할 수 없도록 울타리나 담 등을 시설하는 경우

## 5. 애자

애자는 전선과 대지 사이의 절연 혹은 전선을 지지물에 고정하기 위해 사용하는 절연체이다.

• 애자의 종류

| 명칭 | 설명 |
|---|---|
| 핀 애자 | 가공전선로의 직선 부분을 지지하는 애자이다. |
| 가지 애자 | 전선로의 방향을 전환할 때 사용하는 애자이다. |
| 내장 애자 | 장력이 크게 걸리는 부분에 사용하는 애자이다. |
| 노브 애자 | 옥내배선에 사용하며 전선을 조영재로부터 일정 간격만큼 떨어뜨리기 위해 사용하는 애자이다. |
| 라인포스트 애자 | LP애자, 특고압 가공 배전선로의 지지물에서 전선을 지지하고 고정하는 데 사용하는 장주용 애자이다. |
| 인류 애자 | 전선로 말단에 사용하며 인입선에 적용하는 애자이다. |
| 지지선 애자 | 옥 애자, 구슬 애자, 구형 애자 등이 있으며 지지선의 중간에 설치하여 지지선의 상부와 하부를 전기적으로 절연하기 위해 사용하는 애자이다. |
| 지지 애자 | 발전소, 변전소 등의 장소에서 전기기기의 지지를 위해 사용하는 애자이다. |
| 현수 애자 | 철탑 등에서 전선을 내장, 인류개소에서 전선을 지지하는 데 사용한다. |

## 핵심 유형 문제

**1** **가공전선로의 지지물이 아닌 것은?**

① 목주 ② 지지선

③ 철탑 ④ 철근 콘크리트주

정답 ②

가공전선로의 지지물에는 목주, 철주, 철근 콘크리트주, 철탑이 있다.

**2** **가공전선로의 지지물에 시설하는 지지선의 시설 기준으로 옳은 것은?**

① 지지선의 안전율은 2.2 이상이어야 한다.

② 연선을 사용할 경우에는 소선 3가닥 이상이어야 한다.

③ 도로를 횡단하여 시설하는 지지선의 높이는 지표상 4[m] 이상으로 하여야 한다.

④ 지중부분 및 지표상 20[cm]까지의 부분에는 내식성이 있는 것 또는 아연도금을 한다.

정답 ②

- 지지선의 안전율은 2.5 이상이어야 하며, 허용 인장하중은 최저 4.31[kN]으로 한다.
- 지지선에 연선을 사용할 경우 소선 3가닥 이상의 연선을 사용한다.
- 도로를 횡단하여 시설하는 지지선의 높이는 지표상 5[m] 이상으로 하여야 한다.
- 지중부분 및 지표상 0.3[m]까지의 부분에는 내식성이 있거나 아연도금을 한 철봉을 사용한다.

**3** **가공전선로의 지지선에 사용되는 애자는?**

① 구형 애자 ② 노브 애자

③ 인류 애자 ④ 현수 애자

정답 ①

구형 애자 : 옥 애자 혹은 지지선 애자라고도 하며, 지지물과 대지 사이를 절연하는 동시에 지지선의 중간에 설치되어 장력 하중을 담당하기 위한 애자이다.

# 4 지중전선로

## 1. 지중전선로의 장점

(1) 차량의 통행에 영향을 주지 않는다.

(2) 도시의 미관을 쾌적하게 조성할 수 있다.

(3) 수용밀도가 높은 지역의 전력공급이 수월하다.

(4) 통신선에 유도 장해를 끼치는 정도가 거의 없다.

(5) 기상 조건(번개, 바람, 강우의 영향)에 의한 사고에 대해 신뢰도가 높다.

## 2. 지중전선로의 단점

(1) 고장점의 발견과 보수가 어렵다.

(2) 가공전선로에 비해 송전용량이 낮다.

(3) 공사비용이 비싸고 공사기간이 길다.

(4) 신규 수용에 따른 추가설치가 어렵다.

## 3. 지중전선로의 매설

(1) 지중전선로는 케이블을 사용하며 관로식, 암거식, 직접 매설식에 의해 시설한다.

① **관로식** : 관로를 구성한 뒤 관로 양 끝에 맨홀을 설치하고 케이블을 인입하여 접속하는 방법이다.

② **암거식** : 터널과 같은 지하구조물을 구성하여 내부 벽 측에 케이블을 설치하는 방법이다. 작업원의 통행이 가능한 크기로 제작되어 건설비가 많이 소요된다.

③ **직접매설식** : 전력케이블을 직접 지중에 매설하는 방법으로 트로프를 사용하여 케이블을 보호한다.

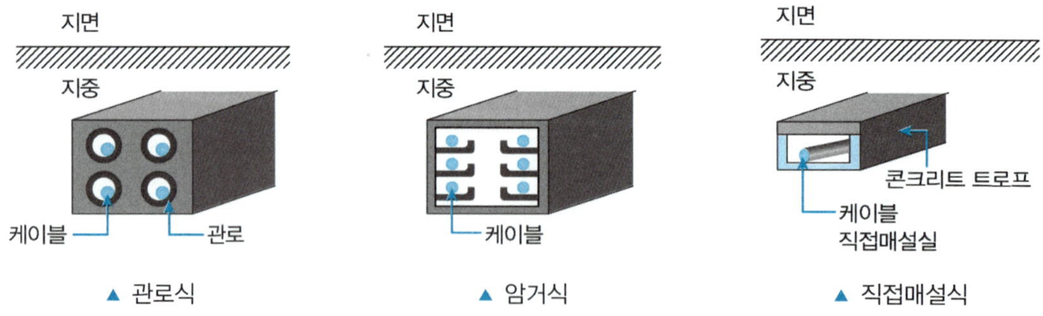


▲ 관로식 ▲ 암거식 ▲ 직접매설식

(2) 매설 깊이(직접매설식, 관로식)

① 차량 기타 중량물의 압력을 받을 우려가 있는 장소 : 1[m]

② 차량 기타 중량물의 압력을 받을 우려가 없는 장소 : 0.6[m]

### 핵심 유형 문제

**1** **다음 중 지중전선로의 매설 방법이 아닌 것은?**

① 관로식
② 암거식
③ 행거식
④ 직접매설식

정답 ③

지중전선로는 전선에 케이블을 사용하고 또한 관로식, 암거식, 직접매설식에 의해 시설해야 한다.

**2** **지중전선을 직접매설식에 의해 시설하는 경우 차량, 기타 중량물의 압력을 받을 우려가 있는 장소의 매설 깊이[m]는?**

① 0.5
② 1.0
③ 1.5
④ 2.0

정답 ②

차량 기타 중량물의 압력을 받을 우려가 있는 장소 : 1[m] 이상

# CHAPTER 07 배전반 및 분전반 공사

## 1 배전반 공사

배전반은 발전소, 변전소 등에서 설비의 운전이나 제어, 전동기의 운전 등을 위해 스위치, 계기, 릴레이 등의 배전용 기기 및 부품을 일정하게 넣어 관리하는 장치이다.

### 1. 배전반 설치 장소

① 안정되고 노출된 장소
② 개폐기를 쉽게 개폐할 수 있는 장소
③ 전기 회로를 쉽게 조작할 수 있는 장소

### 2. 배전반의 종류

(1) 폐쇄식 배전반

데드 프런트식 배전반의 옆면 및 뒷면을 폐쇄하여 만든 것으로 큐비클형 배전반으로 불린다. 변성기, 차단기 등의 주 기기류와 감시, 제어를 위한 각종 계기 및 개폐기 등 부품이 금속제 상자 안에 조립되어 있는 형태이다. 점유 면적이 작고, 운전 및 보수의 안정성으로 인해 공장이나 빌딩의 전기실에서 많이 사용한다.

(2) 데드 프런트식

각종 기기와 개폐기의 조작 핸들만 배전반 표면에 위치하고 모든 기기류 및 개폐기와 모선, 충전 부분이 노출되지 않는 구조이다.

(3) 라이브 프런트식

각종 기기, 개폐기, 계전기, 계기가 배전반 표면에 부착된 구조이다.

### 3. 배전반의 최소 유지 거리[m]

| 기기별 / 위치별 | 저압 | 고압 | 특고압 | 변압기 등 |
|---|---|---|---|---|
| 앞면 또는 조작·계측면 | 1.5 | 1.5 | 1.7 | 0.6 |
| 뒷면 또는 점검면 | 0.6 | 0.6 | 0.8 | 0.6 |
| 열상호간(점검하는 면) | 1.2 | 1.2 | 1.4 | 1.2 |
| 기타의 면 | – | – | – | 0.3 |

핵심 유형 문제

**1** 수전설비의 특별 고압 배전반은 배전반 앞에서 계측기를 판독하기 위하여 앞면과 최소 몇 [m] 이상 유지하는 것을 원칙으로 하고 있는가?

① 0.6
② 1.2
③ 1.5
④ 1.7

정답 ④

| 위치별 \ 기기별 | 저압 | 고압 | 특고압 | 변압기 등 |
|---|---|---|---|---|
| 앞면 또는 조작·계측면 | 1.5 | 1.5 | 1.7 | 0.6 |

## 4. 배전용 기기

### (1) 계기용 변성기(MOF : Metering Out Fit)

선로의 높은 전압을 낮은 전압으로 변압하는 계기용 변압기(PT)와 선로의 대전류를 소전류로 변성하는 변류기(CT)를 하나의 함에 구성한 기기이다.

① **계기용 변압기**(PT : Potential Transformer) : 고전압을 저전압으로 변압하는 기기로 회로에 병렬로 접속한다. 변압된 전압은 배전반의 전압계, 전력계, 주파수계, 역률계, 표시등 및 부족 전압 트립 코일의 전원으로 사용한다.

② **계기용 변류기**(CT : Current Transformer) : 대전류를 소전류로 변성하는 기기로 회로에 직렬로 접속한다. 변성된 전류는 배전반의 전류계, 전력계, 과전류계전기의 전원으로 사용한다.

### (2) 단로기(DS : Disconnecting Switch)

설비 계통의 보수, 점검, 시험시 무부하 상태인 전로를 개폐하는 기기이다. 부하전류를 차단하는 기능이 없기 때문에 반드시 차단기를 먼저 열어둔 상태에서 개폐한다.

### (3) 자동 고장 구분 개폐기(ASS : Automatic Section Switch)

수용가 구내에서의 지락 및 단락사고시 전원으로부터 즉시 분리하여 고장구간으로부터 신속, 정확하게 차단함으로써 사고의 확대를 방지하고 구내의 설비가 피해를 입지 않도록 하는 개폐기이다.

### (4) 선로 개폐기(LS : Line Switch)

보안상 책임 분계점에서 보수 및 점검을 위해 전로를 개폐하는 기기이다. 단로기와 마찬가지로 무부하 상태에서 개방하며 최근에는 LS 대신 ASS를 사용한다.

### (5) 부하 개폐기(LBS : Load Breaker Switch)

일반형과 퓨즈 부착형이 있으며, 3상 회로에서 전력 퓨즈 용단시 결상을 방지하기 위해 사용한다. 단락전류나 큰 전류의 차단능력은 없으나 정상적인 부하전류는 차단 가능하다.

### (6) 리클로저(Recloser)

부하측에서 지락 및 단락사고가 발생할 경우 고장전류를 감지하여 신속하게 고장구간을 차단하고 자동으로 재폐로하는 장치이다. 선로의 영구적인 사고를 방지하고 고장범위를 최소화할 수 있다. 섹셔널라이저와 조합하여 사용한다.

### (7) 섹셔널라이저(Sectionalizer)

부하측에서 사고가 발생한 경우 무전압 상태의 선로를 고장구간으로부터 분리하는 개폐장치이다. 리클로저의 후단에 위치하며 고장전류를 차단하는 능력은 없다.

### (8) 전력 퓨즈(PF : Power Fuse)

파워퓨즈는 정격전류는 작으나 단락전류가 커지는 전력용 변압기와 고압전동기의 1차측 회로의 각 상에 설치하여 단락전류로부터 기기를 보호하는 퓨즈이다.

### (9) 컷아웃 스위치(COS : Cut-Out Switch)

배전용 변압기 과부하 보호용으로 쓰이며, 1차측에 각 상마다 취부하여 변압기의 보호와 개폐를 위해 사용한다.

### (10) 영상변류기(ZCT)

고압전로에 지락사고가 발생했을 때 지락전류를 검출하며 지락계전기와 조합하여 차단기를 작동한다.

### (11) 보호계전기

보호계전기는 수전반과 배전반, 제어반에 시설하여 전기 입력의 유무와 부족과 과함의 상태를 감지, 검출하여 전기회로의 개폐를 제어하는 기기를 말한다. 과전류계전기, 과전압계전기, 부족전압계전기, 접지계전기, 차동계전기, 비율차동계전기, 온도계전기 등이 있다.

① **과전류계전기**(OCR : Over Currnet Realy) : 변류기의 2차측에 시설하며, 전류의 크기가 일정값 이상으로 되었을 때 동작하는 계전기이다.

② **과전압계전기**(OVR : Over Voltage Relay) : 전로의 전압이 일정값 이상으로 되었을 때 동작하는 계전기이다.

③ **부족전압계전기**(UVR : Under Voltage Relay) : 전압이 일정값 이하가 되었을 때 동작하는 계전기로 단락사고를 감지한다.

④ **부족전류계전기**(UCR : Under Current Relay) : 전류가 일정값 이하가 되었을 때 동작하는 계전기이다.

⑤ **단락방향계전기**(DSR : Directional Short circuit Relay) : 회로의 특정한 방향으로 일정값 이상의 단락전류가 흘렀을 때 동작하는 계전기이다.

⑥ **선택단락계전기**(SSR : Selective Short circuit Relay) : 병행 2회선 송전선로에서 한 회선에 고장이 발생했을 때 고장 회선을 선택 차단하는 계전기이다.

⑦ **거리계전기**(ZR, DR : Distance Relay) : 선로의 거리에 따라 선로상의 임피던스가 비례함을 이용해 고장점을 검출하고 정정값 이내일 경우 동작하는 계전기이다.

⑧ **지락과전류계전기**(OCGR : Over Current Ground Relay) : 지락 사고가 발생했을 때 지락전류를 검출하여 선로를 차단하는 계전기이다.

⑨ **지락과전압계전기**(OVGR : Over Voltage Ground Relay) : 지락 사고가 발생했을 때 영상 전압을 검출하여 선로를 차단하는 계전기이다.

⑩ **지락방향계전기**(DGR : Directional Ground Relay) : 지락 과전류계전기에 방향성이 추가된 계전기이다.

⑪ **선택지락계전기**(SGR : Selective Ground Relay) : 지락 사고가 발생했을 때 영상지락전류를 검출하여 고장 회선만을 선택 차단하는 계전기이다.

⑫ **재폐로계전기**(Reclosing Relay) : 차단기가 차단된 후 고장점의 절연이 회복된 후 재폐로 조건이 이루어지면 자동으로 차단기를 투입시키는 계전기이다.

⑬ **차동계전기**(DR : Differential Realy) : 보호구간 내 고장이 발생했을 때 전압 또는 전류의 차에 의해 기준값 이상의 값이 검출되는 경우 동작하는 계전기이다.

⑭ **비율차동계전기**(RDR : Ratio Differential Current Relay) : 보호구간 내 고장이 발생했을 때 전류의 비율을 계산하여 정정값 이상일 경우 동작하는 계전기이다.

⑮ **온도계전기**(TR : Temperature Relay) : 온도가 설정 온도 이상이나 이하가 되면 전로를 차단하는 계전기이다.



### (12) 차단기

차단기는 개폐장치의 한 종류로 선로에서의 과부하전류, 지락전류, 단락전류 등 모든 고장전류를 신속하게 차단하여 사고의 확산을 방지하고 전기기기를 보호한다.

① **누전차단기**(ELB : Earth Leakage Breaker) : 전기기구가 접속되어 있는 전로의 누전과 합선, 과부하를 감지하여 전기를 차단함으로써 감전의 위험을 방지하기 위한 차단기이다.

② **유입차단기**(OCB : Oil Circuit Breaker) : 고장전류를 차단할 때 발생하는 아크를 절연유를 이용하여 소호시키는 차단기이다.

③ **진공차단기**(VCB : Vaccum Circuit Breaker) : 진공을 이용하여 아크를 소멸시키는 차단기이다.

④ **가스차단기**(GCB : Gas Circuit Breaker) : 차단기를 개방할 때 발생되는 아크를 $SF_6$(육불화황) 가스로 소호시키는 차단기이다.

⑤ **공기차단기**(ABB : Air Blast circuit Breaker) : 차단기를 개방할 때 발생되는 아크를 압력 10~30[kg/cm$^2$]의 압축공기로 소호시키는 차단기이다.

⑥ **자기차단기**(MBB : Magnetic Blast circuit Breaker) : 차단전류와 자계 사이의 전자력을 이용하여 아크를 끌어당겨 소호시키는 차단기이다.

⑦ **기중차단기**(ACB : Air Circuit Breaker) : 절연 물질을 공기로 하여 아크를 소호시키는 저압 차단기이다.

### (13) 진상용 콘덴서(Recloser)

유도성 부하로 인한 지상전류를 상쇄시켜 역률을 개선하기 위해서 설치하는 콘덴서이다.

① 방전코일(DC : Discharge Coil) : 콘덴서의 잔류 전하를 방전시킨다.

② 직렬리액터(SC : Series Reactor) : 제5고조파를 제거한다.

(14) 피뢰기

전기설비를 뇌 서지와 같은 이상전압으로부터 보호하고, 이상전압을 대지로 방전시키기 위한 장치이다.

① 피뢰기의 설치 장소

피뢰기는 가능한 한 보호하는 기기와 가깝게 시설하되 누설전류 측정이 용이하도록 지지대와 절연하여 설치한다.

㉠ 가공전선로와 지중전선로가 접속되는 곳

㉡ 고압 및 특고압 가공전선로로부터 공급을 받는 수용장소의 인입구

㉢ 발전소와 변전소 또는 이에 준하는 장소의 인입측 및 급전선 인출측

㉣ 특고압 가공전선로에 접속하는 배전용 변압기의 고압측 및 특고압측

② 피뢰기의 접지저항값 : 고압 및 특고압의 전로에 시설하는 피뢰기 접지저항값은 10[Ω] 이하로 해야 한다.

## 핵심 유형 문제

**1** **수 · 변전 설비에서 계기용 변류기(CT)의 설치 목적은?**

① 선로전류 조정　　② 지락전류 측정

③ 대전류를 소전류로 변성　　④ 고전압을 저전압으로 변성

정답 ③

계기용 변류기(Current Transformer)

고전압 · 대전류의 계측 등에서 계기와 전기회로 사이에 삽입하여 계측하기 쉽게 하기 위한 장치. CT라는 약어로 부르며 대전류를 소전류로 변성한다.

**2** **낙뢰, 수목 접촉, 일시적인 섬락 등 순간적인 사고로 계통에서 분리된 구간을 신속히 계통에 투입시킴으로써 계통의 안정도를 향상시키고 정전 시간을 단축시키기 위해 사용되는 계전기는?**

① 거리계전기　　② 차동계전기

③ 과전류계전기　　④ 재폐로계전기

정답 ④

재폐로계전기는 지락사고로 인해 열린 회로를 자동으로 신속하게 다시 연결하는 계전기이다.

## 2 분전반 공사

### 1. 분전반

분전반은 간선에서 각 전기기계기구로 배선하는 전선을 분기하는 곳에 설치하며 배선용 차단기, 누전차단기, 전력량계, 릴레이 및 타이머 등의 제어장치를 포함하는 금속, 플라스틱으로 제작된 함을 말한다.

### 2. 옥내 저압용 배분전반 등의 시설

(1) 시설 유의사항

① 노출된 충전부가 있는 배전반 및 분전반은 취급자 이외의 사람이 쉽게 출입할 수 없도록 설치한다.

② 한 개의 분전반에는 한 가지 전원(1회선의 간선)만 공급해야 한다.(단, 안전확보가 충분하도록 격벽을 설치하고 사용전압을 쉽게 식별할 수 있도록 회로의 과전류차단기 가까운 곳에 사용전압을 표시하는 경우는 제외)

③ 주택용 분전반은 노출된 장소(신발장, 옷장 등의 은폐 장소 제외)에 설치한다.

(2) 분전반 캐비닛의 박스, 도어, 커버의 두께

① 금속제 캐비닛

| 정면의 면적 A[$cm^2$] | $A \leqq 500$ | $500 < A \leqq 1000$ | $1000 < A \leqq 2000$ | $A > 2000$ |
|---|---|---|---|---|
| 강판의 두께 t[mm] | 0.8 | 1.0 | 1.2(1.0) | 1.6(1.2) |

• (  ) 안의 값은 접어 굽힘 리브 가공 등의 보강 가공을 한 것인 경우의 두께이다.

② 합성수지제 캐비닛

| 정면의 면적 A[$cm^2$] | $A \leqq 1800$ | $1800 < A \leqq 2500$ | $A > 2500$ |
|---|---|---|---|
| 강판의 두께 t[mm] | 2.0 | 2.5 | 3.0 |

• 캐비닛의 강도를 저하시킬 우려가 없는 특정 부분은 이 두께에 따르지 않아도 된다.

③ 배전반 및 분전반을 넣은 함의 두께

㉠ 강판제인 경우 두께 1.2[mm] 이상

㉡ 난연성 합성수지제인 경우 두께 1.5[mm] 이상의 내아크성인 것

㉢ 거터 스페이스 : 설치한 분전반 스위치의 위, 아래로는 충분한 거터 스페이스를 두어 배선시 어려움이 없도록 한다.

## 핵심 유형 문제

**1** **한 분전반에 사용전압이 각각 다른 분기회로가 있을 때 분기회로를 쉽게 식별하기 위한 방법으로 가장 적합한 것은?**

① 차단기별로 분리해 놓는다.

② 분전반을 철거하고 다른 분전반을 새로 설치한다.

③ 과전류차단기 가까운 곳에 각각 전압을 표시하는 명판을 붙여 놓는다.

④ 왼쪽은 고압측 오른쪽은 저압측으로 분류해 놓고 전압 표시는 하지 않는다.

정답 ③

한 개의 분전반에는 한 가지 전원(1회선의 간선)만 공급해야 하지만 사용전압이 각각 다른 분기회로가 있을 경우 안전 확보가 충분하도록 격벽을 설치하고 사용전압을 쉽게 식별할 수 있도록 그 회로의 과전류차단기 가까운 곳에 그 사용전압을 표시한다.

**2** **배전반 및 분전반을 넣은 강판제로 만든 함의 두께는 몇 [mm] 이상인가?**

① 1.2　　② 1.5

③ 2.0　　④ 2.5

정답 ①

배전반 및 분전반을 넣은 함은 강판제인 경우 두께 1.2[mm] 이상으로 한다.

# CHAPTER 08 저압 옥내 배선공사

## 1 저압 옥내 전로의 대지전압과 배선

### 1. 주택의 옥내 전로의 대지전압

(1) 주택의 옥내 전로의 대지전압은 300[V] 이하이며, 사용전압은 400[V] 이하이어야 한다.

(2) 주택의 전로 인입구에는 감전보호용 누전차단기를 설치해야 한다.(단, 전로의 전원측에 정격용량 3[kVA] 이하의 절연변압기를 사람이 쉽게 접촉할 우려가 없도록 시설하고 부하측 전로를 접지하지 않은 경우는 예외)

(3) 전기기계기구 및 옥내의 전선은 사람이 쉽게 접촉할 우려가 없도록 시설한다.

(4) 백열전등의 전구소켓은 키나 그 밖의 점멸기구가 없는 것이어야 한다.

(5) 정격 소비전력 3[kW] 이상의 전기기계기구에 전기를 공급하기 위한 전로에는 전용의 개폐기와 과전류차단기를 시설하고 그 전로의 옥내 배선과 직접 접속하거나 적정 용량의 전용콘센트를 시설해야 한다.



### 2. 수용가 설비에서의 전압 강하

수용가 설비의 인입구로부터 기기까지의 전압 강하

(1) 조명설비 : 3[%]

(2) 기타 설비 : 5[%]

**핵심 유형 문제**

**1** **저압 배선을 조명설비로 배선하는 경우 인입구로부터 기기까지의 전압 강하는 몇 [%] 이하로 해야 하는가?**

① 2　　② 3

③ 4　　④ 6

정답 ②

조명설비의 저압 배선에서 수용가 설비의 인입구로부터 기기까지의 전압 강하는 3[%] 이하이어야 한다.

# 2 배선설비 공사의 종류

## 1. 전선과 케이블의 사용 가능한 공사 방법

### (1) 나전선 사용공사

나전선은 절연이 되지 않은 상태이므로 접촉에 의한 안전사고가 발생할 수 있다. 원칙적으로는 사용을 금지하고 있으나 다음과 같은 장소에서 제한적으로 애자를 사용하여 전기적 절연을 유지하는 방법에는 허용된다.

① 고열, 고온에 노출되는 장소

② 절연물(전선피복)을 부식시키는 장소

③ 취급자 이외의 사람이 출입할 수 없는 장소

### (2) 절연전선 사용공사

절연전선은 도체에 대한 전기적 절연에 대해 기초절연만 한 것으로 물리적, 기계적 충격에 의해 절연이 파괴될 우려가 있다. 이에 전선을 외적 영향으로부터 보호할 수 있는 방법 이외에는 허용하지 않는다.

① 허용 방법 : 애자공사

② 비허용 방법 : 비고정, 직접고정, 케이블 래더, 케이블 트레이 브래킷 및 지지용 선에 의한 방법

### (3) 다심케이블 시설

다심케이블은 전선의 구조가 기초절연 이외에 외상보호가 되어 모든 방법이 허용된다. 단, 애자공사는 경제적인 문제로 제외한다.

### (4) 단심케이블 시설

단심케이블은 고정하여 시설하지 않을 경우 케이블 주위에 자계에 의한 영향을 미칠 우려가 있어 일반적으로 2개 혹은 3개를 꼬아 사용한다. 비고정 및 애자공사를 제외한 모든 방법이 허용된다.

| 공사방법 \ 전선 종류 | | 나전선 | 절연전선 | 케이블 | |
|---|---|---|---|---|---|
| | | | | 다심 | 단심 |
| 애자 | | ○ | ○ | × | × |
| 전선관 | | × | ○ | ○ | ○ |
| 케이블 | 비고정 | × | × | ○ | × |
| | 직접고정 | × | × | ○ | ○ |
| | 지지선 | × | × | ○ | ○ |
| 케이블덕팅 | | × | ○ | ○ | ○ |
| 케이블트렁킹 | | × | ○ | ○ | ○ |
| 케이블트레이 | | × | × | ○ | ○ |

## 2. 공사방법의 분류

| 종류 | 공사방법 |
|---|---|
| 애자공사 | 애자공사 |
| 전선관시스템 | 합성수지관공사, 금속관공사, 가요전선관공사 |
| 케이블공사 | 비고정, 직접고정, 지지선 |
| 케이블덕팅시스템 | 플로어덕트공사, 셀룰러덕트공사, 금속덕트공사 |
| 케이블트렁킹시스템 | 합성수지몰드공사, 금속몰드공사, 금속트렁킹공사 |
| 케이블트레이시스템 | 케이블트레이공사 |

(1) 애자공사

① 애자공사의 시설 장소(○ : 시설 가능, × : 시설 불가능)

<table>
<tr><th colspan="6">옥내</th><th colspan="2" rowspan="3">옥측/옥외</th></tr>
<tr><th colspan="2" rowspan="2">노출 장소</th><th colspan="4">은폐 장소</th></tr>
<tr><th colspan="2">점검 가능</th><th colspan="2">점검 불가능</th></tr>
<tr><th>건조한 장소</th><th>그 외</th><th>건조한 장소</th><th>그 외</th><th>건조한 장소</th><th>그 외</th><th>우선 내</th><th>우선 외</th></tr>
<tr><td>○</td><td>○</td><td>○</td><td>○</td><td>×</td><td>×</td><td>노출장소,<br>점검가능 은폐장소</td><td>노출장소,<br>점검가능 은폐장소</td></tr>
</table>

② 전선의 간격

<table>
<tr><th>구분</th><th>전선 상호 사이의 거리</th><th>전선과 조영재 사이의 거리</th></tr>
<tr><td>400[V] 이하</td><td rowspan="3">60[mm] 이상</td><td rowspan="2">25[mm] 이상</td></tr>
<tr><td>400[V] 초과, 건조한 장소</td></tr>
<tr><td>400[V] 초과, 그 외 장소</td><td>45[mm] 이상</td></tr>
</table>

③ 전선의 지지점 거리

㉠ 조영재의 윗면, 옆면에 따라 붙이는 경우 : 2[m] 이하

㉡ 사용전압이 400[V] 초과, 조영재에 따라 붙이지 않는 경우 : 6[m] 이하

④ 애자의 선정

애자는 절연성, 내수성, 난연성이 있는 것을 사용한다.

### 핵심 유형문제

**1 저압 옥내 배선에서 애자사용공사를 할 때 올바른 것은?**

① 전선 상호간의 간격은 6[cm] 이상
② 애자사용공사에 사용되는 애자는 절연성·난연성 및 내수성과 무관
③ 400[V] 초과하는 경우 전선과 조영재 사이의 간격은 2.5[cm] 미만
④ 전선의 지지점 간의 거리는 조영재의 윗면 또는 옆면에 따라 붙일 경우에는 3[m] 이상

정답 ①

- 전선 상호간의 간격은 6[cm] 이상
- 애자는 절연성·난연성 및 내수성을 갖춘 것
- 400[V] 초과하는 경우 전선과 조영재 사이의 간격은 2.5[cm] 이상
- 지지점 간의 거리는 조영재의 윗면, 옆면에 따라 붙이는 경우 2[m] 이하

(2) 합성수지관공사

합성수지관은 경질 폴리염화비닐전선관(KS C 8431), 합성수지제 가요전선관(KS C 8454), 파상형 경질 폴리에틸렌 전선관(KS C 8455)을 의미한다. 합성수지관은 금속관에 비해 경량이고 내식성이 뛰어난 장점이 있지만, 기계적 강도가 낮고 온도 변화에 따라 신축 작용이 크다는 단점이 있다.

① 합성수지관공사의 시설 장소(○ : 시설 가능, × : 시설 불가능)

| 옥내 | | | | | | 옥측/옥외 | |
|---|---|---|---|---|---|---|---|
| 노출 장소 | | 은폐 장소 | | | | | |
| | | 점검 가능 | | 점검 불가능 | | | |
| 건조한 장소 | 그 외 | 건조한 장소 | 그 외 | 건조한 장소 | 그 외 | 우선 내 | 우선 외 |
| ○ | ○ | ○ | ○ | ○ | ○ | ○ | ○ |

② 합성수지관공사 배선

㉠ 사용 전선은 절연전선이어야 한다. 옥외용 비닐절연전선은 제외한다.
㉡ 사용 전선은 연선이어야 하나 다음의 경우와 같이 유연성을 따지지 않는 경우는 제외한다.
ⓐ 짧고 가는 합성수지관에 넣는 경우
ⓑ 절연전선 단면적 10[$mm^2$] 이하의 것을 사용하는 경우
ⓒ 알루미늄전선 단면적 16[$mm^2$] 이하의 것을 사용하는 경우
㉢ 전선은 합성수지관 안에서 접속점이 없도록 시설한다.
㉣ 케이블 또는 절연도체의 내부 단면적이 합성수지관 단면적의 $\frac{1}{3}$을 초과하지 않도록 한다.

③ 합성수지관의 규격

㉠ 합성수지관(합성수지제 가요전선관은 제외)은 두께 2[mm] 이상의 것을 사용한다. 단, 사용전압 400[V] 이하의 전개된 장소 또는 점검 가능한 은폐장소로 건조한 장소에 사람이 접촉할 우려가 없도록 시설한 경우에는 적용하지 않는다.

㉡ 호칭은 안지름을 기준으로 [mm] 단위의 짝수로 표현한다.

ⓐ 경질 폴리염화비닐전선관(KS C 8431) : 14, 16, 22, 28, 36, 42, 54, 70, 82, 100의 10종

ⓑ 합성수지제 가요전선관(KS C 8454) : 14, 16, 18, 22, 28, 36, 42의 7종

ⓒ 파상형 경질 폴리에틸렌 전선관(KS C 8455) : 30, 40, 50, 65, 80, 100, 125, 150, 175, 200의 10종

㉢ 관 1본의 길이는 4.0[m]이다.

㉣ 관의 끝 부분 및 안쪽 면은 전선의 피복을 손상시키지 않도록 매끈해야 한다.

④ 합성수지관과 부속품의 시설

㉠ 관과 지지점 사이의 거리는 1.5[m] 이하로 하며, 지지점은 관의 끝, 관과 박스의 접속점, 관 상호 간의 접속점 등에 가까운 곳에 시설한다.

㉡ 관 상호 간에 연결하거나 관과 박스를 연결할 경우 관을 삽입하는 길이를 관 바깥지름의 1.2배(접착제를 사용하는 경우 0.8배) 이상으로 하여 꽂음 접속에 의해 견고하게 접속한다.

㉢ 습기가 많은 장소 혹은 물기가 있는 장소에 시설하는 경우 방습 장치를 시설한다.

㉣ 합성수지제 가요전선관 상호 연결시 직접 접속하지 않는다.

㉤ 관을 직각으로 구부릴 경우 곡률 반경은 통상적으로 관 내경의 6배 이상으로 한다.

㉥ 중량물의 압력 또는 현저한 기계적 충격을 받을 우려가 없도록 시설한다.

㉦ 합성수지관 접속 부속품

ⓐ 커플링 : 합성수지관 상호 간에 연결할 때 사용하는 부속품이다.

ⓑ 커넥터 : 합성수지관과 박스 및 캐비넷에 연결할 때 사용하는 부속품이다.

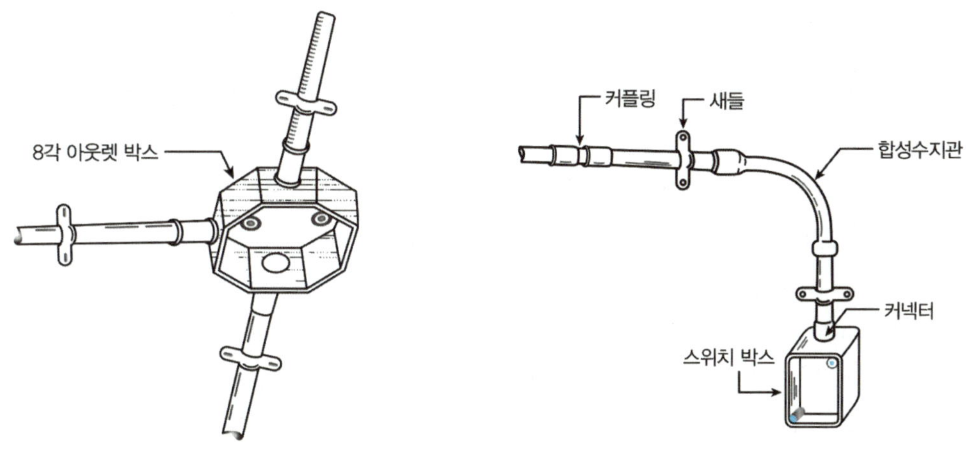

## 핵심 유형 문제

**1** 옥내 배선공사에서 전개된 장소나 점검 가능한 은폐 장소에 시설하는 합성수지관의 최소 두께는 몇 [mm]인가?

① 1.8 ② 2.0
③ 2.2 ④ 2.7

정답 ②

합성수지관공사에서 합성수지관의 두께는 2[mm] 이상의 것을 사용한다.

**2** 합성수지제 가요전선관의 규격이 아닌 것은?

① 14 ② 22
③ 36 ④ 52

정답 ④

합성수지제 가요전선관(KS C 8454) : 14, 16, 18, 22, 28, 36, 42의 7종

### (3) 금속관공사

금속관은 강제 전선관(KS C 8401), 알루미늄 전선관을 의미한다. 금속관은 내열성이 우수하고 강도가 커 화재에 강하고 기계적 충격에 강하다는 장점이 있으나, 내약품성 및 부식에 약하고 중량이 많이 나간다는 단점이 있다. 관 자체가 전도성을 갖고 있기 때문에 접지공사를 해야 한다.

① 금속관공사의 시설 장소(○ : 시설 가능, × : 시설 불가능)

| 옥내 | | | | | | 옥측/옥외 | |
|---|---|---|---|---|---|---|---|
| 노출 장소 | | 은폐 장소 | | | | | |
| | | 점검 가능 | | 점검 불가능 | | | |
| 건조한 장소 | 그 외 | 건조한 장소 | 그 외 | 건조한 장소 | 그 외 | 우선 내 | 우선 외 |
| ○ | ○ | ○ | ○ | ○ | ○ | ○ | ○ |

② 금속관공사 배선

㉠ 사용 전선은 절연전선이어야 한다. 옥외용 비닐절연전선은 절연체의 두께가 일반 절연전선에 비해 얇아 제외한다.

㉡ 사용 전선은 연선이어야 하나, 다음의 경우와 같이 유연성을 따지지 않는 경우는 제외한다.

ⓐ 짧고 가는 합성수지관에 넣는 경우

ⓑ 절연전선 단면적 10[$mm^2$] 이하의 것을 사용하는 경우

ⓒ 알루미늄전선 단면적 16[$mm^2$] 이하의 것을 사용하는 경우

㉢ 전선은 금속관 안에서 접속점이 없도록 시설한다.

㉣ 케이블 또는 절연도체의 내부 단면적이 금속관 단면적의 $\frac{1}{3}$을 초과하지 않도록 한다.

㉤ 관의 끝 부분 및 안쪽 면은 전선의 피복을 손상시키지 않도록 매끈해야 한다.

㉥ 하나의 교류회로에 있어 전선 전부를 동일 관내에 삽입하여 전선으로 인해 발생하는 자기장을 서로 상쇄함으로써 전자적 불평형이 일어나지 않도록 시설한다.

| 방법의 적부 / 전원 방식 | 옳은 방법 | 틀린 방법 |
|---|---|---|
| 단상 2선식 |  L, N, 금속관, 전선 | 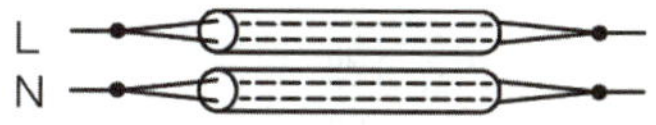 L, N |
| 3상 3선식 | 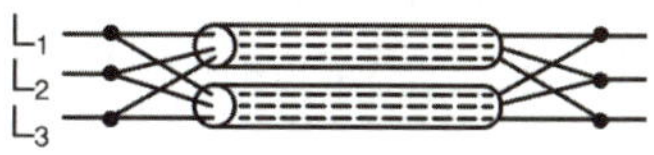 $L_1$, $L_2$, $L_3$ | 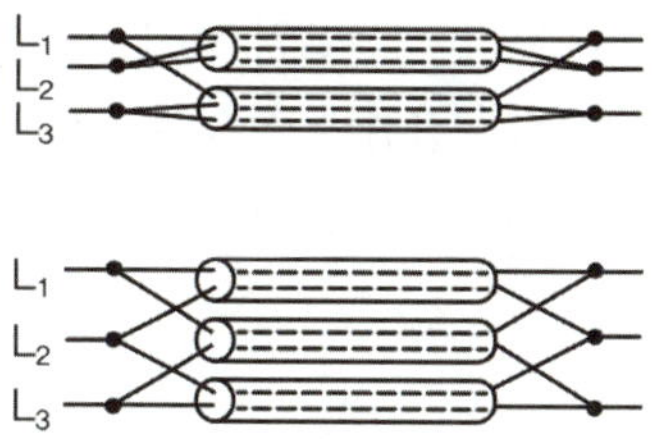 $L_1$, $L_2$, $L_3$ / $L_1$, $L_2$, $L_3$ |

③ 금속관의 규격

㉠ 금속관의 두께는 다음 사항에 따른다.

ⓐ 콘크리트에 매입하는 경우 1.2[mm] 이상의 것을 사용한다.

ⓑ 그 외의 경우 1.0[mm] 이상의 것을 사용하나 이음매가 없는 길이 4[m] 이하의 관을 건조한 노출(전개) 장소에 시설하는 경우 0.5[mm]까지 감할 수 있다.

㉡ 강제 전선관(KS C 8401)의 호칭은 후강 전선관과 박강 전선관으로 나뉜다. 후강 전선관은 두께가 두꺼워 높은 강도를 필요로 하는 환경의 배관작업에 사용한다. 박강 전선관은 후강 전선관에 비해 무게가 가벼워 유지보수에 용이하고 빠른 시공을 요구하는 곳에 주로 사용한다.

ⓐ 후강 전선관의 호칭 : 전선관의 두께가 2.3[mm] 이상이며 안지름 기준 [mm] 단위의 짝수로 표현한다. 16, 22, 28, 36, 42, 54, 70, 82, 92, 104의 10종이 있다.

ⓑ 박강 전선관의 호칭 : 전선관의 두께가 1.6[mm] 이상이며 바깥지름 기준 [mm] 단위의 홀수로 표현한다. 19, 25, 31, 39, 51, 63, 75의 7종이 있다.

㉢ 관 1본의 길이는 3.6[m]이다.

④ 금속관과 부속품의 시설

㉠ 관과 지지점 사이의 거리는 2.0[m] 이하로 하며, 지지점은 관의 끝, 관과 박스의 접속점, 관 상호 간의 접속점 등에 가까운 곳에 시설한다.

㉡ 관 상호 간에 연결하거나 관과 박스를 연결할 경우 나사접속이나 이와 동등 이상의 효력이 있는 방법에 의해 견고하고 또한 전기적으로 완전하게 접속해야 한다.

㉢ 관의 끝 부분에는 전선의 피복을 손상하지 않도록 부싱을 사용해야 한다.

㉣ 금속관공사에서 애자공사로 옮기는 경우에는 관의 끝부분에 절연부싱이나 이와 유사한 것을 사용해야 한다.

㉤ 습기가 많은 장소 혹은 물기가 있는 장소에 시설하는 경우 방습 장치를 시설한다.

㉥ 금속관에는 접지공사를 해야 하며, 다음의 경우 접지공사를 생략할 수 있다.

ⓐ 1개 혹은 접속된 2개 이상의 관 전체 길이가 4[m] 이하인 것을 건조한 장소에 시설하는 경우

ⓑ 옥내 배선 사용전압이 직류 300[V], 교류 대지전압 150[V] 이하이고 관의 길이가 4[m] 이하인 것을 사람이 쉽게 접촉할 우려가 없도록 시설하는 경우 혹은 건조한 장소에 시설하는 경우

㉦ 전선관 접속 부분의 나사는 5턱 이상으로 완전히 나사결합이 될 수 있는 길이이어야 한다.

㉧ 관을 구부릴 경우 곡률 반경(R)은 통상적으로 관 내경(d)의 6배 이상으로 한다.

$$R \geq 6d\text{(d : 관의 내경)}$$

㉨ 금속관 접속 부속품

ⓐ 금속관 커플링 : 금속관의 상호 간 연결하는 데 사용하는 부속품

ⓑ 금속관 커넥터 : 금속관과 박스를 연결하는 데 사용하는 부속품

ⓒ 로크너트 : 금속관과 박스를 연결할 때 관이 커넥터와 단단히 고정되도록 사용하는 부속품

ⓓ 링 리듀서 : 관과 박스 접속시 녹아웃 지름이 금속관의 지름보다 클 경우 사용하는 부속품

ⓔ 절연 부싱 : 관 말단에 부착하여 전선의 절연 피복을 보호하기 위한 기구

ⓕ 앤트러스 캡 : 인입구에서 빗물의 침입 방지용으로 사용하는 접속 기구

ⓖ 터미널 캡 : 서비스 캡이라고도 하며 금속관이나 합성수지관에서 전선을 뽑아 전동기 단자 부근에 접속할 때 전선 보호를 위해 관 끝에 설치하는 부속품

ⓗ 노멀 밴드 : 관을 구부리지 않고 상호 접속만으로 직각 배관이 가능하며, 금속관 매입 시공시 사용하는 부속품

ⓘ 유니버설 엘보 : 금속관을 노출로 시공할 때 배관을 직각으로 접속하기 위해 사용하는 부속품

ⓙ 유니온 커플링 : 금속관을 상호 접속할 때 금속관을 회전시킬 필요가 없어 유지보수를 용이하게 수행할 수 있는 부속품

**핵심 유형 문제**

**1** 금속관공사에 관하여 설명한 것으로 옳은 것은?

① 전선은 옥외용 비닐절연전선을 사용한다.
② 사용전압이 400[V] 이상인 경우 접지공사를 생략할 수 있다.
③ 은폐장소이며 점검불가능한 건조한 장소에는 시설이 불가능하다.
④ 콘크리트에 매설하는 것은 전선관의 두께를 1.2[mm] 이상으로 한다.

정답 ④

① 사용 전선에서 옥외용 비닐절연전선은 제외한다.
② 금속관은 누전으로 인한 전기사고를 방지하기 위해 접지공사를 해야 한다.
③ 금속관은 은폐장소이며 점검불가능한 건조한 장소에도 시설 가능하다.
④ 콘크리트에 매설하는 것은 1.2[mm] 이상 두께의 금속관을 사용한다.

**2** 금속관공사에서 녹아웃의 지름이 금속관의 지름보다 큰 경우에 사용하는 재료는?

① 부싱 ② 커넥터
③ 로크너트 ④ 링 리듀서

정답 ④

① 부싱 : 관 말단에 부착하여 전선의 절연 피복을 보호하기 위한 기구
② 커넥터 : 합성수지관과 박스 및 캐비에 연결할 때 사용하는 부속품
③ 로크너트 : 금속관과 박스를 연결할 때 관이 커넥터와 단단히 고정되도록 사용하는 부속품
④ 링 리듀서 : 관과 박스 접속시 녹아웃 지름이 금속관의 지름보다 클 경우 사용하는 부속품

제3과목 전기설비

(3) 금속제 가요전선관공사

가요전선관은 금속제 가요전선관(KS C 8422)을 의미한다. 가요전선관은 습기와 추위에 강하며 내화학성이 뛰어나다. 가요성이 우수하여 밴딩을 위한 별도 공구가 필요하지 않고 배관작업이 용이하다. 1종과 2종으로 나뉜다.

① 금속제 가요전선관공사의 시설 장소(○ : 시설 가능, × : 시설 불가능)

| 금속제 가요전선관의 종류 | 옥내 | | | | | | 옥측/옥외 | |
|---|---|---|---|---|---|---|---|---|
| | 노출 장소 | | 은폐 장소 | | | | | |
| | | | 점검 가능 | | 점검 불가능 | | | |
| | 건조한 장소 | 그 외 | 건조한 장소 | 그 외 | 건조한 장소 | 그 외 | 우선 내 | 우선 외 |
| 1종 | ○ | × | ○ | × | × | × | × | × |
| 비닐피복 1종 | ○ | ○ | ○ | ○ | × | × | × | × |
| 2종 | ○ | × | ○ | × | ○ | × | ○ | × |
| 비닐피복 2종 | ○ | ○ | ○ | ○ | ○ | ○ | ○ | ○ |

② 금속제 가요전선관공사 배선

㉠ 사용 전선은 절연전선이어야 한다. 옥외용 비닐절연전선은 절연체의 두께가 일반 절연전선에 비해 얇아 제외한다.

㉡ 사용 전선은 연선이어야 하나, 다음의 경우와 같이 유연성을 따지지 않는 경우는 제외한다.

ⓐ 금속제 가요전선관의 길이가 1[m] 정도로 짧은 경우

ⓑ 절연전선 단면적 10[$mm^2$] 이하의 것을 사용하는 경우

ⓒ 알루미늄전선 단면적 16[$mm^2$] 이하의 것을 사용하는 경우

㉢ 전선은 가요전선관 안에서 접속점이 없도록 시설한다.

㉣ 케이블 또는 절연도체의 내부 단면적이 금속관 단면적의 $\frac{1}{3}$을 초과하지 않도록 한다.

㉤ 관의 끝부분 및 안쪽 면은 전선의 피복을 손상시키지 않도록 매끈해야 한다.

③ 금속제 가요전선관의 규격

㉠ 1종 가요전선관의 호칭 : 10, 12, 16, 22, 28, 36, 42, 54, 70, 82, 92, 104의 12종이 있다.

㉡ 2종 가요전선관의 호칭 : 10, 12, 15, 17, 24, 30, 38, 50, 63, 76, 83, 101의 12종이 있다.

㉢ 비닐 피복 1종 가요전선관의 호칭 : 10, 12, 16, 22, 28, 36, 42, 54, 70, 82, 92, 104의 12종이 있다.

㉣ 비닐 피복 2종 가요전선관의 호칭 : 10, 12, 15, 17, 24, 30, 38, 50, 63, 76, 83, 101의 12종이 있다.

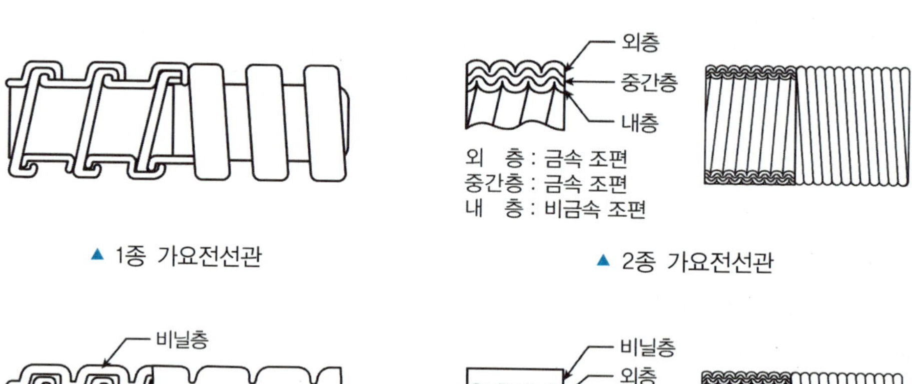


▲ 1종 가요전선관

▲ 2종 가요전선관

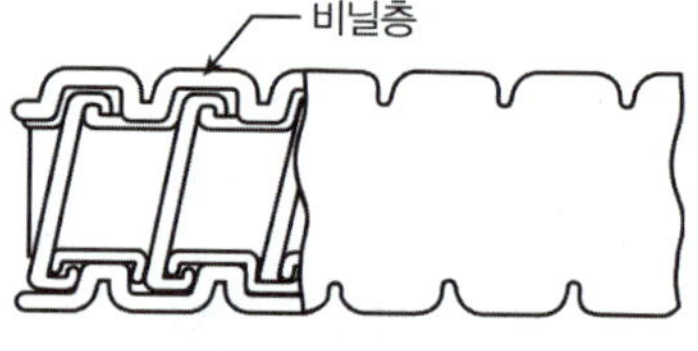


▲ 1종 비닐 피복 가요전선관

▲ 2종 비닐 피복 가요전선관

④ 금속제 가요전선관과 부속품의 시설

㉠ 관 상호 간 및 관과 박스 기타의 부속품과는 견고하고 또한 전기적으로 완전하게 접속해야 한다.

㉡ 관과 지지점 사이의 거리는 1.0[m] 이하로 하며, 지지점은 관의 끝, 관과 박스의 접속점, 관 상호 간의 접속전 등에 가까운 곳(접속개소로부터 0.3[m] 이하)에 시설한다.

㉢ 1종 금속제 가요전선관은 외적 충격이나 하중에 대해 전선을 보호하기 어렵기 때문에 중량물의 압력이 가해질 우려가 있는 곳이나 기계적 충격을 받을 우려가 있는 곳에 시설해서는 안 된다.

㉣ 1종 금속제 가요전선관은 금속관에 비해 전기저항이 크기 때문에 단면적 2.5[$mm^2$] 이상의 나연동선을 전체 길이에 걸쳐 삽입 또는 첨가하여 그 나연동선과 1종 금속제 가요전선관을 양쪽 끝에서 전기적으로 완전하게 접속해야 한다. 단, 관의 길이가 4[m] 이하인 것을 시설할 때에는 예외로 한다.

㉤ 2종 금속제 가요전선관을 사용하는 경우 습기가 많은 장소 또는 물기가 있는 장소에 시설할 때에는 비닐 피복 2종 가요전선관으로 시설한다.

㉥ 금속제 가요전선관공사는 전선의 절연열화 등에 의한 누전을 방지하기 위해 접지공사를 해야 한다.

㉦ 금속제 가요전선관공사 부속품

ⓐ 스플릿 커플링 : 금속제 가요전선관을 상호 접속할 때 사용하는 부속품

ⓑ 콤비네이션 커플링 : 금속제 가요전선관과 금속관을 상호 접속할 때 사용하는 부속품

ⓒ 스트레이트 박스 커넥터 : 금속제 가요전선관을 박스 또는 캐비닛에 직선으로 접속시킬 때 사용하는 부속품

ⓓ 앵글 박스 커넥터 : 금속제 가요전선관을 박스 또는 캐비닛에 직각으로 접속시킬 때 사용하는 부속품



## 핵심 유형 문제

**1** 금속제 가요전선관 상호 및 금속제 가요전선관과 박스 기구와 접속한 곳을 새들 등으로 지지하는 경우 지지점 간의 거리는 얼마 이하인가?

① 0.3[m] ② 0.5[m]

③ 1.0[m] ④ 1.5[m]

정답 ①

금속제 가요전선관의 지지점은 관의 끝, 관과 박스의 접속점, 관 상호 간의 접속전 등에 가까운 곳(접속개소로부터 0.3[m] 이하)에 시설한다.

**2** 가요전선관과 금속관의 상호 접속에 쓰이는 것은?

① 스플릿 커플링 ② 앵글 박스 커넥터

③ 콤비네이션 커플링 ④ 스트레이트 박스 커넥터

정답 ③

① 스플릿 커플링 : 가요전선관 상호 접속할 때 사용
② 앵글 박스 커넥터 : 직각 개소에서 가요전선관과 박스를 접속할 때 사용
③ 콤비네이션 커플링 : 가요전선관과 금속관을 접속할 때 사용
④ 스트레이트 박스 커넥터 : 가요전선관과 박스를 접속할 때 사용

### (4) 케이블공사

옥내 배선에서 케이블공사는 금속관공사와 마찬가지로 모든 현장에 시설할 수 있다.

① 케이블공사의 시설 장소(○ : 시설 가능, × : 시설 불가능)

| 옥내 | | | | | | 옥측/옥외 | |
|---|---|---|---|---|---|---|---|
| 노출 장소 | | 은폐 장소 | | | | | |
| | | 점검 가능 | | 점검 불가능 | | | |
| 건조한 장소 | 그 외 | 건조한 장소 | 그 외 | 건조한 장소 | 그 외 | 우선 내 | 우선 외 |
| ○ | ○ | ○ | ○ | ○ | ○ | ○ | ○ |

② 케이블공사 배선

㉠ 전선은 케이블 및 캡타이어케이블을 사용한다.

㉡ 중량물의 압력 또는 기계적 충격을 받을 우려가 있는 곳에 포설하는 케이블에는 적당한 방호장치를 시설해야 한다.

㉢ 케이블의 지지점 간의 거리

ⓐ 전선을 조영재의 아랫면, 옆면에 따라 붙이는 경우 : 2[m] 이하

ⓑ 사람이 접촉할 우려가 없는 곳에서 수직으로 붙이는 경우 : 6[m] 이하

㉣ 캡타이어케이블의 지지점 간의 거리

1[m] 이하로 하여 새들, 스테이플로 고정하되, 그 피복이 손상되지 않도록 붙여야 한다.

㉤ 케이블의 곡률 반경

ⓐ 일반적인 케이블의 굴곡부 : 외경의 6배 이상(단심 케이블은 외경의 8배 이상)

ⓑ 알루미늄 피복 혹은 연피 케이블의 굴곡부 : 외경의 12배 이상

#### 핵심 유형 문제

**1** **케이블공사에서 비닐 외장 케이블을 조영재의 옆면에 따라 붙이는 경우 전선의 지지점 간의 거리는 최대 몇 [m]인가?**

① 0.5　② 1.0

③ 1.5　④ 2.0

정답 ④

케이블을 조영재의 아랫면, 옆면에 따라 붙이는 경우 지지점 간의 거리는 2[m] 이하이다.

### (5) 케이블트레이공사

케이블트레이공사는 케이블을 지지하기 위해 사용하는 금속재 또는 불연성 재료로 제작된 유닛 혹은 유닛의 집합체 및 부속품으로 구성된 견고한 구조물을 말한다.

① 케이블트레이공사의 시설 장소(○ : 시설 가능, × : 시설 불가능)

| 옥내 | | | | | | 옥측/옥외 | |
|---|---|---|---|---|---|---|---|
| 노출 장소 | | 은폐 장소 | | | | | |
| | | 점검 가능 | | 점검 불가능 | | | |
| 건조한 장소 | 그 외 | 건조한 장소 | 그 외 | 건조한 장소 | 그 외 | 우선 내 | 우선 외 |
| ○ | ○ | ○ | ○ | ○ | ○ | ○ | ○ |

② 케이블트레이의 종류

사다리형, 메시형, 펀칭형, 바닥밀폐형 등이 있다. 천공된 면적에 따라 천공형과 비천공형으로 나뉜다.

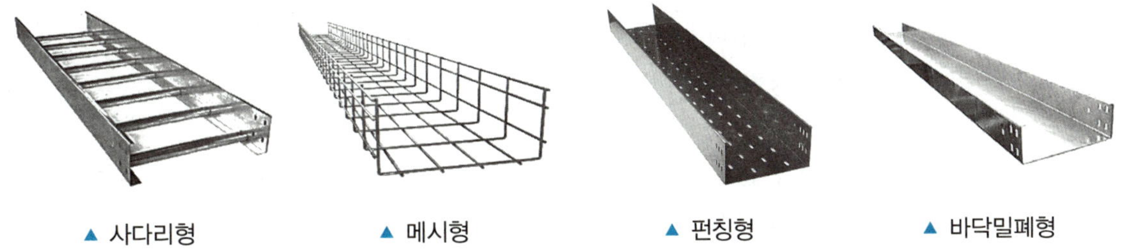

▲ 사다리형 ▲ 메시형 ▲ 펀칭형 ▲ 바닥밀폐형

③ 사용전선

㉠ 연피케이블, 알루미늄피 케이블 등 난연성의 케이블 또는 기타 케이블

㉡ 금속관 혹은 합성수지관 등에 넣은 절연전선

④ 케이블트레이 포설시 유의사항

㉠ 케이블의 지름 합계가 트레이 내측의 폭 이하이어야 하고, 단층으로 포설한다.

㉡ 단심케이블 삼각포설시 묶음 단위 사이의 간격은 단심케이블 지름의 2배 이상 이격하여 설치한다.

㉢ 다단으로 설치시 상단이 높은 전압, 하단이 낮은 전압 순서로 시설한다.

㉣ 수평 트레이

ⓐ 벽면과의 간격은 20[mm] 이상 이격하여 설치한다.

ⓑ 트레이와 트레이 사이 수직 간격은 300[mm] 이상 이격하여 설치한다.

㉤ 수직 트레이

ⓐ 벽면과의 간격은 가장 굵은 케이블 바깥지름의 0.3배 이상 이격하여 설치한다.

ⓑ 트레이와 트레이 사이 수평 간격은 225[mm] 이상 이격하여 설치한다.

(6) 덕트공사

① 금속덕트공사

금속덕트공사는 주로 공장 내, 사무실 빌딩 등의 변전실로부터의 인출구 등에서 다수의 배선을 수납하는 공사에 이용되고 있다.

㉠ 금속덕트공사의 시설 장소(○ : 시설 가능, × : 시설 불가능)

| 옥내 | | | | | | 옥측/옥외 | |
|---|---|---|---|---|---|---|---|
| 노출 장소 | | 은폐 장소 | | | | | |
| | | 점검 가능 | | 점검 불가능 | | | |
| 건조한 장소 | 그 외 | 건조한 장소 | 그 외 | 건조한 장소 | 그 외 | 우선 내 | 우선 외 |
| ○ | × | ○ | × | × | × | × | × |

㉡ 금속덕트공사의 배선

ⓐ 전선은 절연전선(옥외용 비닐절연전선을 제외)을 사용한다.

ⓑ 금속덕트에 넣는 전선의 단면적(절연피복의 단면적을 포함한다)의 합계는 덕트의 내부 단면적의 20[%])(전광표시장치 기타 이와 유사한 장치 또는 제어회로 등의 배선만을 넣는 경우에는 50[%]) 이하이어야 한다.

ⓒ 금속덕트 안에는 전선에 접속점이 없어야 한다. 다만, 전선을 분기할 때 그 접속점을 쉽게 점검할 수 있는 경우는 예외로 한다.

ⓓ 금속덕트 안의 전선을 외부로 인출하는 부분은 금속덕트의 관통부분에서 전선이 손상될 우려가 없도록 시설해야 한다.

ⓔ 금속덕트 안에는 전선의 피복을 손상할 우려가 있는 것을 넣지 않는다.

ⓕ 금속덕트에 의하여 저압 옥내배선이 건축물의 방화 구획을 관통하거나 인접 조영물로 연장되는 경우에는 그 방화벽 또는 조영물 벽면의 덕트 내부는 불연성의 물질로 차폐해야 한다.

㉢ 금속덕트의 선정

ⓐ 폭이 40[mm] 이상, 두께가 1.2[mm] 이상인 철판 또는 동등 이상의 기계적 강도를 가지는 금속재로 견고하게 제작된 것을 사용한다.

ⓑ 안쪽 면은 전선의 피복을 손상시키는 돌기가 없어야 한다.

ⓒ 안쪽 면 및 바깥 면에는 산화 방지를 위하여 아연도금 또는 이와 동등 이상의 효과를 가지는 도장을 한 것을 사용한다.

㉣ 금속덕트의 시설

ⓐ 덕트 상호 간은 견고하고 또한 전기적으로 완전하게 접속해야 한다.

ⓑ 덕트의 지지점 간의 거리

- 덕트를 조영재에 붙이는 경우 : 3[m] 이하
- 취급자 이외의 자가 출입할 수 없도록 설비한 곳에서 수직으로 붙이는 경우 : 6[m] 이하

ⓒ 덕트의 본체와 구분하여 뚜껑을 설치하는 경우에는 쉽게 열리지 않도록 시설한다.

ⓓ 덕트의 끝부분은 막는다.

ⓔ 덕트 안에 먼지가 침입하지 않도록 한다.

ⓕ 물이 고이는 낮은 부분을 만들지 않도록 시설한다.

ⓖ 누전에 의한 위험을 방지하기 위해 접지공사를 한다.

**핵심 유형 문제**

**1 금속덕트공사에 관한 사항이다. 다음 중 금속덕트의 시설로서 옳지 않은 것은?**

① 덕트의 끝부분은 열어 놓을 것

② 덕트의 뚜껑은 쉽게 열리지 않도록 시설할 것

③ 덕트 상호 간은 견고하게 또한 전기적으로 완전하게 접속할 것

④ 덕트를 조영재에 붙이는 경우에는 덕트의 지지점 간의 거리를 3[m] 이하로 견고하게 시설할 것

정답 ①

- 덕트에 접지공사를 실시해야 한다.
- 덕트의 끝부분을 막아 먼지가 침입하지 않도록 한다.
- 덕트 지지점 간의 거리를 3[m] 이하로 하고 견고하게 붙여야 한다.
- 덕트 상호 간은 견고하고 또한 전기적으로 완전하게 접속해야 한다.

제3과목 전기설비

② 버스덕트공사

버스덕트공사는 공장, 빌딩 등에서 비교적 대전류를 통하는 옥내 간선을 시설하는 경우에 많이 사용하는 공사 방법이다.

㉠ 버스덕트공사의 시설 장소(○ : 시설 가능, × : 시설 불가능)

| 옥내 | | | | | | 옥측/옥외 | |
|---|---|---|---|---|---|---|---|
| 노출 장소 | | 은폐 장소 | | | | | |
| | | 점검 가능 | | 점검 불가능 | | | |
| 건조한 장소 | 그 외 | 건조한 장소 | 그 외 | 건조한 장소 | 그 외 | 우선 내 | 우선 외 |
| ○ | × | ○ | × | × | × | 400[V] 이하 옥외용 덕트 | 마루 또는 벽 관통 |

㉡ 버스덕트 및 부속품의 시설

ⓐ 덕트 상호 간 및 전선 상호 간은 견고하고 또한 전기적으로 완전하게 접속해야 한다. 덕트 내의 도체는 0.5[m] 이하 간격으로 비 흡습성의 절연물로 견고하게 지지하고 극간 접촉의 우려가 없도록 시설한다.

ⓑ 덕트의 지지점 간의 거리

- 덕트를 조영재에 붙이는 경우 : 3[m] 이하
- 취급자 이외의 자가 출입할 수 없도록 설비한 곳에서 수직으로 붙이는 경우 : 6[m] 이하

ⓒ 환기형을 제외한 덕트의 끝부분은 막아야 한다.

ⓓ 환기형을 제외한 덕트는 내부에 먼지가 침입하지 않도록 시설한다.

ⓔ 누전에 의한 위험을 방지하기 위해 접지공사를 한다.

ⓕ 습기가 많은 장소 또는 물기가 있는 장소에 시설하는 경우에는 옥외용 버스덕트를 사용하고 버스덕트 내부에 물이 침입하여 고이지 않도록 시설한다.

㉢ 버스덕트의 선정

ⓐ 도체는 단면적 20[$mm^2$] 이상의 띠 모양, 지름 5[$mm^2$] 이상의 관모양이나 둥글고 긴 막대 모양의 구리 또는 단면적 30[$mm^2$] 이상의 띠 모양의 알루미늄을 사용한 것을 선정한다.

ⓑ 도체 지지물은 절연성, 난연성 및 내수성이 있는 견고한 것을 선정한다.

ⓒ 덕트는 다음 표의 두께 이상의 강판 또는 알루미늄판으로 견고히 제작한 것을 선정한다.

| 판의 종류 / 최대 폭 W[mm] | 덕트의 판 두께 d[mm] | | |
|---|---|---|---|
| | 강판 | 알루미늄판 | 합성수지판 |
| W ≦ 150 | 1.0 | 1.6 | 2.5 |
| 150 < W ≦ 300 | 1.4 | 2.0 | 5.0 |
| 300 < W ≦ 500 | 1.6 | 2.3 | – |
| 500 < W ≦ 700 | 2.0 | 2.9 | – |
| W > 700 | 2.3 | 3.2 | – |

㉣ 버스덕트의 종류

ⓐ 피더 버스덕트 : 도중에 부하를 접속하지 않은 것으로 환기형과 비환기형이 있다.

ⓑ 탭붙이 버스덕트 : 종단 및 중간에서 기기 또는 전선 등과 접속시키기 위한 탭을 가진 버스덕트이다.

ⓒ 트롤리 버스덕트 : 도중에 이동 부하를 접속할 수 있도록 트롤리 접속식 구조로 한 것이다.

ⓓ 익스펜션 버스덕트 : 열 신축에 따른 변화량을 흡수하는 구조인 것이다.

ⓔ 플러그인 버스덕트 : 도중에 부하 접속용으로 꽂음 플러그를 만든 것으로 환기형과 비환기형이 있다.

ⓕ 트랜스포지션 버스덕트 : 각 상의 임피던스를 평균화하기 위해서 도체 상호의 위치를 관로 내에서 교체할 수 있도록 만든 버스덕트이다.

### 핵심 유형 문제

**1** 다음 중 버스덕트의 종류가 아닌 것은?

① 피더 버스덕트 ② 케이블 버스덕트
③ 탭붙이 버스덕트 ④ 플러그인 버스덕트

정답 ②

① 피더 버스덕트 : 도중에 부하를 접속하지 않은 것
③ 탭붙이 버스덕트 : 종단 및 중간에서 기기 또는 전선 등과 접속시키기 위한 탭을 가진 버스덕트
④ 플러그인 버스덕트 : 도중에 부하 접속용으로 꽂음 플러그를 만든 것

③ 플로어덕트공사

플로어덕트공사는 사무실 등에서 전화선, 신호선 등의 약전류 전선, 전기스탠드 및 OA기기용 전원의 약전류 전선을 병설하는 경우에 자주 이용되는 것으로 사용전압 400[V] 이하로 옥내의 건조한 콘크리트 또는 신더(Cinder) 콘크리트 바닥 등 내부에 매입할 경우에 한하여 시설할 수 있다.

㉠ 플로어덕트공사의 시설 장소(○ : 시설 가능, × : 시설 불가능)

| 옥내 | | | | | | 옥측/옥외 | |
|---|---|---|---|---|---|---|---|
| 노출 장소 | | 은폐 장소 | | | | | |
| | | 점검 가능 | | 점검 불가능 | | | |
| 건조한 장소 | 그 외 | 건조한 장소 | 그 외 | 건조한 장소 | 그 외 | 우선 내 | 우선 외 |
| × | × | × | × | ○ | × | × | × |

㉡ 플로어덕트공사의 배선

ⓐ 전선은 절연전선(옥외용 비닐절연전선을 제외)을 사용한다.

ⓑ 사용 전선은 연선이어야 하나 다음의 경우와 같이 유연성을 따지지 않는 경우는 제외한다.

- 플로어덕트의 길이가 1[m] 정도로 짧은 경우
- 절연전선 단면적 10[$mm^2$] 이하의 것을 사용하는 경우
- 알루미늄전선 단면적 16[$mm^2$] 이하의 것을 사용하는 경우

ⓒ 플로어덕트 안에는 전선에 접속점이 없어야 한다. 다만, 전선을 분기할 때 그 접속점을 쉽게 점검할 수 있는 경우는 예외로 한다.

ⓓ 전선을 인입 또는 교체할 때 그 피복이 손상되지 않도록 단면을 매끈하게 해야 한다.

㉢ 플로어덕트 및 부속품의 선정 : 플로어덕트 및 박스 기타의 부속품은 다음의 항목을 만족하는 것을 사용한다.

ⓐ 전기용품 및 생활용품 안전관리법 및 산업표준화법에 적합한 금속제의 플로어덕트 및 박스 기타 부속

품으로서 두께 2.0[mm] 이상의 강판으로 견고하게 제작되고, 아연도금이나 에나멜 등으로 피복한 것을 사용한다.

ⓑ 셀룰러덕트 배선에 사용하는 셀룰러덕트와 조합하여 마루에 매설하고 그 플로어덕트에서 직접 마루 위로 전선을 인출하지 않는 플로어덕트는 다음의 규정에 따른다.

- 플로어덕트 및 부속품의 재료는 강판일 것
- 플로어덕트의 단면 및 내면은 전선의 피복을 손상하지 않도록 매끈할 것
- 플로어덕트의 내면 및 외면은 녹 방지를 위하여 도금 또는 도장을 할 것
- 부속품의 판 두께는 1.6[mm] 이상이어야 하며, 플로어덕트의 판 두께는 플로어덕트의 최대 폭에 따라 다음 표에 의할 것

| 최대 폭 W[mm] | $W \leqq 150$ | $150 < W \leqq 200$ | $W > 200$ |
|---|---|---|---|
| 덕트의 판 두께 d[mm] | 1.2 | 1.4 | 1.6 |

㉣ 플로어덕트 및 부속품의 시설

ⓐ 덕트 상호 간 및 덕트와 박스 및 인출구와는 견고하고 또한 전기적으로 완전하게 접속해야 한다.

ⓑ 덕트 및 박스 기타의 부속품은 물이 고이는 부분이 없도록 시설해야 한다.

ⓒ 박스 및 인출구는 마루 위로 돌출하지 아니하도록 시설하고 또한 물이 스며들지 아니하도록 밀봉해야 한다.

ⓓ 덕트의 끝부분은 막는다.

ⓔ 누전에 의한 위험을 방지하기 위해 접지공사를 한다.

**핵심 유형 문제**

**1 플로어덕트 공사에 의한 저압 옥내 배선에서 절연전선을 사용하는 경우 전선의 단면적이 몇 [mm$^2$] 이하일 때 연선을 사용하지 않아도 되는가?**

① 2.5　　② 4

③ 6　　④ 10

정답 ④

플로어덕트공사시 사용 전선은 연선이어야 하지만, 절연전선 단면적 10[mm$^2$](알루미늄선은 단면적 16[mm$^2$]) 이하인 것은 단선을 사용할 수 있다.

④ 라이팅덕트공사

라이팅덕트공사는 사용전압이 400[V] 이하의 건조한 장소만 사용이 가능한 공사로, 라이팅덕트의 대부분은 제조공장 등에서 적당한 길이의 유닛으로 사용한다.

㉠ 라이팅덕트공사의 시설 장소(○ : 시설 가능, × : 시설 불가능)

| 옥내 | | | | | | 옥측/옥외 | |
|---|---|---|---|---|---|---|---|
| 노출 장소 | | 은폐 장소 | | | | | |
| | | 점검 가능 | | 점검 불가능 | | | |
| 건조한 장소 | 그 외 | 건조한 장소 | 그 외 | 건조한 장소 | 그 외 | 우선 내 | 우선 외 |
| ○ | × | ○ | × | × | × | × | × |

㉡ 라이팅덕트 및 부속품의 시설

ⓐ 덕트 상호 간 및 전선 상호 간은 견고하고 전기적으로 완전하게 접속해야 한다.

ⓑ 덕트는 조영재에 견고하게 붙여야 한다.

ⓒ 덕트의 지지점 간의 거리는 2[m] 이하로 한다.

ⓓ 덕트의 끝부분은 막는다.

ⓔ 덕트의 개구부는 아래로 향하도록 시설한다. 단, 사람이 쉽게 접촉할 우려가 없는 장소에서 덕트의 내부에 먼지가 들어가지 아니하도록 시설하는 경우에 한하여 옆으로 향하여 시설할 수 있다.

ⓕ 덕트는 조영재를 관통하여 시설하지 않는다.

ⓖ 합성수지 기타의 절연물로 금속재 부분을 피복한 덕트를 사용한 경우 이외에는 누전에 의한 위험을 방지하기 위해 접지공사를 한다. 대지전압이 150[V] 이하이고 또한 덕트의 길이(2본 이상의 덕트를 접속하여 사용할 경우 그 전체 길이)가 4[m] 이하인 때는 접지공사를 생략할 수 있다.

ⓗ 덕트를 사람이 용이하게 접촉할 우려가 있는 장소에 시설하는 경우에는 라이팅덕트 내부에 먼지가 유입되면 라이팅덕트 내를 청소할 시에 감전 가능성이 있으므로 전로에 지락이 생겼을 때에 자동적으로 전로를 차단하는 장치를 시설해야 한다. 사람이 쉽게 접촉할 우려가 있는 장소에 시설할 경우는 전원측에 누전차단기(정격 감도전류 30[mA] 이하, 동작시간 0.03초 이내의 것)를 시설해야 한다.

### (7) 케이블트렁킹시스템

#### ① 합성수지몰드공사

합성수지몰드공사는 주택의 돌림띠, 반자틀 등에 설치하며 전기절연성, 난연성을 갖추고 있지만 열가소성 수지로 열을 가하면 변형이 된다. 따라서 높은 온도의 벽면, 천장에는 적합하지 않다.

㉠ 합성수지몰드공사의 시설 장소(○ : 시설 가능, × : 시설 불가능)

| 옥내(400[V] 이하에 한함) | | | | | | 옥측/옥외 | |
|---|---|---|---|---|---|---|---|
| 노출 장소 | | 은폐 장소 | | | | | |
| | | 점검 가능 | | 점검 불가능 | | | |
| 건조한 장소 | 그 외 | 건조한 장소 | 그 외 | 건조한 장소 | 그 외 | 우선 내 | 우선 외 |
| ○ | × | ○ | × | × | × | × | × |

㉡ 합성수지몰드공사의 배선

ⓐ 전선은 옥외용 비닐절연전선을 제외한 절연전선을 사용한다.

ⓑ 합성수지제의 조인트 박스를 사용하여 접속하는 경우를 제외하고 합성수지몰드 안에는 전선의 접속점이 없도록 배선한다.

ⓒ 합성수지몰드 상호 간 및 합성수지 몰드와 박스 기타의 부속품과는 전선이 노출되지 않도록 접속한다.

ⓓ 몰드의 설치는 40~50[cm] 간격마다 나사못 또는 콘크리트못으로 견고하게 부착한다.

㉢ 합성수지몰드 및 부속품의 선정

ⓐ 합성수지몰드는 홈의 폭 및 깊이가 35[mm] 이하, 두께는 2[mm] 이상의 것을 선정한다.

ⓑ 사람이 쉽게 접촉할 우려가 없도록 시설하는 경우에는 폭이 50[mm] 이하, 두께 1[mm] 이상의 것을 사용할 수 있다.

ⓒ 똑바른 것을 사용하며 끝부분은 몰드의 축에 대해 직각으로 절단하고 충분히 모서리를 다듬은 것을 사용한다.

ⓓ 조영재에 쉽고 견고하게 부착할 수 있는 것을 사용한다.

ⓔ 내면은 전선의 피복이 손상될 우려가 없도록 매끈한 것을 사용한다.

**핵심 유형 문제**

**1** **합성수지몰드공사의 시공에서 잘못된 것은?**

① 사용전압이 400[V] 이하에 사용

② 점검할 수 있고 전개된 장소에 사용

③ 베이스와 캡이 완전하게 결합하여 충격으로 이탈되지 않을 것

④ 베이스를 조영재에 부착하는 경우 1[m] 간격마다 나사 등으로 견고하게 부착할 것

정답 ④

합성수지몰드공사에서 몰드의 설치는 40~50[cm] 간격마다 나사못 혹은 콘크리트못으로 견고하게 부착해야 한다.

② 금속몰드공사

금속몰드공사는 점멸기의 인하선을 설치할 때 주로 선택되며, 전개된 장소에서 부분적인 배선을 할 때 이용한다.

㉠ 금속몰드공사의 시설 장소(○ : 시설 가능, × : 시설 불가능)

| 옥내(400[V] 이하에 한함) | | | | | | 옥측/옥외 | |
|---|---|---|---|---|---|---|---|
| 노출 장소 | | 은폐 장소 | | | | | |
| | | 점검 가능 | | 점검 불가능 | | | |
| 건조한 장소 | 그 외 | 건조한 장소 | 그 외 | 건조한 장소 | 그 외 | 우선 내 | 우선 외 |
| ○ | × | ○ | × | × | × | × | × |

㉡ 금속몰드공사의 배선

ⓐ 전선은 옥외용 비닐절연전선을 제외한 절연전선을 사용한다.

ⓑ 금속제의 조인트 박스를 사용하여 접속하는 경우를 제외하고 금속몰드 안에는 전선의 접속점이 없도록 배선한다.

㉢ 금속몰드 및 부속품의 선정

ⓐ 금속몰드는 황동제 또는 동제의 것으로 폭이 50[mm] 이하, 두께는 0.5[mm] 이상의 것을 선정한다.

ⓑ 부속품은 「전기용품 및 생활용품 안전관리법」에서 정하는 표준에 적합한 금속제의 몰드 및 박스 기타 부속품 또는 황동이나 동으로 견고하게 제작한 것으로서 안쪽 면이 매끈한 것을 사용한다.

㉣ 금속몰드 및 부속품의 시설

ⓐ 몰드 상호 간 및 몰드 박스 기타의 부속품과는 견고하고 또한 전기적으로 완전하게 접속한다.

ⓑ 금속몰드는 다음의 경우를 제외하고 접지공사를 해야 한다.

- 몰드의 길이(2개 이상의 몰드를 접속하여 사용하는 경우 그 전체 길이)가 4[m] 이하인 것을 시설하는 경우
- 옥내 배선의 사용전압이 직류 300[V] 또는 교류 대지전압이 150[V] 이하로서 그 전선을 넣는 관의 길이가 8[m] 이하인 것을 사람이 쉽게 접촉할 우려가 없도록 시설하는 경우 또는 건조한 장소에 시설하는 경우

ⓒ 지지점 간의 거리는 1.5[m] 이하로 시설한다.

ⓓ 금속몰드를 조영재에 따라 시설할 수 없는 경우 미리 적당한 지지대를 만들어 시설한다.

제3과목 전기설비

### 핵심 유형 문제

**1** **금속몰드의 지지점 사이의 거리는 몇 [m] 이하로 하는 것이 가장 바람직한가?**

① 1.0 ② 1.5

③ 2.0 ④ 2.5

정답 ②

금속몰드 상호 간 및 몰드 박스 기타의 부속품은 견고하고 전기적으로 완전하게 접속해야 하며, 적당한 방법으로 조영재 등에 확실하게 지지해야 한다. 지지점 간의 거리는 1.5[m] 이하가 바람직하다.

# 3 특수 장소의 공사

## 1. 폭연성 먼지 위험장소의 저압 옥내 전기설비(사용전압이 400[V] 초과인 방전등 제외)

### (1) 폭연성 먼지 위험장소의 범위

① 마그네슘 · 알루미늄 · 티탄 · 지르코늄 등의 먼지가 쌓여있는 상태에서 불이 붙었을 때에 폭발할 우려가 있는 곳

② 화약류의 분말이 전기설비가 발화원이 되어 폭발할 우려가 있는 곳

### (2) 사용 가능한 공사 방법

① 금속관공사의 시설

㉠ 금속관은 박강 전선관 또는 이와 동등 이상의 강도를 가지는 것을 사용한다.

㉡ 관과 박스, 기타 부속품, 전기기계기구와의 접속은 5턱 이상 나사 조임으로 접속하는 방법과 이와 동등 이상의 효력이 있는 방법으로 견고하게 접속해야 하며, 내부에 먼지가 침입해서는 안 된다.

② 케이블공사의 시설

㉠ 개장된 케이블 혹은 MI 케이블을 사용하는 경우 이외에는 관 기타의 방호장치에 넣어 시설한다.

㉡ 전선을 전기기계기구에 인입하는 경우 패킹 또는 충진제를 사용하여 인입구로부터 먼지가 내부에 침입하지 않도록 하고, 인입구에서 전선이 손상될 우려가 없도록 시설한다.

③ 이동전선의 시설

이동전선은 0.6/1[kV] EP 고무절연 클로로프렌 캡타이어케이블을 사용하며 중간에 접속 부분이 생기지 않도록 하고, 손상을 받을 우려가 없도록 시설한다.

④ 전기기계기구 및 부속품의 시설

㉠ 전선과 전기기계기구는 지지나사, 스프링와셔를 사용하여 진동으로 인해 헐거워지지 않도록 견고하게 고정하며, 또한 전기적으로 완전하게 접속한다.

㉡ 전기기계기구는 먼지 방폭 특수 방진 구조로 되어 있는 것을 사용한다.

㉢ 전동기에 접속하는 부분에서 가요성을 필요로 하는 부분의 배선에는 방폭형의 부속품 중 먼지 방폭형 유연성 부속을 사용한다.

**핵심 유형 문제**

**1** **폭연성 먼지가 존재하는 곳의 저압 옥내 배선공사시 공사 방법으로 짝지어진 것은?**

① 금속관공사, CD 케이블공사, MI 케이블공사
② 개장된 케이블공사, 금속관공사, MI 케이블공사
③ CD 케이블공사, MI 케이블공사, 제1종 캡타이어 케이블공사
④ 개장된 케이블공사, CD 케이블공사, 제1종 캡타이어 케이블공사

정답 ②

폭연성 먼지 위험장소의 저압 옥내 전기설비 시설을 위한 공사 방법에는 금속관공사 및 케이블공사가 있다. 케이블은 개장된 케이블 및 MI 케이블을 사용한다.

## 2. 가연성 먼지 위험장소의 저압 옥내 전기설비

### (1) 가연성 먼지 위험장소의 범위

소맥분, 전분, 유황 기타 가연성의 먼지가 공중에 떠다니는 상태에서 착화했을 때에 폭발할 우려가 있는 장소

### (2) 사용 가능한 공사 방법

① 금속관공사의 시설

㉠ 금속관은 박강 전선관 또는 이와 동등 이상의 강도를 가지는 것을 사용한다.

㉡ 관과 박스, 기타 부속품, 전기기계기구와의 접속은 5턱 이상 나사 조임으로 접속하는 방법과 이와 동등 이상의 효력이 있는 방법으로 견고하게 접속한다.

② 케이블공사의 시설

전선을 전기기계기구에 인입하는 경우 패킹 또는 충진제를 사용하여 인입구로부터 먼지가 내부에 침입하지 않도록 하고, 인입구에서 전선이 손상될 우려가 없도록 시설한다.

③ 이동전선의 시설

이동전선은 0.6/1[kV] EP 고무절연 클로로프렌 캡타이어케이블 또는 0.6/1[kV] 비닐절연 비닐 캡타이어케이블을 사용하며 중간에 접속 부분이 생기지 않도록 하고, 손상을 받을 우려가 없도록 시설한다.

④ 합성수지관공사의 시설(두께 2[mm] 미만의 합성수지전선관 및 난연성이 없는 콤바인덕트관 제외)

㉠ 합성수지관 및 박스 기타의 부속품이 쉽게 마모되거나 손상을 받을 우려가 없도록 시설하며 먼지가 내부에 침입하지 않도록 한다.

㉡ 관과 전기기계기구는 관 상호간 혹은 관과 박스 연결시 삽입하는 길이를 관의 바깥지름의 1.2배(접착제를 사용하는 경우 0.8배) 이상으로 하며 꽂음 접속에 의해 견고하게 접속한다.

⑤ 전기기계기구 및 부속품의 시설

㉠ 전선과 전기기계기구는 지지나사, 스프링와셔를 사용하여 진동으로 인해 헐거워지지 않도록 견고하게 고정하며, 또한 전기적으로 완전하게 접속한다.

㉡ 전기기계기구는 먼지 방폭형 보통 방진 구조로 되어 있는 것을 사용한다.

㉢ 전동기에 접속하는 부분에서 가요성을 필요로 하는 부분의 배선에는 먼지 방폭형 유연성 부속을 사용한다.

**핵심 유형 문제**

**1** **가연성 먼지에 전기설비가 발화원이 되어 폭발할 우려가 있는 곳에 합성수지관공사로 저압 옥내 배선을 하는 경우 전동기에 접속하는 부분에서 가요성을 필요로 할 때 사용되는 방폭형 부속품은?**

① 유연성 부속
② 먼지 유연성 부속
③ 안전 증가 유연성 부속
④ 먼지 방폭형 유연성 부속

정답 ④

가연성 먼지 위험장소의 전기설비 시설에서 전동기에 접속하는 부분에 가요성을 필요로 하는 부분의 배선에는 먼지 방폭형 유연성 부속을 사용한다.

## 3. 먼지가 많은 그 밖의 위험장소(불연성 먼지가 많은 장소)의 저압 옥내 전기설비

### (1) 불연성 먼지가 많은 장소의 범위

정미소, 제분소, 시멘트 제조장 등 불연성 먼지가 많은 장소

### (2) 사용 가능한 공사 방법

① 애자공사, 합성수지관공사, 금속관공사, 금속덕트공사, 버스덕트공사(환기형 덕트 제외), 케이블공사(캡타이어케이블 포함)

② 전기기계기구 및 부속품의 시설

㉠ 면, 마, 견 기타 타기 쉬운 섬유의 먼지가 있는 곳에 전기기계기구를 시설하는 경우 먼지가 착화할 우려가 없도록 시설한다.

㉡ 전기기계기구로서 먼지가 부착되어 온도가 비정상적으로 상승하거나 절연성능 혹은 개폐기구의 성능이 나빠질 우려가 있는 곳은 방진장치를 한다.

㉢ 전선과 전기기계기구는 진동에 의해 헐거워지지 않도록 견고하고 전기적으로 완전하게 접속한다.

**핵심 유형 문제**

**1** **불연성 먼지가 많은 장소에 시설할 수 없는 저압 옥내 배선의 방법은?**

① 금속관 배선
② 애자 사용 배선
③ 금속제 가요전선관 배선
④ 두께가 1.2[mm]인 합성수지관 배선

정답 ④

- 애자공사, 합성수지관공사, 금속관공사, 유연성전선관공사, 금속덕트공사, 버스덕트공사(환기형의 덕트 사용 제외), 케이블공사에 의해 시설한다.
- 합성수지관공사로 시설시 관의 두께가 2[mm] 이상이어야 한다.

## 4. 가연성 가스 등의 위험장소의 저압 옥내 전기설비

### (1) 가연성 가스 위험장소의 범위

프로판 가스 등의 가연성 가스 또는 에탄올, 메탄올 등의 인화성 물질의 증기가 누출되거나 체류하여 전기설비가 발화원이 되어 폭발할 우려가 있는 장소

### (2) 사용 가능한 공사 방법

① 금속관공사의 시설

㉠ 금속관은 박강 전선관 또는 이와 동등 이상의 강도를 가지는 것을 사용한다.

㉡ 관과 박스, 기타 부속품, 전기기계기구와의 접속은 5턱 이상 나사 조임으로 접속하는 방법과 이와 동등 이상의 효력이 있는 방법으로 견고하게 접속한다.

㉢ 전동기에 접속할 때 가요성을 필요로 하는 부분의 배선은 내압의 방폭형 또는 안전증가 방폭형의 유연성 부속을 사용한다.

② 케이블공사의 시설

㉠ 개장된 케이블 및 MI 케이블을 사용하는 경우 이외에는 관 기타의 방호장치에 넣어 사용한다.

㉡ 전기기계기구에 인입하는 경우 인입구에서 전선이 손상될 우려가 없도록 시설한다.

③ 이동전선의 시설

이동전선은 0.6/1[kV] EP 고무절연 클로로프렌 캡타이어케이블을 사용하는 이외의 전선을 전기기계기구에 인입할 경우에는 인입구에서 먼지가 내부로 침입하지 않도록 하고, 인입구에서 전선이 손상될 우려가 없도록 시설한다.

④ 전기기계기구 및 부속품의 시설

㉠ 전선과 전기기계기구는 진동에 의해 헐거워지지 않도록 견고하고 또한 전기적으로 완전하게 접속한다.

㉡ 전기기계기구의 방폭구조는 내압 방폭구조, 압력 방폭구조나 유입 방폭구조 또는 이와 동등 이상의 방폭 성능을 가지는 구조로 되어 있는 것을 사용한다.

## 5. 위험물 등이 존재하는 장소의 저압 옥내 전기설비

### (1) 위험물 등이 존재하는 장소의 범위

셀룰로이드, 성냥, 석유류 기타 타기 쉬운 위험한 물질을 제조하거나 저장하는 장소

### (2) 사용 가능한 공사 방법

① 금속관공사의 시설

금속관은 박강 전선관 또는 이와 동등 이상의 강도를 가지는 것을 사용한다.

② 케이블공사의 시설

개장된 케이블 및 MI 케이블을 사용하는 경우 이외에는 관 기타의 방호장치에 넣어 사용한다.

③ 합성수지관공사의 시설(두께 2[mm] 미만의 합성수지전선관 및 난연성이 없는 콤바인덕트관 제외)

합성수지관 및 박스 기타의 부속품이 쉽게 마모되거나 손상을 받을 우려가 없도록 시설한다.

④ 이동전선의 시설

㉠ 이동전선은 0.6/1[kV] EP 고무절연 클로로프렌 캡타이어케이블 또는 0.6/1[kV] 비닐절연 비닐 캡타이어 케이블을 사용하며 손상을 받을 우려가 없도록 시설한다.

㉡ 인입구에서 손상을 받을 우려가 없도록 시설한다.

⑤ 전기기계기구 및 부속품의 시설

㉠ 전선과 전기기계기구는 진동에 의해 헐거워지지 않도록 견고하고 또한 전기적으로 완전하게 접속한다.

㉡ 통상의 사용 상태에서 불꽃 또는 아크를 일으키거나 온도가 현저히 상승할 우려가 있는 전기기계기구는 위험물에 착화할 우려가 없도록 시설한다.

**핵심 유형 문제**

**1** **셀룰로이드, 성냥, 석유류 등 기타 가연성 위험물질을 제조 또는 저장하는 장소의 배선 방법이 아닌 것은?**

① 두께가 2[mm] 미만의 합성수지제 전선관을 사용할 것

② 배선은 금속관 배선, 합성수지관 배선, 또는 케이블 배선에 의할 것

③ 금속관은 박강 전선관 또는 이와 동등 이상의 강도가 있는 것을 사용할 것

④ 합성수지관 배선에 사용하는 합성수지관 및 박스 기타 부속품은 손상 우려가 없도록 시설할 것

정답 ①

합성수지관공사는 두께 2[mm] 미만의 합성수지 전선관 및 난연성이 없는 콤바인 덕트관을 사용하는 것은 제외하며, 합성수지관 및 박스 기타의 부속품은 손상을 받을 우려가 없도록 시설해야 한다.

## 6. 화약류 저장소 등의 위험장소의 저압 옥내 전기설비

### (1) 화약류 저장소 등의 위험장소의 범위

화약, 폭약 및 화공품을 포함하는 화약류의 저장소로 다량의 화약류가 저장되어 있어 사고가 발생할 경우 피해가 크게 발생하는 곳이다. 원칙적으로 전기설비를 시설하는 것을 금지하나 화약고 내의 조명에 필요한 최소한의 전기설비의 시설을 인정한다.

### (2) 사용 가능한 공사 방법

시설 가능한 전기사용 기계기구는 전로의 대지전압이 300[V] 이하인 형광등 등이며, 개폐기 및 과전류차단기는 화약고 밖에 시설한다.

① 금속관공사의 시설

금속관은 박강 전선관 또는 이와 동등 이상의 강도를 가지는 것을 사용한다.

② 케이블공사의 시설(캡타이어케이블 제외)

개장된 케이블 및 MI 케이블을 사용하는 경우 이외에는 관 기타의 방호장치에 넣어 사용한다.

③ 전기기계기구 및 부속품의 시설

㉠ 전기기계기구는 전폐형의 것을 사용한다.

㉡ 케이블을 전기기계기구에 인입할 때에는 인입구에서 케이블이 손상될 우려가 없도록 시설한다.

④ 개폐기 및 과전류차단기의 시설

㉠ 개폐기 및 과전류차단기는 화약고의 옥외에 화약고로부터 최소 3[m] 이상 떨어진 장소에 시설한다.

㉡ 취급자 이외의 사람이 조작할 수 없도록 잠금장치를 설치한다.

㉢ 전로에 지락이 생겼을 때 자동적으로 전로를 차단하고 경보하는 장치를 시설해야 한다.



**핵심 유형 문제**

**1** **화약류 저장소에서 백열전등이나 형광등 또는 이들에 전기를 공급하기 위한 전기설비를 시설하는 경우 전로의 대지전압[V]은?**

① 100[V] 이하　　② 150[V] 이하

③ 220[V] 이하　　④ 300[V] 이하

정답 ④

화약류 저장소 안에는 전기설비를 시설해서는 안 된다. 다만, 조명기구에 전기를 공급하기 위한 전기설비는 시설 가능하며 전기사용기계기구는 전로의 대지전압이 300[V] 이하이어야 한다.

## 7. 전시회, 쇼 및 공연장의 전기설비

### (1) 전시회, 쇼 및 공연장의 전기설비의 범위

극장, 영화관, 공연장, 무대, 무대마루 밑, 오케스트라 박스, 영사실 등과 같이 대중이 집합하는 장소와 무대 기타 특수한 설비가 있어 사고가 발생하기 쉽고, 사고 발생시 대중이 혼란을 일으켜 재해가 확대될 우려가 있는 장소이다.

### (2) 전기설비의 사용전압

저압 옥내 배선, 전구선, 이동전선은 사용전압이 400[V] 이하이어야 한다.

### (3) 배선설비

① 배선용 케이블 : 구리 도체, 최소 단면적 1.5[$mm^2$] 이상

② 무대마루 밑 전구선 : 300/300[V] 편조 고무코드, 0.6/1[kV] EP 고무절연 클로로프렌 캡타이어케이블

③ 이동전선 : 0.6/1[kV] EP 고무절연 클로로프렌 캡타이어케이블 또는 0.6/1[kV] 비닐절연 비닐 캡타이어케이블

④ 전시회 등에 사용하는 건축물에는 화재경보기가 시설되어야 한다.

⑤ 화재경보기가 시설되지 않은 경우 난연성 케이블, 저발연 케이블, 화재방호 및 보호등급을 갖춘 비외장 케이블을 사용해야 한다.

⑥ 기계적 손상의 위험이 있는 경우에는 외장케이블 또는 적당한 방호 조치를 한 케이블을 시설해야 한다.

⑦ 비상 조명을 제외한 조명용 분기회로 및 정격 32[A] 이하의 콘센트용 분기회로는 정격 감도 전류 [mA] 이하의 누전차단기로 보호해야 한다.

**핵심 유형 문제**

**1** **무대, 오케스트라 박스 등 흥행장의 저압 옥내 배선공사의 사용전압은 몇 [V] 이하인가?**

① 200　　② 300

③ 400　　④ 500

정답 ③

저압 옥내 배선, 전구선, 이동전선은 사용전압이 400[V] 이하이어야 한다.

## 8. 터널, 갱도, 기타 이와 유사한 장소의 저압 옥내 전기설비

### (1) 사람이 상시 통행하는 터널 안의 배선 시설

① 사용전압은 저압에 한한다.

② 합성수지관공사, 금속관공사, 금속제 가요전선관공사, 케이블공사로 시설한다.

③ 애자공사로 시설할 경우 공칭단면적 2.5[$mm^2$]의 연동선과 동등 이상의 세기 및 굵기의 절연전선(옥외용 비닐절연전선, 인입용 비닐절연전선 제외)을 사용하고, 이를 노면상 2.5[m] 이상의 높이로 시설한다.

④ 터널의 입구에 가까운 곳에 전용 개폐기를 시설한다.

(2) 광산 기타 갱도 안의 시설

① 사용전압은 저압 또는 고압에 한한다.

② 저압 배선은 케이블공사에 의하여 시설한다.

③ 애자공사로 할 경우에는 다음에 따른다.

㉠ 사용전압이 400[V] 이하인 저압 배선에 시설한다.

㉡ 공칭단면적 2.5[$mm^2$]의 연동선과 동등 이상의 세기 및 굵기의 절연전선(옥외용 비닐절연전선, 인입용 비닐절연전선 제외)을 사용한다.

㉢ 전선 상호 간의 사이를 적당히 떨어지게 하고 또한 암석 또는 목재와 접촉하지 않도록 절연성, 난연성 및 내수성의 애자로 전선을 지지한다.

④ 갱 입구와 가까운 곳에 전용 개폐기를 시설한다.

(3) 터널 등의 전구선 시설(사용전압 400[V] 이하)

① 단면적 0.75[$mm^2$] 이상의 300/300[V] 편조 고무코드 또는 0.6/1[kV] EP 고무절연 클로로프렌 캡타이어케이블을 사용한다.

② 사람이 쉽게 접촉할 우려가 없도록 시설하는 경우에는 단면적 0.75[$mm^2$] 이상의 연동연선을 사용하는 450/450[V] 내열성에틸렌아세테이트 고무 절연전선을 사용할 수 있다.

(4) 터널 등의 이동전선 시설

① 용접용 케이블, 300/300[V] 편조 고무코드, 비닐 코드, 캡타이어케이블

② 400[V] 초과인 저압의 이동전선은 0.6/1[kV] EP 고무절연 클로로프렌 캡타이어케이블로서 단면적이 0.75[$mm^2$] 이상인 것을 사용한다.

③ 터널 등에 시설하는 저압의 이동전선과 저압 배선과의 접속에는 꽂음 접속기나 기타 이와 유사한 기구를 사용해야 한다.

④ 특고압의 이동전선은 터널 등에 시설해서는 안 된다.

**핵심 유형 문제**

**1** **사람이 상시 통행하는 터널 내부에 시설하는 배선의 사용전압이 저압일 때 배선 방법으로 틀린 것은?**

① 금속관 배선 ② 금속덕트 배선

③ 합성수지관 배선 ④ 금속제 가요전선관 배선

정답 ②

사람이 상시 통행하는 터널 안의 배선은 사용전압이 저압의 것에 한하고 다음의 공사 방법에 따라 시설한다.

- 애자공사
- 금속관공사
- 케이블공사
- 합성수지관공사
- 금속제 가요전선관공사

## 9. 기타 특수 장소의 시설

### (1) 진열장의 내부 배선

① 시설 장소

건조한 장소 및 내부를 건조한 상태로 사용하는 진열장 내부로서 외부에서 볼 때 차폐물이 없어 들여다볼 수 있거나 투명한 유리를 통해 볼 수 있는 장소에 시설한다.

② 전기설비의 사용전압 : 400[V] 이하

③ 사용 전선 : 단면적 0.75[$mm^2$] 이상의 코드 또는 캡타이어케이블

④ 배선 방법 : 합성수지몰드공사, 금속관공사, 금속몰드공사, 금속제 가요전선관공사, 케이블공사

⑤ 시설 방법

㉠ 코드 또는 캡타이어케이블은 직접 조영재에 밀착하여 배선한다.

㉡ 배선과의 접속은 꽂음 플러그 접속기 기타 이와 유사한 기구를 사용하여 시공한다.

㉢ 인입구 부분에는 전선을 손상할 우려가 없도록 보호장치 또는 적당한 조치를 한다.

㉣ 접속부에는 코드에 가해지는 장력이 직접 가해지지 않도록 단말 처리할 수 있는 장력 완화 장치를 갖추어야 한다.

㉤ 금사 코드를 사용한 것은 그 유효 길이를 2.0[m] 이하로 하여야 한다.

### (2) 옥외등

① 시설 장소

옥측 및 옥외에 사용하는 가로등, 보안등, 조경등과 같은 옥외등을 설치하는 장소에 시설한다.

② 전기설비의 사용전압 : 대지전압 300[V] 이하

③ 사용 전선 : 단면적 2.5[$mm^2$] 이상의 절연전선

④ 배선 방법 : 애자공사(지표상 2[m] 이상의 높이에서 노출된 장소에 시설할 경우), 금속관공사, 케이블공사(목조 이외의 조영물에 시설하는 경우 : 알루미늄피 등 금속제 외피가 있는 케이블)

⑤ 시설 방법

㉠ 외등과 옥내등을 병용하는 분기회로는 20[A] 과전류차단기 분기회로로 시설한다.

㉡ 옥내등 분기회로에서 옥외등 배선을 인출할 경우, 인출점 부근에 개폐기 및 과전류차단기를 시설해야 한다.

㉢ 옥외등의 인하선은 사람의 접촉과 전선피복의 손상을 방지할 수 있도록 시설한다.

㉣ 개폐기, 과전류차단기, 기타 이와 유사한 기구는 옥내에 시설한다. 다만, 견고한 방수함 속에 설치하거나 또는 방수형의 것은 적용하지 않는다.

㉤ 노출하여 사용하는 소켓 등은 선이 부착된 방수소켓 또는 방수형 리셉터클을 사용하고 아래 방향으로 시설한다.

㉥ 부브라켓 등을 부착하는 목대에 삽입하는 절연관은 하향으로 하고 전선을 따라 빗물이 새어 들어가지 않도록 한다.

ⓢ 파이프펜던트 및 직부기구는 하향으로 부착하지 않는다. 다만, 처마 밑에 부착하는 것 또는 방수장치가 되어 플렌지 내에 빗물이 스며들 우려가 없는 것은 적용하지 않는다.

ⓞ 파이프펜던트 및 직부기구를 상향으로 부착할 경우는 홀더의 최하부에 지름 3[mm] 이상의 물을 빼는 구멍을 2개소 이상 구성하거나 방수형으로 한다.

### (3) 전주외등

① 시설 장소

전주, 도로 및 보도의 시설물 등에 형광등, 고압방전등, LED등 등을 설치하는 장소에 시설한다.

② **전기설비의 사용전압** : 대지전압 300[V] 이하

③ **사용 전선** : 단면적 2.5[$mm^2$] 이상의 절연전선

④ **배선 방법** : 금속관공사, 케이블공사, 합성수지관공사

⑤ 시설 방법

㉠ 기구는 광원의 손상을 방지하기 위하여 원칙적으로 갓 또는 글로브가 붙은 것을 사용한다.

㉡ 기구는 전구를 쉽게 갈아 끼울 수 있는 구조이어야 한다.

㉢ 기구의 인출선은 도체단면적이 0.75[$mm^2$] 이상이어야 한다.

㉣ 기구의 부착밴드 및 부착용 부속금구류는 아연도금하여 방식 처리한 강판제 또는 스테인레스제를 사용하고, 쉽게 부착할 수도 있고 뗄 수도 있어야 한다.

㉤ 배선이 전주에 연한 부분은 1.5[m] 이내마다 새들 또는 밴드로 지지해야 한다.

㉥ 등주 안 전선의 접속은 절연 및 방수성능이 있는 방수형 접속재를 사용하거나 적절한 방수함 안에서 접속해야 한다.

### (4) 전기울타리

① 시설 장소

목장 혹은 논밭 등 옥외에서 가축의 탈출 또는 야생짐승의 침입을 방지하기 위해서 시설한다.

② **전기설비의 사용전압** : 대지전압 250[V] 이하

③ **사용 전선** : 인장강도 1.38[kN] 이상의 것 또는 지름 2[mm] 이상의 경동선

④ 전기울타리의 시설

㉠ 전기울타리는 사람이 쉽게 출입하지 않는 곳에 시설한다.

㉡ 전선과 이를 지지하는 기둥 사이의 간격은 25[mm] 이상으로 한다.

㉢ 전선과 다른 시설물(가공전선 제외) 또는 수목과의 간격은 0.3[m] 이상이어야 한다.

㉣ 전기울타리 전원장치의 외함 및 변압기의 철심은 접지공사를 해야 한다.

㉤ 위험표시

ⓐ 사람이 전기울타리에 접근 가능한 모든 곳에 보기 쉽도록 적당한 간격으로 경고표시를 해야 한다.

ⓑ 크기는 100[mm] × 200[mm] 이상으로 한다.

ⓒ 경고판 양쪽 면의 배경색은 노란색으로 한다.

ⓓ 경고판 위에 있는 글씨는 검정색, 글자는 "감전주의 : 전기울타리"로 한다.

ⓔ 글자는 지워지지 않도록 경고판 양쪽에 새겨져야 하며, 크기는 25[mm] 이상으로 한다.

(5) 교통신호등

① 시설 장소

교통신호기와 신호등의 전기시설물 배선을 의미하며, 교통신호등은 경찰청의 교통신호등 표준지침 및 교통신호기의 표준규격서 기준에 적합한 제품을 사용하여 시설해야 한다.

② 전기설비의 사용전압 : 300[V] 이하

③ 사용 전선

㉠ 케이블 : 1.5[$mm^2$] 450/750[V] 이하 염화비닐절연케이블, 450/750[V] 이하 염화비닐절연케이블

㉡ 절연전선 : 공칭단면적 2.5[$mm^2$] 연동선, 450/750[V] 일반용 단심 비닐절연전선, 450/750[V] 내열성 에틸렌아세테이트 고무절연전선

④ 시설 방법

㉠ 교통신호등의 2차측 배선

ⓐ 제어장치의 2차측 배선을 케이블로 시설하는 경우에는 지중전선로 규정에 따라 시설한다.

ⓑ 제어장치의 2차측 배선 중 전선(케이블은 제외한다)을 조가용선으로 조가하여 시설하는 경우

- 조가용선 : 인장강도 3.7[kN] 이상의 금속선 또는 지름 4[mm] 이상의 아연도철선을 2가닥 이상 꼰 금속선을 사용한다.
- 금속선에는 전선피복의 손상 또는 자연열화 때 누전에 의한 위험을 방지하기 위해, 지지점 또는 이에 가까운 개소에 애자를 삽입한다.

㉡ 인하선

ⓐ 인하선의 높이는 지표상 2.5[m] 이상으로 한다.(금속관공사, 케이블공사에 의한 경우 적용하지 않는다)

ⓑ 전선을 애자공사에 의하여 시설하는 경우에는 전선을 적당한 간격마다 묶어야 한다.

㉢ 개폐기 및 과전류차단기

ⓐ 교통신호등의 제어장치 전원측에는 전용 개폐기 및 과전류차단기를 각 극에 시설한다.

ⓑ 교통신호제어기의 과전류 차단조건은 최대 20[mA]로 한다.

㉣ 누전차단기 : 교통신호등 회로의 사용전압이 150[V]를 넘는 경우는 전로에 지락이 생겼을 경우 자동적으로 전로를 차단하는 누전차단기를 시설해야 한다.

㉤ 접지 : 교통신호등의 제어장치의 금속제외함 및 신호등을 지지하는 철주에는 접지공사를 해야 한다.

**핵심 유형 문제**

**1** 교통신호등 회로의 사용전압이 몇 [V]를 초과하는 경우에는 지락 발생시 자동적으로 전로를 차단하는 장치를 시설하여야 하는가?

① 50 ② 100
③ 150 ④ 200

정답 ③

교통신호등 회로의 사용전압이 150[V]를 넘는 경우는 전로에 지락이 생겼을 경우 자동적으로 전로를 차단하는 누전차단기를 시설해야 한다.

(6) 이동식 숙박차량 정박지, 야영지

① 시설 장소

레저용 숙박차량(이동식 숙박차량 포함) 또는 숙박차량에 접속하기 위한 시설을 갖춘 숙박차량 정박지 내의 전기설비부분 그리고 이동식 숙박차량과 전동기부착 이동식 숙박차량의 내부 전기설비에 적용한다.

② 표준 전압 : 220/380[V] 이하

③ 사용 전선 : 지중케이블, 가공케이블, 가공절연전선

④ 시설 방법

㉠ 지중케이블의 매설 깊이

ⓐ 차량 기타 중량물의 압력을 받을 우려가 있는 장소 : 1.0[m] 이상

ⓑ 기타 장소 : 0.6[m] 이상

㉡ 가공케이블과 가공절연전선의 시설

ⓐ 모든 가공전선은 절연되어야 한다.

ⓑ 가공배선을 위한 전주 또는 다른 지지물은 차량의 이동에 의하여 손상을 받지 않는 장소에 설치하거나 손상을 받지 아니하도록 보호되어야 한다.

ⓒ 가공전선은 차량이 이동하는 모든 지역에서 지표상 6[m], 다른 모든 지역에서는 4[m] 이상의 높이로 시설하여야 한다.

⑤ 모든 콘센트와 이동식 주택 또는 이동식 조립주택에 공급하기 위해 고정 접속되는 최종분기회로는 정격감도전류가 30[mA] 이하인 누전차단기(중성선을 포함한 모든 극이 차단되는 것)에 의하여 개별적으로 보호되어야 한다.

(7) 마리나 및 이와 유사한 장소

① 시설 장소

스포츠 혹은 레저 전용으로 사용하는 보트, 배, 요트, 대형 모터보트와 같은 놀이용 수상 기계기구와 놀이용 수상 기계기구의 계류가 가능한 설비를 갖춘 고정된 선착장, 방축, 잔교, 또는 복수의 마리나, 내수면의 한

곳에 위치하기도 하며, 영구 거주지로 사용될 수 있도록 설계되고 맞추어진 부상갑판 구조물인 선상가옥에 시설한다.

② **표준 전압** : 220/380[V] 이하

③ **사용 전선**

㉠ 지중케이블, 가공케이블, 가공절연전선

㉡ 구리 도체로서 열가소성 또는 탄성재료 절연케이블로 움직임·충격·부식 및 주위온도 등의 외부영향을 고려한 적절한 케이블 관리시스템에 따라 설치된 케이블

㉢ PVC 보호피복의 무기질 절연케이블

㉣ 열가소성 또는 탄성재료 피복의 외장케이블

④ **시설 방법**

㉠ 케이블 및 케이블 관리시스템은 조류 및 물에 뜨는 구조물의 다른 움직임에 의한 기계적 손상이 없도록 선정 및 시공되어야 한다.

㉡ 지중케이블의 매설 깊이

ⓐ 차량 기타 중량물의 압력을 받을 우려가 있는 장소 : 1.0[m] 이상

ⓑ 기타 장소 : 0.6[m] 이상

㉢ 가공케이블 및 가공절연전선의 시설

ⓐ 모든 가공전선은 절연되어야 한다.

ⓑ 가공배선을 위한 전주 또는 다른 지지물은 차량의 이동에 의하여 손상을 받지 않는 장소에 설치하거나 손상을 받지 아니하도록 보호되어야 한다.

ⓒ 가공전선은 차량이 이동하는 모든 지역에서 지표상 6[m], 다른 모든 지역에서는 4[m] 이상의 높이로 시설하여야 한다.

⑤ **보호장치**

㉠ 누전차단기 : 중성극을 포함한 모든 극을 차단하고 콘센트를 개별적으로 보호해야 한다.

ⓐ 정격전류가 63[A] 이하인 모든 콘센트 : 정격감도전류 30[mA] 이하

ⓑ 정격전류가 63[A] 초과인 콘센트 : 정격감도전류 300[mA] 이하

⑥ **계통접지 및 전원공급**

마리나에서 TN 계통의 사용시 TN-S 계통만을 사용하여야 한다. 육상의 절연변압기를 통하여 보호하는 경우를 제외하고 누전차단기를 사용하여야 한다. 또한, 놀이용 수상 기계기구 또는 선상가옥에 전원을 공급하는 최종회로는 PEN 도체를 포함해서는 안 된다.

# CHAPTER 09 조명설비 및 기타 설비

## 1 조명설비의 용어와 설계시 고려사항

### 1. 조명설비의 용어

(1) **광속**(F[lm])

광속은 빛의 속력을 나타내는 값으로 어떤 면을 통과하는 빛의 양이다. 단위는 루멘(lm)이다.

(2) **조도**(E[lx])

단위 면적당 비춰지는 빛의 밝기를 말한다. 단위는 럭스(lx)이다.

(3) **광도**(I[cd])

인간이 전자기파를 시각으로 인식하는 감도인 시감도에 기초하여 광원의 밝기를 나타내는 값으로, 단위는 칸델라(cd)이다.

(4) **광속 발산도**(M[$lm/m^2$])

광출사도라고도 하며, 단위 면적에 대한 발산 광속의 비를 나타낸다. 실내조명에는 균등할수록 이상적이다. 단위는 ($lm/m^2$)이다.

(5) **휘도**(B[$cd/m^2$])

어떤 광원의 단위 면적당의 광도이다. 단위는 니트(nt) 혹은 ($cd/m^2$)로 많이 사용한다.

### 2. 조명 설계시 고려사항

(1) 경제적으로 무리가 없도록 선정한다.

(2) 조명의 광색 및 연색성이 적절하도록 선정한다.

(3) 심리적 효과 및 미적 효과를 고려해야 선정한다.

(4) 실내 조명에서 광속 발산도는 균등할수록 이상적이다.

(5) 휘도 대비가 커지면 불쾌감이 발생하므로 적당한 휘도를 선정한다.

(6) 적당한 기준에 맞추어 비용 및 경제성을 고려하여 조도를 선정한다.

(7) 물체를 실제대로 보기 위해서 적당한 그림자가 생기도록 한다. 시선이 가까운 곳에 지장이 되는 그림자가 10[%] 이상 생기지 않도록 한다.

## 2 조명방식의 분류

### 1. 광속에 따른 분류

(1) 직접 조명기구

특정한 장소만을 고조도로 하기 위한 조명방식이다.

(2) 간접 조명기구

전구에서 발산된 광원을 천장이나 벽에 비추고 그 반사광을 이용하는 조명방식이다.

(3) 반직접 조명기구

반투명의 유리나 플라스틱을 사용하여 빛의 60~90%가 대상체에 직접 조사하고 나머지는 천장이나 벽에서 반사되어 조사되는 방식이다.

(4) 반간접 조명기구

반투명의 유리나 플라스틱을 사용하여 빛의 10~40%가 대상체에 직접 조사하고 나머지는 천장이나 벽에서 반사되어 조사되는 방식이다.

(5) 전반 확산 조명기구

조명기구를 일정한 높이와 간격으로 배치하여 방 전체를 균일하게 조명하는 방식으로 빛을 방 전체에 확산하도록 하는 조명방식이다.

(6) 전기조명방식에 따른 광속의 양

| 전기 조명방식 | 광속의 양[%] | |
|---|---|---|
| | 상방향(위) | 하방향(아래) |
| 직접 | 0~10 | 90~100 |
| 반직접 | 10~40 | 60~90 |
| 전반 확산 | 40~60 | 40~60 |
| 반간접 | 60~90 | 10~40 |
| 간접 | 90~100 | 0~10 |

### 2. 설치 장소에 따른 분류

(1) 코브 조명방식

U자 형태로 천장과 벽에 조명을 감추고, 반사광을 통해 비추는 방식이다.

(2) 코퍼방식

천장 면을 사각형이나 원형으로 파내고 그 내부에 조명기구를 매립하는 방식이다.

(3) 밸런스방식

창이나 벽면에 커튼을 설치한 후 커튼의 상부 및 하부로 빛이 나오도록 하여 천장면에 반사시킴으로써 실내 전반을 조명하는 방식이다.

(4) 다운라이트방식

천장에 작은 구멍을 뚫고 등기구를 매입시키는 방식이다.

(5) 광천장 조명방식

천장 전면을 확산투과성 재료로 덮고, 그 위에 광원을 배치한 조명방식이다. 광원의 눈부심을 방지하고 바닥이나 작업면에 균일한 밝기를 얻을 수 있다.

## 3. 광원의 높이(H[m])와 광원의 간격(S[m])

- $H_0$[m] : 작업면과 천장 사이의 거리이다.

(1) 직접 조명기구

$$H = \frac{2}{3}H_0[\mathrm{m}]$$

(2) 간접 조명기구

$$H = \frac{4}{5}H_0[\mathrm{m}]$$

(3) 전반 확산조명시 광원의 간격

$$S \leqq 1.5 \times H_0[\mathrm{m}]$$

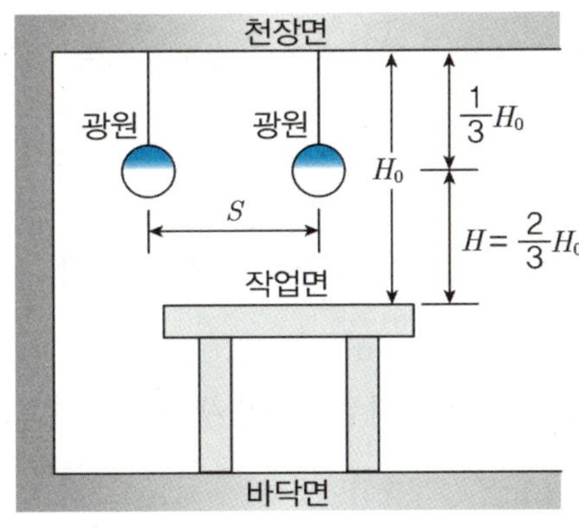


▲ 직접 조명 기구

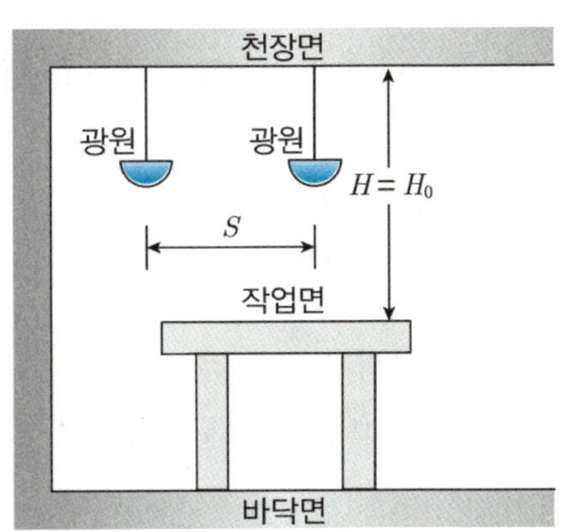


▲ 간접 및 반간접 조명 기구

# 3 소방설비

## 1. 자동 화재 탐지설비

### (1) 감지기

화재가 발생했을 때 열, 연기, 불꽃 등을 자동으로 감지하여 수신기로 신호를 보내는 장치

### (2) 발신기

화재발생 신호를 수신기에 발신하는 장치

### (3) 수신기

감지기와 발신기에서 발생하는 화재신호를 수신하여 화재의 발생을 표시, 경보하는 장치

### (4) 중계기

감지기, 발신기의 장치에서 발생하는 신호를 받아 수신기가 인식할 수 있도록 신호를 변환하여 전달하는 장치

### (5) 경보기

감지신호를 수신하여 소리 혹은 시각 정보를 출력하는 장치

## 2. 화재감지기의 종류

### (1) 광전식 연기감지기

화재시 발생하는 연기가 발광 다이오드로부터 나오는 적외선을 산란시켜 광전소자의 수광량이 변하여 작동하는 감지기이다.

### (2) 이온화식 연기감지기

공기를 이온화하여 평소 미세한 전류가 흐르다 미립자가 감지되면 전류량이 감소하는 것을 검출하여 작동하는 감지기이다.

### (3) 차동식 스포트형감지기

일정한 장소의 열을 감지하여 주위 온도가 일정 상승률이 되는 경우 작동하는 감지기이다.

### (4) 차동식 분포형감지기

넓은 범위에서의 단위시간당 감지온도의 상승률이 기준값 이상일 경우 화재발생으로 감지하는 감지기이다.

# 4 전기 배선 및 전기 도면의 기호(심벌)

## 1. 주요 배선기기 기호(심벌)

| 심벌 | 명칭 | 심벌 | 명칭 |
|---|---|---|---|
| | 노출 배선 | | 접지 |
| | 천장 은폐 배선 | | 전선의 접속점 |
| | 바닥 은폐 배선 | | 풀박스, 접속함 |
| | 지중 매설 배선 | | 점검구 |
| | 전선수 표기(2선) | | 전선수 표기(3선) |

## 2. 주요 전기 도면 기호(심벌)

| 심벌 | 명칭 | 심벌 | 명칭 |
|---|---|---|---|
| R | 백열등 | ● | 점멸기(스위치) |
| | 벽부등 | ●3 | 3로 스위치 |
| | 형광등 | TS | 타임 스위치 |
| | 유도등 | B | 배선용 차단기 |
| | 보안등 | E | 누전차단기 |
| CL | 실링등(직접부착등) | BE | 과전류 소자붙이 누전차단기 |
| | 2구 콘센트 | S | 개폐기 |
| 3P | 3극 콘센트 | | 배전반 |
| E | 접지극붙이 콘센트 | | 분전반 |
| WP | 방우용 콘센트 | | 제어반 |
| | 천장 부착형 콘센트 | | 교류 차단기(단선도용) |
| | 비상 콘센트 | | 퓨즈 |
| M | 전동기 | | 포장 퓨즈 |
| G | 발전기 | | 피뢰기(단선도용) |
| H | 전열기 | | 교류 부하 개폐기(단선도용) |
| EQ | 지진 감지기 | | |

Craftsman
Electricity

Craftsman Electricity

# 7개년

# 기출복원문제

**2017**년 제**1**회 ~ **4**회 기출복원문제

**2018**년 제**1**회 ~ **4**회 기출복원문제

**2019**년 제**1**회 ~ **4**회 기출복원문제

**2020**년 제**1**회 ~ **4**회 기출복원문제

**2021**년 제**1**회 ~ **4**회 기출복원문제

**2022**년 제**1**회 ~ **4**회 기출복원문제

**2023**년 제**1**회 ~ **4**회 기출복원문제

# 2017년 제1회 기출복원문제

**01** 자기작용에 대한 설명으로 옳은 것은?

① 기자력의 단위는 [AT]를 사용한다.
② 자기회로에서 자속을 발생시키기 위한 힘을 기전력이라고 한다.
③ 자기회로의 자기저항이 작은 경우는 누설 자속이 매우 크다.
④ 평행한 두 도체 사이에 전류가 반대 방향으로 흐르면 흡인력이 작용한다.

**해설**
① 기자력의 단위는 [AT]를 사용한다.
② 기전력은 전류를 흐르게 하는 전위차이고, 기자력은 자속이 생기게 하는 힘이다.
③ 자기저항이 작은 경우는 누설 자속이 거의 발생하지 않는다.
④ 평행한 두 도체 사이에 전류가 같은 방향으로 흐르면 흡인력이 작용하고, 반대 방향으로 흐르면 반발력이 작용한다.

**02** 0.02[μF], 0.03[μF] 2개의 콘덴서를 직렬로 접속할 때의 합성 정전용량[μF]은?

① 0.05　② 0.012
③ 0.06　④ 0.016

**해설** 2개의 콘덴서를 직렬로 접속할 때 합성 정전용량 $\frac{1}{C}=\frac{1}{0.02}+\frac{1}{0.03}=\frac{100}{2}+\frac{100}{3}=\frac{500}{6}$,
$C=\frac{6}{500}=0.012[\mu F]$

| 합성 정전용량 | |
|---|---|
| 직렬연결 | $\frac{1}{C}=\frac{1}{C_1}+\frac{1}{C_2}$ |
| 병렬연결 | $C=C_1+C_2$ |

**03** Y-Y결선 회로에서 선간전압이 380[V]일 때 상전압은 약 몇 [V]인가?

① 190　② 219
③ 269　④ 380

**해설** Y결선 회로에서 선간전압 $V_l$과 상전압 $V_p$의 관계식은 $\dot{V_l}=\sqrt{3}\,V_p\angle\frac{\pi}{6}$이므로 $|V_p|=\frac{|V_l|}{\sqrt{3}}=\frac{380}{\sqrt{3}}$ ≒ 219.39[V]이다.

| | 전압 | 전류 |
|---|---|---|
| △결선 | $\dot{V_l}=\dot{V_p}$ | $\dot{I_l}=\sqrt{3}\,I_p\angle-\frac{\pi}{6}$ |
| Y결선 | $\dot{V_l}=\sqrt{3}\,V_p\angle\frac{\pi}{6}$ | $\dot{I_l}=\dot{I_p}$ |

**04** 3[Ω]의 저항과 4[Ω]의 유도성 리액턴스의 병렬회로가 있다. 이 병렬회로의 임피던스[Ω]는?

① 1.7　② 2.4　③ 3.2　④ 5

**해설** R-L 병렬회로에서 어드미턴스 $\dot{Y}=\frac{1}{R}-j\frac{1}{X_L}=\frac{1}{3}-j\frac{1}{4}=\frac{4-j3}{12}$[℧], $|Y|=\sqrt{\left(\frac{1}{3}\right)^2+\left(\frac{1}{4}\right)^2}=\frac{5}{12}$[℧]
임피던스 $|Z|=\frac{1}{|Y|}=\frac{12}{5}=2.4$[Ω]이다.

| 직렬회로 (임피던스 $Z$로 해석) | | 병렬회로 (어드미턴스 $Y$로 해석) | |
|---|---|---|---|
| R-L 직렬회로 | $\dot{Z}=R+jX_L=R+jwL$ | R-L 병렬회로 | $\dot{Y}=\frac{1}{R}-j\frac{1}{X_L}=\frac{1}{R}-j\frac{1}{\omega L}$ |
| R-C 직렬회로 | $\dot{Z}=R-jX_C=R-j\frac{1}{wC}$ | R-C 병렬회로 | $\dot{Y}=\frac{1}{R}+j\frac{1}{X_C}=\frac{1}{R}+j\omega C$ |

정답　01 ①　02 ②　03 ②　04 ②

**05** △-△ 평형회로에서 기전력 $E=200[V]$, 임피던스 $\dot{Z}=3+j4[\Omega]$일 때 상전류 $I_p[A]$는?

① 30 ② 40
③ 50 ④ 60

**해설** 임피던스 $\dot{Z}=3+j4[\Omega]$,
$|Z|=\sqrt{3^2+4^2}=5[\Omega]$이므로
상전류 $I_p=\frac{E}{|Z|}=\frac{200}{5}=40[A]$이다.

**06** 자속밀도 $1[Wb/m^2]$은 몇 [gauss]인가?

① $4\pi\times10^{-7}$ ② $10^{-6}$
③ $10^4$ ④ $\frac{4\pi}{10}$

**해설** [gauss, 가우스]는 자속밀도의 CGS 단위이다.
$1[Wb/m^2]=\frac{10^8[max]}{10^4[cm^2]}=10^4[max/cm^2]=10^4[gauss]$
$1[gauss]=10^{-4}[Wb/m^2]$

**07** R-C 병렬회로의 위상차는?

① $\tan^{-1}\omega CR$
② $\tan^{-1}\frac{1}{\omega CR}$
③ $\tan^{-1}\frac{R}{\omega C}$
④ $\tan^{-1}\frac{\omega C}{R}$

**해설** R-C 병렬회로에서 위상차를 해석할 때는 어드미턴도를 활용하는 것이 유리하다.
어드미턴스 $\dot{Y}=\frac{1}{R}+j\frac{1}{X_C}=\frac{1}{R}+j\omega C[℧]$

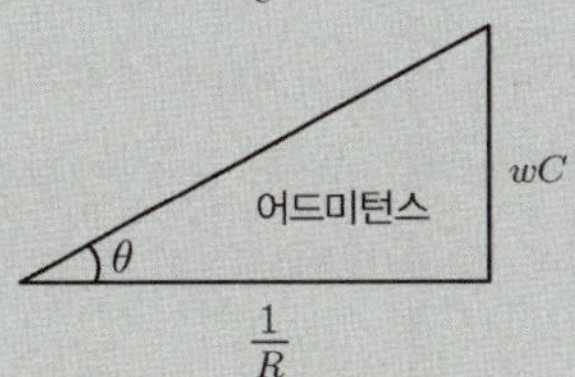


위상각 $\tan\theta=\frac{\omega C}{\frac{1}{R}}=\omega CR$, $\theta=\tan^{-1}\omega CR$

**08** 전기분해를 통하여 석출된 물질의 양은 전류와 어떤 관계가 있는가?

① 비례한다.
② 반비례한다.
③ 제곱에 비례한다.
④ 제곱에 반비례한다.

**해설** 패러데이의 법칙
- 전기분해를 하는 동안 전극에 흐르는 전하량과 전기분해로 인해 생긴 화학변화의 양 사이의 정량적인 관계를 나타내는 법칙. 전기량이 같을 때 석출되는 물질의 양은 전류의 전기량과 비례한다.
- $W=KQ=KIt[g]$ ($W$ : 석출되는 물질의 양, $k$ : 화학당량 $=\frac{원자량}{원자가}$)

**09** 1[Wb]의 자하량으로부터 발생하는 자기력선의 총 수[개]는?

① $6.33\times10^4$ ② $7.96\times10^5$
③ $8.855\times10^3$ ④ $1.256\times10^6$

7개년 기출복원문제

정답 05 ② 06 ③ 07 ① 08 ① 09 ②

**해설** 자속 $\phi = m = 1$[Wb],
진공 투자율 $\mu_o = 4\pi \times 10^{-7}$[H/m],
(공기 중에서) 비투자율 $\mu_s = 1$[H/m]
자기력선수 $N = \frac{m}{\mu} = \frac{m}{\mu_o \mu_s} = \frac{1}{4\pi \times 10^{-7}} = 7.96 \times 10^5$[개]
- 자기력선의 수 $N = \frac{m}{\mu}$[개]
- 자속수 $\phi = m$[Wb]

## 10 코일이 접속되어 있을 때, 누설 자속이 없는 이상적인 코일 간의 상호 인덕턴스는?

① $M = \sqrt{L_1 + L_2}$
② $M = \sqrt{L_1 - L_2}$
③ $M = \sqrt{L_1 L_2}$
④ $M = \sqrt{\frac{L_1}{L_2}}$

**해설** 상호 인덕턴스 $M = k\sqrt{L_1 L_2} = \sqrt{L_1 L_2}$

| [결합계수 $k$] | • $k=0$ : 자기적 결합이 전혀 없는 경우<br>• $0<k<1$ : 누설 자속이 있는 경우<br>• $k=1$ : 완전한 자기적 결합인 경우 (누설 자속이 0인 경우) |
|---|---|

## 11 다음 중 코일이 가지는 특성 및 기능으로 옳지 못한 것은?

① 전류의 변화를 안정시키려고 하는 특성
② 상호유도작용의 특징
③ 직류전류를 차단하고 교류전류를 통과시키려는 특성
④ 공진하는 특징

**해설** 코일(인덕터)은 고리 모양으로 도선을 감아 만든 전기소자의 한 종류이다.
자기장의 변화를 감소시키고 전류의 변화를 안정시키려고 하는 성질이 있다.
인덕터에 흐르는 전류의 시간에 따른 변화와 그로 인한 유도기전력의 비를 인덕턴스라고 한다.
- 상호유도작용 : 어떤 전기회로에 자속의 변화가 생겼을 때 그 변화를 방해하기 위해서 다른 전기회로에 기전력이 발생되는 현상
- 유도성 리액턴스 $X_L = \omega L = 2\pi f L$[Ω]이므로 직류($f=0$) 전원에서는 $X_L = 0$[Ω]이 되어 전류를 통과시키는 역할을 하고, 교류전류에서는 전류의 흐름을 방해하는 성질을 가진다.

## 12 진공 속에서 1[m]의 거리는 두고 $10^{-3}$[Wb]와 $10^{-5}$[Wb]의 자극이 놓여 있다면 그 사이에 작용하는 힘[N]은?

① $4\pi \times 10^{-5}$
② $4\pi \times 10^{-4}$
③ $6.33 \times 10^{-5}$
④ $6.33 \times 10^{-4}$

**해설** 쿨롱의 법칙에 의하면 두 자극 사이에 작용하는 힘
$$F = \frac{1}{4\pi\mu} \times \frac{m_1 \cdot m_2}{r^2} = 6.33 \times 10^4 \times \frac{m_1 \cdot m_2}{r^2}$$
$$= 6.33 \times 10^4 \times \frac{10^{-3} \times 10^{-5}}{1^2} = 6.33 \times 10^{-4}\text{[N]}$$이다.

## 13 공기 중에서 자속밀도 10[Wb/m²]의 평등 자계 내에 5[A]의 전류가 흐르고 있는 길이 60[cm]의 직선 도체를 자계의 방향에 대하여 30°의 각을 이루도록 놓았을 때 이 도체에 작용하는 힘[N]은?

① 15
② $15\sqrt{3}$
③ 30
④ $30\sqrt{3}$

정답 10 ③ 11 ③ 12 ④ 13 ①

**해설** 자속밀도 $B=10[\text{Wb/m}^2]$, 전류 $I=5[\text{A}]$, 도선의 길이 $l=0.6[\text{m}]$, 위상 $\theta=30°$이다.
자기장 내에 있는 도선에 전류가 흐를 때 도선에 작용하는 힘을 구하려면 플레밍의 왼손 법칙을 활용한다. 플레밍의 왼손 법칙에서 도선에 작용하는 힘 $F=BlI\sin\theta=10\times0.6\times5\times\sin30°=15[\text{N}]$

## 14 선간전압이 24,000[V], 선전류가 900[A], 역률 90[%] 부하의 소비전력[kW]은?

① 약 13,746　② 약 19,440
③ 약 27,492　④ 약 33,671

**해설** 선간전압 $V_l=24,000[\text{V}]=24[\text{kV}]$,
선전류 $I_l=900[\text{A}]$, 역률 $PF=\cos\theta=\frac{9}{10}$
소비전력 $P=\sqrt{3}\,V_lI_l\cos\theta=\sqrt{3}\times24\times900\times\frac{9}{10}$
$\fallingdotseq 33,671[\text{kW}]$이다.

## 15 200[V]용 24[W] 2개의 전구를 직렬과 병렬로 전원 220[V]에 연결하면?

① 직렬로 연결한 전등이 더 밝다.
② 병렬로 연결한 전등이 더 밝다.
③ 직렬로 연결한 경우와 병렬로 연결한 경우의 밝기가 같다.
④ 전구가 모두 안 켜진다.

**해설** $P=\frac{V^2}{R}$이므로 220[V]용 24[W] 전구의 내부저항은 $R=\frac{V^2}{P}=\frac{220^2}{24}\fallingdotseq 2,016[\Omega]$이다.

- 직렬로 연결하는 경우
  $R_{합성}=2,016+2,016=4,032[\Omega]$,
  $I=\frac{V}{R}=\frac{220}{4,032}=0.055[\text{A}]$
  소비전력 $P=I^2R=0.055^2\times4,032\fallingdotseq 12[\text{W}]$
- 병렬로 연결하는 경우
  $R_{합성}=\frac{R^2}{2R}=\frac{R}{2}=1,008[\Omega]$, $V=220[\text{V}]$
  소비전력 $P=\frac{V^2}{R}=\frac{220^2}{1,008}\fallingdotseq 48[\text{W}]$
  따라서 병렬로 연결한 전등이 더 밝다.

**다른 풀이**
인가되는 전압을 $V$라고 할 때,
직렬로 연결하는 경우 각 전구에 전압은 $\frac{1}{2}V$씩 동일하게 걸리므로 소비전력 $P=\frac{\left(\frac{V}{2}\right)^2}{R}=\frac{V^2}{4R}=12[\text{W}]$
병렬로 연결하는 경우 각 전구에 전압은 $V$로 일정하므로
$P=\frac{V^2}{R}=48[\text{W}]$

## 16 다음 중 전동기의 원리에 적용되는 법칙은?

① 렌츠의 법칙
② 플레밍의 오른손 법칙
③ 플레밍의 왼손 법칙
④ 옴의 법칙

**해설**
① 렌츠의 법칙 : 유도기전력과 유도전류는 자기장의 변화를 상쇄하려는 방향으로 발생한다는 법칙
② 플레밍의 오른손 법칙 : (발전기의 원리) 자기장 내에서 도선이 움직일 때 유도기전력의 방향을 결정하는 법칙
③ 플레밍의 왼손 법칙 : (전동기의 원리) 자기장 내에서 도선에 전류가 흐를 때 도선이 받는 힘의 방향을 결정하는 법칙
④ 옴의 법칙 : 전류의 세기는 두 점 사이의 전압에 비례하고, 저항에 반비례한다는 법칙



정답　14 ④　15 ②　16 ③

**17** 자기회로에서 자로의 단면적이 0.25[m$^2$], 자로의 길이 31.4[cm], 자성체의 비투자율 $\mu_s = 100$일 때 자성체의 자기저항[AT/Wb]은?

① 10,000　　② 5,000
③ 3,000　　④ 2,000

**해설** 단면적 $S = 0.25$[m$^2$], 자로의 길이 $l = 0.314$[m], 비투자율 $\mu_s = 100$, 진공시 투자율 $\mu_0 = 4\pi \times 10^{-7}$이다.
자기저항 $R_m = \dfrac{l}{\mu S} = \dfrac{l}{\mu_0 \mu_s S} = \dfrac{0.314}{4\pi \times 10^{-7} \times 100 \times 0.25}$
$= 10{,}000$[AT/Wb]

**18** R-L 직렬회로에 200[V]의 교류전압을 가하면 10[A]의 전류가 흐르고 전압과 전류의 위상차가 30°일 때 코일의 리액턴스[Ω]는?

① 6　　② 8
③ 10　　④ $10\sqrt{3}$

**해설** 옴의 법칙에서 임피던스 $|Z| = \dfrac{V}{I} = \dfrac{200}{10}$
$= 20$[Ω], 위상 $\theta = 30°$이므로
임피던스 $\dot{Z} = 20\angle 30° = 20(\cos 30° + j\sin 30°)$
$= 20\left(\dfrac{\sqrt{3}}{2} + j\dfrac{1}{2}\right) = 10\sqrt{3} + j10$[Ω]
레지스턴스 $R = 10\sqrt{3}$[Ω], 리액턴스 $X = 10$[Ω]이다.

| $\dot{Z} = R + jX$ | $\dot{Y} = \dfrac{1}{\dot{Z}} = G + jB$ |
|---|---|
| • $Z$ : 임피던스<br>• $R$ : 저항(실수부)<br>• $X$ : 리액턴스(허수부) | • $Y$ : 어드미턴스<br>• $G$ : 컨덕턴스(실수부)<br>• $B$ : 서셉턴스(허수부) |

**19** △결선시 $V_l$(선간전압), $V_p$(상전압), $I_l$(선전류), $I_p$(상전류)의 관계식으로 옳은 것은?

① $V_l = \sqrt{3}\,V_p$, $I_l = I_p$
② $V_l = V_p$, $I_l = \sqrt{3}\,I_p$
③ $V_l = \dfrac{1}{\sqrt{3}} V_p$, $I_l = I_p$
④ $V_l = V_p$, $I_l = \dfrac{1}{\sqrt{3}} I_p$

**해설** △결선시 $\dot{V}_l = \dot{V}_p$, $\dot{I}_l = \sqrt{3}\,I_p \angle -\dfrac{\pi}{6}$이다.

| | 전압 | 전류 |
|---|---|---|
| △결선 | $\dot{V}_l = \dot{V}_p$ | $\dot{I}_l = \sqrt{3}\,I_p \angle -\dfrac{\pi}{6}$ |
| Y결선 | $\dot{V}_l = \sqrt{3}\,V_p \angle \dfrac{\pi}{6}$ | $\dot{I}_l = \dot{I}_p$ |

**20** 진공의 투자율 $\mu_0$[H/m]는?

① $8.855 \times 10^{-12}$　　② $6.33 \times 10^4$
③ $4\pi \times 10^{-7}$　　④ $9 \times 10^9$

**해설** 진공의 유전율 $\varepsilon_0 = \dfrac{1}{36\pi} \times 10^{-9}$
$= 8.855 \times 10^{-12}$[F/m]

- 쿨롱의 법칙의 전기장에서의 비례상수 (진공 또는 공기 중에서) $k = \dfrac{1}{4\pi\varepsilon} = 9 \times 10^9$
  진공의 투자율 $\mu_o = 4\pi \times 10^{-7} = 1.256 \times 10^{-6}$[H/m]
- 쿨롱의 법칙의 자기장에서의 비례상수 (진공 또는 공기 중에서) $k = \dfrac{1}{4\pi\mu} = 6.33 \times 10^4$



정답 17 ① 18 ③ 19 ② 20 ③

**21** 정류자와 접촉하여 전기자 권선과 외부 회로를 연결하는 역할을 하는 것은?

① 계자 ② 브러시
③ 전기자 ④ 계자철심

**해설** 브러시는 교류 기전력을 직류로 변환시키는 정류자에 접촉하여 직류 기전력을 외부로 인출하는 역할을 한다.

**22** 단상 유도전동기에서 선풍기, 가정용 펌프, 헤어드라이기 등에 주로 사용되는 기동법은?

① 분상 기동형 ② 영구 콘덴서형
③ 저항 기동형 ④ 셰이딩 코일형

**해설** 단상 유도전동기의 기동 방법에 따라 분상 기동형, 콘덴서 기동형(2차 콘덴서형, 영구 콘덴서형), 반발 기동형, 셰이딩 코일형 등으로 분류한다.

- 분상 기동형 : 냉장고, 세탁기, 소형 공작기계, 펌프 등에 사용
- 영구 콘덴서형 : 원심력 스위치가 없고 가격도 싸며, 보수할 필요가 적고, 큰 기동토크를 요구하지 않아 선풍기, 세탁기, 헤어드라이기 등에 널리 사용된다.
- 셰이딩 코일형 : 전축용 전동기, 소형 선풍기 등 소형 전동기에 사용

**23** 고압 전동기 철심의 강판 홈(Slot)의 모양은?

① 반구형 ② 반폐형
③ 밀폐형 ④ 개방형

**해설** [슬롯(Slot)의 모양]

- 저압 전동기 : 반폐형
- 고압 전동기 : 개방형

[전동기 철심의 홈(Slot)]
홈에는 반폐홈과 개방홈이 있으며, 저압인 경우는 반폐형으로 구성하고 고압인 경우에 효과적인 냉각을 위해 개방형 구조로 제작한다.

- 개방형 : 냉각용 외부 공기가 권선에 직접 닿을 수 있도록 된 구조
- 전폐형 : 프레임 외부와 내부에 공기가 직접 소통되지 않는 것으로, 공기적으로 밀봉을 뜻하는 것은 아니다.
- 반폐형 : 기기 외피에 개구부가 있고, 기기 주위의 외기가 기기 내외를 자유로이 유통하는 구조

**24** 계자 권선이 전기자에 병렬로만 접속된 직류기는?

① 타여자기 ② 직권기
③ 분권기 ④ 복권기

**해설** 분권기는 계자 권선과 전기자 회로가 병렬로 접속된 직류기이다.

**25** 동기발전기의 병렬운전 조건이 아닌 것은?

① 기전력의 크기가 같을 것
② 기전력의 주파수가 같을 것
③ 기전력의 파형이 같을 것
④ 기전력의 위상차가 최대일 것

**해설** 동기발전기의 병렬운전 조건

- 기전력의 크기가 같을 것
- 기전력의 위상이 같을 것
- 기전력의 주파수가 같을 것
- 기전력의 파형이 같을 것

정답 21 ② 22 ② 23 ④ 24 ③ 25 ④

**26** **변압기를 $\Delta - Y$ 결선한 경우에 대한 설명으로 옳지 않은 것은?**

① 1차 선간전압 및 2차 선간전압의 위상차는 60°이다.
② 제3고조파에 의한 장해가 적다.
③ 1차 변전소의 승압용으로 사용된다.
④ $Y$결선의 중성점을 접지할 수 있다.

**해설** $\Delta - Y$결선은 발전소용 변압기와 같이 낮은 전압을 높은 전압으로 올리는 승압용 변압기에 주로 사용된다.
- 1차측이든 2차측이든 어느 한쪽에 $\Delta$결선이 있으면 제3고조파에 의한 장해가 적다.
- 1차 선간전압과 2차 선간전압 사이에 $\frac{\pi}{6}(30^\circ)$의 위상차가 생긴다.
- 2차측 선간전압이 변압기 권선의 전압의 30° 앞서고, $\sqrt{3}$ 배가 된다.

**27** **3상 유도전동기의 1차 입력 60[kW], 1차 손실 1[kW], 슬립 3[%]일 때 기계적 출력[kW]은?**

① 57 ② 67
③ 75 ④ 95

**해설** 1차 출력(2차 입력) = 1차 입력 − 1차 손실
$= 60 - 1 = 59$[kW]
2차 출력 $P_o = (1-s)P_2$에서 $(1-0.03) \times 59 = 57$[kW]

**28** **측정이나 계산으로 구할 수 없는 손실로 부하전류가 흐를 때 도체 또는 철심 내부에서 생기는 손실을 무엇이라 하는가?**

① 구리손 ② 맴돌이 전류손
③ 히스테리시스손 ④ 포유 부하손

**해설**
- 무부하손 : 철손, 베어링 마찰손, 브러시 마찰손, 풍손
- 부하손 : 1차 권선의 저항손, 2차 회로의 저항손, 브러시 전기손
- 포유 부하손 : 부하전류가 흐르는 상태에서 도체나 철심 안에 생기는 손실

**29** **병렬운전 중인 동기발전기의 난조를 방지하기 위해 자극면에 유도전동기의 농형 권선과 같은 권선을 설치하는데 이 권선의 이름은?**

① 계자 권선 ② 제동 권선
③ 전기자 권선 ④ 보상 권선

**해설** 난조는 동기기에서 부하가 갑자기 변동하여 부하 회전력과 전기자의 발생 회전력의 평형이 깨어졌을 때 진동하게 되는 현상을 말한다. 난조를 방지하기 위해 자극면에 단락 권선(도체)을 설치하는데, 이때 발생하는 토크를 이용하여 난조를 방지하는 권선을 제동 권선이라 하며, 동기전동기의 경우 제동 권선을 통해 기동 회전력을 얻는다.

**30** **금속 내부를 지나는 자속의 변화로 금속 내부에 생기는 맴돌이 전류를 작게 하는 방법으로 가장 적절한 것은?**

① 두꺼운 철판을 사용한다.
② 높은 전류를 가한다.
③ 얇은 철판을 성층하여 사용한다.
④ 철판 양면에 절연지를 부착한다.

**해설** 맴돌이 전류(와류)를 줄이기 위해 철심을 얇게 잘라 성층한다.

**정답** 26 ① 27 ① 28 ④ 29 ② 30 ③

**31** 농형 유도전동기의 기동법이 아닌 것은?

① $Y-\Delta$ 기동법
② 2차 저항기법
③ 전전압 기동법
④ 기동 보상기에 의한 기동법

해설 2차 저항기법은 권선형 유도전동기의 기동 및 운전에 적용하는 방법이다.

**32** 동기속도 1,200[rpm], 주파수 60[Hz]의 동기발전기 극수는?

① 2극 ② 4극
③ 6극 ④ 8극

해설 동기속도 $N_S = \dfrac{120f}{p}$[rpm]

$= \dfrac{120 \times 60}{p} = 1,200$[rpm]

$\therefore p = 6$극

**33** 다음 중 3단자 소자가 아닌 것은?

① SCR ② SSS
③ GTO ④ TRIAC

해설
① SCR(Silicon controller rectifier) : PNPN의 4층 구조로 된 사이리스터의 대표적인 3단자 제어 소자로서 양극(Anode), 음극(Cathode) 및 게이트(Gate)의 3개의 단자를 가지고 있다. 게이트에 흐르는 작은 전류로 큰 전력을 제어할 수 있다.
② SSS는 양방향 2단자 소자이다.
③ GTO(게이트 턴 오프 사이리스터) : 게이트에 역방향으로 전류를 흘리면 자기 소호하는 양극, 음극 및 게이트의 3개의 단자를 가진 사이리스터로 직류 및 교류 제어용 소자로 사용한다.
④ TRIAC(양방향성 3단자 사이리스터) : 사이리스터 2개를 역병렬로 접속한 것으로 양방향으로 전류가 흘러 교류 제어용으로 사용되는 소자로 전력 제어용, 교류 제어용으로만 사용된다.

**34** 디지털 시계 등을 표시하는 다이오드는?

① 제너 다이오드
② 발광 다이오드
③ 쇼크레이 다이오드
④ 대칭형 3층 다이오드

해설 LED(발광 다이오드)는 다이오드의 특성이 있어 일정 전류를 흐르게 하면 적색, 녹색, 청색, 백색, 노란색 빛을 낸다.

**35** 3상 유도전동기의 2차 저항을 2배로 하면 그 값이 2배로 되는 것은?

① 슬립 ② 토크
③ 전류 ④ 역률

해설 권선형 유도전동기의 회전자에 외부에서 저항을 접속한 후 변화시키면 토크는 그대로 유지하면서 저항에 비례하여 슬립(속도)이 이동하는데, 이를 비례추이라 한다. 외부 저항을 2배, 3배로 증가시키면 기동토크는 증가하고 기동전류 및 속도는 감소하나 운전 토크는 일정하다.



정답 31 ② 32 ③ 33 ② 34 ② 35 ①

**36** 보호계전기 시험을 하기 위한 유의사항이 아닌 것은?

① 시험회로 결선시 교류와 직류 확인
② 시험회로 결선시 교류의 극성 확인
③ 계전기 시험 장비와 오차 확인
④ 영점의 정확성 확인

**해설** 보호계전기 시험
보호계전기의 정상적인 작동 여부의 확인과 각 계전기의 작동 특성을 시험하는 것으로 직/교류확인, 영점확인 및 측정 장비의 오차를 확인한다. 교류 특성상 극성을 확인하지 않는다.

**37** 다중 중권의 극수 $p$인 직류기에서 전기자 병렬회로수($a$)는?

① $a=p$　　② $a=2$
③ $a=2p$　　④ $a=3p$

**해설** 병렬회로수($a$)
- 중권 : $a=p$
- 파권 : $a=2$

**38** 동기발전기를 회전 계자형으로 하는 이유가 아닌 것은?

① 전기자가 고정되어 있지 않아 제작비용이 저렴하다.
② 고전압에 견딜 수 있게 전기자 권선을 절연하기가 쉽다.
③ 전기자 단자에 발생한 고전압을 슬립링 없이 간단하게 하여 외부 회로에 인가할 수 있다.
④ 기계적으로 튼튼하게 만드는데 용이하다.

**해설** 회전 계자형은 전기자를 고정하고 계자를 회전시키는 방식으로 동기발전기에서 회전 계자형을 주로 사용하는 이유는 다음과 같다.
[기계적 측면]
- 계자의 철 분포가 전기자에 비하여 크므로 회전시 계자가 기계적으로 튼튼하다.
- 원동기측에서 구조가 간단한 계자를 회전시키는 것이 유리하다.

[전기적 측면]
- 교류 고압인 전기자보다 직류 저압인 계자를 회전시키는 것이 위험성이 적다.
- 교류 고압인 전기자가 고정되어 있으므로 절연이 용이하다.

**39** 파권 직류발전기의 자극수는 6, 전기자 총 도체수 400, 매극당 자속 0.01[Wb], 회전수 600[rpm]일 때 전기자에 유기되는 기전력[V]은?

① 40　　② 120
③ 160　　④ 180

**해설** $E=\frac{p}{a}Z\phi\frac{N}{60}$[V]
파권이므로 병렬회로수 ($a$)=2
$E=\frac{6}{2}\times400\times0.01\times\frac{600}{60}=120$[V]
($Z$ : 전기자 도체수, $a$ : 병렬회로수, $p$ : 극수, $\phi$ : 매극당 자속[Wb], $N$ : 회전수[rpm])

**40** 부흐홀츠계전기로 보호되는 기기는?

① 변압기　　② 유도전동기
③ 직류발전기　　④ 교류발전기

**해설** 부흐홀츠계전기는 변압기 주 탱크와 콘서베이터 사이에 설치하여 변압기 내부 고장 보호용으로 사용된다. 절연유의 온도 상승시 발생하는 유증기를 검출하여 권선 단락, 철심 고정 볼트의 절연 열화, 탭 전환기의 고장 등을 경보 및 차단한다.

정답 36 ② 37 ① 38 ① 39 ② 40 ①

**41** 절연전선의 피복에 '154KV NRV'라고 표기되어 있다. 여기서 'NRV'는 무엇을 나타내는 약호인가?

① 형광등 전선
② 고무절연 비닐 시스 네온전선
③ 고무절연 클로로프렌 시스 네온전선
④ 폴리에틸렌 절연비닐 시스 네온전선

**해설** NRV는 고무절연 비닐 시스 네온전선의 약호이다.
- FL : 형광방전등용 비닐전선
- NRC : 고무절연 클로로프렌 시스 네온전선
- NEV : 폴리에틸렌 절연비닐 시스 네온전선

**42** 600[V] 이하의 저압 회로에 사용하는 비닐절연 비닐외장 케이블의 약칭으로 옳은 것은?

① CV ② EP
③ EV ④ VV

**해설** 비닐절연 비닐외장 케이블의 약칭은 'VV'이다.
① CV : 가교 폴리에틸렌 절연비닐 시스 케이블
② EP : 고무절연 클로로프렌 캡타이어 케이블
③ EV : 폴리에틸렌 절연비닐 시스 케이블

**43** 금속관공사에 대한 설명으로 틀린 것은?

① 전선이 금속관 속에 보호되어 안정적이다.
② 접지공사를 하지 않아도 감전의 우려가 없다.
③ 단락사고, 접지사고 등에 있어서 화재의 우려가 적다.
④ 방습장치를 할 수 있으므로 전선을 내수적으로 시설할 수 있다.

**해설** [한국전기설비규정 232.12.3 금속관 및 부속품의 시설]
금속관공사는 접지공사를 해야 한다. 단, 사용전압이 400[V] 이하인 아래의 경우는 제외한다.
- 관의 길이가 4[m] 이하인 것을 건조한 장소에 시설하는 경우
- 옥내 배선의 사용전압이 직류 300[V] 또는 교류 대지전압 150[V] 이하로서 그 전선을 넣는 관의 길이가 8[m] 이하인 것을 사람이 쉽게 접촉할 우려가 없도록 시설하는 경우 또는 건조한 장소에 시설하는 경우

**44** 가공전선로의 지지물에서 다른 지지물을 거치지 않고 수용장소의 인입선 접속점에 이르는 가공전선은?

① 관등 회로 ② 옥외 전선
③ 가공인입선 ④ 이웃 연결 인입선

**해설** 가공전선로의 지지물로부터 다른 지지물을 거치지 않고 수용장소의 붙임점까지 이르는 가공전선을 가공인입선이라 한다.
① 관등 회로 : 방전등용 안정기 또는 방전등용 변압기로부터 방전관까지의 전로
② 옥외 전선 : 건축물 외부의 전기사용장소에서 전기사용을 목적으로 고정시켜 시설하는 전선
④ 이웃 연결 인입선 : 한 수용장소의 인입선에서 나와 지지물을 경과하여 다른 수용장소의 인입구까지의 전선

**45** 사용전압이 35[kV] 이하인 특고압 가공전선과 220[V] 가공전선을 병가할 때, 가공선로 간의 이격 거리는 몇 [m] 이상이어야 하는가?

① 0.5 ② 1.0
③ 1.2 ④ 1.5

정답 41 ② 42 ④ 43 ② 44 ③ 45 ③

**해설** [한국전기설비규정 333.17 특고압 가공전선과 저고압 가공전선 등의 병행설치]

**특고압 가공전선과 저고압 가공전선의 병가시 간격**

| 사용 전압 | 35[kV] 이하 | 35[kV] 초과 60[kV] 이하 | 60[kV] 초과 |
|---|---|---|---|
| 간격 | 1.2[m] (특고압 가공전선이 케이블인 경우에는 0.5[m]) | 2[m] (특고압 가공전선이 케이블인 경우에는 1[m]) | 2[m] (특고압 가공전선이 케이블인 경우에는 1[m]에 60[kV]를 초과하는 10[kV] 또는 그 단수마다 0.12[m]를 더한 값) |

**46** 가공전선로의 지지물에 하중이 가하여지는 경우에 그 하중을 받는 지지물의 기초의 안전율은 일반적으로 얼마 이상이어야 하는가?

① 1.5　② 2.0
③ 2.5　④ 3.0

**해설** [한국전기설비규정 331.7 가공전선로 지지물의 기초의 안전율]
가공전선로의 지지물에 하중이 가하여지는 경우에 그 하중을 받는 지지물의 기초의 안전율은 2.0 이상이어야 한다.

**47** 옥내 공사에서 버스덕트 중 환기형과 비환기형이 있으며 도중에 부하를 접속할 수 없는 덕트는?

① 피더 버스덕트
② 트롤리 버스덕트
③ 플러그인 버스덕트
④ 트랜스포지션 버스덕트

**해설** 버스덕트 중에서 환기형과 비환기형이 있는 것은 피더 버스덕트와 플러그인 버스덕트 두 가지이며, 도중에 부하를 접속할 수 없는 덕트는 피더 버스덕트이다.

**48** 전선관 지지점 간의 거리에 대한 설명으로 옳은 것은?

① 합성수지관을 새들 등으로 지지하는 경우 그 지지점 간의 거리는 2.0[m] 이하로 한다.
② 합성수지제 가요관을 새들 등으로 지지하는 경우 그 지지점 간의 거리는 2.5[m] 이하로 한다.
③ 사람이 접촉될 우려가 있을 때 가요전선관을 새들 등으로 지지하는 경우 그 지지점 간의 거리는 1[m] 이하로 한다.
④ 금속관을 조영재에 따라서 시설하는 경우 새들 등으로 견고하게 지지하고 그 간격을 2.5[m] 이하로 하는 것이 바람직하다.

**해설** 전선관 지지점 간의 거리
- 합성수지관 : 1.5[m] 이하
- 합성수지제 휨(가요)전선관 : 1[m] 이하
- 금속제 가요전선관 : 1[m] 이하
- 금속관 : 2[m] 이하

**49** 저압 가공전선이 건조물의 상부 조영재 옆쪽으로 접근하는 경우 저압 가공전선과 건조물의 조영재 사이의 간격은 몇 [m] 이상이어야 하는가?

① 0.6　② 0.8
③ 1.2　④ 2.0



정답 46 ② 47 ① 48 ③ 49 ①

해설 [한국전기설비규정 221.2 저압 옥측전선로]
**저압 가공전선과 건조물의 조영재 사이의 간격**
- 위쪽 : 2[m](전선이 고압, 특고압, 케이블인 경우 1[m])
- 옆쪽 혹은 아래쪽 : 0.6[m](전선이 고압, 특고압, 케이블인 경우 0.3[m])

**50** **셀룰러덕트 공사시 덕트 상호 간을 접속하는 것과 셀룰러덕트 끝에 접속하는 부속품에 대한 설명으로 적합하지 않은 것은?**

① 알루미늄 판으로 특수 제작할 것
② 부속품의 판 두께는 1.6[mm] 이상일 것
③ 덕트 끝과 내면은 전선의 피복이 손상하지 않도록 매끈한 것일 것
④ 덕트의 내면과 외관은 녹을 방지하기 위하여 도금 또는 도장을 한 것일 것

해설 [한국전기설비규정 232.33.2 셀룰러덕트 및 부속품의 선정]
- 강판으로 제작한 것일 것
- 덕트 끝과 안쪽 면은 전선의 피복이 손상되지 않도록 매끈한 것일 것
- 덕트의 안쪽 면 및 외면은 방청을 위해 도금 또는 도장을 한 것일 것
- 부속품의 판 두께는 1.6[mm] 이상일 것

**51** **가공케이블 시설시 조가용선에 금속테이프 등을 사용하여 케이블 외장을 견고하게 붙여 조가하는 경우 나선형으로 금속제 테이프를 감는 간격은 몇 [cm] 이하를 확보하여 감아야 하는가?**

① 10 ② 20
③ 30 ④ 50

해설 [한국전기설비규정 332.2 가공케이블의 시설]
케이블을 조가용선에 금속테이프로 시설하는 경우 금속테이프는 쉽게 부식하지 않는 것을 사용하며 0.2[m] 이하의 간격을 유지하여 나선상으로 감는다.

**52** **합성수지관 배선에서 경질비닐전선관의 굵기에 해당되지 않는 것은? (단, 관의 호칭을 말한다.)**

① 14 ② 16
③ 18 ④ 22

해설 [KS C 8431 경질 폴리염화비닐전선관]
경질 폴리염화비닐전선관의 호칭은 [mm] 단위이고 14, 16, 22, 28, 36, 42, 54, 70, 82, 100의 10종이 있다.

**53** **다음 중 단선의 브리타니아 직선 접속에 사용되는 것은?**

① 바인드선 ② 에나멜선
③ 조인트선 ④ 파라핀선

해설 **브리타니아 접속** : 단면적 10[$mm^2$] 이상의 굵은 단선을 별도의 조인트선과 첨선을 이용하여 접속하는 방법이다.



정답 50 ① 51 ② 52 ③ 53 ③

**54** 다음 중 옥내에 시설하는 저압 전로와 대지 사이의 절연저항 측정에 사용되는 계기는?

① 메거 ② 마그넷벨
③ 어스테스터 ④ 코올라시 브리지

**해설** 저압 전로와 대지 사이의 절연저항 측정을 위해 사용하는 계기는 메거(절연저항계)이다.
② 마그넷벨 : 전류 도통 시험을 할 때 사용하는 기구이다.
③ 어스테스터 : 대지의 저항, 즉 접지저항을 측정하는 데 사용하는 계측기이다.
④ 코올라시(콜라우시) 브리지 : 접지저항을 측정하는 방법이다.

**55** 지중에 매설되어 있는 금속제 수도관로는 대지와의 전기저항값이 얼마 이하로 유지되어야 접지극으로 사용 가능한가?

① 3[Ω] ② 4[Ω]
③ 5[Ω] ④ 6[Ω]

**해설** [한국전기설비규정 142.2 접지극의 시설 및 접지저항]
지중에 매설되어 있고 대지와의 전기저항값이 3[Ω] 이하의 값을 유지하고 있는 금속제 수도관로가 정해진 규정을 따르는 경우 접지극으로 사용이 가능하다.

**56** 전주의 길이별 땅에 묻히는 표준깊이에 관한 사항이다. 전주의 길이가 12[m]이고, 설계하중이 6.8[kN] 이하의 철근 콘크리트주를 시설할 때 땅에 묻히는 표준깊이는 최소 얼마 이상이어야 하는가?

① 1.2[m] ② 1.4[m]
③ 2.0[m] ④ 2.5[m]

**해설** 표준깊이는 최소 $12\times\frac{1}{6}=2$[m]이다.
[한국전기설비규정 331.7 가공전선로 지지물의 기초의 안전율]
강관을 주체로 하는 철주 또는 철근 콘크리트주로서 그 전체 길이가 16[m] 이하, 설계하중이 6.8[[kN] 이하인 것 또는 목주를 시설하는 경우 매설 깊이를 다음에 의한다.
- 전체 길이가 15[m] 이하인 경우, 땅에 묻히는 깊이를 전체 길이의 1/6 이상으로 할 것
- 전체 길이가 15[m] 초과인 경우, 땅에 묻히는 깊이를 2.5[m] 이상으로 할 것
- 논이나 그 밖의 지반이 연약한 곳에는 견고한 근가를 시설할 것

**57** 라이팅덕트공사에 의한 저압 옥내배선시 덕트의 지지점 간의 거리는 몇 [m] 이하로 해야 하는가?

① 1.0 ② 1.2
③ 2.0 ④ 3.0

**해설** [한국전기설비규정 232.71 라이팅덕트공사]
- 덕트의 지지점 간의 거리는 2[m] 이하로 할 것

**58** 주로 저압 가공전선로 또는 인입선에 사용되는 애자로서 주로 앵글베이스 스트랩과 스트랩볼트 인류바인드선(비닐절연 바인드선)과 함께 사용하는 애자는?

① 고압 핀 애자 ② 저압 핀 애자
③ 저압 인류 애자 ④ 라인포스트 애자

**해설** 저압 인류 애자는 저압 가공전선로 혹은 인입선에 사용되며 인입선을 수용가 붙임점에 고정, 지지하는 애자이다.
- 핀 애자 : 핀 애자는 애자에 핀을 넣고 핀을 부착하는 애자이다.
- 라인포스트 애자 : 특고압 가공배전선로에서 내장 및 인류개소의 절연전선을 지지하기 위해 완철에 수직으로 설치한다.

정답 54 ① 55 ① 56 ③ 57 ③ 58 ③

**59** 합성수지관 1본의 길이는 몇 [m]인가?

① 2.0 ② 3.0
③ 3.6 ④ 4.0

**해설**
- 합성수지관 1본의 길이 : 4[m]
- 금속관 1본의 길이 : 3.6[m]

**60** 화약고에 시설하는 전기설비에서 전로의 대지전압은 몇 [V] 이하로 해야 하는가?

① 100 ② 150
③ 300 ④ 400

**해설** [한국전기설비규정 242.5.1 화약류 저장소에서 전기설비의 시설]
화약류 저장소 안에는 전기설비를 시설해서는 안 된다. 다만 조명기구에 전기를 공급하기 위한 전기설비는 다음에 따라 시설한다.
- 전기 기계기구는 전폐형일 것
- 전로에 대지전압은 300[V] 이하일 것
- 케이블을 전기 기계기구에 인입할 때 인입구에서 케이블이 손상될 우려가 없도록 시설할 것

정답 59 ④ 60 ③

# 2017년 제2회 기출복원문제

**01** 회전자가 1초에 30회전을 하면 각속도[rad/sec]는?

① $30\pi$　　② $60\pi$
③ $90\pi$　　④ $120\pi$

> **해설** 1초에 30회전을 하므로 주파수 $f=30$[Hz]이다.
> 각 주파수 $\omega=2\pi f=2\pi\times30=60\pi$[rad/sec]이다.

**02** 콘덴서 $C_1$과 $C_2$가 직렬접속시 합성 정전용량은?

① $C_1+C_2$　　② $\dfrac{1}{C_1+C_2}$
③ $\dfrac{1}{C_1}+\dfrac{1}{C_2}$　　④ $\dfrac{C_1C_2}{C_1+C_2}$

> **해설** 직렬접속시 합성 정전용량
> $\dfrac{1}{C}=\dfrac{1}{C_1}+\dfrac{1}{C_2}$, $C=\dfrac{C_1C_2}{C_1+C_2}$

| 합성 정전용량 | |
|---|---|
| 직렬연결 | $\dfrac{1}{C}=\dfrac{1}{C_1}+\dfrac{1}{C_2}$ |
| 병렬연결 | $C=C_1+C_2$ |

**03** 평행판 콘덴서의 정전용량은 극판의 간격을 $\dfrac{1}{3}$로 하면 정전용량은 몇 배가 되겠는가?

① $\dfrac{1}{9}$　　② $\dfrac{1}{3}$
③ 3　　④ 9

> **해설** $C=\varepsilon\dfrac{S}{d}$에서 정전용량 $C$는 유전율 $\varepsilon$, 단면적 $S$와는 비례하고 극판의 간격 $d$와는 반비례한다.
> $C=\varepsilon\dfrac{S}{\frac{1}{3}d}=3\times\varepsilon\dfrac{S}{d}$이므로 정전용량은 3배가 된다.

**04** 저항 4개를 가지고 얻을 수 있는 최대 합성저항은 최소 합성저항의 몇 배인가?

① 2배　　② 4배
③ 8배　　④ 16배

> **해설** • 저항 $R$을 직렬로 연결할 때
> $R_{합성}=R+R+R+R=4R$(최대 합성저항)
> • 저항 $R$을 병렬로 연결할 때
> $\dfrac{1}{R_{합성}}=\dfrac{1}{R}+\dfrac{1}{R}+\dfrac{1}{R}+\dfrac{1}{R}=\dfrac{4}{R}$,
> $R_{합성}=\dfrac{R}{4}$(최소 합성저항)
> 따라서 최대 합성저항은 최소 합성저항의 16배이다.

**05** 정전용량 50[μF]인 콘덴서에 200[V], 60[Hz]인 사인파 전압을 가할 때 전류[A]는?

① 3.77　　② 6.28
③ 12.28　　④ 37.68



정답 01 ② 02 ④ 03 ③ 04 ④ 05 ①

**해설** 정전용량 $C=50[\mu F]$, 주파수 $f=60[Hz]$, 전압 $V=200[V]$이다.

용량성 리액턴스 $X_C=\frac{1}{\omega C}=\frac{1}{2\pi fC}$

$=\frac{1}{2\pi\times60\times(50\times10^{-6})}\fallingdotseq53.05[\Omega]$

전류 $I=\frac{V}{X_C}=\frac{200}{53.05}\fallingdotseq3.77[A]$이다.

## 06 100[μF]의 콘덴서에 1,000[V]의 전압을 가하여 충전한 뒤 저항을 통하여 방전시키면 저항에 발생하는 열량[cal]은?

① 4　　② 8
③ 12　　④ 18

**해설** $C=100[\mu F]$, $V=1,000[V]$이므로 콘덴서에 축적되는 에너지 $W=\frac{1}{2}CV^2=\frac{1}{2}\times100\times10^{-6}\times1000$ $=50[J]$, [J]을 [cal]로 바꾸면 $W=0.24\times50=12[cal]$이다.

## 07 다음 중 반자성체에 해당되는 것은?

① 안티모니　　② 알루미늄
③ 코발트　　④ 니켈

**해설**
- 강자성체 : ($\mu_s\gg1$) 자화시킨 후 외부 자기장이 사라져도 자성체가 계속 자석의 성질을 유지하는 물질
  **예** 철, 코발트, 니켈, 망간
- 상자성체 : ($\mu_s>1$) 자기장 안에 넣으면 자기장 방향으로 약하게 자화하고, 자석을 제거하면 자석의 성질을 잃어버리는 물질
  **예** 알루미늄, 산소, 공기, 마그네슘, 백금, 텅스텐, 주석
- 반자성체 : ($\mu_s<1$) 외부 자기장에 반대 방향으로 정렬하는 자기 모멘트를 가지는 물질
  **예** 구리, 아연, 납, 수은, 안티모니
- 비자성체 : 자성이 약하거나 전혀 자성을 갖지 않아서 자화가 되지 않는 물체

## 08 다음은 어떤 법칙을 설명한 것인가?

"전류가 흐르려고 하면 코일은 전류의 흐름을 방해한다. 또, 전류가 감소하면 이를 유지하려고 하는 성질이 있다."

① 쿨롱의 법칙
② 렌츠의 법칙
③ 패러데이의 법칙
④ 플레밍의 왼손 법칙

**해설**
① 쿨롱의 법칙 : 두 전하 또는 두 자극 사이에 작용하는 힘을 나타내는 법칙
② 렌츠의 법칙 : 유도기전력과 유도전류는 자기장의 변화를 상쇄하려는 방향으로 발생한다는 법칙
③ 패러데이의 법칙 : 코일을 관통하는 자속을 변화시킬 때 코일에 유도기전력이 발생하는 법칙
④ 플레밍의 왼손 법칙 : (전동기의 원리) 자기장 내에서 도선에 전류가 흐를 때 도선이 받는 힘의 방향을 결정하는 법칙

## 09 다음 중 파형률은 어느 것인가?

① 평균값 / 실횻값
② 실횻값 / 최댓값
③ 실횻값 / 평균값
④ 최댓값 / 실횻값

**해설**
- 파고율 : 파형의 날카로움의 정도를 나타낸 것
  파고율 $=\frac{\text{최댓값}}{\text{실횻값}}$
- 파형률 : 파형의 평평한 정도(평활도)를 나타낸 것
  파형률 $=\frac{\text{실횻값}}{\text{평균값}}$

7개년 기출복원문제

정답 06 ③　07 ①　08 ②　09 ③

## 10 1[J]은 몇 [cal]인가?

① 0.24　　② 0.35
③ 0.46　　④ 0.57

**해설** [J] 단위를 [cal] 단위로 바꾸려면 0.24를 곱해주고, 반대로 [cal] 단위를 [J] 단위로 바꾸려면 0.24로 나누어준다.
1[J]=0.24×1[cal]

## 11 단상 100[V], 800[W], 역률 80[%]인 회로의 전류[A]는?

① 10　　② 8
③ 6　　④ 4

**해설** 전압 $V=100$[V], 역률 $PF=\cos\theta=0.8$이고 소비전력 $P=VI\cos\theta=800$[W]이다.
전류 $I=\dfrac{P}{V\cos\theta}=\dfrac{800}{100\times0.8}=10$[A]

## 12 자속밀도 0.5[Wb/m$^2$]의 자장 안에서 자장과 직각으로 20[cm]의 도체를 놓고 이것에 10[A]의 전류를 흘릴 때의 전자력[N]은?

① 0.5　　② 1
③ 1.5　　④ 2

**해설** 자속밀도 $B=0.5$[Wb/m$^2$], 도선의 길이 $l=20$[cm] $=0.2$[m], 전류 $I=10$[A], 위상 $\theta=90°$이다.
자기장 내에 있는 도선에 전류가 흐를 때 도선에 작용하는 힘을 구하려면 플레밍의 왼손 법칙을 활용한다. 플레밍의 왼손 법칙에서 도선에 작용하는 힘 $F=BlI\sin\theta$이며, $F$값이 최대가 되려면 $\theta$가 90°가 되어야 한다.
$F=0.5\times0.2\times10\times\sin90°=1$[N]

## 13 기전력 4[V], 내부저항 0.2[Ω]의 전지 10개를 직렬로 접속하고 두 극 사이에 부하저항을 접속하였더니 4[A]의 전류가 흘렀다. 이때 부하저항[Ω]은?

① 6　　② 7
③ 8　　④ 9

**해설** 기전력 4[V], 내부저항 0.2[Ω]의 전지 10개를 직렬로 접속하였을 때 총 기전력 $V=40$[V], 총 내부저항 $r_{내부저항}=2$[Ω]이다. 두 극 사이에 부하저항을 접속하였을 때 전류 $I=4$[A]이면 $R+r_{내부저항}=\dfrac{V}{I}=\dfrac{40}{4}=10$[Ω], $R=8$[Ω]이다.

## 14 콘덴서 중 극성을 가지고 있는 콘덴서로서 교류회로에 사용할 수 없는 것은?

① 마일러 콘덴서
② 마이카 콘덴서
③ 세라믹 콘덴서
④ 전해 콘덴서

**해설** 전해 콘덴서는 양극과 음극의 극성을 가지고 있어 직류회로에서만 사용 가능한 콘덴서로 직류 전압에 남아 있는 맥류를 제거하기 위해 사용된다.

## 15 선간전압이 380[V]인 전원에 $Z=8+j6$[Ω]의 부하를 Y결선으로 접속했을 때 선전류[A]는?

① 12　　② 22
③ 28　　④ 38



정답 10 ① 11 ① 12 ② 13 ③ 14 ④ 15 ②

**해설** 선간전압 $V_l = 380[V]$, 임피던스 $\dot{Z} = 8 + j6[\Omega]$, $|Z| = \sqrt{8^2+6^2} = 10[\Omega]$이다.
Y결선에서 상전압과 선간전압 사이 관계식은 $\dot{V_l} = \sqrt{3}\,V_p \angle\frac{\pi}{6}$이므로 상전압 $|V_p| = \frac{|V_l|}{\sqrt{3}} = \frac{380}{\sqrt{3}} ≒ 219.39[V]$,
상전류 $I_p = \frac{V_p}{|Z|} = \frac{219.39}{10} ≒ 22[A]$

**16** 교류전류는 시간이 변함에 따라 크기와 방향이 주기적으로 변한다. 일반적으로 교류전류의 크기를 표시하는 값은 무엇인가?

① 실횻값 ② 순시값
③ 최댓값 ④ 평균값

**해설**
① 실횻값 : 직류와 동일한 일을 하는 크기의 교류값. 일반적으로 교류전류 또는 교류전압의 크기를 표시하는 값
② 순시값 : 교류에서 임의의 순간에서의 전류, 전압의 크기를 나타내는 값
③ 최댓값 : 파형에서 교류전류 또는 교류전압이 가지는 가장 큰 값
④ 평균값 : 한 주기 동안의 면적의 산술적인 평균값

**17** 다음 중 자체 인덕턴스의 크기를 변화시킬 수 있는 것은?

① 투자율 ② 유전율
③ 전도율 ④ 파고율

**해설** 자체 인덕턴스 $L = \frac{N^2 \cdot S \cdot \mu}{l}$이므로 자체 인덕턴스의 크기를 변화시킬 수 있는 것은 투자율이다.
($N$ : 코일을 감은 횟수, $S$ : 단면적, $l$ : 길이, $\mu$ : 투자율)

**18** 2[Ω], 4[Ω], 6[Ω]의 저항 3개가 있다. 세 저항을 병렬 연결했을 때 회로의 전류가 10[A]였다면 2[Ω]에 흐르는 전류의 크기[A]는?

① $\frac{60}{11}$ ② $\frac{70}{11}$
③ $\frac{80}{11}$ ④ $\frac{90}{11}$

**해설** $\frac{1}{R} = \frac{1}{R_1} + \frac{1}{R_2} + \frac{1}{R_3} = \frac{1}{2} + \frac{1}{4} + \frac{1}{6} = \frac{11}{12}[℧]$
이므로 합성저항 $R = \frac{12}{11}[\Omega]$이다.
회로에 흐르는 전류 $I = 10[A]$이면 회로 양단의 전압 $V = IR = 10 \times \frac{12}{11} = \frac{120}{11}[V]$이다.
2[Ω]에 흐르는 전류의 크기[A]는 $I_2[\Omega] = \frac{V}{R} = \frac{\frac{120}{11}}{2}$
$= \frac{60}{11}[A]$이다.

**다른 풀이**
병렬회로에서 전압은 일정하고 전류는 저항과 반비례한다.
$I_2[\Omega] : I_4[\Omega] : I_6[\Omega] = \frac{1}{2[\Omega]} : \frac{1}{4[\Omega]} : \frac{1}{6[\Omega]} = 6 : 3 : 2$
$I_2[\Omega] = \frac{6}{11} \times 10[A] = \frac{60}{11}[A]$

**19** 반지름 25[cm], 권수 10의 원형 코일에 10[A]의 전류가 흐를 때 코일 중심의 자장의 세기[AT/m]는?

① 50 ② 100
③ 150 ④ 200

정답 16 ① 17 ① 18 ① 19 ④

**해설** 원형 코일의 반지름 $a=25[cm]=0.25[m]$, 권수 $N=10$회, 전류 $I=10[A]$이므로 원형 코일 중심에서 자장의 세기는 $H=\frac{NI}{2a}=\frac{10\times10}{2\times0.25}$[AT/m]이다.

| | | | |
|---|---|---|---|
| 무한 직선 전류에 의한 자계의 세기 | | $H=\frac{I}{2\pi r}$[AT/m] | $I$ : 전류<br>$r$ : 무한 직선과의 거리 |
| 원형 코일의 중심에서 자계의 세기 | | $H=\frac{NI}{2a}$[AT/m] | $N$ : 코일을 감은 횟수<br>$a$ : 원형 코일의 반지름 |
| 솔레노이드에 의한 자계의 세기 | 내부 | $H=n_0I$[AT/m] | $n_0$ : 단위 길이당 권선수 |
| | 외부 | $H=0$[AT/m] | |
| 환상 솔레노이드에 의한 자계의 세기 | | $H=\frac{NI}{2\pi r}$[AT/m] | $r$ : 환상 솔레노이드의 반지름 |

**20** 다음 회로에서 전류의 크기[A]는?

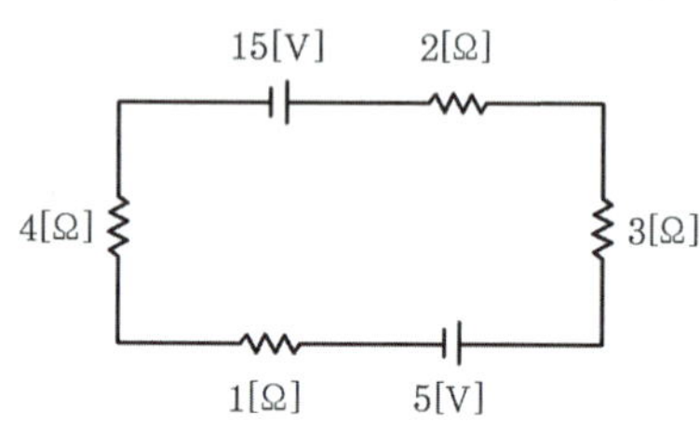


① 0.5　② 1
③ 1.5　④ 2

**해설** 키르히호프의 제2법칙(전압 법칙 : KVL)
- 폐회로에서의 기전력 총합은 회로소자에서 발생하는 전압 강하의 총합과 같다.
- $\sum$전압 강하$=\sum$기전력

15[V]를 기준으로 해석했을 때 전류는 전원 (+)측에서 (−)측으로 흐르므로 시계 방향으로 흐른다.
5[V]는 전류 방향과 반대이므로 (−)부호의 기전력으로 해석된다.
$\sum$기전력$=15-5=10[V]$
$\sum$전압강하$=I(2+3+1+4)=10I[V]$
따라서 $\sum$전압강하$=\sum$기전력 $I=1$[A]이다.

**21** 일종의 전류 계전기로 보호 대상 설비에 유입되는 전류와 유출되는 전류의 차에 의해 동작하는 계전기는?

① 차동계전기　② 전류계전기
③ 주파수계전기　④ 재폐로계전기

**해설** **차동계전기**(DCR : Differential Current Relay)
보호 대상 설비에 유입되는 전류와 유출되는 전류의 차이에 의해 동작함으로써 기기의 내부 고장에 사용된다.

**22** 60[Hz] 3상 반파 정류회로의 맥동 주파수[Hz]는?

① 120　② 180
③ 240　④ 360

**해설** 3상 반파이므로 맥동 주파수는 $3\times60=180$[Hz]

| 구분 | 맥동 주파수 | 직류 출력 | 효율 [%] | 맥동률 [%] |
|---|---|---|---|---|
| 단상 반파 | $f$ | $E_d=0.45E$ | 40.6 | 121 |
| 단상 전파 | $2f$ | $E_d=0.9E$ | 81.2 | 48 |
| 3상 반파 | $3f$ | $E_d=1.17E$ | 96.7 | 17 |
| 3상 전파 | $6f$ | $E_d=1.35E$ | 99.8 | 4 |

**23** 공기 중에서 자속 밀도 4[Wb/m²]의 평등 자장 속에 길이 10[cm]의 직선 도선을 자장의 방향과 30° 각으로 놓고 여기에 3[A]의 전류를 흐르게 하면 이 도선이 받는 힘[N]은?

① 0.2　② 0.3
③ 0.6　④ 1.2

정답 20 ② 21 ① 22 ② 23 ③

**해설** 플레밍의 왼손 법칙
$F = BlI\sin\theta$[N]
$= 4 \times 0.1 \times 3 \times \sin 30^\circ$
$= 0.6$[N]
($B$ : 자속 밀도[Wb/m$^2$], $l$ : 도선의 길이[m], $I$ : 전류[A])

**24** 일정 전압 및 일정 파형에서 주파수가 상승하면 변압기 철손은?

① 증가한다.
② 감소한다.
③ 불변이다.
④ 일정기간 증가한다.

**해설** 주파수가 상승하면 무부하전류가 감소하여 무부하손인 철손이 감소한다.

**25** 변압기에서 퍼센트 저항 강하 3[%], 리액턴스 강하 4[%]일 때 역률 0.8(지상)에서의 전압변동률[%]은?

① 2.4 ② 3.6
③ 4.8 ④ 6.0

**해설** 변압기의 전압변동률
- 진상 역률 $\epsilon = p\cos\theta - q\sin\theta$[%]
- 지상 역률 $\epsilon = p\cos\theta + q\sin\theta$[%] ($p$ : 저항 강하[%], $q$ : 리액턴스 강하[%])

$\epsilon = p\cos\theta + q\sin\theta$[%] $= 3 \times 0.8 + 4 \times 0.6 = 4.8$[%]

**26** 동기전동기의 자기 기동에서 계자 권선을 단락하는 이유는?

① 기동이 쉽다.
② 기동 권선으로 이용한다.
③ 고전압이 유도된다.
④ 전기자 반작용을 방지한다.

**해설** 계자회로를 단락한 채로 고정자에 전압을 가하면 감긴 수가 많은 계자 권선으로 인해 계자회로에 매우 높은 전압이 유도될 염려가 있으므로 단락시켜 놓고 가동해야 한다.

**27** 2대의 동기발전기 병렬운전으로 같지 않아도 되는 것은?

① 기전력의 위상
② 기전력의 주파수
③ 기전력의 크기
④ 기전력의 임피던스

**해설** 동기발전기의 병렬운전 조건
- 기전력의 크기가 같을 것
- 기전력의 위상이 같을 것
- 기전력의 주파수가 같을 것
- 기전력의 파형이 같을 것

**28** 직류발전기에서 전압 정류의 역할을 하는 것은?

① 보극 ② 전기자
③ 탄소 브러시 ④ 리액턴스 코일

**해설** 보극은 전기자 반작용을 약화시키고 정류작용을 돕는 역할을 한다.

정답 24 ② 25 ③ 26 ③ 27 ④ 28 ①

**29** 3상 변압기의 병렬운전이 불가능한 결선 방식으로 짝지어진 것은?

① $\Delta-\Delta$와 $Y-Y$
② $\Delta-Y$와 $\Delta-Y$
③ $Y-Y$와 $Y-Y$
④ $\Delta-\Delta$와 $\Delta-Y$

**해설**

| 병렬운전이 불가능한 경우 | 병렬운전이 가능한 경우 |
|---|---|
| • Δ-Δ와 Δ-Y<br>• Y-Y와 Δ-Y | • Δ-Δ와 Δ-Δ<br>• Y-Y와 Y-Y<br>• Y-Δ와 Y-Δ<br>• Δ-Y와 Δ-Y<br>• Δ-Δ와 Y-Y<br>• V-V와 V-V |

**30** 농형 유도전동기를 많이 사용하는 이유가 아닌 것은?

① 구조가 간단하다.
② 보수가 용이하다.
③ 효율이 좋다.
④ 속도 조정이 쉽다.

**해설** 농형 유도전동기
- 구조가 간단하다.
- 보수가 용이하다.
- 효율이 좋다.
- 속도 조정이 곤란하다.
- 기동토크가 작다.

**31** 2극 3,600[rpm]인 동기발전기와 병렬운전하는 12극 발전기의 회전수[rpm]는?

① 600 ② 1,800
③ 3,600 ④ 7,200

**해설** 2극 발전기 동기속도

$N_1=\frac{120f}{p}=\frac{120f}{2}=3,600[\text{rpm}]$

$f=60[\text{Hz}]$

병렬운전은 주파수가 같아야 하므로

$N_2=\frac{120f}{p}=\frac{120\times60}{12}=600[\text{rpm}]$

**32** 동기발전기의 돌발 단락전류를 주로 제한하는 것은?

① 권선 저항 ② 동기 리액턴스
③ 누설 리액턴스 ④ 역상 리액턴스

**해설** 동기발전기의 전기자 권선을 단락한 채로 정격속도로 운전하는데, 발전기나 정격상태에서 무부하 운전시 갑자기 단락한 경우 전기자 반작용이 즉시 나타나지 않으므로 단락전류를 제한하는 것은 전기자 저항을 무시하면 누설 리액턴스만 남으므로 매우 큰 단락전류가 흐른다. 이를 돌발 단락전류라 한다.

**33** 회전자 입력 10[kW], 슬립 4[%]인 3상 유도전동기의 2차 동손[kW]은?

① 0.4 ② 1.8
③ 4.0 ④ 9.6

**해설** 2차입력 : 2차동손 : 2차출력 $=1:s:(1-s)$

$P_2:P_{c2}:P_o=1:s:(1-s)$

$P_2:P_{c2}=1:s$

$P_{c2}=sP_2$

$P_{c2}=0.04\times10=0.4[\text{kW}]$

정답 29 ④ 30 ④ 31 ① 32 ③ 33 ①

## 34 변압기유의 열화 방지를 위해 쓰이는 방법이 아닌 것은?

① 방열기 ② 브리더
③ 질소 봉입 ④ 콘서베이터

**해설** 변압기유의 열화 방지 방법
- 콘서베이터 설치 : 변압기 함에 부착하여 호흡작용에 의한 기름의 열화를 방지
- 공기와의 접촉을 차단하기 위해 유면과 외부 사이에 질소 봉입
- 브리더 설치 : 유입변압기 등은 열화에 따른 내외부 호흡에 따른 습기가 발생하는데 이를 흡수

## 35 3상 동기발전기에서 전기자 전류가 무부하 유도 기전력보다 앞선 경우의 전기자 반작용은?

① 횡축 반작용 ② 증자 작용
③ 감자 작용 ④ 편자 작용

**해설** 동기발전기의 전기자 반작용
- 교차 자화 작용(횡축 반작용) : 계자에 의한 기전력과 전기자 부하전류가 동상(역률 1)
- 감자 작용(직축 반작용) : 전기자 부하전류가 계자 기전력보다 90° 뒤진 경우(역률 0, 지상)
- 증자 작용(자화 작용) : 전기자 전류가 계자 기전력보다 90° 앞선 경우(진상)

## 36 전동기의 제동에서 전동기가 가지는 운동에너지를 전기에너지로 변환시키고 이것을 전원에 환원시켜 전력을 회생시킴과 동시에 제동하는 방법은?

① 발전 제동
② 역전 제동
③ 맴돌이 전류 제동
④ 회생 제동

**해설** 직류전동기의 제동 방식
- 발전 제동(Dynamic Braking) : 회전체의 운동에너지를 전기에너지로 변화시키고 이것을 저항 중에서 열에너지로 소비시켜서 제동하는 방식이다.
- 회생 제동(Regenerative Braking) : 발전기로서의 전력을 전원에 돌려보내는 동시에 제동력이 생기는 원리를 이용한 제동 방식으로 전동기의 전원을 접속한 상태에서 전동기에 유기되는 역기전력을 전원전압보다 크게 하여 이때 발생하는 전력을 전원에 반환한다.
- 역상 제동(Plugging Braking) : 전기자를 반대로 접속하면 자속은 그대로 변하지 않고 전기자 전류는 반대로 되어 방향의 회전력이 발생하여 제동하는 방식이다.
- 맴돌이전류 제동(Eddy Current Braking) : 자장이 있는 곳에 도체가 움직이게 되면 자속의 변화량에 따라 도체 속에 소용돌이 전류가 발생하며, 이 전류에 의한 자기장이 외부 자기장의 방향과 반대 방향으로 도체의 운동을 방해하는 제동력이 생기는 현상을 이용한 방식

## 37 변압기에서 1차 권선과 2차 권선이 독립되어 있지 않고 권선의 일부를 공통 회로로 하고 있는 변압기는?

① 단권 변압기 ② 누설 변압기
③ 3권선 변압기 ④ 1권선 변압기

**해설** 단권 변압기
- 1차와 2차 회로가 절연되어 있지 않고 권선의 일부를 공통 전로로 하는 변압기로 권선 하나의 도중에서 탭(Tap)을 만들어 사용하였으며, 권수비가 1에 가까워 가장 경제적이고 특성이 좋다.
- 1차와 2차를 공유하지 않는 부분의 권선을 직렬 권선, 공유하는 부분의 권선을 분로 권선이라 한다.

## 38 3상 전원에서 2상 전원을 얻기 위한 변압기 결선 방법은?

① 대각 결선 ② 포크 결선
③ 2차 2중 Y결선 ④ 스코트 결선



정답 34 ① 35 ② 36 ④ 37 ① 38 ④

**해설** 단상 변압기 2대를 이용하여 3상에서 2상으로 변환하는 방법은 스코트 결선이며, T결선이라고도 한다. 스코트 결선의 이용률은 86.6[%]이다.

**39** $N_S$ = 1,200[rpm], $N$ = 1,176일 때, 슬립[%]은?

① 2 ② 3
③ 5 ④ 6

**해설**
$$s = \frac{N_S - N}{N_S} \times 100 = \frac{1,200 - 1,176}{1,200} \times 100 = 2[\%]$$

**40** 직류전동기의 속도제어 방법 중 속도제어가 원활하고 정토크 제어가 되며 운전효율이 좋은 것은?

① 계자 제어
② 병렬 저항 제어
③ 직렬 저항 제어
④ 전압 제어

**해설** 직류전동기의 속도제어법
$N = \dfrac{V - I_a R_a}{K\phi}$[rpm]
- 전압 제어법 : 전기자에 가하는 전압 $V$를 변화시키는 방법으로 정토크 제어
- 계자 제어법 : 계자전류를 조정하여 자속 $\phi$를 변화시키는 방법으로 정출력 제어
- 저항 제어법 : 전기자에 직렬로 저항을 넣어서 $R_a$의 값을 변화시키는 방법

**41** 금속덕트공사에 관한 사항이다. 다음 중 금속덕트의 시설로서 옳지 않은 것은?

① 덕트의 끝부분은 열어 놓을 것
② 덕트의 뚜껑은 쉽게 열리지 않도록 시설할 것
③ 덕트 상호 간은 견고하게 또한 전기적으로 완전하게 접속할 것
④ 덕트를 조영재에 붙이는 경우에는 덕트의 지지점 간의 거리를 3[m] 이하로 견고하게 시설할 것

**해설** [한국전기설비규정 232.31.3 금속덕트의 시설]
- 덕트에 접지공사를 실시해야 한다.
- 덕트의 끝부분을 막아 먼지가 침입하지 않도록 한다.
- 덕트 지지점 간의 거리를 3[m] 이하로 하고 견고하게 붙여야 한다.
- 덕트 상호 간은 견고하고 또한 전기적으로 완전하게 접속해야 한다.

**42** 다음 중 금속관공사의 설명으로 잘못된 것은?

① 금속관 내에서는 절대로 전선의 접속점을 만들지 않아야 한다.
② 관의 두께는 콘크리트에 매입하는 경우 1[mm] 이상이어야 한다.
③ 교류회로는 1회로의 전선 전부를 동일관 내에 넣는 것을 원칙으로 한다.
④ 교류회로에서 전선을 병렬로 사용하는 경우에는 관내에 전자적 불평형이 생기지 않도록 시설한다.

**해설** [한국전기설비규정 232.12 금속관공사]
- 전선은 금속관 안에서 접속점이 없도록 한다.
- 관의 두께는 콘크리트에 매입하는 것은 1.2[mm] 이상으로 한다.

[한국전기설비규정 123 전선의 접속]
- 교류회로에서 병렬로 사용하는 전선은 금속관 안에 전자적 불평형이 생기지 않도록 시설한다.

[한국전기설비규정 232.3.1 회로 구성]
- 하나의 회로도체는 다른 다심케이블, 다른 전선관, 다른 케이블덕팅시스템 또는 다른 케이블트렁킹시스템을 통해 배선해서는 안 된다.

정답 39 ① 40 ④ 41 ① 42 ②

**43** 합성수지몰드공사의 시공에서 잘못된 것은?

① 사용전압이 400[V] 이하에 사용
② 점검할 수 있고 전개된 장소에 사용
③ 베이스와 캡이 완전하게 결합하여 충격으로 이탈되지 않을 것
④ 베이스를 조영재에 부착하는 경우 1[m] 간격마다 나사 등으로 견고하게 부착할 것

**해설** 합성수지몰드공사에서 몰드의 설치는 40~50[cm] 간격마다 나사못 혹은 콘크리트못으로 견고하게 부착해야 한다.

[한국전기설비규정 232.21 합성수지몰드공사]
- 옥내 400[V] 이하인 장소에 시설한다.
- 전개된 장소이면서 건조한 장소 혹은 은폐 장소이면서 건조한 장소에 시설한다.
- 합성수지몰드는 홈의 폭 및 깊이가 35[mm] 이하, 두께는 2[mm] 이상의 것을 시설한다. 이는 충격 등에 의해 쉽게 덮개가 벗겨지지 않고, 어느 정도의 충격에 의해 몰드가 파손되지 않도록 하기 위함이다.

**44** 절연전선을 동일 금속덕트 내에 넣을 경우 금속덕트의 크기는 전선의 피복절연물을 포함한 단면적의 총합계가 금속덕트 내 단면적의 몇 [%] 이하로 하여야 하는가?

① 10 ② 20
③ 32 ④ 48

**해설** [한국전기설비규정 232.31 금속덕트공사]
- 금속덕트에 넣은 전선의 단면적(절연피복의 단면적을 포함)의 합계는 덕트의 내부 단면적의 20[%] 이하일 것

**45** 전로에 시설하는 기계기구의 철대 및 금속제 외함에 접지공사를 생략할 수 없는 경우는?

① 30[V] 이하의 기계기구를 건조한 곳에 시설하는 경우
② 철대 또는 외함의 주위에 적당한 절연대를 설치하는 경우
③ 「전기용품 및 생활용품 안전관리법」의 적용을 받는 이중절연구조로 되어 있는 기계기구를 시설하는 경우
④ 물기 없는 장소에 설치하는 저압용 기계기구를 위한 전로에 정격감도전류 40[mA] 이하, 동작시간 2초 이하의 전류동작형 누전차단기를 시설하는 경우

**해설** [한국전기설비규정 기계기구의 철대 및 외함의 접지]
전로에 시설하는 기계기구의 철대 및 금속제 외함에 접지공사를 생략할 수 있는 경우
- 사용전압이 직류 300[V] 또는 교류 대지전압이 150[V] 이하인 기계기구를 건조한 곳에 시설하는 경우
- 저압용의 기계기구를 건조한 목재의 마루 기타 이와 유사한 절연성 물건 위에서 취급하도록 시설하는 경우
- 철대 또는 외함의 주위에 적당한 절연대를 설치하는 경우
- 「전기용품 및 생활용품 안전관리법」의 적용을 받는 이중절연구조로 되어 있는 기계기구를 시설하는 경우
- 물기있는 장소 이외의 장소에 시설하는 저압용의 개별 기계기구에 전기를 공급하는 전로에 「전기용품 및 생활용품 안전관리법」의 적용을 받는 인체감전보호용 누전차단기(정격감도전류가 30[mA] 이하, 동작시간이 0.03초 이하의 전류동작형)를 시설하는 경우
- 외함을 충전하여 사용하는 기계기구에 사람이 접촉할 우려가 없도록 시설하거나 절연대를 시설하는 경우



정답 43 ④ 44 ② 45 ④

**46** 셀룰로이드, 성냥, 석유류 등 기타 가연성 위험물질을 제조 또는 저장하는 장소의 배선 방법이 아닌 것은?

① 두께가 2[mm] 미만의 합성수지제 전선관을 사용할 것
② 배선은 금속관 배선, 합성수지관 배선, 또는 케이블 배선에 의할 것
③ 금속관은 박강 전선관 또는 이와 동등 이상의 강도가 있는 것을 사용할 것
④ 합성수지관 배선에 사용하는 합성수지관 및 박스 기타 부속품은 손상 우려가 없도록 시설할 것

**해설** [한국전기설비규정 242.4 위험물 등이 존재하는 장소]
셀룰로이드, 성냥, 석유류 기타 타기 쉬운 위험한 물질을 제조하거나 저장하는 곳에 시설하는 저압 옥내 전기설비는 금속관공사, 합성수지관공사, 케이블공사의 공사 방법을 따른다.
- 금속관공사에 사용하는 금속관은 박강 전선관 또는 이와 동등 이상의 강도를 가지는 것일 것
- 케이블공사에 사용하는 전선은 개장된 케이블 또는 MI 케이블을 사용하는 경우 이외에는 관 기타의 방호장치에 넣어 사용할 것
- 합성수지관공사는 두께 2[mm] 미만의 합성수지 전선관 및 난연성이 없는 콤바인 덕트관을 사용하는 것은 제외하며, 합성수지관 및 박스 기타의 부속품은 손상을 받을 우려가 없도록 시설할 것

**47** 셀룰러덕트의 최대 폭이 200[mm]를 초과할 때 셀룰러덕트의 판 두께는 몇 [mm] 이상이어야 하는가?

① 1.2　② 1.4
③ 1.6　④ 1.8

**해설** [한국전기설비규정 232.33.2 셀룰러덕트 및 부속품의 선정]
셀룰러 덕트의 선정

| 덕트의 최대 폭 | 덕트의 판 두께 |
|---|---|
| 150[mm] 이하 | 1.2[mm] |
| 150[mm] 초과<br>200[mm] 이하 | 1.4[mm] |
| 200[mm] 초과하는 것 | 1.6[mm] |

**48** 라이팅덕트공사에 의한 저압 옥내배선의 시설기준으로 틀린 것은?

① 덕트의 끝부분은 막을 것
② 덕트는 조영재에 견고하게 붙일 것
③ 덕트의 개구부는 위로 향하여 시설할 것
④ 덕트는 조영재를 관통하여 시설하지 아니할 것

**해설** [한국전기설비규정 232.71 라이팅덕트공사]
덕트의 개구부는 아래로 향하여 시설한다. 단, 사람이 쉽게 접촉할 우려가 없는 장소에서 덕트의 내부에 먼지가 들어가지 않도록 시설하는 경우에 한하여 옆으로 향하여 시설할 수 있다.
- 덕트 상호 간 및 전선 상호 간은 견고하게 또한 전기적으로 완전히 접속할 것
- 덕트는 조영재에 견고하게 붙일 것
- 덕트의 지지점 간의 거리는 2[m] 이하로 할 것
- 덕트의 끝부분은 막을 것
- 덕트는 조영재를 관통하여 시설하지 아니할 것



정답 46 ① 47 ③ 48 ③

**49** 화약고 등의 위험장소에서 전기설비의 시설기준에 대한 내용으로 옳은 것은?

① 전기 기계기구는 전폐형을 사용할 것
② 전로의 대지전압은 400[V] 이하일 것
③ 옥내배선에 캡타이어 케이블공사로 시설할 것
④ 화약고 장소에 전용 개폐기 및 과전류차단기를 시설할 것

**해설** [한국전기설비규정 242.5.1 화약류 저장소에서 전기설비의 시설]
- 저압 옥내배선은 금속관공사, 케이블공사(캡타이어 케이블 사용 제외)에 의한다.
- 전로에 대지전압은 300[V] 이하로 한다.
- 전기 기계기구는 전폐형의 것으로 한다.
- 케이블의 전기 기계기구 인입시 인입구에서 케이블의 손상 우려가 없도록 시설한다.
- 화약류 저장소 안의 전기설비에 전기를 공급하는 전로에는 화약류 저장소 이외의 곳에 전용 개폐기 및 과전류차단기를 각 극(다선식 전로의 중성극은 제외)에 취급자 이외의 자가 쉽게 조작할 수 없도록 시설하고 또한 전로에 지락이 생겼을 때 자동적으로 전로를 차단하거나 경보하는 장치를 시설해야 한다.

**50** 금속제 가요전선관공사 방법의 설명으로 옳은 것은?

① 가요전선관 상호 접속에 사용하는 부속품은 콤비네이션 커플링이다.
② 스위치박스에는 콤비네이션 커플링을 사용하여 가요전선관과 접속한다.
③ 가요전선관 박스와 직각부분에 연결하는 부속품은 앵글 박스 커넥터이다.
④ 가요전선관과 금속관과의 접속에 사용하는 부속품은 스트레이트박스 커넥터이다.

**해설** 가요전선관 박스와 직각부분에 연결하는 부속품은 앵글 박스 커넥터이다.
- 콤비네이션 커플링 : 가요전선관과 금속관을 상호 접속할 때 사용한다.
- 스트레이트 박스 커넥터 : 가요전선관과 박스를 상호 접속할 때 사용한다.

**51** 합성수지관 상호 및 관과 박스는 접속시에 삽입하는 깊이를 관 바깥지름의 몇 배 이상으로 하여야 하는가? (단, 접착제를 사용하지 않은 경우이다.)

① 0.2 ② 0.5
③ 1.0 ④ 1.2

**해설** [한국전기설비규정 232.11.3 합성수지관 및 부속품의 시설]
관 상호 간 및 박스와는 관을 삽입하는 깊이를 관의 바깥지름의 1.2배(접착제를 사용하는 경우에는 관의 바깥지름의 0.8배) 이상으로 하고 또한 꽂음 접속에 의해 견고하게 접속할 것

**52** 옥내에 시설하는 사용전압이 400[V] 이상인 저압의 이동전선은 0.6/1[kV] EP 고무절연 클로로프렌 캡타이어 케이블로서 단면적이 몇 [$mm^2$] 이상이어야 하는가?

① 0.75[$mm^2$] ② 2.0[$mm^2$]
③ 5.5[$mm^2$] ④ 8.0[$mm^2$]

**해설** [한국전기설비규정 234.3 코드 및 이동전선]
옥내에서 조명용 전원코드 또는 이동전선을 습기가 많은 장소 또는 수분이 있는 장소에 시설할 경우에는 고무코드(사용전압이 400[V] 이하인 경우에 한함) 또는 0.6/1[kV] EP 고무절연 클로로프렌 캡타이어 케이블로서 단면적이 0.75[$mm^2$] 이상인 것이어야 한다.

7개년 기출복원문제

정답 49 ① 50 ③ 51 ④ 52 ①

**53** 분전반 및 배전반은 어떤 장소에 설치하는 것이 바람직한가?

① 은폐된 장소
② 이동이 심한 장소
③ 개폐기를 쉽게 개폐할 수 없는 장소
④ 전기회로를 쉽게 조작할 수 있는 장소

**해설** [한국전기설비규정 232.84 옥내에 시설하는 저압용 배분전반 등의 시설]
옥내에 시설하는 저압용 배·분전반의 기구 및 전선은 쉽게 점검할 수 있도록 한다.
- 노출된 장소
- 안정된 장소
- 개폐기를 쉽게 개폐할 수 있는 장소
- 전기회로를 쉽게 조작할 수 있는 장소

**54** 케이블을 새들 등으로 지지하는 경우 지지점 간의 거리는 몇 [m] 이하로 하여야 하는가?

① 0.5 ② 1.0
③ 1.5 ④ 2.0

**해설** [한국전기설비규정 232.51 케이블공사]
케이블공사시 전선을 조영재의 아랫면 또는 옆면에 따라 붙이는 경우 전선의 지지점 간의 거리
- 케이블 : 2[m]
- 캡타이어 케이블 : 1[m]

**55** 저압 배선을 조명설비로 배선하는 경우 인입구로부터 기기까지의 전압 강하는 몇 [%] 이하로 해야 하는가?

① 2 ② 3
③ 4 ④ 6

**해설** [한국전기설비규정 232.3.9 수용가 설비에서의 전압 강하]
수용가 설비의 인입구로부터 기기까지의 전압 강하는 아래의 표 값 이하이어야 한다.

| 설비의 유형 | A - 저압 수전 | B - 고압 이상 수전 |
|---|---|---|
| 조명 | 3[%] | 6[%] |
| 기타 | 5[%] | 8[%] |

**56** 화약류의 분말이 전기설비가 발화원이 되어 폭발할 우려가 있는 곳에 시설하는 저압 옥내배선공사 방법으로 가장 알맞은 것은?

① 금속관공사
② 애자사용공사
③ 가요전선관공사
④ 합성수지관공사

**해설** [한국전기설비규정 232.2.1 폭연성 먼지 위험장소]
폭연성 먼지 또는 화약류의 분말이 전기설비가 발화원이 되어 폭발할 우려가 있는 곳에 옥내 전기설비(400[V] 초과 방전등 제외)를 시설하는 경우 저압 옥내배선, 저압 관등회로 배선 및 소세력 회로의 전선은 금속관공사 또는 케이블공사(캡타이어 케이블 사용 제외)에 의한다.

**57** 저압 크레인 또는 호이스트 등의 트롤리선을 애자공사에 의해 옥내의 노출장소에 시설하는 경우 트롤리선은 바닥으로부터 몇 [m] 이상의 높이로 설치하는가?

① 2.5 ② 3.0
③ 3.5 ④ 6.0

정답 53 ④ 54 ④ 55 ② 56 ① 57 ③

**해설** [한국전기설비규정 232.81 옥내에 시설하는 저압 접촉전선 배선]
저압 접촉전선을 애자공사에 의해 옥내의 전개된 장소에 시설하는 경우 전선은 바닥에서의 높이 3.5[m] 이상으로 하고, 사람이 접촉할 우려가 없도록 시설한다.

**58** 고압 가공 인입선을 일반적인 도로를 횡단하여 설치하고자 할 때 그 높이는?

① 3.0[m] 이상
② 3.5[m] 이상
③ 5.0[m] 이상
④ 6.0[m] 이상

**해설** 저·고압 인입선의 높이

| 시설조건 | | 도로의 노면상 | 철도 레일면상 | 횡단보도교 노면상 | 이외 지표상 |
|---|---|---|---|---|---|
| 전선의 높이 [m] | 고압 | 6 이상 | 6.5 이상 | 3.5 이상 | 5 이상 |
| | 저압 | 5 이상 | 6.5 이상 | 3 이상 | 4 이상 |

**59** 구리전선과 전기 기계기구 단자를 접속하는 경우에 진동 등으로 인하여 헐거워질 염려가 있는 곳에는 어떤 것을 사용하여 접속하여야 하는가?

① 정 슬리브를 끼운다.
② 평와셔 2개를 끼운다.
③ 스프링 와셔를 끼운다.
④ 코드 스패너를 끼운다.

**해설** 진동 등으로 헐거워질 염려가 있는 접속단자에는 스프링 와셔를 사용하여 진동을 흡수할 수 있도록 한다.

**60** 가공전선의 지지물에 승탑 또는 승강용으로 사용하는 발판 볼트 등은 지표상 몇 [m] 미만에 시설하여서는 안 되는가?

① 1.2 ② 1.5
③ 1.6 ④ 1.8

**해설** [한국전기설비규정 331.4 가공전선로 지지물의 철탑오름 및 전주오름 방지]
가공전선로의 지지물에 취급자가 오르고 내리는데 사용하는 발판 볼트 등을 지표상 1.8[m] 미만에 시설해서는 안 된다.



정답 58 ④ 59 ③ 60 ④

# 2017년 제3회 기출복원문제

**01** 다음 물질 중 강자성체로만 짝지어진 것은?

① 철, 니켈, 아연, 망간
② 구리, 비스무트, 코발트, 망간
③ 철, 구리, 니켈, 아연
④ 철, 니켈, 코발트

**해설**
- 강자성체 : ($\mu_s \gg 1$) 자화시킨 후 외부 자기장이 사라져도 자성체가 계속 자석의 성질을 유지하는 물질
  예 철, 코발트, 니켈, 망간
- 상자성체 : ($\mu_s > 1$) 자기장 안에 넣으면 자기장 방향으로 약하게 자화하고, 자석을 제거하면 자석의 성질을 잃어버리는 물질
  예 알루미늄, 산소, 공기, 마그네슘, 백금, 텅스텐, 주석
- 반자성체 : ($\mu_s < 1$) 외부 자기장에 반대 방향으로 정렬하는 자기 모멘트를 가지는 물질
  예 구리, 아연, 납, 수은, 안티모니
- 비자성체 : 자성이 약하거나 전혀 자성을 갖지 않아서 자화가 되지 않는 물체

**02** 5[Ah]는 몇 [C]인가?

① 300 ② 3,600
③ 18,000 ④ 36,000

**해설** 전류는 단위 시간당 흐르는 전하량이므로 $I=\dfrac{Q}{t}$ 라고 할 수 있다. 따라서 $Q=I\times t$이다.

$Q=I\times t=5[\text{A}]\times 1[\text{시간}]=5[\text{A}]\times 3{,}600[\text{sec}]$

$=18{,}000[\text{C}]$

**03** 4[Ω], 6[Ω], 8[Ω]의 3개 저항을 병렬 접속할 때 합성저항[Ω]은?

① 1.8 ② 2.5
③ 3.6 ④ 4.5

**해설** $\dfrac{1}{R}=\dfrac{1}{R_1}+\dfrac{1}{R_2}+\dfrac{1}{R_3}$

$=\dfrac{1}{4}+\dfrac{1}{6}+\dfrac{1}{8}=\dfrac{6+4+3}{24}=\dfrac{13}{24}$[℧]이므로

$R=\dfrac{24}{13}\fallingdotseq 1.85$[Ω]이다.

**04** 자석의 성질로 옳은 것은?

① 자석은 고온이 되면 자력이 증가한다.
② 자기력선에는 팽창하려는 성질이 있다.
③ 자력선은 자석 내부에서도 N극에서 S극으로 이동한다.
④ 자력선은 자성체는 투과하고, 비자성체는 투과하지 못한다.

**해설** 자석의 성질
- 자석은 고온이 되면 자력이 감소하며, 자석의 성질을 잃게 되는 온도를 큐리 온도라고 한다.
- 자기력선에는 수축하려는 성질이 있다.
- 자기력선은 N극에서 나와 S극으로 향한다.
- 자기력선의 밀도는 자기장의 세기와 비례한다.
- 자기력선은 자성체는 투과하고, 비자성체는 투과하지 못한다.
- 자석의 같은 극끼리는 서로 반발하고 다른 극끼리는 끌어당긴다.

정답 01 ④ 02 ③ 03 ① 04 ④

**05** 어떤 전압계의 측정 범위를 10배로 하려면 배율기의 저항을 전압계 내부저항의 몇 배로 하여야 하는가?

① 10　② $\frac{1}{10}$
③ 9　④ $\frac{1}{9}$

**해설** 배율기를 제외한 전압계 양단의 최대 전압이 1[V]라고 가정하면 배율기 양단의 전압은 9[V]이어야 배율기의 측정 범위가 10배가 된다.
전압계 양단의 전압이 $V_v$, 배율기 양단의 전압은 $V_R$, 전압계 내부저항을 $r_v$, 배율기를 $R$이라고 하면 전압과 저항은 서로 비례하므로 $r_v : R = V_v : V_R$이다.
$r_v : R = V_v : V_R = 1 : 9$이므로 배율기의 저항은 전압계 내부저항의 9배이다.

**06** 1[kWh]와 같은 값은 어느 것인가?

① $3.6\times10^3$[J]
② $3.6\times10^3$[N/m²]
③ $3.6\times10^6$[J]
④ $3.6\times10^6$[N/m²]

**해설** 전력량 $W=P\times t=1$[W]$\times1$[sec]$=1$[J]이다.
전력량 $W=1$[kWh]$=1\times10^3$[W]$\times1$[시간]
$=1\times10^3$[W]$\times3,600$[sec]$=3.6\times10^6$[J]

**07** 20[℃]의 물 100[$l$]를 2시간 동안에 40[℃]로 올리기 위하여 사용할 전열기의 용량은 약 몇 [kW]이면 되겠는가? (단, 이때 전열기의 효율은 60[%]라 한다.)

① 1.929　② 2.876
③ 3.938　④ 4.876

**해설** 전열기의 열량 $H=0.24Pt\eta=C\cdot m\cdot\theta$[cal]이다.
($P$ : 전력[W], $t$ : 시간[초], $\eta$ : 효율[%], $C$ : 비열[cal/(kg·℃)], $m$ : 질량[g], $\theta$ : 온도변화[℃])
$$P=\frac{C\cdot m\cdot\theta}{0.24\cdot t\cdot\eta}=\frac{1\times(100\times10^3)\times(40-20)}{0.24\times(2\times3,600)\times0.6}$$
$\fallingdotseq 1,929$[W]$=1.929$[kW]

**08** 권선수 50인 코일에 5[A]의 전류가 흘렀을 때 $10^{-3}$[Wb]의 자속이 코일 전체를 쇄교하였다면 이 코일의 자체 인덕턴스[mH]는?

① 10　② 20
③ 30　④ 40

**해설** $LI=N\phi$에서
$$L=\frac{N\phi}{I}=\frac{50\times10^{-3}}{5}=10^{-2}[\text{H}]=10[\text{mH}]$$

**09** "패러데이의 전자 유도 법칙에서 유도기전력의 크기는 코일을 지나는 ( ㉮ )의 매초 변화량과 코일의 ( ㉯ )에 비례한다." ㉮와 ㉯에 해당하는 것은?

① ㉮ - 자속, ㉯ - 굵기
② ㉮ - 전류, ㉯ - 굵기
③ ㉮ - 전류, ㉯ - 권수
④ ㉮ - 자속, ㉯ - 권수

**해설** 패러데이의 법칙은 코일을 관통하는 자속을 변화시킬 때 코일에 유도기전력이 발생하는 법칙이다.
$$e=-N\frac{d\phi}{dt}=-L\frac{dI}{dt}[\text{V}]$$
따라서 유도기전력의 크기는 코일을 지나는 자속의 매초 변화량과 코일의 권수에 비례한다.

정답 05 ③ 06 ③ 07 ① 08 ① 09 ④

**10** 용량 20[Ah], 1.2[V]인 전지 5개를 직렬연결하여 부하를 단락하면 용량[Ah]은?

① 15 ② 20
③ 40 ④ 60

해설 전하량 $Q=I$[A]·[시간]
전지 5개를 직렬로 연결하면 전류 $I$는 일정하므로 전지의 용량 또한 일정하다.

**11** 기전력 $E$, 내부저항 $r$인 전지 $n$개를 직렬로 연결하여 이것에 외부저항 $R$을 직렬연결하였을 때 흐르는 전류[A]는?

① $I=\dfrac{E}{nr+R}$[A]

② $I=\dfrac{nE}{r+R}$[A]

③ $I=\dfrac{nE}{r+nR}$[A]

④ $I=\dfrac{nE}{nr+R}$[A]

해설 기전력 $E$, 내부저항 $r$인 전지 $n$개를 직렬로 연결하였을 때 총 기전력은 $nE$[V], 총 내부저항은 $nr$[Ω]이다. 이때 외부저항 $R$을 연결하면 합성저항은 $nr+R$[Ω]이다.
따라서 전류 $I=\dfrac{V}{R}=\dfrac{nE}{nr+R}$[A]이다.

**12** 길이 10[m]인 도선의 저항값이 100[Ω]이었다. 이 도선을 고르게 20[m]로 늘렸을 때 저항값[Ω]은?

① 50 ② 100
③ 200 ④ 400

해설 체적(부피) $V=S\times l$($S$ : 단면적, $l$ : 길이)이다.
체적(부피)이 일정할 때 길이 $l$을 2배로 늘리면 단면적 $S$는 $\dfrac{1}{2}$배로 줄어든다.
전기저항 $R$은 고유저항 $\rho$, 도체의 길이 $l$과는 비례하고 도체의 단면적 $S$와는 반비례하다.
$R=\rho\dfrac{l}{S}$
따라서 전기저항 $R=\rho\dfrac{2l}{\frac{1}{2}S}=4\times\rho\dfrac{l}{S}$이므로 저항값의 4배로 400[Ω]이다.

**13** 대칭 3상 교류의 조건에 해당하지 않는 것은?

① 기전력의 크기가 같다.
② 주파수가 같다.
③ 위상차는 각각 60°씩 생긴다.
④ 파형이 같다.

해설 대칭 3상 교류는 기전력의 크기, 주파수, 파형은 모두 같아야 하고 위상차는 모두 $\dfrac{2}{3}\pi(=120°)$이어야 한다.

**14** $R=6$[Ω], $X_L=8$[Ω], $X_C=16$[Ω]가 직렬로 연결된 회로에 100[V]의 교류를 가했을 때 흐르는 전류와 임피던스는?

① 7.14[A], 용량성
② 7.14[A], 유도성
③ 10[A], 용량성
④ 10[A], 유도성

정답 10 ② 11 ④ 12 ④ 13 ③ 14 ③

**해설** R-L-C 직렬회로에서 임피던스
$\dot{Z} = R + j(X_L - X_c) = 6 + j(8-16) = 6 - j8[\Omega]$,
$|Z| = \sqrt{6^2+8^2} = 10[\Omega]$이다.
전류 $I = \frac{V}{|Z|} = \frac{100}{10} = 10[A]$이고 유도성 리액턴스
$X_L$ < 용량성 리액턴스 $X_C$ 이므로 용량성이다.

**15** 비유전율 5인 유전체 내부의 전속밀도가 $5\times10^{-6}$ $[C/m^2]$ 되는 점의 전기장의 세기[V/m]는?

① $0.54\times10^5$  ② $0.79\times10^5$
③ $1.13\times10^5$  ④ $1.58\times10^5$

**해설** 비유전율 $\varepsilon_s = 5$, 전속밀도 $D = 5\times10^{-6}[c/m^2]$ 이다.

$D = \varepsilon E$이므로 $E = \frac{D}{\varepsilon} = \frac{D}{\varepsilon_0\varepsilon_s} = \frac{5\times10^{-6}}{\frac{1}{36\pi}\times10^{-9}\times5}$

$\fallingdotseq 1.13\times10^5[V/m]$

진공의 유전율 $\varepsilon_0 = \frac{1}{36\pi}\times10^{-9} = 8.854\times10^{-12}[F/m]$

- 쿨롱의 법칙의 전기장에서의 비례상수 (진공 또는 공기 중에서) $k = \frac{1}{4\pi\varepsilon} = 9\times10^9$

진공의 투자율 $\mu_o = 4\pi\times10^{-7} = 1.256\times10^{-6}[H/m]$

- 쿨롱의 법칙의 자기장에서의 비례상수 (진공 또는 공기 중에서) $k = \frac{1}{4\pi\mu} = 6.33\times10^4$

**16** 200[V], 500[W]의 전열기를 220[V] 전원에 사용하였다면 이때의 전력[W]은?

① 400  ② 450
③ 505  ④ 605

**해설** $P = \frac{V^2}{R}$이므로 전압 $V = 200[V]$,
전력 $P = 500[W]$에서 저항 $R = \frac{V^2}{P} = \frac{200^2}{500} = 80[\Omega]$이다.
전압 $V = 220[V]$에서 전력 $P = \frac{V^2}{R} = \frac{220^2}{80} = 605[W]$ 이다.

**17** $V = 200[V]$, $C_1 = 10[\mu F]$, $C_2 = 5[\mu F]$인 2개의 콘덴서가 병렬로 접속되어 있다. 콘덴서 $C_1$에 축적되는 전하량[μC]은?

① 100  ② 200
③ 1,000  ④ 2,000

**해설** 병렬회로에서 콘덴서 $C_1$, $C_2$ 양단의 전압 $V_1$, $V_2$는 같다.($V = V_1 = V_2 = 200[V]$)
$Q = CV$이므로 콘덴서 $C_1$에 축적되는 전하 $Q_1 = C_1\times V_1 = 10\times200 = 2{,}000[\mu C]$

**18** R-L 병렬회로에서 합성 임피던스는 어떻게 표현되는가?

① $\frac{R}{R^2+X_L^2}$  ② $\frac{X}{\sqrt{R^2+X_L^2}}$
③ $\frac{R+X_L}{R^2+X_L^2}$  ④ $\frac{R\cdot X_L}{\sqrt{R^2+X_L^2}}$

정답 15 ③ 16 ④ 17 ④ 18 ④

**해설** R–L 병렬회로에서 어드미턴스 $\dot{Y} = \frac{1}{R} - j\frac{1}{X_L}$,

$|Y| = \sqrt{\left(\frac{1}{R}\right)^2 + \left(\frac{1}{X_L}\right)^2} = \frac{\sqrt{R^2+X_L^2}}{R \cdot X_L}$ [℧]

임피던스 $Z = \frac{1}{Y} = \frac{R \cdot X_L}{\sqrt{R^2+X_L^2}}$ [Ω]이다.

| 직렬회로<br>(임피던스 $Z$로 해석) | | 병렬회로<br>(어드미턴스 $Y$로 해석) | |
|---|---|---|---|
| R–L 직렬 회로 | $\dot{Z} = R + jX_L$<br>$= R + jwL$ | R–L 병렬 회로 | $\dot{Y} = \frac{1}{R} - j\frac{1}{X_L}$<br>$= \frac{1}{R} - j\frac{1}{\omega L}$ |
| R–C 직렬 회로 | $\dot{Z} = R - jX_C$<br>$= R - j\frac{1}{wC}$ | R–C 병렬 회로 | $\dot{Y} = \frac{1}{R} + j\frac{1}{X_C}$<br>$= \frac{1}{R} + j\omega C$ |

**19** 최댓값이 10[A]인 교류전류의 평균값[A]은?

① 6.37 ② 0.5
③ 0.2 ④ 0.63

**해설** 최댓값 $I_m = 10$[A]일 때

평균값 $I_{avg} = \frac{2}{\pi} I_m = \frac{2}{\pi} \times 10 \fallingdotseq 6.37$[A]

**20** $R = 3$[Ω], $\omega L = 8$[Ω], $\frac{1}{\omega C} = 4$[Ω]인 R–L–C 직렬회로의 임피던스[Ω]는?

① 5 ② 8
③ 12 ④ 15

**해설** 저항 $R = 3$[Ω],
유도성 리액턴스 $X_L = \omega L = 8$[Ω],
용량성 리액턴스 $X_C = \frac{1}{\omega C} = 4$[Ω]이므로
R–L–C 직렬회로의 임피던스
$Z = R + j(X_L - X_C) = 3 + j(8-4) = 3 + j4$[Ω],
$|Z| = \sqrt{3^2 + 4^2} = 5$[Ω]이다.

**21** 동기전동기의 전기자 전류가 최소일 때 역률은?

① 1.0 ② 0.866
③ 0.707 ④ 0.5

**해설** 부하가 클수록 아래 V곡선과 같이 위쪽으로 이동하고, 어떤 부하에서도 역률이 1.0일 때 전기자 전류는 최소이다.

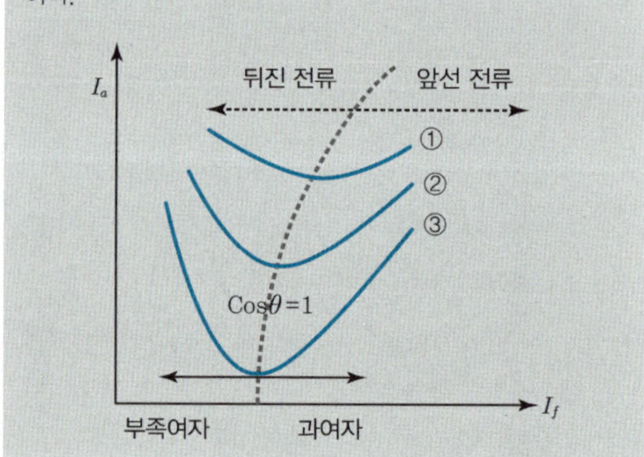


**22** 다음 중 유도전동기의 속도제어에 사용되는 인버터 장치의 약호는?

① CVCF ② VVVF
③ CVVF ④ VVCF

정답 19 ① 20 ① 21 ① 22 ②

해설
① CVCF(Constant Voltage Constant Frequency) : 정전압 정주파수 제어
② VVVF(Variable Voltage Variable Frequency) : 가변전압 가변주파수 제어(유도전동기의 속도제어)
③ CVVF(Contant Voltage Variable Frequency) : 가변전압 정주파수 제어
④ VVCF(Variable Voltage Constant Frequency) : 가변전압 정주파수 제어

**23** 1차 전압이 13,200[V], 2차 전압이 220[V]인 단상 변압기 1차에 6,000[V]의 전압을 가하면 2차 전압[V]은?

① 100　② 200
③ 1,000　④ 2,000

해설 권수비 $a=\frac{E_1}{E_2}=\frac{V_1}{V_2}=\frac{N_1}{N_2}=\sqrt{\frac{Z_1}{Z_2}}=\sqrt{\frac{R_1}{R_2}}$ 에서

$a=\frac{V_1}{V_2}=\frac{13,200}{220}=60$

$a=\frac{V_1}{V_2}=\frac{6,000}{V_2}=60$이므로

$\therefore V_2=100$[V]

**24** 복권발전기의 병렬운전을 안전하게 하기 위해서 두 발전기의 전기자와 직권 권선의 접촉점에 연결해야 하는 것은?

① 균압선　② 집전환
③ 안정저항　④ 브러시

해설 복권발전기에서 직권 계자 권선이 있어 균압선 없이는 안정된 병렬운전을 할 수 없다.

**25** 60[Hz], 20,000[kVA]의 발전기의 회전수가 1,200[rpm]이라면 이 발전기의 극수는?

① 2　② 4
③ 6　④ 8

해설 $N_S=\frac{120f}{p}=1,200$[rpm]
$f=60$[Hz]이므로
$\therefore p=6$극

**26** 직류전동기를 기동할 때 전기자 전류를 제한하는 가감저항기의 명칭은?

① 단속기　② 제어기
③ 가속기　④ 기동기

해설 직류전동기의 기동전류를 제한하기 위해 전기자에 직렬로 기동저항기를 접속한다.



**27** 부하의 저항을 어느 정도 감소시켜도 전류는 일정하게 되는 수하특성을 이용하여 정전류를 만드는 곳이나 아크용접 등에 사용되는 직류발전기는?

① 직권발전기
② 분권발전기
③ 가동복권발전기
④ 차동복권발전기

해설 차동복권발전기는 직권과 분권 계자 권선의 기자력이 서로 상쇄되게 한 것으로, 부하 증가에 따라 전압이 현저하게 감소하나 정전류 특성의 수하특성을 가진다. 이러한 특성은 용접기용 전원으로 적합하다.

정답 23 ① 24 ① 25 ③ 26 ④ 27 ④

**28** 대전류 고전압의 전기량을 제어할 수 있는 자기 소호형 소자는?

① MOSFET ② Diode
③ TRIAC ④ IGBT

**해설**
① MOSFET : 전압 제어 소자로서 구동 전력이 적게 소모되고 구동 회로가 간단하며, 다수 캐리어의 소자로서 고속 스위칭이 가능한 드레인(D), 소스(S), 게이트(G)의 3단자 소자이다.
② Diode(다이오드) : 전류를 한쪽 방향으로 흐르게 하는 반도체 부품으로 재료는 실리콘이 많지만, 게르마늄, 셀렌 등이 있다. 용도는 전원장치에서 교류를 직류로 바꾸는 정류기용, 라디오의 고주파에서 저주파 신호를 꺼내는 검파용, 전원의 ON/OFF를 제어하는 스위칭용 등 매우 광범위하게 사용되고 있다.
③ TRIAC(양방향성 3단자 사이리스터) : 사이리스터 2개를 역병렬로 접속한 것으로 양방향으로 전류가 흘러 교류 제어용으로 사용되는 소자로 전력 제어용, 교류 제어용으로만 사용된다.
④ IGBT : 컬렉터(C), 에미터(E), 게이트(G)를 가진 3단자 대전류 고전압의 전기량을 제어할 수 있는 자기 소호형 소자로서 파워 MOSFET의 고속성과 파워 트랜지스터의 저 저항성을 겸비한 노이즈에 강한 파워 소자이다. 고속 인버터, 고속 초퍼 제어 소자로 활용한다.

**29** 발전기의 전압변동률을 표시하는 식은? (단, $V_o$ : 무부하 전압, $V_n$ : 정격전압)

① $\epsilon = \left(\dfrac{V_o}{V_n} - 1\right) \times 100[\%]$

② $\epsilon = \left(1 - \dfrac{V_o}{V_n}\right) \times 100[\%]$

③ $\epsilon = \left(\dfrac{V_n}{V_o} - 1\right) \times 100[\%]$

④ $\epsilon = \left(1 - \dfrac{V_n}{V_o}\right) \times 100[\%]$

**해설** 전압변동률

$$\epsilon = \frac{V_o - V_n}{V_n} \times 100[\%] = \left(\frac{V_o}{V_n} - 1\right) \times 100[\%]$$

**30** 20[kVA]의 단상 변압기 2대를 사용하여 V-V 결선으로 하여 3상 전원을 얻고자 한다. 이때 여기 접속시킬 수 있는 3상 부하의 용량[kVA]은?

① 34.6 ② 44.6
③ 54.6 ④ 66.6

**해설** V결선 3상 용량
$P_V = \sqrt{3}P = \sqrt{3} \times 20 \fallingdotseq 34.6$[kVA]

**31** 전기자 저항 0.1[Ω], 전기자 전류 104[A], 유도기 전력 110.4[V]인 직류분권발전기의 단자전압[V]은?

① 98 ② 100
③ 102 ④ 105

**해설** $E = V + I_a R_a$
$V = E - I_a R_a = 110.4 - 0.1 \times 104 = 100$[V]



정답 28 ④ 29 ① 30 ① 31 ②

**32** 3상 유도전동기의 회전 방향을 바꾸는 방법으로 옳은 것은?

① 전동기의 1차 권선에 있는 3개의 단자 중 어느 2개의 단자를 바꾸어 준다.
② 기동 보상기를 이용하여 권선을 바꾸어 준다.
③ $\Delta - Y$결선으로 권선을 바꾸어 준다.
④ 전원의 전압과 주파수를 바꾸어 준다.

**해설** 3상 유도전동기의 전원 3개의 단자 중 2개의 접속을 바꾸어 주면 회전자계가 반대로 형성된다.

**33** 동기전동기를 송전선의 전압조정 및 역률개선에 사용하는 것은?

① 동기 이탈
② 동기 무효 전력 보상 장치
③ 댐퍼
④ 제동권선

**해설** 동기 무효 전력 보상 장치는 무부하 운전 중 과여자일 때는 진상작용을 하는 콘덴서로 작용하고, 부족여자일때는 지상작용을 하는 리액터로 작용한다.

**34** 다음 중 기동토크가 가장 큰 전동기는?

① 분상 기동형　② 콘덴서 모터형
③ 셰이딩 코일형　④ 반발 기동형

**해설** 단상 유도전동기의 기동토크가 큰 순서는 반발 기동형 > 반발 유도형 > 콘덴서 기동형 > 영구 콘덴서형 > 분상 기동형 > 셰이딩 코일형이다.

**35** 병렬운전 중인 동기 임피던스 5[Ω]인 2대의 3상 동기발전기의 유도기전력에 200[V]의 전압 차이가 있다면 무효순환전류[A]는?

① 5　② 10
③ 15　④ 20

**해설** $I = \dfrac{V_1 - V_2}{Z} = \dfrac{200}{10} = 20[\text{A}]$

**36** 무부하 전압과 전부하 전압이 같은 값을 가지는 특성의 발전기는?

① 직권발전기　② 차동복권발전기
③ 평복권발전기　④ 과복권발전기

**해설** 직류발전기 특성
- 과복권발전기 : 전부하 전압 > 무부하 전압
- 평복권발전기 : 전부하 전압 = 무부하 전압
- 부족복권발전기 : 전부하 전압 < 무부하 전압

**37** 3상 유도전동기의 1차 입력 60[kW], 1차 손실 1[kW], 슬립 4[%]일 때 기계적 출력[kW]은?

① 50.64　② 56.64
③ 62.66　④ 68.68

**해설**
2차 입력 = 1차 입력 − 1차 손실 = 60 − 1 = 59[kW]
기계적 출력 = 2차 입력 × 효율 = 2차 입력 × (1 − 슬립)
= 59 × (1 − 0.04) ≒ 56.64[kW]

정답 32 ① 33 ② 34 ④ 35 ④ 36 ③ 37 ②

**38** 동기발전기의 병렬운전 중에 기전력의 위상차가 생기면?

① 위상이 일치하는 경우보다 출력이 감소한다.
② 부하 분담이 변한다.
③ 무효순환전류가 흘러 전기자 권선이 과열된다.
④ 동기화력이 생겨 두 기전력의 위상이 동상이 되도록 한다.

해설 동기발전기의 병렬운전 중 기전력의 위상차가 생기면 동기화 전류가 흐르고, 주고받는 전력(수수전력)이 발생하여 서로 같아지려고 하는 동기화력이 생긴다.

**39** 변압기 내부 고장 보호에 쓰이는 계전기로서 가장 알맞은 것은?

① 차동계전기 ② 접지계전기
③ 과전류계전기 ④ 역상계전기

해설 **변압기 내부 고장 보호**
- 전기적인 보호 방식
  - 비율 차동계전기 : 보호 구간에 유입되는 전류와 유출되는 전류의 비율에 따라 동작하는 계전기
- 기계적인 보호 방식
  - 부흐홀츠 계전기 : 변압기 내부 고장으로 절연유의 온도 상승시 발생하는 유증기를 검출하여 경보 및 차단하는 계전기
  - 방압 안전장치 : 변압기 내부 고장으로 내부 압력이 급상승되지 않도록 압력이 일정 이상으로 올라가면 압력을 외부로 방출하는 장치
  - 유온계 : 오일의 온도를 나타냄.
  - 충격 압력계전기 : 고장으로 인한 압력 상승에 대하여 작동하는 계전기

**40** 변압기 절연물의 열화 정도를 파악하는 방법으로 적절하지 않은 것은?

① 유전정접 ② 유중가스 분석
③ 접지저항 측정 ④ 흡수전류나 잔류전류 측정

해설
- 유전정접(DF : Dissipation Factor)은 물리학의 개념으로, 진동으로 인한 힘의 손실 비율을 측정하는 단위로 변압기의 진동에 따른 절연체의 열화를 파악하는 데 활용한다.
- 유중가스 분석은 변압기와 같은 유입 기기 내부에 이상 현상이 생기면 반드시 열 발생을 수반하며, 이 발열원에 접촉한 절연유, 절연지, 프레스 보드 등 절연재료가 열의 영향을 받아 분해하여 가스들이 발생하는데 이를 분석하여 열화를 파악한다.

**41** 가공전선로의 지지선에 사용되는 애자는?

① 구형 애자 ② 노브 애자
③ 인류 애자 ④ 현수 애자

해설
① 구형 애자 : 옥 애자 혹은 지지선 애자라고도 하며 지지물과 대지 사이를 절연하는 동시에 지지선의 중간에 설치되어 장력 하중을 담당하기 위한 애자이다.
② 노브 애자 : 전선을 건물의 기둥과 벽 등의 조영물로부터 분리시키기 위해 사용하는 것으로 자기제이며, 전선 가설용 홈이 있다.
③ 인류 애자 : 인입선을 수용가 붙임점에 고정, 지지하는 애자이다. '인류'란 한쪽 방향으로만 당겨짐을 의미한다.
④ 현수 애자 : 송전 선로나 전차 선로에 사용하는 고압용 애자이며, 사용전압에 따라 적당한 개수를 직렬로 접속하여 지지물에 매달아 쓰는 구조이다.

**42** 가공전선로의 지지물이 아닌 것은?

① 목주 ② 지지선
③ 철탑 ④ 철근 콘크리트주

해설 가공전선로의 지지물에는 목주, 철주, 철근 콘크리트주, 철탑이 있다.



정답 38 ④ 39 ① 40 ③ 41 ① 42 ②

**43** 고압 가공전선로의 지지물로 철탑을 사용하는 경우 경간은 몇 [m] 이하로 제한하는가?

① 150　② 300
③ 500　④ 600

**해설** [한국전기설비규정 332.9 고압 가공전선로 경간의 제한]

| 지지물의 종류 | 목주, A종 철주, A종 철근 콘크리트 주 | B종 철주, B종 철근 콘크리트 주 | 철탑 |
|---|---|---|---|
| 경간[m] | 150 | 250 | 600 |

**44** 금속관을 절단할 때 사용하는 공구는?

① 오스터　② 녹아웃 펀치
③ 파이프 렌치　④ 파이프 커터

**해설** 파이프 커터는 금속 파이프를 깨끗하면서도 신속하게 절단할 수 있는 공구이다. 바이스에 원형 칼날이 조립되어 있는 형태이다.
① 오스터 : 금속관에 나사선을 내는 공구. 본체에 관 규격별 다이스를 물려 사용한다.
② 녹아웃 펀치 : 유압천공기라고도 하며 철판이나 전기함에 구멍을 뚫는 공구. 유압을 이용하여 압착되는 힘으로 구멍을 낸다.
③ 파이프 렌치 : 볼트, 파이프 등과 같은 금속 물체의 회전 연결부를 조이거나 푸는 공구

**45** 폭연성 먼지가 존재하는 곳의 금속관공사에서 관 상호 및 관과 박스의 접속은 몇 턱 이상의 조임 나사로 시공해야 하는가?

① 2턱　② 3턱
③ 4턱　④ 5턱

**해설** [한국전기설비규정 242.2.1 폭연성 먼지 위험장소] 금속관공사에 의하는 때에는 관 상호 간 및 관과 박스 기타의 부속품·풀박스 또는 전기 기계기구와는 5턱 이상 나사 조임으로 접속하는 방법 기타 이와 동등 이상의 효력이 있는 방법에 의하여 견고하게 접속하고 또한 내부에 먼지가 침입하지 아니하도록 시설할 것

**46** 가공전선로의 지지물에 하중이 가하여지는 경우에 그 하중을 받는 지지물의 기초의 안전율은 일반적으로 얼마 이상이어야 하는가?

① 1.5　② 2.0
③ 2.5　④ 3.0

**해설** [한국전기설비규정 331.7 가공전선로 지지물의 기초의 안전율]
가공전선로의 지지물에 하중이 가하여지는 경우에 그 하중을 받는 지지물의 기초의 안전율은 2.0 이상이어야 한다.

**47** 부식성 가스 등이 있는 장소에 시설할 수 없는 배선은?

① 케이블 배선
② 애자사용 배선
③ 캡타이어 케이블 배선
④ 제1종 금속제 가요전선관 배선

**해설** 부식성 가스가 있는 장소에서는 전선의 피복이 손상될 가능성이 크기 때문에 나전선을 사용하는 애자사용 배선이나 내부식성을 갖춘 케이블 배선을 사용한다. 그 외에는 제2종 금속제 가요전선관 배선과 합성수지관 배선이 가능하다.



정답 43 ④　44 ④　45 ④　46 ②　47 ④

**48** 가요전선관공사에서 사용이 가능한 전선은?

① 알루미늄 25[$mm^2$]의 단선
② 알루미늄 35[$mm^2$]의 단선
③ 절연전선 10[$mm^2$]의 연선
④ 절연전선 16[$mm^2$]의 단선

**해설** [한국전기설비규정 232.13 금속제 가요전선관공사]
• 전선은 절연전선(옥외용 비닐절연전선 제외)일 것
• 전선은 연선일 것. 다만, 단면적 10[$mm^2$] 이하(알루미늄 선은 단면적 16[$mm^2$] 이하)인 것은 그러하지 아니한다.

**49** 쥐꼬리 접속시 접속하려는 두 전선의 피복을 벗긴 후 심선을 교차시킬 때 펜치로 비트는 교차각은 몇 도인가?

① 30° ② 45°
③ 60° ④ 90°

**해설** 쥐꼬리 접속은 펜치로 피복이 벗겨진 두 전선의 심선을 90°로 교차시킨 후 비틀어 2~3회 꼰 후 끝을 잘라내어 마무리한다.

**50** 단선의 굵기가 6[$mm^2$] 이하인 전선을 직선 접속할 때 주로 사용하는 접속법은?

① 쥐꼬리 접속
② 트위스트 접속
③ 브리타니아 접속
④ T형 커넥터 접속

**해설** 6[$mm^2$] 이하의 가는 전선 접속시 트위스트 접속법을 주로 사용한다.
• 브리타니아 접속 : 10[$mm^2$] 이상의 굵은 선을 첨선과 조인트 선을 추가하여 접속하는 방법이다.

**51** 다음 중 애자사용공사에 사용되는 애자의 구비조건과 거리가 먼 것은?

① 광택성 ② 내수성
③ 난연성 ④ 절연성

**해설** [한국전기설비규정 232.56 애자공사]
• 사용하는 애자는 절연성, 내수성, 난연성의 것이어야 한다.

**52** 정션 박스 내에서 절연전선을 쥐꼬리 접속한 후 접속과 절연을 위해 사용되는 재료는?

① S형 슬리브
② 링형 슬리브
③ 터미널 러그
④ 와이어 커넥터

**해설** 와이어 커넥터는 박스 내에서 동전선의 종단 접속시 사용하는 커넥터이다.



정답 48 ③ 49 ④ 50 ② 51 ① 52 ④

## 53 배전반 및 분전반을 넣은 강판제로 만든 함의 두께는 몇 [mm] 이상인가?

① 1.2　　② 1.5
③ 2.0　　④ 2.5

**해설** 배전반 및 분전반을 넣은 함의 규격
- 배전반 및 분전반 뒷면에는 배선 및 기구를 배치하지 않는다.
- 강판제 : 두께 1.2[mm] 이상(가로 혹은 세로의 길이가 30[cm] 이하인 경우 두께 1.0[mm] 이상)
- 난연성 합성수지제 : 내아크성, 두께 1.5[mm] 이상

## 54 가연성 가스가 존재하는 저압 옥내 전기설비공사 방법으로 옳은 것은?

① 금속관공사
② 애자사용공사
③ 금속몰드공사
④ 가요전선관공사

**해설** [한국전기설비규정 242.3 가연성 가스 등의 위험장소]
가연성 가스 또는 인화성 물질의 증기가 누출되거나 체류하여 전기설비가 발화원이 되어 폭발할 우려가 있는 곳에 있는 저압 옥내 전기설비는 다음 공사 방법에 따른다.
- 금속관공사
- 케이블공사(캡타이어 케이블 사용 제외)

## 55 화약류 저장소에서 백열전등이나 형광등 또는 이들에 전기를 공급하기 위한 전기설비를 시설하는 경우 전로의 대지전압[V]은?

① 100[V] 미만　　② 150[V] 미만
③ 220[V] 미만　　④ 300[V] 미만

**해설** [한국전기설비규정 242.5.1 화약류 저장소에서 전기설비의 시설]
화약류 저장소 안에는 전기설비를 시설해서는 안 된다. 다만, 조명기구에 전기를 공급하기 위한 전기설비는 다음과 같은 기준으로 시설한다.
- 저압 옥내배선은 금속관공사, 케이블공사(캡타이어 케이블 사용 제외)에 의한다.
- 전로에 대지전압은 300[V] 이하로 한다.
- 전기 기계기구는 전폐형의 것으로 한다.

## 56 코드 상호 간 또는 캡타이어 케이블 상호 간 접속하는 경우 가장 많이 사용하는 기구는?

① T형 접속기
② 코드 접속기
③ 박스용 커넥터
④ 와이어 커넥터

**해설** [한국전기설비규정 234.4.2 코드 상호 또는 캡타이어 케이블 상호의 접속]
코드 상호, 캡타이어 케이블 상호 또는 이들 상호 간의 접속은 코드 접속기, 접속함 및 기타 기구를 사용하여야 한다.

## 57 고압전로에 지락사고가 생겼을 때 지락전류를 검출하는데 사용하는 것은?

① CT　　② PT
③ MOF　　④ ZCT

정답 53 ① 54 ① 55 ④ 56 ② 57 ④

**해설** 고압전로에 지락사고가 생겼을 때 지락전류를 검출하는데 사용하는 것은 영상 변류기(ZCT : Zero Sequence Current Transformer)이다.
① CT(Current Transformer) : 계기용 변류기, 교류전류계의 측정 범위를 확대하기 위해 사용하는 변성기
② PT(Power Transformer) : 전력 변압기, 송전선이나 비교적 대전력의 배전선에 사용되는 변압기
③ MOF(Metering Out Fit) : 계기용 변압기(PT)와 변류기(CT)를 공통의 외함 속에 장치한 것

**58** 다음 중 금속전선관을 박스에 고정시킬 때 사용되는 것은 어느 것인가?

① 부싱　　② 새들
③ 클램프　　④ 로크너트

**해설** 금속전선관을 박스에 고정시킬 때 사용하는 부속품은 로크너트이다. 금속관의 나사선 부분을 박스 홀 내에 삽입한 뒤 로크너트를 각각 앞뒤로 고정한다.
① 부싱 : 금속관 끝부분에 조립하여 전선 입선시 피복이 상하지 않도록 하기 위해 사용한다.
② 새들 : 금속관을 조영재(바닥, 벽면)에 고정시키기 위해 사용하는 부품이다.
③ 클램프 : 금속관을 접지하는 데 사용하는 부속품이다.

**59** 조명공학에서 사용되는 칸델라(cd)는 무엇의 단위인가?

① 광도　　② 광속
③ 조도　　④ 휘도

**해설** 광도는 인간이 전자기파를 시각으로 인식하는 감도인 시감도에 기초하여 광원의 밝기를 나타내는 값으로, 단위는 칸델라(cd)이다.
② 광속 : 광속은 빛의 속력을 나타내는 값으로, 어떤 면을 통과하는 빛의 양이다. 단위는 루멘(lm)이다.
③ 조도 : 단위 면적당 비춰지는 빛의 밝기를 말한다. 단위는 럭스(lx)이다.
④ 휘도 : 어떤 광원의 단위 면적당의 광도이다. 단위는 니트(nt) 혹은 ($cd/m^2$)로 많이 사용한다.

**60** 단면적이 0.75[$mm^2$]인 연동 연선에 염화비닐 수지로 피복한 위에 '1000VFL'이 쓰여 있다. 'FL'의 의미는?

① 네온전선
② 비닐 코드
③ 형광 방전등
④ 비닐절연전선

**해설** FL은 형광 방전등의 약호이다.



정답 58 ④ 59 ① 60 ③

# 2017년 제 4 회 기출복원문제

**01** $R=10[\Omega]$, $C=220[\mu F]$의 병렬회로에 $f=60[Hz]$, $V=100[V]$의 사인파 전압을 가할 때 저항 $R$에 흐르는 전류[A]는?

① 0.45 ② 6
③ 10 ④ 22

**해설** R-C 병렬회로에서 전원의 전압은 저항, 콘덴서 양단의 전압과 같다. $V=V_R=V_C$
저항 $R$에 흐르는 전류 $I_R=\frac{V}{R}=\frac{100}{10}=10[A]$

**02** 어떤 3상 회로에서 선간전압이 200[V], 선전류 25[A], 3상 전력이 7[kW]이었다. 이때의 역률은 약 얼마인가?

① 0.65 ② 0.73
③ 0.81 ④ 0.97

**해설** $V_l=200[V]$, $I_l=25[A]$, $P_3=\sqrt{3}\,V_l I_l\cos\theta=7{,}000[W]$이다.
$\cos\theta=\frac{P_3}{\sqrt{3}\,V_l I_l}=\frac{7{,}000}{\sqrt{3}\times200\times25}\fallingdotseq 0.81$

**03** 전류 10[A], 전압 100[V], 역률 0.8인 단상 부하의 전력[W]은?

① 600 ② 800
③ 1,000 ④ 1,200

**해설** 전류 $I=10[A]$, 전압 $V=100[V]$, $\cos\theta=0.8$이다.
단상 부하의 전력 $P=VI\cos\theta$
$=10\times100\times0.8=800[W]$

**04** 전선의 길이를 체적을 일정하게 한 후 2배로 늘리면 저항은 처음의 몇 배인가?

① 1 ② 2
③ 4 ④ 8

**해설** 체적(부피) $V=S\times l$($S$ : 단면적, $l$ : 길이)이다.
체적(부피)은 일정할 때 지름 $l$을 2배로 하면 단면적 $S$는 $\frac{1}{2}$배이다.
전기저항 $R$은 고유저항 $\rho$, 도체의 길이 $l$과는 비례하고, 도체의 단면적 $S$와는 반비례한다.
$R=\rho\frac{l}{S}$
따라서 전기저항 $R=\rho\frac{2l}{\frac{1}{2}S}=4\times\rho\frac{l}{S}$이므로 4배이다.

**05** 어떤 회로에 $v=200\sin t$의 전압을 가했더니 $i=50\sin\left(\omega t+\frac{\pi}{2}\right)$의 전류가 흘렀을 때 이 회로의 종류는?

① 저항 회로 ② 유도성 회로
③ 용량성 회로 ④ 임피던스 회로

정답 01 ③ 02 ③ 03 ② 04 ③ 05 ③

**해설** 전압 $v=200\sin t$[V]이고
전류 $i=50\sin\left(\omega t+\frac{\pi}{2}\right)$[A]일 때 전류는 전압보다 90° 앞선다.(진상)
90°만큼 진상인 회로는 커패시터(콘덴서)만의 회로, 즉 용량성 회로이다.
- 전류와 전압의 위상이 같은 동상 회로는 저항만의 회로, 저항 회로이다.
- 전류가 전압보다 90°만큼 뒤지는 지상 회로는 인덕터(코일)만의 회로, 유도성 회로이다.

**06** 비사인파의 일반적인 구성이 아닌 것은?

① 삼각파　② 고조파
③ 기본파　④ 직류분

**해설** 푸리에 급수 분석법
- 비정현파를 여러 개의 정현파의 합으로 표시하는 방법
- 비정현파 $f(t)=$ 직류분 + 기본파 + 고조파(제2고조파 + 제3고조파 + ⋯)
- $f(t)=a_0+a_1\cos\omega_0 t+a_2\cos2\omega_0 t+\cdots+a_n\cos n\omega_0 t$

**07** 다음 중 저항 측정에 사용되는 브리지는?

① 휘트스톤 브리지
② 비인 브리지
③ 맥스웰 브리지
④ 캘빈더블 브리지

**해설**
② 비인 브리지 : 커패시턴스 측정
③ 맥스웰 브리지 : 인덕턴스 측정
④ 캘빈더블 브리지 : 1[Ω] 이하의 저항 측정

**08** $\dot{Z}_1=2+j11$[Ω], $\dot{Z}_2=4-j3$[Ω]의 직렬회로에 교류전압 100[V]를 가할 때 합성 임피던스[Ω]는?

① 6　② 8
③ 10　④ 12

**해설** 두 임피던스 $\dot{Z}_1$, $\dot{Z}_2$가 직렬로 연결되어 있을 때는 $\dot{Z}=\dot{Z}_1+\dot{Z}_2$이다.
$\dot{Z}=\dot{Z}_1+\dot{Z}_2=(2+j11)+(4-j3)=6+j8$[Ω],
$|\dot{Z}|=\sqrt{6^2+8^2}=10$[Ω]

**09** 평형 3상 △회로를 등가 Y결선으로 환산하면 각 상의 임피던스[Ω]는? (단, Z = 12[Ω]이다.)

① 4　② 12
③ 36　④ 48

**해설** △결선과 Y결선 사이의 임피던스 관계는
$Z_Y=\frac{1}{3}Z_\triangle$ 이다.
$Z_\triangle=12$[Ω]이므로 $Z_Y=\frac{1}{3}Z_\triangle=\frac{1}{3}\times12=4$[Ω]이다.

**10** 자체 인덕턴스 20[mH]의 코일에 30[A]의 전류를 흘릴 때 축적되는 에너지[J]는?

① 1.5　② 3
③ 9　④ 18

**해설** 인덕터에 축적되는 에너지 $W_L=\frac{1}{2}LI^2$[J]이다.
$L=20$[mH], $I=30$[A]일 때
$W=\frac{1}{2}LI^2=\frac{1}{2}\times20\times10^{-3}\times30^2=9$[J]이다.

정답 06 ① 07 ① 08 ③ 09 ① 10 ③

**11** 다음 중 망간 건전지의 양극으로 무엇을 사용하는가?

① 아연판 ② 구리판
③ 탄소 막대 ④ 묽은 황산

**해설** 망간 건전지의 음극은 아연, 양극은 탄소 막대를 사용한다.

**12** 코일의 반지름 10[cm], 코일을 감은 횟수 500회의 원형 코일에 3[A]의 전류를 흐르게 하면 코일 중심의 자장의 세기[AT/m]는?

① 2,500 ② 5,000
③ 7,500 ④ 10,000

**해설** 원형 코일 중심에서의 자기장의 세기

$H=\frac{NI}{2a}=\frac{500\times3}{2\times0.1}=7,500$[AT/m]

($N$ : 권수[회], $I$ : 전류[A], $a$ : 원형 코일의 반지름[m])

| | | | |
|---|---|---|---|
| 무한 직선 전류에 의한 자계의 세기 | | $H=\frac{I}{2\pi r}$[AT/m] | $I$ : 전류<br>$r$ : 무한 직선과의 거리 |
| 원형 코일의 중심에서 자계의 세기 | | $H=\frac{NI}{2a}$[AT/m] | $N$ : 코일을 감은 횟수<br>$a$ : 원형 코일의 반지름 |
| 솔레노이드에 의한 자계의 세기 | 내부 | $H=n_0I$[AT/m] | $n_0$ : 단위 길이당 권선수 |
| | 외부 | $H=0$[AT/m] | |
| 환상 솔레노이드에 의한 자계의 세기 | | $H=\frac{NI}{2\pi r}$[AT/m] | $r$ : 환상 솔레노이드의 반지름 |

**13** 정격전압 200[V], 전력 1[kW]인 부하에 전압을 10[%] 감소시키면 소비전력[W]은?

① 900 ② 810
③ 720 ④ 630

**해설** 전압 $V=200$[V],

전력 $P=\frac{V^2}{R}=1$[kW]$=1000$[W]일 때

저항 $R=\frac{V^2}{P}=\frac{200^2}{1000}=40$[Ω]이다.

전압을 10[%] 감소하면 $V=0.9\times200=180$[V]일 때 소비전력 $P=\frac{V^2}{R}=\frac{180^2}{40}=810$[W]이다.

**14** Y-Y결선에서 선간전압이 380[V]인 경우 상전압[V]은?

① 110 ② 220
③ 330 ④ 440

**해설** Y결선에서 $|V_l|=\sqrt{3}\times|V_p|$이므로 선간전압 $V_l=380$[V], 상전압 $V_p=\frac{V_l}{\sqrt{3}}=\frac{380}{\sqrt{3}}\fallingdotseq219.39$[V]이다.

**15** 어느 회로의 전류가 다음과 같을 때, 이 회로에 대한 전류의 실횻값[A]은?

$$i=3+10\sqrt{2}\sin\left(\omega t-\frac{\pi}{6}\right)+5\sqrt{2}\sin\left(3\omega t-\frac{\pi}{3}\right)[\mathrm{A}]$$

① 11.6 ② 23.2
③ 32.2 ④ 48.3

**해설** **비정현파 교류의 실횻값** : 각 파형의 실횻값의 제곱의 합을 제곱근한 값

- 전류의 실횻값

$I=\sqrt{I_0{}^2+\left(\frac{I_{m1}}{\sqrt{2}}\right)^2+\left(\frac{I_{m2}}{\sqrt{2}}\right)^2+\cdots+\left(\frac{I_{mn}}{\sqrt{2}}\right)^2}$ [A]

- $I_0$ : 직류전류, $I_{m1}$ : 기본파 전류의 최댓값, $I_{m2}$ : 제2고조파 전류의 최댓값, $I_{mn}$ : 제n고조파 전류의 최댓값

$I_s=\sqrt{3^2+10^2+5^2}=\sqrt{134}\fallingdotseq11.58$[A]이다.

7개년 기출복원문제

정답 11 ③ 12 ③ 13 ② 14 ② 15 ①

**16** 2분 동안에 전류를 흘려 72,000[C]의 전하가 이동했을 때 이 도선의 전류[A]는?

① 12 ② 60
③ 600 ④ 1,200

**해설** $Q=I\cdot t$[C]에서 전하량 $Q=72,000$[C], 시간 $t=2\times60$[sec]이므로 전류 $I=\frac{Q}{t}=\frac{72,000}{2\times60}$ $=600$[A]이다.

**17** 주파수 10[Hz]일 때 주기[sec]는?

① 0.1 ② 0.6
③ 1 ④ 6

**해설** 주파수 $f=10$[Hz], 주기 $T=\frac{1}{f}=\frac{1}{10}=0.1$[sec]

**18** 단위 길이당 권수 100회인 무한장 솔레노이드에 10[A]의 전류가 흐를 때 솔레노이드 외부의 자장의 세기[AT/m]는?

① 0 ② 10
③ 100 ④ 1,000

**해설** 무한장 솔레노이드 내부에서 자기장의 세기 $H=n_oI$에서 $n_0=100$[회], $I=10$[A]이므로 $H=100\times10=1000$[AT/m]이다.
($n_0$ : 단위 길이당 권수[회], $I$ : 전류[A])

**19** 자속밀도가 $B$인 평등한 자기장에 길이가 $l$인 도선이 있다. 도선이 자속과 수직 방향으로 $v$ 속도로 이동했다면 이때 유도되는 기전력은?

① $Blv$ ② $\frac{Bl}{v}$
③ $\frac{Bv}{l}$ ④ $\frac{lv}{B}$

**해설** 플레밍의 오른손 법칙에서 유도기전력
$e=Blv\sin\theta$[V]이며,
도선이 자속과 수직 방향으로 이동하므로 $\theta=90°$이고,
$\sin\theta=\sin90°=1$이므로 $e=Blv$이다.

**20** R-C 직렬회로에서의 시정수 $RC$와 과도현상과의 관계로 옳은 것은?

① 시정수 $RC$의 값이 클수록 과도현상은 빨리 사라진다.
② 시정수 $RC$의 값이 클수록 과도현상은 오랫동안 지속된다.
③ 시정수 $RC$의 값이 작을수록 과도현상은 천천히 사라진다.
④ 시정수 $RC$의 값은 과도현상의 지속시간과 관계가 없다.

**해설** **시정수($\tau$)** : 정상치의 63.2[%]에 달할 때까지의 시간을 말하는 값. $\tau=RC$
시정수가 길수록 정상 상태에 도달하는 시간이 길어지므로 과도현상이 오랫동안 지속되는 것을 뜻한다.

**정답** 16 ③ 17 ① 18 ④ 19 ① 20 ②

## 21 단락비가 큰 동기기에 대한 설명으로 옳은 것은?

① 기계가 소형이다.
② 안정도가 높다.
③ 전압변동률이 크다.
④ 전기자 반작용이 크다.

**해설** 단락비가 큰 동기기의 특성
- 안정도가 높다.
- 중량이 무겁고 가격이 비싸다.
- 전압변동률이 작다.
- 전기자 반작용이 작다.
- 공극과 계자기자력이 크다.
- 효율이 나쁘다.

## 22 유도전동기에서의 슬립 0이 의미하는 것은?

① 유도전동기가 동기속도로 회전한다.
② 유도전동기가 정지상태이다.
③ 유도전동기가 전부하 운전상태이다.
④ 유도제동기의 역할을 한다.

**해설** 슬립 $s=\dfrac{N_s-N}{N_s}$
- 정지시($N=0$)

$$s=\frac{N_s-0}{N_s}=1$$

- 동기속도로 운전시($N=N_s$)

$$s=\frac{N_s-N_s}{N_s}=0$$

## 23 출력 10[kW], 효율 80[%]인 기기의 손실[kW]은?

① 0.6 ② 1.1
③ 2.0 ④ 2.5

**해설** $\eta=\dfrac{출력}{출력+손실}\times 100[\%]$

$$0.8=\frac{10}{10+P_l}$$

$$P_l=\frac{10}{0.8}-10=2.5[\mathrm{kW}]$$

## 24 유도전동기에서 원선도 작성시 필요하지 않은 시험은?

① 무부하 시험 ② 구속 시험
③ 저항 측정 ④ 슬립 측정

**해설** 원선도 작성시 필요한 시험 : 무부하 시험, 구속 시험, 저항 측정

## 25 동기발전기의 병렬운전 조건이 아닌 것은?

① 기전력의 크기가 같을 것
② 기전력의 위상이 같을 것
③ 기전력의 주파수가 같을 것
④ 기전력의 용량이 같을 것

**해설** 동기발전기의 병렬운전 조건
- 기전력의 크기가 같을 것
- 기전력의 위상이 같을 것
- 기전력의 주파수가 같을 것
- 기전력의 파형이 같을 것

정답 21 ② 22 ① 23 ④ 24 ④ 25 ④

## 26 무부하에서 119[V]인 분권발전기의 전압변동률이 6[%]이다. 정격 전부하전압[V]은?

① 110.2 ② 112.3
③ 122.5 ④ 125.3

**해설** 전압변동률($V_o$ : 무부하 전압, $V_n$ : 정격 전압)

$$\epsilon = \frac{V_o - V_n}{V_n} \times 100[\%]$$
$$= \frac{119 - V_n}{V_n} \times 100 = 6 \text{이므로}$$
$$\therefore V_n \fallingdotseq 112.3[V]$$

## 27 변압기 자속에 관한 설명으로 옳은 것은?

① 전압과 주파수에 반비례한다.
② 전압과 주파수에 비례한다.
③ 전압에 반비례하고 주파수에 비례한다.
④ 전압에 비례하고 주파수에 반비례한다.

**해설** $V = 4.44fN\phi A[V]$

$$\phi = \frac{V}{4.44fNA}[\text{Wb/m}^2]$$

($V$ : 1차 또는 2차 전압[V], $f$ : 주파수[Hz], $N$ : 1차 또는 2차 권선수, $A$ : 철심의 단면적[$m^2$])
- 변압기의 자속은 전압에 비례하고 주파수에 반비례한다.
- 전압이 일정할 경우 주파수와 자속밀도는 반비례한다.

## 28 변압기유가 구비해야 할 조건으로 옳지 않은 것은?

① 점도가 낮을 것
② 인화점이 높을 것
③ 응고점이 높을 것
④ 절연내력이 클 것

**해설** 변압기유의 구비조건
- 절연내력이 클 것
- 비열이 커서 냉각효과가 클 것
- 인화점이 높고 응고점이 낮을 것
- 고온에서도 산화하지 않을 것
- 절연, 금속재료와 화학작용을 일으키지 않을 것

## 29 전기기기의 철심 재료로 규소강판을 많이 사용하는 이유는?

① 와류손을 줄이기 위해
② 구리손을 줄이기 위해
③ 맴돌이전류를 없애기 위해
④ 히스테리시스손을 줄이기 위해

**해설** 계자 철심은 이 철손(히스테리시스손)을 줄이기 위해 0.35[mm]~0.5[mm] 정도의 얇은 규소강판을 성층하여 만든다.

## 30 동기기의 손실 중 무부하손(No Load Loss)이 아닌 것은?

① 풍손 ② 와류손
③ 전기자 동손 ④ 베어링 마찰손

**해설** 동기기의 전기자 동손은 부하손에 해당한다.

정답 26 ② 27 ④ 28 ③ 29 ④ 30 ③

**31** 직류발전기의 전기자 구성으로 옳은 것은?

① 전기자 철심, 정류자
② 전기자 권선, 전기자 철심
③ 전기자 권선, 계자
④ 전기자 철심, 브러시

해설 **전기자**(전기자 철심+전기자 권선) : 자속을 끊어 기전력을 발생한다.

**32** 길이 10[cm], 넓이 10[cm$^2$]인 도선으로 감싼 변압기에서 1차측에 감은 횟수가 100회일 때 전압이 120[V], 2차측 전압이 12[V]였다면 2차측의 감은 횟수는?

① 10 ② 100
③ 1,000 ④ 10,000

해설 권수비 $a=\frac{E_1}{E_2}=\frac{V_1}{V_2}=\frac{N_1}{N_2}=\sqrt{\frac{Z_1}{Z_2}}=\sqrt{\frac{R_1}{R_2}}$ 에서

$a=\frac{V_1}{V_2}=\frac{120}{12}=10$

$a=10=\frac{N_1}{N_2}=\frac{100}{N_2}$

$N_2=10$회

**33** PN접합 정류소자의 설명 중 옳지 않은 것은? (단, 실리콘 정류소자인 경우이다.)

① 온도가 높아지면 순방향 및 역방향 전류가 모두 감소한다.
② 순방향 전압은 P형에 (+), N형에 (−)전압을 가함을 말한다.
③ 정류비가 클수록 정류특성은 좋다.
④ 역방향 전압에서는 극히 작은 전류만이 흐른다.

해설 PN접합 정류소자의 특징
- PN접합 다이오드는 순방향 저항은 작고, 역방향 저항은 매우 커서 한쪽으로는 쉽게 전자를 통과시키지만 다른 방향으로는 통과시키지 못한다.
- 순방향 바이어스 다이오드의 경우 온도가 증가하면 같은 순방향 전압을 기준으로 순방향 전류는 증가하는 반면에 같은 순방향 전류를 기준으로 하면 순방향 전압은 감소한다.

**34** 역률이 좋아 가정용 선풍기, 세탁기, 냉장고 등에 주로 사용되는 것은?

① 분상 기동형 ② 콘덴서 기동형
③ 반발 기동형 ④ 셰이딩 코일형

해설 단상 유도전동기의 기동 방법에 따라 분상 기동형, 콘덴서 기동형(2차 콘덴서형, 영구 콘덴서형), 반발 기동형, 셰이딩 코일형 등으로 분류한다.
- 분상 기동형 : 전기 냉장고, 세탁기, 소형 공작기계, 펌프 등에 사용
- 영구 콘덴서형 : 원심력 스위치가 없고 가격도 싸며, 보수할 필요가 적고, 큰 기동토크를 요구하지 않아 선풍기, 세탁기, 헤어드라이기 등에 널리 사용된다.
- 셰이딩 코일형 : 전축용 전동기, 소형 선풍기 등 소형 전동기에 사용

**35** 다음 중 변압기의 온도 상승 시험법으로 가장 널리 사용되는 것은?

① 무부하 시험법 ② 절연내력 시험법
③ 단락 시험 ④ 실부하법

정답 31 ② 32 ① 33 ① 34 ② 35 ③

**해설** 변압기의 온도 시험
- 단락 시험법 : 변압기의 권선을 단락하고 전 손실에 해당하는 부하 손실을 공급하여 온도 상승을 측정하는 것으로 가장 널리 사용된다.
- 반환 부하법 : 전력을 소비하지 않고 온도가 올라가는 원인이 되는 철손과 구리손만 공급하여 시험하는 방법
- 실부하 시험 : 변압기에 전부하를 걸어서 온도가 올라가는 상태를 시험하는 것으로 전력이 많이 소비되므로 소형기에서만 적용하는 방법

**36** 3상 전원에서 2상 전원을 얻기 위한 변압기 결선 방법은?

① 스코트 결선
② 포크 결선
③ 대각 결선
④ 2차 2중 Y결선

**해설** 단상 변압기 2대를 이용하여 3상에서 2상으로 변환하는 방법은 스코트 결선(T결선)이다. 스코트 결선(T결선)의 이용률은 86.6[%]이다.

**37** 타여자발전기와 같이 전압변동률이 작고 자여자이므로 다른 여자 전원이 필요 없으며, 계자 저항기를 사용하여 전압조정이 가능하므로 전기화학용 전원, 전지의 충전용, 동기기의 여자용으로 쓰이는 발전기는?

① 분권발전기
② 직권발전기
③ 과복권발전기
④ 차동복권발전기

**해설** 분권발전기
- 타여자발전기와 같이 전압의 변화가 작으므로 정전압발전기라고도 한다.
- 계자 저항기를 사용하여 전압조정이 가능하다.

**38** 상전압 300[V]의 3상 반파 정류회로의 직류전압[V]은?

① 50　② 260
③ 350　④ 520

**해설** $E_d = 1.17E = 1.17 \times 300 \fallingdotseq 350$[V]

| 구분 | 맥동 주파수 | 직류 출력 | 효율 [%] | 맥동률 [%] |
|---|---|---|---|---|
| 단상 반파 | $f$ | $E_d = 0.45E$ | 40.6 | 121 |
| 단상 전파 | $2f$ | $E_d = 0.9E$ | 81.2 | 48 |
| 3상 반파 | $3f$ | $E_d = 1.17E$ | 96.7 | 17 |
| 3상 전파 | $6f$ | $E_d = 1.35E$ | 99.8 | 4 |

**39** 유도전동기의 슬립을 측정하는 방법으로 옳은 것은?

① 전압계법
② 전류계법
③ 평형 브리지법
④ 스트로보 스코프법

**해설** **회전계법** : 직접 회전수를 측정하여 슬립($s$)을 산출 및 스트로보 스코프법에 의한 회전수 측정

정답 36 ① 37 ① 38 ③ 39 ④

**40** 입력으로 펄스 신호를 가해주고 속도를 입력 펄스의 주파수에 의해 조절하는 전동기는?

① 전기 동력계
② 서보 전동기
③ 스테핑 전동기
④ 권선형 유도전동기

해설 직류 스테핑 모터의 특성
- 회전속도는 입력 펄스 주파수에 비례하여 증감한다.
- 입력되는 펄스 신호에 따라 미리 설정된 각도만큼 회전한다.
- 전동기의 출력을 이용한 속도, 거리, 방향 등을 정확히 제어할 수 있다.
- 응답 특성이 좋고, 정밀 제어에 용이하다.

**41** 금속전선관의 종류에서 후강 전선관 규격[mm]이 아닌 것은?

① 16　② 19
③ 28　④ 36

해설 [KS C 8401 강제 전선관의 치수]
- 후강 전선관의 표준 굵기[mm]
16, 22, 28, 36, 42, 54, 70, 82, 92, 104의 10종, 안지름 기준, 짝수
- 박강 전선관의 표준 굵기[mm]
19, 25, 31, 39, 51, 63, 75의 7종, 바깥지름 기준, 홀수

**42** 접지전극의 매설 깊이는 몇 [m] 이상인가?

① 0.60　② 0.65
③ 0.70　④ 0.75

해설 [한국전기설비규정 142.2 접지극의 시설 및 접지저항]
접지극의 매설 깊이는 지표면으로부터 지하 0.75[m] 이상으로 한다.

**43** 금속전선관공사에서 금속관에 나사선을 내기 위해 사용하는 공구는?

① 리머
② 오스터
③ 프레서 툴
④ 파이프 벤더

해설 오스터는 금속관에 나사선을 내는 공구이다. 본체에 관 규격별 다이스를 물려 사용한다.
① 리머 : 금속관 끝부분의 내면을 다듬기 위한 공구이다.
③ 프레서 툴 : 전선 접속시 사용하는 압착단자를 압축시키기 위한 공구이다.
④ 파이프 벤더 : 금속관을 원호상으로 구부리는 공구이다.

**44** 450/750[V] 일반용 단심 비닐절연전선의 약호는?

① DV　② NF
③ NR　④ OW

해설 450/750[V] 일반용 단심 비닐절연전선의 약호는 'NR'이다.
① DV : 인입용 비닐절연전선
② NF : 450/750[V] 일반용 유연성 단심 비닐절연전선
④ OW : 옥외용 비닐절연전선

정답 40 ③ 41 ② 42 ④ 43 ② 44 ③

**45** 옥내 배선공사에서 절연전선의 피복을 벗길 때 사용하면 편리한 공구는?

① 드라이버
② 압착펜치
③ 플라이어
④ 와이어 스트리퍼

**해설** 옥내 배선시 전선의 피복을 벗길 때 사용하면 편리한 공구는 와이어 스트리퍼이다.
① 드라이버 : 나사못을 조일 때 사용하는 공구
② 압착펜치 : 연선 끝에 슬리브(압착단자)를 물리고 압착시킬 때 사용하는 공구
③ 플라이어 : 지렛대의 원리를 이용하여 물체를 단단하게 잡기 위해 사용하는 공구

**46** 저압 옥내배선에서 합성수지관공사에 대한 설명 중 잘못된 것은?

① 합성수지관 안에는 전선에 접속점이 없도록 한다.
② 관 상호의 접속은 박스 또는 커플링(Coupling) 등을 사용하고 직접 접속하지 않는다.
③ 합성수지관을 새들 등으로 지지하는 경우는 그 지지점 간의 거리를 3[m] 이상으로 한다.
④ 합성수지관 상호 및 관과 박스는 접속시에 삽입하는 깊이를 관 바깥지름의 1.2배 이상으로 한다.

**해설** [한국전기설비규정 232.11 합성수지관공사]
- 관의 지지점 간의 거리는 1.5[m] 이하
- 합성수지관 안에서 접속점이 없도록 할 것
- 전선은 절연전선일 것(옥외용 절연전선 제외)
- 관 상호 간 및 박스와는 관을 삽입하는 깊이
  - 관의 바깥지름의 1.2배 이상
  - 접착제 사용할 경우 0.8배 이상

**47** 큰 고장전류가 접지도체를 통해 흐르지 않는 회로에서 접지도체로 구리선을 사용하고자 한다. 접지도체의 최소 단면적[$mm^2$]은 얼마 이상인가?

① 2.5[$mm^2$] 이상
② 6.0[$mm^2$] 이상
③ 35[$mm^2$] 이상
④ 50[$mm^2$] 이상

**해설** [한국전기설비규정 142.3.1 접지도체]
접지도체의 단면적은 큰 고장전류가 접지도체를 통해 흐르지 않을 경우 다음과 같다.
- 구리 : 6[$mm^2$] 이상
- 철 : 50[$mm^2$] 이상

**48** 금속관공사에 대한 설명으로 틀린 것은?

① 전선이 금속관 속에 보호되어 안정적이다.
② 접지공사를 하지 않아도 감전의 우려가 없다.
③ 단락사고, 접지사고 등에 있어서 화재의 우려가 적다.
④ 방습장치를 할 수 있으므로 전선을 내수적으로 시설할 수 있다.

**해설** [한국전기설비규정 232.12.3 금속관 및 부속품의 시설]
금속관공사는 접지공사를 해야 한다. 단, 사용 전압이 400[V] 이하인 아래의 경우는 제외한다.
- 관의 길이가 4[m] 이하인 것을 건조한 장소에 시설하는 경우
- 옥내 배선의 사용전압이 직류 300[V] 또는 교류 대지전압 150[V] 이하로서 그 전선을 넣는 관의 길이가 8[m] 이하인 것을 사람이 쉽게 접촉할 우려가 없도록 시설하는 경우 또는 건조한 장소에 시설하는 경우

정답 45 ④ 46 ③ 47 ② 48 ②

**49** 금속관 배관공사에서 절연 부싱을 사용하는 이유는?

① 관이 손상되는 것을 방지한다.
② 박스 내에서 전선의 접속을 방지한다.
③ 관의 입구에서 조영재의 접속을 방지한다.
④ 관 끝에서 전선 인입 및 교체시 전선의 손상을 방지한다.

해설 [한국전기설비규정 232.12.3 금속관 및 부속품의 시설]
관의 끝 부분에는 전선의 피복을 손상하지 않도록 적당한 구조의 부싱을 사용할 것

**50** 애자사용공사의 저압 옥내배선에서 전선 상호 간의 간격은 얼마 이상으로 하여야 하는가?

① 2[cm] ② 4[cm]
③ 6[cm] ④ 8[cm]

해설 [한국전기설비규정 232.56 애자공사]
애자공사의 시설조건 : 전선 상호 간의 견격은 0.06[m] 이상일 것
0.06[m] = 6[cm]

**51** 400[V] 이하 옥내배선의 절연저항 측정에 가장 알맞은 절연저항계는?

① 250[V] 메거
② 500[V] 메거
③ 1000[V] 메거
④ 1500[V] 메거

해설 전로의 절연저항값

| 전로의 사용전압 구분 [V] | DC 시험전압 [V] | 절연저항 [MΩ] |
|---|---|---|
| SELV 및 PELV | 250 | 0.5 |
| FELV, 500[V] 이하 | 500 | 1.0 |
| 500[V] 초과 | 1,000 | 1.0 |

**52** 저압 이웃 연결 인입선의 시설규정으로 적합한 것은?

① 6[m] 도로를 횡단하여 시설
② 수용가 옥내를 관통하여 시설
③ 분기점으로부터 90[m] 지점에 시설
④ 지름 1.5[mm] 인입용 비닐절연전선을 사용

해설 [한국전기설비규정 221.1.2 이웃 연결 인입선의 시설]
저압 이웃 연결 인입선은 다음에 따라 시설한다.
- 옥내를 통과하지 않을 것
- 폭 5[m]를 초과하는 도로를 횡단하지 않을 것
- 케이블인 경우를 제외하고 지름 2.6[mm] 이상의 인입용 비닐절연전선일 것
- 인입선에서 분기하는 점으로부터 100[m]를 초과하는 지역에 미치지 않을 것

**53** 지중 또는 수중에 시설되는 금속체의 부식을 방지하기 위한 전기부식방지용 회로의 사용전압은?

① 직류 60[V] 이하
② 교류 60[V] 이하
③ 직류 750[V] 이하
④ 교류 600[V] 이하

해설 [한국전기설비규정 241.16.3 전기부식방지 회로의 전압 등]
- 전기부식방지 회로의 사용전압은 직류 60[V] 이하일 것



정답 49 ④ 50 ③ 51 ② 52 ③ 53 ①

**54** 접지도체에 피뢰시스템이 접속되는 경우, 접지도체로 구리선을 사용했을 때 그 단면적은 최소 몇 [$mm^2$] 이상이어야 하는가?

① 6 ② 10
③ 16 ④ 22

**해설** [한국전기설비규정 142.3.1 접지도체]
접지도체에 피뢰시스템이 접속되는 경우, 접지도체의 단면적
• 구리 : 16[$mm^2$] 이상
• 철 : 50[$mm^2$] 이상

**55** 피뢰시스템에 접지도체가 접속된 경우 접지저항은 몇 [Ω] 이하이어야 하는가?

① 5 ② 10
③ 15 ④ 20

**해설** [한국전기설비규정 341.14 피뢰기의 접지]
고압 및 특고압의 전로에 시설하는 피뢰기 접지저항값은 10[Ω] 이하로 하여야 한다.

**56** 지중전선을 직접 매설식에 의해 시설하는 경우 차량, 기타 중량물의 압력을 받을 우려가 있는 장소의 매설 깊이[m]는?

① 0.5 ② 1.0
③ 1.5 ④ 2.0

**해설** [한국전기설비규정 334.1 지중전선로의 시설]
지중전선로를 직접 매설식에 의해 시설하는 경우의 매설 깊이
• 차량 기타 중량물의 압력을 받을 우려가 있는 장소 : 1[m] 이상
• 기타 장소 : 0.6[m] 이상

**57** 가공전선로의 지지물에 시설하는 지지선의 시설 기준으로 옳은 것은?

① 지지선의 안전율은 2.2 이상이어야 한다.
② 연선을 사용할 경우에는 소선 3가닥 이상이어야 한다.
③ 도로를 횡단하여 시설하는 지지선의 높이는 지표상 4[m] 이상으로 하여야 한다.
④ 지중부분 및 지표상 20[cm]까지의 부분에는 내식성이 있는 것 또는 아연도금을 한다.

**해설** [한국전기설비규정 331.11 지지선의 시설]
• 지지선의 안전율은 2.5 이상일 것. 이 경우에 허용 인장하중의 최저는 4.31[kN]으로 한다.
• 지지선에 연선을 사용할 경우 소선 3가닥 이상의 연선, 2.6[mm] 이상의 금속선을 사용한 것일 것
• 지중부분 및 지표상 0.3[m]까지의 부분에는 내식성이 있는 것 또는 아연도금을 한 철봉을 사용하고 쉽게 부식되지 않는 근가에 견고하게 붙일 것

[한국전기설비규정 331.11 지지선의 시설]
• 도로를 횡단하여 시설하는 지지선의 높이 : 5[m] 이상

**58** 전선의 슬리브 접속에 있어서 펜치와 같이 사용되고 금속관공사에서 로크너트를 조일 때 사용하는 공구는?

① 히키(Hickey)
② 클리퍼(Clipper)
③ 펌프 플라이어(Pump Plier)
④ 비트 익스텐션(Bit extension)

**해설** 슬리브 접속시 펜치와 동일하게 사용할 수 있고, 금속관공사에서 로크너트를 조일 때 사용하는 공구는 펌프 플라이어이다.
① 히키(Hickey) : 파이프 벤더라고도 하며, 금속관을 원호상으로 구부리는 공구
② 클리퍼(Clipper) : 굵은 전선을 절단할 때 사용하는 공구
④ 비트 익스텐션(Bit extension) : 드릴 비트를 연장하는 용도로 협소한 공간에서의 드릴 작업을 위한 공구

정답 54 ③ 55 ② 56 ② 57 ② 58 ③

**59** 애자사용공사에 대한 설명 중 틀린 것은?

① 사용전압이 400[V] 이하이면 전선 상호 간에 간격은 6[cm] 이상일 것
② 사용전압이 220[V]이면 전선과 조영재의 간격은 2.5[cm] 이상일 것
③ 사용전압이 400[V] 이하이면 전선과 조영재의 간격은 2.5[cm] 이상일 것
④ 전선을 조영재의 옆면을 따라 붙일 경우 전선 지지점 간의 거리는 3[m] 이하일 것

**해설** [한국전기설비규정 232.56 애자공사]
- 전선 상호 간의 간격은 0.06[m] 이상일 것
- 사용하는 애자는 절연성, 내수성, 난연성의 것일 것
- 전선과 조영재 사이의 간격
  - 사용전압이 400[V] 이하인 경우 25[mm] 이상
  - 사용전압이 400[V] 초과인 경우 45[mm](건조한 장소에 시설하는 경우에는 25[mm]) 이상
- 전선의 지지점 간의 거리는 전선을 조영재의 윗면 또는 옆면에 따라 붙일 경우 2[m] 이하일 것

**60** 저압 옥내배선시설시 캡타이어 케이블을 조영재의 아랫면 또는 옆면에 따라 붙이는 경우 전선의 지지점 간의 거리는 몇 [m] 이하로 하여야 하는가?

① 1.0[m]　② 1.5[m]
③ 2.0[m]　④ 3.0[m]

**해설** [한국전기설비규정 232.51 케이블공사]
전선을 조영재의 아랫면 또는 옆면에 따라 붙이는 경우의 전선의 지지점 간의 거리
- 케이블 : 2[m]
- 캡타이어 케이블 : 1[m]
- 사람이 접촉할 우려가 없는 곳에서 수직으로 붙이는 경우 : 6[m]



정답 59 ④ 60 ①

# 2018년 제1회 기출복원문제

**01** 자기회로의 길이 $l$[m], 단면적 $A$[m$^2$], 투자율 $\mu$[H/m]일 때 자기저항 $R$[AT/Wb]은?

① $R=\frac{\mu l}{A}$[AT/Wb]

② $R=\frac{A}{\mu l}$[AT/Wb]

③ $R=\frac{\mu A}{l}$[AT/Wb]

④ $R=\frac{l}{\mu A}$[AT/Wb]

**해설** 자기저항은 전기저항과 마찬가지로 회로의 길이 $l$과는 비례하고, 단면적 $A$와는 반비례한다.
자기저항 $R_m=\frac{l}{\mu A}$[AT/Wb] ($l$ : 자기회로의 길이[m], $\mu$ : 투자율[H/m], $A$ : 단면적[m$^2$])
• 전기저항 $R=\rho\frac{l}{A}=\frac{l}{\sigma A}$[Ω] ($\sigma$ : 도전율, $\rho$ : 고유저항)

**02** 그림과 같은 회로를 고주파 브리지로 인덕턴스를 측정하였더니 그림 (a)는 60[mH], 그림 (b)는 40[mH]이었다. 이 회로의 상호 인덕턴스 M[mH]은?

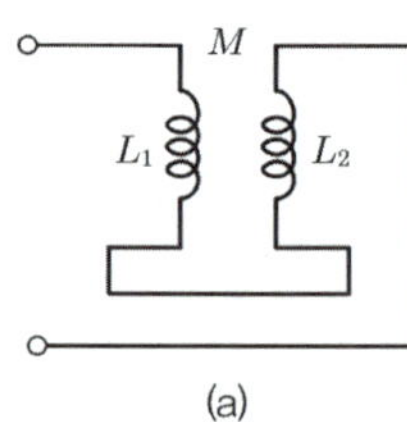

(a)

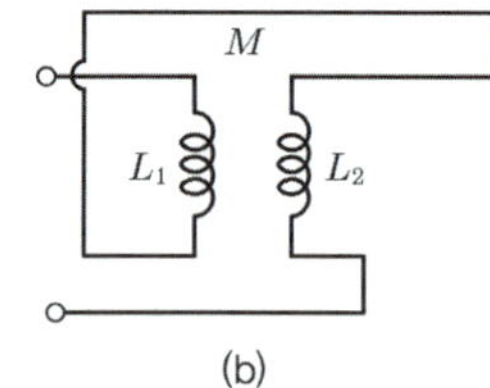

(b)

① 2 ② 3
③ 4 ④ 5

**해설**
(a) $L_1$과 $L_2$인 2개의 코일이 직렬로 가동 접속되었을 때 자속이 같은 방향으로 강화되므로
$L_{가동}=L_1+L_2+2M=60$ ⋯ ①
(b) $L_1$과 $L_2$인 2개의 코일이 직렬로 차동 접속되었을 때 자속이 반대 방향으로 상쇄되므로
$L_{차동}=L_1+L_2-2M=40$ ⋯ ②
①, ② 두 식을 빼면 $4M=20$, $M=5$[mH]이다.

**03** 무한히 길고 평행한 두 직선이 있다. 이들 도선에 같은 방향으로 일정한 전류가 흐를 때 상호 간에 작용하는 힘은? (단, $r$은 두 도선 간의 거리이다.)

① 흡인력이며 $r$이 클수록 작아진다.
② 반발력이며 $r$이 클수록 작아진다.
③ 흡인력이며 $r$이 클수록 커진다.
④ 반발력이며 $r$이 클수록 커진다.

**해설** 두 도체의 전류의 방향이 같은 방향으로 흐를 때 흡인력이 작용하고, 반대 방향으로 흐를 때 반발력이 작용한다.
그때 각 도체 간에 작용하는 힘
$F=\frac{\mu}{2\pi}\times\frac{I_1\cdot I_2}{r}=2\times10^{-7}\times\frac{I_1\cdot I_2}{r}$[N]
$r$과 $F$는 서로 반비례하므로 $r$값이 클수록 $F$값은 작아진다.

**04** R-L 직렬회로에서 임피던스 $Z$의 크기를 나타내는 식은?

① $R^2+X_L{}^2$ ② $R^2-X_L{}^2$
③ $\sqrt{R^2+X_L{}^2}$ ④ $\sqrt{R^2-X_L{}^2}$

정답 01 ④ 02 ④ 03 ① 04 ③

**해설** R-L 직렬회로에서 임피던스 $\dot{Z} = R + jW_L[\Omega]$에서 $|Z| = \sqrt{R^2 + X_L^2}$

| 직렬회로 (임피던스 $Z$로 해석) | | 병렬회로 (어드미턴스 $Y$로 해석) | |
|---|---|---|---|
| R-L 직렬회로 | $\dot{Z} = R + jX_L = R + jwL$ | R-L 병렬회로 | $\dot{Y} = \frac{1}{R} - j\frac{1}{X_L} = \frac{1}{R} - j\frac{1}{\omega L}$ |
| R-C 직렬회로 | $\dot{Z} = R - jX_C = R - j\frac{1}{wC}$ | R-C 병렬회로 | $\dot{Y} = \frac{1}{R} + j\frac{1}{X_C} = \frac{1}{R} + j\omega C$ |

## 05 전기저항 25[Ω]에 50[V]의 사인파 전압을 가할 때 전류의 순시값[A]은? (단, 각속도 $\omega = 377$[rad/sec]이다.)

① $2\sin 377t$

② $2\sqrt{2}\sin 377t$

③ $4\sin 377t$

④ $4\sqrt{2}\sin 377t$

**해설** $R = 25[\Omega]$이고 $V_{rms} = 50[V]$이므로 옴의 법칙에 의하여 전류의 실횻값은 $I_{rms} = \frac{V_{rms}}{R} = \frac{50}{25} = 2[A]$이다.
전류의 최댓값 $I_m = \sqrt{2}I_{rms} = 2\sqrt{2}[A]$이다.
순시전류 $i = I_m \sin(\omega t + \theta)$에서 각속도 $\omega = 377$[rad/sec]이고 저항만 있는 회로에서는 전압과 전류가 동상이므로 $\theta = 0°$이다.
따라서 $i = 2\sqrt{2}\sin 377t$[A]이다.

## 06 0.2[℧]의 컨덕턴스를 가진 저항체에 3[A]의 전류를 흘리려면 몇 [V]의 전압을 가해야 하는가?

① 5 ② 10

③ 15 ④ 20

**해설** 옴의 법칙 $V = IR$에 의해 $V = \frac{I}{G}$이다.
$G = 0.2[℧]$, $I = 3[A]$이므로 $V = \frac{3}{\frac{1}{5}} = 15[V]$

## 07 R-L-C 병렬 공진 회로에서 공진 주파수는?

① $\frac{1}{\pi\sqrt{LC}}$ ② $\frac{1}{\sqrt{LC}}$

③ $\frac{2\pi}{\sqrt{LC}}$ ④ $\frac{1}{2\pi\sqrt{LC}}$

**해설** R-L-C 직렬회로 또는 병렬회로에서 공진 조건은 $\omega L = \frac{1}{\omega C}$이므로 $\omega^2 = \frac{1}{LC}$이다.
각 주파수 $\omega = \frac{1}{\sqrt{LC}}$[rad/sec]이고
공진 주파수 $f = \frac{1}{2\pi\sqrt{LC}}$[Hz]이다.

## 08 비정현파를 여러 개의 정현파의 합으로 표시하는 식을 정의한 사람은?

① 노튼 ② 테브낭

③ 푸리에 ④ 패러데이

**해설** 푸리에 급수 분석법
- 비정현파를 여러 개의 정현파의 합으로 표시하는 방법
- 비정현파 $f(t) =$ 직류분 + 기본파 + 고조파(제2고조파 + 제3고조파 + ⋯)
- $f(t) = a_0 + a_1\cos\omega_0 t + a_2\cos 2\omega_0 t + \cdots + a_n\cos n\omega_0 t$

정답 05 ② 06 ③ 07 ④ 08 ③

**09** 대칭 3상 △결선에서 선전류와 상전류와의 위상 관계는?

① 상전류가 $\frac{\pi}{3}$[rad] 앞선다.

② 상전류가 $\frac{\pi}{3}$[rad] 뒤진다.

③ 상전류가 $\frac{\pi}{6}$[rad] 앞선다.

④ 상전류가 $\frac{\pi}{6}$[rad] 뒤진다.

**해설** ③ △결선에서 상전류 $I_p$가 선전류 $I_l$ 보다 $\frac{\pi}{6}$[rad] 만큼 앞선다.

| | 전압 | 전류 |
|---|---|---|
| △결선 | $\dot{V}_l = \dot{V}_p$ | $\dot{I}_l = \sqrt{3}\,I_p \angle -\frac{\pi}{6}$ |
| Y결선 | $\dot{V}_l = \sqrt{3}\,V_p \angle \frac{\pi}{6}$ | $\dot{I}_l = \dot{I}_p$ |

**10** Y결선에서 선간전압 $V_l$과 상전압 $V_p$의 관계는?

① $V_l = V_p$

② $V_l = \frac{1}{3} V_p$

③ $V_l = \sqrt{3}\, V_p$

④ $V_l = 3\, V_p$

**해설** Y결선에서 선간전압과 상전압과의 관계

: $\dot{V}_l = \sqrt{3}\, V_p \angle \frac{\pi}{6}$[V]

**11** $L$[H]의 코일에 $I$[A]의 전류가 흐를 때 축적되는 에너지[J]는?

① $LI$ ② $\frac{1}{2}LI$

③ $LI^2$ ④ $\frac{1}{2}LI^2$

**해설** 코일에 축적되는 에너지 $W=\frac{1}{2}LI^2$[J]

• 콘덴서에 축적되는 에너지 $W=\frac{1}{2}CV^2$[J]

**12** 권수가 150인 코일에서 2초간 1[Wb]의 자속이 변화한다면 코일에 발생되는 유도기전력의 크기[V]는?

① 50 ② 75

③ 100 ④ 125

**해설** $N=150$회, $dt=2$초, $d\phi=1$[Wb]이므로

$\frac{d\phi}{dt}=\frac{1}{2}$이다.

패러데이의 법칙 $e=N\frac{d\phi}{dt}=150\times\frac{1}{2}=75$[V]

**13** 용량을 변화시킬 수 있는 콘덴서는?

① 바리콘 콘덴서 ② 마일러 콘덴서

③ 전해 콘덴서 ④ 세라믹 콘덴서

**해설**

① 바리콘 콘덴서는 용량을 변화시킬 수 있는 가변 콘덴서이다.

정답 09 ③ 10 ③ 11 ④ 12 ② 13 ①

## 14 전지의 전압 강하 원인으로 틀린 것은?

① 국부작용 ② 산화작용
③ 성극작용 ④ 자기방전

**해설**
① 국부작용 : 전지 내부에 있는 불순물에 의해 전지의 전압이 감소하는 작용
② 산화작용 : 어떤 물질이 산소와 결합하여 원자가 전자를 잃고 산화수가 증가하는 작용
③ 성극작용 : 납축전지에서 사용한 전해액이 이온화되었을 때 발생하는 수소 이온은 음극에서 흘러들어온 전자와 결합하여 수소 기체가 발생하는데, 이로 인해 전지의 전압이 저하되는 현상(= 분극작용)
④ 자기방전 : 전지 내부에서 방전되는 현상

## 15 "회로에 흐르는 전류의 크기는 저항에 ( ㉠ )하고, 가해진 전압에 ( ㉡ )한다." ( )에 알맞은 내용을 바르게 나열한 것은?

① ㉠ – 비례, ㉡ – 비례
② ㉠ – 비례, ㉡ – 반비례
③ ㉠ – 반비례, ㉡ – 비례
④ ㉠ – 반비례, ㉡ – 반비례

**해설** 옴의 법칙에 의해 회로에 흐르는 전류의 크기는 저항에 반비례하고 가해진 전압에 비례한다.
$V=IR,\ I=\frac{V}{R},\ R=\frac{V}{I}$

## 16 공기 중에서 자속밀도 3[Wb/m²]의 평등 자장 속에 길이 10[cm]의 직선 도선을 자장의 방향과 직각으로 놓고 여기에 4[A]의 전류를 흐르게 하면 이 도선이 받는 힘[N]은?

① 0.6 ② 1.2
③ 1.8 ④ 2.4

**해설** 자기장 내에 있는 도선에 전류가 흐를 때 도선에 작용하는 힘을 구하려면 플레밍의 왼손 법칙을 활용한다. 플레밍의 왼손 법칙에서 도선에 작용하는 힘은 $F=BlI\sin\theta$이다.
$B=3[\text{Wb/m}^2]$, $l=10\times10^{-2}[\text{m}]$, $I=4[\text{A}]$, $\theta=90°$이므로 $F=3\times(10\times10^{-2})\times4\times\sin90°=1.2[\text{N}]$

## 17 A–B 사이 콘덴서의 합성 정전용량은?

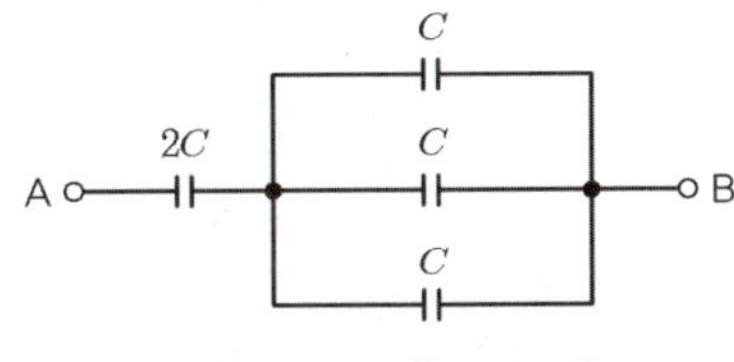


① $1C$ ② $1.2C$
③ $2C$ ④ $2.4C$

**해설** 정전용량 $C$ 3개가 병렬로 연결되었을 때 합성 정전용량 $C_{병렬}=C+C+C=3C$이고 $2C$와 $3C$가 직렬로 연결되어 있으므로 $\frac{1}{C_{직렬}}=\frac{1}{2C}+\frac{1}{3C}=\frac{5}{6C}$,
$C_{직렬}=\frac{6C}{5}=1.2C$

## 18 종류가 다른 두 금속을 접합하여 폐회로를 만들고 두 접합점의 온도를 다르게 하면 이 폐회로에 기전력이 발생하여 전류가 흐르게 되는 현상은?

① 줄의 법칙 ② 톰슨효과
③ 펠티에효과 ④ 제베크효과

**해설**
① 줄의 법칙 : 전류가 흐를 때 전류에 발생하는 발열량과의 관계를 나타내는 법칙
② 톰슨법칙 : 같은 금속에 있어서 온도차가 있는 부분에 전위차가 생겨 전류가 흐르는 현상
③ 펠티에효과 : 서로 다른 두 금속을 접속하여 전류를 흘리면, 줄열 외의 그 접점에서 열의 발생 또는 흡수가 일어나는 현상

정답 14 ④ 15 ③ 16 ② 17 ② 18 ④

**19** 절연체 중에서 플라스틱, 고무, 종이, 운모 등과 같이 전기적으로 분극 현상이 일어나는 물체를 무엇이라고 하는가?

① 도체 ② 유전체
③ 도전체 ④ 반도체

**해설**
① 도체 : 소량의 에너지만으로도 전자의 이동이 자유로워 전류가 잘 흐르는 물체
② 유전체 : 절연체 중에서 전기적으로 유전 분극 현상이 나타내는 물질
③ 도전체 : 전도체와 같은 말로 전기 또는 열에 대한 저항이 매우 작아 전기나 열을 잘 전달하는 물체
④ 반도체 : 일정한 양 이상의 에너지가 공급되어야만 전자의 이동이 일어나 전류가 흐르는 물체
• 분극 현상 : 유전체 내부에서 외부의 전기장에 의해서 유도되어 양전하와 음전하가 서로 상대적으로 이동하는 현상

**20** 환상 솔레노이드에 감겨진 코일에 감는 횟수를 3배로 늘리면 자체 인덕턴스는 몇 배로 되는가?

① 3 ② 9
③ $\frac{1}{3}$ ④ $\frac{1}{9}$

**해설** 패러데이 전자유도 법칙에 의해 $e=-N\frac{d\phi}{dt}=-L\frac{di}{dt}$, $LI=N\phi$

자속 $\phi=BA=\mu HA=\mu A\cdot\frac{NI}{l}$ ($B$ : 자속밀도, $A$ : 단면적, $N$ : 권선 수, $l$ : 자로의 길이)

자체 인덕턴스 $L=\frac{N\phi}{I}=\frac{N}{I}\times\mu A\cdot\frac{NI}{l}=\frac{\mu AN^2}{l}$[H]

자체 인덕턴스 $L$은 코일에 감는 횟수 $N^2$에 비례하므로 코일에 감는 횟수 $N$을 3배로 늘리면 자체 인덕턴스 $L$은 9배가 늘어난다.

**21** 직류발전기 전기자의 주된 역할은?

① 기전력을 유도한다.
② 자속을 만든다.
③ 정류작용을 한다.
④ 회전자와 외부회로를 접속한다.

**해설** 직류발전기의 구조
• 계자 : 자속을 발생
• 전기자 : 자속을 끊어 기전력 발생
• 정류자 : 교류를 직류로 변환
• 브러시 : 전기자 권선과 외부 회로와의 전기적인 접속

**22** 단중 파권인 직류발전기의 극수가 10, 전기자 도체수가 500, 매극의 자속수 0.01[Wb], 회전수 600[rpm]으로 회전할 때 기전력[V]은?

① 200 ② 250
③ 300 ④ 350

**해설** 유도기전력의 크기

$E=\frac{PZ\phi N}{60a}=K_e\phi N$[V]

($Z$ : 전기자 도체수, $a$ : 병렬 회로수, $p$ : 극수, $\phi$ : 매극당 자속[Wb], $N$ : 회전수[rpm], $K_e$ : 유도기전력 상수$=\frac{PZ}{60a}$)

파권이므로, 병렬회로수 $a=2$이므로

$E=\frac{10\times500\times0.01\times600}{60\times2}=250$[V]



정답 19 ② 20 ② 21 ① 22 ②

**23** 직류발전기에서 전기자 반작용을 없애는 방법으로 옳은 것은?

① 브러시 위치를 전기적 중성점이 아닌 곳으로 이동시킨다.
② 보극과 보상 권선을 설치한다.
③ 브러시의 압력을 조정한다.
④ 보극은 설치하되 보상 권선은 설치하지 않는다.

**해설** 전기자 반작용
전기자 전류에 의한 기자력이 주자속 분포에 영향을 미치는 작용으로 이를 없애기 위해 브러시 위치를 전기적 중성점으로 이동하거나 보극 또는 보상 권선을 설치한다.

**24** 정격전압이 200[V], 정격출력 50[W]인 직류 분권발전기의 계자저항이 20[Ω]일 때 전기자 전류[A]는?

① 10 ② 20
③ 130 ④ 260

**해설**

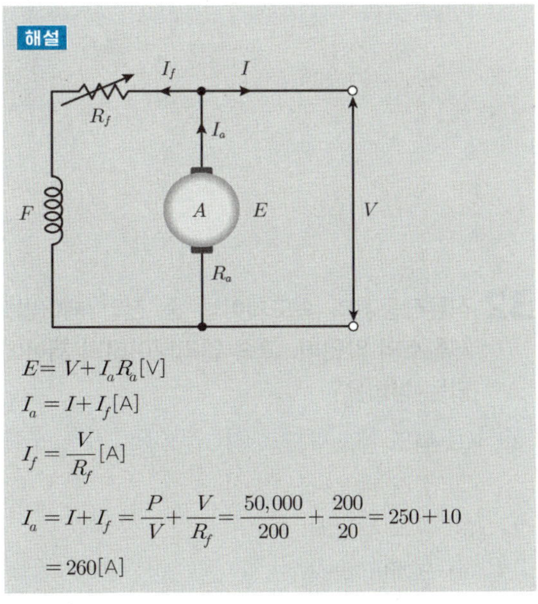


$E = V + I_aR_a$[V]

$I_a = I + I_f$[A]

$I_f = \frac{V}{R_f}$[A]

$I_a = I + I_f = \frac{P}{V} + \frac{V}{R_f} = \frac{50,000}{200} + \frac{200}{20} = 250 + 10$
$= 260$[A]

**25** 직류전동기에서 무부하가 되면 속도가 대단히 높아져 위험하기 때문에 무부하운전이나 벨트를 연결한 운전을 해서는 안 되는 전동기의 종류는?

① 직권전동기 ② 복권전동기
③ 타여자전동기 ④ 분권전동기

**해설** 직류전동기 속도 $N = \frac{V - I_aR_a}{K\phi}$[rpm]에서, 벨트가 벗겨져 무부하상태가 되면 자속($\phi$)값은 0에 가까워지고, 이에 따라 속도 $N$값은 무한대값으로 향하여 갑자기 고속이 되어 위험하다.

**26** 극수 10, 주파수 50[Hz]인 동기기의 회전수는?

① 300[rpm] ② 400[rpm]
③ 500[rpm] ④ 600[rpm]

**해설** 동기속도
$N_S = \frac{120f}{p} = \frac{120 \times 50}{10} = 600$[rpm]

**27** 동기 무효 전력 보상 장치를 부족여자로 운전하면?

① 콘덴서로 작용
② 뒤진 역률 보상
③ 리액터로 작용
④ 저항손의 보상

**해설** 동기 무효 전력 보상 장치를 과여자로 운전하면 콘덴서로 작용하고, 부족여자로 운전하면 리액터로 작용한다.

정답 23 ② 24 ④ 25 ① 26 ④ 27 ③

7개년 기출복원문제

**28** 변압기의 원리와 관계있는 것은?

① 전기자 반작용
② 전자유도작용
③ 플레밍의 오른손 법칙
④ 플레밍의 왼손 법칙

> **해설** 변압기는 하나의 코일이 다른 코일에 전류를 유도할 수 있도록 해주는 마이클 패러데이의 상호 인덕턴스 원리(전자유도작용)를 이용한다.

**29** 권수비 2, 2차 전압 100[V], 2차 전류 5[A], 2차 임피던스 20[Ω]인 변압기의 ⓐ 1차 환산 전압, ⓑ 1차 환산 임피던스는?

| | ㉠ | ㉡ |
|---|---|---|
| ① | 200[V] | 80[Ω] |
| ② | 200[V] | 40[Ω] |
| ③ | 50[V] | 10[Ω] |
| ④ | 50[V] | 5[Ω] |

> **해설** $a=\dfrac{V_1}{V_2}=\sqrt{\dfrac{R_1}{R_2}}$
>
> ㉠ $V_1=aV_2=2\times100=200[\text{V}]$
>
> ㉡ $a^2=\dfrac{R_1}{R_2}$
>
> $R_2=a^2R_1=4\times20=80[\Omega]$

**30** 변압기의 무부하시험, 단락시험에서 구할 수 없는 것은?

① 동손 ② 철손
③ 절연내력 ④ 전압변동률

> **해설**
> - 무부하시험(무부하손 측정) : 고압측을 개방하고 저압측에 정격주파수의 정격전압을 가하여 철손($P_i$)과 여자전류($I_o$)를 측정하여 여자 어드미턴스($Y_o$)를 구한다.
> - 단락시험, 부하시험(부하손 측정) : 저압측을 단락하고 고압측에 임피던스전압($V_{1s}$)을 가하여, 흐르는 정격전류($I_{1n}$)에 대한 부하손($P_s$)을 측정하고 임피던스($Z_1$, $Z_2$) 및 전압변동률($\epsilon$)을 구할 수 있다.

**31** 동기전동기를 자체 기동법으로 기동시킬 때 계자 회로는 어떻게 해야 하는가?

① 단락시킨다.
② 개방시킨다.
③ 직류를 공급한다.
④ 단상 교류를 공급한다.

> **해설**
> - 자체 기동법은 기동권선의 기동 회전력을 이용하여 기동시키는 방법이다.
> - 계자 회로를 연 채로 고정자에 전압을 가하면 권수가 많은 계자 권선이 고정자 회전 자계를 끊어 계자회로에 매우 높은 전압이 유기될 염려가 있어 보통 이것을 단락해 놓고 기동시켜야 한다.

**32** 직류전동기의 속도제어법 중 전압 제어법으로써 제철소의 압연기, 고속 엘리베이터의 제어에 사용되는 방법은?

① 워드 레오나드 방식
② 정지 레오나드 방식
③ 일그너 방식
④ 크래머 방식

정답 28 ② 29 ① 30 ③ 31 ① 32 ③

해설
- 직류전동기의 전압 제어에 의한 속도제어방식의 종류는 워드 레오나드 방식, 일그너 방식, 직·병렬 제어방식 등이 있다.
- 플라이 휠과 슬립 조정기를 붙이고 직류전동기의 부하가 급변할 때에도 거의 일정한 전력을 공급하고 그 전력의 과부족은 플라이휠로 처리할 수 있게 한 방식이 일그너 방식이다.
- 일그너 방식은 압연기, 고속 엘리베이터 제어에 사용된다.

**33** 일반적으로 유도전동기가 많이 사용되는 이유가 아닌 것은?

① 값이 저렴함
② 취급이 어려움
③ 전원을 쉽게 얻음
④ 구조가 간단하고 튼튼함

해설 유도전동기가 많이 사용되는 이유
- 유도전동기는 전원을 쉽게 얻을 수 있다.
- 구조가 간단하고 튼튼하며 값이 저렴하다.
- 취급이 쉬워 쉽게 운전할 수 있다.
- 저속도 전동기로 부하의 변화에 대하여 속도의 변동이 적다.

**34** 3상 유도전동기의 원선도를 그리려면 등가회로의 정수를 구할 때 몇 가지 시험이 필요하다. 이에 해당하지 않는 것은?

① 무부하 시험
② 고정자 권선의 저항 측정
③ 회전수 측정
④ 구속 시험

해설 원선도는 정격출력에 대한 전부하전류, 역률, 효율, 슬립, 최대출력, 정격출력, 부하 회전력 및 최대 회전력을 구하며, 원선도 작성에 필요한 시험으로는 저항측정 시험, 무부하 시험, 구속 시험 등이 있다.
- 저항측정 시험 : 임의의 주위 온도에서 1차 단자 간의 권선 저항을 직류로 측정하여 환산한다.
- 무부하 시험 : 임의의 주위 온도에서 전동기에 정격전압을 가하여 무부하로 운전하면서 각 상의 전압 $V_o$, 전류 $I_o$, 전력 $P_o$를 측정한다.
- 구속 시험 : 유도전동기의 회전자를 구속한 후에 1차측에 정격 주파수의 낮은 $V_s'$를 가하여 1차 전류 $I_s'$와 1차 입력 $P_s'$[W]를 측정한다.

**35** 설비가 간단하고 취급이나 보수가 쉬워 주상용 변압기에서 사용하는 냉각방식은?

① 건식 풍냉식
② 유입 자냉식
③ 유입 풍냉식
④ 유입 송유식

해설 변압기에는 정지기로서 효율은 좋지만 냉각 작용이 불충분하여 대용량의 변압기일수록 열 방산이 곤란하여 온도 상승이 크기 때문에 용량에 따라 여러 가지 냉각 방식이 요구된다.
- 건식 자냉식 : 극히 소용량의 변압기는 공기 중에서 그대로 사용하고 공기의 대류에 의하여 냉각한다. 22[kV] 이하의 계기용 변압기나 배전용 변압기에 사용한다.
- 건식 풍냉식 : 건식 변압기에 송풍기로 강제통풍을 하므로 냉각효과를 크게 한 것을 말한다.
- 유입 자냉식 : 절연유의 대류작용에 의하여 철심 및 권선에 발생한 열을 외함에 전달하며, 외함의 방산이나 대류에 의하여 열을 대기로 방산시키는 방식이다. 설비가 간단하고 취급이나 보수가 쉬워 주상용 변압기에서 사용한다.
- 유입 풍냉식 : 열기를 부착한 유입 변압기에 송풍기를 설치하여 강제통풍으로 냉각효과를 높이는 방식이며 대용량에 널리 사용한다.
- 유입 송유식 : 절연유를 펌프로 외부에 있는 냉각기로 보내고 냉각된 절연유를 외함에 밑부분에서 공급하는 방식이다.

정답 33 ② 34 ③ 35 ②

**36** 전기철도에 사용하는 직류전동기로 가장 적합한 전동기의 종류는?

① 분권전동기
② 직권전동기
③ 가동복권전동기
④ 차동복권전동기

**해설**
- 직류직권전동기의 토크 특성은 전기자와 계자 권선이 직렬로 접속되어 있으며 자속이 전기자 전류에 비례한다.
- 무부하가 되면 회전속도가 급격히 상승하여 위험하므로 벨트 운전을 하지 않도록 하여야 한다.
- 부하 변동이 심하고 큰 기동토크가 요구되는 전동차, 크레인, 전기철도 등에 적용한다.

**37** 3상 전원에서 2상 전원을 얻기 위한 변압기의 결선 방법은?

① $\Delta$　② $Y$
③ $V$　④ $T$

**해설** 단상 변압기 2대를 이용하여 3상에서 2상으로 변환하는 방법에는 스코트($T$형)결선, 메이어결선, 우드 브리지결선 등이 있다.

**38** 동기발전기의 병렬운전 조건이 아닌 것은?

① 기전력의 주파수가 같을 것
② 발전기의 용량이 같을 것
③ 기전력의 위상이 같을 것
④ 기전력의 크기가 같을 것

**해설** 동기발전기의 병렬운전 조건
- 기전력의 크기가 같을 것
- 기전력의 위상이 같을 것
- 기전력의 주파수가 같을 것
- 기전력의 파형이 같을 것

**39** 단상 유도전동기의 기동법 중 기동토크가 가장 큰 것은?

① 반발 유도형　② 반발 기동형
③ 콘덴서 기동형　④ 분상 기동형

**해설** [단상 유도전동기의 기동법 중 기동토크가 큰 순서]
반발 기동형 > 반발 유도형 > 콘덴서 기동형 > 영구 콘덴서형 > 분상 기동형 > 셰이딩 코일형

**40** 동기발전기를 회전 계자형으로 하는 이유가 아닌 것은?

① 고전압에 견딜 수 있게 전기자 권선을 절연하기 쉽다.
② 전기자 단자에 발생한 고전압을 슬립링 없이 간단하게 외부 회로에 인가할 수 있다.
③ 기계적으로 튼튼하게 만드는 데 용이하다.
④ 전기자가 고정되어 있지 않아 제작비용이 저렴하다.

정답 36 ② 37 ④ 38 ② 39 ② 40 ④

**해설** 회전 계자형은 전기자를 고정하고 계자를 회전시키는 방식으로 동기발전기에서 회전 계자형을 주로 사용하는 이유는 다음과 같다.

- 기계적 측면
  - 계자의 철 분포가 전기자에 비하여 크므로 회전시 계자가 기계적으로 튼튼하다.
  - 원동기측에서 구조가 간단한 계자를 회전시키는 것이 유리하다.
- 전기적 측면
  - 교류 고압인 전기자보다 직류 저압인 계자를 회전시키는 것이 위험성이 적다.
  - 교류 고압인 전기자가 고정되어 있으므로 절연이 용이하다.

## 41 경질 비닐전선관의 설명으로 틀린 것은?

① 1본의 길이는 3.6[m]가 표준이다.
② 금속관에 비해 내식성이 우수하다.
③ 금속관에 비해 절연성이 우수하다.
④ 굵기는 관 안지름의 크기에 가까운 짝수[mm]로 나타낸다.

**해설**
- 경질 비닐전선관 1본의 길이 : 4.0[m]
- 굵기 : 관 안지름의 크기에 가까운 짝수, [mm]로 표기
- 금속관에 비해 절연성과 내식성이 우수하다.

## 42 배선설계를 위한 전등 및 소형 전기 기계기구의 부하용량 산정시 건축물의 종류에 대응한 표준부하에서 원칙적으로 표준부하를 20[VA/m$^2$]으로 적용하여야 하는 건축물은?

① 교회, 극장　　② 호텔, 병원
③ 은행, 상점　　④ 아파트, 미용원

**해설** 표준부하[VA/m$^2$]

| 건축물의 종류 | 표준부하 |
|---|---|
| 공장, 사원, 교회, 극장, 영화관 등 | 10 |
| 기숙사, 여관, 호텔, 병원, 학교, 음식점, 다방, 대중목욕탕 | 20 |
| 사무실, 은행, 상점, 이발소, 미용원 | 30 |
| 주택, 아파트 | 40 |

## 43 HIV 전선은 무슨 전선인가?

① 내열용 비닐절연전선
② 전열기용 평행절연전선
③ 전열기용 고무절연전선
④ 전열기용 캡타이어 케이블

**해설** HIV(Heat-Resistant PVC Insulated Wire)는 내열용 비닐절연전선의 약호이다.

## 44 합성수지관이 금속관과 비교하여 장점으로 볼 수 없는 것은?

① 누전의 우려가 없다.
② 온도 변화에 따른 신축 작용이 크다.
③ 내식성이 있어 부식성 가스 등을 사용하는 사업장에 적당하다.
④ 관 자체를 접지할 필요가 없고, 무게가 가벼우며 시공하기 쉽다.

**해설** 합성수지관은 내식성과 절연성을 갖추었다는 장점이 있으나, 온도 변화에 따른 신축 작용과 같이 열에 의한 변형이 단점이다.



정답 41 ① 42 ② 43 ① 44 ②

**45** 가정용 전등에 사용되는 점멸 스위치를 설치하여야 할 위치에 대한 설명으로 가장 적당한 것은?

① 중성선에 설치한다.
② 접지측 전선에 설치한다.
③ 전압측 전선에 설치한다.
④ 부하의 2차측에 설치한다.

해설 점멸 스위치는 텀블러 스위치, 로터리 스위치, 누름단추 스위치, 3로 스위치 등의 등기구를 켜거나 끄기 위한 스위치를 말한다. 점멸 스위치는 전압측 전선에, 등기구는 중성선에 접속되도록 설치한다.

**46** 누전차단기의 설치목적은 무엇인가?

① 단락 ② 단선
③ 지락 ④ 과부하

해설 지락사고가 발생하면 감전재해나 전력설비의 손상 등을 일으키게 된다. 누전차단기는 전기 기계기구가 접속되어 있는 전로에서 누전에 의한 감전위험을 방지하기 위해 사용되는 기기이다. 누전은 통상적으로 지락을 의미한다.

**47** 계기용 변압기의 2차측 단자에 접속하여야 할 것은?

① O.C.R ② 전류계
③ 전압계 ④ 전열부하

해설 계기용 변압기는 1차측의 고전압을 2차측의 저전압으로 변성하여 계측기나 계전기 전압 측정을 위해 사용하는 기기이다. 따라서 2차측 단자에 접속해야 하는 기기는 전압계이다.

**48** OW 전선을 사용하는 저압 구내 가공인입전선으로 전선의 길이가 15[m]를 초과하는 경우 그 전선의 지름은 몇 [mm] 이상을 사용하여야 하는가?

① 1.6 ② 2.0
③ 2.6 ④ 3.2

해설 [한국전기설비규정 221.1.1 저압 인입선의 시설]
- 전선이 케이블인 경우 이외에는 인장강도 2.30[kN] 이상의 것 또는 지름 2.6[mm] 이상의 인입용 비닐절연전선일 것
- 경간이 15[m] 이하인 경우는 인장강도 1.25[kN] 이상의 것 또는 지름 2[mm] 이상의 인입용 비닐절연전선일 것
- 전선이 옥외용 비닐절연전선인 경우에는 사람이 접촉할 우려가 없도록 시설할 것

**49** 수변전설비 구성기기인 계기용 변압기(PT)에 대한 설명으로 옳지 않은 것은?

① 부족전압 트립코일의 전원으로 사용된다.
② 회로에 병렬로 접속하여 사용하는 기기이다.
③ 높은 전류를 낮은 전류로 변성하는 기기이다.
④ 높은 전압을 낮은 전압으로 변성하는 기기이다.

해설 계기용 변압기(PT)는 계측을 위해 1차측의 대전압을 2차측의 소전압으로 변성하는 기기이다. 회로에 병렬로 접속하여 사용하며 2차측에 전압계, 전력계, 역률계, 부족전압 트립코일 등을 접속한다.

**50** 인입 개폐기가 아닌 것은?

① LS ② ASS
③ LBS ④ UPS

정답 45 ③ 46 ③ 47 ③ 48 ③ 49 ③ 50 ④

**해설** UPS(Uninteruppptible Power Supply)는 무정전 전원 공급장치이다.

[배전용 인입 개폐기]

- 자동 고장 구분 개폐기(ASS : Automatic Section Switch) : 수용가 수전 인입점에 설치하며 과부하나 지락사고 발생시 고장구간을 차단하여 고장으로 인한 정전피해를 최소화시키는 선로 보호용 개폐기
- 부하 개폐기(LBS : Load Breaker Switch) : 고압 전로에 사용하며 정상 상태에서는 전류를 개폐하고 이상 전류 발생시 규정시간 동안 통전할 수 있는 개폐기
- 선로 개폐기(LS : Line Switch) : 보안상 책임 분계점 등에서 선로의 보수 및 점검을 할 때 차단기 개방 후(무부하 상태) 전로를 완전히 개방할 때 사용하는 개폐기
- 단로기(DS : Disconnection Switch) : 부하전류 개폐능력이 없으므로 수용가 인입구에서 차단기를 조합하여 사용하며 보수, 점검시 차단기를 개방한 후(무부하 상태) 사용하는 개폐기

## 51 피뢰기의 특성이 아닌 것은?

① 반복 동작에 대하여 특성이 변화하지 않을 것
② 이상 전압의 침입에 대하여 신속하게 방전할 것
③ 이상 전압 처리 후 수동 조작에 의해 회복이 이루어질 것
④ 방전 후 이상 전류 통전시의 단자전압을 일정 전압 이하로 억제할 것

**해설** 피뢰기의 특성

- 반복 동작에 대해 특성이 변화하지 않을 것
- 정상 전압, 정상 주파수에서는 높은 절연내력으로 방전하지 않을 것
- 이상 전압, 이상 주파수에서는 절연내력이 낮아져 신속하게 방전할 것
- 이상 전압 처리 후 잔류전압 및 전류를 자동적으로 신속하게 차단할 것
- 방전 후 이상 전류 통전시의 단자전압을 일정 전압 이하로 억제할 것

## 52 가요전선관과 금속관의 상호 접속에 쓰이는 것은?

① 스플릿 커플링
② 앵글 박스 커넥터
③ 콤비네이션 커플링
④ 스트레이트 박스 커넥터

**해설** 가요전선관과 금속관 상호 접속에는 콤비네이션 커플링을 사용한다.

① 스플릿 커플링 : 가요전선관 상호 접속할 때 사용
② 앵글 박스 커넥터 : 직각 개소에서 가요전선관과 박스 접속할 때 사용
③ 콤비네이션 커플링 : 가요전선관과 금속관 접속할 때 사용
④ 스트레이트 박스 커넥터 : 가요전선관과 박스 접속할 때 사용

## 53 전등 1개를 2개소에서 점멸하고자 할 때 필요한 3로 스위치는 최소 몇 개인가?

① 1개 ② 2개
③ 3개 ④ 4개

**해설** 2개소 점멸로 1개의 전등을 점멸하고자 할 때 필요한 3로 스위치의 개수는 두 개이다.

- 3로 스위치 : 한 쪽은 연결되어 있고 반대쪽은 분리가 되어 있는 텀블러 스위치

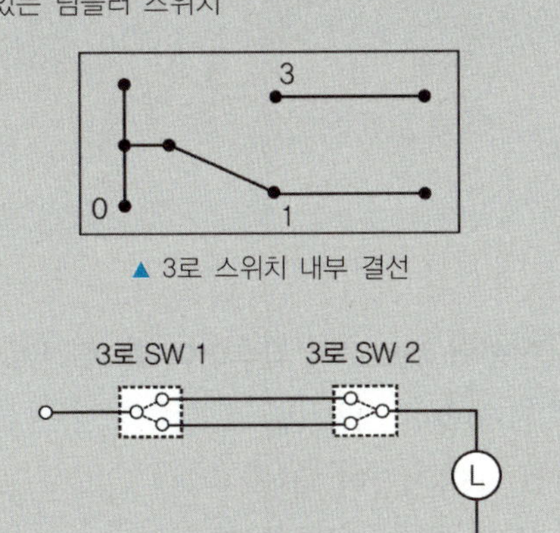

▲ 3로 스위치 내부 결선

▲ 3로 스위치 회로도

정답 51 ③ 52 ③ 53 ②

**54** 전선의 공칭단면적에 대한 설명으로 옳지 않은 것은?

① 전선의 실제단면적과 같다.
② 단위는 [mm$^2$]로 표시한다.
③ 연선의 굵기를 나타내는 것이다.
④ 소선수와 소선의 지름으로 나타낸다.

해설 공칭단면적은 연선의 굵기를 나타낸 것이다. 단위는 [mm$^2$]이고, 소선의 지름으로 단면적을 구하고 이에 소선수를 곱해 근사치로 공칭단면적을 구한다. 따라서 전선의 실제단면적과는 다르다.

**55** 옥내 배선에서 주로 사용하는 직선 접속 및 분기 접속 방법은 어떤 것을 사용하여 접속하는가?

① 슬리브
② 동선압착단자
③ 와이어 커넥터
④ 꽂음형 커넥터

해설 옥내 배선에서 전선 상호 간에 직선 및 분기 접속을 할 때 슬리브를 압축하여 접속하는 방법을 주로 사용한다.
② 동선압착단자 : 동전선 및 케이블을 전기기기와 접속하기 위해서 사용하는 단자
③ 와이어 커넥터 : 박스 내에서 동전선의 종단 접속시 사용하는 커넥터
④ 꽂음형 커넥터 : 박스 내에서 얇은 전선의 종단 접속시 간편하게 사용할 수 있는 커넥터

**56** 전선의 재료로서 갖추어야 할 조건이 아닌 것은?

① 비중이 작을 것
② 고유저항이 클 것
③ 가요성이 풍부할 것
④ 기계적 강도가 클 것

해설 전선의 구비 조건
- 비중이 작을 것
- 가격이 적당할 것
- 가요성이 있을 것
- 내부식성이 있을 것
- 기계적 강도가 충분할 것
- 도전율이 높을 것(저항율이 낮을 것)

**57** 옥내 배선공사 중 금속관공사에 사용되는 공구의 설명 중 잘못된 것은?

① 전선관의 나사를 내는 작업에 오스터를 사용한다.
② 전선관을 절단하는 공구에는 쇠톱 또는 파이프 커터를 사용한다.
③ 아우트렛 박스의 천공작업에 사용되는 공구는 녹아웃 펀치를 사용한다.
④ 전선관의 굽힘 작업에 사용하는 공구는 토치램프나 스프링 벤더를 사용한다.

해설 토치램프나 스프링 벤더는 합성수지관 중에서도 경질 염화비닐전선관을 구부릴 때 사용하는 공구이다. 금속관 굽힘 작업에는 히키 혹은 벤더를 사용한다.
- 오스터 : 금속관 말단에 나사선을 내는 공구
- 쇠톱, 파이프 커터 : 금속관을 원하는 길이만큼 절단할 때 사용하는 공구
- 녹아웃 펀치 : 박스에 유압으로 구멍을 낼 때 사용하는 공구

**58** 옥내 배선공사할 때 연동선을 사용할 경우 전선의 최소 굵기[mm$^2$]는?

① 1.5 ② 2.5
③ 4.0 ④ 6.0

해설 [한국전기설비규정 231.3.1 저압 옥내배선의 사용전선] 저압 옥내배선의 전선은 단면적 2.5[mm$^2$] 이상의 연동선 또는 이와 동등 이상의 강도 및 굵기의 것을 사용한다.

정답 54 ① 55 ① 56 ② 57 ④ 58 ②

**59** 합성수지제 가요전선관의 규격이 아닌 것은?

① 14 ② 22
③ 36 ④ 52

**해설** [KS C 8454 합성수지제 휨(가요) 전선관]
합성수지제 가요전선관의 호칭에는 14, 16, 18, 22, 28, 36, 42의 7종이 있다.

**60** 배전용 기구인 COS(컷아웃스위치)의 용도로 알맞은 것은?

① 배전용 변압기의 1차측에 시설하여 배전 구역 전환용으로 쓰인다.
② 배전용 변압기의 2차측에 시설하여 배전 구역 전환용으로 쓰인다.
③ 배전용 변압기의 1차측에 시설하여 변압기의 단락 보호용으로 쓰인다.
④ 배전용 변압기의 2차측에 시설하여 변압기의 단락 보호용으로 쓰인다.

**해설** COS(컷아웃스위치)는 변압기 1차측에 설치하며, 변압기의 단락 보호를 위한 목적으로 사용한다.



정답 59 ④ 60 ③

# 2018년 제2회 기출복원문제

**01** 전지의 기전력 1.5[V], 내부저항이 0.15[Ω], 10개를 직렬로 접속하고 부하저항 4.5[Ω]을 접속한 경우 부하에 흐르는 전류[A]는?

① 2　② 2.5
③ 3　④ 3.5

> **해설** 기전력 1.5[V], 내부저항이 0.15[Ω]인 전지 10개가 직렬로 접속하는 경우 총 기전력은 $1.5\times10=15$[V], 총 내부저항은 $0.15\times10=1.5$[Ω]이다.
> 부하저항 4.5[Ω]을 접속하는 경우 회로에 연결되는 합성저항은 $1.5+4.5=6$[Ω]이므로 옴의 법칙에 의해 회로에 흐르는 전류 $I=\frac{V}{R}=\frac{15}{6}=2.5$[A]이다.

**02** 3상 교류회로에 2개의 전력계 $W_1$, $W_2$로 측정해서 $W_1$의 지시값이 $P_1$, $W_2$의 지시값이 $P_2$라고 하면 3상 유효전력은 어떻게 표현되는가?

① $P_1+P_2$　② $P_1-P_2$
③ $3(P_1+P_2)$　④ $3(P_1-P_2)$

> **해설** 2전력계법에 의한 3상 유효전력
> $P=P_1+P_2$[W]

**03** $i=3\sin\omega t+4\sin(3\omega t-\theta)$[A]로 표시되는 전류의 등가 사인파 최댓값[A]은?

① 2　② 3
③ 4　④ 5

> **해설** 비정현파 교류의 실횻값 : 각 파형의 실횻값의 제곱의 합을 제곱근한 값
> • 전류의 실횻값
> $$I=\sqrt{I_0^{\,2}+\left(\frac{I_{m1}}{\sqrt{2}}\right)^2+\left(\frac{I_{m2}}{\sqrt{2}}\right)^2+\cdots+\left(\frac{I_{mn}}{\sqrt{2}}\right)^2}\text{[A]}$$
> • $I_0$ : 직류전류, $I_{m1}$ : 기본파 전류의 최댓값, $I_{m2}$ : 제2고조파 전류의 최댓값, $I_{mn}$ : 제n고조파 전류의 최댓값
> • 전류의 최댓값 $I_m=\sqrt{I_{1m}^{\,2}+I_{3m}^{\,2}}=\sqrt{3^2+4^2}=5$[A]

**04** 납축전지의 전해액으로 사용되는 것은?

① $H_2SO_4$　② $2H_2O$
③ $PbO_2$　④ $PbSO_4$

> **해설** [납축전지의 화학반응식]
> 양극 전해액 음극 (방전/충전) 양극 전해액 음극
> $$PbO_2+2H_2SO_4+Pb \underset{\text{충전}}{\overset{\text{방전}}{\rightleftarrows}} PbSO_4+2H_2O+PbSO_4$$
> • 음극제 : 납(Pb)
> • 양극제 : 이산화납($PbO_2$)
> • 전해액 : 묽은 황산($H_2SO_4$)

**05** $e=100\sqrt{2}\sin\left(100\pi t-\frac{\pi}{3}\right)$[V]인 정현파의 주파수[Hz]는?

① 50　② 60
③ 100　④ 120

> **해설** 각 주파수 $\omega=2\pi f=100\pi$[rad/sec]이며, 주파수 $f=\frac{\omega}{2\pi}=\frac{100\pi}{2\pi}=50$[Hz]이다.

정답 01 ② 02 ① 03 ④ 04 ① 05 ①

**06** 두 콘덴서 $C_1$, $C_2$를 직렬연결하고 그 양 끝에 전압을 가한 경우 $C_1$에 걸리는 전압[V]은?

① $\frac{C_1}{C_1+C_2}\times V$

② $\frac{C_2}{C_1+C_2}\times V$

③ $\frac{C_1+C_2}{C_1}\times V$

④ $\frac{C_1+C_2}{C_2}\times V$

**해설** 직렬회로에서 $Q=CV$, $C=\frac{Q}{V}$에서 $Q$는 일정하고 콘덴서 $C$는 전압 $V$와 반비례하므로

$V_1=\frac{C_2}{C_1+C_2}\times V$이다.

[다른 해석]

합성 정전용량 $C=\frac{C_1\times C_2}{C_1+C_2}$,

전체 전하 $Q=CV=\frac{C_1\times C_2}{C_1+C_2}\times V$,

$C_1$에서의 전압

$$V_1=\frac{Q}{C_1}=\frac{1}{C_1}\times\frac{C_1\times C_2}{C_1+C_2}\times V=\frac{C_2}{C_1+C_2}\times V$$

**07** 2[C]의 전기량이 두 점 사이를 이동하여 48[J]의 일을 하였다면 이 두 점 사이의 전위차[V]는?

① 12 ② 24
③ 36 ④ 48

**해설** $W=QV$이므로 $V=\frac{W}{Q}$이다.

$Q=2$[C], $W=48$[J]이므로

전압 $V=\frac{W}{Q}=\frac{48}{2}=24$[V]

**08** 전하의 성질을 잘못 설명한 것은?

① 같은 종류의 전하는 흡인하고 다른 종류의 전하끼리는 반발한다.
② 대전체에 들어 있는 전하를 없애려면 접지시킨다.
③ 대전체의 영향으로 비대전체에 전기가 유도된다.
④ 전하는 가장 안정한 상태를 유지하려는 성질이 있다.

**해설**
① 같은 종류의 전하는 반발하고 다른 종류의 전하끼리는 흡인한다.

**09** 그림의 휘트스톤 브리지의 평형 조건은?

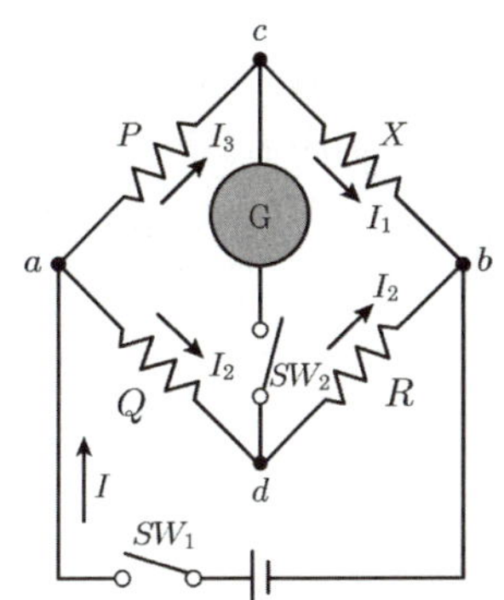


① $X=\frac{Q}{P}R$ ② $X=\frac{P}{Q}R$
③ $X=\frac{Q}{R}P$ ④ $X=\frac{P^2}{R}Q$

**해설** 휘트스톤 브리지의 검류계의 전류가 0일 때는 평형 상태라고 하며, 이때 평형 조건은 서로 마주보는 저항의 곱이 서로 같은 것이다.

즉, $P\times R=Q\times X$, $X=\frac{P}{Q}\times R$이다.

정답 06 ② 07 ② 08 ① 09 ②

**10** R-L-C 직렬공진 회로에서 최소가 되는 것은?

① 저항값 ② 임피던스값
③ 전류값 ④ 전압값

**해설** 공진이란 유도 리액턴스와 용량 리액턴스의 크기가 같아서 서로 상쇄되어 합성 리액턴스가 0이 되고 전압과 전류가 동상이 되는 것을 공진이라고 한다.
따라서 R-L-C 직렬공진 회로에서 리액턴스가 0이고 임피던스는 최소가 된다.

**11** 5[mH]의 코일에 220[V], 60[Hz]의 교류를 가할 때 전류[A]는?

① 29 ② 58
③ 87 ④ 117

**해설** 유도성 리액턴스 $X_L = \omega L = 2\pi f L = 2\pi \times 60 \times 5 \times 10^{-3} \fallingdotseq 1.88[\Omega]$이고,
전류 $I = \frac{V}{X_L} = \frac{220}{1.88} \fallingdotseq 117.02$[A]이다.

**12** 30[W] 전열기에 220[V], 주파수 60[Hz]인 전압을 인가한 경우 평균 전압[V]은?

① 150 ② 200
③ 250 ④ 300

**해설** 전압의 실횻값 $V_s = 220$[V]이고, 전압의 최댓값 $V_m = V_s \times \sqrt{2} = 220\sqrt{2}$[V]이다.
전압의 평균값 $V_{avg} = \frac{2}{\pi} V_m = \frac{2}{\pi} \times 220\sqrt{2} \fallingdotseq 198.07$[V]

**13** 최댓값 200[V], 주파수 $f = 60$[Hz], 위상이 $\frac{\pi}{6}$[rad]인 전압의 순시값을 수식으로 옳게 표현한 것은?

① $200\sqrt{2}\sin(120\pi t)$
② $200\sin\left(120\pi t + \frac{\pi}{6}\right)$
③ $200\sqrt{2}\sin\left(120\pi t + \frac{\pi}{6}\right)$
④ $200\sqrt{2}\sin\left(120\pi t - \frac{\pi}{6}\right)$

**해설** $V_m = 200$[V], $f = 60$[Hz], $\theta = \frac{\pi}{6}$[rad]이므로 순시값 $v = V_m \sin(\omega t + \theta) = V_m \sin(2\pi f t + \theta)$
$v = 200\sin\left(120\pi t + \frac{\pi}{6}\right)$[V]이다.

**14** $+Q_1$[C]과 $-Q_2$[C]의 전하가 진공 중에서 $r$[m]의 거리에 있을 때, 이들 사이에 작용하는 정전기력 $F$[N]는?

① $F = 0.9 \times 10^{-9} \times \frac{Q_1 Q_2}{r^2}$
② $F = 9 \times 10^{-9} \times \frac{Q_1 Q_2}{r^2}$
③ $F = 9 \times 10^{9} \times \frac{Q_1 Q_2}{r^2}$
④ $F = 90 \times 10^{9} \times \frac{Q_1 Q_2}{r^2}$

**해설** 쿨롱의 법칙
- 정지해 있는 두 개의 점전하 사이에 작용하는 힘을 나타내는 법칙
- 쿨롱의 법칙에 의하면 전공의 전기장 중에 두 $Q_1$, $Q_2$[C]의 전하가 있을 때 받는 힘은

정전기력 $F = \frac{1}{4\pi\varepsilon} \times \frac{Q_1 \cdot Q_2}{r^2} = 9 \times 10^9 \times \frac{Q_1 \cdot Q_2}{r^2}$[N]

정답 10 ② 11 ④ 12 ② 13 ② 14 ③

**15** 평형 $3\phi$ 회로에서 $1\phi$의 소비전력이 $P$라면 $3\phi$ 회로의 전체 소비전력은?

① $P$　② $2P$
③ $3P$　④ $\sqrt{3}P$

해설 1상의 소비전력 $P_1 = V_p I_p$
3상의 소비전력 $P_3 = 3P$
$P_3 = 3V_p I_p \cos\theta = \sqrt{3}V_l I_l \cos\theta$[W]
$V_p$ : 상전압, $I_p$ : 상전류
$V_l$ : 선간전압, $I_l$ : 선간전류

**16** 공기 중 자장의 세기 40[AT/m]인 곳에 $8\times10^{-3}$[Wb]의 자극을 놓으면 작용하는 힘[N]은?

① 0.16　② 0.32
③ 0.48　④ 0.60

해설 두 자극 사이에 작용하는 힘과 자기장의 사이에는 $F=mH$[N]의 관계가 있다.
• $m$ : 자극의 세기[Wb]
• $H$ : 자기장의 세기[N/Wb], [AT/m]
자극 $m=8\times10^{-3}$[Wb]이고 자장의 세기 $H=40$[AT/m]이므로 $F=mH$에서
$F=mH=(8\times10^{-3})\times40=320\times10^{-3}=0.32$[N]

**17** $R=4[\Omega]$, $X_L=3[\Omega]$의 직렬회로에 $V=100\sqrt{2}\sin\omega t$[V]의 전압을 가할 때 전력[W]은?

① 1,200　② 1,600
③ 2,000　④ 2,400

해설 R–L 직렬회로에서 $Z=R+jX_L=4+j3[\Omega]$,
$|Z|=\sqrt{4^2+3^2}=5[\Omega]$이고 $\cos\theta=\dfrac{R}{|Z|}=\dfrac{4}{5}$이다.
전압의 실횻값 $V_s=\dfrac{V_m}{\sqrt{2}}=\dfrac{100\sqrt{2}}{\sqrt{2}}=100$[V]
전류의 실횻값 $I_s=\dfrac{V_s}{|Z|}=\dfrac{100}{5}=20$[A]이다.
소비전력 $P=V_s I_s\cos\theta=100\times20\times\dfrac{4}{5}=1{,}600$[W]

**18** 그림과 같은 회로에 흐르는 유효분 전류[A]는?

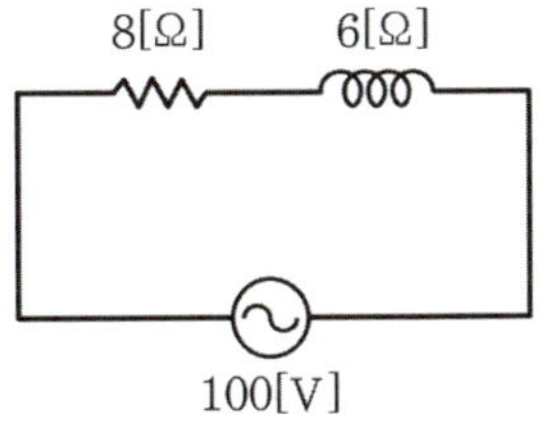


① 4　② 6
③ 8　④ 10

해설 R–L 직렬회로에서 $\dot{Z}=R+jX_L=8+j6[\Omega]$이다.
$\dot{I}=\dfrac{V_s}{\dot{Z}}=\dfrac{100}{8+j6}=\dfrac{100\times(8-j6)}{(8+j6)\times(8-j6)}=8-j6$[A]이고
유효분 전류는 $I=8$[A]이다.

**19** 전지(Battery)에 관한 사항이다. 감극제(Depolarizer)는 어떤 작용을 막기 위해 사용하는가?

① 분극작용　② 방전
③ 순환전류　④ 전기분해

7개년 기출복원문제

정답 15 ③　16 ②　17 ②　18 ③　19 ①

**해설**
① 분극작용 : 전지에 전류가 흘러 수소 기체가 발생하므로 기전력이 감소하는 현상. 이런 현상을 방지하기 위해 감극제를 사용한다.
② 방전 : 전기장의 영향으로 전하를 띤 입자가 이동하여 전기적 성질을 잃어버리는 현상
③ 순환전류 : 크기가 같고 위상이 반대되는 콘덴서의 전류 $i_C$와 인덕터의 전류 $i_L$로 인하여 분기 회로를 순환하는 전류
④ 전기분해 : 물질에 전기 에너지를 가하여 산화, 환원 반응을 통해 물질을 분해하는 과정

**20** 유도기전력은 자신의 발생 원인이 되는 자속의 변화를 방해하려는 방향으로 발생한다. 이것을 유도기전력에 관한 무슨 법칙이라 하는가?

① 옴의 법칙 ② 렌츠의 법칙
③ 쿨롱의 법칙 ④ 앙페르의 법칙

**해설**
① 옴의 법칙 : 전류의 세기는 두 점 사이의 전위차에 비례하고, 전기저항에 반비례한다는 법칙
③ 쿨롱의 법칙 : 정지해 있는 두 개의 점전하 사이에 작용하는 힘을 나타내는 법칙
④ 앙페르의 법칙 : 전류와 자기장의 관계를 나타내는 법칙

**21** 동기전동기의 전기자 전류가 최소일 때 역률은?

① 0.5 ② 0.707
③ 0.866 ④ 1.0

**해설**
- 동기전동기에 단자전압과 출력을 일정한 상태로 두고 계자전류를 변화시키면, 전기자 전류와 역률이 변화한다.
- 일정 출력에서 여자를 약하게 하면 지상 역률의 전기자 전류를 취한다.
- 여자를 강하게 하면 진상 역률의 전기자 전류를 취한다.
- 어떤 부하에서도 전기자 전류가 최소일 때는 역률이 1이 된다.

**22** 권선형 유도전동기에서 비례추이를 이용한 기동법은?

① 리액터 기동법 ② 기동 보상기법
③ 2차 저항법 ④ $Y-\Delta$ 기동법

**해설** [권선형 유도전동기의 기동법]
- 2차 저항 기동법 : 비례추이를 이용한 방식. 외부에서 2차 저항을 조정하여 기동시키는 방법

[농형 유도전동기의 기동법]
- 직접 기동법 : 별도의 기동장치 없이 직접 전원을 가하는 방법
- $Y-\Delta$ 기동법 : 기동시 $Y$결선하여 기동전류를 줄이고 운전시 $\Delta$결선하여 정상 운전하도록 하는 방식
- 리액터 기동법 : 전원과 전동기 사이에 리액터를 접속하여 기동시 리액턴스 작용으로 인한 전류를 제한하는 방식
- 기동 보상기법 : 기동 보상기를 설치하여 전동기 단자에 걸리는 전압을 떨어뜨려 기동전류를 제한하는 방식

**23** 직류전동기에서 전부하 속도가 1,500[rpm], 속도 변동률이 3[%]일 때 무부하 회전속도[rpm]는?

① 1,455 ② 1,410
③ 1,545 ④ 1,590

**해설** 속도 변동률

$$\epsilon = \frac{N_o - N_n}{N_n} \times 100[\%]$$
$$= \frac{N_o - 1{,}500}{1{,}500} \times 100 = 3[\%]$$
$$N_o = 1{,}500 + 45 = 1{,}545[\text{rpm}]$$



정답 20 ② 21 ④ 22 ③ 23 ③

**24** 3상 전원에서 한 상에 고장이 발생하였다. 이때 3상 부하에 3상 전력을 공급할 수 있는 결선 방법은?

① Y결선 ② Δ결선
③ 단상 결선 ④ V결선

**해설** 단상 변압기 3대로 Δ-Δ결선 운전 중 1대의 변압기 고장시 V결선하여 지속 운전이 가능하다.
- V결선과 Δ결선의 출력비

$$\frac{P_v}{P_\Delta}=\frac{\sqrt{3}\,V_{2n}I_{2n}}{3V_{2n}I_{2n}}=\frac{1}{\sqrt{3}}\fallingdotseq 0.577$$

- V결선시 변압기 1대 이용률

$$\frac{\sqrt{3}\,V_{2n}I_{2n}}{2V_{2n}I_{2n}}=\frac{\sqrt{3}}{2}\fallingdotseq 0.866$$

**25** 변압기유가 구비해야 할 조건으로 옳은 것은?

① 절연내력이 작고 산화하지 않을 것
② 비열이 작아서 냉각효과가 클 것
③ 인화점이 높고 응고점이 낮을 것
④ 절연재료나 금속에 접촉할 때 화학작용을 일으킬 것

**해설** 변압기유 구비조건
- 절연내력이 클 것
- 절연재료 및 금속과 접촉해도 화학작용을 일으키지 않을 것
- 인화점이 높고 응고점이 낮을 것
- 유동성이 크고 비열이 커서 냉각효과가 클 것
- 점도가 낮을 것
- 고온에서도 산화하지 않을 것

**26** 다음 빈칸 (  )에 들어갈 알맞은 내용은?

> 유입 변압기에 많이 사용되는 목면, 명주, 종이 등의 절연 재료는 내열 등급 (  )으로 분류되고, 장시간 지속하여 최고 허용온도 (  )[℃]를 넘어서는 안 된다.

① Y종-90 ② A종-105
③ E종-120 ④ B종-130

**해설** 유입 변압기는 절연물의 내열 등급이 A종으로 최고 허용온도가 105[℃]이다.

| 절연물 | Y종 | A종 | E종 | B종 | F종 | H종 | C종 |
|---|---|---|---|---|---|---|---|
| 최고 허용 온도 [℃] | 90 | 105 | 120 | 130 | 155 | 180 | 180 초과 |

**27** 부흐홀츠계전기의 설치 위치로 가장 적당한 곳은?

① 콘서베이터 내부
② 변압기 주 탱크 내
③ 변압기 고압 측 부싱
④ 변압기 주 탱크와 콘서베이터 사이

**해설** 부흐홀츠계전기는 변압기 주 탱크와 콘서베이터 사이에 설치하여 변압기 내부 고장 보호용으로 사용된다. 절연유의 온도 상승시 발생하는 유증기를 검출하여 권선 단락, 철심 고정 볼트의 절연 열화, 탭 전환기의 고장 등을 경보 및 차단한다.

**28** 동기기 손실 중 무부하손이 아닌 것은?

① 풍손 ② 와류손
③ 전기자 동손 ④ 베어링 마찰손

**해설**
- 부하손(동손) : 줄열로 발생하는 손실
- 무부하손 : 기계손(마찰손, 풍손), 철손(히스테리시스손, 와류손)



정답 24 ④ 25 ③ 26 ② 27 ④ 28 ③

**29** 6극 파권 직류발전기의 전기자 도체수 300, 매극 자속수 0.02[Wb], 회전수 900[rpm]일 때 유도기전력[V]은?

① 90 ② 110
③ 220 ④ 270

**해설** 직류발전기의 유도기전력

$E=\frac{p}{a}Z\phi\frac{N}{60}[V]=\frac{6}{2}\times300\times0.02\times\frac{900}{60}$
$=270[V]$
(파권의 병렬회로수($a$)=2)

**30** 60[Hz], 4극 유도전동기가 1,700[rpm]으로 회전하고 있다. 이 전동기의 슬립[%]은?

① 3.42 ② 4.56
③ 5.56 ④ 6.65

**해설**
• 동기속도
$N_S=\frac{120f}{p}=\frac{120\times60}{4}=1,800[rpm]$
• 슬립
$s=\frac{N_s-N}{N_s}\times100=\frac{1,800-1,700}{1,800}\times100$
$=5.56[\%]$

**31** 동기 와트 $P_2$, 출력 $P_o$, 슬립 $s$, 동기속도 $N_s$, 회전속도 $N$, 2차 동손 $P_{c2}$일 때 2차 효율이 아닌 것은?

① $1-s$ ② $\frac{P_{c2}}{P_2}$
③ $\frac{P_o}{P_2}$ ④ $\frac{N}{N_s}$

**해설** 2차 효율 $\eta_2=\frac{P_o}{P_2}=1-s=\frac{N}{N_s}$

**32** 직류전동기의 속도제어법이 아닌 것은?

① 전압 제어법 ② 계자 제어법
③ 저항 제어법 ④ 주파수 제어법

**해설** 직류전동기의 속도

$N=\frac{V-I_aR_a}{K\phi}[rpm]$

① 전압 제어법 : 전기자에 가하는 전압 $V$를 변화시키는 방법으로, 정토크 제어이다.
② 계자 제어법 : 계자전류를 조정하여 자속 $\phi$를 변화시키는 방법으로, 정출력 제어이다.
③ 저항 제어법 : 전기자에 직렬로 저항을 넣어서 $R_a$의 값을 변화시키는 방법으로 전력 손실이 크며, 속도제어의 범위가 좁다.

**33** 1차 권수 6,000, 2차 권수 200인 변압기의 전압비는?

① 10 ② 30
③ 60 ④ 90

**해설** 권수비

$a=\frac{E_1}{E_2}=\frac{V_1}{V_2}=\frac{N_1}{N_2}=\sqrt{\frac{Z_1}{Z_2}}=\sqrt{\frac{R_1}{R_2}}$ 에서

$a=\frac{V_1}{V_2}=\frac{N_1}{N_2}=\frac{6,000}{200}=30$

전압비와 권수비는 같고, 30이다.



정답 29 ④ 30 ③ 31 ② 32 ④ 33 ②

**34** 직류발전기의 철심을 규소강판으로 성층하여 사용하는 이유는?

① 기계적 강도 개선
② 전기자 반작용의 감소
③ 브러시에서 불꽃방지 및 정류개선
④ 맴돌이 전류손과 히스테리시스손 감소

**해설** 직류발전기의 철심은 맴돌이전류와 히스테리시스 현상에 의한 철손을 적게 하도록 0.35~0.5[mm] 규소강판을 성층하여 만든다.

**35** 전기 용접기용 발전기로 적합한 것은?

① 직류 분권형 발전기
② 차동 복권형 발전기
③ 가동 복권형 발전기
④ 직류 타여자발전기

**해설** 단자전압은 부하의 증가에 따라 현저하게 강하한다. 부하의 저항을 어느 정도 감소시켜도 전류는 일정하게 되는데, 이와 같은 특성을 수하특성이라 한다. 이는 정전류를 만드는 데에 이용하고 있다. 차동 복권기는 수하특성이 필요한 아크용접 등에 사용되고 있다.

**36** 직류분권발전기의 병렬운전 조건에 해당하지 않는 것은?

① 극성이 같을 것
② 단자전압이 같을 것
③ 균압선을 접속할 것
④ 외부특성곡선이 수하특성일 것

**해설** 직류발전기의 병렬운전 조건
- 외부특성이 수하특성일 것
- 극성이 같을 것
- 단자전압이 같을 것
- 용량은 임의의 값이고 %부하전류가 일치할 것

**37** 3상 교류발전기의 기전력에 대하여 90° 늦은 전류가 통할 때 나타나는 전기자 반작용은?

① 자극축과 일치하고 감자 작용
② 자극축보다 90° 빠른 증자 작용
③ 자극축보다 90° 늦은 감자 작용
④ 자극축과 직교하는 교차 자화 작용

**해설**
- 교차 자화 작용
  - 역률 1일 때의 반작용, 횡축 반작용이라고도 한다.
  - 공극에서 자속 분포가 일그러지는 편자 현상이 발생한다.
- 직축 반작용
  - 역률 0일 때의 반작용, 전압이 0일 때 전류가 최대이다.
  - 도체 사이에 자극이 있는 순간으로 회전자의 축과 자극 축이 일치한다.
  - 감자 작용 : 역률이 0인 $L$부하, 역률각이 90° 뒤지면 회전자속이 역방향이 되어 발생
  - 증자 작용 : 역률이 0인 $C$부하, 역률각이 90° 앞서면 회전자속과 자극축이 일치하여 발생

**38** 단락비가 1.2인 동기발전기의 %동기임피던스[%]는?

① 약 68　② 약 83
③ 약 100　④ 약 120

**해설** $\%Z = \frac{1}{\text{단락비}} \times 100 = \frac{1}{1.2} \times 100 \fallingdotseq 83[\%]$

**정답** 34 ④　35 ②　36 ③　37 ①　38 ②

**39** 변압기의 무부하인 경우 1차 권선에 흐르는 전류는?

① 정격전류 ② 단락전류
③ 부하전류 ④ 여자전류

**해설** 변압기 1차 권선에서 흐르는 전류는 자계를 발생시키기 위한 여자전류로 보통 철심에 감은 코일에서 발생하며, 철손전류를 포함한다.

**40** 단상 유도전동기의 정회전 슬립이 $s$이면 역회전 슬립은?

① $1-s$ ② $2-s$
③ $1+s$ ④ $2+s$

**해설**
- 정회전시

$$s=\frac{N_s-N}{N_s}(0<s<1)$$

$$N_s-N=sN_s$$

- 역회전시($N<0$)

$$s'=\frac{N_s-(-N)}{N_s}=\frac{N_s+N}{N_s}$$

$$\frac{(2N_s-N_s)+N}{N_s}=\frac{2N_s}{N_s}-\left(\frac{N_s-N}{N_s}\right)$$

$\therefore\ s'=2-s$

[슬립(Slip)]
- 전동기의 슬립 : $0<s<1$
- 발전기의 슬립 : $0>s$
- 제동기의 슬립 : $1<s<2$

**41** 변류기의 약호는?

① CB ② CT
③ DS ④ WH

**해설**
① CB : 차단기
② CT : 변류기
③ DS : 단로기
④ WH : 전력량계

**42** 과전류차단기로 저압전로에 사용하는 배선용 차단기는 정격전류 30[A] 이하일 때 정격전류의 1.3배 전류를 통한 경우 몇 분 안에 자동으로 동작되어야 하는가?

① 2 ② 10
③ 20 ④ 60

**해설** [한국전기설비규정 212.3.4 보호장치의 특성]
산업용 배선차단기의 과전류트립 동작시간 및 특성

| 정격전류의 구분 | 시간 | 정격전류의 배수 (모든 극에 통전) | |
|---|---|---|---|
| | | 부동작 전류 | 동작 전류 |
| 63A 이하 | 60분 | 1.05배 | 1.3배 |
| 63A 초과 | 120분 | 1.05배 | 1.3배 |

**43** 다음 중 옥내에 시설하는 저압전로와 대지 사이의 절연저항 측정에 사용되는 계기는?

① 메거
② 훅 온 미터
③ 멀티 테스터
④ 어스 테스터



정답 39 ④ 40 ② 41 ② 42 ④ 43 ①

**해설** 저압전로와 대지 사이의 절연저항 측정을 위해 사용하는 계기는 메거이다.
② 훅 온 미터 : 전선에 걸 수 있게끔 훅이 있는 계측기로 선로의 전압, 전류, 저항의 크기를 측정하는데 사용한다.
③ 멀티 테스터 : 선로의 전압, 전류, 저항의 크기를 측정하는데 사용하는 가장 기본적인 계기로 아날로그와 디지털 두 가지 종류가 있다.
④ 어스 테스터 : 대지의 저항, 즉 접지저항을 측정하는 데 사용하는 계측기이다.

**44** 옥내 저압 이동전선으로 사용하는 캡타이어 케이블에는 단심, 2심, 3심, 4~5심이 있다. 이때 도체 공칭단면적의 최솟값은 몇 [mm$^2$]인가?

① 0.75　② 2.0
③ 5.5　④ 8.0

**해설** [한국전기설비규정 234.3 코드 및 이동전선]
조명용 전원코드 또는 이동전선은 단면적 0.75[mm$^2$] 이상의 코드 또는 캡타이어 케이블을 용도에 적합하게 선정해야 한다.

**45** 16[mm] 합성수지 전선관을 직각 구부리기를 할 때 곡률 반지름은 몇 [mm]인가? (단, 16[mm] 합성수지관의 안지름은 18[mm], 바깥지름은 22[mm]이다.)

① 112　② 119
③ 123　④ 127

**해설** 합성수지 전선관을 직각 구부리기를 할 경우 곡률 반지름
• $r = 6d + \frac{D}{2} = (6 \times 18) + \frac{22}{2} = 119$[mm]
($d$ : 전선관의 안지름, $D$ : 전선관의 바깥지름)

**46** 다음 [보기]의 위험장소 중에서 금속관공사, 합성수지관공사, 케이블공사가 모두 가능한 장소를 있는대로 고른 것은?

보기
ㄱ. 가연성 가스 위험장소
ㄴ. 가연성 먼지 위험장소
ㄷ. 폭연성 먼지 위험장소
ㄹ. 위험물 등이 존재하는 장소
ㅁ. 먼지가 많은 그 밖의 위험장소

① ㄱ, ㄴ, ㄷ　② ㄱ, ㄷ, ㄹ
③ ㄴ, ㄷ, ㄹ　④ ㄴ, ㄹ, ㅁ

**해설**

| 위험장소 / 공사방법 | 폭연성 먼지 | 가연성 먼지 | 먼지가 많은 그 밖의 위험장소 | 가연성 가스 | 위험물 등이 존재하는 장소 | 화약류 저장소 |
|---|---|---|---|---|---|---|
| 애자공사 | × | × | ○ | × | × | × |
| 금속관공사 | ○ | ○ | ○ | ○ | ○ | ○ |
| 합성수지관공사 | × | ○ (2[mm] 이상) | ○ (2[mm] 이상) | × | ○ | × |
| 금속제가요전선관공사 | × | × | ○ | × | × | × |
| 덕트공사 | × | × | ○ (환기형 제외) | × | × | × |
| 케이블공사 | ○ | ○ | ○ | ○ | ○ | ○ |

정답 44 ① 45 ② 46 ④

**47** 수전설비의 저압 배전반은 배전반 앞에서 계측기를 판독하기 위해 앞면과 최소 몇 [m] 이상 유지 거리를 두어야 하는가?

① 1.2 ② 1.5
③ 1.7 ④ 2.0

**해설** 기기별 최소 유지 거리[m]

| 위치 \ 기기 | 저압 배전반 | 고압 배전반 | 특고압 배전반 | 변압기 등 |
|---|---|---|---|---|
| 앞면 혹은 조작 계측면 | 1.5 | 1.5 | 1.7 | 0.6 |
| 뒷면 또는 점검면 | 0.6 | 0.6 | 0.8 | 0.6 |
| 열상호 간 (점검하는 면) | 1.2 | 1.2 | 1.4 | 1.2 |
| 기타의 면 | – | | | 0.3 |

**48** 플로어덕트공사에 의한 저압 옥내배선에서 절연전선을 사용하는 경우 전선의 단면적이 몇 [$mm^2$] 이하일 때 연선을 사용하지 않아도 되는가?

① 2.5 ② 4
③ 6 ④ 10

**해설** [한국전기설비규정 232.32 플로어덕트공사]

- 전선은 연선일 것 다만, 단면적 10[$mm^2$](알루미늄선은 단면적 16[$mm^2$]) 이하인 것은 그러하지 아니하다.
- 저압 옥내배선에서 플로어덕트공사시 전선은 연선을 사용하는 것이 원칙이지만 단선을 사용하는 경우 단면적 10[$mm^2$] 이하까지는 사용할 수 있다.

**49** 각 수용가의 최대 수용전력이 각각 5[kW], 10[kW], 15[kW], 22[kW]이고, 합성 최대 수용전력이 50[kW]이다. 수용가 상호 간의 부등률은 얼마인가?

① 0.96 ② 1.04
③ 2.34 ④ 4.25

**해설**

$$\text{부등률} = \frac{\text{각각의 수용설비 최대 전력의 합[kW]}}{\text{합성 최대 수용 전력[kW]}}$$

$$= \frac{(5[\text{kW}]+10[\text{kW}]+15[\text{kW}]+22[\text{kW}])}{50[\text{kW}]}$$

$$= 1.04$$

**50** 저압 구내 가공인입선으로 DV 전선 사용시 전선의 길이가 15[m] 이하인 경우 사용할 수 있는 굵기는 몇 [mm] 이상인가?

① 1.5 ② 2.0
③ 2.5 ④ 4

**해설** [한국전기설비규정 221.1 저압 인입선의 시설]
전선이 케이블인 경우 이외에는 인장강도 2.30[kN] 이상의 것 또는 지름 2.6[mm] 이상의 인입용 비닐절연전선일 것 다만, 경간이 15[m] 이하인 경우는 인장강도 1.25[kN] 이상의 것 또는 지름 2[mm] 이상의 인입용 비닐절연전선일 것



정답 47 ② 48 ④ 49 ② 50 ②

**51** 전등 한 개를 2개소에서 점멸하고자 할 때 옳은 배선은?

①
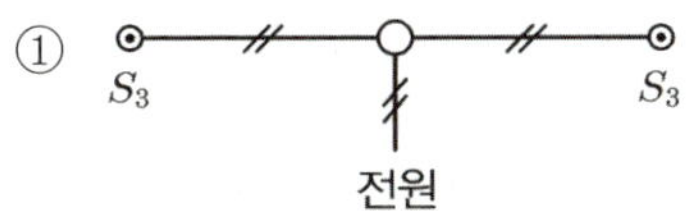


②
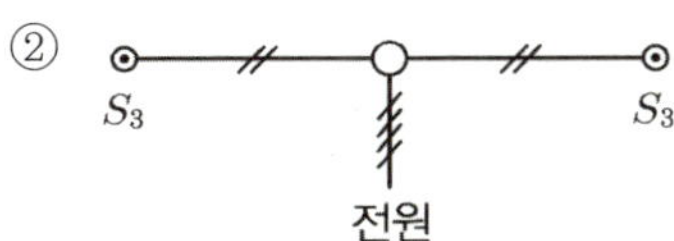


③

④
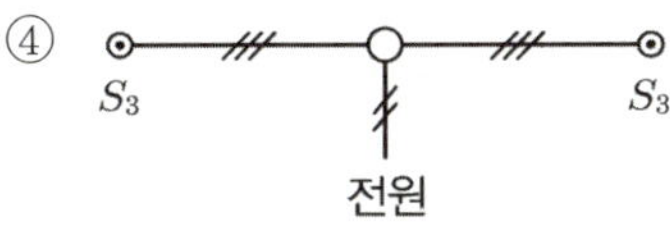


**해설** 문제의 그림과 같은 배치의 2개소 점멸 전등제어 회로에서 스위치와 램프 사이에는 연락선을 포함하여 각각 3개의 전선이 지나가며, 전원과 램프 사이에는 2개의 전선이 지나간다.

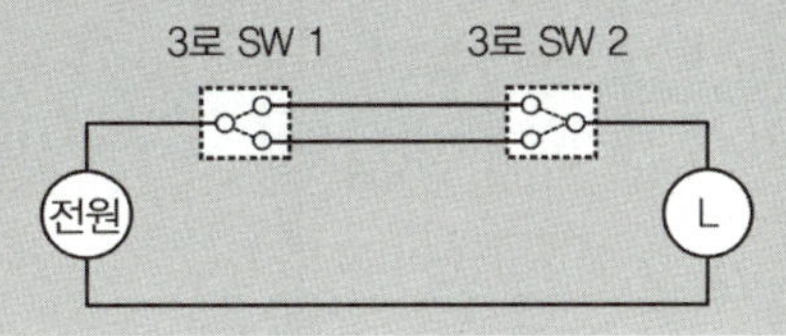


**52** 다음 중 금속전선관을 박스에 고정시킬 때 사용되는 것은 어느 것인가?

① 부싱 ② 새들
③ 클램프 ④ 로크너트

**해설** 금속전선관을 박스에 고정시킬 때 사용하는 부속품은 로크너트이다. 금속관의 나사선 부분을 박스 홀 내에 삽입한 뒤 로크너트를 각각 앞뒤로 고정한다.
① 부싱 : 금속관 끝부분에 조립하여 전선 입선시 피복이 상하지 않도록 하기 위해 사용한다.
② 새들 : 금속관을 조영재(바닥, 벽면)에 고정시키기 위해 사용하는 부품이다.
③ 클램프 : 금속관을 접지하는 데 사용하는 부속품이다.

**53** 저압 2조의 전선을 설치시, 크로스 완금의 표준 길이[mm]는?

① 900 ② 1400
③ 1800 ④ 2400

**해설** 완금의 표준 길이는 다음 표와 같다.

| 가선조수 | 특고압[mm] | 저압[mm] |
|---|---|---|
| 1조 | 900 | – |
| 2조 | 1,800 | 900 |
| 3조 | 2,400 | 1,400 |
| 4조 | – | 1,400 |

**54** 전압의 구분에서 고압에 대한 설명으로 가장 옳은 것은?

① 직류는 1,500[V], 교류는 1,000[V] 이하인 것
② 직류는 1,500[V], 교류는 1,000[V] 이상인 것
③ 직류는 1,500[V], 교류는 1,000[V]를 초과하고, 7[kV] 이하인 것
④ 7[kV]를 초과하는 것



정답 51 ④ 52 ④ 53 ① 54 ③

**해설** [한국전기설비규정 111.1 적용 범위]
전압의 구분은 다음과 같다.

| 구분 \ 종류 | 저압 | 고압 | 특고압 |
|---|---|---|---|
| 직류 | 1,500[V] 이하 | 1,500[V] 초과 7[kV] 이하 | 7[kV] 초과 |
| 교류 | 1,000[V] 이하 | 1,000[V] 초과 7[kV] 이하 | |

**55** 폭연성 먼지가 존재하는 곳의 저압 옥내배선공사 시 공사 방법으로 짝지어진 것은?

① 금속관공사, CD 케이블공사, MI 케이블공사
② 개장된 케이블공사, 금속관공사, MI 케이블공사
③ CD 케이블공사, MI 케이블공사, 제1종 캡타이어 케이블공사
④ 개장된 케이블공사, CD 케이블공사, 제1종 캡타이어 케이블공사

**해설** [한국전기설비규정 242.2.1 폭연선 먼지 위험장소]
저압 옥내배선, 저압 관등회로 배선 및 241.14에서 규정하는 소세력 회로의 전선은 금속관공사 또는 케이블공사(캡타이어 케이블을 사용하는 것은 제외한다)에 의할 것

**56** 옥내 배선공사에서 전개된 장소나 점검 가능한 은폐장소에 시설하는 합성수지관의 최소 두께는 몇 [mm]인가?

① 1.8　　② 2.0
③ 2.2　　④ 2.7

**해설** [한국전기설비규정 232.11.3 합성수지관 및 부속품의 선정]
관(합성수지제 가요전선관을 제외한다)의 두께는 2mm 이상일 것. 다만, 전개된 장소 또는 점검할 수 있는 은폐된 장소로서 건조한 장소에 사람이 접촉할 우려가 없도록 시설한 경우(옥내 배선의 사용전압이 400V 이하인 경우에 한한다)에는 그러하지 아니하다.

**57** 배선용 차단기의 심벌은?

① B
② BE
③ E
④ S

**해설**
- B : 배선용 차단기
- BE : 과전류 소자붙이 누전차단기
- E : 누전차단기
- S : 개폐기

**58** 차량, 기타 중량물의 하중을 받을 우려가 있는 장소에 지중선로를 직접 매설식으로 매설하는 경우 매설 깊이는?

① 60[cm] 미만
② 60[cm] 이상
③ 100[cm] 미만
④ 100[cm] 이상

정답 55 ② 56 ② 57 ① 58 ④

**해설** [한국전기설비규정 334.1 지중전선로의 시설]
지중전선로를 직접 매설식에 의해 시설하는 경우에는 매설 깊이를 차량 기타 중량물의 압력을 받을 우려가 있는 장소에는 1.0[m] 이상, 기타 장소에는 0.6[m] 이상으로 하고 지중전선을 견고한 트라프 기타 방호물에 넣어 시설해야 한다.

**59** 저압 옥내배선시설시 캡타이어 케이블을 조영재의 아랫면 또는 옆면에 따라 붙이는 경우 전선의 지지점 간의 거리는 몇 [m] 이하로 하여야 하는가?

① 1.0[m] ② 1.5[m]
③ 2.0[m] ④ 3.0[m]

**해설** [한국전기설비규정 232.51 케이블공사]
전선을 조영재의 아랫면 또는 옆면에 따라 붙이는 경우의 전선의 지지점 간의 거리
- 케이블 : 2[m]
- 캡타이어 케이블 : 1[m]
- 사람이 접촉할 우려가 없는 곳에서 수직으로 붙이는 경우 : 6[m]

**60** 부식성 가스 등이 있는 장소에 시설할 수 없는 배선은?

① 케이블 배선
② 애자사용 배선
③ 캡타이어 케이블 배선
④ 제1종 금속제 가요전선관 배선

**해설** 부식성 가스가 있는 장소에서는 전선의 피복이 손상될 가능성이 크기 때문에 나전선을 사용하는 애자사용 배선이나 내부식성을 갖춘 케이블 배선을 사용한다. 그 외에는 제2종 금속제 가요전선관 배선과 합성수지관 배선이 사용 가능하다.

7개년 기출복원문제

정답 59 ① 60 ④

# 2018년 제3회 기출복원문제

**01** 어떤 물질이 정상 상태보다 전자수가 많아져 전기를 띠게 되는 현상을 무엇이라 하는가?

① 충전 ② 방전
③ 대전 ④ 분극

**해설**
① 충전 : 축전지나 축전기에 전기 에너지를 축적하는 일
② 방전 : 전지나 축전기 또는 전기를 띤 물체에서 전기가 외부로 흘러나오는 현상
③ 대전 : 어떤 물질이 정상 상태보다 전자수가 많아지거나 적어져서 전기를 띠게 되는 현상
④ 분극 : 전기적으로 이중층이 생기는 현상

**02** R–L 직렬회로에서 임피던스(Z)의 크기를 나타내는 식은?

① $R^2+X_L{}^2$ ② $R^2-X_L{}^2$
③ $\sqrt{R^2+X_L{}^2}$ ④ $\sqrt{R^2-X_L{}^2}$

**해설** R–L 직렬회로에서 임피던스 $Z=R+jX_L$이므로 $|Z|=\sqrt{R^2+X_L{}^2}$ [Ω]이다.

| 직렬회로 (임피던스 $Z$로 해석) | | 병렬회로 (어드미턴스 $Y$로 해석) | |
|---|---|---|---|
| R–L 직렬회로 | $\dot{Z}=R+jX_L$ $=R+jwL$ | R–L 병렬회로 | $\dot{Y}=\frac{1}{R}-j\frac{1}{X_L}$ $=\frac{1}{R}-j\frac{1}{\omega L}$ |
| R–C 직렬회로 | $\dot{Z}=R-jX_C$ $=R-j\frac{1}{wC}$ | R–C 병렬회로 | $\dot{Y}=\frac{1}{R}+j\frac{1}{X_C}$ $=\frac{1}{R}+j\omega C$ |

**03** 정전용량의 단위를 나타낸 것으로 틀린 것은?

① $1[\text{pF}] = 10^{-12}[\text{F}]$
② $1[\text{nF}] = 10^{-7}[\text{F}]$
③ $1[\mu\text{F}] = 10^{-6}[\text{F}]$
④ $1[\text{mF}] = 10^{-3}[\text{F}]$

**해설**
② $1[\text{nF}] = 10^{-9}[\text{F}]$

[정전용량의 단위]

| m(밀리) | $10^{-3}$ | k(킬로) | $10^3$ |
|---|---|---|---|
| $\mu$(마이크로) | $10^{-6}$ | M(메가) | $10^6$ |
| n(나노) | $10^{-9}$ | G(기가) | $10^9$ |
| p(피코) | $10^{-12}$ | T(테라) | $10^{12}$ |

**04** 220[V], 2[kW] 전구를 15시간 점등했다면 전력량 [kWh]은?

① 15 ② 30
③ 45 ④ 60

**해설** 전력량 $W=P\cdot t=2[\text{kW}]\times15[\text{시간}]=30[\text{kWh}]$

**05** 1차 전지로 가장 많이 사용되는 것은?

① 니켈-카드뮴 전지 ② 연료 전지
③ 망간 전지 ④ 납축전지

정답 01 ③ 02 ③ 03 ② 04 ② 05 ③

**해설**
- 1차 전지 : 재충전이 불가능한 전지(1회용 전지).
  예 망간 전지, 수은 전지, 탄소 전지, 공기 전지
- 2차 전지 : 충전하여 여러 번 사용이 가능한 전지.
  예 리튬 이온 전지, 납축전지, 니켈 카드뮴 전지

## 06 원형 코일에 그림과 같은 방향으로 전류가 흘렀을 때 A부분의 자극의 극성은?

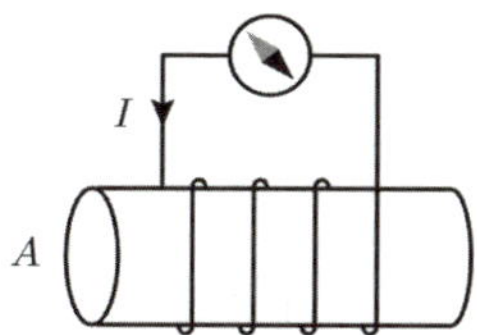


① S
② N
③ 극성이 없다.
④ N극이었다가 S극으로 바뀐다.

**해설** 앙페르의 오른나사 법칙에 의해 오른손의 네 손가락을 코일과 같은 방향으로 감아 말아 쥐면 엄지손가락이 가르키는 방향은 왼쪽이므로 A부분에는 N극이 된다.

## 07 자체 인덕턴스가 100[H]가 되는 코일에 전류를 1초 동안 0.1[A]만큼 변화시켰다면 유도기전력[V]은?

① 1 ② 10
③ 100 ④ 1000

**해설** $dt=0.1$[초]일 때 $di=0.1$[A]이며 패러데이의 법칙에 의해 유도기전력 $e=-N\frac{d\phi}{dt}=-L\frac{di}{dt}$이므로 $e=100\times\frac{0.1}{1}=10$[V]이다.

## 08 30[μF]과 40[μF]의 콘덴서를 병렬로 접속한 후 100[V]의 전압을 가했을 때 전 전하량[C]은?

① $17\times10^{-4}$ ② $34\times10^{-4}$
③ $56\times10^{-4}$ ④ $70\times10^{-4}$

**해설** 콘덴서를 병렬로 접속했을 때 합성 정전용량 $C=C_1+C_2=30+40=70$[μF]이고, 전압 $V=100$[V]이므로 $Q=CV=(70\times10^{-6})\times100=70\times10^{-4}$[C]이다.

## 09 자속을 발생시키는 원천을 무엇이라 하는가?

① 기전력 ② 전자력
③ 기자력 ④ 정전력

**해설**
① 기전력 : 전류를 흐르게 하는 전위차
② 전자력 : 자기장 내 주어진 도체에 전류를 흘리면 전류 및 자계와 직각 방향으로 도체를 움직이는 힘
④ 정전력 : 두 전하 사이에 작용하는 인력이나 척력

## 10 전압계 및 전류계의 측정 범위를 넓히기 위하여 사용하는 배율기와 분류기의 접속 방법은?

① 배율기는 전압계와 병렬접속, 분류기는 전류계와 직렬접속
② 배율기는 전압계와 직렬접속, 분류기는 전류계와 병렬접속
③ 배율기 및 분류기 모두 전압계와 전류계에 직렬접속
④ 배율기 및 분류기 모두 전압계와 전류계에 병렬접속

정답 06 ② 07 ② 08 ④ 09 ③ 10 ②

**해설**
- 배율기 : 전압계의 측정 범위를 확대하기 위해 계기의 내부 회로에 직렬로 접속하는 저항
- 분류기 : 전류계의 측정 범위를 확대하기 위해 계기의 내부 회로에 병렬로 접속하는 저항

| 전압계 | 회로와 병렬접속 |
|---|---|
| 전류계 | 회로와 직렬접속 |
| 배율기 | 전압계와 직렬접속 |
| 분류기 | 전류계와 병렬접속 |

**11** 동선의 길이를 2배로 늘리면 저항은 처음의 몇 배가 되는가? (단, 동선의 체적은 일정하다.)

① 2배　② 4배
③ 8배　④ 16배

**해설** 체적(부피) $V=S\times l$($S$ : 단면적, $l$ : 길이)이다.
체적(부피)이 일정할 때 길이 $l$을 2배로 늘리면 단면적 $S$는 $\frac{1}{2}$배로 줄어든다.
전기저항 $R$은 고유저항 $\rho$, 도체의 길이 $l$과는 비례하고 도체의 단면적 $S$와는 반비례한다.
$R=\rho\frac{l}{S}$
따라서 전기저항 $R$은 $R=\rho\frac{2l}{\frac{1}{2}S}=4\times\rho\frac{l}{S}$이므로 저항은 처음의 4배가 된다.

**12** 환상 솔레노이드 내부의 자기장의 세기에 관한 설명으로 틀린 것은?

① 자장의 세기는 권수에 비례한다.
② 자장의 세기는 전류에 비례한다.
③ 자장의 세기는 자로의 길이에 비례한다.
④ 자장의 세기는 권수, 전류, 평균 반지름과 관계가 있다.

**해설** 환상 솔레노이드 내부의 자기의 세기 $H=\frac{NI}{2\pi r}$이다.
($N$ : 솔레노이드 권선수, $I$ : 전류, $r$ : 환상 솔레노이드의 반지름)
자장의 세기는 권수 $N$, 전류 $I$에 비례하고 환상 솔레노이드 반지름 $r$에 반비례하다.

**13** 표면 전하밀도 $\sigma$[C/m$^2$]로 대전된 도체 내부의 전속밀도[C/m$^2$]는?

① $\varepsilon_0 E$　② 0
③ $\sigma$　④ $\frac{E}{\varepsilon}$

**해설** 도체 내부에는 전속이 존재하지 않고 전기력선 또한 존재하지 않는다.

**14** $R=8$[Ω], $X=6$[Ω]인 R-L-C 직렬회로에 10[A]의 전류가 흘렀다면 이때의 전압[V]은?

① 60　② 80
③ 100　④ 120

**해설** R-L-C 직렬회로에서 $\dot{Z}=R+jX=8+j6$[Ω],
전류 $I=10$[A]이다.
$V=I\dot{Z}=10\times(8+j6)=80+j60$[V]
$|V|=\sqrt{80^2+60^2}=100$[V]이다.

**15** 임피던스 $Z_1=12+j16$[Ω]과 $Z_2=18+j24$[Ω]이 직렬로 접속된 회로에 전압 $V=200$[V]를 가할 때 이 회로에 흐르는 전류[A]는?

① 2　② 4
③ 6　④ 8

정답 11 ② 12 ③ 13 ② 14 ③ 15 ②

**해설** 직렬회로에서 합성 임피던스 $Z=Z_1+Z_2$
$=(12+j16)+(18+j24)=30+j40[\Omega]$,
$|Z|=\sqrt{30^2+40^2}=50[\Omega]$
전압 $V=200[V]$이므로 전류 $I=\frac{V}{|Z|}=\frac{200}{50}=4[A]$

## 16 저항 $R=30[\Omega]$, 자체 인덕턴스 $L=50[mH]$, 정전용량 $C=102[\mu F]$의 직렬회로에서 공진 주파수 $f_0[Hz]$는?

① 40　　② 50
③ 60　　④ 70

**해설** R-L-C 직렬회로 또는 병렬회로에서 공진 조건은 $\omega L=\frac{1}{\omega C}$이므로 $\omega^2=\frac{1}{LC}$, $\omega=\sqrt{\frac{1}{LC}}[rad/sec]$이다.
공진 주파수 $f_0=\frac{1}{2\pi}\sqrt{\frac{1}{LC}}$
$=\frac{1}{2\pi}\times\frac{1}{\sqrt{50\times10^{-3}\times102\times10^{-6}}}\fallingdotseq 70.5[Hz]$

## 17 부하의 결선 방식에서 △결선에서 Y결선으로 변환하였을 때의 임피던스는?

① $Z_Y=\sqrt{3}Z_\triangle$
② $Z_Y=\frac{1}{\sqrt{3}}Z_\triangle$
③ $Z_Y=3Z_\triangle$
④ $Z_Y=\frac{1}{3}Z_\triangle$

**해설** Y결선의 임피던스와 △결선의 임피던스의 관계는 $Z_Y=\frac{1}{3}Z_\triangle$ 이다.

## 18 어떤 회로의 소자에 일정한 크기의 전압으로 주파수를 2배로 증가시켰더니 흐르는 전류의 크기가 2배로 되었다. 이 소자의 종류는?

① 저항　　② 코일
③ 콘덴서　　④ 다이오드

**해설** 주파수 $f$를 2배로 증가시켰더니 전류의 크기가 2배로 줄어들었으므로 주파수와 전류는 비례한다.
$I=\frac{V}{X}$이며, L만의 회로 또는 C만의 회로에 흐르는 전류는 다음과 같다.

- L만의 회로에 흐르는 전류 $I_L=\frac{V}{X_L}=\frac{V}{\omega L}=\frac{V}{2\pi fL}[A]$
- C만의 회로에 흐르는 전류 $I_C=\frac{V}{X_C}=\frac{V}{\frac{1}{\omega C}}=\omega CV$ $=2\pi fCV[A]$

따라서 주파수와 비례하는 소자는 콘덴서이다.

## 19 고유저항 $\rho$의 단위로 맞는 것은?

① $[\Omega]$　　② $[\Omega\cdot m]$
③ $[AT/Wb]$　　④ $[\Omega^{-1}]$

**해설** 전기저항 $R$은 고유저항 $\rho$, 도체의 길이 $l$과는 비례하고 도체의 단면적 $S$와는 반비례한다.
$R=\rho\frac{l}{S}[\Omega]$
고유저항 $\rho=\frac{R\times S}{l}=\frac{[\Omega\cdot m^2]}{[m]}=[\Omega\cdot m]$

## 20 누설 자속이 발생되기 쉬운 경우는 어느 것인가?

① 자로에 공극이 있는 경우
② 자로의 자속밀도가 낮은 경우
③ 철심이 자기 포화되어 있는 경우
④ 자기회로의 자기저항이 작은 경우

7개년 기출복원문제

정답 16 ④ 17 ④ 18 ③ 19 ② 20 ③

**해설**
① 공극이 넓게 생길수록 누설 리액턴스가 적어져서 누설 자속은 작아진다.
② 자속밀도 $B=\frac{\phi}{S}$, 자기저항 $R_m=\frac{l}{\mu S}$
자속밀도가 낮아질수록 단면적 $S$가 커지고 자기저항 $R_m$은 작아진다. 자기저항이 작으므로 누설 자속이 작아진다.
③ 철심이 자기 포화되어 있는 경우 자기저항은 커지고 누설 자속은 커진다.
④ 자기회로의 자기저항이 작은 경우 누설 자속은 작아진다.

**21** 변압기에 콘서베이터(Comservator)를 설치하는 목적은?

① 열화 방지　② 강제 순환
③ 통풍 장치　④ 코로나 방지

**해설** 콘서베이터는 유입변압기에서 기름이 공기에 접촉하면 열화하므로 이것을 막기 위해 외함 상부에 작은 용적의 원통형 용기를 두고 이것을 외함에 연결하여 외함 내에 공기의 부분이 남지 않게 한다.

**22** 직류발전기의 전기자 반작용의 영향이 아닌 것은?

① 절연내력의 저하
② 유도기전력의 저하
③ 중성축의 이동
④ 자속의 감소

**해설** 직류발전기의 전기자 반작용
- 감자 작용으로 자속이 감소하여 유도기전력이 감소한다.
- 계자자속과 전기자에서 나온 자속이 서로 반발하여 불꽃과 중성축의 이동을 유발한다.
- 정류자 편 사이에 전압이 불균등하여 국부적으로 전압이 높아져 섬락이 발생한다.

**23** 직류전동기의 규약효율을 표시하는 식은?

① $\frac{\text{출력}}{\text{출력}+\text{손실}}\times 100[\%]$

② $\frac{\text{출력}}{\text{입력}}\times 100[\%]$

③ $\frac{\text{입력}-\text{손실}}{\text{입력}}\times 100[\%]$

④ $\frac{\text{입력}}{\text{출력}+\text{손실}}\times 100[\%]$

**해설** 직류전동기의 효율
- 실측 효율
$\frac{\text{출력}}{\text{입력}}\times 100[\%]$
- 규약효율
  - 발전기 : $\frac{\text{출력}}{\text{출력}+\text{손실}}\times 100[\%]$
  - 전동기 : $\frac{\text{입력}-\text{손실}}{\text{입력}}\times 100[\%]$

**24** 4극 직류분권전동기의 전기자에 단중 파권 권선으로 된 420개의 도체가 있다. 1극당 0.025[Wb]의 자속을 가지고, 1,400[rpm]으로 회전시킬 때 발생되는 역기전력과 단자전압은? (단, 전기자저항 0.2[Ω], 전기자 전류는 50[A]이다.)

| | 역기전력 | 단자전압 |
|---|---|---|
| ① | 490[V] | 500[V] |
| ② | 490[V] | 480[V] |
| ③ | 245[V] | 500[V] |
| ④ | 245[V] | 480[V] |

정답 21 ① 22 ① 23 ③ 24 ①

해설
- 유도기전력의 크기

$E=\frac{p}{a}Z\phi\frac{N}{60}=K_e\phi N$[V]

($Z$ : 전기자 도체수, $a$ : 병렬회로수, $p$ : 극수, $\phi$ : 매극당 자속[Wb], $N$ : 회전수[rpm], 유도기전력 상수 $K_e=\frac{pz}{60a}$)

중권이므로 병렬회로수 $a=2$이고

$E=\frac{4}{2}\times 420\times 0.025\times\frac{1,400}{60}=490$[V]
- 단자전압의 크기

$E=V-I_aR_a$[V]

$V=I_aR_a+E$[V]

$V=50\times 0.2+490=500$[V]

**25** 동기발전기의 공극이 넓을 때의 설명으로 잘못된 것은?

① 단락비가 크다.

② 여자전류가 크다.

③ 전압변동이 크다.

④ 안정도가 증대된다.

해설 공극이 넓은 동기발전기는
- 전압변동률이 작아진다.
- 단락비는 커진다.
- 동기리액턴스는 작아진다.
- 전기자 반작용이 작다.
- 비싸고 안정적이다.
- 여자전류가 크다.

**26** 3상 동기발전기 병렬운전 조건이 아닌 것은?

① 전압의 크기가 같을 것

② 주파수가 같을 것

③ 회전수가 같을 것

④ 전압의 위상이 같을 것

해설 동기발전기의 병렬운전 조건
- 기전력의 크기가 같을 것
- 기전력의 위상이 같을 것
- 기전력의 주파수가 같을 것
- 기전력의 파형이 같을 것

**27** 변압기의 자속에 관한 설명으로 옳은 것은?

① 전압과 주파수에 비례한다.

② 전압과 주파수에 반비례한다.

③ 전압에 비례하고 주파수에 반비례한다.

④ 전압에 반비례하고 주파수에 비례한다.

해설 자속밀도 $\phi=\frac{V}{4.44fNA}$[Wb/m$^2$]

($V$ : 1차 또는 2차 전압[V], $f$ : 주파수[Hz], $N$ : 1차 또는 2차 권선수, $A$ : 철심의 단면적[m$^2$])

**28** 1차 전압 13,200[V], 무부하전류 0.2[A], 철손 100[W]일 때 여자 어드미턴스[℧]는?

① 약 $1.5\times 10^{-5}$[℧]

② 약 $1.5\times 10^{-3}$[℧]

③ 약 $3\times 10^{-5}$[℧]

④ 약 $3\times 10^{-3}$[℧]

해설 $Y_o=\frac{I_o}{V_1}=\frac{0.2}{13,200}\fallingdotseq 1.5\times 10^{-5}$[℧]



정답 25 ③ 26 ③ 27 ③ 28 ①

## 29 변압기에서 철손과 부하전류의 관계는?

① 부하전류에 비례한다.
② 부하전류의 자승에 비례한다.
③ 부하전류에 반비례한다.
④ 부하전류와 관계없다.

**해설** 변압기의 1차측 전류는 여자전류와 부하전류로 나뉘며, 여자전류는 철손전류와 자화전류의 합으로 표현된다. 철손전류는 부하전류와 무관하다.

## 30 변압기의 퍼센트 저항 강하가 3[%], 퍼센트 리액턴스 강하가 4[%]이고, 지상 역률이 80[%]이다. 이 변압기의 전압변동률[%]은?

① 3.2 ② 4.8
③ 5.0 ④ 5.6

**해설** 변압기의 전압변동률
- 진상 역률
  $\epsilon = p\cos\theta - q\sin\theta[\%]$
- 지상 역률
  $\epsilon = p\cos\theta + q\sin\theta[\%]$
  ($p$ : 저항 강하[%], $q$ : 리액턴스 강하[%])
  $\epsilon = p\cos\theta + q\sin\theta[\%] = 3\times0.8 + 4\times0.6 = 4.8[\%]$

## 31 출력 10[kW], 슬립 4[%]로 운전되고 있는 3상 유도전동기의 2차 동손은 약 몇[W]인가?

① 250 ② 315
③ 417 ④ 620

**해설** $P_o = (1-s)P_2$에서
$P_2 = \frac{P_o}{1-s} = \frac{10}{1-0.04} \fallingdotseq 10.4[\text{kW}]$
2차 동손 $P_{c2} = sP_2 = 0.04\times10.4\times10^3 \fallingdotseq 417[\text{W}]$

## 32 실리콘 제어 정류기(SCR)의 게이트(G)는?

① P형 반도체 ② N형 반도체
③ PN형 반도체 ④ NP형 반도체

**해설** SCR은 PNPN의 4층 구조로 된 사이리스터이며, 게이트(G)는 P형 반도체로 이루어진다.

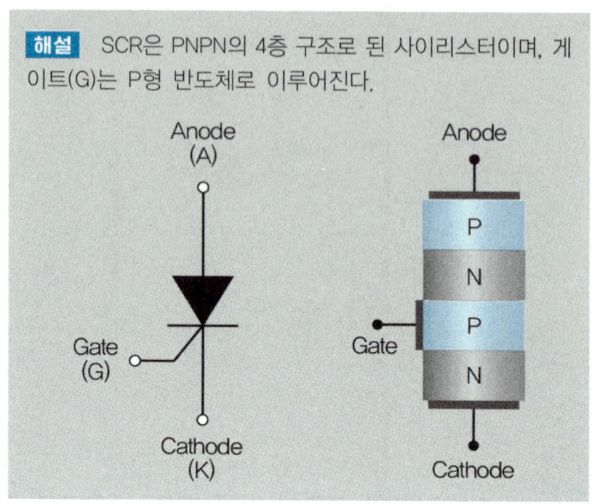


## 33 동기기의 난조를 방지하는 가장 좋은 방법은?

① 회전자의 관성을 크게 한다.
② 제동 권선을 자극 면에 설치한다.
③ $X_s$를 작게 하고 동기화력을 크게 한다.
④ 자극수를 적게 한다.

**해설** 난조는 동기기의 부하가 갑자기 변동하여 부하 회전력과 전기자의 발생 회전력의 평형이 깨어졌을 때 진동하게 되는 현상이다.
난조를 방지하기 위해 자극 면에 단락 권선을 설치하는데 이때 발생하는 토크를 이용하여 난조를 방지하는 권선을 제동 권선이라 하고, 동기전동기의 경우 기동 회전력을 얻는 데 필요하다.

정답 29 ④ 30 ② 31 ③ 32 ① 33 ②

**34** 동기 무효 전력 보상 장치의 계자를 부족여자로 하면?

① 콘덴서로 작용
② 뒤진 역률 보상
③ 리액터로 작용
④ 저항손의 보상

**해설** 동기 무효 전력 보상 장치는 무부하 운전 중 과여자일 때는 진상 작용을 하는 콘덴서로 동작하며, 부족여자일 때는 지상 작용을 하는 리액터로 작용한다.

**35** 그림과 같은 기호의 명칭은?

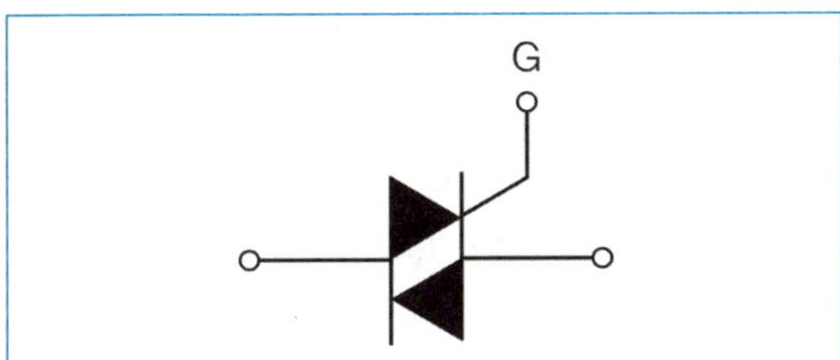


① SCR ② GTO
③ UJT ④ TRIAC

**해설** 사이리스터 2개를 역병렬로 접속한 것과 등가인 TRIAC이다.

**36** 유도전동기에서 슬립이 0이라는 것은?

① 유도전동기가 동기속도로 회전한다.
② 유도전동기가 정지 상태이다.
③ 유도전동기가 전부하 운전상태이다.
④ 유도제동기의 역할을 한다.

**해설** 슬립 $s=\frac{N_s-N}{N_s}$

- 정지시($N=0$)
  $s=\frac{N_s-0}{N_s}=1$
- 동기속도로 운전시($N=N_s$)
  $s=\frac{N_s-N_s}{N_s}=0$

**37** 60[Hz] 3상 반파 정류회로의 맥동 주파수[Hz]는?

① 60 ② 120
③ 180 ④ 240

**해설** 3상 반파 정류의 맥동 주파수는 $3\times60=180$[Hz]이다.

| 구분 | 맥동 주파수 | 직류 출력 | 효율 [%] | 맥동률 [%] |
|---|---|---|---|---|
| 단상 반파 | $f$ | $E_d=0.45E$ | 40.6 | 121 |
| 단상 전파 | $2f$ | $E_d=0.9E$ | 81.2 | 48 |
| 3상 반파 | $3f$ | $E_d=1.17E$ | 96.7 | 17 |
| 3상 전파 | $6f$ | $E_d=1.35E$ | 99.8 | 4 |

**38** 직류직권전동기의 회전수($N$)와 토크($\tau$)와의 관계는?

① $\tau\propto\frac{1}{N}$ ② $\tau\propto\frac{1}{N^2}$
③ $\tau\propto N$ ④ $\tau\propto N^{\frac{3}{2}}$

정답 34 ③ 35 ④ 36 ① 37 ③ 38 ②

**해설** 직류직권전동기는 계자 권선과 전기자 권선이 직렬로 연결되어 있다.

$I_f = I_a = I$

$N \propto \frac{1}{I_a}$, $\tau \propto \phi I_a$ 에서 자속 $\phi$는 계자전류에 비례하고 계자전류는 전기자 전류와 크기가 같으므로 $\tau \propto I_a^2$

$\therefore \ \tau \propto \frac{1}{N^2}$

**39** 유도전동기 권선법으로 옳은 것은?

① 고정자 권선은 단층권, 분포권이다.
② 고정자 권선은 이층권, 집중권이다.
③ 고정자 권선은 단층권, 집중권이다.
④ 고정자 권선은 이층권, 분포권이다.

**해설** 고정자 권선은 중권, 이층권, 분포권, 단절권을 채용한다.

**40** 우리나라에서 3상 유도전동기의 최고속도[rpm]는?

① 3,600 ② 3,000
③ 1,800 ④ 1,500

**해설** 우리나라 상용주파수는 60[Hz]이고 2극이므로

$N_s = \frac{120f}{p} = \frac{120 \times 60}{2} = 3{,}600[\text{rpm}]$

**41** 전기공사에 사용하는 공구와 작업내용이 잘못된 것은?

① 홀소 – 분전반 구멍 뚫기
② 피시 테이프 – 전선관 보호
③ 토오치 램프 – 합성수지관 가공하기
④ 와이어 스트리퍼 – 전선 피복 벗기기

**해설** **피시 테이프** : 전선관공사시 여러 가닥의 전선을 삽입할 때 쉽게 넣을 수 있는 공구이다.
① 홀소 : 분전반에 구멍을 뚫을 때 전동 드라이버에 조립하여 사용한다.
③ 토오치 램프 : 합성수지관을 구부리기 위해 가열할 때 사용한다.
④ 와이어 스트리퍼 : 가는 전선의 피복을 벗길 때 사용한다.

**42** 합성수지관 상호 접속시에 관을 삽입하는 깊이는 관 바깥지름의 몇 배 이상으로 하여야 하는가? (단, 접착제를 사용한 경우이다.)

① 0.6 ② 0.8
③ 1.0 ④ 1.2

**해설** [한국전기설비규정 232.11.3 합성수지관 및 부속품의 시설]
- 관 상호 간 및 박스와는 관을 삽입하는 깊이를 관의 바깥지름의 1.2배(접착제를 사용하는 경우에는 관의 바깥지름의 0.8배) 이상으로 하고 또한 꽂음 접속에 의해 견고하게 접속할 것

**43** 보호를 요하는 회로의 전류가 어떤 일정한 값(정정값) 이상으로 흘렀을 때 동작하는 계전기는?

① 차동계전기 ② 과전류계전기
③ 과전압 계전기 ④ 비율 차동계전기

정답 39 ④ 40 ① 41 ② 42 ② 43 ②

**해설** **과전류계전기**(OCR) : 일정한 값 이상의 전류가 흐르게 되면 동작하여 과부하전류 및 단락전류를 자동차단하는 기능을 가지는 보호장치

**44** 전주에 외등을 합성수지관으로 시설할 때, 전선관을 몇 [m] 이내마다 새들 또는 밴드로 지지해야 하는가?

① 1.0 ② 1.5
③ 2.0 ④ 2.5

**해설** [한국전기설비규정 234.10 전주외등]
배선이 전주에 연한 부분은 1.5[m] 이내마다 새들 또는 밴드로 지지할 것

**45** 메킹타이어 슬리브 전선 접속법으로 접속시 슬리브를 최소 몇 회 이상 꼬아야 하는가?

① 2 ② 2.5
③ 3 ④ 3.5

**해설** **메킹타이어 슬리브 접속법**

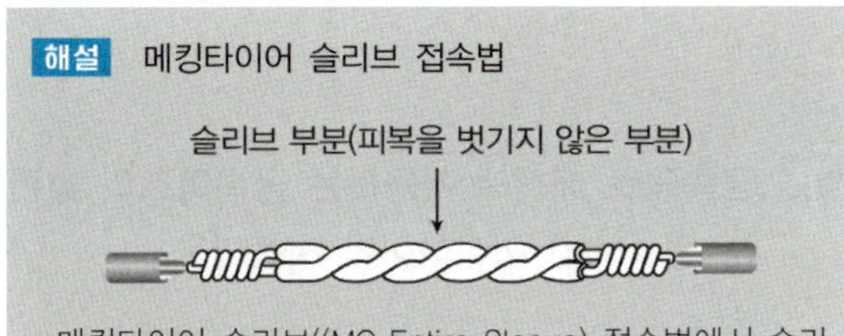


• 메킹타이어 슬리브((MC Entire Sleeve) 접속법에서 슬리브 부분은 2회 이상 비틀어 꼬아 접속한다.

**46** 다음 중 과전류차단기를 설치하는 곳은?

① 접지공사의 접지선
② 간선의 전원측 전선
③ 다선식 전로의 중성선
④ 접지공사를 한 저압 가공전선로의 접지측 전선

**해설** **과전류차단기 시설 제한 장소**(과전류차단기를 설치할 수 없는 곳)
• 접지공사의 접지도체
• 다선식 전로의 중성도체
• 전로의 일부에 접지공사를 한 저압 가공전선로의 접지측 전선

**47** 불연성 먼지가 많은 장소에 시설할 수 없는 저압 옥내배선의 방법은?

① 금속관 배선
② 애자사용 배선
③ 금속제 가요전선관 배선
④ 두께가 1.2[mm]인 합성수지관 배선

**해설** [한국전기설비규정 242.2.3 먼지가 많은 그 밖의 위험장소]
저압 옥내배선 등은 애자공사, 합성수지관공사, 금속관공사, 유연성전선관공사, 금속덕트공사, 버스덕트공사(환기형의 덕트 사용 제외), 케이블공사에 의해 시설한다.
합성수지관공사로 시설시 관의 두께가 2[mm] 이상이어야 한다.

**48** 절연전선으로 가선된 배전선로에서 활선상태인 전선의 피복을 벗기는 공구는?

① 애자 커버 ② 와이어 통
③ 전선 피박기 ④ 데드엔드 커버



정답 44 ② 45 ① 46 ② 47 ④ 48 ③

**해설** 활선상태 전선의 피복을 벗길 때 사용하는 공구는 전선 피박기이다.
① 애자 커버 : 활선작업을 할 때 애자를 절연하여 작업자의 부주의로 접촉되더라도 안전사고를 방지하는 절연장구
② 와이어 통 : 충전되어 있는 활선을 움직이거나 작업권 밖으로 밀어낼 때 사용하는 절연봉
④ 데드엔드 커버 : 현수 애자와 인류 클램프의 충전부를 방호하기 위한 활선작업용 엔드커버

**49** 접지도체에 피뢰시스템이 접속되는 경우, 접지도체로 구리선을 사용했을 때 그 단면적은 최소 몇 [mm$^2$] 이상이어야 하는가?

① 6 ② 10
③ 16 ④ 22

**해설** [한국전기설비규정 142.3.1 접지도체]
접지도체에 피뢰시스템이 접속되는 경우, 접지도체의 단면적
• 구리 : 16[mm$^2$] 이상
• 철 : 50[mm$^2$] 이상

**50** 저압 전로에 사용하는 과전류차단기용 퓨즈의 정격전류가 10[A]이다. 이 퓨즈의 용단전류는 정격전류의 몇 배인가?

① 1.5 ② 1.9
③ 2.5 ④ 3.8

**해설** [한국전기설비규정 212.3.4 보호장치의 특성]
휴즈(gG)의 용단특성

| 정격전류의 구분 | 시간 | 정격전류의 배수 (모든 극에 통전) | |
|---|---|---|---|
| | | 부동작 전류 | 동작 전류 |
| 4A 이하 | 60분 | 1.5배 | 2.1배 |
| 4A 초과 16A 미만 | 60분 | 1.5배 | 1.9배 |
| 16A 이상 63A 이하 | 60분 | 1.25배 | 1.6배 |
| 63A 초과 160A 이하 | 120분 | 1.25배 | 1.6배 |
| 160A 초과 400A 이하 | 180분 | 1.25배 | 1.6배 |
| 400A 초과 | 240분 | 1.25배 | 1.6배 |

**51** 경질 비닐전선관의 설명으로 틀린 것은?

① 1본의 길이는 4.0[m]가 표준이다.
② 금속관에 비해 내식성이 우수하다.
③ 금속관에 비해 절연성이 우수하다.
④ 굵기는 관 외경의 크기에 가까운 홀수 [mm]로 나타낸다.

**해설**
• 경질 비닐전선관 1본의 길이 : 4.0[m]
• 금속관에 비해 절연성과 내식성이 우수하다.
• 굵기 : 관 안지름의 크기에 가까운 짝수, [mm]로 표기

**52** 금속덕트 배선에 사용하는 금속덕트의 철판 두께는 몇 [mm] 이상이어야 하는가?

① 0.8 ② 1.2
③ 1.5 ④ 1.8

정답 49 ③ 50 ② 51 ④ 52 ②

**해설** [한국전기설비규정 232.31.2 금속덕트의 선정]
폭이 40[mm] 이상, 두께가 1.2[mm] 이상인 철판 또는 동등 이상의 기계적 강도를 가지는 금속제의 것으로 견고하게 제작한 것일 것

**53** 건물의 모서리(직각)에서 가요전선관을 박스에 연결할 때 필요한 접속기는?

① 플렉시블 커플링
② 앵글 박스 커넥터
③ 콤비네이션 커플링
④ 스트레이트 박스 커넥터

**해설** 앵글 박스 커넥터는 가요전선관을 박스와 45° 혹은 90° 각도로 접속시 사용하는 부속품이다.
① 플렉시블 커플링 : 유연성이 없는 파이프 또는 샤프트 사이에 조정 가능한 결합을 형성할 수 있는 기계장치
③ 콤비네이션 커플링 : 금속제 가요전선관과 금속전선관을 상호 접속시 사용하는 부속품
④ 스트레이트 박스 커넥터 : 가요전선관을 박스와 직선으로 접속시 사용하는 부속품

**54** 일반적으로 저압 가공 인입선이 도로를 횡단하는 경우 노면상 설치 높이는 몇 [m] 이상이어야 하는가?

① 3.0[m] ② 4.0[m]
③ 5.0[m] ④ 6.5[m]

**해설** [한국전기설비규정 221.1.1 저압 인입선의 시설]
저압 인입선의 높이
- 도로 : 노면상 5[m] 이상(기술상 부득이한 경우 교통에 지장이 없을 때에는 3[m] 이상)
- 철도 또는 궤도를 횡단하는 경우 : 레일면상 6.5[m] 이상
- 횡단보도교의 위에 시설하는 경우 : 노면상 3[m] 이상
- 그 외의 경우 : 4[m] 이상(기술상 부득이한 경우 교통에 지장이 없을 때에는 2.5[m] 이상)

**55** 금속제 가요전선관 상호 및 금속제 가요전선관과 박스 기구와 접속한 곳을 새들 등으로 지지하는 경우 지지점 간의 거리는 얼마 이하인가?

① 0.3[m] ② 0.5[m]
③ 1.0[m] ④ 1.5[m]

**해설** 금속제 가요전선관의 지지점 간 거리
- 조영재의 측면, 하면에 수평방향으로 시설한 것 : 1[m] 이하
- 사람의 접촉이 우려되는 곳 : 1[m] 이하
- 가요전선관 상호 및 금속제 가요전선관과 박스 기구와의 접속개소 : 0.3[m] 이하
- 그 외 : 2[m] 이하

**56** 비교적 장력이 작고 다른 종류의 지지선을 시설할 수 없는 경우에 적용하며 지지선용 근가를 지지물 근원 가까이 매설하여 시설하는 지지선은?

① Y지지선 ② 궁지지선
③ 공동지지선 ④ 수평지지선

**해설** 사용목적에 따른 지지선의 종류
- 보통지지선 : 일반 개소에 시설하며, 전주 근원으로부터 전주 길이의 약 1/2 거리에 지지선용 근가를 매설하여 설치하는 지지선
- Y지지선 : 다수의 완철을 설치한 경우, 장력이 큰 경우 또는 H주에 시설하는 경우에 설치하는 지지선
- 궁지지선 : 장력이 비교적 작고 공사상 다른 종류의 지지선을 시설할 수 없는 부득이한 경우에 설치하는 지지선
- 공동지지선 : 장력이 거의 같은 인류주, 분기주 또는 각도주가 인접한 경우 양 전주 간에 수평으로 설치하는 지지선
- 수평지지선 : 토지 상황에 따라 보통지지선 시설이 곤란한 경우에 설치하는 지지선



정답 53 ② 54 ③ 55 ① 56 ②

**57** 하나의 콘센트에 두개 이상의 플러그를 꽂아 사용할 수 있는 기구는?

① 멀티 탭
② 연장 코드
③ 코드 접속기
④ 아이언 플러그

**해설** 멀티 탭은 하나의 콘센트에 여러 플러그를 연결하여 사용할 수 있는 기구이다.
② 연장 코드 : 코드 길이가 짧아 전원을 넣기 어려울 때 코드를 연장하여 사용할 수 있는 기구
③ 코드 접속기 : 코드를 상호 간 접속하기 위해 사용하는 기구로 삽입 플러그와 콘센트를 말한다.
④ 아이언 플러그 : 코드의 한쪽은 전원 콘센트와의 접속을 위한 플러그, 다른 한쪽은 아이언 플러그로 전기기구용 콘센트에 끼울 수 있도록 구성된 플러그

**58** 접지선의 절연전선 색상은 특별한 경우를 제외하고는 어느 색으로 표시를 하여야 하는가?

① 갈색　② 회색
③ 흑색　④ 녹황색

**해설** [한국전기설비규정 121.2 전선의 식별]
접지선(보호도체)의 색상은 녹색-노란색이다.

| 상(문자) | $L_1$ | $L_2$ | $L_3$ | N | 보호도체 |
|---|---|---|---|---|---|
| 색상 | 갈색 | 흑색 | 회색 | 청색 | 녹색-노란색 |

**59** 접지를 하는 목적이 아닌 것은?

① 감전의 방지
② 이상 전압의 발생
③ 전로의 대지전압의 저하
④ 보호 계전기의 동작 확보

**해설** 접지공사의 목적
- 인체 감전 방지
- 지락전류의 검출(보호 계전기 동작)
- 대지전압 상승 방지로 기준전위 변동 억제
- 통신선 유도 장해(정전, 전자유도 잡음) 저감
- 번개 및 이상 전압에 따른 설비 파손, 화재, 폭발 사고 방지

**60** 다음 중 지중전선로의 매설 방법이 아닌 것은?

① 관로식　② 암거식
③ 행거식　④ 직접 매설식

**해설** [한국전기설비규정 334.1 지중전선로의 시설]
지중전선로는 전선에 케이블을 사용하고 또한 관로식·암거식 또는 직접 매설식에 의해 시설해야 한다.



정답 57 ① 58 ④ 59 ② 60 ③

# 2018년 제 4 회 기출복원문제

**01** 알칼리 축전지의 대표적인 축전지로 널리 사용되고 있는 2차 전지는?

① 납축전지 ② 산화은 전지
③ 리튬 이온 전지 ④ 니켈카드뮴 전지

**해설**
- 1차 전지 : 재충전이 불가능한 전지(1회용 전지)
  예 망간 전지, 수은 전지, 탄소 전지, 공기 전지
- 2차 전지 : 충전하여 여러 번 사용이 가능한 전지
  예 리튬 이온 전지, 납축전지, 니켈카드뮴 전지

**02** 전계의 세기 60[V/m], 전속밀도 100[C/m$^2$]인 유전체의 단위 체적에 축적되는 에너지[J/m$^3$]는?

① 1,000 ② 3,000
③ 6,000 ④ 12,000

**해설**
전계의 세기 $E=60$[V/m], 전속밀도 $D=100$[C/m$^2$]일 때 단위 체적당 축적되는 에너지
$w=\frac{1}{2}DE=\frac{1}{2}\times100\times60=3,000$[J/m$^3$]

**03** 기전력 220[V], 내부저항 $r$이 25[Ω]인 전원이 있다. 여기에 부하저항 $R$을 연결하여 얻을 수 있는 최대전력[W]은? (단, 최대전력 전달조건은 $r=R$이다.)

① 242 ② 484
③ 968 ④ 1,936

**해설** 최대전력 전달조건에 의하면 $r=R$이므로 내부저항 $r=25$[Ω]이므로 부하저항 $R=r=25$[Ω]이다.
합성저항은 $R_{합성}=R+r=25+25=50$[Ω]이다.
$I=\frac{V}{R_{합성}}=\frac{220}{50}=4.4$[A]이므로 부하에서 소비되는 전력 $P=I^2R=4.4^2\times25=484$[W]이다.

**04** $R_1=3$[Ω], $R_2=5$[Ω], $R_3=6$[Ω]의 저항 3개를 그림과 같이 병렬로 접속한 회로에 30[V]의 전압을 가하였다면 이때 $R_1$ 저항에 흐르는 전류[A]는?

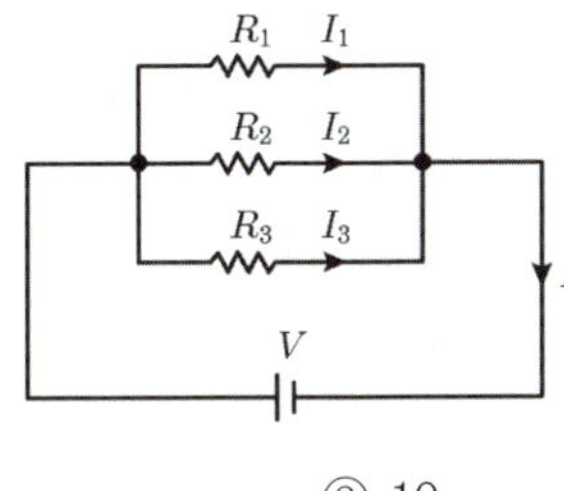


① 5 ② 10
③ 15 ④ 20

**해설** 저항 양단의 전압 $V_1$, $V_2$, $V_3$는 모두 30[V]이다.
$R_1$ 저항에 흐르는 전류 $I_1=\frac{V}{R_1}=\frac{30}{3}=10$[A]이다.

**05** 단위 길이당 권수 1,000회인 무한장 솔레노이드에 10[A]의 전류가 흐를 때 솔레노이드 외부의 자장[AT/m]은?

① 0 ② 100
③ 1,000 ④ 10,000

정답 01 ④ 02 ② 03 ② 04 ② 05 ①

**해설**

- 무한장 솔레노이드 외부의 자장 : $H=0$[AT/m]
- 무한장 솔레노이드 내부의 자장 :
  단위 길이당 권수 $n_0=1{,}000$회, 전류 $I=10$[A]이므로
  $H=n_0I=1{,}000\times10=10{,}000$[AT/m]

<table>
<tr><td colspan="2">무한 직선 전류에 의한 자계의 세기</td><td>$H=\frac{I}{2\pi r}$[AT/m]</td><td>$I$ : 전류<br>$r$ : 무한 직선과의 거리</td></tr>
<tr><td colspan="2">원형 코일의 중심에서 자계의 세기</td><td>$H=\frac{NI}{2a}$[AT/m]</td><td>$N$ : 코일을 감은 횟수<br>$a$ : 원형 코일의 반지름</td></tr>
<tr><td rowspan="2">솔레노이드에 의한 자계의 세기</td><td>내부</td><td>$H=n_0I$[AT/m]</td><td rowspan="2">$n_0$ : 단위 길이당 권선수</td></tr>
<tr><td>외부</td><td>$H=0$[AT/m]</td></tr>
<tr><td colspan="2">환상 솔레노이드에 의한 자계의 세기</td><td>$H=\frac{NI}{2\pi r}$[AT/m]</td><td>$r$ : 환상 솔레노이드의 반지름</td></tr>
</table>

**06** 자극 가까이에 물체를 두었을 때 자화되는 물체와 자석이 그림과 같은 방향으로 자화되는 금속은?

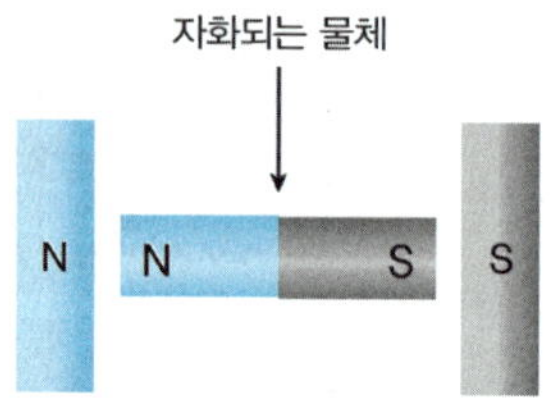


① 구리 ② 철
③ 알루미늄 ④ 백금

**해설** 그림과 같은 방향으로 자화되는 금속은 같은 극을 서로 끌어당기고 있으므로 반자성체이다.

- 강자성체 : ($\mu_s \gg 1$) 자화시킨 후 외부 자기장이 사라져도 자성체가 계속 자석의 성질을 유지하는 물질
  예 철, 코발트, 니켈, 망간
- 상자성체 : ($\mu_s > 1$) 자기장 안에 넣으면 자기장 방향으로 약하게 자화하고, 자석을 제거하면 자석의 성질을 잃어버리는 물질
  예 알루미늄, 산소, 공기, 마그네슘, 백금, 텅스텐, 주석
- 반자성체 : ($\mu_s < 1$) 외부 자기장의 반대 방향으로 정렬하는 자기 모멘트를 가지는 물질
  예 구리, 아연, 납, 수은, 안티모니
- 비자성체 : 자성이 약하거나 전혀 자성을 갖지 않아서 자화가 되지 않는 물체

**07** 황산구리($CuSO_4$)의 전해액에 2개의 동일한 구리판을 넣고 전원을 연결하였을 때 음극에서 나타나는 변화를 옳게 설명한 것은?

① 변화가 없다.
② 구리판이 두꺼워진다.
③ 구리판이 얇아진다.
④ 수소 가스가 발생한다.

**해설**

- 양극 : $Cu \rightarrow Cu^{2+}+2e^-$(구리판이 얇아진다.)
  $2H_2O \rightarrow 4e^- + 4H^+ + O_2$(산소가 발생한다.)
- 음극 : $Cu^{2+}+2e^- \rightarrow Cu$(구리판이 두꺼워진다.)
  $2H_2O+2e^- \rightarrow H_2+2OH^-$(수소가 발생한다.)

**08** "임의의 폐회로에서의 기전력 총합은 회로 소자에서 발생하는 전압 강하의 총합과 같다."라고 정의되는 법칙은?

① 키르히호프의 제1법칙
② 키르히호프의 제2법칙
③ 플레밍의 오른손 법칙
④ 앙페르의 오른나사 법칙

**해설**

① 키르히호프의 제1법칙(전류 법칙 : KCL) : 회로의 한 점에서 유입되는 전류의 총합은 유출되는 전류의 총합과 같다.
$\sum$유입전류 $=\sum$유출전류
② 키르히호프의 제2법칙(전압 법칙 : KVL) : 폐회로에서의 기전력 총합은 회로소자에서 발생하는 전압 강하의 총합과 같다.
$\sum$전압강하 $=\sum$기전력
③ 플레밍의 오른손 법칙 : 일정한 자기장 내의 도체를 움직일 때 전기가 발생하는 법칙
④ 앙페르의 오른나사 법칙 : 전류의 흐름에 따른 자기장의 발생 방향을 나타내는 법칙



정답 06 ① 07 ② 08 ②

**09** 권수 400회의 코일에 5[A]의 전류가 흘러서 0.04 [Wb]의 자속이 코일을 지난다고 하면, 이 코일의 자체 인덕턴스[H]는?

① 0.25 ② 0.32
③ 2.5 ④ 3.2

**해설** 패러데이 법칙에 의해 $e=-N\frac{d\phi}{dt}=-L\frac{di}{dt}$, $LI=N\phi$, $L=\frac{N\phi}{I}$[H]이다.
권수 $N=400$[회], 전류 $I=5$[A], 자속 $\phi=0.04$[Wb]이다.
자체 인덕턴스 $L=\frac{N\phi}{I}=\frac{400\times0.04}{5}=3.2$[H]이다.

**10** 파고율, 파형률이 모두 1인 파형은?

① 사인파 ② 고조파
③ 구형파 ④ 삼각파

**해설** 구형파의 파고율과 파형률은 모두 1이다.
- 파고율 : 파형의 날카로움의 정도를 나타낸 것
  파고율 $=\frac{\text{최댓값}}{\text{실횻값}}$
- 파형률 : 파형의 평평한 정도(평활도)를 나타낸 것
  파형률 $=\frac{\text{실횻값}}{\text{평균값}}$

| | 정현파 | 반파 정류파 | 삼각파 | 구형파 | 반파 구형파 |
|---|---|---|---|---|---|
| 실횻값 | $\frac{V_m}{\sqrt{2}}$ | $\frac{V_m}{2}$ | $\frac{V_m}{\sqrt{3}}$ | $V_m$ | $\frac{V_m}{\sqrt{2}}$ |
| 평균값 | $\frac{2V_m}{\pi}$ | $\frac{V_m}{\pi}$ | $\frac{V_m}{2}$ | $V_m$ | $\frac{V_m}{2}$ |

**11** 다음 코일에서 전류가 그림과 같이 흐를 때 ( )의 극은?

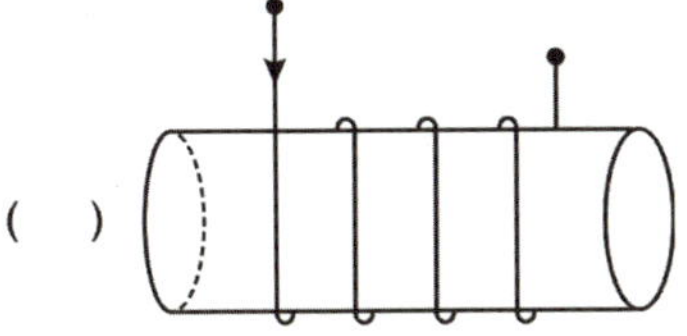


① S극
② N극
③ 극이 없다.
④ N극이었다가 S극으로 바뀐다.

**해설** 앙페르의 오른나사 법칙에 의해 오른손의 네 손가락을 코일과 같은 방향으로 감아 말아 쥐면 엄지손가락이 가르키는 방향은 오른쪽이므로 빈칸에는 S극이 된다.

**12** 6[Ω]의 저항과 8[Ω]의 용량성 리액턴스의 병렬회로가 있다. 이 병렬회로의 임피던스[Ω]는?

① 1.2 ② 2.4
③ 3.6 ④ 4.8

**해설** R–C 병렬회로에서 저항 $R=6$[Ω], 용량성 리액턴스 $X_C=8$[Ω]이다.
어드미턴스 $\dot{Y}=\frac{1}{R}+j\frac{1}{X_C}=\frac{1}{6}+j\frac{1}{8}=\frac{8+j6}{48}$[℧],
$|Y|=\frac{10}{48}$[℧], $|Z|=\frac{48}{10}=4.8$[Ω]

| 직렬회로 (임피던스 $Z$로 해석) | | 병렬회로 (어드미턴스 $Y$로 해석) | |
|---|---|---|---|
| R–L 직렬회로 | $\dot{Z}=R+jX_L$ $=R+jwL$ | R–L 병렬회로 | $\dot{Y}=\frac{1}{R}-j\frac{1}{X_L}$ $=\frac{1}{R}-j\frac{1}{\omega L}$ |
| R–C 직렬회로 | $\dot{Z}=R-jX_C$ $=R-j\frac{1}{wC}$ | R–C 병렬회로 | $\dot{Y}=\frac{1}{R}+j\frac{1}{X_C}$ $=\frac{1}{R}+j\omega C$ |

정답 09 ④ 10 ③ 11 ① 12 ④

**13** 비정현파를 발생시키는 요인이 아닌 것은?

① 옴의 법칙
② 히스테리시스 현상
③ 전기자 반작용
④ 자기 포화

**해설** 비정현파의 발생 요인
- 전기자 반작용에 의한 주 자속의 일그러짐.
- 철심의 자기 포화 및 히스테리시스 현상에 의한 여자전류의 일그러짐.

**14** 전기력선의 성질을 설명한 것으로 옳지 않은 것은?

① 전기력선의 방향은 전기장의 방향과 같으며, 전기력선의 밀도는 전기장의 크기와 같다.
② 전기력선은 도체 내부에 존재한다.
③ 전기력선은 등전위면에 수직으로 출입한다.
④ 전기력선은 양전하에서 음전하로 이동한다.

**해설** 전기력선의 성질
- 전기력선은 양전하에서 시작하여 음전하에서 끝난다.
- 전기력선의 밀도는 그 점에서의 전계의 크기와 같다.
- 전기력선의 접선 방향은 그 접점에서의 전기장의 방향이다.
- 전기력선의 등전위면에 수직으로 교차한다.
- 전기력선은 서로 교차하지 않는다.
- 도체 내부에는 전기력선이 없으며 전기장이 존재하지 않는다.

**15** 길이 2[m]의 균일한 자로에 8,000회의 도선을 감고 10[mA]의 전류를 흘릴 때 자로의 자장의 세기[AT/m]는?

① 4 ② 16
③ 40 ④ 160

**해설** 도선의 길이 $l=2$[m], 권수 $N=8,000$[회], 전류 $I=10$[mA]
기자력 $F=Hl=NI$ [AT]일 때
자장의 세기 $H=\frac{NI}{l}=\frac{8,000\times10\times10^{-3}}{2}=40$[AT/m]

**16** 주파수 60[Hz]의 최댓값이 200[V], 위상 0°인 교류의 순시값으로 맞는 것은?

① $100\sin60\pi t$
② $200\sqrt{2}\sin120\pi t$
③ $100\sqrt{2}\sin60\pi t$
④ $200\sin120\pi t$

**해설** 주파수 $f=60$[Hz], 최댓값 $V_m=200$[V], 위상 $\theta=0°$, 각 주파수 $\omega=2\pi f=2\pi\times60=120\pi$[rad/sec]
순시값 $v=V_m\sin(\omega t+\theta)=V_m\sin(2\pi ft+\theta)$
$v=200\sin120\pi t$[V]이다.

**17** 1[μF]의 콘덴서에 30[kV]의 전압을 가하여 30[Ω]의 저항을 통해 방전시키면 이때 발생하는 에너지[J]는?

① 450 ② 900
③ 1350 ④ 1800

**해설** $C=1$[μF], $V=30$[kV]일 때 콘덴서에 축적되는 에너지는
$W=\frac{1}{2}CV^2=\frac{1}{2}\times(1\times10^{-6})\times(30\times10^3)^2=450$[J]
- 인덕터에 축적되는 에너지 $W=\frac{1}{2}LI^2$[J]

정답 13 ① 14 ② 15 ③ 16 ④ 17 ①

**18** 각 주파수 $\omega = 100\pi$[rad/sec]일 때 주파수 [Hz]는?

① 50 ② 60
③ 100 ④ 120

**해설** 각 주파수 $\omega = 2\pi f = 100\pi$ [rad/sec]일 때 주파수 $f = \dfrac{100\pi}{2\pi} = 50$ [Hz]

**19** 전위의 단위로 맞지 않는 것은?

① V ② J/C
③ N · m/C ④ V/m

**해설**
④ 전기장의 세기 $E$의 단위 : [V/m], [N/C]
• 전위의 단위 $V = \dfrac{W}{Q}$ [V], [J/C], [N · m/C]

**20** $R = 3[\Omega]$, $\omega L = 8[\Omega]$, $\dfrac{1}{\omega C} = 4[\Omega]$인 R–L–C 직렬회로의 임피던스[Ω]는?

① 5 ② 10
③ 15 ④ 20

**해설** R–L–C 직렬회로는 $R = 3[\Omega]$, 유도성 리액턴스 $X_L = \omega L = 8[\Omega]$, 용량성 리액턴스 $X_C = \dfrac{1}{\omega C} = 4[\Omega]$
임피던스 $\dot{Z} = R + j(X_L - X_C) = 3 + j(8-4)$
$= 3 + j4[\Omega]$, $|Z| = \sqrt{3^2 + 4^2} = 5[\Omega]$이다.

**21** 3상 유도전동기의 회전 방향을 바꾸기 위한 방법으로 가장 옳은 것은?

① $Y - \Delta$ 결선을 채용한다.
② 전동기에 가해지는 3개의 단자 중 2개의 단자를 서로 바꾸어준다.
③ 기동 보상기를 사용한다.
④ 전원전압과 주파수를 변경한다.

**해설** 유도전동기의 회전 방향을 바꾸기 위해서는 3상의 3선 중에서 2선의 접속을 바꾸어 준다.

**22** 동기기에서 제동권선을 설치하는 이유로 적절한 것은?

① 역률개선 ② 전압조정
③ 난조 방지 ④ 출력 증가

**해설** 동기기에서는 난조를 방지하기 위해 제동권선을 설치하고, 기동토크를 발생시킨다.

**23** 직류발전기에서 무부하 특성곡선은?

① 부하전류와 무부하 단자전압과의 관계이다.
② 계자전류와 부하전류와의 관계이다,
③ 계자전류와 회전력과의 관계이다.
④ 계자전류와 무부하 단자전압과의 관계이다.

**해설** **직류발전기 무부하 특성곡선**(무부하 포화곡선)
무부하 상태에서 정격속도로 운전하는 경우 계자전류와 단자전압과의 관계를 나타내는 곡선



정답 18 ① 19 ④ 20 ① 21 ② 22 ③ 23 ④

**24** 직류직권전동기를 벨트 운전하지 못하게 하는 이유는?

① 손실이 많아진다.
② 벨트가 벗겨지면 위험속도에 도달한다.
③ 벨트가 마모하여 보수가 곤란하다.
④ 직결하지 않으면 속도제어가 곤란하다.

**해설** 직류전동기 속도 $N=\frac{V-I_aR_a}{K\phi}$[rpm]에서, 벨트가 벗겨져 무부하상태가 되면 자속($\phi$)값은 0에 가까워지고, 이에 따라 속도 $N$값은 무한대값으로 향하여 갑자기 고속이 되어 위험하다.

**25** 직류전동기에서 전기자에 가해주는 전원전압을 낮추어 전동기의 유도기전력을 전원전압보다 높게 하여 제동하는 방법은?

① 맴돌이 전류 제동 ② 발전 제동
③ 역전 제동 ④ 회생 제동

**해설** 직류전동기의 제동 방식
- 발전 제동(Dynamic Braking) : 회전체의 운동에너지를 전기에너지로 변화시키고 이것을 저항 중에서 열에너지로 소비시켜서 제동하는 방식이다.
- 회생 제동(Regenerative Braking) : 발전기로서의 전력을 전원에 돌려보내는 동시에 제동력이 생기는 원리를 이용한 제동 방식으로, 전동기의 전원을 접속한 상태에서 전동기에 유기되는 역기전력을 전원전압보다 크게 하여 이때 발생하는 전력을 전원에 반환한다.
- 역상 제동(Plugging Braking) : 전기자를 반대로 접속하면 자속은 그대로 변하지 않고 전기자 전류는 반대로 되어 방향의 회전력이 발생하여 제동하는 방식이다.
- 맴돌이 전류 제동(Eddy Current Braking) : 자장이 있는 곳에 도체가 움직이게 되면 자속의 변화량에 따라 도체 속에 소용돌이 전류가 발생하며, 이 전류에 의한 자기장이 외부 자기장의 방향과 반대 방향으로 도체의 운동을 방해하는 제동력이 생기는 현상을 이용한 방식이다.

**26** 동기발전기 병렬운전 중 기전력의 위상차가 생기면?

① 위상이 일치하는 경우보다 출력이 감소한다.
② 부하 분담이 변한다.
③ 무효순환전류가 흘러 전기자 권선이 과열된다.
④ 동기화력이 생겨 두 기전력의 위상이 동상이 되도록 작용한다.

**해설** 동기발전기의 병렬운전 중 기전력의 위상차가 생기면 동기화 전류가 흐르고, 이로 인해 주고받는 전력(수수전력)이 발생하여 서로 같아지려고 하는 동기화력이 생긴다.

**27** 변압기유가 구비해야 할 조건으로 옳지 않은 것은?

① 인화점이 높을 것
② 응고점이 높을 것
③ 절연내력이 클 것
④ 점도가 낮을 것

**해설** 변압기유의 구비조건
- 절연내력이 클 것
- 비열이 커서 냉각효과가 클 것
- 인화점이 높고 응고점이 낮을 것
- 고온에서도 산화하지 않을 것
- 절연, 금속재료와 화학작용을 일으키지 않을 것

**28** 1차 전압이 380[V], 2차 전압이 220[V]인 단상 변압기에서 2차 권수가 44회일 때 1차 권수는?

① 26 ② 76
③ 86 ④ 126



정답 24 ② 25 ④ 26 ④ 27 ② 28 ②

**해설** 권수비

$$a=\frac{E_1}{E_2}=\frac{V_1}{V_2}=\frac{N_1}{N_2}=\sqrt{\frac{Z_1}{Z_2}}=\sqrt{\frac{R_1}{R_2}}$$ 에서

$$\frac{V_1}{V_2}=\frac{N_1}{N_2}=\frac{380}{220}=\frac{N_1}{44}$$

$N_1=76$

## 29 4극의 3상 유도전동기가 60[Hz]의 전원에 접속되어 5[%]의 슬립으로 회전할 때 회전수[rpm]는?

① 1,900 ② 1,800
③ 1,728 ④ 1,710

**해설**

- 동기속도

$$N_S=\frac{120f}{p}=\frac{120\times 60}{4}=1,800[\text{rpm}]$$

- 슬립

$$s=\frac{N_S-N}{N}\times 100\,s=\frac{1,800-N}{1,800}\times 100=5[\%]$$

$1,800-90=1710[\text{rpm}]$

## 30 단상 유도전동기 중 기동토크가 큰 것부터 차례로 나열한 것은?

| | |
|---|---|
| ㉠ 반발 기동형 | ㉡ 콘덴서 기동형 |
| ㉢ 분상 기동형 | ㉣ 셰이딩 코일형 |

① ㉠>㉡>㉢>㉣ ② ㉠>㉣>㉡>㉢
③ ㉠>㉢>㉣>㉡ ④ ㉠>㉡>㉣>㉢

**해설** [단상 유도전동기의 기동법 중 기동토크가 큰 순서]
반발 기동형 > 반발 유도형 > 콘덴서 기동형 > 영구 콘덴서형 > 분상 기동형 > 셰이딩 코일형

## 31 농형 유도전동기의 기동법이 아닌 것은?

① $Y-\Delta$ 기동법
② 2차 저항기법
③ 전전압 기동법
④ 기동보상기에 의한 기동법

**해설** 농형 유도전동기는 권선형과 같이 회전자에 저항을 삽입할 수 없다. 따라서 기동전류를 제한하기 위해 공급 전압을 낮추어야 한다.

- $Y-\Delta$ 기동법 : 고정자 3상 권선을 운전할 시에는 $\Delta$로 연결하고 기동시에만 $Y$로 연결하면 1상 권선에 가해지는 전압은 기동시 전전압의 60[%] 정도로 보통 5~15[kW]까지 적용한다.
- 전전압 기동법 : 소용량의 농형 유도전동기에 적용하며 보통 5[kW] 이하에 적용한다.
- 리액터 기동법 : 전원과 전동기 사이에 직렬리액터를 삽입하여 전동기 단자에 가해지는 전압을 떨어뜨리는 방법이다.
- 기동 보상기법 : 단권 변압기를 써서 공급 전압을 낮추어 기동시키는 방법으로 15[kW] 이상에 적용한다.

## 32 유도전동기에서 슬립이 1이면 전동기의 속도($N$)는?

① 정지한다.
② 불변한다.
③ 동기속도와 같다.
④ 동기속도보다 빠르다.

**해설** 슬립 $s=\frac{N_s-N}{N_s}$

- 정지시($N=0$)

$$s=\frac{N_s-0}{N_s}=1$$

- 동기속도로 운전시($N=N_s$)

$$s=\frac{N_s-N_s}{N_s}=0$$

7개년 기출복원문제

정답 29 ④ 30 ① 31 ② 32 ①

**33** 단락비가 큰 동기기에 대한 설명으로 옳은 것은?

① 기계가 소형이다.
② 안정도가 높다.
③ 전압변동률이 크다.
④ 전기자 반작용이 크다.

**해설** 단락비가 큰 동기기의 특성
- 안정도가 높다.
- 중량이 무겁고 가격이 비싸다.
- 전압변동률이 작다.
- 전기자 반작용이 작다.
- 공극과 계자기자력이 크다.
- 효율이 나쁘다.

**34** 변압기 2대를 V결선했을 때의 이용률[%]은?

① 57.7 ② 70.7
③ 86.6 ④ 100

**해설** 단상 변압기 3대로 $\Delta-\Delta$결선 운전 중 1대의 변압기 고장시 V결선하여 지속 운전이 가능하다.
- V결선과 $\Delta$결선의 출력비

$$\frac{P_V}{P_\Delta}=\frac{\sqrt{3}\,V_{2n}I_{2n}}{3V_{2n}I_{2n}}=\frac{1}{\sqrt{3}}\fallingdotseq 0.577$$

- V결선한 변압기 1대당 이용률

$$\frac{\sqrt{3}\,V_{2n}I_{2n}}{2V_{2n}I_{2n}}=\frac{\sqrt{3}}{2}\fallingdotseq 0.866$$

**35** 동기발전기의 전기자 권선을 단절권으로 했을 경우 옳은 것은?

① 역률이 좋아진다. ② 절연이 잘 된다.
③ 고조파를 제거한다. ④ 기전력을 높인다.

**해설** 동기발전기의 전기자 권선을 단절권으로 하면 고조파를 제거하여 기전력의 파형을 개선할 수 있다.

**36** 부흐홀츠계전기의 설치 위치로 옳은 것은?

① 변압기 주 탱크 내부
② 변압기 본체와 콘서베이터 사이
③ 변압기의 고압측 부싱
④ 콘서베이터 내부

**해설** 부흐홀츠계전기는 변압기 주 탱크와 콘서베이터 사이에 설치하여 변압기 내부 고장 보호용으로 사용된다. 절연유의 온도 상승시 발생하는 유증기를 검출하여 권선 단락, 철심 고정 볼트의 절연 열화, 탭 전환기의 고장 등을 경보 및 차단한다.

**37** 다음 중 트라이액(TRIAC)의 기호는?

①
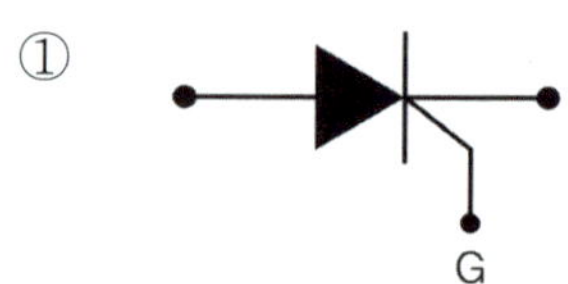


②
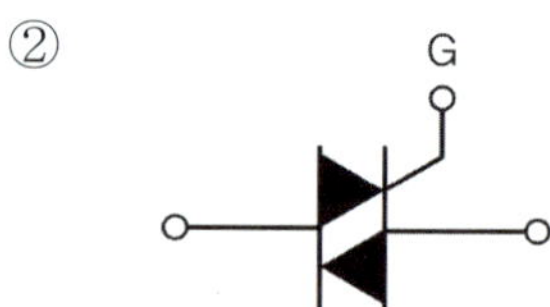


③
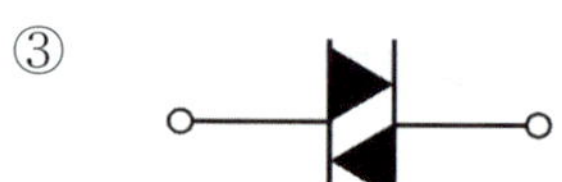

④
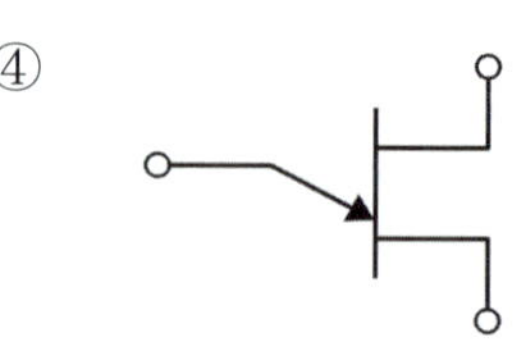

**해설** TRIAC은 사이리스터 2개를 역병렬로 접속한 것으로 양방향으로 전류가 흘러 교류 제어용으로 사용되는 소자이다.



정답 33 ② 34 ③ 35 ③ 36 ② 37 ②

**38** 전기기기의 철심 재료로 규소강판을 많이 사용하는 이유로 적당한 것은?

① 와류손을 줄이기 위해
② 구리손을 줄이기 위해
③ 맴돌이 전류를 없애기 위해
④ 히스테리시스손을 줄이기 위해

**해설** 전기기기에서 철심은 자기회로를 만드는 부분으로 회전에 따른 자속 방향이 수시로 변화하면서 와전류 손실이나 히스테리시스 손실이 발생한다. 따라서 계자 철심은 이 철손을 줄이기 위해 0.35[mm]~0.5[mm] 정도의 얇은 규소강판을 성층하여 만든다.
- 와전류 손실 감소 대책 : 성층 철심 사용
- 히스테리시스 손실 감소 대책 : 규소강판 사용

**39** 단상 유도전압조정기의 단락 권선의 역할은?

① 절연 보호　② 철손 경감
③ 전압 강하 경감　④ 전압조정 수월

**해설** 단락 권선은 누설자속을 감소시켜, 누설자속에 의한 누설 리액턴스를 감소시켜 전압 강하를 감소시켜 줄 수 있다.

**40** 출력 10[kW], 효율 80[%]인 기기의 손실[kW]은?

① 2.5　② 10
③ 20　④ 5

**해설**
- 효율

$$\eta = \frac{출력}{입력} \times 100[\%]$$

- 입력

$$P_i = \frac{출력}{\eta} = \frac{10}{0.8} = 12.5[\text{kW}]$$

- 손실

$$P_l = 입력 - 출력 = 12.5 - 10 = 2.5[\text{kW}]$$

**41** 낙뢰, 수목 접촉, 일시적인 섬락 등 순간적인 사고로 계통에서 분리된 구간을 신속히 계통에 투입시킴으로써 계통의 안정도를 향상시키고 정전 시간을 단축시키기 위해 사용되는 계전기는?

① 거리계전기
② 차동계전기
③ 과전류계전기
④ 재폐로계전기

**해설** 재폐로계전기는 지락사고로 인해 열린 회로를 자동으로 신속하게 다시 연결하는 계전기이다.

**42** 저압 이웃 연결 인입선의 시설규정으로 적합한 것은?

① 6[m] 도로를 횡단하여 시설
② 수용가 옥내를 관통하여 시설
③ 분기점으로부터 90[m] 지점에 시설
④ 지름 1.5[m] 인입용 비닐절연전선을 사용

정답 38 ④ 39 ③ 40 ① 41 ④ 42 ③

**해설** [한국전기설비규정 221.1.2 이웃 연결 인입선의 시설] 저압 이웃 연결 인입선은 다음에 따라 시설한다.
- 옥내를 통과하지 않을 것
- 폭 5[m]를 초과하는 도로를 횡단하지 않을 것
- 인입선에서 분기하는 점으로부터 100[m]를 초과하는 지역에 미치지 않을 것

[한국전기설비규정 221.1.1 저압인입선의 시설]
- 인장강도 2.30[kN] 또는 지름 2.6[mm] 이상의 인입용 비닐절연전선일 것
- 경간이 15[m] 이하인 경우, 인장강도 1.25[kN] 또는 지름 2.0[mm] 이상의 인입용 비닐절연전선일 것

**43** 사용전압 400[V] 이상, 건조한 장소로 점검할 수 있는 은폐된 곳에 저압 옥내배선시 공사할 수 있는 방법은?

① 금속몰드공사
② 버스덕트공사
③ 라이팅덕트공사
④ 합성수지몰드공사

**해설** 공사 방법에 따른 시설 장소

| 공사 방법 | 사용전압 | 옥내 | |
|---|---|---|---|
| | | 노출 장소 | 은폐 장소 점검 가능 |
| | | 건조한 장소 | 건조한 장소 |
| 버스덕트 공사 | 400[V] 이상 가능 | ○ | ○ |
| 금속몰드 공사 | 400[V] 이하 | ○ | ○ |
| 라이팅덕트 공사 | 400[V] 이하 | ○ | ○ |
| 합성수지몰드 공사 | 400[V] 이하 | ○ | ○ |

**44** 고압 이상에서 기기의 점검, 수리시 무전압, 무전류 상태로 전로에서 단독으로 전로의 접속 또는 분리하는 것을 주목적으로 사용되는 수 · 변전기기는?

① 단로기
② 전력퓨즈
③ 컷아웃 스위치
④ 기중부하 개폐기

**해설** 무부하 상태에서 전로의 접속 또는 분리를 주목적으로 사용하는 수·변전 기기는 단로기이다.
② 전력퓨즈 : 고압, 특고압의 회로 및 기기의 단락을 보호하며 차단기 대신에 사용한다.
③ 컷아웃 스위치 : 옥내배선의 인입점 혹은 분기점 등에 사용되는 스위치이다.
④ 기중부하 개폐기 : 배전 선로 및 수용가의 고압 인입구에 설치하여 수동 또는 자동으로 원방 조작에 의해 부하를 분리하거나 전원을 투입할 때 사용한다.

**45** 단선의 굵기가 6[$mm^2$] 이하인 전선을 직선 접속할 때 주로 사용하는 접속법은?

① 쥐꼬리 접속
② 트위스트 접속
③ 브리타니아 접속
④ T형 커넥터 접속

**해설** 6[$mm^2$] 이하의 가는 전선 접속시 트위스트 접속법을 주로 사용한다.
- 브리타니아 접속 : 10[$mm^2$] 이상의 굵은 선을 첨선과 조인트 선을 추가하여 접속하는 방법이다.



정답 43 ② 44 ① 45 ②

**46** 옥내 저압 이동전선으로 사용하는 캡타이어 케이블에는 단심, 2심, 3심, 4~5심이 있다. 이때 도체 공칭단면적의 최솟값은 몇 $[mm^2]$인가?

① 0.75　② 2.0
③ 5.5　④ 8.0

**해설** [한국전기설비규정 234.3 코드 및 이동전선]
조명용 전원코드 또는 이동전선은 단면적 $0.75[mm^2]$ 이상의 코드 또는 캡타이어 케이블을 용도에 적합하게 선정하여야 한다.

**47** 수전설비의 특별 고압 배전반은 배전반 앞에서 계측기를 판독하기 위하여 앞면과 최소 몇 [m] 이상 유지하는 것을 원칙으로 하고 있는가?

① 0.6　② 1.2
③ 1.5　④ 1.7

**해설** 수전설비의 배전반 등의 최소 유지거리

| 기기 / 부위[m] | 저압 배전반 | 고압 배전반 | 특고압 배전반 | 변압기 등 |
|---|---|---|---|---|
| 앞면 혹은 조작 계측면 | 1.5 | 1.5 | 1.7 | 0.6 |
| 뒷면 또는 점검면 | 0.6 | 0.6 | 0.8 | 0.6 |
| 열상호 간 (점검하는 면) | 1.2 | 1.2 | 1.4 | 1.2 |
| 기타의 면 | – | | | 0.3 |

**48** 도로를 횡단하여 시설하는 지지선의 높이는 지표상 몇 [m] 이상이어야 하는가?

① 5　② 6
③ 8　④ 10

**해설** [한국전기설비규정 331.11 지지선의 시설]
• 도로를 횡단하여 시설하는 지지선의 높이 : 5[m] 이상
• 교통에 지장을 초래할 우려가 없는 경우 : 4.5[m] 이상
• 보도의 경우 : 2.5[m] 이상

**49** 다음 그림과 같이 금속관을 구부릴 때 일반적으로 A와 B의 관계식은?

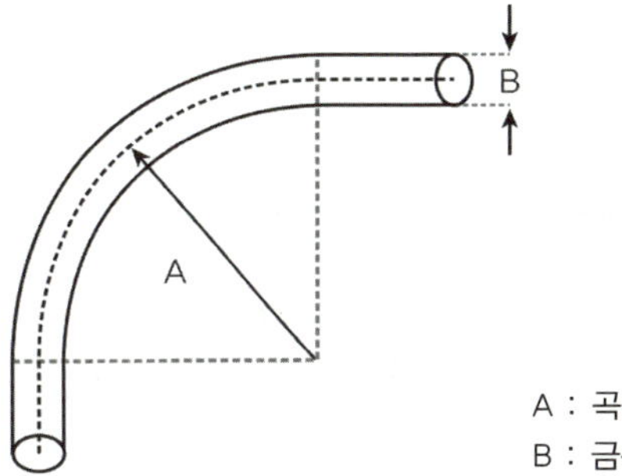


① $A = 2B$　② $A \geq 2B$
③ $A = 5B$　④ $A \geq 6B$

**해설** 금속관을 구부릴 때에는 금속관의 단면이 변형되지 않도록 구부리며, 곡률반지름은 관 안지름의 6배 이상이 되어야 한다. 그러므로 $A \geq 6B$이다.

**50** 절연전선을 동일 금속덕트 내에 넣을 경우 금속덕트의 크기는 전선의 피복절연물을 포함한 단면적의 총합계가 금속덕트 내 단면적의 몇 [%] 이하가 되도록 선정하여야 하는가? (단, 제어회로 등의 배선에 사용하는 전선만을 넣는 경우이다.)

① 30[%]　② 40[%]
③ 50[%]　④ 60[%]

정답 46 ① 47 ④ 48 ① 49 ④ 50 ③

**해설** [한국전기설비규정 232.31 금속덕트공사]
- 금속덕트에 넣은 전선의 단면적(절연피복의 단면적을 포함)의 합계는 덕트의 내부 단면적의 20[%] 이하일 것
- 전광표시장치 기타 이와 유사한 장치 또는 제어회로 등의 배선만을 넣는 경우에는 50[%] 이하일 것

**51** 학교, 음식점, 다방, 대중목욕탕, 기숙사, 여관 등 숙박시설에서 사용하는 표준부하[VA/$m^2$]는?

① 5 ② 10
③ 20 ④ 30

**해설** 표준부하[VA/$m^2$]

| 건축물의 종류 | 표준부하 |
|---|---|
| 공장, 사원, 교회, 극장, 영화관 등 | 10 |
| 기숙사, 여관, 호텔, 병원, 학교, 음식점, 다방, 대중목욕탕 | 20 |
| 사무실, 은행, 상점, 이발소, 미용원 | 30 |
| 주택, 아파트 | 40 |

**52** 접지저항의 저감 대책이 아닌 것은?

① 접지극을 깊게 매설한다.
② 접지판의 면적을 감소시킨다.
③ 접지봉의 연결 개수를 증가시킨다.
④ 토양의 고유저항을 화학적으로 저감시킨다.

**해설** 접지저항의 저감 대책
- 접지극을 병렬접속한다.
- 접지극 길이를 길게 한다.
- 접지판의 면적을 크게 한다.
- 접지저항 저감제를 사용한다.
- 접지봉의 매설 깊이를 깊게 시공한다.
- 접지극과 대지저항의 접촉저항을 크게 하기 위해 심타공법으로 시공한다.

**53** 전주의 길이가 16[m]인 지지물을 건주하는 경우에 땅에 묻히는 최소 깊이[m]는? (단, 설계하중이 6.8[kN] 이하이다.)

① 1.5 ② 2.0
③ 2.5 ④ 3.5

**해설** [한국전기설비규정 331.7 가공전선로 지지물의 기초의 안전율]
강관을 주체로 하는 철주 또는 철근 콘크리트주로서 그 전체 길이가 16[m] 이하, 설계하중이 6.8[kN] 이하인 것 또는 목주를 시설하는 경우 매설 깊이를 다음에 의한다.
- 전체 길이가 15[m] 이하인 경우, 땅에 묻히는 깊이를 전체 길이의 1/6 이상으로 할 것
- 전체 길이가 15[m] 초과인 경우, 땅에 묻히는 깊이를 2.5[m] 이상으로 할 것
- 논이나 그 밖의 지반이 연약한 곳에는 견고한 근가를 시설할 것

**54** 무대, 무대마루 밑, 오케스트라 박스 및 영사실, 기타 사람이나 무대 도구가 접촉될 우려가 있는 장소에 시설하는 저압 옥내배선, 전구선 또는 이동전선은 사용전압이 몇 [V] 이하이어야 하는가?

① 60 ② 110
③ 220 ④ 400

**해설** [한국전기설비규정 242.6 전시회, 쇼 및 공연장의 전기설비]
무대, 무대마루 밑, 오케스트라 박스, 영사실 기타 사람이나 무대 도구가 접촉할 우려가 있는 곳에 시설하는 저압 옥내배선, 전구선, 또는 이동전선은 사용전압이 400[V] 이하이어야 한다.

정답 51 ③ 52 ② 53 ③ 54 ④

**55** 폭연성 먼지 또는 화약류의 분말로 인해 폭발할 우려가 있는 곳에 시설하는 저압 옥내 전기설비의 저압 옥내배선공사는?

① 애자공사
② 금속관공사
③ 가요전선관공사
④ 합성수지관공사

**해설** [한국전기설비규정 242.2.1 폭연성 먼지 위험장소] 저압 옥내배선, 저압 관등회로 배선 및 소세력 회로의 전선은 금속관공사 또는 케이블공사(캡타이어 케이블을 사용하는 것을 제외한다)에 의할 것

**56** 저압 옥내배선에서 애자사용공사를 할 때 올바른 것은?

① 전선 상호 간의 간격은 6[cm] 이상
② 애자사용공사에 사용되는 애자는 절연성·난연성 및 내수성과 무관
③ 400[V] 초과하는 경우 전선과 조영재 사이의 간격은 2.5[cm] 미만
④ 전선의 지지점 간의 거리는 조영재의 윗면 또는 옆면에 따라 붙일 경우에는 3[m] 이상

**해설** [한국전기설비규정 232.56 애자공사]
- 전선 상호 간의 간격은 0.06[m] 이상일 것
- 사용하는 애자는 절연성, 내수성, 난연성의 것일 것
- 전선과 조영재 사이의 간격
  - 사용전압이 400[V] 이하인 경우 25[mm]
  - 사용전압이 400[V] 초과인 경우 45[mm](건조한 장소에 시설하는 경우에는 25[mm])
- 전선의 지지점 간의 거리는 전선을 조영재의 윗면 또는 옆면에 따라 붙일 경우 2[m] 이하

**57** 전선의 공칭단면적에 대한 설명으로 옳지 않은 것은?

① 단위는 [mm²]로 표시한다.
② 전선의 실제 단면적과 같다.
③ 연선의 굵기를 나타내는 것이다.
④ 소선수와 소선의 지름으로 나타낸다.

**해설** 공칭단면적은 연선의 굵기를 나타낸 것이다. 단위는 [mm²]이고, 소선의 지름으로 단면적을 구하고 이에 소선수를 곱해 근사치로 공칭단면적을 구한다. 따라서 전선의 실제 단면적과는 다르다.

**58** 저압전로의 사용전압이 500[V]를 초과하는 경우 절연저항의 하한값[MΩ]은?

① 0.5 ② 1.0
③ 1.5 ④ 2.0

**해설** 전로의 절연저항값

| 전로의 사용전압 구분 [V] | DC 시험전압 [V] | 절연저항 [Ω] |
|---|---|---|
| SELV 및 PELV | 250 | 0.5 |
| FELV, 500[V] 이하 | 500 | 1.0 |
| 500[V] 초과 | 1,000 | 1.0 |

- SELV : 특별저압(2차 전압이 AC 50[V], DC 120[V] 이하), 비접지회로 구성
- PELV : 특별저압(2차 전압이 AC 50[V], DC 120[V] 이하), 접지회로 구성, 1차 및 2차가 절연된 회로
- FELV : 특별저압(2차 전압이 AC 50[V], DC 120[V] 이하), 1차 및 2차가 절연되지 않은 회로

7개년 기출복원문제

정답 55 ② 56 ① 57 ② 58 ②

**59** 일반적으로 분기회로의 개폐기 및 과전류차단기는 저압 옥내 간선과의 분기점에서 전선의 길이가 몇 [m] 이하의 곳에 시설하여야 하는가?

① 3[m] ② 4[m]

③ 5[m] ④ 8[m]

**해설** [한국전기설비규정 212.4.2 과부하 보호장치의 설치 위치]
분기회로($S_2$)의 보호장치($P_2$)는 전원측에서 분기점($O$) 사이에 다른 분기회로 또는 콘센트의 접속이 없고, 단락의 위험과 화재 및 인체에 대한 위험성이 최소화되도록 시설된 경우, 분기회로의 보호장치($P_2$)는 분기회로의 분기점($O$)으로부터 3[m]까지 이동하여 설치할 수 있다.

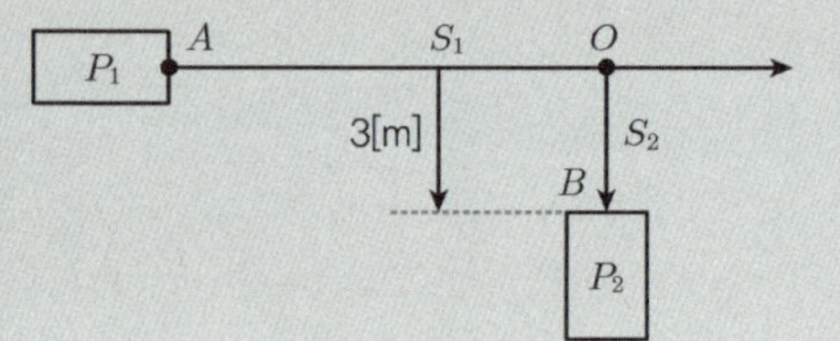


**60** 주상 변압기의 1차측 보호장치로 사용하는 것은?

① 리클로저

② 캐치홀더

③ 컷아웃 스위치

④ 자동구분개폐기

**해설** 컷아웃 스위치(COS)는 주로 변압기의 1차측에 설치하여 변압기의 보호와 단로를 위한 목적으로 사용한다.
① 리클로저 : 가공 배전 선로의 전주에 설치되어 단시간 내에 일시적인 고장(과부하, 단락, 단선)을 차단하여 배전 선로의 주요설비 보호 및 정전 구역을 최소화한다.
② 캐치홀더 : 저압 배전 선로에서 배전용 변압기의 2차측 인출구나 인입선의 분기점 등에 취부하는 퓨즈의 일종이다.
③ 자동구분개폐기 : 수용가 수전 인입점에 설치하여 수용가의 고장구간을 후비보호 장치와 협조하여 자동으로 고장 구간을 차단하여 고장으로 인한 정전피해를 최소화시키는 선로 보호용 개폐기이다.

정답 59 ① 60 ③

# 2019년 제 1 회 기출복원문제

**01** 원자핵의 구속력을 벗어나서 물질 내에서 자유로이 이동할 수 있는 것은?

① 중성자 ② 양성자
③ 자유전자 ④ 분자

**해설** 원자는 원자의 중심에 양전하를 띠는 원자핵이 있고 음전하를 띠는 전자가 원자핵 주변을 둘러싸고 있다. 원자핵은 전하를 띠지 않는 중성자와 양전하를 띠는 양성자로 이루어져 있다.
- 원자 : 원소의 화학적 성질을 가진 최소 단위체
- 자유전자 : 원자의 구속에서 벗어나서 자유로이 움직일 수 있는 상태의 전자

**02** 10[A]의 전류가 흐르고 있을 때 단위 시간당 단면을 통과하는 전자의 개수는? (단, 전자의 전하량 $e=1.602\times10^{-19}$[C]이다.)

① $6.24\times10^{17}$ ② $6.24\times10^{19}$
③ $1.28\times10^{21}$ ④ $1.28\times10^{23}$

**해설** $Q=I\cdot t=ne$, $e=1.602\times10^{-19}$[C]
전자의 개수 $n$은
$$n=\frac{I\cdot t}{e}=\frac{10\times1}{1.602\times10^{-19}}=6.24\times10^{19}[\text{개}]$$

**03** 등전위면을 따라 전하 $Q$[C]를 운반하는 데 필요한 일은?

① 전하의 크기에 따라 변한다.
② 전위의 크기에 따라 변한다.
③ 등전위면과 전기력선에 의하여 결정된다.
④ 항상 0이다.

**해설** 일은 등전위면에서 전위는 모두 동일하므로 등전위면에서 하는 일은 항상 0이다.

**04** $C=5$[μF]인 평행판 콘덴서에 5[V]인 전압을 걸어줄 때, 콘덴서에 축적되는 에너지[J]는?

① $6.25\times10^{-5}$ ② $6.25\times10^{-3}$
③ $1.25\times10^{-5}$ ④ $1.25\times10^{-3}$

**해설** 콘덴서의 축적되는 에너지 $W=\frac{1}{2}CV^2$이므로
$W=\frac{1}{2}\times5\times10^{-6}\times5^2=6.25\times10^{-5}$[J]이다.

**05** 300[V], 30[W]인 전구와 300[V], 60[W]인 전구를 직렬로 접속하고 450[V]의 전압을 인가하였을 때 어느 전구가 더 어두운가? (단, 전구의 밝기는 소비전력에 비례한다.)

① 둘 다 불이 들어오지 않는다.
② 둘 다 같다.
③ 30[W] 전구가 60[W] 전구보다 더 어둡다.
④ 60[W] 전구가 30[W] 전구보다 더 어둡다.



정답 01 ③ 02 ② 03 ④ 04 ① 05 ④

**해설** 30[W] 전구에서의 저항

$R_{30W} = \frac{V^2}{P_{30W}} = \frac{300^2}{30} = 3000[\Omega]$

60[W] 전구에서의 저항 $R_{60W} = \frac{V^2}{P_{60W}} = \frac{300^2}{60} = 1500[\Omega]$

직렬회로의 전류는 $I = \frac{V}{R_{30W} + R_{60W}} = \frac{450}{4500} = 0.1[\text{A}]$

$P_{30W} = I^2 R = 0.1^2 \times 3000 = 30[\text{W}]$

$P_{60W} = I^2 R = 0.1^2 \times 1500 = 15[\text{W}]$

따라서 60[W] 전구가 30[W] 전구보다 더 어둡다.

## 06 $i = 200\sqrt{2}\sin\left(\omega t + \frac{\pi}{2}\right)$[A]를 복소수로 표시하면?

① 200
② $j200$
③ $200 + j200$
④ $200\sqrt{2} + j200\sqrt{2}$

**해설** $i = 200\sqrt{2}\sin\left(\omega t + \frac{\pi}{2}\right)$[A]를 복소수로 표시하면

$\dot{I} = I_{rms}\angle\theta = I_{rms}(\cos\theta + j\sin\theta)$와 같다.

$I_{rms} = \frac{I_m}{\sqrt{2}} = \frac{200\sqrt{2}}{\sqrt{2}} = 200[\text{A}]$, $\theta = \frac{\pi}{2}$이므로

$\dot{I} = 200\left(\cos\frac{\pi}{2} + j\sin\frac{\pi}{2}\right) = 200(0 + j1) = j200[\text{A}]$

## 07 자체 인덕턴스 4[H]의 코일에 18[J]의 에너지가 저장되어 있다. 이때 코일에 흐르는 전류[A]는?

① 1 ② 2
③ 3 ④ 4

**해설** 인덕터에 축적되는 에너지 $W = \frac{1}{2}LI^2$[J]이므로

전류 $I = \sqrt{\frac{2W}{L}} = \sqrt{\frac{2 \times 18}{4}} = 3[\text{A}]$이다.

## 08 기전력 50[V], 내부저항 5[Ω]인 전원이 있다. 이 전원에 부하를 연결하여 얻을 수 있는 최대전력[W]은?

① 125 ② 250
③ 500 ④ 750

**해설** 전원의 기전력 50[V], 내부저항 $r = 5[\Omega]$인 부하에서 최대전력이 발생하려면 내부저항과 외부저항 $R$의 크기가 같아야 하므로 $R = r = 5[\Omega]$이다.
전원의 내부저항과 외부저항이 직렬로 연결되어 있으므로

회로에 흐르는 전류는 $I = \frac{V}{r+R} = \frac{50}{5+5} = 5[\text{A}]$이다.

부하에서의 소비전력 $P = I^2 R = 5^2 \times 5 = 125[\text{W}]$

## 09 각 주파수 $\omega = 100\pi$[rad/sec]일 때 주파수 $f$[Hz]는?

① 50 ② 60
③ 70 ④ 80

**해설** 각 주파수 $\omega = 2\pi f = 100\pi[\text{rad/sec}]$이므로 주파수 $f = \frac{\omega}{2\pi} = \frac{100\pi}{2\pi} = 50[\text{Hz}]$이다.

정답 06 ② 07 ③ 08 ① 09 ①

**10** 임피던스 $\dot{Z}=6+j8[\Omega]$에서 컨덕턴스[℧]는?

① 0.06　② 0.08
③ 0.1　④ 1.0

**해설** 임피던스 $\dot{Z}=6+j8[\Omega]$

$\dot{Y}=\frac{1}{\dot{Z}}=G+jB$ [℧]이므로

$\dot{Y}=\frac{1}{6+j8}=\frac{6-j8}{(6+j8)\times(6-j8)}=\frac{6-j8}{100}$
$=0.06-j0.08$[℧]

따라서 컨덕턴스 $G=0.06$[℧]이다.

- $\dot{Y}$ : 어드미턴스 [℧]
- $G$ : 컨덕턴스(어드미턴스의 실수부)[℧]
- $B$ : 서셉턴스(어드미턴스의 허수부)[℧]

**11** 전류의 열작용과 관계가 있는 법칙은?

① 옴의 법칙
② 줄의 법칙
③ 키르히호프의 법칙
④ 플레밍의 오른손 법칙

**해설** 전류의 열작용과 관계가 있는 법칙은 줄의 법칙이다. 줄의 법칙은 도선에 전류가 흐르면 열이 발생하며 이때 발생한 단위 시간당의 열량은 전류의 세기의 제곱과 도선의 전기저항의 곱과 같다는 법칙이다.
$H=0.24I^2Rt$ [cal]

**12** 정전용량 $C$[μF]의 콘덴서에 충전된 전하가 $q=\sqrt{2}Q\sin\omega t$[C]와 같이 변화하였을 때 콘덴서에 들어간 전류[A]는?

① $i=\sqrt{2}\omega Q\sin\omega t$
② $i=\sqrt{2}\omega Q\cos\omega t$
③ $i=\sqrt{2}\omega Q\sin(\omega t-60°)$
④ $i=\sqrt{2}\omega Q\cos(\omega t-60°)$

**해설** 전하 $q=CV$이므로 $V=\frac{q}{C}=\frac{\sqrt{2}Q\sin\omega t}{C}$ 이다.
콘덴서 $C$로만 이루어진 회로에서 전류 $i$는 전압 $v$보다 90°만큼 빠르다. (진상)
그러므로 $i=\sqrt{2}\omega Q\cos\omega t$라는 것을 알 수 있다.

**13** 전원측과 부하측이 Δ-Δ 결선된 3상 평형회로에 상전압이 200[V], 부하 임피던스가 $Z=6+j8[\Omega]$인 경우 선전류[A]는?

① 20　② $\frac{20}{\sqrt{3}}$
③ $20\sqrt{3}$　④ $10\sqrt{3}$

**해설** 한 상에서 상전압 $V_p=200$[V], 부하 임피던스 $Z=6+j8[\Omega]$이므로 $|Z|=\sqrt{6^2+8^2}=10[\Omega]$이다.
상전류 $|I_p|=\frac{V_p}{|Z|}=\frac{200}{10}=20$[A]
Δ-Δ결선에서 선전류 $|I_l|=\sqrt{3}|I_p|=20\sqrt{3}$[A]이다.

**14** 전류에 의해 만들어지는 자기장의 자기력선 방향을 간단하게 알아내는 방법은?

① 플레밍의 왼손 법칙
② 렌츠의 자기유도 법칙
③ 앙페르의 오른나사 법칙
④ 패러데이의 전자유도 법칙

**해설**
① 플레밍의 왼손 법칙 : (전동기의 원리) 자기장 내에서 도선에 전류가 흐를 때 도선이 받는 힘의 방향을 결정하는 법칙
② 렌츠의 자기유도 법칙 : 유도기전력과 유도전류는 자기장의 변화를 상쇄하려는 방향으로 발생한다는 법칙
④ 패러데이의 전자유도 법칙 : 코일을 관통하는 자속을 변화시킬 때 코일에 유도기전력이 발생하는 법칙

정답 10 ① 11 ② 12 ② 13 ③ 14 ③

**15** $R=5[\Omega]$, $L=30$[mH]인 R–L 직렬회로에 $V=200$[V], $f=60$[Hz]의 교류전압을 가할 때 전류의 크기[A]는?

① 8.67 ② 11.31
③ 16.17 ④ 21.25

**해설** 유도성 리액턴스 $X_L=\omega L=2\pi fL$
$=2\pi\times60\times30\times10^{-3}=11.31[\Omega]$이다.
임피던스 $Z=R+jX_L=5+j11.31[\Omega]$,
$|Z|=\sqrt{5^2+11.31^2}\fallingdotseq12.37[\Omega]$이다.
$|I|=\frac{V}{|Z|}=\frac{200}{12.37}\fallingdotseq16.17[A]$

**16** 100[V]에서 5[A]가 흐르는 전열기에 120[V]를 가하면 흐르는 전류[A]는?

① 4 ② 5
③ 6 ④ 7

**해설** 전열기의 저항 $R=\frac{V}{I}=\frac{100}{5}=20[\Omega]$이다.
같은 전열기에 120[V]의 전압을 인가하였을 때 전류 $I=\frac{V}{R}=\frac{120}{20}=6[A]$이다.

**17** 220[V] 단상의 부하에 전류가 전압보다 45° 뒤진 15[A]의 전류가 흘렀을 때 소비전력[W]은?

① 1,650 ② 2,333
③ 2,800 ④ 3,300

**해설** 전압 $V=220[V]$, 전류 $I=15[A]$,
위상 $\theta=45°$일 때
소비전력 $P=VI\cos\theta=220\times15\times\frac{\sqrt{2}}{2}\fallingdotseq2,333[W]$

**18** 정전용량이 10[μF]인 콘덴서 10개를 병렬로 했을 때의 합성 정전용량은 직렬로 했을 때의 합성 정전용량보다 어떻게 되는가?

① $\frac{1}{100}$배로 감소한다.
② $\frac{1}{10}$배로 감소한다.
③ 10배로 증가한다.
④ 100배로 증가한다.

**해설**

| | 합성 정전용량 |
|---|---|
| 직렬연결 | $\frac{1}{C}=\frac{1}{C_1}+\frac{1}{C_2}+\frac{1}{C_3}+\cdots+\frac{1}{C_n}$ |
| 병렬연결 | $C=C_1+C_2+C_3+\cdots+C_n$ |

콘덴서를 병렬로 연결했을 때 합성 정전용량
$C=10\times10$개$=100[\mu F]$
콘덴서를 직렬로 연결했을 때 합성 정전용량
$C=\frac{1}{10}\times10=1[\mu F]$
병렬로 연결했을 때 합성 정전용량은 직렬로 연결했을 때의 합성 정전용량보다 100배로 증가한다.

**19** 황산구리 용액에 10[A]의 전류를 60분간 흘린 경우 이때 석출되는 구리의 양[g]은? (단, 구리의 전기화학 당량은 $0.3293\times10^{-3}$[g/C]임)

① 약 11.85 ② 약 5.93
③ 약 7.82 ④ 약 1.67

정답 15 ③ 16 ③ 17 ② 18 ④ 19 ①

해설 패러데이의 법칙에 의하여 석출되는 구리의 양 $W = KQ = KIt$이므로

$W = 0.3293 \times 10^{-3} \times 10 \times (60 \times 60) \fallingdotseq 11.85[g]$

[패러데이의 법칙]

- 전기분해를 하는 동안 전극에 흐르는 전하량과 전기분해로 인해 생긴 화학 변화의 양 사이의 정량적인 관계를 나타내는 법칙. 전기량이 같을 때 석출되는 물질의 양은 전류의 전기량과 비례한다.
- $W = KQ = KIt[g]$ ( $W$ : 석출되는 물질의 양, $k$ : 화학당량 $= \frac{원자량}{원자가}$)

**20** 교류전압이 $v = \sqrt{2}\,V\sin\left(\omega t - \frac{\pi}{3}\right)$[V], 교류전류가 $i = \sqrt{2}\,I\sin\left(\omega t - \frac{\pi}{6}\right)$[A]인 경우 전압과 전류의 위상 관계는?

① 전압이 전류보다 60° 앞선다.
② 전류가 전압보다 60° 앞선다.
③ 전압이 전류보다 30° 앞선다.
④ 전류가 전압보다 30° 앞선다.

해설

| $i_1 = \sin(\omega t + \theta)$ | $i = \sin\omega t$ | $i_2 = \sin(\omega t - \theta)$ |
|---|---|---|
| $i_1$는 $i$보다 $\theta$만큼 앞선다. | | $i_2$는 $i$보다 $\theta$만큼 뒤진다. |

교류전압 $v$는 $\sin\omega t$ 그래프에 비하여 $\frac{\pi}{3} = 60°$만큼 뒤진다. 교류전류 $i$는 $\sin\omega t$ 그래프에 비하여 $\frac{\pi}{6} = 30°$만큼 뒤진다. 따라서 전류 $i$가 전압 $v$보다 $60° - 30° = 30°$만큼 앞선다.

**21** 전동기의 제동에서 전동기가 가지는 운동에너지를 전기에너지로 변화시키고 이것을 전원에 환원시켜 전력을 회생시킴과 동시에 제동하는 방법은?

① 발전제동(Dynamic Braking)
② 역전제동(Plugging Braking)
③ 맴돌이전류제동(Eddy Current Braking)
④ 회생제동(Regenerative Braking)

해설

① 발전제동 : 운전 중인 전동기를 전원에서 분리한 후에 발전기로 작용시켜 회전체의 운동에너지를 전기에너지로 변환하고, 저항 안에서 줄열로 소비시켜 제동하는 방법이다.
② 역전제동 : 전동기를 전원에 접속시킨 상태에서 전동기의 전기자 접속을 반대로 바꾸어 원래 회전하던 방향과 반대인 토크를 발생시켜 전동기를 급속히 정지시키는 방법이다.
④ 회생제동 : 전동기를 발전기처럼 사용하여 발생하는 전력을 전원에 반환하여 제동하는 방법이다. 엘리베이터의 하강과 전기차가 언덕을 내려갈 때 사용한다.

**22** 직류분권전동기를 운전 중 계자저항을 증가시켰을 때의 회전속도는?

① 증가한다. ② 감소한다.
③ 변함없다. ④ 정지한다.

해설 직류분권전동기의 속도제어

$$E = K\phi N[V]$$
$$E = V - I_a R_a[V]$$
$$N = K\frac{V - I_a R_a}{\phi}[rpm]$$

직류분권전동기에서 계자저항($R_f$)이 증가하면, 계자저항이 흐르는 계자전류($I_f$)가 감소하게 되고, 계자에서 발생하는 자속($\phi$)이 감소함에 따라 직류전동기 속도 $N \propto \frac{1}{\phi}$에서 속도($N$)는 증가한다.

정답 20 ④ 21 ④ 22 ①

**23** 직류발전기의 정격전압 100[V], 무부하 전압 109[V]일 때 전압변동률[%]은?

① 1　② 3
③ 6　④ 9

**해설** 전압변동률($\epsilon$)

$$= \frac{\text{무부하 시 전압}(Vo) - \text{정격전압}(V_n)}{\text{정격전압}(V_n)} \times 100[\%]$$

$$= \frac{109-100}{100} \times 100[\%] = 9[\%]$$

**24** 직류전동기에 대한 설명으로 옳지 않은 것은?

① 분권 직류전동기는 단자전압 및 계자전류가 일정하고 전기자 반작용을 무시할 때, 속도-토크 특성이 선형적으로 변한다.
② 타여자 직류전동기의 속도는 계자전류, 전기자 전압, 전기자저항을 변화시킴으로써 조절할 수 있다.
③ 직권 직류전동기는 직류전동기 중에서 가장 작은 기동토크를 가진다.
④ 가동 복권 직류전동기는 직권과 분권의 결합 형태로서 각각의 장점을 포함하고 있다.

**해설** 직류전동기의 특징
직류직권전동기는 속도를 조절할 수 있는 전동기로서 기동토크가 크기 때문에 전동차, 권상기, 크레인 등과 같이 기동이 빈번하고 토크의 변동이 심한 부하에 많이 사용한다.
• 토크 : $T = K\phi I_a = KI_a^2$[N·m]

**25** 3상 동기전동기 특징이 아닌 것은?

① 부하의 변화로 속도가 변하지 않는다.
② 부하의 역률을 개선할 수 있다.
③ 전부하 효율이 양호하다.
④ 공극이 좁으므로 기계적으로 견고하다.

**해설** 3상 동기전동기는 공극이 넓으므로 기계적으로 튼튼하고 보수가 용이하다.

**26** 3상 동기기의 제동권선의 역할은?

① 난조방지　② 효율증가
③ 출력증가　④ 역률개선

**해설** 제동권선의 역할
• 제동권선 : 난조방지
• 보상권선 : 전기자 반작용 방지

**27** 2대의 동기발전기가 병렬운전하고 있다. 한쪽 발전기의 계자전류가 증가했을 때 두 발전기 사이에 일어나는 현상으로 옳은 것은?

① 무효순환전류가 흐른다.
② 기전력의 위상이 변한다.
③ 동기화전류가 흐른다.
④ 속도조정률이 변한다.

**해설** 동기발전기의 병렬운전
한쪽 발전기의 계자를 변화시키면 전압이 변하여 두 발전기 사이의 기전력이 달라지며, 이로 인해 무효순환전류가 흐른다. 또한, 전압이 높은 쪽은 무효전류에 의한 감자 작용이 일어난다.

정답　23 ④　24 ③　25 ④　26 ①　27 ①

**28** 3상 동기발전기에 무부하 전압보다 90° 뒤진 전기자 전류가 흐를 때, 전기자 반작용으로 가장 옳은 것은?

① 감자 작용을 받는다.
② 증자 작용을 받는다.
③ 교차 자화 작용을 받는다.
④ 자기 여자 작용을 받는다.

**해설** 동기발전기 부하를 $Z_L = \omega L$의 인덕턴스 부하로 접속하였을 경우, 전기자 전류는 유도기전력(E)에 대하여 90° 지상이므로 감자 작용을 한다.
- R부하(동상전류) : 교차 자화 작용
- L부하(지상전류) : 감자 작용
- C부하(진상전류) : 증자 작용

**29** 변압기 1차측에 3.3[kV]를 연결하고, 2차측에 소비전력 16.5[kW]의 저항부하를 연결하였다. 이때 변압기 2차측 전류가 250[A]일 때 권수비는? (단, 변압기 손실은 무시한다.)

① 20　② 30
③ 40　④ 50

**해설** 권수비 $a = \frac{E_1}{E_2} = \frac{V_1}{V_2} = \frac{N_1}{N_2} = \sqrt{\frac{Z_1}{Z_2}} = \sqrt{\frac{R_1}{R_2}}$ 에서 1차측 $E_1 = 3.3$[kV]이고,
2차측 $E_2 = \frac{P_2}{I_2} = \frac{16.5 \times 10^3}{250} = 66$[V]이므로,
$a = \frac{E_1}{E_2} = \frac{3,300}{66} = 50$이다.

**30** 변압기유의 구비조건으로 옳은 것은?

① 절연내력이 클 것　② 인화점이 낮을 것
③ 응고점이 높을 것　④ 비열이 작을 것

**해설** 변압기유의 구비조건
- 절연내력이 클 것
- 비열이 커서 냉각효과가 클 것
- 인화점이 높고 응고점이 낮을 것
- 고온에서도 산화하지 않을 것
- 절연, 금속재료와 화학작용을 일으키지 않을 것

**31** 부흐홀츠계전기의 설치 위치로 가장 적당한 곳은?

① 변압기 주 탱크 내부
② 콘서베이터 내부
③ 변압기 고압 측 부싱
④ 변압기 주 탱크와 콘서베이터 사이

**해설** 부흐홀츠계전기는 변압기 주 탱크와 콘서베이터 사이에 설치하여 변압기 내부고장 보호용으로 사용된다. 절연유의 온도 상승시 발생하는 유증기를 검출하여 권선 단락, 철심 고정 볼트의 절연 열화, 탭 전환기의 고장 등을 경보 및 차단한다.

**32** 이상적인 단상변압기의 1차측 권선수는 200, 2차측 권선수는 400이다. 1차측 권선은 220[V], 50[Hz] 전원에, 2차측 권선은 2[A], 지상역률 0.8의 부하에 연결될 때, 부하에서 소비되는 전력[W]은?

① 600　② 654
③ 704　④ 734

**해설** 권수비 $a = \frac{E_1}{E_2} = \frac{V_1}{V_2} = \frac{N_1}{N_2} = \sqrt{\frac{Z_1}{Z_2}} = \sqrt{\frac{R_1}{R_2}}$ 에서
$\frac{N_1}{N_2} = \frac{V_1}{V_2}$, $\frac{200}{400} = \frac{220}{V_2}$ 이므로, $V_2 = 440$[V]
$P_2 = V_2 I_2 \cos\theta = 440 \times 2 \times 0.8 = 704$[W]

7개년 기출복원문제

정답 28 ① 29 ④ 30 ① 31 ④ 32 ③

**33** 단상 배전선 전압 200[V]를 220[V]로 승압하는 단권 변압기의 자기용량[kVA]은? (단, 부하용량은 110[kVA]이다.)

① 9 ② 10
③ 90 ④ 100

**해설** 단권 변압기의 자기용량
$P=\dfrac{V_H-V_L}{V_H}\times$부하용량$=\dfrac{220-200}{220}\times 110=10$[kVA]

**34** 슬립이 일정한 경우 유도전동기의 공급 전압이 $\frac{1}{2}$로 감소하면 토크는 처음에 비해 어떻게 되는가?

① 2배가 된다.
② 1배가 된다.
③ $\frac{1}{2}$로 줄어든다.
④ $\frac{1}{4}$로 줄어든다.

**해설** 유도전동기의 토크와 공급 전압과의 관계는 $T\propto V^2$이므로 $(\frac{1}{2})^2=\frac{1}{4}$로 감소한다.

**35** 용량이 250[kVA]인 단상 변압기 3대를 $\Delta$결선으로 운전 중 1대가 고장 나서 V결선으로 운전하는 경우 출력[kVA]은?

① 144 ② 353
③ 433 ④ 525

**해설** V결선 용량
$P_v=\sqrt{3}\,V_PI_P=\sqrt{3}\times 250=433$[kVA]

**36** 고압 전동기 철심의 강판 홈(Slot)의 모양은?

① 반구형 ② 반폐형
③ 밀폐형 ④ 개방형

**해설** 전동기 철심의 홈(Slot)
홈에는 반폐홈과 개방홈이 있으며, 저압인 경우는 반폐형으로 구성하며 고압인 경우에 효과적인 냉각을 위해 개방형 구조로 제작한다.
- 개방형 : 냉각용 외부 공기가 권선에 직접 닿을 수 있도록 되어있는 구조
- 전폐형 : 프레임 외부와 내부에 공기가 직접 소통되지 않는 구조
- 반폐형 : 기기 외피에 개구부가 있고 기기 주위의 외기가 기기 내외를 자유로이 유통하는 구조

**37** 유도전동기의 속도를 결정하는 직접적인 요소가 아닌 것은?

① 온도 ② 극수
③ 전압 ④ 주파수

**해설** 유도전동기의 속도
$N=(1-s)N_S=(1-s)\dfrac{120f}{p}$
($s$ : 슬립, $p$ : 극수, $f$ : 주파수[[Hz]], $N_S$ : 동기속도, $N$ : 회전자 속도)

**38** 3상 유도전동기 출력이 10[kW], 슬립이 5[%]일 때, 2차 동손[kW]은? (단, 기계적 손실은 무시한다.)

① 0.326 ② 0.426
③ 0.526 ④ 0.626



정답 33 ② 34 ④ 35 ③ 36 ④ 37 ① 38 ③

**해설** 유도전동기의 2차측 특성

- 2차 입력 : $P_2 = P_{c2} + P_0$
- 2차 구리손 : $P_{c2} = sP_2$
- 출력 : $P_o = P_2 - P_{c2} = P_2 - sP_2 = (1-s)P_2$

$$P_{c2} = sP_2 = s \times \frac{P_o}{(1-s)} = 0.05 \times \frac{10}{1-0.05} \fallingdotseq 0.526$$

## 39 다음 설명에 해당하는 전력용 반도체 소자는?

> 전력용 스위칭을 목적으로 사용되며 스위칭시 발생하는 손실을 줄이기 위하여 포화영역에서 ON, 차단영역에서 OFF가 되도록 하고 활성영역은 사용하지 않는다. 충분한 베이스 전류를 흘려 동작시키며 각종 서브모터 드라이버, 초퍼 회로에 사용한다.

① 사이리스터(SCR)
② 트라이액(TRIAC)
③ 전력용 트랜지스터(바이폴라형)
④ 전력용 MOSFET

**해설** **전력용 트랜지스터**(Electric Transistor)
트랜지스터의 동작은 전기적으로 포화영역과 활성영역으로 구분되는데, 증폭작용은 포화영역, 논리회로에서와 같이 스위칭 작용은 활성화 영역에서 동작한다. BJT와 FET가 있으며, 전력용으로 사용되는 대부분 트랜지스터는 증폭작용보다는 대부분은 스위칭을 목적으로 사용된다.

## 40 상전압 300[V]의 3상 반파 정류회로의 직류전압은 약 몇 [V]인가?

① 520[V] ② 350[V]
③ 260[V] ④ 50[V]

**해설** 3상 반파 정류 직류전압 $= 300 \times 1.17 = 351$[V]

- 단상 반파 전압 $= 0.45 \times E$
- 단상 전파 전압 $= 0.9 \times E$
- 3상 반파 전압 $= 1.17 \times E$
- 3상 전파 전압 $= 1.35 \times E$

## 41 그림의 심벌 명칭은?

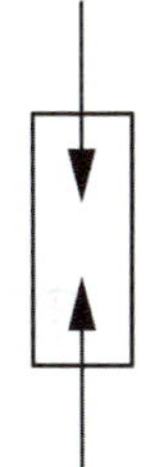

① 단로기 ② 피뢰기
③ 파워퓨즈 ④ 컷아웃 스위치

**해설** 그림의 기호는 피뢰기의 심벌이다.

## 42 보호구간에 유입하는 전류와 유출하는 전류의 차에 의해 동작하는 계전기는?

① 거리계전기 ② 방향계전기
③ 부족전압계전기 ④ 비율차동계전기

**해설** 비율차동계전기는 고장에 의해 생긴 두 전류의 차가 두 전류의 합과 비교하여 일정 비율 이상으로 되었을 때 동작하는 계전기이다.

① 거리계전기 : 송전선에 사고가 발생했을 때 선로의 거리에 해당하는 임피던스를 측정하여 고장구간의 전류를 차단하는 계전기
② 방향계전기 : 전압을 기준으로 전류의 위상으로 전류나 전력의 방향을 식별하여 동작하는 계전기
③ 부족전압계전기 : 전압이 설정값이나 그 이하로 저하하면 동작하는 계전기



정답 39 ③ 40 ② 41 ② 42 ④

**43** 변압기 2차 저압 과전류 보호용으로 사용되는 배선용 차단기의 약호는?

① PF ② ELB
③ OCB ④ MCCB

**해설** 배선용 차단기의 기호는 MCCB이다.
① PF : 파워퓨즈
② ELB : 누전차단기
③ OCB : 유입차단기

**44** 경질비닐전선관의 표준 규격품의 길이는?

① 2[m]
② 3.6[m]
③ 4[m]
④ 4.2[m]

**해설** [KS C 8431 경질 폴리염화비닐전선관]
경질비닐전선관의 관의 길이는 4,000[mm]가 표준이다.

**45** 사용전압이 35[kV] 이하인 특고압 가공전선과 220[V] 가공전선을 병가할 때, 가공선로 간의 이격 거리는 몇 [m] 이상이어야 하는가?

① 0.5 ② 1.2
③ 1.5 ④ 2.0

**해설** [한국전기설비규정 333.17 특고압 가공전선과 저고압 가공전선 등의 병행 설치]
특고압 가공전선과 저압 또는 고압 가공전선 사이의 간격은 1.2[m] 이상으로 설치한다. 다만 특고압 가공전선이 케이블이고 저압 가공전선이 절연전선 혹은 케이블일 때에는 0.5[m]까지 가능하다.

**46** 화약류의 분말이 전기설비가 발화원이 되어 폭발할 우려가 있는 곳에 시설하는 저압 옥내배선공사 방법으로 가장 알맞은 것은?

① 금속관공사 ② 애자사용공사
③ 가요전선관공사 ④ 합성수지관공사

**해설** [한국전기설비규정 232.2.1 폭연성 먼지 위험장소]
폭연성 먼지 또는 화약류의 분말이 전기설비가 발화원이 되어 폭발할 우려가 있는 곳에 옥내 전기설비(400[V] 초과 방전등 제외)를 시설하는 경우 저압 옥내배선, 저압 관등회로 배선 및 소세력 회로의 전선은 금속관공사 또는 케이블공사(캡타이어 케이블 사용 제외)에 의한다.

**47** 합성수지제 전선관의 호칭은 관 굵기의 무엇으로 표시하는가?

① 홀수인 안지름 ② 짝수인 안지름
③ 홀수인 바깥지름 ④ 짝수인 바깥지름

**해설** [KS C 8431 경질 폴리염화비닐전선관]
합성수지제 전선관의 관 치수는 [mm] 단위로 14, 16, 22, 28, 36, 42, 54, 70, 82, 100의 10종이 있으며, 짝수인 안지름을 기준으로 표기하며 관의 길이는 4000[mm]가 표준이다.

**48** 한국전기설비규정에 의해 애자공사를 건조한 장소에 시설하고자 한다. 사용전압이 400[V] 초과인 경우 전선과 조영재 사이의 간격은 최소 몇 [cm] 이상이어야 하는가?

① 2.5 ② 3.5
③ 4.5 ④ 6.0

정답 43 ④ 44 ③ 45 ② 46 ① 47 ② 48 ①

**해설** [한국전기설비규정 232.56 애자공사]
전선과 조영재 사이의 간격
- 사용전압이 400[V] 이하인 경우 : 25[mm] 이상
- 사용전압이 400[V] 초과인 경우 : 45[mm] 이상
- 사용전압이 400[V] 초과이지만 건조한 장소에 시설하는 경우 : 25[mm] 이상

**49** **금속관배선에 대한 설명으로 잘못된 것은?**

① 금속관 두께는 콘크리트에 매입하는 경우 1.2[mm] 이상일 것
② 관의 호칭에서 후강 전선관은 짝수, 박강 전선관은 홀수로 표시할 것
③ 교류회로에서 전선을 병렬로 사용하는 경우 관내에 전자적 불평형이 생기지 않도록 시설할 것
④ 굵기가 다른 절연전선을 동일 관내에 넣을 경우 피복 절연물을 포함한 단면적이 관내단면적의 48% 이하일 것

**해설** [KS C IEC61200-52 521.6]
케이블 또는 절연도체의 내부 단면적이 전선관 단면적의 1/3을 초과할 수는 없다.

**50** **고압 전로에 지락사고가 생겼을 때 지락전류를 검출하는데 사용하는 것은?**

① CT　② PT
③ MOF　④ ZCT

**해설** 고압 전로에 지락사고가 생겼을 때 지락전류를 검출하는데 사용하는 것은 영상변류기(ZCT : Zero Sequence Current Transformer)이다.
① CT(Current Transformer) : 계기용 변류기, 교류전류계의 측정 범위를 확대하기 위해 사용하는 변성기
② PT(Power Transformer) : 전력 변압기, 송전선이나 비교적 대전력의 배전선에 사용되는 변압기
③ MOF(Metering Out Fit) : 계기용 변압기(PT)와 변류기(CT)를 공통의 외함 속에 장치한 것

**51** **단선의 굵기가 6[$mm^2$] 이하인 전선을 직선 접속할 때 주로 사용하는 접속법은?**

① 쥐꼬리 접속
② 트위스트 접속
③ 브리타니아 접속
④ T형 커넥터 접속

**해설** 트위스트 접속은 단면적 6[$mm^2$] 이하의 가는 단선을 직선 및 분기 접속하는 방법이다.
① 쥐꼬리 접속 : 옥내배선의 박스(접속함) 내에서 가는 전선을 접속할 때 주로 사용하는 종단 접속 방법
③ 브리타니아 접속 : 단면적 10[$mm^2$] 이상의 굵은 단선 전선을 직선 및 분기 접속하는 방법
④ T형 커넥터 접속 : T형의 커넥터를 이용하여 분기 접속하는 방법

**52** **일반적으로 가공전선의 지지물에 취급자가 오르고 내리는데 사용하는 발판 볼트 등은 지표상 몇 [m] 이상에 시설해야 하는가?**

① 0.5　② 1.2
③ 1.8　④ 2.0

정답 49 ④ 50 ④ 51 ② 52 ③

**해설** [한국전기설비규정 331.4 가공전선로 지지물의 철탑오름 및 전주오름 방지]
가공전선로의 지지물에 취급자가 오르고 내리는데 사용하는 발판 볼트 등을 지표상 1.8[m] 미만에 시설해서는 안 된다. 다만, 다음의 경우에는 제외한다.
- 지지물에 철탑오름 및 전주오름 방지 장치를 시설하는 경우
- 발판 볼트 등을 내부에 넣을 수 있는 구조로 되어 있는 지지물에 시설하는 경우
- 지지물이 산간 등에 있으며 사람이 쉽게 접근할 우려가 없는 곳에 시설하는 경우
- 지지물 주위에 취급자 이외의 사람이 출입할 수 없도록 울타리 등의 시설을 하는 경우

**53** 배전반 및 분전반과 연결된 배관을 변경하거나 이미 설치되어 있는 캐비닛에 구멍을 뚫을 때 사용하는 공구는?

① 오스터 ② 클리퍼
③ 토치 램프 ④ 녹아웃 펀치

**해설** 녹아웃 펀치는 유압천공기라고도 하며 철판이나 전기함에 구멍을 뚫는 공구. 유압을 이용하여 압착되는 힘으로 구멍을 낸다.
① 오스터 : 금속관에 나사선을 내는 공구. 본체에 관 규격별 다이스를 물려 사용한다.
② 클리퍼 : 굵은 전선을 절단하는 데 사용하는 공구이다.
③ 토치 램프 : 경질 염화비닐전선관을 구부릴 때 열을 가하기 위해 사용하는 기구이다.

**54** 저압 개폐기를 생략해도 무방한 개소는?

① 부하전류를 끊거나 흐르게 할 필요가 있는 개소
② 퓨즈에 근접하여 설치한 개폐기인 경우의 퓨즈 전원측
③ 인입구 기타 고장, 점검, 측정 수리 등에서 개로할 필요가 있는 개소
④ 분기회로용 과전류차단기 이후의 퓨즈가 퓨즈 교환시에 충전부에 접촉될 우려가 없는 경우

**해설** 분기회로용 과전류차단기 이후의 퓨즈가 플러그 퓨즈와 같이 퓨즈 교환시 충전부에 접촉될 우려가 없는 경우에는 개폐기를 생략할 수 있다.

**55** 옥외 백열전등의 인하선으로서 지표상의 높이 2.5[m] 미만인 부분은 공칭단면적 몇 [$mm^2$] 이상의 연동선과 동등 이상의 세기 및 굵기의 절연전선(옥외용 비닐절연전선을 제외)을 사용하는가?

① 0.75 ② 1.5
③ 2.0 ④ 2.5

**해설** 가로등, 보안등, 조경등 등과 같은 옥외등은 그 용도 및 목적에 따라 상당히 낮은 위치에 설치하는 일이 있으므로, 이와 같은 경우의 인하선으로 지표상 2.5[m] 미만의 부분은 옥외용 비닐절연전선 이외의 공칭단면적 2.5[$mm^2$] 이상의 절연전선을 사용하여 시설하도록 하고 있다.

**56** 논이나 기타 지반이 약한 곳에 전주공사를 할 때 전주의 넘어짐을 방지하기 위해 시설하는 것은?

① 근가 ② 완금
③ 완목 ④ 행거밴드

**해설** 근가는 전주를 지중에 안정적인 직립 상태를 유지할 수 있도록 하는 돌덩어리이다. 논이나 기타 지반이 약한 곳에 시설한다.
② 완금 : 전주 위의 전선을 지지하는 애자를 고정하는 금구이다.
③ 완목 : 전주 위에 부착한 장방형 판으로 애자를 부착시키거나 선로의 지지용 목재이다.
④ 행거밴드 : 전주에 주상 변압기를 설치하기 위해 사용하는 밴드이다.

정답 53 ④ 54 ④ 55 ④ 56 ①

**57** 가공전선로의 지지물에 시설하는 지지선에 연선을 사용할 경우 소선수는 몇 가닥 이상이어야 하는가?

① 3가닥 ② 4가닥
③ 5가닥 ④ 6가닥

**해설** [한국전기설비규정 331.11 지지선의 시설]
가공전선로의 지지물에 시설하는 지지선에 연선을 사용할 경우에는 다음에 의한다.
- 소선 3가닥 이상의 연선일 것
- 소선의 지름이 2.6[mm] 이상의 금속선을 사용한 것일 것 (소선의 지름이 2[mm] 이상인 아연도강연선으로 소선의 인장강도가 0.68[kN/mm$^2$] 이상인 것을 사용하는 경우에는 적용 제외)

**58** 실내 전반조명을 하고자 한다. 작업대로부터 광원까지의 높이가 2.4[m]인 위치에 조명기구를 배치할 때 벽에서 한 기구 이상 떨어진 기구에서 기구 간의 거리는 일반적인 경우 최대 몇 [m]로 배치하여 설치하는가?

① 2.4 ② 3.2
③ 3.6 ④ 4.8

**해설** 광원의 높이(작업대에서 광원까지의 거리)가 H일 때, 전반조명의 등기구와 등기구 간격 S의 관계식은 $S \le 1.5H$이다. 이때 $H = 2.4$[m]이므로, $1.5H = 1.5 \times 2.4 = 3.6$, $S \le 3.6$이므로, 등기구 간격 S의 최댓값은 3.6[m]이다.

**59** 전기공사시공에 필요한 공구사용법 설명 중 잘못된 것은?

① 금속전선관의 굽힘 작업을 위해 파이프 밴더를 사용한다.
② 스위치박스에 전선관용 구멍을 뚫기 위해 녹아웃 펀치를 사용한다.
③ 파상형 합성수지 가요전선관의 굽힘작업을 위해 토치램프를 사용한다.
④ 콘크리트의 구멍을 뚫기 위한 공구로 타격용 임팩트 전기드릴을 사용한다.

**해설** 합성수지 가요전선관은 관에 주름이 잡혀 있어 잘 굽혀지는 특성을 지닌다. 따라서 별도의 토치램프나 열풍기와 같은 기구가 필요하지 않다. 합성수지 경질비닐전선관의 굽힘 작업에 토치램프 혹은 열풍기가 필요하다.

**60** 수변전설비 중에서 동력설비 회로의 역률을 개선할 목적으로 사용되는 것은?

① MOF ② 전력 퓨즈
③ 지락 계전기 ④ 진상용 콘덴서

**해설** 진상용 콘덴서는 수변전설비 또는 부하의 역률개선을 위해 사용하는 콘덴서이다.
① MOF : 계기용 변압기(PT)와 변류기(CT)를 공통의 외함 속에 장치한 것이다.
② 전력 퓨즈 : 고압 또는 특별 고압의 회로 및 기기의 단락 보호로서 차단기 대신에 사용되는 퓨즈이다.
③ 지락 계전기 : 기기의 내부나 회로에 지락이 발생하는 경우 영상전류를 검출하여 동작하는 계전기이다.

정답 57 ① 58 ③ 59 ③ 60 ④

# 2019년 제 2 회 기출복원문제

**01** 그림의 회로 AB에서 본 합성저항[Ω]은?

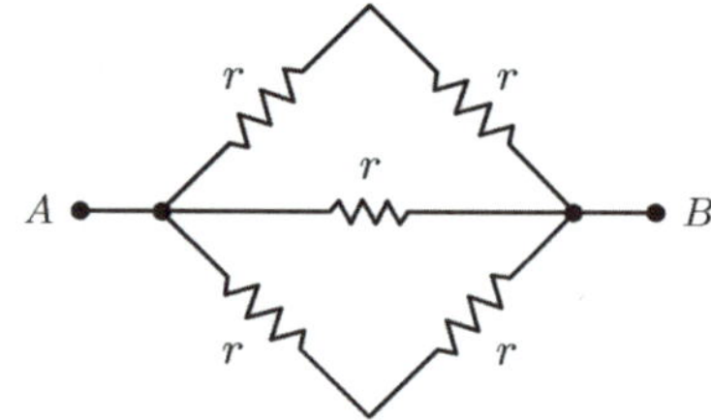


① $\frac{r}{2}$　　② $r$
③ $\frac{3r}{2}$　　④ $2r$

> **해설** $r$[Ω]이 2개 직렬로 연결되어 있을 때 $2r$[Ω]이다.
> 합성저항 $\frac{1}{R}=\frac{1}{2r}+\frac{1}{r}+\frac{1}{2r}=\frac{2}{r}$, $R=\frac{r}{2}$[Ω]

**02** 3상 회로에서 선간전압이 200[V], 선전류 25[A], 3상 전력이 7[kW]이었다. 이때의 역률은 약 얼마인가?

① 0.65　　② 0.73
③ 0.81　　④ 0.97

> **해설** $V_l=200$[V], $I_l=25$[A],
> 3상 전력 $P=3V_pI_p\cos\theta=\sqrt{3}V_lI_l\cos\theta=7000$[W]이므로
> $\cos\theta=\frac{P}{\sqrt{3}V_lI_l}=\frac{7000}{\sqrt{3}\times200\times25}\fallingdotseq0.81$

**03** 0.1[℧]의 컨덕턴스를 가진 저항체에 3[A]의 전류를 흘리려면 몇 [V]의 전압을 가하면 되겠는가?

① 10　　② 20
③ 30　　④ 40

> **해설** 컨덕턴스 $G=\frac{1}{10}$[℧], 전류 $I=3$[A]
> $G=\frac{1}{R}$이므로 $R=\frac{1}{0.1}=10$[Ω]이다
> $V=IR=3\times10=30$[V]이다.

**04** 자극의 세기가 m[Wb]이고 길이가 $l$[m]인 막대자석의 자기모멘트[Wb · m]는?

① $\frac{m^2}{l}$　　② $\frac{m}{l^2}$
③ $ml$　　④ $m^2l$

> **해설** 자기모멘트 $M=ml$($m$ : 자극의 세기[Wb], $l$ : 자극의 길이[m])

**05** 두 코일의 자체 인덕턴스를 $L_1$, $L_2$라 하고 상호 인덕턴스를 $M$이라고 할 때, 두 코일을 자속이 동일한 방향과 역방향이 되도록 하여 직렬로 각각 연결하였을 경우, 합성 인덕턴스의 큰 쪽과 작은 쪽의 차이는?

① $M$　　② $2M$
③ $3M$　　④ $4M$

정답 01 ① 02 ③ 03 ③ 04 ③ 05 ④

**해설**

- $L_1$과 $L_2$인 2개의 코일이 직렬로 가동접속되었을 때 자속이 같은 방향으로 강화되므로 $L_{가동} = L_1 + L_2 + 2M$
- $L_1$과 $L_2$인 2개의 코일이 직렬로 차동접속되었을 때 자속이 반대 방향으로 상쇄되므로 $L_{차동} = L_1 + L_2 - 2M$

합성 인덕턴스가 큰 쪽은 가동접속, 합성 인덕턴스가 작은 쪽은 차동접속일 때이므로 두 경우의 차이는 4M이다.

## 06 패러데이 법칙에서 유도기전력 $e$[V]를 옳게 표현한 것은?

① $e = -\frac{1}{N}\frac{d\Phi}{dt}$

② $e = -\frac{1}{N^2}\frac{d\Phi}{dt}$

③ $e = -N\frac{d\Phi}{dt}$

④ $e = -N^2\frac{d\Phi}{dt}$

**해설** 패러데이의 전자유도 법칙은 코일을 관통하는 자속을 변화시킬 때 코일에 유도기전력이 발생하는 법칙이다.

$e = -N\frac{d\phi}{dt}$[V]

## 07 기자력에 대한 설명으로 옳지 않은 것은?

① 전기회로의 기전력에 대응한다.

② 코일에 전류를 흘렸을 때 전류 밀도와 코일의 권수의 곱의 크기와 같다.

③ 자기회로의 자기저항과 자속의 곱과 동일하다.

④ SI 단위는 암페어[A]이다.

**해설** 자기회로에서 기자력 $F = NI = R_m\phi$이다.

① 전기회로의 기전력과 자기회로의 기자력은 서로 대응한다.

② 자기회로에서 기자력 $F = NI = R_m\phi$이므로 전류와 코일의 권수의 곱의 크기와 같다.
전류 밀도 $J$는 단위 면적을 통해 흐르는 전류의 양으로 전류와는 다른 물리량이다.

③ 자기회로에서 기자력 $F = NI = R_m\phi$이므로 자기저항과 자속의 곱의 크기는 같다.

④ 기자력 $F$의 단위는 [A] 또는 [AT]를 사용한다.

## 08 등전위면에 대한 설명으로 옳은 것은?

① 전기력선은 등전위면과 평행하게 지나간다.

② 전하를 갖고 등전위면에 따라 이동하면 일이 생긴다.

③ 다른 전위의 등전위면은 서로 교차한다.

④ 점전하가 만드는 전계의 등전위면은 동심구면이다.

**해설**

① 전기력선은 등전위면과 수직하게 통과한다.

② 등전위면에서는 전위가 모두 같으므로 등전위면을 따라 전하가 이동하면 일이 0이다.

③ 다른 전위의 등전위면은 서로 교차하지 않는다.

[등전위면의 성질]

- 전기장 안에서 전위가 같은 점을 연결하여 이루어지는 면이다.
- 등전위면은 폐곡선이고 등전위면과 수직으로 교차한다.
- 다른 전위의 등전위면은 서로 교차하지 않는다.
- 전하는 등전위면에 직각으로 이동하고 등전위면의 밀도가 높으면 전기장의 세기도 크다.



정답 06 ③ 07 ② 08 ④

**09** $i = 20\sqrt{2}\sin\left(377t - \frac{\pi}{6}\right)$[A]인 파형의 주파수 [Hz]는?

① 50 ② 60
③ 70 ④ 80

**해설** $i = I_m \sin(wt + \theta)$이므로
$i = 20\sqrt{2}\sin\left(377t - \frac{\pi}{6}\right)$[A]에서 각 주파수
$\omega = 2\pi f = 377$[rad]이다.
따라서 주파수 $f = \frac{377}{2\pi} = 60$[Hz]이다.

**10** 다음 중 R-L-C 직렬회로의 공진 조건으로 옳은 것은?

① $\frac{1}{\omega L} = \omega C + R$ ② $\omega L = \omega C$
③ $\omega L = \frac{1}{\omega C}$ ④ 직류 전원을 가할 때

**해설** R-L-C 직렬회로 또는 병렬회로에서 공진 조건은
$\omega L = \frac{1}{\omega C}$이므로 $\omega^2 = \frac{1}{LC}$이다.
각 주파수 $\omega = \sqrt{\frac{1}{LC}}$ [rad/sec]이고 공진 주파수
$f = \frac{1}{2\pi}\sqrt{\frac{1}{LC}}$ [Hz]이다.

**11** 정전용량 2[μF]과 3[μF]을 직렬 연결한 경우 합성 정전용량[μF]은?

① 1 ② 1.2
③ 10 ④ 12

**해설**

| 합성 정전용량 | |
|---|---|
| 직렬연결 | $\frac{1}{C} = \frac{1}{C_1} + \frac{1}{C_2}$ |
| 병렬연결 | $C = C_1 + C_2$ |

$\frac{1}{C} = \frac{1}{C_1} + \frac{1}{C_2} = \frac{1}{2} + \frac{1}{3} = \frac{5}{6}$이므로
합성 정전용량 $C = \frac{6}{5} = 1.2$[μF]이다.

**12** 자기회로의 자기저항이 5,000[AT/Wb]이고 기자력이 50,000[AT]이라면 자속[Wb]은?

① 5 ② 10
③ 15 ④ 20

**해설** 기자력 $F = NI = R_m \phi$[AT]이므로
자속 $\phi = \frac{F}{R_m} = \frac{50,000}{5,000} = 10$[Wb]

**13** 자기회로와 전기회로의 대응 관계가 잘못된 것은?

① 기자력 – 기전력
② 자기저항 – 전기저항
③ 자속 – 전계
④ 투자율 – 도전율

**해설**
③ 자속 – 전류, 자계(자기장) – 전계(전기장)

정답 09 ② 10 ③ 11 ② 12 ② 13 ③

**14** 다음과 같은 R–L 직렬회로에서 전류 $I$의 실횻값 [A]은?

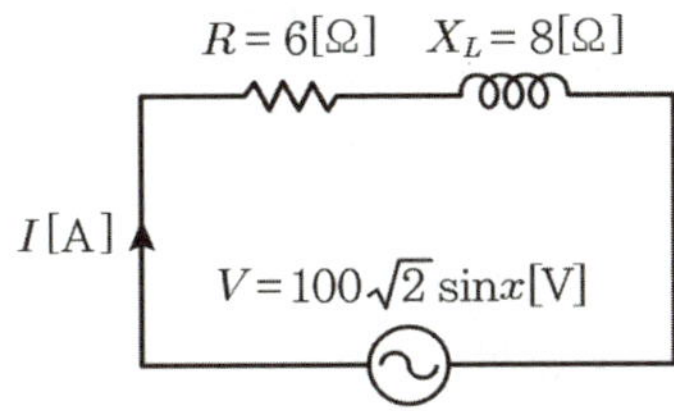


① 5　② 10
③ 15　④ 20

**해설** $Z = R + jW_L = 6 + j8[\Omega]$,
$|Z| = \sqrt{6^2 + 8^2} = 10[\Omega]$
$V_{rms} = \frac{V_m}{\sqrt{2}} = \frac{100\sqrt{2}}{\sqrt{2}} = 100[V]$,
$I_{rms} = \frac{V_{rms}}{|Z|} = \frac{100}{10} = 10[A]$

**15** △-Y결선에 대한 설명으로 옳지 않은 것은?

① 1차 선간 전압 및 2차 선간 전압의 위상차는 60°이다.
② 제3고조파에 의한 장해가 적다.
③ 1차 변전소의 승압용으로 사용된다.
④ Y결선의 중성점을 접지할 수 있다.

**해설** △-Y결선의 특징
- 승압용으로 사용한다.
- 한쪽 Y결선의 중성점을 접지할 수 있다.
- △결선에 의한 여자전류의 제3고조파 통로가 형성되므로 제3고조파 장해가 적고, 기전력 파형이 사인파가 된다.
- 1, 2차 전압 및 전류 간에는 30°만큼의 위상차가 발생한다.

**16** 분류기를 사용하여 전류를 측정하는 경우 전류계의 내부저항이 0.4[Ω], 분류기 저항이 0.1[Ω]일 때 배율은?

① 4　② 5
③ 6　④ 7

**해설** 전류계에 흐르는 전류를 $I_a$, 분류기에 흐르는 전류를 $I_s$, 전류계 내부저항을 $r_a$, 분류기를 $R_s$라고 하자.
분류기는 회로에 병렬 연결하므로 전류와 저항은 서로 반비례하다.
$R_s : r_a = I_a : I_s = 0.1 : 0.4 = 1 : 4$
전류계에 흐르는 전류 $I_a = 1$일 때 분류기에 흐르는 전류 $I_s = 4$이면 전체 전류 $I = 5$이므로 배율은 5이다.

**17** 같은 정전용량의 커패시터 $C$를 병렬로 2개 연결하였을 때 전압과 용량의 변화는?

① 전압과 용량이 모두 2배가 된다.
② 전압과 용량이 모두 $\frac{1}{2}$배가 된다.
③ 전압은 그대로, 용량은 2배가 된다.
④ 전압은 2배, 용량은 그대로가 된다.

**해설** 같은 정전용량의 커패시터 $C$가 병렬로 연결된 회로에서 $C_{합성} = C + C = 2C$이고 정전용량은 2배가 되며, 전압은 그대로 일정하다.

**18** 두 종류의 금속을 접속하여 접합 부분을 다른 온도로 유지시켰을 때 열전류가 흐르는 데 이러한 현상을 지칭하는 것은?

① 제베크효과　② 펠티에효과
③ 톰슨효과　④ 제3금속의 법칙

정답 14 ②　15 ①　16 ②　17 ③　18 ①

**해설**

② 펠티에효과 : 서로 다른 두 금속을 접속하여 전류를 흘리면, 줄열 외의 그 접점에서 열의 발생 또는 흡수가 일어나는 현상

③ 톰슨효과 : 같은 금속에 있어서 온도차가 있는 부분에 전위차가 생겨 전류가 흐르는 현상

④ 제3금속의 법칙 : 열전대를 구성하는 두 금속의 한쪽 접점은 서로 접해 있고 반대편 접점은 제3금속과 연결되어 있을 때 두 접점이 같은 온도라면 기전력이 발생하지 않는다는 법칙

**19** 저항 20[Ω]인 전열기로 21.6[kcal]의 열량을 발생시키려면 5[A]의 전류를 몇 분간 흘려주어야 하는가?

① 1분　② 2분
③ 3분　④ 4분

**해설** ③ 줄의 법칙 $H=0.24I^2Rt$[cal]이므로

$$t=\frac{H}{0.24I^2R}=\frac{21.6\times10^3}{0.24\times5^2\times20}=180[\text{초}]=3[\text{분}]$$

**20** 정전용량 6[$\mu$F], 극판 사이의 거리 20[mm]의 평행평판 콘덴서에 300[$\mu$C]의 전하를 주었을 때 극판 간의 전기장의 세기[V/m]는?

① 50　② 250
③ 500　④ 2500

**해설** $Q=CV$이므로

$$V=\frac{Q}{C}=\frac{300\times10^{-6}}{6\times10^{-6}}=50[\text{V}]$$

$V=Er$에서

$$E=\frac{V}{r}=\frac{50}{20\times10^{-3}}=2.5\times10^3=2500[\text{V/m}]$$

**21** 전압변동률이 적고 자여자이므로 다른 전원이 필요 없으며, 계자 저항기를 사용한 전압조정이 가능하므로 전기 화학용, 전지의 충전용 발전기로 가장 적합한 것은?

① 타여자발전기
② 직류 복권발전기
③ 직류 분권발전기
④ 직류 직권발전기

**해설** 직류발전기의 용도

- 타여자발전기 : 계자전압을 전기자 전압과 관계없이 조정할 수 있어 워드-레오나드 전압제어방식의 전원으로 사용하여 직류전동기의 속도와 회전 방향을 제어하거나 교류발전기의 여자기전원으로 사용한다.
- 분권발전기 : 전압변동률이 낮으며 자여자이므로 계자 저항기를 사용하여 전압조정이 가능하고, 전기 화학용 전원, 전지의 충전용, 동기기의 여자용으로 쓰인다.
- 직권발전기 : 전압승압기, 아크 용접발전기
- 복권발전기 : 평복권발전기는 부하 증가에도 일정한 전압을 유지하므로 직류전원 및 전기기계의 여자 전원으로 사용한다.

**22** 직류발전기의 부하 포화곡선은 다음 어느 것의 관계인가?

① 부하전류와 여자전류
② 단자전압과 부하전류
③ 단자전압과 계자전류
④ 부하전류와 유기기전력

**해설** 직류발전기의 부하/무부하 포화곡선

- 직류발전기의 부하 포화곡선 : 단자전압($V$)과 계자전류($I_f$)와의 관계
- 직류발전기의 무부하 포화곡선 : 유기기전력($E$)과 계자전류($I_f$)와의 관계



정답 19 ③ 20 ④ 21 ③ 22 ③

**23** 출력 10[kW], 효율 90[%]인 기기의 손실은 약 몇 [kW]인가?

① 0.6　② 1.1
③ 2　④ 2.5

**해설** $효율=\frac{출력}{입력}=\frac{출력}{출력+손실}$

$손실=\frac{출력}{효율}-출력=\frac{10}{0.9}-10=\frac{10-9}{0.9}=\frac{1}{0.9}$
$\fallingdotseq 1.1[kW]$

**24** 다음 중 전동기의 원리에 적용되는 법칙은?

① 렌츠의 법칙
② 플레밍의 오른손 법칙
③ 플레밍의 왼손 법칙
④ 옴의 법칙

**해설**
- 플레밍의 왼손 법칙 : 자기장 내의 전류가 흐르는 도선의 힘의 방향 → 전동기
- 플레밍의 오른손 법칙 : 자기장 내의 도선의 운동시 유도기전력의 방향 → 발전기

**25** 다음 중 유도전동기의 슬립이 증가하면 값이 커지는 것은?

① 2차 효율　② 회전자 속도
③ 동기속도　④ 2차 주파수

**해설** 슬립이 증가하면
- 2차 주파수 $f_2=sf_1$ → 증가
- 2차 효율 $\eta_2=\frac{P_o}{P_2}=\frac{(1-s)P_2}{P_2}=1-s$ → 감소
- 회전속도 $N=(1-s)N_S[rpm]$ → 감소

**26** 그림은 여러 직류전동기의 속도 특성곡선을 나타낸 것이다. 가-라까지 차례로 해당하는 것은?

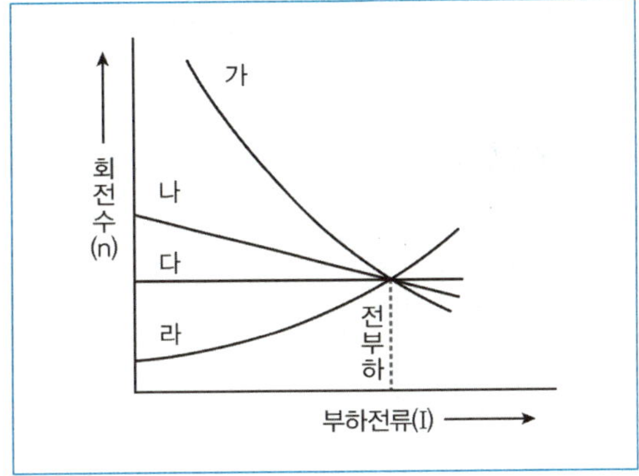


① 차동복권, 분권, 가동복권, 직권
② 가동복권, 차동복권, 직권, 분권
③ 분권, 직권, 가동복권, 차동복권
④ 직권, 가동복권, 분권, 차동복권

**해설**
속도 특성곡선

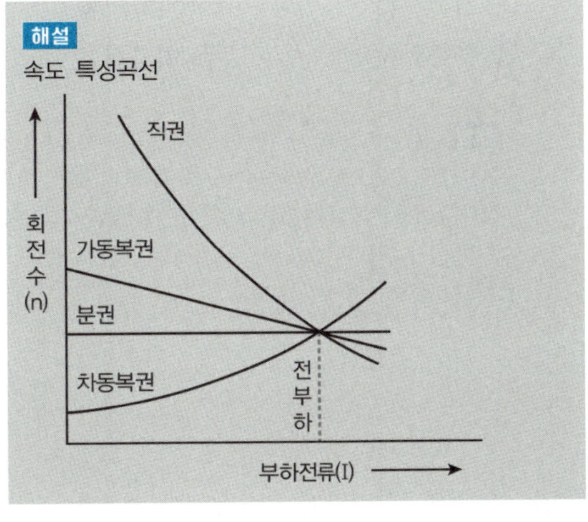


7개년 기출복원문제

정답 23 ② 24 ③ 25 ④ 26 ④

**27** 동기발전기를 계통에 병렬로 접속시킬 때 관계없는 것은?

① 주파수 ② 위상
③ 전압 ④ 전류

**해설** 동기발전기의 병렬운전 조건
- 기전력의 크기가 같을 것
- 기전력의 위상이 같을 것
- 기전력의 주파수가 같을 것
- 기전력의 파형이 같을 것

**28** 변압기 여자 회로에서 서셉턴스 $b_o$에 흐르는 전류는?

① 철손전류 ② 자화전류
③ 부하전류 ④ 여자전류

**해설** $I_o = I_i + I_\phi$
여자전류 $I_o$는 주자속과 동상인 무효분의 자화전류 $I_\phi$와 직각인 유효분의 철손전류 $I_i$로 나누어진다. 이때, 등가회로의 여자 어드미턴스 $Y_o = g_o - jb_o$에서 서셉턴스 $b_o$에 흐르는 전류는 자화전류이다.

**29** 역률과 효율이 좋아 가정용 선풍기, 전기세탁기, 냉장고 등에 주로 사용되는 것은?

① 분상 기동형 전동기
② 콘덴서 기동형 전동기
③ 반발 기동형 전동기
④ 셰이딩 코일형 전동기

**해설**
① 분상 기동형 : 기동토크가 작고 운전시에 역률이 상대적으로 낮다.
② 콘덴서 기동형 : 기동토크가 크고 효율이 높으며 소음이 적다. 특히 영구 콘덴서 기동은 구조가 간단하고 역률이 좋아 선풍기, 세탁기 등에 이용된다.
③ 반발 기동형 : 기동토크가 가장 크고, 브러시 위치를 변경하여 역회전시킬 수 있다.
④ 셰이딩 코일형 : 기동토크가 매우 작아 헤어드라이어 등 소용량에 사용되며 회전 방향을 바꿀 수 없다.

**30** 다음 중 변압기의 1차측은?

① 고압측 ② 저압측
③ 전원측 ④ 부하측

**해설** 변압기에서 일반적으로 전력이 들어가는 전원측을 1차, 나오는 부하측을 2차라고 한다.

**31** 50[kW]의 농형 유도전동기를 기동하려고 할 때 다음 중 가장 적당한 기동 방법은?

① 분상 기동법 ② 기동 보상기법
③ 권선형 기동법 ④ 2차 저항 기동법

**해설** 농형 유도전동기는 권선형과 같이 회전자에 저항을 삽입할 수 없다. 따라서 기동전류를 제한하기 위해 공급 전압을 낮추어야 한다.
- 전전압 기동법 : 소용량의 농형 유도전동기에 적용하며 보통 5[kW] 이하에 적용한다.
- 리액터 기동법 : 전원과 전동기 사이에 직렬리액터를 삽입하여 전동기 단자에 가해지는 전압을 떨어뜨리는 방법이다.
- $Y-\Delta$ 기동법 : 고정자 3상 권선을 운전할 시에는 $\Delta$로 연결하고 기동시에만 $Y$로 연결하면 1상 권선에 가해지는 전압은 기동시 전 전압의 60[%] 정도로 보통 5~15[kW]까지 적용한다.
- 기동 보상기법 : 단권 변압기를 써서 공급 전압을 낮추어 기동시키는 방법으로 15[kW] 이상에 적용한다.

정답 27 ④ 28 ② 29 ② 30 ③ 31 ②

**32** 34극, 60[MVA], 역률 0.8, 60[Hz], 22.9[kV] 수차 발전기의 전부하 손실이 1,600[kW]이면 전 부하 효율[%]은?

① 90　　② 95
③ 97　　④ 99

해설 출력 $P = 60\times10^6\times0.8 = 48[\text{MW}]$

$$\eta = \frac{\text{출력}}{\text{출력}+\text{손실}}\times100$$
$$= \frac{48}{48+1.6}\times100 \fallingdotseq 97[\%]$$

**33** 다음 설명 중 틀린 것은?

① 3상 유도 전압조정기의 회전자 권선은 분로 권선이고, Y결선으로 되어 있다.
② 디프 슬롯형 전동기는 냉각효과가 좋아 기동 정지가 빈번한 중·대형 저속기에 적당하다.
③ 누설 변압기가 네온사인이나 용접기의 전원으로 알맞은 이유는 수하특성 때문이다.
④ 계기용 변압기의 2차 표준은 110/220[V]로 되어 있다.

해설
- 3상 유도 전압조정기
  - 권선형 3상 유도전동기의 1차 권선(분로 권선)은 회전자에, 2차 권선(직렬 권선)은 고정자에 감는 형식으로 구성된다.
  - 3상 성형 단권 변압기처럼 접속해서 회전자를 구속상태로 두고 사용하는 것과 같은 것이다.
  - 두 권선은 2극 또는 4극으로 감는다.
- 디프 슬롯형(심구형) 농형 유도전동기
  - 슬롯을 깊게 하고 슬롯 상부 도체 부분은 인덕턴스가 작고 슬롯 바닥으로 들어가면 인덕턴스가 커지는 특성이 있다.
  - 상부 도체에 대부분 전류가 흐르고 도체 전체의 실효저항이 크게 되어 기동 특성이 좋아진다.
  - 디프 슬롯형(심구형) 전동기에서는 역률이 나빠지고 최대 회전력이 작게 되는 결점이 있다.
- 누설 변압기(정전류 변압기)
  - 1차측에 일정한 전압을 가해 두고 2차측 부하를 변화해도 2차 전류가 일정한 특성의 변압기
  - 변압기의 누설 리액턴스를 대단히 크게 하는 구조로 되어 있는 변압기
  - 2차 전류가 증가하면 누설자속이 증가해 2차 유도기전력이 감소하고 전류의 변화를 방지하여 일정 전류를 유지
- 계기용 변압기
  - 계기용 변압기의 2차 표준은 110[V]로 되어 있다.

**34** 직류기의 전기자 철심을 규소강판으로 성층하여 만드는 이유는?

① 가공하기 쉽다.
② 가격이 염가이다.
③ 철손을 줄일 수 있다.
④ 기계손을 줄일 수 있다.

해설 계자 철심은 이 철손(히스테리시스손)을 줄이기 위해 0.35[mm]~0.5[mm] 정도의 얇은 규소강판을 성층하여 만든다.



정답 32 ③ 33 ④ 34 ③

**35** 직류전동기의 출력이 50[kW], 회전수가 1,800[rpm]일 때 토크는 약 몇 [kg · m]인가?

① 12 ② 23
③ 27 ④ 31

해설 $T=\frac{60}{2\pi}\times\frac{P_o}{N}$[N · m],

$T=\frac{1}{9.8}\times\frac{60}{2\pi}\times\frac{P_o}{N}$[kg · m]

$T=\frac{1}{9.8}\times\frac{60}{2\pi}\times\frac{50\times10^3}{1,800}[\text{kg}\cdot\text{m}]=27[\text{kg}\cdot\text{m}]$

**36** 변압기, 동기기 등의 층간 단락 등의 내부고장 보호에 사용되는 계전기는?

① 차동계전기
② 접지계전기
③ 과전압계전기
④ 역상계전기

해설 차동계전기
고장 또는 이상 현상에 대하여 생긴 불평형의 전류 차가 기준치 이상으로 되었을 때 동작하는 계전기로서 변압기, 동기기 등의 내부 고장 검출용으로 사용되는 계전기이다.

**37** 다음 중 턴오프(소호)가 가능한 소자는?

① GTO ② TRIAC
③ SCR ④ LASCR

해설
① GTO(게이트 턴 오프 사이리스터) : 게이트에 역방향으로 전류를 흘리면 자기 소호하는 양극(Anode), 음극(Cathode) 및 게이트(Gate)의 3개의 단자를 가진 사이리스터로 직류 및 교류 제어용 소자로 사용한다.
② TRIAC(양방향성 3단자 사이리스터) : 사이리스터 2개를 역병렬로 접속한 것과 등가로, 양방향으로 전류가 흘러 교류제어용으로 사용되는 소자로 전력제어용, 조광 다이얼(AC) 등 교류제어용으로만 사용된다.
③ SCR : PNPN의 4층 구조로 된 사이리스터의 대표적인 3단자 소자로서 양극(Anode), 음극(Cathode) 및 게이트(Gate)의 3개의 단자를 가지고 있다. 게이트에 흐르는 작은 전류로 큰 전력을 제어할 수 있다.
④ LASCR(Light Activated SCR) 또는 Photo SCR : 광 트리거 될 수 있다는 점을 제외하고 일반 SCR과 거의 동일하며 전기펄스에 의해 트리거되는 게이트 단자가 있다. 광학 조명제어, 계전기, 위상제어, 모터제어 등에 적용된다.

**38** 변압기의 정격 출력으로 맞는 것은?

① 정격 1차 전압×정격 1차 전류
② 정격 1차 전압×정격 2차 전류
③ 정격 2차 전압×정격 1차 전류
④ 정격 2차 전압×정격 2차 전류

해설
변압기 정격 출력은 정격 2차 전압, 정격 2차 전류, 정격 주파수 및 정격 역률로 2차 단자 사이에서 얻을 수 있는 피상 전력을 말하고 [VA], [kVA], [MVA] 등으로 표시한다.

정답 35 ③ 36 ① 37 ① 38 ④

**39** 회전수 1,728[rpm]인 유도전동기의 슬립[%]은?

① 2 ② 3
③ 4 ④ 5

해설 $s = \frac{N_S - N}{N_S} \times 100[\%] = \frac{1800-1728}{1800} \times 100$
$= 4[\%]$

**40** 동기발전기에서 비돌극기의 출력이 최대가 되는 부하각(Power Angle)은?

① 0° ② 45°
③ 90° ④ 180°

해설 비돌극기의 출력은 부하각 $\delta = 90°$에서 최대, 철극(돌극)기에서는 $\delta = 60°$에서 최대이다.

**41** 낙뢰, 수목 접촉, 일시적인 섬락 등 순간적인 사고로 계통에서 분리된 구간을 신속히 계통에 투입시킴으로써 계통의 안정도를 향상시키고 정전 시간을 단축시키기 위해 사용되는 계전기는?

① 거리계전기 ② 차동계전기
③ 과전류계전기 ④ 재폐로계전기

해설 재폐로 계전기는 지락사고로 인해 열린 회로를 자동으로 신속하게 다시 연결하는 계전기이다.

**42** 과전류차단기로서 저압전로에 사용되는 산업용 배선차단기에 있어서 정격전류가 32[A]인 회로에 50[A]의 전류가 흘렀을 때 몇 분 이내에 자동적으로 동작해야 하는가?

① 30분 ② 60분
③ 120분 ④ 150분

해설 [한국전기설비규정 212.3.4 보호장치의 특성]
산업용 배선차단기의 과전류트립 동작시간 및 특성

| 정격전류의 구분 | 시간 | 정격전류의 배수 (모든 극에 통전) | |
|---|---|---|---|
| | | 부동작 전류 | 동작 전류 |
| 63A 이하 | 60분 | 1.05배 | 1.3배 |
| 63A 초과 | 120분 | 1.05배 | 1.3배 |

**43** 전선의 접속에 대한 설명으로 바르지 않은 것은?

① 접속 부분에 전선 접속 기구를 사용한다.
② 접속 부분의 전기 저항을 20[%] 이상 증가되도록 한다.
③ 접속 부분의 인장 강도를 80[%] 이상 유지되도록 한다.
④ 알루미늄전선과 구리선의 접속시 전기적인 부식이 생기지 않도록 한다.

해설 [한국전기설비규정 123 전선의 접속]
- 전선의 전기저항을 증가시키지 않도록 접속할 것
- 전선의 접속부분은 접속관 기타의 기구를 사용할 것
- 전선의 세기(인장하중)를 20[%] 이상 감소시키지 아니할 것
- 전기화학적 성질이 다른 도체를 접속하는 경우 접속부분에 전기적 부식이 생기지 않도록 할 것



정답 39 ③ 40 ③ 41 ④ 42 ② 43 ②

**44** 전선 접속시 사용되는 슬리브(Sleeve)의 종류가 아닌 것은?

① D형　② E형
③ S형　④ P형

**해설** 전선 접속 슬리브의 종류로는 B형, C형, E형, L형, S형, P형 등이 있다.

**45** 전선의 접속법에서 두 개 이상의 전선을 병렬로 사용하는 시설 기준으로 옳지 않은 것은?

① 병렬로 사용하는 전선은 각각에 퓨즈를 설치해야 한다.
② 각 전선의 굵기는 구리인 경우 50[$mm^2$] 이상이어야 한다.
③ 각 전선의 굵기는 알루미늄의 경우 70[$mm^2$] 이상이어야 한다.
④ 동극의 각 전선은 동일한 터미널러그에 완전히 접속해야 한다.

**해설** [한국전기설비규정 123 전선의 접속]
두 개 이상의 전선을 병렬로 사용하는 경우에는 다음 사항에 의해 시설해야 한다.
- 각 전선의 굵기는 동선 50[$mm^2$] 이상 또는 알루미늄 70[$mm^2$] 이상으로 하고, 전선은 같은 도체, 같은 재료, 같은 길이 및 같은 굵기의 것을 사용할 것
- 같은 극의 각 전선은 동일한 터미널러그에 완전히 접속할 것
- 같은 극인 각 전선의 터미널러그는 동일한 도체에 2개 이상의 리벳 또는 2개 이상의 나사로 접속할 것
- 병렬로 사용하는 전선에는 각각에 퓨즈를 설치하지 말 것
- 교류회로의 경우 금속관 안에 전자적 불평형이 생기지 않도록 시설할 것

**46** 가공전선로의 지지물에 시설하는 지지선은 지표상 몇 [cm]까지의 부분에 내식성이 있는 것 또는 아연도금을 한 철봉을 사용하여야 하는가?

① 15　② 20
③ 30　④ 50

**해설** [한국전기설비규정 331.11 지지선의 시설]
지중부분 및 지표상 0.3[m]까지의 부분에는 내식성이 있는 것 또는 아연도금을 한 철봉을 사용하고 쉽게 부식되지 않는 근가에 견고하게 붙일 것. 다만, 목주에 시설하는 지지선에 대해서는 적용하지 않는다.

**47** 전기공사에서 접지 저항을 측정할 때 사용하는 측정기는?

① 검류기　② 변류기
③ 어스테스터　④ 절연저항계

**해설** 어스테스터는 접지저항계라고도 하며, 접지 전극과 대지 사이의 저항을 측정하는 계기이다.
- 검류기 : 매우 약한 전류의 유무를 측정하는 계기
- 변류기 : 소형 계측기 사용을 위해 전로의 큰 전류를 작은 전류로 변성하는 기기
- 절연저항계 : 메거라고도 하며, 옥내배선 또는 전기 기기의 절연 저항을 측정할 때 사용하는 기구

|  |  |  |  |
|---|---|---|---|
| 검류기 | 변류기 | 어스테스터 | 절연저항계 |



정답 44 ① 45 ① 46 ③ 47 ③

**48** 전선 약호가 CN-CV-W인 케이블의 품명은?

① 동심 중성선 수밀형 전력케이블
② 동심 중성선 차수형 전력케이블
③ 동심 중성선 수밀형 저독성 난연 전력케이블
④ 동심 중성선 차수형 저독성 난연 전력케이블

**해설** 동심 중성선 수밀형 전력케이블(CN-CV-W)은 중성선층과 도체부분을 수밀처리한 케이블이다.
• CN-CV : 동심 중성선 차수형 전력케이블
• FR-CN/CO-W : 동심 중성선 수밀형 저독성 난연 전력케이블
• FR-CN/CO : 동심 중성선 차수형 저독성 난연 전력케이블
• TR-CN/CV : 동심 중성선 차수형 수트리 억제형 전력케이블
• TR-CN/CV-W : 동심 중성선 수밀형 수트리 억제형 전력케이블

**49** 아래 그림의 기호가 나타내는 것은?

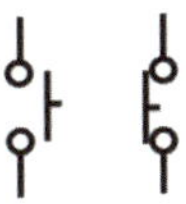

① 수동 조작 접점
② 전자 접속기 접점
③ 한시 계전기 접점
④ 조작 개폐기 잔류 접점

**해설** 그림의 기호는 수동 조작 접점을 나타낸 것이다.

**50** 저압 이웃 연결 인입선의 시설과 관련된 설명으로 틀린 것은?

① 옥내를 통과하지 아니할 것
② 전선의 굵기는 1.5[$mm^2$] 이하일 것
③ 폭 5[m]를 넘는 도로를 횡단하지 아니할 것
④ 인입선에서 분기하는 점으로부터 100[m]를 넘는 지역에 미치지 아니할 것

**해설** [한국전기설비규정 221.1.2 이웃 연결 인입선의 시설]
• 옥내를 통과하지 아니할 것
• 폭 5[m]를 초과하는 도로를 횡단하지 아니할 것
• 인입선에서 분기하는 점으로부터 100[m]를 초과하는 지역에 미치지 아니할 것

**51** 전주의 길이가 16[m]인 지지물을 건주하는 경우에 땅에 묻히는 최소 깊이[m]는? (단, 설계하중이 6.8[kN] 이하이다.)

① 1.5 ② 2.0
③ 2.5 ④ 3.5

**해설** [한국전기설비규정 331.7 가공전선로 지지물의 기초의 안전율]
강관을 주체로 하는 철주 또는 철근 콘크리트주로서 그 전체 길이가 16[m] 이하, 설계하중이 6.8[[kN] 이하인 것 또는 목주를 시설하는 경우 매설 깊이를 다음에 의한다.
• 전체 길이가 15[m] 이하인 경우, 땅에 묻히는 깊이를 전체 길이의 1/6 이상으로 할 것
• 전체 길이가 15[m] 초과인 경우, 땅에 묻히는 깊이를 2.5[m] 이상으로 할 것
• 논이나 그 밖의 지반이 연약한 곳에는 견고한 근가를 시설할 것

**52** 가연성 먼지에 전기설비가 발화원이 되어 폭발의 우려가 있는 곳에 시설하는 저압 옥내배선공사 방법이 아닌 것은?

① 금속관공사
② 케이블공사
③ 애자사용공사
④ 두께 2[mm] 이상 합성수지관공사

7개년 기출복원문제

정답 48 ① 49 ① 50 ② 51 ③ 52 ③

**해설** [한국전기설비규정 242.2.2 가연성 먼지 위험장소]
가연성 먼지에 전기설비가 발화원이 되어 폭발할 우려가 있는 곳에 시설하는 저압 옥내 전기설비는 다음의 공사 방법에 준하여 시설한다.
- 금속관공사
- 케이블공사
- 합성수지관공사(두께 2[mm] 미만의 합성수지 전선관 및 난연성이 없는 콤바인 덕트관 사용 제외)

**53** [보기]의 괄호 안에 들어갈 내용이 바르게 짝지어진 것은?

보기

고압 및 특고압용 기계기구의 시설에 있어 고압은 지표상 ( ㄱ ) 이상(시가지에 시설하는 경우), 특고압은 지표상 ( ㄴ ) 이상의 높이에 설치하고 사람이 접촉될 우려가 없도록 시설하여야 한다.

① (ㄱ) : 3.5[m], (ㄴ) : 4.0[m]
② (ㄱ) : 4.5[m], (ㄴ) : 5.0[m]
③ (ㄱ) : 5.5[m], (ㄴ) : 6.0[m]
④ (ㄱ) : 5.5[m], (ㄴ) : 7.0[m]

**해설** [한국전기설비규정 341.4 특고압용 기계기구의 시설]
기계기구를 지표상 5[m] 이상의 높이에 시설하고 사람이 쉽게 접촉할 우려가 없도록 시설한다.
[한국전기설비규정 341.8 고압용 기계기구의 시설]
기계기구를 지표상 4.5[m](시가지 외에는 4[m]) 이상의 높이에 시설하고 사람이 쉽게 접촉할 우려가 없도록 시설한다.

**54** ACSR 약호의 전선 명칭은?

① 경동연선
② 중공연선
③ 알루미늄선
④ 강심 알루미늄 연선

**해설** ACSR은 강심 알루미늄 연선의 약호이다.
- 연동선 : A
- 경동선 : H
- 경동연선 : HDCS
- 경 알루미늄선 : A-AL

**55** 화약고에 시설하는 전기설비에서 전로의 대지전압은 몇 [V] 이하로 해야 하는가?

① 100 ② 150
③ 300 ④ 400

**해설** [한국전기설비규정 242.5.1 화약류 저장소에서 전기설비의 시설]
화약류 저장소 안에는 전기설비를 시설해서는 안 된다. 다만 조명기구에 전기를 공급하기 위한 전기설비는 다음에 따라 시설한다.
- 전기 기계기구는 전폐형일 것
- 전로에 대지전압은 300[V] 이하일 것
- 케이블을 전기 기계기구에 인입할 때 인입구에서 케이블이 손상될 우려가 없도록 시설할 것

**56** 조명기구를 반간접 조명방식으로 설치하였을 때 위(상방향)로 향하는 광속의 양[%]은?

① 0 ~ 10 ② 10 ~ 40
③ 40 ~ 60 ④ 60 ~ 90

정답 53 ② 54 ④ 55 ③ 56 ④

**해설** 전기조명방식에 따른 광속의 양

| 전기조명방식 | 광속의 양[%] | |
|---|---|---|
| | 상방향(위) | 하방향(아래) |
| 직접 | 0~10 | 90~100 |
| 반직접 | 10~40 | 60~90 |
| 전반 확산 | 40~60 | 40~60 |
| 반간접 | 60~90 | 10~40 |
| 간접 | 90~100 | 0~10 |

**57** 일반적으로 가공전선의 지지물에 취급자가 오르고 내리는데 사용하는 발판 볼트 등은 지표상 몇 [m] 미만에 시설하여서는 아니 되는가?

① 1.0 ② 1.2
③ 1.8 ④ 2.0

**해설** [한국전기설비규정 331.4 가공전선로 지지물의 철탑오름 및 전주오름 방지]
가공전선로의 지지물에 취급자가 오르고 내리는데 사용하는 발판 볼트 등을 지표상 1.8[m] 미만에 시설해서는 안 된다.

**58** 가공전선로의 지지물에 하중이 가하여지는 경우에 그 하중을 받는 지지물의 기초의 안전율은 일반적으로 얼마 이상이어야 하는가?

① 1.5 ② 2.0
③ 2.5 ④ 3.0

**해설** [한국전기설비규정 331.7 가공전선로 지지물의 기초의 안전율]
가공전선로의 지지물에 하중이 가하여지는 경우에 그 하중을 받는 지지물의 기초의 안전율은 2 이상이어야 한다.

**59** 금속관공사를 노출로 시공할 때 직각으로 구부러지는 곳에 어떤 배선 기구를 사용하는가?

① 아웃렛 박스
② 픽스처 히키
③ 유니언 커플링
④ 유니버설 엘보

**해설** 금속관공사를 노출로 시공할 때 직각으로 구부러지는 곳에 유니버설 엘보를 사용한다.
① 아웃렛 박스 : 점멸기, 콘센트 등의 배선용 기기 등을 설치하는 금속, 혹은 플라스틱 상자
② 픽스처 히키 : 무거운 기구를 박스에 취부할 때 픽스처 스터드와 함께 사용하는 재료
③ 유니언 커플링 : 금속관 자체를 돌릴 수 없을 때 상호 접속하기 위해 사용하는 부속품

**60** 교통신호등 회로의 사용전압이 몇 [V]를 초과하는 경우에는 지락 발생시 자동적으로 전로를 차단하는 장치를 시설하여야 하는가?

① 50 ② 100
③ 150 ④ 200

**해설** [한국전기설비규정 234.15 교통신호등]
교통신호등 회로의 사용전압이 150[V]를 넘는 경우는 전로에 지락이 생겼을 경우 자동적으로 전로를 차단하는 누전차단기를 시설할 것



정답 57 ③ 58 ② 59 ④ 60 ③

# 2019년 제3회 기출복원문제

**01** 굵기가 일정한 도체에서 체적은 변하지 않고 지름은 $\frac{1}{n}$로 줄였다면 저항은?

① $\frac{1}{n^2}$배가 된다.

② $\frac{1}{n}$배가 된다.

③ $n^2$배가 된다.

④ $n^4$배가 된다.

**해설** 체적(부피) $V=S\times l$($S$ : 단면적, $l$ : 길이)이고 단면적 $S=\pi r^2=\pi\left(\frac{d}{2}\right)^2$이다.

체적(부피)이 일정할 때 지름 $d$를 $\frac{1}{n}$배로 줄인다면 단면적은 $\frac{1}{n^2}$배로 줄어들고, 길이 $l$은 $n^2$배로 늘어난다.

전기저항 $R$은 고유저항 $\rho$, 도체의 길이 $l$과는 비례하고, 도체의 단면적 $S$와는 반비례하다.

$R=\rho\frac{l}{S}\rightarrow\rho\frac{n^2 l}{(\frac{1}{n})^2 l}=n^4\times\rho\frac{l}{S}$

따라서 전기저항 $R$은 $n^4$배로 늘어난다.

**02** 정격전압에서 소비전력이 600[W]인 저항에 정격전압의 90[%]의 전압을 가할 때 소비되는 전력[W]은?

① 480　② 486

③ 540　④ 545

**해설** 소비전력 $P=\frac{V^2}{R}=600$[W]에서 $V$가 $0.9V$로 바뀌었을 때

$P=\frac{(0.9V)^2}{R}=\frac{81}{100}\times\frac{V^2}{R}=\frac{81}{100}\times 600=486$[W]이다.

**03** 반지름 $a$[m]이고 $N=1$회의 원형 코일에 $I$[A]의 전류가 흐를 때 그 코일의 중심점에서의 자계의 세기[AT/m]는?

① $\frac{I}{2\pi a}$　② $\frac{I}{4\pi a}$

③ $\frac{I}{2a}$　④ $\frac{I}{4a}$

**해설** 원형 코일의 중심에서 자계의 세기는 $H=\frac{NI}{2a}$이고, $N=1$이므로 $H=\frac{I}{2a}$[AT/m]이다.

($a$ : 원형 코일의 평균 반지름[m])

| 구분 | | 공식 | 기호 |
|---|---|---|---|
| 무한 직선 전류에 의한 자계의 세기 | | $H=\frac{I}{2\pi r}$[AT/m] | $I$ : 전류<br>$r$ : 무한 직선과의 거리 |
| 원형 코일의 중심에서 자계의 세기 | | $H=\frac{NI}{2a}$[AT/m] | $N$ : 코일을 감은 횟수<br>$a$ : 원형 코일의 반지름 |
| 솔레노이드에 의한 자계의 세기 | 내부 | $H=n_0 I$[AT/m] | $n_0$ : 단위 길이당 권선수 |
| | 외부 | $H=0$[AT/m] | |
| 환상 솔레노이드에 의한 자계의 세기 | | $H=\frac{NI}{2\pi r}$[AT/m] | $r$ : 환상 솔레노이드의 반지름 |

정답 01 ④ 02 ② 03 ③

**04** 다음과 같은 회로에서 입력전압의 실횻값이 12[V]의 정현파일 때, 전체 전류 $I$[A]는?

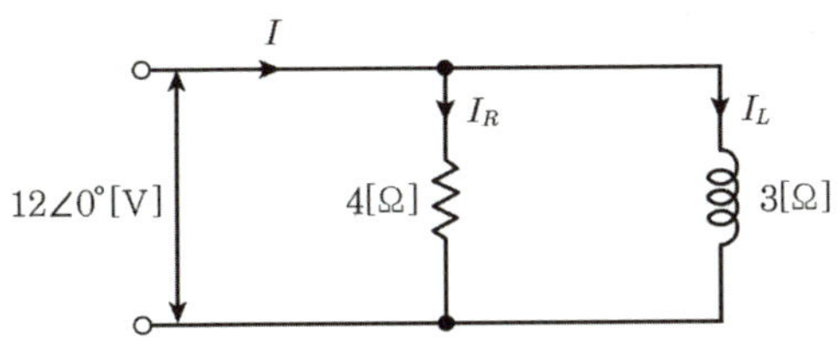


① $3-j4$　② $3+j4$
③ $4-j3$　④ $6+j10$

**해설** 저항 $R$에 흐르는 전류

$I_R=\frac{V}{R}=\frac{12\angle 0°}{4}=3$[A]

인덕터 $L$에 흐르는 전류 $I_L=\frac{V}{jX_L}=\frac{12\angle 0°}{j3}=-j4$[A]

전체 전류 $I=I_R+I_L=3-j4$[A]

**05** 각 상의 임피던스가 $6+j8$[Ω]인 평형 $Y$부하에 선간 전압 220[V]인 대칭 3상 전압을 가하였을 때 선전류[A]는?

① 10.7　② 11.7
③ 12.7　④ 13.7

**해설** 평형 Y부하에서 선간 전압 $V_l=220$[V],

임피던스 $|Z|=\sqrt{6^2+8^2}=10$[Ω]이다.

상전압 $V_p=\frac{V_l}{\sqrt{3}}=\frac{220}{\sqrt{3}}\fallingdotseq 127$[V],

상전류 $|I_p|=\frac{V_p}{|Z|}=\frac{127}{10}=12.7$[A],

선간 전류 $|I_l|=|I_p|=12.7$[A]이다.

**06** 자속이 통과하는 면적이 3[cm$^2$]인 도체에 $3.6\times10^{-4}$[Wb]의 자속이 통과한다면 자속밀도[Wb/m$^2$]는?

① 1.2　② 10
③ 12　④ 20

**해설** 면적 $S=3\times(10^{-2})^2=3\times10^{-4}$[m$^2$]

자속 $\phi=3.6\times10^{-4}$[Wb]

자속밀도 $B=\frac{자속\ \phi}{면적\ S}=\frac{3.6\times10^{-4}}{3\times10^{-4}}=1.2$[Wb/m$^2$]

**07** 다음 파형 중 비정현파가 아닌 것은?

① 펄스파　② 사각파
③ 삼각파　④ 사인파

**해설** sin파와 cos파와 같은 사인주기파는 기본 정현파이며 비정현파가 아니다.

**08** 한쪽은 중성점을 접지할 수 있고 다른 한쪽은 제3고조파에 의한 영향을 없애주는 장점을 가지고 있는 3상 결선 방식은?

① Y−Y　② △−△
③ Y−△　④ V−V

**해설** Y−△결선의 특징
- 강압용으로 사용한다.
- 한쪽 Y결선의 중성점을 접지할 수 있다.
- △결선에 의한 여자전류의 제3고조파 통로가 형성되므로 제3고조파 장해가 적고, 기전력 파형이 사인파가 된다.
- 1, 2차 전압 및 전류 간에는 30°만큼의 위상차가 발생한다.

7개년 기출복원문제

정답 04 ① 05 ③ 06 ① 07 ④ 08 ③

**09** 주파수 60[Hz]인 최댓값이 200[V], 위상 0˚인 교류의 순시값으로 맞는 것은?

① $100\sin 60\pi t$

② $200\sin 120\pi t$

③ $100\sqrt{2}\sin 60\pi t$

④ $200\sqrt{2}\sin 120\pi t$

**해설** 주파수 $f=60[\text{Hz}]$, 전압의 최댓값 $V_m=200[\text{V}]$, 위상 $\theta=0°$이다.
교류전압 $v(t)=V_m\sin(\omega t+\theta)[\text{V}]$이고 각 주파수 $\omega=2\pi f=2\pi\times 60=120\pi[\text{rad/sec}]$이다.
$v(t)=200\sin(120\pi t+0°)=200\sin 120\pi t[\text{V}]$

**10** 30[Ah]의 축전지를 3[A]로 사용하면 몇 시간 사용 가능한가?

① 1시간 ② 3시간
③ 10시간 ④ 20시간

**해설** 축전지의 용량 $Q=It=30[\text{Ah}]=30[\text{A}\cdot\text{시간}]$
$t=\dfrac{Q}{I}=\dfrac{30[A\cdot \text{시간}]}{3[A]}=10$시간

**11** 어떤 회로의 소자에 일정한 크기의 전압으로 주파수를 2배로 증가시켰더니 흐르는 전류의 크기가 $\dfrac{1}{2}$로 되었다. 이 소자의 종류는?

① 저항 ② 코일
③ 콘덴서 ④ 다이오드

**해설** 주파수 $f$를 2배로 증가시켰더니 전류의 크기가 $\dfrac{1}{2}$배로 줄어들었으므로 주파수와 전류는 반비례한다.
$I=\dfrac{V}{X}$이며 L만의 회로 또는 C만의 회로에 흐르는 전류는 다음과 같다.
L만의 회로에 흐르는 전류 $I_L=\dfrac{V}{X_L}=\dfrac{V}{\omega L}=\dfrac{V}{2\pi fL}[\text{A}]$
C만의 회로에 흐르는 전류 $I_C=\dfrac{V}{X_C}=\dfrac{V}{\dfrac{1}{\omega C}}=\omega CV=2\pi fCV[\text{A}]$
따라서 주파수와 반비례하는 소자는 코일이다.

**12** 다음 중 자석에 무반응인 물체는?

① 상자성체 ② 반자성체
③ 강자성체 ④ 비자성체

**해설**
① 상자성체 : ($\mu_s>1$) 자기장 안에 넣으면 자기장 방향으로 약하게 자화하고, 자석을 제거하면 자석의 성질을 잃어버리는 물질
**예** 알루미늄, 산소, 공기, 마그네슘, 백금, 텅스텐, 주석
② 반자성체 : ($\mu_s<1$) 외부 자기장에 반대 방향으로 정렬하는 자기 모멘트를 가지는 물질
**예** 구리, 아연, 납, 수은, 안티모니
③ 강자성체 : ($\mu_s\gg 1$) 자화시킨 후 외부 자기장이 사라져도 자성체가 계속 자석의 성질을 유지하는 물질
**예** 철, 코발트, 니켈, 망간
④ 비자성체 : 자성이 약하거나 전혀 자성을 갖지 않아서 자화가 되지 않는 물체

**13** $\dot{Z}_1=5+j3[\Omega]$과 $\dot{Z}_2=7-j3[\Omega]$이 직렬로 연결된 회로에 전압 $V=36[\text{V}]$를 가한 경우의 전류[A]는?

① 1 ② 3
③ 6 ④ 12

정답 09 ② 10 ③ 11 ② 12 ④ 13 ②

해설 $\dot{Z}_1=5+j3[\Omega]$과 $\dot{Z}_2=7-j3[\Omega]$이 직렬로 연결된 회로에 $\dot{Z}=\dot{Z}_1+\dot{Z}_2=12[\Omega]$이다.

전압 $V=36[V]$이고 전류 $I=\frac{V}{Z}=\frac{36}{12}=3[A]$이다.

**14** 다음 중 자기작용에 관한 설명으로 틀린 것은?

① 기자력의 단위는 [AT]을 사용한다.

② 자기회로의 자기저항이 작은 경우는 누설 자속이 거의 발생되지 않는다.

③ 자기장 내에 있는 도체에 전류를 흘리면 힘이 작용하는데 이 힘을 기전력이라 한다.

④ 평행한 두 도체 사이에 전류가 동일한 방향으로 흐르면 흡인력이 작용한다.

해설

① 기자력 $F$는 자속 $\phi$를 발생시키는 힘을 말하며 단위는 [AT]이다.

② 자기회로의 자기저항이 작은 경우는 누설 자속이 거의 발생되지 않는다.

③ 자기장 내에 있는 도체에 전류를 흘리면 도체에 전자력이 작용한다.(플레밍의 왼손 법칙)

④ 평행한 두 도체 사이에 전류가 동일한 방향으로 흐르면 흡인력이 작용한다.

**15** $C_1=1[\mu F]$, $C_2=2[\mu F]$, $C_3=2[\mu F]$를 직렬로 연결했을 때 합성 정전용량[$\mu$F]은?

① $\frac{1}{2}$ ② $\frac{1}{5}$

③ 2 ④ 5

해설

| 합성 정전용량 | |
|---|---|
| 직렬연결 | $\frac{1}{C}=\frac{1}{C_1}+\frac{1}{C_2}+\frac{1}{C_3}$ |
| 병렬연결 | $C=C_1+C_2+C_3$ |

$\frac{1}{C}=\frac{1}{C_1}+\frac{1}{C_2}+\frac{1}{C_3}=\frac{1}{1}+\frac{1}{2}+\frac{1}{2}=2$이므로

합성 정전용량 $C=\frac{1}{2}[\mu F]$이다.

**16** 비정현파의 성분을 가장 적합하게 나타낸 것은?

① 직류분 + 고조파

② 교류분 + 고조파

③ 직류분 + 기본파 + 고조파

④ 교류분 + 기본파 + 고조파

해설 푸리에 급수 분석법

- 비정현파를 여러 개의 정현파의 합으로 표시하는 방법
- 비정현파 $f(t)=$ 직류분 + 기본파 + 고조파(제2고조파 + 제3고조파 + ⋯)
- $f(t)=a_0+a_1\cos\omega_0 t+a_2\cos 2\omega_0 t+\cdots+a_n\cos n\omega_0 t$

**17** 전류 순시값 $i=30\sin\omega t+40\sin(3\omega t+60°)$[A]의 실횻값[A]은?

① 약 35.4 ② 약 42.4

③ 약 56.5 ④ 약 70.7

해설 기본파의 실횻값 $I_1=\frac{30}{\sqrt{2}}[A]$

제3고조파의 실횻값 $I_2=\frac{40}{\sqrt{2}}[A]$

전류의 실횻값 $I_s=\sqrt{I_2{}^2+I_2{}^2}=\sqrt{\left(\frac{30}{\sqrt{2}}\right)^2+\left(\frac{40}{\sqrt{2}}\right)^2}$

$\fallingdotseq 35.36[A]$이다.

정답 14 ③ 15 ① 16 ③ 17 ①

## 18 다음 중 상자성체는 어느 것인가?

① 철 ② 코발트
③ 니켈 ④ 텅스텐

**해설**
- 강자성체 : ($\mu_s \gg 1$) 자화시킨 후 외부 자기장이 사라져도 자성체가 계속 자석의 성질을 유지하는 물질
  예 철, 코발트, 니켈, 망간
- 상자성체 : ($\mu_s > 1$) 자기장 안에 넣으면 자기장 방향으로 약하게 자화하고, 자석을 제거하면 자석의 성질을 잃어버리는 물질
  예 알루미늄, 산소, 공기, 마그네슘, 백금, 텅스텐, 주석
- 반자성체 : ($\mu_s < 1$) 외부 자기장에 반대 방향으로 정렬하는 자기 모멘트를 가지는 물질
  예 구리, 아연, 납, 수은, 안티모니
- 비자성체 : 자성이 약하거나 전혀 자성을 갖지 않아서 자화가 되지 않는 물체

## 19 전기분해를 통하여 석출된 물질의 양은 통과한 전기량 및 화학당량과 어떤 관계인가?

① 전기량과 화학당량에 비례한다.
② 전기량과 화학당량에 반비례한다.
③ 전기량에 비례하고 화학당량에 반비례한다.
④ 전기량에 반비례하고 화학당량에 비례한다.

**해설** 패러데이의 법칙
- 전기분해를 하는 동안 전극에 흐르는 전하량과 전기분해로 인해 생긴 화학변화의 양 사이의 정량적인 관계를 나타내는 법칙. 전기량이 같을 때 석출되는 물질의 양은 전류의 전기량과 비례한다.
- $W = KQ = KIt$[g] ($W$ : 석출되는 물질의 양, $k$ : 화학당량 $= \dfrac{\text{원자량}}{\text{원자가}}$)

## 20 10[Ω]의 저항 5개를 접속하여 얻을 수 있는 가장 작은 저항값[Ω]은?

① 1 ② 2
③ 3 ④ 4

**해설** 직렬로 연결할 때
$R_{합성} = R \times 5\text{개} = 10 \times 5 = 50[\Omega]$
병렬로 연결할 때 $\dfrac{1}{R_{합성}} = \dfrac{1}{R} \times 5\text{개} = \dfrac{5}{10} = \dfrac{1}{2}[\mho]$,
$R_{합성} = 2[\Omega]$이다.

## 21 동기발전기를 회전 계자형으로 하는 이유가 아닌 것은?

① 고전압에 견딜 수 있게 전기자 권선을 절연하기가 쉽다.
② 전기자 단자에 발생한 고전압을 슬립링 없이 간단하게 외부 회로에 인가할 수 있다.
③ 기계적으로 튼튼하게 만드는 데 용이하다.
④ 전기자가 고정되어 있지 않아 제작비용이 저렴하다.

**해설** 회전 계자형은 전기자를 고정하고 계자를 회전시키는 방식으로 동기발전기에서 회전 계자형을 주로 사용하는 이유는 다음과 같다.
- 기계적 측면
  - 계자의 철 분포가 전기자에 비하여 크므로 회전시 계자가 기계적으로 튼튼하다.
  - 원동기 측에서 구조가 간단한 계자를 회전시키는 것이 유리하다.
- 전기적 측면
  - 교류 고압인 전기자보다 직류 저압인 계자를 회전시키는 것이 위험성이 작다.
  - 교류 고압인 전기자가 고정되어 있으므로 절연이 용이하다.



정답 18 ④ 19 ① 20 ② 21 ④

**22** 3상 변압기의 병렬운전시 병렬운전이 불가능한 결선 조합은?

① $\Delta-\Delta$와 $Y-Y$
② $\Delta-\Delta$와 $\Delta-Y$
③ $\Delta-Y$와 $\Delta-Y$
④ $\Delta-\Delta$와 $\Delta-\Delta$

**해설**

| 병렬운전이 불가능한 경우 | 병렬운전이 가능한 경우 |
|---|---|
| • Δ-Δ와 Δ-Y<br>• Y-Y와 Δ-Y | • Δ-Δ와 Δ-Δ<br>• Y-Y와 Y-Y<br>• Y-Δ와 Y-Δ<br>• Δ-Y와 Δ-Y<br>• Δ-Δ와 Y-Y<br>• V-V와 V-V |

**23** 동기전동기의 특징으로 잘못된 것은?

① 일정한 속도로 운전이 가능하다.
② 난조가 발생하기 쉽다.
③ 역률을 조정하기 어렵다.
④ 공극이 넓어 기계적으로 견고하다.

**해설**
- 동기전동기의 장점
  - 부하의 변화로 속도가 변하지 않는다.
  - 계자 권선의 직류 여자전류를 조정하여 역률을 조정할 수 있다.
  - 공극이 넓으므로 기계적으로 견고하다.
  - 공급 전압의 변화에 대한 토크의 변화가 적다.
  - 전 부하 효율이 양호하다.
- 동기전동기의 단점
  - 여자를 필요로 하기 때문에 직류 전원장치가 필요하다.
  - 동기화 장치가 필요하며 가격이 고가이다.
  - 속도제어가 어렵다.
  - 난조가 발생하기 쉽다.

**24** 계자 권선이 전기자에 병렬로만 접속된 직류기는?

① 타여자기 ② 직권기
③ 분권기 ④ 복권기

**해설** 분권기는 전기자 권선과 계자 권선이 병렬로 연결되어 있다.

**25** 3상 농형 유도전동기의 $Y-\Delta$ 기동시의 기동전류를 전전압 기동시와 비교하면?

① 전전압 기동전류의 $\frac{1}{3}$배로 된다.
② 전전압 기동전류의 $\sqrt{3}$배로 된다.
③ 전전압 기동전류의 3배로 된다.
④ 전전압 기동전류의 9배로 된다.

**해설** 3상 유도전동기 운전시에는 $\Delta$결선으로 연결하고 기동시에는 $Y$결선으로 연결하면 1상 권선에 가해지는 전압은 기동시 전전압의 $\frac{1}{\sqrt{3}}$ 정도가 되는 기동법을 말한다. 기동토크는 $(\frac{1}{\sqrt{3}})^2=\frac{1}{3}$배가 되며, $Y$결선 기동전류는 전전압 기동전류의 $\frac{1}{3}$배이다.

**26** 변압기 2대를 V결선했을 때 이용률[%]은?

① 57.7[%] ② 70.7[%]
③ 86.6[%] ④ 100[%]

**해설** 단상 변압기 3대로 $\Delta-\Delta$결선 운전 중 1대의 변압기 고장시 V결선하여 지속 운전이 가능하다.
- V결선과 $\Delta$결선의 출력비

$$\frac{P_V}{P_\Delta}=\frac{\sqrt{3}\,V_{2n}I_{2n}}{3V_{2n}I_{2n}}=\frac{1}{\sqrt{3}}\fallingdotseq 0.577$$

- V결선한 변압기 1대당 이용률

$$\frac{\sqrt{3}\,V_{2n}I_{2n}}{2V_{2n}I_{2n}}=\frac{\sqrt{3}}{2}\fallingdotseq 0.866$$

정답 22 ② 23 ③ 24 ③ 25 ① 26 ③

**27** 단락비가 큰 동기기에 대한 설명으로 옳은 것은?

① 안정도가 높다.
② 기계가 소형이다.
③ 전압변동률이 크다.
④ 전기자 반작용이 크다.

**해설** 단락비가 큰 동기기의 특성
- 안정도가 높다.
- 중량이 무겁고 가격이 비싸다.
- 전압변동률이 작다.
- 전기자 반작용이 작다.
- 공극과 계자기자력이 크다.
- 효율이 나쁘다.

**28** 다음 중 유도전동기의 속도제어에 사용되는 인버터 장치의 약호는?

① CVCF ② VVVF
③ CVVF ④ VVCF

**해설**
① CVCF(Constant Voltage Constant Frequency) : 정전압 정주파수 제어
② VVVF(Variable Voltage Variable Frequency) : 가변전압 가변주파수 제어(유도전동기의 속도제어)
③ CVVF(Contant Voltage Variable Frequency) : 가변전압 정주파수 제어
④ VVCF(Variable Voltage Constant Frequency) : 가변전압 정주파수 제어

**29** 극수가 8, 회전수가 900[rpm]인 동기발전기와 병렬운전하는 동기발전기의 극수가 12극이라면 회전수[rpm]는?

① 400 ② 500
③ 600 ④ 700

**해설** 동기속도 $N_S = \frac{120f}{p}$

$f = \frac{N_S \times p}{120} = \frac{900 \times 8}{120} = 60[\text{Hz}]$

병렬운전시 주파수는 같으므로

$N_S = \frac{120f}{p} = \frac{120 \times 60}{12} = 600[\text{rpm}]$

**30** 변압기 철심을 성층하는 이유는?

① 기계손을 적게 하기 위하여
② 포유 부하손을 적게 하기 위하여
③ 히스테리시스손을 적게 하기 위하여
④ 와류손을 적게 하기 위하여

**해설** 전기기기에서 철심은 자기회로를 만드는 부분으로 회전에 따른 자속 방향이 수시로 변화하면서 와전류 손실이나 히스테리시스 현상에 의한 철손이 생기게 된다. 따라서 계자 철심은 이 철손을 줄이기 위해 두께 0.35[mm]~0.5[mm] 정도의 얇은 규소강판을 성층해서 만든다.

**31** 동기전동기의 직류 여자전류가 증가될 때의 현상으로 옳은 것은?

① 진상 역률이 된다.
② 지상 역률이 된다.
③ 변화 없다.
④ 진상, 지상 역률을 반복한다.

**해설** 동기전동기에서 공급 전압 V 및 출력 $P_2$를 일정한 상태로 두고 여자만 변화시켰을 경우 전기자 전류의 크기와 역률이 달라지는데 위상특성곡선에 따라 회전자의 계자전류를 변화시키면 고정자의 전압과 전류의 위상이 변하게 된다.
- 부족 여자 : I가 V보다 뒤짐
- 과여자 : I가 V보다 앞섬
- 여자가 적합할 때 : I와 V가 동위상



정답 27 ① 28 ② 29 ③ 30 ④ 31 ①

**32** 정류자와 접촉하여 전기자 권선 외부 회로를 연결하는 역할을 하는 것은?

① 계자 ② 전기자
③ 브러시 ④ 계자철심

**해설** 브러시는 전기자 권선과 외부 회로와의 전기적인 접속을 한다.

[직류발전기의 구조]
- 계자 : 자속을 발생
- 전기자 : 자속을 끊어 기전력 발생
- 정류자 : 교류를 직류로 변환
- 브러시 : 전기자 권선과 외부 회로와의 전기적인 접속

**33** 동기전동기의 특징으로 잘못된 것은?

① 일정한 속도로 운전이 가능하다.
② 난조가 발생하기 쉽다.
③ 역률을 조정하기 힘들다.
④ 공극이 넓어 기계적으로 견고하다.

**해설**

| 장점 | 단점 |
|---|---|
| • 속도가 일정하다.<br>(동기속도로 운전)<br>• 역률을 조정할 수 있다.<br>• 공극이 크고 기계적으로 튼튼하다. | • 기동토크가 작다.<br>• 속도제어가 어렵다.<br>• 직류여자가 필요하다.<br>(직류전원을 필요로 한다.)<br>• 난조가 일어나기 쉽다. |

**34** 직류발전기의 전기자 구성으로 옳은 것은?

① 전기자 철심, 정류자
② 전기자 권선, 계자
③ 전기자 권선, 전기자 철심
④ 전기자 철심, 브러시

**해설** 직류발전기의 전기자는 기전력을 만드는 부분으로 전기자 철심과 전기자 권선으로 구성되어 있다.

**35** 변압기의 부하전류 및 전압이 일정하고 주파수만 낮아지면?

① 동손이 감소한다.
② 동손이 증가한다.
③ 철손이 감소한다.
④ 철손이 증가한다.

**해설** 철손과 주파수는 반비례하므로 주파수가 낮아지면 철손이 증가한다.

**36** 1차 전압 4,000[V], 2차 전압 200[V], 정격 20[kVA]인 주상변압기의 %임피던스강하가 2.5[%]이다. 이 변압기의 2차를 단락하고 1차에 정격전압을 가하였을 때 1차, 2차의 단락전류($I_{1s}$, $I_{2s}$)는?

| | $I_{1s}$ | $I_{2s}$ |
|---|---|---|
| ① | 200[A] | 2,000[A] |
| ② | 400[A] | 2,000[A] |
| ③ | 200[A] | 4,000[A] |
| ④ | 400[A] | 4,000[A] |

정답 32 ③ 33 ③ 34 ③ 35 ④ 36 ③

**해설** 권수비 $a=\frac{E_1}{E_2}=\frac{V_1}{V_2}=\frac{N_1}{N_2}=\sqrt{\frac{Z_1}{Z_2}}=\sqrt{\frac{R_1}{R_2}}$ 에서

$\frac{E_1}{E_2}=\frac{4,000}{200}=20$

단락비 $K_{1s}=\frac{I_{1s}}{I_{1n}}=\frac{100}{\%Z}$ 에서

$I_{1s}=\frac{100}{\%Z}\times I_{1n}=\frac{100}{\%Z}\times\frac{P_{1n}}{V_{1n}}=\frac{100}{2.5}\times\frac{20\times10^3}{4,000}$

$=200$[A]

∴ 권수비 $a=20=\frac{I_{2s}}{I_{1s}}=\frac{I_{2s}}{200}$ 이므로, $I_{2s}=4,000$[A]

**37** 부하역률이 1일 때의 전압변동률은 3[%]이고 부하역률이 0일 때의 전압변동률은 4[%]인 변압기가 있다. 부하역률이 0.8(지상)일 때, 전압변동률[%]은?

① 3.0　　② 4.0
③ 4.8　　④ 5.0

**해설** $\epsilon=p\cos\theta+q\sin\theta$ ($p$ : %저항 강하, $q$ : %리액턴스 강하)

∴ $\epsilon=p\cos\theta+q\sin\theta=3\times0.8+4\times0.6=4.8$[%]

**38** 유도전동기의 동기속도가 $N_S$, 회전속도가 $N$일 때 슬립은?

① $s=\frac{N_S-N}{N}$

② $s=\frac{N-N_S}{N}$

③ $s=\frac{N_S-N}{N_S}$

④ $s=\frac{N_S+N}{N}$

**해설** 유도전동기 슬립 $s=\frac{N_S-N}{N_S}$

**39** 3상 유도전동기의 1차 입력 60[kW], 1차 손실 1[kW], 슬립 3[%]일 때 기계적 출력[kW]은?

① 57　　② 75
③ 95　　④ 100

**해설** 3상 유도전동기의 기계적 출력
- 2차 입력= 1차 입력-2차 손실=60-1=59[kW]
- 기계적 출력 = 2차 입력×효율 = 2차 입력×(1-슬립) = 59×(1-0.03) ≒ 57[kW]

**40** 60[Hz], 200[V], 7.5[kW]인 3상 유도전동기의 전부하 슬립[%]은? (단, 회전자 동손은 0.4[kW], 기계손은 0.1[kW]이다.)

① 4.0　　② 4.5
③ 5.0　　④ 5.5

**해설** 유도전동기의 손실
- 2차 입력 : $P_2=P_o+P_m+P_{c2}$ 에서
  $P_2=7.5+0.1+0.4=8$[kW]
- $P_2$(2차 입력) : $P_{c2}$(2차 동손) : $P_m$(2차 출력) = 1 : s : (1-s)

슬립 $s=\frac{P_{c2}}{P_2}=\frac{0.4}{8}=0.05=5$[%]



정답 37 ③ 38 ③ 39 ① 40 ③

**41** **사용전압 400[V] 이상, 건조한 장소로 점검할 수 있는 은폐된 곳에 저압 옥내배선시 공사할 수 있는 방법은?**

① 금속몰드공사
② 버스덕트공사
③ 라이팅덕트공사
④ 합성수지몰드공사

**해설** 버스덕트공사는 400[V] 이상, 점검 가능한 은폐 장소이고 건조한 장소에 공사가 가능하다.
[옥내의 장소에 따른 배선 가능한 공사 방법]

| 공사 방법 | 사용전압 | 노출 장소 | | 은폐 장소 | | | |
|---|---|---|---|---|---|---|---|
| | | | | 점검 가능 | | 점검 불가능 | |
| | | 건조한 장소 | 습기가 많은 장소 | 건조한 장소 | 습기가 많은 장소 | 건조한 장소 | 습기가 많은 장소 |
| 금속몰드 공사 | 400[V] 이하 | ○ | × | ○ | × | × | × |
| 라이팅 덕트공사 | 400[V] 이하 | ○ | × | ○ | × | × | × |
| 합성수지 몰드공사 | 400[V] 이하 | ○ | × | ○ | × | × | × |

**42** **저압 이웃 연결 인입선의 시설규정으로 적합한 것은?**

① 6[m] 도로를 횡단하여 시설
② 수용가 옥내를 관통하여 시설
③ 분기점으로부터 90[m] 지점에 시설
④ 지름 1.5[mm] 인입용 비닐절연전선을 사용

**해설** [한국전기설비규정 221.1.1 저압 인입선의 시설]
- 인장강도 2.30[kN] 또는 지름 2.6[mm] 이상의 인입용 비닐절연전선일 것
- 경간이 15[m] 이하인 경우, 인장강도 1.25[kN] 또는 지름 2.0[mm] 이상의 인입용 비닐절연전선일 것

[한국전기설비규정 221.1.2 이웃 연결 인입선의 시설]
- 옥내를 통과하지 아니할 것
- 폭 5[m]를 초과하는 도로를 횡단하지 아니할 것
- 인입선에서 분기하는 점으로부터 100[m]를 초과하는 지역에 미치지 아니할 것

**43** **저압 옥내간선으로부터 분기하는 곳에 설치해야 하는 것은?**

① 누전차단기 ② 지락차단기
③ 과전류차단기 ④ 과전압차단기

**해설** [한국전기설비규정 212.6.4 분기회로의 시설]
분기회로는 과부하전류와 단락전류에 대한 보호를 위한 보호장치를 분기점으로부터 3[m] 이내에 시설해야 한다.

**44** **IV 전선을 사용한 옥내배선공사시 박스 안에서 사용되는 전선 접속 방법은?**

① 쥐꼬리 접속
② 트위스트 접속
③ 복권 직선 접속
④ 브리타니아 접속

**해설** 쥐꼬리 접속은 와이어 커넥터나 절연테이프를 이용하여 정션 박스 안에서 가는 단선을 상호 접속하는 방법이다.



정답 41 ② 42 ③ 43 ③ 44 ①

**45** 금속관공사시 관을 접지하는 데 사용하는 것은?

① 엘보우
② 터미널 캡
③ 접지 클램프
④ 노출배관용 박스

**해설** 금속관공사에서 관을 접지하기 위해 사용하는 부속품은 접지 클램프이다.
① 엘보우 : 노출로 시공하는 금속관공사에서 관을 직각으로 구부리는 곳에 사용하는 부속재료
② 터미널 캡 : 노출 전선관에서 금속 전선관으로 연결할 때 사용하는 전선관 부속 재료
④ 노출배관용 박스 : 노출로 시공하는 공사에서 사용하는 정션 박스, 콘센트 박스, 스위치 박스

**46** 화약류 저장소에서 백열전등이나 형광등 또는 이들에 전기를 공급하기 위한 전기설비를 시설하는 경우 전로의 대지전압[V]은?

① 100[V] 이하 ② 150[V] 이하
③ 220[V] 이하 ④ 300[V] 이하

**해설** [한국전기설비규정 242.5.1 화약류 저장소에서 전기설비의 시설]
전로에 대지전압은 300[V] 이하일 것

**47** 전로에 지락이 생겼을 경우에 부하 기기, 금속제 외함 등에 발생하는 고장전압 또는 지락전류를 검출하는 부분과 차단기 부분을 조합하여 자동적으로 전로를 차단하는 장치는?

① 과전류차단기 ② 배선용차단기
③ 누전경보장치 ④ 누전차단장치

**해설** 지락이란 전로와 대지 사이에 절연이 파괴되어 누설전류가 크게 흐르는 현상이다. 지락이 발생했을 때 이를 검출하여 자동적으로 전로를 차단하는 장치는 누전차단기이다.

**48** 한 분전반에 사용전압이 각각 다른 분기회로가 있을 때 분기회로를 쉽게 식별하기 위한 방법으로 가장 적합한 것은?

① 차단기별로 분리해 놓는다.
② 분전반을 철거하고 다른 분전반을 새로 설치한다.
③ 과전류차단기 가까운 곳에 각각 전압을 표시하는 명판을 붙여 놓는다.
④ 왼쪽은 고압측 오른쪽은 저압측으로 분류해 놓고 전압 표시는 하지 않는다.

**해설** [한국전기설비규정 232.84 옥내에 시설하는 저압용 배분전반 등의 시설]
한 개의 분전반에는 한 가지 전원(1회선의 간선)만 공급하여야 한다. 다만, 안전 확보가 충분하도록 격벽을 설치하고 사용전압을 쉽게 식별할 수 있도록 그 회로의 과전류차단기 가까운 곳에 그 사용전압을 표시하는 경우에는 그러하지 아니하다.

**49** 가요전선관 공사 방법에 대한 설명으로 잘못된 것은?

① 일반적으로 전선은 연선을 사용한다.
② 가요전선관 안에는 전선의 접속점이 없도록 한다.
③ 사용전압 400[V] 이하의 저압의 경우에만 사용한다.
④ 전선은 옥외용 비닐절연전선을 제외한 절연전선을 사용한다.

정답 45 ③ 46 ④ 47 ④ 48 ③ 49 ③

**해설** [한국전기설비규정 232.13 금속제 가요전선관공사]
가요전선관공사는 400[V] 초과 1[kV] 이하인 배선에도 시설이 가능하다.
- 전선은 절연전선일 것(옥외용 비닐절연전선 제외)
- 전선은 연선일 것 다만, 단면적 10[$mm^2$](알루미늄선은 단면적 16[$mm^2$]) 이하인 것은 그러하지 아니하다.
- 가요전선관 안에는 전선에 접속점이 없도록 할 것

**50** 관을 시설하고 제거하는 것이 자유롭고 점검 가능한 은폐장소에서 가요전선관을 구부리는 경우 곡률 반지름은 2종 가요전선관 안지름의 몇 배 이상으로 하여야 하는가?

① 3　② 6
③ 9　④ 10

**해설** 제2종 가요전선관의 곡률 반지름
- 관의 시설 및 제거가 부자유하거나 점검이 불가능한 경우 : 관 안지름의 6배
- 노출장소 또는 점검 가능한 은폐장소, 시설 및 제거가 자유로운 경우 : 관 안지름의 3배

**51** 가공전선로의 지지물에 시설하는 지지선의 시설에 맞지 않는 것은?

① 지지선의 안전율은 2.5 이상일 것
② 소선의 지름이 1.6[mm] 이상의 동선을 사용한 것일 것
③ 지지선에 연선을 사용할 경우에는 소선 3가닥 이상의 연선일 것
④ 지지선의 안전율이 2.5 이상일 경우에 허용 인장하중의 최저는 4.31[kN]으로 할 것

**해설** [한국전기설비규정 331.11 지지선의 시설]
- 지지선의 안전율은 2.5 이상일 것. 이 경우에 허용 인장하중의 최저는 4.31[kN]으로 한다.
- 지지선에 연선을 사용할 경우
  - 소선 3가닥 이상의 연선
  - 소선의 지름이 2.6[mm] 이상의 금속선을 사용한 것일 것
- 지중부분 및 지표상 0.3[m]까지의 부분에는 내식성이 있는 것 또는 아연도금을 한 철봉을 사용하고 쉽게 부식되지 않는 근가에 견고하게 붙일 것
- 지지선근가는 지지선의 인장하중에 충분히 견디도록 시설할 것

**52** 저압크레인 또는 호이스트 등의 트롤리선을 애자사용공사에 의하여 옥내의 노출장소에 시설하는 경우 트롤리선의 바닥에서의 최소 높이는 몇 [m] 이상으로 설치하는가?

① 2.0　② 2.5
③ 3.0　④ 3.5

**해설** [한국전기설비규정 232.81 옥내에 시설하는 저압 접촉전선 배선]
저압 접촉전선을 애자공사에 의하여 옥내의 전개된 장소에 시설하는 경우
- 전선의 바닥에서의 높이는 3.5[m] 이상으로 하고 사람이 접촉할 우려가 없도록 시설할 것

**53** 저압 전로에 사용하는 과전류차단기용 퓨즈의 정격전류가 10[A]일 때, 견디어야 할 전류는 정격전류의 몇 배인가?

① 1.10　② 1.25
③ 1.50　④ 2.10



정답 50 ① 51 ② 52 ④ 53 ③

**해설** [한국전기설비규정 212.3.4 보호장치의 특성]
퓨즈(gG)의 용단특성

| 정격전류 $I_n$ | 시간 | 정격전류의 배수 | |
|---|---|---|---|
| | | 불용단전류 | 용단전류 |
| $4[A] \leq I_n$ | 60분 | 1.5배 | 2.1배 |
| $4[A] < I_n < 16[A]$ | 60분 | 1.5배 | 1.9배 |
| $16[A] \leq I_n \leq 63[A]$ | 60분 | 1.25배 | 1.6배 |

## 54 전선과 기구 단자를 접속할 때 나사를 덜 죄었을 경우 발생할 수 있는 위험과 거리가 먼 것은?

① 누전 ② 과열 발생
③ 저항 감소 ④ 화재 위험

**해설** 전선과 기구 단자 접속시 나사를 덜 죄었을 경우 완전한 접속이 되지 않아 전류가 잘 흐르지 못하므로 저항이 증가한다.

## 55 금속관공사에 대한 설명으로 틀린 것은?

① 전선이 금속관 속에 보호되어 안정적이다.
② 접지공사를 하지 않아도 감전의 우려가 없다.
③ 단락사고, 접지사고 등에 있어서 화재의 우려가 적다.
④ 방습장치를 할 수 있으므로 전선을 내수적으로 시설할 수 있다.

**해설** [한국전기설비규정 232.12.3 금속관 및 부속품의 시설]
금속관공사는 접지공사를 해야 한다. 단, 사용전압이 400[V] 이하인 아래의 경우는 제외한다.
- 관의 길이가 4[m] 이하인 것을 건조한 장소에 시설하는 경우
- 옥내 배선의 사용전압이 직류 300[V] 또는 교류 대지전압 150[V] 이하로서 그 전선을 넣는 관의 길이가 8[m] 이하인 것을 사람이 쉽게 접촉할 우려가 없도록 시설하는 경우 또는 건조한 장소에 시설하는 경우

## 56 가로 20[m], 세로 18[m], 천장의 높이 3.85[m], 작업면의 높이 0.85[m], 간접조명 방식인 호텔 연회장의 실지수는 약 얼마인가?

① 1.16 ② 2.16
③ 3.16 ④ 4.16

**해설** 실지수 K를 구하는 공식

$$K = \frac{\text{방의 길이} \times \text{방의 폭}}{\text{작업면에서 조명기구까지의 높이} \times (\text{방의 길이} + \text{방의 폭})}$$
$$= \frac{X \times Y}{H \times (X+Y)}$$
$$= \frac{20 \times 18}{(3.85 - 0.85) \times (20 + 18)}$$
$$\fallingdotseq 3.16$$

## 57 가공전선로의 지지선에 사용되는 애자는?

① 구형 애자 ② 노브 애자
③ 인류 애자 ④ 현수 애자



정답 54 ③ 55 ② 56 ③ 57 ①

해설
① 구형 애자 : 옥 애자 혹은 지지선 애자라고도 하며, 지지물과 대지 사이를 절연하는 동시에 지지선의 중간에 설치되어 장력 하중을 담당하기 위한 애자이다.
② 노브 애자 : 전선을 건물의 기둥과 벽 등의 조영물로부터 분리시키기 위해 사용하는 것으로 자기제이며, 전선 가설용 홈이 있다.
③ 인류 애자 : 인입선을 수용가 붙임점에 고정, 지지하는 애자이다. '인류'란 한 쪽 방향으로만 당겨짐을 의미한다.
④ 현수 애자 : 송전 선로나 전차 선로에 사용하는 고압용 애자이며, 사용전압에 따라 적당한 개수를 직렬로 접속하여 지지물에 매달아 쓰는 구조이다.

**58** 금속몰드의 지지점 사이의 거리는 몇 [m] 이하로 하는 것이 가장 바람직한가?

① 1.0 ② 1.5
③ 2.0 ④ 2.5

해설 금속몰드 상호 간 및 몰드 박스 기타의 부속품은 견고하고 전기적으로 완전하게 접속해야 하며, 적당한 방법으로 조영재 등에 확실하게 지지해야 한다. 지지점 간의 거리는 1.5[m] 이하가 바람직하다.

**59** 사람이 쉽게 접촉하는 장소에 설치하는 누전차단기의 사용전압 기준은 몇 [V] 초과인가?

① 50 ② 100
③ 150 ④ 200

해설 [한국전기설비규정 211.2.4 누전차단기의 시설]
금속제 외함을 가지는 사용전압이 50[V]를 초과하는 저압의 기계 기구로서 사람이 쉽게 접촉할 우려가 있는 곳에 시설하는 것에 전기를 공급하는 전로에 누전차단기를 시설해야 한다.

**60** 무대, 오케스트라 박스 등 흥행장의 저압 옥내배선공사의 사용전압은 몇 [V] 이하인가?

① 200 ② 300
③ 400 ④ 500

해설 [한국전기설비규정 242.6 전시회, 쇼 및 공연장의 전기설비]
무대, 무대마루 밑, 오케스트라 박스, 영사실 기타 사람이나 무대 도구가 접촉할 우려가 있는 곳에 시설하는 저압 옥내배선, 전구선, 또는 이동전선은 사용전압이 400[V] 이하이어야 한다.



정답 58 ② 59 ① 60 ③

# 2019년 제4회 기출복원문제

**01** 평균 반지름이 10[cm]이고 감은 횟수 10회의 원형 코일에 5[A]의 전류를 흐르게 하면 코일 중심의 자장의 세기[AT/m]는?

① 250 ② 500
③ 750 ④ 1000

**해설** 원형 코일에서 전계의 세기는 $H=\frac{NI}{2a}$이다.

$H=\frac{10\times5}{2\times10\times10^{-2}}=250$[AT/m]

| | | 공식 | 기호 |
|---|---|---|---|
| 무한 직선 전류에 의한 자계의 세기 | | $H=\frac{I}{2\pi r}$[AT/m] | $I$ : 전류<br>$r$ : 무한 직선과의 거리 |
| 원형 코일의 중심에서 자계의 세기 | | $H=\frac{NI}{2a}$[AT/m] | $N$ : 코일을 감은 횟수<br>$a$ : 원형 코일의 반지름 |
| 솔레노이드에 의한 자계의 세기 | 내부 | $H=n_0I$[AT/m] | $n_0$ : 단위 길이당 권선수 |
| | 외부 | $H=0$[AT/m] | |
| 환상 솔레노이드에 의한 자계의 세기 | | $H=\frac{NI}{2\pi r}$[AT/m] | $r$ : 환상 솔레노이드의 반지름 |

**02** 옴의 법칙에 대한 설명을 옳은 것은?

① 전압은 전류에 반비례한다.
② 전압은 저항에 반비례한다.
③ 전압은 전류에 비례하고 저항에 반비례한다.
④ 전압은 저항과 전류의 곱에 비례한다.

**해설** 옴의 법칙에 의하면 $V=IR$이므로 전압은 저항과 전류의 곱에 비례한다.

**03** 어떤 기본파의 주기가 $T=10$[ms]일 때 비사인파의 제3고조파 주파수[Hz]는?

① 100 ② 200
③ 300 ④ 400

**해설** 주파수 $f=\frac{1}{T}$이므로 주기 $T=10$[ms]이면 주파수 $f=\frac{1}{10\times10^{-3}}=100$[Hz]이다.
기본파의 주파수 $f=100$[Hz]이므로 제3고조파의 주파수 $f_3=300$[Hz]이다.

**04** 자속이 통과하는 면적이 10[cm$^2$], 투자율이 1,000인 철심에 $5\times10^{-6}$[Wb]인 자속이 통과한다면 자속밀도[Wb/m$^2$]는?

① $5\times10^{-3}$ ② $5\times10^{-6}$
③ $2\times10^{-3}$ ④ $2\times10^{-4}$

**해설** 면적 $S=10\times(10^{-2})^2=10\times10^{-4}$[m$^2$],
자속 $\phi=5\times10^{-6}$[Wb]
자속밀도 $B=\frac{자속\ \phi}{면적\ S}=\frac{5\times10^{-6}}{10\times10^{-4}}=5\times10^{-3}$[Wb/m$^2$]

**05** 3상 100[kVA], 13,200/200 부하의 저압측 유효분 전류는? (단, 역률은 0.8이다.)

① 115 ② 230
③ 345 ④ 460

정답 01 ① 02 ④ 03 ③ 04 ① 05 ②

**해설** 13,200[V]는 1차측(전원측, 고압측) 선간전압이며, 200[V]는 2차측(부하측, 저압측) 선간전압이다.
피상전력 $S_3 = 3V_pI_p = \sqrt{3}V_lI_l = 100$[kVA], 저압측 선간전압 $V_l = 200$[V], 역률 $PF = \cos\theta = 0.8$

$$I_l = \frac{S_3}{\sqrt{3}V_l} = \frac{100\times10^3}{\sqrt{3}\times200} \fallingdotseq 288[A]$$

$$\dot{I} = I(\cos\theta + j\sin\theta) = 288(0.8 + j0.6) \fallingdotseq 230 + j173[A]$$

## 06 도전율이 작은 것부터 큰 것의 순으로 나열된 것은?

① 수은 < 구리 < 은 < 금
② 수은 < 금 < 구리 < 은
③ 수은 < 은 < 구리 < 금
④ 금 < 수은 < 구리 < 은

**해설** **전도율** : 전류가 흐르기 쉬움을 나타내는 물질 고유의 값. 수은(1.69%), 금(67%), 구리(94%), 은(100%)

## 07 같은 철심 위에 동일한 권수로 자체 인덕턴스 $L$[H]의 코일 두 개를 접근해서 감고 이것을 같은 방향으로 직렬연결할 때 합성 인덕턴스[H]는? (단, 두 코일의 결합 계수는 0.5이다.)

① $L$　　② $2L$
③ $3L$　　④ $4L$

**해설** 상호 인덕턴스 $M = k\sqrt{L_1L_2} = \frac{1}{2}L$ ($\because$ 결합계수 $k = \frac{1}{2}$)
코일 두 개를 같은 방향으로 직렬연결할 때(가동접속하였을 때)
합성 인덕턴스 $L = L_1 + L_2 + 2M = L + L + 2\times\frac{1}{2}L = 3L$

## 08 그림과 같은 회로에 입력전압 200[V]를 가할 때 20[Ω]의 저항에 흐르는 전류[A]는?

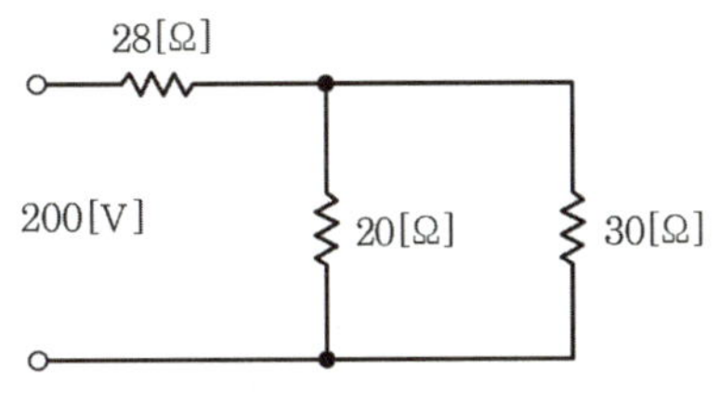


① 1　　② 3
③ 5　　④ 7

**해설** 합성저항 $R = 28 + \frac{20\times30}{20+30} = 28 + 12 = 40[\Omega]$

$I = \frac{V}{R} = \frac{200}{40} = 5[A]$

병렬회로에서 전류의 분배법칙을 활용하면

$I_1 = \frac{R_2}{R_1+R_2}\times I$, $I_2 = \frac{R_1}{R_1+R_2}\times I$ 이므로

$I_{20\Omega} = \frac{30}{20+30}\times5 = 3[A]$

## 09 정현파에서 파고율이란?

① $\frac{\text{최댓값}}{\text{실횻값}}$　　② $\frac{\text{평균값}}{\text{실횻값}}$
③ $\frac{\text{실횻값}}{\text{평균값}}$　　④ $\frac{\text{최댓값}}{\text{평균값}}$

**해설**
- 파고율 : 파형의 날카로움의 정도를 나타낸 것
  $\therefore$ 파고율 $= \frac{\text{최댓값}}{\text{실횻값}}$
- 파형률 : 파형의 평평한 정도(평활도)를 나타낸 것
  $\therefore$ 파형률 $= \frac{\text{실횻값}}{\text{평균값}}$



정답 06 ② 07 ③ 08 ② 09 ①

**10** 영구자석의 재료로 사용되는 철에 요구되는 사항으로 다음 중 가장 적절한 것은?

① 잔류자속밀도는 작고 보자력이 커야 한다.
② 잔류자속밀도는 크고 보자력이 작아야 한다.
③ 잔류자속밀도와 보자력이 모두 커야 한다.
④ 잔류자속밀도는 커야 하나, 보자력은 0이어야 한다.

**해설**
- 영구자석 : 강한 자화 상태를 오래 보존하는 자석. 잔류자속밀도, 보자력 모두 크다. 예 강철, 합금
- 전자석 : 전류가 흐르면 자기화되고, 전류를 끊으면 자화되지 않은 원래의 상태로 돌아가는 자석. 잔류자속밀도는 크고 보자력은 작다. 예 연철

[히스테리시스 곡선]
히스테리시스 곡선에서 횡축(가로축)은 자기장의 세기를, 종축(세로축)은 자속밀도를 나타내며 횡축과 만나는 점은 보자력, 종축과 만나는 점은 잔류자기라고 한다.
- 잔류자기 : 자기 포화상태에서 자화를 감소하여, 자기장을 제거했을 때 자성체에 잔류하고 있는 자속밀도
- 보자력 : 자화도를 0으로 만들기 위해 걸어주는 역자기장의 세기

**11** 평형 3상 회로에서 1상의 소비전력이 $P$[W]라면, 3상 회로 전체 소비전력[W]은?

① $2P$ ② $\sqrt{2}P$
③ $3P$ ④ $\sqrt{3}P$

**해설** 평형 3상 회로에서 1상의 소비전력이 $P$[W]라면, 3상 회로 전체 소비전력은 $3P$[W]이다.
- V결선에서 출력 $P_V=\sqrt{3}P$($P$ : 1상의 출력)
- Y결선, △결선에서 출력 $P_3=3P$

**12** 어떤 전지에서 5[A]의 전류가 10분간 흘렀다면 이 전지에서 나온 전기량[C]은?

① 30 ② 600
③ 1800 ④ 3000

**해설** 전하량 $Q$[C]는 전류 $I$[A]와 시간 $t$[초]의 곱으로 나타낼 수 있다.
$Q=It=5\times(10\times60\text{초})=3{,}000$[C]

**13** $R=40[\Omega]$, $L=80$[mH]의 코일이 있다. 이 코일에 100[V], 60[Hz]의 전압을 가할 때에 소비되는 전력[W]은?

① 100 ② 120
③ 160 ④ 200

**해설** 유도성 리액턴스 $X_L=\omega L=2\pi fL$
$=2\pi\times60\times80\times10^{-3}\fallingdotseq30[\Omega]$
임피던스 $Z=R+jX_L=40+j30[\Omega]$, $|Z|=50[\Omega]$
R-L 직렬회로에서 역률 $PF=\cos\theta=\dfrac{R}{|Z|}=\dfrac{4}{5}$
전류 $|I|=\dfrac{V}{|Z|}=\dfrac{100}{50}=2$[A]
소비전력 $P=VI\cos\theta=100\times2\times\dfrac{4}{5}=160$[W]

**14** 공기 중에서 일정한 거리를 두고 두 점전하 사이에 작용하는 힘이 16[N]이었는데, 두 전하 사이에 유리를 채웠더니 작용하는 힘이 4[N]으로 감소하였다. 이 유리의 비유전율은?

① 2 ② 4
③ 6 ④ 8

정답 10 ③ 11 ③ 12 ④ 13 ③ 14 ②

해설 쿨롱의 법칙에 의하면 두 점전하 사이에 작용하는 힘 $F=\frac{1}{4\pi\varepsilon}\times\frac{Q_1 \cdot Q_2}{r^2}=\frac{1}{4\pi\varepsilon_0\varepsilon_S}\times\frac{Q_1 \cdot Q_2}{r^2}$[N]이다.
즉, 두 점전하 사이에 작용하는 힘은 비유전율과 반비례한다. 유리를 채웠을 때 힘은 공기 중에서와 비교하였을 때 $\frac{1}{4}$배가 되었으므로 유리의 비유전율은 공기의 비유전율의 4배이다.

## 15 다음 물질 중에서 비유전율이 가장 큰 것은?

① 운모 ② 유리
③ 증류수 ④ 고무

해설 유전율은 전하 사이에 전기장이 작용할 때, 그 전하 사이의 매질이 전기장에 미치는 영향을 나타내는 물리적 단위이며 유전율이 클수록 매질이 저장할 수 있는 전하량이 크다.
- 유전율 : 외부 전기장에 반응하여 만드는 편극의 크기를 나타내는 상수
- 비유전율 : 진공의 유전율에 대한 물체 유전율의 비율

| 유전체 | 비유전율 $\varepsilon_s$ | 유전체 | 비유전율 $\varepsilon_s$ |
|---|---|---|---|
| 공기 | 약 1 | 유리 | 3.5~10 |
| 종이 | 2~2.6 | 운모 | 6.7 |
| 고무 | 2.0~3.5 | 물(증류수) | 80 |

## 16 공기 중에서 1[Wb]의 자극으로부터 나오는 자력선의 총수는 몇 개인가?

① $6.33\times10^4$ ② $7.96\times10^5$
③ $8.86\times10^3$ ④ $1.26\times10^6$

해설 자속 $\phi=m=1$[Wb], 진공 투자율 $\mu_o=4\pi\times10^{-7}$[H/m], (공기 중에서) 비투자율 $\mu_s=1$
자기력선수 $N=\frac{m}{\mu}=\frac{m}{\mu_o\mu_s}=\frac{1}{4\pi\times10^{-7}}=7.96\times10^5$[개]
- 자기력선의 수 $N=\frac{m}{\mu}$[개]
- 자속 수 $\phi=m$[Wb]

## 17 1[eV]는 몇 [J]인가?

① 1
② $1\times10^{-10}$
③ $1.16\times10^4$
④ $1.602\times10^{-19}$

해설 전자볼트는 에너지의 단위로
$eV=1.602\times10^{-19}$[J]이고 전자가 이동하여 1[V]를 발생시켰을 때 한 일 $W=eV=1.602\times10^{-19}$[J]이다.

## 18 선간 전압 200[V]인 대칭 3상 Y결선 부하의 저항 $R=4$[Ω], 리액턴스 $X_L=3$[Ω]인 경우 부하에 흐르는 전류[A]는?

① 5 ② 20
③ 23.1 ④ 115.5

해설 저항 $R=4$[Ω], 리액턴스 $X_L=3$[Ω]에서 임피던스 $Z=R+jX_L=4+j3$[Ω], $|Z|=\sqrt{4^2+3^2}=5$[Ω]
Y결선에서 선간 전압 $V_l=200$[V]이면 상전압 $V_p=\frac{V_l}{\sqrt{3}}=\frac{200}{\sqrt{3}}=115.47$[V]이다.
상전류 $I_p=\frac{V_p}{|Z|}=\frac{115.47}{5}\fallingdotseq23.1$[A]

정답 15 ③ 16 ② 17 ④ 18 ③

**19** 단상 전력계 2대를 사용하여 2전력계법으로 3상 전력을 측정하고자 한다. 두 전력계의 지시값이 각각 $P_1$, $P_2$이었다. 3상 전력 $P$[W]는?

① $P = P_1 + P_2$

② $P = \sqrt{3}(P_1 + P_2)$

③ $P = P_1 \times P_2$

④ $P = P_1 - P_2$

**해설** 2전력계법에 의한 3상 유효전력 $P = P_1 + P_2$[W]

**20** 단면적 $A$[m²], 자로의 길이 $l$[m], 투자율 $\mu$, $N$회인 환상 철심의 자체 인덕턴스[H]는?

① $\frac{\mu A N^2}{l}$　② $\frac{A l N^2}{4\pi\mu}$

③ $\frac{4\pi A N^2}{l}$　④ $\frac{\mu l N^2}{A}$

**해설** 패러데이 전자유도 법칙에 의해

$e = -N\frac{d\phi}{dt} = -L\frac{di}{dt}$, $LI = N\phi$

자속 $\phi = BA = \mu HA = \mu A \cdot \frac{NI}{l}$ ($B$ : 자속밀도, $A$ : 단면적, $N$ : 권선수, $l$ : 자로의 길이)

자체 인덕턴스 $L = \frac{N\phi}{I} = \frac{N}{I} \times \mu A \cdot \frac{NI}{l} = \frac{\mu A N^2}{l}$[H]

**21** 정격전압 100[V], 전기자 전류 50[A], 전기자 저항이 0.2[Ω]인 직류발전기의 유기기전력[V]은?

① 100[V]　② 110[V]

③ 120[V]　④ 125[V]

**해설** 직류발전기의 유기기전력

$E = V + I_a R_a = 100 + 50 \times 0.2 = 110$[V]

**22** 전기기기의 철심 재료로 규소강판을 많이 사용하는 이유는?

① 와류손을 줄이기 위해

② 맴돌이전류를 없애기 위해

③ 히스테리시스손을 줄이기 위해

④ 구리손을 줄이기 위해

**해설** 계자 철심은 이 철손(히스테리시스손)을 줄이기 위해 0.35[mm]~0.5[mm] 정도의 얇은 규소강판을 성층하여 만든다.

**23** 직류발전기를 구성하는 부분 중 정류자는?

① 전기자와 쇄교하는 자속을 만들어 주는 부분

② 자속을 끊어서 기전력을 유기하는 부분

③ 전기자 권선에서 생긴 교류를 직류로 바꾸어 주는 부분

④ 계자 권선과 외부 회로를 연결시켜 주는 부분

**해설** 정류자는 교류를 직류로 변환한다.

[직류발전기의 구조]

- 계자 : 자속을 발생
- 전기자 : 자속을 끊어 기전력 발생
- 정류자 : 교류를 직류로 변환
- 브러시 : 전기자 권선과 외부 회로와의 전기적인 접속

정답　19 ①　20 ①　21 ②　22 ③　23 ③

**24** 4극 60[Hz] 20[Hp] 유도전동기의 단자전압이 일정한 상태에서 회전속도가 1,782[rpm]에서 1,764[rpm]으로 감소했을 때 토크의 변화는?

① 약 $\frac{1}{2}$로 감소한다.
② 변화없다.
③ 0이 된다.
④ 약 2배 증가한다.

**해설** 유도전동기의 속도 및 토크 특성
동기속도 $N_S = \frac{120f}{p}$ 이므로,
$N_S = \frac{120 \times 60}{4} = 1,800$[rpm]
회전속도 1,782[rpm]일 경우 $s = \frac{1,800 - 1,782}{1,800} = 0.01$
회전속도 1,764[rpm]일 경우 $s = \frac{1,800 - 1,764}{1,800} = 0.02$

**25** 동기발전기의 병렬운전에 필요한 조건이 아닌 것은?

① 기전력의 크기가 같을 것
② 기전력의 위상차가 최대가 될 것
③ 기전력의 주파수가 같을 것
④ 기전력의 파형이 같을 것

**해설** 동기발전기의 병렬운전 조건
- 기전력의 크기가 같을 것
- 기전력의 위상이 같을 것
- 기전력의 주파수가 같을 것
- 기전력의 파형이 같을 것

**26** 동기속도 30[rps]인 교류발전기 기전력의 주파수가 60[Hz]가 되려면 극수는?

① 2 ② 4
③ 6 ④ 8

**해설** $N_S = \frac{120f}{p}$[rpm]
$N_S = \frac{2f}{p} = 30$[rps] $= \frac{2 \times 60}{p}$ 이므로 $p=4$

**27** 동기전동기의 용도로 적당하지 않은 것은?

① 분쇄기 ② 압축기
③ 송풍기 ④ 크레인

**해설** 동기전동기는 일정한 속도를 내는 곳에 적당하며, 크레인과 같이 순간적으로 많은 기동토크가 필요한 곳에는 적합하지 않다.

**28** 변압기 내부 고장에 대한 보호용으로 가장 적절한 계전기는?

① 과전류계전기 ② 차동계전기
③ 비율 차동계전기 ④ 임피던스 계전기

**해설** 변압기 내부 고장 보호
- 전기적인 보호 방식
  - 비율 차동계전기 : 보호 구간에 유입되는 전류와 유출되는 전류의 비율에 따라 동작하는 계전기
- 기계적인 보호 방식
  - 부흐홀츠 계전기 : 변압기 내부 고장으로 절연유의 온도 상승시 발생하는 유증기를 검출하여 경보 및 차단하는 계전기
  - 방압 안전장치 : 변압기 내부 고장으로 내부 압력이 급상승되지 않도록 압력이 일정 이상으로 올라가면 압력을 외부로 방출하는 장치
  - 유온계 : 오일의 온도를 나타냄.
  - 충격 압력계전기 : 고장으로 인한 압력 상승에 대하여 작동하는 계전기



정답 24 ④ 25 ② 26 ② 27 ④ 28 ③

**29** 변압기의 백분율 저항 강하가 2[%], 백분율 리액턴스 강하가 3[%]일 때 부하역률이 80[%]인 변압기의 전압변동률[%]은?

① 1.2　　② 2.4
③ 3.4　　④ 3.6

**해설** $\epsilon = p\cos\theta + q\sin\theta$ ($p$ : %저항 강하, $q$ : %리액턴스 강하)
$\epsilon = 2\times0.8+3\times0.6=1.6+1.8=3.4$

**30** 권수비가 30인 변압기의 1차측에 3,300[V]의 전압을 인가하고, 2차측에 33[kW]의 저항부하를 연결하였다. 이 변압기의 2차측 전류[A]는? (단, 변압기의 손실은 무시한다.)

① 100　　② 200
③ 300　　④ 400

**해설** 권수비 $a=\frac{E_1}{E_2}=\frac{V_1}{V_2}=\frac{N_1}{N_2}=\sqrt{\frac{Z_1}{Z_2}}=\sqrt{\frac{R_1}{R_2}}$ 에서
$a=\frac{V_1}{V_2}$ 에서, $30=\frac{3,300}{V_2}$, $\therefore V_2=110[\text{V}]$
따라서, $P_2=V_2I_2$ 에서 $33\times10^3=110\times I_2$
$I_2=300[\text{A}]$

**31** 3상 유도전동기의 1차 입력이 60[kW], 1차 손실 2[kW], 슬립 3[%]일 때 기계적 출력[kW]은 약 얼마인가?

① 62　　② 60
③ 59　　④ 55

**해설** 1차 출력(2차 입력) = 1차 입력 − 1차 손실 = 60 − 2 = 58[kW]
2차 출력 $P_o=(1-s)P_2=(1-0.03)\times58 \fallingdotseq 55[\text{kW}]$

**32** 직류를 교류로 변환하는 장치는?

① 정류기　　② 충전기
③ 순변환장치　　④ 역변환장치

**해설**
- 인버터(Inverter, 역변환장치) : 직류를 교류로 변환하는 장치(DC → AC)로 주파수를 변환시켜 전동기 속도제어와 형광등 고주파 점등이 가능하다.
- 컨버터(Converter, 순변환장치) : 교류를 직류로 변환하는 장치(AC → DC)

**33** 3상 변압기의 결선 방법 중 수전단 변전소용 변압기와 같이 고전압을 저전압으로 강압할 때, 주로 사용되는 것은?

① $\Delta-\Delta$ 결선　　② $Y-Y$ 결선
③ $Y-\Delta$ 결선　　④ $\Delta-Y$ 결선

**해설**
① $\Delta-\Delta$ 결선 : 1상의 권선에 고장이 발생하더라도 출력은 감소하나 V결선으로 운전이 가능하다.
② $Y-Y$ 결선 : 1차, 2차측 모두 중성점을 접지하지 않은 경우로 각상 권선에는 제3고조파를 포함한 첨두 파형의 전압이 유기되어 층간 절연에 좋지 않은 영향을 미치며, 발전기 권선에 제3고조파 전류가 흘러 발전기 권선을 가열시킨다.
③ $Y-\Delta$ 결선 : 일반적으로 강압형 변압기의 결선으로 이용한다.
④ $\Delta-Y$ 결선 : 일반적으로 승압형 변압기의 결선으로 이용한다.



정답 29 ③ 30 ③ 31 ④ 32 ④ 33 ③

**34** ON, OFF를 고속도로 변환할 수 있는 스위치이고 직류 변압기 등에 사용되는 회로는?

① 초퍼 회로　② 인버터 회로
③ 컨버터 회로　④ 정류기 회로

**해설**
- 초퍼(Chopper) : 고정 직류를 가변 직류로 변환하는 장치(DC → DC)
- 인버터(Inverter, 역변환장치) : 직류를 교류로 변환하는 장치(DC → AC)
- 컨버터(Converter, 순변환장치) : 교류를 직류로 변환하는 장치(AC → DC)
- 사이클로 컨버터(Cyclo converter) : 주파수를 통해 교류를 다른 교류로 변환하는 장치(AC → AC)

**35** 다음 중 유도전동기의 속도제어에 사용되는 인버터 장치의 약호는?

① CVCF　② VVVF
③ CVVF　④ VVCF

**해설**
① CVCF(Constant Voltage Constant Frequency) : 정전압 정주파수 제어
② VVVF(Variable Voltage Variable Frequency) : 가변전압 가변주파수 제어(유도전동기의 속도제어)
③ CVVF(Contant Voltage Variable Frequency) : 가변전압 정주파수 제어
④ VVCF(Variable Voltage Constant Frequency) : 가변전압 정주파수 제어

**36** 5[kW] 이하의 3상 농형 유도전동기에 정격전압을 직접 인가하는 방법으로 가속 토크가 커서 기동시간이 짧은 특성을 갖는 기동 방법은?

① $Y-\Delta$ 기동　② 리액터 기동
③ 전전압 기동　④ 1차 저항기동

**해설** 농형 유도전동기의 기동법
- $Y-\Delta$ 기동법 : 운전시에는 $\Delta$로 연결하고 기동시에만 $Y$로 연결하며, 1상 권선에 가해지는 전압은 기동시 전전압의 60[%] 정도로 보통 5~15[kW] 정도까지 적용
- 리액터 기동법 : 전원과 전동기 사이에 직렬리액터를 삽입하여 전동기 단자에 가해지는 전압을 떨어뜨리는 방법
- 전전압 기동법 : 소용량 농형 유도전동기에 직접 전전압을 가하는 기동방식으로 5[kW] 이하에 적용

**37** 다음 중 턴오프(소호)가 가능한 소자는?

① GTO　② TRIAC
③ SCR　④ LASCR

**해설**
① GTO(게이트 턴 오프 사이리스터) : 게이트에 역방향으로 전류를 흘리면 자기 소호하는 양극(Anode), 음극(Cathode) 및 게이트(Gate)의 3개의 단자를 가진 사이리스터로 직류 및 교류 제어용 소자로 사용한다.
② TRIAC(양방향성 3단자 사이리스터) : 사이리스터 2개를 역병렬로 접속한 것과 등가로, 양방향으로 전류가 흘러 교류 제어용으로 사용되는 소자로 전력 제어용, 조광 다이얼(AC) 등 교류 제어용으로만 사용된다.
③ SCR : PNPN의 4층 구조로 된 사이리스터의 대표적인 3단자 소자로서 양극(Anode), 음극(Cathode) 및 게이트(Gate)의 3개의 단자를 가지고 있다. 게이트에 흐르는 작은 전류로 큰 전력을 제어할 수 있다.
④ LASCR(Light Activated SCR) 또는 Photo SCR : 광 트리거될 수 있다는 점을 제외하고 일반 SCR과 거의 동일하며 전기펄스에 의해 트리거되는 게이트 단자가 있다. 광학조명 제어, 계전기, 위상 제어, 모터 제어 등에 적용된다.

**38** 다음 중 전동기의 원리에 적용되는 법칙은?

① 렌츠의 법칙
② 플레밍의 오른손 법칙
③ 플레밍의 왼손 법칙
④ 옴의 법칙



정답　34 ①　35 ②　36 ③　37 ①　38 ③

**해설** • 플레밍의 왼손 법칙 : 자기장 내의 전류가 흐르는 도선의 힘의 방향. 전동기의 원리
• 플레밍의 오른손 법칙 : 자기장 내의 도선의 운동 시 유도기전력의 방향. 발전기의 원리

**39** 권선형 유도전동기의 2차측 단자에 외부저항 R을 삽입하였다. 이 저항 R을 증가시킨 경우의 설명으로 옳지 않은 것은?

① 최대토크 발생 슬립이 증가한다.
② 최대토크가 감소한다.
③ 기동토크가 증가한다.
④ 기동전류가 감소한다.

**해설** 3상 권선형 유도전동기는 2차 회로에 저항을 가감시켜 슬립을 조정하는 비례추이를 활용하여 기동 회전력을 크게 하거나 속도를 제어한다. 외부저항을 삽입하더라도 최대 토크값은 변화하지 않는다.

**40** 변압기의 포유 부하손을 설명한 것으로 옳은 것은?

① 동손, 철손
② 부하전류 중 누전에 의한 손실
③ 권선 이외 부분의 누설자속에 의한 손실
④ 무부하시 여자전류에 의한 동손

**해설** 변압기에서 부하손은 동손, 철손, 포유 부하손 등이 있다.
• 무부하손 : 철손, 베어링 마찰손, 브러시 마찰손, 풍손
• 부하손 : 1차 권선의 저항손, 2차 회로의 저항손, 브러시 전기손
• 포유 부하손 : 부하전류가 흐르는 상태에서 도체나 철심 안에 생기는 손실

**41** 구리전선과 전기 기계기구 단자를 접속하는 경우에 진동 등으로 인하여 헐거워질 염려가 있는 곳에는 어떤 것을 사용하여 접속하여야 하는가?

① 정 슬리브를 끼운다.
② 평와셔 2개를 끼운다.
③ 스프링 와셔를 끼운다.
④ 코드 스패너를 끼운다.

**해설** 진동 등으로 헐거워질 염려가 있는 접속단자에는 스프링 와셔를 사용하여 진동을 흡수할 수 있도록 한다.

**42** 금속관공사에 관하여 설명한 것으로 옳은 것은?

① 전선은 옥외용 비닐절연전선을 사용한다.
② 사용전압이 400[V] 이상인 경우 접지공사를 생략할 수 있다.
③ 은폐장소이며 점검불가능한 건조한 장소에는 시설이 불가능하다.
④ 콘크리트에 매설하는 것은 전선관의 두께를 1.2[mm] 이상으로 한다.

**해설** [한국전기설비규정 232.12 금속관공사]
• 금속관공사는 옥내의 노출장소 및 은폐장소, 옥측, 옥외 전부 시설이 가능하다.
• 전선은 절연전선을 사용하되 옥외용 비닐절연전선은 제외한다.
• 콘크리트 매입시 관의 두께는 1.2[mm] 이상으로 한다.
• 관에는 접지공사를 해야 하나, 사용전압이 400[V] 이하로서 다음 중 하나에 해당하는 경우에는 그러하지 아니한다.
  – 관의 길이가 4[m] 이하인 것을 건조한 장소에 시설하는 경우
  – 옥내 배선의 사용전압이 직류 300[V] 혹은 교류 대지전압 150[V] 이하로서 그 전선을 넣는 관의 길이가 8[m] 이하인 것을 사람이 쉽게 접촉할 우려가 없도록 시설하는 경우 또는 건조한 장소에 시설하는 경우



정답 39 ② 40 ③ 41 ③ 42 ④

## 43 접지전극의 매설 깊이는 몇 [m] 이상인가?

① 0.60　　② 0.65
③ 0.70　　④ 0.75

**해설** [한국전기설비규정 142.2 접지극의 시설 및 접지저항]
접지극의 매설깊이는 지표면으로부터 지하 0.75[m] 이상으로 한다.

## 44 다음 [보기]의 위험장소 중에서 금속관공사, 합성수지관공사, 케이블공사가 모두 가능한 장소를 있는대로 고른 것은?

**보기**

ㄱ. 가연성 가스 위험장소
ㄴ. 가연성 먼지 위험장소
ㄷ. 폭연성 먼지 위험장소
ㄹ. 위험물 등이 존재하는 장소
ㅁ. 먼지가 많은 그 밖의 위험장소

① ㄱ, ㄴ, ㄷ　　② ㄱ, ㄷ, ㄹ
③ ㄴ, ㄷ, ㄹ　　④ ㄴ, ㄹ, ㅁ

**해설**

| 위험장소 / 공사방법 | 폭연성 먼지 | 가연성 먼지 | 먼지가 많은 그 밖의 위험장소 | 가연성 가스 | 위험물 등이 존재하는 장소 | 화약류 저장소 |
|---|---|---|---|---|---|---|
| 애자공사 | × | × | ○ | × | × | × |
| 금속관공사 | ○ | ○ | ○ | ○ | ○ | ○ |
| 합성수지관공사 | × | ○ (2[mm] 이상) | ○ (2[mm] 이상) | × | ○ | × |
| 금속제가요전선관공사 | × | × | ○ | × | × | × |
| 덕트공사 | × | × | ○ (환기형 제외) | × | × | × |
| 케이블공사 | ○ | ○ | ○ | ○ | ○ | ○ |

## 45 지중전선이 지중약전류전선 등과 접근하거나 교차하는 경우에 상호 간의 간격이 저압 또는 고압의 지중전선이 몇 [cm] 이하일 때, 지중전선과 지중약전류전선 사이에 견고한 내화성의 격벽을 설치하여야 하는가?

① 15　　② 30
③ 60　　④ 100

**해설** [한국전기설비규정 334.6 지중전선과 지중약전류전선 등 또는 관과의 접근 또는 교차]
지중전선이 지중약전류전선 등과 접근하거나 교차하는 경우 그 사이에 견고한 내화성 격벽을 설치한다.
• 저압 또는 고압의 지중전선 : 0.3[m] 이하
• 특고압 지중전선 : 0.6[m] 이하

## 46 다음 중 방우형 콘센트의 심벌은?

①　　②

③ 

④ 

**해설**

| 심벌 | 명칭 | 비고 |
|---|---|---|
| ● | 비상조명등 | 10[A] |
| (콘센트) | 콘센트 | 2구용 |
| E | 콘센트 | 접지극부 |
| WP | 콘센트 | 방우형 |



**정답** 43 ④　44 ④　45 ②　46 ④

**47** 케이블공사에서 비닐 외장 케이블을 조영재의 옆면에 따라 붙이는 경우 전선의 지지점 간의 거리는 최대 몇 [m]인가?

① 0.5　② 1.0
③ 1.5　④ 2.0

**해설** [한국전기설비규정 232.51 케이블공사]
케이블공사시 전선을 조영재의 아랫면 또는 옆면에 따라 붙이는 경우 전선의 지지점 간의 거리
- 케이블 : 2[m]
- 캡타이어 케이블 : 1[m]

**48** 중성점 접지용 접지도체는 공칭단면적 몇 [$mm^2$] 이상의 연동선 또는 동등 이상의 단면적 및 강도를 가져야 하는가?

① 4　② 6
③ 10　④ 16

**해설** [한국전기설비규정 142.3.1 접지도체]
중성점 접지용 접지도체는 공칭단면적 16[$mm^2$] 이상의 연동선 또는 동등 이상의 단면적 및 세기를 가져야 한다. 다만 다음의 경우에는 공칭단면적 6[$mm^2$] 이상의 연동선 또는 동등 이상의 단면적 및 강도를 가져야 한다.
- 7[kV] 이하의 전로
- 사용전압이 25[kV] 이하인 특고압 가공전선로인 경우 중성선 다중접지 방식이며, 전로에 지락이 생겼을 때 2초 이내에 자동적으로 이를 전로로부터 차단하는 장치가 되어 있는 것

**49** 전선 접속시 유의사항이 아닌 것은?

① 접속으로 인해 전기적 저항이 증가하지 않게 한다.
② 접속으로 인한 도체 단면적을 현저히 감소시키게 한다.
③ 접속부분의 전선의 강도를 20[%] 이상 감소시키지 않게 한다.
④ 접속부분은 절연전선의 절연물과 동등 이상의 절연내력이 있는 것으로 충분히 피복한다.

**해설** 전선 접속을 할 때 도체 단면적이 감소한다는 것은 두 전선의 접촉면이 작음을 말하며, 접촉면이 작을 경우 전기 저항이 증가하게 되므로 열이 발생하여 절연피복을 손상시킬 수 있다. 따라서 도체 단면적이 감소하지 않도록 유의해야 한다.

**50** 주위 온도가 일정 상승률 이상이 되는 경우에 작동하는 것으로 일정한 장소의 열에 의하여 작동하는 화재 감지기는?

① 광전식 연기감지기
② 이온화식 연기감지기
③ 차동식 분포형감지기
④ 차동식 스포트형감지기

**해설** 일정한 장소의 열을 감지하여 주위 온도가 일정 상승률이 되는 경우 작동하는 감지기는 차동식 스포트형감지기이다.
① 광전식 연기감지기 : 화재시 발생하는 연기가 발광 다이오드로부터 나오는 적외선을 산란시켜 광전소자의 수광량이 변하여 작동하는 화재감지기
② 이온화식 연기감지기 : 공기를 이온화하여 평소 미세한 전류가 흐르다 미립자가 감지되면 전류량이 감소하는 것을 검출하여 작동하는 화재감지기
③ 차동식 분포형감지기 : 넓은 범위에서의 단위시간 당 감지온도의 상승률이 기준값 이상일 경우 화재발생으로 감지하는 화재감지기



정답 47 ④ 48 ④ 49 ② 50 ④

## 51 조명기구를 배광에 따라 분류하는 경우 특정한 장소만을 고조도로 하기 위한 조명기구는?

① 직접 조명기구 ② 광천장 조명기구
③ 반직접 조명기구 ④ 전반 확산 조명기구

**해설** 특정한 장소만을 고조도로 하기 위한 조명기구는 직접 조명기구이다.
② 광천장 조명기구 : 천장 전면을 확산투과성 재료로 덮고, 그 위에 광원을 배치한 조명방식이다. 광원의 눈부심을 방지하고 바닥이나 작업면에 균일한 밝기를 얻을 수 있다.
③ 반직접 조명기구 : 반투명의 유리나 플라스틱을 사용하여 빛의 60~90%가 대상체에 직접 조사하고 나머지는 천장이나 벽에서 반사되어 조사되는 방식이다.
④ 전반 확산 조명기구 : 조명기구를 일정한 높이와 간격으로 배치하여 방 전체를 균일하게 조명하는 방식으로 빛을 방 전체에 확산하도록 하는 조명방식이다.

## 52 저압 옥내배선에서 애자사용공사를 할 때 올바른 것은?

① 전선 상호 간의 간격은 6[cm] 이상
② 애자사용공사에 사용되는 애자는 절연성·난연성 및 내수성과 무관
③ 400[V] 초과하는 경우 전선과 조영재 사이의 간격은 2.5[cm] 미만
④ 전선의 지지점 간의 거리는 조영재의 윗면 또는 옆면에 따라 붙일 경우에는 3[m] 이상

**해설** [한국전기설비규정 232.56 애자공사]
- 전선 상호 간의 간격은 0.06[m] 이상일 것
- 사용하는 애자는 절연성, 내수성, 난연성의 것일 것
- 전선과 조영재 사이의 간격
  - 사용전압이 400[V] 이하인 경우 25[mm]
  - 사용전압이 400[V] 초과인 경우 45[mm] (건조한 장소에 시설하는 경우에는 25[mm])
- 전선의 지지점 간의 거리는 전선을 조영재의 윗면 또는 옆면에 따라 붙일 경우 2[m] 이하

## 53 설치면적과 설치비용이 많이 들지만 가장 이상적이고 효과적인 진상용 콘덴서 설치 방법은?

① 수전단 모선에 설치
② 부하측에 분산하여 설치
③ 가장 큰 부하측에만 설치
④ 수전단 모선과 부하측에 분산하여 설치

**해설** 진상용 콘덴서의 설치 방법
- 부하 전원측에 설치하는 방식 : 고압측에 설치하는 방법으로 역률개선의 효과는 고압측에 국한되어 저압측에서는 역률개선의 효과를 얻을 수 없다.
- 수전단 모선 설치 방식 : 변압기의 손실 절감과 여력이 증가되며, 콘덴서를 제어하기 쉽고 이용률도 비교적 높지만 가격이 비싸다.
- 부하측 분산 설치 방식 : 설치면적과 설치비용이 많이 드는 방식이나 각각의 부하에 개별적으로 설치하므로 효과가 가장 크다.

## 54 합성수지관 배선에서 경질비닐전선관의 굵기에 해당되지 않는 것은? (단, 관의 호칭을 말한다.)

① 14 ② 16
③ 18 ④ 22

**해설** [KS C 8431 경질 폴리염화비닐전선관]
경질 폴리염화비닐전선관의 호칭은 14, 16, 22, 28, 36, 42, 54, 70, 82, 100의 10종이 있으며 단위는 [mm]이다.

7개년 기출복원문제

정답 51 ① 52 ① 53 ② 54 ③

**55** 합성수지관공사의 설명 중 틀린 것은?

① 관의 지지점 간의 거리는 1.5[m] 이하로 할 것
② 합성수지관 안에는 전선에 접속점이 없도록 할 것
③ 전선은 절연전선(옥외용 비닐절연전선을 제외한다.)일 것
④ 관 상호 간 및 박스와는 관을 삽입하는 깊이를 관의 바깥지름의 1.5배 이상으로 할 것

해설 [한국전기설비규정 232.11 합성수지관공사]
- 관의 지지점 간의 거리는 1.5[m] 이하
- 합성수지관 안에서 접속점이 없도록 할 것
- 전선은 절연전선일 것(옥외용 절연전선 제외)
- 관 상호 간 및 박스와는 관을 삽입하는 깊이
  - 관의 바깥지름의 1.2배 이상
  - 접착제 사용할 경우 0.8배 이상

**56** 제1종 금속제 가요전선관의 두께는 최소 몇 [mm] 이상이어야 하는가?

① 0.8 ② 1.2
③ 1.6 ④ 2.0

해설 옥내 배선에 사용하는 제1종 금속제 가요전선관의 두께는 최소 0.8[mm] 이상이어야 한다.
여기에서 가요전선관의 두께는 재료의 최소 두께를 의미한다.

**57** 2개의 입력 가운데 앞서 동작한 쪽이 우선하고, 다른 쪽은 동작을 금지시키는 회로는?

① 인터록회로 ② 자기유지회로
③ 비상운전회로 ④ 한시운전회로

해설 인터록회로란 기기의 보호와 조작자의 안전을 목적으로 상호 관련된 기기 간의 동작을 구속하는 회로이다. 한쪽의 회로가 개(폐)일 때 다른 한쪽의 회로가 개(폐)되지 않도록 한다.
② 자기유지회로 : 릴레이에 전원을 인가하는 스위치에 릴레이 보조접점 'a'접점을 병렬로 연결하여 전원 인가 스위치를 OFF해도 릴레이 코일에 계속 전류가 흘러 전원을 유지하는 회로
③ 비상운전회로 : 인칭회로라고도 하며 작업 기계가 미세한 운동을 하도록 전동기의 전원 회로를 짧은 간격으로 반복 개폐할 수 있는 회로
④ 한시운전회로 : 타이머 릴레이의 한시 접점을 사용하여 정해진 시간이 흐르고 난 뒤의 동작을 통해 모터를 제어하는 회로

**58** 전선 접속시 접속점의 인장 강도는 몇 [%] 이상 되어야 하는가?

① 50 ② 60
③ 70 ④ 80

해설 [한국전기설비규정 123 전선의 접속]
전선의 세기(인장하중)를 20[%] 이상 감소시키지 않아야 한다.

**59** 절연전선을 서로 접속할 때 사용하는 방법이 아닌 것은?

① 슬리브에 의한 접속
② 커플링에 의한 접속
③ 압축 슬리브에 의한 접속
④ 와이어 커넥터에 의한 접속

해설 커플링에 의한 접속은 전선관을 상호 접속할 때 사용하는 방법이다.

정답 55 ④ 56 ① 57 ① 58 ④ 59 ②

**60** 교통신호등의 제어장치로부터 신호등의 전구까지의 전로에 사용하는 전압은 몇 [V] 이하인가?

① 60　　② 100

③ 300　　④ 440

**해설** [한국전기설비규정 234.15 교통신호등]
교통신호등 제어장치의 2차측 배선의 최대사용전압은 300[V] 이하이어야 한다.



정답 60 ③

# 2020년 제1회 기출복원문제

**01** R-C 병렬회로의 위상차는 얼마인가?

① $\theta = \tan^{-1}\frac{R}{wC}$

② $\theta = \tan^{-1}\frac{wC}{R}$

③ $\theta = \tan^{-1}\frac{1}{wRC}$

④ $\theta = \tan^{-1}wRC$

**해설** R-C 또는 R-L 병렬회로는 어드미턴스로 해석하였을 때 위상을 구하기 편리하다.
R-C 병렬회로에서는
$\dot{Y} = \frac{1}{R} + j\frac{1}{X_C}$, $X_C = \frac{1}{\omega C}$이므로 $\dot{Y} = \frac{1}{R} + j\omega C$이다.
$\tan\theta = \tan\frac{\omega C}{\frac{1}{R}} = \tan\omega RC$ 이므로 $\theta = \tan^{-1}\omega RC$

| 직렬회로 (임피던스 $Z$로 해석) | | 병렬회로 (어드미턴스 $Y$로 해석) | |
|---|---|---|---|
| R-L 직렬 회로 | $\dot{Z} = R + jX_L = R + jwL$ | R-L 병렬 회로 | $\dot{Y} = \frac{1}{R} - j\frac{1}{X_L} = \frac{1}{R} - j\frac{1}{\omega L}$ |
| R-C 직렬 회로 | $\dot{Z} = R - jX_C = R - j\frac{1}{wC}$ | R-C 병렬 회로 | $\dot{Y} = \frac{1}{R} + j\frac{1}{X_C} = \frac{1}{R} + j\omega C$ |
| R-L-C 직렬 회로 | $\dot{Z} = R + j(X_L - X_C) = R + j\left(wL - \frac{1}{\omega C}\right)$ | R-L-C 병렬 회로 | $\dot{Y} = \frac{1}{R} + j\left(\frac{1}{X_c} - \frac{1}{X_L}\right) = \frac{1}{R} + j\left(\omega C - \frac{1}{\omega L}\right)$ |

**02** 반도체 내에서 정공은 어떻게 생성되는가?

① 자유전자의 이동

② 접합 불량

③ 확산 용량

④ 결합전자의 이탈

**해설** 정공은 원자 안에서 공유결합하고 있던 최외각 전자가 빛이나 열 등의 에너지를 받아 자유전자로 빠져나와 생긴 구멍을 뜻한다.

**03** 저항 3[Ω], 유도성 리액턴스 8[Ω], 용량성 리액턴스 4[Ω]이 직렬로 연결된 회로에서의 역률은?

① 0.6　② 0.7

③ 0.8　④ 0.9

**해설** 유도성 리액턴스 $X_L = 8[\Omega]$,
용량성 리액턴스 $X_C = 4[\Omega]$
임피던스 $Z = R + jX = R + j(X_L - X_c) = 3 + j4[\Omega]$,
$|Z| = \sqrt{3^2 + 4^2} = 5[\Omega]$
역률 $PF = \cos\theta = \frac{R}{|Z|} = \frac{R}{\sqrt{R^2 + X^2}} = \frac{3}{5} = 0.6$

**04** 30[W] 전열기에 220[V], 주파수 60[Hz]인 교류 전압을 인가한 경우 평균 전압[V]은?

① 150　② 198

③ 220　④ 300

정답 01 ④ 02 ④ 03 ① 04 ②

**해설** 교류전압의 실횻값 $V_{rms}=220$[V]이고
최댓값 $V_m = V_{rms}\times\sqrt{2}=220\sqrt{2}$[V]이다.
평균값 $V_{avg}=\frac{2}{\pi}V_m$ 이므로
$V_{avg}=\frac{2}{\pi}\times 220\sqrt{2}\fallingdotseq 198.17$[V]

**05** 자체 인덕턴스가 4[mH]인 코일에 10[A]의 전류가 흐를 때 저장되는 에너지[J]는?

① 2 ② 3
③ 4 ④ 5

**해설** 자체 인덕턴스 $L=40\times10^{-3}$[H], 전류 $I=10$[A]이고 코일에 축적되는 에너지
$W=\frac{1}{2}LI^2=\frac{1}{2}\times40\times10^{-3}\times10^2=2$[J]

**06** 자속밀도가 $B$ 인 평등한 자기장에 길이가 $l$ 인 도선이 있다. 도선이 자속과 수직 방향으로 $v$ 속도로 이동할 때 유도되는 기전력은?

① $Blv$ ② $\frac{Bl}{v}$
③ $\frac{Bv}{l}$ ④ $\frac{B}{lv}$

**해설** 자기장 내에서 도선이 이동할 때 유도기전력을 구하려면 플레밍의 오른손 법칙을 활용한다.
유도기전력 $e=Blv\sin\theta$이며 도선이 자속과 수직 방향으로 이동하므로 $\theta=90°$, $\sin\theta=\sin 90°=1$이면 $e=Blv$이다.

**07** 전기력선의 성질 중 옳지 않은 것은?

① 양전하에서 출발하여 음전하에서 끝나는 선을 전기력선이라고 한다.
② 전기력선의 접선 방향은 그 접점에서의 전기장의 방향이다.
③ 전기력선의 등전위면에 수직으로 교차한다.
④ 도체 내부에는 전기력선이 밀집되어 있다.

**해설** 전기력선의 성질
- 전기력선은 양전하에서 시작하여 음전하에서 끝난다.
- 전기력선의 밀도는 그 점에서의 전계의 크기와 같다.
- 전기력선의 접선 방향은 그 접점에서의 전기장의 방향이다.
- 전기력선의 등전위면에 수직으로 교차한다.
- 전기력선은 서로 교차하지 않는다.
- 도체 내부에는 전기력선이 없으며 전기장이 존재하지 않는다.

**08** 2[μF], 3[μF], 5[μF]인 3개의 콘덴서가 병렬로 접속되었을 때의 합성 정전용량[μF]은?

① 1 ② 3
③ 5 ④ 10

**해설**

| 합성 정전용량 | |
|---|---|
| 직렬연결 | $\frac{1}{C}=\frac{1}{C_1}+\frac{1}{C_2}+\frac{1}{C_3}$ |
| 병렬연결 | $C=C_1+C_2+C_3$ |

콘덴서를 병렬로 연결하였을 때 합성 정전용량
$C=C_1+C_2+C_3=2+3+5=10$[μF]



정답 05 ① 06 ① 07 ④ 08 ④

**09** 서로 가까이 나란히 있는 두 도체에 전류가 같은 방향으로 흐를 때 각 도체 간에 작용하는 힘은?

① 흡인한다.
② 반발한다.
③ 흡인과 반발을 반복한다.
④ 처음에는 흡인하다가 나중에는 반발한다.

**해설** 평행한 두 도체의 전류의 방향이 같은 방향으로 흐를 때 흡인력이 작용하고, 반대 방향으로 흐를 때 반발력이 작용한다.
이때 각 도체 간에 작용하는 힘은
$F = \frac{\mu}{2\pi} \times \frac{I_1 \cdot I_2}{r} = 2 \times 10^{-7} \times \frac{I_1 \cdot I_2}{r}$ [N]

**10** 납축전지의 전해액으로 사용되는 것은?

① $H_2SO_4$ ② $2H_2O$
③ $PbO_2$ ④ $PbSO_4$

**해설** 납축전지의 화학반응식

| 양극 | 전해액 | 음극 | 방전 / 충전 | 양극 | 전해액 | 음극 |
|---|---|---|---|---|---|---|
| $PbO_2$ | $+2H_2SO_4$ | $+Pb$ | $\rightleftarrows$ | $PbSO_4$ | $+2H_2O$ | $+PbSO_4$ |

- 음극제 : 납(Pb)
- 양극제 : 이산화납($PbO_2$)
- 전해액 : 묽은 황산($H_2SO_4$)

**11** 줄의 법칙에서 발열량 계산식을 바르게 나타낸 것은?

① $H = 0.24I^2R$
② $H = 0.24I^2R^2$
③ $H = 0.24I^2Rt$
④ $H = 0.24I^2Rt^2$

**해설** 줄의 법칙은 전류가 흐를 때 전류에 발생하는 발열량과의 관계를 나타내는 법칙이다.
$H = 0.24I^2Rt$ [cal]

**12** 저항 12[Ω]과 유도성 리액턴스 9[Ω]이 직렬 접속되어 있는 회로에 150[V]의 교류전압을 인가하는 경우에 흐르는 전류[A]와 역률[%]은 각각 얼마인가?

① 7.14[A], 75[%] ② 7.14[A], 80[%]
③ 10[A], 75[%] ④ 10[A], 80[%]

**해설** 임피던스 $Z = R + jX = 12 + j9$[Ω], $|Z| = 15$[Ω]
전류 $|I| = \frac{V}{|Z|} = \frac{150}{15} = 10$[A]
역률 $PF = \cos\theta = \frac{R}{|Z|} = \frac{12}{15} = 0.8$

**13** $v = 5 + j2$[V], $i = 4 - j2$[A]일 때 무효전력[Var]은?

① 10 ② 12
③ 16 ④ 18

**해설** 복소전력 $S = vi^* = (5+j2) \times (4+j2)$
$= (5+j2) \times (4+j2) = 16 + j18$[VA], ($i^*$ : $i$의 켤레복소수)
$S = P + jQ$이므로 $Q = 18$[Var]이다.
- $S$ : 복소전력[VA]
- $P$ : 유효전력[W]
- $Q$ : 무효전력[Var]

정답 09 ① 10 ① 11 ③ 12 ④ 13 ④

**14** 전압의 순시값이 $v = 100\sqrt{2}\sin\left(wt + \frac{\pi}{4}\right)$[V]인 경우 복소수로 알맞게 표현한 것은?

① $100 - j100$
② $100 + j100$
③ $50\sqrt{2} - j50\sqrt{2}$
④ $50\sqrt{2} + j50\sqrt{2}$

**해설** $v = 100\sqrt{2}\sin\left(wt + \frac{\pi}{4}\right)$를 복소수로 나타내기 위해 $v$ = 실횻값∠위상각으로 표현하면
전압의 실횻값 $V_{rms} = 100$[V], 위상각 $\theta = 45°$이므로
$v = 100\angle\frac{\pi}{4} = 100\angle 45° = 100(\cos 45° + j\sin 45°)$
$= 50\sqrt{2} + j50\sqrt{2}$ [V]

**15** 자기 인덕턴스가 각각 $L_1$과 $L_2$인 2개의 코일이 직렬로 가동 접속되었을 때, 합성 인덕턴스를 나타낸 식은? (단, 자기력선에 의한 영향을 서로 받는 경우이다.)

① $L = L_1 + L_2 - M$
② $L = L_1 + L_2 + M$
③ $L = L_1 + L_2 - 2M$
④ $L = L_1 + L_2 + 2M$

**해설**
- $L_1$과 $L_2$인 2개의 코일이 직렬로 가동 접속되었을 때 자속이 같은 방향으로 강화되므로 $L_{가동} = L_1 + L_2 + 2M$
- $L_1$과 $L_2$인 2개의 코일이 직렬로 차동 접속되었을 때 자속이 반대 방향으로 상쇄되므로 $L_{차동} = L_1 + L_2 - 2M$

**16** 전장 중에 단위 전하 1[C]을 놓았을 때 여기에 작용하는 힘은?

① 전하 ② 전장의 세기
③ 전위 ④ 전속

**해설** 전계 내의 임의의 한 점에 단위 전하 1[C]을 놓았을 때 이에 작용하는 힘은 전장의 세기라고 한다.

**17** 정전계와 정자계 상호 관계로 틀린 것은?

① 정전계는 전하량을 $Q$[C]로 나타내고, 정자계에서는 자하량을 $m$[Wb]로 나타낸다.
② 정전계에서의 진공의 유전율은 정자계의 투자율과 같다.
③ 전기장의 세기는 $E$[V/m]로 나타내고 자기장의 세기는 $H$[AT/m]로 나타낸다.
④ 전속밀도의 기호는 $B$[C/m$^2$]로 자속밀도는 $D$[Wb/m$^2$]로 나타낸다.

**해설**
- 전속밀도 : 단위 면적을 관통하는 전속 수
$D = \frac{Q}{S} = \frac{Q}{4\pi r^2}$ [C/m$^2$]
- 자속밀도 : 단위 면적을 관통하는 자속 수
$B = \frac{\phi}{S} = \frac{m}{4\pi r^2}$ [Wb/m$^2$]

**18** 코일의 성질에 대한 설명으로 틀린 것은?

① 공진하는 성질이 있다.
② 상호 유도작용이 있다.
③ 전원 노이즈 차단 기능이 있다.
④ 전류의 변화를 확대시키려는 성질이 있다.

7개년 기출복원문제

정답 14 ④ 15 ④ 16 ② 17 ④ 18 ④

**해설** 코일은 전류의 변화를 안정시키려고 하는 성질이 있어서 전류가 증가하면 코일은 전류를 흐르지 못하게 하려고 하며, 전류가 감소하면 전류가 계속 흐르지 못하게 하려고 한다. 유도기전력과 유도전류는 자기장의 변화를 상쇄하려는 방향으로 발생한다는 법칙을 "렌츠의 법칙"이라고 한다.

## 19 자석의 성질로 옳은 것은?

① 자석은 고온이 되면 자력이 증가한다.
② 자기력선에는 수축하려는 성질이 있다.
③ 자력선은 자석 내부에서도 N극에서 S극으로 이동한다.
④ 자력선은 비자성체는 투과하고, 자성체는 투과하지 못한다.

**해설** 자석의 성질
- 자석은 고온이 되면 자력이 감소하며, 자석의 성질을 잃게 되는 온도를 큐리 온도라고 한다.
- 자기력선에는 수축하려는 성질이 있다.
- 자기력선은 N극에서 나와 S극으로 향한다.
- 자기력선의 밀도는 자기장의 세기와 비례하다.
- 자기력선은 자성체는 투과하고, 비자성체는 투과하지 못한다.
- 자석의 같은 극끼리는 서로 반발하고 다른 극끼리는 끌어당긴다.

## 20 각 주파수 $\omega = 100\pi$[rad/s]일 때 주파수 $f$[Hz]는?

① 20　② 30
③ 40　④ 50

**해설** 각 주파수 $\omega = 2\pi f = 100\pi$[rad/s]이므로 주파수 $f = 50$[Hz]

## 21 스위칭 주기 10[μs], 온(ON)시간 5[μs]일 때 강압형 초퍼의 출력전압 $E_2$와 입력전압 $E_1$의 관계는?

① $E_2 = 3E_1$　② $E_2 = 2E_1$
③ $E_2 = E_1$　④ $E_2 = 0.5E_1$

**해설** 출력전압 $E_2 = DE_1$에서

듀티비 $D = \dfrac{T_{ON}}{T_S} = \dfrac{5}{10} = 0.5$

$\therefore E_2 = 0.5E_1$

($E_1$ : 입력전압[V], $E_2$ : 출력전압[V], $T_{ON}$ : 온(ON)시간[s], $T_S$ : 스위칭 주기[s], D : 듀티비)

## 22 워드 레오나드 방식의 목적은?

① 계자 자속 조정　② 토크 조정
③ 속도제어　④ 병렬운전

**해설** 워드 레오나드 방식은 타여자 전동기의 전압제어에 주로 이용되는 속도제어 방식으로, 광범위한 속도 조정을 원활하고 효율적으로 할 수 있는 방식이다. 설비비가 많이 드는 단점이 있지만, 속도 변동률이 적고 가역적이므로 가장 우수한 속도제어법이다.

## 23 6,600/110[V] 변압기의 1차에 30[A]를 흘리면 2차 전류[A]는?

① 50　② 100
③ 900　④ 1,800

**해설** 권수비 $a = \dfrac{V_1}{V_2} = \dfrac{N_1}{N_2} = \dfrac{I_2}{I_1} = \dfrac{6,600}{110} = 60$

$\therefore I_2 = aI_1 = 60 \times 30 = 1,800$[A]



정답 19 ② 20 ④ 21 ④ 22 ③ 23 ④

**24** 유도전동기의 동기속도 $N_S$, 회전속도 $N$일 때 슬립은?

① $S=\frac{N_S-N}{N}$

② $S=\frac{N-N_S}{N}$

③ $S=\frac{N_S-N}{N_S}$

④ $S=\frac{N+N_S}{N_S}$

**해설** 유도전동기에서 슬립이란 회전자계 속도인 동기속도와 회전자 속도의 관계이다.

$\therefore\ S=\frac{N_S-N}{N_S}$

**25** 비례추이를 이용하여 속도제어가 가능한 전동기는?

① 권선형 유도전동기
② 직류분권전동기
③ 농형 유도전동기
④ 동기전동기

**해설** 비례추이는 2차 회로에 외부저항을 넣어 같은 토크에 대한 슬립을 변화시켜 속도를 제어하는 방식으로 3상 권선형 유도전동기에서 사용하는 방식이다.

**26** 낮은 전압을 높은 전압으로 승압할 때 일반적으로 사용되는 3상 변압기의 결선 방식은?

① $\Delta-\Delta$결선　② $\Delta-Y$결선
③ $Y-Y$결선　④ $Y-\Delta$결선

**해설**
- $\Delta-Y$결선 : 발전소용 변압기와 같이 낮은 전압을 높은 전압으로 승압하는 데 사용
- $Y-\Delta$결선 : 수전단 변전소용 변압기와 같이 높은 전압을 낮은 전압으로 강압하는 데 사용

**27** 4극 60[Hz], 슬립 5[%]인 유도전동기의 회전수 [rpm]는?

① 1,836　② 1,710
③ 1,540　④ 1,200

**해설** $N_S=\frac{120f}{p}=\frac{120\times60}{4}=1,800$[rpm]

$\therefore\ N=(1-s)N_S=(1-0.05)\times1,800=1,710$[rpm]

**28** 유도전동기에서 슬립이 1이면 전동기의 속도 $N$은?

① 불변한다.
② 정지한다.
③ 동기속도와 같다.
④ 동기속도보다 빠르다.

**해설** 슬립 $S$=1이면 $N$=0으로 전동기는 정지 상태이며, s=0이면 $N=N_S$가 되어 무부하 상태를 나타낸다.

[슬립] $s=\frac{N_s-N}{N_s}$

- 정지시($N$=0)

$s=\frac{N_s-0}{N_s}=1$

- 동기속도로 운전시($N=N_s$)

$s=\frac{N_s-N_s}{N_s}=0$

정답　24 ③　25 ①　26 ②　27 ②　28 ②

**29** **동기발전기의 병렬운전 조건이 아닌 것은?**

① 유도기전력의 크기가 같을 것
② 동기발전기의 용량이 같을 것
③ 유도기전력의 위상이 같을 것
④ 유도기전력의 주파수가 같을 것

**해설** 동기발전기의 병렬운전 조건
- 기전력의 크기가 같을 것
- 기전력의 위상이 같을 것
- 기전력의 주파수가 같을 것
- 기전력의 파형이 같을 것

**30** **부흐홀츠계전기의 설치 위치로 가장 적당한 곳은?**

① 콘서베이터 내부
② 변압기 고압 측 부싱
③ 변압기 주 탱크 내
④ 변압기 주 탱크와 콘서베이터 사이

**해설** 부흐홀츠계전기는 변압기 주 탱크와 콘서베이터 사이에 설치하여 변압기 내부고장 보호용으로 사용된다. 절연유의 온도 상승시 발생하는 유증기를 검출하여 권선 단락, 철심 고정 볼트의 절연 열화, 탭 전환기의 고장 등을 경보 및 차단한다.

**31** **직류전동기의 속도제어법이 아닌 것은?**

① 전압제어법
② 계자제어법
③ 저항제어법
④ 주파수제어법

**해설** 직류전동기의 속도제어방법

$N = \frac{V - I_a R_a}{K\phi}$ [rpm]

- 계자제어 : 자속을 변화
- 전압제어 : 전압을 변화시켜 속도를 제어, 주로 타여자에 사용하는 정토크 제어이다. 종류에는 워드-레오나드 방식, 정지-레오나드 방식, 일그너 방식, 초퍼방식이 있다.
- 저항제어 : 전기자 저항을 변화

**32** **직류발전기에서 계자의 주된 역할은?**

① 기전력을 유도한다.
② 자속을 만든다.
③ 정류작용을 한다.
④ 정류자면에 접촉한다.

**해설** 계자는 고정자와 회전자 사이의 공간에 회전기를 동작하는데 필요한 자계를 확립하기 위한 구조로 되어 있어 자속을 만드는 역할을 한다.
계자 권선, 계자 철심, 자극 및 계철로 구성된다.

**33** **전기기계에 있어 와전류손(Eddy Current Loss)을 감소하기 위한 적합한 방법은?**

① 규소강판에 성층철심을 사용한다.
② 보상권선을 설치한다.
③ 교류전원을 사용한다.
④ 냉각 압연한다.

**해설** 와전류손을 경감하기 위해 철심을 성층하고, 히스테리시스손을 경감하기 위해서는 규소 함유량을 3.5[%]로 한 규소강판을 사용한다.

정답 29 ② 30 ④ 31 ④ 32 ② 33 ①

**34** **고장에 의하여 생긴 불평형의 전류차가 평형전류의 어떤 비율 이상으로 되었을 때 동작하는 것으로, 변압기 내부고장의 보호용으로 사용되는 계전기는?**

① 과전류계전기
② 방향계전기
③ 비율 차동계전기
④ 역상계전기

**해설**
① 과전류계전기 : 부하전류가 규정치 이상 흘렀을 때 동작하여 전기회로를 차단하고 기기를 보호하는 계전기
② 방향계전기 : 전류나 전력의 방향을 식별하여 동작하는 계전기
③ 비율 차동계전기 : 변압기 보호용 계전기로 보호 구간에 유입되는 전류와 유출되는 전류의 벡터차, 출입하는 전류의 비율로 작동하는 계전기이다.
④ 역상계전기 : 상 회전 방향의 역전으로 인한 전동기의 역전을 막고 또는 1상의 단선에 대하여 전동기의 과열을 예방하기 위한 계전기

**35** **직류발전기의 정류를 개선하는 방법 중 틀린 것은?**

① 코일의 자기인덕턴스가 원인이므로 접촉저항이 작은 브러시를 사용한다.
② 보극을 설치하여 리액턴스 전압을 감소시킨다.
③ 보극권선은 전기자권선과 직렬로 접속한다.
④ 브러시를 전기적 중성축을 지나서 회전 방향으로 약간 이동시킨다.

**해설** **양호한 정류를 얻는 방법**
- 평균 리액턴스 전압은 작게 할 것 : 보극 설치
- 인덕턴스(L)를 작게 할 것 : 단절권 채용
- 정류주기를 크게 할 것
- 브러시에 접촉저항을 크게 할 것 : 탄소질 브러시 설치(저항 정류)

**36** **회전수 540[rpm], 12극, 3상 유도전동기의 슬립[%]은? (단, 주파수는 60[Hz]이다.)**

① 1 ② 4
③ 5 ④ 10

**해설** $N=(1-s)N_S=(1-s)\dfrac{120f}{p}$

$540[\text{rpm}]=(1-\text{s})\times\dfrac{120\times 60}{12}=(1-\text{s})\times 600$

$\therefore\ s=0.1$, 즉 10[%]

**37** **변압기의 2차 저항이 0.1[Ω]일 때 1차로 환산하면 360[Ω]이 된다. 이 변압기의 권수비는?**

① 30 ② 40
③ 50 ④ 60

**해설** 권수비 $a=\dfrac{E_1}{E_2}=\dfrac{V_1}{V_2}=\dfrac{N_1}{N_2}=\sqrt{\dfrac{Z_1}{Z_2}}=\sqrt{\dfrac{R_1}{R_2}}$

$a=\sqrt{\dfrac{R_1}{R_2}}=\sqrt{\dfrac{360}{0.1}}$

$\therefore\ a=60$

**38** **디지털시계 등을 표시하는 다이오드는?**

① 제너 다이오드 ② 발광 다이오드
③ 쇼크레이 다이오드 ④ 대칭형 3층 다이오드

**해설** LED(발광 다이오드)는 다이오드의 특성이 있어 일정 전류를 흐르게 하면 적색, 녹색, 청색, 백색, 노란색 빛을 내며, 디지털시계 등에 사용된다.



정답 34 ③ 35 ① 36 ④ 37 ④ 38 ②

**39** **동기전동기의 자기기동법에서 계자 권선을 단락하는 이유는?**

① 기동이 쉽다.
② 기동권선으로 이용
③ 고전압 유도에 의한 절연파괴 위험 방지
④ 전기자 반작용 방지

해설 동기전동기의 자기기동법에서 계자 권선을 단락하는 이유는 고전압 유도에 의한 절연파괴 위험 방지이다.

**40** **동기발전기의 병렬운전 중에 기전력 위상차가 생기면 흐르는 전류는?**

① 무효순환전류
② 무효 횡류
③ 동기화 전류
④ 고조파 전류

해설 기전력의 크기가 같고 위상차가 존재할 때는 동기화 전류(유효순환전류)가 흘러 동기화력에 의해 위상차가 일치된다.

**41** **접지저항의 저감 대책이 아닌 것은?**

① 접지극을 깊게 매설한다.
② 접지판의 면적을 감소시킨다.
③ 접지봉의 연결 개수를 증가시킨다.
④ 토양의 고유저항을 화학적으로 저감시킨다.

해설 접지저항의 저감 대책
- 접지극을 병렬 접속한다.
- 접지극 길이를 길게 한다.
- 접지판의 면적을 크게 한다.
- 접지저항 저감제를 사용한다.
- 접지봉의 매설 깊이를 깊게 시공한다.
- 접지극과 대지 저항의 접촉저항을 크게 하기 위해 심타공법으로 시공한다.

**42** **버스덕트공사에서 도중에 부하를 접속할 수 있도록 제작한 덕트는?**

① 피더 버스덕트
② 트롤리 버스덕트
③ 플러그인 버스덕트
④ 이동 부하 버스덕트

해설 버스덕트의 종류
- 피더 버스덕트 : 도중에 부하를 접속하지 않은 것
- 탭붙이 버스덕트 : 종단 및 중간에서 기기 또는 전선 등과 접속시키기 위한 탭을 가진 버스덕트
- 트롤리 버스덕트 : 도중에 이동 부하를 접속할 수 있도록 트롤리 접속식 구조로 한 것
- 익스펜션 버스덕트 : 열 신축에 따른 변화량을 흡수하는 구조인 것
- 플러그인 버스덕트 : 도중에 부하 접속용으로 꽂음 플러그를 만든 것
- 트랜스포지션 버스덕트 : 각 상의 임피던스를 평균시키기 위해서 도체 상호의 위치를 관로 내에서 교체시키도록 만든 버스덕트

**43** **수변전설비에 사용하는 차단기 중 가스차단기에 들어가는 가스는?**

① $H_2$  ② $CO_2$
③ $SO_2$  ④ $SF_6$

정답 39 ③ 40 ③ 41 ② 42 ③ 43 ④

해설 수변전설비의 가스차단기에 들어가는 가스는 육불화황($SF_6$) 가스이다.
육불화황($SF_6$)은 불활성 가스이며, 가스차단기로 전로의 개폐를 위해 차단기 개방시 발생하는 아크에 육불화황($SF_6$)을 불어넣어 아크 방전을 소멸시킨다.

**44** 합성수지관을 새들 등으로 지지하는 경우 지지점 간의 거리는 몇 [m] 이하인가?

① 1.0 ② 1.5
③ 2.0 ④ 2.5

해설 [한국전기설비규정 232.11.3 합성수지관 및 부속품의 시설]
합성수지관의 지지점 간의 거리는 1.5[m] 이하로 하고, 또한 그 지지점은 관의 끝, 관과 박스의 접속점, 관 상호 간의 접속점 등에 가까운 곳에 시설한다.

**45** 진동이 심한 전기 기계기구의 단자에 전선을 접속할 때 사용되는 것은?

① 커플링 ② 압착단자
③ 링 슬리브 ④ 스프링 와셔

해설 스프링 와셔는 스프링 작용을 하는 와셔로 진동시 나사 풀림을 방지하는 부속품이다.
① 커플링 : 전선관 상호 간 연결을 위한 부속품
② 압착단자 : 전선의 단말 처리를 위해 사용하는 부속품
③ 링 슬리브 : 전선의 종단 접속시 사용하는 부속품

**46** 옥내에 시설하는 저압의 이동전선에서 사용하는 캡타이어 케이블의 최소 단면적[$mm^2$]은?

① 0.75 ② 1.5
③ 2.5 ④ 6.0

해설 [한국전기설비규정 234.3 코드 및 이동전선]
조명용 전원코드 또는 이동전선은 단면적 0.75[$mm^2$] 이상의 코드 또는 캡타이어 케이블을 용도에 적합하게 선정하여야 한다.

**47** 전선의 굵기를 측정할 때 사용하는 공구는?

① 스패너 ② 녹아웃 펀치
③ 파이프 벤더 ④ 와이어 게이지

해설
① 스패너 : 볼트, 너트, 나사 따위의 머리를 죄거나 푸는 공구
② 녹아웃 펀치 : 유압천공기라고도 하며 철판이나 전기함에 구멍을 뚫는 공구. 유압을 이용하여 압착되는 힘으로 구멍을 낸다.
③ 파이프 벤더 : 파이프를 원호상으로 구부리는 공구
④ 와이어 게이지 : 전선, 철사, 가는 드릴 등의 지름, 굵기를 재는 공구

**48** 선택지락계전기(Selective Ground Relay)의 용도는?

① 다회선에서 지락 고장회선의 선택
② 단일 회선에서 지락전류의 방향 선택
③ 단일 회선에서 지락전류의 대소의 선택
④ 단일 회선에서 지락사고 지속 시간 선택



정답 44 ② 45 ④ 46 ① 47 ④ 48 ①

**해설** 선택지락계전기(SGR : Selective Ground Relay)
다회선 송전선로에서 한 쪽의 회선에 지락 고장이 발생한 경우 이를 검출하여 고장회선을 선택하여 차단하는 계전기

**49** 알루미늄 전선의 접속 방법으로 적합하지 않은 것은?

① 직선 접속　② 분기 접속
③ 종단 접속　④ 트위스트 접속

**해설** 알루미늄 전선은 직선 접속, 분기 접속, 종단 접속을 한다. 트위스트 접속은 구리 전선 중 단면적 6[$mm^2$] 이하의 가는 단선을 접속하는 방법이다.

**50** 무대, 무대마루 밑, 오케스트라 박스, 영사실, 기타 사람이나 무대 도구가 접촉할 우려가 있는 장소에 시설하는 저압 옥내배선, 전구선 또는 이동전선은 사용전압이 몇 [V] 이하이어야 하는가?

① 220　② 300
③ 380　④ 400

**해설** [한국전기설비규정 242.6 전시회, 쇼 및 공연장의 전기설비]
무대, 무대마루 밑, 오케스트라 박스, 영사실 기타 사람이나 무대 도구가 접촉할 우려가 있는 곳에 시설하는 저압 옥내배선, 전구선, 또는 이동전선은 사용전압이 400[V] 이하이어야 한다.

**51** 애자공사에서 전선 상호 간의 간격은 몇 [cm] 이상이어야 하는가?

① 2　② 4
③ 6　④ 8

**해설** [한국전기설비규정 232.56 애자공사]
애자공사의 시설조건 : 전선 상호 간의 견격은 0.06[m] 이상일 것
0.06[m] = 6[cm]

**52** 연피케이블의 접속에 반드시 사용되는 테이프는?

① 고무 테이프　② 리노 테이프
③ 비닐 테이프　④ 자기 융착 테이프

**해설**
① 고무 테이프 : 두께가 두껍고 폭이 넓어 전선의 접속 부분을 절연시 사용한다.
② 리노 테이프 : 건조한 목면에 절연성 니스를 몇 차례 바르고 건조시킨 테이프로 절연성, 내온성, 내유성이 좋아 연피케이블의 접속에 사용한다.
③ 비닐 테이프 : 염화비닐수지로 제작된 테이프로 일상에서 가장 많이 사용한다.
④ 자기 융착 테이프 : 합성수지와 합성고무를 주성분으로 제작된 테이프로 내오존성, 내수성, 내약품성, 내온성이 우수하여 장기간 열화되지 않는 특성으로 비닐 외장 케이블 및 크롤로프렌 외장 케이블의 접속시 사용한다.

**53** 금속전선관공사에서 사용하는 박강 전선관 규격 [mm]이 아닌 것은?

① 16　② 19
③ 25　④ 31



정답　49 ④　50 ④　51 ③　52 ②　53 ①

**해설** 16[mm]는 후강 전선관의 표준 굵기이다.
[KS C 8401 강제 전선관의 치수]
- 후강 전선관의 표준 굵기[mm]
  16, 22, 28, 36, 42, 54, 70, 82, 92, 104의 10종, 안지름 기준, 짝수
- 박강 전선관의 표준 굵기[mm]
  19, 25, 31, 39, 51, 63, 75의 7종, 바깥지름 기준, 홀수

**54** 옥내 배선의 접속함이나 박스 내에서 접속할 때 주로 사용하는 전선 접속법은?

① 슬리브 접속 ② 쥐꼬리 접속
③ 트위스트 접속 ④ 브리타니아 접속

**해설** 와이어 커넥터나 절연테이프를 이용하여 접속함이나 박스 내에서 가는 단선을 상호 접속하는 방법은 쥐꼬리 접속(종단 접속)이다.
① 슬리브 접속 : 양측 전선의 말단에 슬리브를 끼워 압착하여 접속하는 방법
③ 트위스트 접속 : 단면적 6[$mm^2$] 이하의 가는 단선을 접속하는 방법
④ 브리타니아 접속 : 단면적 10[$mm^2$] 이상의 굵은 단선을 별도의 조인트선과 첨선을 이용하여 접속하는 방법

**55** 전선의 슬리브 접속에 있어서 펜치와 같이 사용되고 금속관공사에서 로크너트를 조일 때 사용하는 공구는?

① 히키(Hickey)
② 클리퍼(Clipper)
③ 펌프 플라이어(Pump plier)
④ 비트 익스텐션(Bit extension)

**해설** 슬리브 접속시 펜치와 동일하게 사용할 수 있고, 금속관공사에서 로크너트를 조일 때 사용하는 공구는 펌프 플라이어이다.
① 히키(Hickey) : 파이프 벤더라고도 하며 금속관을 원호상으로 구부리는 공구
② 클리퍼(Clipper) : 굵은 전선을 절단할 때 사용하는 공구
④ 비트 익스텐션(Bit extension) : 드릴 비트를 연장하는 용도로 협소한 공간에서의 드릴 작업을 위한 공구

**56** 전기설비규정에서 수관·가스관 또는 이와 유사한 것과 접근하거나 교차하는 경우에는 고압 옥측 전선로의 전선과 이들 사이의 간격[cm]은?

① 10 ② 15
③ 20 ④ 25

**해설** [한국전기설비규정 331.13.1 고압 옥측전선로의 시설]
고압 옥측전선로의 전선이 그 고압 옥측전선로를 시설하는 조영물에 시설하는 특고압 옥측전선·저압 옥측전선·관등회로의 배선·약전류 전선 등이나 수관·가스관 또는 이와 유사한 것과 접근하거나 교차하는 경우에는 고압 옥측 전선로의 전선과 이들 사이의 간격은 0.15[m] 이상이어야 한다.

**57** 지지선의 중간에 넣는 애자는?

① 핀 애자 ② 곡핀 애자
③ 구형 애자 ④ 인류 애자

**해설** 구형 애자는 옥 애자 혹은 지지선 애자라고도 하며, 지지물과 대지 사이를 절연하는 동시에 지지선의 중간에 설치되어 장력 하중을 담당하기 위한 애자이다.
① 핀 애자 : 핀 애자는 애자에 핀을 넣고 핀을 부착하는 애자이다. 저압용은 도체와 대지 간의 누설을 방지하고, 비가 올 때 표면이 건조하도록 제작된다.
② 곡핀 애자 : 저압 인입선에 사용하는 애자이다.
④ 인류 애자 : 인입선을 수용가 붙임점에 고정, 지지하는 애자이다. '인류'란 한 쪽 방향으로만 당겨짐을 의미한다.



정답 54 ② 55 ③ 56 ② 57 ③

**58** **피시 테이프(Fish Tape)의 용도는?**

① 배관에 전선을 넣을 때 사용한다.
② 합성수지관을 구부릴 때 사용한다.
③ 전선을 테이핑하기 위해 사용한다.
④ 전선관의 끝마무리를 위해 사용한다.

**해설** 피시 테이프(Fish Tape)는 요비선이라고도 하며, 전선관에 전선을 넣어 당길 때 사용하는 도구이다.



**59** **분전반 및 배전반의 설치 장소로 적합하지 않은 것은?**

① 노출된 장소
② 사람이 쉽게 조작할 수 없는 장소
③ 개폐기를 쉽게 개폐할 수 있는 장소
④ 전기회로를 쉽게 조작할 수 있는 장소

**해설** 분전반 및 배전반은 사람이 쉽게 조작할 수 있는 장소에 설치되어야 한다.
[한국전기설비규정 232.84 옥내에 시설하는 저압용 배분전반 등의 시설]
옥내에 시설하는 저압용 배·분전반의 기구 및 전선은 쉽게 점검할 수 있도록 하고 다음에 따라 시설한다.
- 노출된 충전부가 있는 배전반 및 분전반은 취급자 이외의 사람이 쉽게 출입할 수 없도록 설치한다.
- 주택용 분전반은 노출된 장소에 시설하며 은폐된 장소에는 시설할 수 없다.
- 불연성 또는 난연성이 있도록 시설한다.
- 옥내에 시설하는 저압용 전기계량기와 이를 수납하는 계기함을 사용할 경우는 쉽게 점검 및 보수할 수 있는 위치에 시설한다.

**60** **고압 가공전선이 도로를 횡단하는 경우 전선의 지표상 최소 높이는 몇 [m]인가?**

① 4 ② 5
③ 6 ④ 7

**해설** [한국전기설비규정 332.5 고압 가공전선의 높이]
고압 가공전선의 높이는 다음에 따라야 한다.
- 도로를 횡단하는 경우에는 지표상 6[m] 이상
- 철도 또는 궤도를 횡단하는 경우에는 레일면상 6.5[m] 이상
- 횡단보도교의 위에 시설하는 경우에는 그 노면상 3.5[m] 이상
- 기타 이외의 경우에는 지표상 5[m] 이상



정답 58 ① 59 ② 60 ③

# 2020년 제 2 회 기출복원문제

**01** 용량을 변화시킬 수 있는 콘덴서는?

① 바리콘
② 마일러 콘덴서
③ 전해 콘덴서
④ 세라믹 콘덴서

**해설** 용량을 변화시킬 수 있는 콘덴서를 '가변콘덴서' 또는 '바리콘'이라고 한다.

**02** 긴 직선 도선에 $I$의 전류가 흐를 때 이 도선으로부터 $r$만큼 떨어진 곳의 자장의 세기는?

① 전류 $I$에 반비례하고 $r$에 비례한다.
② 전류 $I$에 비례하고 $r$에 반비례한다.
③ 전류 $I$의 제곱에 반비례하고 $r$에 반비례한다.
④ 전류 $I$에 반비례하고 $r$의 제곱에 반비례한다.

**해설** 무한 직선 도체에서의 자장의 세기는 $H=\frac{I}{2\pi r}$이다. ($r$ : 도선으로부터 떨어진 거리, $I$ : 전류)
따라서 자장의 세기 $H$는 전류 $I$에 비례하고 $r$에 반비례한다.

**03** 다음 ( ) 안의 말을 찾으시오.

> 두 자극 사이에 작용하는 자기력의 크기는 양 자극의 세기의 곱에 ( ㉠ )하며, 자극 간 거리의 제곱에 ( ㉡ )한다.

① 반비례, 비례
② 비례, 반비례
③ 반비례, 반비례
④ 비례, 비례

**해설** 두 자극 사이에 작용하는 자기력의 크기
$F=\frac{1}{4\pi\mu_0}\times\frac{m_1 \cdot m_2}{r^2}$[N]은 양 자극의 세기의 곱에 비례하며, 자극 간 거리의 제곱에 반비례한다.

**04** N형 반도체를 만들기 위해 실리콘에 첨가하는 것은?

① 게르마늄　② 칼륨
③ 알루미늄　④ 인

**해설** N형 반도체는 4개의 원자가전자를 가지는 14족 원소(실리콘, 게르마늄)의 원자로 이루어진 진성 반도체에 15족 원소인 인(P), 비소(As), 안티모니(Sb)를 첨가하여 만들 수 있고, 이와 반대로 P형 반도체는 13족 원소인 붕소(B), 알루미늄(Al), 갈륨(Ga)을 첨가하여 만들 수 있다.

**05** 임의의 도체를 일정 전위의 도체로 완전 포위하면 내부와 외부의 전계를 완전히 차단할 수 있는데 이를 무엇이라고 하는가?

① 펀치효과　② 톰슨효과
③ 정전차폐　④ 자기차폐



정답 01 ① 02 ② 03 ② 04 ④ 05 ③

**해설** 정전차폐는 도체로 둘러싸여 밀폐된 내부의 공간은 외부 전자기장으로부터 차단되어 그 영향을 받지 않도록 접지하는 것을 말한다.
① 핀치효과 : 전류가 흐르고 있는 플라즈마가 그 자신이 만드는 자기장과의 상호작용으로 인해 가늘게 수축하는 현상
② 톰슨효과 : 같은 금속에 있어서 온도 차이가 있는 부분에 전위차가 생겨 전류가 흐르는 현상
④ 자기차폐 : 강자성체로 둘러싸인 구역 안에 있는 물체나 장치에 외부 자기장의 영향이 미치지 않는 현상

## 06 유전율이 가장 작은 것은?

① 종이 ② 고무
③ 공기 ④ 운모

**해설** 유전율은 전하 사이에 전기장이 작용할 때, 그 전하 사이의 매질이 전기장에 미치는 영향을 나타내는 물리적 단위이며, 유전율이 클수록 매질이 저장할 수 있는 전하량이 크다.

| 유전체 | 비유전율 $\varepsilon_s$ | 유전체 | 비유전율 $\varepsilon_s$ |
|---|---|---|---|
| 공기 | 약 1 | 유리 | 3.5~10 |
| 종이 | 2~2.6 | 운모 | 6.7 |
| 고무 | 2.0~3.5 | 물(증류수) | 80 |

## 07 200[V]에서 1[kW]의 전력을 소비하는 전열기를 100[V]에서 사용하면 소비전력[W]은?

① 150 ② 250
③ 400 ④ 1000

**해설** 소비전력 $P=\frac{V^2}{R}$이므로 전열기 내부저항

$R=\frac{V^2}{P}=\frac{200^2}{1000}=40[\Omega]$이다.

동일한 저항에 인가한 전압이 100[V]일 때 소비전력

$P=\frac{V^2}{R}=\frac{100^2}{40}=250[W]$

## 08 비정현파를 여러 개의 정현파의 합으로 표시하는 방법은?

① 키르히호프의 법칙
② 뉴턴의 법칙
③ 푸리에 분석법
④ 테일러 분석법

**해설** 푸리에 급수 분석법
- 비정현파를 여러 개의 정현파의 합으로 표시하는 방법
- 비정현파 $f(t)=$ 직류분 + 기본파 + 고조파(제2고조파 + 제3고조파 + …)
- $f(t)=a_0+a_1\cos\omega_0 t+a_2\cos 2\omega_0 t+\cdots+a_n\cos n\omega_0 t$

## 09 P형 반도체의 설명 중 틀린 것은?

① 불순물은 4가 원소이다.
② 다수 반송자는 정공이다.
③ 불순물을 억셉터(Acceptor)라고 한다.
④ 정공 및 전자의 이동으로 전도가 된다.

**해설**
- P형 반도체는 14족 원소(실리콘, 게르마늄)의 원소에 13족 원소인 붕소(B), 알루미늄(Al), 갈륨(Ga)을 첨가하며, 반송자는 정공, 억셉터(Acceptor)이다.
- N형 반도체는 14족 원소(실리콘, 게르마늄)의 원소에 15족 원소인 인(P), 비소(As), 안티모니(Sb)를 첨가하며, 반송자는 전자, 도너이다.

## 10 자체 인덕턴스 40[mH]와 90[mH]인 두 개의 코일이 있다. 양 코일 사이에 누설자속이 없다고 하면 상호 인덕턴스[mH]는?

① 30 ② 40
③ 50 ④ 60

정답 06 ③ 07 ② 08 ③ 09 ① 10 ④

해설 누설자속이 없다는 것은 자기적으로 완벽하게 접속되었다는 것을 의미하며, 접속계수 K가 1이다.
$M=K\sqrt{L_1 \times L_2}=1\sqrt{40\times 90}=60$[mH]

- $M$ : 상호 인덕턴스
- $K$ : 접속계수
- $L_1$ : 1차 코일의 자기 인덕턴스
- $L_2$ : 2차 코일의 자기 인덕턴스

**11** 비오-사바르의 법칙과 관계가 깊은 것은?

① 전류와 전압의 관계
② 전류가 만드는 자장의 세기
③ 기전력과 자계의 세기
④ 기전력과 자속의 변화

해설 비오-사바르 법칙은 유한한 직선에 전류가 흐를 때 주변 자기장의 세기를 구하는 법칙이다.

**12** 자기저항의 단위는?

① [AT/m]　② [AT/Wb]
③ [Wb/AT]　④ [Ω/m]

해설 자기저항 $R_m=\dfrac{N[\text{회}]\times I[\text{A}]}{\phi[\text{Wb}]}$[AT/Wb]

**13** 공기 콘덴서의 극판 사이에 비유전율 3인 유전체를 넣을 경우 정전용량은 몇 배로 증가하는가?

① 3배　② 6배
③ $\dfrac{1}{3}$배　④ $\dfrac{1}{6}$배

해설 정전용량 $C=\varepsilon\dfrac{S}{d}=\varepsilon_0\varepsilon_s\dfrac{S}{d}$[F]이므로 비유전율 $\varepsilon_s=1$(공기 콘덴서)일 때 정전용량이 $C$이면, 비유전율 $\varepsilon_s=3$일 때 정전용량은 $3C$이다.

- 유전율 : 외부 전기장에 반응하여 만드는 편극의 크기를 나타내는 상수
- 비유전율 : 진공의 유전율에 대한 물체 유전율의 비율

**14** 자속밀도 2[Wb/m$^2$]의 평등 자장 안에 길이 20[cm]의 도선을 자장과 60°의 각도로 놓고 5[A]의 전류를 흘리면 도선에 작용하는 힘[N]은?

① 0.37　② 0.75
③ 1.73　④ 3.46

해설 자기장 내에 있는 도선에 전류가 흐를 때 도선에 작용하는 힘을 구하려면 플레밍의 왼손 법칙을 활용한다. 플레밍의 왼손 법칙에서 도선에 작용하는 힘은 $F=BlI\sin\theta$이다.
$B=2$[Wb/m$^2$], $l=20\times10^{-2}$[m], $I=5$[A], $\theta=60°$이므로 $F=2\times0.2\times5\times\sin60°=\sqrt{3}=1.732$[N]

**15** 정전용량 $C_1$, $C_2$를 병렬로 접속하였을 때의 합성 정전용량은?

① $C_1+C_2$　② $\dfrac{1}{C_1+C_2}$
③ $\dfrac{1}{C_1}+\dfrac{1}{C_2}$　④ $\dfrac{C_1C_2}{C_1+C_2}$

해설

| 합성 정전용량 | |
|---|---|
| 직렬연결 | $\dfrac{1}{C}=\dfrac{1}{C_1}+\dfrac{1}{C_2}$ |
| 병렬연결 | $C=C_1+C_2$ |

정답 11 ② 12 ② 13 ① 14 ③ 15 ①

**16** 길이 40[cm]의 환상 철심에 200회의 코일을 감고, 여기에 5[A]의 전류를 흘렸을 때 철심 내의 자기장의 세기[AT/m]는?

① 2,500 ② 250
③ 25 ④ 2.5

해설 환상 철심의 자기장의 세기

$H = \frac{NI}{l} = \frac{200 \times 5}{40 \times 10^{-2}} = 25 \times 10^2 = 2,500$[AT/m]

($N$ : 철심의 횟수, $I$ : 전류, $l$ : 철심의 길이)

**17** 교류회로에서 전압과 전류의 위상차를 $\theta$[rad]라고 할 때 $\cos\theta$가 의미하는 것은?

① 전압변동률 ② 파형률
③ 효율 ④ 역률

해설 역률(power-factor)은 교류회로에서 유효전력과 피상전력과의 비를 뜻한다.

역률 $PF = \cos\theta = \frac{\text{유효전력}P}{\text{피상전력}Q}$

**18** △-△ 결선의 상전류와 선전류의 위상차는?

① $\frac{\pi}{6}$ ② $\frac{\pi}{3}$
③ $\frac{\pi}{2}$ ④ $\pi$

해설

| | 전압 | 전류 |
|---|---|---|
| △결선 | $\dot{V}_l = \dot{V}_p$ | $\dot{I}_l = \sqrt{3} I_p \angle -\frac{\pi}{6}$ |
| Y결선 | $\dot{V}_l = \sqrt{3} V_p \angle \frac{\pi}{6}$ | $\dot{I}_l = \dot{I}_p$ |

**19** 최대눈금 1[A], 내부저항 10[Ω]의 전류계로 최대 101[A]까지 측정하려면 몇 [Ω]의 분류기가 필요한가?

① 0.01 ② 0.02
③ 0.05 ④ 0.1

해설 전류계에 흐르는 전류를 $I_a$, 분류기에 흐르는 전류를 $I_R$, 전류계 내부저항을 $r_a$, 분류기를 $R$이라고 하자.
전류계의 최대눈금 $I_a = 1$[A]이므로 분류기에는 $I_R = 100$[A]의 전류가 흐른다.
전류와 저항은 서로 반비례하므로
$R : r_a = I_a : I_R = 1 : 100$이다.
전류계 내부저항이 $r_a = 10$[Ω]이므로 분류기 $R = 0.1$[Ω]이다.

**20** 30[μF]와 40[μF]의 콘덴서를 병렬로 접속한 후 100[V]의 전압을 가했을 때 전하량[C]은?

① $17 \times 10^{-4}$ ② $34 \times 10^{-4}$
③ $56 \times 10^{-4}$ ④ $70 \times 10^{-4}$

해설

| 합성 정전용량 | |
|---|---|
| 직렬연결 | $\frac{1}{C} = \frac{1}{C_1} + \frac{1}{C_2}$ |
| 병렬연결 | $C = C_1 + C_2$ |

콘덴서를 병렬로 연결하였을 때 합성 정전용량은
$C = 30 + 40 = 70$[μF]이다.
전하량 $Q = C \cdot V = 70 \times 10^{-6} \times 100 = 70 \times 10^{-4}$[C]이다.

**21** 직류발전기의 무부하 포화곡선과 관계되는 것은?

① 단자전압과 여자전류
② 단자전압과 부하전류
③ 유도기전력과 계자전류
④ 부하전류와 회전속도

정답 16 ① 17 ④ 18 ① 19 ④ 20 ④ 21 ③

**해설** 무부하 포화곡선은 정격속도 $N$이 일정하고, 무부하 상태($I=0$)에서 계자전류와 유기기전력의 관계를 나타낸 것을 말한다.

**22** 1대의 출력이 100[kVA]인 단상 변압기 2대로 V 결선하여 3상 전력을 공급할 수 있는 최대전력[kVA]은?

① 100　② $100\sqrt{2}$
③ $100\sqrt{3}$　④ 200

**해설**
- 단상 변압기 3대를 이용한 $\Delta$결선 출력
  $P_\Delta = 3P$[kVA] ($P$ : 변압기 1대 용량[kVA])
- 단상 변압기 2대를 이용한 V결선 출력
  $P_V = \sqrt{3}P$[kVA]

$\therefore\ \sqrt{3}\times 100 = 100\sqrt{3}$ [kVA]

**23** 인버터란?

① 교류를 직류로 변환
② 직류를 교류로 변환
③ 교류를 교류로 변환
④ 직류를 직류로 변환

**해설** **인버터**(Inverter, 역변환장치) : 직류를 교류로 변환하는 장치(DC → AC)로 주파수를 변환시켜 전동기 속도제어와 형광등 고주파 점등이 가능하다.

**24** 동기발전기의 전기자 반작용의 원인은?

① 전기자 전류
② 동기 리액턴스
③ 여자전류
④ 히스테리시스손

**해설** 동기발전기에서 전기자 전류에 의한 자속 중에서 공극을 자극에 들어가 계자 자속에 영향을 미치는 것을 전기자 반작용이라 한다.

**25** SCR을 역병렬로 접속한 것과 같은 특성의 소자는?

① 다이오드　② 사이리스터
③ GTO　④ TRIAC

**해설** TRIAC(양방향성 3단자 사이리스터)은 사이리스터 2개를 역병렬로 접속한 것과 같다. 양방향으로 전류가 흘러 교류 제어용으로 사용되는 소자로 전력제어용, 교류제어용으로만 사용된다.

**26** 동기발전기의 단락비가 크다는 것의 의미는?

① 기계가 작아진다.
② 효율이 좋아진다.
③ 전압변동률이 나빠진다.
④ 전기자 반작용이 작아진다.

**해설** **단락비가 큰 동기기의 특성**
- 안정도가 높다.
- 중량이 무겁고 가격이 비싸다.
- 전압변동률이 작다.
- 전기자 반작용이 작다.
- 공극과 계자기자력이 크다.
- 효율이 나쁘다.



정답 22 ③ 23 ② 24 ① 25 ④ 26 ④

**27** **변류기 개방시 2차측을 단락하는 이유는?**

① 2차측 절연 보호 ② 2차측 과전류 보호
③ 측정 오차 방지 ④ 1차측 과전류 방지

> **해설** 계기용 변류기는 2차 전류를 낮게 하기 위해서 권수비를 매우 작게 하므로 2차측을 개방하게 되면 2차측에 매우 높은 기전력이 유기되어 절연파괴의 위험이 있다.

**28** **셰이딩코일형 유도전동기의 특징을 나타낸 것으로 틀린 것은?**

① 역률과 효율이 좋고 구조가 간단하여 세탁기 등 가정용 기기에 많이 쓰인다.
② 회전자는 농형이고 고정자의 성층 철심은 몇 개의 돌극으로 되어 있다.
③ 기동토크가 작고 출력이 수십[W] 이하의 소형 전동기에 주로 사용한다.
④ 운전 중에도 셰이딩코일에 전류가 흐르고 속도 변동률이 크다.

> **해설** 셰이딩코일형 유도전동기
> - 회전자는 농형이고 고정자의 성층 철심은 몇 개의 돌극으로 되어 있다.
> - 구조가 간단하나 기동토크가 작고 운전 중에 셰이딩코일에 전류가 흘러 효율과 역률이 떨어진다.
> - 회전 방향을 변경할 수 없는 단점이 있다.
> - 수십[W] 이하의 소형 전동기에 주로 사용한다.

**29** **직류분권발전기가 있다. 전기자 총 도체수 220, 매극의 자속수 0.01[Wb], 극수 6, 회전수 1,500[rpm]일 때 유기기전력[V]은? (단, 전기자 권선은 파권이다.)**

① 60 ② 120
③ 165 ④ 240

> **해설** 직류발전기의 유도기전력 $E=\frac{P}{a}Z\phi\frac{N}{60}$[V]
> (병렬회로수 $a$는 파권이므로 2)
> $\therefore\ E=\frac{6}{2}\times 220\times 0.01\times\frac{1,500}{60}=165$[V]

**30** **회전자 입력을 $P_2$, 슬립을 $s$라고 할 때 3상 유도전동기의 기계적 출력의 관계식은?**

① $sP_2$ ② $(1-s)P_2$
③ $s^2P_2$ ④ $\frac{P_2}{s}$

> **해설** $s=\frac{N_s-N}{N_s}$
> $N=(1-s)N_s$
> $\frac{N}{N_s}=(1-s)=\frac{P}{P_2}$
> $\therefore\ P=(1-s)P_2$

**31** **직류기에서 전기자 반작용을 방지하기 위한 보상권선의 전류 방향은?**

① 전기자 권선의 전류 방향과 같다.
② 전기자 권선의 전류 방향과 반대이다.
③ 계자 권선의 전류 방향과 같다.
④ 계자 권선의 전류 방향과 반대이다.

> **해설** 보상 권선은 전기자 권선에 흐르는 전류에 의해 발생하는 자속을 없애기 위한 것으로 전기자 전류와 크기는 같으면서 방향은 서로 반대인 전류를 흘려주어야 한다.

정답 27 ① 28 ① 29 ③ 30 ② 31 ②

**32** 직류직권전동기에서 토크 $T$와 회전수$N$의 관계는?

① $T \propto N$ ② $T \propto N^2$

③ $T \propto \frac{1}{N}$ ④ $T \propto \frac{1}{N^2}$

**해설** 역기전력(E)이 일정하고 자기포화를 무시할 경우 속도 $N$은

$N \propto \frac{E}{\phi} \propto \frac{1}{I_a} (\because \phi = KI_a)$, $T \propto \phi I_a$

$\phi \propto I_a$이므로 $T \propto \frac{1}{N^2}$이다.

**33** 직류전동기의 출력이 50[kW], 회전수가 1,800[rpm]일 때 토크는 약 몇 [kg · m]인가?

① 15 ② 23

③ 27 ④ 31

**해설**

$T = \frac{P}{\omega} = 0.975 \times \frac{P}{N} = 0.975 \times \frac{50 \times 10^3}{1,800} \fallingdotseq 27$[kg · m]

**34** 1차 전압 3,300[V], 2차 전압 220[V]인 변압기의 권수비는?

① 15 ② 220

③ 3,300 ④ 7,260

**해설** 권수비 $a = \frac{E_1}{E_2} = \frac{V_1}{V_2} = \frac{N_1}{N_2} = \sqrt{\frac{Z_1}{Z_2}} = \sqrt{\frac{R_1}{R_2}}$

$\therefore a = \frac{V_1}{V_2} = \frac{3,300}{220} = 15$

**35** 변압기의 자속에 관한 설명으로 옳은 것은?

① 전압과 주파수에 비례한다.

② 전압과 주파수에 반비례한다.

③ 전압에 비례하고 주파수에 반비례한다.

④ 전압에 반비례하고 주파수에 비례한다.

**해설** $V = 4.44fN\phi A$[V]

$\phi = \frac{V}{4.44fNA}$[Wb/m²]

($V$ : 1차 또는 2차 전압[V], $f$ : 주파수[Hz], $N$ : 1차 또는 2차 권선수, $A$ : 철심의 단면적[m²])

- 변압기의 자속은 전압에 비례하고 주파수에 반비례한다.
- 전압이 일정할 경우 주파수와 자속밀도는 반비례한다.

**36** 변압기의 백분율 저항 강하가 2[%], 백분율 리액턴스 강하가 3[%]일 때 부하의 무효율이 60[%]인 변압기의 전압변동률은?

① 2.6 ② 3.0

③ 3.4 ④ 3.8

**해설** 변압기의 전압변동률

$\epsilon = \frac{V_{20} - V_{2n}}{V_{2n}} \times 100[\%] = p\cos\theta \pm q\sin\theta[\%]$

$\epsilon = 2 \times 0.8 + 3 \times 0.6 = 1.6 + 1.8 = 3.4[\%]$

($p$ : 퍼센트 저항 강하, $q$ : 퍼센트 리액턴스 강하)

**37** 농형 회전자에 비뚤어진 홈을 쓰는 이유는?

① 출력을 높인다.

② 회전수를 증가시킨다.

③ 소음을 줄인다.

④ 미관상 좋다.



정답 32 ④ 33 ③ 34 ① 35 ③ 36 ③ 37 ③

**해설** 농형 회전자는 회전자의 홈이 축 방향에 평행하지 않고 조금씩 비뚤어져 있는 홈(Skewed slot)으로 만드는데, 이것은 고정자의 자력을 끊을 때 소음 발생을 억제하는 효과가 있다.

**38** 수변전설비 구성기기의 계기용 변압기(PT) 설명으로 틀린 것은?

① 높은 전압을 낮은 전압으로 변성하는 기기이다.
② 높은 전류를 낮은 전류로 변성하는 기기이다.
③ 회로에 병렬로 접속하여 사용하는 기기이다.
④ 부족전압 트립코일의 전원으로 사용된다.

**해설** **계기용 변압기**(PT : Potential Transformer)
계기용 변압기는 고전압을 저전압으로 변성하는 계기용 변성기의 일종으로 2차측에는 전압계, 전력계, 주파수계 역률계, 표시등, 부족전압, 트립코일 등이 접속된다. 고전압을 저전압으로 변성하여 과전압계전기(OVR)나 부족전압계전기(UVR) 또는 측정용계에 공급하기 위한 전압 변성기로 회로에 병렬로 연결한다.

**39** 동기발전기의 권선을 분포권으로 하면?

① 파형이 좋아진다.
② 권선이 리액턴스가 커진다.
③ 집중권에 비하여 합성 유도기전력이 높아진다.
④ 난조를 방지한다.

**해설** **분포권을 사용하는 이유**
- 분포권은 집중권에 비하여 합성 유기기전력이 감소한다.
- 기전력의 고조파가 감소하여 파형이 좋아진다.
- 권선의 누설 리액턴스가 감소한다.
- 전기자 권선에 의한 열을 고르게 분포시켜 과열을 방지한다.

**40** 동기전동기 전기자 반작용에 대한 설명이다. 공급전압에 대하여 앞선 전류의 전기자 반작용은?

① 감자 작용 ② 증자 작용
③ 교차 자화작용 ④ 편자 작용

**해설** **동기전동기의 전기자 반작용**
전기자 반작용은 전기자전류에 의한 회전자속이 계자자속에 영향을 미치는 현상을 말한다.
- 감자 작용(직축 반작용) : 전류가 전압보다 위상이 90° 앞선 경우
- 증자 작용(직축 반작용) : 전류가 전압보다 위상이 90° 뒤진 경우
- 교차 자화 작용(횡축 반작용) : 전기자전류와 유도기전력이 동상일 때

**41** 천장에 작은 구멍을 뚫어 그 속에 등기구를 매입시키는 방식으로 건축의 공간을 유효하게 하는 조명방식은?

① 코브 방식
② 코퍼 방식
③ 밸런스 방식
④ 다운라이트 방식

**해설** 천장에 작은 구멍을 뚫고 등기구를 매입시키는 방식은 다운라이트 방식이다.
① 코브 방식 : U자 형태로 천장과 벽에 조명을 감추고, 반사광을 통해 비추는 방식
② 코퍼 방식 : 천장 면을 사각형이나 원형으로 파내고 그 내부에 조명기구를 매립하는 방식
③ 밸런스 방식 : 창이나 벽면에 커튼을 설치한 후 커튼의 상부 및 하부로 빛이 나오도록 하여 천장면에 반사시킴으로써 실내 전반을 조명하는 방식

정답 38 ② 39 ① 40 ① 41 ④

**42** **저압 인입선의 접속점 선정으로 잘못된 것은?**

① 인입선은 장력에 충분히 견뎌야 한다.
② 인입선은 약전류 전선로와 가까이 시설한다.
③ 인입선이 가급적 옥상을 통과하지 않도록 시설한다.
④ 인입선이 가공배전선로에서 최단거리로 시설되어야 한다.

**해설** 약전류 전선로는 전자파의 영향을 크게 받기 때문에 저압 인입선에 의한 유도 장해가 발생할 수 있다. 이를 방지하기 위해 저압 인입선과 간격을 두고 시설해야 한다.

**43** **가연성 먼지가 존재하는 곳에 저압 옥내배선을 할 때 배선의 방법으로 옳지 않은 것은?**

① 금속관공사
② 케이블공사
③ 합성수지관공사
④ 금속제 가요전선관 공사

**해설** [한국전기설비규정 242.2.2 가연성 먼지 위험장소]
가연성 먼지에 전기설비가 발화원이 되어 폭발할 우려가 있는 곳에 시설하는 저압 옥내 전기설비는 다음의 공사 방법에 준하여 시설한다.
• 금속관공사
• 케이블공사
• 합성수지관공사(두께 2[mm] 미만의 합성수지 전선관 및 난연성이 없는 콤바인 덕트관 사용 제외)

**44** **합성수지관공사에 대한 설명으로 틀린 것은?**

① 절연전선을 사용할 것
② 합성수지관 내에서 전선 접속점을 만들지 않을 것
③ 중량물의 압력 또는 심한 기계적 충격을 받는 장소에 시설하지 않을 것
④ 합성수지관공사에 사용되는 관 및 박스, 기타 부속품은 온도변화에 의한 신축과 무관할 것

**해설** 합성수지관공사에서 사용하는 전선관, 박스, 기타 부속품은 내열성을 갖추어 변형이 쉽게 일어나서는 안 된다.
[한국전기설비규정 232.11 합성수지관공사]
• 전선은 절연전선(옥외용 비닐절연전선은 제외)일 것
• 전선은 합성수지관 안에서 접속점이 없도록 할 것
• 중량물의 압력 또는 현저한 기계적 충격을 받을 우려가 없도록 시설할 것

**45** **저압 구내 가공인입선을 DV 전선으로 시설할 때 선로 길이가 20[m]인 경우에 지름 몇 [mm] 이상의 전선을 사용해야 하는가?**

① 1.5 ② 2.0
③ 2.6 ④ 3.2

**해설** [한국전기설비규정 221.1.1 저압 인입선의 시설]
• 전선이 케이블인 경우 이외에는 인장강도 2.30[kN] 이상의 것 또는 지름 2.6[mm] 이상의 인입용 비닐절연전선일 것
• 경간이 15[m] 이하인 경우는 인장강도 1.25[kN] 이상의 것 또는 지름 2[mm] 이상의 인입용 비닐절연전선일 것

**46** **옥내 배선공사에서 절연전선의 피복을 벗길 때 사용하는 공구는?**

① 드라이버 ② 압착펜치
③ 플라이어 ④ 와이어 스트리퍼

정답 42 ② 43 ④ 44 ④ 45 ③ 46 ④

**해설** 옥내 배선시 전선의 피복을 벗길 때 사용하는 공구는 와이어 스트리퍼이다.
① 드라이버 : 나사못을 조일 때 사용하는 공구
② 압착펜치 : 연선 끝에 슬리브(압착단자)를 물리고 압착시킬 때 사용하는 공구
③ 플라이어 : 지렛대의 원리를 이용하여 물체를 단단하게 잡기 위해 사용하는 공구

## 47 저압 옥내배선에 사용할 수 없는 케이블은?

① CV　　② MI
③ OF　　④ VV

**해설** OF 케이블(Oil Filled Cable)은 초고압용 케이블이다. XLPE로 교체되고 있는 추세이다.
① CV : 저압 케이블, 가교 폴리에틸렌 절연 비닐시스 전력 케이블의 기호
② MI : 저압 케이블, 무기물 절연 케이블의 기호
④ VV : 저압 케이블, 비닐절연 비닐시스 케이블의 기호

## 48 배전반을 나타내는 그림 기호는?

①  　　② 
③  　　④ 

**해설**
① : 분전반
② : 제어반
③ : 배전반
④ S : 개폐기

## 49 손작업 쇠톱날의 크기[mm]가 아닌 것은?

① 200　　② 250
③ 300　　④ 550

**해설** 손작업 쇠톱날의 크기는 200[mm], 250[mm], 300[mm]가 있다.

## 50 소맥분, 전분, 기타 가연성의 먼지가 존재하는 곳의 저압 옥내배선공사 방법으로 적합하지 않은 것은?

① 애자공사　　② 금속관공사
③ 케이블공사　　④ 합성수지관공사

**해설** [한국전기설비규정 242.2.2 가연성 먼지 위험장소] 가연성 먼지(소맥분·전분·유황 기타 가연성의 먼지)에 전기설비가 발화원이 되어 폭발할 우려가 있는 곳에 시설하는 저압 옥내 전기설비는 다음의 공사 방법에 준하여 시설한다.
- 금속관공사
- 케이블공사
- 합성수지관공사(두께 2[mm] 미만의 합성수지 전선관 및 난연성이 없는 콤바인 덕트관 사용 제외)

## 51 지중전선을 직접 매설식에 의해 시설하는 경우 차량, 기타 중량물의 압력을 받을 우려가 있는 장소의 매설 깊이[m]는?

① 0.5　　② 1.0
③ 1.5　　④ 2.0

**해설** [한국전기설비규정 334.1 지중전선로의 시설] 지중전선로를 직접 매설식에 의해 시설하는 경우의 매설 깊이
- 차량 기타 중량물의 압력을 받을 우려가 있는 장소 : 1[m] 이상
- 기타 장소 : 0.6[m] 이상

정답 47 ③ 48 ③ 49 ④ 50 ① 51 ②

**52** 합성수지몰드공사에 대한 설명으로 옳지 않은 것은?

① 전선은 절연전선으로 해야 한다.
② 합성수지몰드 안에는 접속점이 없어야 한다.
③ 합성수지몰드는 홈의 폭 및 깊이가 최대 6.5[cm] 이하가 되게 한다.
④ 합성수지몰드와 박스 기타의 부속품과는 전선이 노출되지 않도록 해야 한다.

**해설** [한국전기설비규정 232.21 합성수지몰드공사]
- 전선은 절연전선(옥외용 비닐절연전선 제외)일 것
- 합성수지몰드 안에는 전선에 접속점이 없도록 할 것
- 합성수지몰드 상호 간 및 합성수지몰드와 박스 기타의 부속품과는 전선이 노출되지 않도록 접속할 것
- 합성수지몰드는 홈의 폭 및 깊이가 35[mm] 이하, 두께는 2[mm] 이상의 것일 것(사람이 쉽게 접촉할 우려가 없는 곳은 폭 50[mm] 이하, 두께 1[mm] 이상 사용 가능)

**53** 배전반 및 분전반을 넣은 강판제로 만든 함의 두께는 몇 [mm] 이상인가?

① 1.2　② 1.5
③ 2.0　④ 2.5

**해설** 배전반 및 분전반을 넣은 함의 규격
- 배전반 및 분전반 뒷면에는 배선 및 기구를 배치하지 않는다.
- 강판제 : 두께 1.2[mm] 이상(가로 혹은 세로의 길이가 30[cm] 이하인 경우 두께 1.0[mm] 이상)
- 난연성 합성수지제 : 내아크성, 두께 1.5[mm] 이상

**54** 조명 설계시 고려해야 할 사항 중 틀린 것은?

① 적당한 조도일 것
② 휘도 대비가 높을 것
③ 적당한 그림자가 있을 것
④ 균등한 광속 발산도 분포일 것

**해설** 조명 설계시 고려사항
- 조도 : 어떤 면이 받는 빛의 세기, 조도 기준에 맞추어 비용 및 경제성을 고려하여 선정한다.
- 휘도 : 눈부심의 정도, 휘도 대비가 커지면 불쾌감이 발생한다.
- 그림자 : 시선이 가까운 곳에 지장이 되는 그림자가 10[%] 이상 생기지 않도록 고려하며, 물체를 실제대로 보기 위해서는 적당한 그림자가 필요하다.
- 광속 발산도 : 광출사도라고도 하며 단위 면적에 대한 발산 광속의 비를 나타낸다. 실내 조명에는 균등할수록 이상적이다.

**55** 지지물에 전선, 그 밖의 기구를 고정시키기 위해 완목, 완금, 애자 등을 장치하는 것은?

① 건주　② 장주
③ 터파기　④ 가선공사

**해설** 지지물에 전선, 그 밖의 기구를 고정시키기 위해 완목, 완금, 애자 등을 장치하는 것을 장주라 한다.
① 건주 : 지지물을 땅에 세우는 것을 말한다.
③ 터파기 : 건물을 짓기 위해 지반이 될 흙을 파내는 일을 말한다.
④ 가선공사 : 전선 등을 장주나 철탑과 같은 구조물 위에 가설하는 공사를 말한다.

**56** 전선의 명칭과 약칭이 바르게 짝지어진 것은?

① DV : 인입용 비닐절연전선
② OW : 옥내용 비닐절연전선
③ RN : 비닐절연 비닐 시스 케이블
④ VV : 고무절연 클로로프렌 시스 케이블

정답 52 ③ 53 ① 54 ② 55 ② 56 ①

**해설**
① DV(Drop pVc insulated wire) : 인입용 비닐절연전선
② OW(Outdoor Weather-proof pVc insulated Wire) : 옥외용 비닐절연전선
③ RN(Rubber insulated chloropren sheathed cable) : 고무절연 클로로프렌 시스 케이블
④ VV(Vinyl insulated pVc sheathed Cable) : 비닐절연 비닐 시스 케이블

## 57 과전류차단기 설치를 제한하는 장소가 아닌 곳은?

① 접지측 전선
② 간선의 전원측 전선
③ 다선식 전로의 중성선
④ 저압 가공전선로의 접지측 전선

**해설** [한국전기설비규정 341.11 과전류차단기의 시설 제한]
전로의 일부에 접지공사를 한 저압 가공전선로의 접지측 전선에는 과전류차단기를 시설하여서는 안 된다.
과전류차단기 설치 제한 장소
- 접지측 전선
- 다선식 전로의 중선선
- 저압 가공전선로의 접지측 전선

## 58 인입선에서 분기하는 점으로부터 몇 [m]를 넘지 않는 지역에 저압 이웃 연결 인입선을 시설하는가?

① 50 ② 75
③ 100 ④ 125

**해설** [한국전기설비규정 221.1.2 이웃 연결 인입선의 시설]
저압 이웃 연결 인입선은 다음에 따라 시설한다.
- 옥내를 통과하지 않을 것
- 폭 5[m]를 초과하는 도로를 횡단하지 않을 것
- 인입선에서 분기하는 점으로부터 100[m]를 초과하는 지역에 미치지 않을 것

## 59 동전선 직선 접속시 단선 및 연선에 적용되는 접속 방법은?

① 터미널 러그에 의한 접속
② S형 슬리브에 의한 분기 접속
③ 직선맞대기용 슬리브에 의한 압착 접속
④ 가는 단선(2.6[$mm^2$] 이상)의 분기 접속

**해설** 직선맞대기용 슬리브에 의한 압착 접속은 동전선의 직선 접속 방법으로 단선 및 연선에 적용된다.
① 터미널 러그에 의한 접속 : 알루미늄전선 종단 접속 방법이다.
② S형 슬리브에 의한 분기 접속 : 동전선의 슬리브에 의한 접속 방법으로 단선과 연선에 사용이 가능하다.
④ 가는 단선(2.6[$mm^2$] 이상)의 분기 접속은 동전선의 분기 접속 방법이다.

## 60 교류차단기가 아닌 것은?

① ABB ② GCB
③ VCB ④ HSCB

**해설** HSCB(High Speed Circuit Breaker)는 직류를 차단하는 고속도 차단기로 직류 전철 변전소, 제철 및 전기화학공장 등에 직류전원을 공급하기 위해 사용하는 보호장치이다.
① ABB(Air Blast Circuit Breaker) : 공기차단기
② GCB(Gas Circuit Breaker) : 가스차단기
③ VCB(Vacuum Circuit Breaker) : 진공차단기

정답 57 ② 58 ③ 59 ③ 60 ④

# 2020년 제3회 기출복원문제

**01** 전기력선의 성질 중 맞지 않는 것은?

① 전기력선은 양전하에서 나와 음전하에서 끝난다.
② 전기력선의 접선 방향이 전장의 방향이다.
③ 전기력선은 도중에 만나거나 끊어지지 않는다.
④ 전기력선은 등전위면과 교차하지 않는다.

**해설** 전기력선의 성질
- 전기력선은 양전하에서 시작하여 음전하에서 끝난다.
- 전기력선의 밀도는 그 점에서의 전계의 크기와 같다.
- 전기력선의 접선 방향은 그 접점에서의 전기장의 방향이다.
- 전기력선의 등전위면에 수직으로 교차한다.
- 전기력선은 서로 교차하지 않는다.
- 도체 내부에는 전기력선이 없으며 전기장이 존재하지 않는다.

**02** 두 금속을 접속하여 여기에 전류를 흘리면, 줄열 외의 그 접점에서 열의 발생 또는 흡수가 일어나는 현상은?

① 줄효과　② 펠티에효과
③ 제베크효과　④ 홀효과

**해설**
① 줄효과 : 저항체에 흐르는 전류의 크기와 이 저항체에서 단위 시간당 발생하는 열량과의 관계를 나타낸 법칙
③ 제베크효과 : 서로 다른 두 금속을 접속하여 양 접점의 온도가 다르면 전류가 흐르는 현상(펠티에효과와 반대)
④ 홀효과 : 자기장 속 도체에서 자기장의 직각 방향으로 전류가 흐르면, 전기장이 자기장과 전류 모두 직각 방향으로 나타나는 현상

**03** 비투자율이 1인 환상 철심 중의 자장의 세기가 H[AT/m]이었다. 이때 비투자율이 10인 물질로 바꾸면 철심의 자속밀도[Wb/m$^2$]는?

① $\frac{1}{10}$로 줄어든다.
② 10배 커진다.
③ 50배 커진다.
④ 100배 커진다.

**해설** 자속밀도 $B$와 자기장의 세기 $H$의 관계식은 $B=\mu H=\mu_o\mu_s H$이다.
비투자율 $\mu_s=1$일 때 자장의 세기가 $H$이면 비투자율 $\mu_s=10$일 때 자장의 세기가 $10H$이다.
- 투자율 : 어떤 매질이 외부 자기장에 자화하는 정도
- 비투자율 : 진공에서의 투자율을 기준으로 자화하는 정도를 나타낸 비율

**04** $e=200\sin(100\pi t)$[V]의 교류전압에서 $t=\frac{1}{600}$초일 때, 순시값[V]은?

① 50　② 100
③ 150　④ 200

**해설** $t=\frac{1}{600}$초일 때

$e=200\sin\left(100\pi\times\frac{1}{600}\right)=200\sin\left(\frac{\pi}{6}\right)=200\times\frac{1}{2}$
$=100$[V]



정답 01 ④　02 ②　03 ②　04 ②

**05** 10[Ω]과 15[Ω]의 병렬회로에서 10[Ω]에 흐르는 전류가 3[A]이라면 전체 전류[A]는?

① 2 ② 3
③ 4 ④ 5

> **해설** 전압이 일정할 때 전류와 저항은 반비례하므로 $I_1 : I_2 = R_2 : R_1$, $I_{10}[\Omega] : I_{15}[\Omega] = 15[\Omega] : 10[\Omega] = 3 : 2$ 이다.
> $I_{10}[\Omega] = 3[A]$이면 $I_{15}[\Omega] = 2[A]$이고, 전체 전류 $I = I_{10}[\Omega] + I_{15}[\Omega] = 3 + 2 = 5[A]$이다.

**06** 어떤 도체를 $t$초 동안에 $Q$[C]의 전기량이 이동하면 이때 흐르는 전류[A]는?

① $I = Q \cdot t$ ② $I = \dfrac{1}{Q \cdot t}$
③ $I = \dfrac{t}{Q}$ ④ $I = \dfrac{Q}{t}$

> **해설** 전류는 단위 시간당 도체의 단면을 통과하는 전하량을 의미하므로 $I = \dfrac{Q}{t}$이다.

**07** 어떤 도체의 길이를 2배로 하고 단면적을 $\dfrac{1}{3}$배로 했을 때의 저항은 원래 저항의 몇 배가 되는가?

① 3배 ② 4배
③ 6배 ④ 9배

> **해설** 전기저항 $R$은 고유저항 $\rho$, 도체의 길이 $l$과는 비례하고 도체의 단면적 $S$와는 반비례하다.
> $R = \rho\dfrac{l}{S}$
> 도체의 길이가 2배, 단면적이 $\dfrac{1}{3}$배가 되었으므로
> $R = \rho\dfrac{2l}{\frac{1}{3}S} = 6 \times \rho\dfrac{l}{S}$이다.

**08** 다음 중 정현파를 나타내는 것은?

① 사인파 ② 왜형파
③ 펄스파 ④ 사각파

> **해설** 정현파는 sin파 또는 cos파의 형태를 가지고 있는 파형을 의미한다.

**09** R-L 직렬회로에서 임피던스 Z의 크기를 나타내는 식은?

① $R^2 + X_L{}^2$ ② $R^2 - X_L{}^2$
③ $\sqrt{R^2 + X_L{}^2}$ ④ $\sqrt{R^2 - X_L{}^2}$

> **해설** R-L 직렬회로에서 임피던스 $Z = R + jX_L$,
> $|Z| = \sqrt{R^2 + X_L{}^2}$ [Ω]

**10** Y-Y결선 회로에서 선간전압이 200[V]일 때 상전압[V]은?

① 100 ② 115
③ 130 ④ 145



정답 05 ④ 06 ④ 07 ③ 08 ① 09 ③ 10 ②

**해설** Y결선에서 $V_l$(선간전압)$=\sqrt{3}\,V_p$(상전압)이다.

따라서 상전압 $V_p=\dfrac{V_l}{\sqrt{3}}=\dfrac{200}{\sqrt{3}}\fallingdotseq 115.473$[V]

| | 전압 | 전류 |
|---|---|---|
| △결선 | $\dot{V}_l=\dot{V}_p$ | $\dot{I}_l=\sqrt{3}\,\dot{I}_p\angle-\dfrac{\pi}{6}$ |
| Y결선 | $\dot{V}_l=\sqrt{3}\,\dot{V}_p\angle\dfrac{\pi}{6}$ | $\dot{I}_l=\dot{I}_p$ |

**11** 코일에 3[A]의 전류가 0.5초 동안 6[A]만큼 변화했을 때 유도기전력이 60[V]가 되었다면 자기 인덕턴스[H]는?

① 5　② 10
③ 15　④ 20

**해설** 0.5초 동안 $I=3$[A]에서 $I=6$[A]로 변화하였으므로 $\dfrac{\Delta I}{\Delta t}=\dfrac{6-3}{0.5}=\dfrac{3}{0.5}$이다.

패러데이의 전자유도 법칙에 의해 $|e|=L\dfrac{\Delta I}{\Delta t}$[V]이므로

$L=|e|\times\dfrac{\Delta t}{\Delta I}=60\times\dfrac{0.5}{3}=10$[H]

**12** 전류 10[A], 전압 100[V], 역률 0.6인 단상 부하의 전력[W]은?

① 600　② 800
③ 1000　④ 1200

**해설** $I=10$[A], V = 100[V], $\cos\theta=0.6$
$P=VI\cos\theta=10\times100\times0.6=600$[W]

**13** 막대 자석의 자극의 세기가 10[Wb]이고 길이가 20[cm]인 경우 자기모멘트[Wb · cm]는?

① 20　② 100
③ 200　④ 400

**해설** $m=10$[Wb], $l=20$[cm]
자기모멘트 $M=ml=10\times20=200$[Wb · cm]

**14** 전기의 기전력 E[V], 내부저항 r[Ω]인 전지 6개를 직렬로 접속한 후 부하 R[Ω]을 연결할 경우 부하에서 최대전력이 발생하려면 부하가 얼마여야 하는가?

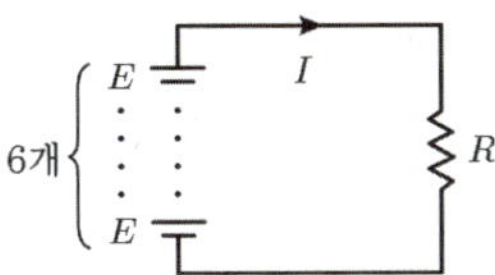


① $R=r$　② $R=3r$
③ $R=6r$　④ $R=\dfrac{r}{6}$

**해설** 기전력 E[V], 내부저항 $r$[Ω]인 전지 6개를 직렬로 접속되어 있으므로 총 기전력은 6E[V], 총 내부저항은 $6r$[Ω]이다. 부하에서 최대전력이 발생하려면 내부저항과 외부저항의 크기가 같아야 하므로 $R=6r$이다.

**15** 진공 중에 10[μC]과 20[μC]의 점전하를 1[m]의 거리로 놓았을 때 작용하는 힘[N]은?

① $18\times10^{-1}$　② $2\times10^{-2}$
③ $9.8\times10^{-9}$　④ $98\times10^{-9}$

**해설** 쿨롱의 법칙에 의하면 $F=9\times10^9\times\dfrac{Q_1\cdot Q_2}{r^2}$
$=9\times10^9\times\dfrac{10\times10^{-6}\times20\times10^{-6}}{1^2}=18\times10^{-1}$[N]

정답 11 ② 12 ① 13 ③ 14 ③ 15 ①

**16** 2[μF]의 콘덴서를 1,000[V]로 충전하면 축적되는 에너지[J]는?

① 1　　② 5
③ 10　　④ 20

**해설** $W=\frac{1}{2}QV=\frac{1}{2}CV^2$이고 $C=2$[μF], $V=1{,}000$[V]이므로
$W=\frac{1}{2}CV^2=\frac{1}{2}\times 2\times 10^{-6}\times 1000^2=1$[J]

**17** 대전된 도체의 특징이 아닌 것은?

① 도체에 인가된 전하는 도체 표면에만 분포한다.
② 도체 내부에는 전하가 분포되어 있다.
③ 전계는 도체 표면에 수직 방향으로 진행된다.
④ 도체 표면의 곡률 반지름이 작을수록 전하 밀도가 높다.

**해설** 대전된 도체의 특징
- 도체 표면의 전하는 뾰족한 부분에 모이므로 곡률이 크거나 곡률 반지름이 작을수록 많이 분포한다.
- 도체 내부 전계의 세기는 0이다.
- 전계의 방향은 도체 표면과 수직이다.
- 전하는 도체 표면에만 분포되어 있다.

**18** 진공 중에 놓인 $Q$[C]의 전하에서 발산되는 전기력선의 수는?

① $Q$　　② $\varepsilon_0$
③ $\frac{Q}{\varepsilon_0}$　　④ $\frac{\varepsilon_0}{Q}$

**해설** 진공 중에서는 $\varepsilon_s=1$이므로 $\varepsilon=\varepsilon_0\varepsilon_s=\varepsilon_0$
전기력선 $N=\frac{Q}{\varepsilon}=\frac{Q}{\varepsilon_0}$[개]

**참고 |** 전속 $\psi=Q$ [C], 매질에 상관없이 불변하는 값
전기력선 $N=\frac{Q}{\varepsilon}$[개], 매질에 따라 변화하는 값

**19** 전류와 자계 사이에 직접적인 관련이 없는 법칙은?

① 앙페르의 오른나사 법칙
② 비오-사바르의 법칙
③ 플레밍의 왼손 법칙
④ 쿨롱의 법칙

**해설**
① 앙페르의 오른나사 법칙 : 전류의 흐름에 따른 자기장의 발생 방향을 나타내는 법칙
② 비오-사바르의 법칙 : 유한장 직선 전류에 의한 자계
③ 플레밍의 왼손 법칙 : (전동기의 원리) 자기장 내에서 도선에 전류가 흐를 때 도선이 받는 힘의 방향을 결정하는 법칙
④ 쿨롱의 법칙 : 두 전하 또는 두 자극 사이에 작용하는 힘을 나타내는 법칙

**20** 단자 $a$, $b$간에 25[V]의 전압을 가할 때, 5[A]의 전류가 흐른다. 저항 $r_1$, $r_2$에 흐르는 전류비가 1 : 3일 때 $r_1$, $r_2$[Ω]는?

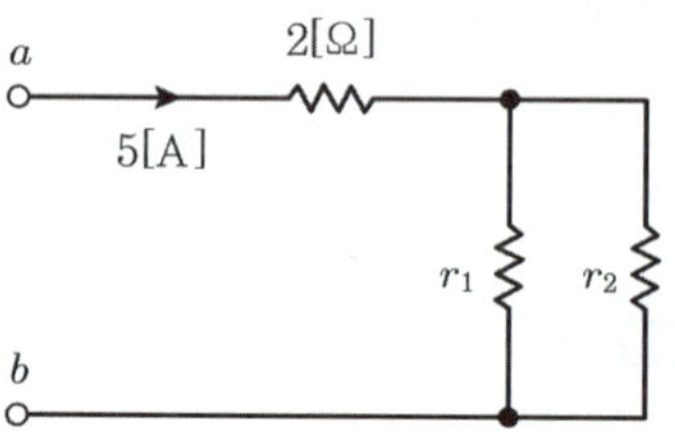




정답 16 ① 17 ② 18 ③ 19 ④ 20 ①

① $r_1 = 12[\Omega]$, $r_2 = 4[\Omega]$
② $r_1 = 6[\Omega]$, $r_2 = 6[\Omega]$
③ $r_1 = 6[\Omega]$, $r_2 = 2[\Omega]$
④ $r_1 = 4[\Omega]$, $r_2 = 12[\Omega]$

**해설** 전압이 일정할 때 전류와 저항은 반비례하므로 $I_1 : I_2 = r_2 : r_1 = 1 : 3$이다.
$r_1 = 3a$, $r_2 = a$라고 가정할 때 단자 a, b간 합성저항

$$R = 2 + \frac{r_1 r_2}{r_1 + r_2} = 2 + \frac{3a \cdot a}{4a} = 2 + \frac{3}{4}a[\Omega]$$

옴의 법칙에 의해 단자 a, b간 합성저항 $R = \frac{V}{I} = \frac{25}{5} = 5[\Omega]$
이므로 $2 + \frac{3}{4}a = 5$, $a = 4$이다.
따라서 $r_1 = 3a = 12[\Omega]$, $r_2 = a = 4[\Omega]$

**21** 직류전동기에서 무부하가 되면 속도가 대단히 높아져 위험하므로 무부하 운전이나 벨트를 연결한 운전을 해서는 안 되는 전동기는?

① 직권 전동기 ② 복권 전동기
③ 타여자 전동기 ④ 분권 전동기

**해설**

$$E = K\phi N[\text{V}]$$
$$E = V - I_a R_a[\text{V}]$$
$$N = K\frac{V - I_a R_a}{\phi}[\text{rpm}]$$

직류직권전동기가 무부하 상태가 되면 부하전류 $I_a$=0, 계자전류 $I_f$=0이 된다. 계자에 전류가 흐르지 않으면 자속이 0이 되므로 회전속도 값이 무한대가 된다. 따라서 벨트 운전을 금지한다. 벨트가 벗겨지면 위험속도에 도달하기 때문이다.

**22** 변압기 V결선의 특징으로 틀린 것은?

① 고장시 응급처치 방법으로도 쓰인다.
② 단상변압기 2대로 3상 전력을 공급한다.
③ 부하 증가가 예상되는 지역에 시설한다.
④ V결선시 출력은 Δ결선시 출력과 그 크기가 같다.

**해설**
$P_V = \sqrt{3}P_i$
$P_\Delta = 3P_i$

**23** 다음 그림의 전동기는?

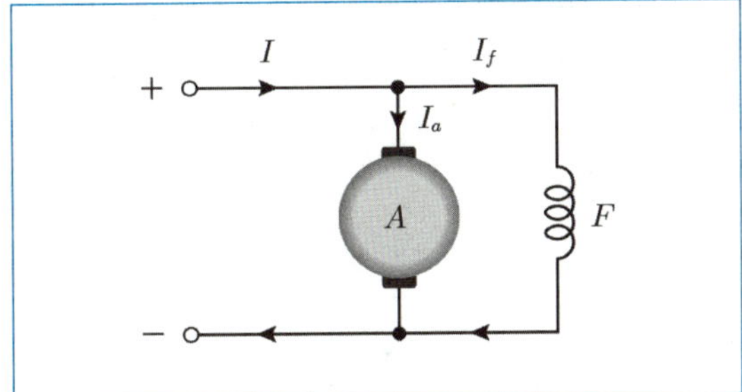


① 직권전동기 ② 타여자전동기
③ 분권전동기 ④ 복권전동기

**해설**
- 직권전동기 : 계자회로와 전기자 회로가 직렬
- 분권전동기 : 계자회로와 전기자 회로가 병렬

**24** 보호를 요하는 회로의 전류가 어떤 일정한 값 이상으로 흘렀을 때 동작하는 계전기는?

① 차동계전기 ② 비율 차동계전기
③ 과전압계전기 ④ 과전류계전기

7개년 기출복원문제

정답 21 ① 22 ④ 23 ③ 24 ④

**해설**
① 차동계전기(DFR : Differential Relay) : 보호하여야 할 구간에 유입하는 전류와 유출하는 전류의 벡터 차이에 의하여 구간 내 사고를 감지하여 동작하는 계전기
② 비율 차동계전기(RDFR : Ratio Differential Realy) : 유입·유출 두 전류의 비율에 따라 동작하는 계전기
③ 과전압계전기(OVR : Over Voltage Relay) : 회로의 전압이 설정값 이상이 되었을 때 동작하는 계전기
④ 과전류계전기(OCR : Over Current Relay) : 회로의 전류가 일정한 값 이상으로 흘렀을 때 동작하여 회로를 보호하는 기능을 하는 계전기

**25** 직류전동기의 속도제어에서 자속을 2배로 하면 회전수는?

① 1/2로 줄어든다. ② 변함이 없다.
③ 2배로 줄어든다. ④ 2배로 증가한다.

**해설** $N=K\frac{V-I_aR_a}{\phi}$ [rpm]
직류전동기의 속도 특성에서 자속이 2배가 되면 속도는 $\frac{1}{2}$ 배가 된다.

**26** 단락비가 큰 동기기에 대한 설명으로 옳은 것은?

① 기계가 소형이다.
② 안정도가 높다.
③ 전압변동률이 크다.
④ 전기자 반작용이 크다.

**해설** 단락비가 큰 동기기의 특성
- 안정도가 높다.
- 중량이 무겁고 가격이 비싸다.
- 전압변동률이 작다.
- 전기자 반작용이 작다.
- 공극과 계자 기자력이 크다.
- 효율이 나쁘다.

**27** 50[Hz], 6극인 3상 유도전동기의 전부하에서 회전수가 955[rpm]일 때, 슬립[%]은?

① 4 ② 4.5
③ 5 ④ 5.5

**해설** $N=(1-s)N_S=(1-s)\frac{120f}{p}$ [rpm]
$955=(1-s)\times\frac{120\times50}{6}=(1-s)\times1{,}000$
$\therefore\ s=1-0.955=0.045=4.5[\%]$

**28** 송배전계통에 거의 사용되지 않는 3상 변압기 결선 방식은?

① $Y-\Delta$ ② $Y-Y$
③ $\Delta-Y$ ④ $\Delta-\Delta$

**해설**
① $Y-\Delta$결선 : $\Delta-Y$결선과 같은 장점이 있으며, 일반적으로 강압변압기의 결선으로 이용되나, 국내에서는 154[kV]/66[kV]과 같은 곳에 이용된다.
② $Y-Y$결선 : 1, 2차측 모두 중성점을 접지하지 않은 경우로 각 상권선에는 제3고조파를 포함한 첨두 파형의 전압이 유기되어 층간 절연에 좋지 않은 영향을 미치며, 발전기 권선에 제3고조파 전류가 흘러서 발전기 권선을 가열시킨다. 또한, 중성점의 전압은 0이 아니고 대지에 대하여 3배 주파수의 진동 전위를 갖게 되며, 선로와 대지 사이의 정전용량에 의하여 제3고조파 충전전류가 흘러 부근의 통신선에 유도 장해를 준다.
③ $\Delta-Y$결선 : 이 결선은 $\Delta$결선의 장점에 $Y$결선의 장점을 채용한 결선으로써 주로 발전소의 승압변압기로 이용되고 있다.
④ $\Delta-\Delta$결선 : 1상의 권선에 고장이 발생하더라도 출력은 감소하나 V결선으로 운전이 가능하며, 이때에도 $\Delta$결선 정격용량 57[%]의 출력을 송전할 수 있다. 또한, 여자전류 중에 제3고조파가 포함되므로 자속은 정현파가 되고, 1, 2차 유기전압도 정현파가 되어 선로에 제3고조파 전압이 나타나지 않는 장점이 있다.



정답 25 ① 26 ② 27 ② 28 ②

## 29 변압기의 규약효율은?

① $\frac{출력}{입력}$ ② $\frac{출력}{출력+손실}$

③ $\frac{출력}{입력+손실}$ ④ $\frac{입력-손실}{입력}$

**해설**
- 변압기 규약효율 : 변압기의 실부하를 직접 측정하기 어려우므로 출력과 손실을 기준으로 구한 효율

$\eta=\frac{출력}{출력+손실}\times 100[\%]$

**참고 |** 전동기 규약효율

$\eta=\frac{입력-손실}{입력}\times 100[\%]$

## 30 다음 중 전력 제어용 반도체 소자가 아닌 것은?

① TRIAC ② GTO

③ LED ④ IGBT

**해설**
- 전력 제어용 반도체 소자 : TRIAC, GTO, IGBT 등
- LED는 화합물에 전류를 흘려 빛을 발산하는 반도체이다.

## 31 직류발전기 중 무부하 전압과 전부하 전압이 같도록 설계된 직류발전기는?

① 분권발전기 ② 직권발전기

③ 평복권발전기 ④ 차동복권발전기

**해설** 발전기 특성별 분류
- 과복권발전기 : 전부하 전압 > 무부하 전압
- 평복권발전기 : 전부하 전압 = 무부하 전압
- 부족복권발전기 : 전부하 전압 < 무부하 전압

## 32 그림과 같은 기호가 나타내는 소자는?

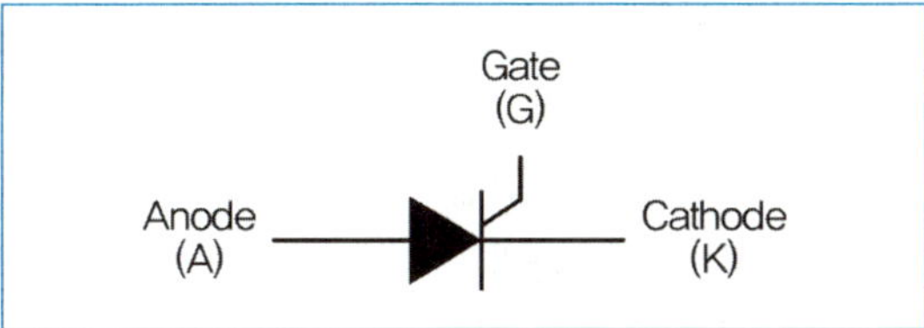


① SCR ② TRIAC

③ IGBT ④ Diode

**해설** SCR(Silicon controller rectifier)은 PNPN의 4층 구조로 된 사이리스터의 대표적인 3단자 제어 소자로서 양극(Anode), 음극(Cathode) 및 게이트(Gate)의 3개의 단자를 가지고 있다. 게이트에 흐르는 작은 전류로 큰 전력을 제어할 수 있다.

## 33 농형 유도전동기의 기동법이 아닌 것은?

① 전전압 기동법

② $Y-\Delta$ 기동법

③ 기동 보상기에 의한 기동법

④ 2차 저항기법

**해설**

① 전전압 기동법 : 소용량의 농형 유도전동기에 적용하여 보통 5[kW] 이하에 적용

② $Y-\Delta$ 기동법 : 고정자 3상 권선을 운전시에는 $\Delta$로 연결하고 기동시에만 $Y$로 연결하면 1상 권선에 가해지는 전압은 기동시 전 전압의 60[%] 정도로 보통 5~15[kW] 정도까지 적용

③ 기동 보상기법 : 단권 변압기의 원리를 이용하여 공급전압을 낮추어 기동시키는 방법

④ 2차 저항기법 : 권선형 유도전동기의 기동 및 운전에 적용하는 방법



정답 29 ② 30 ③ 31 ③ 32 ① 33 ④

**34** **변압기의 온도 상승 시험법으로 가장 널리 사용되는 것은?**

① 단락 시험법
② 절연내력 시험법
③ 무부하 시험법
④ 실부하 시험법

**해설** 변압기의 온도 시험법
- 단락 시험법 : 변압기의 권선을 단락하고 전 손실에 해당하는 부하 손실을 공급하여 온도 상승을 측정하는 것으로 가장 많이 사용된다.
- 반환 부하법 : 전력을 소비하지 않고 온도가 올라가는 원인이 되는 철손과 구리손만 공급하여 시험하는 방법
- 실부하 시험법 : 변압기에 전부하를 걸어서 온도가 올라가는 상태를 시험하는 것으로 전력이 많이 소비되므로 소형기에서만 적용하는 방법

**35** **동기발전기의 전기자 반작용에서 역률이 1인 경우 나타나는 현상은?**

① 교차 자화작용　② 감자 작용
③ 직축 자화작용　④ 증자 작용

**해설**
- 교차 자화작용(횡축 반작용) : 계자에 의한 기전력과 전기자 부하전류가 동상(역률 1)
- 감자 작용(직축 반작용) : 전기자 부하전류가 계자 기전력보다 90° 뒤진 경우(역률 0, 지상)
- 증자 작용(자화 작용) : 전기자 전류가 계자 기전력보다 90° 앞선 경우(진상)

**36** **3상 유도전동기의 회전 방향을 바꾸기 위한 방법은?**

① 전원의 극수를 변경한다.
② 전원의 주파수를 변경한다.
③ 3상 전원 3선 중 2선의 접속을 바꾼다.
④ 기동 보상기를 이용한다.

**해설** 3상 유도전동기의 전원 3선 중 2선의 접속을 바꾸어 주면 회전자계가 반대로 형성되어 회전 방향이 반대로 된다.

**37** **직류기의 전기자 철심을 규소강판으로 성층하여 만드는 이유는?**

① 가공하기 쉽다.
② 가격이 염가이다.
③ 철손을 줄일 수 있다.
④ 기계손을 줄일 수 있다.

**해설** 전기기기에서 철심은 자기회로를 만드는 부분으로 회전에 따른 자속 방향이 수시로 변화하면서 와전류 손실이나 히스테리시스 손실이 발생한다. 따라서 계자 철심은 이 철손을 줄이기 위해 0.35[mm]~0.5[mm] 정도의 얇은 규소강판을 성층하여 만든다.

**38** **직류를 교류로 변환하는 장치는?**

① 정류기　② 충전기
③ 순변환 장치　④ 역변환 장치

**해설**
- 인버터(Inverter, 역변환장치) : 직류를 교류로 변환하는 장치(DC → AC)로 주파수를 변환시켜 전동기 속도제어와 형광등 고주파 점등이 가능하다.
- 컨버터(Converter, 순변환장치) : 교류를 직류로 변환하는 장치(AC → DC)

정답 34 ① 35 ① 36 ③ 37 ③ 38 ④

**39** 교류회로에서 양방향 점호(ON) 및 소호(OFF)를 이용하여, 위상제어를 할 수 있는 소자는?

① TRIAC ② SCR
③ GTO ④ IGBT

**해설**
① TRIAC(양방향성 3단자 사이리스터) : 사이리스터 2개를 역병렬로 접속한 것으로 양방향으로 전류가 흘러 교류 제어용으로 사용되는 소자로 전력 제어용, 교류 제어용으로만 사용된다.
② SCR(Silicon controller rectifier) : PNPN의 4층 구조로 된 사이리스터의 대표적인 3단자 제어 소자로서 양극(Anode), 음극(Cathode) 및 게이트(Gate)의 3개의 단자를 가지고 있다. 게이트에 흐르는 작은 전류로 큰 전력을 제어할 수 있다.
③ GTO(게이트 턴 오프 사이리스터) : 게이트에 역방향으로 전류를 흘리면 자기 소호하는 양극, 음극 및 게이트의 3개의 단자를 가진 사이리스터로 직류 및 교류 제어용 소자로 사용한다.
④ IGBT : 컬렉터(C), 에미터(E), 게이트(G)를 가진 3단자 대전류 고전압의 전기량을 제어할 수 있는 자기 소호형 소자로서 파워 MOSFET의 고속성과 파워 트랜지스터의 저 저항성을 겸비한 노이즈에 강한 파워 소자이다. 고속 인버터, 고속 초퍼 제어 소자로 활용한다.

**40** 동기속도 1,800[rpm], 주파수 60[Hz]인 동기발전기의 극수는?

① 2 ② 4
③ 8 ④ 12

**해설**

$$N_S = \frac{120f}{p}\text{[rpm]}$$

$$p = \frac{120\times f}{N_S} = \frac{120\times 60}{1,800} = 4\text{극}$$

**41** 옥내에 시설하는 사용전압이 400[V] 이상인 저압의 이동전선은 0.6/1[kV] EP 고무절연 클로로프렌 캡타이어 케이블로서 단면적이 몇 [mm$^2$] 이상이어야 하는가?

① 0.75 ② 1.5
③ 2.5 ④ 4.0

**해설** [한국전기설비규정 234.3 코드 및 이동전선]
조명용 전원코드 또는 이동전선은 단면적 0.75 [mm$^2$] 이상의 코드 또는 캡타이어 케이블을 용도에 적합하게 선정해야 한다.

**42** 다음 중 교류 차단기의 단선도 심벌은?

①
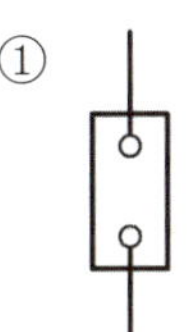

②
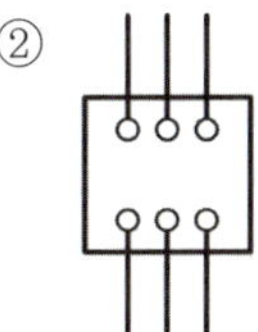

③
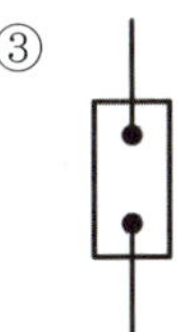

④
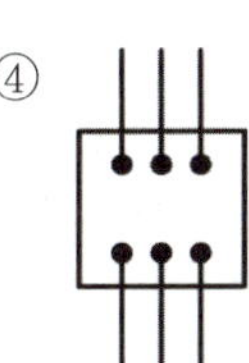

**해설** 전기 단선도는 전기설비에 공급되는 전원에 관련된 모든 사항을 단선으로 작성한 전기계통도이다.

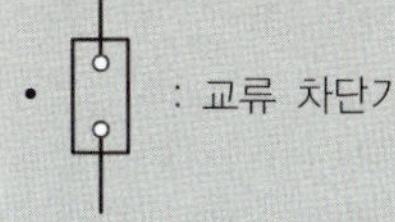

• : 교류 차단기

• : 교류 부하 개폐기

정답 39 ① 40 ② 41 ① 42 ①

**43** 전선로에 사용하는 애자가 구비해야 하는 조건이 아닌 것은?

① 내구력이 작아야 한다.
② 누설 전류가 적어야 한다.
③ 충분한 절연내력을 가져야 한다.
④ 충분한 기계적 강도를 지녀야 한다.

**해설** 애자의 구비 조건
- 가격이 저렴해야 한다.
- 정전용량이 낮아야 한다.
- 누설 전류가 적어야 한다.
- 온도 변화에 잘 견뎌야 한다.
- 절연내력이 충분히 커야 한다.
- 습기를 잘 흡수하지 않아야 한다.
- 내구력이 크고 기계적 강도가 충분히 커야 한다.

**44** 연선 결정에 있어서 중심 소선을 뺀 층수가 2층이다. 소선의 총 수 $N$은?

① 9 ② 18
③ 19 ④ 29

**해설** 연선의 총 소선수를 구하는 공식은 다음과 같다.
($N$ : 연선의 총 소선수, $n$ : 층수)

$$N=3n(n+1)+1$$
$$=3\times2\times(2+1)+1$$
$$=19$$

$\therefore N=19$

**45** 가공케이블 시설시 조가용선에 금속 테이프 등을 사용하여 케이블 외장을 견고하게 붙여 조가하는 경우 나선형으로 금속제 테이프를 감는 간격은 몇 [cm] 이하를 확보하여 감아야 하는가?

① 10 ② 20
③ 30 ④ 50

**해설** [한국전기설비규정 332.2 가공케이블의 시설]
- 케이블은 조가용선에 행거로 시설하는 경우 행거의 간격은 0.5[m] 이하로 한다.
- 조가용선은 인장강도 5.93[kN] 이상 또는 단면적 22[$mm^2$] 이상인 아연도강연선으로 한다.
- 케이블을 조가용선에 금속테이프로 시설하는 경우 금속테이프는 쉽게 부식하지 않는 것을 사용하며 0.2[m] 이하의 간격을 유지하여 나선상으로 감는다.

**46** 옥내 배선의 전선 굵기를 결정하는 요소는?

① 허용전류, 전압 강하, 절연저항
② 절연저항, 전압 강하, 통전시간
③ 허용전류, 전압 강하, 통전시간
④ 허용전류, 전압 강하, 기계적 강도

**해설** 옥내 배선의 전선 굵기를 결정하는 요소
- 허용전류 : 전선에 안전하게 흐를 수 있는 최대 전류
- 전압 강하 : 전선의 저항으로 인해 전압이 작아지는 현상
- 기계적 강도 : 외력의 작용에 따른 변형과 파괴를 견디는 정도

**47** 폭연성 먼지가 존재하는 곳의 금속관공사에서 관 상호 및 관과 박스의 접속은 몇 턱 이상의 조임 나사로 시공해야 하는가?

① 2턱 ② 3턱
③ 4턱 ④ 5턱

정답 43 ① 44 ③ 45 ② 46 ④ 47 ④

**해설** [한국전기설비규정 242.2.1 폭연성 먼지 위험장소] 금속관공사에서 관 상호 간 및 관과 박스 기타의 부속품, 풀박스 또는 전기 기계기구와는 5턱 이상 나사조임으로 접속한다.

**48** 한 수용장소의 인입선에서 분기하여 지지물을 거치지 아니하고 다른 수용장소의 인입구에 이르는 부분의 전선을 무엇이라 하는가?

① 본딩선 ② 이동전선
③ 이웃 연결 인입선 ④ 지중인입선

**해설** 이웃 연결 인입선은 한 수용장소의 인입선에서 나와 분기하여 지지물을 거치지 않고 다른 수용장소의 인입구에 이르는 부분의 전선을 말한다.
① 본딩선 : 등전위로 맞추기 위해 금속관 상호 간 혹은 금속관과 금속 박스, 부속품을 전기적으로 열결하는 금속선
② 이동전선 : 건축물에 고정되어 있지 않은 전기 기계기구에 접속하는 코드, 혹은 케이블
④ 지중인입선 : 지중전선로의 지지물부터 다른 지지물을 거치지 않고 수용장소의 연결점이나 인입구에 이르는 전선

**49** 다음 중 금속덕트공사의 시설 방법 중 틀린 것은?

① 덕트에 접지공사를 실시해야 한다.
② 덕트의 끝 부분은 열어두어야 한다.
③ 덕트 지지점 간의 거리는 3[m] 이하로 해야 한다.
④ 덕트 상호 간은 견고하고 또한 전기적으로 완전하게 접속해야 한다.

**해설** [한국전기설비규정 232.31.3 금속덕트의 시설]
- 덕트에 접지공사를 실시해야 한다.
- 덕트의 끝부분을 막아 먼지가 침입하지 않도록 한다.
- 덕트 지지점 간의 거리를 3[m] 이하로 하고 견고하게 붙여야 한다.
- 덕트 상호 간은 견고하고 또한 전기적으로 완전하게 접속해야 한다.

**50** 다음 중 전선의 접속 방법이 아닌 것은?

① 직접 접속 ② 쥐꼬리 접속
③ 슬리브 접속 ④ 트위스트 접속

**해설** 전선 접속의 방법은 직선 접속, 분기 접속, 종단 접속이 있다.
- 직선 접속 : 트위스트 직선접속, 브리타니아 직선접속, S형 슬리브에 의한 직선접속
- 분기 접속 : 트위스트 분기접속, 브리타니아 분기접속, S형 슬리브에 의한 분기접속
- 종단 접속 : 쥐꼬리 접속, 와이어 커넥터에 의한 접속, 링 슬리브에 의한 접속

**51** 금속관 끝부분의 내면 다듬질에 사용하는 공구는?

① 리머 ② 오스터
③ 파이프 커터 ④ 파이프 바이스

**해설** 금속관 끝부분의 내면 다듬질에 사용하는 공구는 리머이다.
② 오스터 : 금속관 끝 단에 나사선을 내는 공구
③ 파이프 커터 : 금속관을 절단하는 공구. 바이스에 원형 칼날이 조립된 형태
④ 파이프 바이스 : 금속관을 절단하거나 리머질을 위해 고정시키는 공구



정답 48 ③ 49 ② 50 ① 51 ①

**52** 콘크리트에 매입하는 금속관공사에서 직각으로 배관할 때 사용하는 것은?

① 노멀 밴드
② 서비스 엘보
③ 엔트런스 캡
④ 유니버셜 엘보

**해설** 노멀 밴드는 콘크리트에 매입하는 금속관공사에서 직각으로 배관시 사용하는 부속품이다.
② 서비스 엘보 : 호스와 배관 혹은 파이프 등을 연결할 때 사용하는 부속
③ 엔트런스 캡 : 저압 가공 인입구에서 사용하는 부속
④ 유니버셜 엘보 : 노출로 배관공사시 관을 직각으로 굽히는 곳에 사용하는 부속

**53** 저압 전로의 접지측 전선을 식별하는 데 애자의 빛깔에 의해 표시하는 경우 어떤 빛깔의 애자를 접지측으로 해야 하는가?

① 갈색　② 백색
③ 청색　④ 황갈색

**해설** 애자의 빛깔에 의해 식별하는 경우에는 청색표지를 한 애자를 접지측으로 사용한다.

**54** 저압 옥내배선을 애자사용공사로 나전선으로 시설했을 때 이 옥내배선과 약전류전선, 수도관, 가스관이 접근하거나 교차하는 경우 상호 간격은 몇 [cm] 이상이어야 하는가?

① 10　② 20
③ 30　④ 40

**해설** [한국전기설비규정 232.3.7 배선설비와 다른 공급설비와의 접근]
- 저압 옥내배선을 애자공사에 의해 시설할 때 약전류전선, 수도관, 가스관과 접근하거나 교차하는 경우 상호 간 간격은 0.1[m] 이상이어야 한다.
- 단, 전선이 나전선인 경우에 0.3[m] 이상이어야 한다.

**55** 서로 다른 굵기의 절연전선을 동일 관내에 넣는 경우 금속관의 굵기는 전선의 피복절연물을 포함한 단면적의 총합계가 관의 내부 단면적의 몇 [%] 이하가 되도록 선정해야 하는가?

① 33　② 38
③ 45　④ 48

**해설** 케이블 또는 절연도체의 내부 단면적이 합성수지관, 금속관, 가요전선관 등 전선관 단면적의 1/3을 초과하지 않도록 하는 것이 바람직하다.

**56** 배선에 대한 그림의 기호 명칭은?

──────────

① 노출 배선　② 바닥 은폐 배선
③ 지중 매설 배선　④ 천장 은폐 배선

**해설**

| ────── | ─·─·─·─·─·─ |
|---|---|
| 천장 은폐 배선 | 천장 은폐 배선<br>(천장 속 배선 구별) |
| - - - - - - - - - - - | ─··─··─··─·· |
| 노출 배선 | 노출 배선<br>(바닥면 노출 배선 구별) |
| ─ ─ ─ ─ ─ ─ ─ | ──┳── |
| 바닥 은폐 배선 | 전선의 접속점 |



정답 52 ① 53 ③ 54 ③ 55 ① 56 ④

**57** 차단기에서 ELB는 무엇인가?

① 누전차단기 ② 유입차단기
③ 진공차단기 ④ 배전용 차단기

**해설** ELB(Earth Leakage Breaker)는 누전차단기의 약어이다.
- 유입차단기 : OCB(Oil Circuit Breaker)
- 진공차단기 : VCB(Vacuum Circuit Breaker)

**58** 저압 가공인입선의 인입구에 사용하는 부속품은?

① 노멀 밴드 ② 링 리듀서
③ 플로어 박스 ④ 엔트런스 캡

**해설** 엔트런스 캡은 저압 가공인입선의 인입구에 사용하여 전선관으로의 비와 벌레 유입을 막고, 전선인출시 피복을 보호하기 위해 사용한다.
① 노멀 밴드 : 콘크리트에 매입하는 금속관공사에서 직각으로 배관시 사용하는 부속품
② 링 리듀서 : 노크 아웃 직경이 접속하는 금속관보다 큰 경우 사용하는 부속품
③ 플로어 박스 : 바닥 밑에 콘센트를 시설할 때 사용하는 부속품

**59** 220[V] 옥내배선에서 백열전구를 노출로 설치할 때 사용하는 기구는?

① 콘센트 ② 리셉터클
③ 테이블 탭 ④ 코드 커넥터

**해설** 옥내 배선에서 백열전구를 노출로 설치할 때 사용하는 기구는 리셉터클이다.
① 콘센트 : 옥내배선시 실내에 사용하는 코드를 접속하기 위해 배선에 연결하여 플러그를 삽입하는 기구
③ 테이블 탭 : 멀티 탭이라고도 하며, 플러그를 꽂을 수 있는 삽입구를 두 개 이상 설치한 전기 기구
④ 코드 커넥터 : 코드의 길이 연장 혹은 특정 사용 목적을 위해 사용하는 콘센트 혹은 플러그 등의 기구

**60** 열동계전기(THR)는 무엇이 동작하여 전류를 차단하는가?

① 퓨즈 ② 철심
③ 다이오드 ④ 바이메탈

**해설** 열동계전기(THR : Thermal Relay)는 가열 코일에 과전류가 흘러 열이 발생하면 바이메탈이 동작하여 전류를 차단한다. 바이메탈이란 열전도계수가 다른 두 금속을 포개어 맞붙힌 하나의 막대 형태의 부품이다.



정답 57 ① 58 ④ 59 ② 60 ④

## 01 고유저항 $\rho$, 길이 $l$, 반지름 $r$일 때, 전기저항 R을 나타낸 식은?

① $R=\dfrac{\rho}{\pi r^2 l}$ ② $R=\dfrac{\rho l}{\pi r^2}$

③ $R=\dfrac{\rho l}{2\pi r}$ ④ $R=\dfrac{\rho}{2\pi r l}$

**해설** 전기저항 $R$은 고유저항 $\rho$, 도체의 길이 $l$과는 비례하고, 도체의 단면적 $S$와는 반비례하다.

$R=\rho\dfrac{l}{S}=\dfrac{\rho l}{\pi r^2}$

## 02 50[Hz]에서 60[Hz]로 증가시켰을 때 주기는?

① $\dfrac{6}{5}$로 증가 ② $\dfrac{5}{6}$로 감소

③ $\dfrac{36}{25}$로 증가 ④ $\dfrac{25}{36}$로 감소

**해설** 주기 $T$는 주파수 $f$와 반비례하므로 $T=\dfrac{1}{f}$이다.

$f=50$[Hz]에서 $f=60$[Hz]로 $\dfrac{6}{5}$배 증가하였을 때 주기 $T$는 $\dfrac{5}{6}$배로 감소한다.

## 03 220[V]용 100[W] 전구 10개를 12시간 동안 동작시킬 때 전력량[kWh]은?

① 12 ② 24

③ 1000 ④ 12000

**해설** 전력량 $W=P\cdot t$이므로 $W=100[\text{W}]\times 10[\text{개}]\times 12[\text{시간}]=12{,}000[\text{Wh}]$

$=12[\text{kWh}]$

## 04 다음 회로에서 합성 임피던스의 값을 구하면?

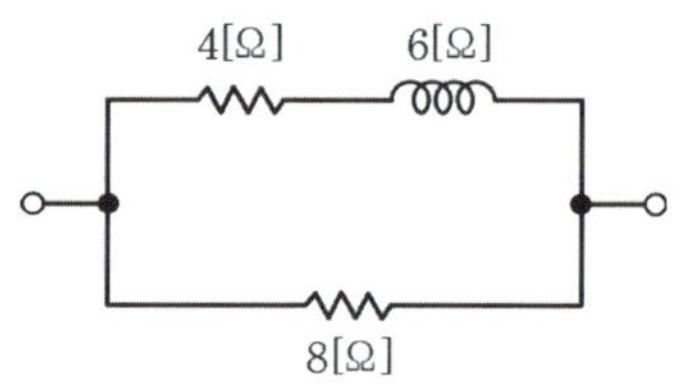


① 3.0 ② 3.2

③ 3.4 ④ 3.8

**해설** $Z_1=4+j6[\Omega]$, $|Z_1|=\sqrt{4^2+6^2}=\sqrt{52}[\Omega]$, $Z_2=8[\Omega]$

$Z=Z_1 // Z_2=\dfrac{Z_1\cdot Z_2}{Z_1+Z_2}=\dfrac{\sqrt{52}\cdot 8}{\sqrt{52}+8}\fallingdotseq 3.8[\Omega]$

## 05 직렬로 $R_1$, $R_2$, $R_3$ 결선시 $R_2$에 걸리는 전압은?

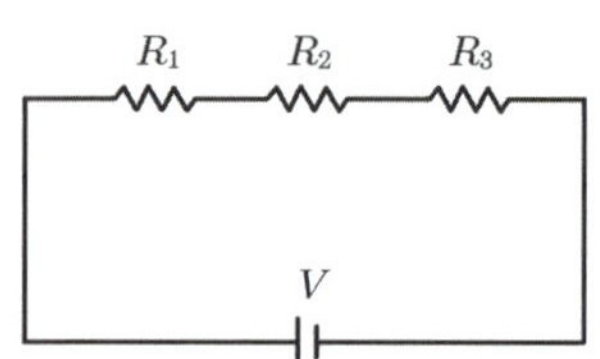


정답 01 ② 02 ② 03 ① 04 ④ 05 ③

① $\dfrac{(R_1+R_3)V}{R_1+R_2+R_3}$

② $\dfrac{R_1+R_2+R_3}{R_2V}$

③ $\dfrac{R_2V}{R_1+R_2+R_3}$

④ $\dfrac{R_1R_3V}{R_1+R_2+R_3}$

**해설** 직렬회로에서 저항 양단의 전압은 전압의 분배법칙을 활용하여 해석하면 용이하다.

$V_1 : V_2 : V_3 = R_1 : R_2 : R_3$

$V_2 = \dfrac{R_2}{R_1+R_2+R_3} \times V$

## 06 자장의 세기가 H[AT/m]인 곳에 m[Wb]의 자극을 놓았을 때 작용하는 힘 F[N]과의 관계를 바르게 나타낸 식은?

① F = mH　　② F = mH²

③ F = $\dfrac{H}{m}$　　④ F = $\dfrac{m}{H}$

**해설** 두 자극 사이에 작용하는 힘과 자기장의 사이에는 F = mH[N]의 관계가 있다.

- m : 자극의 세기[Wb]
- H : 자기장의 세기[N/Wb], [AT/m]

## 07 자기장 내에 있는 도선에 전류가 흐를 때 자기장과 도선이 이루는 각도가 몇 도일 때 도선에 작용하는 힘이 최대가 되는가?

① 30°　　② 45°

③ 60°　　④ 90°

**해설** 자기장 내에 있는 도선에 전류가 흐를 때 도선에 작용하는 힘을 구하려면 플레밍의 왼손 법칙을 활용한다. 플레밍의 왼손 법칙에서 도선에 작용하는 힘 $F = BlI\sin\theta$이며, $F$값이 최대가 되려면 $\theta$가 90°가 되어야 한다.

## 08 $\dfrac{1}{4}$[W]형 250[kΩ] 저항기에 흘릴 수 있는 최대 전류[mA]는?

① 0.01　　② 0.1

③ 1　　④ 10

**해설** 전력 $P = VI = \dfrac{V^2}{R} = I^2R = \dfrac{1}{4}$[W]이고

저항 $R = 250 \times 10^3$[Ω]이다.

$I^2 = \dfrac{P}{R} = \dfrac{\frac{1}{4}}{250\times10^3} = \dfrac{1}{10^6}$ 이므로

전류 $I = 1\times10^{-3} = 1$[mA]이다.

## 09 교류회로에서 무효전력의 단위는?

① [W]　　② [VA]

③ [Var]　　④ [V/m]

**해설** 복소전력 $S = P + jQ$[VA] (유효전력 $P$[W], 무효전력 $Q$[Var])



정답　06 ①　07 ④　08 ③　09 ③

**10** 어떤 저항에서 1[kWh]의 전력량을 소비시켰을 때 발생하는 열량[kcal]은?

① 740　② 780
③ 820　④ 860

> **해설** $1[Wh]=3600[W \cdot sec]=3600[J]$이므로
> 전력량 $W=1[kWh]=10^3[Wh]=3600\times10^3[W \cdot sec]$
> $=3600\times10^3[J]$이다.
> 이때 발생하는
> 열량 $H=0.24\times3600\times10^3[cal]=864\times10^3[cal]$
> $=864[kcal]$

**11** 가장 일반적인 저항기로 세라믹 봉에 탄소계의 저항체를 구워 붙이고, 여기에 나선형으로 홈을 파서 원하는 저항값을 만든 저항기는?

① 금속 피막 저항기
② 탄소 피막 저항기
③ 가변 저항기
④ 어레이 저항기

> **해설** 탄소 피막 저항기는 가장 일반적인 저항기로 세라믹 막대 표면에 얇은 탄소 피막을 구워 붙여 저항체로 이용하는 고정 저항기이다.

**12** $i(t)=I_m \sin\omega t$[A]인 사인파 교류에서 $\omega t$가 몇 도일 때 순시값과 실횻값이 같게 되는가?

① 30°　② 45°
③ 60°　④ 90°

> **해설** 순시값 $i(t)=I_m \sin\omega t[A]$, 실횻값 $I_s=\frac{1}{\sqrt{2}}I_m$이다.
> 순시값과 실횻값이 같으려면, 즉 $I_m \sin\omega t=\frac{1}{\sqrt{2}}I_m$이려면 $\sin\omega t=\frac{1}{\sqrt{2}}$이다.
> $\omega t=45°$

**13** 정격 200[V], 100[W]인 부하에 전압을 100[V]로 인가하면 소비전력[W]은?

① 25　② 50
③ 75　④ 100

> **해설** 소비전력 $P=\frac{V^2}{R}$이므로
> 내부저항 $R=\frac{V^2}{P}=\frac{200^2}{100}=400[\Omega]$
> 동일한 저항에 인가한 전압이 100[V]일 때
> 소비전력 $P=\frac{V^2}{R}=\frac{100^2}{400}=25[W]$이다.

**14** 저항 10[Ω], 10개를 접속하여 합성저항값이 최솟값을 얻으려면 어떻게 접속해야 하는가?

① 병렬접속　② 직렬접속
③ 직렬-병렬 접속　④ 브리지 접속

> **해설** 10[Ω] 저항 10개를
> 직렬로 접속하면 합성저항값이 $10\times10=100[\Omega]$
> 병렬로 접속하면 합성저항값이 $\frac{1}{10}\times10=1[\Omega]$
> 합성저항이 최솟값을 얻으려면 병렬접속을 해야 한다.

정답　10 ④　11 ②　12 ②　13 ①　14 ①

**15** 콘덴서의 정전용량을 크게 하는 방법으로 옳지 않은 것은?

① 극판의 간격을 작게 한다.
② 극판 사이에 비유전율이 큰 유전체를 삽입한다.
③ 극판의 면적을 크게 한다.
④ 극판의 면적을 작게 한다.

해설 $C=\varepsilon\frac{S}{d}$에서 $S$는 극판의 면적, $d$는 극판의 간격이므로 정전용량 $C$는 $\varepsilon$, $S$와는 비례하고 $d$와는 반비례하다. 따라서 극판의 면적을 작게 하면 정전용량이 작아진다.

**16** $C$[F]의 콘덴서에 $V$[V]의 전압을 가한 결과 $Q$[C]의 전기량이 충전되었다. 이 콘덴서에 저장된 에너지[J]는?

① $2CV$
② $2CV^2$
③ $\frac{1}{2}CV$
④ $\frac{1}{2}CV^2$

해설 콘덴서에 전압을 인가하여 충전되는 에너지

$W=\frac{1}{2}QV=\frac{1}{2}CV^2=\frac{1}{2}\frac{Q^2}{C}$[J]

**17** 전력량 1[Wh]와 같은 값은?

① 1[C]
② 1[J]
③ 3600[C]
④ 3600[J]

해설 1[Wh] = 1[W] × 1[시간] = 1[W] × 3,600[초]
= 3,600[J]

**18** $+Q_1$[C]와 $-Q_2$[C]의 전하가 진공 중에서 $r$[m]의 거리에 있을 때 이들 사이에 작용하는 정전기력 $F$[N]는?

① $F=9\times10^{-7}\times\frac{Q_1\cdot Q_2}{r^2}$

② $F=9\times10^{7}\times\frac{Q_1\cdot Q_2}{r}$

③ $F=9\times10^{9}\times\frac{Q_1\cdot Q_2}{r^2}$

④ $F=9\times10^{-9}\times\frac{Q_1\cdot Q_2}{r}$

해설 쿨롱의 법칙에 의하면 전공의 전기장 중에 두 $Q_1$, $Q_2$[C]의 전하가 있을 때 받는 힘은

$F=9\times10^9\times\frac{Q_1\cdot Q_2}{r^2}$[N]

**19** R–L 직렬회로의 위상각 $\theta$를 나타낸 것은?

① $\theta=\tan^{-1}\frac{R}{wL}$

② $\theta=\tan^{-1}\frac{wL}{R}$

③ $\theta=\tan^{-1}\frac{1}{wRL}$

④ $\theta=\tan^{-1}wRL$

해설 R–C 또는 R–L 직렬회로는 임피던스로 해석하였을 때 위상을 구하기 편리하다.
R–L 직렬회로에서는 $\dot{Z}=R+jX_L$, $X_L=\omega L$이므로
$\dot{Z}=R+j\omega L$이다.
$\tan\theta=\frac{\omega L}{R}$이므로 $\theta=\tan^{-1}\frac{\omega L}{R}$



정답 15 ④ 16 ④ 17 ④ 18 ③ 19 ②

## 20 다음은 어떤 법칙을 설명한 것인가?

> 임의의 폐회로에서의 기전력의 총합은 회로소자에서 발생하는 전압 강하의 총합과 같다.

① 키르히호프의 제1법칙
② 키르히호프의 제2법칙
③ 플레밍의 오른손 법칙
④ 앙페르의 오른나사 법칙

**해설**
- 키르히호프의 제1법칙(전류 법칙 : KCL)
  회로의 한 점에서 유입되는 전류의 총합은 유출되는 전류의 총합과 같다.
  $\sum$유입전류 $=$ $\sum$유출전류
- 키르히호프의 제2법칙(전압 법칙 : KVL)
  폐회로에서의 기전력 총합은 회로소자에서 발생하는 전압 강하의 총합과 같다.
  $\sum$전압 강하 $=$ $\sum$기전력

## 21 동기기에 제동 권선을 설치하는 이유는?

① 역률개선 ② 출력 증가
③ 전압조정 ④ 난조 방지

**해설** 난조란 동기발전기에서 갑작스러운 부하 변동으로 부하 회전력과 전기자의 발생 회전력이 평형이 깨어졌을 때 진동하게 되는 현상을 말한다.
난조를 방지하기 위하여 자극 면에 단락 권선(도체)을 설치한다. 이때 발생하는 토크를 이용하여 난조를 방지하는 권선을 제동 권선이라 한다.

## 22 단상 유도전동기의 기동 방법 중 기동토크가 가장 큰 것은?

① 반발 기동형 ② 분상 기동형
③ 반발 유도형 ④ 콘덴서 기동형

**해설** 단상 유도전동기가 회전 자기장을 만들어 기동시키는데 기동토크가 큰 순서는 반발 기동형 > 반발 유도형 > 콘덴서 기동형 > 영구 콘덴서형 > 분상 기동형 > 셰이딩 코일형이다.

## 23 인버터란?

① 교류를 직류로 변환
② 직류를 교류로 변환
③ 교류를 교류로 변환
④ 직류를 직류로 변환

**해설** 인버터(Inverter, 역변환장치)
직류를 교류로 변환하는 장치(DC → AC)로 주파수를 변환시켜 전동기 속도제어와 형광등 고주파 점등이 가능하다.

## 24 권수비 2, 2차 전압 100[V], 2차 전류 5[A], 2차 임피던스 20[Ω]인 변압기의 1차 환산 전압 및 1차 환산 임피던스는?

① 200[V], 80[Ω] ② 200[V], 40[Ω]
③ 50[V], 10[Ω] ④ 50[V], 5[Ω]

**해설** 권수비 $a=\frac{E_1}{E_2}=\frac{V_1}{V_2}=\frac{N_1}{N_2}=\sqrt{\frac{Z_1}{Z_2}}=\sqrt{\frac{R_1}{R_2}}$

$a=\frac{2}{1}=\frac{V_1}{100}$에 의하여 $V_1$=200[V]

$a=\frac{2}{1}=\sqrt{\frac{Z_1}{20}}$ 에 의하여 $Z_1$=80[Ω]



정답 20 ② 21 ④ 22 ① 23 ② 24 ①

**25** **동기 무효 전력 보상 장치의 계자를 부족여자로 하여 운전하면?**

① 콘덴서로 작용
② 뒤진 역률 보상
③ 리액터로 작용
④ 저항손의 보상

**해설** **동기 무효 전력 보상 장치**
무부하 운전 중 과여자일 때 진상 작용을 하는 콘덴서로 동작하고, 부족여자일 때 지상 작용을 하는 리액터로 동작한다. 전력계통의 전압조정과 역률개선을 위해 계통에 접속한 무부하의 동기전동기이다.

**26** **3상 전원에서 2상 전원을 얻기 위한 변압기의 결선 방법은?**

① $\Delta$　② $Y$
③ $V$　④ $T$

**해설** 단상 변압기 2대를 이용하여 3상에서 2상으로 변환하는 방법에는 스코트($T$형)결선, 메이어결선, 우드 브리지결선 등이 있다.
스코트($T$형)결선의 이용률은 $\frac{\sqrt{3}\,VI}{2VI}=\frac{\sqrt{3}}{2}=0.866$이다.

**27** **변압기유로 쓰이는 절연유에 요구되는 성질이 아닌 것은?**

① 점도가 클 것
② 비열이 커 냉각효과가 클 것
③ 절연재료 및 금속재료에 화학작용을 일으키지 않을 것
④ 인화점이 높고 응고점이 낮을 것

**해설** 변압기에 부하전류가 흐르면 변압기 내부에는 철손과 동손에 의해 변압기의 온도가 상승하여 내부에 절연물을 변질시킬 우려가 있다. 이에 대응하여 절연과 냉각 작용을 위해 절연유를 사용하는데, 이에 요구되는 절연유의 구비조건은 다음과 같다.
- 절연내력이 클 것
- 비열이 커서 냉각효과가 클 것
- 인화점이 높고 응고점이 낮을 것
- 고온에서도 산화하지 않을 것
- 절연, 금속재료와 화학작용을 일으키지 않을 것

**28** **단상 변압기를 병렬운전할 경우 분담전류는?**

① 누설 임피던스의 제곱에 비례
② 누설 임피던스의 제곱에 반비례
③ 누설 임피던스에 비례
④ 누설 임피던스에 반비례

**해설** 무부하 전압이 같다고 한다면 무부하전류에 의한 내부 강하가 같아야 한다.
$I_A Z_A = I_B Z_B$, $\frac{I_A}{I_B}=\frac{Z_B}{Z_A}$
따라서, 누설 임피던스에 반비례한다.



**29** **전동기 운전에 있어서 급정지 또는 속도 제한의 목적으로 사용되는 제동법이 아닌 것은?**

① 발전 제동　② 회생 제동
③ 3상 제동　④ 역상 제동

**해설**
① 발전 제동 : 회전체의 운동에너지를 전기에너지로 변화시키고 이것을 저항 중에서 열에너지로 소비시켜서 제동하는 방식
② 회생 제동 : 발전기로서의 전력을 전원에 돌려보내는 동시에 제동력이 생기는 원리를 이용한 제동 방식
④ 역상 제동 : 전기자를 반대로 접속하면 자속은 그대로 변하지 않고 전기자 전류는 반대로 되어 방향의 회전력이 발생하여 제동하는 방식

정답 25 ③　26 ④　27 ①　28 ④　29 ③

**30** 4극 7.6[kW], 220[V]의 3상 유도전동기가 있다. 이 전동기의 전부하시 2차 입력이 7.8[kW]라면 이때의 2차 동손[W]은? (단, 전동기 기계손은 무시한다.)

① 200　② 300
③ 350　④ 400

**해설** 2차 동손 $P_{c2}=P_2-P_0-P_m$
$=7,800-7,600-0=200$[W]

**31** 유도전동기에서 슬립이 커지면 증가하는 것은?

① 2차 출력　② 2차 효율
③ 2차 주파수　④ 회전속도

**해설** 슬립 $s$가 커지면
- 2차 주파수 $f_2=sf_1$ → 증가
- 2차 효율 $\eta_2=\frac{P_o}{P_2}=\frac{(1-s)P_2}{P_2}=1-s$ → 감소
- 2차 출력 $P_2=\frac{P_o}{1-s}$[W] → 감소
- 회전속도 $N=(1-s)N_S$[rpm] → 감소

**32** 3상 유도전동기의 원선도를 그리는 데 필요하지 않은 것은?

① 무부하 시험　② 구속시험
③ 2차 저항 측정　④ 회전수 측정

**해설**
- 저항측정 시험 : 1차 동손
- 무부하 시험 : 여자전류, 철손
- 구속시험(단락시험) : 2차 동손

**33** 변압기에서 자속에 대한 설명으로 옳은 것은?

① 전압에 비례하고 주파수에 반비례
② 전압에 반비례하고
③ 전압에 비례하고 주파수에 비례
④ 전압과 주파수에 무관

**해설** $V=4.44fN\phi A$[V]
$\phi=\frac{V}{4.44fNA}$[Wb/m$^2$]
($V$ : 1차 또는 2차 전압[V], $f$ : 주파수[Hz], $N$ : 1차 또는 2차 권선수, $A$ : 철심의 단면적[m$^2$])
- 변압기의 자속은 전압에 비례하고 주파수에 반비례한다.
- 전압이 일정할 경우 주파수와 자속밀도는 반비례한다.

**34** 직류발전기에서 기전력에 대해 90° 늦은 전류가 흐를 때의 전기자 반작용은?

① 감자 작용　② 증자 작용
③ 횡축 반작용　④ 교차 자화작용

**해설** 직류발전기 전기자 반작용
- 저항(R) 부하 : 교차 자화작용
- 인덕턴스(L) 부하 : 감자 작용(90° 뒤진 전류)
- 콘덴서(C) 부하 : 증자 작용(90° 앞선 전류)

**35** 복권발전기에서 병렬운전을 안전하게 하려고 두 발전기의 전기자와 직권 권선의 접속점에 연결해야 하는 것은?

① 집전환　② 균압선
③ 안정저항　④ 브러시

**해설** 과복권발전기는 수하특성이 없으므로 안정적으로 운전하기 위해 균압선을 연결해야 한다.



정답 30 ① 31 ③ 32 ④ 33 ① 34 ① 35 ②

## 36 동기발전기의 전기자 권선을 단절권으로 하면?

① 고조파를 제거한다.
② 절연이 잘 된다.
③ 역률이 좋아진다.
④ 기전력을 높인다.

**해설** 동기발전기에서 분포 단절권을 사용하는 이유는 고조파 제거로 좋은 파형을 얻기 위함이다.

## 37 권선형 유도전동기에서 회전자 권선에 2차 저항기를 삽입하면?

① 회전수가 커진다.
② 변화가 없다.
③ 기동전류가 작아진다.
④ 기동토크가 작아진다.

**해설** 회전자 권선에 2차 저항기를 삽입하면 비례추이에 의하여 기동전류는 작아지고 기동토크는 커진다.

## 38 그림은 동기기의 위상특성곡선을 나타낸 것이다. 전기자 전류가 가장 작게 흐를 때의 역률은?

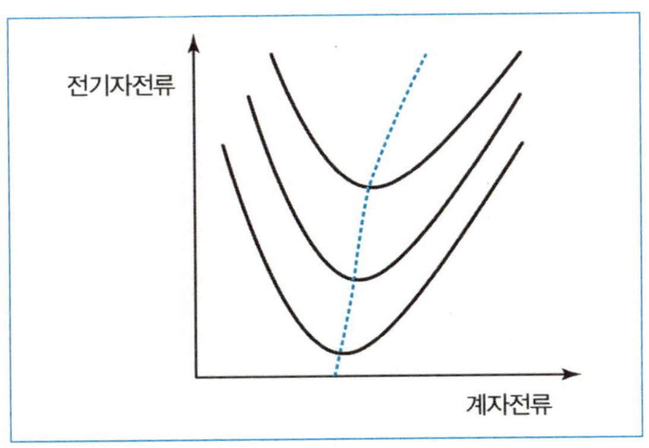


① 0　　② 0.8
③ 0.9　　④ 1

**해설** 동기기 위상특성곡선(V곡선)에서 최저점은 역률이 1인 상태이다.

## 39 슬립이 0일 때 유도전동기의 속도는?

① 동기속도로 회전한다.
② 정지상태가 된다.
③ 변화 없다.
④ 동기속도보다 빠르게 회전한다.

**해설** 슬립이 0이므로 유도전동기는 동기속도로 운전한다.

$$s=\frac{N_s-N}{N_s}$$

• 정지시($N=0$)

$$s=\frac{N_s-0}{N_s}=1$$

• 동기속도로 운전시($N=N_s$)

$$s=\frac{N_s-N_s}{N_s}=0$$

## 40 변압기에서 V결선의 이용률은?

① 0.577　　② 0.707
③ 0.866　　④ 0.977

**해설** V결선 이용률= $\frac{\sqrt{3}}{2}=0.866$



정답　36 ①　37 ③　38 ④　39 ①　40 ③

**41** 금속관을 구부릴 때 금속관의 단면이 심하게 변형되지 않도록 구부려야 하며, 그 안쪽의 반지름은 관 안지름의 몇 배 이상으로 하는가?

① 4　② 6
③ 8　④ 10

해설 금속관을 구부릴 때에는 금속관의 단면이 심하게 변형되지 않도록 구부려야 하며, 그 안쪽의 반지름은 관 안지름의 6배 이상이 되어야 한다.

**42** 합성수지관 상호 간에 연결하는 접속재가 아닌 것은?

① 로크너트　② TS 커플링
③ 2호 커넥터　④ 콤비네이션 커플링

해설 로크너트는 금속관과 박스를 상호 간 연결시 사용하는 부속품이다.
② TS 커플링 : 합성수지관의 길이가 짧은 경우 연장을 위해 상호 관끼리 연결할 때 쓰이는 부속품이다. 4호 커플링이라고 하기도 하며 커플링 입구의 지름이 중앙부보다 크다.
③ 2호 커넥터 : 합성수지관과 박스의 상호 간 연결시 사용하는 부속품이다. 박스 안쪽 구멍에서 수나사를 꽂아 넣어 바깥쪽으로 돌출시킨 후 암나사를 조여 설치한 뒤 전선관을 접속한다.
④ 콤비네이션 커플링 : 합성수지관 상호 연결시 사용하며 한쪽은 TS커플링, 다른 한쪽은 고무링을 끼워서 접속하는 구조의 부속품이다.

**43** 다음 중 동전선의 접속에서 직선 접속에 해당하는 것은?

① 동선압착단자에 의한 접속
② 종단겹침용 슬리브(E형)에 의한 접속
③ 비틀어 꽂는 형의 전선 접속기에 의한 접속
④ 직선맞대기용 슬리브(B형)에 의한 압착 접속

해설 ①, ②, ③은 동전선의 종단 접속법이다.
✢ 동전선의 직선 접속법
- 트위스트 접속(6[$mm^2$] 이하의 가는 단선)
- 브리타니아 접속(10[$mm^2$] 이상의 굵은 단선)
- 연선의 권선 직선 접속(첨선과 조인트 선의 보조선 사용)
- 연선의 단권 직선 접속
- S형 슬리브에 의한 직선 접속
- 직선맞대기용 슬리브(B형)에 의한 압착 접속

**44** 가공전선로의 지지물에 설치하는 지지선의 안전율은 몇 이상이어야 하는가?

① 1.0　② 1.5
③ 2.0　④ 2.5

해설 [한국전기설비규정 331.11 지지선의 시설]
가공전선로의 지지물에 시설하는 지지선의 안전율은 2.5 이상이어야 한다.

**45** 셀룰로이드, 성냥, 석유류 등 기타 가연성 위험물질을 제조 또는 저장하는 장소의 배선 방법이 아닌 것은?

① 두께가 2[mm] 미만의 합성수지제 전선관을 사용할 것
② 배선을 금속관배선, 합성수지관배선 또는 케이블배선에 의할 것
③ 금속관은 박강 전선관 또는 이와 동등 이상의 강도가 있는 것을 사용할 것
④ 합성수지관배선에 사용하는 합성수지관 및 박스 기타 부속품은 손상될 우려가 없도록 시설할 것

정답 41 ② 42 ① 43 ④ 44 ④ 45 ①

해설 [한국전기설비규정 242.4 위험물 등이 존재하는 장소] 셀룰로이드, 성냥, 석유류 기타 타기 쉬운 위험한 물질을 제조하거나 저장하는 곳에 시설하는 저압 옥내 전기설비는 금속관공사, 합성수지관공사, 케이블공사의 공사 방법을 따른다.

- 금속관공사에 사용하는 금속관은 박강 전선관 또는 이와 동등 이상의 강도를 가지는 것일 것
- 케이블공사에 사용하는 전선은 개장된 케이블 또는 MI 케이블을 사용하는 경우 이외에는 관 기타의 방호장치에 넣어 사용할 것
- 합성수지관공사는 두께 2[mm] 미만의 합성수지 전선관 및 난연성이 없는 콤바인 덕트관을 사용하는 것은 제외하며, 합성수지관 및 박스 기타의 부속품은 손상을 받을 우려가 없도록 시설할 것

**46** 금속관에 여러 가닥의 전선을 넣을 때 편리하게 넣을 수 있도록 사용하는 공구는?

① 전지선 ② 호밍사
③ 비닐전선 ④ 철망그리프

해설 여러 가닥의 전선을 전선관에 넣을 때 사용하는 공구는 철망그리프이다.

**47** 가정용 집의 콘크리트 벽 내 금속관공사에 대해서 스위치 배선을 할 때 관 두께는 최소 몇 [mm]인가?

① 1.0 ② 1.1
③ 1.2 ④ 1.3

해설 [한국전기설비규정 232.12.2 금속관 및 부속품의 선정]
금속관의 두께는 다음에 의한다.

- 콘크리트에 매입하는 것은 1.2[mm] 이상으로 선정한다.
- 이외의 것은 1[mm] 이상으로 선정하되, 이음매가 없는 길이 4[m] 이하인 것을 건조하고 전개된 곳에 시설하는 경우에는 0.5[mm]까지 감할 수 있다.

**48** 먼지가 많은 장소에서 사용하는 전구 소켓으로 알맞은 것은?

① 키 소켓 ② 모걸 소켓
③ 분기 소켓 ④ 키리스 소켓

해설 키리스 소켓(keyless socket)은 먼지가 많은 장소에서 사용하며 점멸하기 위한 키(스위치)가 없는 전구 소켓이다.
① 키 소켓(key socket) : 점멸하기 위한 키(스위치)가 달린 전구 소켓이다.
② 모걸 소켓(mogul socket) : 큰 전구에 사용하며 보통 자기제가 많고 키가 없다.
③ 분기 소켓(current tap socket) : 하나의 소켓에 두 개의 램프를 시설하고자 본체에 램프 자리를 더 낸 소켓이다.

**49** 연선 결정에 있어서 중심 소선을 뺀 층수가 3층일 때 전체 소선의 수는?

① 7 ② 19
③ 37 ④ 61

해설 연선의 총 소선수를 구하는 공식은 다음과 같다.
($N$ : 연선의 총 소선수, $n$ : 층수)

$$N=3n(n+1)+1$$
$$=3\times3\times(3+1)+1$$
$$=37$$
$$\therefore N=37$$

7개년 기출복원문제

정답 46 ④ 47 ③ 48 ④ 49 ③

## 50 교류 전등공사에서 금속관 내에 전선을 넣어 연결한 방법 중 옳은 것은?

①
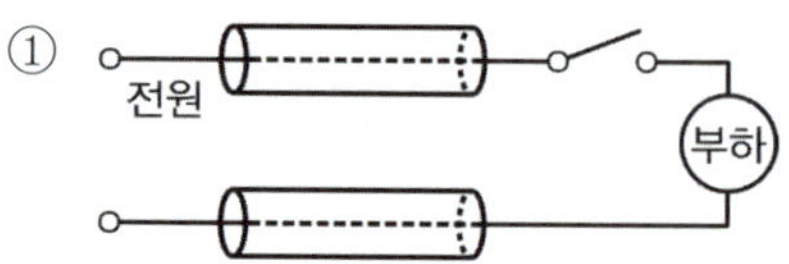


②
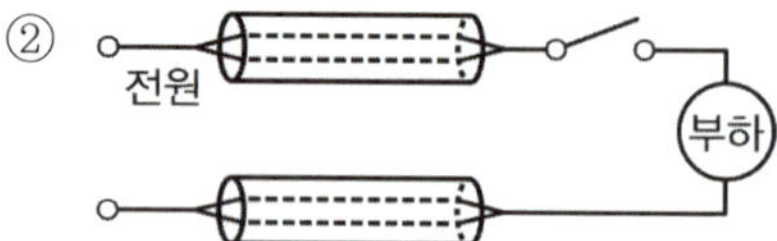


③
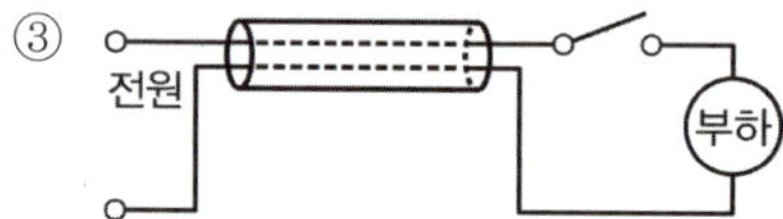


④
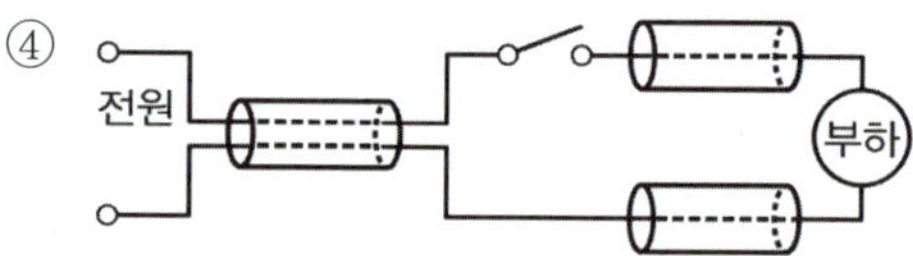


**해설** 교류회로에서 병렬로 사용하는 전선을 금속관 내부에 시설할 경우 그 전선에 전자적 불평형이 생기지 않도록 고려해야 한다. 이에 따라 1회로의 전선 전부를 동일 관 내에 넣어야 한다.

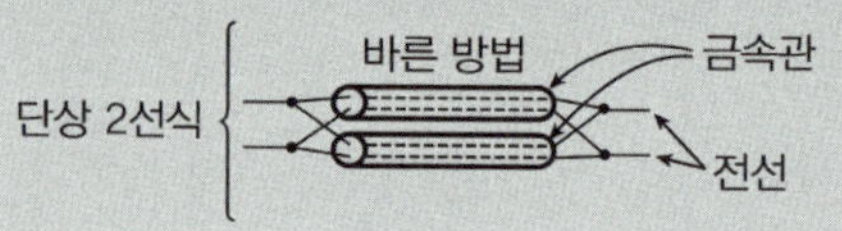


## 51 다음 중 전선 및 케이블 접속 방법이 잘못된 것은?

① 전선의 세기를 30[%] 이상 감소시키지 않아야 한다.

② 접속 부분은 접속관 기타의 기구를 사용하거나 납땜해야 한다.

③ 알루미늄 전선과 동 전선을 접속하는 경우에는 접속 부분에 전기적 부식이 생기지 않도록 해야 한다.

④ 코드, 캡타이어 케이블, 케이블 등을 상호 접속하는 경우에는 코드 접속기, 접속함 기타의 기구를 사용해야 한다.

**해설** 전선 및 케이블을 접속할 경우 전선의 세기를 20[%] 이상 감소시키지 않아야 한다.

## 52 옥내 배선의 박스(접속함) 내에서 가는 전선을 접속할 때 주로 사용하는 방법은?

① 쥐꼬리 접속 ② 슬리브 접속
③ 트위스트 접속 ④ 브리타니아 접속

**해설** 쥐꼬리 접속은 옥내배선의 박스(접속함) 내에서 가는 전선을 접속할 때 주로 사용하는 방법이다. 쥐꼬리 접속 후 절연을 위해 테이핑 혹은 와이어커넥터로 마무리한다.

## 53 그림의 심벌 명칭은?

**MD**

① 금속덕트 ② 버스덕트
③ 플로어덕트 ④ 라이팅덕트

**해설** 금속덕트(Metal Duct)의 심벌이다.

② (굵은 실선) : 버스덕트

③ (F7) : 플로어덕트

④ LD : 라이팅덕트



정답 50 ③ 51 ① 52 ① 53 ①

**54** 유니온 커플링의 사용 목적은?

① 금속관과 박스의 접속
② 배관의 직각 굴곡 부분 연결
③ 내경이 다른 금속관 상호 접속
④ 금속관 자체를 돌릴 수 없을 때의 상호 접속

**해설** 유니온 커플링은 금속관 상호 접속용으로 금속관 자체를 돌릴 수 없을 때 사용한다. 전선관을 서로 돌리지 않고 유니온 너트를 렌치로 조이거나 풀어 간단한 접속이 가능하다.

**55** 옥내의 건조하고 전개된 장소에서 사용전압이 400[V] 이상인 경우에 시설할 수 없는 배선공사는?

① 애자공사
② 금속덕트공사
③ 금속몰드공사
④ 버스덕트공사

**해설** [한국전기설비규정 232.22 금속몰드공사]
금속몰드의 사용전압이 400[V] 이하로 옥내의 건조한 장소로 전개된 장소 또는 점검할 수 있는 은폐장소에 한하여 시설할 수 있다.

**56** 최대 사용전압이 220[V]인 3상 유도전동기의 절연내력 시험전압은 몇 [V]로 해야 하는가?

① 220　② 330
③ 500　④ 1,500

**해설** [한국전기설비규정 133 회전기 및 정류기의 절연내력]
발전기, 전동기, 무효 전력 보상 장치, 기타 회전기(회전 변류기 제외)의 절연내력

| 종류 | 시험전압 | 시험방법 |
|---|---|---|
| 최대사용전압 70[kV] 이하 | 최대사용전압의 1.5배 (500[V] 미만인 경우 500[V]) | 권선과 대지 사이에 연속하여 10분간 가한다. |
| 최대사용전압 70[kV] 초과 | 최대사용전압의 1.25배 (10.50[kV] 미만인 경우 10.50[kV]) | |

**57** 저압크레인 또는 호이스트 등의 트롤리선을 애자공사에 의해 옥내의 노출장소에 시설하는 경우 트롤리선은 바닥으로부터 몇 [m] 이상의 높이로 설치하는가?

① 2.5　② 3
③ 3.5　④ 6

**해설** [한국전기설비규정 232.81 옥내에 시설하는 저압 접촉전선 배선]
저압 접촉전선을 애자공사에 의해 옥내의 전개된 장소에 시설하는 경우 전선은 바닥에서의 높이 3.5[m] 이상으로 하고, 사람이 접촉할 우려가 없도록 시설한다.

**58** 60[cd]의 점광원으로부터 2[m]의 거리에서 그 방향과 직각인 면과 30° 기울어진 평면 위의 조도[lx]는?

① 7　② 13
③ 15　④ 20

정답 54 ④ 55 ③ 56 ③ 57 ③ 58 ②

해설 수평면 조도 $E_h$의 계산

$E_h = \frac{I}{r^2} cos\theta[lx]$에서

$I = 60[cd]$, $r = 2[m]$, $\theta = 30°$이므로,

$\therefore E_h \fallingdotseq 13[lx]$

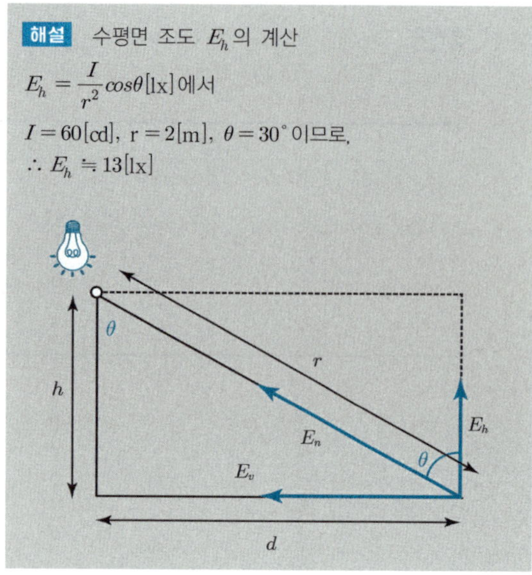


## 59 그림의 기호가 나타내는 것은?

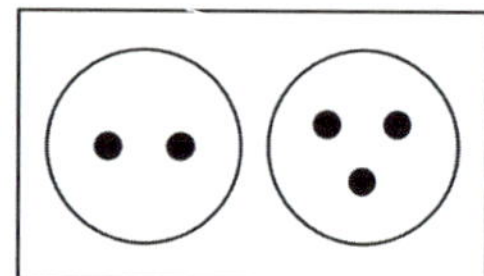

① 점멸기
② 형광등
③ 비상 콘센트
④ 접지저항 측정용 단자

해설 비상 콘센트의 기호이다.

## 60 옥내 배선공사시 전선의 지름을 결정하는 요소가 아닌 것은?

① 공사방법
② 전압 강하
③ 허용전류
④ 기계적 강도

해설 옥내 배선의 전선 굵기를 결정하는 요소
- 허용전류 : 전선에 안전하게 흐를 수 있는 최대 전류
- 전압 강하 : 전선의 저항으로 인해 전압이 작아지는 현상
- 기계적 강도 : 외력의 작용에 따른 변형과 파괴를 견디는 정도



정답 59 ③ 60 ①

# 2021년 제 1 회 기출복원문제

**01** R–L–C 직렬 공진 회로에서 최소가 되는 것은?

① 저항 ② 임피던스
③ 전류 ④ 전압

**해설** R–L–C 직렬 공진 회로에서는 임피던스 $Z=R+j\left(\omega L-\frac{1}{\omega C}\right)$에서 리액턴스 부분이 0이 되어 $\omega L=\frac{1}{\omega C}$이며, 임피던스 $Z=R$로 최솟값을 가진다.
임피던스 $Z$가 최소이면 전류 $I=\frac{V}{Z}$에서 전류 $I$는 최대이다.

**02** 단위 길이당 권수 30회인 무한장 솔레노이드에 5[A]의 전류가 흐를 때 솔레노이드 내부의 자장[AT/m]은?

① 0 ② 6
③ 60 ④ 150

**해설** 무한 솔레노이드 내부 자장의 세기는 $H=n_0 I$[AT/m], 외부 자장의 세기는 $H=0$[AT/m]이다.
단위 길이당 권수 $n_0=30$회, 전류 $I=5$[A]이므로 무한 솔레노이드 내부 자장의 세기 $H=n_0 I=30\times5=150$[AT/m]이다.

**03** 그림과 같은 회로에서 $c-d$에서 본 합성저항[Ω]은?

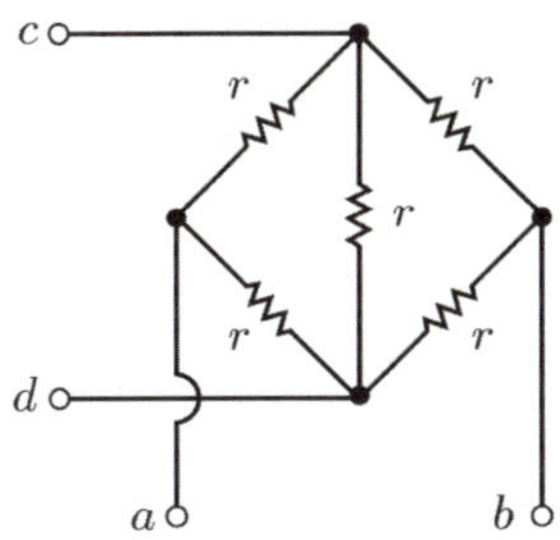


① $\frac{r}{2}$ ② $r$
③ $\frac{3}{2}r$ ④ $2r$

**해설** $c-d$에서 본 합성저항은 저항 3개 $2r$, $r$, $2r$이 서로 병렬 연결된 것과 같으므로 $\frac{1}{R}=\frac{1}{2r}+\frac{1}{r}+\frac{1}{2r}=\frac{2}{r}$, $R=\frac{r}{2}$이다.

**04** 기전력 50[V], 내부저항 5[Ω]인 전원이 있다. 이 전원에 부하를 연결하여 얻을 수 있는 최대전력[W]은?

① 125 ② 250
③ 500 ④ 750

**해설** 기전력 $V=50$[V], 내부저항 $r=5$[Ω]인 전원이 연결된 회로에서 부하가 최대전력을 얻으려면 전원의 내부저항과 부하저항이 같아야 한다. 즉, 부하저항 $R=r=5$[Ω]이다.
전류 $I=\frac{V}{R+r}=\frac{50}{5+5}=5$[A]이고, 부하저항의 소비전력 $P=I^2 R=5^2\times5=125$[W]이다.

정답 01 ② 02 ④ 03 ① 04 ①

**05** 그림과 같이 자극 사이에 있는 도체에 전류 $I$가 흐를 때 힘은 어느 방향으로 작용하는가?

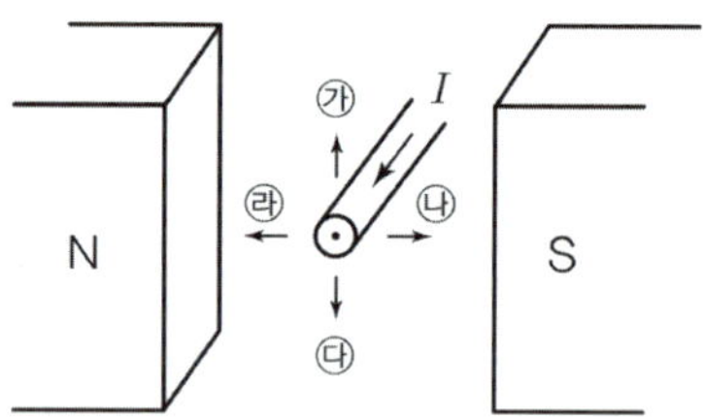


① ㉮ ② ㉯
③ ㉰ ④ ㉱

> **해설** 자기장 내의 도체에 전류 $I$가 흐를 때 힘이 작용하는 것은 플레밍의 왼손 법칙으로 해석할 수 있다.
> - $F$ : 힘의 방향(엄지의 방향)
> - $B$ : 자기장의 방향, N극 → S극(검지의 방향)
> - $I$ : 전류의 방향, (+)극 → (−)극(중지의 방향)

**06** 그림과 같은 회로에서 합성저항[Ω]은?

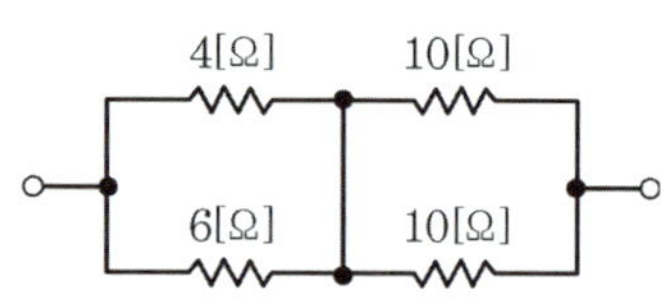


① 6.6 ② 7.4
③ 8.7 ④ 9.4

> **해설** 저항 4[Ω], 6[Ω]의 병렬 합성저항을 $R_1$이라고 하고, 저항 10[Ω], 10[Ω]의 병렬 합성저항을 $R_2$라고 하자.
> $R_1 = \frac{4\times6}{4+6} = \frac{24}{10} = 2.4$[Ω],
> $R_2 = \frac{10\times10}{10+10} = \frac{100}{20} = 5$[Ω]이다.
> $R_1$과 $R_2$가 서로 직렬로 연결되어 있으므로 전체 합성저항 $R = 2.4+5 = 7.4$[Ω]이다.

**07** 대칭 3상 교류에서 기전력 및 주파수가 같을 때 각 상 간의 위상차는?

① $\pi$ ② $\frac{\pi}{2}$
③ $\frac{2\pi}{3}$ ④ $2\pi$

> **해설** 대칭 3상 교류는 기전력의 크기, 주파수, 파형은 모두 같아야 하고 위상차는 모두 $\frac{2}{3}\pi(=120°)$이어야 한다.

**08** 용량이 250[kVA]인 단상 변압기 3대를 △결선으로 운전 중 1대가 고장 나서 V결선으로 운전하는 경우 출력[kVA]은?

① 144 ② 353
③ 433 ④ 525

> **해설** 변압기 1대의 용량은 250[kVA]일 때 V결선에서 출력은 $P_V = \sqrt{3}\times P = \sqrt{3}\times250 \fallingdotseq 433$[kVA]이다.
> - V결선에서 출력 $P_V = \sqrt{3}P$ ($P$ : 1상의 출력)
> - Y결선, △결선에서 출력 $P_Y = 3P$, $P_\triangle = 3P$

**09** 진공 중에 두 자극 $m_1$, $m_2$를 $r$[m]의 거리에 놓았을 때 작용하는 힘 $F$의 식으로 옳은 것은?

① $F = K\cdot\frac{m_1m_2}{r}$[N]

② $F = K\cdot\frac{m_1m_2}{r^2}$[N]

③ $F = K\cdot\frac{r}{m_1m_2}$[N]

④ $F = K\cdot\frac{r^2}{m_1m_2}$[N]



정답 05 ① 06 ② 07 ③ 08 ③ 09 ②

**해설** 쿨롱의 법칙에 의한 두 자극 사이에 작용하는 힘

$$F = \frac{1}{4\pi\mu} \times \frac{m_1 m_2}{r^2} = 6.33 \times 10^4 \times \frac{m_1 m_2}{r^2}$$

$$= K \cdot \frac{m_1 m_2}{r^2} [N]$$

즉, 자극 사이에 작용하는 힘은 두 자극의 곱과 비례하고, 자극 사이 거리의 제곱에 반비례하다.

## 10 정전기 발생 방지책으로 틀린 것은?

① 배관 내 액체의 흐름 속도 제한
② 대기의 습도를 30[%] 이하로 하여 건조함을 유지
③ 대전 방지제의 사용
④ 접지 및 보호구의 착용

**해설** 정전기를 방지하기 위해서는 공기 중의 습도를 70[%] 이상으로 유지해야 한다.

## 11 진공 중에서 같은 크기의 두 자극을 1[m] 거리에 놓았을 때, 그 작용하는 힘이 $6.33 \times 10^4$[N]이 되는 자극 세기의 크기는?

① 1[Wb] ② 1[C]
③ 1[A] ④ 1[W]

**해설** 두 자극 $m_1 = m_2 = m$[Wb]이고 $r = 1$[m], $F = 6.33 \times 10^4$[N]이다.

$$F = \frac{1}{4\pi\mu} \times \frac{m_1 m_2}{r^2} = 6.33 \times 10^4 \times \frac{m_1 m_2}{r^2}$$

$$= 6.33 \times 10^4 \times \frac{m^2}{1} = 6.33 \times 10^4 [N]\text{이다.}$$

따라서 자극 $m = 1$[Wb]이다.

## 12 납축전지가 완전히 충전되면 양극은 무엇으로 변하는가?

① $PbSO_4$ ② $PbO_2$
③ $H_2SO_4$ ④ $Pb$

**해설** 납축전지의 화학반응식

| 양극 | 전해액 | 음극 | 방전 | 양극 | 전해액 | 음극 |
|---|---|---|---|---|---|---|
| $PbO_2$ | $+2H_2SO_4$ | $+Pb$ | ⇄ 충전 | $PbSO_4$ | $+2H_2O$ | $+PbSO_4$ |

- 음극제 : 납(Pb)
- 양극제 : 이산화납($PbO_2$)
- 전해액 : 묽은 황산($H_2SO_4$)

## 13 그림과 같이 공기 중에 놓인 $2 \times 10^{-8}$[C]의 전하에서 2[m] 떨어진 점 P와 1[m] 떨어진 점 Q와의 전위차는?

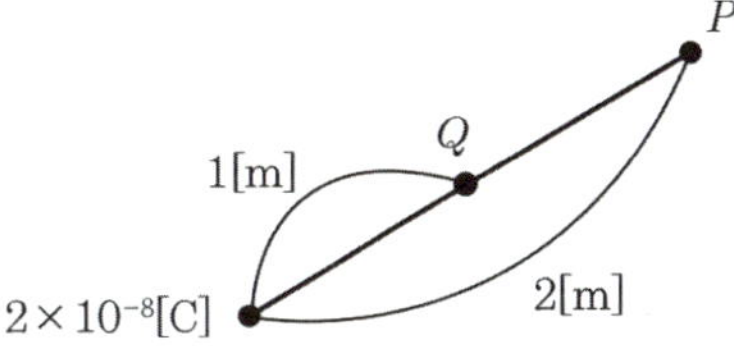


① 80[V] ② 90[V]
③ 100[V] ④ 110[V]

**해설** 공기 중에서 전기장의 세기

$E = 9 \times 10^9 \times \frac{Q}{r^2}$[V/m]이고

전위 $V = E \cdot r = 9 \times 10^9 \times \frac{Q}{r}$[V]이다.

전하 $Q = 2 \times 10^{-8}$[C]에서의

전위 $V = 9 \times 10^9 \times \frac{2 \times 10^{-8}}{r}$[V]이다.

점 Q에서의 전위 $V_Q = 9 \times 10^9 \times \frac{2 \times 10^{-8}}{1} = 180$[V],

점 P에서의 전위 $V_P = 9 \times 10^9 \times \frac{2 \times 10^{-8}}{2} = 90$[V]이다.

따라서 두 점의 전위차 $V_Q - V_P = 180 - 90 = 90$[V]

정답 10 ② 11 ① 12 ② 13 ②

**14** 공기 중 자장의 세기 20[AT/m]의 곳에 $8\times10^{-3}$[Wb]의 자극을 놓으면 작용하는 힘[N]은?

① 0.16　　② 0.32
③ 0.48　　④ 0.56

**해설** 자장의 세기 $H=20$[AT/m],
자극 $m=8\times10^{-3}$[Wb]이므로 자극 사이에 작용하는 힘 $F=mH=(8\times10^{-3})\times20=0.16$[N]이다.

**15** 교류회로의 정현파 전압의 평균값이 100[V]일 때 실횻값[V]은?

① 63　　② 100
③ 111　　④ 314

**해설** 평균값 $V_{avg}=\frac{2}{\pi}\times V_m=100$[V]이므로
최댓값 $V_m=100\times\frac{\pi}{2}=157$[V]이다.
실횻값 $V_{rms}=\frac{V_m}{\sqrt{2}}=\frac{157}{\sqrt{2}}\fallingdotseq111$[V]이다.

**16** 자극의 세기가 $m$[Wb]인 길이 $l$[m]의 막대자석의 자기모멘트[Wb·m]는?

① $ml$　　② $ml^2$
③ $\frac{l}{m}$　　④ $\frac{l^2}{m}$

**해설** 자기모멘트는 자극의 세기와 자석의 길이의 곱으로 표현할 수 있다.
$M=ml$[Wb·m]
- 자기모멘트 : 물체가 자기장에 반응하여 돌림힘을 받는 정도를 나타내는 물리량

**17** 다음 물질 중 강자성체로만 짝지어진 것은?

① 철, 니켈, 아연, 망간
② 구리, 비스무트, 코발트, 망간
③ 철, 구리, 니켈, 아연
④ 철, 니켈, 코발트

**해설**
- 강자성체 : ($\mu_s\gg1$) 자화시킨 후 외부 자기장이 사라져도 자성체가 계속 자석의 성질을 유지하는 물질
  예 철, 코발트, 니켈, 망간
- 상자성체 : ($\mu_s>1$) 자기장 안에 넣으면 자기장 방향으로 약하게 자화하고, 자석을 제거하면 자석의 성질을 잃어버리는 물질
  예 알루미늄, 산소, 공기, 마그네슘, 백금, 텅스텐, 주석
- 반자성체 : ($\mu_s<1$) 외부 자기장의 반대 방향으로 정렬하는 자기 모멘트를 가지는 물질
  예 구리, 아연, 납, 수은, 안티모니
- 비자성체 : 자성이 약하거나 전혀 자성을 갖지 않아서 자화가 되지 않는 물체

**18** 저항 8[Ω], 유도 리액턴스 6[Ω]인 R-L 직렬회로에 교류전압 200[V]를 인가한 경우 전류와 역률은 각각 얼마인가?

① 10[A], 60[%]
② 10[A], 80[%]
③ 20[A], 60[%]
④ 20[A], 80[%]

**해설** 임피던스 $\dot{Z}=R+jX_L=8+j6$[Ω],
$|Z|=\sqrt{8^2+6^2}=10$[Ω]이다.
전류 $I=\frac{V}{|Z|}=\frac{200}{10}=20$[A]이고,
역률 $PF=\cos\theta=\frac{R}{|Z|}=\frac{8}{10}=0.8=80$[%]



정답 14 ① 15 ③ 16 ① 17 ④ 18 ④

**19** 자기저항의 단위는?

① [AT/m] ② [Wb/AT]
③ [AT/Wb] ④ [Ω/AT]

해설 기자력 $F = NI = R_m \phi$[AT],
자기저항 $R_m = \frac{N[\text{회}] \times I[\text{A}]}{\phi[\text{Wb}]}$=[AT/Wb]

**20** 진공 중에서 $10^{-4}$[C]과 $10^{-8}$[C]의 두 전하가 10[m]의 거리에 놓여 있을 때, 두 전하 사이에 작용하는 힘[N]은?

① $9 \times 10^{2}$ ② $9 \times 10^{4}$
③ $9 \times 10^{-5}$ ④ $9 \times 10^{-8}$

해설 진공 중에서 두 전하 사이에 작용하는 힘

$$F = \frac{1}{4\pi\varepsilon} \times \frac{Q_1 Q_2}{r^2} = 9 \times 10^9 \times \frac{10^{-4} \times 10^{-8}}{10^2}$$
$$= 9 \times 10^{-5}[\text{N}]$$

**21** 동기전동기의 전기자 반작용은 리액터 부하에 의한 ( ㉠ )과 콘덴서 부하에 의한 ( ㉡ )이 있다. ㉠, ㉡에 알맞은 말은?

| | ㉠ | ㉡ |
|---|---|---|
| ① | 증자작용 | 감자작용 |
| ② | 감자작용 | 증자작용 |
| ③ | 교차자화작용 | 감자작용 |
| ④ | 증자작용 | 교차자화작용 |

해설 감자 작용을 하는 무효전류는 유기전압보다 위상이 90° 뒤진 전류이므로 이것을 단자전압 측면에서 바라보면 진상전류가 된다. 반면 무부하 유기전압은 직류여자가 감소한 경우 단자전압보다 위상이 뒤진 무효전류가 흘러 증자 작용을 하여 전압의 평형을 이룬다.

[동기전동기 전기자 반작용]
- R부하(동상전류) : 교차 자화 작용
- L부하(지상전류) : 증자 작용
- C부하(진상전류) : 감자 작용

[동기발전기 전기자 반작용]
- R부하(동상전류) : 교차 자화 작용
- L부하(지상전류) : 감자 작용
- C부하(진상전류) : 증자 작용

**22** 권수비 2, 2차 전압 100[V], 2차 전류 5[A], 2차 임피던스 20[Ω]인 변압기의 1차 환산 전압 및 1차 환산 임피던스는?

① 200[V], 80[Ω]
② 200[V], 40[Ω]
③ 50[V], 10[Ω]
④ 50[V], 5[Ω]

해설 권수비 $a = \frac{E_1}{E_2} = \frac{V_1}{V_2} = \frac{N_1}{N_2} = \sqrt{\frac{Z_1}{Z_2}} = \sqrt{\frac{R_1}{R_2}}$ 에서

$2 = \frac{V_1}{V_2} = \frac{V_1}{100}$, $V_1 = 200[\text{V}]$

$2 = \sqrt{\frac{R_1}{R_2}} = \sqrt{\frac{R_1}{20}}$, $R_1 = 80[\Omega]$

정답 19 ③ 20 ③ 21 ① 22 ①

**23** 그림과 같이 SCR 2개를 역병렬로 접속한 기호의 명칭은?

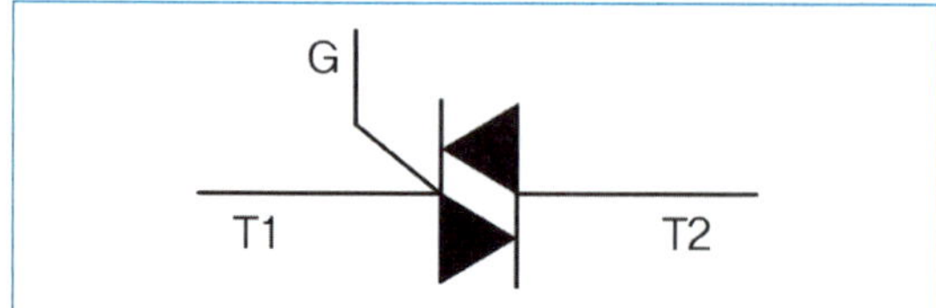


① SCR　② TRIAC
③ GTO　④ UJT

> **해설** ② 트라이액(TRIAC)은 사이리스터 2개를 역병렬로 접속한 것과 등가이다.

**24** 변압기의 여자전류가 일그러지는 이유는?

① 맴돌이 전류 때문에
② 자기포화와 히스테리시스 현상 때문에
③ 누설 리액턴스 때문에
④ 선간 정전용량 때문에

> **해설** ② 변압기 철심에는 자기포화 현상과 히스테리시스 현상 때문에 여자전류 $I_a$는 일그러진 파형이 된다.

**25** 변압기에서 전압변동률이 최대가 되는 부하의 역률은? (단, $p$ : 퍼센트 저항 강하, $q$ : 퍼센트 리액턴스 강하, $\cos\theta_m$ : 역률)

① $\cos\theta_m = \dfrac{p}{\sqrt{p+q}}$

② $\cos\theta_m = \dfrac{p}{\sqrt{p^2+q^2}}$

③ $\cos\theta_m = \dfrac{p}{p^2+q^2}$

④ $\cos\theta_m = \dfrac{p}{p+q}$

> **해설** ② 전압변동률이 최대일 때의 역률은
> $\cos\theta_m = \dfrac{p}{\sqrt{p^2+q^2}}$ 이다.

**26** 다이오드를 사용한 정류회로에서 다이오드를 여러 개 직렬로 연결하여 사용하는 경우의 설명으로 가장 옳은 것은?

① 다이오드를 과전압으로부터 보호할 수 있다.
② 다이오드를 과전류로부터 보호할 수 있다.
③ 부하 출력의 맥동률을 감소시킬 수 있다.
④ 낮은 전압 전류에 적합하다.

> **해설** ① 다이오드를 직렬로 접속하면 다이오드에 걸리는 전압이 증가하여 전체 입력을 증가시킬 수 있다. 따라서 과전압으로부터 보호할 수 있다.
> • 직렬 접속 : 과전압 보호
> • 병렬 접속 : 과전류 보호

**27** 직류직권전동기를 사용할 때 벨트 운전을 하면 안 되는 이유로 적합한 것은?

① 벨트가 기동할 때나 갑자기 중부하를 걸 때 미끄러지기 때문에
② 벨트가 벗겨지면 전동기가 갑자기 고속으로 회전하기 때문에
③ 벨트가 끊어졌을 때 전동기의 급정지 때문에
④ 부하에 대한 손실을 최대로 줄이기 위해서

정답　23 ②　24 ②　25 ②　26 ①　27 ②

해설 $E = K\phi N[\text{V}]$, $E = V - I_a R_a[\text{V}]$

$N = K\frac{V - I_a R_a}{\phi}[\text{rpm}]$

직류직권전동기가 무부하 상태가 되면 부하전류 $I_a = 0$, 계자 전류 $I_f = 0$이 된다. 계자에 전류가 흐르지 않으면 자속이 0이 되므로 회전속도 값이 무한대가 된다. 따라서 벨트가 벗겨지면 위험속도에 도달하기 때문에 벨트 운전을 금지한다.

## 28 단락비가 큰 동기기에 대한 설명으로 옳은 것은?

① 기계가 소형이다.
② 안정도가 높다.
③ 전압변동률이 크다.
④ 전기자 반작용이 크다.

해설 동기발전기에서 단락비가 큰 경우
- 전기자 반작용이 작다.
- 동일 정격에 대하여 동기 임피던스가 작다.
- 전압변동률이 작다.
- 기계가 크고 고중량이며 고가이다.

## 29 부흐홀츠계전기로 보호되는 기기는?

① 발전기 ② 변압기
③ 전동기 ④ 회전 변류기

해설 부흐홀츠계전기는 변압기의 내부 고장으로 발생하는 절연유의 분해 가스 증기 또는 유류를 검출한다. 변압기의 주 탱크와 콘서베이터 사이에 설치하여 변압기 보호에 사용하는 계전기이다.

## 30 전압변동률 $\epsilon$의 식은? (단, 무부하 전압 $V_o$[V], 정격전압 $V_n$[V]이다.)

① $\epsilon = \frac{V_o - V_n}{V_n} \times 100[\%]$

② $\epsilon = \frac{V_n - V_o}{V_n} \times 100[\%]$

③ $\epsilon = \frac{V_n - V_o}{V_o} \times 100[\%]$

④ $\epsilon = \frac{V_o - V_n}{V_o} \times 100[\%]$

해설 전압변동률 $\epsilon = \frac{V_o - V_n}{V_n} \times 100[\%]$

## 31 직류발전기에서 급전선의 전압 강하 보상용으로 사용되는 것은?

① 분권기발전기
② 직권기발전기
③ 과복권기발전기
④ 차동복권기발전기

해설 과복권발전기는 직류복권발전기의 종류 중 하나로 부하와 발전기 사이가 멀어 배전 선로의 저항에 의한 전부하에서의 단자전압이 무부하 전압보다 높아지는 급전선의 전압 강하 보상용으로 사용한다.



정답 28 ② 29 ② 30 ① 31 ③

**32** 유도전동기의 동기속도 $N_S$, 회전자 속도 $N$일 때 슬립 $s$를 표현하는 식은?

① $s=\dfrac{N_S-N}{N}$

② $s=\dfrac{N-N_S}{N}$

③ $s=\dfrac{N_S-N}{N_S}$

④ $s=\dfrac{N_S+N}{N_S}$

**해설** 슬립 $s=\dfrac{N_S-N}{N_S}$

**33** 낮은 전압을 높은 전압으로 승압할 때 일반적으로 사용되는 변압기의 3상 결선 방식은?

① $\Delta-\Delta$　② $Y-Y$
③ $\Delta-Y$　④ $Y-\Delta$

**해설**
- $\Delta-Y$결선 : 발전소용 변압기와 같이 낮은 전압을 높은 전압으로 승압하는 데 사용
- $Y-\Delta$결선 : 수전단 변전소용 변압기와 같이 높은 전압을 낮은 전압으로 강압하는 데 사용

**34** 전기자 저항 0.1[Ω], 전기자 전류 104[A], 유도기전력 110.4[V]인 직류 분권발전기의 단자전압[V]은?

① 98　② 100
③ 102　④ 104

**해설** $V=E-I_aR_a=110.4-104\times0.1=100[\text{V}]$

**35** 분권전동기에 대한 설명으로 옳지 않은 것은?

① 토크는 전기자 전류의 자승에 비례한다.
② 계자회로에 퓨즈를 넣어서는 안 된다.
③ 부하전류에 따른 속도 변화가 거의 없다.
④ 계자 권선과 전기자 권선이 전원에 병렬로 접속되어 있다.

**해설** $E=K\phi N[\text{V}]$, $E=V-I_aR_a[\text{V}]$

$N=K\dfrac{V-I_aR_a}{\phi}$[rpm]

- 토크 $\tau=K\phi I_a$[N·m]이므로 전류에 비례한다.
- 계자회로에 퓨즈를 넣어서는 안 된다.
- 부하전류에 따른 속도 변화가 거의 없다.
- 계자 권선과 전기자 권선이 전원에 병렬로 접속되어 있다.

**36** 다음 중 전력제어용 반도체 소자가 아닌 것은?

① GTO　② TRIAC
③ LED　④ IGBT

**해설** 전력제어용 반도체 소자
- SCR(Silicon controller rectifier) : PNPN의 4층 구조로 된 사이리스터의 대표적인 3단자 제어 소자로서 양극(Anode), 음극(Cathode) 및 게이트(Gate)의 3개의 단자를 가지고 있다. 게이트에 흐르는 작은 전류로 큰 전력을 제어할 수 있다.
- GTO(게이트 턴 오프 사이리스터) : 게이트에 역방향으로 전류를 흘리면 자기 소호하는 양극, 음극 및 게이트의 3개의 단자를 가진 사이리스터로 직류 및 교류 제어용 소자로 사용한다.
- TRIAC(양방향성 3단자 사이리스터) : 사이리스터 2개를 역병렬로 접속한 것으로 양방향으로 전류가 흘러 교류 제어용으로 사용되는 소자로 전력 제어용, 교류 제어용으로만 사용된다.
- IGBT : 컬렉터(C), 에미터(E), 게이트(G)를 가진 3단자 대전류 고전압의 전기량을 제어할 수 있는 자기 소호형 소자로서 파워 MOSFET의 고속성과 파워 트랜지스터의 저저항성을 겸비한 노이즈에 강한 파워 소자이다. 고속 인버터, 고속 초퍼 제어 소자로 활용한다.



정답 32 ③ 33 ③ 34 ② 35 ① 36 ③

**37** 동기발전기의 병렬운전 중에 기전력의 위상차가 생기면 흐르는 전류는?

① 무효순환 전류　② 무효 횡류
③ 동기화 전류　④ 고조파 전류

해설 기전력의 크기가 같고 위상차가 존재할 때는 동기화 전류(유효순환 전류)가 흘러 동기화력에 의해 위상이 일치화 된다.

**38** 1차 전압 13,200[V], 2차 전압 220[V]인 단상 변압기의 1차에 6,000[V]전압을 가하면 2차 전압 [V]은?

① 250　② 200
③ 100　④ 50

해설 권수비 $a=\frac{E_1}{E_2}=\frac{V_1}{V_2}=\frac{N_1}{N_2}=\sqrt{\frac{Z_1}{Z_2}}=\sqrt{\frac{R_1}{R_2}}$

$a=\frac{13,200}{220}=60$

$a=60=\frac{V_1}{V_2}=\frac{6,000}{V_2},\ V_2=100[\mathrm{V}]$

**39** 권선형 유도전동기에서 회전자 권선에 2차 저항기를 삽입하면?

① 회전수가 커진다.
② 변화가 없다.
③ 기동전류가 작아진다.
④ 기동토크가 작아진다.

해설 비례추이에 의하여 2차 저항기를 삽입하면 기동전류는 작아지고, 기동토크는 커진다.

**40** 슬립이 0일 때 유도전동기의 속도는?

① 동기속도로 회전한다.
② 정지상태이다.
③ 변화가 없다.
④ 동기속도보다 빠르게 회전한다.

해설 회전속도 $N=(1-s)N_S$이므로 슬립이 0이면 $N=N_S$가 된다.

**41** 한국전기설비규정에 의해 비상조명을 제외한 조명용 분기회로 및 정격 32[A] 이하의 콘센트용 분기회로에 시설하는 누전차단기는 정격감도전류가 몇 [mA] 이하이어야 하는가?

① 15　② 20
③ 30　④ 40

해설 [한국전기설비규정 242.6.7 개폐기 및 과전류차단기] 비상조명을 제외한 조명용 분기회로 및 정격 32[A] 이하의 콘센트용 분기회로는 정격 감도 전류 30[mA] 이하의 누전차단기로 보호해야 한다.



정답 37 ③ 38 ③ 39 ③ 40 ① 41 ③

**42** 한국전기설비규정에 의해 애자공사를 할 경우, 사용전압이 400[V] 이하일 때 전선과 조영재의 간격은 몇 [mm] 이상이어야 하는가?

① 15 ② 25
③ 35 ④ 45

**해설** [한국전기설비규정 232.56 애자공사]
전선과 조영재 사이의 간격은 사용전압이 400[V] 이하인 경우에는 25[mm] 이상, 400[V] 초과인 경우에는 45[mm](건조한 장소에 시설하는 경우에는 25[mm]) 이상일 것

**43** 사람이 상시 통행하는 터널 내부에 시설하는 배선의 사용전압이 저압일 때 배선 방법으로 틀린 것은?

① 금속관 배선
② 금속덕트 배선
③ 합성수지관 배선
④ 금속제 가요전선관 배선

**해설** [한국전기설비규정 242.7.1 사람이 상시 통행하는 터널 안의 배선의 시설]
사람이 상시 통행하는 터널 안의 배선은 사용전압이 저압의 것에 한하고 다음의 공사 방법에 따라 시설한다.
- 애자공사
- 금속관공사
- 케이블공사
- 합성수지관공사
- 금속제 가요전선관공사

**44** 전압계, 전류계 등의 소손방지용으로 계기 내에서 장치하고 봉입하는 퓨즈는?

① 온도 퓨즈 ② 통형 퓨즈
③ 판형 퓨즈 ④ 텅스텐 퓨즈

**해설**
① 온도 퓨즈 : 화재나 누전, 전자제품의 오동작으로 주위의 과열을 감지하여 회로를 차단시키는 퓨즈
② 통형 퓨즈 : 원통형의 파이버제 또는 유리관 등의 통 속에 퓨즈를 넣은 것으로 흔하게 사용
③ 판형 퓨즈 : 판 모양의 퓨즈
④ 텅스텐 퓨즈 : 전압계, 전류계와 같은 계측기의 소손방지용으로 사용

**45** 금속관을 절단할 때 사용하는 공구는?

① 오스터 ② 녹아웃 펀치
③ 파이프 렌치 ④ 파이프 커터

**해설**
① 오스터 : 금속관에 나사선을 내는 공구. 본체에 관 규격별 다이스를 물려 사용한다.
② 녹아웃 펀치 : 유압천공기라고도 하며 철판이나 전기함에 구멍을 뚫는 공구. 유압을 이용하여 압착되는 힘으로 구멍을 낸다.
③ 파이프 렌치 : 볼트, 파이프 등과 같은 금속 물체의 회전 연결부를 조이거나 푸는 공구
④ 파이프 커터 : 플라스틱 또는 금속 파이프를 깨끗하면서도 신속하게 절단할 수 있는 공구. 바이스에 원형 칼날이 조립되어 있는 형태이다.

**46** 한국전기설비규정에 의해 가공전선에 케이블을 사용하여 조가용선에 조가하는 경우 조가용선의 단면적은 몇 [$mm^2$] 이상이어야 하는가?

① 8 ② 14
③ 22 ④ 30

**해설** [한국전기설비규정 332.2 가공케이블의 시설]
조가용선은 인장강도 5.94[kN] 이상의 것 또는 단면적 22[$mm^2$] 이상인 아연도강연선일 것

정답 42 ② 43 ② 44 ④ 45 ④ 46 ③

**47** 그림과 같은 전선의 접속 방법은?

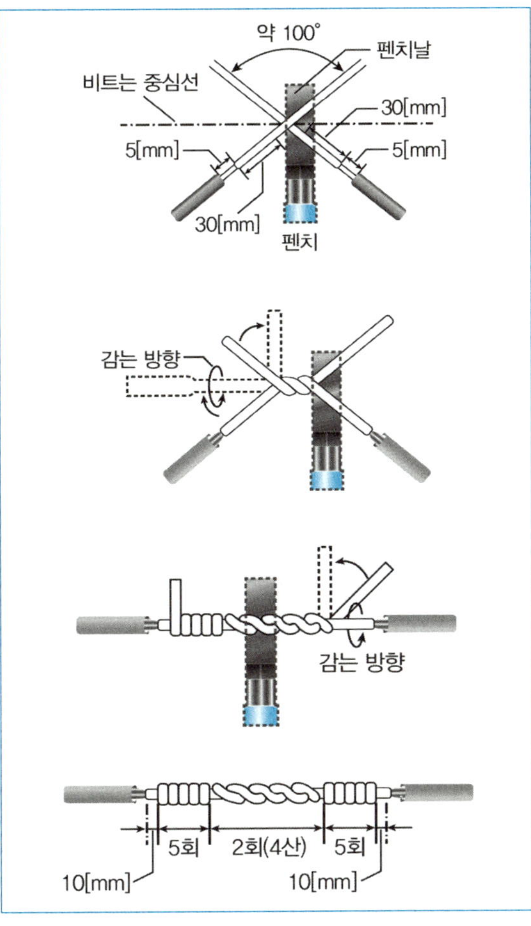


① 쥐꼬리 접속
② 슬리브 접속
③ 트위스트 접속
④ 브리타니아 접속

**해설** 그림은 트위스트 전선 접속법을 나타낸 것이다.
① 쥐꼬리 접속 : 와이어 커넥터나 절연테이프를 이용하여 정션 박스 안에서 가는 단선을 상호 접속하는 방법
② 슬리브 접속 : 양측 전선의 말단에 슬리브를 끼워 압착하여 접속하는 방법
③ 트위스트 접속 : 단면적 6[mm$^2$] 이하의 가는 단선을 접속하는 방법
④ 브리타니아 접속 : 단면적 10[mm$^2$] 이상의 굵은 단선을 별도의 조인트선과 첨선을 이용하여 접속하는 방법

**48** 한국전기설비규정에 의해 절연전선을 동일 금속덕트 안에 넣을 경우 금속덕트의 크기는 전선의 피복 절연물을 포함한 단면적의 총 합계가 금속덕트 내 단면적의 몇 [%] 이하가 되도록 선정하는가?

① 15　　② 20
③ 25　　④ 30

**해설** [한국전기설비규정 232.31 금속덕트공사]
- 금속덕트에 넣은 전선의 단면적(절연피복의 단면적을 포함)의 합계는 덕트의 내부 단면적의 20% 이하가 되도록 선정한다.
- 전광표시장치 기타 이와 유사한 장치 또는 제어회로 등의 배선만을 넣는 경우에는 50% 이하가 되도록 선정한다.

**49** 케이블의 고장점을 찾는 데 사용하는 방법이 아닌 것은?

① 펄스 측정법
② 머레이 루프법
③ 콜라우시 브리지법
④ 수색코일에 의한 방법

**해설** 콜라우시 브리지법은 접지저항을 측정하는 방법이다. 케이블의 고장점을 검출하는 방법은 다음과 같다.
- 머레이 루프법 : 휘스톤 브리지 원리로 고장점까지의 거리를 측정하는 방식으로 케이블의 저항이 거리에 비례한 것을 이용한 고장점 검출법
- 펄스 측정법 : 고장점에서 펄스가 반사되는 특성을 이용하여 펄스를 보내 고장점을 검출하는 방법
- 정전 용량법 : 정전용량이 거리에 비례하는 특성을 이용하여 고장점을 검출하는 방법
- 수색코일에 의한 방법 : 케이블에 교류를 흘려보내면 교류에 의해 발생하는 자속을 이용하여 탐색코일과 수화기를 통해 발생하는 소리로 고장점을 검출하는 방법



정답 47 ③　48 ②　49 ③

**50** 피시 테이프(Fish Tape)의 용도는?

① 배관에 전선을 넣을 때 사용한다.
② 전선을 테이핑하기 위해 사용한다.
③ 합성수지관을 구부릴 때 사용한다.
④ 전선관의 끝마무리를 위해 사용한다.

**해설** 피시 테이프(Fish Tape)는 요비선이라고도 하며, 전선관에 전선을 넣어 당길 때 사용하는 도구이다.



**51** 합성수지관을 새들 등으로 지지하는 경우 지지점 간의 거리는 몇 [m] 이하인가?

① 0.3　　② 1.0
③ 1.5　　④ 2.0

**해설** [한국전기설비규정 232.11.3 합성수지관 및 부속품의 시설]
합성수지관의 지지점 간의 거리는 1.5[m] 이하로 하고, 또한 그 지지점은 관의 끝, 관과 박스의 접속점, 관 상호 간의 접속점 등에 가까운 곳에 시설한다.

**52** 접착력은 떨어지나 절연성, 내온성, 내유성이 좋아 연피케이블의 접속에 사용되는 테이프는?

① 고무 테이프
② 리노 테이프
③ 비닐 테이프
④ 자기 융착 테이프

**해설**
① 고무 테이프 : 두께가 두껍고 폭이 넓어 전선의 접속 부분을 절연시 사용한다.
② 리노 테이프 : 건조한 목면에 절연성 니스를 몇 차례 바르고 건조시킨 테이프로 절연성, 내온성, 내유성이 좋아 연피 케이블의 접속에 사용한다.
③ 비닐 테이프 : 염화비닐수지로 제작된 테이프로 일상에서 가장 많이 사용한다.
④ 자기 융착 테이프 : 합성수지와 합성고무를 주성분으로 제작된 테이프로 내오존성, 내수성, 내약품성, 내온성이 우수하여 장기간 열화되지 않는 특성으로 비닐 외장 케이블 및 크롤로프렌 외장 케이블의 접속시 사용한다.

**53** 소맥분, 전분 기타 가연성의 먼지가 존재하는 곳의 저압 옥내배선공사방법 중 적당하지 않은 것은?

① 금속관공사　　② 케이블공사
③ 애자사용공사　　④ 합성수지관공사

**해설** [한국전기설비규정 242.2.2 가연성 먼지 위험장소]
가연성 먼지(소맥분·전분·유황 기타 가연성의 먼지, 폭연성 먼지는 제외)에 전기설비가 발화원이 되어 폭발할 우려가 있는 곳에 시설하는 저압 옥내 전기설비는 다음의 공사 방법에 준하여 시설한다.
- 금속관공사
- 케이블공사
- 합성수지관공사(두께 2[mm] 미만의 합성수지 전선관 및 난연성이 없는 콤바인 덕트관 사용 제외)

정답　50 ①　51 ③　52 ②　53 ③

**54** 금속관공사에서 녹아웃의 지름이 금속관의 지름보다 큰 경우에 사용하는 재료는?

① 부싱 ② 커넥터
③ 로크너트 ④ 링 리듀서

해설 금속관공사에서 녹아웃의 지름이 금속관의 지름보다 큰 경우 링 리듀서를 사용한다.
① 부싱 : 전선관의 끝부분에서 전선의 인입 또는 교체시 전선 피복의 손상 방지를 위해 사용하는 부속품
② 커넥터 : 전선관과 전기함을 연결 및 접속하는데 사용하는 부속품
③ 로크너트 : 전선관과 박스 또는 고정물을 고정시 사용하는 부속품

**55** 한국전기설비규정에 의해 고압 가공인입선이 횡단보도교 위에 시설되는 경우 노면상 몇 [m] 이상의 높이에 설치되어야 하는가?

① 3.5 ② 5.0
③ 6.0 ④ 6.5

해설 [한국전기설비규정 332.5 고압 가공전선의 높이]
고압 가공전선의 높이는 다음에 따라야 한다.
- 도로를 횡단하는 경우에는 지표상 6[m] 이상
- 철도 또는 궤도를 횡단하는 경우에는 레일면상 6.5[m] 이상
- 횡단보도교의 위에 시설하는 경우에는 그 노면상 3.5[m] 이상
- 기타 이외의 경우에는 지표상 5[m] 이상

**56** 옥외용 비닐절연전선의 약호는?

① DV ② NR
③ OW ④ VCTF

해설
① DV : 인입용 비닐절연전선
② NR : 일반용 단심 비닐절연전선
③ OW : 옥외용 비닐절연전선
④ VCTF : 비닐 캡타이어 코드 케이블

**57** 합성수지관 상호 및 관과 박스를 접속할 때 삽입하는 깊이는 관 바깥지름의 몇 배 이상인가? (단, 접착제를 사용하지 않는 경우이다.)

① 0.8 ② 1.0
③ 1.2 ④ 1.5

해설 [한국전기설비규정 232.11.3 합성수지관 및 부속품의 시설]
- 관 상호 및 관과 박스를 접속할 때 관을 삽입하는 깊이는 관의 바깥지름의 1.2배 이상으로 하여 꽂음 접속에 의해 견고하게 접속한다.
- 접착제를 사용하는 경우에는 관을 삽입하는 깊이를 관의 바깥지름의 0.8배 이상으로 한다.

**58** 조명용 전등을 호텔 또는 여관 객실 입구에 설치할 경우 최대 몇 분 이내에 소등되는 타임 스위치를 설치해야 하는가?

① 0.5 ② 1
③ 1.5 ④ 3

해설 [한국전기설비규정 234.6 점멸기의 시설]
다음의 경우에는 센서등(타임스위치 포함)을 시설하여야 한다.
- 관광숙박업 또는 숙박업에 이용되는 객실의 입구등은 1분 이내로 소등되어야 한다.
- 일반주택 및 아파트 각 호실의 현관등은 3분 이내에 소등되어야 한다.



정답 54 ④ 55 ① 56 ③ 57 ③ 58 ②

**59** 동전선의 종단 접속 방법이 아닌 것은?

① 동선 압착 단자에 의한 접속
② C형 전선 접속기에 의한 접속
③ 종단 겹침용 슬리브에 의한 접속
④ 비틀어 꽂음형 전선 접속기 접속

**해설** C형 전선 접속기에 의한 접속은 알루미늄 전선 종단 접속 방법이다.

[동전선의 종단 접속 방법]
- 전선의 굵기 4[$mm^2$] 이하의 가는 단선의 접속
- 동선 압착 단자 접속
- 비틀어 꽂음형 전선 접속기 접속
- 종단 겹침용 슬리브(E형) 접속
- 직선 겹침용 슬리브(P형) 접속
- 꽂음형 커넥터 접속

[알루미늄 전선의 종단 접속 방법]
- 링 슬리브에 의한 접속
- 비틀어 꽂는 형의 전선 접속기 접속
- C형 전선 접속기에 의한 접속

**60** 수변전 설비의 고압회로에 걸리는 전압을 표시하기 위해 전압계를 시설할 때 고압회로와 전압계 사이에 시설하는 것은?

① 관통형 변압기
② 권선형 변류기
③ 계기용 변압기
④ 계기용 변류기

**해설** 계기용 변압기는 계측기나 계전기 전압 측정을 위해 고압을 저압으로 변성하는 기기이다.



정답 59 ② 60 ③

# 2021년 제2회 기출복원문제

**01** 어드미턴스의 실수부는 무엇인가?

① 컨덕턴스 ② 리액턴스
③ 서셉턴스 ④ 임피던스

해설

| $\dot{Z} = R + jX$ | $\dot{Y} = \frac{1}{\dot{Z}} = G + jB$ |
|---|---|
| • $Z$ : 임피던스<br>• $R$ : 저항(실수부)<br>• $X$ : 리액턴스(허수부) | • $Y$ : 어드미턴스<br>• $G$ : 컨덕턴스(실수부)<br>• $B$ : 서셉턴스(허수부) |

**02** 반도체 내에서 정공은 어떻게 생성되는가?

① 자유전자의 이동 ② 접합 불량
③ 결합전자의 이탈 ④ 확산 용량

해설 정공은 원자 안에서 공유결합하고 있던 최외각 전자가 빛이나 열 등의 에너지를 받아 자유전자로 빠져나와 생긴 구멍을 뜻한다.

**03** 자기회로에서 자로의 길이 31.4[cm], 자로의 단면적이 0.25[$m^2$], 자성체의 비투자율 $\mu_s$ =100일 때 자성체의 자기저항[AT/Wb]은?

① 2,500 ② 4,000
③ 8,000 ④ 10,000

해설

자기저항 $R_m = \frac{l}{\mu S} = \frac{l}{\mu_0 \mu_s S} = \frac{31.4 \times 10^{-2}}{4\pi \times 10^{-7} \times 100 \times 0.25}$
$= 10{,}000$[AT/Wb]

**04** 100회 감은 코일에 전류 0.5[A]가 0.1[sec]동안 0.3[A]가 되었을 때 2×$10^{-4}$[V]의 기전력이 발생하였다면 코일의 자기 인덕턴스[$\mu$H]는?

① 5 ② 10
③ 50 ④ 100

해설 패러데이 법칙에 의해 코일에 유도되는 기전력

$e = L\frac{\Delta I}{\Delta t}$[V]이므로

$L = e \times \frac{\Delta t}{\Delta I} = 2 \times 10^{-4} \times \frac{0.1}{0.5 - 0.3} = 100 \times 10^{-6}$[H]
$= 100$[$\mu$H]

**05** 100[V], 100[W] 전구와 100[V], 200[W] 전구를 직렬로 100[V]의 전원에 연결할 경우 어느 전구가 더 밝겠는가?

① 두 전구의 밝기가 같다.
② 100[W]
③ 200[W]
④ 두 전구 모두 안 켜진다.

정답 01 ① 02 ③ 03 ④ 04 ④ 05 ②

**해설**

100[W] 전구에서의 저항 $R_{100W}=\frac{V^2}{P_{100W}}=\frac{100^2}{100}=100[\Omega]$

200[W] 전구에서의 저항 $R_{200W}=\frac{V^2}{P_{200W}}=\frac{100^2}{200}=50[\Omega]$

직렬회로의 전류는 $I=\frac{V}{R_{100W}+R_{200W}}=\frac{100}{150}=\frac{2}{3}$[A]

$P_{100W}=I^2R=\left(\frac{2}{3}\right)^2\times 100=\frac{400}{9}$[W]

$P_{200W}=I^2R=\left(\frac{2}{3}\right)^2\times 50=\frac{200}{9}$[W]

따라서 100[W] 전구가 200[W] 전구보다 더 밝다.

**다른 풀이**

100[W] 전구에서의 저항이 200[W] 전구에서의 저항보다 크기 때문에 $P=I^2R$에서 100[W] 전구가 200[W] 전구보다 $P$값이 더 크다.

## 06 쿨롱의 법칙에서 2개의 점전하 사이에 작용하는 정전력의 크기는?

① 두 전하의 곱에 비례하고 거리에 반비례한다.
② 두 전하의 곱에 반비례하고 거리에 비례한다.
③ 두 전하의 곱에 비례하고 거리의 제곱에 비례한다.
④ 두 전하의 곱에 비례하고 거리의 제곱에 반비례한다.

**해설** 쿨롱의 법칙에 의하면 두 전하 사이에 작용하는 힘 $F=\frac{1}{4\pi\varepsilon}\times\frac{Q_1\cdot Q_2}{r^2}=\frac{1}{4\pi\varepsilon_0\varepsilon_s}\times\frac{Q_1\cdot Q_2}{r^2}$[N]이다.
즉, 정전력은 두 전하의 곱에 비례하고 거리의 제곱에 반비례한다.

## 07 4[Ω], 6[Ω], 8[Ω]의 3개 저항을 병렬 접속할 때 합성저항[Ω]은?

① 1.8[Ω]　② 2.4[Ω]
③ 3.6[Ω]　④ 4.8[Ω]

**해설** 4[℧], 6[℧], 8[℧]의 3개 저항을 병렬로 접속하면
$\frac{1}{R}=\frac{1}{4}+\frac{1}{6}+\frac{1}{8}=\frac{6+4+3}{24}=\frac{13}{24}$[℧]
합성저항 $R=\frac{24}{13}\fallingdotseq 1.8$[Ω]이다.

## 08 어떤 전압계의 측정 범위를 10배로 하려면 배율기의 저항을 전압계 내부저항의 몇 배로 하여야 하는가?

① 10　② $\frac{1}{10}$
③ 9　④ $\frac{1}{9}$

**해설** 배율기를 제외한 전압계 양단의 최대 전압이 1[V]라고 가정하면, 배율기 양단의 전압은 9[V]이어야 배율기의 측정 범위가 10배가 된다.
전압계 양단의 전압이 $V_v$, 배율기 양단의 전압은 $V_R$, 전압계 내부저항을 $r_v$, 배율기를 $R$이라고 하면 전압과 저항은 서로 비례하므로 $r_v : R = V_v : V_R$이다.
$r_v : R = V_v : V_R = 1:9$이므로 배율기의 저항은 전압계 내부저항의 9배이다.

## 09 영구자석의 재료로서 적당한 것은?

① 잔류자기가 작고 보자력이 큰 것
② 잔류자기와 보자력이 모두 큰 것
③ 잔류자기와 보자력이 모두 작은 것
④ 잔류자기가 크고 보자력이 작은 것

정답 06 ④ 07 ① 08 ③ 09 ②

**해설**
- 영구자석 : 강한 자화 상태를 오래 보존하는 자석. 잔류자속밀도, 보자력 모두 크다. 예 강철, 합금
- 전자석 : 전류가 흐르면 자기화되고, 전류를 끊으면 자화되지 않은 원래의 상태로 돌아가는 자석. 잔류자속밀도는 크고 보자력은 작다. 예 : 연철

**10** 2분 동안에 전류를 흘려 72,000[C]의 전하가 이동했을 때 이 도선의 전류[A]는?

① 10 ② 20
③ 600 ④ 1,200

**해설** 전하량 $Q=I \cdot t=72,000$[C], $t=2\times 60=120$[sec]이므로
전류 $I=\frac{Q}{t}=\frac{72,000}{120}=600$[A]

**11** 다음 중 R-L-C 직렬회로의 공진 조건으로 옳은 것은?

① $\frac{1}{\omega L}=\omega C+R$
② 직류 전원을 가할 때
③ $\omega L=\omega C$
④ $\omega L=\frac{1}{\omega C}$

**해설** R-L-C 직렬 공진 회로에서는 임피던스 $Z=R+j\left(\omega L-\frac{1}{\omega C}\right)$에서 리액턴스 부분이 0이 되어 $\omega L=\frac{1}{\omega C}$이며, 임피던스 $Z=R$로 최솟값을 가진다.

**12** 각 상의 임피던스가 6+$j$8[Ω]인 평형 Y 부하에 선간전압 220[V]인 대칭 3상 전압을 가하였을 때 선전류[A]는?

① 10.7 ② 11.7
③ 12.7 ④ 13.7

**해설** $\dot{Z}=6+j8[\Omega]$, $|Z|=\sqrt{6^2+8^2}=10[\Omega]$
Y결선에서 $|V_l|=\sqrt{3}\times|V_p|$, 선간전압 $V_l=220$[V]이므로 상전압 $V_p=\frac{V_l}{\sqrt{3}}=\frac{220}{\sqrt{3}}\fallingdotseq 127$[V]이다.
Y결선에서 $|I_l|=|I_p|$, 상전류 $I_p=\frac{V_p}{|Z|}=\frac{127}{10}=12.7$[A]이므로 선전류 $I_l=12.7$[A]이다.

**13** 동일한 용량의 콘덴서 5개를 병렬로 접속하였을 때의 합성 정전용량을 $C_p$라고 하고, 5개를 직렬로 접속하였을 때의 합성 정전용량을 $C_s$라고 할 때 $C_p$와 $C_s$의 관계는?

① $C_p=5C_s$ ② $C_p=10C_s$
③ $C_p=25C_s$ ④ $C_p=50C_s$

**해설** 동일한 용량 $C$의 콘덴서 5개를 병렬로 접속하였을 때 합성용량 $C_p=5C$, 직렬로 접속하였을 때 합성용량 $C_s=\frac{1}{5}C$이다. 따라서 $C_p=25C_s$이다.

| | 합성 정전용량 |
|---|---|
| 직렬 연결 | $\frac{1}{C_p}=\frac{1}{C}+\frac{1}{C}+\frac{1}{C}+\frac{1}{C}+\frac{1}{C}=\frac{5}{C}$, $C_p=\frac{C}{5}$ |
| 병렬 연결 | $C_s=C+C+C+C+C=5C$ |

7개년 기출복원문제

정답 10 ③ 11 ④ 12 ③ 13 ③

**14** 패러데이관에서 단위 전위차에 축적되는 에너지 [J]는?

① $\frac{1}{2}$　② 1
③ $ED$　④ $\frac{1}{2}ED$

**해설** 단위 전하 1[C]에서 나오는 전속관을 패러데이관이라고 한다.
단위 전위차 1[V]에 축적되는 에너지
$W=\frac{1}{2}QV=\frac{1}{2}\times1\times1=\frac{1}{2}$[J]

**15** 저항 50[Ω]인 전구에 $e=100\sqrt{2}\sin\omega t$[V]의 전압을 가할 때 순시전류[A]는?

① $\sqrt{2}\sin\omega t$　② $2\sqrt{2}\sin\omega t$
③ $5\sqrt{2}\sin\omega t$　④ $10\sqrt{2}\sin\omega t$

**해설**
순시전류 $i=\frac{e}{R}=\frac{100\sqrt{2}\sin\omega t}{50}=2\sqrt{2}\sin\omega t$[A]

**16** 자기 히스테리시스 곡선의 횡축과 종축은 어느 것을 나타내는가?

① 자기장의 크기와 보자력
② 투자율과 자속밀도
③ 투자율과 잔류자기
④ 자기장의 크기와 자속밀도

**해설** 히스테리시스 곡선
히스테리시스 곡선에서 횡축(가로축)은 자기장의 세기를, 종축(세로축)은 자속밀도를 나타내며 횡축과 만나는 점은 보자력, 종축과 만나는 점은 잔류자기라고 한다.
- 잔류자기 : 자기 포화상태에서 자화를 감소하여, 자기장을 제거했을 때 자성체에 잔류하고 있는 자속밀도
- 보자력 : 자화도를 0으로 만들기 위해 걸어주는 역자기장의 세기

**17** 낮은 전압을 높은 전압으로 승압할 때 일반적으로 사용되는 변압기의 3상 결선 방식은?

① Y−△　② Y−Y
③ △−Y　④ △−△

**해설** △−Y결선의 특징
- 승압용으로 사용한다.
- 1차 변전소의 Y결선 중성점을 접지할 수 있다.
- △결선에 의한 여자전류의 제3고조파 통로가 형성되므로 제3고조파 장해가 적고, 기전력 파형이 사인파가 된다.
- 1, 2차 전압 및 전류 간에는 30°만큼의 위상차가 발생한다.

**18** 출력 $P$[kVA]의 단상 변압기 전원 2대를 V결선할 때의 3상 출력[kVA]은?

① $P$　② $\sqrt{3}P$
③ $2P$　④ $3P$

**해설** 단상 변압기 2대를 V결선하면
출력 $P_V=\sqrt{3}P$($P$ : 1상의 출력)
- V결선에서 출력 $P_V=\sqrt{3}P$($P$ : 1상의 출력)
- Y결선, △결선에서 출력 $P_3=3P$



정답 14 ① 15 ② 16 ④ 17 ③ 18 ②

**19** 주파수가 1[kHz]일 때 용량성 리액턴스가 50[Ω]이라면, 주파수가 50[Hz]인 경우 용량성 리액턴스[Ω]는?

① 100　② 500
③ 1,000　④ 5,000

**해설** 용량성 리액턴스 $X_C = \frac{1}{\omega C} = \frac{1}{2\pi f C}$이므로
커패시턴스 $C = \frac{1}{2\pi f \times X_C} = \frac{1}{2\pi \times 10^3 \times 50}$[F]이다.
주파수 50[Hz]일 때 용량성 리액턴스
$X_C = \frac{1}{\omega C} = \frac{1}{2\pi f C} = \frac{1}{2\pi \times 50} \times (2\pi \times 10^3 \times 50)$
$= 1{,}000[\Omega]$

**20** 두 평행 도선 사이의 거리가 1[m]인 도선 사이에 작용하는 힘의 세기가 $2\times10^{-7}$[N]일 경우 전류의 세기[A]는?

① 1　② 2
③ 3　④ 4

**해설** 평행한 두 도체의 전류의 방향이 같은 방향으로 흐를 때 흡인력이 작용하고, 반대 방향으로 흐를 때 반발력이 작용한다.
도체 간에 작용하는 힘
$F = \frac{\mu}{2\pi} \times \frac{I_1 \cdot I_2}{r} = 2\times10^{-7} \times \frac{I_1 \cdot I_2}{r}$
$= 2\times10^{-7} \times \frac{I^2}{1} = 2\times10^{-7}$[N]에서
전류 $I = 1$[A]이다.

**21** 변압기유가 갖춰야 할 조건으로 옳은 것은?

① 절연내력이 작고 산화하지 않을 것
② 비열이 작아서 냉각 효과가 클 것
③ 인화점이 높고 응고점이 낮을 것
④ 절연재료나 금속에 접촉할 때 화학작용을 일으킬 것

**해설** 변압기유 구비조건
- 절연내력이 클 것
- 비열이 커서 냉각효과가 클 것
- 인화점이 높고 응고점이 낮을 것
- 고온에서도 산화하지 않을 것
- 절연, 금속재료와 화학작용을 일으키지 않을 것

**22** 동기발전기에서 전기자 전류가 유도기전력보다 90° 앞선 전류가 흐르는 경우 나타나는 전기자 반작용은?

① 교차 자화 작용　② 증자 작용
③ 감자 작용　④ 직축 반작용

**해설** 동기발전기의 전기자 반작용
- R 부하(동상전류) : 교차 자화 작용
- L 부하(지상전류) : 감자 작용
- C 부하(진상전류) : 증자 작용

**23** 직류전동기의 규약효율은?

① $\frac{출력}{출력+손실} \times 100[\%]$
② $\frac{출력}{입력} \times 100[\%]$
③ $\frac{입력-손실}{입력} \times 100[\%]$
④ $\frac{입력}{출력+손실} \times 100[\%]$

**해설** 직류기의 규약효율
- 직류전동기 : $\eta = \frac{입력-손실}{입력} \times 100[\%]$
- 직류발전기 : $\eta = \frac{출력}{출력+손실} \times 100[\%]$

정답 19 ③ 20 ① 21 ③ 22 ② 23 ③

**24** 변압기유 열화방지와 관계가 없는 것은?

① 불활성 질소　② 콘서베이터
③ 브리더　④ 부싱

**해설** 변압기유 열화방지 대책 : 브리더 설치, 콘서베이터 설치, 불활성 질소 봉입

**25** 정격전압이 100[V]인 직류발전기가 있다. 무부하 전압 104[V]일 때 이 발전기의 전압변동률[%]은?

① 3　② 4
③ 5　④ 6

**해설** 전압변동률

$$\epsilon = \frac{V_o - V_n}{V_n} \times 100 = \frac{104 - 100}{100} \times 100 = 4[\%]$$

**26** 부흐홀츠계전기의 설치 위치로 가장 적당한 곳은?

① 변압기 주 탱크 내부
② 변압기 주 탱크와 콘서베이터 사이
③ 변압기 고압 측 부싱
④ 콘서베이터 내부

**해설** 부흐홀츠계전기는 변압기의 내부 고장으로 발생하는 절연유의 분해 가스 증기 또는 유류를 검출한다. 변압기의 주 탱크와 콘서베이터 사이에 설치하여 변압기 보호에 사용하는 계전기이다.

**27** 복잡한 전기회로를 등가 임피던스를 사용하여 간단하게 변화시킨 회로는?

① 유도회로　② 전개회로
③ 등가회로　④ 단순회로

**해설** 변압기 등 복잡한 전기회로를 간단한 등가회로로 바꾸어 해석한다.

**28** 직류분권전동기의 계자전류를 약하게 하면 회전수는?

① 감소한다.　② 정지한다.
③ 증가한다.　④ 변화없다.

**해설** 직류전동기 속도 관계식 $N = \frac{V - I_a R_a}{K\phi}$[rpm]

계자전류를 약하게 하면 자속이 감소하므로 회전수는 증가하게 된다.

**29** 다음 중 변압기의 온도 상승 시험법으로 가장 널리 사용되는 것은?

① 무부하 시험법　② 절연내력 시험법
③ 단락 시험　④ 실부하법

**해설** 변압기의 온도 시험

- 단락 시험법 : 변압기의 권선을 단락하고 전 손실에 해당하는 부하 손실을 공급하여 온도 상승을 측정하는 것으로 가장 널리 사용된다.
- 반환 부하법 : 전력을 소비하지 않고 온도가 올라가는 원인이 되는 철손과 구리손만 공급하여 시험하는 방법
- 실부하 시험 : 변압기에 전부하를 걸어서 온도가 올라가는 상태를 시험하는 것으로 전력이 많이 소비되므로 소형기에서만 적용하는 방법

정답　24 ④　25 ②　26 ②　27 ③　28 ③　29 ③

## 30 전기 기계의 철심을 성층하는 이유는?

① 기계손을 적게 하기 위해
② 표유부하손을 적게 하기 위해
③ 히스테리시스손을 적게 하기 위해
④ 와류손을 적게 하기 위해

**해설**
- 전기기기에서 철심을 성층하는 이유는 자기회로를 만드는 부분에서 회전에 따른 자속이 수시로 변화하면서 발생하는 와전류손(맴돌이 전류손)을 감소하기 위함이다.
- 규소 강판을 사용하는 이유는 히스테리시스손을 감소하기 위함이다.

## 31 ON, OFF를 고속도로 변환할 수 있는 스위치로 직류 변압기 등에 사용되는 회로는?

① 초퍼 회로 ② 인버터 회로
③ 컨버터 회로 ④ 정류기 회로

**해설**
- 초퍼(Chopper) : 고정 직류를 가변 직류로 변환하는 장치(DC → Variable DC)
- 인버터(Inverter, 역변환장치) : 직류를 교류로 변환하는 장치(DC → AC)로 주파수를 변환시켜 전동기 속도제어와 형광등 고주파 점등이 가능하다.
- 컨버터(Converter, 순변환장치) : 교류를 직류로 변환하는 장치(AC → DC)
- 사이클로 컨버터(Cyclo converter) : 주파수를 이용하여 교류를 다른 교류로 변환하는 장치(AC → AC)

## 32 3상 전원에서 2상 전원을 얻기 위한 변압기 결선 방법은?

① 스코트 결선 ② 대각 결선
③ 포크 결선 ④ 2차 2중 Y결선

**해설**
단상 변압기 2대를 이용하여 3상에서 2상으로 변환하는 방법은 스코트 결선(T결선)이다.
스코트 결선(T결선)의 이용률은 86.6[%]이다.

## 33 직류전동기의 속도제어법이 아닌 것은?

① 전압 제어법 ② 계자 제어법
③ 저항 제어법 ④ 주파수 제어법

**해설** 직류전동기의 속도제어법

$$N = \frac{V - I_a R_a}{K\phi}\,[\text{rpm}]$$

- 전압 제어법 : 전기자에 가하는 전압 $V$를 변화시키는 방법으로 정토크 제어
- 계자 제어법 : 계자전류를 조정하여 자속 $\phi$를 변화시키는 방법으로 정출력 제어
- 저항 제어법 : 전기자에 직렬로 저항을 넣어서 $R_a$의 값을 변화시키는 방법

## 34 동기기 손실 중 무부하손이 아닌 것은?

① 풍손 ② 와류손
③ 전기자 동손 ④ 베어링 마찰손

**해설**
- 동손(부하손) : 줄열로 발생하는 손실로 저항손
- 무부하손 : 기계손(마찰손, 풍손), 철손(히스테리시스손, 와류손)



정답 30 ④ 31 ① 32 ① 33 ④ 34 ③

**35** 직류기에서 교류를 직류로 변환하는 장치는?

① 정류자 ② 계자
③ 전기자 ④ 브러시

**해설** 직류기의 구조
- 계자 : 자속을 발생
- 전기자 : 자속을 끊어 기전력 발생
- 정류자 : 교류를 직류로 변환
- 브러시 : 전기자 권선과 외부 회로와의 전기적인 접속

**36** 변압기의 정격 출력은?

① 정격 1차 전압 × 정격 1차 전류
② 정격 1차 전압 × 정격 2차 전류
③ 정격 2차 전압 × 정격 1차 전류
④ 정격 2차 전압 × 정격 2차 전류

**해설**
- 변압기의 정격은 지정된 조건에서 사용 한도로, 이 사용 한도는 피상전력으로 표시하고 이것을 정격 용량이라 한다.
- 변압기의 정격 출력이란 정격 2차 전압, 정격 2차 전류, 정격 주파수 및 정격 역률로 2차 단자 사이에서 얻을 수 있는 피상전력을 말한다.

**37** 상전압 300[V]의 3상 반파 정류회로의 직류전압은 약 [V]인가?

① 500 ② 350
③ 250 ④ 50

**해설** 3상 반파 정류에서 $E_d = 1.17E = 1.17 \times 300 ≒ 350$

| 구분 | 맥동 주파수 | 직류 출력 | 효율 [%] | 맥동률 [%] |
|---|---|---|---|---|
| 단상 반파 | $f$ | $E_d = 0.45E$ | 40.6 | 121 |
| 단상 전파 | $2f$ | $E_d = 0.9E$ | 81.2 | 48 |
| 3상 반파 | $3f$ | $E_d = 1.17E$ | 96.7 | 17 |
| 3상 전파 | $6f$ | $E_d = 1.35E$ | 99.8 | 4 |

**38** 동기발전기를 회전 계자형으로 하는 이유가 아닌 것은?

① 고전압에 견딜 수 있게 전기자 권선을 절연하기가 쉽다.
② 전기자 단자에 발생한 고전압을 슬립링 없이 간단하게 외부 회로에 인가할 수 있다.
③ 기계적으로 튼튼하게 만드는 데 용이하다.
④ 전기자가 고정되어 있지 않아 제작비용이 저렴하다.

**해설** 회전 계자형은 전기자를 고정하고 계자를 회전시키는 방식으로 동기발전기에서 회전 계자형을 주로 사용하는 이유는 다음과 같다.

[기계적 측면]
- 계자의 철분포가 전기자에 비하여 크므로 회전시 계자가 기계적으로 튼튼하다.
- 원동기 측에서 구조가 간단한 계자를 회전시키는 것이 유리하다.

[전기적 측면]
- 교류 고압인 전기자보다 직류 저압인 계자를 회전시키는 것이 위험성이 적다.
- 교류 고압인 전기자가 고정되어 있으므로 절연이 용이하다.

정답 35 ① 36 ④ 37 ② 38 ④

**39** 동기속도 30[rps]인 교류발전기 기전력의 주파수가 60[Hz]가 되려면 극수는?

① 2　② 4
③ 6　④ 8

**해설** 동기속도 $N_S = \frac{120f}{p}$[rpm]

$n_S = \frac{2f}{p} = \frac{2\times60}{p} = 30$[rps]

$p=4$

**40** 5[kW] 이하의 3상 농형 유도전동기에 정격전압을 직접 인가하는 방법으로 가속 토크가 커서 기동시간이 짧은 특성을 갖는 기동 방법은?

① $Y-\Delta$ 기동　② 리액터 기동
③ 전전압 기동　④ 1차 저항기동

**해설** 농형 유도전동기의 기동법
- 전전압 기동법 : 소용량 농형 유도전동기에 직접 전전압을 가하는 기동방식으로 5[kW] 이하에 적용한다.
- 리액터 기동법 : 전원과 전동기 사이에 직렬리액터를 삽입하여 전동기 단자에 가해지는 전압을 떨어뜨리는 방법이다.
- $Y-\Delta$ 기동법 : 운전시에는 $\Delta$로 연결하고 기동시에만 $Y$로 연결하며, 1상 권선에 가해지는 전압은 기동시 전전압의 60[%] 정도로 보통 5~15[kW] 정도까지 적용한다.
- 기동보상기법 : 단권 변압기를 써서 공급 전압을 낮추어 기동시키는 방법이다.

**41** 한국전기설비규정에 의해 저압전로에 사용하는 산업용 배선차단기의 정격전류가 30[A]이고 전로에 40[A]가 흐를 때 과전류트립 동작시간은?

① 15분　② 30분
③ 60분　④ 120분

**해설** [한국전기설비규정 212.3.4 보호장치의 특성]

산업용 배선차단기의 과전류트립 동작시간 및 특성

| 정격전류의 구분 | 시간 | 정격전류의 배수 (모든 극에 통전) | |
|---|---|---|---|
| | | 부동작 전류 | 동작 전류 |
| 63A 이하 | 60분 | 1.05배 | 1.3배 |
| 63A 초과 | 120분 | 1.05배 | 1.3배 |

**42** 일정 값 이상의 전류가 흘렀을 때 동작하는 계전기는?

① GR　② OCR
③ OVR　④ UVR

**해설** 과전류계전기(OCR) : 일정한 값 이상의 전류가 흐르게 되면 동작하여 과부하전류 및 단락전류를 자동차단하는 기능을 가지는 보호장치

**43** 진동이 심한 전기 기계기구의 단자에 전선을 접속할 때 사용하는 부속은?

① 커플링　② 압착단자
③ 링 슬리브　④ 스프링 와셔

**해설** 스프링 와셔는 스프링 작용을 하는 와셔로 진동시 나사 풀림을 방지하는 부속품이다.
① 커플링 : 전선관 상호 간 연결을 위한 부속품
② 압착단자 : 전선의 단말 처리를 위해 사용하는 부속품
③ 링 슬리브 : 전선의 종단 접속시 사용하는 부속품



정답 39 ② 40 ③ 41 ③ 42 ② 43 ④

**44** 한국전기설비규정에 의해 조명용 전등을 아파트 현관에 설치할 경우 최대 몇 분 이내 소등되는 타임스위치를 시설해야 하는가?

① 1분 ② 2분
③ 3분 ④ 4분

해설 [한국전기설비규정 234.6 점멸기의 시설]
다음의 경우에는 센서등(타임스위치 포함)을 시설하여야 한다.
- 관광숙박업 또는 숙박업에 이용되는 객실의 입구등은 1분 이내로 소등되어야 한다.
- 일반주택 및 아파트 각 호실의 현관등은 3분 이내에 소등되어야 한다.

**45** 한국전기설비규정에 의해 저압 옥내용 배선공사 방법 중 점검 가능한 은폐 장소이며 건조한 장소인 곳에 시설할 수 없는 방법은?

① 금속관공사 ② 금속몰드공사
③ 플로어덕트공사 ④ 합성수지관공사

해설 플로어덕트공사는 옥내 400[V] 이하, 점검 불가능한 은폐 장소이며 건조한 장소에 시설한다.

**46** 전선의 굵기를 측정하는 공구는?

① 권척
② 메거
③ 와이어 게이지
④ 와이어 스트리퍼

해설
① 권척 : 가늘고 얇은 천 혹은 쇠에 눈금을 새겨 만든 띠 모양의 긴자. 줄자
② 메거 : 전선로나 전동기 등의 절연저항을 측정하는 기구
③ 와이어 게이지 : 전선, 철사, 가는 드릴 등의 지름, 굵기를 재는 공구
④ 와이어 스트리퍼 : 전선의 피복을 벗기는 데 사용하는 공구

**47** 한국전기설비규정에 의하여 분기회로의 과부하 보호장치 설치점과 분기점 사이에 다른 분기회로 또는 콘센트의 접속이 없고, 단락의 위험과 화재 및 인체에 대한 위험성이 최소화되도록 시설된 경우 과부하 보호장치는 분기점으로부터 몇 [m]까지 이동하여 설치 가능한가?

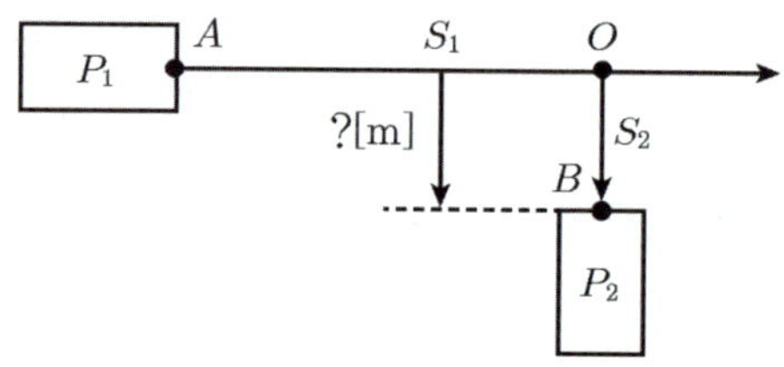


① 1 ② 2
③ 3 ④ 4

해설 [한국전기설비규정 212.4.2 과부하 보호장치의 설치 위치]
분기회로($S_2$)의 보호장치($P_2$)는 전원 측에서 분기점($O$) 사이에 다른 분기회로 또는 콘센트의 접속이 없고, 단락의 위험과 화재 및 인체에 대한 위험성이 최소화되도록 시설된 경우, 분기회로의 보호장치($P_2$)는 분기회로의 분기점($O$)으로부터 3[m]까지 이동하여 설치할 수 있다.

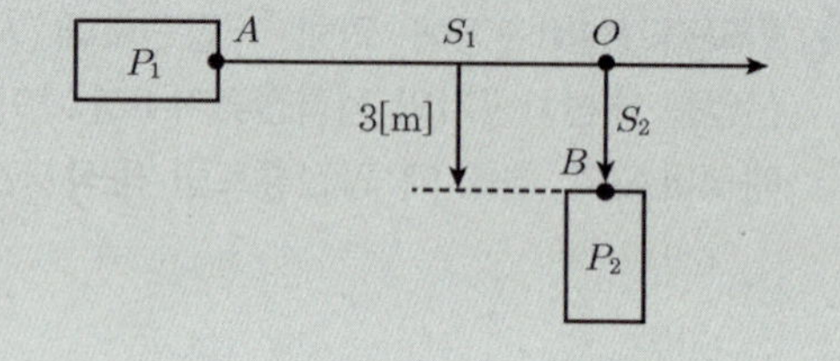




정답 44 ③ 45 ③ 46 ③ 47 ③

**48** 전력용 콘덴서를 회로로부터 개방했을 때 전하가 잔류하여 일어나는 위험방지와 재투입시 콘덴서에 걸리는 과전압을 방지하기 위해 설치하는 것은?

① 피뢰기 ② 방전 코일
③ 직렬 리액터 ④ 전력용 콘덴서

**해설** 방전 코일은 전력용 콘덴서를 회로로부터 개방했을 때 전하가 잔류하여 일어나는 위험을 방지하고 콘덴서에 걸리는 과전압을 방지하기 위해 설치하는 기기이다.
① 피뢰기 : 선로 및 전기기기 등을 이상전압으로부터 보호하는 장치
③ 직렬 리액터 : 고조파 및 돌입전류를 억제하고 콘덴서를 보호하고자 콘덴서에 직렬로 설치하는 리액터
④ 전력용 콘덴서 : 진상 무효전력 발생원으로 선로 및 부하의 지상 무효전력을 상쇄 제거하여 역률을 개선하는 기기

**49** 한국전기설비규정에 의해 교통신호등 회로의 사용전압이 몇 [V]를 초과하는 경우에 지락 발생시 자동적으로 전로를 차단하는 누전차단기를 반드시 설치해야 하는가?

① 30 ② 50
③ 100 ④ 150

**해설** [한국전기설비규정 234.15.6 누전차단기]
교통신호등 회로의 사용전압이 150[V]를 넘는 경우는 전로에 지락이 발생했을 경우 자동적으로 전로를 차단하는 누전차단기를 시설해야 한다.

**50** 금속관 배관공사에서 절연 부싱을 사용하는 이유는?

① 관이 손상되는 것을 방지한다.
② 박스 내에서 전선의 접속을 방지한다.
③ 관의 입구에서 조영재의 접속을 방지한다.
④ 관 끝에서 전선 인입 및 교체시 전선의 손상을 방지한다.

**해설** [한국전기설비규정 232.12.3 금속관 및 부속품의 시설]
관의 끝 부분에는 전선의 피복을 손상하지 않도록 적당한 구조의 부싱을 사용할 것

**51** 한국전기설비규정에 의해 가연성 먼지에 전기설비가 발화원이 되어 폭발할 우려가 있는 곳에 합성수지관공사로 저압 옥내배선을 하는 경우 전동기에 접속하는 부분에서 가요성을 필요로 할 때 사용되는 방폭형 부속품은?

① 유연성 부속
② 먼지 유연성 부속
③ 안전 증가 유연성 부속
④ 먼지 방폭형 유연성 부속

**해설** [한국전기설비규정 242.2.2 가연성 먼지 위험장소]
전동기에 접속하는 부분에서 가요성을 필요로 하는 부분의 배선에는 먼지 방폭형 유연성 부속을 사용할 것

**52** 금속 전선관의 종류에서 후강 전선관 규격[mm]이 아닌 것은?

① 16 ② 19
③ 28 ④ 36

**해설** 19[mm]는 박강 전선관의 표준 굵기이다.
[KS C 8401 강제 전선관의 치수]
- 후강 전선관의 표준 굵기[mm] : 16, 22, 28, 36, 42, 54, 70, 82, 92, 104의 10종, 안지름 기준, 짝수
- 박강 전선관의 표준 굵기[mm] : 19, 25, 31, 39, 51, 63, 75의 7종, 바깥지름 기준, 홀수



정답 48 ② 49 ④ 50 ④ 51 ④ 52 ②

**53** 한국전기설비규정에 의해 사람이 상시 통행하는 터널 안 배선의 사용전압이 저압일 때 시설할 수 없는 공사 방법은?

① 금속관공사 ② 케이블공사
③ 금속몰드공사 ④ 합성수지관공사

**해설** [한국전기설비규정 242.7.1 사람이 상시 통행하는 터널 안의 배선의 시설]
사람이 상시 통행하는 터널 안의 배선은 사용전압이 저압의 것에 한하고 다음의 공사 방법에 따라 시설한다.
- 애자공사
- 금속관공사
- 케이블공사
- 합성수지관공사
- 금속제 가요전선관공사

**54** 수·변전 설비의 고압회로에 걸리는 전압을 표시하기 위해 전압계를 시설할 때 고압회로와 전압계 사이에 시설하는 것은?

① 권선형 변류기 ② 계기용 변류기
③ 계기용 변압기 ④ 수전용 변압기

**해설** 계기용 변압기는 계측기나 계전기 전압 측정을 위해 고압을 저압으로 변성하는 기기이다.

**55** 한국전기설비규정에 의해 저압 전로의 중성점에 시설하는 접지도체의 연동선 공칭 단면적은 몇 [$mm^2$] 이상이어야 하는가?

① 1.5 ② 2.5
③ 6.0 ④ 16.0

**해설** [한국전기설비규정 322.5 전로의 중성점의 접지]
- 접지도체는 공칭단면적 16[$mm^2$] 이상의 연동선 또는 이와 동등 이상의 세기 및 굵기의 쉽게 부식하지 않는 금속선으로서 고장시 흐르는 전류가 안전하게 통할 수 있는 것을 사용하고 또한 손상을 받을 우려가 없도록 시설할 것
- 저압 전로의 중성점에 시설하는 것은 공칭 단면적 6[$mm^2$] 이상의 연동선 또는 이와 동등 이상의 세기 및 굵기의 쉽게 부식하지 않는 금속선을 사용하여 시설할 것

**56** 접지 시공의 목적이 아닌 것은?

① 감전 방지
② 전기설비 용량 감소
③ 대지전압 상승 방지
④ 화재와 폭발사고 방지

**해설** 전기설비의 용량 감소는 접지 시공의 목적이 아니다.
[접지 시공의 목적]
- 인체 감전 방지
- 지락전류의 검출
- 대지전압 상승 방지로 기준전위 변동 억제
- 통신선 유도 장해(정전, 전자유도 잡음) 저감
- 번개 및 이상 전압에 따른 설비 파손, 화재, 폭발 사고 방지

**57** 한국전기설비규정에 의해 전로에 시설하는 기계기구의 철대 및 외함에 반드시 접지공사를 해야 하는 경우는?

① 철대 또는 외함의 주위에 적당한 절연대를 설치하는 경우
② 사용전압이 교류 대지전압 220[V]인 기계기구를 건조한 곳에 시설하는 경우
③ 사용전압이 직류 대지전압 300[V]인 기계기구를 건조한 곳에 시설하는 경우
④ 외함을 충전하여 사용하는 기계기구에 사람이 접촉할 우려가 없도록 시설하는 경우

정답 53 ③ 54 ③ 55 ③ 56 ② 57 ②

**해설** [한국전기설비규정 142.7 기계기구의 철대 및 외함의 접지]
전로에 시설하는 기계기구의 철대 및 금속제 외함(외함이 없는 변압기 또는 계기용변성기는 철심)에는 접지공사를 해야 한다. 다음의 경우에는 규정에 따르지 않을 수 있다.

- 사용전압이 직류 300[V] 또는 교류 대지전압이 150[V] 이하인 기계기구를 건조한 곳에 시설하는 경우
- 저압용의 기계기구를 건조한 목재의 마루 기타 이와 유사한 절연성 물건 위에서 취급하도록 시설하는 경우
- 저압용 기계기구를 사람이 쉽게 접촉할 우려가 없도록 목주 기타 이와 유사한 것 위에 시설하는 경우
- 철대 또는 외함의 주위에 적당한 절연대를 설치하는 경우
- 외함이 없는 계기용변성기가 고무·합성수지 기타의 절연물로 피복한 것일 경우
- 2중 절연구조로 되어 있는 기계기구를 시설하는 경우
- 저압용 기계기구에 전기를 공급하는 전로의 전원측에 절연변압기를 시설하고 또한 그 절연변압기의 부하측 전로를 접지하지 않은 경우
- 물기 있는 장소 이외의 장소에 시설하는 저압용의 개별 기계기구에 전기를 공급하는 전로에 인체감전보호용 누전차단기를 시설하는 경우
- 외함을 충전하여 사용하는 기계기구에 사람이 접촉할 우려가 없도록 시설하거나 절연대를 시설하는 경우

**58** 수변전 설비에서 차단기의 종류 중 가스차단기에 들어가는 가스의 종류는?

① $O_2$ ② $H_2$
③ $CO_2$ ④ $SF_6$

**해설** 수변전 설비의 가스차단기에 들어가는 가스는 육불화황($SF_6$) 가스이다.
육불화황($SF_6$)은 불활성 가스이며, 가스차단기로 전로의 개폐를 위해 차단기 개방시 발생하는 아크에 육불화황($SF_6$)을 불어넣어 아크 방전을 소멸시킨다.

**59** 전동기의 정·역 운전을 제어하는 회로에서 2개의 전자 개폐기의 작동이 동시에 일어나지 않도록 하는 회로는?

① Y-Δ회로 ② 체인 회로
③ 인터록 회로 ④ 자기유지 회로

**해설** 인터록 회로란 기기의 보호와 조작자의 안전을 목적으로 상호 관련된 기기 간의 동작을 구속하는 회로이다. 한 쪽의 회로가 개(폐)일 때 다른 한 쪽의 회로가 개(폐)되지 않도록 한다. 전동기 정·역 운전 제어 회로에서 전동기가 동시에 정회전과 역회전하는 것을 방지하기 위해 필수적으로 사용한다.

**60** 다음 중 지중 전선로의 매설 방법이 아닌 것은?

① 관로식 ② 암거식
③ 행거식 ④ 직접 매설식

**해설** [한국전기설비규정 334.1 지중전선로의 시설]
지중 전선로는 전선에 케이블을 사용하고 또한 관로식·암거식 또는 직접 매설식에 의해 시설해야 한다.



정답 58 ④ 59 ③ 60 ③

# 2021년 제3회 기출복원문제

**01** 상호 유도 회로에서 결합계수 $k$는? (단, $M$은 상호 인덕턴스 $L_1$, $L_2$는 자기 인덕턴스이다.)

① $k=M\sqrt{L_1L_2}$ ② $k=\sqrt{ML_1L_2}$

③ $k=\dfrac{M}{\sqrt{L_1L_2}}$ ④ $k=\sqrt{\dfrac{L_1L_2}{M}}$

**해설** 상호 인덕턴스 $M=k\sqrt{L_1L_2}$, $k=\dfrac{M}{\sqrt{L_1L_2}}$

| [결합계수 $k$] | • $k=0$ : 자기적 결합이 전혀 없는 경우<br>• $0<k<1$ : 누설자속이 있는 경우<br>• $k=1$ : 완전한 자기적 결합인 경우(누설자속이 0인 경우) |
|---|---|

**02** 서로 다른 종류의 안티모니와 비스무트의 두 금속을 접속하여 여기에 전류를 통하면, 그 접점에서 열의 발생 또는 흡수가 일어난다. 줄열과 달리 전류의 방향에 따라 열의 흡수와 발생이 다르게 나타나는 이 현상은?

① 펠티에효과 ② 제백효과

③ 제3금속의 법칙 ④ 열전효과

**해설**

② 제백효과 : 서로 다른 두 금속을 접속하여 양 접점의 온도가 다르면 전류가 흐르는 현상(펠티에효과와 반대)

③ 제3금속의 법칙 : 열전대를 구성하는 두 금속의 한쪽 접점은 서로 접해 있고 반대편 접점은 제3금속과 연결되어 있을 때 두 접점이 같은 온도라면 기전력이 발생하지 않는다는 법칙

④ 열전효과 : 열과 전기 사이의 관계를 나타내는 현상(톰슨효과, 펠티에효과, 제백효과 등)

**03** 정현파에서 파고율이란?

① $\dfrac{\text{최댓값}}{\text{실횻값}}$ ② $\dfrac{\text{평균값}}{\text{실횻값}}$

③ $\dfrac{\text{실횻값}}{\text{평균값}}$ ④ $\dfrac{\text{최댓값}}{\text{최댓값}}$

**해설**

• 파고율 : 파형의 날카로움의 정도를 나타낸 것.

$\therefore$ 파고율 $=\dfrac{\text{최댓값}}{\text{실횻값}}$

• 파형률 : 파형의 평평한 정도(평활도)를 나타낸 것.

$\therefore$ 파형률 $=\dfrac{\text{실횻값}}{\text{평균값}}$

**04** 히스테리시스 곡선에서 가로축과 만나는 점과 관계가 있는 것은?

① 보자력 ② 잔류자기

③ 자속밀도 ④ 기자력

**해설**

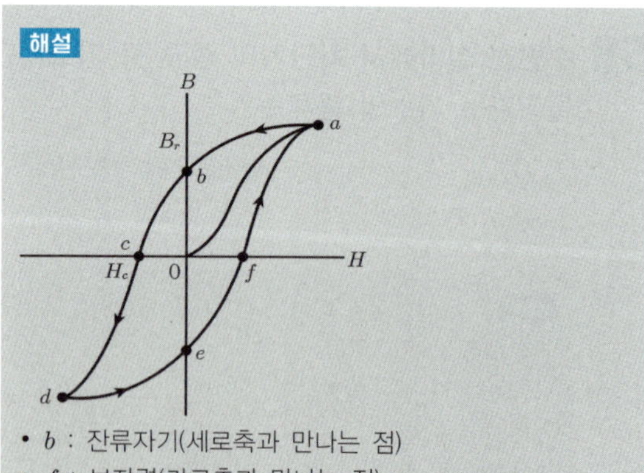


• $b$ : 잔류자기(세로축과 만나는 점)

• $f$ : 보자력(가로축과 만나는 점)



정답 01 ③ 02 ① 03 ① 04 ①

**05** 저항 10[Ω]의 $e(t)=100\sin\left(377t+\frac{\pi}{3}\right)$[V]의 전압을 가했을 때 $t=0$에서의 전류[A]는?

① $5\sqrt{3}$　　② 10
③ 5　　④ $5\sqrt{2}$

**해설** $t=0$에서의 전압은

$$e_{t=0}=100\sin\left(377\times 0+\frac{\pi}{3}\right)=100\times\sin\left(\frac{\pi}{3}\right)$$
$$=100\times\frac{\sqrt{3}}{2}=50\sqrt{3}\,[\text{V}]$$

전류 $I=\frac{e_{t=0}}{R}=\frac{50\sqrt{3}}{10}=5\sqrt{3}\,[\Omega]$

**06** 자속밀도 0.5[Wb/m$^2$]의 자장 안에 자장과 직각으로 20[cm]의 도체를 놓고 이것에 10[A]의 전류를 흘릴 때 도체가 50[cm] 운동한 경우의 한 일[J]은?

① 0.5　　② 1
③ 1.5　　④ 5

**해설** 자기장 내에 있는 도선에 전류가 흐를 때 도선에 작용하는 힘을 구하려면 플레밍의 왼손 법칙을 활용한다. 플레밍의 왼손 법칙에서 도선에 작용하는 힘은 $F=BlI\sin\theta$이다.

$B=0.5$[Wb/m$^2$], $l=20\times10^{-2}$[m], $I=10$[A], $\theta=90°$이므로 $F=0.5\times(20\times10^{-2})\times10\times\sin90°=1$[N]

도체가 한 일

$W=F\times r=1\times50$[cm]$=1\times0.5$[m]$=0.5$[J]

**07** 환상 솔레노이드에 감은 코일에 감는 횟수를 2배로 늘리면 자체 인덕턴스는 몇 배로 되는가?

① 2　　② 4
③ 8　　④ 16

**해설** 환상 솔레노이드의 자체 인덕턴스 $L=\frac{\mu SN^2}{l}$이므로 감는 횟수를 2배로 늘리면 자체 인덕턴스는 4배가 된다. ($S$ : 단면적, $N$ : 코일 횟수, $\mu$ : 투자율, $l$ : 솔레노이드 둘레)

**08** 공기 중에서 5[cm] 간격을 유지하고 있는 2개의 평행 도선에 각각 10[A]의 전류가 동일한 방향으로 흐를 때 도선 1[m]당 발생하는 힘의 크기[N]는?

① $4\times10^{-4}$　　② $2\times10^{-5}$
③ $4\times10^{-5}$　　④ $2\times10^{-4}$

**해설** 두 도체의 전류의 방향이 같은 방향으로 흐를 때 흡인력이 작용하고, 반대 방향으로 흐를 때 반발력이 작용한다. 이때 각 도체 간에 작용하는 힘은

$$F=\frac{\mu}{2\pi}\times\frac{I_1\cdot I_2}{r}=2\times10^{-7}\times\frac{I_1\cdot I_2}{r}$$
$$=2\times10^{-7}\times\frac{10\times10}{0.05}=4\times10^{-4}[\text{N}]$$



**09** 전류에 의해 발생하는 자기장에서 자력선의 방향을 간단하게 알아내는 법칙은?

① 앙페르의 오른나사 법칙
② 플레밍의 왼손 법칙
③ 앙페르의 주회 적분 법칙
④ 줄의 법칙

**해설**
② 플레밍의 왼손 법칙 : (전동기의 원리) 자기장 내에서 도선에 전류가 흐를 때 도선이 받는 힘의 방향을 결정하는 법칙
③ 앙페르의 주회 적분 법칙 : 전류에 의하여 발생하는 자기장의 세기를 결정하는 법칙
④ 줄의 법칙 : 전류가 부하에 흘러서 발생하는 열량을 결정하는 법칙

정답 05 ① 06 ① 07 ② 08 ① 09 ①

**10** R-L 병렬회로에서 합성 임피던스의 크기는 어떻게 표현되는가?

① $\dfrac{R}{R^2+X_L^{\ 2}}$　　② $\dfrac{X_L}{\sqrt{R^2+X_L^{\ 2}}}$

③ $\dfrac{R+X_L}{R^2+X_L^{\ 2}}$　　④ $\dfrac{R\cdot X_L}{\sqrt{R^2+X_L^{\ 2}}}$

**해설** R-L 병렬회로에서는 어드미턴스로 해석을 시작하는 것이 유리하다.

어드미턴스 $\dot{Y}=\dfrac{1}{R}-j\dfrac{1}{X_L}=\dfrac{X_L-jR}{R\cdot X_L}$[℧]이고

임피던스 $\dot{Z}=\dfrac{R\cdot X_L}{X_L-jR}$, $|Z|=\dfrac{R\cdot X_L}{\sqrt{X_L^{\ 2}+R^2}}$[Ω]

| 직렬회로 (임피던스 $Z$로 해석) | | 병렬회로 (어드미턴스 $Y$로 해석) | |
|---|---|---|---|
| R-L 직렬회로 | $\dot{Z}=R+jX_L$ $=R+jwL$ | R-L 병렬회로 | $\dot{Y}=\dfrac{1}{R}-j\dfrac{1}{X_L}$ $=\dfrac{1}{R}-j\dfrac{1}{\omega L}$ |
| R-C 직렬회로 | $\dot{Z}=R-jX_C$ $=R-j\dfrac{1}{wC}$ | R-C 병렬회로 | $\dot{Y}=\dfrac{1}{R}+j\dfrac{1}{X_C}$ $=\dfrac{1}{R}+j\omega C$ |

**11** 크기가 같은 저항 4개를 그림과 같이 연결하여 a-b 간에 일정 전압을 가했을 때 소비전력이 가장 큰 것은?

①

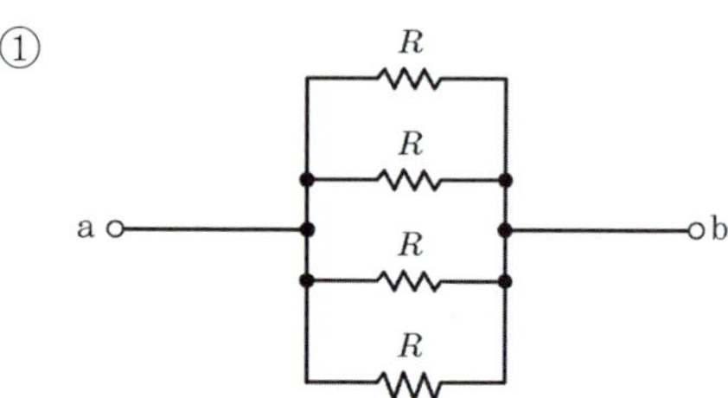

②

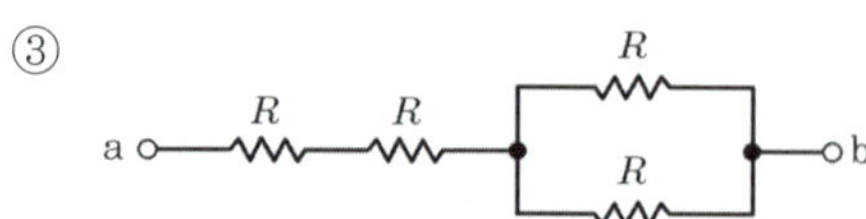

③

④

**해설**

① $\dfrac{1}{R_{합성}}=\dfrac{1}{R}+\dfrac{1}{R}+\dfrac{1}{R}+\dfrac{1}{R}=\dfrac{4}{R}$, $R_{합성}=\dfrac{R}{4}$

② $R_{합성}=\dfrac{R}{2}+\dfrac{R}{2}=R$

③ $R_{합성}=R+R+\dfrac{R}{2}=\dfrac{5R}{2}$

④ $R_{합성}=R+R+R+R=4R$

소비전력 $P=\dfrac{V^2}{R}$[W]이므로 $R_{합성}$ 값이 가장 작은 회로에서 소비전력이 가장 크다.

**12** 전류를 계속 흐르게 하려면 전압을 연속적으로 만들어주는 어떤 힘이 필요하게 되는데, 이 힘을 무엇이라고 하는가?

① 자기력　　② 전자력

③ 기전력　　④ 전기장

**해설**

① 자기력 : 자극 사이에 작용하는 힘

② 전자력 : 자기장 내 주어진 도체에 전류를 흘리면 전류 및 자계와 직각 방향으로 도체를 움직이는 힘

④ 전기장 : 전하로 인한 전기력이 미치는 공간

정답 10 ④　11 ①　12 ③

**13** 전압 200[V]이고 $C_1$=10[μF]와 $C_2$=5[μF]인 콘덴서를 병렬로 접속하면 $C_2$에 분배되는 전하량[$\mu C$]은?

① 100　　② 200
③ 500　　④ 1,000

해설
콘덴서 $C_1$, $C_2$가 병렬연결 되어 있는 경우 두 콘덴서 양단의 전압은 모두 200[V]로 같다.
$Q = CV$이므로
$Q_2 = C_2 V = (5\times10^{-6})\times200 = 10^{-3}$[C]$=1,000$[μC]

**14** 다음 물질 중 강자성체로만 짝지어진 것은?

① 철, 니켈, 코발트
② 니켈, 코발트, 비스무트
③ 망간, 니켈, 아연
④ 구리, 니켈, 아연

해설
- 강자성체 : ($\mu_s \gg 1$) 자화시킨 후 외부 자기장이 사라져도 자성체가 계속 자석의 성질을 유지하는 물질
  예 철, 코발트, 니켈, 망간
- 상자성체 : ($\mu_s > 1$) 자기장 안에 넣으면 자기장 방향으로 약하게 자화하고, 자석을 제거하면 자석의 성질을 잃어버리는 물질.
  예 알루미늄, 산소, 공기, 마그네슘, 백금, 텅스텐, 주석
- 반자성체 : ($\mu_s < 1$) 외부 자기장에 반대 방향으로 정렬하는 자기 모멘트를 가지는 물질.
  예 구리, 아연, 납, 수은, 안티모니
- 비자성체 : 자성이 약하거나 전혀 자성을 갖지 않아서 자화가 되지 않는 물체

**15** 3상 부하의 출력이 100[kW]이고 변압기의 수전전압이 13,200/200[V]인 경우 저압 측에 흐르는 부하전류의 유효분[A]은?

① 180　　② 210
③ 230　　④ 288

해설 13,200[V]는 1차측(전원 측, 고압 측) 선간전압이며, 200[V]는 2차측(부하 측, 저압 측) 선간전압이다.
소비전력 $P = \sqrt{3}\,V_l I_l \cos\theta = 100\times10^3$[W], $V_l = 200$[V]이고, 문제에서 주어지지 않은 역률은 1로 적용한다.
부하전류 $I_l = \dfrac{P}{\sqrt{3}\,V_l\cos\theta} = \dfrac{100\times10^3}{\sqrt{3}\times200\times1} \fallingdotseq 288$[A]이다.

**16** 도체계에서 임의의 도체를 일정 전위의 도체로 완전 포위하면 내외 공간의 전계를 완전히 차단할 수 있다. 이것을 무엇이라고 하는가?

① 표피효과　　② 핀치효과
③ 전자차폐　　④ 정전차폐

해설
① 표피효과 : 전선의 중심부로 갈수록 리액턴스가 증가하여 전류가 흐르기 어렵게 되어 전류는 도체 표면으로 갈수록 증가하는 현상
② 핀치효과 : 전류가 흐르고 있는 플라즈마가 그 자신이 만드는 자기장과의 상호작용으로 인해 가늘게 수축하는 현상
③ 전자차폐 : 전자유도에 의해 방해작용을 방지할 목적으로 투자율이 큰 자성 재료를 이용해서 감싸게 되면 전자계의 영향으로부터 차단하게 되는 현상

7개년 기출복원문제

정답 13 ④　14 ①　15 ④　16 ④

**17** 임피던스 $Z_1 = 12 + j16[\Omega]$, $Z_2 = 18 + j24[\Omega]$이 직렬로 접속된 회로에 전압 V = 200[V]를 가할 때 이 회로에 흐르는 전류[A]는?

① 2 ② 3

③ 4 ④ 5

**해설** 임피던스 $Z = Z_1 + Z_2 = (12 + j16) + (18 + j24)$ $= 30 + j40[\Omega]$, $|Z| = \sqrt{30^2 + 40^2} = 50[\Omega]$이다.
전압 $V = 200[\text{V}]$일 때 $I = \frac{V}{|Z|} = \frac{200}{50} = 4[\text{A}]$이다.

**18** 일정 거리를 두고 존재하는 두 자극 사이의 작용력은 흡인력이 생기는데 이 관계를 가장 잘 설명하고 있는 법칙은?

① 쿨롱의 법칙

② 앙페르의 오른나사 법칙

③ 패러데이 법칙

④ 줄의 법칙

**해설** ① 쿨롱의 법칙에 의한 두 자극 사이에 작용하는 힘은 $F = \frac{1}{4\pi\mu} \times \frac{m_1 \cdot m_2}{r^2}[\text{N}]$은 양 자극의 세기의 곱에 비례하며 자극 간 거리의 제곱에 반비례한다.
② 앙페르의 오른나사 법칙 : 전류의 흐름에 따른 자기장의 발생 방향을 나타내는 법칙
③ 패러데이 법칙 : 코일을 관통하는 자속을 변화시킬 때 코일에 유도기전력이 발생하는 법칙
④ 줄의 법칙 : 전류가 흐를 때 전류에 발생하는 발열량과의 관계를 나타내는 법칙

**19** 저항 3[Ω], 리액턴스 4[Ω]의 직렬회로에 교류전압 200[V]를 인가한 경우 소비되는 유효전력[W]은?

① 1,600 ② 3,600

③ 4,800 ④ 6,400

**해설** 임피던스 $\dot{Z} = R + jX = 3 + j4[\Omega]$,
$|Z| = \sqrt{3^2 + 4^2} = 5[\Omega]$이고 교류전압(실횻값) $V = 200[\text{V}]$이다.
전류 $I = \frac{V}{|Z|} = \frac{200}{5} = 40[\text{A}]$,
역률 $PF = \cos\theta = \frac{R}{|Z|} = \frac{3}{5} = 0.6$
$P = VI\cos\theta = 200 \times 40 \times 0.6 = 4{,}800[\text{W}]$

**20** 그림의 휘트스톤 브리지의 평형 조건은?

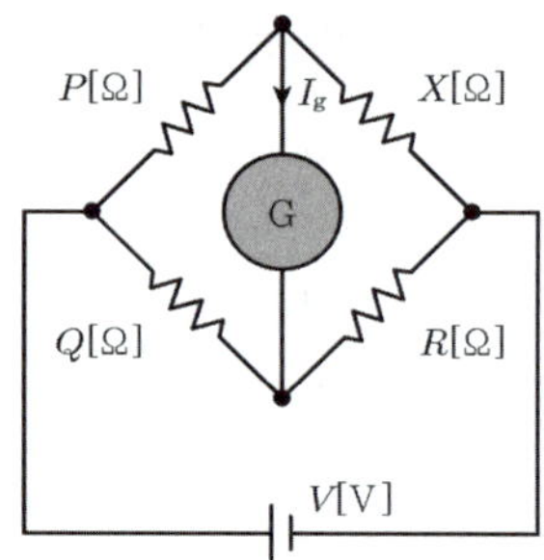


① $X = \frac{Q}{P} \times R$ ② $X = \frac{P}{Q} \times R$

③ $X = \frac{Q}{R} \times P$ ④ $X = \frac{P^2}{R} \times Q$

**해설** 휘트스톤 브리지의 검류계의 전류가 0일 때는 평형 상태라고 하며, 이때 평형 조건은 서로 마주보는 저항의 곱이 서로 같은 것이다. 즉, $P \times R = Q \times X$이다.
$X = \frac{P}{Q} \times R$이다.

정답 17 ③ 18 ① 19 ③ 20 ②

**21** 직류발전기 중 무부하 전압과 전부하 전압이 같도록 설계된 직류발전기는?

① 분권발전기　② 직권발전기
③ 평복권발전기　④ 차동복권발전기

> **해설** 직류발전기 특성
> • 과복권발전기 : 전부하 전압 > 무부하 전압
> • 평복권발전기 : 전부하 전압 = 무부하 전압
> • 부족복권발전기 : 전부하 전압 < 무부하 전압

**22** 단상 전파 정류회로에서 $\alpha = 60^\circ$일 때 정류전압은? (단, 전원 측 실횻값 전압은 100[V]이며, 유도성 부하를 가지는 제어 정류기이다.)

① 약 15[V]　② 약 25[V]
③ 약 35[V]　④ 약 45[V]

> **해설** 단상 전파 정류회로의 정류전압
> $V_d = \frac{2\sqrt{2}}{\pi}E\cos\alpha = \frac{2\sqrt{2}\times 100}{\pi}\cos 60^\circ \fallingdotseq 45[V]$

**23** 동기기의 무부하 포화곡선은 어느 것과의 관계를 나타내는가?

① 계자전류와 단자전압
② 계자전류와 정격전압
③ 정격전류와 단자전압
④ 정격전류와 정격전압

> **해설** 동기발전기가 정격속도에서 무부하로 운전하고 있는 경우 유기기전력은 자속에 비례한다. 무부하의 경우 자속은 계자전류에 의해서만 정해지므로 무부하 유기기전력과 계자전류의 관계 곡선을 그릴 수가 있는데, 이것을 무부하 포화곡선이라 한다.

**24** 3,000/3,300[V]인 단권 변압기의 자기용량[kVA]은? (단, 부하용량은 1,000[kVA]이다.)

① 약 90　② 약 70
③ 약 50　④ 약 30

> **해설** 승압용 단권 변압기의 특성
> $\frac{\text{자기용량}}{\text{부하용량}} = \frac{\text{승압전압}}{\text{고압측 전압}}$
> $\text{자기용량} = \text{부하용량} \times \frac{\text{승압전압}}{\text{고압측 전압}}$
> $= V_1 I_1 \times \frac{V_h - V_l}{V_h}[\%]$
> $= 1{,}000 \times \frac{3.3-3}{3.3} \fallingdotseq 90[kVA]$

**25** 정격 2차 전압 및 정격주파수에 대한 출력[kW]과 전체 손실[kW]이 주어졌을 때 변압기의 규약효율을 나타내는 식은?

① $\frac{\text{입력}}{\text{입력} - \text{전체손실}} \times 100[\%]$
② $\frac{\text{출력}}{\text{출력} + \text{전체손실}} \times 100[\%]$
③ $\frac{\text{출력}}{\text{출력} - \text{철손} - \text{동손}} \times 100[\%]$
④ $\frac{\text{출력} + \text{철손} + \text{동손}}{\text{입력}} \times 100[\%]$

> **해설** 변압기의 규약효율
> $\eta = \frac{\text{출력}}{\text{출력} + \text{손실}} \times 100[\%]$



정답　21 ③　22 ④　23 ①　24 ①　25 ②

## 26 단락비가 큰 동기발전기에 대한 설명으로 옳지 않은 것은?

① 단락전류가 크다.
② 동기 임피던스가 작다.
③ 전기자 반작용이 크다.
④ 공극이 크고 전압변동률이 작다.

**해설** 단락비가 큰 동기기의 특성
- 안정도가 높다.
- 중량이 무겁고 가격이 비싸다.
- 전압변동률이 작다.
- 전기자 반작용이 작다.
- 공극과 계자 기자력이 크다.
- 효율이 나쁘다.

## 27 변압기 V결선의 특징으로 옳지 않은 것은?

① 고장시 응급처치 방법으로도 쓰인다.
② 단상변압기 2대로 3상 전력을 공급한다.
③ 부하 증가가 예상되는 지역에 시설한다.
④ V결선시 출력은 $\Delta$결선시 출력과 크기가 같다.

**해설** 변압기 V결선시 출력은 $\Delta$결선시 출력과 다르다.
- V결선 출력비

$$\frac{\text{V결선 출력}}{\text{변압기 3대 용량}}=\frac{\sqrt{3}\,V_P I_P}{3V_P I_P}=\frac{\sqrt{3}}{3}=0.577$$
$=57.7[\%]$

## 28 그림이 나타내는 전동기는?

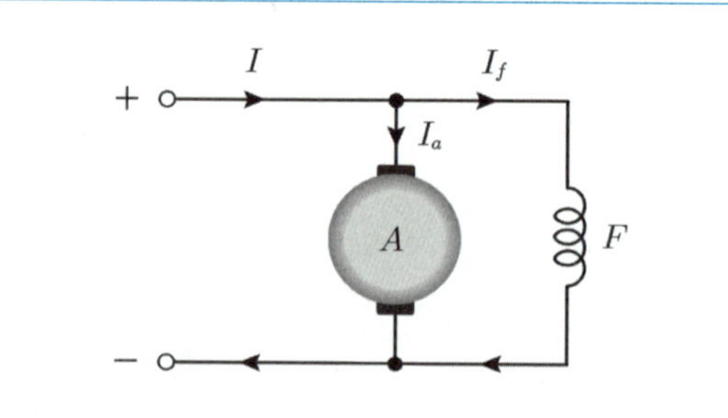


① 직권전동기
② 타여자전동기
③ 분권전동기
④ 복권전동기

**해설**
계자와 전기자가 병렬로 연결되어 있고, 전기자 전류가 들어가는 방향이므로 분권전동기를 나타낸 것이다.

## 29 3상 유도전동기의 원선도를 그리는 데 필요하지 않은 것은?

① 저항 측정 ② 무부하 시험
③ 구속 시험 ④ 슬립 측정

**해설** 3상 유도전동기 원선도
- 저항 측정 시험 : 1차 동손
- 무부하 시험 : 여자전류, 철손
- 구속 시험 : 2차 동손

정답 26 ③ 27 ④ 28 ③ 29 ④

**30** 교류회로에서 양방향 점호(ON) 및 소호(OFF)를 이용하며, 위상제어가 가능한 소자는?

① GTO ② TRIAC
③ SCR ④ IGBT

**해설** TRIAC은 양방향 점호 및 소호가 가능하고 위상제어가 가능하다.

**31** 정격전압 220[V]인 동기발전기를 무부하로 운전하였더니 단자전압이 253[V]가 되었다면 이 발전기의 전압변동률[%]은?

① 10 ② 13
③ 15 ④ 20

**해설** 전압변동률

$$\epsilon = \frac{V_o - V_n}{V_n} \times 100 = \frac{253-220}{220} \times 100 = 15[\%]$$

**32** 200[V], 50[Hz], 8극, 15[kW]의 3상 유도전동기에서 전부하 회전수가 720[rpm]이면 이 전동기의 2차 효율[%]은?

① 86 ② 96
③ 98 ④ 100

**해설**

- 동기속도 $N_S = \frac{120f}{p} = \frac{120 \times 50}{8} = 750[\text{rpm}]$
- 슬립 $s = \frac{750-720}{750} = 0.04 \ (S = \frac{N_S - N}{N_S})$
- 2차 효율 $\eta_2 = (1-s) \times 100[\%]$
  $= (1-0.04) \times 100 = 96[\%]$

**33** 변압기의 원리와 관계있는 것은?

① 전자유도 작용 ② 표피 작용
③ 전기자 반작용 ④ 편자 작용

**해설** 변압기의 원리는 1차에 전류를 흘려주면 자속이 2차 코일과 쇄교하여 기전력을 유도하는 전자유도작용이다.

**34** 3상 유도전동기의 슬립이 4[%], 2차 동손이 0.4[kW]인 경우 2차 입력[kW]은?

① 12 ② 10
③ 8 ④ 6

**해설** $P_2 : P_{c2} : P_o = 1 : s : (1-s)$
($P_2$ : 2차 입력, $P_{c2}$ : 2차 동손, $P_o$ : 2차 출력)

- 2차 동손 $P_{c2} = sP_2$
- 2차 입력 $P_2 = \frac{P_{c2}}{s} = \frac{0.4}{0.04} = 10[\text{kW}]$

**35** 그림은 동기기의 위상특성곡선을 나타낸 것이다. 전기자 전류가 가장 작게 흐를 때의 역률은?

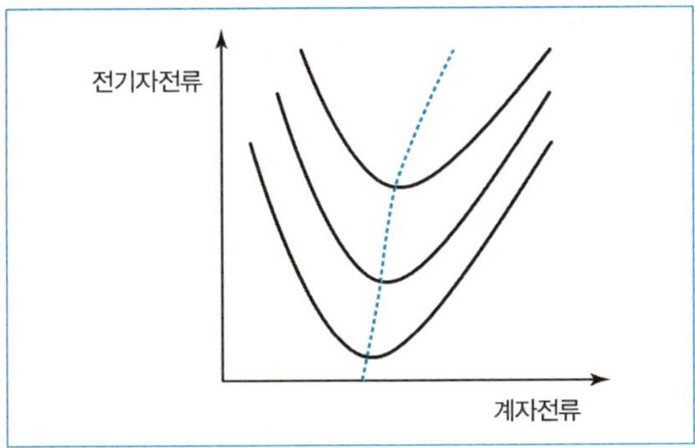


① 1 ② 0.9
③ 0.8 ④ 0

**해설** V곡선에서 최저점은 역률이 1인 상태이다.

정답 30 ② 31 ③ 32 ② 33 ① 34 ② 35 ①

**36** 그림은 직류발전기의 분류 중 어느 것에 해당되는가?

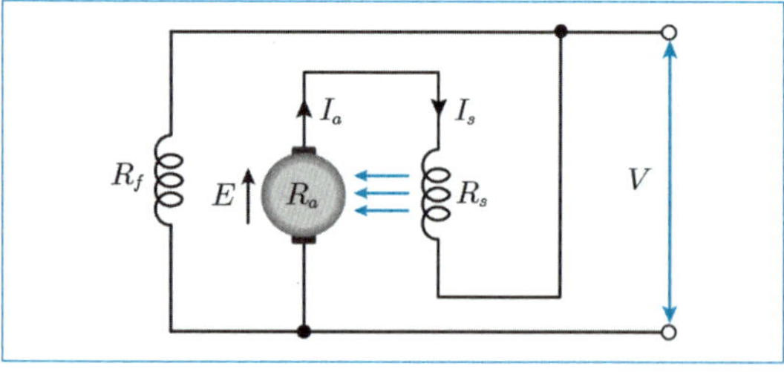


① 직권발전기 ② 타여자발전기
③ 복권발전기 ④ 분권발전기

**해설** 복권발전기는 전기자 도체와 직렬로 접속된 직권 계자가 있고 병렬로 접속된 분권 계자로 구성된다.

**37** 유도전동기 권선법에 해당하는 것은?

① 고정자 권선은 단층권, 분포권이다.
② 고정자 권선은 이층권, 집중권이다.
③ 고정자 권선은 단층권, 집중권이다.
④ 고정자 권선은 이층권, 분포권이다.

**해설** 고정자 권선은 중권, 이층권, 분포권, 단절권을 채용한다.

**38** 권선형 유도전동기에서 회전자 권선에 2차 저항기를 삽입하면?

① 회전수가 커진다.
② 변화가 없다.
③ 기동전류가 작아진다.
④ 기동토크가 작아진다.

**해설** 권선형 유도전동기에서 비례추이에 의하여 2차 저항기를 삽입하면 기동전류는 작아지고 기동토크는 커진다.

**39** 3상 변압기를 병렬운전하는 경우 불가능한 조합은?

① $\Delta - Y$와 $Y - \Delta$
② $\Delta - \Delta$와 $Y - Y$
③ $\Delta - Y$와 $\Delta - Y$
④ $\Delta - Y$와 $\Delta - \Delta$

**해설**

| 병렬운전이 불가능한 경우 | 병렬운전이 가능한 경우 |
|---|---|
| • Δ-Δ와 Δ-Y<br>• Y-Y와 Δ-Y | • Δ-Δ와 Δ-Δ<br>• Y-Y와 Y-Y<br>• Y-Δ와 Y-Δ<br>• Δ-Y와 Δ-Y<br>• Δ-Δ와 Y-Y<br>• V-V와 V-V |

**40** 동기발전기의 전기자 권선을 단절권으로 하면?

① 고조파를 제거한다.
② 절연이 잘 된다.
③ 역률이 좋아진다.
④ 기전력을 높인다.

**해설** 동기발전기에서 분포권과 단절권을 사용하는 이유는 고조파 제거로 인한 좋은 파형을 얻기 위함이다.

정답 36 ③ 37 ④ 38 ③ 39 ④ 40 ①

**41** 보호해야 하는 회로의 전류가 어떤 일정한 값 이상으로 흘렀을 때 동작하는 계전기는?

① 차동계전기 ② 과전류계전기
③ 과전압 계전기 ④ 비율차동계전기

해설 **과전류계전기**(OCR) : 일정한 값 이상의 전류가 흐르게 되면 동작하여 과부하전류 및 단락전류를 자동차단하는 기능을 가지는 보호장치

**42** 박강 전선관의 표준 굵기[mm]가 아닌 것은?

① 19 ② 25
③ 31 ④ 33

해설 [KS C 8401 강제 전선관의 치수]
- 후강 전선관의 표준 굵기[mm] : 16, 22, 28, 36, 42, 54, 70, 82, 92, 104의 10종, 안지름 기준, 짝수
- 박강 전선관의 표준 굵기[mm] : 19, 25, 31, 39, 51, 63, 75의 7종, 바깥지름 기준, 홀수

**43** 450/750[V] 일반용 단심 비닐절연전선의 약호는?

① DV ② NF
③ NR ④ OW

해설
- DV : 인입용 비닐절연전선
- OW : 옥외용 비닐절연전선
- NR : 450/750[V] 일반용 단심 비닐절연전선
- NF : 450/750[V] 일반용 유연성 단심 비닐절연전선
- NRI : 300/500[V] 기기 배선용 단심 비닐절연전선
- NFI : 300/500[V] 기기 배선용 유연성 단심 비닐절연전선

**44** 과전류차단기를 반드시 설치해야 하는 장소는?

① 접지공사의 접지도체
② 다선식 선로의 중성도체
③ 저압 옥내 간선의 전원측 전로
④ 전로의 일부에 접지공사를 한 저압 가공전로의 접지측 전선

해설 [과전류차단기 시설 제한 장소] (과전류차단기를 설치할 수 없는 곳)
- 접지공사의 접지도체
- 다선식 전로의 중성도체
- 전로의 일부에 접지공사를 한 저압 가공전선로의 접지측 전선

**45** 지지선의 중간에 넣는 애자는?

① 구형 애자 ② 내장 애자
③ 인류 애자 ④ 저압 핀 애자

해설
① 구형 애자 : 옥애자 혹은 지지선 애자라고도 하며 지지물과 대지 사이를 절연하는 동시에 지지선의 중간에 설치되어 장력 하중을 담당하기 위한 애자이다.
② 내장 애자 : 내장 부위에 사용되며 지지물로부터 전선의 장력 방향으로 설비되어 전선을 인류하고 장력을 지지하기 위한 애자이다.
③ 인류 애자 : 인입선을 수용가 붙임점에 고정, 지지하는 애자이다. '인류'란 한쪽 방향으로만 당겨짐을 의미한다.
④ 저압 핀 애자 : 핀 애자는 애자에 핀을 넣고 핀을 부착하는 애자이다. 저압용은 도체와 대지 간의 누설을 방지하고, 비가 올 때 표면이 건조하도록 제작된다.

정답 41 ② 42 ④ 43 ③ 44 ③ 45 ①

**46** 하나의 콘센트에 둘 또는 세 가지의 기계기구를 끼워 사용하는 것은?

① 멀티 탭 ② 키리스 소켓
③ 노출형 콘센트 ④ 아이언 플러그

**해설** 멀티탭은 하나의 콘센트에 여러 플러그를 연결하여 사용할 수 있는 기구이다.

**47** 단면적 6[$mm^2$] 이하의 가는 전선을 직선 접속할 때 사용하는 방법은?

① 슬리브 접속 ② 우산형 접속
③ 트위스트 접속 ④ 브리타니아 접속

**해설**
① 슬리브 접속 : 전선을 슬리브 안에 넣고 압착 공구를 사용하여 접속하는 방법
② 우산형 접속 : 연선의 권선 직선 접속 방법
③ 트위스트 접속 : 단면적 6[$mm^2$] 이하의 가는 단선을 접속하는 방법
④ 브리타니아 접속 : 단면적 10[$mm^2$] 이상의 굵은 단선 전선을 접속하는 방법

**48** 폭연성 먼지 또는 화약류의 분말로 인해 폭발할 우려가 있는 곳에 시설하는 저압 옥내 전기설비의 저압 옥내배선공사는?

① 애자공사 ② 금속관공사
③ 가요전선관공사 ④ 합성수지관공사

**해설** [한국전기설비규정 242.2.1 폭연성 먼지 위험장소] 저압 옥내배선, 저압 관등회로 배선 및 소세력 회로의 전선은 금속관공사 또는 케이블공사(캡타이어 케이블을 사용하는 것을 제외한다)에 의할 것

**49** 절연 전선으로 가선된 배전 선로에서 활선 상태인 전선의 피복을 벗기는 공구는?

① 애자 커버 ② 와이어 통
③ 전선 피박기 ④ 데드엔드 커버

**해설**
① 애자 커버 : 활선작업을 할 때 애자를 절연하여 작업자의 부주의로 접촉되더라도 안전사고를 방지하는 절연장구
② 와이어 통 : 충전되어 있는 활선을 움직이거나 작업권 밖으로 밀어낼 때 사용하는 절연봉
③ 전선 피박기 : 활선 상태인 전선의 피복을 벗기는 데 사용하는 공구
④ 데드엔드 커버 : 현수애자와 인류 클램프의 충전부를 방호하기 위한 활선작업용 엔드커버

**50** 셀룰로이드, 성냥, 석유류 기타 가연성 위험 물질을 제조하거나 저장하는 장소에 적합하지 않은 배선은?

① 애자공사
② 금속관공사
③ 케이블공사
④ 합성수지관공사(단, 두께 2[mm] 이상, 난연성)

**해설** [한국전기설비규정 242.4 위험물 등이 존재하는 장소] 셀룰로이드, 성냥, 석유류 기타 타기 쉬운 위험한 물질을 제조하거나 저장하는 곳에 시설하는 저압 옥내 전기설비는 금속관공사, 합성수지관공사, 케이블공사의 공사 방법을 따른다.

- 금속관공사에 사용하는 금속관은 박강 전선관 또는 이와 동등 이상의 강도를 가지는 것일 것
- 케이블공사에 사용하는 전선은 개장된 케이블 또는 MI 케이블을 사용하는 경우 이외에는 관 기타의 방호장치에 넣어 사용할 것
- 합성수지관공사는 두께 2[mm] 미만의 합성수지 전선관 및 난연성이 없는 콤바인 덕트관을 사용하는 것은 제외하며, 합성수지관 및 박스 기타의 부속품은 손상을 받을 우려가 없도록 시설할 것

정답 46 ① 47 ③ 48 ② 49 ③ 50 ①

**51** 가공전선로의 지지물에 시설하는 지지선의 안전율은 2.5 이상으로 시설해야 한다. 이 경우 허용 인장하중은 몇 [kN] 이상이어야 하는가?

① 2.43 ② 3.41
③ 4.31 ④ 5.26

**해설** [한국전기설비규정 331.11 지지선의 시설]
가공전선로의 지지물에 시설하는 지지선의 안전율은 2.5 이상, 허용 인장하중의 최저는 4.31[kN]으로 한다.

**52** 최대 사용전압이 70[kV]인 중성점 직접접지식 전로의 절연내력시험전압은 몇 [V]인가?

① 35,000 ② 50,400
③ 64,400 ④ 77,000

**해설** 최대사용전압이 70[kV]인 중성점 직접접지식 전로의 절연내력 시험전압
시험전압 $= 70,000 \times 0.72 = 50,400$[V]
[한국전기설비규정 132 전로의 절연저항 및 절연내력]
아래의 표에서 정한 시험전압을 전로와 대지 사이에 연속하여 10분간 가하여 절연내력을 시험했을 경우 이에 견뎌야 한다.

▶ 전로의 최대사용전압별 시험전압

| 최대사용전압 | 시험전압 |
|---|---|
| 7[kV] 이하의 전로 | 최대사용전압의 1.5배 |
| 7[kV] 초과 25[kV] 이하, 중성점 접지식 전로 | 최대사용전압의 0.92배 |
| 7[kV] 초과 60[kV] 이하인 전로 | 최대사용전압의 1.25배 (10.5[kV] 미만시 10.5[kV]) |
| 60[kV] 초과 170[kV] 이하, 중성점 비접지식 전로 | 최대사용전압의 1.25배 |
| 60[kV] 초과 170[kV] 이하, 중성점 접지식 선로 | 최대사용전압의 1.1배 (75[kV] 미만시 75[kV]) |
| 60[kV] 초과 170[kV] 이하, 중성점 직접접지식 선로 | 최대사용전압의 0.72배 |

**53** 저압 가공 인입선에서 금속관공사로 옮겨지는 곳 또는 금속관으로부터 전선을 뽑아 전동기 단자 부분에 접속할 때 사용하는 것은?

① 엘보 ② 터미널 캡
③ 접지 클램프 ④ 엔트런스 캡

**해설**
① 엘보 : 노출로 시공하는 금속관공사에서 관을 직각으로 구부리는 곳에 사용하는 전선관 부속재료
② 터미널 캡 : 서비스 캡이라고도 하며, 전동기에 접속하는 장소나 애자사용공사로 옮기는 장소의 관 끝에서 사용하는 등 노출 배관에서 금속관 배관으로 연결할 때 사용하는 전선관 부속 재료
③ 접지 클램프 : 전선을 보호하기 위해 금속제의 판, 관, 함 등을 접지할 때 접지선과의 접촉을 좋게 하기 위해 사용하는 부속 재료
④ 엔트런스 캡 : 전주나 강관 기둥과 같이 수직으로 설치된 전선관의 끝에 부착하여 빗물과 벌레의 유입을 방지하고 전선 피복을 보호하는 전선관 부속 재료

**54** 화약고 등의 위험장소에서 전기설비의 시설기준에 대한 내용으로 옳은 것은?

① 전기 기계기구는 전폐형을 사용할 것
② 전로의 대지전압은 400[V] 이하일 것
③ 옥내배선에 캡타이어 케이블공사로 시설할 것
④ 화약고 장소에 전용 개폐기 및 과전류차단기를 시설할 것



정답 51 ③ 52 ② 53 ② 54 ①

**해설** [한국전기설비규정 242.5.1 화약류 저장소에서 전기설비의 시설]
화약류 저장소 안에는 전기설비를 시설해서는 안 된다. 다만, 조명기구에 전기를 공급하기 위한 전기설비는 다음과 같은 기준으로 시설한다.
- 저압 옥내배선은 금속관공사, 케이블공사(캡타이어 케이블 사용 제외)에 의한다.
- 전로에 대지전압은 300[V] 이하로 한다.
- 전기 기계기구는 전폐형의 것으로 한다.
- 케이블의 전기 기계기구 인입시 인입구에서 케이블의 손상 우려가 없도록 시설한다.
- 화약류 저장소 안의 전기설비에 전기를 공급하는 전로에는 화약류 저장소 이외의 곳에 전용 개폐기 및 과전류차단기를 각 극(다선식 전로의 중성극은 제외)에 취급자 이외의 자가 쉽게 조작할 수 없도록 시설하고 또한 전로에 지락이 생겼을 때 자동적으로 전로를 차단하거나 경보하는 장치를 시설해야 한다.

**55** 가공전선로의 지지물에서 다른 지지물을 거치지 않고 수용장소의 인입선 접속점에 이르는 가공전선은?

① 관등회로 ② 옥외 배선
③ 가공인입선 ④ 이웃 연결 인입선

**해설**
① 관등회로 : 방전등용 안정기 또는 방전등용 변압기로부터 방전관까지의 전로
② 옥외 배선 : 건축물 외부의 전기사용장소에서 전기사용을 목적으로 고정시켜 시설하는 전선
③ 가공인입선 : 가공전선로의 지지물로부터 다른 지지물을 거치지 않고 수용장소의 붙임점까지 이르는 가공전선
④ 이웃 연결 인입선 : 한 수용장소의 인입선에서 나와 지지물을 경과하여 다른 수용장소의 인입구까지의 전선

**56** 지중에 매설되어 있는 금속제 수도관로는 대지와의 전기저항 값이 얼마 이하로 유지되어야 접지극으로 사용 가능한가?

① 3[Ω] ② 4[Ω]
③ 5[Ω] ④ 6[Ω]

**해설** [한국전기설비규정 142.2 접지극의 시설 및 접지저항]
수도관 등을 접지극으로 사용하는 경우는 다음에 의한다.
지중에 매설되어 있고 대지와의 전기저항 값이 3[Ω] 이하의 값을 유지하고 있는 금속제 수도관로가 다음에 따르는 경우 접지극으로 사용이 가능하다.
- 접지도체와 금속제 수도관로의 접속은 안지름 75[mm] 이상인 부분 또는 여기에서 분기한 안지름 75[mm] 미만인 분기점으로부터 5[m] 이내의 부분에서 하여야 한다. 다만, 금속제 수도관로와 대지 사이의 전기저항 값이 2[Ω] 이하인 경우에는 분기점으로부터의 거리는 5[m]를 넘을 수 있다.
- 접지도체와 금속제 수도관로의 접속부를 수도계량기로부터 수도 수용가 측에 설치하는 경우에는 수도계량기를 사이에 두고 양측 수도관로를 등전위본딩해야 한다.
- 접지도체와 금속제 수도관로의 접속부를 사람이 접촉할 우려가 있는 곳에 설치하는 경우에는 손상을 방지하도록 방호장치를 설치해야 한다.
- 접지도체와 금속제 수도관로의 접속에 사용하는 금속제는 접속부에 전기적 부식이 생기지 않아야 한다.

**57** 전주외등을 설치할 때 조명기구 인출선의 도체 단면적은 몇 [$mm^2$] 이상의 것이어야 하는가?

① 0.75 ② 1.0
③ 1.5 ④ 2.5

**해설** [한국전기설비규정 234.10 전주외등]
기구의 인출선은 도체 단면적이 0.75[$mm^2$] 이상일 것



정답 55 ③ 56 ① 57 ①

**58** 코드 상호 간 또는 캡타이어 케이블 상호 간 접속하는 경우 가장 많이 사용하는 기구는?

① T형 접속기 ② 코드 접속기
③ 박스용 커넥터 ④ 와이어 커넥터

**해설** [한국전기설비규정 234.4.2 코드 상호 또는 캡타이어 케이블 상호의 접속]
코드 상호, 캡타이어 케이블 상호 또는 이들 상호 간의 접속은 코드접속기, 접속함 및 기타 기구를 사용하여야 한다. 다만, 단면적이 10[$mm^2$] 이상의 캡타이어 케이블 상호를 접속하는 경우에는 접속부분을 전선의 접속 방법에 따라 시설하고 또한 다음에 의해 시설할 경우는 적용하지 않는다.
- 절연피복에는 자기융착성 테이프를 사용하거나 또는 동등 이상의 절연 효력을 갖도록 할 것
- 접속부분의 외면에는 견고한 금속제의 방호장치를 할 것

**59** DV 전선을 사용하는 저압 구내 가공인입전선으로 전선의 길이가 15[m]를 초과하는 경우 그 전선의 지름은 몇 [mm] 이상을 사용해야 하는가?

① 1.5 ② 2.0
③ 2.5 ④ 2.6

**해설** [한국전기설비규정 221.1.1 저압 인입선의 시설]
전선이 케이블인 경우 이외에는 인장강도 2.30[kN] 이상의 것 또는 지름 2.6[mm] 이상의 인입용 비닐절연전선일 것 다만, 경간이 15[m] 이하인 경우는 인장강도 1.25[kN] 이상의 것 또는 지름 2[mm] 이상의 인입용 비닐절연전선일 것

**60** 접지저항 측정 방법으로 가장 적당한 것은?

① 전력계 ② 절연저항계
③ 교류전압계 ④ 코올라우시 브리지

**해설**
① 전력계 : 수용설비의 부하 소비전력을 측정하는 계기
② 절연저항계 : 옥내배선 또는 전기기기의 저압전로와 대지 사이의 절연 저항을 측정하는 계기
③ 교류전압계 : 수용설비의 교류전압을 측정하는 계기
④ 코올라우시 브리지 : 접지저항을 측정하는 방법



정답 58 ② 59 ④ 60 ④

# 2021년 제4회 기출복원문제

**01** 전기 분해를 통하여 석출된 물질의 양은 통과한 전기량 및 화학당량과 어떤 관계가 있는가?

① 전기량과 화학당량에 비례한다.
② 전기량과 화학당량에 반비례한다.
③ 전기량에 비례하고 화학당량에 반비례한다.
④ 전기량에 반비례하고 화학당량에 비례한다.

**해설** 패러데이의 법칙
- 전기 분해를 하는 동안 전극에 흐르는 전하량과 전기 분해로 인해 생긴 화학 변화의 양 사이의 정량적인 관계를 나타내는 법칙. 전기량이 같을 때 석출되는 물질의 양은 전류의 전기량과 비례한다.
- $W=KQ=KIt$[g]
  ($W$ : 석출되는 물질의 양, $k$ : 화학당량$=\frac{\text{원자량}}{\text{원자가}}$)

**02** 저항 2[Ω]과 3[Ω]을 병렬로 연결했을 때의 전류는 직렬로 연결했을 때 전류의 몇 배인가?

① 0.24 ② 3.16
③ 4.17 ④ 6

**해설** 직렬로 접속했을 때 합성저항 $R=R_1+R_2=5$[Ω]
병렬로 접속했을 때 합성저항 $R=\frac{R_1\times R_2}{R_1+R_2}=\frac{2\times3}{2+3}=1.2$[Ω]
전압이 일정할 때 전류와 저항은 서로 반비례하므로
$I_{병렬}:I_{직렬}=R_{직렬}:R_{병렬}=5:1.2$
$I_{병렬}=\frac{5}{1.2}\times I_{직렬}=4.17\times I_{직렬}$

**03** 주파수가 1,000[Hz]일 때 용량성 리액턴스에 10[A]의 전류가 흘렀다면 주파수 2,000[Hz]인 경우 전류[A]는?

① 5 ② 10
③ 20 ④ 40

**해설** 용량성 리액턴스 $X_C=\frac{1}{\omega C}=\frac{1}{2\pi fC}$이므로 주파수 $f$와 용량성 리액턴스 $X_C$는 반비례한다.
주파수가 1,000[Hz]일 때 용량성 리액턴스를 $X_C$라고 하면 전류 $I=\frac{V}{X_C}=10$[A]이다.
주파수 2,000[Hz]일 때 용량성 리액턴스는 $\frac{1}{2}X_C$이고 전류 $I=\frac{V}{\frac{1}{2}X_C}=2\times\frac{V}{X_C}=20$[A]이다.

**04** 기전력 1.5[V], 내부저항 0.2[Ω]인 전지 5개를 직렬로 접속하여 단락시켰을 때의 전류[A]는?

① 1.5 ② 2.5
③ 5.5 ④ 7.5

**해설** 기전력 1.5[V], 내부저항 0.2[Ω]인 전지 5개를 직렬로 접속되어 있을 때 총 기전력 $1.5\times5=7.5$[V], 총 내부저항 $0.2\times5=1$[Ω]이다.
단락시켰을 때의 전류 $I=\frac{V}{R}=\frac{7.5}{1}=7.5$[A]이다.

정답 01 ① 02 ③ 03 ③ 04 ④

**05** 2[μF], 3[μF], 5[μF]의 콘덴서 3개를 병렬로 접속했을 때의 합성 정전용량[μF]은?

① 2.5　② 4
③ 8　④ 10

해설 3개의 정전용량을 병렬로 접속했을 때 합성 정전용량은 $C=C_1+C_2+C_3=2+3+5=10$[μF]이다.

| 합성 정전용량 | |
|---|---|
| 직렬연결 | $\frac{1}{C}=\frac{1}{C_1}+\frac{1}{C_2}+\frac{1}{C_3}$ |
| 병렬연결 | $C=C_1+C_2+C_3$ |

**06** R-C 병렬회로의 역률은?

① $\frac{R}{\sqrt{R^2+{X_C}^2}}$　② $\frac{X_C}{\sqrt{R^2+{X_C}^2}}$
③ $\frac{X_C}{R^2+{X_C}^2}$　④ $\frac{R\cdot X_C}{\sqrt{R^2+{X_C}^2}}$

해설 R-C 병렬회로에서는 어드미턴스로 역률과 위상을 해석하는 것이 편리하다.

어드미턴스 $\dot{Y}=\frac{1}{R}+j\frac{1}{X_C}$,

$$|Y|=\sqrt{\left(\frac{1}{R}\right)^2+\left(\frac{1}{X_C}\right)^2}=\frac{\sqrt{R^2+X_C^2}}{R\cdot X_C}$$

역률 $PF=\cos\theta=\frac{\frac{1}{R}}{|Y|}=\frac{\frac{1}{R}}{\frac{\sqrt{R^2+{X_C}^2}}{R\cdot X_C}}$

$$=\frac{X_C}{\sqrt{R^2+{X_C}^2}}$$

**07** 3상 변압기를 병렬운전하는 경우 불가능한 조합은?

① △-Y와 △-△　② △-△와 Y-Y
③ △-Y와 △-Y　④ Y-△와 Y-△

해설

| 병렬운전이 불가능한 경우 | 병렬운전이 가능한 경우 |
|---|---|
| • △-△와 △-Y<br>• Y-Y와 △-Y | • △-△와 △-△<br>• Y-Y와 Y-Y<br>• Y-△와 Y-△<br>• △-Y와 △-Y<br>• △-△와 Y-Y<br>• V-V와 V-V |

**08** 200[V]의 교류 전원에 전류가 450[A]이고 역률이 90[%]인 경우 소비전력[kW]은?

① 90　② 45
③ 36　④ 81

해설 소비전력 $P=VI\cos\theta=200\times450\times0.9$
$=81,000$[W]$=81$[kW]

**09** 전원과 부하가 모두 Y결선인 3상 평형 회로가 있다. 상전압이 200[V], 부하 임피던스 $\dot{Z}=8+j6$[Ω]인 경우 상전류[A]는?

① 20　② $\frac{20}{\sqrt{3}}$
③ $20\sqrt{3}$　④ $10\sqrt{3}$

해설 임피던스 $\dot{Z}=8+j6$[Ω],
$|Z|=\sqrt{8^2+6^2}=10$[Ω],
상전압 $V_p=200$[V]이므로
상전류 $I_l=\frac{V_p}{|Z|}=\frac{200}{10}=20$[A]

정답 05 ④　06 ②　07 ①　08 ④　09 ①

**10** 환상 솔레노이드에 감겨진 코일에 권회수를 3배로 늘리면 자체 인덕턴스는 몇 배로 되는가?

① $\frac{1}{3}$ ② 3
③ $\frac{1}{9}$ ④ 9

**해설** 환상 솔레노이드의 자체 인덕턴스 $L=\frac{\mu SN^2}{l}$이므로 권회수를 3배로 늘리면 자체 인덕턴스는 9배가 된다.
($S$ : 단면적, $N$ : 코일 횟수, $\mu$ : 투자율, $l$ : 솔레노이드 둘레)

**11** 전류의 열작용과 관계가 있는 법칙은 어느 것인가?

① 옴의 법칙
② 줄의 법칙
③ 키르히호프의 법칙
④ 플레밍의 오른손 법칙

**해설** 줄의 법칙은 전류가 흐를 때 전류에 발생하는 발열량과의 관계를 나타내는 법칙이다.
$H=0.24I^2Rt$[cal]

**12** 자기 인덕턴스 $L_1$, $L_2$와 상호 인덕턴스가 $M$일 때, 일반적인 자기 결합 상태에서 결합계수 $k$는?

① $k<0$ ② $0<k<1$
③ $k>1$ ④ $k=1$

**해설** 상호 인덕턴스 $M=k\sqrt{L_1L_2}$, $k=\frac{M}{\sqrt{L_1L_2}}$

| [결합계수 $k$] | • $k=0$ : 자기적 결합이 전혀 없는 경우<br>• $0<k<1$ : 누설자속이 있는 경우<br>• $k=1$ : 완전한 자기적 결합인 경우(누설자속이 0인 경우) |
|---|---|

**13** 자속밀도 1[Wb/m$^2$]은 몇 [gauss]인가?

① $4\pi\times10^{-7}$ ② $10^{-6}$
③ $10^4$ ④ $\frac{4\pi}{10}$

**해설** [gauss, 가우스]는 자속밀도의 CGS 단위이다.
1[Wb/m$^2$]$=\frac{10^8\text{[max]}}{10^4\text{[cm}^2\text{]}}=10^4$[max/cm$^2$]$=10^4$[gauss]
1[gauss]$=10^{-4}$[Wb/m$^2$]

**14** 전하의 성질을 잘못 설명한 것은?

① 같은 종류의 전하는 흡인하고 다른 종류의 전하끼리는 반발한다.
② 대전체에 들어있는 전하를 없애려면 접지시킨다.
③ 대전체의 영향으로 비대전체에 전기가 유도된다.
④ 전하는 가장 안정한 상태를 유지하려는 성질이 있다.

**해설** 같은 종류의 전하는 반발하고, 다른 종류의 전하는 흡인한다.

**15** 자극의 세기 5[Wb]의 점에 자극을 놓았을 때 50[N]의 힘이 작용하였다. 이 자기장의 세기[AT/m]는?

① 5 ② 10
③ 15 ④ 20

**해설** 힘과 자기장 사이의 관계식 $F=mH$[N]에서 자기장의 세기 $H=\frac{F}{m}=\frac{50}{5}=10$[AT/m]

정답 10 ④ 11 ② 12 ② 13 ③ 14 ① 15 ②

**16** 전계의 세기 60[V/m], 전속밀도 100[C/m$^2$]인 유전체의 단위 체적에 축적되는 에너지[J/m$^3$]는?

① 1,000　② 3,000
③ 6,000　④ 12,000

**해설** 전계의 세기 $E=60$[V/m],
전속밀도 $D=100$[C/m$^2$]
단위 체적당 축적되는 에너지
$W=\frac{1}{2}DE=\frac{1}{2}\times100\times60=3,000$[J/m$^2$]

**17** $R_1=3[\Omega]$, $R_2=5[\Omega]$, $R_3=6[\Omega]$의 저항 3개를 병렬로 접속한 회로에 30[V]의 전압을 가하였다면 이때 $R_1$ 저항에 흐르는 전류[A]는?

① 6　② 10
③ 15　④ 20

**해설** $R_1=3[\Omega]$, $R_2=5[\Omega]$, $R_3=6[\Omega]$의 저항 3개를 병렬로 접속한 회로에서 각 저항 양단의 전압 $V_1$, $V_2$, $V_3$는 모두 인가된 전압 30[V]와 같다. 즉,
$V_1=V_2=V_3=30$[V]
저항 $R_1$에 흐르는 전류 $I_1=\frac{V_1}{R_1}=\frac{30}{3}=10$[A]
저항 $R_2$에 흐르는 전류 $I_2=\frac{V_2}{R_2}=\frac{30}{5}=6$[A]
저항 $R_3$에 흐르는 전류 $I_3=\frac{V_3}{R_3}=\frac{30}{6}=5$[A]

**18** 권수 400회의 코일에 5[A]의 전류가 흘러서 0.04[Wb]의 자속이 코일을 지난다고 하면, 이 코일의 자체 인덕턴스[H]는?

① 0.25　② 0.32
③ 2.5　④ 3.2

**해설** 권수 $N=400$회, 전류 $I=5$[A],
자속 $\phi=0.04$[Wb]
자기 인덕턴스 $L=\frac{N\phi}{I}=\frac{400\times0.04}{5}=3.2$[H]

**19** $i=200\sqrt{2}\sin\left(\omega t+\frac{\pi}{2}\right)$[A]를 복소수로 표시하면?

① 200　② j200
③ $200+j200$　④ $200\sqrt{2}+j200\sqrt{2}$

**해설** 순시전류 $i=200\sqrt{2}\sin\left(\omega t+\frac{\pi}{2}\right)$[A]에서
최댓값 $I_m=200\sqrt{2}$[A], 실홋값 $I_{rms}=\frac{I_m}{\sqrt{2}}=\frac{200\sqrt{2}}{\sqrt{2}}$
$=200$[A], 위상 $\theta=\frac{\pi}{2}=90°$이다.
위 전류를 복소수로 표현하면 $\dot{I}=I_{rms}\angle\theta=200\angle90°$
$=200(\cos90°+j\sin90°)=j200$[A]

**20** 반지름이 5[mm]인 구리선에 10[A]의 전류가 흐르고 있을 때 단위 시간당 구리선의 단면을 통과하는 전자의 개수는? (단, 전자의 전하량 $e=1.602\times10^{-19}$[C]이다.)

① $6.24\times10^{17}$　② $6.24\times10^{19}$
③ $1.28\times10^{21}$　④ $1.28\times10^{23}$

**해설** $Q=I\cdot t=ne$, $e=1.602\times10^{-19}$[C]
단위 시간당 전자의 개수
$n=\frac{I\cdot t}{e}=\frac{10\times1}{1.602\times10^{-19}}=6.24\times10^{19}$[개]

7개년 기출복원문제

정답 16 ② 17 ② 18 ④ 19 ② 20 ②

**21** 유도전동기에서 슬립이 커지면 증가하는 것은?

① 2차 출력　② 2차 효율
③ 2차 주파수　④ 회전속도

**해설** 슬립이 증가하면
- 2차 주파수 $f_2 = sf_1$ → 증가
- 2차 효율 $\eta_2 = \frac{P_o}{P_2} = \frac{(1-s)P_2}{P_2} = 1-s$ → 감소
  ($P_0$ : 2차 출력, $P_2$ : 2차 입력)
- 2차 출력 $P_0 = (1-s)P_2$[W] → 감소
- 회전속도 $N = (1-s)N_S$[rpm] → 감소

**22** 동기전동기의 특징으로 옳지 않은 것은?

① 전부하의 효율이 양호하다.
② 부하의 역률을 조정할 수 있다.
③ 공극이 좁으므로 기계적으로 튼튼하다.
④ 부하가 변하여도 같은 속도로 운전할 수 있다.

**해설** 동기전동기의 특징
- 속도가 일정하다.
- 역률을 조정할 수 있다.
- 효율이 좋다.
- 공극이 크고 기계적으로 튼튼하다.

**23** 다음 중 자기 소호 기능이 가장 좋은 소자는?

① GTO　② SCR
③ TRIAC　④ LASCR

**해설** GTO(Gate Turn-Off Thyristor)는 게이트 신호로 on-off가 자유롭고 개폐 동작이 빠르며, 주로 직류의 개폐에 사용되며 자기 소호 기능이 가장 좋다.

**24** 직류발전기에서 기전력에 대해 90° 늦은 전류가 흐를 때의 전기자 반작용은?

① 감자 작용　② 증자 작용
③ 횡축 반작용　④ 교차 자화 작용

**해설** 직류발전기의 전기자 반작용
- R부하(동상전류) : 교차 자화 작용
- L부하(지상전류) : 감자 작용
- C부하(진상전류) : 증자 작용

**25** 복권발전기의 병렬운전을 안전하게 하기 위해 두 발전기의 전기자와 직권 권선의 접속점에 연결해야 하는 것은?

① 집전환　② 균압선
③ 안정저항　④ 브러시

**해설** 복권발전기 운전 중 과복권발전기로 운전시 발전기 특성상 수하특성이 있지 않으므로 안정적으로 운전하기 위해 균압선을 연결해야 한다.

**26** 양호한 정류를 얻기 위한 브러시의 조건으로 옳지 않은 것은?

① 마모, 마멸이 작아야 한다.
② 마찰에 의한 저항이 작아야 한다.
③ 내열성이 커야 한다.
④ 접촉 저항이 커야 한다.

**해설** 양호한 정류를 얻기 위해서는 브러시의 접촉 저항이 커야 한다.

정답　21 ③　22 ③　23 ①　24 ①　25 ②　26 ②

**27** 변압기 철심에는 철손을 적게 하기 위해 철이 몇 [%]인 강판을 사용하는가?

① 약 50~55[%]
② 약 60~70[%]
③ 약 76~86[%]
④ 약 96~97[%]

**해설** 변압기는 히스테리시스손을 줄이기 위해 철심에 3~4[%] 정도의 규소를 함유한다. 이때 철심에서 철의 비중은 약 96~97[%]를 차지한다.

**28** 동기 와트 $P_2$, 출력 $P_o$, 슬립 $s$, 동기속도 $N_s$, 회전속도 $N$, 2차 동손 $P_{c2}$일 때 2차 효율을 표기한 것으로 옳지 않은 것은?

① $1-s$
② $\dfrac{P_{c2}}{P_2}$
③ $\dfrac{P_o}{P_2}$
④ $\dfrac{N}{N_s}$

**해설** 2차 효율 $\eta_2=\dfrac{P_o}{P_2}=\dfrac{(1-s)P_2}{P_2}=1-s=\dfrac{N}{N_s}$

**29** 2대의 동기발전기 A, B가 병렬운전하고 있을 때 A의 여자전류를 증가시키면?

① A의 역률은 낮아지고 B의 역률은 높아진다.
② A의 역률을 높아지고 B의 역률은 낮아진다.
③ A, B 양 발전기의 역률이 높아진다.
④ A,B 양 발전기의 역률이 낮아진다.

**해설**
- 병렬운전 중에 있는 발전기의 여자전류를 적당하게 하여 유기기전력을 같게 하지 않으면 무효순환전류가 흘러 두 발전기의 역률이 달라지고 발전기는 과열된다.
- 여자전류가 증가한 발전기는 기전력이 향상되므로 무효순환전류가 발생하여 무효분의 값이 증가한다. 따라서 A의 역률은 낮아지고 B의 역률은 높아진다.

**30** 동기발전기의 병렬운전 조건이 아닌 것은?

① 유도기전력의 크기가 같을 것
② 동기발전기의 용량이 같을 것
③ 유도기전력의 위상이 같을 것
④ 유도기전력의 주파수가 같을 것

**해설** 동기발전기의 병렬운전 조건
- 기전력의 크기가 같을 것
- 기전력의 위상이 같을 것
- 기전력의 주파수가 같을 것
- 기전력의 파형이 같을 것

**31** 유도전동기의 슬립이 1이면 전동기의 속도 $N$은?

① 동기속도보다 빠르다.
② 정지한다.
③ 불변이다.
④ 동기속도와 같다.

**해설** $s=\dfrac{N_s-N}{N_s}=1$이 되기 위해서는 $N=0$, 정지상태를 나타낸다.

[슬립] $s=\dfrac{N_s-N}{N_s}$

- 정지시($N=0$)

$$s=\frac{N_s-0}{N_s}=1$$

- 동기속도로 운전시($N=N_s$)

$$s=\frac{N_s-N_s}{N_s}=0$$

정답 27 ④ 28 ② 29 ① 30 ② 31 ②

## 32 사이리스터 중 3단자 형식이 아닌 것은?

① SCR　② GTO
③ DIAC　④ TRIAC

**해설**
① SCR : PNPN의 4층 구조로 된 사이리스터의 대표적인 3단자 소자로서 양극(Anode), 음극(Cathode) 및 게이트(Gate)의 3개의 단자를 가지고 있다. 게이트에 흐르는 작은 전류로 큰 전력을 제어할 수 있다.
② GTO(게이트 턴 오프 사이리스터) : 게이트에 역방향으로 전류를 흘리면 자기 소호하는 양극, 음극 및 게이트의 3개의 단자를 가진 사이리스터로 직류 및 교류 제어용 소자로 사용된다.
③ DIAC : 다이오드 2개를 역병렬로 접속한 것과 등가의 트리거 소자로서 브레이크오버 전압 이상시 ON이 되며, 유지전류 이하로 떨어지면 OFF가 된다.
④ TRIAC(양방향성 3단자 사이리스터) : 사이리스터 2개를 역병렬로 접속한 것과 등가로 양방향으로 전류가 흘러 교류 제어용으로 사용되는 소자로서 전력제어용, 조광 다이얼(AC) 등 교류 제어용으로만 사용된다.

## 33 권선형에서 비례추이를 이용한 기동법은?

① 2차 저항법
② 기동 보상기법
③ 리액터 기동법
④ $Y-\Delta$ 기동법

**해설** **권선형 유도전동기의 기동법**(2차 저항법)
비례추이의 원리에 의하여 큰 기동토크를 얻고 기동전류도 억제하여 기동한다.

## 34 동기기에서 사용되는 절연재료로 B종 절연물의 온도 상승 한도는 약 몇 [℃]인가? (단, 기준온도는 공기 중에서 40[℃]이다.)

① 65　② 75
③ 90　④ 120

**해설** 절연물의 최고 허용온도는 표와 같이 분류된다. B종 절연물의 최고 허용온도가 130[℃]이므로 기준온도 40[℃]를 빼면 B종 절연물의 온도 상승 한도는 90[℃]가 된다.

| 절연물 | Y종 | A종 | E종 | B종 | F종 | H종 | C종 |
|---|---|---|---|---|---|---|---|
| 최고허용 온도 [℃] | 90 | 105 | 120 | 130 | 155 | 180 | 180 초과 |

## 35 워드 레오나드 방식의 목적은?

① 계자 자속 조정　② 토크 조정
③ 속도제어　④ 병렬운전

**해설** 워드 레오나드 방식은 타여자 전동기의 전압 제어에 주로 이용되는 속도제어 방식으로 광범위한 속도 조정을 원활하고 효율적으로 할 수 있는 방식이다. 속도 변동률이 적고 가역적이므로 가장 우수한 속도제어법이나 설비비가 많이 드는 단점이 있다.

## 36 슬립 4[%]인 유도전동기의 등가 부하저항은 2차 저항의 몇 배인가?

① 5　② 19
③ 20　④ 24

**해설** $R=r_2(\frac{1-s}{s})=r_2\times(\frac{1-0.04}{0.04})=24r_2$

## 37 낮은 전압을 높은 전압으로 승압할 때 일반적으로 사용되는 3상 변압기의 결선 방식은?

① $\Delta-\Delta$결선　② $\Delta-Y$결선
③ $Y-Y$결선　④ $Y-\Delta$결선

정답 32 ③ 33 ① 34 ③ 35 ③ 36 ④ 37 ②

해설
- $\Delta-Y$결선 : 발전소용 변압기와 같이 낮은 전압을 높은 전압으로 승압하는 데 사용
- $Y-\Delta$결선 : 수전단 변전소용 변압기와 같이 높은 전압을 낮은 전압으로 강압하는 데 사용

**38** **직류발전기의 무부하 포화곡선과 관계되는 것은 어느 것인가?**

① 단자전압과 여자전류
② 단자전압과 부하전류
③ 유도기전력과 계자전류
④ 부하전류와 회전속도

해설 무부하 포화곡선은 정격속도가 일정하고 무부하 상태, 즉 전류 $I=0$의 경우 계자전류 $I_f$와 유기기전력 E의 관계를 나타낸 것으로 모든 특성곡선의 기초이다.

**39** **1대의 출력이 100[kVA]인 단상 변압기 2대로 V 결선하여 3상 전력을 공급할 수 있는 최대 전력 [kVA]은?**

① 100 ② $100\sqrt{2}$
③ $100\sqrt{3}$ ④ 200

해설
- 단상 변압기 3대 $\Delta$결선 출력
  $P_\Delta = 3P$[kVA] (단, P : 변압기 1대의 용량[kVA])
- 단상 변압기 2대 V결선 출력
  $P_V = \sqrt{3}P$[kVA] (실제출력)
  $\therefore \sqrt{3}\times 100 = 100\sqrt{3}$ [kVA]

**40** **3상 유도전동기의 회전 방향을 바꾸려면?**

① 전원의 극수를 바꾼다.
② 전원의 주파수를 바꾼다.
③ 3상 전원 3선 중 두 선의 접속을 바꾼다.
④ 기동 보상기를 이용한다.

해설 3상 유도전동기의 3선 중 2선의 접속(상회전 순서)을 바꾸어 주면 회전자계가 반대로 형성되어 회전 방향이 반대가 된다.

**41** **디지털 계전기의 장점이 아닌 것은?**

① 신뢰성이 높다.
② 진동의 영향을 받지 않는다.
③ 폭넓은 연산 기능을 갖는다.
④ 자동 점검 중에도 동작이 가능하다.

해설 [디지털 계전기의 장점]
- 통신 기능을 갖는다.
- 고도의 자동감시 기능 및 진단 기능을 갖는다.
- 소모 전력이 작아서 CT, PT 등에 대한 부담이 적다.
- IC, LSI 등 집적도가 높은 소자들로 구성되어 소형화하기 쉽다.
- 가동부가 없어서 마찰, 반동, 관성, 진동 등에 의한 오동작이나 오차가 없다.
- 계전기의 기능이 소프트웨어로 정해져 하나의 계전기로 다수의 기능을 활용할 수 있다.
- 반도체 소자의 고감도, 고속도 스위치 특성을 이용하여 고속, 고감도 계전기 실현이 가능하다.
- 하드웨어의 변경 없이 프로그램을 변경하여 다른 보호기능을 얻을 수 있어 하드웨어의 표준화가 가능하다.

[디지털 계전기의 단점]
- 서지에 약하다.
- 왜형파로 오동작하기 쉽다.
- 고 신뢰도의 전원 공급이 필수적이다.
- 주위 온도에 따라 특성이 변할 수 있다.
- 서지에 약하고 왜형파로 인한 오동작으로 낮은 신뢰도를 갖는다.



정답 38 ③ 39 ③ 40 ③ 41 ①

**42** **변류기 개방시 2차측을 단락하는 이유는?**

① 변류비 유지
② 측정 오차 감소
③ 2차측 절연 보호
④ 2차측 과전류 보호

> **해설** 변류기 2차측을 개방할 경우 2차측 유기기전력의 값이 매우 크게 걸려 절연이 파괴되어 변류기가 파손되기 때문에 반드시 2차측을 단락시켜야 한다.

**43** **성냥, 석유류, 셀룰로이드 등 기타 가연성 위험 물질을 제조 또는 저장하는 장소의 배선으로 틀린 것은?**

① 애자공사
② 금속관공사
③ 케이블공사
④ 합성수지관공사(두께 2[mm] 이상, 난연성)

> **해설** [한국전기설비규정 242.4 위험물 등이 존재하는 장소]
> 셀룰로이드·성냥·석유류 기타 타기 쉬운 위험한 물질을 제조하거나 저장하는 곳에 시설하는 저압 옥내 전기설비는 아래의 공사 방법을 따른다.
> • 금속관공사
> • 케이블공사(캡타이어 케이블 사용 제외)
> • 합성수지관공사(두께 2[mm] 미만의 합성수지 전선관 및 난연성이 없는 콤바인 덕트관 사용 제외)에 따름.

**44** **래크(rack) 배선을 사용하는 전선로는?**

① 고압 가공전선로
② 고압 지중전선로
③ 저압 가공전선로
④ 저압 지중전선로

> **해설** 래크(rack) 배선은 저압 가공전선로에 완금없이 래크(애자)를 전주에 수직으로 설치하여 전선을 수직 배선하는 방식이다.

**45** **코드나 케이블 등을 기계기구 단자 등에 접속할 때 몇 [$mm^2$]가 넘으면 그림과 같은 터미널 러그(압착 단자)를 사용해야 하는가?**

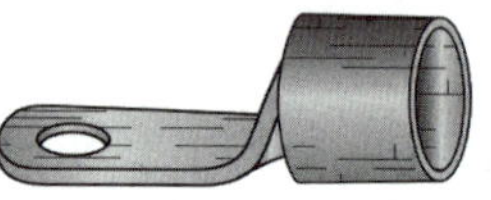

① 4 ② 6
③ 8 ④ 10

> **해설** [한국전기설비규정 234.4.3 코드 또는 캡타이어 케이블과 전기사용 기계기구와의 접속]
> 기구단자가 누름나사형, 크램프형이거나 이와 유사한 구조가 아닌 경우는 단면적 10[$mm^2$]를 초과하는 단선 또는 단면적 6[$mm^2$]를 초과하는 연선에 터미널 러그를 부착할 것. 다만, 기구의 용량이 30[A] 이하이고, 기구단자에 접속하는 전선이 연선인 경우는 적당히 연선의 소선수를 감소하여 터미널 러그를 생략할 수 있다.

**46** **KEC(한국전기설비규정)에 의한 저압 가공전선의 굵기 및 종류에 대한 설명 중 틀린 것은?**

① 사용전압이 400[V] 초과인 저압 가공전선에는 인입용 비닐절연전선을 사용한다.
② 사용전압이 400[V] 이하인 저압 가공전선은 지름 2.6[mm] 이상의 경동선이어야 한다.
③ 저압 가공전선에 사용하는 나전선은 중성선 또는 다중 접지된 접지측 전선으로 사용하는 전선에 한한다.
④ 사용전압이 400[V] 초과인 저압 가공전선으로 시가지 외에 시설하는 것은 4.0[mm] 이상의 경동선이어야 한다.



정답 42 ③ 43 ① 44 ③ 45 ② 46 ①

**해설** [한국전기설비규정 222.5 저압 가공전선의 굵기 및 종류]
- 저압 가공전선은 나전선, 절연전선, 다심형 전선 또는 케이블을 사용해야 한다.
- 나전선은 중성선 또는 다중접지된 접지측 전선으로 사용하는 전선에 한한다.
- 사용전압이 400[V] 초과인 저압 가공전선에는 인입용 비닐절연전선을 사용해서는 안 된다.
- 사용전압이 400[V] 이하인 저압 가공전선(케이블 제외)

| | 나전선 | 절연전선(경동선) |
|---|---|---|
| 지름 | 3.2[mm] | 2.6[mm] |
| 인장강도 | 3.43[kN] | 2.3[kN] |

- 사용전압이 400[V] 초과인 저압 가공전선(케이블 제외)

| | 시가지(경동선) | 시가지 외(경동선) |
|---|---|---|
| 지름 | 5[mm] | 4[mm] |
| 인장강도 | 8.01[kN] | 5.26[kN] |

## 47 인입용 비닐절연전선을 나타내는 약호는?

① DV ② NR
③ NV ④ OW

**해설**
① DV : 인입용 비닐절연전선
② NR : 450/750[V] 일반용 단심 비닐절연전선
③ NV : 클로로프렌 절연비닐외장케이블
④ OW : 옥외용 비닐절연전선

## 48 전기 저항이 작고, 부드러운 성질이 있어 구부리기가 용이하여 주로 옥내배선에 사용하는 구리선의 명칭은?

① 경동선 ② 연동선
③ 중공 연선 ④ 합성 연선

**해설**
- 경동선 : 인장 강도가 우수하기 때문에 옥외에 노출되어 사용되는 전선에 주로 사용한다. 배전용 가공전선(옥외용 나전선)이나 옥외 변전소의 기기를 연결하는 동선, 동바(bar)에 사용한다.
- 연동선 : 도전율이 우수하지만 강도가 떨어지는 특성을 갖는다. 부드럽고 가요성이 뛰어나 옥내배선이나 큰 힘을 받지 않는 기기 내부의 동선에 주로 사용한다.

## 49 전선의 굵기가 6[mm$^2$] 이하인 가는 단선의 전선 접속은 어떤 접속으로 해야 하는가?

① 슬리브 접속
② 쥐꼬리 접속
③ 트위스트 접속
④ 브리타니아 접속

**해설**
- 트위스트 접속 : 전선의 굵기가 6[mm$^2$] 이하의 가는 단선 전선을 접속하는 방법
- 브리타니아 접속 : 전선의 굵기가 10[mm$^2$] 이상 굵은 단선 전선을 접속하는 방법

## 50 나전선을 상호 간 접속하는 경우 일반적으로 전선의 세기를 몇 [%] 이상 감소시키지 않아야 하는가?

① 10 ② 15
③ 20 ④ 25

**해설** [한국전기설비규정 123 전선의 접속]
전선의 세기(인장하중)를 20[%] 이상 감소시키지 아니할 것. 다만 점퍼선을 접속하는 경우와 기타 전선에 가해지는 장력이 전선의 세기에 비해 현저히 작은 경우에는 적용하지 않는다.

정답 47 ① 48 ② 49 ③ 50 ③

**51** 폭연성 먼지가 있는 위험장소에 금속관 배선에 의할 경우 관 상호 및 관과 박스 기타의 부속품이나 풀 박스 또는 전기 기계기구는 몇 턱 이상의 나사 조임으로 접속해야 하는가?

① 2턱 ② 3턱
③ 4턱 ④ 5턱

**해설** [한국전기설비규정 242.2.1 폭연성 먼지 위험장소]
금속관공사에 의하는 때에는 관 상호 간 및 관과 박스 기타의 부속품・풀박스 또는 전기 기계기구와는 5턱 이상 나사 조임으로 접속하는 방법 기타 이와 동등 이상의 효력이 있는 방법에 의하여 견고하게 접속하고 또한 내부에 먼지가 침입하지 아니하도록 시설할 것

**52** 저압 수전방식 중 단상 3선식은 평형이 되게 하는 것이 원칙이지만 부득이한 경우 설비 불평형률은 몇 [%]까지로 할 수 있는가?

① 20 ② 30
③ 40 ④ 50

**해설** [저압 수전의 단상 3선식]
- 저압 수전의 단상 3선식에서 중성선과 각 전압 측 전선간의 부하는 평형이 되게 하는 것을 원칙으로 한다.
- 부득이한 경우 설비 불평형률을 40[%]까지 할 수 있다.
- 계약전력 5[kW] 정도 이하의 설비에서 소수의 전열기구류를 사용할 경우 등 완전한 평형을 얻을 수 없는 경우는 설비불평형률을 40[%]를 초과할 수 있다.

**53** 금속덕트를 취급자 이외에 출입할 수 없는 곳에서 수직으로 설치하는 경우 지지점 간의 거리는 최대 몇 [m] 이하로 해야 하는가?

① 1.5 ② 2.0
③ 3.0 ④ 6.0

**해설** [한국전기설비규정 232.31.3 금속덕트의 시설]
덕트를 조영재에 붙이는 경우에는 덕트의 지지점 간의 거리를 3[m](취급자 이외의 자가 출입할 수 없도록 설비한 곳에서 수직으로 붙이는 경우에는 6[m]) 이하로 하고 또한 견고하게 붙일 것

**54** 다음 중 버스덕트의 종류가 아닌 것은?

① 피더 버스덕트
② 케이블 버스덕트
③ 탭붙이 버스덕트
④ 플러그인 버스덕트

**해설** 버스덕트의 종류
- 피더 버스덕트 : 도중에 부하를 접속하지 않은 것
- 탭붙이 버스덕트 : 종단 및 중간에서 기기 또는 전선 등과 접속시키기 위한 탭을 가진 버스덕트
- 트롤리 버스덕트 : 도중에 이동 부하를 접속할 수 있도록 트롤리 접속식 구조로 한 것
- 익스펜션 버스덕트 : 열 신축에 따른 변화량을 흡수하는 구조인 것
- 플러그인 버스덕트 : 도중에 부하 접속용으로 꽂음 플러그를 만든 것
- 트랜스포지션 버스덕트 : 각 상의 임피던스를 평균시키기 위해서 도체 상호의 위치를 관로 내에서 교체시키도록 만든 버스덕트

**55** 480[V] 가공 인입선이 철도를 횡단할 때 레일면상의 최저 높이는 약 몇 [m]인가?

① 3.0 ② 4.5
③ 5.0 ④ 6.5

정답 51 ④ 52 ③ 53 ④ 54 ② 55 ④

해설 [한국전기설비규정 221.1.1 저압 인입선의 시설]
전선의 높이는 다음에 의할 것
- 도로(차도와 보도의 구별이 있는 도로인 경우에는 차도)를 횡단하는 경우 : 노면상 5[m](기술상 부득이한 경우에 교통에 지장이 없을 때에는 3[m]) 이상
- 철도 또는 궤도를 횡단하는 경우 : 레일면상 6.5[m] 이상
- 횡단보도교의 위에 시설하는 경우에는 노면상 3[m] 이상
- 위의 경우를 제외한 경우에는 지표상 4[m](기술상 부득이한 경우에 교통에 지장이 없을 때에는 2.5[m]) 이상

**56** 수 · 변전 설비에서 계기용 변류기(CT)의 설치 목적은?

① 선로 전류 조정
② 지락 전류 측정
③ 대전류를 소전류로 변성
④ 고전압을 저전압으로 변성

해설 **계기용 변류기**(Current Transformer)
고전압 · 대전류의 계측 등에서 계기와 전기회로 사이에 삽입하여 계측하기 쉽게 하기 위한 장치. CT라는 약어로 부르며 대전류를 소전류로 변성한다.

**57** 전기 배선용 도면을 작성할 때 사용하는 매입 콘센트 도면 기호는?

 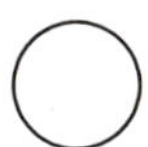  

해설 심벌 기호의 명칭

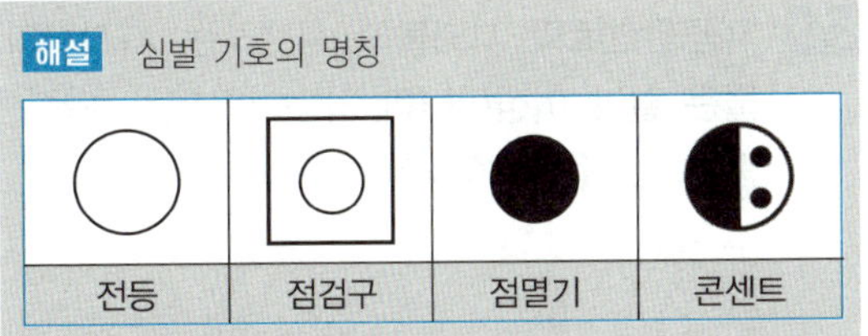


**58** 실내 전체를 균일하게 조명하는 방식으로 광원을 일정한 간격으로 배치하며 공장, 학교, 사무실 등에서 채용되는 조명 방식은?

① 국부 조명 ② 간접 조명
③ 전반 조명 ④ 직접 조명

해설
① 국부 조명 : 필요한 곳만을 강하게 조명하는 조명법
② 간접 조명 : 빛의 90[%] 이상을 벽이나 천장에 비추어 반사되는 빛을 이용한 조명법
③ 전반 조명 : 실내에서 천장등 등에 의해 방 전체를 조도 분포를 고르게 조명하는 조명법
④ 직접 조명 : 광원으로부터의 빛이 대부분 작업면에 직접 조사되는 조명법

**59** 〈보기〉의 괄호 안에 들어갈 알맞은 말은?

보기
뱅크(Bank)란 전로에 접속된 변압기 또는 (          )의 결선상 단위를 말한다.

① 리액터 ② 단로기
③ 차단기 ④ 콘덴서

해설 뱅크(bank)란 전로에 접속된 변압기 또는 콘덴서의 결선에 따른 묶음을 이르는 단위이다.
예 3대의 단상 변압기로 3상 전력을 변성하는 경우, 3대 → 1뱅크

정답 56 ③ 57 ④ 58 ③ 59 ④

**60** 가공전선로의 지지물에 시설하는 지지선의 안전율은 얼마 이상이어야 하는가? (단, 허용 인장하중은 4.31[kN] 이상)

① 1.5 ② 2.0
③ 2.5 ④ 3.0

**해설** [한국전기설비규정 331.11 지지선의 시설]
가공전선로의 지지물에 시설하는 지지선의 안전율은 2.5 이상, 허용 인장하중의 최저는 4.31[kN]으로 한다.



정답 60 ③

# 2022년 제1회 기출복원문제

**01** 5[Wh]는 몇 [J]인가?

① 3,600 ② 6,000
③ 12,000 ④ 18,000

**해설** 1[J] = 1[W] × 1[초]이므로
1[Wh] = 1[W] × 1[시간] = 1[W] × 3,600[초]
= 3,600[J]이다.
5[Wh] = 5 × 3,600[J] = 18,000[J]

**02** 다음 회로에서 10[Ω]에 걸리는 전압[V]은?

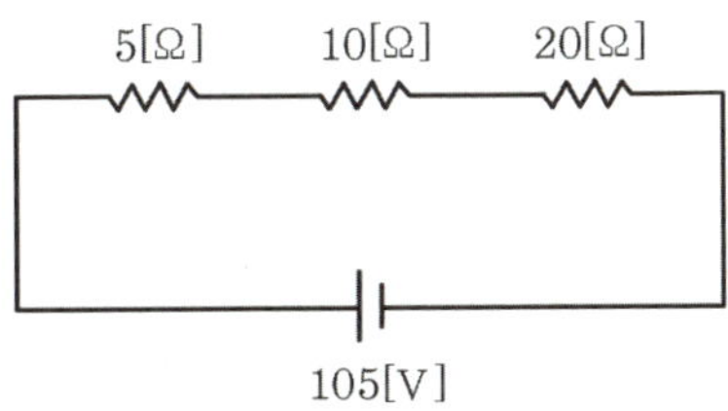


① 5 ② 10
③ 20 ④ 30

**해설** 회로에서 합성저항은 $R_t = 5+10+20 = 35[\Omega]$이다.
전류 $I = \frac{E}{R_t} = \frac{105}{35} = 3[A]$이다.
10[Ω]에 걸리는 전압 $V_{10[\Omega]} = IR = 3\times 10 = 30[V]$이다.

**다른 풀이**
전압의 분배법칙을 활용하면 $V_1 : V_2 : V_3 = R_1 : R_2 : R_3$이므로

$$V_1 = \frac{R_1}{R_1+R_2+R_3}\times V,\ V_2 = \frac{R_2}{R_1+R_2+R_3}\times V,$$

$$V_3 = \frac{R_3}{R_1+R_2+R_3}\times V$$이다.

$$V_{10[\Omega]} = \frac{10}{5+10+20}\times 105 = 30[V]$$이다.

**03** 정격전압에서 1[kW]의 전력을 소비하는 저항에 정격의 90%의 전압을 가했을 때, 전력[W]은?

① 630 ② 720
③ 810 ④ 900

**해설** $P = V\times I = 1[kW]$이며 $R = \frac{V}{I}$이다.
저항 $R$이 일정한 상태에서 전압이 $0.9V$이면 전류 또한 $0.9I$이다.
따라서 $P' = V'\times I' = 0.9V\times 0.9I = 0.81P$
$= 0.81\times 1000[W] = 810[W]$

**04** 1[C]의 전하에 100[V]의 전압을 가했을 때, 두 점 사이를 이동할 때 일의 양[J]은?

① 10 ② 50
③ 100 ④ 500

**해설** 일 $W = QV = 1[C]\times 100[V] = 100[J]$

**05** 다음 중 쿨롱의 법칙을 나타내는 공식으로 옳은 것은?

① $F = K\times \frac{m_1 m_2}{r}$ ② $F = K\times \frac{m_1 m_2}{r^2}$
③ $F = K\times \frac{r}{m_1 m_2}$ ④ $F = K\times \frac{r^2}{m_1 m_2}$



정답 01 ④ 02 ④ 03 ③ 04 ③ 05 ②

**해설** 쿨롱의 법칙에 의하면 두 자극 사이에 작용하는 힘 $F=K\times\frac{m_1 \cdot m_2}{r^2}$[N]이다.

**06** 다음 중 자극의 세기 $m$[Wb]과 길이 $l$[m]인 자석에서 자기 모멘트 $M$을 나타낸 식은?

① $M=\frac{1}{2}ml$　② $M=\frac{m}{l}$
③ $M=\frac{l}{m}$　④ $M=ml$

**해설** **자기 모멘트**(magnetic moment) : 자기장을 생성하는 가장 작은 단위. 자극의 세기가 $m$[Wb]이고 길이가 $l$[m]인 자석에서의 자극의 세기와 자석의 곱
$M=m\cdot l$[Wb·m]

**07** 아래와 같은 회로에서 회로에 흐르는 전류[A]는?

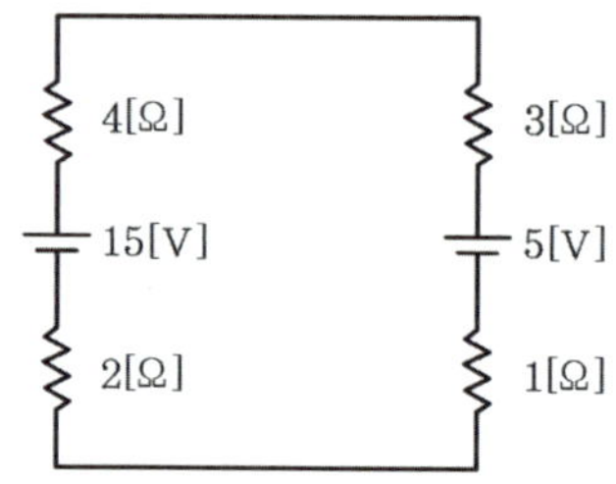


① 1　② 2
③ 3　④ 4

**해설** 회로에서의 기전력 $E=15-5=10$[V], 합성저항 $R=4+2+3+1=10$[Ω]이다.
따라서 전류 $I=\frac{E}{R}=\frac{10}{10}=1$[A]

**08** 저항 3[Ω], 유도 리액턴스 4[Ω]의 직렬회로에 교류 100[V]를 가할 때 흐르는 전류[A]와 위상각[°]은?

① 15[A], 37°　② 15[A], 53°
③ 20[A], 37°　④ 20[A], 53°

**해설** $Z=R+jX=3+j4$[Ω]이므로
$|Z|=\sqrt{3^2+4^2}=5$[Ω], $\tan\theta=\frac{4}{3}$, $\theta=\tan^{-1}\left(\frac{4}{3}\right)=53°$
$I=\frac{V}{|Z|}=\frac{100}{5}=20$[A]이다.

**09** 어느 코일에서 0.1초 동안에 1[A]의 전류가 변화할 때 코일에 유도되는 기전력이 20[V]이면, 이 코일의 자체 인덕턴스[H]는?

① 1　② 2
③ 3　④ 4

**해설** 패러데이 법칙에 의해 $|e|=L\frac{di}{dt}$[V]이다.
$di=1$[A], $dt=0.1$[초]이므로 $|e|=L\frac{1}{0.1}=L\times10=20$[V]이다.
자체 인덕턴스 $L=2$[H]이다.

**10** 환상 솔레노이드에 감겨진 코일에 권선수를 3배로 늘리면 자체 인덕턴스는 몇 배로 되는가?

① $\frac{1}{3}$　② $\frac{1}{9}$
③ 3　④ 9

**해설** 환상 솔레노이드의 자체 인덕턴스 $L=\frac{\mu SN^2}{l}$이므로 감는 횟수를 3배로 늘리면 자체 인덕턴스는 9배가 된다.
($S$ : 단면적, $N$ : 코일 횟수, $\mu$ : 투자율, $l$ : 솔레노이드 둘레)



정답 06 ④ 07 ① 08 ④ 09 ② 10 ④

**11** 비사인파의 일반적인 구성이 아닌 것은?

① 삼각파　② 고조파
③ 기본파　④ 직류분

해설 푸리에 급수 분석법
- 비정현파를 여러 개의 정현파의 합으로 표시하는 방법
- 비정현파 $f(t)$ = 직류분 + 기본파 + 고조파(제2고조파 + 제3고조파 + ⋯)

**12** 도체가 운동하여 자속을 끊었을 때 기전력의 방향을 알아내는 데 편리한 법칙은?

① 옴의 법칙
② 패러데이의 법칙
③ 플레밍의 왼손 법칙
④ 플레밍의 오른손 법칙

해설 도체가 운동하여 자속을 끊어 기전력을 발생시키는 것은 발전기의 원리이다.
① 옴의 법칙 : 전류의 세기는 두 점 사이의 전압에 비례하고, 저항에 반비례한다는 법칙
② 패러데이의 법칙 : 코일을 관통하는 자속을 변화시킬 때 코일에 유도기전력이 발생하는 법칙
③ 플레밍의 왼손 법칙 : (전동기의 원리) 자기장 내에서 도선에 전류가 흐를 때 도선이 받는 힘의 방향을 결정하는 법칙
④ 플레밍의 오른손 법칙 : (발전기의 원리) 일정한 자기장 내의 도체를 움직일 때 전기가 발생하는 법칙

**13** 전압 220[V], 전력 60[W]인 전구 10개를 20시간 동안 사용하였을 때의 사용 전력량[kWh]은?

① 12　② 24
③ 60　④ 120

해설 전구 1개당 소비되는 전력은 60[W]이므로 전체 소비되는 전력 $P_t = 60[\text{W}] \times 10[\text{개}] \times 20[\text{h}] = 12{,}000[\text{Wh}] = 12[\text{kWh}]$

**14** 저항 8[Ω]과 리액턴스 6[Ω]이 직렬 연결된 회로에 전압 $100\sqrt{2}\sin\omega t$[V]를 인가하였을 경우, 전류의 실횻값[A]은?

① 5　② $5\sqrt{2}$
③ 10　④ $10\sqrt{2}$

해설 임피던스 $Z = R + jZ = 8 + j6[\Omega]$,
$|Z| = \sqrt{8^2 + 6^2} = 10[\Omega]$
전류 $I = \frac{V}{|Z|} = \frac{100\sqrt{2}\sin\omega t}{10} = 10\sqrt{2}\sin\omega t$[A]이므로 전류의 실횻값은 10[A]이다.

**15** 다음 중 [Wb] 단위를 사용하는 것은?

① 자하　② 전하
③ 전장의 세기　④ 투자율

해설
① 자하 $m$[Wb]
② 전하 $Q$[C]
③ 전장의 세기 $E$[V/m]
④ 투자율 $\mu$[H/m]

**16** 반지름 5[cm], 권수 10회인 원형 코일에 15[A]의 전류가 흐르면 코일 중심의 자장의 세기[AT/m]는?

① 500　② 1,000
③ 1,500　④ 2,000



정답 11 ① 12 ④ 13 ① 14 ③ 15 ① 16 ③

**해설** 원형 코일의 중심에서 자기장의 세기

$H=\frac{NI}{2a}$[AT/m]

($N$ : 코일을 감은 횟수, $a$ : 원형 코일의 반지름)

$H=\frac{10\times15}{2\times5\times10^{-2}}=1,500$[AT/m]

## 17 그림의 휘스톤 브리지의 평형 조건은?

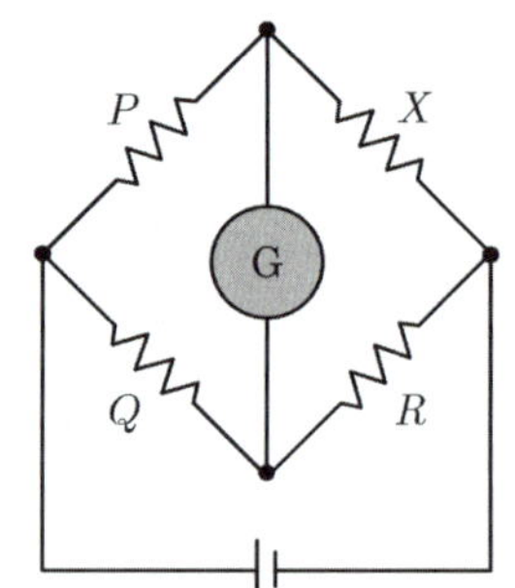


① $X=\frac{Q}{P}\times R$　② $X=\frac{P}{Q}\times R$

③ $X=\frac{Q}{R}\times P$　④ $X=\frac{P}{R}\times Q$

**해설** 평형 조건은 $P\times R=X\times Q$이며, 이때 미지의 저항 $X=\frac{P}{Q}\times R$[Ω]이다.

## 18 주파수 10[Hz]일 때 주기[sec]는?

① 0.1　② 1

③ 10　④ 20

**해설** 주파수와 주기는 역수 관계이다.

$T=\frac{1}{f}=\frac{1}{10}=0.1$[sec]이다.

## 19 정전용량이 10[μF]인 콘덴서 2개를 병렬로 했을 때의 합성 정전용량은 직렬로 했을 때의 합성 정전용량과 비교했을 때 어떻게 변화하는가?

① $\frac{1}{4}$배로 줄어든다.

② $\frac{1}{2}$배로 줄어든다.

③ 2배로 늘어난다.

④ 4배로 늘어난다.

**해설**
- 정전용량이 10[μF]인 콘덴서 2개를 병렬로 했을 때의 합성 정전용량은 $C_t=C_1+C_2=10+10=20$[μF]
- 정전용량이 10[μF]인 콘덴서 2개를 직렬로 했을 때의 합성 정전용량은 $C_t=\frac{1}{C_1}+\frac{1}{C_2}=\frac{1}{10}+\frac{1}{10}=5$[μF]

## 20 4L의 물을 15℃에서 90℃로 온도를 높이는 데 1[kW]의 커피포트를 사용하여 30분간 가열하였다. 이 커피포트의 효율[%]은?

① 56.2　② 69.4

③ 81.3　④ 84.7

**해설** $Q=CMT$($Q$ : 열량, $C$ : 비열, $M$ : 질량, $T$ : 온도변화)

4L(=4[kg])의 물을 15℃에서 90℃로 온도를 높이는 데 필요한 열량 : 1[kcal/kg・℃]×4[kg]×(90℃−15℃)=300[kcal]

1[kW]의 커피포트를 사용하여 30분간 가열하는 데 사용한 열량 : 1[kW]×30×60[초]=1800[kJ]

=0.24×1800[kcal]=432[kcal]

커피포트의 효율 $\eta=\frac{300}{432}\times100=69.4$[%]

정답 17 ② 18 ① 19 ④ 20 ②

**21** 전기자 권선을 중권으로 하였을 때 다음 중 틀린 것은?

① 전기자 권선의 병렬 회로수는 극수와 같다.
② 브러시 수는 항상 2개이다.
③ 저전압 기계에 적합하다.
④ 전류가 큰 기계에 적합하다.

**해설**

| 비교 | 중권 | 파권 |
|---|---|---|
| 병렬 회로수($a$) | 극수($p$) | 2 |
| 브러시 수 | 극수($p$) | 2 |
| 용도 | 저전압, 대전류용 | 고전압, 소전류용 |
| 균압환 | 4극 이상의 경우 필요 | 필요 없음 |

**22** 다음 중 분권전동기의 토크($T$)와 회전수($N$)의 관계로 올바른 것은?

① $T \propto N$ ② $T \propto N^2$
③ $T \propto \frac{1}{N}$ ④ $T \propto \frac{1}{N^2}$

**해설** 분권전동기에서 토크는 전류에 비례하고 전류와 속도(회전수)는 반비례하므로 토크와 속도(회전수)는 반비례한다.

$T \propto I \propto \frac{1}{N}$

**23** 직류분권발전기의 전기자 저항이 0.1[Ω], 전기자 전류가 104[A], 유도기전력이 110.4[V]일 때 단자 전압은?

① 100 ② 102
③ 104 ④ 106

**해설** $E = V + I_a R_a$

$V = E - I_a R_a = 110.4 - 0.1 \times 104 = 100[\mathrm{V}]$

**24** 직류분권발전기에서 계자전류가 6[A], 전기자 전류가 100[A]일 때 부하전류[A]는?

① 106 ② 102
③ 94 ④ 92

**해설** 발전기는 전기자에서 전류가 흘러나와 계자와 부하로 공급되는 구조이므로 100 − 6 = 94[A]이다.

**25** 그림은 여러 직류전동기의 속도 특성곡선을 나타낸 것이다. '가'에 해당하는 것은?

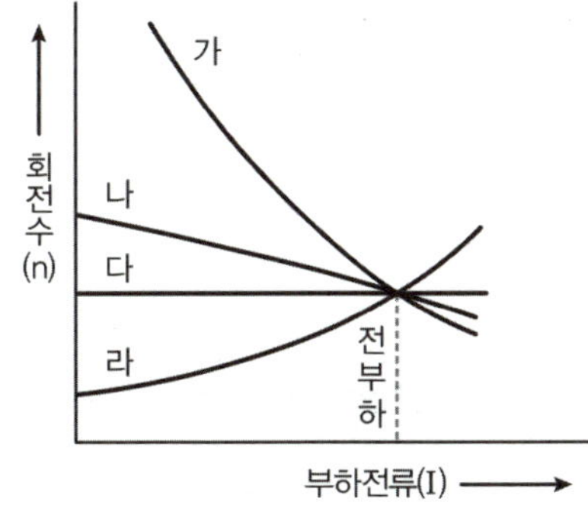


① 직권전동기 ② 분권전동기
③ 가동복권전동기 ④ 차동복권전동기



정답 21 ② 22 ③ 23 ① 24 ③ 25 ①

**해설**

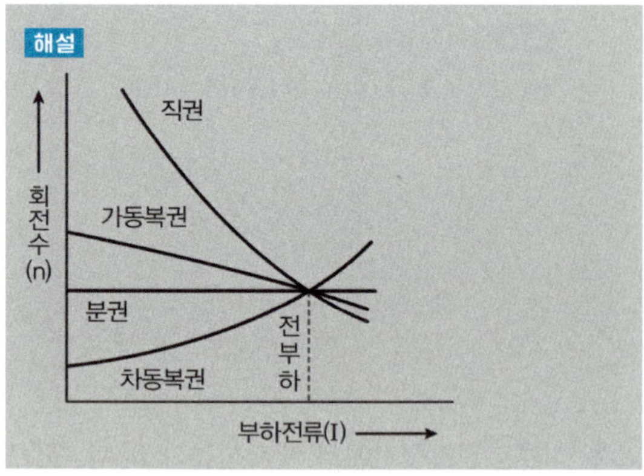


**26** 직류전동기에서 전부하 속도가 1,500[rpm], 속도 변동률이 2[%]일 때 무부하 회전속도[rpm]는?

① 1,455 ② 1,410
③ 1,530 ④ 1,590

**해설** 속도 변동률

$N_o$(무부하속도), $N_n$(정격속도)

$$\epsilon = \frac{N_o - N_n}{N_n} \times 100[\%]$$

$$\epsilon = \frac{N_o - 1,500}{1,500} \times 100 = 2[\%]$$

$N_o = 1,500 + 30 = 1,530$[rpm]

**27** 직류분권전동기의 회전 방향을 바꾸기 위한 방법은?

① 극성을 바꾸어 준다.
② 전기자 전류의 방향을 바꾸어 준다.
③ 직류전동기는 회전 방향을 바꿀 수 없다.
④ 계자전류와 전기자 전류의 방향을 바꾸어 준다.

**해설** 직류전동기의 회전 방향을 바꾸기 위해서는 계자 전류 또는 전기자 전류 둘 중 하나의 전류 방향을 바꾸어 주어야 한다.

**28** 변압기에 콘서베이터(Conservator)를 설치하는 목적은?

① 열화 방지 ② 강제 순환
③ 통풍 장치 ④ 코로나 방지

**해설** 콘서베이터는 유입 변압기에서 기름이 공기에 접촉하면 열화하므로 이것을 막기 위해 외함 상부에 작은 용적의 원통형 용기를 두고 이것을 외함에 연결하여 외함 내에 공기의 부분이 남지 않게 한다.

**29** 수변전설비의 고압 회로에 걸리는 전압을 표시하기 위해 전압계를 시설할 때 고압 회로와 전압계 사이에 설치하는 것은?

① 배선용 차단기 ② 계기용 변압기
③ 계기용 변류기 ④ 과전류계전기

**해설** **계기용 변압기**(PT : Potential Transformer) : 계기용 변압기는 고전압을 저전압으로 변성하는 계기용 변성기의 일종으로 2차측에는 전압계, 전력계, 주파수계 역률계, 표시등, 부족전압, 트립코일 등이 접속된다. 고전압을 저전압으로 변성하여 과전압계전기(OVR)나 부족전압계전기(UVR) 또는 측정용계에 공급하기 위한 전압 변성기로 회로에 병렬로 연결한다.

정답 26 ③ 27 ② 28 ① 29 ②

**30** 6,600/220[V] 변압기 1차측에 2,850[V]를 가하면 2차 전압[V]은?

① 56 ② 76
③ 80 ④ 95

**해설** 권수비

$a=\dfrac{E_1}{E_2}=\dfrac{V_1}{V_2}=\dfrac{N_1}{N_2}=\sqrt{\dfrac{Z_1}{Z_2}}=\sqrt{\dfrac{R_1}{R_2}}$ 에서

$\dfrac{V_1}{V_2}=\dfrac{6600}{220}=30$

$a=30=\dfrac{2850}{V_2}$ 이므로

$V_2=95[\text{V}]$

**31** 변압기 외함 내에 들어 있는 기름을 펌프로 이용하여 외부에 있는 냉각장치로 보내서 냉각시킨 다음, 냉각된 기름을 다시 외함의 내부에 공급하는 방식으로, 냉각효과가 크기 때문에 30000[kVA] 이상의 대용량 변압기에서 사용하는 냉각방식은?

① 건식 풍냉식 ② 유입 자냉식
③ 유입 풍냉식 ④ 송유 풍냉식

**해설** 변압기 주요 냉각방식

| 냉각방식 | 내용 |
|---|---|
| 건식 자냉식 | 소용량 변압기에 사용 |
| 건식 풍냉식 | 권선 하부에 풍도를 마련하여 송풍기로 바람을 넣어 방열효과를 향상시킨 것 |
| 유입 자냉식 | 보수가 간단하여 가장 널리 사용되며 권선철심에서 발생한 열이 대류에 의해 기름에 전달되고 탱크 벽에 전달되어 벽 외측 표면에서 방사와 공기의 대류에 의해 방열 |
| 유입 풍냉식 | 유입 자냉식과 같은 구조로 저소음 고효율 냉각용 선풍기를 구비하여 출력 30[%]를 증가시킨 것 |
| 송유 자냉식 | 방열기탱크를 따로 두고 본체 탱크와의 접속관로의 도중에 송유펌프를 설치하여 기름을 강제적으로 순환시키는 방식 |
| 송유 풍냉식 | 송유 자냉식 방열기 탱크에 송풍기를 설치하는 방식으로 300[MVA] 이상 대용량에는 대부분 사용된다. |

**32** 유도전동기의 슬립을 측정하는 방식이 아닌 것은?

① 프로니브레이크법
② 직류밀리볼트계법
③ 수화기법
④ 스트로보스코프법

**해설** 유도전동기 슬립(s)을 측정하는 방법

- 회전계법 : 회전계로 직접 회전수를 측정하여 슬립을 구하는 방법
- 직류밀리볼트계법 : 권선형 유도전동기에서 사용하여 두 개의 슬립링 사이에 직류 가동 코일형 밀리볼트계를 넣으면 2차 주파수의 1[Hz]마다 한번씩 좌우로 흔들리므로, 1분 동안 지침이 흔들린 횟수를 세어 슬립을 구하는 방법
- 수화기법 : 밀리볼트 대신에 전화의 수화기를 슬립링 사이에 대어 슬립을 구하는 방법
- 스트로보스코프법 : 스트로보스코프판을 이용하여 슬립을 구하는 방법

**33** 단상 유도전동기의 정회전 슬립이 $s$라면 역회전 슬립은?

① $1-s$ ② $2+s$
③ $1+s$ ④ $2-s$

**해설** • 정회전시

$s=\dfrac{N_s-N}{N_s}(0<s<1)$

$N_s-N=sN_s$

• 역회전시($N<0$)

$s'=\dfrac{N_s-(-N)}{N_s}=\dfrac{N_s+N}{N_s}$

$\dfrac{(2N_s-N_s)+N}{N_s}=\dfrac{2N_s}{N_s}-\left(\dfrac{N_s-N}{N_s}\right)$

$\therefore\ s'=2-s$

7개년 기출복원문제

정답 30 ④ 31 ④ 32 ① 33 ④

**34** 3상 전원에서 2상 전원을 얻기 위한 변압기 결선 방법은?

① 스코트 결선 ② 포크 결선
③ 대각 결선 ④ 2차 2중 Y결선

> **해설** 단상 변압기 2대를 이용하여 3상에서 2상으로 변환하는 방법은 스코트 결선(T결선)이다. 스코트 결선(T결선)의 이용률은 86.6[%]이다.

**35** 60[Hz] 2극 동기발전기의 동기속도[rpm]는?

① 1,200 ② 2,400
③ 3,600 ④ 4,800

> **해설** $N_S = \frac{120f}{p}$[rpm]
> $= \frac{120 \times 60}{2} = 3,600$[rpm]

**36** 동기 무효 전력 보상 장치를 부족여자로 운전하면?

① 콘덴서로 작용
② 뒤진 역률 보상
③ 리액터로 작용
④ 저항손의 보상

> **해설** 동기 무효 전력 보상 장치를 과여자로 운전하면 콘덴서로 작용하고, 부족여자로 운전하면 리액터로 작용한다.

**37** 그림은 동기기의 위상특선곡선을 나타낸 것이다. 전기자 전류가 가장 작게 흐를 때의 역률은?

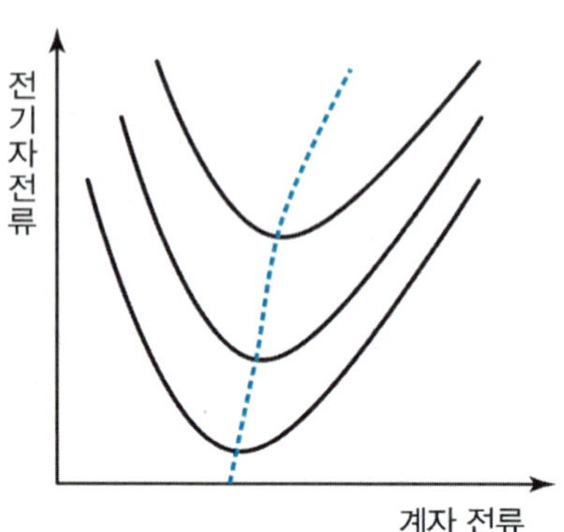


① 1 ② 0.9
③ 0.8 ④ 0

> **해설** V곡선에서 최저점은 역률이 1인 상태이다.

**38** 그림과 같은 기호가 나타내는 소자는?

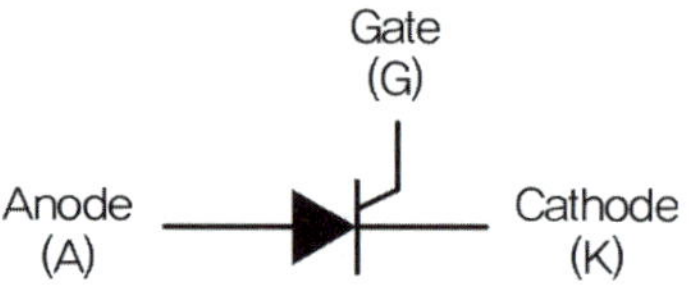


① SCR ② TRIAC
③ IGBT ④ Diode

> **해설** SCR(Silicon controller rectifier)은 PNPN의 4층 구조로 된 사이리스터의 대표적인 3단자 제어 소자로서 양극(Anode), 음극(Cathode) 및 게이트(Gate)의 3개의 단자를 가지고 있다. 게이트에 흐르는 작은 전류로 큰 전력을 제어할 수 있다.



정답 34 ① 35 ③ 36 ③ 37 ① 38 ①

**39** 단상 전파 정류회로에서 교류 입력이 100[V]이면 직류 출력은 약 몇 [V]인가?

① 100 ② 90
③ 80 ④ 70

**해설** $E_d = \frac{2\sqrt{2}}{\pi}E = 0.9E$[V]이므로
$0.9 \times 100 = 90$[V]

**40** 사이리스터 중 3단자 형식이 아닌 것은?

① SCR ② GTO
③ DIAC ④ TRIAC

**해설**
① SCR : PNPN의 4층 구조로 된 사이리스터의 대표적인 3단자 소자로서 양극(Anode), 음극(Cathode) 및 게이트(Gate)의 3개의 단자를 가지고 있다. 게이트에 흐르는 작은 전류로 큰 전력을 제어할 수 있다.
② GTO(게이트 턴 오프 사이리스터) : 게이트에 역방향으로 전류를 흘리면 자기 소호하는 양극, 음극 및 게이트의 3개의 단자를 가진 사이리스터로 직류 및 교류 제어용 소자로 사용된다.
③ DIAC(양방향성 2단자 사이리스터) : 다이오드 2개를 역병렬로 접속한 것과 등가의 트리거 소자로서 브레이크오버 전압 이상시 ON이 되며, 유지전류 이하로 떨어지면 OFF가 된다.
④ TRIAC(양방향성 3단자 사이리스터) : 사이리스터 2개를 역병렬로 접속한 것과 등가로 양방향으로 전류가 흘러 교류 제어용으로 사용되는 소자로서 전력제어용, 조광 다이얼(AC) 등 교류 제어용으로만 사용된다.

**41** 전선의 굵기가 10[mm$^2$] 이상인 굵은 단선의 전선 접속은 어떤 접속으로 해야 하는가?

① 슬리브 접속 ② 쥐꼬리 접속
③ 트위스트 접속 ④ 브리타니아 접속

**해설**
① 슬리브 접속 : 전선을 슬리브 안에 넣고 압착 공구를 사용하여 접속하는 방법
② 쥐꼬리 접속 : 접속함 내에서 가는 전선을 접속할 때 주로 사용하는 종단 접속 방법
③ 트위스트 접속 : 단면적 6[mm$^2$] 이하의 가는 단선을 접속하는 방법
④ 브리타니아 접속 : 단면적 10[mm$^2$] 이상의 굵은 단선 전선을 접속하는 방법

**42** 건조한 장소에 시설하고 내부를 건조한 상태로 사용하는 진열장의 내부에 사용전압 400[V] 이하의 배선을 외부에서 잘 보이는 장소에 시설하는 경우 사용하는 캡타이어케이블의 단면적은?

① 0.5[mm$^2$] ② 0.75[mm$^2$]
③ 1.5[mm$^2$] ④ 2.5[mm$^2$]

**해설** [한국전기설비규정 234.8 진열장 또는 이와 유사한 것의 내부 배선]
- 건조한 장소에 시설하고 또한 내부를 건조한 상태로 사용하는 진열장 또는 이와 유사한 것의 내부에 사용전압이 400[V] 이하의 배선을 외부에서 잘 보이는 장소에 한하여 코드 또는 캡타이어케이블로 직접 조영재에 밀착하여 배선할 수 있다.
- 배선은 단면적 0.75[mm$^2$] 이상의 코드 또는 캡타이어케이블이어야 한다.

**43** 다음 중 단선의 브리타니아 직선 접속에 사용되는 것은?

① 바인드선 ② 에나멜선
③ 조인트선 ④ 파라핀선

**해설** **브리타니아 접속** : 단면적 10[mm$^2$] 이상의 굵은 단선을 조인트선과 첨선을 이용하여 접속하는 방법이다.



정답 39 ② 40 ③ 41 ④ 42 ② 43 ③

**44** 진동이 심한 전기 기계기구의 단자에 전선을 접속할 때 사용되는 것은?

① 커플링 ② 압착단자
③ 링 슬리브 ④ 스프링 와셔

**해설** 진동 등으로 헐거워질 염려가 있는 접속단자에는 스프링 와셔를 사용하여 진동을 흡수할 수 있도록 한다.

**45** 박강 전선관의 표준 굵기[mm]가 아닌 것은?

① 19 ② 25
③ 31 ④ 35

**해설** 박강 전선관의 표준 굵기[mm] : 19, 25, 31, 39, 51, 63, 75의 7종, 바깥지름 기준, 홀수

**46** 폭연성 먼지 또는 화약류의 분말로 인해 폭발할 우려가 있는 곳에 시설하는 저압 옥내 전기설비의 저압 옥내배선공사는?

① 애자공사
② 금속관공사
③ 가요전선관공사
④ 합성수지관공사

**해설** [한국전기설비규정 242.2.1 폭연성 먼지 위험장소] 폭연성 먼지 또는 화약류의 분말이 전기설비가 발화원이 되어 폭발할 우려가 있는 곳에 저압 옥내 전기설비(400[V] 초과 방전등 제외)를 시설하는 경우 저압 옥내배선, 저압 관등회로 배선 및 소세력 회로의 전선은 금속관공사 또는 케이블공사(캡타이어케이블 사용 제외)에 의한다.

**47** 600[V] 이하의 저압 회로에 사용하는 비닐절연 비닐외장 케이블의 약칭으로 옳은 것은?

① CV ② EP
③ EV ④ VV

**해설**
① CV : 가교 폴리에틸렌 절연 비닐 시스 케이블
② EP : 고무절연 클로로프렌 캡타이어케이블
③ EV : 폴리에틸렌 절연 비닐 시스 케이블
④ VV : 비닐절연 비닐외장 케이블

**48** 저압 옥내배선에 사용할 수 없는 케이블은?

① CV ② MI
③ OF ④ VV

**해설** OF 케이블(Oil Filled Cable)은 초고압용 케이블이다. XLPE로 교체되고 있는 추세이다.
① CV : 저압 케이블, 가교 폴리에틸렌 절연 비닐 시스 전력 케이블의 기호
② MI : 저압 케이블, 무기물 절연 케이블의 기호
④ VV : 저압 케이블, 비닐절연 비닐 시스 케이블의 기호

**49** 합성수지관 상호 및 관과 박스를 접속할 때 접착제를 사용하는 경우 삽입하는 깊이는 관 바깥지름의 몇 배 이상인가?

① 0.8 ② 1.0
③ 1.2 ④ 1.5

**해설** [한국전기설비규정 232.11.3 합성수지관 및 부속품의 시설]
관 상호 간 및 박스와는 관을 삽입하는 깊이를 관의 바깥지름의 1.2배(접착제를 사용하는 경우에는 관의 바깥지름의 0.8배) 이상으로 하고 또한 꽂음 접속에 의해 견고하게 접속할 것

정답 44 ④ 45 ④ 46 ② 47 ④ 48 ③ 49 ①

**50** 금속제 가요전선관 상호 및 금속제 가요전선관과 박스 기구와 접속한 곳을 새들 등으로 지지하는 경우 지지점 간의 거리는 얼마 이하인가?

① 0.3[m] ② 0.5[m]
③ 1.0[m] ④ 1.5[m]

해설 금속제 가요전선관의 지지점 간 거리
- 조영재의 측면, 하면에 수평 방향으로 시설한 것 : 1[m] 이하
- 사람의 접촉이 우려되는 곳 : 1[m] 이하
- 가요전선관 상호 및 금속제 가요전선관과 박스 기구와의 접속개소 : 0.3[m] 이하
- 그 외 : 2[m] 이하

**51** 금속덕트 배선에 사용하는 금속덕트의 철판 두께는 몇 [mm] 이상이어야 하는가?

① 0.8 ② 1.2
③ 1.5 ④ 1.8

해설 [한국전기설비규정 232.31.2 금속덕트의 선정]
폭이 40[mm] 이상, 두께가 1.2[mm] 이상인 철판 또는 동등 이상의 기계적 강도를 가지는 금속제의 것으로 견고하게 제작한 것일 것

**52** 화약류 저장소에서 백열전등이나 형광등 또는 이들에 전기를 공급하기 위한 전기설비를 시설하는 경우 전로의 대지전압[V]은?

① 100[V] 이하 ② 150[V] 이하
③ 220[V] 이하 ④ 300[V] 이하

해설 [한국전기설비규정 242.5.1 화약류 저장소에서 전기설비의 시설]
화약류 저장소 안에는 전기설비를 시설해서는 안 된다. 다만, 조명기구에 전기를 공급하기 위한 전기설비는 다음과 같은 기준으로 시설한다.
- 저압 옥내배선은 금속관공사, 케이블공사(캡타이어케이블 사용 제외)에 의한다.
- 전로에 대지 전압은 300[V] 이하로 한다.
- 전기 기계기구는 전폐형의 것으로 한다.
- 케이블을 전기 기계기구에 인입할 때에는 인입구에서 케이블이 손상될 우려가 없도록 한다.

**53** 지중에 매설되어 있는 금속제 수도관로는 대지와의 전기저항 값이 얼마 이하로 유지되어야 접지극으로 사용 가능한가?

① 3[Ω] ② 4[Ω]
③ 5[Ω] ④ 6[Ω]

해설 [한국전기설비규정 142.2 접지극의 시설 및 접지저항]
지중에 매설되어 있고 대지와의 전기저항 값이 3[Ω] 이하의 값을 유지하고 있는 금속제 수도관로가 다음에 따르는 경우 접지극으로 사용이 가능하다.

**54** 접지저항의 저감 대책이 아닌 것은?

① 접지극을 깊게 매설한다.
② 접지판의 면적을 감소시킨다.
③ 접지봉의 연결 개수를 증가시킨다.
④ 토양의 고유저항을 화학적으로 저감시킨다.

해설 ①, ③, ④ 외 다음과 같은 저감 대책이 있다.
[접지저항의 저감 대책]
- 접지극을 병렬 접속한다.
- 접지극 길이를 길게 한다.
- 접지판의 면적을 크게 한다.
- 접지저항 저감제를 사용한다.
- 접지봉의 매설 깊이를 깊게 시공한다.
- 접지극과 대지 저항의 접촉 저항을 크게 하기 위해 심타공법으로 시공한다.

정답 50 ① 51 ② 52 ④ 53 ① 54 ②

**55** 고압 가공전선로의 지지물로 철탑을 사용하는 경우 경간은 몇 [m] 이하로 제한하는가?

① 150 ② 300
③ 500 ④ 600

**해설** [한국전기설비규정 332.9 고압 가공전선로 경간의 제한]

| 지지물의 종류 | 경간[m] |
|---|---|
| 목주, A종 철주, A종 철근 콘크리트 주 | 150 |
| B종 철주, B종 철근 콘크리트 주 | 250 |
| 철탑 | 600 |

**56** 가공전선로의 지지물에 시설하는 지지선의 시설에 대한 설명으로 옳지 않은 것은?

① 지지선의 안전율은 2.5 이상일 것
② 소선의 지름이 1.6[mm] 이상의 동선을 사용한 것일 것
③ 지지선에 연선을 사용할 경우에는 소선 3가닥 이상의 연선일 것
④ 지지선의 안전율이 2.5 이상일 경우에 허용 인장하중의 최저는 4.31[kN]으로 할 것

**해설** [한국전기설비규정 331.11 지지선의 시설]
- 지지선의 안전율은 2.5 이상일 것. 이 경우에 허용 인장하중의 최저는 4.31[kN]으로 한다.
- 지지선에 연선을 사용할 경우 소선 3가닥 이상의 연선, 지름 2.6[mm] 이상의 금속선을 사용한 것일 것
- 지중부분 및 지표상 0.3[m]까지의 부분에는 내식성이 있는 것 또는 아연도금을 한 철봉을 사용하고 쉽게 부식되지 않는 근가에 견고하게 붙일 것
- 지지선근가는 지지선의 인장하중에 충분히 견디도록 시설할 것

**57** 일반적으로 가공전선의 지지물에 취급자가 오르고 내리는 데 사용하는 발판 볼트 등은 지표상 몇 [m] 미만에 시설하여서는 아니 되는가?

① 1.0 ② 1.2
③ 1.8 ④ 2.0

**해설** [한국전기설비규정 331.4 가공전선로 지지물의 철탑오름 및 전주오름 방지]
가공전선로의 지지물에 취급자가 오르고 내리는 데 사용하는 발판 볼트 등을 지표상 1.8[m] 미만에 시설해서는 안 된다.

**58** 사람이 상시 통행하는 터널 안 배선의 사용전압이 저압일 때 시설할 수 없는 공사 방법은?

① 금속관공사
② 케이블공사
③ 금속몰드공사
④ 합성수지관공사

**해설** [한국전기설비규정 242.7.1 사람이 상시 통행하는 터널 안의 배선의 시설]
사람이 상시 통행하는 터널 안의 배선은 사용전압이 저압의 것에 한하고 다음의 공사 방법에 따라 시설한다.
- 애자공사
- 금속관공사
- 케이블공사
- 합성수지관공사
- 금속제 가요전선관공사

정답 55 ④ 56 ② 57 ③ 58 ③

**59** **단면적이 0.75[$mm^2$]인 연동 연선에 염화 비닐 수지로 피복한 위에 '1000VFL'이 쓰여 있다. 'FL'의 의미는?**

① 네온 전선
② 비닐 코드
③ 형광 방전등
④ 비닐 절연 전선

**해설** FL은 형광 방전등의 약호이다.

**60** **조명공학에서 사용되는 칸델라[cd]는 무엇의 단위인가?**

① 광도 ② 광속
③ 조도 ④ 휘도

**해설** 광도는 인간이 전자기파를 시각으로 인식하는 감도인 시감도에 기초하여 광원의 밝기를 나타내는 값으로 단위는 칸델라[cd]이다.
② 광속 : 광속은 빛의 속력을 나타내는 값으로 어떤 면을 통과하는 빛의 양이다. 단위는 루멘[lm]이다.
③ 조도 : 단위 면적당 비춰지는 빛의 밝기를 말한다. 단위는 럭스[lx]이다.
④ 휘도 : 어떤 광원의 단위 면적당의 광도이다. 단위는 니트[nt] 혹은 [$cd/m^2$]로 많이 사용한다.

정답 59 ③ 60 ①

# 2022년 제2회 기출복원문제

**01** 물질에 따라 자석에 어떠한 반응도 없는 물체를 무엇이라고 하는가?

① 반자성체 ② 강자성체
③ 상자성체 ④ 비자성체

**해설**
① 반자성체($\mu_s < 1$) : 강자성체와는 반대의 극성으로 자화되는 물질
② 강자성체($\mu_s \gg 1$) : 외부에서 강한 자기장을 걸어주었을 때 그 자기장의 방향으로 강하게 자화되어 외부 자기장이 사라져도 자화가 남아 있고 쉽게 자석이 되는 물질
③ 상자성체($\mu_s > 1$) : 강자성체와 같은 방향으로 자화되는 물질
④ 비자성체 : 자석에 어떠한 반응도 없는 물질

**02** 가우스의 정리는 무엇을 구하는 데 사용하는가?

① 자장의 세기 ② 전장의 세기
③ 기자력 ④ 전위

**해설** 가우스의 정리
임의의 폐곡면을 통해 나가는 전속의 개수는 그 면에 둘러싸인 총 전하량과 같다.

$$\int D \cdot ds = \int \varepsilon E \cdot ds = \varepsilon \int E \cdot ds = Q$$

즉, 가우스의 정리는 전장(전계)의 세기를 구할 때 사용한다.

**03** 다음 중 자기저항에 영향을 미치는 성질이 아닌 것은?

① 면적 ② 길이
③ 전압 ④ 투자율

**해설** 자기저항 $R_m = \dfrac{l}{\mu S}$[AT/Wb]
($l$ : 자기회로의 길이, $\mu$ : 투자율, $S$ : 자기회로의 단면적)

**04** 자기 인덕턴스 $L = 0.2$[H], $I = 5$[A]일 때 코일에 축적된 에너지[J]는?

① 1.5 ② 2
③ 2.5 ④ 5

**해설** 코일에 축적된 에너지 $W = \dfrac{1}{2}LI^2$

$= \dfrac{1}{2} \times 0.2 \times 5^2 = 2.5$[J]

**05** 투자율의 단위는?

① [H/m] ② [J/sec]
③ [F/m] ④ [AT/m]

**해설** $LI = N\phi$에서 $N=1$일 때 $\phi = LI$이다. ($L$ : 인덕턴스, $I$ : 전류)
$\phi = BS = \mu HS$($B$ : 자속밀도, $S$ : 단면적, $H$ : 자계의 세기)
$\mu = \dfrac{\phi}{HS} = \dfrac{LI}{HS}$이므로 투자율 $\mu$의 단위는

$$\mu = \frac{[\mathrm{H}] \times [\mathrm{A}]}{\left[\frac{A}{m}\right] \times [m^2]} = [\mathrm{H/m}]$$

정답 01 ④ 02 ② 03 ③ 04 ③ 05 ①

## 06 교류회로에서 무효전력의 단위는?

① [W] ② [VA]
③ [Var] ④ [V/m]

**해설** 복소전력 $S=P+jQ$[VA]
① 유효전력 $P$[W]
② 복소전력, 피상전력 $S$[VA]
③ 무효전력 $Q$[Var]
④ 전기장의 세기 $E$[V/m]

## 07 대전에 의해 물체가 띠고 있는 전기를 무엇이라고 하는가?

① 원자 ② 전하
③ 대전체 ④ 정전유도

**해설** 평소엔 물체 내부에 양성자 수와 전자수가 같아서 전기적으로 중성이지만 외부로부터 어떠한 영향으로 인하여 자유전자를 잃게 되면 양의 전기를 띠게 되어 양전하가 되고, 자유전자를 얻으면 음의 전기를 띠게 되어 음전하가 되어 전기적 성질을 가지게 되는 것을 대전이라고 한다.

## 08 어드미턴스의 실수부는 무엇이라고 하는가?

① 임피던스 ② 컨덕턴스
③ 리액턴스 ④ 서셉턴스

**해설**

| $\dot{Z}=R+jX$ | $\dot{Y}=\dfrac{1}{\dot{Z}}=G+jB$ |
|---|---|
| • $\dot{Z}$ : 임피던스<br>• $R$ : 저항(실수부)<br>• $X$ : 리액턴스(허수부) | • $\dot{Y}$ : 어드미턴스<br>• $G$ : 컨덕턴스(실수부)<br>• $B$ : 서셉턴스(허수부) |

## 09 가장 일반적인 저항기로 세라믹 봉에 탄소계의 저항체를 구워 붙이고, 여기에 나선형으로 홈을 파서 원하는 저항값을 만든 저항기는?

① 탄소 피막 저항기
② 금속 피막 저항기
③ 어레이 저항기
④ 가변 저항기

**해설**
① 탄소 피막 저항기 : 일반적인 용도로 가장 많이 사용되고 있는 저항기. 온도에 의한 저항값의 변화가 커서 정밀한 용도에는 적합하지 않으며, 잡음이 발생하기 때문에 미세한 신호를 사용하는 회로에는 사용하지 않는다.
② 금속 피막 저항기 : 금속 산화물의 박막을 유리나 도자기 따위의 절연성 지지체 위에 부착한 저항기. 탄소계 저항보다 정밀도가 높은 저항값이 필요한 경우에 사용된다.
③ 어레이 저항기 : 동일값의 저항을 여러 개 묶어 일체형으로 만들어져 있어서 부피를 줄인 저항기
④ 가변 저항기 : 전압을 낮추거나 전류를 조절할 목적으로 손잡이를 돌려 저항값을 선택할 수 있는 저항기

## 10 24[V]의 전원 전압에 의하여 6[A]의 전류가 흐르는 전기회로의 컨덕턴스[℧]는?

① 0.25 ② 0.5
③ 0.75 ④ 1

**해설** 컨덕턴스 $G=\dfrac{I}{V}=\dfrac{6}{24}=\dfrac{1}{4}=0.25$[℧]이다.

7개년 기출복원문제

정답 06 ③ 07 ② 08 ② 09 ① 10 ①

**11** 열전대를 구성하는 두 금속의 한쪽 접점은 서로 접해있고, 반대편 접점은 제3의 금속과 연결되어 있을 때 두 접점이 같은 온도라면 기전력이 발생하지 않는다는 법칙은?

① 펠티에법칙
② 제3의 금속법칙
③ 톰슨법칙
④ 제백효과

**해설**
① 펠티에효과 : 서로 다른 두 금속을 접속하여 전류를 흘리면, 줄열 외의 그 접점에서 열의 발생 또는 흡수가 일어나는 현상
② 제3의 금속법칙 : 열전대를 구성하는 두 금속의 한쪽 접점은 서로 접해 있고 반대편 접점은 제3금속과 연결되어 있을 때 두 접점이 같은 온도라면 기전력이 발생하지 않는다는 법칙
③ 톰슨법칙 : 같은 금속에 있어서 온도 차이가 있는 부분에 전위차가 생겨 전류가 흐르는 현상
④ 제백효과 : 서로 다른 두 금속을 접속하여 양 접점의 온도가 다르면 전류가 흐르는 현상(펠티에효과와 반대)

**12** 10[Ω]의 저항 3개, 5[Ω]의 저항 4개, 100[Ω]의 저항 1개가 있다. 이들을 모두 직렬로 접속할 때의 합성저항[Ω]은?

① 75 ② 100
③ 125 ④ 150

**해설** 합성저항 $R_t = 10\times3+5\times4+100\times1=150[\Omega]$

**13** 자체 인덕턴스가 $L_1$, $L_2$인 두 코일을 직렬로 접속하였을 때 합성 인덕턴스를 나타내는 식은? (단, 두 코일 간의 상호 인덕턴스는 0이라고 한다.)

① $L_1+L_2$
② $L_1-L_2$
③ $2L_1+2L_2$
④ $L_1-L_2\pm2L_1L_2$

**해설** 자체 인덕턴스가 $L_1$, $L_2$인 두 코일을 직렬로 접속하였을 때 합성 인덕턴스 $L=L_1+L_2\pm2M$[H]이다.
상호 인덕턴스 $M=k\sqrt{L_1L_2}=0$이므로 $L=L_1+L_2$이다.

**14** 황산구리 용액에 10[A]의 전류를 60분간 흘린 경우 석출되는 구리의 양[g]은? (단, 구리의 전기 화학당량은 $0.3293\times10^{-3}$g/c)

① 약 3.45 ② 약 5.25
③ 약 7.82 ④ 약 11.85

**해설** 패러데이의 법칙
- 전기분해를 하는 동안 전극에 흐르는 전하량과 전기분해로 인해 생긴 화학 변화의 양 사이의 정량적인 관계를 나타내는 법칙. 전기량이 같을 때 석출되는 물질의 양은 전류의 전기량과 비례한다.

$W=KQ=KIt$[g]
$=0.3293\times10^{-3}\times10\times60\times60 ≒ 11.85$
($W$ : 석출되는 물질의 양, $k$ : 화학당량$=\frac{원자량}{원자가}$)

정답 11 ② 12 ④ 13 ① 14 ④

**15** 인덕턴스 0.5[H]에 주파수가 60[Hz]이고 전압이 220[V]인 교류전압이 가해질 때 흐르는 전류[A]는?

① 약 0.62 ② 약 0.88
③ 약 0.98 ④ 약 1.17

해설 유도 리액턴스
$X_L = \omega L = 2\pi f L = 2\pi \times 60 \times 0.5 = 60\pi \fallingdotseq 188.5[\Omega]$
전류 $I = \frac{V}{X_L} = \frac{220}{188.5} \fallingdotseq 1.17[A]$

**16** R-L-C 직렬회로에서 임피던스 $Z$의 크기를 나타내는 식은?

① $R^2 + {X_L}^2 + {X_C}^2$
② $R^2 - {X_L}^2 - {X_C}^2$
③ $\sqrt{R^2 + (X_L + X_C)^2}$
④ $\sqrt{R^2 + (X_L - X_C)^2}$

해설 R-L-C 직렬회로에서 임피던스
$Z = R + jX = R + j(X_L - X_C)$
$|Z| = \sqrt{R^2 + (X_L - X_C)^2}$

**17** 그림과 같은 자극 사이에 있는 도체에 전류 I가 흐를 때 힘은 어느 방향으로 작용하는가?

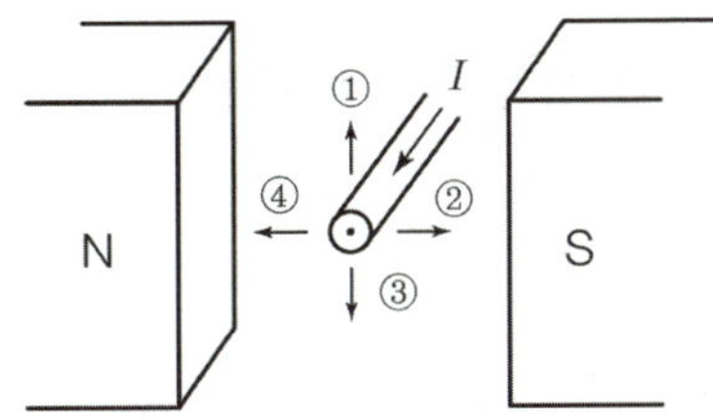


① 1번 방향 ② 2번 방향
③ 3번 방향 ④ 4번 방향

해설 자기장 내의 공간에서 전류가 흐를 때 힘이 작용하는 것은 전동기의 원리로 플레밍의 왼손 법칙과 관련이 있다. 왼손의 검지는 자기장의 방향으로 2번 방향과 같고, 중지는 전류의 방향으로 앞으로 나오는 방향과 일치시켰을 때 엄지는 힘이 작용하는 방향으로 1번 방향과 같아진다.

**18** 어떤 한 점에 전하량 Q가 $72\pi\varepsilon_0 \times 10^{12}$[C]만큼 있다. 여기서 1[m] 떨어진 곳에서의 전속밀도를 $D_A$, 2[m] 떨어진 곳에서의 전속밀도를 $D_B$라고 할 때 $D_A$, $D_B$ 값으로 알맞은 것은?

| | $D_A$[C/m²] | $D_B$[C/m²] |
|---|---|---|
| ① | 40 | 159 |
| ② | 80 | 40 |
| ③ | 159 | 40 |
| ④ | 80 | 159 |

해설 진공에서의 유전율 $\varepsilon_0 = \frac{1}{36\pi} \times 10^{-9}$
$= 8.854 \times 10^{-12}$[F/m]
$D_A = \varepsilon_0 E_A = \varepsilon_0 \times \frac{Q}{4\pi\varepsilon_0 {r_A}^2} = \frac{Q}{4\pi {r_A}^2} = \frac{72\pi\varepsilon_0 \times 10^{12}}{4\pi \times 1^2}$
$= 18 \times 8.854 \times 10^{-12} \times 10^{12} \fallingdotseq 159[C/m^2]$
$D_B = \varepsilon_0 E_B = \varepsilon_0 \times \frac{Q}{4\pi\varepsilon_0 {r_B}^2} = \frac{Q}{4\pi {r_B}^2} = \frac{72\pi\varepsilon_0 \times 10^{12}}{4\pi \times 2^2}$
$= 4.5 \times 8.854 \times 10^{-12} \times 10^{12} \fallingdotseq 40[C/m^2]$

**19** 교류에서 무효전력 $Q$[Var]는?

① V×I ② V×I×sinθ
③ V×I×cosθ ④ V×I×tanθ

해설 $Q = |S|\sin\theta = |V_{rms}| \times |I_{rms}|\sin\theta = |I_{rms}|^2 \times X$
$= \frac{|V_{rms}|^2}{X}$

정답 15 ④ 16 ④ 17 ① 18 ③ 19 ②

**20** 정전에너지는 인가한 전압의 몇 제곱에 비례하는가?

① $\frac{1}{2}$ ② 2
③ 3 ④ 4

**해설** 정전에너지(electrostatic energy) : 콘덴서에 전압 $V$[V]의 전압을 인가하고 $Q$[C]의 전하가 축적되었을 때 축적된 에너지

$W=\frac{1}{2}QV=\frac{1}{2}CV^2=\frac{Q^2}{2C}$[J]

**21** 직류기에서 브러시의 역할은?

① 전기자 권선과 외부 회로를 접속한다.
② 교류를 직류로 변환한다.
③ 자속을 만드는 역할을 한다.
④ 자속을 끊어 기전력을 발생시킨다.

**해설** 직류기의 구조
- 계자 : 자속을 발생
- 전기자 : 자속을 끊어 기전력 발생
- 정류자 : 교류를 직류로 변환
- 브러시 : 전기자 권선과 외부 회로와의 전기적인 접속

**22** 부하의 저항을 어느정도 감소시켜도 전류는 일정하게 되는 수하특성을 이용하여 정전류를 만드는 것으로 용접 등에 사용하는 직류발전기를 무엇이라고 하는가?

① 직권발전기
② 분권발전기
③ 가동복권발전기기
④ 차동복권발전기

**해설** 부하의 저항을 어느 정도 감소시켜도 전류는 일정하게 되는데, 이와 같은 특성을 수하특성이라 한다. 이는 정전류를 만드는 데에 이용하고 있다. 차동복권기는 수하특성이 필요한 아크용접 등에 사용되고 있다.

**23** 급정지하는 데 가장 좋은 제동 방법은 무엇인가?

① 발전제동 ② 회생제동
③ 역상제동 ④ 기계제동

**해설**
① 발전제동 : 전동기의 전기자에서 전원을 끊고 발전기로 동작시켜 발생한 전력을 단자에 접속된 저항으로 열로 소비시키는 제동법
② 회생제동 : 전동기에 전원을 접속한 상태에서 유기되는 역기전력을 전원 전압보다 높게 하여 발생된 전력을 전원측에 반환하는 제동법
③ 역상제동 : 전동기의 전원 접속을 바꾸어 역토크를 발생시켜 급정지시키는 제동법
④ 기계제동 : 압축공기, 유압 등으로 제동편을 제동륜에 압착시켜 마찰력으로 제동하는 방법

**24** 다음 중 변압기의 1차 측은?

① 고압 측 ② 저압 측
③ 전원 측 ④ 부하 측

**해설** 변압기에서 일반적으로 전력이 들어가는 전원 측을 1차, 나오는 부하 측을 2차라고 한다.



정답 20 ② 21 ① 22 ④ 23 ③ 24 ③

**25** 다음 중 변압기의 원리와 관계가 있는 것은 무엇인가?

① 전기자 반작용
② 전자유도작용
③ 플레밍의 왼손법칙
④ 플레밍의 오른손법칙

**해설** 변압기는 하나의 코일이 다른 코일에 전류를 유도할 수 있도록 해주는 마이클 패러데이의 상호 인덕턴스 원리(전자유도작용)를 이용한다.

**26** 일종의 전류 계전기로 보호 대상 설비에 유입되는 전류와 유출되는 전류의 차에 의해 동작하는 계전기는?

① 차동계전기 ② 전류계전기
③ 주파수계전기 ④ 재폐로계전기

**해설** **차동계전기**(DCR : Differential Current Relay) : 보호 대상 설비에 유입되는 전류와 유출되는 전류의 차이에 의해 동작함으로써 기기의 내부 고장에 사용된다.

**27** 1대의 출력이 20[VA]인 단상 변압기 2대로 V결선하여 3상 전력을 공급하려 한다. 이때 최대 전력[kVA]은?

① 10.4 ② 34.6
③ 48.0 ④ 60.2

**해설** 단상 변압기 2대 V결선 출력
$P_V = \sqrt{3}P$[kVA] (실제출력)
$\therefore \sqrt{3}\times 20 = 20\sqrt{3}$[kVA] $\simeq 34.6$[kVA]

**28** 역회전을 할 수 없는 단상 유도전동기는?

① 반발 기동형 ② 콘덴서 기동형
③ 분상 기동형 ④ 셰이딩 코일형

**해설** 단상 유도전동기 중 셰이딩 코일형 유도전동기는 역회전이 불가능하다.

**29** 8극 60[Hz] 3상 유도전동기의 동기속도는 몇 [rpm]이 되는가?

① 600 ② 900
③ 1200 ④ 1800

**해설** 동기속도
$N_S = \frac{120f}{p} = \frac{120\times 60}{8} = 900$[rpm]

**30** 다음 중 토크의 단위는?

① [N·m] ② [AT/Wb]
③ [N] ④ [AT/m]

**해설** 토크의 단위는 [N·m]이다.

정답 25 ② 26 ① 27 ② 28 ④ 29 ② 30 ①

**31** 농형 회전자에 비뚤어진 홈을 쓰는 이유는?

① 출력을 높인다.
② 회전수를 증가시킨다.
③ 소음을 줄인다.
④ 미관상 좋다.

**해설** 농형 회전자는 회전자의 홈이 축 방향에 평행하지 않고 조금씩 비뚤어져 있는 홈(Skewed slot)으로 만드는데, 이것은 고정자의 자력을 끊을 때 소음 발생을 억제하는 효과가 있다.

**32** 동기발전기를 계통에 병렬로 접속시킬 때 관계가 없는 것은?

① 유도기전력의 크기가 같을 것
② 동기발전기의 용량이 같을 것
③ 유도기전력의 위상이 같을 것
④ 유도기전력의 주파수가 같을 것

**해설** 동기발전기의 병렬운전 조건
- 기전력의 크기가 같을 것
- 기전력의 위상이 같을 것
- 기전력의 주파수가 같을 것
- 기전력의 파형이 같을 것

**33** 3상 변압기의 병렬운전시 병렬운전이 불가능한 결선 조합은?

① $\Delta-\Delta$와 $Y-Y$
② $\Delta-\Delta$와 $\Delta-Y$
③ $\Delta-Y$와 $\Delta-Y$
④ $\Delta-\Delta$와 $\Delta-\Delta$

**해설**

| 병렬운전 가능 | 병렬운전 불가능 |
|---|---|
| • $\Delta-\Delta$와 $\Delta-\Delta$<br>• $Y-Y$와 $Y-Y$<br>• $Y-\Delta$와 $Y-\Delta$<br>• $\Delta-Y$와 $\Delta-Y$<br>• $\Delta-\Delta$와 $Y-Y$<br>• $\Delta-Y$와 $Y-\Delta$ | • $\Delta-\Delta$와 $\Delta-Y$<br>• $\Delta-Y$와 $Y-Y$ |

**34** 3상 동기기의 제동 권선을 사용하는 주된 목적은?

① 난조 방지 ② 효율 증가
③ 출력 증가 ④ 역률개선

**해설** 제동 권선의 역할
- 제동 권선 : 난조방지
- 보상 권선 : 전기자 반작용 방지

**35** 단락비가 1.25인 동기발전기의 %동기임피던스 [%]는?

① 60 ② 80
③ 100 ④ 120

**해설** $\%Z=\frac{1}{\text{단락비}}\times 100=\frac{1}{1.25}\times 100=80[\%]$

**36** 다이오드를 사용한 정류회로에서 다이오드를 여러 개 직렬로 연결하여 사용하는 경우의 설명으로 가장 옳은 것은?

① 다이오드를 과전류로부터 보호할 수 있다.
② 다이오드를 과전압으로부터 보호할 수 있다.
③ 부하 출력의 맥동률을 감소시킬 수 있다.
④ 낮은 전압 전류에 적합하다.

정답 31 ③ 32 ② 33 ② 34 ① 35 ② 36 ②

해설 다이오드를 직렬로 접속하면 다이오드에 걸리는 전압이 증가하여 전체 입력을 증가시킬 수 있다. 따라서 과전압으로부터 보호할 수 있다.
• 직렬 접속 : 과전압 보호
• 병렬 접속 : 과전류 보호

## 37 직류발전기의 무부하 포화곡선과 관계되는 것은?

① 단자전압과 여자전류
② 단자전압과 부하전류
③ 유도기전력과 계자전류
④ 부하전류와 회전속도

해설 무부하 포화곡선은 정격속도 $N$이 일정하고, 무부하 상태($I=0$)에서 계자전류와 유기기전력의 관계를 나타낸 것을 말한다.

## 38 다음 중 인버터의 설명으로 옳은 것은?

① 교류를 직류로 변환
② 직류를 교류로 변환
③ 교류를 교류로 변환
④ 직류를 직류로 변환

해설 **인버터**(Inverter, 역변환장치) : 직류를 교류로 변환하는 장치(DC → AC)로 주파수를 변환시켜 전동기 속도제어와 형광등 고주파 점등이 가능하다.

## 39 다음 중 트라이액(TRIAC)의 기호는?

①
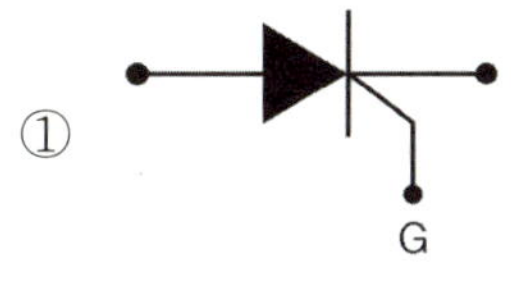


②
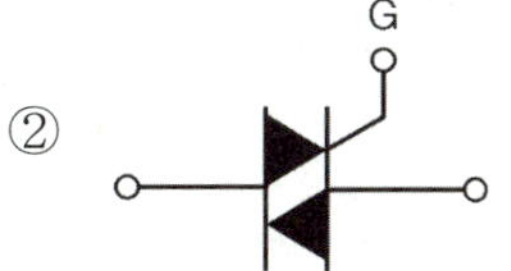


③

④
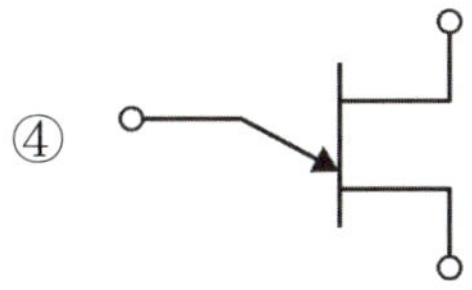

해설 TRIAC은 사이리스터 2개를 역병렬로 접속한 것으로 양방향으로 전류가 흘러 교류 제어용으로 사용되는 소자이다.

## 40 반도체 내에서 정공은 어떻게 생성되는가?

① 결합전자의 이탈
② 자유전자의 이동
③ 접합불량
④ 확산용량

해설 • 반송자(Carrier) : 전자가 가전자대에서 전도대로 이동하여 전하를 운반
• 정공(Hole) : 전자의 이동으로 생긴 빈자리(+)
• 전자 : 전하를 운반하는 역할(−)

정답 37 ③ 38 ② 39 ② 40 ②

**41** 굵은 전선이나 케이블을 절단할 때 사용되는 공구는?

① 펜치 ② 나이프
③ 클리퍼 ④ 플라이어

> **해설** 굵은 전선은 펜치, 나이프로는 쉽게 절단할 수 없어 클리퍼를 사용하여 절단한다.
> ① 펜치 : 전선의 절단, 전선 접속, 전선 바인드 등에 사용하는 공구
> ② 나이프 : 전선의 피복 절연물을 벗길 때 사용하는 공구
> ③ 클리퍼 : 굵은 전선이나 케이블을 절단할 때 사용하는 도구
> ④ 플라이어 : 로크너트를 조이거나 전선의 슬리브 접속을 할 때 펜치와 함께 사용하는 공구

**42** 금속덕트공사에 관한 사항 중 금속덕트의 시설로서 옳지 않은 것은?

① 덕트의 끝부분은 열어 놓을 것
② 덕트의 뚜껑은 쉽게 열리지 않도록 시설할 것
③ 덕트 상호 간은 견고하게 또한 전기적으로 완전하게 접속할 것
④ 덕트를 조영재에 붙이는 경우에는 덕트의 지지점 간의 거리를 3[m] 이하로 견고하게 시설할 것

> **해설** [한국전기설비규정 232.31.3 금속덕트의 시설]
> • 덕트에 접지공사를 실시해야 한다.
> • 덕트의 끝부분을 막아 먼지가 침입하지 않도록 한다.
> • 덕트 지지점 간의 거리를 3[m] 이하로 하고 견고하게 붙여야 한다.
> • 덕트 상호 간은 견고하고 또한 전기적으로 완전하게 접속해야 한다.
> • 덕트는 물이 고이는 낮은 부분을 만들지 않도록 시설할 것

**43** 옥내 배선공사할 때 연동선을 사용할 경우 전선의 최소 굵기[$mm^2$]는?

① 1.5 ② 2.5
③ 4.0 ④ 6.0

> **해설** [한국전기설비규정 231.3.1 저압 옥내배선의 사용전선] 저압 옥내배선의 전선은 단면적 2.5[$mm^2$] 이상의 연동선 또는 이와 동등 이상의 강도 및 굵기의 것을 사용한다.

**44** 인입용 비닐절연전선을 나타내는 약호는?

① DV ② NR
③ NV ④ OW

> **해설**
> ① DV : 인입용 비닐절연전선
> ② NR : 450/750[V] 일반용 단심 비닐절연전선
> ③ NV : 비닐절연 네온전선
> ④ OW : 옥외용 비닐절연전선

**45** 전선접속시 S형 슬리브를 사용할 때의 설명으로 옳지 않은 것은?

① 슬리브 전선의 굵기에 적합한 것을 선정한다.
② 열린 쪽 홈의 측면을 고르게 눌러서 밀착시킨다.
③ 전선의 끝은 슬리브의 끝에서 조금 나오는 것이 바람직하다.
④ 단선은 사용이 가능하지만 연선 접속시에는 사용하지 않는다.

> **해설** S형 슬리브는 단선과 연선에 모두 사용이 가능하다.

정답 41 ③ 42 ① 43 ② 44 ① 45 ④

**46** 보호를 요하는 회로의 전류가 어떤 일정한 값(정정값) 이상으로 흘렀을 때 동작하는 계전기는?

① 차동계전기　② 과전류계전기
③ 과전압계전기　④ 비율차동계전기

해설 **과전류계전기**(OCR) : 일정한 값 이상의 전류가 흐르게 되면 동작하여 과부하전류 및 단락전류를 자동차단하는 기능을 가지는 보호장치

**47** 전기공사에 사용하는 공구와 작업내용이 잘못된 것은?

① 홀소 - 분전반 구멍 뚫기
② 피시 테이프 - 전선관 보호
③ 토오치 램프 - 합성수지관 가공하기
④ 와이어 스트리퍼 - 전선 피복 벗기기

해설 피시 테이프(Fish Tape)는 요비선이라고도 하며, 전선관에 전선을 넣어 당길 때 사용하는 도구이다.

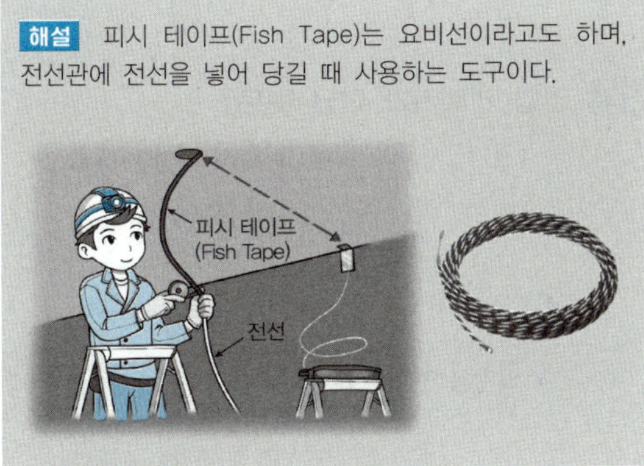


**48** 한국전기설비규정에 의해 절연전선을 동일 금속덕트 안에 넣을 경우 금속덕트의 크기는 전선의 피복 절연물을 포함한 단면적의 총 합계가 금속덕트 내 단면적의 몇 [%] 이하가 되도록 선정하는가?

① 15　② 20
③ 25　④ 30

해설 [한국전기설비규정 232.31 금속덕트공사]
- 금속덕트에 넣은 전선의 단면적(절연피복의 단면적을 포함)의 합계는 덕트의 내부 단면적의 20% 이하가 되도록 선정한다.
- 전광표시장치 기타 이와 유사한 장치 또는 제어회로 등의 배선만을 넣는 경우에는 50% 이하가 되도록 선정한다.

**49** 고압 가공 인입선을 일반적인 도로를 횡단하여 설치하고자 할 때 그 높이는?

① 3.0[m] 이상　② 3.5[m] 이상
③ 5.0[m] 이상　④ 6.0[m] 이상

해설 저·고압 인입선의 높이

| 시설조건 | | 도로의 노면상 | 철도 레일면상 | 횡단보도교 노면상 | 이외 지표상 |
|---|---|---|---|---|---|
| 전선의 높이 [m] | 고압 | 6 이상 | 6.5 이상 | 3.5 이상 | 5 이상 |
| | 저압 | 5 이상 | 6.5 이상 | 3 이상 | 4 이상 |

**50** 플로어덕트공사에 의한 저압 옥내배선에서 절연전선을 사용하는 경우 전선의 단면적이 몇 $[mm^2]$ 이하일 때 연선을 사용하지 않아도 되는가?

① 2.5　② 4
③ 6　④ 10

해설 [한국전기설비규정 232.32 플로어덕트공사]
- 전선은 연선일 것. 다만, 단면적 $10[mm^2]$(알루미늄선은 단면적 $16[mm^2]$) 이하인 것은 그러하지 아니하다.
- 저압 옥내배선에서 플로어덕트공사시 전선은 연선을 사용하는 것이 원칙이지만 단선을 사용하는 경우 단면적 $10[mm^2]$ 이하까지는 사용할 수 있다.

정답 46 ② 47 ② 48 ② 49 ④ 50 ④

**51** 저압 옥배내선 시설시 캡타이어 케이블을 조영재의 아랫면 또는 옆면에 따라 붙이는 경우 전선의 지지점 간의 거리는 몇 [m] 이하로 하여야 하는가?

① 1.0[m] ② 1.5[m]
③ 2.0[m] ④ 3.0[m]

**해설** [한국전기설비규정 232.51 케이블공사]
케이블공사시 전선을 조영재의 아랫면 또는 옆면에 따라 붙이는 경우 전선의 지지점 간의 거리
- 케이블 : 2[m]
- 캡타이어케이블 : 1[m]
- 사람이 접촉할 우려가 없는 곳에서 수직으로 붙이는 경우 : 6[m]

**52** 조명용 전등을 아파트 현관에 설치할 경우 최대 몇 분 이내 소등되는 타임스위치를 시설해야 하는가?

① 1분 ② 2분
③ 3분 ④ 4분

**해설** [한국전기설비규정 234.6 점멸기의 시설]
다음의 경우에는 센서등(타임스위치 포함)을 시설하여야 한다.
- 관광숙박업 또는 숙박업에 이용되는 객실의 입구등은 1분 이내로 소등되어야 한다.
- 일반주택 및 아파트 각 호실의 현관등은 3분 이내에 소등되어야 한다.

**53** 전로에 시설하는 기계기구의 철대 및 외함에 반드시 접지공사를 해야 하는 경우는?

① 철대 또는 외함의 주위에 적당한 절연대를 설치하는 경우
② 사용전압이 교류 대지전압 220[V]인 기계기구를 건조한 곳에 시설하는 경우
③ 사용전압이 직류 대지전압 300[V]인 기계기구를 건조한 곳에 시설하는 경우
④ 외함을 충전하여 사용하는 기계기구에 사람이 접촉할 우려가 없도록 시설하는 경우

**해설** [한국전기설비규정 142.7 기계기구의 철대 및 외함의 접지]
전로에 시설하는 기계기구의 철대 및 금속제 외함에 접지공사를 생략할 수 있는 경우
- 사용전압이 직류 300[V] 또는 교류 대지전압이 150[V] 이하인 기계기구를 건조한 곳에 시설하는 경우
- 저압용의 기계기구를 건조한 목재의 마루 기타 이와 유사한 절연성 물건 위에서 취급하도록 시설하는 경우
- 저압, 고압, 특고압 전선로에 접속하는 기계기구를 사람이 쉽게 접촉할 우려가 없도록 목주 기타 이와 유사한 것 위에 시설하는 경우
- 철대 또는 외함의 주위에 적당한 절연대를 설치하는 경우
- 외함이 없는 계기용 변성기를 고무 및 합성수지 등의 절연물로 피복한 경우
- 「전기용품 및 생활용품 안전관리법」에 따른 2중 절연구조로 되어 있는 기계기구를 시설하는 경우
- 저압용 기계기구에 전로의 전원측에 절연변압기를 시설하고 또한 부하측 전로를 접지하지 않은 경우
- 물기 있는 장소 이외의 장소에 시설하는 저압용 개별 기계기구에 정격감도전류 30[mA] 이하, 동작시간이 0.03초 이하인 인체감전보호용 누전차단기를 설치하는 경우
- 외함을 충전하여 사용하는 기계기구에 사람이 접촉할 우려가 없도록 시설하거나 절연대를 시설한 경우

**54** 인입 개폐기가 아닌 것은?

① LS ② ASS
③ LBS ④ UPS

**해설** UPS(Uninteruppptible Power Supply)는 무정전 전원 공급장치이다.

✦ 배전용 인입 개폐기
- 자동 고장 구분 개폐기(ASS : Automatic Section Switch) : 수용가 수전 인입점에 설치하며 과부하나 지락 사고 발생시 고장구간을 차단하여 고장으로 인한 정전피해를 최소화시키는 선로 보호용 개폐기
- 부하 개폐기(LBS : Load Breaker Switch) : 고압 전로에 사용하며 정상 상태에서는 전류를 개폐하고 이상 전류 발생시 규정시간 동안 통전할 수 있는 개폐기
- 선로 개폐기(LS : Line Switch) : 보안상 책임 분계점 등에서 선로의 보수 및 점검을 할 때 차단기 개방 후(무부하 상태) 전로를 완전히 개방할 때 사용하는 개폐기
- 단로기(DS : Disconnection Switch) : 부하 전류 개폐 능력이 없으므로 수용가 인입구에서 차단기를 조합하여 사용하며 보수, 점검시 차단기를 개방한 후(무부하 상태) 사용하는 개폐기

정답 51 ① 52 ③ 53 ② 54 ④

**55** 비상 조명을 제외한 조명용 분기회로 및 정격 32[A] 이하의 콘센트용 분기회로에 시설하는 누전차단기는 정격감도전류가 몇 [mA] 이하이어야 하는가?

① 15　② 20
③ 30　④ 40

> **해설** [한국전기설비규정 242.6.7 개폐기 및 과전류차단기]
> 비상 조명을 제외한 조명용 분기회로 및 정격 32[A] 이하의 콘센트용 분기회로는 정격감도 전류 30[mA] 이하의 누전차단기로 보호해야 한다.

**56** 과전류차단기를 반드시 설치해야 하는 장소는?

① 접지공사의 접지도체
② 다선식 전로의 중성도체
③ 저압 옥내 간선의 전원측 전로
④ 전로의 일부에 접지공사를 한 저압 가공전선로의 접지측 전선

> **해설** **과전류차단기 시설 제한 장소**(과전류차단기를 설치할 수 없는 곳)
> • 접지공사의 접지도체
> • 다선식 전로의 중성도체
> • 전로의 일부에 접지공사를 한 저압 가공전선로의 접지측 전선

**57** 천장에 작은 구멍을 뚫어 그 속에 등기구를 매입시키는 방식으로 건축의 공간을 유효하게 하는 조명방식은?

① 코브 방식　② 코퍼 방식
③ 밸런스 방식　④ 다운라이트 방식

> **해설** 천장에 작은 구멍을 뚫고 등기구를 매입시키는 방식은 다운라이트 방식이다.
> ① 코브 방식 : U자 형태로 천장과 벽에 조명을 감추고, 반사광을 통해 비추는 방식
> ② 코퍼 방식 : 천장 면을 사각형이나 원형으로 파내고 그 내부에 조명기구를 매립하는 방식
> ③ 밸런스 방식 : 창이나 벽면에 커튼을 설치한 후 커튼의 상부 및 하부로 빛이 나오도록 하여 천장면에 반사시킴으로써 실내 전반을 조명하는 방식

**58** 피뢰기의 특성이 아닌 것은?

① 반복 동작에 대하여 특성이 변화하지 않을 것
② 이상 전압의 침입에 대하여 신속하게 방전할 것
③ 이상 전압 처리 후 수동 조작에 의해 회복이 이루어질 것
④ 방전 후 이상 전류 통전시의 단자전압을 일정 전압 이하로 억제할 것

> **해설** **피뢰기의 특성**
> • 반복 동작에 대해 특성이 변화하지 않을 것
> • 정상 전압, 정상 주파수에서는 높은 절연내력으로 방전하지 않을 것
> • 이상 전압, 이상 주파수에서는 절연내력이 낮아져 신속하게 방전할 것
> • 이상 전압 처리 후 잔류전압 및 전류를 자동적으로 신속하게 차단할 것
> • 방전 후 이상 전류 통전시의 단자전압을 일정 전압 이하로 억제할 것

7개년 기출복원문제

정답 55 ③ 56 ③ 57 ④ 58 ③

**59** 목장이나 논밭에 전기울타리를 시설할 때 사용하는 경동선의 지름은 최소 몇 [mm] 이상인가?

① 1.4 ② 2.0

③ 2.6 ④ 3.2

**해설** [한국전기설비규정 241.1.3 전기울타리의 시설]
전기울타리는 다음에 의해 견고하게 시설해야 한다.
- 사람이 쉽게 출입하지 않는 곳에 시설할 것
- 전선은 인장강도 1.38[kN] 이상의 것 또는 지름 2[mm] 이상의 경동선일 것
- 전선과 이를 지지하는 기둥 사이의 간격은 25[mm] 이상일 것
- 전선과 다른 시설물(가공 전선 제외) 또는 수목과의 간격은 0.3[m] 이상일 것

**60** 배선용 차단기의 심벌은?

① [B] ② [BE]

③ [E] ④ [S]

**해설**

① [B] : 배선용 차단기

② [BE] : 과전류 소자붙이 누전 차단기

③ [E] : 누전 차단기

④ [S] : 개폐기



정답 59 ② 60 ①

# 2022년 제3회 기출복원문제

**01** 환상 솔레노이드의 자기장의 세기 $H$는 얼마인가?

① $H=0$[AT/m] ② $H=\frac{NI}{2r}$[AT/m]
③ $H=\frac{I}{2\pi r}$[AT/m] ④ $H=\frac{NI}{2\pi r}$[AT/m]

해설

| | | | |
|---|---|---|---|
| 무한 직선 전류에 의한 자계의 세기 | | $H=\frac{I}{2\pi r}$[AT/m] | $I$ : 전류<br>$r$ : 무한 직선과의 거리 |
| 원형 코일의 중심에서 자계의 세기 | | $H=\frac{NI}{2a}$[AT/m] | $N$ : 코일을 감은 횟수<br>$a$ : 원형 코일의 반지름 |
| 솔레노이드에 의한 자계의 세기 | 내부 | $H=n_0 I$[AT/m] | $n_0$ : 단위 길이당 권선수 |
| | 외부 | $H=0$[AT/m] | |
| 환상 솔레노이드에 의한 자계의 세기 | | $H=\frac{NI}{2\pi r}$[AT/m] | $r$ : 환상 솔레노이드의 반지름 |

**02** 그림에서 A–B 간의 합성 저항은 몇 [Ω]인가? (단 $r=2$[Ω]이다.)

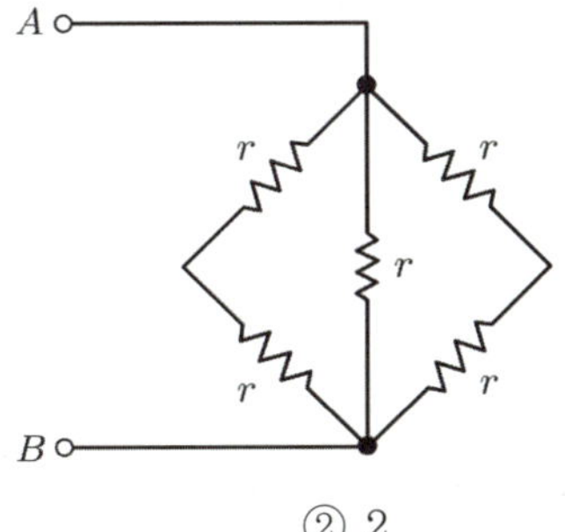


① 1 ② 2
③ 3 ④ 4

해설 저항이 2개 연달아 있을 때는 $2r=4$[Ω]이다.
A–B 간의 합성 저항은 $2r$, $r$, $2r$이 3개의 병렬로 연결된 것과 같으므로 $\frac{1}{R}=\frac{1}{2r}+\frac{1}{r}+\frac{1}{2r}=\frac{4}{2r}=\frac{4}{4}=1$[℧]이다.
따라서 $R=1$[Ω]이다.

**03** 불순물 반도체의 특징으로 옳지 않은 것은?

① 도체를 가열하면 저항이 커지지만, 반도체를 가열하면 저항이 작아진다.
② 불순물이 들어가지 않은 순수한 상태일수록 전기가 더 잘 통한다.
③ 반도체에 섞여 있는 불순물의 양에 따라 저항의 크기가 달라진다.
④ 반도체로 사용되는 대표적인 원소는 규소, 저마늄, 셀렌 등이 있다.

해설 반도체는 불순물이 들어가지 않은 순수한 상태에서는 전기가 통하지 않지만, 인위적인 조작을 가하면 도체처럼 전기가 흐른다.

**04** 정전기가 발생하는 경우가 아닌 것은?

① 서로 붙어 있는 물체가 떨어지는 경우
② 2개의 서로 다른 물체를 접촉, 분리하는 경우
③ 분체류, 액체류, 기체류가 단면적이 작은 개구부에서 분출되어 마찰이 발생한 경우
④ 전원을 인가하여 전류가 흐르는 경우

정답 01 ④ 02 ① 03 ② 04 ④

**해설**
① 박리대전
② 접촉대전
③ 분출대전
④ 전기가 흐르는 현상으로 정전기 현상과 관련이 없다.

**05** 쿨롱의 법칙에서 2개의 점전하 사이에 작용하는 정전력의 크기는 어떻게 되는가?

① 두 전하의 곱에 비례하고 거리의 제곱에 반비례한다.
② 두 전하의 곱에 비례하고 거리에 비례한다.
③ 두 전하의 곱에 반비례하고 거리에 비례한다.
④ 두 전하의 곱에 반비례하고 거리의 제곱에 반비례한다.

**해설** 전기장에서의 쿨롱의 법칙

$F=\frac{1}{4\pi\varepsilon_0}\times\frac{Q_1\cdot Q_2}{r^2}$

($Q_1$, $Q_2$ : 전하의 크기, $r$ : 두 전하 사이의 거리)

**06** 교류 사인파 전류 $\dot{I}=4\sqrt{2}\sin(\omega t+60°)$[A]를 복소수로 나타낸 것은?

① $2+j2$[A]
② $2+j2\sqrt{3}$[A]
③ $4+j4\sqrt{3}$[A]
④ $4+j\sqrt{6}$[A]

**해설** $\dot{I}=|\dot{I}|(\cos\theta+j\sin\theta)=\frac{I_m}{\sqrt{2}}(\cos\theta+j\sin\theta)$

$=\frac{4\sqrt{2}}{\sqrt{2}}(\cos60°+j\sin60°)=4\left(\frac{1}{2}+j\frac{\sqrt{3}}{2}\right)$

$=2+j2\sqrt{3}$[A]

**07** $m_1=8\times10^{-5}$[Wb], $m_2=12\times10^{-3}$[Wb], $r=20$[cm]이면 두 자극 $m_1$, $m_2$ 사이에 작용하는 힘의 크기[N]는?

① 1.52 ② 15.2
③ 2.4 ④ 24

**해설** 자기장에서의 쿨롱의 법칙

$F=\frac{1}{4\pi\mu}\times\frac{m_1m_2}{r^2}$

$=6.33\times10^4\times\frac{(8\times10^{-5})\times(12\times10^{-3})}{0.2^2}$

$=1.52$[N]

**08** 자체 인덕턴스에 축적되는 에너지를 나타내는 공식은?

① $W=2LI$ ② $W=\frac{1}{2}LI$
③ $W=LI^2$ ④ $W=\frac{1}{2}LI^2$

**해설** 자체 인덕턴스에 축적되는 에너지는

$W=\frac{1}{2}LI^2$[J]이다.



정답 05 ① 06 ② 07 ① 08 ④

**09** 콘덴서 중 반원 형태로 된 극판을 회전시켜 전기 용량을 변화시킬 수 있는 것은?

① 마일러 콘덴서 ② 전해 콘덴서
③ 바리콘 ④ 세라믹 콘덴서

**해설**
① 마일러 콘덴서 : 얇은 폴리에스터 필름의 양면에 금속판을 대고 원통형으로 감은 것으로 가격은 저렴하지만 정밀도는 높지 않다.
② 전해 콘덴서 : 전기분해로 금속의 표면에 얇은 산화막을 만들어 유전체로 사용하고 극성이 있는 특징을 가지고 있다.
④ 세라믹 콘덴서 : 티탄산바륨과 같이 유전율이 큰 물질을 사용하여 온도에 따라 안정된 값을 가지고 있고 가격에 비해 성능이 우수하다.

**10** 플레밍의 왼손 법칙에서 엄지손가락이 뜻하는 것은?

① 자기력선속의 방향
② 힘의 방향
③ 기전력의 방향
④ 전류의 방향

**해설** 플레밍의 왼손 법칙과 플레밍의 오른손 법칙은 손가락이 같은 것을 의미한다.
- 엄지 : 힘의 방향
- 검지 : 자기력선속의 방향
- 중지 : 전류의 방향

**11** 전기회로의 전류를 자기회로의 요소와 서로 짝지었을 때 가장 적절한 것은?

① 자속 ② 자속밀도
③ 기자력 ④ 자기장의 세기

**해설**
② 전류밀도 – 자속밀도
③ 기전력 – 기자력
④ 전기장의 세기 – 자기장의 세기

**12** 그림과 같이 평행한 두 도체에 같은 방향의 전류가 흘렀을 때 두 도체 사이에 작용하는 힘은 어떻게 되는가?

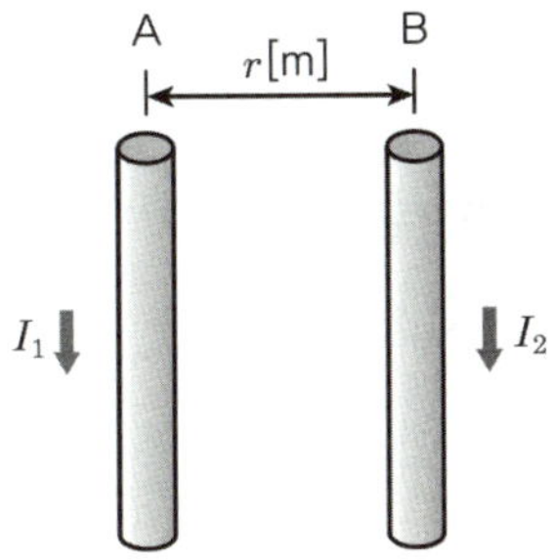


① 반발력이 작용한다.
② A가 B쪽으로 흡인된다.
③ 흡인력이 작용한다.
④ B가 A쪽으로 흡인된다.

**해설** 평행 도선 간에는 $F=\frac{2I_1I_2}{r}\times10^{-7}$[N]이다.
평행 도선 간에 같은 방향의 전류가 흐를 때는 흡인력이 작용하고 반대 방향의 전류가 흐를 때는 반발력이 작용한다.

**13** 자체 인덕턴스 2[H]의 코일에서 0.2초 동안에 1[A]의 전류가 변화할 경우 이 코일에 유기되는 기전력[V]은?

① 10 ② 20
③ 30 ④ 40

**해설** $e=L\frac{di}{dt}=2\times\frac{1}{0.2}=10[\text{V}]$

정답 09 ③ 10 ② 11 ① 12 ③ 13 ①

7개년 기출복원문제

**14** 납축전지가 완전히 충전되면 양극은 무엇으로 변하는가?

① $PbSO_4$　② $PbO_2$
③ $H_2SO_4$　④ Pb

**해설** 납축전지의 화학반응식

양극　전해액　음극 방전 양극　전해액　음극

$PbO_2 + 2H_2SO_4 + Pb \rightleftarrows PbSO_4 + 2H_2O + PbSO_4$

충전

**15** 교류의 파형률이란?

① $\frac{\text{최댓값}}{\text{실횻값}}$　② $\frac{\text{실횻값}}{\text{평균값}}$
③ $\frac{\text{평균값}}{\text{실횻값}}$　④ $\frac{\text{실횻값}}{\text{최댓값}}$

**해설** 파고율$=\frac{\text{최댓값}}{\text{실횻값}}$, 파형률$=\frac{\text{실횻값}}{\text{평균값}}$

**16** 도체계에서 임의의 도체를 일정 전위(일반적으로 영전위)의 도체로 완전 포위하면 내부와 외부의 전계를 완전히 차단할 수 있는데 이를 무엇이라고 하는가?

① 핀치효과　② 톰슨효과
③ 정전차폐　④ 자기차폐

**해설**
① 핀치효과 : 전류가 흐르고 있는 플라즈마가 그 자신이 만드는 자기장과의 상호작용으로 인해 가늘게 수축하는 현상
② 톰슨효과 : 같은 금속에 있어서 온도 차이가 있는 부분에 전위차가 생겨 전류가 흐르는 현상
④ 자기차폐 : 강자성체로 둘러싸인 구역 안에 있는 물체나 장치에 외부 자기장의 영향이 미치지 않는 현상

**17** $v = 100\sqrt{2}\sin(120\pi t + \frac{\pi}{6})$[V], $i = 100\sin(120\pi t + \frac{\pi}{3})$[A]인 경우 전류는 전압보다 위상이 어떻게 되는가?

① 30°만큼 앞선다.
② 30°만큼 뒤진다.
③ 60°만큼 앞선다.
④ 60°만큼 뒤진다.

**해설** 전압 $v$는 $\sin(120\pi t)$에 비하여 $\frac{\pi}{6} = 30°$만큼 앞선다.
전류 $i$는 $\sin(120\pi t)$에 비하여 $\frac{\pi}{3} = 60°$만큼 앞선다.
따라서 전류는 전압보다 30°만큼 앞선다.

**18** 유기기전력의 관계에 대한 설명으로 맞는 것은?

① 시간과 비례한다.
② 쇄교 자속수의 시간당 변화량에 비례한다.
③ 쇄교 자속수에 반비례한다.
④ 쇄교 자속수에 비례한다.

**해설** $|e| = N\frac{d\phi}{dt}$[V]이므로 유기기전력은 쇄교 자속수의 변화에 비례한다.

**19** 8[Ω]의 용량 리액턴스에 어떤 교류전압을 가하면 10[A]의 전류가 흐른다. 여기에 어떤 저항을 직렬로 접속하여, 같은 전압을 가하면 8[A]로 감소되었다. 저항은 몇 [Ω]인가?

① 6　② 8
③ 10　④ 12



정답 14 ② 15 ② 16 ③ 17 ① 18 ② 19 ①

해설 저항을 접속하기 전의 전압
$V = I \cdot X_C = 10 \times 8 = 80$[V]이다.
저항을 접속한 후 임피던스 $Z = \frac{V}{I} = \frac{80}{8} = 10[\Omega]$이다.
$|Z| = \sqrt{R^2 + X_C{}^2} = \sqrt{R^2 + 8^2} = 10$이므로 $R = 6[\Omega]$이다.

**20** 피상전력이 10[kVA], 유효전력이 8.50[kW]이면 역률은 얼마인가?

① 0.80 ② 0.85
③ 0.90 ④ 0.95

해설 유효전력 $P = VI\cos\theta = 8.50$[kW],
피상전력 $P_a = VI = 10$[kVA]
역률 $\cos\theta = \frac{P}{P_a} = \frac{8.5}{10} = 0.85$이다.

**21** 다음 중 전동기의 원리에 적용되는 법칙은?

① 렌츠의 법칙 ② 플레밍의 오른손 법칙
③ 플레밍의 왼손 법칙 ④ 옴의 법칙

해설
- 플레밍의 왼손 법칙 : 자기장 내의 전류가 흐르는 도선의 힘의 방향 ▸ 전동기
- 플레밍의 오른손 법칙 : 자기장 내의 도선의 운동시 유도기전력의 방향 ▸ 발전기

**22** 직류전동기에서 전부하 속도가 1,800[rpm], 속도 변동률이 3[%]일 때 무부하 회전속도[rpm]는?

① 1,455 ② 1,410
③ 1,545 ④ 1,854

해설 속도 변동률
$\epsilon = \frac{N_o - N_n}{N_n} \times 100[\%]$
($N_o$ : 무부하 속도[rpm], $N_n$ : 정격 속도[rpm])
$\epsilon = \frac{N_o - 1,800}{1,800} \times 100 = 3[\%]$
$N_o = 1,800 + 54 = 1,854$[rpm]

**23** 직류 분권발전기의 병렬운전 조건에 해당하지 않는 것은?

① 극성이 같을 것
② 단자전압이 같을 것
③ 균압선을 접속할 것
④ 외부특성곡선이 수하특성일 것

해설 직류발전기 병렬운전 조건
- 극성이 같을 것
- 단자전압이 같을 것
- 외부특성이 수하특성일 것

**24** 직류발전기에서 전기자 반작용을 없애는 방법으로 옳은 것은?

① 브러시 위치를 전기적 중성점이 아닌 곳으로 이동시킨다.
② 보극과 보상 권선을 설치한다.
③ 브러시의 압력을 조정한다.
④ 보극은 설치하되 보상 권선은 설치하지 않는다.

해설 전기자 반작용
전기자 반작용은 전기자 전류에 의한 기자력이 주자속 분포에 영향을 미치는 작용으로 이를 없애기 위해 브러시 위치를 전기적 중성점으로 이동하거나 보극 또는 보상 권선을 설치한다.

정답 20 ② 21 ③ 22 ④ 23 ③ 24 ②

**25** **전기 용접기용 발전기로 적합한 것은?**

① 직류 분권형 발전기
② 차동 복권형 발전기
③ 가동 복권형 발전기
④ 직류 타여자 발전기

**해설** 부하의 저항을 어느 정도 감소시켜도 전류는 일정하게 되는 특성을 수하특성이라 하는데 정전류를 만드는 데에 이용된다. 이는 차동 복권발전기의 특성으로 아크용접 등에 사용되고 있다.

**26** **다음 중 기동토크가 가장 큰 전동기는?**

① 분상 기동형　② 콘덴서 모터형
③ 셰이딩 코일형　④ 반발 기동형

**해설** 단상 유도전동기의 기동토크가 큰 순서는
반발 기동형 > 반발 유도형 > 콘덴서 기동형 > 영구 콘덴서형 > 분상 기동형 > 셰이딩 코일형이다.

**27** **동기발전기의 권선을 분포권으로 하면?**

① 파형이 좋아진다.
② 권선이 리액턴스가 커진다.
③ 집중권에 비하여 합성 유도기전력이 높아진다.
④ 난조를 방지한다.

**해설** **분포권을 사용하는 이유**
- 분포권은 집중권에 비하여 합성 유도 기전력이 감소한다.
- 기전력의 고조파가 감소하여 파형이 좋아진다.
- 권선의 누설 리액턴스가 감소한다.
- 전기자 권선에 의한 열을 고르게 분포시켜 과열을 방지한다.

**28** **농형 유도전동기를 많이 사용하는 이유가 아닌 것은?**

① 구조가 간단하다.
② 보수가 용이하다.
③ 효율이 좋다.
④ 속도 조정이 쉽다.

**해설** **농형 유도전동기의 특징**
- 구조가 간단하다.
- 보수가 용이하다.
- 효율이 좋다.
- 속도 조정이 곤란하다.
- 기동토크가 작다.

**29** **변압기유의 열화 방지를 위해 쓰이는 방법이 아닌 것은?**

① 방열기　② 브리더
③ 질소 봉입　④ 콘서베이터

**해설** **변압기유 열화 방지 방법**
- 콘서베이터 설치 : 변압기 함에 부착하여 호흡작용에 의한 기름의 열화를 방지
- 공기와의 접촉을 차단하기 위해 유면과 외부 사이에 질소 봉입
- 브리더 설치 : 유입변압기 등은 열화에 따른 내외부 호흡에 따른 습기가 발생하는데 이를 흡수

**30** **3상 유도전동기의 1차 입력 60[kW], 1차 손실 1[kW], 슬립 4[%]일 때 기계적 출력[kW]은?**

① 50.64　② 56.64
③ 62.66　④ 68.68

**해설** 2차 입력 = 1차 입력 − 1차 손실
= 60 − 1 = 59[kW]
기계적 출력 = 2차 입력 × 효율 = 2차 입력 × (1−슬립)
= 59 × (1−0.04) ≒ 56.64[kW]

정답 25 ② 26 ④ 27 ① 28 ④ 29 ① 30 ②

## 31 변압기 내부 고장 보호에 쓰이는 계전기로서 가장 알맞은 것은?

① 차동계전기 ② 접지계전기
③ 과전류계전기 ④ 역상계전기

**해설** 변압기 내부 고장 보호에 적절한 계전기는 차동계전기이다.

✦ 변압기 내부 고장 보호
- 전기적인 보호 방식
  - 비율 차동계전기 : 보호 구간에 유입되는 전류와 유출되는 전류의 비율에 따라 동작하는 계전기
- 기계적인 보호 방식
  - 부흐홀츠 계전기 : 변압기 내부 고장으로 절연유의 온도 상승시 발생하는 유증기를 검출하여 경보 및 차단하는 계전기
  - 방압 안전장치 : 변압기 내부 고장으로 내부 압력이 급상승되지 않도록 압력이 일정 이상으로 올라가면 압력을 외부로 방출하는 장치
  - 유온계 : 오일의 온도를 나타냄.
  - 충격 압력 계전기 : 고장으로 인한 압력 상승에 대하여 작동하는 계전기

## 32 3상 유도전동기의 회전 방향을 바꾸는 방법으로 옳은 것은?

① 전동기의 1차 권선에 있는 3개의 단자 중 어느 2개의 단자를 바꾸어 준다.
② 기동 보상기를 이용하여 권선을 바꾸어 준다.
③ $\Delta - Y$ 결선으로 권선을 바꾸어 준다.
④ 전원의 전압과 주파수를 바꾸어 준다.

**해설** 3상 유도전동기의 3선 중 2선의 접속(상회전 순서)을 바꾸어 주면 회전자계가 반대로 형성되어 회전 방향이 반대가 된다.

## 33 동기전동기를 송전선의 전압조정 및 역률개선에 사용하는 것은?

① 동기 이탈
② 동기 무효 전력 보상 장치
③ 댐퍼
④ 제동권선

**해설** 동기 무효 전력 보상 장치
송전 계통의 역률개선이나 전압조정에 사용되는 동기기로 무부하 운전 중 과여자일 때는 진상작용을 하는 콘덴서로 작용하고 부족여자일 때는 지상작용을 하는 리액터로 작용한다.

## 34 60[Hz] 3상 반파 정류회로의 맥동 주파수[Hz]는?

① 120 ② 180
③ 240 ④ 360

**해설** 3상 반파이므로 맥동 주파수는 $3 \times 60 = 180$[Hz]

| 구분 | 맥동 주파수 | 직류 출력 | 효율 [%] | 맥동률 [%] |
|---|---|---|---|---|
| 단상 반파 | $f$ | $E_d = 0.45E$ | 40.6 | 121 |
| 단상 전파 | $2f$ | $E_d = 0.9E$ | 81.2 | 48 |
| 3상 반파 | $3f$ | $E_d = 1.17E$ | 96.7 | 17 |
| 3상 전파 | $6f$ | $E_d = 1.35E$ | 99.8 | 4 |

## 35 다음 중 3단자 소자가 아닌 것은?

① SCR ② SSS
③ GTO ④ TRIAC

정답 31 ① 32 ① 33 ② 34 ② 35 ②

**해설**
① SCR(Silicon controller rectifier) : PNPN의 4층 구조로 된 사이리스터의 대표적인 3단자 제어 소자로서 양극(Anode), 음극(Cathode) 및 게이트(Gate)의 3개의 단자를 가지고 있다. 게이트에 흐르는 작은 전류로 큰 전력을 제어할 수 있다.
② SSS는 양방향 2단자 소자이다.
③ GTO(게이트 턴 오프 사이리스터) : 게이트에 역방향으로 전류를 흘리면 자기 소호하는 양극, 음극 및 게이트의 3개의 단자를 가진 사이리스터로 직류 및 교류 제어용 소자로 사용한다.
④ TRIAC(양방향성 3단자 사이리스터) : 사이리스터 2개를 역병렬로 접속한 것으로 양방향으로 전류가 흘러 교류 제어용으로 사용되는 소자로 전력 제어용, 교류 제어용으로만 사용된다.

**36** 우리나라에서 3상 유도전동기의 최고 속도[rpm]는?

① 3,600　② 3,000
③ 1,800　④ 1,500

**해설** 우리나라 상용주파수는 60[Hz]이고 2극이므로
$$N_s = \frac{120f}{p} = \frac{120 \times 60}{2} = 3,600[\text{rpm}]$$

**37** 직류전동기의 규약효율을 표시하는 식은?

① $\frac{\text{출력}}{\text{출력}+\text{손실}} \times 100[\%]$
② $\frac{\text{출력}}{\text{입력}} \times 100[\%]$
③ $\frac{\text{입력}-\text{손실}}{\text{입력}} \times 100[\%]$
④ $\frac{\text{입력}}{\text{출력}+\text{손실}} \times 100[\%]$

**해설** 규약효율
• 발전기 : $\frac{\text{출력}}{\text{출력}+\text{손실}} \times 100[\%]$
• 전동기 : $\frac{\text{입력}-\text{손실}}{\text{입력}} \times 100[\%]$

**38** 다음 중 유도전동기의 속도제어에 사용되는 인버터 장치의 약호는?

① CVCF　② VVVF
③ CVVF　④ VVCF

**해설**
① CVCF(Constant Voltage Constant Frequency) : 정전압 정주파수 제어
② VVVF(Variable Voltage Variable Frequency) : 가변전압 가변주파수 제어(유도전동기의 속도제어)
③ CVVF(Contant Voltage Variable Frequency) : 정전압 가변주파수 제어
④ VVCF(Variable Voltage Constant Frequency) : 가변전압 정주파수 제어

**39** 변압기의 정격 출력으로 맞는 것은?

① 정격 1차 전압×정격 1차 전류
② 정격 1차 전압×정격 2차 전류
③ 정격 2차 전압×정격 1차 전류
④ 정격 2차 전압×정격 2차 전류

**해설** 변압기 정격 출력은 정격 2차 전압, 정격 2차 전류, 정격 주파수 및 정격 역률로 2차 단자 사이에서 얻을 수 있는 피상전력을 말하고 [VA], [kVA], [MVA] 등으로 표시한다.

정답 36 ① 37 ③ 38 ② 39 ④

**40** 3상 유도전동기의 원선도를 그리는 데 필요하지 않은 것은?

① 무부하 시험 ② 구속시험
③ 2차 저항 측정 ④ 회전수 측정

**해설** • 저항측정 시험 : 1차 동손
• 무부하 시험 : 여자전류, 철손
• 구속시험(단락시험) : 2차 동손

**41** 옥내 배선공사에서 절연전선의 피복을 벗길 때 사용하면 편리한 공구는?

① 드라이버 ② 압착펜치
③ 플라이어 ④ 와이어 스트리퍼

**해설** 옥내 배선시 전선의 피복을 벗길 때 사용하면 편리한 공구는 와이어 스트리퍼이다.
① 드라이버 : 나사못을 조일 때 사용하는 공구
② 압착펜치 : 연선 끝에 슬리브(압착단자)를 물리고 압착시킬 때 사용하는 공구
③ 플라이어 : 지렛대의 원리를 이용하여 물체를 단단하게 잡기 위해 사용하는 공구

**42** 금속관공사에 대한 설명으로 틀린 것은?

① 전선이 금속관 속에 보호되어 안정적이다.
② 접지공사를 하지 않아도 감전의 우려가 없다.
③ 단락사고, 접지사고 등에 있어서 화재의 우려가 적다.
④ 방습장치를 할 수 있으므로 전선을 내수적으로 시설할 수 있다.

**해설** [한국전기설비규정 232.12.3 금속관 및 부속품의 시설]
금속관공사는 접지공사를 해야 한다. 단, 사용전압이 400[V] 이하인 아래의 경우는 제외한다.
• 관의 길이가 4[m] 이하인 것을 건조한 장소에 시설하는 경우
• 옥내 배선의 사용전압이 직류 300[V] 또는 교류 대지 전압 150[V] 이하로서 그 전선을 넣는 관의 길이가 8[m] 이하인 것을 사람이 쉽게 접촉할 우려가 없도록 시설하는 경우 또는 건조한 장소에 시설하는 경우

**43** 옥내 배선공사시 전선의 지름을 결정하는 요소가 아닌 것은?

① 공사방법 ② 전압강하
③ 허용전류 ④ 기계적 강도

**해설** 옥내 배선의 전선 굵기를 결정하는 요소
• 허용전류 : 전선에 안전하게 흐를 수 있는 최대 전류
• 전압강하 : 전선의 저항으로 인해 전압이 작아지는 현상
• 기계적 강도 : 외력의 작용에 따른 변형과 파괴를 견디는 정도

**44** 한국전기설비규정에 의하여 분기회로의 과부하 보호장치 설치점과 분기점 사이에 다른 분기회로 또는 콘센트의 접속이 없고, 단락의 위험과 화재 및 인체에 대한 위험성이 최소화되도록 시설된 경우 과부하 보호장치는 분기점으로부터 몇 [m]까지 이동하여 설치 가능한가?

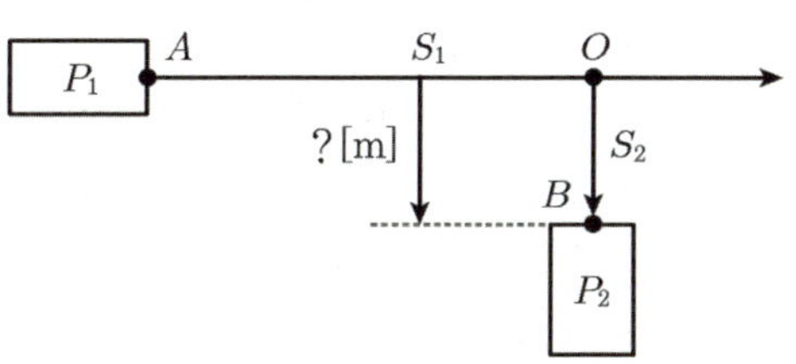




정답 40 ④ 41 ④ 42 ② 43 ① 44 ③

① 1　　② 2
③ 3　　④ 4

**해설** [한국전기설비규정 212.4.2 과부하 보호장치의 설치 위치]
분기회로($S_2$)의 보호장치($P_2$)는 전원 측에서 분기점($O$) 사이에 다른 분기회로 또는 콘센트의 접속이 없고, 단락의 위험과 화재 및 인체에 대한 위험성이 최소화되도록 시설된 경우, 분기회로의 보호장치($P_2$)는 분기회로의 분기점($O$)으로부터 3[m]까지 이동하여 설치할 수 있다.

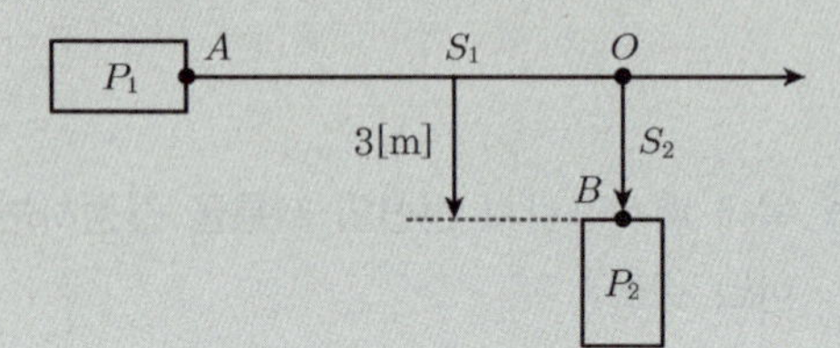


**해설** [한국전기설비규정 142.7 기계기구의 철대 및 외함의 접지]
전로에 시설하는 기계기구의 철대 및 금속제 외함에 접지공사를 생략할 수 있는 경우
- 사용전압이 직류 300[V] 또는 교류 대지전압이 150[V] 이하인 기계기구를 건조한 곳에 시설하는 경우
- 저압용의 기계기구를 건조한 목재의 마루 기타 이와 유사한 절연성 물건 위에서 취급하도록 시설하는 경우
- 철대 또는 외함의 주위에 적당한 절연대를 설치하는 경우
- 「전기용품 및 생활용품 안전관리법」의 적용을 받는 이중절연구조로 되어 있는 기계기구를 시설하는 경우
- 물기있는 장소 이외의 장소에 시설하는 저압용의 개별 기계기구에 전기를 공급하는 전로에 「전기용품 및 생활용품 안전관리법」의 적용을 받는 인체감전보호용 누전차단기(정격감도전류가 30[mA] 이하, 동작시간이 0.03초 이하의 전류동작형)를 시설하는 경우
- 외함을 충전하여 사용하는 기계기구에 사람이 접촉할 우려가 없도록 시설하거나 절연대를 시설하는 경우

**45** **전로에 시설하는 기계기구의 철대 및 금속제 외함에 접지공사를 생략할 수 없는 경우는?**

① 30[V] 이하의 기계기구를 건조한 곳에 시설하는 경우
② 철대 또는 외함의 주위에 적당한 절연대를 설치하는 경우
③ 「전기용품 및 생활용품 안전관리법」의 적용을 받는 이중절연구조로 되어 있는 기계기구를 시설하는 경우
④ 물기 없는 장소에 설치하는 저압용 기계기구를 위한 전로에 정격감도전류 40[mA] 이하, 동작시간 2초 이하의 전류동작형 누전차단기를 시설하는 경우

**46** **전선과 기구 단자를 접속할 때 나사를 덜 죄었을 경우 발생할 수 있는 위험과 거리가 먼 것은?**

① 누전
② 과열 발생
③ 저항 감소
④ 화재 위험

**해설** 전선과 기구 단자 접속시 나사를 덜 죄었을 경우 완전한 접속이 되지 않아 전류가 잘 흐르지 못하므로 저항이 증가한다.

정답 45 ④ 46 ③

**47** **셀룰로이드, 성냥, 석유류 등 기타 가연성 위험물질을 제조 또는 저장하는 장소의 배선 방법이 아닌 것은?**

① 두께가 2[mm] 미만의 합성수지제 전선관을 사용할 것
② 배선은 금속관 배선, 합성수지관 배선, 또는 케이블 배선에 의할 것
③ 금속관은 박강 전선관 또는 이와 동등 이상의 강도가 있는 것을 사용할 것
④ 합성수지관 배선에 사용하는 합성수지관 및 박스 기타 부속품은 손상 우려가 없도록 시설할 것

**해설** [한국전기설비규정 242.4 위험물 등이 존재하는 장소]
셀룰로이드, 성냥, 석유류 기타 타기 쉬운 위험한 물질을 제조하거나 저장하는 곳에 시설하는 저압 옥내 전기설비는 금속관공사, 합성수지관공사, 케이블공사의 공사 방법을 따른다.
- 금속관공사에 사용하는 금속관은 박강 전선관 또는 이와 동등 이상의 강도를 가지는 것일 것.
- 케이블공사에 사용하는 전선은 개장된 케이블 또는 MI 케이블을 사용하는 경우 이외에는 관 기타의 방호 장치에 넣어 사용할 것.
- 합성수지관공사는 두께 2[mm] 미만의 합성수지 전선관 및 난연성이 없는 콤바인 덕트관을 사용하는 것은 제외하며, 합성수지관 및 박스 기타의 부속품은 손상을 받을 우려가 없도록 시설할 것.

**48** **다음 중 금속관공사의 설명으로 잘못된 것은?**

① 금속관 내에서는 절대로 전선의 접속점을 만들지 않아야 한다.
② 관의 두께는 콘크리트에 매입하는 경우 1[mm] 이상이어야 한다.
③ 교류회로는 1회로의 전선 전부를 동일 관내에 넣는 것을 원칙으로 한다.
④ 교류회로에서 전선을 병렬로 사용하는 경우에는 관내에 전자적 불평형이 생기지 않도록 시설한다.

**해설** [한국전기설비규정 232.12.2 금속관 및 부속품의 선정]
금속관의 두께는 다음에 의한다.
- 콘크리트에 매입하는 것은 1.2[mm] 이상으로 선정한다.
- 이외의 것은 1[mm] 이상으로 선정하되, 이음매가 없는 길이 4[m] 이하인 것을 건조하고 전개된 곳에 시설하는 경우에는 0.5[mm]까지 감할 수 있다.
- 교류회로에서 병렬로 사용하는 전선을 금속관 내부에 시설할 경우 전선에 전자적 불평형이 생기지 않도록 1회로의 전선 전부를 동일 관내에 넣어야 한다.

**49** **그림과 같이 금속관을 구부릴 때 일반적으로 A와 B의 관계식은?**

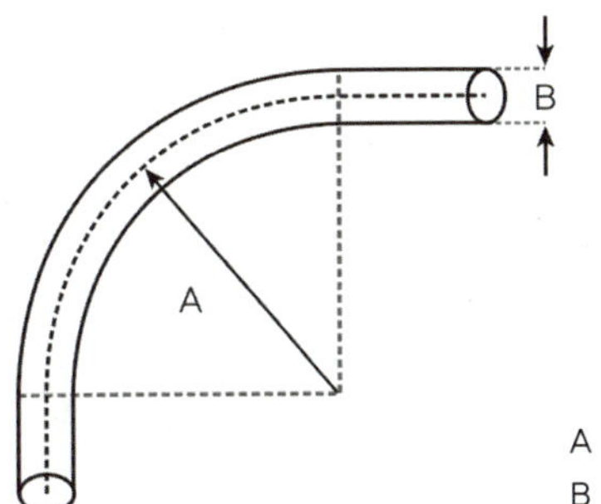


A : 곡률반지름
B : 금속관 안지름

① $A = 2B$　② $A \geq 2B$
③ $A = 5B$　④ $A \geq 6B$

**해설** 금속관을 구부릴 때에는 금속관의 단면이 심하게 변형되지 않도록 구부려야 하며, 그 안측의 반지름은 관 안지름의 6배 이상이 되어야 한다.

7개년 기출복원문제

정답 47 ① 48 ② 49 ④

**50** 저압 인입선 공사시 저압 가공인입선이 철도 또는 궤도를 횡단하는 경우 레일면의 위에서 몇 [m] 이상 시설해야 하는가?

① 3.0 ② 4.5
③ 5.0 ④ 6.5

**해설** [한국전기설비규정 221.1.1 저압 인입선의 시설]
전선의 높이는 다음에 의할 것.
- 도로(차도와 보도의 구별이 있는 도로인 경우에는 차도)를 횡단하는 경우 : 노면상 5[m](기술상 부득이한 경우에 교통에 지장이 없을 때에는 3[m]) 이상
- 철도 또는 궤도를 횡단하는 경우 : 레일면상 6.5[m] 이상
- 횡단보도교의 위에 시설하는 경우에는 노면상 3[m] 이상
- 위의 경우를 제외한 경우에는 지표상 4[m](기술상 부득이한 경우에 교통에 지장이 없을 때에는 2.5[m]) 이상

**51** 케이블공사에서 비닐 외장 케이블을 조영재의 옆면에 따라 붙이는 경우 전선의 지지점 간의 거리는 최대 몇 [m]인가?

① 0.5 ② 1.0
③ 1.5 ④ 2.0

**해설** [한국전기설비규정 232.51 케이블공사]
전선을 조영재의 아랫면 또는 옆면에 따라 붙이는 경우의 전선의 지지점 간의 거리
- 케이블 : 2[m]
- 캡타이어 케이블 : 1[m]
- 사람이 접촉할 우려가 없는 곳에서 수직으로 붙이는 경우 : 6[m]

**52** 폭연성 먼지가 존재하는 곳의 금속관공사에서 관 상호 및 관과 박스의 접속은 몇 턱 이상의 조임 나사로 시공해야 하는가?

① 2턱 ② 3턱
③ 4턱 ④ 5턱

**해설** [한국전기설비규정 242.2.1 폭연성 먼지 위험장소]
금속관공사에서 관 상호 간 및 관과 박스 기타의 부속품, 풀박스 또는 전기기계기구와는 5턱 이상 나사조임으로 접속한다.

**53** 저압전로에 사용하는 산업용 배선차단기의 정격전류가 30[A]이고 전로에 40[A]가 흐를 때 과전류트립 동작시간은?

① 15분 ② 30분
③ 60분 ④ 120분

**해설** [한국전기설비규정 212.3.4 보호장치의 특성]
산업용 배선차단기의 과전류트립 동작시간 및 특성

| 정격전류의 구분 | 시간 | 정격전류의 배수 (모든 극에 통전) | |
|---|---|---|---|
| | | 부동작 전류 | 동작 전류 |
| 63A 이하 | 60분 | 1.05배 | 1.3배 |
| 63A 초과 | 120분 | 1.05배 | 1.3배 |

**54** 전주의 길이가 12[m]이고, 설계하중이 6.8[kN] 이하의 철근 콘크리트주를 시설할 때 땅에 묻히는 표준깊이는 최소 얼마 이상이어야 하는가?

① 1.2[m] ② 1.4[m]
③ 2.0[m] ④ 2.5[m]

**해설** 표준깊이는 최소 $12 \times \frac{1}{6} = 2$[m]이다.
[한국전기설비규정 331.7 가공전선로 지지물의 기초의 안전율]
강관을 주체로 하는 철주 또는 철근 콘크리트주로서 그 전체 길이가 16[m] 이하, 설계하중이 6.8[kN] 이하인 것 또는 목주를 시설하는 경우 매설 깊이를 다음에 의한다.
- 전체 길이가 15[m] 이하인 경우, 땅에 묻히는 깊이를 전체 길이의 $\frac{1}{6}$ 이상으로 할 것

정답 50 ④ 51 ④ 52 ④ 53 ③ 54 ③

**55** 합성수지관 배선에서 경질비닐전선관의 굵기(관의 호칭)에 해당하지 않는 것은?

① 14 ② 16
③ 18 ④ 22

**해설** KS C 8431 경질 폴리염화비닐 전선관
경질 폴리염화비닐 전선관의 호칭은 14, 16, 22, 28, 36, 42, 54, 70, 82, 100의 10종이 있으며 단위는 [mm]이다.

**56** 전등 1개를 2개소에서 점멸하고자 할 때 필요한 3로 스위치는 최소 몇 개인가?

① 1개 ② 2개
③ 3개 ④ 4개

**해설** 2개소 점멸로 1개의 전등을 점멸하고자 할 때 필요한 3로 스위치의 개수는 두 개이다.
- 3로 스위치 : 한 쪽은 연결되어 있고 반대쪽은 분리가 되어 있는 텀블러 스위치

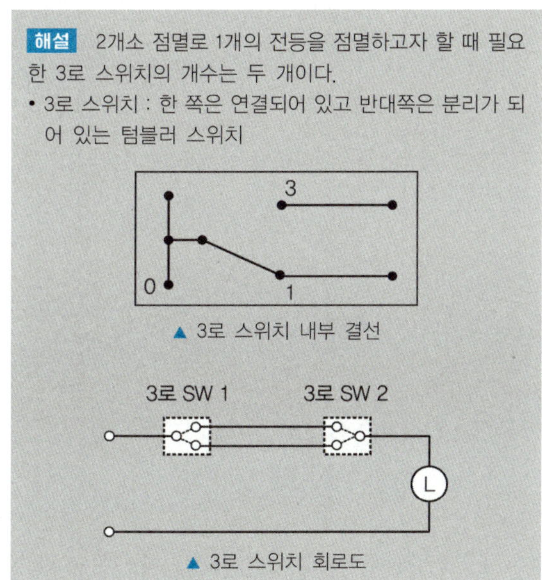


▲ 3로 스위치 내부 결선

▲ 3로 스위치 회로도

**57** 전주외등을 전주에 시설하기 위한 배선공사 방법으로 옳지 않은 것은?

① 애자공사 ② 금속관공사
③ 케이블공사 ④ 합성수지관공사

**해설** [한국전기설비규정 234.10 전주외등]
전주외등의 배선은 다음 공사 방법 중에서 시설해야 한다.
- 금속관공사
- 케이블공사
- 합성수지관공사

**58** 저압 가공 인입선에서 금속관공사로 옮겨지는 곳 또는 금속관으로부터 전선을 뽑아 전동기 단자 부분에 접속할 때 사용하는 것은?

① 엘보 ② 터미널 캡
③ 접지 클램프 ④ 엔트런스 캡

**해설**
① 엘보 : 노출로 시공하는 금속관공사에서 관을 직각으로 구부리는 곳에 사용하는 전선관 부속재료
② 터미널 캡 : 서비스캡이라고도 하며 전동기에 접속하는 장소나 애자사용공사로 옮기는 장소의 관 끝에서 사용하는 등 노출 배관에서 금속관 배관으로 연결할 때 사용하는 전선관 부속 재료
③ 접지 클램프 : 전선을 보호하기 위해 금속제의 판, 관, 함 등을 접지할 때 접지선과의 접촉을 좋게 하기 위해 사용하는 부속 재료
④ 엔트런스 캡 : 전주나 강관 기둥과 같이 수직으로 설치된 전선관의 끝에 부착하여 빗물과 벌레의 유입을 방지하고 전선 피복을 보호하는 전선관 부속 재료



정답 55 ③ 56 ② 57 ① 58 ②

**59** 전기 배선용 도면을 작성할 때 사용하는 매입 콘센트 도면 기호는?

①

②

③

④

**해설** 심벌 기호의 명칭

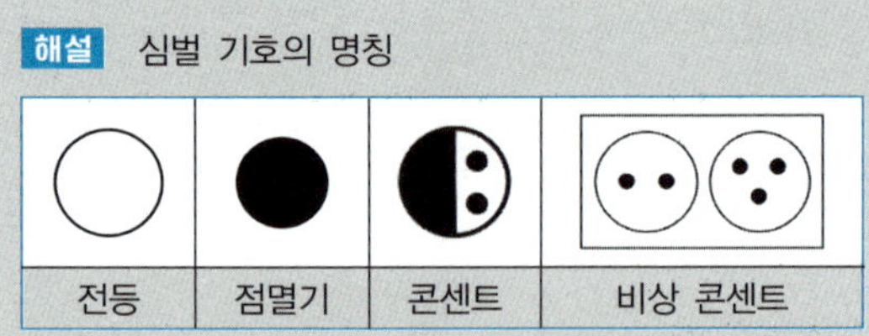

| | | | |
|---|---|---|---|
| 전등 | 점멸기 | 콘센트 | 비상 콘센트 |

**60** 조명기구를 배광에 따라 분류하는 경우 특정한 장소만을 고조도로 하기 위한 조명기구는?

① 직접 조명기구
② 광천장 조명기구
③ 반직접 조명기구
④ 전반 확산 조명기구

**해설** 특정한 장소만을 고조도로 하기 위한 조명기구는 직접 조명기구이다.

- 광천장 조명기구 : 천장 전면을 확산투과성 재료로 덮고, 그 위에 광원을 배치한 조명방식이다. 광원의 눈부심을 방지하고 바닥이나 작업면에 균일한 밝기를 얻을 수 있다.
- 반직접 조명기구 : 반투명의 유리나 플라스틱을 사용하여 빛의 60~90%가 대상체에 직접 조사하고 나머지는 천장이나 벽에서 반사되어 조사되는 방식이다.
- 전반 확산 조명기구 : 조명기구를 일정한 높이와 간격으로 배치하여 방 전체를 균일하게 조명하는 방식으로 빛을 방 전체에 확산하도록 하는 조명방식이다.

**정답** 59 ③ 60 ①

# 2022년 제 4 회 기출복원문제

**01** 전원과 부하가 다 같이 Y결선된 3상 평형 회로가 있다. 상전압이 200[V], 부하 임피던스가 $\dot{Z}=8+j6[\Omega]$인 경우 선전류는 몇 [A]인가?

① 20　② $\frac{20}{\sqrt{3}}$
③ $20\sqrt{3}$　④ $10\sqrt{3}$

**해설** $\dot{Z}=8+j6[\Omega]$, $|Z|=\sqrt{8^2+6^2}=10[\Omega]$
Y결선에서 $|I_l|=|I_p|$, 상전류 $I_p=\frac{V_p}{|Z|}=\frac{200}{10}=20[A]$이므로 선전류 $I_l=20[A]$이다.

**02** 기전력 1.5[V], 내부저항 0.2[Ω]인 전지 5개를 직렬로 접속하여 단락시켰을 때의 전류[A]는?

① 1.5　② 2.5
③ 6.5　④ 7.5

**해설** 기전력 1.5[V], 내부저항 0.2[Ω]인 전지 5개를 직렬로 접속하였을 때 총 기전력 $1.5\times5=7.5[V]$, 총 내부저항 $0.2\times5=1[\Omega]$이다.
단락시켰을 때의 전류 $I=\frac{V}{R}=\frac{7.5}{1}=7.5[A]$이다.

**03** 전류에 의해 만들어지는 자기장의 방향을 알기 쉽게 정의한 법칙은?

① 앙페르의 오른나사 법칙
② 렌츠의 자기유도 법칙
③ 플레밍의 왼손 법칙
④ 패러데이의 전자유도 법칙

**해설**
② 렌츠의 자기유도 법칙 : 유도기전력과 유도전류는 자기장의 변화를 상쇄하려는 방향으로 발생한다는 법칙
③ 플레밍의 왼손 법칙 : (전동기의 원리) 자기장 내에서 도선에 전류가 흐를 때 도선이 받는 힘의 방향을 결정하는 법칙
④ 패러데이의 전자유도 법칙 : 코일을 관통하는 자속을 변화시킬 때 코일에 유도기전력이 발생하는 법칙

**04** 정현파의 평균값이 100[V]일 때 실횻값은 얼마인가?

① 100　② 111
③ 63.7　④ 70.7

**해설** 평균값 $V_{avg}=\frac{2}{\pi}V_m=100[V]$, $V_m=\frac{\pi\times100}{2}=157.08[V]$
실횻값 $V_{rms}=\frac{V_m}{\sqrt{2}}\fallingdotseq111.08[V]$



정답 01 ① 02 ④ 03 ① 04 ②

**05** 자기회로에서 자로의 길이 31.4[cm], 자로의 단면적이 0.25[m²], 자성체의 비투자율 $\mu_s$ = 100일 때 자성체의 자기저항은 얼마인가?

① 2,500 ② 4,000
③ 5,000 ④ 10,000

해설 자기저항 $R_m = \frac{l}{\mu_0 \mu_s A}$
$= \frac{31.4 \times 10^{-2}}{4\pi \times 10^{-7} \times 100 \times 0.25} = 10,000$[AT/Wb]

**06** 자기 인덕턴스가 각각 $L_1$, $L_2$[H]인 두 원통 코일이 서로 직교하고 있다. 두 코일 간의 상호 인덕턴스는?

① 0 ② $L_1 L_2$
③ $\sqrt{L_1 L_2}$ ④ $L_1 + L_2$

해설 자속과 코일이 서로 평행이 되어 상호 인덕턴스는 존재하지 않는다.

**07** 자기 인덕턴스가 각각 $L_1$[H], $L_2$[H]인 두 개의 코일이 직렬로 차동 접속되었을 때 합성 인덕턴스는? (단, 자기력선에 의한 영향을 서로 받는 경우이다.)

① $L_1 + L_2 - M$
② $L_1 + L_2 + M$
③ $L_1 + L_2 - 2M$
④ $L_1 + L_2 + 2M$

해설 • 가동 접속 합성 인덕턴스 $L_1 + L_2 + 2M$[H]
• 차동 접속 합성 인덕턴스 $L_1 + L_2 - 2M$[H]

**08** 전압 200[V]이고 $C_1$ = 10[μF]와 $C_2$ = 5[μF]인 콘덴서를 병렬로 접속하면 $C_2$에 분배되는 전하량은 몇 [μC]인가?

① 100 ② 500
③ 1,000 ④ 2,000

해설 $Q = CV$이므로 $Q_2 = C_2 V_2$이다.
$V = V_1 = V_2 = 200$[V], $C_2 = 5$[μF]이다.
$Q_2 = C_2 V_2 = 5 \times 200 = 1,000$[μC]

**09** 도체의 길이가 $l$[m], 고유저항 $\rho$[Ω · m], 반지름이 $r$[m]인 도체의 전기저항[Ω]은?

① $p\frac{l}{\pi r}$ ② $p\frac{rl}{\pi}$
③ $p\frac{\pi l}{r}$ ④ $p\frac{l}{\pi r^2}$

해설 전기저항 $R = \rho\frac{l}{S} = \rho\frac{l}{\pi r^2}$[Ω]



정답 05 ④ 06 ① 07 ③ 08 ③ 09 ④

**10** 그림의 회로에서 교류전압 $v(t) = 100\sqrt{2}\sin\omega t$ [V]를 인가했을 때 회로에 흐르는 전류는?

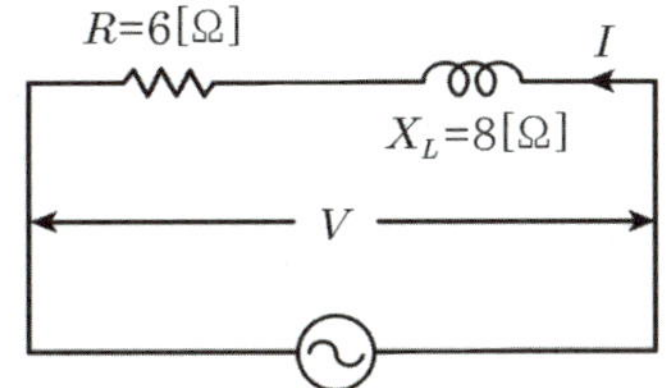


① 10 ② 20
③ 30 ④ 40

**해설** $\dot{Z} = 6 + j8[\Omega]$, $|Z| = \sqrt{6^2 + 8^2} = 10[\Omega]$이고
$V_{rms} = \dfrac{V_m}{\sqrt{2}} = 100[V]$이다.
전류 $I_{rms} = \dfrac{V_{rms}}{|Z|} = \dfrac{100}{10} = 10[A]$이다.

**11** 자속을 발생시키는 원천을 무엇이라 하는가?

① 기전력 ② 전자력
③ 기자력 ④ 정전력

**해설**
① 기전력 : 전위가 높은 쪽으로부터 낮은 쪽으로 전기를 이동시키려는 힘
② 전자력 : 자기장 공간에 존재하는 도체에 전류를 흘리면 전류 및 자계와 직각 방향으로 도체를 움직이는 힘
④ 정전력 : 두 대전입자 사이에 작용하는 인력이나 척력

**12** 200[V], 60[W] 전등 10개를 30시간 사용하였다면 사용 전력량은 몇 [kWh]인가?

① 24 ② 18
③ 12 ④ 6

**해설** 전력량 $W = Pt = 60[W] \times 30[h] \times 10[개]$
$= 18{,}000[Wh] = 18[kWh]$

**13** 한 코일에 매초 전류가 150[A]의 비율로 변할 때 다른 코일에 60[V]의 기전력이 발생하였다면, 두 코일의 상호 인덕턴스[H]는?

① 0.4 ② 2.0
③ 2.4 ④ 4.0

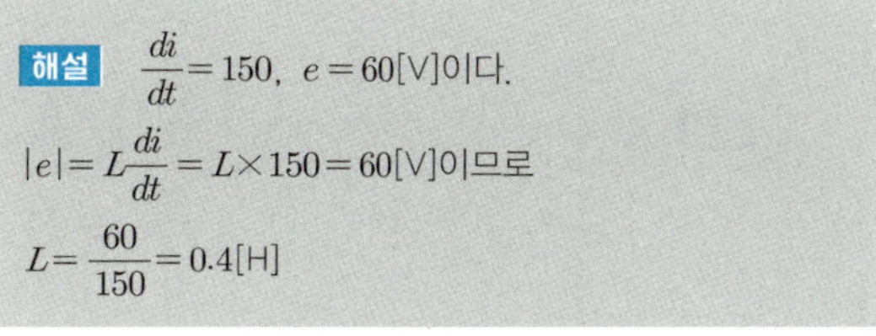
**해설** $\dfrac{di}{dt} = 150$, $e = 60[V]$이다.
$|e| = L\dfrac{di}{dt} = L \times 150 = 60[V]$이므로
$L = \dfrac{60}{150} = 0.4[H]$

**14** 그림과 같이 공기 중에 놓인 $4\times10^{-8}$[C]의 전하에서 4[m] 떨어진 점 $P$와 2[m] 떨어진 점 $Q$와의 전위차[V]는?

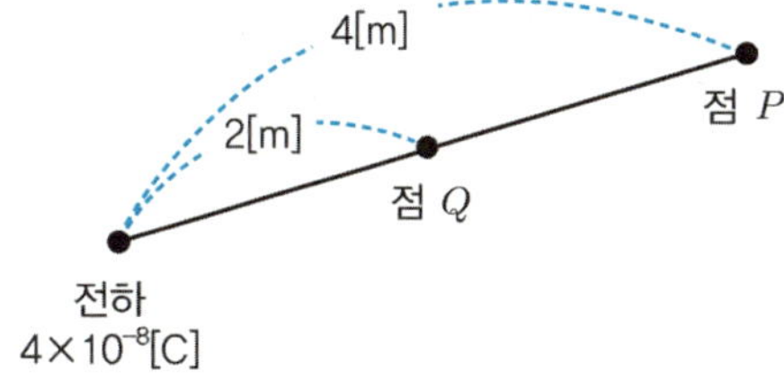


① 45 ② 90
③ 180 ④ 270

**해설** 전위 $V = 9\times10^9 \times \dfrac{Q}{r}[V]$
$V_Q = 9\times10^9 \times \dfrac{4\times10^{-8}}{2} = 180[V]$
$V_P = 9\times10^9 \times \dfrac{4\times10^{-8}}{4} = 90[V]$
그러므로 전위차는 $V = 180 - 90 = 90[V]$

정답 10 ① 11 ③ 12 ② 13 ① 14 ②

**15** △-Y 결선한 경우에 대한 설명으로 옳지 않은 것은?

① Y결선의 중성점을 접지할 수 있다.
② 제3고조파에 의해 장해가 작다.
③ 1차 선간전압 및 2차 선간전압의 위상차는 60° 이다.
④ 1차 변전소의 승압용으로 사용된다.

> **해설** ③ 1차 선간전압 및 2차 선간전압의 위상차는 30°이다.

**16** 실횻값 20[A], 주파수 $f=60$[Hz], 위상이 0°인 전류의 순시값 $i$[A]를 수식으로 옳게 표현한 것은?

① $i=20\sin(60\pi t)$
② $i=20\sin(120\pi t)$
③ $i=20\sqrt{2}\sin(60\pi t)$
④ $i=20\sqrt{2}\sin(120\pi t)$

> **해설** 최댓값 $I_m=\sqrt{2}\times I_{rms}=20\sqrt{2}$[A], 각 주파수 $\omega=2\pi f=2\pi\times 60=120\pi$[rad/sec], 위상 $\theta=0°$이다. 순시값 $i=20\sqrt{2}\sin(120\pi t)$[A]이다.

**17** 110/220[V] 단상 3선식 회로에서 110[V] 전구 Ⓡ, 110[V] 콘센트 Ⓒ, 220[V] 전동기 Ⓜ의 연결이 올바른 것은?

①
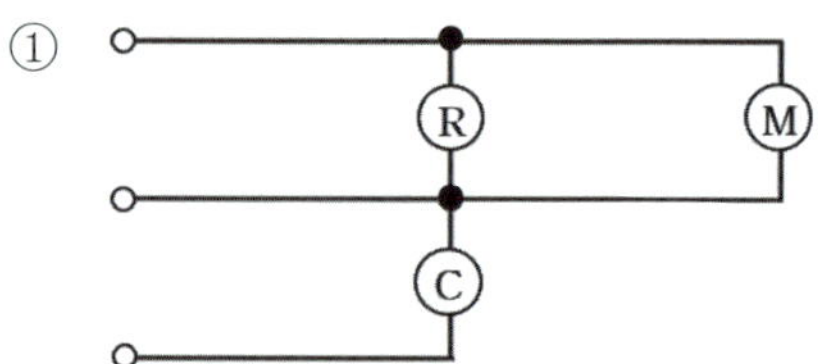

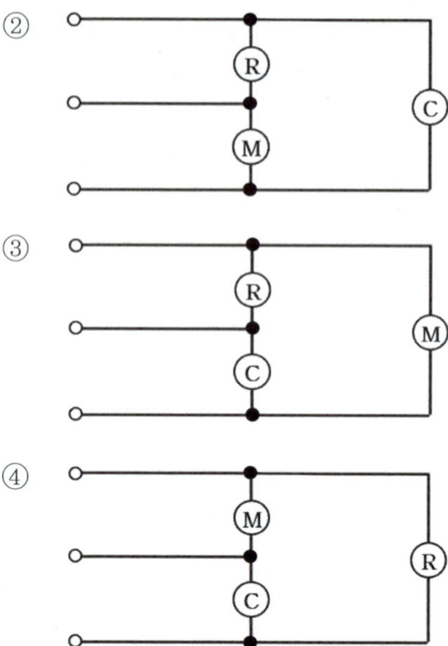

> **해설** 전구 Ⓡ과 콘센트 Ⓒ는 전압 110[V]를 사용하므로 전선과 중성선 사이에 연결하며 전동기 Ⓜ은 220[V]를 사용하므로 선간에 연결하여야 한다.

**18** 아래 그림과 같은 회로에서 합성 정전용량은 몇 [μF]인가? (단, $C=4$[μF]이다.)

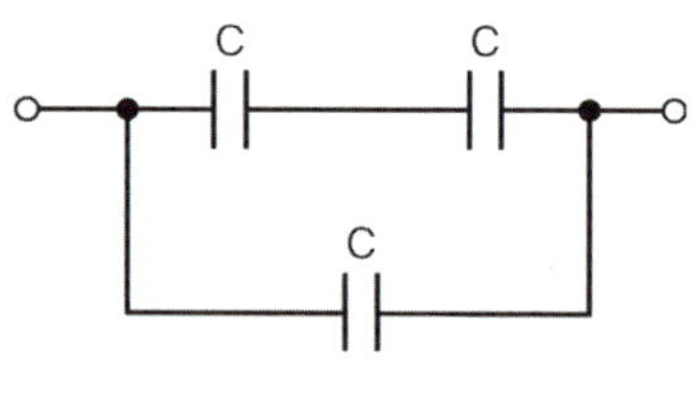


① 4 ② 6
③ 8 ④ 10

> **해설** 직렬연결 부분에서 합성 정전용량
> $C_{t1}=\dfrac{C\times C}{C+C}=\dfrac{C}{2}$
> 병렬연결 부분에서 합성 정전용량 $C_{t2}=C+\dfrac{C}{2}=\dfrac{3C}{2}$
> $=\dfrac{3}{2}\times 4=6$[μF]

정답 15 ③ 16 ④ 17 ③ 18 ②

**19** 전자볼트[eV]는 약 몇 [J]인가?

① $1.602\times10^{-19}$
② $1.602\times10^{-31}$
③ $1.92\times10^{-19}$
④ $1.92\times10^{-31}$

**해설** 1개의 전자가 1볼트의 전위차에 의해 받는 에너지이다.
$1[\text{eV}]=1.602\times10^{-19}[\text{C}]\times1[\text{V}]=1.602\times10^{-19}[\text{J}]$

**20** 300[V]에 10[A]를 흐르는 다리미에 180[V]를 가하면 흐르는 전류[A]는?

① 4 ② 6
③ 8 ④ 10

**해설** 300[V]에서 다리미의 저항 $R=\frac{V}{I}=\frac{300}{10}=30$ [Ω]이다.
180[V]에서 다리미의 전류 $I=\frac{V}{R}=\frac{180}{30}=6$[A]이다.

**21** 변압기의 권수비가 60이고 2차 저항이 0.1[Ω]일 때 1차로 환산한 저항값은?

① 30 ② 36
③ 300 ④ 360

**해설** 권수비(a) = 60

$$\frac{R_1}{R_2}=\frac{N_1^2}{N_2^2}$$

$$\frac{R_1}{0.1}=\frac{3600}{1}$$

$$R_1=360[\Omega]$$

**22** 다음 중 발전기의 규약효율 $\eta_G$는? (단, 입력은 P, 출력은 Q, 손실은 L로 표현한다.)

① $\eta_G=\frac{P-L}{P}\times100[\%]$

② $\eta_G=\frac{Q}{Q+L}\times100[\%]$

③ $\eta_G=\frac{Q}{P}\times100[\%]$

④ $\eta_G=\frac{P-L}{P+L}\times100[\%]$

**해설** 규약효율
- 발전기 : $\frac{\text{출력}}{\text{출력}+\text{손실}}\times100[\%]$
- 전동기 : $\frac{\text{입력}-\text{손실}}{\text{입력}}\times100[\%]$

**23** 다음 중 전압 변동률 $\epsilon$을 나타내는 식은? (단, 정격전압 $V_n$, 무부하 전압 $V_0$이다.)

① $\epsilon=\frac{V_o-V_n}{V_n}\times100[\%]$

② $\epsilon=\frac{V_n-V_o}{V_n}\times100[\%]$

③ $\epsilon=\frac{V_o-V_n}{V_o}\times100[\%]$

④ $\epsilon=\frac{V_n-V_o}{V_o}\times100[\%]$

**해설** 전압 변동률

$$\epsilon=\frac{\text{무부하 전압}-\text{정격 전압}}{\text{정격 전압}}\times100[\%]$$

$$=\frac{V_o-V_n}{V_n}\times100[\%]$$

7개년 기출복원문제

정답 19 ① 20 ② 21 ④ 22 ② 23 ①

**24** 부흐홀츠 계전기로 보호되는 기기는?

① 발전기 ② 변압기
③ 전동기 ④ 회전변류기

**해설** 부흐홀츠 계전기는 변압기 주 탱크와 콘서베이터 사이에 설치하여 변압기 내부고장 보호용으로 사용된다. 절연유의 온도 상승시 발생하는 유증기를 검출하여 권선 단락, 철심 고정 볼트의 절연 열화, 탭 전환기의 고장 등을 경보 및 차단한다.

**25** 일반적으로 사용하는 주상 변압기의 냉각방식은?

① 유입 송유식
② 유입 풍냉식
③ 유입 수냉식
④ 유입 자냉식

**해설** 변압기 주요 냉각방식

| 냉각방식 | 내용 |
|---|---|
| 건식 자냉식 | 소용량 변압기에 사용 |
| 건식 풍냉식 | 권선 하부에 풍도를 마련하여 송풍기로 바람을 넣어 방열효과를 향상시킨 것 |
| 유입 자냉식 | 보수가 간단하여 가장 널리 사용되며 권선 철심에서 발생한 열이 대류에 의해 기름에 전달되고 탱크 벽에 전달되어 벽 외측 표면에서 방사와 공기의 대류에 의해 방열 |
| 유입 풍냉식 | 유입 자냉식과 같은 구조로 저소음 고효율 냉각용 선풍기를 구비하여 출력 30[%]를 증가시킨 것 |
| 송유 자냉식 | 방열기탱크를 따로 두고 본체 탱크와의 접속관로의 도중에 송유펌프를 설치하여 기름을 강제적으로 순환시키는 방식 |
| 송유 풍냉식 | 송유 자냉식 방열기 탱크에 송풍기를 설치하는 방식으로 300[MVA] 이상 대용량에는 대부분 사용된다. |

**26** 플레밍의 오른손 법칙에서 기전력을 의미하는 손가락은?

① 엄지 ② 검지
③ 중지 ④ 약지

**해설** 플레밍의 오른손 법칙 : 자속밀도 $B$[Wb/m$^2$]의 자계에서 길이 $l$[m]의 도체가 자계와 $\theta$ 각도 방향으로 속도 $v$[m/s]로 움직이면 기전력 $e$[V]가 유도된다.
① 엄지 : 도체의 운동방향($v$[m/s])
② 검지 : 자기장의 방향($B$[Wb/m$^2$])
③ 중지 : 기전력의 방향 ($e$[V])

**27** 직류발전기에서 브러시와 접촉하여 전기자 권선에 유도되는 교류 기전력을 직류로 바꾸어주는 부분은?

① 계자 ② 전기자
③ 슬립링 ④ 정류자

**해설** 직류기의 구조
- 계자 : 자속을 발생
- 전기자 : 자속을 끊어 기전력 발생
- 슬립링 : 회전자 외부로부터 전류를 흐르게 하기 위해 회전자 축에 부착하는 접촉자
- 정류자 : 교류를 직류로 변환

**28** 직류기에서 불꽃이 없는 정류를 얻는 데 가장 유효한 방법은?

① 탄소브러시와 보상권선
② 보극과 보상권선
③ 자기포화와 브러시 이동
④ 탄소브러시와 보극

**해설** 불꽃 없는 양호한 정류를 얻는 방법
- 보극을 설치한다.
- 접촉 저항이 큰 탄소브러시를 사용한다.
- 리액턴스 전압을 작게 한다.
- 정류 주기를 길게 한다.



정답 24 ② 25 ④ 26 ③ 27 ④ 28 ④

**29** 전기자 저항 0.2[Ω], 전기자 전류 100[A], 전압 120[V]인 분권전동기의 발생 동력[kW]은?

① 10　　② 15
③ 20　　④ 25

해설 유기 기전력
$E=V-I_aR_a=120-(100\times0.2)=100[\text{V}]$
발생하는 동력
$P=EI_a=100\times100=10,000[\text{W}]=10[\text{kW}]$

**30** 동기기의 전기자 권선법이 아닌 것은?

① 단절권　　② 중권
③ 전절권　　④ 이층 분포권

해설 고정자 권선은 중권, 이층권, 분포권, 단절권을 채용한다.

**31** 동기발전기에서 전기자 전류가 유도 기전력보다 90° 앞선 전류가 흐르는 경우 나타나는 전기자 반작용은?

① 증자 작용　　② 감자 작용
③ 포화 작용　　④ 교차 자화 작용

해설 **동기발전기의 전기자 반작용** : 전기자 전류에 의한 회전 자속이 계자 자속에 영향을 미치는 현상
- 교차 자화 작용(횡축 반작용) : 동기발전기에 저항 부하를 연결하면 기전력과 전류가 동위상이 된다. 이때 전기자 전류에 의한 기자력과 주 자속이 직각이 되는 현상이다.
- 감자 작용(직축 반작용) : 동기발전기에 리액터 부하를 연결하면 기전력보다 90° 늦은 위상이 된다. 전기자 전류에 의한 자속이 주 자속을 감소시키는 방향으로 유도기전력이 작아지는 현상이다.
- 증자 작용(직축 반작용) : 동기발전기에 콘덴서 부하를 연결하면 전류가 기전력보다 90° 앞선 위상이 된다. 전기자 전류에 의한 자속이 주 자속을 증가시키는 방향으로 작용하며 유도 기전력이 증가하게 되는데 이러한 현상을 동기발전기의 여자작용이라고도 한다.

**32** 동기발전기의 병렬운전 조건 중 같지 않아도 되는 것은?

① 주파수　　② 전압
③ 전류　　④ 위상

해설 **동기발전기의 병렬운전 조건**
- 기전력(전압)의 크기가 같을 것 – 다르면 무효순환전류 발생
- 기전력(전압)의 위상이 같을 것 – 다르면 유효순환전류(동기화 전류) 발생
- 기전력(전압)의 주파수가 같을 것 – 다르면 난조 발생
- 기전력(전압)의 파형이 같을 것 – 다르면 고조파 무효순환전류 발생

**33** 다음 중 대전류, 고전압의 전기량을 제어할 수 있는 자기 소호형 소자는?

① Triac　　② Diode
③ FET　　④ IGBT

해설 IGBT는 컬렉터(C), 에미터(E), 게이트(G)를 가진 3단자 대전류 고전압의 전기량을 제어할 수 있는 자기소호형 소자로서 파워 MOSFET의 고속성과 파워 트랜지스터의 저 저항성을 겸비한 노이즈에 강한 파워 소자이다. 고속 인버터, 고속 초퍼 제어 소자로 활용한다.

7개년 기출복원문제

정답 29 ① 30 ③ 31 ① 32 ③ 33 ④

**34** 3상 유도전동기의 속도 제어 방법 중 인버터를 이용한 속도 제어법은?

① 전압 제어법
② 초퍼 제어법
③ 주파수 제어법
④ 극 수 변환법

**해설** 직류를 원하는 교류로 변환하기 위한 것이므로 주파수 제어법이 적절하다.

**35** 분상 기동형 단상 유도전동기의 기동 권선은?

① 운전 권선보다 굵고 권선이 많다.
② 운전 권선보다 가늘고 권선이 적다.
③ 운전 권선보다 굵고 권선이 적다.
④ 운전 권선보다 가늘고 권선이 많다.

**해설**
- 운전 권선 : 굵은 권선으로 길게 하고, 권선을 많이 감아 리액턴스 성분을 크게 한다.
- 기동 권선 : 가는 권선으로 적게 감아 저항값을 크게 한다.

**36** 단상 유도전동기 중에서 역률이 가장 좋은 것은?

① 분상 기동형
② 반발 기동형
③ 콘덴서 기동형
④ 셰이딩 코일형

**해설** 콘덴서 기동형 단상 유도전동기는 구조가 간단하고 역률과 효율이 좋아 널리 사용된다.

**37** 비례추이를 이용하여 속도 제어가 가능한 전동기는?

① 동기전동기
② 직류분권전동기
③ 농형 유도전동기
④ 권선형 유도전동기

**해설** 비례추이의 원리를 이용하여 2차 회로에 저항을 넣어 슬립을 변화시켜 속도를 제어하는 방식은 권선형 유도전동기에서 가능하다.

**38** 다음 중 회전자 접속 방향에 발생하는 전자력을 변환하여 직선운동을 하는 모터는?

① 서보모터　② 스테핑모터
③ 리니어모터　④ 유압모터

**해설**
① 서보모터 : 최종 제어요소에서 입력신호에 응답해 조작부의 기계적 부하를 구동하는 동력원
② 스테핑모터 : 스텝 상태의 펄스에 순서를 부여해 주어진 펄스 수에 비례한 각도만큼 회전하는 모터
③ 리니어모터 : 회전운동을 직선운동으로 바꿔주는 모터로 일반 모터는 회전운동을 하지만 리니어모터는 직선운동을 한다.
④ 유압모터 : 전동기나 엔진 등에 의해 구동되는 유압펌프로 발생시킨 고압을 동력으로 발생시키는 기계

**39** 8극 900[rpm]의 교류발전기로 병렬운전하는 극수 6의 동기발전기 회전수[rpm]는?

① 1,200　② 1,400
③ 1,600　④ 1,800

정답 34 ③ 35 ② 36 ③ 37 ④ 38 ③ 39 ①

**해설** 동기속도 $N_S = \frac{120f}{p}$

$f = \frac{N_S \times p}{120} = \frac{900 \times 8}{120} = 60[\text{Hz}]$

병렬운전시 주파수는 같으므로

$N_S = \frac{120f}{p} = \frac{120 \times 60}{6} = 1,200[\text{rpm}]$

**40** 동기전동기의 안정도 증진법으로 옳지 않은 것은?

① 단락비를 크게 한다.
② 속응 여자를 채용한다.
③ 관성효과를 증대한다.
④ 동기 임피던스를 크게 한다.

**해설** 동기전동기 안정도 향상 대책
- 단락비를 크게 한다.
- 동기 임피던스를 감소시킨다.
- 속응 여자 방식을 채용한다.
- 속도조절기 성능을 개선시킨다.

**41** 변압기 2차 저압 과전류 보호용으로 사용되는 배선용 차단기의 약호는?

① PF ② ELB
③ OCB ④ MCCB

**해설** 배선용 차단기의 기호는 MCCB이다.
① PF : 파워퓨즈
② ELB : 누전차단기
③ OCB : 유입차단기

**42** 금속 전선관의 종류에서 후강 전선관 규격[mm]이 아닌 것은?

① 16 ② 19
③ 28 ④ 36

**해설** KS C 8401 강제 전선관의 치수
- 후강 전선관의 표준 굵기[mm] : 16, 22, 28, 36, 42, 54, 70, 82, 92, 104의 10종, 안지름 기준, 짝수
- 박강 전선관의 표준 굵기[mm] : 19, 25, 31, 39, 51, 63, 75의 7종, 바깥지름 기준, 홀수

**43** 저압 옥내배선에서 합성수지관공사에 대한 설명 중 잘못된 것은?

① 합성수지관 안에는 전선에 접속점이 없도록 한다.
② 관 상호의 접속은 박스 또는 커플링(Coupling) 등을 사용하고 직접 접속하지 않는다.
③ 합성수지관을 새들 등으로 지지하는 경우는 그 지지점 간의 거리를 3[m] 이상으로 한다.
④ 합성수지관 상호 및 관과 박스는 접속시에 삽입하는 깊이를 관 바깥지름의 1.2배 이상으로 한다.

**해설** [한국전기설비규정 232.11 합성수지관공사]
- 관의 지지점 간의 거리는 1.5[m] 이하
- 합성수지관 안에서 접속점이 없도록 할 것.
- 전선은 절연전선일 것(옥외용 절연전선 제외)
- 관 상호 간 및 박스와는 관을 삽입하는 깊이
  - 관의 바깥지름의 1.2배 이상
  - 접착제 사용할 경우 0.8배 이상



정답 40 ④ 41 ④ 42 ② 43 ③

**44** 합성수지관이 금속관과 비교하여 장점으로 볼 수 없는 것은?

① 누전의 우려가 없다.
② 온도 변화에 따른 신축 작용이 크다.
③ 내식성이 있어 부식성 가스 등을 사용하는 사업장에 적당하다.
④ 관 자체를 접지할 필요가 없고, 무게가 가벼우며 시공하기 쉽다.

> **해설** 합성수지관은 내식성과 절연성을 갖추었다는 장점이 있으나 온도 변화에 따른 신축 작용과 같이 열에 의한 변형이 단점이다.

**45** 폭연성 먼지 또는 화약류의 분말로 인해 폭발할 우려가 있는 곳에 시설하는 저압 옥내 전기설비의 저압 옥내배선공사는?

① 애자공사 ② 금속관공사
③ 가요전선관공사 ④ 합성수지관공사

> **해설** [한국전기설비규정 242.2.1 폭연성 먼지 위험장소] 저압 옥내배선, 저압 관등회로 배선 및 소세력 회로의 전선은 금속관공사 또는 케이블공사(캡타이어케이블을 사용하는 것을 제외한다)에 의할 것

**46** 다음 중 지중 전선로의 매설 방법이 아닌 것은?

① 관로식 ② 암거식
③ 행거식 ④ 직접 매설식

> **해설** [한국전기설비규정 334.1 지중전선로의 시설] 지중 전선로는 전선에 케이블을 사용하고 또한 관로식, 암거식 또는 직접 매설식에 의해 시설해야 한다.

**47** 가공전선의 지지물에 승탑 또는 승강용으로 사용하는 발판 볼트 등은 지표상 몇 [m] 미만에 시설하여서는 안 되는가?

① 1.2 ② 1.5
③ 1.6 ④ 1.8

> **해설** 가공전선로의 지지물에 취급자가 오르고 내리는 데 사용하는 발판 볼트 등을 지표상 1.8[m] 미만에 시설해서는 안 된다.

**48** 고압 전로에 지락사고가 생겼을 때 지락 전류를 검출하는 데 사용하는 것은?

① CT ② PT
③ MOF ④ ZCT

> **해설**
> ① CT(Current Transformer) : 계기용 변류기, 교류전류계의 측정 범위를 확대하기 위해 사용하는 변성기
> ② PT(Power Transformer) : 전력 변압기, 송전선이나 비교적 대전력의 배전선에 사용하는 변압기
> ③ MOF(Metering Out Fit) : 계기용 변압기(PT)와 변류기(CT)를 공통의 외함 속에 장치한 것
> ④ ZCT(Zero Sequence Current Transformer) : 영상 변류기, 고압 전로에 지락사고가 생겼을 때 지락전류를 검출하는 데 사용하는 기기

**49** 접지저항 측정 방법으로 가장 적당한 것은?

① 전력계 ② 절연저항계
③ 교류전압계 ④ 코올라우시 브리지

> **해설** 코올라우시 브리지는 접지저항을 측정하는 방법이다.
> ① 전력계 : 수용설비의 부하 소비전력을 측정하는 계기
> ② 절연저항계 : 옥내배선 또는 전기 기기의 저압전로와 대지 사이의 절연저항을 측정하는 계기
> ③ 교류전압계 : 수용설비의 교류전압을 측정하는 계기



정답 44 ② 45 ② 46 ③ 47 ④ 48 ④ 49 ④

**50** 옥내 배선의 접속함이나 박스 내에서 접속할 때 주로 사용하는 전선 접속법은?

① 슬리브 접속 ② 쥐꼬리 접속
③ 트위스트 접속 ④ 브리타니아 접속

**해설**
② 쥐꼬리 접속 : 와이어 커넥터나 절연테이프를 이용하여 접속함이나 박스 내에서 가는 단선을 상호 접속하는 방법
① 슬리브 접속 : 양측 전선의 말단에 슬리브를 끼워 압착하여 접속하는 방법
③ 트위스트 접속 : 단면적 6[$mm^2$] 이하의 가는 단선을 접속하는 방법
④ 브리타니아 접속 : 단면적 10[$mm^2$] 이상의 굵은 단선을 조인트선과 첨선을 이용하여 접속하는 방법

**51** 전주외등을 설치할 때 조명기구 인출선의 도체 단면적은 몇 [$mm^2$] 이상의 것이어야 하는가?

① 0.75 ② 1.0
③ 1.5 ④ 2.5

**해설** [한국전기설비규정 234.10 전주외등]
기구의 인출선은 도체 단면적이 0.75[$mm^2$] 이상일 것

**52** 배선설계를 위한 전등 및 소형 전기기계기구의 부하용량 산정시 건축물의 종류에 대응한 표준부하에서 원칙적으로 표준부하를 20[$VA/m^2$]으로 적용하여야 하는 건축물은?

① 교회, 극장 ② 호텔, 병원
③ 은행, 상점 ④ 아파트, 미용원

**해설** 표준부하[$VA/m^2$]

| 건축물의 종류 | 표준부하 |
|---|---|
| 공장, 사원, 교회, 극장, 영화관 등 | 10 |
| 기숙사, 여관, 호텔, 병원, 학교, 음식점, 다방, 대중목욕탕 | 20 |
| 사무실, 은행, 상점, 이발소, 미용원 | 30 |
| 주택, 아파트 | 40 |

**53** 경동선의 전선 약호는?

① A ② H
③ MI ④ VV

**해설**
① A : 연동선
② H : 경동선
③ MI : 무기물 절연 케이블
④ VV : 비닐절연 비닐 시스 케이블

**54** 접지선의 절연전선 색상은 특별한 경우를 제외하고는 어느 색으로 표시를 하여야 하는가?

① 갈색 ② 회색
③ 흑색 ④ 녹황색

**해설** [한국전기설비규정 121.2 전선의 식별]
접지선(보호도체)의 색상은 녹색-노란색이다.

| 상(문자) | L1 | L2 | L3 | N | 보호도체 |
|---|---|---|---|---|---|
| 색상 | 갈색 | 흑색 | 회색 | 청색 | 녹색-노란색 |

7개년 기출복원문제

정답 50 ② 51 ① 52 ② 53 ② 54 ④

**55** 가요전선관과 금속관의 상호 접속에 쓰이는 것은?

① 스플릿 커플링
② 앵글 박스 커넥터
③ 콤비네이션 커플링
④ 스트레이트 박스 커넥터

**해설**
① 스플릿 커플링 : 가요전선관 상호 접속할 때 사용
② 앵글 박스 커넥터 : 직각 개소에서 가요전선관과 박스 접속할 때 사용
③ 콤비네이션 커플링 : 가요전선관과 금속관 접속할 때 사용
④ 스트레이트 박스 커넥터 : 가요전선관과 박스 접속할 때 사용

**56** 코드 상호 간 또는 캡타이어케이블 상호 간 접속하는 경우 가장 많이 사용하는 기구는?

① T형 접속기 ② 코드 접속기
③ 박스용 커넥터 ④ 와이어 커넥터

**해설** [한국전기설비규정 234.4.2 코드 상호 또는 캡타이어케이블 상호의 접속]
코드 상호, 캡타이어케이블 상호 또는 이들 상호 간의 접속은 코드 접속기, 접속함 및 기타 기구를 사용하여야 한다.

**57** 다음 중 방우형 콘센트의 심벌은?

①

②

③ E
④

**해설**

| 심벌 | 명칭 | 비고 |
|---|---|---|
|  | 비상조명등 | 10[A] |
|  | 콘센트 | 2구용 |
| E | 콘센트 | 접지극부 |
| WP | 콘센트 | 방우형 |

**58** 2개소 점멸 회로를 구성할 때 옳은 배선 방식은?

①
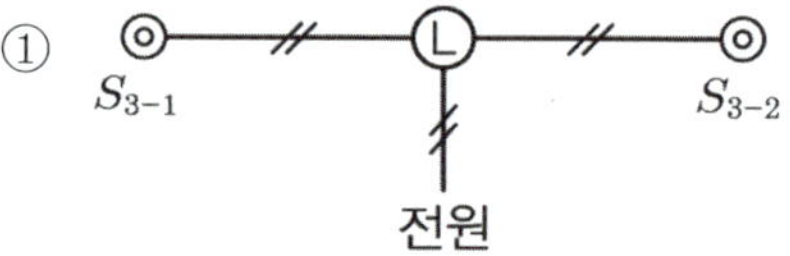


②
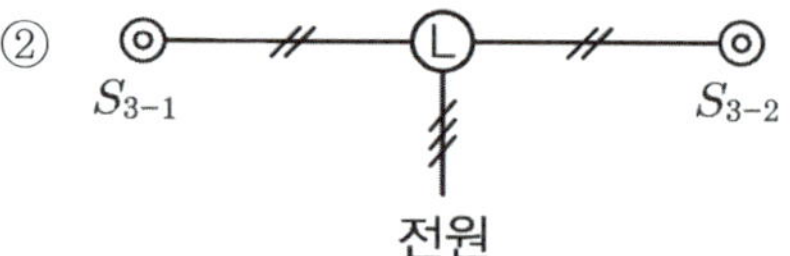


③
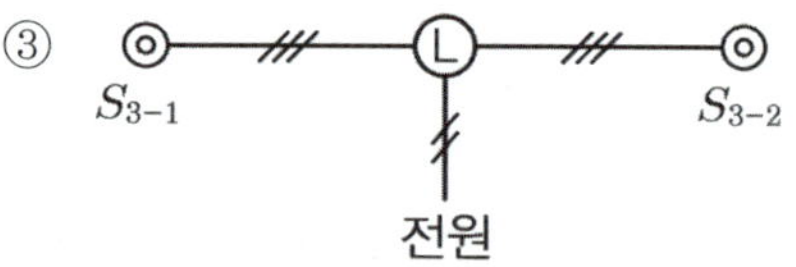


④
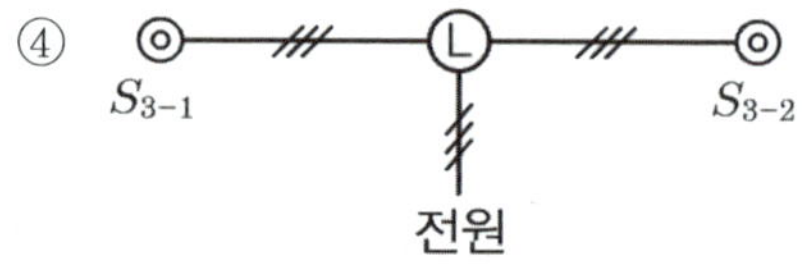




정답 55 ③ 56 ② 57 ④ 58 ③

**해설** 2개소 점멸 전등제어 회로에서 스위치와 램프 사이에는 연락선을 포함하여 각각 3개의 전선이 지나가며, 전원과 램프 사이에는 2개의 전선이 지나간다.

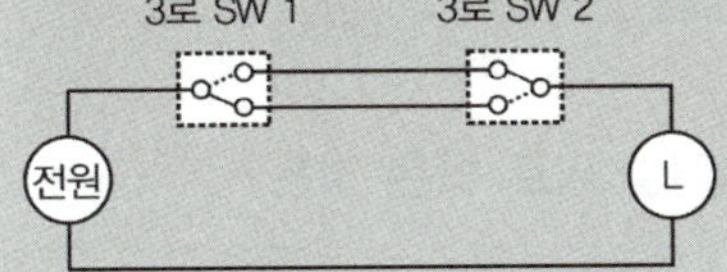


**59** 그림의 기호는 어떤 기기의 심볼인가?

① 누전차단기
② 접지저항계
③ 지진 감지기
④ 접지극붙이 콘센트

**해설** 지진 감지기를 나타내는 심볼이다.

**60** 실내 전체를 균일하게 조명하는 방식으로 광원을 일정한 간격으로 배치하며 공장, 학교, 사무실 등에서 채용되는 조명방식은?

① 국부 조명
② 간접 조명
③ 전반 조명
④ 직접 조명

**해설**
③ 전반 조명 : 실내에서 천장등 등에 의해 방 전체를 조도 분포를 고르게 조명하는 조명법
① 국부 조명 : 필요한 곳만을 강하게 조명하는 조명법
② 간접 조명 : 빛의 90% 이상을 벽이나 천장에 비추어 반사되는 빛을 이용한 조명법
④ 직접 조명 : 광원으로부터의 빛이 대부분 작업면에 직접 조사되는 조명법

7개년 기출복원문제

정답 59 ③ 60 ③

# 2023년 제1회 기출복원문제

**01** $C_1$, $C_2$의 두 콘덴서를 직렬로 접속한 회로에 전압 100[V]를 투입하였을 때 $C_1$과 $C_2$ 각 양단에 인가되는 전압의 비율은 2 : 3이다. $C_2$의 정전용량이 60[μF]일 때 $C_1$의 정전용량[μF]은?

① 30 ② 60
③ 90 ④ 120

**해설** $C_1$과 $C_2$ 각 양단에 인가되는 전압을 $V_1$, $V_2$라고 하고 $C_1$과 $C_2$ 각 양단에서 전하량을 $Q_1$, $Q_2$라고 하자.
두 콘덴서가 직렬로 연결된 회로에서 $Q_1 = Q_2$이고 $Q = CV$에서 전압과 정전용량은 반비례하기 때문에
$V_1 : V_2 = C_2 : C_1$이다.
$V_1 : V_2 = 2 : 3$이므로 $C_1 : C_2 = 3 : 2 = C_1 : 60$
$C_1 = 90[\mu F]$

**02** 5[Ω]의 저항 5개를 접속하여 합성 저항값이 최솟값을 얻으려면 어떻게 접속해야 하는가?

① 병렬접속 ② 직렬접속
③ 직렬－병렬 접속 ④ 브리지 접속

**해설** 5[Ω]의 저항 5개를
직렬로 접속하면 합성 저항값은 $5 \times 5 = 25[\Omega]$,
병렬로 접속하면 합성 컨덕턴스는 $\frac{1}{5} \times 5 = 1[℧]$이므로
합성 저항값은 $1[\Omega]$이다.
따라서 합성 저항값이 최솟값을 얻으려면 병렬접속을 해야 한다.

**03** 빈칸에 들어갈 말로 옳은 것은?

> R－C 직렬회로에서 시정수가 클수록 과도현상은 (  ).

① 오래 지속된다
② 짧게 지속된다
③ 그대로 유지된다
④ 발생하지 않는다

**해설** 시정수($\tau$)
정상치의 63.2[%]에 달할 때까지의 시간을 말하는 값
$\tau = RC$
시정수가 길수록 정상 상태에 도달하는 시간이 길어지므로 과도현상이 오랫동안 지속되는 것을 뜻한다.

**04** 전압 $v = 2 + j1$[V], 전류 $i = 5 + j2$[A]일 때 유효전력 [W]은?

① 0.39 ② 0.59
③ 0.79 ④ 0.99

**해설** 복소전력 $S = v \times i^* = (2 + j1) \times (5 - j2)$
$= (10 + 2) + j(5 - 4) = 12 + j1$
- $i^*$ : $i$의 켤레복소수
- $S$ : 복소전력[VA]
- $P$ : 유효전력[W]
- $Q$ : 무효전력[Var]

$S = P + jQ$, $|S| = \sqrt{P^2 + Q^2}$ 이므로
$P = 12$[W], $Q = 1$[Var], $|S| = \sqrt{12^2 + 1^2} = \sqrt{145}$ [VA]이다.
역률 $\cos\theta = \frac{P}{|S|} = \frac{12}{\sqrt{145}} \fallingdotseq 0.99$



정답 01 ③ 02 ① 03 ① 04 ④

**05** 전기분해를 통하여 석출된 물질의 양은 화학당량과 어떤 관계가 있는가?

① 비례한다.
② 반비례한다.
③ 제곱에 비례한다.
④ 제곱에 반비례한다.

해설 패러데이의 법칙
전기분해를 하는 동안 전극에 흐르는 전하량과 전기분해로 인해 생긴 화학 변화의 양 사이의 정량적인 관계를 나타내는 법칙. 전기량이 같을 때 석출되는 물질의 양은 전류의 전기량에 비례한다.
$W = kQ = kIt$ [g]
( $W$: 석출되는 물질의 양, $k$ : 화학당량 $= \frac{\text{원자량}}{\text{원자가}}$)

**06** 코일에 9[A]의 전류가 0.5초 동안 12[A]으로 변화했을 때 유도기전력이 30[V]가 되었다면 자기 인덕턴스[H]는?

① 2　② 4
③ 5　④ 10

해설 $dt = 0.5$[초]일 때 $di = 12 - 9 = 3$[A]이며 패러데이의 법칙에 의해 유도기전력 $|e| = N\frac{d\phi}{dt} = L\frac{di}{dt}$이므로
$|e| = L \times \frac{3}{0.5} = 30$[V]이므로 $L = 5$[H]이다.

**07** 주파수가 1,000[Hz]일 때 용량성 리액턴스가 50[Ω]이라면, 주파수가 2,000[Hz]인 경우 용량성 리액턴스[Ω]는?

① 5　② 25
③ 50　④ 100

해설 용량성 리액턴스 $X_C = \frac{1}{\omega C} = \frac{1}{2\pi fC}$이므로 주파수 $f$와 용량성 리액턴스 $X_C$는 반비례한다.
주파수가 1,000[Hz]에서 2,000[Hz]로 2배이므로 용량성 리액턴스 $X_C$는 $\frac{1}{2}$배(=25[Ω])이다.

**08** Y－Y결선 회로에서 선간전압이 100[V]일 때 상전압은 약 몇 [V]인가?

① 40.3　② 57.8
③ 75.4　④ 90.2

해설 Y결선 회로에서 선간전압 $V_l$과 상전압 $V_p$의 관계식은 $\dot{V_l} = \sqrt{3}\,V_p \angle \frac{\pi}{6}$이므로
$|V_p| = \frac{|V_l|}{\sqrt{3}} = \frac{100}{\sqrt{3}} \fallingdotseq 57.8$[V]이다.

| | 전압 | 전류 |
|---|---|---|
| △결선 | $\dot{V_l} = \dot{V_p}$ | $\dot{I_l} = \sqrt{3}\,I_p \angle -\frac{\pi}{6}$ |
| Y결선 | $\dot{V_l} = \sqrt{3}\,V_p \angle \frac{\pi}{6}$ | $\dot{I_l} = \dot{I_p}$ |

**09** R－L 직렬회로에서 $R = 3$[Ω], $X_L = 4$[Ω]일 때 임피던스의 크기는?

① 2　② 3
③ 4　④ 5

해설 $Z = R + jX_L = 3 + j4$[Ω]
$|Z| = \sqrt{3^2 + 4^2} = 5$[Ω]

정답 05 ① 06 ③ 07 ② 08 ② 09 ④

**10** 두 저항 $R_1 = 3[\Omega]$, $R_2 = 2[\Omega]$을 직렬로 연결할 때 합성 컨덕턴스[℧]는?

① $\frac{1}{2}$ ② $\frac{1}{3}$

③ $\frac{1}{4}$ ④ $\frac{1}{5}$

**해설** 두 저항이 직렬로 연결되어 있을 때 합성 저항값은 $R_t = 3+2 = 5[\Omega]$이다.
합성 컨덕턴스 $G_t = \frac{1}{R_t} = \frac{1}{5}$[℧]

**11** 전기력선의 특징으로 옳지 않은 것은?

① 전기력선은 도체 표면과 평행하다.
② 전기력선은 도체 내부에 존재하지 않는다.
③ 전기력선은 등전위면과 수직이다.
④ 전기력선의 접선 방향은 전계의 방향이다.

**해설** 전기력선은 도체 표면과 수직이다.

**12** 진공 중에 두 자극 $m_1$, $m_2$를 $r$[m]의 거리에 놓았을 때 작용하는 힘 $F$의 식으로 옳은 것은?

① $F = K \cdot \frac{m_1 m_2}{r}$[N]

② $F = K \cdot \frac{m_1 m_2}{r^2}$[N]

③ $F = K \cdot \frac{r}{m_1 m_2}$[N]

④ $F = K \cdot \frac{r^2}{m_1 m_2}$[N]

**해설** 쿨롱의 법칙에 의하면 두 자극 사이에 작용하는 힘은
$F = K \times \frac{m_1 \cdot m_2}{r^2} = \frac{1}{4\pi\mu} \times \frac{m_1 \cdot m_2}{r^2}$
$= 6.33 \times 10^4 \times \frac{m_1 \cdot m_2}{r^2}$[N]

**13** 빈칸에 들어갈 말을 순서대로 적은 것은?

> 진공 중에 $+10[\mu C]$와 $-20[\mu C]$의 점전하를 1[m]의 거리로 놓았을 때 작용하는 힘은 ( ) 이며 크기는 ( )이다.

① 흡인력, $18 \times 10^{-1}$[N]
② 흡인력, $9 \times 10^{-1}$[N]
③ 반발력, $18 \times 10^{-1}$[N]
④ 반발력, $9 \times 10^{-1}$[N]

**해설** 쿨롱의 법칙에 의하면 두 전하 사이에 작용하는 힘은
$F = 9 \times 10^9 \times \frac{Q_1 \cdot Q_2}{r^2}$
$= -9 \times 10^9 \times \frac{10 \times 10^{-6} \times 20 \times 10^{-6}}{1^2}$
$= -18 \times 10^{-1}$[N]이다.
또한, 양전하와 음전하는 서로 끌어당기는 성질이 있으므로 흡인력이 작용한다.

**14** 200[V]용 24[W] 2개의 전구를 직렬과 병렬로 전원 220[V]에 연결하면?

① 직렬로 연결한 전등이 더 밝다.
② 병렬로 연결한 전등이 더 밝다.
③ 직렬로 연결한 경우와 병렬로 연결한 경우의 밝기가 같다.
④ 전구가 모두 안 켜진다.

정답 10 ④ 11 ① 12 ② 13 ① 14 ②

**해설** $P=\frac{V^2}{R}$이므로 220[V]용 24[W] 전구의 내부저항은 $R=\frac{V^2}{P}=\frac{220^2}{24}\fallingdotseq 2,016[\Omega]$이다.

- 직렬로 연결하는 경우
  $R_{합성}=2,016+2,016=4,032[\Omega]$,
  $I=\frac{V}{R}=\frac{220}{4,032}=0.055[A]$
  소비전력 $P=I^2R=0.055^2\times 4,032\fallingdotseq 12[W]$
- 병렬로 연결하는 경우
  $R_{합성}=\frac{R^2}{2R}=\frac{R}{2}=1,008[\Omega]$,
  $V=220[V]$
  소비전력 $P=\frac{V^2}{R}=\frac{220^2}{1,008}\fallingdotseq 48[W]$
  따라서 병렬로 연결한 전등이 더 밝다.

**다른 풀이**
인가되는 전압을 $V$라고 할 때
직렬로 연결하는 경우 각 전구에 전압은 $\frac{1}{2}V$씩 동일하게 걸리므로 소비전력 $P=\frac{\left(\frac{V}{2}\right)^2}{R}=\frac{V^2}{4R}=12[W]$
병렬로 연결하는 경우 각 전구에 전압은 $V$로 일정하므로 $P=\frac{V^2}{R}=48[W]$

## 15 비유전율이 가장 작은 것은?

① 운모 ② 공기
③ 종이 ④ 고무

**해설** 유전율은 전하 사이에 전기장이 작용할 때, 그 전하 사이의 매질이 전기장에 미치는 영향을 나타내는 물리적 단위이며, 유전율이 클수록 매질이 저장할 수 있는 전하량이 크다.

| 유전체 | 비유전율 $\varepsilon_s$ | 유전체 | 비유전율 $\varepsilon_s$ |
|---|---|---|---|
| 공기 | 약 1 | 유리 | 3.5~10 |
| 종이 | 2~2.6 | 운모 | 6.7 |
| 고무 | 2.0~3.5 | 물(증류수) | 80 |

## 16 전기회로와 자기회로의 대응 관계가 잘못된 것은?

① 전기장 – 자기장
② 전기저항 – 자기저항
③ 전계 – 자기력
④ 도전율 – 투자율

**해설**
- 전계(전기장) – 자계(자기장)
- 기전력 – 자기력

## 17 다음과 같은 R–L 직렬회로에서 전류 $I$의 실횻값[A]은?

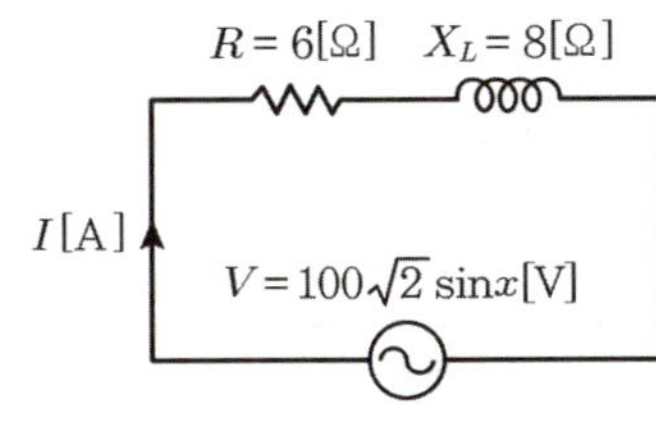


① 5 ② 10
③ 15 ④ 20

**해설** $Z=R+jX_L=6+j8[\Omega]$,
$|Z|=\sqrt{6^2+8^2}=10[\Omega]$
$V_{rms}=\frac{V_m}{\sqrt{2}}=\frac{100\sqrt{2}}{\sqrt{2}}=100[V]$,
$I_{rms}=\frac{V_{rms}}{|Z|}=\frac{100}{10}=10[A]$

7개년 기출복원문제

정답 15 ② 16 ③ 17 ②

**18** 다음과 같은 회로에서 입력전압의 실횻값이 12[V]의 정현파일 때, 전체 전류 $I$[A]는?

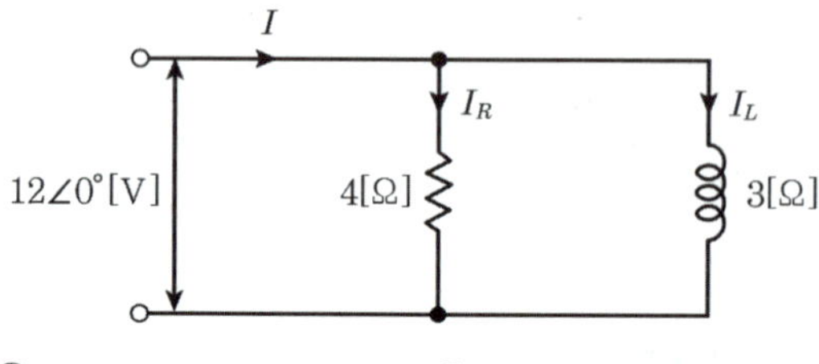


① $3-j4$　　② $3+j4$
③ $4-j3$　　④ $6+j10$

**해설** 저항 $R$에 흐르는 전류 $I_R=\frac{V}{R}=\frac{12\angle 0°}{4}=3$[A]

인덕터 $L$에 흐르는 전류 $I_L=\frac{V}{jX_L}=\frac{12\angle 0°}{j3}=-j4$[A]

전체 전류 $I=I_R+I_L=3-j4$[A]

**19** 평균 반지름이 10[cm]이고 감은 횟수 10회의 원형 코일에 5[A]의 전류를 흐르게 하면 코일 중심의 자장의 세기[AT/m]는?

① 250　　② 500
③ 750　　④ 1,000

**해설** 원형 코일에서 전계의 세기는 $H=\frac{NI}{2a}$이다.

$H=\frac{10\times 5}{2\times 10\times 10^{-2}}=250$[AT/m]

| 구분 | | 공식 | 기호 |
|---|---|---|---|
| 무한 직선 전류에 의한 자계의 세기 | | $H=\frac{I}{2\pi r}$[AT/m] | $I$ : 전류<br>$r$ : 무한 직선과의 거리 |
| 원형 코일의 중심에서 자계의 세기 | | $H=\frac{NI}{2a}$[AT/m] | $N$ : 코일을 감은 횟수<br>$a$ : 원형 코일의 반지름 |
| 솔레노이드에 의한 자계의 세기 | 내부 | $H=n_0I$[AT/m] | $n_0$ : 단위 길이당 권선 수 |
| | 외부 | $H=0$[AT/m] | |
| 환상 솔레노이드에 의한 자계의 세기 | | $H=\frac{NI}{2\pi r}$[AT/m] | $r$ : 환상 솔레노이드의 반지름 |

**20** 단상 전력계 2대를 사용하여 2전력계법으로 3상 전력을 측정하고자 한다. 두 전력계의 지시값이 각각 $P_1$, $P_2$이었다. 3상 전력 $P$[W]는?

① $P=P_1+P_2$
② $P=\sqrt{3}(P_1+P_2)$
③ $P=P_1\times P_2$
④ $P=P_1-P_2$

**해설** 2전력계법에 의한 3상 유효전력 $P=P_1+P_2$[W]

**21** 직류기에서 교류를 직류로 변환하는 장치는?

① 정류자　　② 계자
③ 전기자　　④ 브러시

**해설** 직류기의 구조
- 계자 : 자속을 발생
- 전기자 : 자속을 끊어 기전력 발생
- 정류자 : 교류를 직류로 변환
- 브러시 : 전기자 권선과 외부 회로와의 전기적인 접속

**22** 6극 파권 직류발전기의 전기자 도체 수 300, 매극 자속 수 0.02[Wb], 회전수 900[rpm]일 때 유도기전력[V]은?

① 90　　② 110
③ 220　　④ 270

**해설** 직류발전기의 유도기전력

$E=\frac{p}{a}Z\phi\frac{N}{60}=\frac{6}{2}\times 300\times 0.02\times\frac{900}{60}=270$[V]

(파권의 병렬회로 수($a$)=2)

정답 18 ① 19 ① 20 ① 21 ① 22 ④

**23** 직류직권전동기의 회전수($N$)와 토크($\tau$)와의 관계는?

① $\tau \propto \frac{1}{N}$　　② $\tau \propto \frac{1}{N^2}$

③ $\tau \propto N$　　④ $\tau \propto N^{\frac{3}{2}}$

**해설** 직류직권전동기는 계자 권선과 전기자 권선이 직렬로 연결되어 있다.

$I_f = I_a = I$

$N \propto \frac{1}{I_a}$, $\tau \propto \phi I_a$ 에서 자속 $\phi$는 계자 전류에 비례하고 계자 전류는 전기자 전류와 크기가 같으므로 $\tau \propto I_a^2$

$\therefore \tau \propto \frac{1}{N^2}$

**24** 다음 중 전동기의 원리에 적용되는 법칙은?

① 렌츠의 법칙
② 플레밍의 오른손 법칙
③ 플레밍의 왼손 법칙
④ 옴의 법칙

**해설**
- 플레밍의 왼손 법칙 : 자기장 내의 전류가 흐르는 도선의 힘의 방향 ▶ 전동기
- 플레밍의 오른손 법칙 : 자기장 내의 도선의 운동 시 유도기전력의 방향 ▶ 발전기

**25** 직류전동기의 속도 제어법이 아닌 것은?

① 전압 제어법　　② 계자 제어법
③ 저항 제어법　　④ 주파수 제어법

**해설** 직류전동기의 속도

$N = \frac{V - I_a R_a}{K\phi}$ [rpm]

- 전압 제어법 : 전기자에 가하는 전압 $V$를 변화시키는 방법으로 정토크 제어이다.
- 계자 제어법 : 계자 전류를 조정하여 자속 $\phi$를 변화시키는 방법으로 정출력 제어이다.
- 저항 제어법 : 전기자에 직렬로 저항을 넣어서 $R_a$의 값을 변화시키는 방법으로 전력 손실이 크며, 속도 제어의 범위가 좁다.

**26** 6,600/220[V] 변압기 1차측에 2,400[V]를 가하면 2차 전압[V]은?

① 56　　② 76
③ 80　　④ 95

**해설** 권수비 $a = \frac{E_1}{E_2} = \frac{V_1}{V_2} = \frac{N_1}{N_2} = \sqrt{\frac{Z_1}{Z_2}} = \sqrt{\frac{R_1}{R_2}}$ 에서

$a = \frac{V_1}{V_2} = \frac{6,600}{220} = 30$

$a = 30 = \frac{2,400}{V_2}$ 이므로 $V_2 = 80$[V]

**27** 변압기의 퍼센트 저항 강하가 3[%], 퍼센트 리액턴스 강하가 4[%]이고, 지상 역률이 80[%]이다. 이 변압기의 전압변동률[%]은?

① 3.2　　② 4.8
③ 5.0　　④ 5.6

**해설** 변압기의 전압변동률
- 진상 역률
  $\epsilon = p\cos\theta - q\sin\theta$[%]
- 지상 역률
  $\epsilon = p\cos\theta + q\sin\theta$[%]
  ($p$ : 저항 강하[%], $q$ : 리액턴스 강하[%])
  $\epsilon = p\cos\theta + q\sin\theta[\%] = 3 \times 0.8 + 4 \times 0.6 = 4.8[\%]$

정답 23 ② 24 ③ 25 ④ 26 ③ 27 ②

7개년 기출복원문제

**28** 변압기유의 열화 방지를 위해 쓰이는 방법이 아닌 것은?

① 방열기　② 브리더
③ 질소 봉입　④ 콘서베이터

**해설** 변압기유 열화 방지 방법
- 콘서베이터 설치 : 변압기 함에 부착하여 호흡작용에 의한 기름의 열화를 방지
- 공기와의 접촉을 차단하기 위해 유면과 외부 사이에 질소 봉입
- 브리더 설치 : 유입변압기 등은 열화에 따른 내외부 호흡에 따른 습기가 발생하는데 이를 흡수

**29** 권선형 유도전동기의 2차측 단자에 외부저항 $R$을 삽입하였다. 이 저항 $R$을 증가시킨 경우의 설명으로 옳지 않은 것은?

① 최대토크 발생 슬립이 증가한다.
② 최대토크가 감소한다.
③ 기동토크가 증가한다.
④ 기동전류가 감소한다.

**해설** 3상 권선형 유도전동기는 2차 회로에 저항을 가감시켜 슬립을 조정하는 비례추이를 활용하여 기동 회전력을 크게 하거나 속도를 제어한다. 외부저항을 삽입하더라도 최대토크값은 변화하지 않는다.

**30** 수변전설비의 고압 회로에 걸리는 전압을 표시하기 위해 전압계를 시설할 때 고압 회로와 전압계 사이에 설치하는 것은?

① 배선용 차단기　② 계기용 변압기
③ 계기용 변류기　④ 과전류 계전기

**해설** 계기용 변압기(PT : Potential Transformer)
계기용 변압기는 고전압을 저전압으로 변성하는 계기용 변성기의 일종으로 2차측에는 전압계, 전력계, 주파수계, 역률계, 표시등, 부족전압 트립코일 등이 접속된다. 고전압을 저전압으로 변성하여 과전압계전기(OVR)나 부족전압계전기(UVR) 또는 측정용계에 공급하기 위한 전압 변성기로 회로에 병렬로 연결한다.

**31** 4극 60[Hz], 슬립 5[%]인 유도전동기의 회전수 [rpm]는?

① 1,836　② 1,710
③ 1,540　④ 1,200

**해설** $N_s = \dfrac{120f}{p} = \dfrac{120 \times 60}{4} = 1,800$[rpm]
$\therefore N = (1-s)N_s = (1-0.05) \times 1,800 = 1,710$[rpm]

**32** 유도전동기에서 슬립이 0이면 전동기의 속도 $N$은?

① 불변한다.
② 정지한다.
③ 동기속도와 같다.
④ 동기속도보다 빠르다.

**해설** 슬립 $s=1$이면 $N=0$으로 전동기는 정지 상태이며, $s=0$이면 $N=N_s$가 되어 무부하 상태를 나타낸다.

슬립 $s = \dfrac{N_s - N}{N_s}$

- 정지 시($N=0$)

$$s = \frac{N_s - 0}{N_s} = 1$$

- 동기속도로 운전 시($N=N_s$)

$$s = \frac{N_s - N_s}{N_s} = 0$$



정답 28 ① 29 ② 30 ② 31 ② 32 ③

**33** 역회전을 할 수 없는 단상 유도전동기는?

① 반발 기동형　② 콘덴서 기동형
③ 분상 기동형　④ 셰이딩 코일형

**해설** 단상 유도전동기 중 셰이딩 코일형 유도전동기는 역회전이 불가능하다.

**34** 동기발전기의 돌발 단락 전류를 주로 제한하는 것은?

① 권선 저항　② 동기 리액턴스
③ 누설 리액턴스　④ 역상 리액턴스

**해설** 돌발 단락 전류가 제한되는 이유는 초기에 전기자 반작용이 일어나지 않아 저항성분은 누설 리액턴스만 관여하여 단락 전류를 감소시키기 때문이다.

**35** 동기발전기는 무엇에 의하여 회전수가 결정되는가?

① 극수와 주파수　② 극수와 전압
③ 전압과 주파수　④ 전류와 전압

**해설** 동기발전기의 회전수(속도)에 영향을 주는 것은 극수와 주파수이다.

동기발전기의 회전수(속도)

$N_s = \frac{120f}{p}$ [rpm]

**36** 단락비가 1.2인 동기발전기의 %동기임피던스[%]는?

① 약 68　② 약 83
③ 약 100　④ 약 120

**해설** $\%Z = \frac{1}{\text{단락비}} \times 100 = \frac{1}{1.2} \times 100 ≒ 83[\%]$

**37** 3상 동기기의 제동권선의 역할은?

① 난조 방지　② 효율 증가
③ 출력 증가　④ 역률 개선

**해설** 제동권선의 역할
- 제동권선 : 난조 방지
- 보상권선 : 전기자 반작용 방지

**38** 다음 중 인버터의 설명으로 옳은 것은?

① 교류를 직류로 변환
② 직류를 교류로 변환
③ 교류를 교류로 변환
④ 직류를 직류로 변환

**해설** 인버터(Inverter, 역변환장치)
직류를 교류로 변환하는 장치(DC → AC)로 주파수를 변환시켜 전동기 속도 제어와 형광등 고주파 점등이 가능하다.

정답 33 ④　34 ③　35 ①　36 ②　37 ①　38 ②

**39** 다음 중 단상 반파 정류회로의 출력값은? (단, $V$는 교류전압[V]이다.)

① $0.45V$　② $0.9V$
③ $1.17V$　④ $1.35V$

**해설**

| 구분 | 맥동 주파수 | 직류 출력 | 효율 [%] | 맥동률 [%] |
|---|---|---|---|---|
| 단상 반파 | $f$ | $E_d = 0.45V$ | 40.6 | 121 |
| 단상 전파 | $2f$ | $E_d = 0.9V$ | 81.2 | 48 |
| 3상 반파 | $3f$ | $E_d = 1.17V$ | 96.7 | 17 |
| 3상 전파 | $6f$ | $E_d = 1.35V$ | 99.8 | 4 |

**40** 그림과 같은 기호의 명칭은?

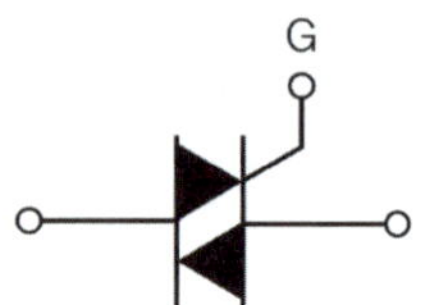


① SCR　② GTO
③ UJT　④ TRIAC

**해설** 사이리스터 2개를 역병렬로 접속한 것과 등가인 TRIAC이다.

**41** 저압 3조의 전선을 설치 시, 크로스 완금의 표준 길이[mm]는?

① 900　② 1,400
③ 1,800　④ 2,400

**해설** 완금의 표준 길이는 다음 표와 같다.

| 가선조수 | 특고압[mm] | 저압[mm] |
|---|---|---|
| 1조 | 900 | – |
| 2조 | 1,800 | 900 |
| 3조 | 2,400 | 1,400 |
| 4조 | – | 1,400 |

**42** 배전반 및 분전반과 연결된 배관을 변경하거나 이미 설치되어 있는 캐비닛에 구멍을 뚫을 때 사용하는 공구는?

① 오스터　② 클리퍼
③ 녹아웃 펀치　④ 파이프 렌치

**해설**
① 오스터 : 본체에 관 규격별 다이스를 물려 금속관에 나사선을 내는 공구
② 클리퍼 : 굵은 전선이나 케이블을 절단할 때 사용하는 공구
③ 녹아웃 펀치 : 유압천공기라고도 하며 유압을 이용하여 압착되는 힘으로 철판이나 전기함에 구멍을 뚫는 공구
④ 파이프 렌치 : 볼트, 파이프 등과 같은 금속 물체의 회전 연결부를 조이거나 푸는 공구

**43** 접속함의 내부에서 전선을 접속할 수 있는 부속품은?

① 압착 단자　② S형 슬리브
③ 터미널 러그　④ 와이어 커넥터

**해설** 와이어 커넥터는 접속함의 내부에서 동전선의 종단 접속 시 사용하는 커넥터이다.

정답 39 ① 40 ④ 41 ② 42 ③ 43 ④

**44** 합성수지관 상호 및 관과 박스는 접속 시에 삽입하는 깊이를 관 바깥지름의 몇 배 이상으로 해야 하는가? (단, 접착제를 사용하는 경우이다.)

① 0.5배 ② 0.8배
③ 1.2배 ④ 1.5배

**해설** [한국전기설비규정 232.11.3 합성수지관 및 부속품의 시설]
관 상호 간 및 박스와는 관을 삽입하는 깊이를 관의 바깥지름의 1.2배(접착제를 사용하는 경우에는 관의 바깥지름의 0.8배) 이상으로 하고 또한 꽂음 접속에 의해 견고하게 접속할 것

**45** 수전설비의 특고압 배전반은 배전반 앞에서 계측기를 판독하기 위해 앞면과 최소 몇 [m] 이상 유지거리를 두어야 하는가?

① 0.6[m] ② 1.2[m]
③ 1.5[m] ④ 1.7[m]

**해설** 기기별 최소 유지거리는 다음 표와 같다.

| 기기 / 부위[m] | 저압 배전반 | 고압 배전반 | 특고압 배전반 | 변압기 등 |
|---|---|---|---|---|
| 앞면 또는 조작·계측면 | 1.5 | 1.5 | 1.7 | 0.6 |
| 뒷면 또는 점검면 | 0.6 | 0.6 | 0.8 | 0.6 |
| 열상호 간 (점검하는 면) | 1.2 | 1.2 | 1.4 | 1.2 |
| 기타의 면 | – | | | 0.3 |

**46** 셀룰로이드, 성냥, 석유류 기타 가연성 위험 물질을 제조하거나 저장하는 장소에 적합하지 않은 배선은?

① 금속관 배선공사
② 케이블 배선공사
③ 합성수지관 배선공사
④ 방습형 플렉시블 배선공사

**해설** [한국전기설비규정 242.4 위험물 등이 존재하는 장소]
셀룰로이드, 성냥, 석유류 기타 타기 쉬운 위험한 물질을 제조하거나 저장하는 곳에 시설하는 저압 옥내 전기설비는 금속관공사, 합성수지관공사, 케이블공사의 공사 방법을 따른다.

- 금속관공사에 사용하는 금속관은 박강 전선관 또는 이와 동등 이상의 강도를 가지는 것일 것
- 케이블공사에 사용하는 전선은 개장된 케이블 또는 MI 케이블을 사용하는 경우 이외에는 관 기타의 방호장치에 넣어 사용할 것
- 합성수지관공사는 두께 2[mm] 미만의 합성수지 전선관 및 난연성이 없는 콤바인 덕트관을 사용하는 것은 제외하며, 합성수지관 및 박스 기타의 부속품은 손상을 받을 우려가 없도록 시설할 것

**47** 화약류 저장소에서 백열전등이나 형광등 또는 이들에 전기를 공급하기 위한 전기설비를 시설하는 경우 전로의 대지전압[V]은?

① 150[V] 이하 ② 200[V] 이하
③ 250[V] 이하 ④ 300[V] 이하

**해설** [한국전기설비규정 242.5.1 화약류 저장소에서 전기설비의 시설]
화약류 저장소 안에는 전기설비를 시설해서는 안 된다. 다만, 조명기구에 전기를 공급하기 위한 전기설비는 다음에 따라 시설한다.

- 전기 기계기구는 전폐형일 것
- 전로에 대지전압은 300[V] 이하일 것
- 케이블을 전기 기계기구에 인입할 때 인입구에서 케이블이 손상될 우려가 없도록 시설할 것



정답 44 ② 45 ④ 46 ④ 47 ④

**48** 다음 중 과전류차단기를 시설해야 하는 곳은?

① 간선의 전원측 전선
② 접지공사의 접지선
③ 다선식 선로의 중성선
④ 저압 가공전선로의 접지측 전선

**해설** [한국전기설비규정 341.11 과전류차단기의 시설 제한]
전로의 일부에 접지공사를 한 저압 가공전선로의 접지측 전선에는 과전류차단기를 시설하여서는 안 된다.
**과전류차단기 설치 제한 장소**
- 접지측 전선
- 다선식 전로의 중성선
- 저압 가공전선로의 접지측 전선

**49** 전로에 지락이 생겼을 경우에 부하 기기, 금속제 외함 등에 발생하는 고장전압 또는 지락전류를 검출하는 부분과 차단기 부분을 조합하여 자동적으로 전로를 차단하는 장치는?

① 과전류차단기 ② 배선용 차단기
③ 누전경보장치 ④ 누전차단장치

**해설** [한국전기설비규정 341.11 과전류차단기의 시설 제한]
지락이란 전로와 대지 사이에 절연이 파괴되어 누설전류가 크게 흐르는 현상이다. 지락이 발생했을 때 이를 검출하여 자동적으로 전로를 차단하는 장치는 누전차단기이다.

**50** 한국전기설비규정에서 두 개 이상의 전선을 병렬로 사용하는 경우 유의해야 하는 사항으로 바르지 않은 것은?

① 병렬로 사용하는 전선은 각각에 퓨즈를 설치해야 한다.
② 각 전선의 굵기는 구리인 경우 50[$mm^2$] 이상이어야 한다.
③ 각 전선의 굵기는 알루미늄의 경우 70[$mm^2$] 이상이어야 한다.
④ 교류회로의 경우 금속관 안에 전자적 불평형이 생기지 않도록 시설해야 한다.

**해설** [한국전기설비규정 123 전선의 접속]
두 개 이상의 전선을 병렬로 사용하는 경우에는 다음 사항에 의해 시설해야 한다.
- 각 전선의 굵기는 동선 50[$mm^2$] 이상 또는 알루미늄 70[$mm^2$] 이상으로 하고, 전선은 같은 도체, 같은 재료, 같은 길이 및 같은 굵기의 것을 사용할 것
- 같은 극의 각 전선은 동일한 터미널러그에 완전히 접속할 것
- 같은 극인 각 전선의 터미널러그는 동일한 도체에 2개 이상의 리벳 또는 2개 이상의 나사로 접속할 것
- 병렬로 사용하는 전선에는 각각에 퓨즈를 설치하지 말 것
- 교류회로의 경우 금속관 안에 전자적 불평형이 생기지 않도록 시설할 것

**51** 전기저항이 작고, 부드러운 성질이 있어 구부리기가 용이하여 주로 옥내 배선에 사용하는 구리선의 명칭은?

① 경동선 ② 연동선
③ 중공 연선 ④ 합성 연선

정답 48 ① 49 ④ 50 ① 51 ②

해설
- 경동선 : 인장 강도가 우수하기 때문에 옥외에 노출되어 사용하는 전선에 주로 사용한다. 배전용 가공전선(옥외용 나전선)이나 옥외 변전소의 기기를 연결하는 동선, 동바(bar)에 사용한다.
- 연동선 : 도전율이 우수하지만 강도가 떨어지는 특성을 갖는다. 부드럽고 가요성이 뛰어나 옥내 배선이나 큰 힘을 받지 않는 기기 내부의 동선에 주로 사용한다.

**52** 인입용 비닐절연전선을 나타내는 약호는?

① DV ② NR
③ NV ④ OW

해설
① DV : 인입용 비닐절연전선
② NR : 450/750[V] 일반용 단심 비닐절연전선
③ NV : 클로로프렌 절연비닐외장케이블
④ OW : 옥외용 비닐절연전선

**53** 450/750[V] 일반용 단심 비닐절연전선의 약호는?

① NF ② NR
③ NFI ④ NRI

해설
① NF : 450/750[V] 일반용 유연성 단심 비닐절연전선
② NR : 450/750[V] 일반용 단심 비닐절연전선
③ NFI : 300/500[V] 기기 배선용 유연성 단심 비닐절연전선
④ NRI : 300/500[V] 기기 배선용 단심 비닐절연전선

**54** 다선식 전로에서 전원의 중성점에 접속된 선의 명칭은?

① 간선 ② 인입선
③ 접지선 ④ 중성선

해설
① 간선 : 수용가 인입점으로부터 분전반 혹은 제어반까지의 전선
② 인입선 : 가공전선로 지지물로부터 다른 지지물을 거치지 않고 수용장소 인입점까지 이르는 전선
③ 접지선 : 전력설비 계통의 안전을 위해 대지의 접지극과 연결된 전선
④ 중성선 : 다선식 전로에서 전원의 중성점에 접속된 전선

**55** 금속덕트에 넣은 전선의 단면적(절연피복의 단면적 포함)의 합계는 덕트 내부 단면적의 몇 [%] 이하로 하여야 하는가? (단, 제어회로 등의 배선만을 넣는 경우가 아닌 경우이다.)

① 10[%] ② 20[%]
③ 30[%] ④ 50[%]

해설 [한국전기설비규정 232.31 금속덕트공사]
금속덕트에 넣은 전선의 단면적(절연피복의 단면적을 포함)의 합계는 덕트의 내부 단면적의 20[%] 이하일 것

**56** 길이가 10[m]인 A종 철근 콘크리트주 지지물을 건주하는 경우에 땅에 묻는 표준 깊이는 최저 약 몇 [m]인가? (단, 설계하중이 6.8[kN] 이하이다.)

① 1.7[m] ② 2.1[m]
③ 2.5[m] ④ 3.0[m]



정답 52 ① 53 ② 54 ④ 55 ② 56 ①

**해설** [한국전기설비규정 331.7 가공전선로 지지물의 기초의 안전율]
강관을 주체로 하는 철주 또는 철근 콘크리트주로서 그 전체 길이가 16[m] 이하, 설계하중이 6.8[kN] 이하인 것 또는 목주를 시설하는 경우 매설 깊이를 다음에 의한다.

- 전체 길이가 15[m] 이하인 경우, 땅에 묻히는 깊이를 전체 길이의 1/6 이상으로 할 것
- 전체 길이가 15[m] 초과인 경우, 땅에 묻히는 깊이를 2.5[m] 이상으로 할 것
- 논이나 그 밖의 지반이 연약한 곳에는 견고한 근가를 시설할 것

**57** 전선 접속 시 전선에 압착 단자를 압착하기 위해 사용하는 공구는?

① 오스터 ② 프레셔 툴
③ 녹아웃 펀치 ④ 와이어스트리퍼

**해설** 프레셔 툴은 전선의 심선에 압착 단자를 압착시켜 고정시키기 위해 사용하는 공구이다. 압착 단자의 종류에 따라 사용하는 프레셔 툴이 달라진다.

**58** 옥내에 시설하는 사용전압이 400[V] 이상인 저압의 이동전선으로 코드를 사용할 경우에 단면적이 몇 [$mm^2$] 이상이어야 하는가?

① 0.75[$mm^2$] ② 1.5[$mm^2$]
③ 2.5[$mm^2$] ④ 4.0[$mm^2$]

**해설** [한국전기설비규정 234.3 코드 및 이동전선]
조명용 전원코드 또는 이동전선은 단면적 0.75[$mm^2$] 이상의 코드 또는 캡타이어 케이블을 용도에 적합하게 선정해야 한다.

**59** 특정한 장소만을 고조도로 조명하기 위해 사용하는 조명기구의 배치 방식은?

① 간접 조명 방식 ② 광천장 조명 방식
③ 국부 조명 방식 ④ 직접 조명 방식

**해설**
① 간접 조명 방식 : 빛의 90[%] 이상을 벽이나 천장에 비추어 반사되는 빛을 이용한 조명 방식
② 광천장 조명 방식 : 천장면에 확산 투과재를 붙이고 천장 내부에 광원을 배치하여 조명하는 방식
③ 국부 조명 방식 : 필요한 곳만을 강하게 조명하는 조명 방식
④ 직접 조명 방식 : 광원으로부터의 빛이 대부분 작업면에 직접 조사되는 조명 방식

**60** 고압 전로에 지락사고가 생겼을 때 지락전류를 검출하는 데 사용하는 것은?

① CT ② PT
③ MOF ④ ZCT

**해설**
① CT(Current Transformer) : 계기용 변류기, 교류전류계의 측정 범위를 확대하기 위해 사용하는 변성기
② PT(Power Transformer) : 전력 변압기, 송전선이나 비교적 대전력의 배전선에 사용하는 변압기
③ MOF(Metering Out Fit) : 계기용 변압기(PT)와 변류기(CT)를 공통의 외함 속에 장치한 것
④ ZCT(Zero Sequence Current Transformer) : 영상 변류기, 고압 전로에 지락사고가 생겼을 때 지락전류를 검출하는 데 사용하는 기기

정답 57 ② 58 ① 59 ③ 60 ④

# 2023년 제 2 회 기출복원문제

**01** 그림과 같이 2[Ω], 1[Ω], 3[Ω], 4[Ω]의 저항이 연결되어 있고 반대 방향의 두 직류 전원이 15[V], 5[V]로 연결되어 있을 때 전류[A]는?

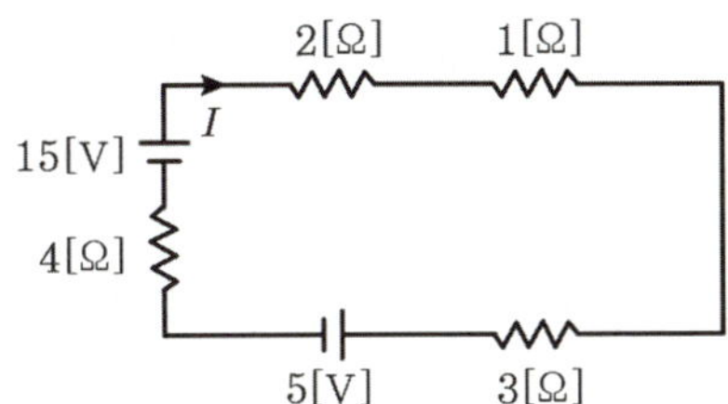


① 1　　② 2
③ 3　　④ 4

**해설** 합성 저항 $R_t = 2+1+3+4 = 10[\Omega]$,
전압 $E = 15-5 = 10[V]$
전류 $I = \frac{E}{R_t} = \frac{10}{10} = 1[A]$

**02** 투자율 $\mu$의 단위는?

① [Wb]　　② [V/m]
③ [A/m]　　④ [H/m]

**해설**
① 자하 $m$[Wb]
② 전계의 세기 $E$[V/m]
③ 자계의 세기 $H$[A/m]
④ 투자율 $\mu$[H/m]

**03** 다음 물질 중에서 반자성체에 해당되는 것은?

① 구리　　② 알루미늄
③ 니켈　　④ 철

**해설**
- 강자성체($\mu_s \gg 1$) : 철, 니켈, 코발트, 망간
- 상자성체($\mu_s > 1$) : 알루미늄, 백금, 주석, 이리듐, 산소
- 반자성체($\mu_s < 1$) : 비스무트, 탄소, 인, 금, 은, 구리, 안티모니, 아연, 납, 수은

**04** 다음 중 저항의 크기에 영향을 미치지 않는 것은?

① 물질의 고유저항
② 도체의 길이
③ 도체의 단면적
④ 저항의 모양

**해설** 전기저항 $R$은 고유저항 $\rho$, 도체의 길이 $l$과는 비례하고 도체의 단면적 $S$와는 반비례한다.
$R = \rho \frac{l}{S}$

**05** 전원측과 부하측이 △－△결선된 3상 평형회로에 상전압이 200[V], 부하 임피던스가 $Z = 6 + j8[\Omega]$인 경우 선전류[A]는?

① 20　　② $\frac{20}{\sqrt{3}}$
③ $20\sqrt{3}$　　④ $10\sqrt{3}$

정답 01 ① 02 ④ 03 ① 04 ④ 05 ③

**해설** 한 상에서 상전압 $V_p = 200[V]$, 부하 임피던스 $Z = 6 + j8[\Omega]$이므로 $|Z| = \sqrt{6^2 + 8^2} = 10[\Omega]$이다.

상전류 $|I_p| = \dfrac{V_p}{|Z|} = \dfrac{200}{10} = 20[A]$

△-△결선에서 선전류 $|I_l| = \sqrt{3}|I_p| = 20\sqrt{3}[A]$이다.

## 06 콘덴서 중 티탄산바륨과 같이 유전율이 큰 물질을 사용하여 온도에 따라 안정된 값을 가지고 있고 극성을 가지고 있지 않은 것은?

① 세라믹 콘덴서 ② 마일러 콘덴서
③ 전해 콘덴서 ④ 마이카 콘덴서

**해설**
② 마일러 콘덴서 : 얇은 폴리에스터 필름의 양면에 금속판을 대고 원통형으로 감은 것으로 가격은 저렴하지만 정밀도는 높지 않다.
③ 전해 콘덴서 : 전기분해로 금속의 표면에 얇은 산화막을 만들어 유전체로 사용하고 극성이 있는 특징을 가지고 있다.
④ 마이카 콘덴서 : 유전체에 마이카(운모) 박판을 이용한 것으로 절연 특성이 좋으며 고압 회로, 고주파 회로 등에 사용된다.

## 07 전자볼트 1[eV]는 몇 [J]인가?

① $1.602 \times 10^{-19}$
② $1.602 \times 10^{-31}$
③ $1.92 \times 10^{-19}$
④ $1.92 \times 10^{-31}$

**해설** 1개의 전자가 1볼트의 전위차에 의해 받는 에너지이다.
$1[eV] = 1.602 \times 10^{-19}[C] \times 1[V] = 1.602 \times 10^{-19}[J]$

## 08 회로에 흐르는 전체 전류는 $I = 10[A]$이며 2개의 저항 $R_1 = 3[\Omega]$, $R_2 = 2[\Omega]$이 병렬로 연결되어 있다. $R_1$에 흐르는 전류를 $I_1$, $R_2$에 흐르는 전류를 $I_2$라고 할 때 $I_1$, $I_2$를 순서대로 적은 것은?

① 2[A], 3[A] ② 3[A], 2[A]
③ 6[A], 4[A] ④ 4[A], 6[A]

**해설** 병렬회로에서 전류와 저항의 값은 반비례하다. 전류의 분배법칙에 의하면

$$I_1 = \frac{R_2}{R_1 + R_2} \times I = \frac{2}{2+3} \times 10 = 4[A]$$

$$I_2 = \frac{R_1}{R_1 + R_2} \times I = \frac{3}{2+3} \times 10 = 6[A]$$

## 09 다음은 어떤 법칙을 설명한 것인가?

"전류가 흐르려고 하면 코일은 전류의 흐름을 방해한다. 또, 전류가 감소하면 이를 유지하려고 하는 성질이 있다."

① 쿨롱의 법칙
② 렌츠의 법칙
③ 패러데이의 법칙
④ 플레밍의 왼손 법칙

**해설**
① 쿨롱의 법칙 : 두 전하 또는 두 자극 사이에 작용하는 힘을 나타내는 법칙
② 렌츠의 법칙 : 유도기전력과 유도전류는 자기장의 변화를 상쇄하려는 방향으로 발생한다는 법칙
③ 패러데이의 법칙 : 코일을 관통하는 자속을 변화시킬 때 코일에 유도기전력이 발생하는 법칙
④ 플레밍의 왼손 법칙 : (전동기의 원리) 자기장 내에서 도선에 전류가 흐를 때 도선이 받는 힘의 방향을 결정하는 법칙



정답 06 ① 07 ① 08 ④ 09 ②

**10** 전자 유도에 의해 발생하는 유도기전력의 크기는 코일을 관통하는 자속의 시간적 변화율에 비례한다고 설명한 법칙은?

① 플레밍의 오른손 법칙
② 옴의 법칙
③ 패러데이의 법칙
④ 앙페르의 법칙

**해설**
① 플레밍의 오른손 법칙 : (발전기의 원리) 자기장 내에서 도선이 움직일 때 유도기전력의 방향을 결정하는 법칙
② 옴의 법칙 : 전류의 세기는 두 점 사이의 전압에 비례하고, 저항에 반비례한다는 법칙
④ 앙페르의 법칙 : 전류와 자기장의 관계를 나타내는 법칙

**11** 전압변동률 $\epsilon$의 식은? (단, 무부하 전압 $V_0$[A], 정격전압 $V_n$[A]이다.)

① $\epsilon = \dfrac{V_0 - V_n}{V_n} \times 100[\%]$

② $\epsilon = \dfrac{V_n - V_0}{V_n} \times 100[\%]$

③ $\epsilon = \dfrac{V_n - V_0}{V_0} \times 100[\%]$

④ $\epsilon = \dfrac{V_0 - V_n}{V_0} \times 100[\%]$

**해설** 전압변동률 $\epsilon = \dfrac{V_0 - V_n}{V_n} \times 100[\%]$

**12** 어느 코일에서 0.2초 동안에 4[A]의 전류가 변화할 때 코일에 유도되는 기전력이 20[V]이면, 이 코일의 자체 인덕턴스[H]는?

① 1 ② 2
③ 3 ④ 4

**해설** 패러데이의 법칙에 의해 $|e| = L\dfrac{di}{dt}$[V]이다.
$di = 4$[A], $dt = 0.2$[초]이므로
$|e| = L\dfrac{4}{0.2} = L \times 20 = 20$[V]이다.
자체 인덕턴스 $L = 1$[H]이다.

**13** 전하량 $Q = 1$[C]이고, 전하 $Q$가 있을 때 받는 전기력이 100[N]일 때 전기장의 세기[V/m]는?

① 25 ② 50
③ 75 ④ 100

**해설** $E$[V/m]의 전기장에서 $Q$[C]의 전하가 있을 때 받는 힘 $F = Q \times E$, $E = \dfrac{F}{Q}$이다.
$Q = 1$[C], $F = 100$[N]이므로
$E = \dfrac{F}{Q} = \dfrac{100}{1} = 100$[V/m]이다.

**14** 어떤 물질이 정상 상태보다 전자 수가 많아져 전기를 띠게 되는 현상을 무엇이라 하는가?

① 충전 ② 방전
③ 대전 ④ 분극

**해설**
① 충전 : 축전지나 축전기에 전기 에너지를 축적하는 일
② 방전 : 전지나 축전기 또는 전기를 띤 물체에서 전기가 외부로 흘러나오는 현상
④ 분극 : 전기적으로 이중층이 생기는 현상



정답 10 ③ 11 ① 12 ① 13 ④ 14 ③

**15** 저항 $R=3[\Omega]$, 리액턴스 $X=4[\Omega]$의 직렬회로에서 임피던스[Ω]는?

① 1　② 2
③ 5　④ 10

**해설** $|Z|=\sqrt{R^2+X^2}=\sqrt{3^2+4^2}=5[\Omega]$

**16** $R=3[\Omega]$, $\omega L=8[\Omega]$, $\frac{1}{\omega C}=4[\Omega]$인 R−L−C 직렬회로의 임피던스[Ω]는?

① 5　② 10
③ 15　④ 20

**해설** R−L−C 직렬회로에서
저항 $R=3[\Omega]$, 유도성 리액턴스 $X_L=\omega L=8[\Omega]$,
용량성 리액턴스 $X_C=\frac{1}{\omega C}=4[\Omega]$
임피던스 $\dot{Z}=R+j(X_L-X_C)=3+j(8-4)=3+j4$
$|Z|=\sqrt{3^2+4^2}=5[\Omega]$이다.

**17** 황산구리($CuSO_4$)의 전해액에 2개의 동일한 구리판을 넣고 전원을 연결하였을 때 양극에서 나타나는 변화를 옳게 설명한 것은?

① 변화가 없다.
② 구리판이 두꺼워진다.
③ 산소 가스가 발생한다.
④ 수소 가스가 발생한다.

**해설**
- 양극 : 산화 반응(전자 잃음)
  $2H_2O \rightarrow 4e^- + 4H^+ + O_2$ (산소가 발생한다.)
- 음극 : 환원 반응(전자 얻음)
  $Cu^{2+} + 2e^- \rightarrow Cu$ (구리판이 두꺼워진다.)

**18** R−C 병렬회로의 위상차는 얼마인가?

① $\theta=\tan^{-1}\frac{R}{wC}$　② $\theta=\tan^{-1}\frac{wC}{R}$
③ $\theta=\tan^{-1}\frac{1}{wRC}$　④ $\theta=\tan^{-1}wRC$

**해설** R−C 또는 R−L 병렬회로는 어드미턴스로 해석하였을 때 위상을 구하기 편리하다.
R−C 병렬회로에서는
$\dot{Y}=\frac{1}{R}+j\frac{1}{X_C}$, $X_C=\frac{1}{\omega C}$이므로 $\dot{Y}=\frac{1}{R}+j\omega C$ 이다.
$\tan\theta=\tan\frac{\omega C}{\frac{1}{R}}=\tan\omega RC$ 이므로 $\theta=\tan^{-1}\omega RC$

| 직렬회로 (임피던스 $Z$로 해석) | | 병렬회로 (어드미턴스 $Y$로 해석) | |
|---|---|---|---|
| R−L 직렬 회로 | $\dot{Z}=R+jX_L$ $=R+jwL$ | R−L 병렬 회로 | $\dot{Y}=\frac{1}{R}-j\frac{1}{X_L}$ $=\frac{1}{R}-j\frac{1}{\omega L}$ |
| R−C 직렬 회로 | $\dot{Z}=R-jX_C$ $=R-j\frac{1}{wC}$ | R−C 병렬 회로 | $\dot{Y}=\frac{1}{R}+j\frac{1}{X_C}$ $=\frac{1}{R}+j\omega C$ |
| R-L-C 직렬 회로 | $\dot{Z}=R+j(X_L-X_C)$ $=R+j\left(wL-\frac{1}{\omega C}\right)$ | R-L-C 병렬 회로 | $\dot{Y}=\frac{1}{R}+j\left(\frac{1}{X_C}-\frac{1}{X_L}\right)$ $=\frac{1}{R}+j\left(\omega C-\frac{1}{\omega L}\right)$ |

**19** 50[W] 전열기에 220[V], 주파수 60[Hz]인 교류 전압을 인가한 경우 평균 전압[V]은?

① 150　② 198
③ 220　④ 300

**해설** 교류전압의 실횻값 $V_{rms}=220$[V]이고
최댓값 $V_m=V_{rms}\times\sqrt{2}=220\sqrt{2}$ [V]이다.
평균값 $V_{avg}=\frac{2}{\pi}V_m$ 이므로
$V_{avg}=\frac{2}{\pi}\times220\sqrt{2}\fallingdotseq198.17$[V]



정답 15 ③ 16 ① 17 ③ 18 ④ 19 ②

**20** 직렬로 $R_1$, $R_2$, $R_3$ 결선 시 $R_2$에 걸리는 전압은?

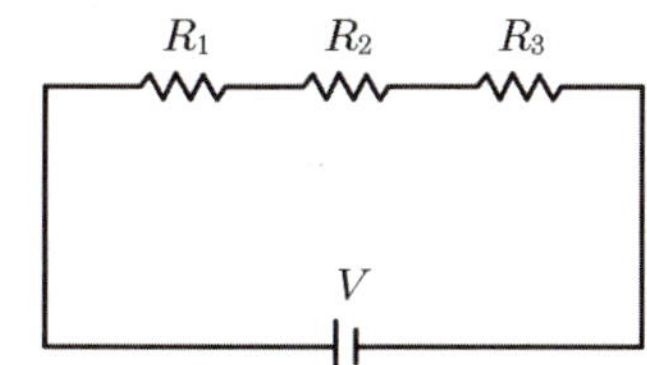


① $\dfrac{(R_1+R_3)V}{R_1+R_2+R_3}$ ② $\dfrac{R_1+R_2+R_3}{R_2 V}$

③ $\dfrac{R_2 V}{R_1+R_2+R_3}$ ④ $\dfrac{R_1 R_3 V}{R_1+R_2+R_3}$

**해설** 직렬회로에서 저항 양단의 전압은 전압의 분배법칙을 활용하여 해석하면 용이하다.

$V_1 : V_2 : V_3 = R_1 : R_2 : R_3$

$V_2 = \dfrac{R_2}{R_1+R_2+R_3} \times V$

**21** 상전압 300[V]의 3상 반파 정류회로의 직류전압 [V]은?

① 50 ② 260

③ 350 ④ 520

**해설** 직류전압 $E_d = 1.17V = 1.17 \times 300 ≒ 350$[V]

| 구분 | 맥동 주파수 | 직류 출력 | 효율 [%] | 맥동률 [%] |
|---|---|---|---|---|
| 단상 반파 | $f$ | $E_d = 0.45V$ | 40.6 | 121 |
| 단상 전파 | $2f$ | $E_d = 0.9V$ | 81.2 | 48 |
| 3상 반파 | $3f$ | $E_d = 1.17V$ | 96.7 | 17 |
| 3상 전파 | $6f$ | $E_d = 1.35V$ | 99.8 | 4 |

**22** 우리나라에서 3상 유도전동기의 최고 속도[rpm]는?

① 3,600 ② 3,000

③ 1,800 ④ 1,500

**해설** 우리나라 상용주파수는 60[Hz]이고 2극이므로

$N_s = \dfrac{120f}{p} = \dfrac{120 \times 60}{2} = 3,600$[rpm]

**23** 역률과 효율이 좋아 가정용 선풍기, 세탁기, 냉장고 등에 주로 사용되는 것은?

① 분상 기동형 전동기

② 콘덴서 기동형 전동기

③ 반발 기동형 전동기

④ 셰이딩 코일형 전동기

**해설** 단상 유도전동기는 기동 방법에 따라 분상 기동형, 콘덴서 기동형(2차 콘덴서형, 영구 콘덴서형), 반발 기동형, 셰이딩 코일형 등으로 분류한다.

- 분상 기동형 : 주 권선과 보조 권선으로 구성되어 있고, 위상이 서로 다른 두 전류에 의하여 자계를 발생시킨다. 기동토크가 작고, 기동전류가 커서 잘 사용되지 않는다.
- 영구 콘덴서형 : 진상용 콘덴서의 90° 앞선 전류에 의한 회전자계를 발생시켜 기동한다. 선풍기, 전기 냉장고, 세탁기 등에 사용된다.
- 반발 기동형 : 기동 시에는 브러시를 통해 외부에서 단락된 반발 전동기 특유의 큰 기동토크를 이용한다. 펌프용, 공기 압축기용으로 사용한다.
- 셰이딩 코일형 : 구조가 간단하고 기동토크가 매우 작다. 역률과 효율이 나쁘며, 역회전이 불가능하다. 전축용 전동기, 소형 선풍기 등에 사용된다.

7개년 기출복원문제

정답 20 ③ 21 ③ 22 ① 23 ②

**24** 고압전동기 철심의 강판 홈(Slot)의 모양은?

① 반폐형 ② 개방형
③ 반구형 ④ 밀폐형

해설
- 저압용 전동기는 반폐형
- 고압용 전동기는 개방형

**25** 동기전동기의 용도가 아닌 것은?

① 분쇄기 ② 압축기
③ 송풍기 ④ 크레인

해설 동기전동기는 속도를 조절할 수 없는 정속도 전동기이기 때문에 압축기, 분쇄기, 송풍기의 용도로 활용된다.

**26** 직류기의 전기자 철심을 규소강판으로 성층하여 만드는 이유는?

① 가공하기 쉽다.
② 가격이 염가이다.
③ 철손을 줄일 수 있다.
④ 기계손을 줄일 수 있다.

해설 전기자 철심은 철손(히스테리시스손)을 줄이기 위해 0.35[mm]~0.5[mm] 정도의 얇은 규소강판을 성층하여 만든다.

**27** 동기기 손실 중 무부하손이 아닌 것은?

① 풍손 ② 와류손
③ 전기자 동손 ④ 베어링 마찰손

해설
- 부하손(동손) : 줄열로 발생하는 손실
- 무부하손 : 기계손(마찰손, 풍손), 철손(히스테리시스손, 와류손)

**28** 직류분권발전기의 전기자 저항이 0.1[Ω], 전기자 전류가 104[A], 유도기전력이 110.4[V]일 때 단자 전압은?

① 100 ② 102
③ 104 ④ 106

해설 $E=V+I_aR_a$
$V=E-I_aR_a=110.4-104\times0.1=100[\text{V}]$

**29** 동기발전기를 계통에 병렬로 접속시킬 때 관계가 없는 것은?

① 유도기전력의 크기가 같을 것
② 동기발전기의 용량이 같을 것
③ 유도기전력의 위상이 같을 것
④ 유도기전력의 주파수가 같을 것

해설 동기발전기의 병렬운전 조건
- 기전력의 크기가 같을 것
- 기전력의 위상이 같을 것
- 기전력의 주파수가 같을 것
- 기전력의 파형이 같을 것

**30** 용량이 250[kVA]인 단상 변압기 3대를 $\Delta$ 결선으로 운전 중 1대가 고장 나서 V결선으로 운전하는 경우 출력[kVA]은?

① 144 ② 353
③ 433 ④ 525

해설 V결선 용량 $P_V=\sqrt{3}\times250=433[\text{kVA}]$

정답 24 ② 25 ④ 26 ③ 27 ③ 28 ① 29 ② 30 ③

**31** 권수비가 30인 변압기의 1차측에 3,300[V]의 전압을 인가하고, 2차측에 33[kW]의 저항부하를 연결하였다. 이 변압기의 2차측 전류[A]는? (단, 변압기의 손실은 무시한다.)

① 100　② 200
③ 300　④ 400

해설 권수비 $a=\dfrac{E_1}{E_2}=\dfrac{V_1}{V_2}=\dfrac{N_1}{N_2}=\sqrt{\dfrac{Z_1}{Z_2}}=\sqrt{\dfrac{R_1}{R_2}}$

$a=\dfrac{V_1}{V_2}$에서 $30=\dfrac{3,300}{V_2}$ $\therefore V_2=110$[V]

따라서, $P_2=V_2I_2$에서 $33\times10^3=110\times I_2$

$\therefore I_2=300$[A]

**32** 직류기에서 자속을 만들어내는 부분은?

① 전기자　② 계자
③ 정류자　④ 브러시

해설 계자는 자속을 발생시키는 부분이다.

직류기의 구조
- 계자 : 자속을 발생
- 전기자 : 자속을 끊어 기전력 발생
- 정류자 : 교류를 직류로 변환
- 브러시 : 전기자 권선과 외부 회로와의 전기적인 접속

**33** 정류자와 접촉하여 전기자 권선 외부 회로를 연결하는 역할을 하는 것은?

① 계자　② 전기자
③ 브러시　④ 계자 철심

해설 브러시는 전기자 권선과 외부 회로와의 전기적인 접속을 한다.

직류기의 구조
- 계자 : 자속을 발생
- 전기자 : 자속을 끊어 기전력 발생
- 정류자 : 교류를 직류로 변환
- 브러시 : 전기자 권선과 외부 회로와의 전기적인 접속

**34** 전동기의 제동에서 전동기가 가지는 운동에너지를 전기에너지로 변화시키고 이것을 전원에 환원시켜 전력을 회생시킴과 동시에 제동하는 방법은?

① 발전 제동(Dynamic Braking)
② 역전 제동(Plugging Braking)
③ 맴돌이전류 제동(Eddy Current Braking)
④ 회생 제동(Regenerative Braking)

해설
- 발전 제동 : 운전 중인 전동기를 전원에서 분리한 후에 발전기로 작용시켜 회전체의 운동에너지를 전기에너지를 변환하고, 저항 안에서 줄열로 소비시켜 제동하는 방법이다.
- 회생 제동 : 전동기를 발전기처럼 사용하여 발생하는 전력을 전원에 반환하여 제동하는 방법이다. 엘리베이터의 하강과 전기차가 언덕을 내려갈 때 사용한다.
- 역전 제동 : 전동기를 전원에 접속시킨 상태에서 전동기의 전기자 접속을 반대로 바꾸어 원래 회전하던 방향과 반대인 토크를 발생시켜 전동기를 급속히 정지시키는 방법이다.

**35** 다음 중 변압기의 원리와 관계가 있는 것은?

① 전기자 반작용
② 전자 유도 작용
③ 플레밍의 왼손 법칙
④ 플레밍의 오른손 법칙



정답 31 ③ 32 ② 33 ③ 34 ④ 35 ②

**해설** 변압기는 하나의 코일이 다른 코일에 전류를 유도할 수 있도록 해주는 마이클 패러데이의 상호 인덕턴스 원리(전자 유도 작용)를 이용한다.

## 36 그림과 같은 기호가 나타내는 소자는?

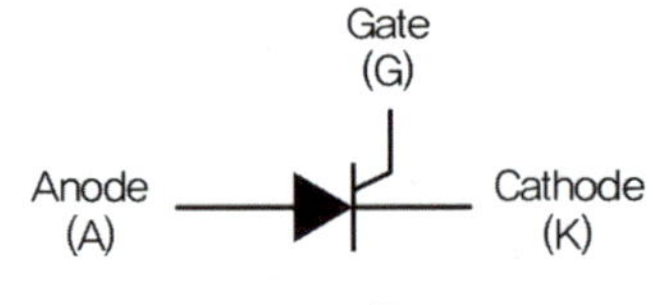


① SCR ② TRIAC
③ IGBT ④ Diode

**해설** SCR(Silicon controlled rectifier)
PNPN의 4층 구조로 된 사이리스터의 대표적인 3단자 제어 소자로서 양극(Anode), 음극(Cathode) 및 게이트(Gate)의 3개의 단자를 가지고 있다. 게이트에 흐르는 작은 전류로 큰 전력을 제어할 수 있다.

## 37 다음 설명에 해당하는 전력용 반도체 소자는?

> 전력용 스위칭을 목적으로 사용되며 스위칭 시 발생하는 손실을 줄이기 위하여 포화영역에서 ON, 차단영역에서 OFF가 되도록 하고, 활성영역은 사용하지 않는다. 충분한 베이스 전류를 흘려 동작시키며 각종 서브모터 드라이버, 초퍼 회로에 사용한다.

① 사이리스터(SCR)
② 트라이액(TRIAC)
③ 전력용 트랜지스터(바이폴라형)
④ 전력용 MOSFET

**해설** 전력용 트랜지스터(Electric Transistor)
트랜지스터의 동작은 전기적으로 포화영역과 활성영역으로 구분되는데 증폭 작용은 포화영역, 논리회로에서와 같이 스위칭 작용은 활성영역에서 동작한다. BJT와 FET가 있으며, 전력용으로 사용되는 대부분 트랜지스터는 증폭 작용보다는 대부분은 스위칭을 목적으로 사용된다.

## 38 다음 중 턴오프(소호)가 가능한 소자는?

① SCR ② GTO
③ LASCR ④ TRIAC

**해설**
- GTO(gate turn-off thyristor) : 게이트에 역방향으로 전류를 흘리면 자기 소호하는 양극(Anode), 음극(Cathode) 및 게이트(Gate)의 3개의 단자를 가진 사이리스터로 직류 및 교류 제어용 소자로 사용한다.
- TRIAC(쌍방향성 3단자 사이리스터) : 사이리스터 2개를 역병렬로 접속한 것과 등가로, 양방향으로 전류가 흘러 교류 제어용으로 사용되는 소자로 전력 제어용, 조광 다이얼(AC) 등 교류 제어용으로만 사용된다.
- SCR : PNPN의 4층 구조로 된 사이리스터의 대표적인 3단자 소자로서 양극(Anode), 음극(Cathode) 및 게이트(Gate)의 3개의 단자를 가지고 있다. 게이트에 흐르는 작은 전류로 큰 전력을 제어할 수 있다.
- LASCR(Light Activated SCR) 또는 Photo SCR : 광 트리거 될 수 있다는 점을 제외하고 일반 SCR과 거의 동일하며 전기펄스에 의해 트리거 되는 게이트 단자가 있다. 광학 조명 제어, 계전기, 위상 제어, 모터 제어 등에 적용된다.

## 39 3상 전원에서 한 상에 고장이 발생하였다. 이때 3상 부하에 3상 전력을 공급할 수 있는 결선 방법은?

① Y결선 ② $\Delta$결선
③ 단상 결선 ④ V결선

정답 36 ① 37 ③ 38 ② 39 ④

**해설** 단상 변압기 3대로 $\Delta-\Delta$결선 운전 중 1대의 변압기 고장 시 V결선하여 지속 운전이 가능하다.

- V결선과 $\Delta$결선의 출력비

$$\frac{P_V}{P_\Delta}=\frac{\sqrt{3}\,V_{2n}I_{2n}}{3V_{2n}I_{2n}}=\frac{1}{\sqrt{3}}\fallingdotseq 0.577$$

- V결선 시 변압기 1대 이용률

$$\frac{\sqrt{3}\,V_{2n}I_{2n}}{2V_{2n}I_{2n}}=\frac{\sqrt{3}}{2}\fallingdotseq 0.866$$

## 40 변압기유가 구비해야 할 조건으로 옳은 것은?

① 절연내력이 작고 산화하지 않을 것
② 비열이 작아서 냉각 효과가 클 것
③ 인화점이 높고 응고점이 낮을 것
④ 절연재료나 금속에 접촉할 때 화학작용을 일으킬 것

**해설** 변압기유 구비 조건

- 절연내력이 클 것
- 절연재료 및 금속과 접촉해도 화학작용을 일으키지 않을 것
- 인화점이 높고 응고점이 낮을 것
- 유동성이 크고 비열이 커서 냉각 효과가 클 것
- 점도가 낮을 것
- 고온에서도 산화하지 않을 것

## 41 일반적으로 큐비클형이라 불리며 점유 면적이 좁고 운전, 보수에 안전하여 공장, 빌딩 등의 전기실에 많이 사용되는 배전반은?

① 폐쇄식 배전반
② 철제 수직형 배전반
③ 데드 프런트식 배전반
④ 라이브 프런트식 배전반

**해설**

① 폐쇄식 배전반 : 큐비클형 배전반으로 불리며 변성기, 차단기 등의 주 기기류와 감시 및 제어를 위한 각종 계기와 개폐기 등 부품이 금속제 상자 안에 조립되어 있는 형태이다. 점유 면적이 작고, 운전 및 보수의 안정성으로 공장이나 빌딩의 전기실에서 많이 사용한다.
② 철제 수직형 배전반 : 배전반의 종류에 해당하지 않는다.
③ 데드 프런트식 배전반 : 각종 기기와 개폐기의 조작 핸들만 배전반 표면에 위치하고 모든 기기류 및 개폐기와 모선, 충전 부분이 노출되지 않는 구조이다.
④ 라이브 프런트식 배전반 : 각종 기기, 개폐기, 계전기, 계기가 배전반 표면에 부착된 구조이다.

## 42 가공전선로의 케이블을 조가용선으로 조가하여 시설하고자 할 때 조가용선의 최소 단면적[mm²]은?

① 14[mm²] ② 18[mm²]
③ 22[mm²] ④ 30[mm²]

**해설** [한국전기설비규정 332.2 가공케이블의 시설]
조가용선은 인장강도 5.93[kN] 이상의 것 또는 단면적 22[mm²] 이상인 아연도강연선일 것

## 43 캡타이어 케이블을 조영재의 옆면에 따라 시설하는 경우 지지점 간의 거리는 몇 [m] 이하로 하는가?

① 1.0[m] ② 1.5[m]
③ 2.0[m] ④ 2.5[m]

**해설** [한국전기설비규정 232.51 케이블공사]
케이블공사 시 전선을 조영재의 아랫면 또는 옆면에 따라 붙이는 경우 전선의 지지점 간의 거리

- 케이블 : 2[m]
- 캡타이어 케이블 : 1[m]

정답 40 ③ 41 ① 42 ③ 43 ①

**44** 금속 전선관 공사에서 사용하는 후강 전선관의 규격이 아닌 것은?

① 16　② 28
③ 42　④ 50

**해설** KS C 8401 강제 전선관의 치수
- 후강 전선관의 표준 굵기[mm]
  16, 22, 28, 36, 42, 54, 70, 82, 92, 104의 10종, 안지름 기준, 짝수
- 박강 전선관의 표준 굵기[mm]
  19, 25, 31, 39, 51, 63, 75의 7종, 바깥지름 기준, 홀수

**45** 합성수지관을 박스에 커넥터를 사용하여 접속할 때 삽입하는 깊이를 관의 바깥지름의 몇 배 이상으로 하여야 하는가? (단, 접착제를 사용하지 않은 경우이다.)

① 0.8배　② 1.0배
③ 1.2배　④ 1.5배

**해설** [한국전기설비규정 232.11.3 합성수지관 및 부속품의 시설]
관 상호 간 및 박스와는 관을 삽입하는 깊이를 관의 바깥지름의 1.2배(접착제를 사용하는 경우에는 0.8배) 이상으로 하고 또한 꽂음 접속에 의하여 견고하게 접속할 것

**46** 작업대로부터 높이가 2.4[m]인 조명기구를 배치할 때 기구 사이의 최대 거리[m]는?

① 1.8　② 2.4
③ 3.6　④ 5.4

**해설** 광원의 높이(작업대에서 광원까지의 거리)가 $H$일 때, 전반조명의 등기구와 등기구 간격 $S$의 관계식은 $S \leq 1.5H$이다. 이때 $H = 2.4$[m]이므로, $1.5H = 1.5 \times 2.4 = 3.6$, $S \leq 3.6$이므로 등기구 간격 $S$의 최댓값은 3.6[m]이다.

**47** 절연전선의 도체 손상 없이 정확한 길이의 피복 절연물을 쉽게 처리할 수 있는 공구는?

① 클리퍼　② 플라이어
③ 프레셔 툴　④ 와이어 스트리퍼

**해설**
① 클리퍼 : 굵은 전선이나 케이블을 절단할 때 사용하는 공구
② 플라이어 : 지렛대의 원리를 이용하여 물체를 단단하게 잡기 위해 사용하는 공구
③ 프레셔 툴 : 전선 끝에 슬리브(압착 단자)를 물리고 압착시킬 때 사용하는 공구
④ 와이어 스트리퍼 : 전선의 피복을 쉽게 벗기는 데 사용하는 공구

**48** 전시회, 쇼 및 공연장에서의 정격 32[A] 이하의 콘센트용 분기회로에 설치하는 누전차단기의 정격감도전류 최대 크기는?

① 15[mA]　② 30[mA]
③ 45[mA]　④ 60[mA]

**해설** [한국전기설비규정 242.6 전시회, 쇼 및 공연장의 전기설비]
비상조명을 제외한 조명용 분기회로 및 정격 32[A] 이하의 콘센트용 분기회로는 정격감도전류 30[mA] 이하의 누전차단기로 보호하여야 한다.

**49** 사용전압이 400[V] 이하인 장소에 애자공사를 시설하고자 한다. 전선과 조영재 사이의 최소 간격[cm]은?

① 2.5[cm] 이상　② 3.5[cm] 이상
③ 4.5[cm] 이상　④ 5.5[cm] 이상

정답 44 ④　45 ③　46 ③　47 ④　48 ②　49 ①

**해설** [한국전기설비규정 232.56 애자공사]
전선과 조영재 사이의 간격
- 사용전압이 400[V] 이하인 경우 : 25[mm] 이상
- 사용전압이 400[V] 초과인 경우 : 45[mm] 이상
- 사용전압이 400[V] 초과이지만 건조한 장소에 시설하는 경우 : 25[mm] 이상

**50** 욕실에 가정용 세탁기를 설치하여 사용하고자 할 때 사용 가능한 콘센트는?

① 접지형 3극 콘센트
② 비접지형 2극 콘센트
③ 접지극부 2극 콘센트
④ 접지극부 방적형 콘센트

**해설** [한국전기설비규정 234.5 콘센트의 시설]
욕실 또는 화장실 등 인체가 물에 젖어 있는 상태에서 전기를 사용하는 장소에 콘센트를 시설하는 경우에는 다음에 따라 시설하여야 한다.
- 인체감전보호용 누전차단기(정격감도전류 15[mA] 이하, 동작시간 0.03초 이하의 전류동작형) 또는 절연변압기(정격용량 3[kVA] 이하인 것)로 보호된 전로에 접속하거나, 인체감전보호용 누전차단기가 부착된 콘센트를 시설하여야 한다.
- 콘센트는 접지극이 있는 방적형 콘센트를 사용한다.

**51** 450/750[V] 일반용 단심 비닐절연전선의 약호는?

① NF ② NR
③ NFI ④ NRI

**해설**
- NR : 450/750[V] 일반용 단심 비닐절연전선
- NF : 450/750[V] 일반용 유연성 단심 비닐절연전선
- NRI : 300/500[V] 기기 배선용 단심 비닐절연전선
- NFI : 300/500[V] 기기 배선용 유연성 단심 비닐절연전선

**52** 금속덕트에 넣은 전선의 단면적(절연피복의 단면적 포함)의 합계는 덕트 내부 단면적의 몇 [%] 이하로 하여야 하는가? (단, 제어회로 등의 배선만을 넣는 경우가 아닌 경우이다.)

① 10[%] ② 20[%]
③ 30[%] ④ 50[%]

**해설** [한국전기설비규정 232.31 금속덕트공사]
금속덕트에 넣은 전선의 단면적(절연피복의 단면적을 포함)의 합계는 덕트의 내부 단면적의 20[%] 이하일 것

**53** 조명용 전등을 호텔 또는 여관 객실의 입구에 설치할 때 입구등은 최대 몇 분 이내에 소등되는 타임스위치를 시설해야 하는가?

① 1분 ② 3분
③ 5분 ④ 10분

**해설** [한국전기설비규정 234.6 점멸기의 시설]
다음의 경우에는 센서등(타임스위치 포함)을 시설하여야 한다.
- 관광숙박업 또는 숙박업에 이용되는 객실의 입구등은 1분 이내로 소등되어야 한다.
- 일반주택 및 아파트 각 호실의 현관등은 3분 이내에 소등되어야 한다.

**54** 셀룰로이드, 성냥, 석유류 등 기타 타기 쉬운 위험한 물질을 제조하거나 저장하는 장소의 배선 방법이 아닌 것은?

① 금속관 배선 ② 케이블 배선
③ 플로어덕트 배선 ④ 합성수지관 배선

정답 50 ④ 51 ② 52 ② 53 ① 54 ③

**해설** [한국전기설비규정 242.4 위험물 등이 존재하는 장소]
셀룰로이드, 성냥, 석유류 기타 타기 쉬운 위험한 물질을 제조하거나 저장하는 곳에 시설하는 저압 옥내 전기설비는 금속관공사, 합성수지관공사, 케이블공사의 공사 방법을 따른다.

**55** 사람이 상시 통행하는 터널 내부에 저압인 배선을 시설할 때 배선 방법으로 틀린 것은?

① 애자공사
② 라이팅덕트공사
③ 합성수지관공사
④ 금속제 가요전선관공사

**해설** [한국전기설비규정 242.7.1 사람이 상시 통행하는 터널 안의 배선의 시설]
사람이 상시 통행하는 터널 안의 배선은 사용전압이 저압의 것에 한하고 다음의 공사 방법에 따라 시설한다.
- 애자공사
- 금속관공사
- 케이블공사
- 합성수지관공사
- 금속제 가요전선관공사

**56** 접지 시공의 목적이 아닌 것은?

① 감전 방지
② 대지전압 상승 방지
③ 전기설비 용량 감소
④ 화재와 폭발사고 방지

**해설** 전기설비의 용량 감소는 접지 시공의 목적이 아니다.
접지 시공의 목적
- 인체 감전 방지
- 지락전류의 검출
- 대지전압 상승 방지로 기준전위 변동 억제
- 통신선 유도 장해(정전, 전자 유도 잡음) 저감
- 번개 및 이상 전압에 따른 설비 파손, 화재, 폭발 사고 방지

**57** 고압의 가공전선이 도로를 횡단하는 경우 지표상 몇 [m] 이상으로 시설하여야 하는가?

① 3.5[m] ② 4[m]
③ 6[m] ④ 6.5[m]

**해설** [한국전기설비규정 332.5 고압 가공전선의 높이]
고압 가공전선의 높이는 다음에 따라야 한다.
- 도로를 횡단하는 경우에는 지표상 6[m] 이상
- 철도 또는 궤도를 횡단하는 경우에는 레일면상 6.5[m] 이상
- 횡단보도교의 위에 시설하는 경우에는 그 노면상 3.5[m] 이상
- 기타 이외의 경우에는 지표상 5[m] 이상

**58** 배전반 및 분전반과 연결된 배관을 변경하거나 이미 설치되어 있는 캐비닛에 구멍을 뚫을 때 사용하는 공구는?

① 오스터 ② 클리퍼
③ 토치램프 ④ 녹아웃 펀치

**해설**
① 오스터 : 본체에 관 규격별 다이스를 물려 사용하며 금속관에 나사선을 내는 공구이다.
② 클리퍼 : 굵은 전선을 절단하는 데 사용하는 공구이다.
③ 토치 램프 : 경질 염화비닐전선관을 구부릴 때 열을 가하기 위해 사용하는 공구이다.
④ 녹아웃 펀치 : 유압천공기라고도 하며 철판이나 전기함에 구멍을 뚫는 공구이다.

**59** 합성수지제 전선관의 호칭은 관 굵기의 무엇으로 표시를 하는가?

① 홀수인 안지름 ② 짝수인 안지름
③ 짝수인 바깥지름 ④ 홀수인 바깥지름

정답 55 ② 56 ③ 57 ③ 58 ④ 59 ②

**해설** 합성수지관의 규격(호칭)은 짝수인 안지름으로 표기한다.

- 경질 폴리염화비닐전선관(KS C 8431) : 14, 16, 22, 28, 36, 42, 54, 70, 82, 100
- 합성수지제 가요전선관(KS C 8454) : 14, 16, 18, 22, 28, 36, 42
- 파상형 경질 폴리에틸렌 전선관(KS C 8455) : 30, 40, 50, 65, 80, 100, 125, 150, 175, 200

**60** **가공케이블 시설 시 조가용선에 금속테이프 등을 사용하여 케이블 외장을 견고하게 붙여 조가하는 경우 나선형으로 금속테이프를 감는 간격은 몇 [m] 이하를 확보하여 감아야 하는가?**

① 0.1[m] ② 0.2[m]
③ 0.3[m] ④ 0.5[m]

**해설** [한국전기설비규정 332.2 가공케이블의 시설]
케이블을 조가용선에 금속테이프로 시설하는 경우 금속테이프는 쉽게 부식하지 않는 것을 사용하며 0.2[m] 이하의 간격을 유지하여 나선상으로 감는다.



정답 60 ②

# 2023년 제3회 기출복원문제

**01** 전기력선의 특징으로 옳지 않은 것은?

① 전기력선은 교차하지 않는다.
② 전기력선은 전위가 높은 곳에서 낮은 점으로 향한다.
③ 전기력선의 밀도는 전기장의 크기이다.
④ 같은 방향의 전기력선은 서로 끌어당긴다.

**해설** 전기력선의 성질
- 전기력선은 양전하에서 시작하여 음전하에서 끝난다.
- 전기력선의 밀도는 그 점에서의 전계의 크기와 같다.
- 전기력선의 접선 방향은 그 접점에서의 전기장의 방향이다.
- 전기력선의 등전위면에 수직으로 교차한다.
- 전기력선은 서로 교차하지 않는다.
- 도체 내부에는 전기력선이 없으며 전기장이 존재하지 않는다.

**02** 어떤 저항에서 1[kWh]의 전력량을 소비시켰을 때 발생하는 열량[kcal]은?

① 740　② 780
③ 820　④ 860

**해설** 1[Wh]$=3,600$[W·sec]이므로
전력량 $W=1\times10^3$[Wh]$=3,600\times10^3$[J]이다.
이때 발생하는 열량은
$H=0.24\times3,600\times10^3=864\times10^3$[cal]$=864$[kcal]

**03** 줄의 법칙에서 발열량 계산식을 바르게 나타낸 것은?

① $H=0.24I^2R$　② $H=0.24I^2R^2$
③ $H=0.24I^2Rt$　④ $H=0.24I^2Rt^2$

**해설** 줄의 법칙은 전류가 흐를 때 전류에 발생하는 발열량과의 관계를 나타내는 법칙이다.
$H=0.24I^2Rt$[cal]

**04** 2[Ω]의 저항 3개를 그림과 같이 연결하였을 때 합성 저항값[Ω]은?

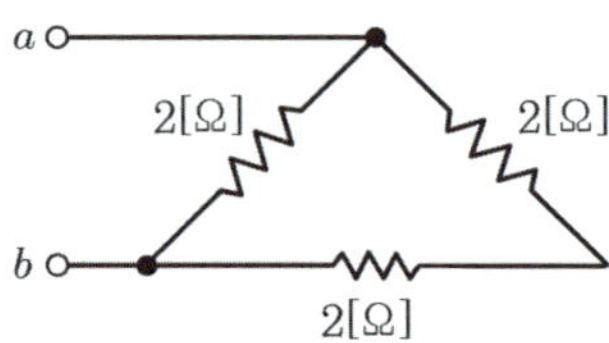


① $\frac{1}{4}$　② $\frac{1}{3}$
③ $\frac{1}{2}$　④ $\frac{4}{3}$

**해설** $a-b$ 단자 사이의 합성 저항은 2[Ω]과 $2+2=4$[Ω]이 병렬로 연결된 것과 같다.
합성 저항 $R_t=\frac{2\times4}{2+4}=\frac{8}{6}=\frac{4}{3}$[Ω]

정답 01 ④ 02 ④ 03 ③ 04 ④

**05** $C_1 = 10$[μF], $C_2 = 3$[μF], $C_3 = 7$[μF]일 때 그림과 같이 콘덴서를 연결한 경우 합성 커패시턴스[μF]는?

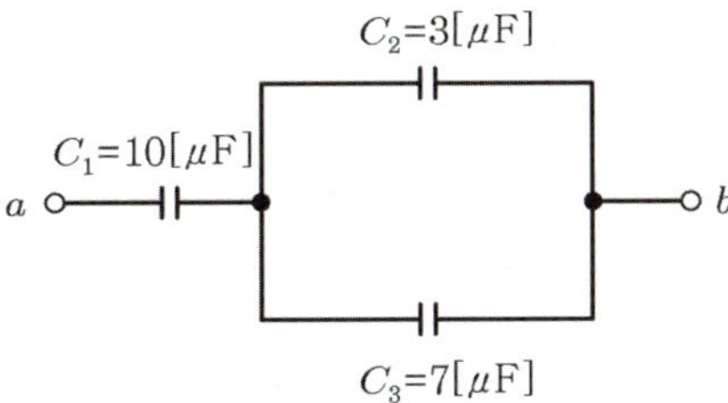


① 5　② 10
③ 20　④ 25

해설 $C_2$와 $C_3$은 병렬연결이므로 병렬 부분에서 합성 커패시턴스 $C_t = 3+7 = 10$[μF]이다.
전체 커패시턴스 $C_{total} = \frac{10\times10}{10+10} = 5$[μF]이다.

**06** 그림과 같이 저항 $R$과 용량성 리액턴스 $X_C$가 병렬로 연결된 회로에서의 역률은?

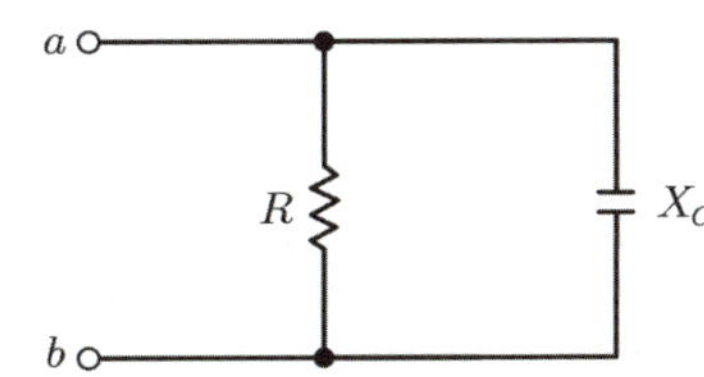


① $\frac{R}{\sqrt{R^2+{X_C}^2}}$

② $\frac{X_C}{\sqrt{R^2+{X_C}^2}}$

③ $\frac{X_C}{R^2+{X_C}^2}$

④ $\frac{R\cdot X_C}{\sqrt{R^2+{X_C}^2}}$

해설 R-C 병렬회로에서는 어드미턴스로 역률과 위상을 해석하는 것이 편리하다.
어드미턴스 $\dot{Y} = \frac{1}{R}+j\frac{1}{X_C}$,

$$|Y| = \sqrt{\left(\frac{1}{R}\right)^2+\left(\frac{1}{X_C}\right)^2} = \frac{\sqrt{R^2+X_C^2}}{R\cdot X_C}$$

역률 $PF = \cos\theta = \frac{\frac{1}{R}}{|Y|}\ \frac{\frac{1}{R}}{\frac{\sqrt{R^2+{X_C}^2}}{R\cdot X_C}} = \frac{X_C}{\sqrt{R^2+{X_C}^2}}$

**07** 40[W]의 형광등에 교류 100[V]를 인가했을 때 전류가 0.8[A]가 흐르고 소비전력은 50[W]이다. 이 형광등의 역률은?

① 0.63　② 0.76
③ 0.81　④ 0.95

해설 교류회로에서 유효전력 $P = V\times I\times\cos\theta$이다.
$\cos\theta = \frac{P}{V\times I} = \frac{50}{100\times0.8} \fallingdotseq 0.63$

**08** 3[Ω]의 저항과 4[Ω]의 유도성 리액턴스의 병렬회로가 있다. 이 병렬회로의 임피던스[Ω]는?

① 1.7　② 2.4
③ 3.2　④ 5

7개년 기출복원문제

정답 05 ① 06 ② 07 ① 08 ②

**해설** R-L 병렬회로에서 어드미턴스

$\dot{Y} = \frac{1}{R} - j\frac{1}{X_L} = \frac{1}{3} - j\frac{1}{4} = \frac{4-j3}{12}$[℧],

$|Y| = \sqrt{\left(\frac{1}{3}\right)^2 + \left(\frac{1}{4}\right)^2} = \frac{5}{12}$[℧]

임피던스 $|Z| = \frac{1}{|Y|} = \frac{12}{5} = 2.4$[Ω]이다.

| 직렬회로 (임피던스 $Z$로 해석) | | 병렬회로 (어드미턴스 $Y$로 해석) | |
|---|---|---|---|
| R-L 직렬회로 | $\dot{Z} = R + jX_L$ $= R + j\omega L$ | R-L 병렬회로 | $\dot{Y} = \frac{1}{R} - j\frac{1}{X_L}$ $= \frac{1}{R} - j\frac{1}{\omega L}$ |
| R-C 직렬회로 | $\dot{Z} = R - jX_C$ $= R - j\frac{1}{wC}$ | R-C 병렬회로 | $\dot{Y} = \frac{1}{R} + j\frac{1}{X_C}$ $= \frac{1}{R} + j\omega C$ |

**09** 도체에 대전체를 접근시키면 대전체에 가까운 쪽에서는 대전체와 다른 전하가 나타나며 그 반대쪽에는 대전체와 같은 종류의 전하가 나타나는 현상이 일어난다. 이와 같은 현상을 무엇이라 하는가?

① 정전 차폐　　② 자기 유도
③ 대전　　④ 정전 유도

**해설**
① 정전 차폐 : 도체계에서 임의의 도체를 일정 전위(일반적으로 영전위)의 도체로 완전 포위하면 내부와 외부의 전계를 완전히 차단하는 것
② 자기 유도 : 코일에 흐르는 전류가 변화하여 코일 자체에 생기는 자속의 변화에 의해 코일 자체에 기전력이 발생하는 것
③ 대전 : 어떤 물질이 정상 상태보다 전자 수가 많아지거나 적어져서 전기를 띠게 되는 현상

**10** 자석의 특징으로 옳은 것은?

① 자석은 고온이 되면 자력이 증가한다.
② 자기력선에는 고무줄과 같은 장력이 존재한다.
③ 자기력선은 자석 내부에서도 N극에서 S극으로 이동한다.
④ 자기력선은 자성체는 투과하고, 비자성체는 투과하지 못한다.

**해설**
① 자석은 일정 온도 이상 가열하면 자력이 약해진다.
② 자기력선은 고무줄처럼 장력이 있어서 휘어지거나 구불구불한 모양이 만들어지지 않는다.
③ 자기력선은 자석 외부에서는 N극에서 나와 S극으로 들어가지만 자석 내부에서는 S극 끝에서 나와서 N극 끝으로 들어가는 모양이 되어 폐회로를 형성한다.
④ 자기력선은 자성체와 비자성체를 모두 통과한다.

**11** 빈칸에 들어가야 할 말은?

> 양전하와 음전하를 금속선으로 이으면 금속선 내부에서는 (　　)이/가 흐른다.

① 전류　　② 전압
③ 저항　　④ 자기력

**해설** 음전하는 금속선 내부에서 인력이 작용하여 양전하로 이동하며, 이러한 전하의 이동을 '전류'라 한다.

**12** 같은 크기의 전류가 흐르는 두 평행 도선 사이의 거리가 1[m]인 도선 사이에 작용하는 힘의 세기가 $18 \times 10^{-7}$[N]일 경우 전류의 세기[A]는?

① 1　　② 2
③ 3　　④ 4

정답 09 ④ 10 ② 11 ① 12 ③

**해설** 도체 간에 작용하는 힘

$F = \frac{\mu}{2\pi} \times \frac{I_1 \cdot I_2}{r} = 2 \times 10^{-7} \times \frac{I^2}{1^2} = 18 \times 10^{-7}$[N]

전류 $I = 3$[A]이다.

**13** 공기 중에서 자속밀도 10[Wb/m$^2$]의 평등 자계 내에 5[A]의 전류가 흐르고 있는 길이 60[cm]의 직선 도체를 자계의 방향에 대하여 30°의 각을 이루도록 놓았을 때 이 도체에 작용하는 힘[N]은?

① 15　　② $15\sqrt{3}$
③ 30　　④ $30\sqrt{3}$

**해설** 자속밀도 $B = 10$[Wb/m$^2$], 전류 $I = 5$[A], 도선의 길이 $l = 0.6$[m], 위상 $\theta = 30°$이다.
자기장 내에 있는 도선에 전류가 흐를 때 도선에 작용하는 힘을 구하려면 플레밍의 왼손 법칙을 활용한다.
플레밍의 왼손 법칙에서 도선에 작용하는 힘은
$F = BlI\sin\theta = 10 \times 0.6 \times 5 \times \sin 30° = 15$[N]

**14** 다음 중 비선형 소자인 것은?

① 저항　　② 인덕터
③ 다이오드　　④ 커패시터

**해설** 선형 소자란 선형 전류와 전압 응답을 나타내는 소자를 말하며 이들로 구성된 회로를 선형 회로라고 한다. 대표적으로 선형 소자에는 저항, 커패시터, 인덕터가 있다.

**15** 비사인파의 일반적인 구성이 아닌 것은?

① 삼각파　　② 고조파
③ 기본파　　④ 직류분

**해설** 푸리에 급수 분석법
- 비정현파를 여러 개의 정현파의 합으로 표시하는 방법
- 비정현파 $f(t)$ = 직류분 + 기본파 + 고조파(제2고조파 + 제3고조파 + …)
- $f(t) = a_0 + a_1\cos\omega_0 t + a_2\cos 2\omega_0 t + \cdots + a_n\cos n\omega_0 t$

**16** $e = 100\sqrt{2}\sin\left(100\pi t - \frac{\pi}{3}\right)$[V]인 정현파의 주파수[Hz]는?

① 50　　② 60
③ 100　　④ 120

**해설** 각 주파수 $\omega = 2\pi f = 100\pi$[rad/sec]이며,
주파수 $f = \frac{\omega}{2\pi} = \frac{100\pi}{2\pi} = 50$[Hz]이다.

**17** 진공에서의 투자율 $\mu_0$[H/m]은?

① $6.33 \times 10^4$　　② $8.85 \times 10^{-12}$
③ $4\pi \times 10^{-7}$　　④ $9 \times 10^9$

**해설**
① $\frac{1}{4\pi\mu_0} = 6.33 \times 10^4$
② $\varepsilon_0 = 8.85 \times 10^{-12}$
④ $\frac{1}{4\pi\varepsilon_0} = 9 \times 10^9$

정답　13 ①　14 ③　15 ①　16 ①　17 ③

**18** 평균 반지름이 $r$[m]이고 감은 횟수가 N인 환상 솔레노이드에 전류 $I$[A]가 흐를 때 내부의 자기장의 세기 $H$[AT/m]는?

① $H=\frac{NI}{2\pi r}$　② $H=\frac{NI}{2r}$
③ $H=\frac{2\pi r}{NI}$　④ $H=\frac{2r}{NI}$

**해설**

| 구분 | | 식 | 기호 |
|---|---|---|---|
| 무한 직선 전류에 의한 자계의 세기 | | $H=\frac{I}{2\pi r}$[AT/m] | $I$ : 전류<br>$r$ : 무한 직선과의 거리 |
| 원형 코일의 중심에서 자계의 세기 | | $H=\frac{NI}{2a}$[AT/m] | $N$ : 코일을 감은 횟수<br>$a$ : 원형 코일의 반지름 |
| 솔레노이드에 의한 자계의 세기 | 내부 | $H=n_0 I$[AT/m] | $n_0$ : 단위 길이당 권선 수 |
| | 외부 | $H=0$[AT/m] | |
| 환상 솔레노이드에 의한 자계의 세기 | | $H=\frac{NI}{2\pi r}$[AT/m] | $r$ : 환상 솔레노이드의 반지름 |

**19** 그림과 같은 회로를 고주파 브리지로 인덕턴스를 측정하였더니 그림 (a)는 60[mH], 그림 (b)는 40[mH]이었다. 이 회로의 상호 인덕턴스 $M$[mH]은?

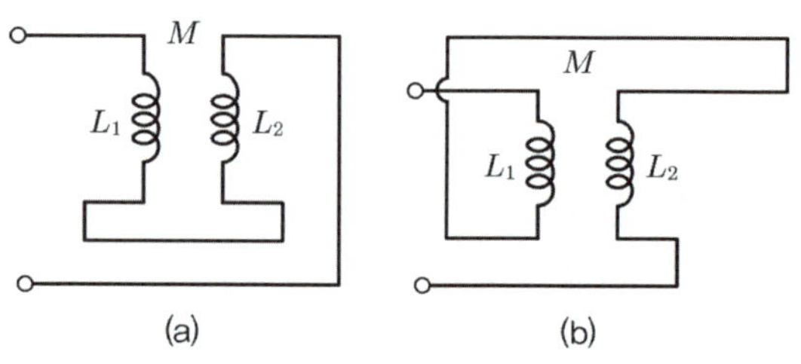


① 2　② 3
③ 4　④ 5

**해설**
(a) $L_1$과 $L_2$인 2개의 코일이 직렬로 가동 접속되었을 때 자속이 같은 방향으로 강화되므로
$L_{가동}=L_1+L_2+2M=60$ …… ㉠
(b) $L_1$과 $L_2$인 2개의 코일이 직렬로 차동 접속되었을 때 자속이 반대 방향으로 상쇄되므로
$L_{차동}=L_1+L_2-2M=40$ …… ㉡
㉠, ㉡ 두 식을 빼면 $4M=20$, $M=5$[mH]이다.

**20** 자체 인덕턴스 20[mH]의 코일에 30[A]의 전류를 흘릴 때 축적되는 에너지[J]는?

① 1.5　② 3
③ 9　④ 18

**해설** 코일에 축적되는 에너지
$W=\frac{1}{2}LI^2=\frac{1}{2}\times(20\times10^{-3})\times30^2=9$[J]

**21** 1대의 출력이 20[VA]인 단상 변압기 2대로 V결선하여 3상 전력을 공급하려 한다. 이때 최대 전력[kVA]은?

① 10.4　② 34.6
③ 48.0　④ 60.2

**해설** 단상 변압기 2대를 이용한 V결선 출력
$P_V=\sqrt{3}P$[kVA] (실제 출력)
$\therefore \sqrt{3}\times20=20\sqrt{3}$[kVA] $\simeq 34.6$[kVA]



정답 18 ① 19 ④ 20 ③ 21 ②

## 22 부흐홀츠계전기로 보호되는 기기는?

① 변압기 ② 유도전동기
③ 직류발전기 ④ 교류발전기

**해설** 부흐홀츠계전기는 변압기 주 탱크와 콘서베이터 사이에 설치하여 변압기 내부 고장 보호용으로 사용된다. 절연유의 온도 상승 시 발생하는 유증기를 검출하여 권선 단락, 철심 고정 볼트의 절연 열화, 탭 전환기의 고장 등을 경보 및 차단한다.

## 23 대전류 고전압의 전기량을 제어할 수 있는 자기 소호형 소자는?

① MOSFET ② Diode
③ TRIAC ④ IGBT

**해설**
① MOSFET : 전압 제어 소자로서 구동 전력이 적게 소모되고 구동 회로가 간단하며 다수 캐리어의 소자로서 고속 스위칭이 가능한 드레인(D), 소스(S), 게이트(G)의 3단자 소자이다.
② Diode(다이오드) : 전류를 한쪽 방향으로 흐르게 하는 반도체 부품으로 재료는 실리콘이 많지만, 게르마늄, 셀렌 등이 있다. 용도는 전원장치에서 교류를 직류로 바꾸는 정류기용, 라디오의 고주파에서 저주파 신호를 꺼내는 검파용, 전원의 ON/OFF를 제어하는 스위칭용 등 매우 광범위하게 사용되고 있다.
③ TRIAC(쌍방향성 3단자 사이리스터) : 사이리스터 2개를 역병렬로 접속한 것으로 양방향으로 전류가 흘러 교류 제어용으로 사용되는 소자로 전력 제어용, 교류 제어용으로만 사용된다.
④ IGBT : 컬렉터(C), 에미터(E), 게이트(G)를 가진 3단자 대전류 고전압의 전기량을 제어할 수 있는 자기 소호형 소자로서 파워 MOSFET의 고속성과 파워 트랜지스터의 저 저항성을 겸비한 노이즈에 강한 파워 소자이다. 고속 인버터, 고속 초퍼 제어 소자로 활용한다.

## 24 동기발전기의 병렬운전 조건이 아닌 것은?

① 유도기전력의 크기가 같을 것
② 동기발전기의 용량이 같을 것
③ 유도기전력의 위상이 같을 것
④ 유도기전력의 주파수가 같을 것

**해설** 동기발전기의 병렬운전 조건
- 기전력의 크기가 같을 것
- 기전력의 위상이 같을 것
- 기전력의 주파수가 같을 것
- 기전력의 파형이 같을 것

## 25 직류전동기의 속도 제어법이 아닌 것은?

① 전압 제어법 ② 계자 제어법
③ 저항 제어법 ④ 주파수 제어법

**해설** 직류전동기의 속도

$N = \dfrac{V - I_a R_a}{K\phi}$ [rpm]

- 전압 제어법 : 전기자에 가하는 전압 $V$를 변화시키는 방법으로 정토크 제어이다.
- 계자 제어법 : 계자 전류를 조정하여 자속 $\phi$를 변화시키는 방법으로 정출력 제어이다.
- 저항 제어법 : 전기자에 직렬로 저항을 넣어서 $R_a$의 값을 변화시키는 방법으로 전력 손실이 크며, 속도 제어의 범위가 좁다.

## 26 교류회로에서 양방향 점호(ON) 및 소호(OFF)를 이용하며, 위상 제어가 가능한 소자는?

① GTO ② TRIAC
③ SCR ④ IGBT

**해설** TRIAC은 양방향 점호 및 소호가 가능하고 위상 제어가 가능하다.

7개년 기출복원문제

정답 22 ① 23 ④ 24 ② 25 ④ 26 ②

**27** 회전자 입력을 $P_2$, 슬립을 $s$라고 할 때 3상 유도전동기의 기계적 출력의 관계식은?

① $sP_2$　　② $(1-s)P_2$

③ $s^2P_2$　　④ $\frac{P_2}{s}$

해설 $s=\frac{N_s-N}{N_s}$

$N=(1-s)N_s$

$\frac{N}{N_s}=(1-s)=\frac{P}{P_2}$

$\therefore P=(1-s)P_2$

**28** 슬립이 일정한 경우 유도전동기의 공급 전압이 $\frac{1}{3}$로 감소하면 토크는 처음에 비해 어떻게 되는가?

① 9배가 된다.　　② 1배가 된다.

③ $\frac{1}{3}$로 줄어든다.　　④ $\frac{1}{9}$로 줄어든다.

해설 유도전동기의 토크와 공급 전압과의 관계는 $T\propto V^2$이므로 $\left(\frac{1}{3}\right)^2=\frac{1}{9}$로 감소한다.

**29** 다음 중 유도전동기 속도 제어에 사용되는 인버터 장치의 약호는?

① CVCF　　② VVVF

③ CVVF　　④ VVCF

해설 유도전동기 속도 제어에 사용되는 인버터 장치는 VVVF(Variable Voltage Variable Frequency)이다.

**30** 단락비가 큰 동기기의 설명으로 옳은 것은?

① 안정도가 높다.

② 기기가 소형이다.

③ 전압변동률이 크다.

④ 전기자 반작용이 크다.

해설 단락비가 큰 동기기의 특성

- 안정도가 높다.
- 중량이 무겁고 가격이 비싸다.
- 전압변동률이 작다.
- 전기자 반작용이 작다.
- 공극과 계자기자력이 크다.
- 효율이 나쁘다.

**31** 3상 100[kVA], 13,200/200[V] 변압기의 저압측 선전류의 유효분은 약 몇 [A]인가? (단, 역률은 80[%]이다.)

① 100　　② 173

③ 230　　④ 260

해설 13,200[V]는 1차측(전원측) 선간전압이며, 200[V]는 2차측(부하측) 선간전압이다.

피상전력 $S_3=3V_PI_P=\sqrt{3}\,V_lI_l=100$[KVA]

저압측 선간전압 $V_l=200$[V]

역률 $\cos\theta=0.8$

$I_l=\frac{S_3}{\sqrt{3}\,V_l}=\frac{100\times10^3}{\sqrt{3}\times200}\fallingdotseq 288$[A]

$\dot{I}=I(\cos\theta+j\sin\theta)=288(0.8+j0.6)\fallingdotseq 230+j173$[A]이므로 유효분은 230[A]이다.



정답 27 ② 28 ④ 29 ② 30 ① 31 ③

**32** 변압기 철심의 철 함유율[%]은?

① 3~4　② 34~36
③ 67~70　④ 96~97

**해설** 변압기 철심
3~4[%] 규소가 함유된 강판을 사용(히스테리시스손 감소)한다. 따라서 철의 함유율은 96~97[%]이다.

**33** 유도전동기에 기계적 부하를 걸었을 때 출력에 따른 속도, 토크, 효율, 슬립 등의 변화를 나타낸 출력 특성곡선에서 슬립을 나타내는 것은?

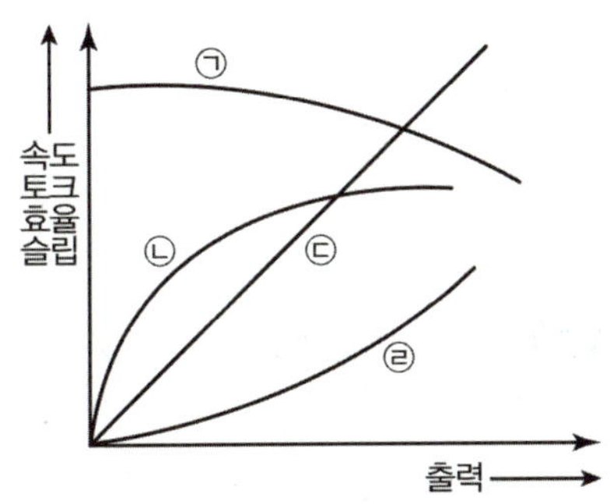


① ㉠　② ㉡
③ ㉢　④ ㉣

**해설** ㉠은 슬립, ㉡은 효율, ㉢은 토크, ㉣은 속도를 나타낸다.

**34** 동기기의 손실에서 고정손에 해당하는 것은?

① 계자 권선의 저항손
② 전기자 권선의 저항손
③ 계자 철심의 철손
④ 브러시의 전기손

**해설** 고정손은 전류가 흐르지 않아도 발생하는 손실로 철손이 있다.

**35** 2극 3,600[rpm]인 동기발전기와 병렬운전하려는 12극 발전기의 회전수[rpm]는?

① 600　② 1,200
③ 1,224　④ 1,248

**해설** $N_s = \frac{120f}{p}$에서

$f = \frac{p \times N_s}{120} = \frac{2 \times 3,600}{120} = 60[\text{Hz}]$

병렬운전하는 동기발전기는 주파수가 같으므로

$N_s = \frac{120f}{p} = \frac{120 \times 60}{12} = 600[\text{rpm}]$

**36** 동기전동기를 송전선의 전압 조정 및 역률 개선에 사용하는 것은?

① 동기 이탈
② 동기 무효 전력 보상 장치
③ 댐퍼
④ 제동권선

**해설** 동기 무효 전력 보상 장치
송전 계통의 역률 개선이나 전압 조정에 사용되는 동기기로 무부하 운전 중 과여자일 때는 진상 작용을 하는 콘덴서로 작용하고, 부족여자일 때는 지상 작용을 하는 리액터로 작용한다.

**37** 3상 유도전동기의 회전 방향을 바꾸기 위한 방법은?

① 전원의 극수를 변경한다.
② 전원의 주파수를 변경한다.
③ 3상 전원 3선 중 2선의 접속을 바꾼다.
④ 기동 보상기를 이용한다.

**해설** 3상 유도전동기의 전원 3선 중 2선의 접속을 바꾸어 주면 회전자계가 반대로 형성되어 회전 방향이 반대로 된다.

정답 32 ④　33 ①　34 ③　35 ①　36 ②　37 ③

**38** 동기전동기 전기자 반작용에 대한 설명이다. 공급 전압에 대하여 앞선 전류의 전기자 반작용은?

① 감자 작용 ② 증자 작용
③ 교차 자화 작용 ④ 편자 작용

**해설** 동기전동기의 전기자 반작용
전기자 반작용은 전기자 전류에 의한 회전 자속이 계자 자속에 영향을 미치는 현상을 말한다.
- 감자 작용(직축 반작용) : 전류가 전압보다 위상이 90° 앞선 경우
- 증자 작용(직축 반작용) : 전류가 전압보다 위상이 90° 뒤진 경우
- 교차 자화 작용(횡축 반작용) : 전기자 전류와 유도기전력이 동상일 때

**39** 농형 회전자에 비뚤어진 홈을 쓰는 이유는?

① 출력을 높인다.
② 회전수를 증가시킨다.
③ 소음을 줄인다.
④ 미관상 좋다.

**해설** 농형 회전자는 회전자의 홈이 축 방향에 평행하지 않고 조금씩 비뚤어져 있는 홈(Skewed slot)으로 만드는데, 이것은 고정자의 자력을 끊을 때 소음 발생을 억제하는 효과가 있다.

**40** 변압기의 2차 저항이 0.1[Ω]일 때 1차로 환산하면 360[Ω]이 된다. 이 변압기의 권수비는?

① 30 ② 40
③ 50 ④ 60

**해설** 권수비 $a=\frac{E_1}{E_2}=\frac{V_1}{V_2}=\frac{N_1}{N_2}=\sqrt{\frac{Z_1}{Z_2}}=\sqrt{\frac{R_1}{R_2}}$

$a=\sqrt{\frac{R_1}{R_2}}=\sqrt{\frac{360}{0.1}}$

$\therefore a=60$

**41** 셀룰로이드, 성냥, 석유류 기타 가연성 위험 물질을 제조하거나 저장하는 장소에 적합하지 않은 배선은?

① 애자공사
② 금속관공사
③ 케이블공사
④ 합성수지관공사(단, 두께 2[mm] 이상, 난연성)

**해설** [한국전기설비규정 242.4 위험물 등이 존재하는 장소]
셀룰로이드, 성냥, 석유류 기타 타기 쉬운 위험한 물질을 제조하거나 저장하는 곳에 시설하는 저압 옥내 전기설비는 금속관공사, 합성수지관공사, 케이블공사의 공사 방법을 따른다.
- 금속관공사에 사용하는 금속관은 박강 전선관 또는 이와 동등 이상의 강도를 가지는 것일 것
- 케이블공사에 사용하는 전선은 개장된 케이블 또는 MI 케이블을 사용하는 경우 이외에는 관 기타의 방호장치에 넣어 사용할 것
- 합성수지관공사는 두께 2[mm] 미만의 합성수지 전선관 및 난연성이 없는 콤바인 덕트관을 사용하는 것은 제외하며, 합성수지관 및 박스 기타의 부속품은 손상을 받을 우려가 없도록 시설할 것

**42** 전선의 굵기를 측정할 때 사용하는 공구는?

① 스패너 ② 녹아웃 펀치
③ 파이프 벤더 ④ 와이어 게이지

정답 38 ① 39 ③ 40 ④ 41 ① 42 ④

**해설**
① 스패너 : 볼트, 너트, 나사 따위의 머리를 죄거나 푸는 공구
② 녹아웃 펀치 : 유압천공기로 불리며 유압을 이용하여 압착하는 힘으로 철판이나 전기함에 구멍을 뚫는 공구
③ 파이프 벤더 : 파이프를 원호상으로 구부리는 공구
④ 와이어 게이지 : 전선, 철사, 가는 드릴 등의 지름, 굵기를 재는 공구

**43** 가공전선로의 지지물에서 다른 지지물을 거치지 않고 수용장소의 인입점에 이르는 가공전선은?

① 관등회로　② 옥외 배선
③ 이웃 연결 인입선　④ 가공인입선

**해설**
① 관등회로 : 방전등용 안정기 또는 방전등용 변압기로부터 방전관까지의 전로
② 옥외 배선 : 건축물 외부의 전기 사용장소에서 전기 사용을 목적으로 고정시켜 시설하는 전선
③ 이웃 연결 인입선 : 한 수용장소의 인입선에서 나와 지지물을 경과하여 다른 수용장소의 인입구까지의 전선
④ 가공인입선 : 가공전선로의 지지물로부터 다른 지지물을 거치지 않고 수용장소의 붙임점까지 이르는 가공전선

**44** 전선의 재료로서 갖추어야 할 조건이 아닌 것은?

① 비중이 작을 것
② 고유저항이 클 것
③ 가요성이 풍부할 것
④ 기계적 강도가 클 것

**해설** 전선의 구비 조건
- 비중이 작을 것
- 가격이 적당할 것
- 가요성이 있을 것
- 내부식성이 있을 것
- 기계적 강도가 충분할 것
- 도전율이 높을 것(저항률이 낮을 것)

**45** 상설 공연장에 사용하는 저압의 전기설비 중 이동전선의 사용전압은 몇 [V] 이하이어야 하는가?

① 60[V]　② 110[V]
③ 220[V]　④ 400[V]

**해설** [한국전기설비규정 242.6 전시회, 쇼 및 공연장의 전기설비]
무대, 무대마루 밑, 오케스트라 박스, 영사실 기타 사람이나 무대 도구가 접촉할 우려가 있는 곳에 시설하는 저압 옥내배선, 전구선 또는 이동전선은 사용전압이 400[V] 이하이어야 한다.

**46** 옥내 공사에서 버스덕트 중 환기형과 비환기형이 있으며 도중에 부하를 접속할 수 없는 덕트는?

① 피더 버스덕트
② 트롤리 버스덕트
③ 플러그인 버스덕트
④ 트랜스포지션 버스덕트

**해설** 버스덕트 중에서 환기형과 비환기형이 있는 것은 피더 버스덕트와 플러그인 버스덕트 두 가지이며, 도중에 부하를 접속할 수 없는 덕트는 피더 버스덕트이다.



**47** 화약고에 시설하는 전기설비에서 전로의 대지전압은 몇 [V] 이하로 해야 하는가?

① 100[V]　② 150[V]
③ 300[V]　④ 400[V]

**해설** [한국전기설비규정 242.5.1 화약류 저장소에서 전기설비의 시설]
화약류 저장소 안에는 전기설비를 시설해서는 안 된다. 다만, 조명기구에 전기를 공급하기 위한 전기설비는 다음에 따라 시설한다.
- 전기 기계기구는 전폐형일 것
- 전로에 대지전압은 300[V] 이하일 것
- 케이블을 전기 기계기구에 인입할 때 인입구에서 케이블이 손상될 우려가 없도록 시설할 것

정답 43 ④　44 ②　45 ④　46 ①　47 ③

**48** **합성수지관공사의 설명 중 틀린 것은?**

① 관의 지지점 간의 거리는 1.5[m] 이하로 할 것
② 합성수지관 안에는 전선에 접속점이 없도록 할 것
③ 전선은 절연전선(옥외용 비닐절연전선을 제외한다)일 것
④ 관 상호 간 및 박스와는 관을 삽입하는 깊이를 관의 바깥지름의 1.5배 이상으로 할 것

**해설** [한국전기설비규정 232.11 합성수지관공사]
- 관의 지지점 간의 거리는 1.5[m] 이하
- 합성수지관 안에서 접속점이 없도록 할 것
- 전선은 절연전선일 것(옥외용 절연전선 제외)
- 관을 삽입하는 깊이(관 상호 간 및 관과 박스 연결)
  - 관의 바깥지름의 1.2배 이상
  - 접착제를 사용할 경우 0.8배 이상

**49** **옥내 배선에서 전선 접속에 관한 사항으로 옳지 않은 것은?**

① 접속 부분에서의 전기저항을 증가시킨다.
② 전선의 강도를 20[%] 이상 감소시키지 않는다.
③ 접속 슬리브, 전선 접속기를 사용하여 접속한다.
④ 접속 부분의 온도 상승 값이 접속부 이외의 온도 상승 값을 넘지 않도록 한다.

**해설** 전선 접속 시 유의사항
- 전선 접속 시 접속 부분의 전기저항이 증가하지 않도록 접속한다.
- 전선 접속 부분의 인장강도가 20[%] 이상 감소하지 않도록 접속한다.
- 절연성능이 있는 접속기를 사용하거나 절연 테이프로 충분히 피복한다.
- 교류회로에서 병렬회로를 구성할 때에는 금속관 안에서 전자적 불평형이 생기지 않도록 시설한다.

**50** **지지물에 전선, 그 밖의 기구를 고정시키기 위해 완목, 완금, 애자 등을 장치하는 것은?**

① 건주 ② 장주
③ 터파기 ④ 가선공사

**해설** 지지물에 전선, 그 밖의 기구를 고정시키기 위해 완목, 완금, 애자 등을 장치하는 것을 장주라 한다.
① 건주 : 지지물을 땅에 세우는 것을 말한다.
③ 터파기 : 건물을 짓기 위해 지반이 될 흙을 파내는 일을 말한다.
④ 가선공사 : 전선 등을 장주나 철탑과 같은 구조물 위에 가설하는 공사를 말한다.

**51** **한국전기설비규정에 따른 접지시스템의 시설 종류가 아닌 것은?**

① 공통접지 ② 단독접지
③ 통합접지 ④ 보호접지

**해설** [한국전기설비규정 141 접지시스템의 구분 및 종류]
- 접지시스템은 계통접지, 보호접지, 피뢰시스템접지 등으로 구분한다.
- 접지시스템의 시설 종류에는 단독접지, 공통접지, 통합접지가 있다.

**52** **금속관을 구부릴 때 금속관의 단면이 심하게 변형되지 않도록 구부려야 하며, 그 안쪽의 반지름은 관 안지름의 몇 배 이상으로 하는가?**

① 4 ② 6
③ 8 ④ 10

**해설** [내선규정 제2225절-8]
금속관을 구부릴 때에는 금속관의 단면이 심하게 변형되지 않도록 구부려야 하며, 그 안쪽의 반지름은 관 안지름의 6배 이상이 되어야 한다.



정답 48 ④ 49 ① 50 ② 51 ④ 52 ②

**53** 교류 배전반에서 전류가 크게 흘러 전류계를 직접 주 회로에 연결할 수 없을 때 사용하는 기기는?

① 전류 제한기　② 계기용 변류기
③ 계기용 변압기　④ 수전용 변압기

**해설** 계기용 변류기(Current Transformer)
고전압·대전류의 계측 등에서 계기와 전기회로 사이에 삽입하여 계측하기 쉽게 하기 위한 장치. CT라는 약어로 부르며 대전류를 소전류로 변성한다.

**54** 배선도에 표기할 실링등 및 직접부착등의 그림 기호로 옳은 것은?

①　② CL
③ R　④

**해설**
- : 보안등의 기호이다.
- CL : 직접부착등, 실링등의 기호이다.
- R : 백열등의 기호이다.
- : 벽부등의 기호이다.

**55** 금속 전선관 공사에서 사용되는 후강 전선관의 규격이 아닌 것은?

① 16[mm]　② 28[mm]
③ 36[mm]　④ 50[mm]

**해설** 후강 전선관의 표준 굵기[mm](안지름 기준, 짝수)
16, 22, 28, 36, 42, 54, 70, 82, 92, 104의 10종

**56** 금속관 공사에서 녹아웃의 지름이 금속관의 지름보다 큰 경우에 사용하는 재료는?

① 부싱　② 커넥터
③ 로크너트　④ 링 리듀서

**해설** 금속관 공사에서 녹아웃의 지름이 금속관의 지름보다 큰 경우 링 리듀서를 사용한다.
① 부싱 : 전선관의 끝부분에서 전선의 인입 또는 교체 시 전선 피복의 손상 방지를 위해 사용하는 부속품
② 커넥터 : 전선관과 전기함을 연결 및 접속하는 데 사용하는 부속품
③ 로크너트 : 전선관과 박스 또는 고정물을 고정 시 사용하는 부속품

**57** 흥행장에 시설하는 전구선이 아크 등으로 인해 과열 우려가 있는 경우 어떤 전선을 사용해야 하는가?

① 비닐 피복전선
② 내열성 피복전선
③ 내약품성 피복전선
④ 내화학성 피복전선

**해설** 과열을 방지할 수 있는 내열성을 지닌 피복전선을 사용해야 한다.

**58** 케이블 공사 시 단심 비닐 외장 케이블의 굴곡 반경은 외경의 몇 배 이상이 되어야 하는가?

① 6배　② 8배
③ 12배　④ 16배

**해설** [내선규정 제2275절 - 3]
케이블을 구부리는 경우는 피복이 손상되지 않도록 하고 그 굴곡부의 곡률 반경은 케이블 외경의 6배(단심인 것은 8배) 이상으로 하여야 한다.

7개년 기출복원문제

정답 53 ② 54 ② 55 ④ 56 ④ 57 ② 58 ②

**59** **가공전선로 지지선의 중간에 넣는 애자는?**

① 핀 애자　　② 구형 애자
③ 내장 애자　　④ 인류 애자

**해설** 구형 애자는 옥 애자 혹은 지지선 애자라고도 하며, 지지물과 대지 사이를 절연하는 동시에 지지선의 중간에 설치되어 장력 하중을 담당하기 위한 애자이다.
① 핀 애자 : 애자에 핀을 넣고 핀을 부착하는 애자이다.
③ 내장 애자 : 내장 부위(장력을 버티는 부분)에 사용되며 지지물로부터 전선의 장력 방향으로 설비되어 전선을 인류하고 장력을 지지하기 위한 애자이다.
④ 인류 애자 : 인입선을 수용가 붙임점에 고정, 지지하는 애자이다. '인류'란 한쪽 방향으로만 당겨짐을 의미한다.

**60** **목장이나 논밭에 전기울타리를 시설할 때 사용하는 경동선의 지름은 최소 몇 [mm] 이상인가?**

① 1.4　　② 2.0
③ 2.6　　④ 3.2

**해설** [한국전기설비규정 241.1.3 전기울타리의 시설]
전기울타리는 다음에 의해 견고하게 시설해야 한다.
- 사람이 쉽게 출입하지 않는 곳에 시설할 것
- 전선은 인장강도 1.38[kN] 이상의 것 또는 지름 2[mm] 이상의 경동선일 것
- 전선과 이를 지지하는 기둥 사이의 간격은 25[mm] 이상일 것
- 전선과 다른 시설물(가공전선 제외) 또는 수목과의 간격은 0.3[m] 이상일 것



정답 59 ② 60 ②

# 2023년 제 4 회 기출복원문제

**01** 도체계에서 임의의 도체를 일정 전위(일반적으로 영전위)의 도체로 완전 포위하면 내부와 외부의 전계를 완전히 차단할 수 있는데, 이를 무엇이라 하는가?

① 정전 차폐　② 자기 유도
③ 대전　④ 정전 유도

**해설**
② 자기 유도 : 코일에 흐르는 전류가 변화하여 코일 자체에 생기는 자속의 변화에 의해 코일 자체에 기전력이 발생하는 것
③ 대전 : 어떤 물질이 정상 상태보다 전자 수가 많아지거나 적어져서 전기를 띠게 되는 현상
④ 정전 유도 : 도체에 대전체를 접근시키면 대전체에 가까운 쪽에서는 대전체와 다른 전하가 나타나며 그 반대쪽에는 대전체와 같은 같은 종류의 전하가 나타나는 현상

**02** 콘덴서 중 티탄산바륨과 같이 유전율이 큰 물질을 사용하여 온도에 따라 안정된 값을 가지고 있고 극성을 가지고 있지 않은 것은?

① 세라믹 콘덴서　② 마일러 콘덴서
③ 전해 콘덴서　④ 마이카 콘덴서

**해설**
② 마일러 콘덴서 : 얇은 폴리에스터 필름의 양면에 금속판을 대고 원통형으로 감은 것으로 가격은 저렴하지만 정밀도는 높지 않다.
③ 전해 콘덴서 : 전기분해로 금속의 표면에 얇은 산화막을 만들어 유전체로 사용하고 극성이 있는 특징을 가지고 있다.
④ 마이카 콘덴서 : 유전체에 마이카(운모) 박판을 이용한 것으로 절연 특성이 좋으며 고압 회로, 고주파 회로 등에 사용된다.

**03** 물질에 따라 자석에 어떠한 반응도 없는 물체를 무엇이라 하는가?

① 반자성체　② 강자성제
③ 상자성체　④ 비자성체

**해설**
① 반자성체($\mu_s < 1$) : 강자성체와는 반대의 극성으로 자화되는 물질
② 강자성체($\mu_s \gg 1$) : 외부에서 강한 자기장을 걸어 주었을 때 그 자기장의 방향으로 강하게 자화되어 외부 자기장이 사라져도 자화가 남아 있고 쉽게 자석이 되는 물질
③ 상자성체($\mu_s > 1$) : 강자성체와 같은 방향으로 자화되는 물질
④ 비자성체 : 자석에 어떠한 반응도 없는 물질

**04** 자속을 발생시키는 원천을 무엇이라 하는가?

① 기전력　② 전자력
③ 기자력　④ 정전력

**해설** 자속을 발생시키는 원천을 기자력이라 한다.



정답　01 ①　02 ①　03 ④　04 ③

**05** 전압계 및 전류계의 측정 범위를 넓히기 위해 사용하는 배율기와 분류기의 접속 방법은?

① 배율기는 전압계와 병렬접속, 분류기는 전류계와 직렬접속
② 배율기는 전압계와 직렬접속, 분류기는 전류계와 병렬접속
③ 배율기 및 분류기 모두 전류계에 직렬접속
④ 배율기 및 분류기 모두 전압계와 병렬접속

**해설** 배율기는 전압계와 직렬접속, 분류기는 전류계와 병렬접속한다.

**06** $C_1$, $C_2$의 두 콘덴서를 직렬로 접속한 회로에 전압 100[V]를 투입하였을 때 $C_1$과 $C_2$ 각 양단에 인가되는 전압의 비율은 2 : 3이다. $C_2$의 정전용량이 60[μF]일 때 $C_1$의 정전용량[μF]은?

① 30　② 60
③ 90　④ 120

**해설** $C_1$과 $C_2$ 각 양단에 인가되는 전압을 $V_1$, $V_2$라고 하고 $C_1$과 $C_2$ 각 양단에서 전하량을 $Q_1$, $Q_2$라고 하자.
두 콘덴서가 직렬로 연결된 회로에서 $Q_1 = Q_2$이고
$Q = CV$에서 전압과 정전용량은 반비례하기 때문에
$V_1 : V_2 = C_2 : C_1$이다.
$V_1 : V_2 = 2 : 3$이므로 $C_1 : C_2 = 3 : 2 = C_1 : 60$
$C_1 = 90[\mu F]$

**07** $R = 3[\Omega]$, $\omega L = 8[\Omega]$, $\dfrac{1}{\omega C} = 4[\Omega]$인 R-L-C 직렬회로의 임피던스[Ω]는?

① 5　② 10
③ 15　④ 20

**해설** R-L-C 직렬회로에서
저항 $R = 3[\Omega]$, 유도성 리액턴스 $X_L = \omega L = 8[\Omega]$,
용량성 리액턴스 $X_C = \dfrac{1}{\omega C} = 4[\Omega]$
임피던스 $\dot{Z} = R + j(X_L - X_C) = 3 + j(8-4) = 3 + j4$
$|Z| = \sqrt{3^2 + 4^2} = 5[\Omega]$이다.

**08** 종류가 다른 두 금속을 접합하여 폐회로를 만들고 두 접합점의 온도를 다르게 하면 이 폐회로에 전류가 흐르는 현상은?

① 줄의 법칙　② 톰슨 효과
③ 펠티에 효과　④ 제백 효과

**해설**
① 줄의 법칙 : 전류에 의한 단위 시간당 발생하는 열에너지는 도체의 저항과 전류의 제곱에 비례한다는 법칙
② 톰슨 효과 : 같은 금속에 있어서 온도 차이가 있는 부분에 전위차가 생겨 전류가 흐르는 현상
③ 펠티에 효과 : 서로 다른 두 금속을 접속하여 전류를 흘리면, 줄열 외의 그 접점에서 열의 발생 또는 흡수가 일어나는 현상
④ 제백 효과 : 서로 다른 두 금속을 접속하여 양 접점의 온도가 다르면 전류가 흐르는 현상

**09** 30[Ah]의 축전지를 3[A]로 사용하면 몇 시간 사용가능한가?

① 1시간　② 3시간
③ 10시간　④ 20시간

**해설** 3[A]×10[h]=30[Ah]

정답 05 ② 06 ③ 07 ① 08 ④ 09 ③

**10** 5[Wb]의 자속이 이동하여 2[J]의 일을 하였다면 통과 전류[A]는?

① 0.1 ② 0.2
③ 0.4 ④ 0.5

**해설** 일 $W = \Phi I$[J]

$I = \frac{W}{\Phi} = \frac{2}{5} = 0.4$[A]

**11** 비사인파의 일반적인 구성이 아닌 것은?

① 삼각파 ② 고조파
③ 기본파 ④ 직류분

**해설** 푸리에 급수 분석법
- 비정현파를 여러 개의 정현파의 합으로 표시하는 방법
- 비정현파 $f(t)$ = 직류분 + 기본파 + 고조파(제2고조파 + 제3고조파 + …)

**12** 50[W] 전열기에 220[V], 주파수 60[Hz]인 교류 전압을 인가한 경우 평균 전압[V]은?

① 150 ② 198
③ 220 ④ 300

**해설** 교류전압의 실횻값 $V_{rms} = 220$[V]이고
최댓값 $V_m = V_{rms} \times \sqrt{2} = 220\sqrt{2}$[V]이다.
평균값 $V_{avg} = \frac{2}{\pi} V_m$ 이므로

$V_{avg} = \frac{2}{\pi} \times 220\sqrt{2} \fallingdotseq 198.17$[V]

**13** 공기 중에서 자속밀도 10[Wb/m²]의 평등 자계 내에 5[A]의 전류가 흐르고 있는 길이 60[cm]의 직선 도체를 자계의 방향에 대하여 30°의 각을 이루도록 놓았을 때 이 도체에 작용하는 힘[N]은?

① 15 ② $15\sqrt{3}$
③ 30 ④ $30\sqrt{3}$

**해설** 자속밀도 $B = 10$[Wb/m²], 전류 $I = 5$[A], 도선의 길이 $l = 0.6$[m], 위상 $\theta = 30°$이다.
자기장 내에 있는 도선에 전류가 흐를 때 도선에 작용하는 힘을 구하려면 플레밍의 왼손 법칙을 활용한다.
플레밍의 왼손 법칙에서 도선에 작용하는 힘은
$F = BlI\sin\theta = 10 \times 0.6 \times 5 \times \sin 30° = 15$[N]

**14** 다음 중 자기저항에 영향을 미치는 성질이 아닌 것은?

① 면적 ② 길이
③ 전압 ④ 투자율

**해설** 자기저항 $R_m = \frac{l}{\mu S}$[AT/Wb]
($l$ : 자기회로의 길이, $\mu$ : 투자율, $S$ : 자기회로의 단면적)

**15** 전압 2.5[V], 내부저항 0.4[Ω]의 전지 4개를 직렬로 접속하면 전체 전압[V]은?

① 4 ② 6
③ 8 ④ 10

**해설** 전지의 기전력을 $E$, 내부저항을 $r$이라고 할 때 전지를 $n$개를 직렬로 접속하면
전체 기전력은 $nE$[V], 전체 합성 내부저항은 $nr$[Ω]이다.
따라서 $E = nv = 4 \times 2.5 = 10$[V]

정답 10 ③ 11 ① 12 ② 13 ① 14 ③ 15 ④

**16** $C$[F]의 콘덴서에 $W$[J]의 에너지를 축적하기 위해서는 몇 [V]의 충전전압이 필요한가?

① $\sqrt{\frac{W}{C}}$ ② $\sqrt{\frac{2W}{C}}$
③ $\sqrt{\frac{W}{2C}}$ ④ $\sqrt{\frac{2C}{W}}$

**해설** $W=\frac{1}{2}QV=\frac{1}{2}CV^2=\frac{Q^2}{2C}$[J]

$W=\frac{1}{2}CV^2$

$V=\sqrt{\frac{2W}{C}}$

**17** 전기장의 단위는?

① [V] ② [J/C]
③ [N · m/C] ④ [V/m]

**해설** 전계 $E$의 단위는 [V/m]이다.
이때, 1[V]=1[J/C]이므로 [V/m]=[J/C · m]
또한, 1[V]=1[N · m/C]이므로
[V/m]=[N · m/C · m]=[N/C]
정리하면, 전기장(전계)의 단위는
[V/m]=[J/C · m]=[N/C]이다.

**18** 주파수 10[Hz]일 때 주기[sec]는?

① 0.1 ② 1
③ 10 ④ 20

**해설** 주파수와 주기는 역수 관계이다.

$T=\frac{1}{f}=\frac{1}{10}=0.1$[sec]

**19** 10[Ω]의 저항 3개, 5[Ω]의 저항 4개, 100[Ω]의 저항 1개가 있다. 이들을 모두 직렬로 접속할 때의 합성 저항[Ω]은?

① 75 ② 100
③ 125 ④ 150

**해설** 합성 저항 $R_t=10\times3+5\times4+100\times1=150$[Ω]

**20** 가우스의 정리는 무엇을 구하는 데 사용하는가?

① 자장의 세기 ② 전장의 세기
③ 기자력 ④ 전위

**해설** 가우스의 정리
임의의 폐곡면을 통해 나가는 전속의 개수는 그 면에 둘러싸인 총 전하량과 같다. 즉, 가우스의 정리는 전장(전계)의 세기를 구할 때 사용한다.

$\int D\cdot ds=\int \varepsilon E\cdot ds=\varepsilon\int E\cdot ds=Q$

**21** 그림은 동기기의 위상특선곡선을 나타낸 것이다. 전기자 전류가 가장 작게 흐를 때의 역률은?

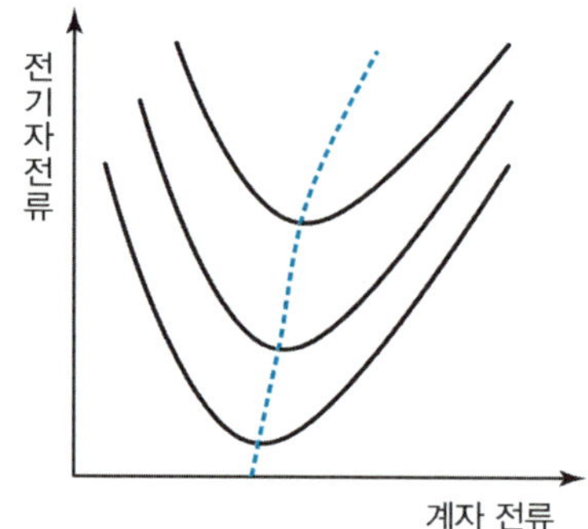


① 0 ② 0.8
③ 0.9 ④ 1

**해설** 동기기의 위상특성곡선(V곡선)에서 최저점은 역률이 1인 상태이다.



정답 16 ② 17 ④ 18 ① 19 ④ 20 ② 21 ④

## 22 3상 동기기의 제동권선을 사용하는 주된 목적은?

① 난조 방지 ② 효율 증가
③ 출력 증가 ④ 역률 개선

**해설** 제동권선의 역할
- 제동권선 : 난조 방지
- 보상권선 : 전기자 반작용 방지

## 23 다음 중 변압기의 원리와 관계가 있는 것은?

① 전기자 반작용
② 전자 유도 작용
③ 플레밍의 왼손 법칙
④ 플레밍의 오른손 법칙

**해설** 변압기는 하나의 코일이 다른 코일에 전류를 유도할 수 있도록 해주는 마이클 패러데이의 상호 인덕턴스 원리(전자 유도 작용)를 이용한다.

## 24 동기전동기의 전기자 반작용은 리액터 부하에 의한 ( ㉠ )과 콘덴서 부하에 의한 ( ㉡ )이 있다. ㉠, ㉡에 알맞은 말은?

| | ㉠ | ㉡ |
|---|---|---|
| ① | 증자 작용 | 감자 작용 |
| ② | 감자 작용 | 증자 작용 |
| ③ | 교차 자화 작용 | 감자 작용 |
| ④ | 증자 작용 | 교차 자화 작용 |

**해설** 감자 작용을 하는 무효전류는 유기전압보다 위상이 90° 뒤진 전류이므로 이것을 단자전압 측면에서 바라보면 진상 전류가 된다. 반면 무부하 유기전압은 직류여자가 감소한 경우 단자전압보다 위상이 뒤진 무효전류가 흘러 증자 작용을 하여 전압의 평형을 이룬다.

동기전동기 전기자 반작용
- R부하(동상 전류) : 교차 자화 작용
- L부하(지상 전류) : 증자 작용
- C부하(진상 전류) : 감자 작용

동기발전기 전기자 반작용
- R부하(동상 전류) : 교차 자화 작용
- L부하(지상 전류) : 감자 작용
- C부하(진상 전류) : 증자 작용

## 25 동기 와트 $P_2$, 출력 $P_o$, 슬립 $s$, 동기속도 $N_s$, 회전속도 $N$, 2차 동손 $P_{c2}$일 때 2차 효율을 표기한 것은?

① $(1-s)P_2$ ② $\dfrac{P_{c2}}{P_2}$
③ $\dfrac{N_s}{N}$ ④ $\dfrac{N}{N_s}$

**해설** 2차 효율 $\eta_2 = \dfrac{P_o}{P_2} = \dfrac{(1-s)P_2}{P_2} = 1-s = \dfrac{N}{N_s}$

## 26 3상 유도전동기의 슬립이 4[%], 2차 동손이 0.4[kW]인 경우 2차 입력[kW]은?

① 12 ② 10
③ 8 ④ 6

정답 22 ① 23 ② 24 ① 25 ④ 26 ②

**해설** $P_2 : P_{c2} : P_o = 1 : s : (1-s)$
($P_2$ : 2차 입력, $P_{c2}$ : 2차 동손, $P_o$ : 2차 출력)
• 2차 동손 $P_{c2} = sP_2$
• 2차 입력 $P_2 = \frac{P_{c2}}{s} = \frac{0.4}{0.04} = 10[\text{kW}]$

**27** 권선형 유도전동기의 2차측 단자에 외부 저항 $R$을 삽입하였다. 이 저항 $R$을 증가시킨 경우의 설명으로 옳지 않은 것은?

① 최대토크 발생 슬립이 증가한다.
② 최대토크가 감소한다.
③ 기동토크가 증가한다.
④ 기동전류가 감소한다.

**해설** 3상 권선형 유도전동기는 2차 회로에 저항을 가감시켜 슬립을 조정하는 비례추이를 활용하여 기동 회전력을 크게 하거나 속도를 제어한다. 외부저항을 삽입하더라도 최대토크값은 변화하지 않는다.

**28** 그림은 직류발전기의 분류 중 어느 것에 해당되는가?

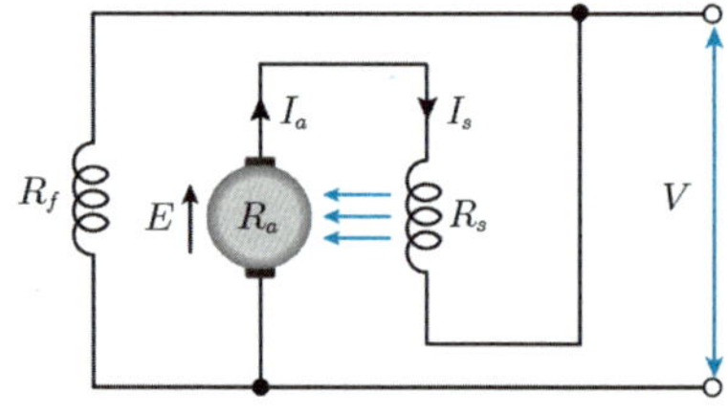


① 직권발전기　　② 타여자발전기
③ 복권발전기　　④ 분권발전기

**해설** 복권발전기는 전기자 도체와 직렬로 접속된 직권 계자가 있고 병렬로 접속된 분권 계자로 구성된다.

**29** 직류분권전동기의 회전 방향을 바꾸기 위한 방법은?

① 극성을 바꾸어 준다.
② 전기자 전류의 방향을 바꾸어 준다.
③ 직류전동기는 회전 방향을 바꿀 수 없다.
④ 계자 전류와 전기자 전류의 방향을 바꾸어 준다.

**해설** 직류전동기의 회전 방향을 바꾸기 위해서는 계자 전류 또는 전기자 전류 둘 중 하나의 전류 방향을 바꾸어 주어야 한다.

**30** 주파수 50[Hz]인 철심의 단면적은 60[Hz]의 몇 배인가?

① 1.0　　② 0.8
③ 1.2　　④ 1.5

**해설** 철심의 단면적은 주파수에 반비례하므로
$\frac{60}{50} = 1.2$배이다.

**31** 교류회로에서 양방향 점호(ON) 및 소호(OFF)를 이용하며, 위상 제어가 가능한 소자는?

① GTO　　② TRIAC
③ SCR　　④ IGBT

**해설** TRIAC은 양방향 점호 및 소호가 가능하고 위상 제어가 가능하다.

정답 27 ② 28 ③ 29 ② 30 ③ 31 ②

**32** 직류를 교류로 변환하는 장치는?

① 정류기 ② 충전기
③ 순변환장치 ④ 역변환장치

**해설**
- 인버터(Inverter, 역변환 장치) : 직류를 교류로 변환하는 장치(DC → AC)로 주파수를 변환시켜 전동기 속도 제어와 형광등 고주파 점등이 가능하다.
- 컨버터(Converter, 순변환 장치) : 교류를 직류로 변환하는 장치(AC → DC)

**33** 동기속도 1,800[rpm], 주파수 60[Hz]인 동기발전기의 극수는?

① 2 ② 4
③ 8 ④ 12

**해설** $N_s = \frac{120f}{p}$[rpm]

$p = \frac{120 \times f}{N_s} = \frac{120 \times 60}{1,800} = 4$극

**34** 슬립이 일정한 경우 유도전동기의 공급 전압이 $\frac{1}{3}$로 감소하면 토크는 처음에 비해 어떻게 되는가?

① 9배가 된다. ② 1배가 된다.
③ $\frac{1}{3}$로 줄어든다. ④ $\frac{1}{9}$로 줄어든다.

**해설** 유도전동기의 토크와 공급 전압과의 관계는 $T \propto V^2$이므로 $\left(\frac{1}{3}\right)^2 = \frac{1}{9}$로 감소한다.

**35** 일종의 전류계전기로 보호 대상 설비에 유입되는 전류와 유출되는 전류의 차에 의해 동작하는 계전기는?

① 차동계전기 ② 전류계전기
③ 주파수계전기 ④ 재폐로계전기

**해설** 차동계전기(DCR : Differential Current Relay)
보호 대상 설비에 유입되는 전류와 유출되는 전류의 차이에 의해 동작함으로써 기기의 내부 고장에 사용된다.

**36** 급정지하는 데 가장 좋은 제동 방법은 무엇인가?

① 발전 제동 ② 회생 제동
③ 역상 제동 ④ 기계 제동

**해설** 전동기의 제동
① 발전 제동 : 전동기의 전기자에서 전원을 끊고 발전기로 동작시켜 발생한 전력을 단자에 접속된 저항으로 열로 소비시키는 제동법
② 회생 제동 : 전동기에 전원을 접속한 상태에서 유기되는 역기전력을 전원 전압보다 높게 하여 발생된 전력을 전원측에 반환하는 제동법
③ 역상 제동 : 전동기의 전원 접속을 바꾸어 역토크를 발생시켜 급정지시키는 제동법
④ 기계 제동 : 압축공기, 유압 등으로 제동편을 제동륜에 압착시켜 마찰력으로 제동하는 방법

**37** 동기기 손실 중 무부하손이 아닌 것은?

① 풍손 ② 와류손
③ 전기자 동손 ④ 베어링 마찰손

**해설**
- 부하손(동손) : 줄열로 발생하는 손실
- 무부하손 : 기계손(마찰손, 풍손), 철손(히스테리시스손, 와류손)



정답 32 ④ 33 ② 34 ④ 35 ① 36 ③ 37 ③

**38** 직류기의 전기자 철심을 규소강판으로 성층하여 만드는 이유는?

① 가공하기 쉽다.
② 가격이 염가이다.
③ 철손을 줄일 수 있다.
④ 기계손을 줄일 수 있다.

**해설** 전기기기에서 철심은 자기회로를 만드는 부분으로 회전에 따른 자속 방향이 수시로 변화하면서 와전류 손실이나 히스테리시스 손실이 발생한다. 따라서 전기자 철심은 이 철손을 줄이기 위해 0.35[mm]~0.5[mm] 정도의 얇은 규소강판을 성층하여 만든다.

**39** 수변전설비의 고압 회로에 걸리는 전압을 표시하기 위해 전압계를 시설할 때 고압 회로와 전압계 사이에 설치하는 것은?

① 배선용 차단기　② 계기용 변압기
③ 계기용 변류기　④ 과전류 계전기

**해설** 계기용 변압기(PT : Potential Transformer)
계기용 변압기는 고전압을 저전압으로 변성하는 계기용 변성기의 일종으로 2차측에는 전압계, 전력계, 주파수계, 역률계, 표시등, 부족전압 트립코일 등이 접속된다. 고전압을 저전압으로 변성하여 과전압계전기(OVR)나 부족전압계전기(UVR) 또는 측정용계에 공급하기 위한 전압 변성기로 회로에 병렬로 연결한다.

**40** 3상 전원에서 2상 전원을 얻기 위한 변압기 결선 방법은?

① 스코트 결선　② 포크 결선
③ 대각 결선　④ 2차 2중 Y결선

**해설** 단상 변압기 2대를 이용하여 3상에서 2상으로 변환하는 방법은 스코트 결선(T결선)이다. 스코트 결선(T결선)의 이용률은 86.6[%]이다.

**41** 옥외 백열전등의 인하선으로서 지표상의 높이 2.5[m] 미만인 부분은 공칭단면적 몇 [$mm^2$] 이상의 연동선과 동등 이상의 세기 및 굵기의 절연전선(옥외용 비닐절연전선을 제외)을 사용하는가?

① 0.75　② 1.5
③ 2.0　④ 2.5

**해설** 가로등, 보안등, 조경등 등과 같은 옥외등은 그 용도 및 목적에 따라 상당히 낮은 위치에 설치하는 일이 있으므로, 이와 같은 경우의 인하선으로 지표상 2.5[m] 미만의 부분은 옥외용 비닐절연전선 이외의 공칭단면적 2.5[$mm^2$] 이상의 절연전선을 사용하여 시설하도록 하고 있다.

**42** 저압 가공인입선을 일반적인 도로를 횡단하여 설치하고자 할 때 최소 높이는?

① 3.0[m]　② 3.5[m]
③ 5.0[m]　④ 6.0[m]

**해설** 저·고압 인입선의 높이

| 시설조건 | | 도로의 노면상 | 철도 레일면상 | 횡단보도교 노면상 | 이외 지표상 |
|---|---|---|---|---|---|
| 전선의 높이[m] | 고압 | 6 이상 | 6.5 이상 | 3.5 이상 | 5 이상 |
| | 저압 | 5 이상 | 6.5 이상 | 3 이상 | 4 이상 |

**43** 합성수지몰드공사에 사용하는 합성수지몰드의 홈의 폭 및 깊이와 두께가 바르게 짝지어진 것은?

① 폭 및 깊이 : 35[mm] 이하, 두께 : 1[mm] 이상
② 폭 및 깊이 : 35[mm] 이하, 두께 : 2[mm] 이상
③ 폭 및 깊이 : 50[mm] 이하, 두께 : 1[mm] 이상
④ 폭 및 깊이 : 50[mm] 이하, 두께 : 2[mm] 이상

정답 38 ③ 39 ② 40 ① 41 ④ 42 ③ 43 ②

**해설** [한국전기설비규정 232.21 합성수지몰드공사]
합성수지몰드는 홈의 폭 및 깊이가 35[mm] 이하, 두께는 2[mm] 이상의 것일 것(사람이 쉽게 접촉할 우려가 없는 곳은 폭 50[mm] 이하, 두께 1[mm] 이상 사용 가능)

**44** 셀룰러덕트 배선공사에서 사용하는 부속품의 최소 두께는 몇 [mm]인가?

① 1.2[mm] ② 1.4[mm]
③ 1.6[mm] ④ 1.8[mm]

**해설** [한국전기설비규정 232.33.2 셀룰러덕트 및 부속품의 선정]
부속품의 판 두께는 1.6[mm] 이상일 것

**45** 사용 중 예상치 못한 회로의 개방이 위험 또는 큰 손상을 초래할 수 있어 안전을 위해 과부하 보호장치의 생략이 가능한 회로가 아닌 것은?

① 소방설비의 전원회로
② 전류변성기의 2차회로
③ 승강기설비의 전원회로
④ 주거침입경보 안전설비의 전원회로

**해설** [한국전기설비규정 212.4.3 과부하 보호장치의 생략]
**안전을 위해 과부하 보호장치를 생략할 수 있는 경우**
사용 중 예상치 못한 회로의 개방이 위험 또는 큰 손상을 초래할 수 있는 다음과 같은 부하에 전원을 공급하는 회로에 대해서는 과부하 보호장치를 생략할 수 있다.
• 회전기의 여자회로
• 소방설비의 전원회로
• 전류변성기의 2차회로
• 전자석 크레인의 전원회로
• 안전설비(주거침입경보, 가스누출경보 등)의 전원회로

**46** 'DV'는 어떤 전선의 약호인가?

① 옥외용 비닐절연전선
② 인입용 비닐절연전선
③ 일반용 단심 비닐절연전선
④ 기기 배선용 단심 비닐절연전선

**해설**
① 옥외용 비닐절연전선 : OW
② 인입용 비닐절연전선 : DV
③ 일반용 단심 비닐절연전선 : NR
④ 기기 배선용 단심 비닐절연전선 : NRI

**47** 배전용 기기에 사용하는 보호계전기의 종류가 아닌 것은?

① 과저항계전기 ② 과전류계전기
③ 과전압계전기 ④ 부족전압계전기

**해설** 보호계전기는 수전반과 배전반, 제어반에 시설하여 전기 입력의 유무와 부족과 과함의 상태를 감지, 검출하여 전기회로의 개폐를 제어하는 기기를 말한다. 과전류계전기, 과전압계전기, 부족전압계전기, 접지계전기, 차동계전기, 비율차동계전기, 온도계전기 등이 있다.

**48** 조명용 백열전등을 일반주택 및 아파트 각 실의 현관에 설치하거나 호텔 또는 여관 객실의 입구에 설치할 때 사용하는 스위치는?

① 3로스위치 ② 타임스위치
③ 토글스위치 ④ 텀블러스위치

**해설** [한국전기설비규정 234.6 점멸기의 시설]
다음의 경우에는 센서등(타임 스위치 포함)을 시설해야 한다.
• 관광숙박업 또는 숙박업에 이용되는 객식의 입구등은 1분 이내에 소등되는 것
• 일반주택 및 아파트 각 호실의 현관등은 3분 이내에 소등되는 것

정답 44 ③ 45 ③ 46 ② 47 ① 48 ②

**49** 전주외등에 전선을 수직으로 지지할 때 사용하는 장주용 자재는?

① 래크　② 경완철
③ LP 애자　④ 현수 애자

**해설** 래크는 장주의 저압 배전선로에서 저압용 애자를 사용하여 저압선을 수직으로 지지할 때 사용하는 장주용 자재이다.
② 경완철 : 완금이라고도 하며, 전주의 금구를 부착하기 위해 설치하는 지지대이다.
③ LP 애자 : 라인포스트 애자로 특고압 가공 배전선로의 지지물에서 전선을 지지하고 고정하는 데 사용하는 장주용 애자이다.
④ 현수 애자 : 철탑 등에서 전선을 내장, 인류개소에서 전선을 지지하는 데 사용한다.

**50** 전자접촉기 두 개로 구성하는 동력설비 회로에서 앞서 동작한 쪽이 우선하고, 다른 쪽은 동작을 금지시키는 회로는?

① 인터록회로　② 자기유지회로
③ 비상운전회로　④ 한시운전회로

**해설** 인터록회로란 기기의 보호와 조작자의 안전을 목적으로 상호 관련된 기기 간의 동작을 구속하는 회로이다. 한쪽의 회로가 개(폐)일 때 다른 한쪽의 회로가 개(폐)되지 않도록 한다.
② 자기유지회로 : 릴레이에 전원을 인가하는 스위치에 릴레이 보조 접점 'a' 접점을 병렬로 연결하여 전원 인가 스위치를 OFF해도 릴레이 코일에 계속 전류가 흘러 전원을 유지하는 회로
③ 비상운전회로 : 인칭회로라고도 하며, 작업 기계가 미세한 운동을 하도록 전동기의 전원회로를 짧은 간격으로 반복 개폐할 수 있는 회로
④ 한시운전회로 : 타이머 릴레이의 한시 접점을 사용하여 정해진 시간이 흐르고 난 뒤의 동작을 통해 모터를 제어하는 회로

**51** 접지도체에 피뢰시스템이 접속되는 경우, 접지도체로 철제를 사용했을 때 그 단면적은 최소 몇 [mm$^2$] 이상이어야 하는가?

① 6　② 16
③ 25　④ 50

**해설** [한국전기설비규정 142.3.1 접지도체]
접지도체에 피뢰시스템이 접속되는 경우, 접지도체의 단면적
- 구리 : 16[mm$^2$] 이상
- 철 : 50[mm$^2$] 이상

**52** 매킹타이어 슬리브를 이용하여 단면적 2.5[mm$^2$]의 전선을 상호 간 직선 접속하고자 할 때 최소한 전선을 꼬아야 하는 횟수는?

① 1.5회　② 2회
③ 2.5회　④ 3회

**해설** 매킹타이어(McIntire) 슬리브를 이용하여 전선을 직선 접속할 때 꼬아야 하는 횟수
- 가는 전선(단면적 6[mm$^2$] 이하) : 2회 이상
- 굵은 전선(단면적 10[mm$^2$] 이상) : 3회 이상

**53** 전선의 접속법에서 단선을 직선 접속하는 방법이 아닌 것은?

① 단권 접속법
② 트위스트 접속법
③ 브리타니아 접속법
④ 직선 맞대기용 슬리브(B)형에 의한 압착 접속법



정답 49 ① 50 ① 51 ④ 52 ② 53 ①

**해설** 단권 접속법은 연선의 직선 접속법이다.
② 트위스트 접속법 : 가는 단선(단면적 6[$mm^2$] 이하)의 직선 접속법이다.
③ 브리타니아 접속법 : 굵은 단선(단면적 10[$mm^2$] 이상)의 직선 접속법이다.
④ 직선 맞대기용 슬리브(B)형에 의한 압착 접속법 : 단선과 연선 모두 적용할 수 있는 직선 접속법이다.

**54** 금속 전선관 공사에서 금속관을 가공할 때 사용하지 않는 공구는?

① 리머
② 오스터
③ 스트리퍼
④ 파이프 바이스

**해설**
① 리머 : 가공한 금속관의 절단면을 매끄럽게 만들 때 사용하는 공구
② 오스터 : 금속관에 나사선을 낼 때 사용하는 공구
③ 스트리퍼 : 전선의 피복을 벗길 때 사용하는 공구
④ 파이프 바이스 : 금속관을 자르거나 가공할 때 금속관을 고정시키는 공구

**55** 가공전선로의 지지물에 시설하는 지지선의 안전율은 2.5 이상이어야 한다. 이 경우에 허용 인장하중은 최저 얼마이어야 하는가?

① 4.31[kN] ② 5.26[kN]
③ 8.01[kN] ④ 8.71[kN]

**해설** [한국전기설비규정 331.11 지지선의 시설]
지지선의 안전율은 2.5 이상일 것. 이 경우에 허용 인장하중의 최저는 4.31[kN]으로 한다.

**56** 단심 비닐 외장 케이블을 구부리는 경우 피복이 손상되지 않도록 굴곡부의 곡률 반경은 케이블 바깥지름의 몇 배 이상이어야 하는가?

① 4배 ② 6배
③ 8배 ④ 10배

**해설** 케이블공사 시 케이블의 곡률 반경
• 알루미늄 피복 또는 연피 케이블의 굴곡부 : 외경의 12배 이상
• 연피를 갖지 않는 케이블의 굴곡부 : 외경의 6배 이상(단심일 경우 8배 이상)

**57** 고압 변압기의 전압을 측정하기 위해 사용하는 계기는?

① CT ② PT
③ MOF ④ ZCT

**해설**
① CT(Current Transformer) : 계기용 변류기, 교류전류계의 측정 범위를 확대하기 위해 사용하는 변성기
② PT(Power Transformer) : 전력 변압기, 송전선이나 비교적 대전력의 배전선에 사용되는 변압기
③ MOF(Metering Out Fit) : 계기용 변압기(PT)와 변류기(CT)를 공통의 외함 속에 장치한 것
④ ZCT(Zero Sequence Current Transformer) : 고압 전로에 지락사고가 생겼을 때 지락전류를 검출하는 데 사용하는 것



정답 54 ③ 55 ① 56 ③ 57 ②

**58** 합성수지관 상호 및 관과 박스를 접속할 때 삽입하는 깊이는 관 바깥지름의 몇 배 이상인가? (단, 접착제를 사용하지 않는 경우이다.)

① 0.8 ② 1.0
③ 1.2 ④ 1.5

**해설** [한국전기설비규정 232.11.3 합성수지관 및 부속품의 시설]
- 관 상호 및 관과 박스를 접속할 때 관을 삽입하는 깊이는 관의 바깥지름의 1.2배 이상으로 하여 꽂음 접속에 의해 견고하게 접속한다.
- 접착제를 사용하는 경우에는 관을 삽입하는 깊이를 관의 바깥지름의 0.8배 이상으로 한다.

**59** 코드 상호 간 또는 캡타이어 케이블 상호 간 접속하는 경우 가장 많이 사용하는 기구는?

① T형 접속기
② 코드 접속기
③ 박스용 커넥터
④ 와이어 커넥터

**해설** [한국전기설비규정 234.4.2 코드 상호 또는 캡타이어 케이블 상호의 접속]
코드 상호, 캡타이어 케이블 상호 또는 이들 상호 간의 접속은 코드 접속기, 접속함 및 기타 기구를 사용하여야 한다. 다만, 단면적이 10[$mm^2$] 이상의 캡타이어 케이블 상호를 접속하는 경우에는 접속 부분을 전선의 접속 방법에 따라 시설하고 또한 다음에 의해 시설할 경우는 적용하지 않는다.
- 절연피복에는 자기융착성 테이프를 사용하거나 또는 동등 이상의 절연 효력을 갖도록 할 것
- 접속 부분의 외면에는 견고한 금속제의 방호장치를 할 것

**60** 그림 기호 전기설비의 약호는?

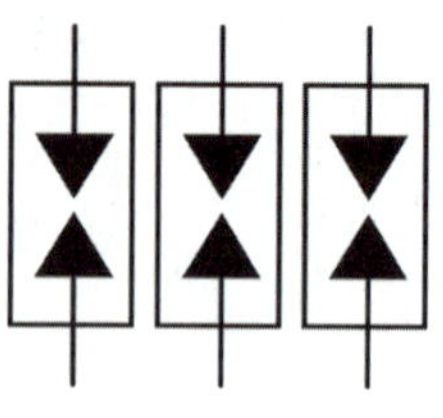

① DS ② LA
③ TR ④ MCCB

**해설** 그림 기호는 피뢰기의 기호이며, 약호는 LA(Lightning Arrester)이다.
① DS : 단로기의 약호이다.
③ TR : 변압기의 약호이다.
④ MCCB : 배선용 차단기의 약호이다.



정답 58 ③ 59 ② 60 ②

# 2024년 제1회 기출복원문제

**01** R-L-C 직렬회로에서 임피던스 Z의 크기를 나타내는 식은?

① $R^2+(X_L-X_C)^2$

② $R^2+(X_L+X_C)^2$

③ $\sqrt{R^2+(X_L-X_C)^2}$

④ $\sqrt{R^2+(X_L+X_C)^2}$

> **해설**
> R-L-C 직렬회로에서 임피던스 $\dot{Z}=R+j(X_L-X_C)$[Ω]이다. 따라서 Z의 크기는 $|Z|=\sqrt{R^2+(X_L-X_C)^2}$ 이다.

**02** 기전력 1.5[V], 내부 저항 0.3[Ω]의 전지 20개를 직렬로 접속하고 두 극 사이에 외부 저항 4[Ω]을 연결했을 때 전류[A]는?

① 1　　② 3

③ 5　　④ 12

> **해설** 기전력 1.5[V], 내부 저항 0.3[Ω]의 전지 20개를 직렬로 접속하였을 때 총 기전력 $V=1.5\times20=30$[V],
> 총 내부저항 $r_{내부저항}=0.3\times20=6$[Ω]이다.
> 두 극 사이에 부하저항을 접속하였을 때
> 전류 $I=\dfrac{V}{r_{내부저항}+R}=\dfrac{30}{6+4}=3$[A]이다.

**03** 권선 수 20인 코일에 5[A]인 전류가 흘렀을 때 $10^{-3}$[Wb]의 자속이 코일 전체를 쇄교하였다면 이 코일의 자체 인덕턴스[mH]는?

① 1　　② 2

③ 3　　④ 4

> **해설** $LI=N\phi$에서
> $L=\dfrac{N\phi}{I}=\dfrac{20\times10^{-3}}{5}=4\times10^{-3}$[H]$=4$[mH]

**04** 15[℃]의 물 20[$l$]를 2시간 동안 300[kcal]의 에너지를 부여했을 때 물의 온도[℃]는?

① 10　　② 20

③ 30　　④ 40

> **해설** 물에 부여된 열량 $Q=mc\Delta T$[cal]이다.
> ($Q$: 물에 부여된 열량[cal], $m$: 물의 질량[g],
> $c$: 비열[cal/(kg · ℃)]
> 물의 열량 $c=1$[cal/(kg · ℃)]이며, 물은 리터당 1[kg]으로 계산되므로 20[$l$]의 물은 20[kg]이다.
> $\Delta T=\dfrac{Q}{mc}=\dfrac{300k}{20k\times1}=15$[℃]
> $\Delta T=t_{after}-t_{before}=15$[℃]이므로
> $t_{after}=\Delta T+t_{before}=15+15=30$[℃]이다.

**05** 한 정현파의 최댓값 $V_m=200$[V]일 때 평균값 $V_{avg}$[V]는?

① 63　　② 127

③ 254　　④ 317

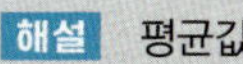

> **해설** 평균값
> $V_{avg}=\dfrac{2}{\pi}V_m=\dfrac{2}{\pi}\times200=\dfrac{400}{\pi}≒127$[V]

정답 01 ③ 02 ② 03 ④ 04 ③ 05 ②

9개년 기출복원문제

**06** 전압 100[V], 저항 8[Ω], 유도성 리액턴스 10[Ω], 용량성 리액턴스 4[Ω]이 직렬로 연결되어 있다. 이때 흐르는 전류의 크기[A]와 유효전력[W]은?

① 5[A], 200[W]　② 10[A], 400[W]
③ 5[A], 600[W]　④ 10[A], 800[W]

해설
- 임피던스
$\dot{Z} = R + j(X_L - X_C) = 8 + j(10-4) = 8 + j6[\Omega]$
$|Z| = \sqrt{R^2 + (X_L - X_C)^2} = \sqrt{8^2 + 6^2} = 10[\Omega]$
$|I| = \frac{V}{|Z|} = \frac{100}{10} = 10[A]$
$\cos\theta = \frac{R}{|Z|} = \frac{8}{10} = \frac{4}{5}$
- 유효전력
$P = |V| \times |I| \times \cos\theta = 100 \times 10 \times 0.8 = 800[W]$

**07** 콘덴서 연결에 대한 설명으로 빈칸에 들어갈 말을 알맞게 짝지은 것은?

> 같은 용량의 콘덴서를 직렬로 연결할수록 커패시턴스는 ( ), 콘덴서를 병렬로 연결할수록 커패시턴스는 ( ).

① 감소하고, 증가한다.
② 증가하고, 감소한다.
③ 변하지 않고, 증가한다.
④ 감소하고, 변하지 않는다.

해설
- **콘덴서의 직렬 연결** : 콘덴서를 직렬로 연결하면, 전체 커패시턴스는 각 콘덴서의 역수 합으로 계산되므로, 커패시턴스는 감소하게 되며, 이는 저항의 병렬연결과 유사한 원리이다.
- **콘덴서의 병렬 연결** : 콘덴서를 병렬로 연결하면, 각 콘덴서의 커패시턴스가 더해지므로 전체 커패시턴스는 증가하게 되며, 이는 저항의 직렬 연결과 유사한 원리이다.

**08** 자기회로의 길이 $l$[m], 단면적 $A$[m$^2$], 투자율 $\mu$[H/m]일 때 자기저항 $R$[AT/Wb]은?

① $R = \frac{A}{\mu l}$　② $R = \frac{\mu A}{l}$
③ $R = \frac{l}{\mu A}$　④ $R = \frac{\mu l}{A}$

해설 자기저항은 전기저항과 마찬가지로 회로의 길이 $l$과는 비례하고, 단면적 $A$와는 반비례한다.
자기저항 $R_m = \frac{l}{\mu A}$[AT/Wb]
($l$: 자기회로의 길이[m], $\mu$: 투자율[H/m], $A$: 단면적[m$^2$])

참고 | 전기저항 $R = \rho\frac{l}{A} = \frac{l}{\sigma A}$[Ω]
($\sigma$: 도전율, $\rho$: 고유저항)

**09** 다음 물질 중에서 비유전율이 가장 큰 것은?

① 운모　② 유리
③ 증류수　④ 고무

해설 유전율은 전하 사이에 전기장이 작용할 때, 그 전하 사이의 매질이 전기장에 미치는 영향을 나타내는 물리적 단위이며, 유전율이 클수록 매질이 저장할 수 있는 전하량이 크다.
- **유전율** : 외부 전기장에 반응하여 만드는 편극의 크기를 나타내는 상수
- **비유전율** : 진공의 유전율에 대한 물체 유전율의 비율

| 유전체 | 비유전율 $\varepsilon_s$ | 유전체 | 비유전율 $\varepsilon_s$ |
|---|---|---|---|
| 공기 | 약 1 | 유리 | 3.5~10 |
| 종이 | 2~2.6 | 운모 | 6.7 |
| 고무 | 2.0~3.5 | 물(증류수) | 80 |

정답 06 ④ 07 ① 08 ③ 09 ③

**10** 그림과 같이 공기 중에 놓인 $3\times10^{-8}$[C]의 전하에서 2[m] 떨어진 점 $P$와 1[m] 떨어진 점 $Q$와의 전위차[V]는?

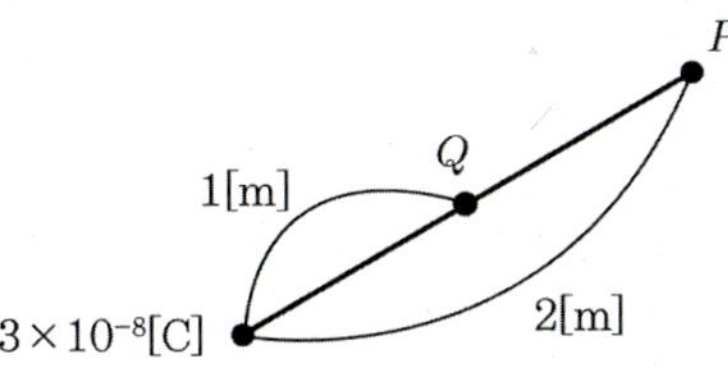


① 90 ② 180
③ 135 ④ 270

**해설** 공기 중에서 전기장의 세기

$E=9\times10^9\times\frac{Q}{r^2}$[V/m]이고 전위 $V=E\cdot r=9\times10^9\times\frac{Q}{r}$[V]이다.

전하 $Q=3\times10^{-8}$[C]에서의 전위 $V=9\times10^9\times\frac{3\times10^{-8}}{r}$[V]이다.

점 $Q$에서의 전위 $V_Q=9\times10^9\times\frac{3\times10^{-8}}{1}=270$[V],

점 $P$에서의 전위 $V_P=9\times10^9\times\frac{3\times10^{-8}}{2}=135$[V]이다.

따라서 두 점의 전위차 $V_Q-V_P=270-135=135$[V]이다.

**11** 열이 증가할수록 도체 내 전류의 흐름에 미치는 영향을 올바르게 설명한 것은?

① 도체의 저항이 감소하여 전류가 증가한다.
② 도체의 저항이 증가하여 전류가 감소한다.
③ 도체의 저항이 변하지 않아 전류도 변하지 않는다.
④ 도체의 저항이 증가하여 전류가 증가한다.

**해설** 열이 증가하면 대부분의 도체에서 저항이 증가하는데 이는 도체 내의 원자들이 열로 인해 더 많이 진동하게 되어 전자의 이동을 방해하기 때문이다. 옴의 법칙 $I=\frac{V}{R}$에 따르면, 저항이 증가하면, 같은 전압을 걸었을 때 전류가 감소하게 된다.

**12** 서로 다른 3개의 저항 $R_1$, $R_2$, $R_3$를 병렬연결 하였을 때 합성저항의 크기는?

① $\frac{R_1R_2R_3}{R_1R_2+R_2R_3+R_1R_3}$

② $\frac{R_1+R_2+R_3}{R_1R_2+R_2R_3+R_1R_3}$

③ $\frac{R_1R_2+R_2R_3+R_1R_3}{R_1+R_2+R_3}$

④ $\frac{R_1R_2+R_2R_3+R_1R_3}{R_1R_2R_3}$

**해설** 합성저항의 역수

$$\frac{1}{R_t}=\frac{1}{R_1}+\frac{1}{R_2}+\frac{1}{R_3}=\frac{R_2R_3}{R_1R_2R_3}+\frac{R_1R_3}{R_1R_2R_3}+\frac{R_1R_2}{R_1R_2R_3}=\frac{R_1R_2+R_2R_3+R_1R_3}{R_1R_2R_3}$$

따라서 합성저항 $R_t=\frac{R_1R_2R_3}{R_1R_2+R_2R_3+R_1R_3}$이다.

**13** 부하의 전압과 전류를 측정하기 위한 전압계와 전류계의 접속 방법을 알맞게 짝지은 것은?

| | 전압계 | 전류계 |
|---|---|---|
| ① | 직렬 연결 | 직렬 연결 |
| ② | 직렬 연결 | 병렬 연결 |
| ③ | 병렬 연결 | 병렬 연결 |
| ④ | 병렬 연결 | 직렬 연결 |

**해설**
- 전압계는 회로의 전압을 측정하기 위해 병렬로 연결해야 한다.
- 전류계는 회로의 전류를 측정하기 위해 직렬로 연결해야 한다.

정답 10 ③ 11 ② 12 ① 13 ④

**14** 두 개의 평행한 도체가 공기 중에 20[cm] 떨어져 있고, 100[A]의 같은 크기의 전류가 흐르고 있을 때 1[m]당 발생하는 힘의 크기[N]는?

① 0.01　　② 0.02
③ 0.03　　④ 0.04

**해설** 두 평행한 도체 사이의 힘의 크기

$F=\frac{\mu_0}{2\pi}\times\frac{I_1\cdot I_2}{r}$

$\mu_0$는 진공에서 자기상수 $4\pi\times10^{-7}$[N/A²],

$I_1=I_2=100$[A], 두 도체 사이 거리 $r=0.2$[m]이므로

$F=\frac{\mu_0}{2\pi}\times\frac{I_1\cdot I_2}{r}=\frac{4\pi\times10^{-7}}{2\pi}\times\frac{100\times100}{0.2}=1\times10^{-2}$

$=0.01$[N]이다.

**15** 다음 중 무효전력의 단위는?

① J　　② Var
③ W　　④ VA

**해설**
① 에너지의 단위
③ 유효전력의 단위
④ 피상전력의 단위

**16** 10[A], 100[W]의 전열기에 15[A]의 전류가 흘렀다면 이 전열기의 전력은 몇 [W]가 되는가?

① 150　　② 175
③ 225　　④ 270

**해설** 직류회로에서 전력은 $P=I^2R$[W]이므로 전력이 전류의 제곱에 비례한 성질을 이용할 수 있다.

$P_1:P_2=I_1^{\ 2}:I_2^{\ 2}$, $P_1\times I_2^{\ 2}=P_2\times I_1^{\ 2}$이므로

$P_2=P_1\times\left(\frac{I_2}{I_1}\right)^2$이다.

$P_1=100$[W], $I_1=10$[A], $I_2=15$[A]라고 했을 때

$P_2=P_1\times\left(\frac{I_2}{I_1}\right)^2=100\times\left(\frac{15}{10}\right)^2=225$[W]이다.

**17** 시정수와 과도현상과의 관계에 대한 설명으로 옳은 것은?

① 시정수가 클수록 과도현상이 빠르게 진행된다.
② 시정수가 작을수록 과도현상이 느리게 진행된다.
③ 시정수가 클수록 과도현상이 느리게 진행된다.
④ 시정수는 과도현상과는 관계가 없다.

**해설** 시정수 $\tau$는 주로 R-L 혹은 R-C회로에서 과도현상의 시각적 변화를 설명하기 위한 값으로서 R-C회로의 경우 $\tau=RC$, R-L회로의 경우 $\tau=\frac{L}{R}$이다.

따라서 시정수 $\tau$가 클수록, 회로가 새로운 상태에 도달하는 데 더 오래 걸리고 과도현상이 느리게 진행된다. 반대로, 시정수 $\tau$가 작을수록, 회로는 더 빨리 정상 상태에 도달하고 과도현상도 더 빠르게 진행된다.

**18** 비정현파가 발생하는 원인과 거리가 먼 것은?

① 옴의 법칙　　② 자기포화
③ 히스테리시스　　④ 전기자 반작용

**해설** 옴의 법칙은 전압, 전류, 저항 사이의 관계를 나타내는 법칙으로 비정현파와 직접적 관련이 없다.
② **자기포화** : 코어의 자속이 포화 상태에 도달했을 때 발생하는 현상에서 비정현파가 발생할 수 있다.
③ **히스테리시스** : 자성 물질이 자화를 되돌리는 과정에서 비선형적인 특성을 보여 비정현파를 유발할 수 있다.
④ **전기자 반작용** : 발전기나 전동기에서 전기자의 자기장이 주 자기장에 영향을 미쳐 비정현파가 발생할 수 있다.

**19** 어떤 도체에 5초간 4[C]의 전하가 이동했다면 이 도체에 흐르는 전류[A]는?

① 0.6　　② 0.8
③ 1.0　　④ 1.2

**해설** 전류 $I=\frac{Q}{t}=\frac{4}{5}=0.8$[A]

정답 14 ① 15 ② 16 ③ 17 ③ 18 ① 19 ②

**20** $C$[F]의 콘덴서에 $W$[J]의 에너지를 축적하기 위해 필요한 전압[V]은?

① $V=\sqrt{\frac{2W}{C}}$　② $V=\frac{2W}{C}$

③ $V=\frac{W}{2C}$　④ $V=\frac{C}{2W}$

**해설** 콘덴서에 축적된 에너지 $W=\frac{1}{2}CV^2$[J]이므로 $V=\sqrt{\frac{2W}{C}}$[V]이다.

**21** 동기 발전기의 전기자 권선을 단절권으로 하는 이유는?

① 고조파를 제거한다.
② 기전력을 높인다.
③ 절연이 잘 된다.
④ 역률이 좋아진다.

**해설** 동기 발전기에서 분포 단절권을 사용하는 이유는 고조파 제거로 좋은 파형을 얻기 위함이다.

**22** 6극, 파권, 직류 발전기의 전기자 도체수가 400, 유기기전력이 120[V], 회전수 600[rpm]일 때 발전기의 1극당 자속수는 몇 [Wb]인가?

① 0.01　② 0.02
③ 0.03　④ 0.04

**해설** 직류 발전기의 유도기전력

$E=\frac{p}{a}Z\phi\frac{N}{60}$[V]

$120=\frac{6}{2}\times400\times\phi\times\frac{600}{60}$ (파권의 병렬회로 수$(a)=2$)

$\phi=0.01$[Wb]

**23** 직류 발전기 계자의 주된 역할은?

① 기전력을 유도한다.
② 자속을 만든다.
③ 정류작용을 한다.
④ 전기자 권선과 외부 회로를 접속한다.

**해설** 직류기의 구조
- 계자 : 자속을 발생
- 전기자 : 자속을 끊어 기전력 발생
- 정류자 : 교류를 직류로 변환
- 브러시 : 전기자 권선과 외부 회로와의 전기적인 접속

**24** 직류 전동기에서의 규약효율은?

① $\frac{\text{출력}}{\text{입력}}\times100[\%]$

② $\frac{\text{입력}}{\text{입력}+\text{손실}}\times100[\%]$

③ $\frac{\text{출력}}{\text{출력}+\text{손실}}\times100[\%]$

④ $\frac{\text{입력}-\text{손실}}{\text{입력}}\times100[\%]$

**해설** 전동기 규약효율

$\eta=\frac{\text{입력}-\text{손실}}{\text{입력}}\times100[\%]$

**25** 3상 권선형 유도전동기에서 2차 측 저항을 2배로 하면 최대토크는?

① $\frac{1}{2}$배로 된다.　② 2배로 된다.
③ $\sqrt{2}$ 배로 된다.　④ 변하지 않는다.

**해설** 3상 권선형 유도전동기는 2차 회로에 저항을 가감시켜 슬립을 조정하는 비례추이를 활용하여 기동 회전력을 크게 하거나 속도를 제어한다. 외부 저항을 삽입하더라도 최대토크 값은 변화하지 않는다.

정답 20 ① 21 ① 22 ① 23 ② 24 ④ 25 ④

**26** 속도를 광범위하게 조정할 수 있어 압연기나 엘리베이터 등에 사용되는 직류 전동기는?

① 가동복권 전동기 ② 차동복권 전동기
③ 직권 전동기 ④ 타여자 전동기

**해설** 가동복권 전동기는 직권과 분권의 중간 특성을 가지고 있어 직권 계자 기자력과 분권 계자 기자력의 크기에 따라 직권 전동기 또는 분권 전동기의 특성이 된다. 크레인, 엘리베이터, 압연기 등에 사용된다.

**27** 발전기의 층간 단락, 상단 단락 등의 내부 고장 보호에 사용되는 계전기는?

① 차동 계전기 ② 접지 계전기
③ 과전압 계전기 ④ 역상 계전기

**해설** 차동 계전기는 변압기, 동기기 등의 층간 단락 등 내부 고장에 사용된다.

**28** 직류 직권 전동기에서 벨트를 걸고 운전하면 안 되는 이유는?

① 벨트가 벗겨지면 위험속도로 도달하므로
② 손실이 많아지므로
③ 직결하지 않으면 속도 제어가 곤란하므로
④ 벨트의 마멸 보수가 곤란하므로

**해설**

$$E = K\phi N[\mathrm{V}]$$
$$E = V - I_a R_a[\mathrm{V}]$$
$$N = K\frac{V - I_a R_a}{\phi}[\mathrm{rpm}]$$

직류 직권 전동기가 무부하 상태가 되면 부하전류 $I_a = 0$, 계자전류 $I_f = 0$이 된다. 계자에 전류가 흐르지 않으면 자속이 0이 되므로 회전속도 값이 무한대가 된다. 따라서 벨트 운전을 금지한다. 벨트가 벗겨지면 위험속도에 도달하기 때문이다.

**29** 다음 중 전력 제어용 반도체 소자가 아닌 것은?

① IGBT ② GTO
③ LED ④ TRIAC

**해설** 제어용 반도체 소자에는 IGBT, GTO, TRIAC, MOSFET 등이 있다.

**30** 변압기유의 구비조건이 아닌 것은?

① 냉각효과가 클 것
② 응고점이 높을 것
③ 절연내력이 클 것
④ 고온에서 화학반응이 없을 것

**해설** **변압기유 구비조건**
- 절연내력이 클 것
- 절연재료 및 금속과 접촉해도 화학작용을 일으키지 않을 것
- 인화점이 높고 응고점이 낮을 것
- 유동성이 크고 비열이 커서 냉각 효과가 클 것
- 점도가 낮을 것
- 고온에서도 산화하지 않을 것

**31** 다음 중 직류기의 고정손으로 가장 많이 차지하는 것은?

① 마찰손 ② 풍손
③ 철손 ④ 동손

**해설** 고정손은 전류가 흐르지 않아도 발생하는 손실을 말하며, 철손이 가장 많이 차지한다.



정답 26 ① 27 ① 28 ① 29 ③ 30 ② 31 ③

## 32 변압기 V결선의 특징이 아닌 것은?

① 고장 시 응급처치 방법으로 쓰인다.
② 단상 변압기 2대로 3상 전력을 공급한다.
③ 부하 증가가 예상되는 지역에 시설한다.
④ V결선 출력은 △결선 출력과 그 크기가 같다.

**해설** 단상 변압기 2대로 V결선 출력하면 크기가 다음과 같다.
$P_V = \sqrt{3}P$[kVA] (실제 출력)

## 33 직류 전동기의 속도 제어법 중 워드 레오너드 방식에 사용하는 발전기는?

① 타여자 전동기
② 분권 전동기
③ 직권 전동기
④ 복권 전동기

**해설** 워드 레오나드 방식
- 타여자 전동기의 전압 제어에 주로 이용되는 속도 제어 방식으로 광범위한 속도 조정을 원활하고 효율적으로 할 수 있는 방식이다.
- 설비비가 많이 드는 단점이 있지만 속도 변동률이 적고 가역적이므로 가장 우수한 속도 제어법이다.

## 34 변압기의 원리는 어느 작용을 이용한 것인가?

① 발열 작용
② 화학 작용
③ 자기유도 작용
④ 전자유도 작용

**해설** 변압기는 하나의 코일이 다른 코일에 전류를 유도할 수 있도록 해주는 마이클 패러데이의 상호 인덕턴스 원리(전자유도 작용)를 이용한다.

## 35 3상 반파 정류회로에서 출력전압의 평균 전압은? (단, V는 교류전압[V]이다.)

① 0.45V ② 0.9V
③ 1.17V ④ 1.35V

**해설**

| 구분 | 맥동 주파수 | 직류 출력 (V는 교류전압) | 효율 [%] | 맥동률 [%] |
|---|---|---|---|---|
| 단상 반파 | $f$ | $E_d = 0.45V$ | 40.6 | 121 |
| 단상 전파 | $2f$ | $E_d = 0.9V$ | 81.2 | 48 |
| 3상 반파 | $3f$ | $E_d = 1.17V$ | 96.7 | 17 |
| 3상 전파 | $6f$ | $E_d = 1.35V$ | 99.8 | 4 |

## 36 동기 발전기 병렬운전 시 기전력의 위상이 다를 때 나타나는 현상은?

① 동기화 전류가 흐른다.
② 무효 순환 전류가 흐른다.
③ 전기자 반작용이 발생한다.
④ 주파수가 변한다.

**해설** 동기 발전기의 병렬운전 조건
- 기전력의 크기가 같을 것(다르면 무효 순환 전류 발생)
- 기전력의 위상이 같을 것(다르면 유효 순환 전류(동기화 전류) 발생)
- 기전력의 주파수가 같을 것(다르면 난조 발생)
- 기전력의 파형이 같을 것(다르면 고조파 무효 순환 전류 발생)

## 37 동기 발전기의 전기자 반작용 중에서 기전력에 대하여 전류가 90° 늦을 때 일어나는 작용은?

① 증자 작용 ② 편자 작용
③ 교차 작용 ④ 감자 작용

9개년 기출복원문제

정답 32 ④ 33 ① 34 ④ 35 ① 36 ① 37 ④

**해설** 동기 발전기의 전기자 반작용
전기자 반작용은 전기자전류에 의한 회전자속이 계자자속에 영향을 미치는 현상을 말한다.
- 증자 작용(직축 반작용) : 전류가 전압보다 위상이 90° 앞선 경우
- 감자 작용(직축 반작용) : 전류가 전압보다 위상이 90° 뒤진 경우
- 교차 자화 작용(횡축 반작용) : 전기자전류와 유도기전력이 동상일 때

**38** 낮은 전압을 높은 전압으로 승압할 때 일반적으로 사용되는 변압기의 3상 결선 방식은?

① $\Delta-\Delta$ ② $\Delta-Y$
③ $Y-Y$ ④ $Y-\Delta$

**해설**
① $\Delta-\Delta$결선 : 1상의 권선에 고장이 발생하더라도 출력은 감소하나 V결선으로 운전이 가능하다.
② $\Delta-Y$결선 : 일반적으로 승압형 변압기의 결선으로 이용한다.
③ $Y-Y$결선 : 1차, 2차 측 모두 중성점을 접지하지 않은 경우로 각상 권선에는 제3고조파를 포함한 첨두 파형의 전압이 유기되어 층간 절연에 좋지 않은 영향을 미치며, 발전기 권선에 제3고조파 전류가 흘러 발전기 권선을 가열시킨다.
④ $Y-\Delta$결선 : 일반적으로 강압형 변압기의 결선으로 이용한다.

**39** 유도전동기에서 회전자 속도가 0일 때 슬립은?

① $-\infty$ ② $\infty$
③ 0 ④ 1

**해설** 슬립 $s=\frac{N_s-N}{N_s}$
- 정지 시($N=0$) $s=\frac{N_s-0}{N_s}=1$
- 동기속도로 운전 시($N=N_s$) $s=\frac{N_s-N_s}{N_s}=0$

**40** 1차 전압 13,200[V], 2차 전압 220[V]인 단상 변압기의 1차에 6,000[V]의 전압을 가하면 2차전압은 몇 [V]인가?

① 100 ② 200
③ 50 ④ 250

**해설** 권수비
$a=\frac{E_1}{E_2}=\frac{V_1}{V_2}=\frac{N_1}{N_2}=\sqrt{\frac{Z_1}{Z_2}}=\sqrt{\frac{R_1}{R_2}}$ 에서
$\frac{V_1}{V_2}=\frac{13,200}{220}=60$
$a=60=\frac{6,000}{V_2}$ 이므로 $V_2=100[V]$

**41** 가공전선로의 지지물에 시설하는 지지선의 안전율은 몇 이상인가?

① 2.5 ② 3.0
③ 3.5 ④ 4.0

**해설** [한국전기설비규정 331.11 지지선의 시설]
지지선의 안전율은 2.5 이상일 것. 이 경우에 허용 인장하중의 최저는 4.31[kN]으로 한다.

**42** 고압 변압기의 전압을 측정하기 위해 사용하는 계기는?

① CT ② PT
③ MOF ④ ZCT

**해설**
① CT(Current Transformer) : 계기용 변류기, 교류전류계의 측정 범위를 확대하기 위해 사용하는 변성기
② PT(Power Transformer) : 전력 변압기, 송전선이나 비교적 대전력의 배전선에 사용되는 변압기
③ MOF(Metering Out Fit) : 계기용 변압기(PT)와 변류기(CT)를 공통의 외함 속에 장치한 것
④ ZCT(Zero Sequence Current Transformer) : 고압 전로에 지락사고가 생겼을 때 지락전류를 검출하는 데 사용하는 것

정답 38 ② 39 ④ 40 ① 41 ① 42 ②

**43** 접지도체에 피뢰시스템이 접속되는 경우, 접지도체로 동전선을 사용했을 때 그 단면적은 최소 몇 [mm$^2$] 이상이어야 하는가?

① 6 ② 16
③ 25 ④ 50

해설 [한국전기설비규정 142.3.1 접지도체]
접지도체에 피뢰시스템이 접속되는 경우, 접지도체의 단면적
- 구리 : 16[mm$^2$] 이상
- 철 : 50[mm$^2$] 이상

**44** 한국전기설비규정에 따른 접지시스템의 시설 종류가 아닌 것은?

① 공통접지 ② 단독접지
③ 통합접지 ④ 보호접지

해설 [한국전기설비규정 141 접지시스템의 구분 및 종류]
- 접지시스템은 계통접지, 보호접지, 피뢰시스템접지 등으로 구분한다.
- 접지시스템의 시설 종류에는 단독접지, 공통접지, 통합접지가 있다.

**45** 옥내 공사에서 버스덕트 중 환기형과 비환기형이 있으며 도중에 부하를 접속할 수 없는 덕트는?

① 피더 버스덕트
② 트롤리 버스덕트
③ 플러그인 버스덕트
④ 트랜스포지션 버스덕트

해설 버스덕트 중에서 환기형과 비환기형이 있는 것은 피더 버스덕트와 플러그인 버스덕트 두 가지이며, 도중에 부하를 접속할 수 없는 덕트는 피더 버스덕트이다.

**46** 합성수지제 전선관의 호칭은 관 굵기의 무엇으로 표시를 하는가?

① 홀수인 안지름
② 짝수인 안지름
③ 짝수인 바깥지름
④ 홀수인 바깥지름

해설 합성수지관의 규격(호칭)은 짝수인 안지름으로 표기한다.
- 경질 폴리염화비닐전선관(KS C 8431) : 14, 16, 22, 28, 36, 42, 54, 70, 82, 100
- 합성수지제 가요전선관(KS C 8454) : 14, 16, 18, 22, 28, 36, 42
- 파상형 경질 폴리에틸렌 전선관(KS C 8455) : 30, 40, 50, 65, 80, 100, 125, 150, 175, 200

**47** 전시회, 쇼 및 공연장에서의 정격 32[A] 이하의 콘센트용 분기회로에 설치하는 누전차단기의 정격감도전류 최대 크기는?

① 10[mA] ② 15[mA]
③ 30[mA] ④ 50[mA]

해설 [한국전기설비규정 242.6 전시회, 쇼 및 공연장의 전기설비]
비상조명을 제외한 조명용 분기회로 및 정격 32[A] 이하의 콘센트용 분기회로는 정격감도전류 30[mA] 이하의 누전차단기로 보호하여야 한다.

**48** 금속덕트에 넣은 전선의 단면적(절연피복의 단면적 포함)의 합계는 덕트 내부 단면적의 몇 [%] 이하로 하여야 하는가? (단, 제어회로 등의 배선만을 넣는 경우가 아닌 경우이다.)

① 10 ② 20
③ 30 ④ 40



정답 43 ② 44 ④ 45 ① 46 ② 47 ③ 48 ②

**해설** [한국전기설비규정 232.31 금속덕트공사]
금속덕트에 넣은 전선의 단면적(절연피복의 단면적을 포함)의 합계는 덕트의 내부 단면적의 20[%] 이하일 것

**49** 수전설비의 특고압 배전반은 배전반 앞에서 계측기를 판독하기 위해 앞면과 최소 몇 [m] 이상 유지거리를 두어야 하는가?

① 0.6 ② 1.2
③ 1.5 ④ 1.7

**해설** 기기별 최소 유지거리는 다음 표와 같다.

| 위치 \ 기기 | 저압 배전반 | 고압 배전반 | 특고압 배전반 | 변압기 등 |
|---|---|---|---|---|
| 앞면 또는 조작·계측면 | 1.5 | 1.5 | 1.7 | 0.6 |
| 뒷면 또는 점검면 | 0.6 | 0.6 | 0.8 | 0.6 |
| 열상호 간 (점검하는 면) | 1.2 | 1.2 | 1.4 | 1.2 |
| 기타의 면 | – | | | 0.3 |

**50** 한국전기설비규정에서 두 개 이상의 전선을 병렬로 사용하는 경우 유의해야 하는 사항으로 옳지 않은 것은?

① 병렬로 사용하는 전선은 각각에 퓨즈를 설치해야 한다.
② 각 전선의 굵기는 구리인 경우 50[mm$^2$] 이상이어야 한다.
③ 각 전선의 굵기는 알루미늄의 경우 70[mm$^2$] 이상이어야 한다.
④ 교류회로의 경우 금속관 안에 전자적 불평형이 생기지 않도록 시설해야 한다.

**해설** [한국전기설비규정 123 전선의 접속]
두 개 이상의 전선을 병렬로 사용하는 경우에는 다음 사항에 의해 시설해야 한다.
- 각 전선의 굵기는 동선 50[mm$^2$] 이상 또는 알루미늄 70[mm$^2$] 이상으로 하고, 전선은 같은 도체, 같은 재료, 같은 길이 및 같은 굵기의 것을 사용할 것
- 같은 극의 각 전선은 동일한 터미널러그에 완전히 접속할 것
- 같은 극인 각 전선의 터미널러그는 동일한 도체에 2개 이상의 리벳 또는 2개 이상의 나사로 접속할 것
- 병렬로 사용하는 전선에는 각각에 퓨즈를 설치하지 말 것
- 교류회로의 경우 금속관 안에 전자적 불평형이 생기지 않도록 시설할 것

**51** 목장이나 논밭에 전기울타리를 시설할 때 전원 장치에 전기를 공급하는 전로에 사용이 가능한 최대 전압은?

① 150[V] ② 200[V]
③ 250[V] ④ 300[V]

**해설** [한국전기설비규정 241.1 전기울타리]
전기울타리용 전원장치에 전원을 공급하는 전로의 사용전압은 250[V] 이하이어야 한다.

**52** 접지선의 절연전선 색상은 특별한 경우를 제외하고는 어느 색으로 표시를 하여야 하는가?

① 갈색 ② 흑색
③ 회색 ④ 녹황색

**해설** [한국전기설비규정 121.2 전선의 식별]
접지선(보호도체)의 색상은 녹색-노란색이다.

| 상(문자) | L1 | L2 | L3 | N | 보호도체 |
|---|---|---|---|---|---|
| 색상 | 갈색 | 흑색 | 회색 | 청색 | 녹색-노란색 |

정답 49 ④ 50 ① 51 ③ 52 ④

**53** 가공케이블 시설 시 조가용선에 금속테이프 등을 사용하여 케이블 외장을 견고하게 붙여 조가하는 경우 나선형으로 금속테이프를 감는 최대 간격은?

① 10[cm] ② 20[cm]
③ 30[cm] ④ 40[cm]

> **해설** [한국전기설비규정 332.2 가공케이블의 시설]
> 케이블을 조가용선에 금속테이프로 시설하는 경우 금속테이프는 쉽게 부식하지 않는 것을 사용하며 0.2[m] 이하의 간격을 유지하여 나선상으로 감는다.

**54** 셀룰로이드, 성냥, 석유류 기타 가연성 위험 물질을 제조하거나 저장하는 장소에 적합하지 않은 배선은?

① 애자공사
② 금속관공사
③ 케이블공사
④ 합성수지관공사(단, 두께 2[mm] 이상, 난연성)

> **해설** [한국전기설비규정 242.4 위험물 등이 존재하는 장소]
> 셀룰로이드, 성냥, 석유류 기타 타기 쉬운 위험한 물질을 제조하거나 저장하는 곳에 시설하는 저압 옥내 전기설비는 금속관공사, 합성수지관공사, 케이블공사의 공사 방법을 따른다.

**55** 합성수지관공사의 설명 중 틀린 것은?

① 관의 지지점 간의 거리는 2[m] 이하로 할 것
② 합성수지관 안에는 전선에 접속점이 없도록 할 것
③ 전선은 절연전선(옥외용 비닐절연전선을 제외한다)일 것
④ 관 상호 간 및 박스와는 관을 삽입하는 깊이를 관의 바깥지름의 1.2배 이상으로 할 것

> **해설** [한국전기설비규정 232.11 합성수지관공사]
> • 관의 지지점 간의 거리는 1.5[m] 이하
> • 합성수지관 안에서 접속점이 없도록 할 것
> • 전선은 절연전선일 것(옥외용 절연전선 제외)
> • 관을 삽입하는 깊이(관 상호 간 및 관과 박스 연결)
> – 관의 바깥지름의 1.2배 이상
> – 접착제를 사용할 경우 0.8배 이상

**56** 전주에 외등을 합성수지관으로 시설할 때, 전선관을 몇 [m] 이내마다 새들 또는 밴드로 지지해야 하는가?

① 1.0 ② 1.5
③ 2.0 ④ 2.5

> **해설** [한국전기설비규정 234.10 전주외등]
> 배선이 전주에 연한 부분은 1.5[m] 이내마다 새들 또는 밴드로 지지할 것

**57** 저압 옥내배선을 시설할 때 캡타이어케이블을 조영재의 아랫면 또는 옆면에 따라 붙이는 경우 전선의 지지점 간의 거리는 몇 [m] 이하로 하여야 하는가?

① 1.0 ② 1.5
③ 2.0 ④ 3.0

> **해설** [한국전기설비규정 232.51 케이블공사]
> 전선을 조영재의 아랫면 또는 옆면에 따라 붙이는 경우의 전선의 지지점 간의 거리
> • 케이블 : 2[m]
> • 캡타이어케이블 : 1[m]
> • 사람이 접촉할 우려가 없는 곳에서 수직으로 붙이는 경우 : 6[m]

정답 53 ② 54 ① 55 ① 56 ② 57 ①

**58** **옥내 배선공사 중 금속관공사에 사용되는 공구의 설명 중 틀린 것은?**

① 전선관의 나사를 내는 작업에 오스터를 사용한다.
② 전선관을 절단하는 공구에는 쇠톱 또는 파이프 커터를 사용한다.
③ 아우트렛 박스의 천공작업에 사용되는 공구는 녹아웃 펀치를 사용한다.
④ 전선관의 굽힘 작업에 사용하는 공구는 토치램프나 스프링 벤더를 사용한다.

**해설** 토치램프나 스프링 벤더는 합성수지관 중에서도 경질 염화비닐전선관을 구부릴 때 사용하는 공구이다. 금속관 굽힘 작업에는 히키 혹은 벤더를 사용한다.
- 오스터 : 금속관 말단에 나사선을 내는 공구
- 쇠톱, 파이프 커터 : 금속관을 원하는 길이만큼 절단할 때 사용하는 공구
- 녹아웃 펀치 : 박스에 유압으로 구멍을 낼 때 사용하는 공구

**59** **DV 전선을 사용하는 저압 구내 가공인입전선으로 전선의 길이가 15[m] 이내인 경우 그 전선의 지름은 몇 [mm] 이상을 사용하여야 하는가?**

① 1.6 ② 2.0
③ 2.6 ④ 3.2

**해설** [한국전기설비규정 221.1.1 저압 인입선의 시설]
- 전선이 케이블인 경우 이외에는 인장강도 2.30[kN] 이상의 것 또는 지름 2.6[mm] 이상의 인입용 비닐절연전선일 것
- 경간이 15[m] 이하인 경우는 인장강도 1.25[kN] 이상의 것 또는 지름 2[mm] 이상의 인입용 비닐절연전선일 것
- 전선이 옥외용 비닐절연전선인 경우에는 사람이 접촉할 우려가 없도록 시설할 것

**60** **학교, 음식점, 기숙사, 호텔 등의 시설에서 사용하는 표준부하[VA/$m^2$]는?**

① 10 ② 20
③ 30 ④ 40

**해설** 건축물에 따른 표준부하[VA/$m^2$]

| 건축물의 종류 | 표준부하 |
|---|---|
| 공장, 사원, 교회, 극장, 영화관 등 | 10 |
| 기숙사, 여관, 호텔, 병원, 학교, 음식점, 다방, 대중목욕탕 | 20 |
| 사무실, 은행, 상점, 이발소, 미용원 | 30 |
| 주택, 아파트 | 40 |

정답 58 ④ 59 ② 60 ②

# 2024년 제 2 회 기출복원문제

**01** 권수 $N$[T]인 코일에 $I$[A]의 전류가 흘러 자속 $\Phi$[Wb]가 발생할 때 인덕턴스에 대한 설명 중 옳은 것은?

① 인덕턴스는 전류에 비례한다.
② 인덕턴스는 권수에 비례한다.
③ 인덕턴스는 자속에 반비례한다.
④ 인덕턴스는 전압에 반비례한다.

해설 $LI = N\Phi$이므로 $L = \frac{N\Phi}{I}$이다. 따라서 인덕턴스는 권속, 자속에는 비례하며 전류와는 반비례한다.

**02** 어드미턴스 $Y_1$[℧], $Y_2$[℧]가 병렬로 접속되어 있을 때 합성 어드미턴스[℧]는?

① $Y_1 + Y_2$　② $\frac{1}{Y_1} + \frac{1}{Y_2}$
③ $Y_1 \times Y_2$　④ $\frac{Y_1 Y_2}{Y_1 + Y_2}$

해설 어드미턴스가 병렬로 연결되어 있을 때 합성 어드미턴스는 각 어드미턴스의 합으로 구할 수 있으며, 이는 저항이 병렬로 연결되어 있을 때 저항의 역수인 컨덕턴스가 더해지는 원리와 유사하다.

**03** 양전하와 음전하를 가진 물체를 서로 접속하면 전하가 이동하게 되며 전기를 띄게 되는 현상을 일컫는 말은?

① 전도　② 정전기
③ 유도　④ 대전

해설
① 전도 : 전류가 도체를 통해 흐르는 현상
② 정전기 : 전하가 정지된 상태로 물체에 축적되는 현상
③ 유도 : 전하가 직접 접촉하지 않고도 전하 분포가 변하는 현상

**04** 회로의 접속점을 볼 때, 접속점에 흘러들어오는 전류의 합은 흘러나가는 전류의 합과 같다고 정의되는 법칙은?

① 옴의 법칙
② 키르히호프의 전류 법칙
③ 키르히호프의 전압 법칙
④ 패러데이의 법칙

해설 키르히호프의 전류 법칙(KCL, Kirchhoff's Current Law)
회로 내 접속점에서 들어오는 전류의 합이 나가는 전류의 합과 같다는 법칙.
① 옴의 법칙 : 전압, 전류, 저항 사이의 관계를 설명하는 법칙
③ 키르히호프의 전압 법칙 : 회로의 임의의 폐회로에서 모든 전압의 합이 0이 된다는 법칙
④ 패러데이의 법칙 : 자기장과 전기장의 관계를 설명하는 법칙

**05** 환상 솔레노이드의 내부 자장과 전류의 세기에 대한 설명으로 맞는 것은?

① 전류의 세기에 반비례한다.
② 전류의 세기에 비례한다.
③ 전류의 세기 제곱에 비례한다.
④ 전혀 관계가 없다.

정답 01 ② 02 ① 03 ④ 04 ② 05 ②

**해설** 환상 솔레노이드에 의한 자장의 세기 $H=\frac{NI}{2\pi r}$ [AT/m]이므로 자장의 세기와 전류는 비례한다.

**06** 공기 중에서 4[μC]과 8[μC]의 두 전하 사이에 작용하는 전기력이 7.2[N]일 때 두 전하 간의 거리[m]는?

① 0.1　　② 0.2
③ 0.3　　④ 0.4

**해설** 쿨롱의 법칙에 의해 두 전하 사이에 작용하는 전기력 $F=k\times\frac{Q_1\cdot Q_2}{r^2}$[N]이다.
따라서 두 전하 간의 거리

$$r=\sqrt{k\times\frac{Q_1\cdot Q_2}{F}}$$
$$=\sqrt{9\times10^9\times\frac{(4\times10^{-6})\times(8\times10^{-6})}{7.2}}$$
$=0.2$[m]이다.

$k$ : 쿨롱 상수(진공 또는 공기 중에서 $\frac{1}{4\pi\varepsilon}=9\times10^9$)
$Q_1$, $Q_2$ : 두 전하의 크기
$r$ : 두 전하 사이의 거리

**07** 기전력 1.5[V], 용량 20[Ah]인 축전기 5개를 직렬로 연결하여 사용할 때의 총 기전력과 전체 용량[Ah]은?

| 총 기전력[V] | 전체 용량[Ah] |
|---|---|
| ① 1.5 | 15 |
| ② 1.5 | 20 |
| ③ 7.5 | 15 |
| ④ 7.5 | 20 |

**해설** 기전력이 1.5[V]인 축전기 5개를 직렬로 연결하면 총 기전력은 1.5×5=7.5[V]이 되지만 직렬 연결 시 전류 $I$는 일정하므로 축전지의 전체 용량은 변하지 않는다.

**08** 콘덴서의 정전용량에 대한 설명으로 틀린 것은?

① 두 극판의 면적이 클수록 정전용량이 커진다.
② 두 극판의 사이의 거리가 멀수록 정전용량이 커진다.
③ 절연체의 유전율이 높을수록 정전용량이 커진다.
④ 정전용량의 단위는 패럿[F]이다.

**해설** $C=\varepsilon\frac{S}{d}$이므로 두 극판 사이의 거리가 가까울수록 전기장의 세기가 세져서 정전용량이 커진다.

$\varepsilon$ : 유전율
$S$ : 단면적
$d$ : 극판의 간격

**09** 환상 솔레노이드의 단면적 $A=5\times10^{-4}$[m$^2$], 자로의 길이 $l=0.5$[m], 비투자율 1,000, 코일의 권수가 1,000일 때 자기 인덕턴스[H]는?

① 1.26　　② 6.3
③ 12.6　　④ 25.2

**해설**

$$L=\mu_0\mu_s\times\frac{N^2\cdot A}{l}$$
$$=(4\pi\times10^{-7})\times1{,}000\times\frac{1{,}000^2\times(5\times10^{-4})}{0.5}=1.26[\text{H}]$$

$L$ : 자기 인덕턴스
$\mu_0$ : 진공의 투자율(=$4\pi\times10^{-7}$[H/m])
$\mu_s$ : 비투자율
$N$ : 코일의 권수
$A$ : 단면적
$l$ : 솔레노이드의 길이

정답 06 ② 07 ④ 08 ② 09 ①

**10** 1[kWh]는 몇 [J]인가?

① 3,600 ② 1,000
③ $10^6$ ④ $3.6\times10^6$

**해설** 1[W]×1[sec] = 1[J]이므로
1[kWh] = 1[kW]×1[h] = 1[kW]×3,600[sec]
= 1,000[W]×3,600[sec]
= $3.6\times10^6$[J]

**11** 자체 인덕턴스 $L_1$, $L_2$ 상호 인덕턴스 $M$인 두 코일이 서로 직교할 때 상호 인덕턴스는?

① 0 ② $L_1+L_2$
③ $L_1\times L_2$ ④ $\sqrt{L_1+L_2}$

**해설** 상호 인덕턴스 $M=k\sqrt{L_1L_2}$ 에서 두 코일 $L_1$, $L_2$이 직교할 때(서로 90도 각도로 배치되어 있을 때), 결합계수 $k=0$이므로 상호 인덕턴스 $M=0$이다. 즉, 두 코일이 직교하는 경우, 한 코일에서 생성된 자기장이 다른 코일을 가로지르지 않으므로, 자기적 결합이 일어나지 않고 상호 인덕턴스가 0이 된다.

**12** 전류에 의해 만들어지는 자기장의 자기력선 방향을 간단하게 알아내는 법칙은?

① 플레밍의 왼손 법칙
② 플레밍의 오른손 법칙
③ 앙페르의 오른나사 법칙
④ 렌츠의 법칙

**해설** 앙페르의 법칙은 전류와 자기장의 관계를 나타내는 법칙으로서 오른손의 엄지와 오른손의 나머지 손가락의 방향으로 전류와 자기력선의 방향을 알 수 있다.
① **플레밍의 왼손 법칙** : 전동기에서 전류, 자기장, 힘의 방향을 나타내는 법칙
② **플레밍의 오른손 법칙** : 발전기에서 전류, 자기장, 운동 방향을 설명하는 법칙
④ **렌츠의 법칙** : 유도 전류의 방향이 원래 자기장 변화를 방해하는 방향으로 생긴다는 법칙

**13** R-L 직렬회로에서 전압과 전류의 위상차는?

① $\tan^{-1}\dfrac{R}{\omega L}$

② $\tan^{-1}\dfrac{\omega L}{R}$

③ $\tan^{-1}\dfrac{L}{R}$

④ $\tan^{-1}\dfrac{R}{L}$

**해설**
R-L 직렬회로에서 임피던스 $\dot{Z}=R+jX_L=R+j\omega L$이다.
$\tan\theta=\dfrac{X_L}{R}=\dfrac{\omega L}{R}$이므로 위상차 $\theta=\tan^{-1}\left(\dfrac{\omega L}{R}\right)$이다.

**14** 공기 중에서 1[Wb]의 자하로부터 발산되는 총 자기력선의 총 수[개]는?

① $8\times10^3$ ② $8\times10^4$
③ $8\times10^5$ ④ $8\times10^6$

**해설** 자속 $\phi=m=1$[Wb]
진공 투자율 $\mu_0=4\pi\times10^{-7}$[H/m]
공기 중에서 비투자율 $\mu_s=1$[H/m]
자기력선 수 $N=\dfrac{m}{\mu}=\dfrac{m}{\mu_0\mu_s}=\dfrac{1}{4\pi\times10^{-7}}$
$=7.96\times10^5\fallingdotseq8\times10^5$[개]
자기력선 수 $N=\dfrac{m}{\mu}$[개]
자속 수 $\phi=m$[Wb]

**15** 전류의 열작용(줄열)에 대한 설명으로 맞는 것은?

① 줄열은 전류에 비례한다.
② 줄열은 전류의 제곱에 비례한다.
③ 줄열은 전류에 반비례한다.
④ 줄열은 전류의 제곱에 반비례한다.

9 개년 기출복원문제

정답 10 ④ 11 ① 12 ③ 13 ② 14 ③ 15 ②

**해설** 줄의 법칙에 의해 줄열은 전류가 저항을 통과할 때 발생하는 열로 $H = I^2Rt$로 설명할 수 있다. ($H$ : 발생하는 열량[J], $I$ : 전류[A], $R$ : 저항[Ω], $t$ : 시간[sec]) 줄열은 전류의 제곱에 비례하므로 전류가 증가할수록 열 발생량은 전류의 제곱에 비례하게 증가한다.

## 16 비유전율이 9인 유전체의 유전율은?

① $80\times10^{-12}$　② $80\times10^{-6}$
③ $4\times10^{-12}$　④ $4\times10^{-6}$

**해설** 유전율은 진공 유전율 $\varepsilon_0$와 비유전율 $\varepsilon_s$의 곱으로 계산되므로 $\varepsilon = \varepsilon_0 \times \varepsilon_s$이다.
$\varepsilon_0 = 8.854\times10^{-12}$[F/m], $\varepsilon_s = 9$이므로
$\varepsilon = \varepsilon_0 \times \varepsilon_s = 8.854\times10^{-12}\times9 \fallingdotseq 80\times10^{-12}$[F/m]

## 17 2[μF], 3[μF], 5[μF]의 3개의 콘덴서가 병렬로 연결된 회로의 합성 정전용량[μF]은?

① 2　② 5
③ 8　④ 10

**해설** 콘덴서가 병렬로 연결되어 있을 때 합성 정전용량은 $C_t = C_1 + C_2 + C_3 = 2+3+5 = 10$[μF]이다.

## 18 전기분해를 통하여 석출된 물질의 양은 통과한 전기량 및 화학당량과 어떤 관계인가?

① 전기량과 화학당량에 비례한다.
② 전기량과 화학당량에 반비례한다.
③ 전기량에 비례하고 화학당량에 반비례한다.
④ 전기량에 반비례하고 화학당량에 비례한다.

**해설** 패러데이의 법칙
전기분해를 하는 동안 전극에 흐르는 전하량과 전기분해로 인해 생긴 화학변화의 양 사이의 정량적인 관계를 나타내는 법칙. 전기량이 같을 때 석출되는 물질의 양은 전류의 전기량과 비례한다.

$W = KQ = KIt$[g]

$W$ : 석출되는 물질의 양

$k$ : 화학당량 $= \frac{\text{원자량}}{\text{원자가}}$

## 19 대칭 3상 △결선에서 선전류와 상전류와의 위상 관계는?

① 상전류가 $\frac{\pi}{3}$[rad] 앞선다.
② 상전류가 $\frac{\pi}{3}$[rad] 뒤진다.
③ 상전류가 $\frac{\pi}{6}$[rad] 앞선다.
④ 상전류가 $\frac{\pi}{6}$[rad] 뒤진다.

**해설** 대칭 3상 △결선에서 선전류와 상전류 사이의 위상차는 $30° = \frac{\pi}{6}$이며 선전류는 상전류보다 위상차($30° = \frac{\pi}{6}$) 만큼 앞서고, 상전류는 선전류보다 위상차($30° = \frac{\pi}{6}$)만큼 뒤진다.



정답 16 ① 17 ④ 18 ① 19 ④

**20** 500[Hz]에서 용량성 리액턴스가 20[Ω]인 콘덴서를 2,000[Hz]에서 사용했을 때 리액턴스[Ω]는?

① 1 ② 2
③ 5 ④ 10

**해설** 용량성 리액턴스 $X_C = \frac{1}{2\pi fC}$[Ω]에서

$C = \frac{1}{2\pi f X_C} = \frac{1}{2\pi \times 500 \times 20}$[F]이다.

주파수 $f = 2{,}000$[Hz]일 때

$$X_C = \frac{1}{2\pi fC} = \frac{1}{2\pi \times 2{,}000 \times \frac{1}{2\pi \times 500 \times 20}} = 5[\Omega]$$

$f$ : 주파수[Hz]
$C$ : 콘덴서의 용량[F]

**다른 풀이**

용량성 리액턴스 $X_C = \frac{1}{2\pi fC}$[Ω]이므로 주파수가 커질수록 리액턴스는 작아진다.

따라서 $X_{C1} f_1 = X_{C2} f_2$,

$$X_{C2} = X_{C1} \times \frac{f_1}{f_2} = 20 \times \frac{500}{2{,}000} = 5[\Omega]$$

$LI = N\Phi$이므로 $L = \frac{N\Phi}{I}$이다. 따라서 인덕턴스는 권속, 자속에는 비례하며, 전류와는 반비례한다.

**21** 직류 분권 전동기의 무부하전압이 108[V], 전압변동률이 8[%]인 경우 정격전압[V]은?

① 95 ② 100
③ 105 ④ 110

**해설** 전압변동률

$$\epsilon = \frac{V_0 - V_n}{V_n} \times 100[\%]$$

$$8 = \frac{108 - V_n}{V_n} \times 100$$

$V_n = 100$[V]

**22** 동기 발전기는 무엇에 의하여 회전수가 결정되는가?

① 극수와 주파수
② 극수와 전압
③ 전압과 주파수
④ 전류와 전압

**해설** 동기 발전기의 회전수(속도)에 영향을 주는 것은 극수와 주파수이다.

- **동기 발전기의 회전수(속도)**

$N_S = \frac{120f}{p}$[rpm]

**23** 변압기 내부 고장 발생 시 발생하는 기름의 흐름 변화를 검출하는 부흐홀츠 계전기의 설치 위치는?

① 변압기 본체
② 변압기의 고압 측 부싱
③ 컨서베이터 내부
④ 변압기 본체와 콘서베이터 사이

**해설** 부흐홀츠 계전기는 변압기 주 탱크와 콘서베이터 사이에 설치하여 변압기 내부 고장 보호용으로 사용된다. 절연유의 온도 상승 시 발생하는 유증기를 검출하여 권선 단락, 철심 고정 볼트의 절연 열화, 탭 전환기의 고장 등을 경보 및 차단한다.

**24** 비례추이를 이용하여 속도 제어가 되는 전동기는?

① 직류 분권 전동기
② 동기 전동기
③ 농형 유도전동기
④ 3상 권선형 유도전동기

**해설** 3상 권선형 유도전동기는 2차 회로에 저항을 가감시켜 슬립을 조정하는 비례추이를 활용하여 기동 회전력을 크게 하거나 속도를 제어한다.



정답 20 ③ 21 ② 22 ① 23 ④ 24 ④

**25** 3상 동기기 제동권선의 역할은?

① 난조 방지
② 효율 증가
③ 출력 증가
④ 역률 개선

해설 제동권선의 역할
- 제동권선 : 난조 방지
- 보상권선 : 전기자 반작용 방지

**26** 전기기기의 철심 재료로 성층해서 사용하는 이유는?

① 히스테리시스손을 줄이기 위하여
② 구리손을 줄이기 위해
③ 풍손을 없애기 위해
④ 맴돌이 전류손을 줄이기 위해서

해설 계자 철심은 이 철손(히스테리시스손)을 줄이기 위해 0.35~0.5[mm] 정도의 얇은 규소강판을 성층하여 만든다.

**27** 1차 측 권수는 6,000, 2차 측 권수가 200인 변압기의 전압비는?

① 30 ② 10
③ 60 ④ 90

해설 권수비

$$a=\frac{E_1}{E_2}=\frac{V_1}{V_2}=\frac{N_1}{N_2}=\sqrt{\frac{Z_1}{Z_2}}=\sqrt{\frac{R_1}{R_2}}$$

$$a=\frac{6,000}{200}=30 \qquad \therefore\ a=30$$

**28** 직류 발전기 계자의 주된 역할은?

① 기전력을 유도한다.
② 자속을 만든다.
③ 정류작용을 한다.
④ 전기자 권선과 외부 회로를 접속한다.

해설 직류기의 구조
- 계자 : 자속을 발생
- 전기자 : 자속을 끊어 기전력 발생
- 정류자 : 교류를 직류로 변환
- 브러시 : 전기자 권선과 외부 회로와의 전기적인 접속

**29** 전기자 저항 0.1[Ω], 전기자전류 104[A], 유도기전력 110.4[V]인 직류 분권 발전기의 단자전압[V]은?

① 98 ② 100
③ 102 ④ 104

해설

$E=V+I_aR_a$

$V=E-I_aR_a=110.4-0.1\times104=100[V]$

**30** 직류 전동기의 속도 제어법 중 워드 레오너드 방식에 사용하는 발전기는?

① 타여자 발전기
② 분권 발전기
③ 직권 발전기
④ 복권 발전기

해설 워드 레오나드 방식은 타여자 전동기의 전압 제어에 주로 이용되는 속도 제어 방식으로 광범위한 속도 조정을 원활하고 효율적으로 할 수 있는 방식이다. 설비비가 많이 드는 단점이 있지만 속도 변동률이 적고 가역적이므로 가장 우수한 속도 제어법이다.

정답 25 ① 26 ① 27 ① 28 ② 29 ② 30 ①

**31** 직류 직권 전동기의 회전수를 1/3로 줄이면 토크는 어떻게 되는가?

① 1/3배가 된다.
② 1/9배가 된다.
③ 3배가 된다.
④ 9배가 된다.

**해설** 직류 직권 전동기는 계자 권선과 전기자 권선이 직렬로 연결되어 있다.

$I_f = I_a = I$

$N \propto \frac{1}{I_a}$, $\tau \propto \phi I_a$에서 자속 $\phi$는 계자전류에 비례하고 계자전류는 전기자전류와 크기가 같으므로 $\tau \propto I_a^2$

$\therefore \tau \propto \frac{1}{N^2}$

직류 직권 전동기는 토크가 속도의 제곱에 반비례하므로 9배가 된다.

**32** 변압기 철심의 철의 함유율(%)은?

① 50~60 ② 75~86
③ 80~90 ④ 95~97

**해설** 변압기 철심
3~4[%] 규소가 함유된 강판 사용(히스테리시스손 감소)
따라서 철의 함유율은 96~97[%]이다.

**33** 1대의 출력이 100[kVA]인 단상 변압기 2대로 V결선하여 3상 전력을 공급할 수 있는 최대 전력은 몇 [kVA]인가?

① 100 ② $100\sqrt{2}$
③ $100\sqrt{3}$ ④ 200

**해설** V결선 용량
$P_v = \sqrt{3} \times P_a = 100\sqrt{3}$[kVA]

**34** 농형 유도전동기의 기동법과 가장 거리가 먼 것은?

① 직입 기동법
② Y－Δ 기동법
③ 기동보상기법
④ 2차 저항 기동법

**해설**
- **전전압 기동법(직입 기동법)** : 소용량의 농형 유도전동기에 적용하여 보통 5[kW] 이하에 적용
- **Y－Δ 기동법** : 고정자 3상 권선을 운전 시에는 Δ로 연결하고 기동 시에만 Y로 연결하면 1상 권선에 가해지는 전압은 기동 시 전전압의 60[%] 정도로 보통 5~15[kW] 정도까지 적용
- **기동보상기법** : 단권 변압기의 원리를 이용하여 공급 전압을 낮추어 기동시키는 방법
- **2차 저항 기동법** : 권선형 유도전동기의 기동 및 운전에 적용하는 방법

**35** 직류 전동기에서의 규약효율은?

① $\frac{출력}{입력} \times 100[\%]$

② $\frac{입력}{입력+손실} \times 100[\%]$

③ $\frac{출력}{출력+손실} \times 100[\%]$

④ $\frac{입력-손실}{입력} \times 100[\%]$

**해설** 전동기 규약효율
$\eta = \frac{입력-손실}{입력} \times 100[\%]$

**36** 동기 발전기 병렬운전 시 고려하지 않아도 되는 것은?

① 기전력의 크기 ② 발전기의 용량
③ 기전력의 주파수 ④ 기전력의 위상



정답 31 ④ 32 ④ 33 ③ 34 ④ 35 ④ 36 ②

**해설** 동기 발전기의 병렬운전 조건
- 기전력의 크기가 같을 것
- 기전력의 위상이 같을 것
- 기전력의 주파수가 같을 것
- 기전력의 파형이 같을 것

**37** 단상 유도전동기 중 기동토크가 가장 큰 것은?

① 반발 기동형 ② 반발 유도형
③ 분상 기동형 ④ 콘덴서 기동형

**해설** 단상 유도전동기의 기동토크가 큰 순서
반발 기동형 〉 반발 유도형 〉 콘덴서 기동형 〉 영구 콘덴서형 〉 분상 기동형 〉 셰이딩 코일형

**38** 유도전동기의 원선도 작성에서 필요한 시험으로 옳지 않은 것은?

① 저항측정 시험 ② 무부하 시험
③ 구속 시험 ④ 슬립측정 시험

**해설**
- 저항측정 시험 : 1차 동손
- 무부하 시험 : 여자전류, 철손
- 구속 시험(단락 시험) : 2차 동손

**39** 변압기유의 열화 방지를 위해 쓰이는 방법이 아닌 것은?

① 방열기 ② 브리더
③ 질소 봉입 ④ 콘서베이터

**해설** 변압기유 열화방지 방법
- 콘서베이터 설치 : 변압기 함에 부착하여 호흡작용에 의한 기름의 열화를 방지
- 공기와의 접촉을 차단하기위해 유면과 외부 사이에 질소 봉입
- 브리더 설치 : 유입변압기 등은 열화에 따른 내외부 호흡에 따른 습기가 발생하는데 이를 흡수

**40** 단락비가 1.2인 동기 발전기의 %동기임피던스[%]는?

① 약 68 ② 약 83
③ 약 100 ④ 약 120

**해설**
$$\%Z = \frac{1}{\text{단락비}} \times 100 = \frac{1}{1.2} \times 100 \fallingdotseq 83[\%]$$

**41** 2개의 접지극을 이용하여 다이얼로 영점을 맞추어 접지저항을 측정하는 계기는?

① 접지저항계
② 멀티테스터기
③ 콜라우시 브리지
④ 휘트스톤 브리지

**해설** 다이얼 접지저항계를 이용한 2전극법을 말하는 것이다.

**42** 사용 중 예상치 못한 회로의 개방이 위험 또는 큰 손상을 초래할 수 있어 안전을 위해 과부하 보호 장치의 생략이 가능한 회로가 아닌 것은?

① 소방설비의 전원회로
② 전류변성기의 2차회로
③ 승강기설비의 전원회로
④ 주거침입경보 안전설비의 전원회로

**해설** [한국전기설비규정 212.4.3 과부하 보호장치의 생략]
안전을 위해 과부하 보호 장치를 생략할 수 있는 경우
사용 중 예상치 못한 회로의 개방이 위험 또는 큰 손상을 초래할 수 있는 다음과 같은 부하에 전원을 공급하는 회로에 대해서는 과부하 보호 장치를 생략할 수 있다.
- 회전기의 여자회로
- 소방 설비의 전원회로
- 전류변성기의 2차회로
- 전자석 크레인의 전원회로
- 안전설비(주거침입경보, 가스누출경보 등)의 전원회로



정답 37 ① 38 ④ 39 ① 40 ② 41 ① 42 ③

## 43 기동 지연 시간과 동작 지연 시간의 설정이 가능한 단락보호 계전기는?

① 임피던스 계전기(ZR)
② 부족전압 계전기(UVR)
③ 비율차동 계전기(RDfR)
④ 전자식 과전류 계전기(EOCR)

**해설** 전자식 과전류 계전기는 기동 지연 시간(D-Time)과 동작 지연 시간(O-Time)의 설정이 가능하다. 이 기능을 이용하여 전동기의 기동 시 기동전류가 과전류로 인식되는 것을 방지한다.

## 44 합성수지관 상호 및 관과 박스를 접속할 때 삽입하는 깊이는 관 바깥지름의 몇 배 이상인가? (단, 접착제를 사용하지 않는 경우이다.)

① 0.8 ② 1.0
③ 1.2 ④ 1.5

**해설** [한국전기설비규정 232.11.3 합성수지관 및 부속품의 시설]
- 관 상호 및 관과 박스를 접속할 때 관을 삽입하는 깊이는 관의 바깥지름의 1.2배 이상으로 하여 꽂음 접속에 의해 견고하게 접속한다.
- 접착제를 사용하는 경우에는 관을 삽입하는 깊이를 관의 바깥지름의 0.8배 이상으로 한다.

## 45 전주외등에 전선을 수직으로 지지할 때 사용하는 장주용 자재는?

① 래크
② 경완철
③ LP 애자
④ 현수 애자

**해설** 래크는 장주의 저압 배전선로에서 저압용 애자를 사용하여 저압선을 수직으로 지지할 때 사용하는 장주용 자재이다.
② **경완철** : 완금이라고도 하며, 전주의 금구를 부착하기 위해 설치하는 지지대이다.
③ **LP 애자** : 라인포스트 애자로 특고압 가공 배전선로의 지지물에서 전선을 지지하고 고정하는 데 사용하는 장주용 애자이다.
④ **현수 애자** : 철탑 등에서 전선을 내장, 인류개소에서 전선을 지지하는 데 사용한다.

## 46 옥외 백열전등의 인하선으로서 지표상의 높이 2.5[m] 미만인 부분은 공칭단면적 몇 [mm] 이상의 연동선과 동등 이상의 세기 및 굵기의 절연전선(옥외용 비닐절연전선을 제외)을 사용하는가?

① 0.75 ② 1.5
③ 2.0 ④ 2.5

**해설** 가로등, 보안등, 조경등 등과 같은 옥외등은 그 용도 및 목적에 따라 상당히 낮은 위치에 설치하는 일이 있으므로, 이와 같은 경우의 인하선으로 지표상 2.5[m] 미만의 부분은 옥외용 비닐절연전선 이외의 공칭단면적 2.5[mm] 이상의 절연전선을 사용하여 시설하도록 하고 있다.

## 47 정역 제어회로에서 앞서 동작한 쪽이 우선하고, 다른 쪽은 동작을 금지시키는 회로는?

① 인터록회로
② 자기유지회로
③ 비상운전회로
④ 한시운전회로



정답 43 ④ 44 ③ 45 ① 46 ④ 47 ①

**해설** 인터록회로란 기기의 보호와 조작자의 안전을 목적으로 상호 관련된 기기 간의 동작을 구속하는 회로이다. 한쪽의 회로가 개(폐)일 때 다른 한쪽의 회로가 개(폐)되지 않도록 한다.
② **자기유지회로** : 릴레이에 전원을 인가하는 스위치에 릴레이 보조 접점 'a' 접점을 병렬로 연결하여 전원 인가 스위치를 OFF해도 릴레이 코일에 계속 전류가 흘러 전원을 유지하는 회로
③ **비상운전회로** : 인칭회로라고도 하며, 작업 기계가 미세한 운동을 하도록 전동기의 전원회로를 짧은 간격으로 반복 개폐할 수 있는 회로
④ **한시운전회로** : 타이머 릴레이의 한시 접점을 사용하여 정해진 시간이 흐르고 난 뒤의 동작을 통해 모터를 제어하는 회로

**48** 금속 전선관 공사에서 금속관을 가공할 때 사용하지 않는 공구는?

① 리머　　② 오스터
③ 스트리퍼　　④ 파이프 바이스

**해설**
① **리머** : 가공한 금속관의 절단면을 매끄럽게 만들 때 사용하는 공구
② **오스터** : 금속관에 나사선을 낼 때 사용하는 공구
③ **스트리퍼** : 전선의 피복을 벗길 때 사용하는 공구
④ **파이프 바이스** : 금속관을 자르거나 가공할 때 금속관을 고정시키는 공구

**49** 셀룰러덕트의 최대 폭이 150[mm] 이하일 때, 셀룰러덕트의 판 두께는?

① 1.2　　② 1.4
③ 1.6　　④ 2.0

**해설** [한국전기설비규정 232.33.2 셀룰러덕트 및 부속품의 선정]

| 덕트의 최대 폭 | 덕트의 판 두께 |
|---|---|
| 150[mm] 이하 | 1.2[mm] |
| 150[mm] 초과 200[mm] 이하 | 1.4[mm] |
| 200[mm] 초과 | 1.6[mm] |

**50** 금속몰드공사에서 사용하는 금속몰드의 폭과 두께가 바르게 짝지어진 것은?

① 폭 35[mm] 이상, 두께 0.5[mm] 이하
② 폭 35[mm] 이상, 두께 1.0[mm] 이하
③ 폭 50[mm] 이상, 두께 0.5[mm] 이하
④ 폭 50[mm] 이상, 두께 1.0[mm] 이하

**해설** [한국전기설비규정 232.22.2 금속몰드 및 박스 기타 부속품의 선정]
황동제 또는 동제의 몰드는 폭이 50[mm] 이하, 두께 0.5[mm] 이상인 것일 것

**51** 고압의 가공전선이 도로를 횡단하는 경우 지표상 몇 [m] 이상으로 시설하여야 하는가?

① 3.5[m]　　② 4.0[m]
③ 6.0[m]　　④ 6.5[m]

**해설** [한국전기설비규정 332.5 고압 가공전선의 높이]
고압 가공전선의 높이는 다음에 따라야 한다.
- 도로를 횡단하는 경우에는 지표상 6[m] 이상
- 철도 또는 궤도를 횡단하는 경우에는 레일면상 6.5[m] 이상
- 횡단보도교의 위에 시설하는 경우에는 그 노면상 3.5[m] 이상
- 기타 이외의 경우에는 지표상 5[m] 이상

**52** 'DV'는 어떤 전선의 약호인가?

① 옥외용 비닐절연전선
② 인입용 비닐절연전선
③ 일반용 단심 비닐절연전선
④ 기기 배선용 단심 비닐절연전선

**해설**
① 옥외용 비닐절연전선 : OW
② 인입용 비닐절연전선 : DV
③ 일반용 단심 비닐절연전선 : NR
④ 기기 배선용 단심 비닐절연전선 : NRI

정답 48 ③ 49 ① 50 ③ 51 ③ 52 ②

**53** 내선 공사에서 전선 접속에 관한 사항으로 옳지 않은 것은?

① 접속 부분에서의 전기저항을 증가시킨다.
② 전선의 강도를 20[%] 이상 감소시키지 않는다.
③ 접속 슬리브, 전선 접속기를 사용하여 접속한다.
④ 접속 부분의 온도상승 값이 접속부 이외의 온도상승 값을 넘지 않도록 한다.

해설 전선 접속 시 유의사항
- 전선 접속 시 접속 부분의 전기저항이 증가하지 않도록 접속한다.
- 전선 접속 부분의 인장강도가 20[%] 이상 감소하지 않도록 접속한다.
- 절연 성능이 있는 접속기를 사용하거나 절연 테이프로 충분히 피복한다.
- 교류회로에서 병렬회로를 구성할 때 금속관 안에서 전자적 불평형이 생기지 않도록 시설한다.

**54** 가공전선로의 지지물에 시설하는 지지선의 안전율은 2.5 이상이어야 한다. 이 경우에 허용 인장하중은 최저 얼마이어야 하는가?

① 2.30[kN] ② 4.31[kN]
③ 5.26[kN] ④ 6.80[kN]

해설 [한국전기설비규정 331.11 지지선의 시설]
지지선의 안전율은 2.5 이상일 것. 이 경우에 허용 인장하중의 최저는 4.31[kN]으로 한다.

**55** 단선의 전선 접속법이 아닌 것은?

① 권선 접속법
② 쥐꼬리 접속법
③ 트위스트 접속법
④ 브리타니아 접속법

해설 권선 접속법은 연선을 직선 접속하거나 분기 접속할 때 사용하는 전선 접속법이다.

**56** 케이블 공사 시 연선 케이블의 굴곡 반경은 외경의 몇 배 이상이 되어야 하는가?

① 4배 ② 6배
③ 8배 ④ 10배

해설 [내선규정 제2275절-3]
케이블을 구부리는 경우는 피복이 손상되지 않도록 하고 그 굴곡부의 곡률 반경은 케이블 외경의 6배(단심인 것은 8배) 이상으로 하여야 한다.

**57** 호텔 또는 여관 객실의 입구에 센서등을 설치할 때 사용하는 스위치는?

① 3로 스위치
② 타임 스위치
③ 토글 스위치
④ 텀블러 스위치

해설 [한국전기설비규정 234.6 점멸기의 시설]
다음의 경우에는 센서등(타임 스위치 포함)을 시설해야 한다.
- 관광숙박업 또는 숙박업에 이용되는 객식의 입구등은 1분 이내에 소등되는 것
- 일반주택 및 아파트 각 호실의 현관등은 3분 이내에 소등되는 것



**58** 욕실에 콘센트를 시설하고자 할 때 유의사항으로 옳지 않은 것은?

① 접지극이 있는 방적형 콘센트를 사용해야 한다.
② 용량이 3[kVA] 이하인 절연변압기를 사용해야 한다.
③ 정격감도전류 30[mA] 이하, 동작시간 0.05초 이하의 전류동작형 누전차단기를 사용해야 한다.
④ 전기용품 및 생활용품 안전관리법의 적용을 받는 인체감전보호용 누전차단기를 사용해야 한다.

정답 53 ① 54 ② 55 ① 56 ② 57 ② 58 ③

**해설** [한국전기설비규정 234.5 콘센트의 시설]
- 「전기용품 및 생활용품 안전관리법」의 적용을 받는 인체감전보호용 누전차단기(정격감도전류 15[mA] 이하, 동작시간 0.03초 이하의 전류동작형의 것에 한한다) 또는 절연변압기(정격용량 3[kVA] 이하인 것에 한한다)로 보호된 전로에 접속하거나, 인체감전보호용 누전차단기가 부착된 콘센트를 시설하여야 한다.
- 콘센트는 접지극이 있는 방적형 콘센트를 사용하여 감전에 대한 보호와 접지시스템의 규정에 준하여 접지하여야 한다.

**59** **코드 또는 캡타이어케이블을 상호 간 접속할 때 사용하는 기구는?**

① T형 접속기
② 코드 접속기
③ 박스용 커넥터
④ 와이어 커넥터

**해설** [한국전기설비규정 234.4.2 코드 상호 또는 캡타이어 케이블 상호의 접속]
코드 상호, 캡타이어 케이블 상호 또는 이들 상호 간의 접속은 코드 접속기, 접속함 및 기타 기구를 사용하여야 한다.

**60** **피뢰기의 기호는?**

① 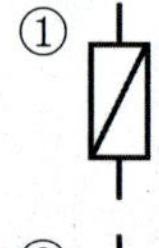
② 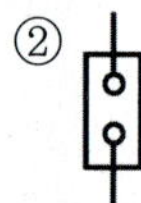
③ 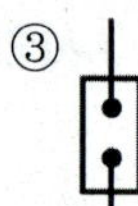
④ 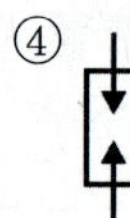

**해설** ①번은 퓨즈, ②번은 교류 차단기, ③번은 교류 부하 개폐기의 도면 기호이다.



정답 59 ② 60 ④

# 2024년 제3회 기출복원문제

**01** 다음 중 가장 무거운 것은?

① 전자의 질량과 원자핵의 질량의 합
② 중성자의 질량과 전자의 질량의 합
③ 양성자의 질량과 전자의 질량의 합
④ 중성자의 질량과 양성자의 질량의 합

**해설**
- **전자의 질량** : $9.11 \times 10^{-31}$[kg]
- **양성자의 질량** : $1.673 \times 10^{-27}$[kg]
- **중성자의 질량** : $1.675 \times 10^{-27}$[kg]

전자의 질량은 매우 작고, 양성자와 중성자는 전자에 비해 훨씬 무거우며, 양성자와 중성자의 질량은 거의 비슷하다. 따라서, 양성자와 중성자의 질량을 더한 값은 다른 조합에 비해 가장 크다. 전자의 질량은 상대적으로 무시할 수 있을 정도로 작기 때문에, 양성자나 중성자에 전자의 질량을 더해도 큰 차이가 나지 않는다.

**02** 용량을 변화시킬 수 있는 콘덴서는?

① 바리콘 콘덴서
② 마일러 콘덴서
③ 전해 콘덴서
④ 세라믹 콘덴서

**해설**
② **마일러 콘덴서** : 얇은 마일러 필름을 절연체로 사용하는 고정 용량 콘덴서
③ **전해 콘덴서** : 큰 용량을 가지며 전해질을 사용한 고정 용량 콘덴서
④ **세라믹 콘덴서** : 세라믹 물질을 절연체로 사용하는 고정 용량 콘덴서

**03** 권수 50회의 코일에 5[A]의 전류가 흘러서 $10^{-3}$[Wb]의 자속이 코일을 지난다고 하면, 이 코일의 자체 인덕턴스[mH]는?

① 10 ② 20
③ 30 ④ 40

**해설** 코일의 자체 인덕턴스

$$L = \frac{N\Phi}{I} = \frac{50 \times 0.001}{5} = 0.01 = 10 \times 10^{-3} = 10[\text{mH}]$$

**04** 물질에 따라 자석과 전혀 반응하지 않는 물질을 무엇이라고 하는가?

① 강자성체 ② 상자성체
③ 비자성체 ④ 반자성체

**해설**
① **강자성체** : 자석과 강하게 반응하고 자기장이 없는 상태에서도 자성을 유지할 수 있는 물질
예 철, 니켈, 코발트
② **상자성체** : 외부 자기장이 있을 때 약하게 자석에 끌리지만, 자기장이 없으면 자성이 없어지는 물질
예 알루미늄, 마그네슘, 백금, 텅스텐
③ **비자성체** : 자석과 전혀 반응하지 않는 물질로, 외부 자기장이 있어도 자성을 띠지 않는 물질
예 유리, 플라스틱, 고무
④ **반자성체** : 외부 자기장에 반하여 약하게 반발하는 물질
예 구리, 금, 은, 수은, 납

**05** 평균 길이가 10[cm], 권수 10회인 무한장 솔레노이드에 3[A]의 전류가 흐를 때 단위 길이당 솔레노이드 내부의 자기장의 크기[AT/m]는?

① 30 ② 100
③ 300 ④ 1,000

정답 01 ④ 02 ① 03 ① 04 ③ 05 ③

**해설** 무한장 솔레노이드 내부에서 자기장의 세기
$H = nI = 10 \times 3 = 30$[AT/m]이며
단위 길이당 솔레노이드 내부의 자기장의 크기는
$H = \frac{nI}{d} = \frac{30}{0.1} = 300$[AT/m]이다.

## 06 [Wb]는 무엇을 나타내는 단위인가?

① 전기저항
② 자속
③ 기자력
④ 자기저항

**해설** [Wb]는 자속 또는 자극의 세기를 나타내는 단위이다.
① **전기저항** : [Ω]
③ **기자력** : [A]
④ **자기저항** : [AT/Wb]

## 07 3상 220[V], △결선에서 1상의 부하가 $\dot{Z} = 8 + j6$[Ω]이면 선간전류[A]는?

① $11\sqrt{3}$ ② $22\sqrt{3}$
③ $33\sqrt{3}$ ④ $22\sqrt{6}$

**해설** △결선에서 1상의 전류 $I_\phi = \frac{V}{|Z|}$이다.
$|Z| = \sqrt{8^2 + 6^2} = 10$[Ω]이므로
상전류 $I_\phi = \frac{V}{|Z|} = \frac{220}{10} = 22$[A]이다.
선간전류 $I_l = I_\phi \times \sqrt{3} = 22\sqrt{3}$[A]이다.

## 08 비오-사바르의 법칙은 어느 관계를 나타내는가?

① 기자력 - 자속밀도
② 전위 - 자기장
③ 전류 - 자기장
④ 기자력 - 자기장

**해설** 비오-사바르의 법칙은 전류에 의해 발생하는 자기장의 세기를 설명하는 법칙으로 전류가 흐르는 도선의 작은 부분에서 발생하는 자기장은 도선의 위치, 전류의 크기, 그리고 자기장을 측정하는 위치와의 거리의 함수로 결정된다.

## 09 △결선으로 된 부하에 상전류가 10[A]이고, 한 상의 저항이 5[Ω], 리액턴스가 8[Ω]이라고 하면 전체 소비전력[W]은?

① 800 ② 1,000
③ 1,200 ④ 1,500

**해설** △결선의 소비전력은 $P = 3I_\phi^2 R$이다.
($P$ : 소비전력, $I_\phi$ : 상전류, $R$ : 한 상의 저항)
따라서 $P = 3 \times 10^2 \times 5 = 1,500$[W]

## 10 R-C 병렬회로에서 합성 임피던스는?

① $Z = \sqrt{R^2 + {X_C}^2}$
② $Z = \frac{R \cdot X_C}{\sqrt{R^2 + {X_C}^2}}$
③ $Z = \frac{R}{X_C}$
④ $Z = \frac{1}{R + X_C}$

**해설** R-C 병렬회로에서 합성 임피던스를 구할 때는 어드미턴스(임피던스의 역수) 형태로 변환하여 더한 뒤 다시 역수를 취하는 것이 유리하다.
$Y_{합성} = \frac{1}{R} + j\frac{1}{X_C}$
$|Y_{합성}| = \sqrt{\frac{1}{R^2} + \frac{1}{{X_C}^2}} = \frac{\sqrt{R^2 + {X_C}^2}}{R \cdot X_C}$
$|Z_{합성}| = \frac{1}{|Y_{합성}|} = \frac{R \cdot X_C}{\sqrt{R^2 + {X_C}^2}}$

정답 06 ② 07 ② 08 ③ 09 ④ 10 ②

**11** 220[V]/60[W] 전구 2개를 전원에 직렬과 병렬로 연결했을 때 어느 것이 더 밝은가?

① 직렬로 연결한 전등이 더 밝다.
② 병렬로 연결한 전등이 더 밝다.
③ 두 경우의 밝기가 같다.
④ 두 경우 모두 전구가 켜지지 않는다.

**해설** $P=\dfrac{V^2}{R}$ 이므로 220[V]용 60[W] 전구의 내부저항 $R=\dfrac{V^2}{P}=\dfrac{220^2}{60}\fallingdotseq 807[\Omega]$이다.

- **직렬로 연결하는 경우**
  전체 저항 $R_{직렬}=2R\fallingdotseq 1,614[\Omega]$이므로
  전류 $I=\dfrac{V}{R_{직렬}}=\dfrac{220}{1,614}\fallingdotseq 0.136[A]$이다.
  각 전구의 소비전력은
  $P=I^2R=(0.136)^2\times 1,614\fallingdotseq 30[W]$
- **병렬로 연결하는 경우**
  전체 저항 $R_{병렬}=\dfrac{R^2}{2R}=\dfrac{R}{2}\fallingdotseq 404[\Omega]$, $V=220[V]$
  각 전구의 소비전력은 $P=\dfrac{V^2}{R}=\dfrac{220^2}{404}\fallingdotseq 120[W]$

따라서 전압을 $V$라고 할 때, 직렬로 연결하는 경우 각 전구에 전압은 $\dfrac{1}{2}V$씩 동일하게 걸리므로 소비전력 $P=\dfrac{\left(\dfrac{V}{2}\right)^2}{R}=\dfrac{V^2}{4R}$이고 병렬로 연결하는 경우 각 전구의 전압은 $V$로 일정하므로 $P=\dfrac{V^2}{R}$이므로 병렬로 연결한 경우가 직렬로 연결한 경우보다 4배 정도 소비전력이 크며 더 밝게 빛이 난다.

**12** 4[μF]의 콘덴서에 4[kV]의 전압을 가하여 200[Ω]의 저항을 통해 방전시키면 이때 발생하는 에너지[J]는?

① 8　　② 16
③ 32　　④ 40

**해설** 콘덴서에 저장된 에너지

$E=\dfrac{1}{2}CV^2=\dfrac{1}{2}\times(4\times10^{-6})\times(4\times10^3)^2$

$=\dfrac{1}{2}\times4\times10^{-6}\times16\times10^6=32[J]$

$E$ : 저장된 에너지[J]
$C$ : 콘덴서의 정전용량[F]
$V$ : 가해진 전압[V]

**13** 인덕턴스 0.5[H]에 주파수가 60[Hz]이고 전압이 220[V]인 교류전압이 가해질 때 흐르는 전류[A]는?

① 0.59　　② 0.75
③ 0.96　　④ 1.17

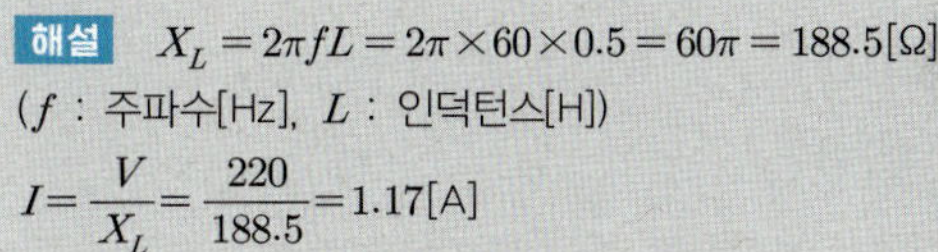

**해설** $X_L=2\pi fL=2\pi\times60\times0.5=60\pi=188.5[\Omega]$
($f$ : 주파수[Hz], $L$ : 인덕턴스[H])
$I=\dfrac{V}{X_L}=\dfrac{220}{188.5}=1.17[A]$

**14** 그림과 같이 철판에 구리선을 감싸놓고 직류전기를 흘려주었을 때 ㉠에서의 극성은?

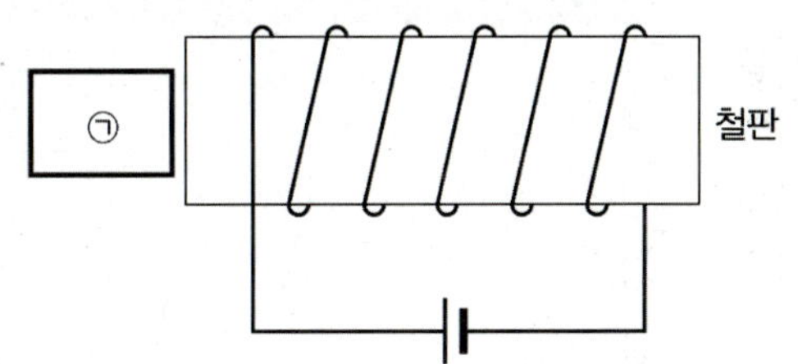


① N극
② S극
③ N극과 S극이 교번한다.
④ 극의 변화가 없다.

**해설** 앙페르의 오른나사 법칙으로 생각해본다.
전류가 (+)극에서 나와 (−)극으로 들어가므로 전류 방향에 맞추어 오른손 4개의 손가락으로 철판을 감싸면 오른손 엄지는 왼쪽을 향하게 된다. 오른손 엄지가 가리키는 방향이 N극을 상징하므로 ㉠은 N극이 된다.

정답 11 ② 12 ③ 13 ④ 14 ①

**15** **자기회로와 전기회로의 대응관계가 잘못된 것은?**

① 기자력 - 기전력
② 자속 - 전류
③ 도전율 - 전력
④ 자기저항 - 전기저항

**해설** 도전율 - 투자율

**16** **2[Ω], 3[Ω], 5[Ω]의 세 개의 저항을 직렬로 연결한 뒤 10[V]의 직류 전원을 인가했을 때 2[Ω] 양단에 걸리는 전압[V]은?**

① 1　　② 2
③ 3　　④ 5

**해설** 직렬 연결에서 합성 저항
$R_t = R_1 + R_2 + R_3 = 2+3+5 = 10[\Omega]$이다.
회로에 흐르는 전류 $I = \frac{V}{R_t} = \frac{10}{10} = 1[A]$이다.
각 저항 양단에 걸리는 전압은 $V_1 = I \times R_1$, $V_2 = I \times R_2$, $V_3 = I \times R_3$이므로 $V_1 = 1 \times 2 = 2[V]$이다.
또는 직렬 연결에서 전압의 분배법칙에 의해
$V_1 = \frac{R_1}{R_1 + R_2 + R_3} \times V = \frac{2}{2+3+5} \times 10 = 2[V]$와 같이 풀 수 있다.

**17** **자기력선의 설명 중 맞는 것은?**

① 자기력선은 자석이 아닌 물체는 통과할 수 없다.
② 자기력선은 상호 간에 교차한다.
③ 자기력선은 자석 외부에서 N극에서 시작하여 S극에서 끝난다.
④ 자기력선은 가시적으로 보인다.

**해설**
① 자기력선이 공기나 다른 물질을 통과하여 영향을 미칠 수 있다.
② 자기력선은 서로 교차하지 않는다.
④ 자기력선은 눈에 보이지 않지만 철가루와 같은 물질을 통해 그 분포를 간접적으로 확인할 수 있다.

**18** **어느 회로에 피상전력이 60[kVA]이고, 무효전력이 36[kVar]일 때 유효전력[kW]은?**

① 24　　② 36
③ 48　　④ 60

**해설** 피상전력 $S = \sqrt{P^2 + Q^2}$ [VA]
($P$ : 유효전력[W], $Q$ : 무효전력[Var])
$S^2 = P^2 + Q^2$,
$P = \sqrt{S^2 - Q^2} = \sqrt{60^2 - 36^2} = \sqrt{3,600 - 1,296}$
$= \sqrt{2,304} = 48[kW]$

**19** **저항 $R = 3[\Omega]$, 리액턴스 $X = 4[\Omega]$의 R-L 직렬 회로에 $e = 100\sqrt{2}\sin(\omega t)[V]$의 전압을 가할 때 이 회로의 유효전력[W]은?**

① 1,000　　② 1,200
③ 1,500　　④ 1,800

**해설** 임피던스의 크기를 구하면 임피던스의 크기
$|Z| = \sqrt{R^2 + X^2} = \sqrt{3^2 + 4^2} = 5[\Omega]$이다.
전류의 실횻값 $V_{rms} = \frac{V_m}{\sqrt{2}} = \frac{100\sqrt{2}}{\sqrt{2}} = 100[V]$,
$I_{rms} = \frac{V_{rms}}{|Z|} = \frac{100}{5} = 20[A]$이다.
소비전력을 계산하면 소비전력
$P = {I_{rms}}^2 \times R = 20^2 \times 3 = 1,200[W]$이다.

정답 15 ③ 16 ② 17 ③ 18 ③ 19 ②

**20** 25[Ah]의 축전지를 5[A]로 사용하면 몇 시간 사용 가능한가?

① 2 ② 3
③ 4 ④ 5

**해설**
축전지의 용량[Ah] = 축전지의 방전 전류[A] × 사용 시간[h]
사용 시간 $= \frac{\text{축전지의 용량[Ah]}}{\text{축전지의 방전 전류[A]}} = \frac{25}{5} = 5[\text{h}]$

**21** 변압기의 1차 권수비가 80, 2차 권수비가 320일 때 2차 전압이 100[V]라면 1차 전압[V]은?

① 100 ② 50
③ 25 ④ 10

**해설** 권수비
$a = \frac{E_1}{E_2} = \frac{V_1}{V_2} = \frac{N_1}{N_2} = \sqrt{\frac{Z_1}{Z_2}} = \sqrt{\frac{R_1}{R_2}}$ 에서
$\frac{N_1}{N_2} = \frac{V_1}{V_2} = \frac{80}{320} = \frac{V_1}{100}$
$V_1 = 25[\text{V}]$

**22** 다음 중 인버터의 설명으로 옳은 것은?

① 교류를 직류로 변환
② 직류를 교류로 변환
③ 교류를 교류로 변환
④ 직류를 직류로 변환

**해설** 인버터(Inverter, 역변환장치)
직류를 교류로 변환하는 장치(DC → AC)로 주파수를 변환시켜 전동기 속도제어와 형광등 고주파 점등이 가능하다.

**23** 직류기에서 교류를 직류로 변환하는 장치는?

① 정류자 ② 계자
③ 전기자 ④ 브러시

**해설** 직류기의 구조
① 정류자 : 교류를 직류로 변환
② 계자 : 자속을 발생
③ 전기자 : 자속을 끊어 기전력 발생
④ 브러시 : 전기자 권선과 외부 회로와의 전기적인 접속

**24** 60[Hz]의 동기 전동기가 4극일 때 동기 속도[rpm]는?

① 3,600 ② 2,400
③ 1,800 ④ 900

**해설**
$N_S = \frac{120f}{p}[\text{rpm}]$
$\frac{120 \times 60}{4} = 1,800[\text{rpm}]$

**25** 슬립이 0일 때 유도전동기 속도는?

① 변화가 없다.
② 정지상태가 된다.
③ 동기속도로 회전한다.
④ 동기속도보다 빠르게 회전한다.

**해설** 슬립 $s=1$이면 $N=0$으로 전동기는 정지 상태이며, $s=0$이면 $N=N_S$가 되어 무부하 상태를 나타낸다.

슬립 $s = \frac{N_s - N}{N_s}$

- 정지 시($N=0$) $s = \frac{N_s - 0}{N_s} = 1$
- 동기속도로 운전 시($N=N_s$) $s = \frac{N_s - N_s}{N_s} = 0$

정답 20 ④ 21 ③ 22 ② 23 ① 24 ③ 25 ③

**26** 다음 중 전동기의 원리에 적용되는 법칙은?

① 렌츠의 법칙
② 플레밍의 오른손 법칙
③ 플레밍의 왼손 법칙
④ 옴의 법칙

해설
- **플레밍의 왼손 법칙** : 자기장 내의 전류가 흐르는 도선의 힘의 방향 ▶ 전동기
- **플레밍의 오른손 법칙** : 자기장 내의 도선의 운동 시 유도 기전력의 방향 ▶ 발전기

**27** 변압기 내부 고장에 사용되는 부흐홀츠 계전기의 설치 위치는?

① 변압기 본체와 콘서베이터 사이
② 변압기의 고압 측 부싱
③ 콘서베이터 내부
④ 변압기 본체

해설 부흐홀츠 계전기는 변압기 주 탱크와 콘서베이터 사이에 설치하여 변압기 내부 고장 보호용으로 사용된다. 절연유의 온도 상승 시 발생하는 유증기를 검출하여 권선 단락, 철심 고정 볼트의 절연 열화, 탭 전환기의 고장 등을 경보 및 차단한다.

**28** 수변전설비의 고압 회로에 걸리는 전압을 표시하기 위해 전압계를 시설할 때 고압 회로와 전압계 사이에 설치하는 것은?

① 배선용 차단기
② 계기용 변압기
③ 계기용 변류기
④ 과전류 계전기

해설 계기용 변압기(PT, Potential Transformer)
- 고전압을 저전압으로 변성하는 계기용 변성기의 일종으로 2차 측에는 전압계, 전력계, 주파수계 역률계, 표시등, 부족전압, 트립코일 등이 접속된다.
- 고전압을 저전압으로 변성하여 과전압 계전기(OVR)나 부족전압 계전기(UVR) 또는 측정용계에 공급하기 위한 전압 변성기로 회로에 병렬로 연결한다.

**29** 직류 분권 발전기의 전기자 저항은 0.1[Ω], 전기자 전류는 104[A], 유도기전력이 110.4[V]일 때 단자 전압[V]은?

① 96　② 98
③ 100　④ 102

해설 $E = V + I_a R_a$
$V = E - I_a R_a = 110.4 - 0.1 \times 104 = 100[\text{V}]$

**30** 2극 3,600[rpm]인 동기 발전기와 병렬 운전하려는 8극 발전기의 회전수[rpm]는?

① 3,600　② 2,400
③ 1,800　④ 900

해설
$N_s = \frac{120f}{p}$에서 $f = \frac{p \times N_s}{120} = \frac{2 \times 3,600}{120} = 60[\text{Hz}]$
병렬 운전하는 동기 발전기는 주파수가 같으므로
$N_s = \frac{120f}{p} = \frac{120 \times 60}{8} = 900[\text{rpm}]$

**31** 3상 유도전동기의 원선도를 그리는 데 필요하지 않은 것은?

① 저항 측정　② 무부하 시험
③ 구속 시험　④ 슬립 측정

해설
- 저항 측정 시험 : 1차 동손
- 무부하 시험 : 여자전류, 철손
- 구속 시험(단락 시험) : 2차 동손

정답 26 ③ 27 ① 28 ② 29 ③ 30 ④ 31 ④

**32** 변압기의 퍼센트 저항강하가 3[%], 퍼센트 리액턴스 강하가 4[%]이고, 지상 역률이 80[%]이다. 이 변압기의 전압변동률[%]은?

① 3.2　　② 4.8
③ 5.0　　④ 5.6

**해설** 변압기의 전압변동률
- 진상 역률 $\epsilon = p\cos\theta - q\sin\theta[\%]$
- 지상 역률 $\epsilon = p\cos\theta + q\sin\theta[\%]$

($p$ : 저항 강하[%], $q$ : 리액턴스 강하[%])
$\epsilon = p\cos\theta + q\sin\theta[\%] = 3\times0.8 + 4\times0.6 = 4.8[\%]$

**33** 다극 중권의 직류 발전기에서 전기자 권선에 균압환을 설치하는 목적은?

① 전기자 반작용을 방지하기 위해
② 전압강하를 방지하기 위해
③ 브러시의 불꽃 발생을 방지하기 위해
④ 정류 기전력을 높이기 위해

**해설** 중권에서 전기자 권선에 균압환을 설치하는 목적은 브러시의 불꽃 발생을 방지하기 위해서이다.

**34** 변압기에서 사용되는 변압기유의 구비 조건이 아닌 것은?

① 점도가 높을 것　　② 인화점이 높을 것
③ 응고점이 낮을 것　　④ 절연내력이 클 것

**해설** 변압기유 구비 조건
- 절연내력이 클 것
- 절연재료 및 금속과 접촉해도 화학작용을 일으키지 않을 것
- 인화점이 높고 응고점이 낮을 것
- 유동성이 크고 비열이 커서 냉각 효과가 클 것
- 점도가 낮을 것
- 고온에서도 산화하지 않을 것

**35** 다음 중 권선형 유도전동기에서 비례추이를 할 수 있는 것은?

① 출력　　② 2차 동손
③ 효율　　④ 역률

**해설** 유도전동기에서 비례추이를 할 수 있는 것은 토크, 역률, 전류가 있다.

**36** 직류 직권 전동기의 회전수($N$)와 토크($\tau$)와의 관계는?

① $\tau \propto \frac{1}{N}$　　② $\tau \propto \frac{1}{N^2}$
③ $\tau \propto N$　　④ $\tau \propto N^{\frac{3}{2}}$

**해설** 직류 직권 전동기는 계자 권선과 전기자 권선이 직렬로 연결되어 있다.
$I_f = I_a = I$
$N \propto \frac{1}{I_a}$, $\tau \propto \phi I_a$에서 자속 $\phi$는 계자전류에 비례하고 계자전류는 전기자전류와 크기가 같으므로 $\tau \propto I_a^2$
$\therefore \tau \propto \frac{1}{N^2}$

**37** 동기 발전기의 난조를 방지하는 가장 유효한 방법은?

① 자극의 수를 적게 한다.
② 제동권선을 자극면에 설치한다.
③ 회전자의 관성을 크게 한다.
④ 동기 리액턴스를 작게 하고, 동기화력을 크게 한다.

**해설** 제동권선의 역할
- 제동권선 : 난조 방지
- 보상권선 : 전기자 반작용 방지

9개년 기출복원문제

정답 32 ② 33 ③ 34 ① 35 ④ 36 ② 37 ②

## 38 SCR 2개를 역병렬로 접속한 그림과 같은 기호의 명칭은?

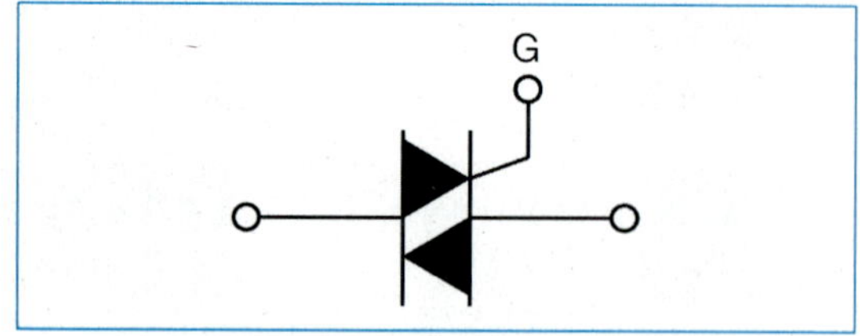


① SCR ② TRIAC
③ GTO ④ UJT

**해설** 사이리스터 2개를 역병렬로 접속한 것과 등가인 TRIAC이다.

## 39 동기기의 손실에서 고정손에 해당하는 것은?

① 계자 권선의 저항손
② 전기자 권선의 저항손
③ 계자 철심의 철손
④ 브러시의 전기손

**해설** 고정손은 전류가 흐르지 않아도 발생하는 손실로 철손이 있다.

## 40 변압기 자속에 관한 설명으로 옳은 것은?

① 전압과 주파수에 반비례한다.
② 전압과 주파수에 비례한다.
③ 전압에 비례하고 주파수에 반비례한다.
④ 전압에 반비례하고 주파수에 비례한다.

**해설**

$$\phi = \frac{V}{4.44fNA}[\text{Wb/m}^2]$$

($V$ : 1차 또는 2차 전압[V], $f$ : 주파수[Hz], $N$ : 1차 또는 2차 권선 수, $A$ : 철심의 단면적[$\text{m}^2$])

- 변압기의 자속은 전압에 비례하고 주파수에 반비례한다.
- 전압이 일정할 경우 주파수와 자속밀도는 반비례한다.

## 41 전주의 COS용 완철의 설치 위치는 최하단 전력선용 완철로부터 하부 몇 [m] 간격인가?

① 0.5 ② 0.75
③ 1.0 ④ 1.5

**해설** COS(컷아웃스위치)의 완철 설치 위치는 최하단의 전력선용 완철에서 하부 0.75[m] 떨어진 지점에 설치한다.

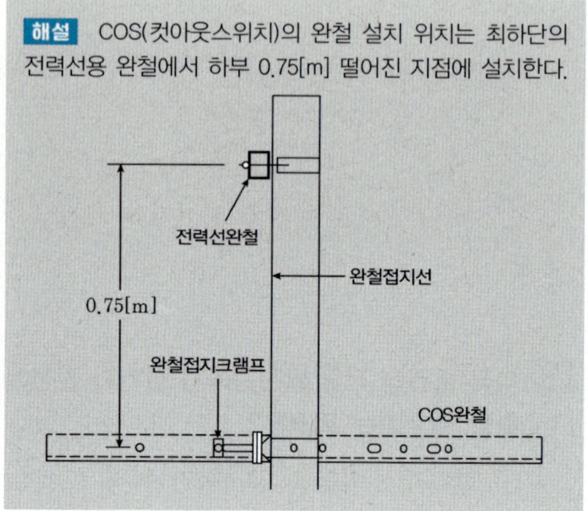


## 42 절연전선으로 가선된 배전선로에서 활선 상태인 전선의 피복을 벗기는 공구는?

① 와이어 통
② 전선 피박기
③ 와이어 게이지
④ 와이어 스트리퍼

**해설** 활선 상태 전선의 피복을 벗길 때 사용하는 공구는 전선 피박기이다.
① **와이어 통** : 충전되어 있는 활선을 움직이거나 작업권 밖으로 밀어낼 때 사용하는 절연봉
③ **와이어 게이지** : 전선, 철사, 가는 드릴 등의 지름, 굵기를 재는 공구
④ **와이어 스트리퍼** : 옥내 배선공사에서 얇은 전선의 절연체를 쉽게 벗겨내는 공구

정답 38 ② 39 ③ 40 ④ 41 ② 42 ②

**43** 저압 가공인입선에서 금속관공사로 옮겨지는 곳 또는 금속관으로부터 전선을 뽑아 전동기 단자 부분에 접속할 때 사용하는 것은?

① 엘보 ② 터미널 캡
③ 접지 클램프 ④ 엔트런스 캡

**해설**
① **엘보** : 노출로 시공하는 금속관공사에서 관을 직각으로 구부리는 곳에 사용하는 전선관 부속재료
② **터미널 캡** : 서비스 캡이라고도 하며, 전동기에 접속하는 장소나 애자사용공사로 옮기는 장소의 관 끝에서 사용하는 등 노출 배관에서 금속관 배관으로 연결할 때 사용하는 전선관 부속 재료
③ **접지 클램프** : 전선을 보호하기 위해 금속제의 판, 관, 함 등을 접지할 때 접지선과의 접촉을 좋게 하기 위해 사용하는 부속 재료
④ **엔트런스 캡** : 전주나 강관 기둥과 같이 수직으로 설치된 전선관의 끝에 부착하여 빗물과 벌레의 유입을 방지하고 전선 피복을 보호하는 전선관 부속 재료

**44** 볼트, 파이프 등과 같은 금속 물체의 회전 연결부를 조이거나 푸는 공구는?

① 오스터 ② 클리퍼
③ 녹아웃 펀치 ④ 파이프 렌치

**해설**
① **오스터** : 본체에 관 규격별 다이스를 물려 금속관에 나사선을 내는 공구
② **클리퍼** : 굵은 전선이나 케이블을 절단할 때 사용하는 공구
③ **녹아웃 펀치** : 유압천공기라고도 하며 유압을 이용하여 압착되는 힘으로 철판이나 전기함에 구멍을 뚫는 공구

**45** 최대사용전압이 70[kV]인 중성점 직접접지식 전로의 절연내력 시험전압은 몇 [V]인가?

① 35,000 ② 50,400
③ 64,400 ④ 77,000

**해설** [한국전기설비규정 132 전로의 절연저항 및 절연내력]
아래의 표에서 정한 시험전압을 전로와 대지 사이에 연속하여 10분간 가하여 절연내력을 시험했을 경우 이에 견뎌야 한다.

| 최대사용전압 | 시험전압 |
|---|---|
| 7[kV] 이하인 전로 | 최대사용전압의 1.5배의 전압 |
| 7[kV] 초과 25[kV] 이하, 중성점 접지식 전로 | 최대사용전압의 0.92배의 전압 |
| 7[kV] 초과 60[kV] 이하인 전로 | 최대사용전압의 1.25배의 전압(10.5[kV] 미만으로 되는 경우는 10.5[kV]) |
| 60[kV] 초과 중성점 비접지식 전로 | 최대사용전압의 1.25배의 전압 |
| 60[kV] 초과 중성점 접지식 전로 | 최대사용전압의1.1배의 전압 (75[kV] 미만으로 되는 경우에는 75[kV]) |
| 60[kV] 초과 170[kV] 이하, 중성점 직접접지식 전로 | 최대사용전압의 0.72배의 전압 |

그러므로, 절연내력 시험전압 = 70,000×0.72 = 50,400[V]

**46** 저압 연접인입선의 시설 방법으로 틀린 것은?

① 옥내를 통과하지 않아야 한다.
② 폭 5[m]를 초과하는 도로를 횡단하지 않아야 한다.
③ 인입선에서 분기되는 점에서 150[m]를 넘지 않아야 한다.
④ 케이블인 경우 이외에는 지름 2.6[mm] 이상의 인입용 비닐절연전선을 사용해야 한다.

**해설** [한국전기설비규정 221.1.2 이웃 연결 인입선의 시설]
저압 이웃 연결 인입선은 다음에 따라 시설한다.
- 옥내를 통과하지 않을 것
- 폭 5[m]를 초과하는 도로를 횡단하지 않을 것
- 케이블인 경우를 제외하고 지름 2.6[mm] 이상의 인입용 비닐절연전선일 것
- 인입선에서 분기하는 점으로부터 100[m]를 초과하는 지역에 미치지 않을 것

9개년 기출복원문제

정답 43 ② 44 ④ 45 ② 46 ③

**47** 가공전선로의 지지물에 시설하는 지지선의 시설에 대한 내용으로 옳지 않은 것은?

① 지지선의 안전율은 2.5 이상일 것
② 소선의 지름이 2.6[mm] 이상의 금속선을 사용한 것일 것
③ 지지선에 연선을 사용할 경우에는 소선 3가닥 이상의 연선일 것
④ 지지선의 안전율이 2.5 이상일 경우에 허용 인장하중의 최저는 3.41[kN]으로 할 것

**해설**
[한국전기설비규정 331.11 지지선의 시설]
- 지지선의 안전율은 2.5 이상일 것. 이 경우에 허용 인장하중의 최저는 4.31[kN]으로 한다.
- 지지선에 연선을 사용할 경우
  - 소선 3가닥 이상의 연선
  - 소선의 지름이 2.6[mm] 이상의 금속선을 사용한 것일 것
- 지중부분 및 지표상 0.3[m]까지의 부분에는 내식성이 있는 것 또는 아연도금을 한 철봉을 사용하고 쉽게 부식되지 않는 근가에 견고하게 붙일 것
- 지지선근가는 지지선의 인장하중에 충분히 견디도록 시설할 것

**48** 가공전선로의 지지선에 사용하는 애자는?

① 구형 애자　② 노브 애자
③ 인류 애자　④ 현수 애자

**해설**
① **구형 애자** : 옥 애자 혹은 지지선 애자라고도 하며 지지물과 대지 사이를 절연하는 동시에 지지선의 중간에 설치되어 장력 하중을 담당하기 위한 애자이다.
② **노브 애자** : 전선을 건물의 기둥과 벽 등의 조영물로부터 분리시키기 위해 사용하는 것으로 자기제이며, 전선 가설용 홈이 있다.
③ **인류 애자** : 인입선을 수용가 붙임점에 고정, 지지하는 애자이다. '인류'란 한쪽 방향으로만 당겨짐을 의미한다.
④ **현수 애자** : 송전 선로나 전차 선로에 사용하는 고압용 애자이며, 사용전압에 따라 적당한 개수를 직렬로 접속하여 지지물에 매달아 쓰는 구조이다.

**49** 접지저항을 측정할 때 사용하는 방법은?

① 전력계에 의한 측정
② 절연저항계에 의한 측정
③ 교류전압계에 의한 측정
④ 콜라우시 브리지에 의한 측정

**해설**
① **전력계** : 수용설비의 부하 소비전력을 측정하는 계기
② **절연저항계** : 옥내배선 또는 전기기기의 저압전로와 대지 사이의 절연 저항을 측정하는 계기
③ **교류전압계** : 수용설비의 교류전압을 측정하는 계기
④ **콜라우시 브리지** : 접지저항을 측정하는 방법

**50** 가연성, 폭연성 분진을 제외한 먼지가 많은 장소에서 시설할 수 없는 저압 옥내배선 방법은?

① 금속관 배선　② 금속덕트 배선
③ 애자사용 배선　④ 플로어덕트 배선

**해설** [한국전기설비규정 242.2.3 먼지가 많은 그 밖의 위험장소]
저압 옥내배선 등은 애자공사, 합성수지관공사, 금속관공사, 금속제 가요전선관공사, 금속덕트공사, 버스덕트공사(환기형의 덕트 사용 제외), 케이블공사에 의해 시설할 것.

**51** 하나의 콘센트에 두 개 이상의 플러그를 꽂아 사용할 수 있는 기구는?

① 멀티 탭　② 연장 코드
③ 코드 접속기　④ 아이언 플러그

**해설** 멀티 탭은 하나의 콘센트에 여러 플러그를 연결하여 사용할 수 있는 기구이다.
② **연장 코드** : 코드 길이가 짧아 전원을 넣기 어려울 때 코드를 연장하여 사용할 수 있는 기구
③ **코드 접속기** : 코드를 상호 간 접속하기 위해 사용하는 기구
④ **아이언 플러그** : 코드의 한쪽은 전원 콘센트와의 접속을 위한 플러그, 다른 한쪽은 아이언 플러그로 전기기구용 콘센트에 끼울 수 있도록 구성된 플러그

정답　47 ④　48 ①　49 ④　50 ④　51 ①

## 52 다음 중 과전류차단기를 시설해야 하는 곳은?

① 접지공사의 접지선
② 간선의 전원 측 전선
③ 다선식 전로의 중성선
④ 저압 가공전선로의 접지 측 전선

**해설** [한국전기설비규정 341.11 과전류차단기의 시설 제한] 전로의 일부에 접지공사를 한 저압 가공전선로의 접지 측 전선에는 과전류차단기를 시설하여서는 안 된다.
과전류차단기 설치 제한 장소
- 접지 측 전선
- 다선식 전로의 중성선
- 저압 가공전선로의 접지 측 전선

## 53 낙뢰, 수목 접촉, 일시적인 섬락 등 순간적인 사고로 계통에서 분리된 구간을 신속히 계통에 투입시킴으로써 계통의 안정도를 향상시키고 정전 시간을 단축시키기 위해 사용되는 계전기는?

① 거리 계전기
② 차동 계전기
③ 과전류 계전기
④ 재폐로 계전기

**해설** 재폐로 계전기는 지락사고로 인해 차단된 회로를 자동으로 신속하게 다시 연결하는 계전기이다.

## 54 450/750[V] 일반용 단심 비닐절연전선의 약호는?

① DV ② NF
③ NR ④ OW

**해설**
- DV : 인입용 비닐절연전선
- OW : 옥외용 비닐절연전선
- NR : 450/750[V] 일반용 단심 비닐절연전선
- NF : 450/750[V] 일반용 유연성 단심 비닐절연전선
- NRI : 300/500[V] 기기 배선용 단심 비닐절연전선
- NFI : 300/500[V] 기기 배선용 유연성 단심 비닐절연전선

## 55 단면적 6[$mm^2$] 이하의 가는 전선을 직선 접속할 때 사용하는 방법은?

① 슬리브 접속
② 우산형 접속
③ 트위스트 접속
④ 브리타니아 접속

**해설**
① **슬리브 접속** : 전선을 슬리브 안에 넣고 압착 공구를 사용하여 접속하는 방법
② **우산형 접속** : 연선의 권선 직선 접속 방법
③ **트위스트 접속** : 단면적 6[$mm^2$] 이하의 가는 단선을 접속하는 방법
④ **브리타니아 접속** : 단면적 10[$mm^2$] 이상의 굵은 단선 전선을 접속하는 방법

## 56 동전선의 종단 접속 방법이 아닌 것은?

① S형 슬리브에 의한 접속
② 동선 압착 단자에 의한 접속
③ 종단 겹침용 슬리브에 의한 접속
④ 비틀어 꽂음형 전선 접속기 접속

**해설** S형 슬리브는 동전선의 직선 접속 혹은 분기 접속 시 사용하는 슬리브이다.

**[동전선의 종단 접속 방법]**
- 꽂음형 커넥터 접속
- 동선 압착 단자(터미널) 접속
- 종단 겹침용 슬리브(E형) 접속
- 직선 겹침용 슬리브(P형) 접속
- 비틀어 꽂음형 전선 접속기(와이어 커넥터) 접속



정답 52 ② 53 ④ 54 ③ 55 ③ 56 ①

**57** 소세력 회로의 전선을 조영재에 붙여 시설하는 경우 유의사항이 아닌 것은?

① 전선은 캡타이어케이블 혹은 케이블을 사용한다.
② 전선은 주변 수도관과 접촉하지 않도록 시설해야 한다.
③ 전선이 손상받을 우려가 있는 경우에는 방호장치를 해야 한다.
④ 전선은 케이블인 경우 이외에는 2.5[$mm^2$] 이상의 연동선을 사용해야 한다.

**해설** [한국전기설비규정 241.14.3 소세력 회로의 배선]
소세력 회로의 전선을 조영재에 붙여 시설하는 경우에는 다음에 의하여 시설하여야 한다.
- 전선은 케이블(통신용 케이블을 포함한다)인 경우 이외에는 공칭단면적 1[$mm^2$] 이상의 연동선 또는 이와 동등 이상의 세기 및 굵기의 것일 것
- 전선은 코드 · 캡타이어케이블 또는 케이블일 것
- 전선이 손상을 받을 우려가 있는 곳에 시설하는 경우에는 방호장치를 할 것
- 전선은 금속제의 수관 · 가스관 또는 이와 유사한 것과 접촉되지 않도록 시설할 것

**58** 먼지가 많은 장소에서 배선이 가능한 공사 방법이 바르게 짝지어진 것은?

① 금속관공사, 케이블공사
② 애자공사, 합성수지몰드공사
③ 금속덕트공사, 셀룰러덕트공사
④ 금속몰드공사, 합성수지관공사

**해설**
- **폭연성 먼지 위험장소** : 금속관공사, 케이블공사(캡타이어케이블 제외)
- **가연성 먼지 위험장소** : 합성수지관공사(두께 2[mm] 이상), 금속관공사, 케이블공사
- **먼지가 많은 그 밖의 위험장소** : 애자공사, 합성수지관공사, 금속관공사, 금속제 가요전선관공사, 금속덕트공사, 버스덕트공사(환기형의 덕트 제외), 케이블공사

**59** 길이가 16[m]인 철근 콘크리트주를 시설하는 경우에 땅에 묻히는 최소 깊이[m]는? (단, 설계하중이 6.8[kN] 이하이다.)

① 1.5[m] ② 2.0[m]
③ 2.5[m] ④ 3.5[m]

**해설** [한국전기설비규정 331.7 가공전선로 지지물의 기초의 안전율]
강관을 주체로 하는 철주 또는 철근 콘크리트주로서 그 전체 길이가 16[m] 이하, 설계하중이 6.8[kN] 이하인 것 또는 목주를 시설하는 경우 매설 깊이를 다음에 의한다.
- 전체 길이가 15[m] 이하인 경우, 땅에 묻히는 깊이를 전체 길이의 1/6 이상으로 할 것
- 전체 길이가 15[m] 초과인 경우, 땅에 묻히는 깊이를 2.5[m] 이상으로 할 것
- 논이나 그 밖의 지반이 연약한 곳에는 견고한 전주 버팀대를 시설할 것

**60** 전주에 150[V] 고압용 전등의 전기기계·기구를 설치하고자 한다. 접지공사 생략이 가능한 지표면상 높이는?

① 1.0[m] 초과 ② 1.5[m] 초과
③ 2.4[m] 초과 ④ 3.0[m] 초과

**해설** [산업안전보건기준에 관한 규칙 제1절 전기기계 · 기구 등으로 인한 위험 방지]
제302조(전기기계 · 기구의 접지)
사업주는 누전에 의한 감전의 위험을 방지하기 위하여 다음 각 호의 부분에 대하여 접지를 해야 한다.
- 전기기계 · 기구의 금속제 외함, 금속제 외피 및 철대
- 고정 설치되거나 고정배선에 접속된 전기기계 · 기구의 노출된 비충전 금속체 중 충전될 우려가 있는 다음 각 목의 어느 하나에 해당하는 비충전 금속체
  - 지면이나 접지된 금속체로부터 수직거리 2.4미터, 수평거리 1.5미터 이내인 것
  - 물기 또는 습기가 있는 장소에 설치되어 있는 것
  - 금속으로 되어 있는 기기접지용 전선의 피복 · 외장 또는 배선관 등
  - 사용전압이 대지전압 150[V]를 넘는 것

정답 57 ④ 58 ① 59 ③ 60 ③

# 2024년 제4회 기출복원문제

**01** 선간전압 220[V], 전류 10[A], 역률 0.6인 3상 전동기 사용 시 소비 전력[W]은?

① 2,280　② 3,260
③ 4,572　④ 5,710

**해설** 3상 전동기의 소비전력
$P=\sqrt{3}\,V_l I_l \cos\theta[\text{W}]=\sqrt{3}\times220\times10\times0.6=4{,}572[\text{W}]$
이다.
$P$ : 소비전력, $V_l$ : 선간전압, $I_l$ : 선전류, $\cos\theta$ : 역률(=P.F. Power Factor)

**02** 전속밀도의 단위는?

① $C/m^2$　② $F/m$
③ $V/m$　④ $Wb/m^2$

**해설**
② F/m : 유전율
③ V/m : 전기장의 세기
④ $Wb/m^2$ : 자속밀도

**03** 서로 다른 종류의 두 금속을 접속하여 여기에 전류를 흘리면, 줄열 외의 접점에서 열의 발생 또는 흡수가 일어나는 현상은?

① 줄 효과
② 제베크 효과
③ 제3금속의 법칙
④ 펠티에 효과

**해설**
① **줄 효과** : 저항체에 흐르는 전류의 크기와 이 저항체에서 단위 시간당 발생하는 열량과의 관계를 나타낸 법칙
② **제베크 효과** : 서로 다른 두 금속을 접속하여 양 접점의 온도가 다르면 전류가 흐르는 현상(펠티에 효과와 반대)
③ **제3금속의 법칙** : 열전대를 구성하는 두 금속의 한쪽 접점은 서로 접해 있고 반대편 접점은 제3금속과 연결되어 있을 때 두 접점이 같은 온도라면 기전력이 발생하지 않는다는 법칙

**04** 220[V], 1.5[kW], 전구를 20시간 점등했다면 전력량[kWh]은?

① 10　② 20
③ 30　④ 40

**해설** 전력량
$W=P\times t[\text{Wh}]$ ($P$ : 전력[W], $t$ : 시간[h])
$W=1.5\times10^3\times20=30\times10^3[\text{Wh}]=30[\text{kWh}]$

**05** 자체 인덕턴스 0.2[H]의 코일에 10[A]의 전류가 흐르고 있다. 축적되는 전자 에너지[J]는?

① 7.5　② 10
③ 12.5　④ 15

**해설** 코일에 축적되는 전자 에너지
$W=\frac{1}{2}LI^2=\frac{1}{2}\times0.2\times10^2=10[\text{J}]$
$W$ : 축적된 에너지[J]
$L$ : 자체 인덕턴스[H]
$I$ : 전류[A]

정답 01 ③ 02 ① 03 ④ 04 ③ 05 ②

**06** 100[V], 100[W] 전구의 필라멘트 저항의 크기[Ω]는?

① 25 ② 50
③ 75 ④ 100

**해설** 전력 $P=\frac{V^2}{R}=\frac{100^2}{R}=100$[W]이므로 $R=100$[Ω]이다.

**07** 세 변의 저항 $R_a=R_b=R_c=10$[Ω]인 Y결선 회로가 있다. 이것은 등가인 $\Delta$ 결선 회로의 각 변의 저항[Ω]은?

① 10 ② 20
③ 30 ④ 40

**해설** $R_\Delta=3\times R_Y=3\times 10=30$[Ω]

**08** 10[Ω]의 저항을 10개 접속하여 가장 최소로 얻을 수 있는 저항의 크기[Ω]는?

① 1 ② 5
③ 20 ④ 100

**해설**
- 저항을 모두 병렬로 연결했을 때
$\frac{1}{R_t}=\frac{1}{R}+\frac{1}{R}+\cdots+\frac{1}{R}=\frac{1}{10}+\frac{1}{10}+\cdots+\frac{1}{10}$
$=\frac{1}{10}\times 10=1$[Ω]
- 저항을 모두 직렬로 연결했을 때
$R_t=R+R+\cdots+R=10+10+\cdots+10=10\times 10$
$=100$[Ω]

**09** $e=200\sqrt{2}\sin\left(100\pi t-\frac{\pi}{6}\right)$[V]인 정현파 교류 전압의 주파수[Hz]는?

① 50 ② 60
③ 100 ④ 120

**해설**
$e=V_m\sin(\omega t-\theta)=V_m\sin(2\pi ft-\theta)$
$=200\sqrt{2}\sin\left(100\pi t-\frac{\pi}{6}\right)$
$V_m=200\sqrt{2}$, $\omega=2\pi f=100\pi$, $\theta=\frac{\pi}{6}$
따라서 $f=50$[Hz]

**10** 저항이 5[Ω]인 도체에 2[A]의 전류를 10분간 흘렸다면 발생하는 열량[kcal]은?

① 720 ② 1,440
③ 2,880 ④ 5,760

**해설** 줄의 법칙에 따르면, 전류가 흐를 때 발생하는 $Q=P\times t=I^2\times R\times t=2^2\times 5\times(10\times 60)=12,000$[J]이다.
1[J]=0.24[kcal]이므로 $12,000\times 0.24=2,880$[kcal]

**11** 환상 솔레노이드 내부의 자기장의 세기가 500[AT/m]이고 비투자율 $\mu_s=2$일 때 자속밀도의 세기[Wb/m²]는?

① $4\pi\times 10^{-6}$ ② $2\pi\times 10^{-5}$
③ $4\pi\times 10^{-4}$ ④ $2\pi\times 10^{-3}$

**해설**
$B=\mu H=(\mu_o\times\mu_s)H=(4\pi\times 10^{-7}\times 2)\times 500$
$\mu_o$: 진공에서의 투자율($=4\pi\times 10^{-7}$[H/m])
$B$ : 자속밀도
$H$ : 자기장의 세기

정답 06 ④ 07 ③ 08 ① 09 ① 10 ③ 11 ③

**12** 자속밀도 1[$Wb/m^2$]는 몇 [gauss]인가?

① $10^{-6}$ ② $10^{6}$
③ $10^{-4}$ ④ $10^{4}$

**해설** [gauss, 가우스]는 자속밀도의 CGS 단위이다.

$$1[Wb/m^2] = \frac{10^8[max]}{10^4[cm^2]} = 10^4[max/cm^2] = 10^4[gauss]$$

$$1[gauss] = 10^{-4}[Wb/m^2]$$

**13** 중첩의 원리를 이용하여 회로를 해석할 때, 전류원과 전압원은 각각 어떻게 처리하는가?

① 전류원은 단락하고, 전압원은 개방한다.
② 전류원은 개방하고, 전압원은 단락한다.
③ 전류원은 단락하고, 전압원도 단락한다.
④ 전류원은 개방하고, 전압원도 개방한다.

**해설** 중첩의 원리를 이용하여 회로를 해석할 때, 하나의 전원만을 고려하고 나머지 전원들을 비활성화하여 회로를 분석해야 한다. 즉, 전류원은 전류를 공급하는 원천이므로, 이를 비활성화하기 위해서는 전류가 흐르지 않도록 개방한다. 전압원은 전압을 일정하게 유지하는 원천이므로, 이를 비활성화하기 위해서는 전압 차이가 없도록 단락(전압을 0으로 만듦)한다.

**14** 평균 반지름이 10[cm]이고 감은 횟수 10회의 원형 코일에 20[A]의 전류를 흐르게 하면 코일 중심의 자기장의 세기[AT/m]는?

① 500 ② 750
③ 1,000 ④ 1,250

**해설**
원형 코일의 반지름 $a = 10[cm] = 0.1[m]$, 권수 $N = 10$회, 전류 $I = 20[A]$이므로 원형 코일 중심에서 자장의 세기는

$$H = \frac{NI}{2a} = \frac{10\times20}{2\times0.1} = 1,000[AT/m]$$

**15** 정현파 교류의 왜형률(distortion factor)은?

① 0 ② 0.12
③ 0.24 ④ 0.36

**해설** 이상적인 정현파일 경우, 왜곡이 없기 때문에 왜형률은 0이다.

**16** 다음 회로에서 전류의 크기[A]는?

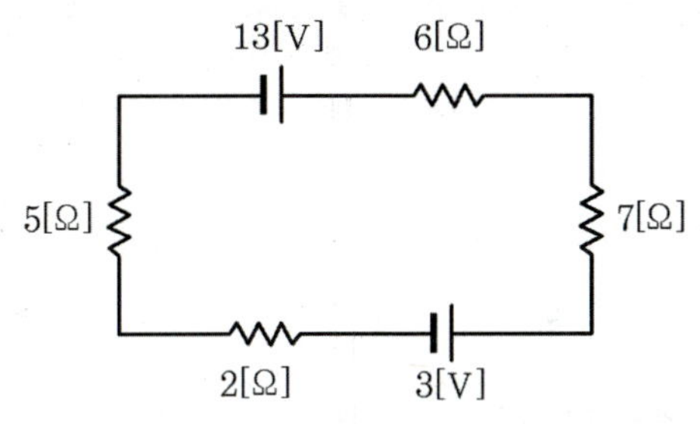


① 0.5 ② 1
③ 1.5 ④ 2

**해설** 키르히호프의 제2법칙(전압 법칙 : KVL)
폐회로에서의 기전력 총합은 회로소자에서 발생하는 전압강하의 총합과 같다.

$$\sum 전압강하 = \sum 기전력$$

15[V]를 기준으로 해석했을 때 전류는 전원 (+)측에서 (−)측으로 흐르므로 시계 방향으로 흐른다.
5[V]는 전류 방향과 반대이므로 (−) 부호의 기전력으로 해석된다.

$\sum 기전력 = 13 - 3 = 10[V]$
$\sum 전압강하 = I(6+7+2+5) = 20I[V]$
$\sum 전압강하 = \sum 기전력$이므로 $10 = 20I$, $I = 0.5[A]$

정답 12 ④ 13 ② 14 ③ 15 ① 16 ①

**17** 그림의 회로에서 소비되는 유효전력[W]은?

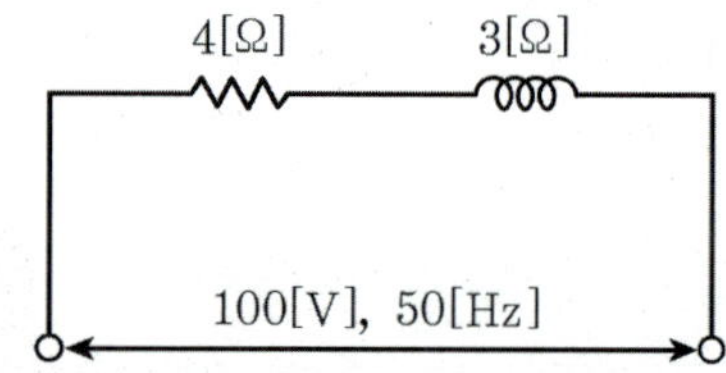


① 8,00　② 1,200
③ 1,600　④ 2,000

**해설**
저항 $R=4[\Omega]$, 유도성 리액턴스 $X=3[\Omega]$일 때 임피던스의 크기 $|Z|=\sqrt{R^2+X^2}=\sqrt{4^2+3^2}=5[\Omega]$이다.
전류 $I=\frac{V}{|Z|}=\frac{100}{5}=20[A]$이고
유효전력 $P=I^2R=20^2\times 4=1{,}600[W]$이다.

**18** R-L-C 직렬회로에서 저항이 5[Ω], 유도 리액턴스가 15[Ω], 용량 리액턴스가 3[Ω]인 경우 회로의 역률은?

① 0.06　② 0.18
③ 0.22　④ 0.38

**해설**
R-L-C 직렬회로에서 임피던스
$Z=R+j(X_L-X_C)=5+j(15-3)=5+j12[\Omega]$
$|Z|=\sqrt{5^2+12^2}=13[\Omega]$이다.
역률 $\cos\theta=\frac{R}{|Z|}=\frac{5}{13}\fallingdotseq 0.38$

**19** 전기분해를 통하여 석출된 물질의 양은 전류와 어떤 관계가 있는가?

① 비례한다.
② 반비례한다.
③ 제곱에 비례한다.
④ 제곱에 반비례한다.

**해설** 패러데이의 법칙
전기분해를 하는 동안 전극에 흐르는 전하량과 전기분해로 인해 생긴 화학변화의 양 사이의 정량적인 관계를 나타내는 법칙. 전기량이 같을 때 석출되는 물질의 양은 전류의 전기량과 비례한다.

$W=KQ=KIt[g]$

($W$ : 석출되는 물질의 양, $k$ : 화학당량$=\frac{원자량}{원자가}$)

**20** $\dot{Z}_1=5+j2[\Omega]$, $\dot{Z}_2=3+j4[\Omega]$의 직렬회로에 교류전압 100[V]를 가할 때 전류의 크기[A]는?

① 5　② 10
③ 12　④ 15

**해설**
$Z=\dot{Z}_1+\dot{Z}_2=(5+j2)+(3+j4)=8+j6[\Omega]$
$|Z|=\sqrt{8^2+6^2}=10[\Omega]$
$I=\frac{V}{|Z|}=\frac{100}{10}=10[A]$이다.

**21** 주파수가 60[Hz]인 3상 4극의 유도전동기가 있다. 슬립이 4[%]일 때 이 전동기의 회전수[rpm]는?

① 1,800　② 1,712
③ 1,728　④ 1,652

**해설**
$N_s=\frac{120f}{p}[rpm]$
$N_s=\frac{120\times 60}{4}=1{,}800[rpm]$
$s=\frac{N_s-N}{N_s}$
$4=\frac{1{,}800-N}{1{,}800}\times 100$
$N=1{,}728[rpm]$

정답　17 ③　18 ④　19 ①　20 ②　21 ③

**22** 직류 전동기의 속도 제어 방법이 아닌 것은?

① 전압 제어
② 계자 제어
③ 저항 제어
④ 2차 제어

**해설** 직류 전동기의 속도

$$N=\frac{V-I_aR_a}{K\phi}\text{[rpm]}$$

- 전압 제어법 : 전기자에 가사는 전압 $V$를 변화시키는 방법으로 정토크 제어이다.
- 계자 제어법 : 계자전류를 조정하여 자속 $\phi$를 변화시키는 방법으로 정출력 제어이다.
- 저항 제어법 : 전기자에 직렬로 저항을 넣어서 $R_a$의 값을 변화시키는 방법으로 전력 손실이 크며, 속도 제어의 범위가 좁다.

**23** 동기 전동기의 역률이 90도 뒤진 전류가 흐를 때 전기자 반작용은?

① 감자작용을 한다.
② 증자작용을 한다.
③ 교차 자화 작용을 한다.
④ 자기 여자 작용을 한다.

**해설** 동기 전동기의 전기자 반작용

전기자 반작용은 전기자전류에 의한 회전자속이 계자자속에 영향을 미치는 현상을 말한다.

- 감자작용(직축반작용) : 전류가 전압보다 위상이 90° 앞선 경우
- 증자작용(직축반작용) : 전류가 전압보다 위상이 90° 뒤진 경우
- 교차 자화작용(횡축반작용) : 전기자전류와 유도기전력이 동상일 때

**24** 부흐홀츠 계전기로 보호되는 기기는?

① 교류 발전기
② 유도전동기
③ 직류 발전기
④ 변압기

**해설** 부흐홀츠 계전기는 변압기 주 탱크와 콘서베이터 사이에 설치하여 변압기 내부 고장 보호용으로 사용된다. 절연유의 온도 상승 시 발생하는 유증기를 검출하여 권선 단락, 철심 고정 볼트의 절연 열화, 탭 전환기의 고장 등을 경보 및 차단한다.

**25** 양방향으로 전류를 흘릴 수 있는 양방향 소자는?

① MOSFET ② TRIAC
③ SCR ④ GTO

**해설** TRIAC은 양방향 점호 및 소호가 가능하고 위상 제어가 가능하다.

**26** 다음 중 유도전동기의 속도 제어에 사용되는 인버터 장치의 약호는?

① CVCF ② VVVF
③ CVVF ④ VVCF

**해설** 유도전동기의 속도 제어에 사용되는 인버터 장치의 약호는 VVVF(Variable Voltage Variable Frequency)이다.

**27** 권선형 유도전동기의 2차 측 단자에 외부저항 R을 삽입하였다. 이 저항 R을 증가시킨 경우의 설명으로 옳지 않은 것은?

① 최대토크 발생 슬립이 증가한다.
② 최대토크가 감소한다.
③ 기동토크가 증가한다.
④ 기동전류가 감소한다.



정답 22 ④ 23 ② 24 ④ 25 ② 26 ② 27 ②

**해설** 3상 권선형 유도전동기는 2차 회로에 저항을 가감시켜 슬립을 조정하는 비례추이를 활용하여 기동 회전력을 크게 하거나 속도를 제어한다. 외부 저항을 삽입하더라도 최대토크 값은 변화하지 않는다.

**28** **동기 발전기의 병렬운전 조건이 아닌 것은?**

① 기전력의 크기가 같을 것
② 기전력의 위상이 같을 것
③ 기전력의 주파수가 같을 것
④ 기전력의 임피던스가 같을 것

**해설** 동기 발전기의 병렬운전 조건
- 기전력의 크기가 같을 것
- 기전력의 위상이 같을 것
- 기전력의 주파수가 같을 것
- 기전력의 파형이 같을 것

**29** **1차 전압 3,300[V], 2차 전압 110[V], 주파수 60[Hz]의 변압기가 있다. 이 변압기의 권수비는?**

① 20　② 30
③ 40　④ 50

**해설** 권수비

$a = \frac{E_1}{E_2} = \frac{V_1}{V_2} = \frac{N_1}{N_2} = \sqrt{\frac{Z_1}{Z_2}} = \sqrt{\frac{R_1}{R_2}}$ 에서

$\frac{V_1}{V_2} = \frac{3,300}{110} = 30$

$a = 30$

**30** **변압기의 정격 출력으로 맞는 것은?**

① 정격 1차 전압 × 정격 1차 전류
② 정격 1차 전압 × 정격 2차 전류
③ 정격 2차 전압 × 정격 1차 전류
④ 정격 2차 전압 × 정격 2차 전류

**해설** 변압기 정격 출력은 정격 2차 전압, 정격 2차 전류, 정격 주파수 및 정격 역률로, 2차 단자 사이에서 얻을 수 있는 피상전력을 말하고, [VA], [kVA], [MVA] 등으로 표시한다.

**31** **동기 전동기를 송전선의 전압 조정 및 역률 개선에 사용하는 것은?**

① 동기 이탈
② 동기 조상기
③ 댐퍼
④ 제동권선

**해설** 동기 조상기
송전 계통의 역률개선이나 전압 조정에 사용되는 동기기로, 무부하 운전 중 과여자일 때는 진상작용을 하는 콘덴서로 작용하고, 부족여자일 때는 지상 작용을 하는 리액터로 작용한다.

**32** **변압기 내부에 절연유가 열화되지 않도록 하기 위해 사용하는 것이 아닌 것은?**

① 질소봉입
② 브리더
③ 방열기
④ 콘서베이터

**해설** 변압기유 열화방지 방법
- 콘서베이터 설치 : 변압기 함에 부착하여 호흡작용에 의한 기름의 열화를 방지
- 공기와의 접촉을 차단하기 위해 유면과 외부 사이에 질소봉입
- 브리더 설치 : 유입변압기 등은 열화에 따른 내외부 호흡에 따른 습기가 발생하는데 이를 흡수

정답 28 ④ 29 ② 30 ④ 31 ② 32 ③

**33** 단상 전파 정류회로에서 직류전압의 평균값[V]으로 가장 적당한 것은? (단, E는 교류전압의 실횻값[V]이다.)

① 1.35E ② 1.17E
③ 0.9E ④ 0.45E

해설

| 구분 | 맥동 주파수 | 직류 출력 (V는 교류전압) | 효율 [%] | 맥동률 [%] |
|---|---|---|---|---|
| 단상 반파 | $f$ | $E_d = 0.45V$ | 40.6 | 121 |
| 단상 전파 | $2f$ | $E_d = 0.9V$ | 81.2 | 48 |
| 3상 반파 | $3f$ | $E_d = 1.17V$ | 96.7 | 17 |
| 3상 전파 | $6f$ | $E_d = 1.35V$ | 99.8 | 4 |

**34** 급정지하는 데 가장 좋은 제동 방법은 무엇인가?

① 발전제동 ② 회생제동
③ 역상제동 ④ 기계제동

해설 전동기의 제동
① 발전제동 : 전동기의 전기자에서 전원을 끊고 발전기로 동작시켜 발생한 전력을 단자에 접속된 저항으로 열로 소비시키는 제동법
② 회생제동 : 전동기에 전원을 접속한 상태에서 유기되는 역기전력을 전원 전압보다 높게하여 발생된 전력을 전원측에 반환하는 제동법
③ 역상제동 : 전동기의 전원 접속을 바꾸어 역토크를 발생시켜 급정지시키는 제동법
④ 기계제동 : 압축공기, 유압 등으로 제동편을 제동륜에 압착시켜 마찰력으로 제동하는 방법

**35** 동기 전동기의 용도로 옳지 않은 것은?

① 송풍기 ② 크레인
③ 압축기 ④ 분쇄기

해설 동기 전동기는 정속도 특징이 있어 압축기, 분쇄기, 송풍기 등의 용도로 사용된다.

**36** 회전자 입력을 $P_2$, 슬립을 $s$라고 할 때 3상 유도 전동기의 기계적 출력의 관계식은?

① $sP_2$ ② $(1-s)P_2$
③ $s^2P_2$ ④ $\dfrac{P_2}{s}$

해설

$s = \dfrac{N_s - N}{N_s}$

$N = (1-s)N_s$

$\dfrac{N}{N_s} = (1-s) = \dfrac{P}{P_2}$

$\therefore\ P = (1-s)P_2$

**37** 2단자 사이리스터가 아닌 것은?

① SCR ② SSS
③ DIAC ④ Diode

해설 SCR은 PNPN의 4층 구조로 된 사이리스터의 대표적인 3단자 소자이다.

**38** 직류를 교류로 변환하는 장치는?

① 다이오드 ② 사이리스터
③ 초퍼 ④ 인버터

해설 인버터(Inverter, 역변환장치)
직류를 교류로 변환하는 장치(DC → AC)로 주파수를 변환시켜 전동기 속도제어와 형광등 고주파 점등이 가능하다.

**39** 동기 조상기를 부족 여자로 운전하면 어떻게 되는가?

① 콘덴서로 작용
② 리액터로 작용
③ 뒤진 역률을 보상
④ 저항손의 보상

정답 33 ③ 34 ③ 35 ② 36 ② 37 ① 38 ④ 39 ②

**해설** 동기 조상기
송전 계통의 역률개선이나 전압 조정에 사용되는 동기기로 무부하 운전 중 과여자일 때는 진상작용을 하는 콘덴서로 작용하고 부족여자일 때는 지상 작용을 하는 리액터로 작용한다.

**40** **변압기 내부 고장 보호에 쓰이는 계전기로서 가장 알맞은 것은?**

① 차동 계전기
② 접지 계전기
③ 과전류 계전기
④ 역상 계전기

**해설** 변압기 내부 고장 보호에 적절한 계전기는 차동 계전기이다.

[변압기 내부 고장 보호]
– 전기적인 보호 방식
  • 비율차동 계전기 : 보호 구간에 유입되는 전류와 유출되는 전류의 비율에 따라 동작하는 계전기
– 기계적인 보호 방식
  • 부흐홀츠 계전기 : 변압기 내부 고장으로 절연유의 온도 상승 시 발생하는 유증기를 검출하여 경보 및 차단하는 계전기
  • 방압 안전장치 : 변압기 내부 고장으로 내부 압력이 급상승되지 않도록 압력이 일정 이상으로 올라가면 압력을 외부로 방출하는 장치
  • 유온계 : 오일의 온도를 나타냄
  • 충격 압력 계전기 : 고장으로 인한 압력 상승에 대하여 작동하는 계전기

**41** **전자개폐기를 구성하며 전자접촉기에 부착하여 과전류가 흐르는 경우 전기를 차단하여 전동기의 소손을 방지하는 기기는?**

① 퓨즈
② 수은 계전기
③ 배선용 차단기
④ 열동형 계전기

**해설** 전자개폐기는 전자접촉기와 열동형 계전기로 구성된다. 과전류가 흐르면 열동형 계전기 내부의 바이메탈에 의해 전로가 차단되어 전동기의 소손을 방지한다.
① **퓨즈** : 허용 전류보다 큰 전류가 회로에 흐르면 원통 내부의 퓨즈가 끊어져 정해진 시간 내에 전류를 차단하는 보호 장치이다.
② **수은 계전기** : 수은 접촉기라고도 하며 스위칭 소자로 수은을 사용한다. 고속으로 작동하는 보조 계전기이다.
③ **배선용 차단기** : 전류 이상을 감지하면 회로 보호를 위해 전로를 차단하는 배선 보호용 기기이다.

**42** **계통접지가 TN–C–S 방식인 저압 수용장소에서 중성선 겸용 보호도체(PEN)로 알루미늄 전선을 사용하고자 한다. 이때 도체의 최소 단면적[$mm^2$]은?**

① 10[$mm^2$]　　② 16[$mm^2$]
③ 25[$mm^2$]　　④ 50[$mm^2$]

**해설** [한국전기설비규정 142.4.2 주택 등 저압수용장소 접지]
저압 수용장소에서 계통접지가 TN–C–S 방식인 경우에 보호도체는 다음에 따라 시설하여야 한다.
• 중성선 겸용 보호도체(PEN)는 고정 전기설비에만 사용할 수 있고, 그 도체의 단면적이 구리는 10[$mm^2$] 이상, 알루미늄은 16[$mm^2$] 이상이어야 하며, 그 계통의 최고 전압에 대하여 절연되어야 한다.

**43** **작은 전류가 흐르는 저압 전기설비에서 동전선을 접지도체로 사용하는 경우 최소 굵기는?**

① 0.75[$mm^2$]　　② 1.5[$mm^2$]
③ 6.0[$mm^2$]　　④ 50[$mm^2$]

**해설** [한국전기설비규정 142.3.1 접지도체]
접지도체의 선정
• 접지도체의 단면적은 큰 고장전류가 접지도체를 통하여 흐르지 않을 경우 접지도체의 최소 단면적은 다음과 같다.
  – 구리는 6[$mm^2$] 이상
  – 철제는 50[$mm^2$] 이상

정답 40 ① 41 ④ 42 ② 43 ③

## 44 금속관공사의 장점이 아닌 것은?

① 전선이 금속관 속에 보호되어 안정적이다.
② 접지공사를 하지 않아도 감전의 우려가 없다.
③ 단락사고, 접지사고 등에 있어서 화재의 우려가 적다.
④ 방습장치를 할 수 있으므로 전선을 내수적으로 시설할 수 있다.

**해설** [한국전기설비규정 232.12.3 금속관 및 부속품의 시설]
금속관공사는 접지공사를 해야 한다. 단, 사용전압이 400[V] 이하인 아래의 경우는 제외한다.
- 관의 길이가 4[m] 이하인 것을 건조한 장소에 시설하는 경우
- 옥내배선의 사용전압이 직류 300[V] 또는 교류 대지전압 150[V] 이하로서 그 전선을 넣는 관의 길이가 8[m] 이하인 것을 사람이 쉽게 접촉할 우려가 없도록 시설하는 경우 또는 건조한 장소에 시설하는 경우

## 45 피시 테이프(Fish Tape)의 용도는?

① 전선을 테이핑하기 위해 사용한다.
② 합성수지관을 구부릴 때 사용한다.
③ 전선관의 끝마무리를 위해 사용한다.
④ 전선관 방향으로 전선을 끌어내기 위해 사용한다.

**해설** 피시 테이프(Fish Tape)는 요비선이라고도 하며, 전선관에 전선을 넣어 전선관 방향으로 끌어당길 때 사용하는 도구이다.

## 46 110/220[V] 단상 3선식 회로에서 110[V] 전구 Ⓡ, 110[V] 콘센트 Ⓒ, 220[V] 전동기 Ⓜ의 연결이 올바른 것은?

①
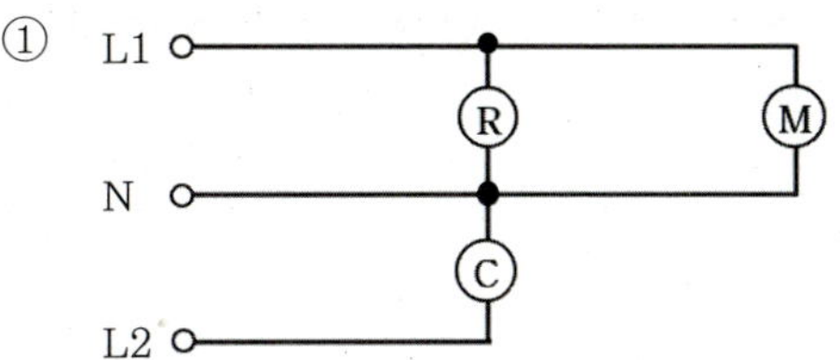


②
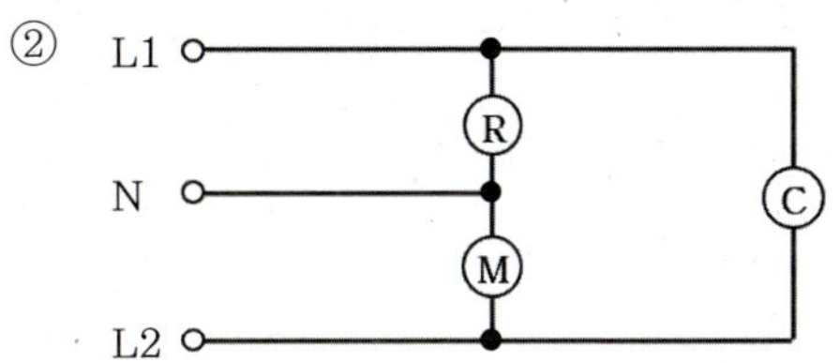


③
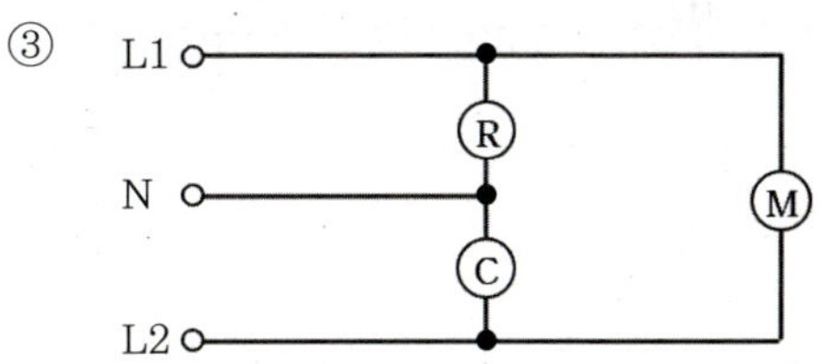


④
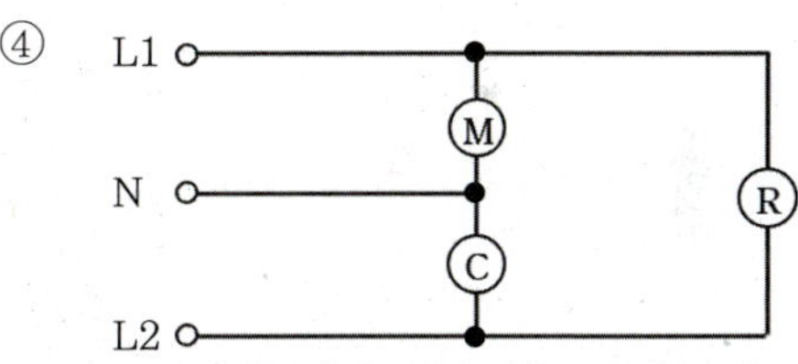


**해설** 전구 Ⓡ과 콘센트 Ⓒ는 전압 110[V]를 사용하므로 전선(L1, L2)과 중성선(N) 사이에 연결하며 전동기 Ⓜ은 220[V]를 사용하므로 선간인 L1과 L2 사이에 연결하여야 한다.

정답 44 ② 45 ④ 46 ③

**47** 금속관 배관공사에서 절연 부싱을 사용하는 이유는?

① 관이 손상되는 것을 방지한다.
② 박스 내에서 전선의 접속을 방지한다.
③ 관의 입구에서 조영재의 접속을 방지한다.
④ 관 끝에서 전선 인입 및 교체 시 전선의 손상을 방지한다.

해설 [한국전기설비규정 232.12.3 금속관 및 부속품의 시설]
관의 끝 부분에는 전선의 피복을 손상하지 않도록 적당한 구조의 부싱을 사용할 것

**48** 접지극의 매설 깊이는 몇 [m] 이상인가?

① 0.1[m]
② 0.3[m]
③ 0.5[m]
④ 0.75[m]

해설 [한국전기설비규정 142.2 접지극의 시설 및 접지저항]
접지극의 매설은 다음에 의한다.
- 접지극의 매설 깊이는 지표면으로부터 지하 0.75[m] 이상으로 한다.
- 접지도체를 철주 기타의 금속체를 따라서 시설하는 경우에는 접지극을 철주의 밑면으로부터 0.3[m] 이상의 깊이에 매설하는 경우 이외에는 접지극을 지중에서 그 금속체로부터 1[m] 이상 떼어 매설하여야 한다.

**49** 화약고에 전기 조명을 시설할 때 전로의 대지전압은 몇 [V] 이하로 해야 하는가?

① 100[V]
② 150[V]
③ 300[V]
④ 400[V]

해설 [한국전기설비규정 242.5.1 화약류 저장소에서 전기설비의 시설]
화약류 저장소 안에는 전기설비를 시설해서는 안 된다. 다만, 조명기구에 전기를 공급하기 위한 전기설비는 다음에 따라 시설한다.
- 전기기계기구는 전폐형일 것
- 전로의 대지전압은 300[V] 이하일 것
- 케이블을 전기기계기구에 인입할 때 인입구에서 케이블이 손상될 우려가 없도록 시설할 것

**50** 목장이나 논밭에 전기울타리를 시설할 때 전선으로 사용하는 경동선의 최소 지름[mm]은?

① 1.4[mm] ② 2.0[mm]
③ 2.6[mm] ④ 3.2[mm]

해설 [한국전기설비규정 241.1.3 전기울타리의 시설]
전기울타리는 다음에 의해 견고하게 시설해야 한다.
- 사람이 쉽게 출입하지 않는 곳에 시설할 것
- 전선은 인장강도 1.38[kN] 이상의 것 또는 지름 2[mm] 이상의 경동선일 것
- 전선과 이를 지지하는 기둥 사이의 간격은 25[mm] 이상일 것
- 전선과 다른 시설물(가공전선 제외) 또는 수목과의 간격은 0.3[m] 이상일 것

**51** 철주가 1[m] 미만 거리의 인근에 있을 때 접지극의 매설 깊이는 철주 밑면으로부터 몇 [m] 이상인가?

① 0.1[m] ② 0.3[m]
③ 0.5[m] ④ 0.75[m]

해설 [한국전기설비규정 142.2 접지극의 시설 및 접지저항]
접지극의 매설은 다음에 의한다.
- 접지극의 매설 깊이는 지표면으로부터 지하 0.75[m] 이상으로 한다.
- 접지도체를 철주 기타의 금속체를 따라서 시설하는 경우에는 접지극을 철주의 밑면으로부터 0.3[m] 이상의 깊이에 매설하는 경우 이외에는 접지극을 지중에서 그 금속체로부터 1[m] 이상 떼어 매설하여야 한다.

정답 47 ④ 48 ④ 49 ③ 50 ② 51 ②

## 52 보호구간에 유입하는 전류와 유출하는 전류의 차에 의해 동작하는 계전기는?

① 거리 계전기　　② 방향 계전기
③ 부족전압 계전기　　④ 비율차동 계전기

**해설** 비율차동 계전기는 고장에 의해 생긴 두 전류의 차가 두 전류의 합과 비교하여 일정 비율 이상으로 되었을 때 동작하는 계전기이다.
① **거리 계전기** : 송전선에 사고가 발생했을 때 선로의 거리에 해당하는 임피던스를 측정하여 고장구간의 전류를 차단하는 계전기
② **방향 계전기** : 전압을 기준으로 전류의 위상으로 전류나 전력의 방향을 식별하여 동작하는 계전기
③ **부족전압 계전기** : 전압이 설정값이나 그 이하로 저하되면 동작하는 계전기

## 53 저압 이웃 연결 인입선의 시설규정으로 적합한 것은?

① 6[m] 도로를 횡단하여 시설
② 수용가 옥내를 관통하여 시설
③ 분기점으로부터 90[m] 지점에 시설
④ 지름 1.5[mm] 인입용 비닐절연전선을 사용

**해설** [한국전기설비규정 221.1.1 저압 인입선의 시설]
- 인장강도 2.30[kN] 또는 지름 2.6[mm] 이상의 인입용 비닐절연전선일 것
- 경간이 15[m] 이하인 경우, 인장강도 1.25[kN] 또는 지름 2.0[mm] 이상의 인입용 비닐절연전선일 것

[한국전기설비규정 221.1.2 이웃 연결 인입선의 시설]
- 옥내를 통과하지 아니할 것
- 폭 5[m]를 초과하는 도로를 횡단하지 아니할 것
- 인입선에서 분기하는 점으로부터 100[m]를 초과하는 지역에 미치지 아니할 것

## 54 애자사용공사의 저압 옥내배선에서 전선 상호 간의 간격은 얼마 이상으로 하여야 하는가?

① 40[mm]　　② 60[mm]
③ 80[mm]　　④ 100[mm]

**해설** [한국전기설비규정 232.56 애자공사]
애자공사의 시설조건 : 전선 상호 간의 간격은 0.06[m] 이상일 것
0.06[m] = 60[mm]

## 55 공연장, 영사실, 전시회 등의 장소에 저압의 전기설비를 설치할 때 사용전압은 몇 [V] 이하인가?

① 150　　② 200
③ 300　　④ 400

**해설** [한국전기설비규정 242.6 전시회, 쇼 및 공연장의 전기설비]
무대, 무대마루 밑, 오케스트라 박스, 영사실 기타 사람이나 무대 도구가 접촉할 우려가 있는 곳에 시설하는 저압 옥내배선, 전구선, 또는 이동전선은 사용전압이 400[V] 이하이어야 한다.

## 56 전등 1개를 3개소에서 점멸 제어할 때 필요한 3로 스위치와 4로 스위치의 개수는?

① 3로 스위치 2개, 4로 스위치 1개
② 3로 스위치 2개, 4로 스위치 2개
③ 3로 스위치 3개, 4로 스위치 1개
④ 3로 스위치 3개, 4로 스위치 2개

**해설** 전등 1개를 3개소에서 점멸 제어할 때 필요한 스위치는 3로 스위치 2개와 4로 스위치 1개이다.

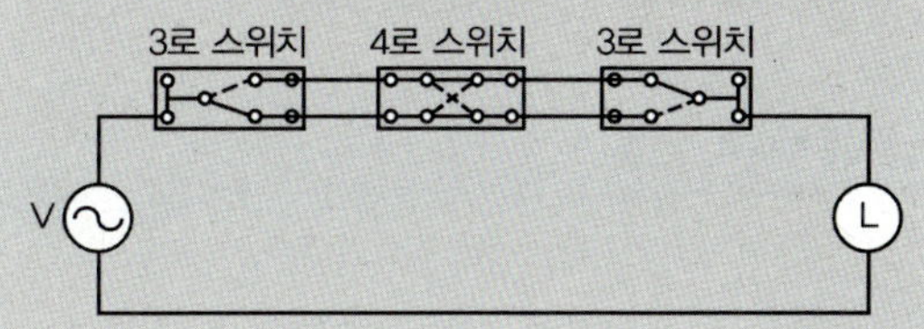


정답 52 ④ 53 ③ 54 ② 55 ④ 56 ①

## 57 변전소의 역할이 아닌 것은?

① 역률을 개선한다.
② 전력을 생산한다.
③ 전압을 변성한다.
④ 전력을 집중하거나 분배시킨다.

**해설** 전력을 생산하는 역할을 하는 설비는 발전소이다.

## 58 저압의 범위에서 직류는 몇 [kV] 이하인가?

① 0.5[kV] 이하
② 0.75[kV] 이하
③ 1[kV] 이하
④ 1.5[kV] 이하

**해설** [한국전기설비규정 111.1 적용 범위]
전압의 구분은 다음과 같다.

| 구분＼종류 | 저압 | 고압 | 특고압 |
|---|---|---|---|
| 직류 | 1,500[V] 이하 | 1,500[V] 초과 7,000[V] 이하 | 7,000[V] 초과 |
| 교류 | 1,000[V] 이하 | 1,000[V] 초과 7,000[V] 이하 | |

## 59 금속 파이프를 직각으로 구부릴 때 전선관의 곡률 반경은?

① 관 안지름의 6배 이상
② 관 안지름의 10배 이상
③ 관 바깥지름의 6배 이상
④ 관 바깥지름의 10배 이상

**해설** 금속관을 구부릴 때에는 금속관의 단면이 심하게 변형되지 않도록 구부려야 하며, 그 안측의 반지름(곡률반경)은 관 안지름의 6배 이상이 되어야 한다.

## 60 한 수용장소의 인입선에서 나와 지지물을 거치지 않고 다른 수용장소의 인입구에 이르는 가공전선은?

① 관등회로
② 옥외 배선
③ 가공인입선
④ 이웃 연결 인입선

**해설** 이웃 연결 인입선에 대한 설명이다.
① **관등회로** : 방전등용 안정기 또는 방전등용 변압기로부터 방전관까지의 전로
② **옥외 배선** : 건축물 외부의 전기 사용장소에서 전기 사용을 목적으로 고정시켜 시설하는 전선
③ **가공인입선** : 가공전선로의 지지물로부터 다른 지지물을 거치지 않고 수용장소의 붙임점까지 이르는 가공전선



정답 57 ② 58 ④ 59 ① 60 ④

# 2025년 제 1 회 기출복원문제

**01** 어드미턴스 $Y_1$, $Y_2$가 병렬로 접속되어 있을 때 합성 어드미턴스는?

① $Y_1 + Y_2$ ② $\dfrac{Y_1 Y_2}{Y_1 + Y_2}$

③ $\dfrac{1}{Y_1 + Y_2}$ ④ $\dfrac{Y_1 + Y_2}{Y_1 Y_2}$

**해설** 어드미턴스가 병렬로 접속되어 있을 때 합성 어드미턴스는 단순히 더해져 $Y_1 + Y_2$가 된다. 반대로, 어드미턴스가 직렬로 접속되어 있을 때는 합성 어드미턴스가 역수 관계를 이용하여 계산되어 $\dfrac{Y_1 Y_2}{Y_1 + Y_2}$가 된다.

**02** 상전압이 300[V]인 3상 반파 정류회로의 직류전압[V]은?

① 145 ② 276

③ 351 ④ 420

**해설**

$V_{DC} = \dfrac{3\sqrt{6}}{2\pi} V_p ≒ 1.17 \times V_p = 1.17 \times 300 = 351$[V]

**03** 8[Wb]의 자속이 이동하여 2[J]의 일을 하였다면, 그때 통과한 전류[A]는?

① 0.10 ② 0.25

③ 0.5 ④ 0.75

**해설** $W = \Phi \times I$에서 $\Phi = 8$[Wb]이고 $W = 2$[J]이므로 $I = \dfrac{1}{4} = 0.25$[A]이다.

**04** 진공 중에 두 자극 $m_1$, $m_2$를 $r$[m]의 거리에 놓았을 때 작용하는 힘 $F$의 식으로 옳은 것은?

① $F = K \cdot \dfrac{m_1 m_2}{r}$[N]

② $F = K \cdot \dfrac{m_1 m_2}{r^2}$[N]

③ $F = K \cdot \dfrac{r}{m_1 m_2}$[N]

④ $F = K \cdot \dfrac{r^2}{m_1 m_2}$[N]

**해설** 쿨롱의 법칙에 의한 두 자극 사이에 작용하는 힘

$$F = \frac{1}{4\pi\mu} \times \frac{m_1 m_2}{r^2} = 6.33 \times 10^4 \times \frac{m_1 m_2}{r^2}$$

$$= K \cdot \frac{m_1 m_2}{r^2}\text{[N]}$$

즉, 자극 사이에 작용하는 힘은 두 자극의 곱과 비례하고 자극 사이 거리의 제곱에 반비례한다.

**05** 전위의 단위로 맞지 않은 것은?

① N · m/C

② J/C

③ V

④ V/m

**해설** V/m은 전기장의 단위이다.
전위의 단위 $V = \dfrac{W}{Q}$[V], [J/C], [N · m/C]이다.

정답 01 ① 02 ③ 03 ② 04 ② 05 ④

**06** 10[V/m]의 전장에 힘의 세기가 0.1[N]이 작용하였다면 전하량[C]은?

① 10 ② 1
③ 0.1 ④ 0.01

**해설** 전기장의 정의식은 $E=\frac{F}{Q}$이므로 전하량 $Q=\frac{F}{E}$이다. 따라서 $Q=\frac{F}{E}=\frac{0.1}{10}=0.01$[C]이다.

**07** 단자 a와 b 사이의 합성저항의 크기[Ω]는?

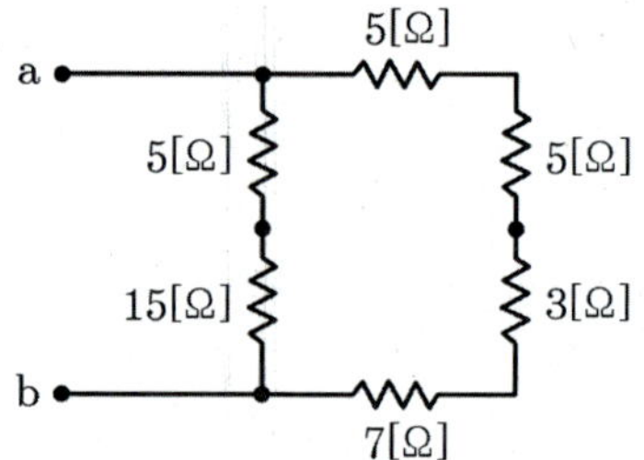


① 5 ② 10
③ 20 ④ 40

**해설** 직렬로 되어 있는 부분의 합성저항을 먼저 구한다.
$R_{t1}=5+15=20[\Omega]$이고 $R_{t2}=5+5+3+7=20[\Omega]$이다. 따라서 두 $R_{t1}$과 $R_{t2}$가 병렬로 연결되어 있으므로
$R_t=\frac{R_{t1}\times R_{t2}}{R_{t1}+R_{t2}}=\frac{20\times20}{20+20}=10[\Omega]$

**08** 20[℃]의 물 100[$l$]를 2시간 동안에 40[℃]로 올리기 위하여 사용할 전열기의 용량은 약 몇 [kW]이면 되겠는가? (단, 이때 전열기의 효율은 60[%]라 한다.)

① 1.929 ② 2.876
③ 3.938 ④ 4.876

**해설** 전열기의 열량
$H=0.24Pt\eta=C\cdot m\cdot\theta$[cal]이다.
($P$ : 전력[W], $t$ : 시간[초], $\eta$ : 효율[%], $C$ : 비열[cal/(kg · ℃)], $m$ : 질량[g], $\theta$ : 온도변화[℃])

$P=\frac{C\cdot m\cdot\theta}{0.24\cdot t\cdot\eta}=\frac{1\times(100\times10^3)\times(40-20)}{0.24\times(2\times3,600)\times0.6}$
$\fallingdotseq 1,929[W]=1.929[kW]$

**09** 반도체의 일반적인 특성이 아닌 것은?

① 전기적 전도성은 금속과 절연체의 중간 정도이다.
② 온도가 상승함에 따라 전류가 더 잘 흐른다.
③ 매우 낮은 온도에서 절연체처럼 작용한다.
④ 불순물이 섞이면 저항이 증가한다.

**해설** 반도체는 순수한 상태에서는 전류가 거의 흐르지 않지만, 온도 상승이나 불순물 첨가에 따라 전도성이 크게 변하는 물질이다. 이 원리를 이용해 만들어진 것이 N형 또는 P형 반도체이다.

**10** 200[V]의 전원에 2개의 전구 200[V]/50[W], 200[V]/40[W]를 직렬로 연결하였을 때 합성저항[Ω]은?

① 1,200 ② 1,600
③ 1,800 ④ 2,000

**해설** $P=\frac{V^2}{R}$이므로 $R=\frac{V^2}{P}$이다.
$R_1=\frac{V^2}{P}=\frac{200^2}{50}=800[\Omega]$이며
$R_2=\frac{R^2}{P}=\frac{200^2}{40}=1,000[\Omega]$
$R_1$과 $R_2$를 직렬로 연결하였으므로
$R_t=R_1+R_2=800+1,000=1,800[\Omega]$

정답 06 ④ 07 ② 08 ① 09 ④ 10 ③

**11** **코일의 자체 인덕턴스는 어느 것에 따라 변하는가?**

① 유전율 ② 도전율
③ 저항률 ④ 자기 투자율

**해설** 코일의 자체 인덕턴스 $L=\frac{N^2\mu A}{l}$ 이므로 자기 투자율 $\mu$에 따라서 변화한다.

**12** **R-C 직렬회로에서의 시정수 $RC$와 과도현상과의 관계로 옳은 것은?**

① 시정수 $RC$의 값이 클수록 과도현상은 빨리 사라진다.
② 시정수 $RC$의 값이 클수록 과도현상은 오랫동안 지속된다.
③ 시정수 $RC$의 값이 작을수록 과도현상은 천천히 사라진다.
④ 시정수 $RC$의 값은 과도현상의 지속시간과 관계가 없다.

**해설** 시정수($\tau$)
- 정상치의 63.2[%]에 달할 때까지의 시간을 말하는 값, $\tau=RC$이다.
- 시정수가 길수록 정상 상태에 도달하는 시간이 길어지므로 과도현상이 오랫동안 지속되는 것을 뜻한다.

**13** **3상 교류회로에 2개의 전력계 $W_1$, $W_2$로 측정해서 $W_1$의 지싯값이 $P_1$, $W_2$의 지싯값이 $P_2$라고 하면 3상 유효전력은 어떻게 표현되는가?**

① $P_1+P_2$ ② $P_1-P_2$
③ $3(P_1+P_2)$ ④ $3(P_1+P_2)$

**해설** 2전력계법에 의한 3상 유효전력
$P=P_1+P_2$[W]

**14** **정전 흡인력에 대한 설명으로 옳은 것은?**

① 같은 종류의 전하 사이에는 인력이 작용한다.
② 서로 다른 종류의 전하 사이에는 척력이 작용한다.
③ 전하의 크기가 클수록 흡인력은 작아진다.
④ 서로 다른 종류의 전하 사이에는 인력이 작용한다.

**해설** 정전 흡인력은 대전된 물체 사이에 작용하는 힘으로, 서로 다른 종류의 전하 사이에는 인력(당기는 힘)이 작용하며 반대로 같은 종류의 전하 사이에는 척력(밀어내는 힘)이 작용한다.

**15** **비정현파의 종류에 속하는 직사각형파(구형파)의 전개식에서 기본파의 진폭[V]은? (단, 직사각형파의 최대 진폭은 200[V]로 한다.)**

① 85 ② 100
③ 255 ④ 810

**해설**
직사각형파(구형파)는 기본파와 고조파로 푸리에 전개되며 그 기본파의 진폭은 $V=\frac{4}{\pi}\times V_m=\frac{4}{\pi}\times 200 \fallingdotseq 254.6$[V]이다.

**16** **두 개의 평행한 도체가 진공 중(또는 공기 중)에 $d$[cm]만큼 떨어져 있고, $I$[A]의 같은 방향의 전류가 흐르고 있을 때 1[m]당 발생하는 힘의 크기[N]는?**

① $F=\frac{\mu_0 I^2}{4\pi d}$ ② $F=\frac{\mu_0 I^2}{2\pi d}$
③ $F=\frac{\mu_0 I}{2\pi d^2}$ ④ $F=\frac{\mu_0 I^2 d}{2\pi}$

정답 11 ④ 12 ② 13 ① 14 ④ 15 ③ 16 ②

해설 두 평행한 도선에 전류가 흐르면 각각의 도선이 만든 자기장이 다른 도선에 힘을 작용시키며 그 때 단위 길이당 힘은 $\frac{F}{l}=\frac{\mu_0 I_1 I_2}{2\pi d}$ 이다. 이때 $I_1$과 $I_2$의 크기가 같으므로 $F=\frac{\mu_0 I^2}{2\pi d}$ 이다.

**17** 환상 솔레노이드의 내부의 자기장의 세기에 관한 설명으로 틀린 것은?

① 자장의 세기는 권수에 비례한다.
② 자장의 세기는 전류에 비례한다.
③ 자장의 세기는 자로의 길이에 비례한다.
④ 자장의 세기는 권수, 전류, 평균 반지름과 관계가 있다.

해설

환상 솔레노이드 내부의 자기의 세기 $H=\frac{NI}{2\pi r}$ 이다.

($N$ : 솔레노이드 권선 수, $I$ : 전류, $r$ : 환상 솔레노이드의 반지름)

자장의 세기는 권수 $N$, 전류 $I$에 비례하고 환상 솔레노이드 반지름 $r$에 비례한다.

**18** 평형 3상 △회로를 등가 Y결선으로 환산하면 각 상의 임피던스[Ω]는? (단, 한 상에서 임피던스 $Z=12$[Ω]이다.)

① 4　　② 12
③ 36　　④ 48

해설

△결선과 Y결선 사이의 임피던스 관계는 $Z_Y=\frac{1}{3}Z_\triangle$ 이다.

$Z_\triangle=12$[Ω]이므로 $Z_Y=\frac{1}{3}Z_\triangle=\frac{1}{3}\times 12=4$[Ω]이다.

**19** 자체 인덕턴스 20[mH]의 코일에 30[A]의 전류를 흘릴 때 축적되는 에너지[J]는?

① 1.5　　② 3
③ 9　　④ 18

해설 인덕터에 축적되는 에너지 $W_L=\frac{1}{2}LI^2$[J]이다.

$L=20$[mH], $I=30$[A]일 때

$W=\frac{1}{2}LI^2=\frac{1}{2}\times 20\times 10^{-3}\times 30^2=9$[J]이다.

**20** 기전력 120[V], 내부저항 15[Ω]인 전원이 있다. 부하를 접속하여 얻을 수 있는 최대전력[W]은?

① 60　　② 120
③ 240　　④ 300

해설 최대전력 전달 조건에 따르면 내부저항과 부하는 같은 값이어야 한다. ($R_L=r$)

이때 전력은 $P_{max}=\frac{E^2}{4r}=\frac{120^2}{4\times 15}=240$[W]이다.

**21** 계자 철심에 잔류자기가 없어도 발전이 가능한 직류기는?

① 직권기　　② 분권기
③ 복권기　　④ 타여자기

해설 타여자 발전기는 계자 권선에 외부에서 전원을 공급하므로 잔류자기가 없어도 발전이 가능하다. 자여자기(직권기, 분권기, 복권기)는 잔류자기에 의해 발전한다.

**22** 직류 직권 전동기에서 벨트를 걸고 운전하면 안 되는 이유는?

① 손실이 많아지므로
② 벨트가 벗겨지면 위험속도로 도달하므로
③ 직결하지 않으면 속도 제어가 곤란하므로
④ 벨트의 마멸 보수가 곤란하므로

정답 17 ③ 18 ① 19 ③ 20 ③ 21 ④ 22 ②

해설

$$E = K\phi N[\text{V}]$$
$$E = V - I_a R_a[\text{V}]$$
$$N = K\frac{V - I_a R_a}{\phi}[\text{rpm}]$$

직류 직권 전동기가 무부하 상태가 되면 부하전류 $I_a = 0$, 계자전류 $I_f = 0$이 된다. 계자에 전류가 흐르지 않으면 자속이 0이 되므로 회전속도 값이 무한대가 된다. 따라서 벨트 운전을 금지한다. 벨트가 벗겨지면 위험속도에 도달하기 때문이다.

**23** 직류 전동기 중 정속도 전동기에 해당하는 것은?

① 직권 전동기
② 타여자 전동기
③ 화동복권 전동기
④ 차동복권 전동기

해설 타여자 전동기는 외부 전원으로부터 자속을 공급받아 부하에 따른 속도 변동이 적어 상대적으로 일정한 속도를 유지할 수 있다.

**24** 직류기에서 불꽃 없는 정류를 얻는 가장 유효한 방법은?

① 보극과 보상권선
② 보극과 탄소브러시
③ 탄소브러시와 보상권선
④ 자기포화와 브러시 이동

해설 직류기에서 정류 시 발생하는 불꽃을 최소화하기 위해 보극과 탄소브러시를 사용한다.

**25** 변압기의 원리는 어느 작용을 이용한 것인가?

① 발열 작용
② 화학 작용
③ 자기유도 작용
④ 전자유도 작용

해설 변압기는 하나의 코일이 다른 코일에 전류를 유도할 수 있도록 해주는 마이클 패러데이의 상호 인덕턴스 원리(전자유도작용)를 이용한다.

**26** 변압기 내부 고장 발생 시 발생하는 기름의 흐름 변화를 검출하는 부흐홀츠 계전기의 설치 위치는?

① 변압기 본체
② 컨서베이터 내부
③ 변압기의 고압 측 부싱
④ 변압기 본체와 콘서베이터 사이

해설 부흐홀츠 계전기는 변압기 주 탱크와 콘서베이터 사이에 설치하여 변압기 내부 고장 보호용으로 사용된다. 절연유의 온도 상승 시 발생하는 유증기를 검출하여 권선 단락, 철심 고정 볼트의 절연 열화, 탭 전환기의 고장 등을 경보 및 차단한다.

**27** 변압기의 무부하손에서 가장 큰 손실은?

① 동손
② 철손
③ 계자 권선의 저항손
④ 전기자 권선의 저항손

해설 무부하손은 부하와 관계없이 항상 발생하는 손실을 말하며, 철손과 기계손이 있다. 기계손은 일반적으로 철손보다 작다.

- **철손** : 변압기 철심에서 발생하는 손실로, 히스테리시스손과 와류손이 있다.
- **기계손** : 변압기 내부 마찰이나 풍손 등을 말한다.

정답 23 ② 24 ② 25 ④ 26 ④ 27 ②

**28** 변압기의 2차 저항이 0.1[Ω]일 때 1차로 환산하면 360[Ω]이 된다. 이 변압기의 권수비는?

① 30　② 40
③ 50　④ 60

해설 권수비

$a=\frac{E_1}{E_2}=\frac{V_1}{V_2}=\frac{N_1}{N_2}=\sqrt{\frac{Z_1}{Z_2}}=\sqrt{\frac{R_1}{R_2}}$ 에서

$\sqrt{\frac{R_1}{R_2}}=\sqrt{\frac{360}{0.1}}=\sqrt{3,600}=60$

$a=60$

**29** 변압기 철심의 철의 함유율(%)은 ?

① 50~60　② 75~86
③ 80~90　④ 95~97

해설 변압기 철심
3~4[%] 규소가 함유된 강판 사용(히스테리시스손 감소)
따라서 철의 함유율은 96~97[%]

**30** 동기 와트 $P_2$, 출력 $P_o$, 슬립 $s$, 동기속도 $N_s$, 회전속도 $N$, 2차 동손 $P_{c2}$일 때 2차 효율을 표기한 것은?

① $1-s$　② $\frac{P_{c2}}{P_2}$
③ $\frac{P_o}{P_2}$　④ $\frac{N}{N_s}$

해설 2차 효율

$\eta_2=\frac{P_o}{P_2}=\frac{(1-s)P_2}{P_2}=1-s=\frac{N}{N_s}$

**31** 2대의 동기 발전기 A, B가 병렬 운전하고 있을 때 A의 여자전류를 증가시키면?

① A의 역률은 낮아지고 B의 역률은 높아진다.
② A의 역률을 높아지고 B의 역률은 낮아진다.
③ A, B 양 발전기의 역률이 높아진다.
④ A, B 양 발전기의 역률이 낮아진다.

해설
- 병렬운전 중에 있는 발전기의 여자전류를 적당하게 하여 유기 기전력을 같게 하지 않으면 무효순환전류가 흘러 두 발전기의 역률이 달라지고 발전기는 과열된다.
- 여자전류가 증가한 발전기는 기전력이 향상되므로 무효순환전류가 발생하여 무효분의 값이 증가한다. 따라서 A의 역률은 낮아지고 B의 역률은 높아진다.

**32** 3상 유도전동기에서 2차 측 저항을 2배로 하면 최대 토크는?

① 2배가 된다.
② $\sqrt{2}$ 배가 된다.
③ $\frac{1}{2}$ 배가 된다.
④ 변하지 않는다.

해설 2차 측 저항은 회전자 권선의 저항으로, 전류와 전압에는 영향을 주지만 최대토크에 직접적인 영향을 주지 않는다.

**33** 3상 유도전동기의 1차 입력 60[kW], 1차 손실 1[kW], 슬립 4[%]일 때 기계적 출력[kW]은?

① 50.64　② 56.64
③ 62.66　④ 68.68

해설 2차 입력 = 1차 입력 − 1차 손실 = 60 − 1 = 59[kW]
기계적 출력 = 2차 입력×효율 = 2차 입력×(1 − 슬립)
= 59×(1 − 0.04) ≒ 56.64[kW]



정답 28 ④ 29 ④ 30 ④ 31 ① 32 ④ 33 ②

**34** 다음 중 권선형 유도전동기가 농형 유도전동기에 비해 가지는 장점은?

① 기동토크가 크다.
② 구조가 간단하다.
③ 속도제어가 곤란하다.
④ 기동전류가 크다.

해설
농형 유도전동기
- 구조가 간단하다.
- 보수 및 수리가 간단하다.
- 취급방법이 간단하다.
- 가격이 저렴하다.
- 슬립링이 없어 불꽃이 없다.
- 속도제어가 곤란하다.
- 기동토크가 작다.

권선형 유도전동기
- 속도제어가 용이하다.
- 기동토크가 크다.
- 기동전류가 작다.
- 취급이 어렵다.
- 가격이 비싸다.

**35** 그림은 동기기의 위상 특선 곡선을 나타낸 것이다. 전기자전류가 가장 작게 흐를 때의 역률은?

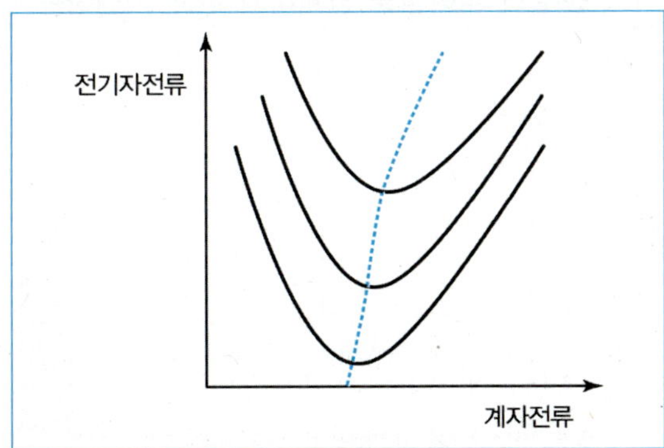


① 1　② 0.9
③ 0.8　④ 0

해설 V곡선에서 최저점은 역률이 1인 상태이다.

**36** 200[V], 50[Hz], 8극, 15[kW]의 3상 유도전동기에서 전부하 회전수가 720[rpm]이면 이 전동기의 2차 효율[%]은?

① 86　② 96
③ 98　④ 100

해설
- 동기속도 $N_S = \frac{120f}{p} = \frac{120 \times 50}{8} = 750$[rpm]
- 슬립 $s = \frac{750-720}{750} = 0.04$
- 2차 효율 $\eta_2 = (1-s) \times 100[\%]$
  $= (1-0.04) \times 100 = 96[\%]$

**37** 다음 중 자기 소호 기능이 가장 좋은 소자는?

① GTO　② SCR
③ TRIAC　④ LASCR

해설 GTO(Gate Turn-Off Thyristor)는 게이트 신호로 on-off가 자유롭다. 또한 개폐 동작이 빠르고, 주로 직류의 개폐에 사용되며, 자기 소호 기능이 가장 좋다.

**38** 교류회로에서 양방향 점호(ON) 및 소호(OFF)를 이용하며, 위상제어가 가능한 소자는?

① GTO　② TRIAC
③ SCR　④ IGBT

해설 TRIAC은 양방향 점호 및 소호가 가능하고 위상 제어가 가능하다.

**39** 변압기유의 열화 방지를 위해 쓰이는 방법이 아닌 것은?

① 방열기　② 브리더
③ 질소 봉입　④ 콘서베이터



정답 34 ①　35 ①　36 ②　37 ①　38 ②　39 ①

**해설** 변압기유 열화방지 방법
- 콘서베이터 설치 : 변압기 함에 부착하여 호흡작용에 의한 기름의 열화를 방지
- 공기와의 접촉을 차단하기 위해 유면과 외부 사이에 질소 봉입
- 브리더 설치 : 유입변압기 등은 열화에 따른 내외부 호흡에 따른 습기가 발생하는데 이를 흡수

**40** 다음 중 유도전동기의 속도 제어에 사용되는 인버터 장치의 약호는?

① CVCF ② VVVF
③ CVVF ④ VVCF

**41** 금속관 내의 같은 굵기의 전선을 넣을 때, 절연전선의 피복을 포함한 총 단면적이 금속관 내부 단면적의 몇 이하이어야 하는가?

① $\frac{1}{2}$ ② $\frac{1}{3}$
③ $\frac{1}{4}$ ④ $\frac{1}{5}$

**해설** [KS C IEC/TS 61200-52의 521.6]
- 케이블 또는 절연도체의 내부 단면적이 전선고나 단면적의 1/3을 초과할 수는 없다.

**42** 낙뢰, 수목 접촉, 일시적인 섬락 등 순간적인 사고로 계통에서 분리된 구간을 신속히 계통에 재투입시킴으로써 계통의 안정도를 향상시키고 정전 시간을 단축시키기 위해 사용되는 계전기는?

① 거리 계전기
② 차동 계전기
③ 과전류 계전기
④ 재폐로 계전기

**해설** 재폐로 계전기는 지락사고로 인해 열린 회로를 자동으로 신속하게 다시 연결하는 계전기이다.

**43** 배전선로 공사에서 활선을 움직이거나 작업권 밖으로 밀어낼 때 또는 다른 장소로 옮길 때 사용하는 공구는?

① 애자 커버
② 와이어 통
③ 전선 피박기
④ 데드엔드 커버

**해설** 활선 작업을 할 때 충전상태인 활선을 움직이거나 작업권 밖으로 밀어낼 때 사용하는 절연봉을 '와이어 통'이라고 한다.
① **애자 커버** : 활선작업을 할 때 애자를 절연하여 작업자의 부주의로 접촉되더라도 안전사고를 방지하는 절연장구
③ **전선 피박기** : 활선 상태인 전선의 피복을 벗기는 데 사용하는 공구
④ **데드엔드 커버** : 현수애자와 인류 클램프의 충전부를 방호하기 위한 활선작업용 엔드커버

**44** 논이나 기타 지반이 약한 곳에 전주공사를 할 때 전주의 넘어짐을 방지하기 위해 시설하는 것은?

① 완금
② 완목
③ 행거밴드
④ 전주 버팀대(근가)

**해설** 전주 버팀대(근가)는 전주를 지중에 안정적인 직립 상태를 유지할 수 있도록 하는 돌덩어리이다. 논이나 기타 지반이 약한 곳에 시설한다.
② **완금** : 전주 위의 전선을 지지하고 애자를 고정하는 금구이다.
③ **완목** : 전주 위에 부착한 장방형 판으로, 애자를 부착시키거나 선로를 지지하는 데 쓰이는 목재이다.
④ **행거밴드** : 전주에 주상 변압기를 설치하기 위해 사용하는 밴드이다.

정답 40 ② 41 ② 42 ④ 43 ② 44 ④

**45** **저압 이웃 연결 인입선의 시설에 대한 설명으로 틀린 것은?**

① 옥내를 관통하지 말 것
② 폭 5[m]를 초과하는 도로를 횡단하지 말 것
③ 인입구에서 분기하여 100[m]를 초과하지 말 것
④ 지지물 간 거리가 15[m] 이하인 경우 2.6[mm] 이상의 인입용 비닐절연전선을 사용할 것

해설 [한국전기설비규정 221.1.1 저압 인입선의 시설]
- 인장강도 2.30[kN] 또는 지름 2.6[mm] 이상의 인입용 비닐절연전선일 것
- 지지물간 거리가 15[m] 이하인 경우, 인장강도 1.25[kN] 또는 지름 2.0[mm] 이상의 인입용 비닐절연전선일 것

[한국전기설비규정 221.1.2 이웃 연결 인입선의 시설]
- 옥내를 통과하지 아니할 것
- 폭 5[m]를 초과하는 도로를 횡단하지 아니할 것
- 인입선에서 분기하는 점으로부터 100[m]를 초과하는 지역에 미치지 아니할 것

**46** **고압 옥측전선로를 시설할 경우 수관 · 가스관 또는 이와 유사한 것과 접근하거나 교차하는 경우, 고압 옥측전선로의 전선과 이들 사이의 이격거리[cm]는 얼마인가?**

① 10 ② 15
③ 20 ④ 25

해설 [한국전기설비규정 331.13.1 고압 옥측전선로의 시설]
고압 옥측전선로의 전선이 그 고압 옥측전선로를 시설하는 조영물에 시설하는 특고압 옥측전선 · 저압 옥측전선 · 관등회로의 배선 · 약전류 전선 등이나 수관 · 가스관 또는 이와 유사한 것과 접근하거나 교차하는 경우에는 고압 옥측전선로의 전선과 이들 사이의 간격은 0.15[m] 이상이어야 한다.

**47** **연피케이블의 접속에 반드시 사용되는 테이프는?**

① 고무 테이프 ② 리노 테이프
③ 비닐 테이프 ④ 자기 융착 테이프

해설 **리노 테이프** : 건조한 목면에 절연성 니스를 몇 차례 바르고 건조시킨 테이프로 절연성, 내온성, 내유성이 좋아 연피케이블의 접속에 사용한다.

① 고무 테이프 : 두께가 두껍고 폭이 넓어 전선의 접속 부분을 절연 시 사용한다.
③ 비닐 테이프 : 염화비닐수지로 제작된 테이프로 일상에서 가장 많이 사용한다.
④ 자기 융착 테이프 : 합성수지와 합성고무를 주성분으로 제작된 테이프로 내오존성, 내수성, 내약품성, 내온성이 우수하여 장기간 열화되지 않는 특성으로 비닐 외장 케이블 및 클로로프렌 외장 케이블의 접속 시 사용한다.

**48** **욕실 또는 화장실 등 인체가 물에 젖어 있는 상태에서 전기를 사용하는 장소에 콘센트를 시설하는 경우에 적합한 누전차단기는?**

① 정격감도전류 15[mA] 이하, 동작시간 0.3초 이하의 전류 동작형 누전 차단기
② 정격감도전류 15[mA] 이하, 동작시간 0.3초 이하의 전압 동작형 누전 차단기
③ 정격감도전류 15[mA] 이하, 동작시간 0.03초 이하의 전류 동작형 누전 차단기
④ 정격감도전류 15[mA] 이하, 동작시간 0.03초 이하의 전압 동작형 누전 차단기

해설 [한국전기설비규정 234.5 콘센트의 시설]
욕실 또는 화장실 등 인체가 물에 젖어 있는 상태에서 전기를 사용하는 장소에 콘센트를 시설하는 경우에는 다음에 따라 시설하여야 한다.
- 인체감전보호용 누전차단기(정격감도전류 15[mA] 이하, 동작시간 0.03초 이하의 전류동작형) 또는 절연변압기(정격용량 3[kVA] 이하인 것)로 보호된 전로에 접속하거나, 인체감전보호용 누전차단기가 부착된 콘센트를 시설하여야 한다.
- 콘센트는 접지극이 있는 방적형 콘센트를 사용한다.

정답 45 ④ 46 ② 47 ② 48 ③

**49** 전선과 기구 단자 접속 시 나사를 덜 죄었을 경우 발생할 수 있는 위험과 거리가 먼 것은?

① 누전
② 과열 발생
③ 저항 감소
④ 화재 위험

**해설** 전선과 기구 단자 접속 시 나사를 덜 죄었을 경우 완전한 접속이 되지 않아 전류가 잘 흐르지 못하므로 저항이 증가한다.

**50** 사용전압이 35[kV] 이하인 특고압 가공전선과 고압의 가공전선을 동일 지지물에 시설하는 경우에 두 가공전선 사이의 간격은 최소 몇 [m] 이상이어야 하는가?

① 0.5　② 1.0
③ 1.2　④ 2.0

**해설** [한국전기설비규정 333.17 특고압 가공전선과 저고압 가공전선 등의 병행설치]

| 사용전압의 구분 | 간격 |
|---|---|
| 35[kV] 이하 | 1.2[m]<br>(특고압 가공전선이 케이블인 경우 0.5[m]) |
| 35[kV] 초과<br>60[kV] 이하 | 2[m]<br>(특고압 가공전선이 케이블인 경우 1[m]) |
| 60[kV] 초과 | 2[m]<br>(특고압 가공전선이 케이블인 경우에는 1[m]에 60[kV]를 초과하는 10[kV] 또는 그 단수마다 0.12[m]를 더한 값) |

**51** 최대사용전압이 70[kV]인 중성점 직접접지식 전로의 절연내력 시험전압은 몇 [V]인가?

① 35,000　② 50,400
③ 64,400　④ 77,000

**해설** 최대사용전압이 70[kV]인 중성점 직접접지식 전로의 절연내력 시험전압
시험전압 = 70,000×0.72 = 50,400[V]

[한국전기설비규정 132 전로의 절연저항 및 절연내력]
아래의 표에서 정한 시험전압을 전로와 대지 사이에 연속하여 10분간 가하여 절연내력을 시험했을 경우 이에 견뎌야 한다.

▶ 전로의 최대사용전압별 시험전압

| 최대사용전압 | 시험전압 |
|---|---|
| 7[kV] 이하의 전로 | 최대사용전압의 1.5배 |
| 7[kV] 초과 25[kV] 이하, 중성점 접지식 전로 | 최대사용전압의 0.92배 |
| 7[kV] 초과 60[kV] 이하인 전로 | 최대사용전압의 1.25배<br>(10.5[kV] 미만 시 10.5[kV]) |
| 60[kV] 초과 170[kV] 이하, 중성점 비접지식 전로 | 최대사용전압의 1.25배 |
| 60[kV] 초과 170[kV] 이하, 중성점 접지식 전로 | 최대사용전압의 1.1배<br>(75[kV] 미만 시 75[kV]) |
| 60[kV] 초과 170[kV] 이하, 중성점 직접접지식 전로 | 최대사용전압의 0.72배 |

**52** 보호계전기를 시험할 때 유의사항이 아닌 것은?

① 영점의 정확성 확인
② 계전기 시험 장비와 오차 확인
③ 시험회로 결선 시 교류의 극성 확인
④ 시험회로 결선 시 교류와 직류 확인

**해설** 보호계전기 시험
보호계전기의 정상적인 작동 여부의 확인과 각 계전기의 작동 특성을 시험하는 것으로 직/교류확인, 영점확인 및 측정 장비의 오차를 확인한다. 교류 특성상 극성을 확인하지 않는다.

**53** 대지전압 300[V] 이하의 고압방전등을 배전선로의 지지물에 설치할 경우 배선 공사에 사용하는 절연전선의 최소 단면적은?

① 0.75　② 1.5
③ 2.0　④ 2.5

정답 49 ③ 50 ③ 51 ② 52 ③ 53 ④

**해설** [한국전기설비규정 234.10 전주외등]
배선은 단면적 2.5[$mm^2$] 이상의 절연전선 또는 이와 동등 이상의 절연성능이 있는 것을 사용하고 다음 공사방법 중에서 시설하여야 한다.
- 케이블공사
- 합성수지관공사
- 금속관공사

## 54 금속관공사에서 절연 부싱을 사용하는 목적으로 옳은 것은?

① 관이 손상되는 것을 방지한다.
② 박스 내에서 전선의 접속을 방지한다.
③ 관의 입구에서 조영재의 접속을 방지한다.
④ 관 끝에서 전선 인입 및 교체 시 전선의 손상을 방지한다.

**해설** [한국전기설비규정 232.12.3 금속관 및 부속품의 시설]
관의 끝 부분에는 전선의 피복을 손상하지 않도록 적당한 구조의 부싱을 사용할 것

## 55 실내 면적 100[$m^2$]인 장소에 전 광속이 2,500[lm]인 40[W] 형광등을 설치하여 평균조도를 150[lx]로 하려면 몇 개의 등을 설치하면 되겠는가? (단, 조명률은 50[%], 감광 보상률은 1.25로 한다.)

① 15개 ② 20개
③ 25개 ④ 30개

**해설** $FUN = EAD,\ N = \frac{E \times A \times D}{F \times U}$
(E : 조도[lx], A : 피조면의 면적[$m^2$], D : 감광 보상률, F : 광속[lm], U : 조명률, N : 등기구의 수)

$$N = \frac{E \times A \times D}{F \times U} = \frac{150 \times 100 \times 1.25}{2{,}500 \times 0.5} = 15$$

$\therefore N = 15$개

## 56 접지를 하는 목적이 아닌 것은?

① 감전의 방지
② 이상 전압의 발생
③ 전로의 대지전압의 저하
④ 보호계전기의 동작 확보

**해설** 접지공사의 목적
- 인체 감전 방지
- 지락전류의 검출(보호계전기 동작)
- 대지전압 상승 방지로 기준전위 변동 억제
- 통신선 유도 장해(정전, 전자유도 잡음) 저감
- 번개 및 이상 전압에 따른 설비 파손, 화재, 폭발 사고 방지

## 57 다음 중 피뢰기를 반드시 시설해야 하는 장소가 아닌 곳은?

① 가공전선로와 지중전선로가 접속되는 곳
② 저압 가공전선로로부터 공급을 받는 수용장소의 인입구
③ 고압 및 특고압 가공전선로로부터 공급을 받는 수용장소의 인입구
④ 발전소 · 변전소 또는 이에 준하는 장소의 가공전선 인입구 및 인출구

**해설** [한국전기설비규정 241.13 피뢰기의 시설]
고압 및 특고압의 전로 중 다음에 열거하는 곳 또는 이에 근접한 곳에는 피뢰기를 시설하여야 한다.
- 발전소 · 변전소 또는 이에 준하는 장소의 가공전선 인입구 및 인출구
- 특고압 가공전선로에 접속하는 특고압 배전용 변압기의 고압측 및 특고압측
- 고압 및 특고압 가공전선로로부터 공급을 받는 수용장소의 인입구
- 가공전선로와 지중전선로가 접속되는 곳



정답 54 ④ 55 ① 56 ② 57 ②

**58** 화약류 저장소의 전기설비의 공사 방법 중 틀린 것은?

① 대지전압은 300[V] 이하이어야 한다.
② 시설하는 전로의 전기기계기구는 전폐형의 것이어야 한다.
③ 조명기구에 전기를 공급하기 위한 전로는 애자공사 방법으로 시설할 수 있다.
④ 전용 개폐기는 저장소 외부에 취급자 이외의 자가 쉽게 조작할 수 없도록 시설한다.

**해설** [한국전기설비규정 242.5 화약류 저장소 등의 위험장소]
화약류 저장소 안에는 전기설비를 시설해서는 안 된다. 다만, 아래의 경우 가능하다.

- 조명기구에 전기를 공급하기 위한 전기설비(개폐기 및 과전류 차단기를 제외)
  - 저압 옥내배선은 금속관공사 또는 케이블공사(캡타이어케이블 제외)에 의할 것.
  - 금속관공사에 의하는 때에는 박강 전선관 또는 이와 동등 이상의 강도를 가지는 것일 것.
  - 케이블공사에 의하는 때에는 개장된 케이블 또는 무기물 절연 케이블을 사용하는 경우 이외에는 관 기타의 방호 장치에 넣어 사용할 것.
  - 전선과 전기기계기구는 진동에 의하여 헐거워지지 아니하도록 견고하고 또한 전기적으로 완전하게 접속할 것.
  - 백열전등 및 방전등용 전등기구는 조영재에 직접 견고하게 붙이거나 또는 전등을 다는 관 및 전등 완관 등에 의하여 조영재에 견고하게 붙일 것.
- 조명기구에 전기를 공급하기 위한 전기설비 이외의 설비
  - 전로의 대지전압은 300[V] 이하일 것.
  - 전기기계기구는 전폐형의 것일 것.
  - 케이블을 전기기계기구에 인입할 때에는 인입구에서 케이블이 손상될 우려가 없도록 시설할 것.
- 전용 개폐기 및 과전류 차단기(다선식 전로의 중성극 제외)
  - 화약류 저장소 이외의 곳에 취급자 이외의 자가 쉽게 조작할 수 없도록 시설할 것.
  - 전로에 지락이 생겼을 때 자동적으로 전로를 차단하거나 경보하는 장치를 시설할 것.

**59** 합성수지관 1본의 길이는 몇 [m]인가?

① 2.0 ② 3.0
③ 3.6 ④ 4.0

**해설**
- 합성수지관 1본의 길이 : 4[m]
- 금속관 1본의 길이 : 3.6[m]

**60** 지중에 매설되어 있는 금속제 수도관로는 대지와의 전기저항 값이 얼마 이하로 유지되어야 접지극으로 사용 가능한가?

① 3[Ω] ② 4[Ω]
③ 5[Ω] ④ 6[Ω]

**해설** [한국전기설비규정 142.2 접지극의 시설 및 접지저항]
수도관 등을 접지극으로 사용하는 경우는 다음에 의한다.
지중에 매설되어 있고 대지와의 전기저항 값이 3[Ω] 이하의 값을 유지하고 있는 금속제 수도관로가 다음에 따르는 경우 접지극으로 사용이 가능하다.

- 접지도체와 금속제 수도관로의 접속은 안지름 75[mm] 이상인 부분 또는 여기에서 분기한 안지름 75[mm] 미만인 분기점으로부터 5[m] 이내의 부분에서 하여야 한다. 다만, 금속제 수도관로와 대지 사이의 전기저항 값이 2[Ω] 이하인 경우에는 분기점으로부터의 거리는 5[m]를 넘을 수 있다.
- 접지도체와 금속제 수도관로의 접속부를 수도계량기로부터 수도 수용가 측에 설치하는 경우에는 수도계량기를 사이에 두고 양측 수도관로를 등전위본딩해야 한다.
- 접지도체와 금속제 수도관로의 접속부를 사람이 접촉할 우려가 있는 곳에 설치하는 경우에는 손상을 방지하도록 방호장치를 설치해야 한다.
- 접지도체와 금속제 수도관로의 접속에 사용하는 금속제는 접속부에 전기적 부식이 생기지 않아야 한다.

정답 58 ③ 59 ④ 60 ①

# 2025년 제 2 회 기출복원문제

**01** 1[kWh]와 같은 값은 어느 것인가?

① $3.6\times10^{6}$[kcal]
② $3.6\times10^{9}$[kcal]
③ $3.6\times10^{6}$[J]
④ $3.6\times10^{9}$[J]

**해설** 전력량 $W=P\times t=1[\text{W}]\times1[\text{sec}]=1[\text{J}]$이다.
전력량 $W=1[\text{kWh}]=1\times10^{3}[\text{W}]\times1[\text{시간}]$
$=1\times10^{3}\times3{,}600[\text{sec}]=3.6\times10^{6}[\text{J}]$
$1[\text{J}]=0.24[\text{cal}]$이므로
$3.6\times10^{6}[\text{J}]=0.24\times3.6\times10^{3}[\text{kcal}]=864[\text{kcal}]$

**02** 콘덴서에 $V$[V]의 전압을 가해서 $Q$[C]의 전하를 충전할 때 저장되는 에너지[J]는?

① $2QV$ ② $2QV^2$
③ $\frac{1}{2}QV$ ④ $\frac{1}{2}QV^2$

**해설** $Q=C\times V$이므로 콘덴서에 축적되는 에너지
$W=\frac{1}{2}CV^2=\frac{1}{2}QV[\text{J}]$

**03** 220[V]용 24[W] 2개의 전구를 직렬과 병렬로 전원 220[V]에 연결하면?

① 직렬로 연결한 전등이 더 밝다.
② 병렬로 연결한 전등이 더 밝다.
③ 직렬로 연결한 경우와 병렬로 연결한 경우의 밝기가 같다.
④ 전구가 모두 안 켜진다.

**해설** $P=\frac{V^2}{R}$이므로 220[V]용 24[W] 전구의 내부저항은 $R=\frac{V^2}{P}=\frac{220^2}{24}\fallingdotseq2{,}016[\Omega]$이다.

- 직렬로 연결하는 경우
  $R_{합성}=2{,}016+2{,}016=4{,}032[\Omega]$,
  $I=\frac{V}{R}=\frac{220}{4{,}032}=0.055[\text{A}]$
  소비전력 $P=I^2R=0.055^2\times4{,}032\fallingdotseq12[\text{W}]$
- 병렬로 연결하는 경우
  $R_{합성}=\frac{R^2}{2R}=\frac{R}{2}=1{,}008[\Omega]$, $V=220[\text{V}]$
  소비전력 $P=\frac{V^2}{R}=\frac{220^2}{1{,}008}\fallingdotseq48[\text{W}]$
  따라서 병렬로 연결한 전등이 더 밝다.

**다른 풀이**
인가되는 전압을 $V$라고 할 때 직렬로 연결하는 경우 각 전구에 전압은 $\frac{1}{2}V$씩 동일하게 걸리므로 소비전력
$P=\frac{\left(\frac{V}{2}\right)^2}{R}=\frac{V^2}{4R}=12[\text{W}]$
병렬로 연결하는 경우 각 전구에 전압은 $V$로 일정하므로
$P=\frac{V^2}{R}=48[\text{W}]$

**04** 옴의 법칙에 대한 설명으로 옳은 것은?

① 전압은 저항과 전류의 곱에 비례한다.
② 전압은 저항에 반비례한다.
③ 전압은 전류에 비례하고 저항에 반비례한다.
④ 전압은 전류에 반비례한다.

**해설** 옴의 법칙에 의하면 $V=IR$이므로 전압은 저항과 전류의 곱에 비례한다.

9개년 기출복원문제

정답 01 ③ 02 ③ 03 ② 04 ①

**05** 4[Ω], 6[Ω], 8[Ω]의 3개의 저항을 직렬 혹은 병렬로 조합하였을 때 만들 수 있는 최대 크기의 합성저항[Ω]은? (단, 각 크기의 저항은 모두 1개씩 사용한다.)

① 10 ② 12
③ 16 ④ 18

**해설** 3개의 저항을 모두 직렬로 접속하면
$R_t = 4+6+8 = 18$[Ω]이며 모두 병렬로 접속하면
$\frac{1}{R_t} = \frac{1}{4}+\frac{1}{6}+\frac{1}{8} = \frac{6+4+3}{24} = \frac{13}{24}$,
$R_t = \frac{24}{13} \fallingdotseq 1.8$[Ω]이다.
3개의 저항을 일부 직렬로, 일부 병렬로 접속하였을 때는 1.8[Ω]과 18[Ω] 사이의 합성저항을 얻을 수 있다.

**06** 대전에 의해 물체가 띠고 있는 전기를 무엇이라고 하는가?

① 원자 ② 전하
③ 대전체 ④ 정전유도

**해설** 평소엔 물체 내부에 양성자 수와 전자수가 같아서 전기적으로 중성이지만 외부로부터 어떠한 영향으로 인하여 자유전자를 잃게 되면 양의 전기를 띠게 되어 양전하가 되고, 자유전자를 얻으면 음의 전기를 띠게 되어 음전하가 되어 전기적 성질을 가지게 되는 것을 대전이라고 한다.

**07** 반지름 25[cm], 권수 10의 원형 코일에 10[A]의 전류를 흐를 때 코일 중심의 자장의 세기[AT/m]는?

① 50 ② 100
③ 150 ④ 200

**해설** 원형 코일의 반지름 $a = 25$[cm]$= 0.25$[m],
권수 $N = 10$회, 전류 $I = 10$[A]이므로
원형 코일 중심에서 자장의 세기는
$H = \frac{NI}{2a} = \frac{10\times10}{2\times0.25} = 200$[AT/m]이다.

**08** 자속밀도 0.5[Wb/m²]의 자장 안에서 자장과 직각으로 20[cm]의 도체를 놓고 이것에 10[A]의 전류를 흘릴 때의 전자력[N]은?

① 0.1 ② 0.5
③ 1 ④ 1.5

**해설** 자속밀도 $B = 0.5$[Wb/m²], 도선의 길이 $l = 20$[cm]$=$ 0.2[m], 전류 $I = 10$[A], 위상 $\theta = 90°$이다.
자기장 내에 있는 도선에 전류가 흐를 때 도선에 작용하는 힘을 구하려면 플레밍의 왼손 법칙을 활용한다. 플레밍의 왼손 법칙에서 도선에 작용하는 힘 $F = BlI\sin\theta$이므로
$F = 0.5\times0.2\times10\times\sin90° = 1$[N]

**09** 자체 인덕턴스 40[mH]와 90[mH]인 두 개의 코일이 있다. 양 코일 사이에 누설자속이 없다고 하면 상호 인덕턴스[mH]는?

① 30 ② 40
③ 50 ④ 60

**해설** 누설자속이 없다는 것은 자기적으로 완벽하게 접속되었다는 것을 의미하며 접속계수 $K$가 1이다.
$M = K\sqrt{L_1\times L_2} = 1\sqrt{40\times90} = 60$[mH]

- $M$ : 상호 인덕턴스
- $K$ : 접속계수
- $L_1$ : 1차 코일의 자기 인덕턴스
- $L_2$ : 2차 코일의 자기 인덕턴스

**10** 임피던스 $\dot{Z} = 12 + j16$[Ω]에서 컨덕턴스[℧]는?

① 0.01 ② 0.02
③ 0.03 ④ 0.04

정답 05 ④ 06 ② 07 ④ 08 ③ 09 ④ 10 ③

**해설** 임피던스 $\dot{Z}=12+j16[\Omega]$

$\dot{Y}=\frac{1}{\dot{Z}}=G+jB[℧]$이므로

$\dot{Y}=\frac{1}{12+j16}=\frac{12-j16}{(12+j16)\times(12-j16)}=\frac{12-j16}{400}$

$=0.03-j0.04[℧]$

따라서 컨덕턴스 $G=0.03[℧]$이다.

- $Y$ : 어드미턴스[℧]
- $G$ : 컨덕턴스(어드미턴스의 실수부)
- $B$ : 서셉턴스(어드미턴스의 허수부)

**11** 비정현파를 여러 개의 정현파의 합으로 표시하는 방법은?

① 키르히호프의 법칙
② 뉴턴의 법칙
③ 푸리에 분석법
④ 테일러 분석법

**해설** 푸리에 급수 분석법
- 비정현파를 여러 개의 정현파의 합으로 표시하는 방법
- 비정현파 $f(t)$=직류분+기본파+고조파(제2고조파+제3고조파+⋯)
- $f(t)=a_0+a_1\cos\omega_0 t+a_2\cos 2\omega_0 t+...+a_n\cos n\omega_0 t$

**12** $i=3\sin\omega t+4\sin(3\omega t-\theta)$[A]로 표시되는 전류의 등가 사인파 최댓값[A]은?

① 2　　② 3
③ 4　　④ 5

**해설** 비정현파 교류의 실횻값 : 각 파형의 실횻값의 제곱의 합을 제곱근한 값
- 전류의 실횻값

$I=\sqrt{I_0{}^2+\left(\frac{I_{m1}}{\sqrt{2}}\right)^2+\left(\frac{I_{m2}}{\sqrt{2}}\right)^2+\cdots+\left(\frac{I_{mn}}{\sqrt{2}}\right)^2}$ [A]

($I_0$ : 직류 전류, $I_{m1}$ : 기본파 전류의 최댓값, $I_{m2}$ : 제2고조파 전류의 최댓값, $I_{mn}$ : 제n고조파 전류의 최댓값)

- 전류의 최댓값 $I_m=\sqrt{I_{m1}{}^2+I_{m3}{}^2}=\sqrt{3^2+4^2}=5$[A]

**13** Y-Y결선 회로에서 선간전압이 100[V]일 때 상전압은 약 몇 [V]인가?

① 40.3　　② 57.8
③ 75.4　　④ 90.2

**해설** Y결선 회로에서 선간전압 $V_l$과 상전압 $V_p$의 관계식은 $\dot{V_l}=\sqrt{3}\,V_p\angle\frac{\pi}{6}$이므로 $|V_p|=\frac{|V_l|}{\sqrt{3}}=\frac{100}{\sqrt{3}}\fallingdotseq 57.8$[V]이다.

| | 전압 | 전류 |
|---|---|---|
| △결선 | $\dot{V_l}=\dot{V_p}$ | $\dot{I_l}=\sqrt{3}\,I_p\angle-\frac{\pi}{6}$ |
| Y결선 | $\dot{V_l}=\sqrt{3}\,V_p\angle\frac{\pi}{6}$ | $\dot{I_l}=\dot{I_p}$ |

**14** 자기회로에서 자로의 단면적이 0.25[m²], 자로의 길이 31.4[cm], 자성체의 비투자율 $\mu_s=100$일 때 자성체의 자기저항[AT/Wb]은?

① 10,000　　② 5,000
③ 3,000　　④ 2,000

**해설** 단면적 $S$=0.25[m²], 자로의 길이 $l$=0.314[m], 비투자율 $\mu_s$=100, 진공 시 투자율 $\mu_0=4\pi\times10^{-7}$이다.

자기저항 $R_m=\frac{l}{\mu S}=\frac{l}{\mu_0\mu_s S}=\frac{0.314}{4\pi\times10^{-7}\times100\times0.25}$

=10,000[AT/Wb]

**15** 다음 중 전기 전도도가 가장 높은 물질은 어느 것인가?

① 구리　　② 순수한 물
③ 유리　　④ 고무

**해설** 전기 전도도는 물질이 전류를 얼마나 잘 전달하는지를 나타내는 물리량으로 전기 전도도가 높을수록 전류가 잘 흐르고, 낮을수록 전류가 잘 흐르지 않는다. 구리는 전선의 재료로 많이 쓰이는 재료로 전기 전도도가 가장 높다.

정답 11 ③　12 ④　13 ②　14 ①　15 ①

**16** 투자율 $\mu$의 단위는?

① [Wb] ② [V/m]
③ [A/m] ④ [H/m]

**해설**
① 자하 $m$[Wb]
② 전계의 세기 $E$[V/m]
③ 자계의 세기 $H$[A/m]
④ 투자율 $\mu$[H/m]

**17** 어떤 저항에서 2[kWh]의 전력량을 소비시켰을 때 발생하는 열량[kcal]은?

① 430 ② 860
③ 1,720 ④ 3,456

**해설** 1[Wh]＝3,600[W · sec]이므로
전력량 $W=2\times10^3$[Wh]$=2\times10^3\times3{,}600$[C]이다.
이때 발생하는 열량
$H=0.24\times7{,}200\times10^3=1{,}728\times10^3$[cal]$=1{,}728$
≒1,720[kcal]

**18** 220[V] 단상의 부하에 전류가 전압보다 45° 뒤진 15[A]의 전류가 흘렀을 때 소비전력[kW]은?

① 1.17 ② 2.34
③ 3.70 ④ 4.58

**해설** $P=V\times I\times\cos\phi=220\times15\times\cos45°\fallingdotseq2.34$[kW]

**19** 진공 중에 10[$\mu$C]과 20[$\mu$C]의 점전하를 1[m]의 거리로 놓았을 때 작용하는 힘[N]은?

① $1.8\times10^2$ ② $3.6\times10^2$
③ 1.8 ④ 3.6

**해설**
$F=k\dfrac{Q_1Q_2}{r^2}=9.0\times10^9\times\dfrac{(10\times10^{-6})\times(20\times10^{-6})}{1^2}$
$=1.8$[N]

**20** R-L 직렬회로에서 임피던스 $Z$의 크기를 나타내는 식은?

① $R^2+wL^2$ ② $R^2-wL^2$
③ $\sqrt{R^2+wL^2}$ ④ $\sqrt{R^2-wL^2}$

**해설** R-L 직렬회로에서 임피던스 $\dot{Z}=R+jW_L$[Ω]에서
$|Z|=\sqrt{R^2+X_L^2}=\sqrt{R^2+wL^2}$

| 직렬회로 (임피던스 $Z$로 해석) | | 병렬회로 (어드미턴스 $Y$로 해석) | |
|---|---|---|---|
| R-L 직렬 회로 | $\dot{Z}=R+jX_L$ $=R+jwL$ | R-L 병렬 회로 | $\dot{Y}=\dfrac{1}{R}-j\dfrac{1}{X_L}$ $=\dfrac{1}{R}-j\dfrac{1}{\omega L}$ |
| R-C 직렬 회로 | $\dot{Z}=R-jX_C$ $=R-j\dfrac{1}{wC}$ | R-C 병렬 회로 | $\dot{Y}=\dfrac{1}{R}+j\dfrac{1}{X_C}$ $=\dfrac{1}{R}+j\omega C$ |

**21** 정류자와 접촉하여 전기자 권선 외부 회로를 연결하는 역할을 하는 것은?

① 계자 ② 전기자
③ 브러시 ④ 계자철심

**해설** 브러시는 전기자 권선과 외부 회로와의 전기적인 접속을 한다.

[직류기의 구조]
• 계자 : 자속을 발생
• 전기자 : 자속을 끊어 기전력 발생
• 정류자 : 교류를 직류로 변환
• 브러시 : 전기자 권선과 외부 회로와의 전기적인 접속

정답 16 ④ 17 ③ 18 ② 19 ③ 20 ③ 21 ③

**22** 계자 권선이 전기자에 병렬로만 접속된 직류기는?

① 직권기
② 분권기
③ 복권기
④ 타여자기

**23** 직류 발전기의 정격전압이 100[V], 무부하전압이 103[V]일 때, 전압변동률 $\epsilon$[%]은?

① 1　　② 3
③ 6　　④ 9

**해설** 전압변동률

$$\epsilon = \frac{V_0 - V_n}{V_n} \times 100[\%] = \frac{103-100}{100} \times 100[\%] = 3[\%]$$

**24** 그림에서 직류 분권 전동기의 속도 특성 곡선은?

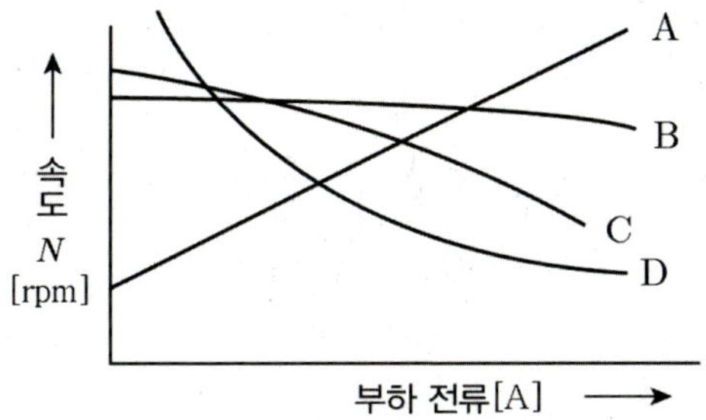


① A　　② B
③ C　　④ D

**25** 변압기의 퍼센트 저항강하가 3[%], 퍼센트 리액턴스 강하가 4[%]이고, 지상 역률이 80[%]이다. 이 변압기의 전압변동률[%]은?

① 3.2　　② 4.8
③ 5.0　　④ 5.6

**해설** 변압기의 전압변동률

- 진상 역률 $\epsilon = p\cos\theta - q\sin\theta[\%]$
- 지상 역률 $\epsilon = p\cos\theta + q\sin\theta[\%]$

($p$ : 저항 강하[%], $q$ : 리액턴스 강하[%])

$\epsilon = p\cos\theta + q\sin\theta[\%] = 3 \times 0.8 + 4 \times 0.6 = 4.8[\%]$

**26** 변압기의 부하 측이란?

① 고압 측　　② 저압 측
③ 전원 측　　④ 2차 측

**해설** 변압기에서 일반적으로 전력이 들어가는 전원 측을 1차, 나오는 부하 측을 2차라고 한다.

**27** 1차 측 권수는 6,000, 2차 측 권수가 200인 변압기의 전압비는?

① 30　　② 10
③ 60　　④ 90

**해설** 권수비

$$a = \frac{E_1}{E_2} = \frac{V_1}{V_2} = \frac{N_1}{N_2} = \sqrt{\frac{Z_1}{Z_2}} = \sqrt{\frac{R_1}{R_2}}$$

$$a = \frac{6,000}{200} = 30$$

$\therefore a = 30$

**28** 3상 동기기 제동권선의 역할은?

① 난조 방지　　② 효율 증가
③ 출력 증가　　④ 역률 개선

**해설** 제동권선의 역할

- 제동권선 : 난조 방지
- 보상권선 : 전기자 반작용 방지



정답 22 ③ 23 ② 24 ② 25 ② 26 ④ 27 ① 28 ①

**29** 3상 유도전동기의 회전 방향을 바꾸기 위한 방법은?

① 전원의 전압과 주파수를 바꾼다.
② $\Delta - Y$결선으로 바꾼다.
③ 기동보상기를 사용하여 권선을 바꾼다.
④ 전동기의 1차 권선에 있는 3개의 단자 중 2개의 단자의 접속을 서로 바꾼다.

**해설** 3상 유도전동기의 3선 중 2선의 접속(상회전 순서)를 바꾸어 주면 회전자계가 반대로 형성되어 회전 방향이 반대가 된다.

**30** 역률과 효율이 좋아 가정용 선풍기, 전기세탁기, 냉장고 등에 주로 사용되는 것은?

① 분상 기동형 전동기
② 콘덴서 기동형 전동기
③ 반발 기동형 전동기
④ 셰이딩 코일형 전동기

**해설** 단상 유도전동기의 기동 방법에 따라 분상 기동형, 콘덴서 기동형(2차 콘덴서형, 영구 콘덴서형), 반발 기동형, 셰이딩 코일형 등으로 분류한다.
- **분상 기동형** : 전기 냉장고, 세탁기, 소형 공작 기계, 펌프 등에 사용된다.
- **영구 콘덴서형** : 원심력 스위치가 없고 가격도 싸며, 보수할 필요가 적고, 큰 기동토크를 요구하지 않는 선풍기, 세탁기, 헤어 드라이기 등에 널리 사용된다.
- **셰이딩 코일형** : 전축용 전동기, 소형 선풍기 등 소형 전동기에 사용된다.

**31** 슬립이 0일 때 유도전동기 속도는?

① 변화가 없다.
② 정지상태가 된다.
③ 동기속도로 회전한다.
④ 동기속도보다 빠르게 회전한다.

**해설** 슬립 $s=1$이면 $N=0$으로 전동기는 정지 상태이며, $s=0$이면 $N=N_S$가 되어 무부하 상태를 나타낸다.

슬립 $s=\dfrac{N_s-N}{N_s}$

- 정지 시($N=0$) $s=\dfrac{N_s-0}{N_s}=1$
- 동기속도로 운전 시($N=N_s$) $s=\dfrac{N_s-N_s}{N_s}=0$

**32** 동기 발전기 병렬운전 시 고려하지 않아도 되는 것은?

① 기전력의 크기
② 발전기의 용량
③ 기전력의 주파수
④ 기전력의 위상

**해설** 동기 발전기의 병렬운전 조건
- 기전력의 크기가 같을 것
- 기전력의 위상이 같을 것
- 기전력의 주파수가 같을 것
- 기전력의 파형이 같을 것

**33** 농형 유도전동기의 기동법과 가장 거리가 먼 것은?

① 직입 기동법
② $Y - \Delta$ 기동법
③ 기동보상기법
④ 2차 저항 기동법

**해설**
- **전전압 기동법(직입 기동법)** : 소용량의 농형 유도전동기에 적용하여 보통 5[kW] 이하에 적용
- **$Y-\Delta$ 기동법** : 고정자 3상 권선을 운전 시에는 $\Delta$로 연결하고 기동 시에만 $Y$로 연결하면 1상 권선에 가해지는 전압은 기동 시 전전압의 60[%] 정도로 보통 5~15[kW] 정도까지 적용
- **기동보상기법** : 단권 변압기의 원리를 이용하여 공급 전압을 낮추어 기동시키는 방법
- **2차 저항 기동법** : 권선형 유도전동기의 기동 및 운전에 적용하는 방법

정답 29 ④ 30 ② 31 ③ 32 ② 33 ④

**34** 단상 반파 정류회로에서 출력전압의 평균 전압은? (단, V는 교류전압[V]이다.)

① 0.45V ② 0.9V
③ 1.17V ④ 1.35V

**해설**

| 구분 | 맥동 주파수 | 직류 출력 (V는 교류전압) | 효율 [%] | 맥동률 [%] |
|---|---|---|---|---|
| 단상 반파 | $f$ | $E_d = 0.45V$ | 40.6 | 121 |
| 단상 전파 | $2f$ | $E_d = 0.9V$ | 81.2 | 48 |
| 3상 반파 | $3f$ | $E_d = 1.17V$ | 96.7 | 17 |
| 3상 전파 | $6f$ | $E_d = 1.35V$ | 99.8 | 4 |

**35** 단락비가 1.2인 동기 발전기의 %동기임피던스[%]는?

① 약 68 ② 약 83
③ 약 100 ④ 약 120

**해설** $\%Z = \frac{1}{\text{단락비}} \times 100 = \frac{1}{1.2} \times 100 \fallingdotseq 83[\%]$

**36** 유도전동기의 원선도 작성에서 필요한 시험으로 옳지 않은 것은?

① 저항측정 시험
② 무부하 시험
③ 구속 시험
④ 슬립측정 시험

**해설**
- **저항측정 시험** : 1차 동손
- **무부하 시험** : 여자전류, 철손
- **구속 시험(단락시험)** : 2차 동손

**37** 엘리베이터에 주로 사용되는 일반적인 결선법은?

① Δ − Y ② Δ − Δ
③ Y − Δ ④ Y − Y

**해설** Δ−Y는 승압용으로, Y−Δ는 강압용으로 사용된다. 강압용은 고전류를 막기 위해 처음에 Y결선으로 운전하다가 정상운전 시 Δ결선으로 바꾸어준다. 큰 전력을 갑자기 사용하면 안 되는 모터(엘리베이터, 펌프 등)에 사용된다.

**38** 그림과 같은 기호의 명칭은?

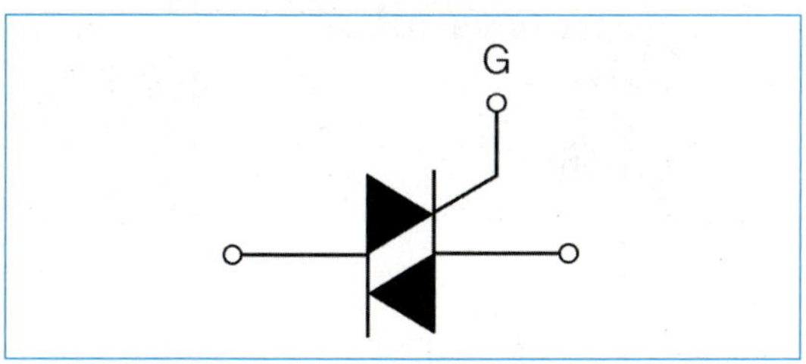


① SCR ② GTO
③ UJT ④ TRIAC

**해설** 사이리스터 2개를 역병렬로 접속한 것과 등가인 TRIAC이다.

**39** 동기 발전기의 돌발 단락전류를 주로 제한하는 것은?

① 권선 저항
② 동기 리액턴스
③ 누설 리액턴스
④ 역상 리액턴스

**해설** 동기 발전기의 전기자 권선을 단락한 채로 정격속도로 운전하는데, 발전기나 정격상태에서 무부하 운전 시 갑자기 단락한 경우 전기자 반작용이 즉시 나타나지 않으므로 단락전류를 제한하는 것은 전기자 저항을 무시하면 누설 리액턴스만 남으므로 매우 큰 단락전류가 흐른다. 이를 돌발 단락전류라 한다.

정답 34 ① 35 ② 36 ④ 37 ③ 38 ④ 39 ③

**40** 직류 전동기의 속도제어 방법 중 전압 제어의 방법이 아닌 것은?

① 전압 제어법
② 계자 제어법
③ 저항 제어법
④ 주파수 제어법

**해설** 직류전동기의 속도

$N = \frac{V - I_a R_a}{K\phi}$[rpm]

- 전압 제어법 : 전기자에 가사는 전압 $V$를 변화시키는 방법으로 정토크 제어이다.
- 계자 제어법 : 계자전류를 조정하여 자속 $\phi$를 변화시키는 방법으로 정출력 제어이다.
- 저항 제어법 : 전기자에 직렬로 저항을 넣어서 $R_a$의 값을 변화시키는 방법으로 전력 손실이 크며, 속도 제어의 범위가 좁다.

**41** 변압기의 고압 측(35[kV] 이하의 특고압 전로)과 저압 측(대지전압이 150[V]를 초과하는 전로)이 혼촉되었을 때 1초 이내에 자동으로 고압 측 전로를 자동으로 차단하는 장치를 설치한 경우에 변압기 중성점접지 저항값이 $k/I_g$일 때 $k$의 최댓값은?

① 150　　② 200
③ 300　　④ 600

**해설** [한국전기설비규정 142.5 변압기 중성점 접지]
변압기의 중성점접지 저항값은 다음에 의한다.
- 일반적으로 변압기의 고압 · 특고압 측 전로 1선 지락전류로 150을 나눈 값과 같은 저항값 이하
- 변압기의 고압 · 특고압 측 전로 또는 사용전압이 35[kV] 이하의 특고압전로가 저압 측 전로와 혼촉하고 저압전로의 대지전압이 150[V]를 초과하는 경우는 저항값은 다음에 의한다.
  - 1초 초과 2초 이내에 고압 · 특고압 전로를 자동으로 차단하는 장치를 설치할 때는 300을 나눈 값 이하
  - 1초 이내에 고압 · 특고압 전로를 자동으로 차단하는 장치를 설치할 때는 600을 나눈 값 이하

**42** 전선의 최대사용전압이 60[V]를 초과하는 저압이고 옥내의 전개된 장소에서 크레인에 사용하는 트롤리 전선을 애자공사와 트롤리절연공사로 배선하고자 한다. 이때 설치하는 전선의 바닥으로부터 최소 높이[m]는?

① 1.5　　② 2.5
③ 3.5　　④ 4.5

**해설** [한국전기설비규정 232.81 옥내에 시설하는 저압 접촉전선 배선]
- 이동기중기 · 자동청소기 그 밖에 이동하며 사용하는 저압의 전기기계기구에 전기를 공급하기 위하여 사용하는 접촉전선을 옥내에 시설하는 경우에는 기계기구에 시설하는 경우 이외에는 전개된 장소 또는 점검할 수 있는 은폐된 장소에 애자공사 또는 버스덕트공사 또는 절연트롤리공사에 의하여야 한다
- 저압 접촉전선을 애자공사에 의하여 옥내의 전개된 장소에 시설하는 경우에는 기계기구에 시설하는 경우 이외에는 다음에 따라야 한다.
  - 전선의 바닥에서의 높이는 3.5[m] 이상으로 하고 또한 사람이 접촉할 우려가 없도록 시설할 것. 다만, 전선의 최대사용전압이 60[V] 이하이고 또한 건조한 장소에 시설하는 경우로서 사람이 쉽게 접촉할 우려가 없도록 시설하는 경우에는 그러하지 아니하다.

**43** 박강 전선관과 후강 전선관의 굵기 호칭의 기준이 바르게 짝지어진 것은?

| | 박강 전선관 | 후강 전선관 |
|---|---|---|
| ① | 안지름, 짝수 | 바깥지름, 홀수 |
| ② | 바깥지름, 홀수 | 안지름, 짝수 |
| ③ | 안지름, 홀수 | 바깥지름, 짝수 |
| ④ | 바깥지름, 짝수 | 안지름, 홀수 |

**해설** [KS C 8401 강제 전선관의 치수]
- 후강 전선관의 표준 굵기[mm] : 16, 22, 28, 36, 42, 54, 70, 82, 92, 104의 10종, 안지름 기준, 짝수
- 박강 전선관의 표준 굵기[mm] : 19, 25, 31, 39, 51, 63, 75의 7종, 바깥지름 기준, 홀수

정답　40 ④　41 ④　42 ③　43 ②

## 44 선택지락 계전기(SGR)의 역할로 옳은 것은?

① 다회선에서 지락고장 회선의 선별
② 단일회선에서 지락전류의 방향 선별
③ 단일회선에서 지락전류 대소의 선별
④ 단일회선에서 지락사고의 지속 시간 선별

**해설** 선택지락 계전기(SGR, Selective Ground Relay)는 다회선 송전선로에서 한 쪽의 회선에 지락 고장이 발생한 경우 이를 검출하여 고장 회선을 선택하여 차단하는 계전기이다.

## 45 합성수지관 배선에서 경질비닐전선관의 굵기(관의 호칭)에 해당하지 않는 것은?

① 14　② 16
③ 18　④ 22

**해설** KS C 8431 경질 폴리염화비닐 전선관
경질 폴리염화비닐 전선관의 호칭은 14, 16, 22, 28, 36, 42, 54, 70, 82, 100의 10종이 있으며 단위는 [mm]이다.

## 46 굵은 전선을 절단할 때 사용하는 전기공사용 공구는?

① 클리퍼
② 프레셔 툴
③ 녹아웃 펀치
④ 파이프 커터

**해설** 굵은 전선을 절단할 때 사용하는 전기공사용 공구는 클리퍼이다.
② **프레셔 툴** : 전선의 심선에 압착 단자를 압착시켜 고정시키기 위해 사용하는 공구
③ **녹아웃 펀치** : 배전반과 분전반에 구멍을 뚫거나 확대하기 위해 사용하는 공구
④ **파이프 커터** : 금속관을 절단할 때 사용하는 공구

## 47 고압 가공전선로로부터 공급을 받는 수용장소의 인입구에 피뢰기를 설치하는 경우에 피뢰기 접지저항의 최댓값으로 옳은 것은? (단, 피뢰기의 접지도체를 단독접지로 사용하지 않는 경우이다.)

① 10[Ω]　② 20[Ω]
③ 30[Ω]　④ 40[Ω]

**해설** [한국전기설비규정 341.14 피뢰기의 접지]
고압 및 특고압의 전로에 시설하는 피뢰기 접지저항 값은 10[Ω] 이하로 하여야 한다. 다만, 고압 가공전선로에 시설하는 피뢰기의 접지도체가 그 접지공사 전용의 것인 경우에 그 접지공사의 접지저항 값이 30[Ω] 이하인 때에는 그 피뢰기의 접지저항 값이 10[Ω] 이하가 아니어도 된다.

## 48 가스 차단기에 사용하는 육불화황($SF_6$)의 성질에 대한 설명으로 틀린 것은?

① 무색, 무취, 무해 가스이다.
② 소호 능력이 공기에 비해 2.5배 정도 낮다.
③ 같은 압력에서 절연 내력이 공기의 2.5~3.5배이다.
④ 상온에서 불활성 기체로, 화학적으로 매우 안정적이다.

**해설** 육불화황($SF_6$)은 불활성 가스이며, 가스차단기로 전로의 개폐를 위해 차단기를 개방할 때 발생하는 아크에 육불화황($SF_6$)을 불어넣어 아크 방전을 소멸시킨다. 육불화황의 특성은 아래와 같다.
- 무색, 무취, 무해 가스이다.
- 1기압에서 절연 내력이 공기의 2.5~3.5배이다.
- 소호 능력이 공기에 비해 약 100배 정도 뛰어나다.
- 상온에서 불활성 기체로, 화학적으로 매우 안정적이다.
- 매우 강력한 온실가스로 이산화탄소의 22,000배의 영향을 미친다.
- 고온에 노출 시 열분해 반응으로 독성물질인 불화수소(HF)가 형성된다.

9개년 기출복원문제

정답 44 ① 45 ③ 46 ① 47 ① 48 ②

**49** 금속 외장 케이블 중 연피 케이블을 구부리는 경우 피복이 손상되지 않도록 굴곡부의 곡률 반경은 케이블 바깥지름의 몇 배 이상이어야 하는가?

① 3배　② 5배
③ 8배　④ 12배

**해설** 케이블공사 시 케이블의 곡률 반경
- 알루미늄 피복 또는 연피 케이블의 굴곡부 : 외경의 12배 이상
- 연피를 갖지 않는 케이블의 굴곡부 : 외경의 5배 이상(단심일 경우 8배 이상)

**50** 고압 가공전선이 도로를 횡단하는 경우 지표상 전선의 최소 높이는?

① 3[m]　② 4[m]
③ 5[m]　④ 6[m]

**해설** [한국전기설비규정 332.5 고압 가공전선의 높이]
고압 가공전선의 높이는 다음에 따라야 한다.
- 도로를 횡단하는 경우에는 지표상 6[m] 이상
- 철도 또는 궤도를 횡단하는 경우에는 레일면상 6.5[m] 이상
- 횡단보도교의 위에 시설하는 경우에는 그 노면상 3.5[m] 이상
- 이외의 경우에는 지표상 5[m] 이상

**51** 셀룰로이드, 성냥, 석유류 기타 가연성 위험 물질을 제조하거나 저장하는 장소에 적합하지 않은 배선은?

① 애자공사
② 금속관공사
③ 케이블공사
④ 합성수지관공사(단, 두께 2[mm] 이상, 난연성)

**해설** [한국전기설비규정 242.4 위험물 등이 존재하는 장소]
셀룰로이드, 성냥, 석유류 기타 타기 쉬운 위험한 물질을 제조하거나 저장하는 곳에 시설하는 저압 옥내 전기설비는 금속관공사, 합성수지관공사, 케이블공사의 공사 방법을 따른다.
- 금속관공사에 사용하는 금속관은 박강 전선관 또는 이와 동등 이상의 강도를 가지는 것일 것
- 케이블공사에 사용하는 전선은 개장된 케이블 또는 MI 케이블을 사용하는 경우 이외에는 관 기타의 방호장치에 넣어 사용할 것
- 합성수지관공사는 두께 2[mm] 미만의 합성수지 전선관 및 난연성이 없는 콤바인 덕트관을 사용하는 것은 제외하며, 합성수지관 및 박스 기타의 부속품은 손상을 받을 우려가 없도록 시설할 것

**52** 수전설비의 저압 배전반 앞에서 계측기를 판독하기 위해 앞면과 최소 몇 [m] 이상 유지거리를 두어야 하는가?

① 0.6[m]　② 1.2[m]
③ 1.5[m]　④ 1.7[m]

**해설** 기기별 최소 유지거리는 다음 표와 같다.

| 위치 \ 기기 | 저압 배전반 | 고압 배전반 | 특고압 배전반 | 변압기 등 |
|---|---|---|---|---|
| 앞면 또는 조작·계측면 | 1.5 | 1.5 | 1.7 | 0.6 |
| 뒷면 또는 점검면 | 0.6 | 0.6 | 0.8 | 0.6 |
| 열상호 간 (점검하는 면) | 1.2 | 1.2 | 1.4 | 1.2 |
| 기타의 면 | – | – | – | 0.3 |

**53** 나전선 상호 간 또는 나전선과 절연전선 접속 시 접속부분의 전선의 세기는 일반적으로 어느 정도 유지해야 하는가?

① 50[%]　② 60[%]
③ 70[%]　④ 80[%]

정답 49 ② 50 ④ 51 ① 52 ③ 53 ④

**해설** 전선 접속 시 접속 부분의 인장강도(전선의 세기)가 20[%] 이상 감소하지 않도록 접속한다.

## 54 누전차단기를 반드시 시설해야 하는 장소는?

① 기계기구를 건조한 장소에 시설한 경우
② 기계기구를 발전소 · 변전소 · 개폐소 또는 이에 준하는 곳에 시설하는 경우
③ 대지전압이 150[V] 이하인 기계기구를 물기가 있는 곳에 시설하는 경우
④ 「전기용품 및 생활용품 안전관리법」의 적용을 받는 이중절연구조의 기계기구를 시설하는 경우

**해설** [한국전기설비규정 211.2.4 누전차단기의 시설]
다음의 어느 하나에 해당하는 경우에는 누전차단기 시설 규정을 적용하지 않는다.
- 기계기구를 발전소 · 변전소 · 개폐소 또는 이에 준하는 곳에 시설하는 경우
- 기계기구를 건조한 곳에 시설하는 경우
- 대지전압이 150[V] 이하인 기계기구를 물기가 있는 곳 이외의 곳에 시설하는 경우
- 「전기용품 및 생활용품 안전관리법」의 적용을 받는 이중절연구조의 기계기구를 시설하는 경우
- 전로의 전원측에 절연변압기(2차 전압이 300[V] 이하인 경우에 한한다)를 시설하고 또한 그 절연변압기의 부하측의 전로에 접지하지 아니하는 경우
- 기계기구가 고무 · 합성수지 기타 절연물로 피복된 경우
- 기계기구가 유도전동기의 2차측 전로에 접속되는 것일 경우
- 기계기구 내에 「전기용품 및 생활용품 안전관리법」의 적용을 받는 누전차단기를 설치하고 또한 기계기구의 전원 연결선이 손상을 받을 우려가 없도록 시설하는 경우

## 55 전동기의 과부하 보호에 사용하는 전기기기는?

① 서모스탯
② 온도 퓨즈
③ 열동형 계전기
④ 선택지락 계전기

**해설** 전동기의 과부하 보호를 위해 사용하는 전기기기는 대표적으로 열동형 과부하 계전기(THR)가 있다.
모터에 과부하가 발생하는 경우 계전기 내부에서 전류의 열로 인해 바이메탈로 구성된 접점이 열려 전류를 차단한다. 열동형 과부하 계전기를 대체하여 정확하고 추가적인 기능을 위해 전자식 과전류 계전기(EOCR)를 사용하기도 한다.
① **서모스탯** : 장치의 온도를 감지하고 설정된 온도를 일정하게 유지하는 온도조절기이다.
② **온도 퓨즈** : 다양한 전기기기에 사용하며 과열이 발생하면 회로를 차단하는 일회성 부품이다.
④ **선택지락계전기** : 다회선 계통에서 지락사고가 발생했을 때, 사고 회선을 검출하여 차단하는 계전기이다.

## 56 수 · 변전설비의 고압 회로에 걸리는 전압을 표시하기 위해 전압계를 시설할 때 고압 회로와 전압계 사이에 시설하는 것은?

① 권선형 변류기
② 계기용 변류기
③ 계기용 변압기
④ 수전용 변압기

**해설** 계기용 변압기는 고전압(6.6[kV], 22.9[kV])을 저전압(110[V])으로 낮춰 전압계, 전력계, 계전기 등 다양한 계측기나 제어 장치에 안전하게 전원을 공급하는 역할을 한다.
① **권선형 변류기** : 권선 형태에 따라 변류기를 분류한 것으로 권선형, 관통형, 부싱형 등이 있다.
② **계기용 변류기** : 대전류인 1차 측 전류를 측정계기, 계전기 등이 안전하게 사용할 수 있도록 2차 측의 소전류로 변환하여 계측용 또는 보호용으로 사용한다.
④ **수전용 변압기** : 6.6[kV], 22.9[kV]의 고압을 빌딩, 공장 등 수용가 시설 내에서 실제로 사용할 수 있는 220[V], 380[V]의 저압으로 낮추는 역할을 하는 변압기이다.

## 57 보호도체의 절연피복 색상은 특별한 경우를 제외하고 어느 색으로 표시를 해야 하는가?

① 갈색 ② 흑색
③ 회색 ④ 녹황색



정답 54 ③ 55 ③ 56 ③ 57 ④

**해설** 접지선(보호도체)의 색상은 녹색-노란색이다.

| 상(문자) | L1 | L2 | L3 | N | 보호도체 |
|---|---|---|---|---|---|
| 색상 | 갈색 | 흑색 | 회색 | 청색 | 녹색-노란색 |

**58** **사용전압이 저압인 전로의 절연성능은 절연저항 측정이 곤란한 경우에 저항성분의 누설전류가 몇 [A] 이하이어야 하는가?**

① 1/500
② 1/1,000
③ 1/2,000
④ 1/3,000

**해설** [한국전기설비규정 132 전로의 절연저항 및 절연내력]
- 저압 전로에서 정전이 어려운 경우 등 절연저항 측정이 곤란한 경우 저항성분의 누설전류가 1[mA] 이하이면 그 전로의 절연성능은 적합한 것으로 본다.

**59** **가로등, 경기장, 공장, 아파트 단지 등의 일반조명을 위하여 시설하는 고압 방전등의 효율은 몇 [lm/W] 이상이어야 하는가?**

① 30[lm/W]
② 50[lm/W]
③ 70[lm/W]
④ 120[lm/W]

**60** **고압 가공전선과 저압 가공전선을 동일한 지지물에 시설하는 경우 저압 가공전선의 위치에 대한 설명으로 옳은 것은?**

① 고압 가공전선을 위에 시설한다.
② 저압 가공전선을 위에 시설한다.
③ 고압 가공전선과 저압 가공전선의 시설 위치는 무관하다.
④ 고압 가공전선과 저압 가공전선 중 먼저 설치하는 전선을 위에 시설한다.

**해설** [한국전기설비규정 333.17 특고압 가공전선과 저고압 가공전선 등의 병행설치]
- 특고압 가공전선은 저압 또는 고압 가공전선의 위에 시설하고 별개의 완금류에 시설할 것. 다만, 특고압 가공전선이 케이블인 경우로서 저압 또는 고압 가공전선이 절연전선 또는 케이블인 경우에는 그러하지 아니하다.
- 특고압 가공전선과 저압 또는 고압 가공전선사이의 간격은 1.2[m] 이상일 것. 다만, 특고압 가공전선이 케이블로서 저압 가공전선이 절연전선이거나 케이블인 때 또는 고압 가공전선이 고압 절연전선, 특고압 절연전선 또는 케이블인 때는 0.5[m]까지로 감할 수 있다.

정답 58 ② 59 ③ 60 ①

# 2025년 제3회 기출복원문제

**01** 같은 저항 10개를 연결할 때, 만들 수 있는 합성저항의 최대는 최소의 몇 배인가?

① 0.1
② 1
③ 10
④ 100

**해설** 같은 저항 10개를 연결하여 만들 수 있는 합성저항의 최댓값은 직렬 연결했을 때, 최솟값은 병렬 연결했을 때 나타난다.

- 최대 합성저항
  $R_{max} = R + R + \cdots + R(10개) = 10R$
- 최소 합성저항
  $\dfrac{1}{R_{min}} = \dfrac{1}{R} + \dfrac{1}{R} + \cdots + \dfrac{1}{R}(10개) = \dfrac{10}{R}$, $R_{min} = \dfrac{R}{10}$

따라서 $R_{max} = 100 \times R_{min}$ 이다.

**02** 서로 가까이 나란히 있는 두 도체에 전류가 같은 방향으로 흐를 때 각 도체 간에 작용하는 힘은?

① 흡인한다.
② 반발한다.
③ 흡인과 반발을 반복한다.
④ 처음에는 흡인하다가 나중에는 반발한다.

**해설** 평행한 두 도체의 전류의 방향이 같은 방향으로 흐를 때 흡인력이 작용하고 반대 방향으로 흐를 때 반발력이 작용한다.
그때 각 도체 간에 작용하는 힘은
$F = \dfrac{\mu}{2\pi} \times \dfrac{I_1 \cdot I_2}{r} = 2 \times 10^{-7} \times \dfrac{I_1 \cdot I_2}{r}$[N]

**03** 어떤 물체의 전기저항 $R$[Ω], 길이 $l$[m], 단면적 $A$[m$^2$]이라고 할 때, 이 물체의 도전율을 나타내는 올바른 관계식은? (단, 고유저항 $\rho = \dfrac{1}{\sigma}$)

① $R = \dfrac{l}{\sigma A}$
② $R = \dfrac{A}{\sigma l}$
③ $R = \dfrac{\sigma l}{A}$
④ $R = \dfrac{\sigma A}{l}$

**해설** 전기저항 $R$은 $\rho$, $l$과는 비례하고 $\sigma$, $A$와는 반비례한다. ($\rho$ : 고유저항, $\sigma$ : 도전율)
$R = \rho\dfrac{l}{A} = \dfrac{l}{\sigma A}$[Ω]

**04** 정전기 유도 현상에 대한 설명으로 옳은 것은?

① 대전된 물체를 가까이 가져가면, 대전되지 않은 도체의 양끝에 유도 전하가 나타나는 현상
② 도체에 전하를 대전시키면 전하가 도체 표면에만 모이는 현상
③ 대전된 물체와 접촉된 도체가 같은 종류의 전하로 대전되는 현상
④ 전하를 띠지 않은 물체를 대전된 물체에 접촉시켜 대전시키는 현상



정답 01 ④ 02 ① 03 ① 04 ①

해설 정전기 유도 현상은 대전된 물체를 도체에 가까이 가져갔을 때, 도체 내부의 자유 전자들이 정전기력(쿨롱력)에 의해 이동하면서 도체의 양 끝에 서로 다른 부호의 전하가 유도되는 현상을 말한다. 이때 도체 전체적으로는 전하의 총량이 변하지 않지만, 전하의 분포가 이동하여 한쪽 끝에는 +전하, 다른 쪽 끝에는 -전하가 생긴다.

② 도체의 전하 분포(전하가 표면에 모이는 현상)에 대한 설명으로, 정전기 유도가 아니라 정전기 평형 상태의 특징이다.

③ 접촉 대전 현상으로, 서로 같은 부호의 전하를 띠게 된다.

④ 접촉 대전 현상에 대한 설명이다.

**05 단위 길이당 권수 1,000회인 무한장 솔레노이드에 10[A]의 전류가 흐를 때 솔레노이드 외부의 자장[AT/m]은?**

① 0 ② 100

③ 1,000 ④ 10,000

해설

- 무한장 솔레노이드 외부의 자장 : $H=0$[AT/m]
- 무한장 솔레노이드 내부의 자장 :
  단위 길이당 권수 $n_0=1{,}000$회, 전류 $I=10$[A]이므로
  $H=n_0 I=1{,}000\times 10=10{,}000$[AT/m]

| 구분 | | 공식 | 기호 |
|---|---|---|---|
| 무한 직선 전류에 의한 자계의 세기 | | $H=\dfrac{I}{2\pi r}$[AT/m] | $I$ : 전류<br>$r$ : 무한 직선과의 거리 |
| 원형 코일의 중심에서 자계의 세기 | | $H=\dfrac{NI}{2a}$[AT/m] | $N$ : 코일을 감은 횟수<br>$a$ : 원형 코일의 반지름 |
| 솔레노이드에 의한 자계의 세기 | 내부 | $H=n_0 I$[AT/m] | $n_0$ : 단위 길이당 권선 수 |
| | 외부 | $H=0$[AT/m] | |
| 환상 솔레노이드에 의한 자계의 세기 | | $H=\dfrac{NI}{2\pi r}$[AT/m] | $r$ : 환상 솔레노이드의 반지름 |

**06 1[μF]의 콘덴서에 30[kV]의 전압을 가하여 200[Ω]의 저항을 통해 방전시키면 이때 발생하는 에너지는?**

① 250 ② 300

③ 450 ④ 500

해설

$$W=\frac{1}{2}CV^2=\frac{1}{2}\times(1\times10^{-6})\times(30{,}000)^2$$
$$=0.5\times900=450[\text{J}]$$

**07 전압의 순싯값이 $v=100\sqrt{2}\sin\left(wt+\dfrac{\pi}{4}\right)$[V]인 경우 복소수로 알맞게 표현한 것은?**

① $100-j100$

② $100+j100$

③ $50\sqrt{2}-j50\sqrt{2}$

④ $50\sqrt{2}+j50\sqrt{2}$

해설 $v=100\sqrt{2}\sin\left(wt+\dfrac{\pi}{4}\right)$를 복소수로 나타내기 위해 $v$=실횻값 ∠ 위상각으로 표현하면

전압의 실횻값 $V_{rms}=100$[V], 위상각 $\theta=45°$이므로

$$v=100\angle\left(\frac{\pi}{4}\right)=100\angle45°=100\{\cos(45°)+j\sin(45°)\}$$
$$=50\sqrt{2}+j50\sqrt{2}\,[\text{V}]$$

**08 알칼리 축전기의 대표적인 축전지로 널리 사용되고 있는 2차 전지는?**

① 망간 전지

② 니켈 카드뮴 전지

③ 리튬 전지

④ 수은 전지

해설 알칼리 축전지는 전해질로 알칼리성 용액을 사용하는 축전지를 말하며 이 중 대표적인 것이 니켈카드뮴(Ni-Cd) 전지이며 충전과 방전이 반복 가능한 2차 전지이다.

① **망간 전지** : 1차 전지, 충전 불가

③ **리튬 전지** : 리튬이온전지는 2차 전지이지만 알칼리형은 아님

④ **수은 전지** : 1차 전지

정답 05 ① 06 ③ 07 ④ 08 ②

**09** 같은 정전용량의 커패시터 $C$를 병렬로 2개 연결하였을 때 전압과 용량의 변화는?

① 전압과 용량이 모두 2배가 된다.
② 전압과 용량이 모두 $\frac{1}{2}$배가 된다.
③ 전압은 그대로, 용량은 2배가 된다.
④ 전압은 2배, 용량은 그대로가 된다.

해설 같은 정전용량의 커패시터 $C$가 병렬로 연결된 회로에서 $C_{합성} = C + C = 2C$이고 정전용량은 2배가 되고 전압은 그대로 일정하다.

**10** 저항 20[Ω]인 전열기로 21.6[kcal]의 열량을 발생시키려면 5[A]의 전류를 몇 분간 흘려주어야 하는가?

① 1분 ② 2분
③ 3분 ④ 4분

해설 줄의 법칙 $H = 0.24I^2Rt$[cal]이므로
$t = \frac{H}{0.24I^2R} = \frac{21.6\times10^3}{0.24\times5^2\times20} = 180$[초]$=3$[분]

**11** 선간전압이 24,000[V], 선전류가 900[A], 역률 90[%] 부하의 소비전력[kW]은?

① 약 13,746
② 약 19,440
③ 약 27,492
④ 약 33,671

해설 선간전압 $V_l = 24,000$[V]$=24$[kV],
선전류 $I_l = 900$[A], 역률 $PF = \cos\theta = \frac{9}{10}$
소비전력 $P = \sqrt{3}\,V_lI_l\cos\theta = \sqrt{3}\times24\times900\times\frac{9}{10}$
$\fallingdotseq 33,671$[kW]이다.

**12** 기전력 4[V], 내부저항 0.2[Ω]의 전지 10개를 직렬로 접속하고 두 극 사이에 부하저항을 접속하였더니 4[A]의 전류가 흘렀다. 이때 부하저항[Ω]은?

① 8 ② 10
③ 12 ④ 15

해설 기전력 4[V], 내부저항 0.2[Ω]의 전지 10개를 직렬로 접속하였을 때 총 기전력 $V=40$[V], 총 내부저항 $r_{내부저항} = 2$[Ω]이다.
두 극 사이에 부하저항을 접속하였을 때 전류 $I=4$[A]이면
$R + r_{내부저항} = \frac{V}{I} = \frac{40}{4} = 10$[Ω], $R=8$[Ω]이다.

**13** 주파수가 1[kHz]일 때 용량성 리액턴스가 50[Ω]이라면, 주파수가 50[Hz]인 경우 용량성 리액턴스[Ω]는?

① 100 ② 500
③ 1,000 ④ 5,000

해설 용량성 리액턴스 $X_C = \frac{1}{\omega C} = \frac{1}{2\pi fC}$이므로
커패시턴스 $C = \frac{1}{2\pi f\times X_C} = \frac{1}{2\pi\times10^3\times50}$[F]이다.
주파수 50[Hz]일 때 용량성 리액턴스
$X_C = \frac{1}{\omega C} = \frac{1}{2\pi fC} = \frac{1}{2\pi\times50}\times(2\pi\times10^3\times50)$
$=1,000$[Ω]

**14** 다이오드를 이용한 정류회로에서 여러 개의 다이오드를 직렬로 연결하는 이유로 옳은 것은?

① 다이오드를 과전압으로부터 보호하기 위해서이다.
② 다이오드의 전류 용량을 높이기 위해서이다.
③ 낮은 전압에서 안정적으로 동작시키기 위해서이다.
④ 부하 전류의 맥동을 줄이기 위해서이다.

정답 09 ③ 10 ③ 11 ④ 12 ① 13 ③ 14 ①

**해설** 다이오드를 여러 개 직렬로 연결하면, 각 다이오드에 걸리는 역방향 전압이 분담되어 한 개의 다이오드에 과도한 전압이 걸리는 것을 방지할 수 있다.

**15** 전압 200[V]이고 $C_1=10[\mu F]$와 $C_2=5[\mu F]$인 콘덴서를 병렬로 접속하면 $C_2$에 분배되는 전하량[$\mu$F]은?

① 100　② 200
③ 500　④ 1,000

**해설** 콘덴서 $C_1$, $C_2$이 병렬 연결되어 있는 경우 두 콘덴서 양단의 전압은 모두 200[V]로 같다.
$Q=CV$이므로
$Q_2=C_2V=(5\times10^{-6})\times200=10^{-3}[C]=1,000[\mu C]$

**16** 전원과 부하가 모두 Y결선인 3상 평형 회로가 있다. 상전압이 200[V], 부하 임피던스 $\dot{Z}=8+j6$[Ω]인 경우 상전류[A]는?

① 20　② $\frac{20}{\sqrt{3}}$
③ $20\sqrt{3}$　④ $10\sqrt{3}$

**해설** 임피던스 $\dot{Z}=8+j6[\Omega]$, $|Z|=\sqrt{8^2+6^2}=10[\Omega]$,
상전압 $V_p=200$[V]이므로
상전류 $I_l=\frac{V_p}{|Z|}=\frac{200}{10}=20$[A]

**17** $v=5+j2$[V], $i=4-j2$[A]일 때 무효전력[Var]은?

① 10　② 12
③ 16　④ 18

**해설** 복소전력
$S=vi^*=(5+j2)\times(4+j2)=16+j18[VA]$
($i^*$ : $i$의 켤레복소수)
$S=P+jX$이므로 $X=18$[Var]이다.
($S$ : 복소전력[VA], $P$ : 유효전력[W], $Q$ : 무효전력[Var])

**18** 코일 주위의 자속이 단위 시간 동안 변화할 때, 코일에 유도되는 기전력의 크기는 코일의 감은 수와 자속 변화율에 비례한다고 설명하는 법칙은?

① 줄의 법칙
② 키르히호프의 법칙
③ 패러데이의 전자기 유도 법칙
④ 쿨롱의 법칙

**해설**
① **줄의 법칙** : 도선에 전류가 흐르면 열이 발생하며 이때 발생한 단위 시간당의 열량은 전류의 세기의 제곱과 도선의 전기저항의 곱과 같다는 법칙이다.
② **키르히호프의 법칙** : 회로 분석 시 전류 및 전압을 계산할 수 있는 법칙
④ **쿨롱의 법칙** : 두 전하 사이에 발생하는 전기적인 힘 계산

**19** P형 반도체의 설명 중 틀린 것은?

① 불순물은 4가 원소이다.
② 다수 반송자는 정공이다.
③ 불순물을 억셉터(Acceptor)라고 한다.
④ 정공 및 전자의 이동으로 전도가 된다.

**해설**
- **P형 반도체** : 14족 원소(실리콘, 게르마늄)의 원소에 13족 원소인 붕소(B), 알루미늄(Al), 갈륨(Ga)을 첨가하여 반송자는 정공, 억셉터(Acceptor)이다.
- **N형 반도체** : 14족 원소(실리콘, 게르마늄)의 원소에 15족 원소인 인(P), 비소(As), 안티모니(Sb)를 첨가하여 반송자는 전자, 도너이다.

정답 15 ④ 16 ① 17 ④ 18 ③ 19 ①

**20** △-△ 결선의 상전류와 선전류의 위상차는?

① $\frac{\pi}{6}$ ② $\frac{\pi}{3}$
③ $\frac{\pi}{2}$ ④ $\pi$

**해설**

| | 전압 | 전류 |
|---|---|---|
| △결선 | $\dot{V}_l = \dot{V}_p$ | $\dot{I}_l = \sqrt{3}\,I_p \angle -\frac{\pi}{6}$ |
| Y결선 | $\dot{V}_l = \sqrt{3}\,V_p \angle \frac{\pi}{6}$ | $\dot{I}_l = \dot{I}_p$ |

**21** 보극이 없는 직류기의 운전 중 중성축의 위치가 변하지 않는 경우는?

① 전부하 ② 무부하
③ 중부하 ④ 과부하

**해설** 부하가 걸리면 전기자 반작용으로 중성축의 위치가 이동하지만, 무부하 상태에서는 전기자전류가 흐르지 않아 중성점의 위치가 변하지 않는다.

**22** 계자 권선이 전기자와 접속되어 있지 않은 직류기는?

① 직권기 ② 분권기
③ 복권기 ④ 타여자기

**해설** 타여자기는 계자 권선과 전기자가 분리된 구조로 외부에서 독립적으로 전원을 공급받는다.

**23** 정류곡선에서 정류 말기에 불꽃이 발생하기 쉬운 것은?

① 직선정류 ② 부족정류
③ 과정류 ④ 정현정류

**해설** 정류곡선
- 정현정류 : 양호한 정류
- 부족정류 : 브러시 말단, 정류가 끝나는 지점(정류 말기)에 전류의 변화율이 크기 때문에 리액턴스 전압이 크게 유기되어 브러시 단락 상태가 된 정류자 편에 불꽃이 발생
- 과정류 : 브러시 앞단, 정류가 시작하는 지점(정류 초기)에 전류의 변화율이 크기 때문에 리액턴스 전압이 크게 유기되어 브러시 단락 상태가 된 정류자 편에 불꽃이 발생

**24** 단중 중권의 극수가 $p$인 직류기에서 전기자 병렬 회로 수 $a$는 어떻게 되는가?

① 극수 $p$와 무관하게 항상 2이다.
② 극수와 같다.
③ 극수의 2배가 된다.
④ 극수의 3배가 된다.

**해설** 중권과 파권

| 비교 | 중권 | 파권 |
|---|---|---|
| 병렬 회로 수($a$) | 극수($p$) | 2 |
| 브러시 수 | 극수($p$) | 2 |
| 용도 | 저전압, 대전류용 | 고전압, 소전류용 |
| 균압환 | 4극 이상의 경우 필요 | 필요 없음 |

**25** 직류 발전기에서 전기자의 주된 역할은?

① 자속을 만든다.
② 기전력을 유도한다.
③ 정류작용을 한다.
④ 회전자와 외부 회로를 접속한다.

**해설** 직류기의 구조
- 계자 : 자속을 발생
- 전기자 : 자속을 끊어 기전력 발생
- 정류자 : 교류를 직류로 변환
- 브러시 : 전기자 권선과 외부 회로와의 전기적인 접속



정답 20 ① 21 ② 22 ④ 23 ② 24 ② 25 ②

**26** 변압기 내부 고장에 사용되는 부흐홀츠 계전기의 설치 위치는?

① 변압기 본체와 콘서베이터 사이
② 변압기의 고압 측 부싱
③ 콘서베이터 내부
④ 변압기 본체

**해설** 부흐홀츠 계전기는 변압기 주 탱크와 콘서베이터 사이에 설치하여 변압기 내부 고장 보호용으로 사용된다. 절연유의 온도 상승 시 발생하는 유증기를 검출하여 권선 단락, 철심 고정 볼트의 절연 열화, 탭 전환기의 고장 등을 경보 및 차단한다.

**27** 변압기의 임피던스 전압이란?

① 정격전류가 흐를 때의 변압기 내의 전압 강하
② 여자전류가 흐를 때의 2차 측 단자전압
③ 정격전류가 흐를 때의 2차 측 단자전압
④ 2차 단락전류가 흐를 때의 변압기 내의 전압 강하

**해설** 임피던스 전압이란 변압기의 저압 측을 단락하고 고압 측에 전압을 인가하여 정격전류가 흐르도록 했을 때 고압 측에 거한 전압을 말한다.

**28** 단상 변압기 두 대로 3상을 공급할 수 있는 결선은?

① Y－Y ② V－V
③ Y－△ ④ △－△

**해설** V－V결선은 3상 변압기 탱크에서 변압기 한 대가 고장났을 때 나머지 두 대 만으로도 3상 부하에 전력을 공급하기 위해 사용하는 방식이다.

**29** 2대의 변압기로 V결선하여 3상 변압하는 경우 변압기 이용률[%]은?

① 57.8 ② 66.6
③ 86.6 ④ 100

**해설**
- V결선과 △결선의 출력비

$$\frac{P_v}{P_\Delta}=\frac{\sqrt{3}\,V_{2n}I_{2n}}{3V_{2n}I_{2n}}=\frac{1}{\sqrt{3}}\fallingdotseq 0.577$$

- V결선 시 변압기 1대 이용률

$$\frac{\sqrt{3}\,V_{2n}I_{2n}}{2V_{2n}I_{2n}}=\frac{\sqrt{3}}{2}\fallingdotseq 0.866$$

**30** 동기기의 전기자 권선법이 아닌 것은?

① 중권 ② 이층권
③ 전절권 ④ 분포권

**해설** 전절권은 전기자 권선법이 아닌 권선의 형태를 나타내는 용어이다.

**31** 동기 전동기의 부하각(load angle)은?

① 공급 전압 V와 역기전력 E와의 위상각
② 역기전력 E와 부하전류 I와의 위상각
③ 공급전압 V와 부하전류 I와의 위상각
④ 3상 전압의 상전압과 선간 전압과의 위상각

**해설** 벡터도에서 공급 전압 V와 역기전력 E와의 위상차를 부하각이라 한다.

**32** 동기 발전기에서 전기자전류가 기전력보다 90° 만큼 앞설 때의 전기자 반작용은?

① 교차자화작용 ② 감자 작용
③ 편자 작용 ④ 증자 작용

정답 26 ① 27 ① 28 ② 29 ③ 30 ③ 31 ① 32 ④

**해설** 동기 발전기의 전기자 반작용
전기자 반작용은 전기자전류에 의한 회전자속이 계자자속에 영향을 미치는 현상을 말한다.
- 증자작용(직축반작용) : 전류가 전압보다 위상이 90° 앞선 경우
- 감자작용(직축반작용) : 전류가 전압보다 위상이 90° 뒤진 경우
- 교차 자화작용(횡축반작용) : 전기자전류와 유도기전력이 동상일 때

**33** 농형 회전자에 비뚤어진 홈을 쓰는 이유는?

① 출력을 높인다.
② 회전수를 증가시킨다.
③ 소음을 줄인다.
④ 미관상 좋다.

**해설** 농형 회전자는 회전자의 홈이 축 방향에 평행하지 않고 조금씩 비뚤어져 있는 홈(Skewed slot)으로 만드는데, 이것은 고정자의 자력을 끊을 때 소음 발생을 억제하는 효과가 있다.

**34** 농형 유도전동기를 많이 사용하는 이유가 아닌 것은?

① 구조가 간단하다.
② 보수가 용이하다.
③ 효율이 좋다.
④ 속도 조정이 쉽다.

**해설** 농형 유도전동기의 특징
- 구조가 간단하다.
- 보수가 용이하다.
- 효율이 좋다.
- 속도 조정이 곤란하다.
- 기동토크가 작다.

**35** 다음 중 인버터의 설명으로 옳은 것은?

① 교류를 직류로 변환
② 직류를 교류로 변환
③ 교류를 교류로 변환
④ 직류를 직류로 변환

**해설** 인버터(Inverter, 역변환장치)
직류를 교류로 변환하는 장치(DC → AC)로 주파수를 변환시켜 전동기 속도제어와 형광등 고주파 점등이 가능하다.

**36** 변압기유의 열화 방지를 위해 쓰이는 방법이 아닌 것은?

① 방열기 ② 브리더
③ 질소 봉입 ④ 콘서베이터

**해설** 변압기유 열화방지 방법
- 콘서베이터 설치 : 변압기 함에 부착하여 호흡작용에 의한 기름의 열화를 방지
- 공기와의 접촉을 차단하기 위해 유면과 외부 사이에 질소 봉입
- 브리더 설치 : 유입변압기 등은 열화에 따른 내외부 호흡에 따른 습기가 발생하는데 이를 흡수

**37** 수변전설비의 고압 회로에 걸리는 전압을 표시하기 위해 전압계를 시설할 때 고압 회로와 전압계 사이에 설치하는 것은?

① 배선용 차단기 ② 계기용 변압기
③ 계기용 변류기 ④ 과전류 계전기

**해설** 계기용 변압기(PT, Potential Transformer)
- 고전압을 저전압으로 변성하는 계기용 변성기의 일종으로 2차 측에는 전압계, 전력계, 주파수계 역률계, 표시등, 부족전압, 트립코일 등이 접속된다.
- 고전압을 저전압으로 변성하여 과전압 계전기(OVR)나 부족전압 계전기(UVR) 또는 측정용계에 공급하기 위한 전압 변성기로 회로에 병렬로 연결한다.



정답 33 ③ 34 ④ 35 ② 36 ① 37 ②

## 38 3단자 사이리스터가 아닌 것은?

① GTO ② SCR
③ TRIAC ④ SSS

**해설**
① **GTO(게이트 턴 오프 사이리스터)** : 게이트에 역방향으로 전류를 흘리면 자기 소호하는 양극, 음극 및 게이트의 3개의 단자를 가진 사이리스터로 직류 및 교류 제어용 소자로 사용한다.
② **SCR(Silicon Controller Rectifier)** : PNPN의 4층 구조로 된 사이리스터의 대표적인 3단자 제어 소자로서 양극(Anode), 음극(Cathode) 및 게이트(Gate)의 3개의 단자를 가지고 있다. 게이트에 흐르는 작은 전류로 큰 전력을 제어할 수 있다.
③ **TRIAC(쌍방향성 3단자 사이리스터)** : 사이리스터 2개를 역병렬로 접속한 것으로 양방향으로 전류가 흘러 교류 제어용으로 사용되는 소자이며, 전력 제어용, 교류 제어용으로만 사용된다.
④ **SSS** : 쌍방향 2단자 소자이다.

## 39 다음 중 전력 제어용 반도체 소자가 아닌 것은?

① GTO ② TRIAC
③ LED ④ IGBT

**해설** 전력제어용 반도체 소자
- SCR(Silicon Controller Rectifier) : PNPN의 4층 구조로 된 사이리스터의 대표적인 3단자 제어 소자로서 양극(Anode), 음극(Cathode) 및 게이트(Gate)의 3개의 단자를 가지고 있다. 게이트에 흐르는 작은 전류로 큰 전력을 제어할 수 있다.
- GTO(게이트 턴 오프 사이리스터) : 게이트에 역방향으로 전류를 흘리면 자기 소호하는 양극, 음극 및 게이트의 3개의 단자를 가진 사이리스터로 직류 및 교류 제어용 소자로 사용한다.
- TRIAC(쌍방향성 3단자 사이리스터) : 사이리스터 2개를 역병렬로 접속한 것으로 양방향으로 전류가 흘러 교류 제어용으로 사용되는 소자이며, 전력 제어용, 교류 제어용으로만 사용된다.
- IGBT : 컬렉터(C), 에미터(E), 게이트(G)를 가진 3단자 대전류 고전압의 전기량을 제어할 수 있는 자기 소호형 소자로서 파워 MOSFET의 고속성과 파워 트랜지스터의 저저항성을 겸비한 노이즈에 강한 파워 소자이다. 고속 인버터, 고속 초퍼 제어 소자로 활용한다.

## 40 변압기유 열화방지와 관계가 없는 것은?

① 불활성 질소 ② 콘서베이터
③ 브리더 ④ 부싱

**해설** 변압기유 열화 방지 대책
브리더 설치, 콘서베이터 설치, 불활성 질소봉입

## 41 반송보호 계전방식의 이점에 대한 설명으로 옳지 않은 것은?

① 동작을 예민하게 할 수 있다.
② 고장 구간의 선택이 확실하다.
③ 다른 계전 방식에 비해 장치가 간단하다.
④ 고장 구간의 고속도 동시 차단이 가능하다.

**해설** 거리 계전기의 오차를 방지하기 위해 선로 양단에 통신설비를 설치하여 서로 고장점을 확인할 수 있도록 구성한 것을 파일럿 계전방식이라고 한다. 반송보호 계전방식은 이 파일럿 계전방식 중 하나로 전력선을 반송파의 전송통로로 이용한다. 반송파를 이용하기 때문에 이와 관련된 설비를 별도로 시설하므로 장치가 복잡해진다.

## 42 저독성 난연 가교 폴리올레핀 절연전선의 약어는?

① IV ② HIV
③ KIV ④ HFIX

**해설** HFIX
Halogen-free(할로겐 프리, 저독성), Flame-retarded(난연), Insulation(절연), X : 가교(Cross-linked) 폴리올레핀
① IV : Insulation(절연) Vinyl(비닐)
② HIV : Heat-resistant(내열) Insulation(절연) Vinyl(비닐)
③ KIV : K(규격, KS C IEC 60227-3) Insulation(절연) Vinyl(비닐)

## 43 E종 절연물의 최고 허용온도는 몇 [℃]인가?

① 105 ② 120
③ 130 ④ 155

정답 38 ④ 39 ③ 40 ④ 41 ③ 42 ④ 43 ②

**해설** 절연 종류와 허용온도

| 주요 절연 등급 | 허용온도[℃] |
|---|---|
| A종 | 105 |
| E종 | 120 |
| B종 | 130 |
| F종 | 155 |
| H종 | 180 |

**44** 합성수지관 상호 접속 시에 관을 삽입하는 깊이는 관 바깥지름의 몇 배 이상으로 하여야 하는가? (단, 접착제를 사용한 경우이다.)

① 0.6　　② 0.8
③ 1.0　　④ 1.2

**해설** [한국전기설비규정 232.11.3 합성수지관 및 부속품의 시설]
- 관 상호 간 및 박스와는 관을 삽입하는 깊이를 관의 바깥지름의 1.2배(접착제를 사용하는 경우에는 관의 바깥지름의 0.8배) 이상으로 하고 또한 꽂음 접속에 의해 견고하게 접속할 것

**45** 특고압 전선의 조수가 3조일 때, 가선 금구 중 완철 길이[mm]는?

① 900　　② 1,400
③ 1,800　　④ 2,400

**해설**
- 완철의 길이[mm]

| 전압의 구분 \ 가선조수 | | 1조 | 2조 | 3조 |
|---|---|---|---|---|
| 저압 | | – | 900 | 1,400 |
| 고압 | 경부하 | – | 900 | 1,400 |
| | 중부하 | | 1,400 | 1,800 |
| 특고압 | | 900 | 1,800 | 2,400 |

**46** 수전설비의 저압 배전반은 배전반 앞에서 계측기를 판독하기 위해 앞면과 최소 몇 [m] 이상 유지 거리를 두어야 하는가?

① 1.2　　② 1.5
③ 1.7　　④ 2.0

**해설** 기기별 최소 유지거리는 다음 표와 같다.

| 위치[m] \ 기기 | 저압 배전반 | 고압 배전반 | 특고압 배전반 | 변압기 등 |
|---|---|---|---|---|
| 앞면 또는 조작·계측면 | 1.5 | 1.5 | 1.7 | 0.6 |
| 뒷면 또는 점검면 | 0.6 | 0.6 | 0.8 | 0.6 |
| 열상호 간 (점검하는 면) | 1.2 | 1.2 | 1.4 | 1.2 |
| 기타의 면 | – | – | – | 0.3 |

**47** 전시회, 쇼 및 공연장의 저압 배선 공사 방법으로 잘못된 것은?

① 플라이 덕트를 시설하는 경우에는 덕트의 끝부분은 막아야 한다.
② 이동전선은 0.6/1[kV] EP 고무 절연 클로로프렌 캡타이어케이블을 사용한다.
③ 무대, 무대 밑, 오케스트라 박스 및 영사실 전로의 사용전압은 400[V] 이하이어야 한다.
④ 이동형 멀티 탭에 사용하는 가요 케이블의 최대 길이는 플러그로부터 5[m] 이하로 한다.

**해설** [한국전기설비규정 242.6 전시회, 쇼 및 공연장의 전기설비]
이동형 멀티 탭의 사용은 다음과 같이 제한하여야 한다.
- 고정 콘센트 1개당 1개로 시설할 것
- 플러그로부터 멀티 탭까지의 가요 케이블 또는 코드의 최대 길이는 2[m] 이내일 것

9개년 기출복원문제

정답 44 ② 45 ④ 46 ② 47 ④

**48** 옥내에 시설하는 사용전압이 400[V] 이하인 저압의 이동 전선으로 0.6/1[kV] EP 고무절연 클로로프렌 캡타이어케이블을 사용하고자 한다. 최소 단면적은 몇 [mm²] 이상이어야 하는가?

① 0.75 ② 1.5
③ 2.5 ④ 10

**해설** [한국전기설비규정 234.3 코드 및 이동전선]
조명용 전원코드 또는 이동전선은 단면적 0.75[mm²] 이상의 코드 또는 캡타이어케이블을 용도에 적합하게 아래 표에 따라 선정하여야 한다.

[한국전기설비규정 234.3-1 코드 또는 캡타이어케이블의 선정]

| 용도<br>종류 | | 옥내 | |
|---|---|---|---|
| | | 조명용 전원코드 | 이동전선 |
| 코드 | 비닐 | 사용 불가 | 300[V] 이하, 전기를 열로 사용하지 않는 소형 기계기구에 사용 |
| | 고무 | 300[V] 이하 | 300[V] 이하 |
| | 금사 | 사용 불가 | 소형 가정용 전기기계기구 부속, 건조한 장소 길이 2.5[m] 이하 |
| | 실내 장식 전등 기구용 | – | 300[V] 이하 |
| 캡타이어 케이블 | 고무 | 0.6/1[kV] 이하 | 0.6/1[kV] 이하 |
| | 비닐 | 사용 불가 | 0.6/1[kV] 이하, 전기를 열로 사용하지 않는 소형 기계기구에 사용 |

**49** 3상 4선식 380/220[V] 전로에서 전원의 중성극에 접속된 전선을 무엇이라 하는가?

① 전원선 ② 접지선
③ 중성선 ④ 접지측선

**해설** **중성선** : 단상 3선식과 3상 4선식과 같은 다선식 전로에서 전원의 중성극에 접속된 전선을 말한다.

**50** 배전반 및 분전반과 연결된 배관을 변경하거나 이미 설치되어 있는 캐비닛에 구멍을 뚫을 때 사용하는 공구는?

① 오스터
② 열풍기
③ 클리퍼
④ 녹아웃 펀치

**해설** 녹아웃 펀치는 유압천공기라고도 하며 철판이나 전기함에 구멍을 뚫는 공구. 유압을 이용하여 압착되는 힘으로 구멍을 낸다.
① **오스터** : 금속관에 나사선을 내는 공구. 본체에 관 규격별 다이스를 물려 사용한다.
② **열풍기** : 경질 염화비닐전선관을 구부릴 때 열을 가하기 위해 사용하는 기구이다.
③ **클리퍼** : 굵은 전선을 절단하는 데 사용하는 공구이다.

**51** 옥내에서 배선 공사를 할 때, 접속함이나 박스 내에서 주로 사용하는 전선 접속법은?

① 슬리브 접속
② 쥐꼬리 접속
③ 트위스트 접속
④ 브리타니아 접속

**해설** 쥐꼬리 접속은 와이어 커넥터나 절연테이프를 이용하여 정선 박스 안에서 가는 단선을 상호 접속하는 방법이다.
① **슬리브 접속** : 양측 전선의 말단에 슬리브를 끼워 압착하여 접속하는 방법
③ **트위스트 접속** : 단면적 6[mm²] 이하의 가는 단선을 접속하는 방법
④ **브리타니아 접속** : 단면적 10[mm²] 이상의 굵은 단선을 별도의 조인트선과 첨선을 이용하여 접속하는 방법

정답 48 ① 49 ③ 50 ④ 51 ②

**52** **전기 저항이 작고, 부드러운 성질이 있어 구부리기가 용이하여 주로 옥내배선에 사용하는 구리선의 명칭은?**

① 경동선
② 연동선
③ 중공 연선
④ 강심 알루미늄선

해설 **연동선** : 도전율이 우수하지만 강도가 떨어지는 특성을 갖는다. 부드럽고 가요성이 뛰어나 옥내배선이나 큰 힘을 받지 않는 기기 내부의 동선에 주로 사용한다.
① 경동선 : 인장 강도가 우수하기 때문에 옥외에 노출되어 사용하는 전선에 주로 사용한다. 배전용 가공전선(옥외용 나전선)이나 옥외 변전소의 기기를 연결하는 동선, 동 바(bar)에 사용한다.
③ 중공 연선 : 코로나 방전 손실을 줄이기 위해 도체 중심이 비어 있게 만든 것으로 특고압 송전선 등에 사용한다.
④ 강심 알루미늄선 : ACSR, 가볍고 도전율이 높은 알루미늄선을 인장강도가 큰 강선 주위에 꼬아서 구성한 전선이다. 일반적으로 가공송전선로에 많이 사용한다.

**53** **금속덕트에 넣은 전선의 단면적(절연피복의 단면적 포함)의 합계는 덕트 내부 단면적의 몇 [%] 이하로 하여야 하는가? (단, 제어회로 등의 배선만을 넣는 경우이다.)**

① 20 ② 30
③ 50 ④ 60

해설 [한국전기설비규정 232.31 금속덕트공사]
- 금속덕트에 넣은 전선의 단면적(절연피복의 단면적을 포함)의 합계는 덕트의 내부 단면적의 20[%] 이하일 것
- 전광표시장치 기타 이와 유사한 장치 또는 제어회로 등의 배선만을 넣는 경우에는 50[%] 이하일 것

**54** **과전류차단기 설치를 제한하는 장소가 아닌 곳은?**

① 접지측 전선
② 간선의 전원 측 전선
③ 다선식 전로의 중성선
④ 저압 가공전선로의 접지 측 전선

해설 [한국전기설비규정 341.11 과전류차단기의 시설 제한]
전로의 일부에 접지공사를 한 저압 가공전선로의 접지 측 전선에는 과전류차단기를 시설하여서는 안 된다.

**과전류차단기 설치 제한 장소**
- 접지 측 전선
- 다선식 전로의 중성선
- 저압 가공전선로의 접지 측 전선

**55** **전력용 콘덴서를 회로로부터 개방했을 때 전하가 잔류하여 일어나는 위험을 방지하고, 재투입 시 콘덴서에 걸리는 과전압을 방지하기 위해 설치하는 것은?**

① 피뢰기 ② 방전 코일
③ 직렬 리액터 ④ 전력용 콘덴서

해설 방전 코일은 전력용 콘덴서를 회로로부터 개방했을 때 전하가 잔류하여 일어나는 위험을 방지하고 콘덴서에 걸리는 과전압을 방지하기 위해 설치하는 기기이다.
① **피뢰기** : 선로 및 전기기기 등을 이상전압으로부터 보호하는 장치
③ **직렬 리액터** : 고조파 및 돌입전류를 억제하고 콘덴서를 보호하고자 콘덴서에 직렬로 설치하는 리액터
④ **전력용 콘덴서** : 진상 무효전력 발생원으로 선로 및 부하의 지상 무효전력을 상쇄 제거하여 역률을 개선하는 기기

**56** **화약류 저장소에서 백열전등이나 형광등 또는 이들에 전기를 공급하기 위한 전기설비를 시설하는 경우 전로의 대지전압[V]은?**

① 100[V] 이하 ② 150[V] 이하
③ 220[V] 이하 ④ 300[V] 이하



정답 52 ② 53 ④ 54 ② 55 ② 56 ④

**해설** [한국전기설비규정 242.5.1 화약류 저장소에서 전기설비의 시설]
화약류 저장소 안에는 전기설비를 시설해서는 안 된다. 다만, 조명기구에 전기를 공급하기 위한 전기설비는 다음과 같은 기준으로 시설한다.
- 저압 옥내배선은 금속관공사, 케이블공사(캡타이어케이블 사용 제외)에 의한다.
- 전로에 대지전압은 300[V] 이하로 한다.
- 전기기계기구는 전폐형의 것으로 한다.
- 케이블을 전기기계기구에 인입할 때에는 인입구에서 케이블이 손상될 우려가 없도록 한다.

**57** **전선의 접속법에서 두 개 이상의 전선을 병렬로 사용하는 시설 기준으로 옳지 않은 것은?**

① 병렬로 사용하는 전선은 각각에 퓨즈를 설치해야 한다.
② 각 전선의 굵기는 구리인 경우 50[mm] 이상이어야 한다.
③ 각 전선의 굵기는 알루미늄의 경우 70[mm] 이상이어야 한다.
④ 동극의 각 전선은 동일한 터미널러그에 완전히 접속해야 한다.

**해설** [한국전기설비규정 123 전선의 접속]
두 개 이상의 전선을 병렬로 사용하는 경우에는 다음 사항에 의해 시설해야 한다.
- 각 전선의 굵기는 동선 50[mm] 이상 또는 알루미늄 70[mm] 이상으로 하고, 전선은 같은 도체, 같은 재료, 같은 길이 및 같은 굵기의 것을 사용할 것
- 같은 극의 각 전선은 동일한 터미널러그에 완전히 접속할 것
- 같은 극인 각 전선의 터미널러그는 동일한 도체에 2개 이상의 리벳 또는 2개 이상의 나사로 접속할 것
- 병렬로 사용하는 전선에는 각각에 퓨즈를 설치하지 말 것
- 교류회로의 경우 금속관 안에 전자적 불평형이 생기지 않도록 시설할 것

**58** **전체 길이가 12[m]인 가공전선로의 지지물을 설치하는 경우에 지지물의 최소 매설 깊이[m]는? (단, 설계하중이 6.8[kN] 이하이다.)**

① 1.5　　② 2.0
③ 2.5　　④ 3.5

**해설** [한국전기설비규정 331.7 가공전선로 지지물의 기초의 안전율]
강관을 주체로 하는 철주 또는 철근 콘크리트주로서 그 전체 길이가 16[m] 이하, 설계하중이 6.8[kN] 이하인 것 또는 목주를 시설하는 경우 매설 깊이를 다음에 의한다.
- 전체 길이가 15[m] 이하인 경우, 땅에 묻히는 깊이를 전체 길이의 1/6 이상으로 할 것
- 전체 길이가 15[m] 초과인 경우, 땅에 묻히는 깊이를 2.5[m] 이상으로 할 것
- 논이나 그 밖의 지반이 연약한 곳에는 견고한 전주 버팀대를 시설할 것

**59** **피사체에 조명이 집중적으로 비춰지는 조명 방식으로 하향 광속이 90~100[%]인 조명기구는?**

① 직접 조명기구
② 광천장 조명기구
③ 반직접 조명기구
④ 전반 확산 조명기구

**해설** 피사체에 조명이 집중적으로 비춰지는 조명 방식의 조명기구는 직접 조명기구이다.
② **광천장 조명기구** : 천장 전면을 확산투과성 재료로 덮고, 그 위에 광원을 배치한 조명방식이다. 광원의 눈부심을 방지하고 바닥이나 작업면에 균일한 밝기를 얻을 수 있다.
③ **반직접 조명기구** : 반투명의 유리나 플라스틱을 사용하여 빛의 60~90[%]가 대상체에 직접 조사하고 나머지는 천장이나 벽에서 반사되어 조사되는 방식이다.
④ **전반 확산 조명기구** : 조명기구를 일정한 높이와 간격으로 배치하여 방 전체를 균일하게 조명하는 방식으로 빛을 방 전체에 확산하도록 하는 조명방식이다.



정답 57 ① 58 ② 59 ①

**60** **고압 이상에서 기기의 점검 및 수리를 할 때 무부하 상태에서 전로의 접속 또는 분리를 주목적으로 사용하는 수・변전기기는?**

① 단로기
② 전력 퓨즈
③ 컷아웃 스위치
④ 기중부하 개폐기

**해설** 무부하 상태에서 전로의 접속 또는 분리를 주목적으로 사용하는 수・변전기기는 단로기이다.
② **전력 퓨즈** : 고압, 특고압의 회로 및 기기의 단락을 보호하며 차단기 대신에 사용한다.
③ **컷아웃 스위치** : 옥내배선의 인입점 혹은 분기점 등에 사용되는 스위치이다.
④ **기중부하 개폐기** : 배전 선로 및 수용가의 고압 인입구에 설치하여 수동 또는 자동으로 원방 조작에 의해 부하를 분리하거나 전원을 투입할 때 사용한다.



정답 60 ①

# 2025년 제4회 기출복원문제

**01 전하의 성질을 잘못 설명한 것은?**

① 같은 종류의 전하는 흡인하고 다른 종류의 전하끼리는 반발한다.
② 대전체에 들어 있는 전하를 없애려면 접지시킨다.
③ 대전체의 영향으로 비대 전체에 전기가 유도된다.
④ 전하는 가장 안정한 상태를 유지하려는 성질이 있다.

해설 같은 종류의 전하는 반발하고 다른 종류의 전하끼리는 흡인한다.

**02 저항 12[Ω]과 유도성 리액턴스 9[Ω]이 직렬 접속되어 있는 회로에 150[V]의 교류전압을 인가하는 경우에 흐르는 전류[A]와 역률[%]은 각각 얼마인가?**

① 7.14[A], 75[%]
② 7.14[A], 80[%]
③ 10[A], 75[%]
④ 10[A], 80[%]

해설
임피던스 $Z=R+jX=12+j9[\Omega]$, $|Z|=15[\Omega]$
전류 $|I|=\dfrac{V}{|Z|}=\dfrac{150}{15}=10[A]$
역률 $PF=\cos\theta=\dfrac{R}{|Z|}=\dfrac{12}{15}=0.8$

**03 자기 인덕턴스에 대한 설명으로 틀린 것은?**

① 코일에 전류가 변할 때, 그 변화에 의해 자기 유도기전력이 발생한다.
② 인덕턴스의 단위는 헨리[H]이다.
③ 코일의 권수나 철심의 투자율이 커질수록 인덕턴스는 작아진다.
④ 인덕턴스가 클수록 전류의 변화가 느려지는 성질이 있다.

해설 자기 인덕턴스는 자기회로를 가진 코일에서 전류의 변화에 따라 자기 유도기전력이 발생하는 성질을 말한다.
③ 인덕턴스는 코일 권수가 많고 철심의 투자율이 클수록 커진다.

**04 서로 다른 종류의 안티모니와 비스무트의 두 금속을 접속하여 여기에 전류를 통하면, 그 접점에서 열의 발생 또는 흡수가 일어난다. 줄열과 달리 전류의 방향에 따라 열의 흡수와 발생이 다르게 나타나는 이 현상은?**

① 펠티에 효과　② 제베크 효과
③ 제3금속의 법칙　④ 열전 효과

해설
② **제베크 효과** : 서로 다른 두 금속을 접속하여 양 접점의 온도가 다르면 전류가 흐르는 현상(펠티에 효과와 반대)
③ **제3금속의 법칙** : 열전대를 구성하는 두 금속의 한쪽 접점은 서로 접해 있고 반대편 접점은 제3금속과 연결되어 있을 때 두 접점이 같은 온도라면 기전력이 발생하지 않는다는 법칙
④ **열전 효과** : 열과 전기 사이의 관계를 나타내는 현상(톰슨 효과, 펠티에 효과, 제베크 효과 등)

정답 01 ① 02 ④ 03 ③ 04 ①

**05** 2[μF], 3[μF], 5[μF]인 3개의 콘덴서가 병렬로 접속되었을 때의 합성 정전용량[μF]은?

① 1 ② 3
③ 5 ④ 10

해설

| 합성 정전용량 | |
|---|---|
| 직렬 연결 | $\frac{1}{C}=\frac{1}{C_1}+\frac{1}{C_2}+\frac{1}{C_3}$ |
| 병렬 연결 | $C=C_1+C_2+C_3$ |

콘덴서를 병렬로 연결하였을 때 합성 정전용량
$C=C_1+C_2+C_3=2+3+5=10$[μF]

**06** 직선 도선에 전류가 흐를 때, 전류의 방향과 그 주변에 형성되는 자기장의 방향을 쉽게 결정하기 위해 사용하는 법칙은?

① 앙페르의 오른나사 법칙
② 비오-사바르 법칙
③ 플레밍의 오른손 법칙
④ 렌츠의 법칙

해설
② **비오-사바르 법칙** : 유한한 직선에 전류가 흐를 때 주변 자기장의 세기를 구하는 법칙
③ **플레밍의 오른손 법칙** : 일정한 자기장 내의 도체를 움직일 때 전기가 발생하는 법칙
④ **렌츠의 법칙** : 유도기전력과 유도전류는 자기장의 변화를 상쇄하려는 방향으로 발생한다는 법칙

**07** 30[μF]와 40[μF]의 콘덴서를 병렬로 접속한 후 100[V]의 전압을 가했을 때 전하량[C]은?

① $1.7\times10^{-3}$ ② $3.4\times10^{-3}$
③ $5.6\times10^{-3}$ ④ $7\times10^{-3}$

해설

| 합성 정전용량 | |
|---|---|
| 직렬 연결 | $\frac{1}{C}=\frac{1}{C_1}+\frac{1}{C_2}$ |
| 병렬 연결 | $C=C_1+C_2$ |

콘덴서를 병렬로 연결하였을 때 합성 정전용량은
$C=30+40=70$[μF]이다.
전하량 $Q=C\cdot V=70\times10^{-6}\times100=7\times10^{-3}$[C]이다.

**08** 각 주파수 $\omega=100\pi$[rad/sec]일 때 주파수[Hz]는?

① 50 ② 60
③ 100 ④ 120

해설 각 주파수 $\omega=2\pi f=100\pi$[rad/sec]일 때
주파수 $f=\frac{100\pi}{2\pi}=50$[Hz]

**09** 자기작용에 대한 설명으로 옳은 것은?

① 자기회로의 자기저항이 작은 경우는 누설 자속이 매우 크다.
② 자기회로에서 자속을 발생시키기 위한 힘을 기전력이라고 한다.
③ 기자력의 단위는 [AT]를 사용한다.
④ 평행한 두 도체 사이에 전류가 반대 방향으로 흐르면 흡인력이 작용한다.

해설
① 자기저항이 작은 경우는 누설 자속이 거의 발생하지 않는다.
② 기전력은 전류를 흐르게 하는 전위차이고 기자력은 자속이 생기게 하는 힘이다.
③ 기자력의 단위는 [AT]를 사용한다.
④ 평행한 두 도체 사이에 전류가 같은 방향으로 흐르면 흡인력이 작용하고 반대 방향으로 흐르면 반발력이 작용한다.

정답 05 ④ 06 ① 07 ④ 08 ① 09 ③

**10** $R=4[\Omega]$, $X_L=3[\Omega]$의 직렬회로에 $V=100\sqrt{2}\sin\omega t$[V]의 전압을 가할 때 소비전력[W]은?

① 1,200　② 1,600
③ 2,000　④ 2,400

**해설** R-L 직렬회로에서 $Z=R+jX_L=4+j3[\Omega]$,
$|Z|=\sqrt{4^2+3^2}=5[\Omega]$이고 $\cos\theta=\dfrac{R}{|Z|}=\dfrac{4}{5}$이다.
전압의 실횻값 $V_{rms}=\dfrac{V_m}{\sqrt{2}}=\dfrac{100\sqrt{2}}{\sqrt{2}}=100$[V]
전류의 실횻값 $I_{rms}=\dfrac{V_{rms}}{|Z|}=\dfrac{100}{5}=20$[A]이다.
소비전력 $P=V_{rms}I_{rms}\cos\theta=100\times20\times\dfrac{4}{5}=1,600$[W]

**11** 평형 $3\phi$ 회로에서 $1\phi$의 소비전력이 $P$라면 $3\phi$ 회로의 전체 소비전력은?

① $P$　② $2P$
③ $3P$　④ $\sqrt{3}P$

**해설**
1상의 소비전력 $P_1=V_pI_p$
3상의 소비전력 $P_3=3P$
$P_3=3V_pI_p\cos\theta=\sqrt{3}V_lI_l\cos\theta$[W]
($V_p$ : 상전압, $I_p$ : 상전류, $V_l$ : 선간전압, $I_l$ : 선간전류)

**12** 전기분해를 통하여 석출된 물질의 양은 통과한 전기량 및 화학당량과 어떤 관계인가?

① 전기량과 화학당량에 비례한다.
② 전기량과 화학당량에 반비례한다.
③ 전기량에 비례하고 화학당량에 반비례한다.
④ 전기량에 반비례하고 화학당량에 비례한다.

**해설** 패러데이의 법칙
- 전기 분해를 하는 동안 전극에 흐르는 전하량과 전기 분해로 인해 생긴 화학 변화의 양 사이의 정량적인 관계를 나타내는 법칙. 전기량이 같을 때 석출되는 물질의 양은 전류의 전기량과 비례한다.
- $W=KQ=KIt$[g]

($W$ : 석출되는 물질의 양, $K$ : 화학당량$=\dfrac{\text{원자량}}{\text{원자가}}$)

**13** 전류 순싯값 $i=30\sin\omega t+40\sin(3\omega t+60°)$[A]의 실횻값[A]은?

① 약 35.4　② 약 42.4
③ 약 56.5　④ 약 70.7

**해설**
기본파의 실횻값 $I_1=\dfrac{30}{\sqrt{2}}$[A]
제3고조파의 실횻값 $I_2=\dfrac{40}{\sqrt{2}}$[A]
전류의 실횻값 $I_{rms}=\sqrt{{I_1}^2+{I_2}^2}=\sqrt{\left(\dfrac{30}{\sqrt{2}}\right)^2+\left(\dfrac{40}{\sqrt{2}}\right)^2}$
$\fallingdotseq 35.36$[A]이다.

**14** 자속이 통과하는 면적이 3[cm$^2$]인 도체에 $3.6\times10^{-4}$[Wb]의 자속이 통과한다면 자속밀도[Wb/m$^2$]는?

① 0.1　② 1.2
③ 15　④ 20

**해설**
면적 $S=3\times(10^{-2})^2=3\times10^{-4}$[m$^2$]
자속 $\phi=3.6\times10^{-4}$[Wb]
자속밀도 $B=\dfrac{\text{자속 }\phi}{\text{면적 }S}=\dfrac{3.6\times10^{-4}}{3\times10^{-4}}=1.2$[Wb/m$^2$]

정답 10 ② 11 ③ 12 ① 13 ① 14 ②

**15** 3상 변압기를 병렬 운전하는 경우 불가능한 조합은?

① △-△와 Y-Y ② △-Y와 △-△
③ △-Y와 △-Y ④ Y-△와 Y-△

**해설**

| 병렬운전이 불가능한 경우 | 병렬운전이 가능한 경우 |
|---|---|
| • △-△와 △-Y<br>• Y-Y와 △-Y | • △-△와 △-△<br>• Y-Y와 Y-Y<br>• Y-△와 Y-△<br>• △-Y와 △-Y<br>• △-△와 Y-Y<br>• V-V와 V-V |

**16** $R_1 = 3[\Omega]$, $R_2 = 5[\Omega]$, $R_3 = 6[\Omega]$의 저항 3개를 병렬로 접속한 회로에 30[V]의 전압을 가하였다면 이때 $R_1$ 저항에 흐르는 전류[A]는?

① 6 ② 10
③ 15 ④ 20

**해설** $R_1 = 3[\Omega]$, $R_2 = 5[\Omega]$, $R_3 = 6[\Omega]$의 저항 3개를 병렬로 접속한 회로에서 각 저항 양단의 전압 $V_1$, $V_2$, $V_3$은 모두 인가된 전압 30[V]와 같다.

즉, $V_1 = V_2 = V_3 = 30[V]$

저항 $R_1$에 흐르는 전류 $I_1 = \frac{V_1}{R_1} = \frac{30}{3} = 10[A]$

저항 $R_2$에 흐르는 전류 $I_2 = \frac{V_2}{R_2} = \frac{30}{5} = 6[A]$

저항 $R_3$에 흐르는 전류 $I_3 = \frac{V_3}{R_3} = \frac{30}{6} = 5[A]$

**17** 어떤 전압계의 측정 범위를 10배로 하려면 배율기의 저항을 전압계 내부저항의 몇 배로 하여야 하는가?

① 10 ② $\frac{1}{10}$
③ 9 ④ $\frac{1}{9}$

**해설** 배율기를 제외한 전압계 양단의 최대 전압이 1[V]라고 가정하면 배율기 양단의 전압은 9[V]이어야 배율기의 측정 범위가 10배가 된다.
전압계 양단의 전압이 $V_v$, 배율기 양단의 전압은 $V_R$, 전압계 내부저항을 $r_v$, 배율기를 $R$라고 하면 전압과 저항은 서로 비례하므로 $r_v : R = V_v : V_R$이다.
$r_v : R = V_v : V_R = 1 : 9$이므로 배율기의 저항은 전압계 내부저항의 9배이다.

**18** 2분 동안에 전류를 흘려 72,000[C]의 전하가 이동했을 때 이 도선의 전류는?

① 10[A] ② 20[A]
③ 600[A] ④ 1,200[A]

**해설** 전하량 $Q = I \cdot t = 72{,}000[C]$,
$t = 2 \times 60 = 120[sec]$이므로
전류 $I = \frac{Q}{t} = \frac{72{,}000}{120} = 600[A]$

**19** 저항 3[Ω], 리액턴스 4[Ω]의 직렬회로에 교류전압 200[V]를 인가한 경우 소비되는 유효전력[W]은?

① 1,600 ② 3,600
③ 4,800 ④ 6,400

**해설** 임피던스 $\dot{Z} = R + jX = 3 + j4[\Omega]$,
$|Z| = \sqrt{3^2 + 4^2} = 5[\Omega]$이고 교류전압의 실횻값 $V_{rms} = 200[V]$이다.

전류 $I_{rms} = \frac{V_{rms}}{|Z|} = \frac{200}{5} = 40[A]$,

역률 $PF = \cos\theta = \frac{R}{|Z|} = \frac{3}{5} = 0.6$

$P = V_{rms} I_{rms} \cos\theta = 200 \times 40 \times 0.6 = 4{,}800[W]$

**20** 납축전지의 전해액으로 사용되는 것은?

① $H_2SO_4$ ② $2H_2O$
③ $PbO_2$ ④ $PbSO_4$

9개년 기출복원문제

정답 15 ② 16 ② 17 ③ 18 ③ 19 ③ 20 ①

**해설** 납축전지의 화학반응식

양극 전해액 음극 방전 양극 전해액 음극

$$PbO_2 + 2H_2SO_4 + Pb \rightleftarrows PbSO_4 + 2H_2O + PbSO_4$$

충전

- 음극제 : 납(Pb)
- 양극제 : 이산화납($PbO_2$)
- 전해액 : 묽은 황산($H_2SO_4$)

**21** 직류기에서 교류를 직류로 변환하는 장치는?

① 정류자 ② 계자
③ 전기자 ④ 브러시

**해설** 직류기의 구조
- 계자 : 자속을 발생
- 전기자 : 자속을 끊어 기전력 발생
- 정류자 : 교류를 직류로 변환
- 브러시 : 전기자 권선과 외부 회로와의 전기적인 접속

**22** 전압변동률 $\epsilon$의 식은? (단, 무부하전압 $V_0$[V], 정격전압 $V_n$[V]이다.)

① $\epsilon = \dfrac{V_0 - V_n}{V_n} \times 100[\%]$

② $\epsilon = \dfrac{V_n - V_0}{V_n} \times 100[\%]$

③ $\epsilon = \dfrac{V_n - V_0}{V_0} \times 100[\%]$

④ $\epsilon = \dfrac{V_0 - V_n}{V_0} \times 100[\%]$

**해설** 전압변동률 $\epsilon = \dfrac{V_0 - V_n}{V_n} \times 100[\%]$

**23** 전기자 권선을 중권으로 하였을 때 다음 중 틀린 것은?

① 전기자 권선의 병렬 회로 수는 극수와 같다.
② 브러시 수는 항상 2개이다.
③ 저전압 기계에 적합하다.
④ 전류가 큰 기계에 적합하다.

**해설** 중권과 파권

| 비교 | 중권 | 파권 |
|---|---|---|
| 병렬 회로 수($a$) | 극수($p$) | 2 |
| 브러시 수 | 극수($p$) | 2 |
| 용도 | 저전압, 대전류용 | 고전압, 소전류용 |
| 균압환 | 4극 이상의 경우 필요 | 필요 없음 |

**24** 직류 분권 전동기의 계자전류를 약하게 하면 회전수는?

① 감소한다. ② 정지한다.
③ 증가한다. ④ 변화 없다.

**해설** 직류 전동기 속도 관계식

$N = \dfrac{V - I_a R_a}{K\phi}$ [rpm]

계자전류를 약하게 하면 자속이 감소하므로 회전수는 증가하게 된다.

**25** 그림은 직류 발전기의 분류 중 어느 것에 해당되는가?

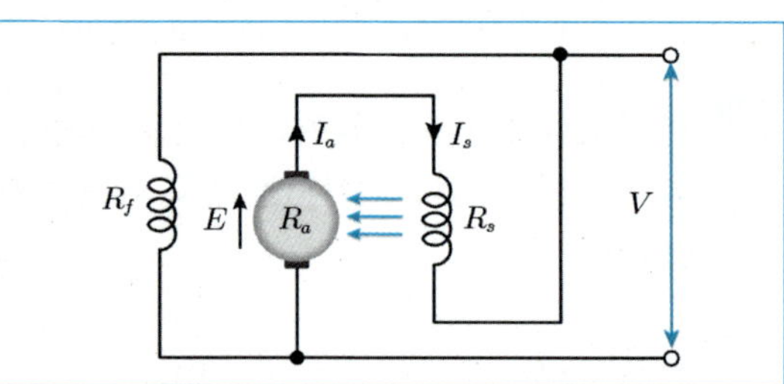


① 직권 발전기 ② 타여자 발전기
③ 복권 발전기 ④ 분권 발전기

정답 21 ① 22 ① 23 ② 24 ③ 25 ③

해설 복권 발전기는 전기자 도체와 직렬로 접속된 직권 계자와 병렬로 접속된 분권 계자로 구성된다.

## 26 권수비 2, 2차 전압 100[V], 2차 전류 5[A], 2차 임피던스 20[Ω]인 변압기의 1차 환산 전압 및 1차 환산 임피던스는?

① 200[V], 80[Ω]　② 200[V], 40[Ω]
③ 50[V], 10[Ω]　④ 50[V], 5[Ω]

해설 권수비

$a=\frac{E_1}{E_2}=\frac{V_1}{V_2}=\frac{N_1}{N_2}=\sqrt{\frac{Z_1}{Z_2}}=\sqrt{\frac{R_1}{R_2}}$ 에서

$\frac{2}{1}=\frac{V_1}{V_2}=\frac{V_1}{100}$, $V_1=200[\text{V}]$

$\frac{2}{1}=\sqrt{\frac{R_1}{R_2}}=\sqrt{\frac{R_1}{20}}$, $R_1=80[\Omega]$

## 27 변압기의 정격용량은 변압기의 전압정격과 변압기 권선에 흐를 수 있는 전류를 결정하는 값이다. 다음 중 정격용량의 단위로 맞는 것은?

① VA　② Var
③ W　④ J

해설 변압기 정격 용량은 전압과 전류의 곱(피상전력)으로, 변압기가 공급할 수 있는 최대전력용량을 나타낸다.

## 28 변압기에서 전압변동률이 최대가 되는 부하의 역률은? (단, $p$ : 퍼센트 저항강하, $q$ : 퍼센트 리액턴스 강하, $\cos\theta_m$ : 역률)

① $\cos\theta_m=\frac{p}{\sqrt{p+q}}$

② $\cos\theta_m=\frac{p}{\sqrt{p^2+q^2}}$

③ $\cos\theta_m=\frac{p}{p^2+q^2}$

④ $\cos\theta_m=\frac{p}{p+q}$

해설 전압변동률이 최대일 때의 역률은

$\cos\theta_m=\frac{p}{\sqrt{p^2+q^2}}$ 이다.

## 29 부흐홀츠 계전기로 보호되는 기기는?

① 교류 발전기　② 유도전동기
③ 직류 발전기　④ 변압기

해설 부흐홀츠 계전기는 변압기 주 탱크와 콘서베이터 사이에 설치하여 변압기 내부 고장 보호용으로 사용된다. 절연유의 온도 상승 시 발생하는 유증기를 검출하여 권선 단락, 철심 고정 볼트의 절연 열화, 탭 전환기의 고장 등을 경보 및 차단한다.

## 30 동기 발전기의 병렬운전 조건이 아닌 것은?

① 기전력의 크기가 같을 것
② 기전력의 위상이 같을 것
③ 기전력의 주파수가 같을 것
④ 기전력의 임피던스가 같을 것

해설 동기 발전기의 병렬운전 조건
- 기전력의 크기가 같을 것
- 기전력의 위상이 같을 것
- 기전력의 주파수가 같을 것
- 기전력의 파형이 같을 것

## 31 동기 전동기의 특징으로 틀린 것은?

① 별도의 기동장치가 필요하다.
② 역률을 조정할 수 없다.
③ 부하가 변하여도 같은 속도로 운전할 수 있다.
④ 부하의 역률을 조정할 수가 있다.



정답 26 ① 27 ① 28 ② 29 ④ 30 ④ 31 ②

**해설** 동기 전동기의 특징
- 속도가 일정하다.
- 역률을 조정할 수 있다.
- 효율이 좋다.
- 별도의 기동장치가 필요하다. (자기기동법이나 유도전동기법으로 이루어진다.)

**32** 60[Hz] 2극 동기 발전기의 동기속도[rpm]는?

① 1,200 ② 2,400
③ 3,600 ④ 4,800

**해설**

$N_S = \frac{120f}{p}$[rpm]

$p = \frac{120 \times f}{N_S} = \frac{120 \times 60}{1,800} = 4$극

**33** 200[V], 50[Hz], 8극, 15[kW]의 3상 유도전동기에서 전부하 회전수가 720[rpm]이면 이 전동기의 2차 효율[%]은?

① 86 ② 96
③ 98 ④ 100

**해설**
- 동기속도 $N_S = \frac{120f}{p} = \frac{120 \times 50}{8} = 750$[rpm]
- 슬립 $s = \frac{750-720}{750} = 0.04$
- 2차 효율 $\eta_2 = (1-s) \times 100[\%] = (1-0.04) \times 100 = 96[\%]$

**34** 유도전동기에서 슬립이 커지면 증가하는 것은?

① 2차 출력
② 2차 효율
③ 2차 주파수
④ 회전속도

**해설** 슬립이 증가하면
- 2차 주파수 $f_2 = sf_1$ → 증가
- 2차 효율 $\eta_2 = \frac{P_o}{P_2} = \frac{(1-s)P_2}{P_2} = 1-s$ → 감소
- 2차 출력 $P_2 = \frac{P_o}{1-s}$[W] → 감소
- 회전속도 $N = (1-s)N_S$[rpm] → 감소

**35** 3상 동기기 제동권선의 역할은?

① 난조 방지
② 효율 증가
③ 출력 증가
④ 역률 개선

**해설** 제동권선의 역할
- 제동권선 : 난조 방지
- 보상권선 : 전기자 반작용 방지

**36** 그림과 같은 기호가 나타내는 소자는?

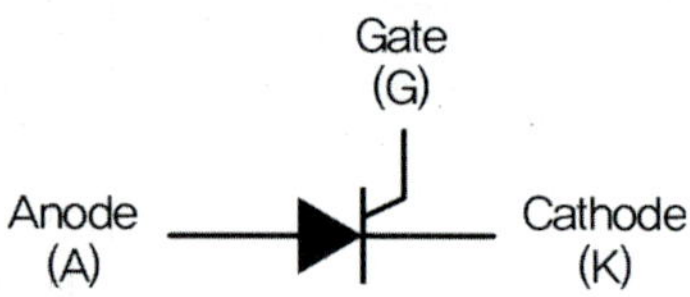


① SCR ② TRIAC
③ IGBT ④ Diode

**해설** SCR(Silicon Controller Rectifier)은 PNPN의 4층 구조로 된 사이리스터의 대표적인 3단자 제어 소자로서 양극(Anode), 음극(Cathode) 및 게이트(Gate)의 3개의 단자를 가지고 있다. 게이트에 흐르는 작은 전류로 큰 전력을 제어할 수 있다.

**정답** 32 ③ 33 ② 34 ③ 35 ① 36 ①

## 37 단락비가 큰 동기기에 대한 설명으로 옳은 것은?

① 기계가 소형이다.
② 안정도가 높다.
③ 전압변동률이 크다.
④ 전기자 반작용이 크다.

**해설** 동기 발전기에서 단락비가 큰 경우
- 전기자 반작용이 작다.
- 동일 정격에 대하여 동기 임피던스가 작다.
- 전압변동률이 작다.
- 기계가 크고 고중량이며 고가이다.

## 38 양방향으로 전류를 흘릴 수 있는 양방향 소자는?

① MOSFET
② TRIAC
③ SCR
④ GTO

**해설** TRIAC은 양방향 점호 및 소호가 가능하고 위상 제어가 가능하다.

## 39 단상 전파 정류회로에서 직류전압의 평균값[V]으로 가장 적당한 것은? (단, E는 교류전압의 실횻값[V]이다.)

① 1.35E
② 1.17E
③ 0.9E
④ 0.45E

**해설**

| 구분 | 맥동 주파수 | 직류 출력 (V는 교류전압) | 효율 [%] | 맥동률 [%] |
|---|---|---|---|---|
| 단상 반파 | $f$ | $E_d = 0.45V$ | 40.6 | 121 |
| 단상 전파 | $2f$ | $E_d = 0.9V$ | 81.2 | 48 |
| 3상 반파 | $3f$ | $E_d = 1.17V$ | 96.7 | 17 |
| 3상 전파 | $6f$ | $E_d = 1.35V$ | 99.8 | 4 |

## 40 다음 중 트라이액(TRIAC)의 기호는?

①
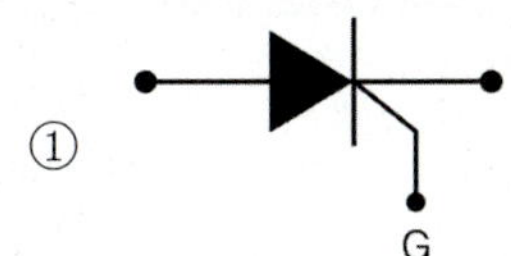


②
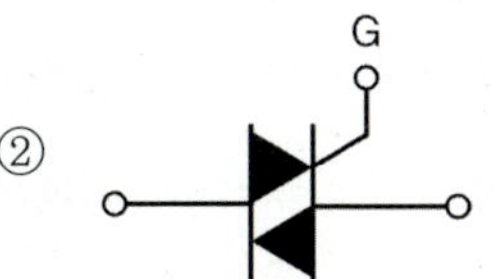


③

④
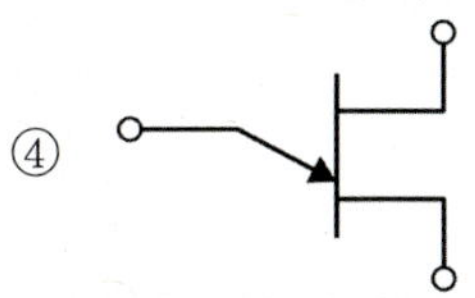

**해설** TRIAC은 사이리스터 2개를 역병렬로 접속한 것으로 양방향으로 전류가 흘러 교류 제어용으로 사용되는 소자이다.



## 41 계통접지에서 사용되는 문자의 정의로 옳지 않은 것은?

① 제1문자의 'T'는 한 점을 대지에 직접 접속한 것을 의미한다.
② 제1문자의 'I'는 모든 충전부를 대지와 절연시킨 것을 의미한다.
③ 제2문자의 'N'은 노출도전부를 대지와 절연시킨 것을 의미한다.
④ 제2문자의 'T'는 노출도전부를 대지로 직접 접속한 것을 의미한다.

**정답** 37 ② 38 ② 39 ③ 40 ② 41 ③

**해설** [한국전기설비규정 203.1 계통접지 구성]
계통접지에서 사용되는 문자의 정의는 다음과 같다.
- 제1문자-전원계통과 대지의 관계
  - T : 한 점을 대지에 직접 접속
  - I : 모든 충전부를 대지와 절연시키거나 높은 임피던스를 통하여 한 점을 대지에 직접 접속
- 제2문자-전기설비의 노출도전부와 대지의 관계
  - T : 노출도전부를 대지로 직접 접속, 전원계통의 접지와는 무관
  - N : 노출도전부를 전원계통의 접지점(교류 계통에서는 통상적으로 중성점, 중성점이 없을 경우는 선도체)에 직접 접속
- 그 다음 문자(문자가 있을 경우)-중성선과 보호도체의 배치
  - S : 중성선 또는 접지된 선도체 외에 별도의 도체에 의해 제공되는 보호 기능
  - C : 중성선과 보호 기능을 한 개의 도체로 겸용(PEN 도체)

**42** 가연성 먼지가 존재하는 곳의 저압 옥내 전기설비를 위한 배선 공사 방법으로 옳지 않은 것은?

① 금속관공사
② 케이블공사
③ 셀룰러덕트공사
④ 두께 2[mm] 이상의 합성수지관공사

**해설** [한국전기설비규정 242.2.2 가연성 먼지 위험장소]
가연성 먼지에 전기설비가 발화원이 되어 폭발할 우려가 있는 곳에 시설하는 저압 옥내 전기설비는 다음의 공사 방법에 준하여 시설한다.
- 금속관공사
- 케이블공사
- 합성수지관공사(두께 2[mm] 미만의 합성수지 전선관 및 난연성이 없는 콤바인 덕트관 사용 제외)

**43** 옥내 배선공사에서 절연전선의 피복을 벗길 때 사용하는 공구는?

① 드라이버　② 압착펜치
③ 플라이어　④ 와이어 스트리퍼

**해설** 옥내 배선공사를 할 때 전선의 피복을 벗길 때 사용하는 공구는 와이어 스트리퍼이다.
① **드라이버** : 나사못을 조일 때 사용하는 공구
② **압착펜치** : 연선 끝에 슬리브(압착단자)를 물리고 압착시킬 때 사용하는 공구
③ **플라이어** : 지렛대의 원리를 이용하여 물체를 단단하게 잡기 위해 사용하는 공구

**44** 고압 가공전선로의 지지물로 철탑을 사용하는 경우 지지물 간 거리는 몇 [m] 이하로 제한하는가?

① 150　② 250
③ 300　④ 600

**해설** [한국전기설비규정 332.9 고압 가공전선로 지지물 간 거리의 제한]

| 지지물의 종류 | 지지물 간 거리[m] |
|---|---|
| 목주, A종 철주, A종 철근 콘크리트 주 | 150 |
| B종 철주, B종 철근 콘크리트 주 | 250 |
| 철탑 | 600 |

**45** 대지전압이 300[V] 이하인 주택의 전로 인입구에 설치해야 하는 것은?

① 피뢰기
② 전력 퓨즈
③ 배선용 차단기
④ 감전 보호용 누전차단기

**해설** [한국전기설비규정 231.6 옥내전로의 대지전압의 제한]
주택의 전로 인입구에는 「전기용품 및 생활용품 안전관리법」에 적용을 받는 감전 보호용 누전차단기를 시설하여야 한다.

정답 42 ③ 43 ④ 44 ④ 45 ④

**46** 공장, 빌딩 등의 전기실에 많이 사용되며 운전, 보수에 안전하고 점유 면적이 작아 큐비클(cubicle)형으로 불리는 배전반은?

① 수직형 배전반
② 폐쇄식 배전반
③ 데드 프런트식 배전반
④ 라이브 프런트식 배전반

**해설**
① **수직형 배전반 :** 벤치형 및 데스크형과 다르게 수직으로 세워 구성된 배전반을 의미한다. 보통 개방형을 말하며 수직자립형, 수직벽지지형, 폐쇄수직자립형(큐비클)으로 유형을 분류할 수 있다.
② **폐쇄식 배전반 :** 큐비클형 배전반으로 불리며 변성기, 차단기 등의 주 기기류와 감시 및 제어를 위한 각종 계기와 개폐기 등 부품이 금속제 상자 안에 조립이 되어 있는 형태이다. 점유 면적이 작고, 운전 및 보수의 안정성으로 공장이나 빌딩의 전기실에서 많이 사용한다.
③ **데드 프런트식 배전반 :** 각종 기기와 개폐기의 조작 핸들만 배전반 표면에 위치하고 모든 기기류 및 개폐기와 모선, 충전 부분이 노출되지 않는 구조이다.
④ **라이브 프런트식 배전반 :** 각종 기기, 개폐기, 계전기, 계기가 배전반 표면에 부착된 구조이다.

**47** 후강 전선관의 호칭은 관 굵기의 무엇으로 표시하는가?

① 금속관의 안지름 기준, 홀수
② 금속관의 안지름 기준, 짝수
③ 금속관의 바깥지름 기준, 홀수
④ 금속관의 바깥지름 기준, 짝수

**해설** KS C 8401 강제 전선관의 치수
- 후강 전선관의 표준 굵기[mm]
16, 22, 28, 36, 42, 54, 70, 82, 92, 104의 10종, 안지름 기준, 짝수
- 박강 전선관의 표준 굵기[mm]
19, 25, 31, 39, 51, 63, 75의 7종, 바깥지름 기준, 홀수

**48** 사용전압이 25[kV] 이하인 특고압 가공전선로에 지락이 생겼을 때 2초 이내에 전로를 자동 차단하는 장치를 설치하고 중성점 접지용 접지도체로 연동선을 사용할 경우 연동선의 최소 굵기[$mm^2$]는? (단, 전로는 중성선 다중접지 방식이다.)

① 6　　② 10
③ 16　　④ 20

**해설** [한국전기설비규정 142.3.1 접지도체]
중성점 접지용 접지도체는 공칭단면적 16[$mm^2$] 이상의 연동선 또는 동등 이상의 단면적 및 세기를 가져야 한다. 다만 다음의 경우에는 공칭단면적 6[$mm^2$] 이상의 연동선 또는 동등 이상의 단면적 및 강도를 가져야 한다.
- 7[kV] 이하의 전로
- 사용전압이 25[kV] 이하인 특고압 가공전선로인 경우 중성선 다중접지 방식이며, 전로에 지락이 생겼을 때 2초 이내에 자동적으로 이를 전로로부터 차단하는 장치가 되어 있는 것

**49** 금속관공사를 시설하는 방법으로 옳지 않은 것은?

① 옥외용 비닐절연전선을 제외한 절연전선을 사용한다.
② 금속관 내부에서는 전선 접속점을 만들지 않아야 한다.
③ 교류회로는 1회로의 전선 전부를 동일한 관 내부에 넣어야 한다.
④ 금속관의 두께는 콘크리트에 매입하는 경우 1[mm] 이상이어야 한다.

**해설** [한국전기설비규정 232.12.2 금속관 및 부속품의 선정]
관의 두께는 다음에 의할 것
- 콘크리트에 매입하는 것은 1.2[mm] 이상



정답 46 ② 47 ② 48 ① 49 ④

**50** **전기설비가 발화원이 되어 폭연성 먼지에 의해 폭발할 우려가 있는 장소에서 금속관공사로 배선하는 경우 전동기에 접속하는 부분에 가요성이 필요할 때 사용하는 부속품은?**

① 방진 부속품
② 방폭형 부속품
③ 유연성 부속품
④ 분진방폭형 유연성 부속품

**해설** [한국전기설비규정 242.2.1 폭연성 먼지 위험장소]
금속관공사에 의하는 때에는 다음에 의하여 시설할 것
- 전동기에 접속하는 부분에서 가요성을 필요로 하는 부분의 배선에는 분진방폭형 유연성 부속을 사용할 것

**51** **사람이 상시 통행하는 터널 내부에 시설하는 배선의 사용전압이 저압일 때 배선 방법으로 틀린 것은?**

① 금속관 배선
② 금속몰드 배선
③ 합성수지관 배선
④ 금속제 가요전선관 배선

**해설** [한국전기설비규정 242.7.1 사람이 상시 통행하는 터널 안의 배선의 시설]
사람이 상시 통행하는 터널 안의 배선은 사용전압이 저압의 것에 한하고 다음의 공사 방법에 따라 시설한다.
- 애자공사
- 금속관공사
- 케이블공사
- 합성수지관공사
- 금속제 가요전선관공사

**52** **사용 중 예상치 못한 회로의 개방이 위험 또는 큰 손상을 초래할 수 있어 안전을 위해 과부하 보호장치의 생략이 가능한 회로가 아닌 것은?**

① 소방설비의 전원회로
② 전류변성기의 2차회로
③ 승강기설비의 제어회로
④ 주거침입경보 안전설비의 전원회로

**해설** [한국전기설비규정 212.4.3 과부하 보호장치의 생략]
안전을 위해 과부하 보호장치를 생략할 수 있는 경우
사용 중 예상치 못한 회로의 개방이 위험 또는 큰 손상을 초래할 수 있는 다음과 같은 부하에 전원을 공급하는 회로에 대해서는 과부하 보호장치를 생략할 수 있다.
- 회전기의 여자회로
- 소방설비의 전원회로
- 전류변성기의 2차회로
- 전자석 크레인의 전원회로
- 안전설비(주거침입경보, 가스누출경보 등)의 전원회로

**53** **보호를 요하는 회로의 전류가 정정값 이상으로 흘렀을 때 입력의 크기와 관계없이 일정 시간 이후 동작하는 계전기는?**

① 순시 과전류 계전기
② 단한시 과전류 계전기
③ 반한시 과전류 계전기
④ 정한시 과전류 계전기

**해설**
① **순시 과전류 계전기** : 정정값 이상의 전류가 흐르면 지연 없이 동작하는 과전류 계전기
② **단한시 과전류 계전기** : 입력의 일정 범위별로 설정된 시간에 따라 계단식으로 동작하는 과전류 계전기
③ **반한시 과전류 계전기** : 정정값 이상의 전류가 흐르면 그 크기에 따라 동작시간이 반비례하여 동작하는 과전류 계전기

정답 50 ④ 51 ② 52 ③ 53 ④

**54** 저압 전로에 사용하는 산업용 배선차단기의 정격전류가 30[A]일 때, 전로에 39[A]가 흘렀을 때 과전류트립 동작시간은?

① 30분 ② 60분
③ 90분 ④ 120분

**해설** 전로에 정격전류 30[A]의 1.3배인 39[A]가 흘렀으므로 산업용 배선차단기는 아래 규정에 따라 60분 이내에 전로를 차단해야 한다.

[한국전기설비규정 212.3.4 보호장치의 특성]
산업용 배선차단기의 과전류트립 동작시간 및 특성

| 정격전류의 구분 | 시간 | 정격전류의 배수 (모든 극에 통전) | |
|---|---|---|---|
| | | 부동작전류 | 동작전류 |
| 63[A] 이하 | 60분 | 1.05배 | 1.3배 |
| 63[A] 초과 | 120분 | 1.05배 | 1.3배 |

**55** 저압 가공전선로의 인입구에 설치하는 인입용 비닐절연전선의 최소 지름[mm]은? (단, 지지물 간 거리가 15[m]인 경우이다.)

① 1.6 ② 2.0
③ 2.5 ④ 2.6

**해설** [한국전기설비규정 221.1.1 저압 인입선의 시설]
전선이 케이블인 경우 이외에는 인장강도 2.30[kN] 이상의 것 또는 지름 2.6[mm] 이상의 인입용 비닐절연전선일 것. 다만, 지지물 간 거리가 15[m] 이하인 경우는 인장강도 1.25[kN] 이상의 것 또는 지름 2[mm] 이상의 인입용 비닐절연전선일 것

**56** 코일 주위에 전기적 특성이 큰 에폭시 수지를 고진공으로 침투시키고, 다시 그 주위를 기계적 강도가 큰 에폭시 수지로 고체 절연 방식으로 캡슐화한 변압기는?

① 건식 변압기 ② 몰드 변압기
③ 유입 변압기 ④ 가스절연 변압기

**해설**
① **건식 변압기** : 절연지로 절연하며 별도의 냉각 매체를 사용하지 않고 공기로 냉각하는 방식
③ **유입 변압기** : 철심과 코일을 절연유로 절연하고 냉각하는 방식
④ **가스절연 변압기** : $SF_6$(육불화황) 가스와 같은 절연 가스로 절연 및 냉각하는 방식

**57** 교통신호등 회로의 사용전압이 몇 [V]를 초과하는 경우에 지락이 생겼을 때 자동적으로 전로를 차단하는 장치를 시설하여야 하는가?

① 150 ② 200
③ 300 ④ 400

**해설** [한국전기설비규정 234.15 교통신호등]
교통신호등 회로의 사용전압이 150[V]를 넘는 경우는 전로에 지락이 생겼을 경우 자동적으로 전로를 차단하는 누전차단기를 시설할 것

**58** 접속함 안에서 전선 2가닥을 쥐꼬리 접속법으로 연결할 때 교차하는 두 전선의 각도는?

① 30° ② 60°
③ 90° ④ 120°

**해설** 쥐꼬리 접속법에서 두 전선의 사잇각은 90°이다.

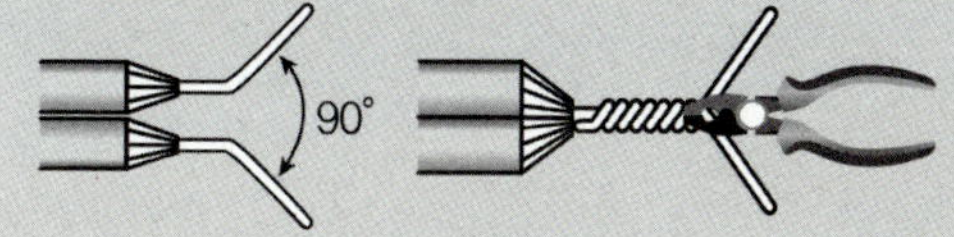




정답 54 ② 55 ② 56 ② 57 ① 58 ③

**59** **전로에 시설하는 기계기구의 철대 및 금속제 외함에 실시하는 접지공사를 생략할 수 있는 경우가 아닌 것은?**

① 철대 또는 외함의 주위에 적당한 절연대를 설치하는 경우

② 교류 대지전압이 150[V] 이하인 기계기구를 건조한 장소에 시설하는 경우

③ 「전기용품 및 생활용품 안전관리법」에 따른 2중 절연구조로 되어 있는 기계기구를 시설하는 경우

④ 건조한 장소에 설치하는 저압용 기계기구를 위한 전로에 정격감도전류 50[mA] 이하, 동작시간 0.05초 이하의 전류동작형 누전차단기를 시설하는 경우

**해설** [한국전기설비규정 142.7 기계기구의 철대 및 외함의 접지]
다음의 어느 하나에 해당하는 경우에는 접지공사를 생략할 수 있다.

가. 사용전압이 직류 300[V] 또는 교류 대지전압이 150[V] 이하인 기계기구를 건조한 곳에 시설하는 경우
나. 저압용의 기계기구를 건조한 목재의 마루 기타 이와 유사한 절연성 물건 위에서 취급하도록 시설하는 경우
다. 저압용이나 고압용의 기계기구, 특고압 전선로에 접속하는 배전용 변압기나 이에 접속하는 전선에 시설하는 기계기구 또는 특고압 가공전선로의 전로에 시설하는 기계기구를 사람이 쉽게 접촉할 우려가 없도록 목주 기타 이와 유사한 것의 위에 시설하는 경우
라. 철대 또는 외함의 주위에 적당한 절연대를 설치하는 경우
마. 외함이 없는 계기용변성기가 고무·합성수지 기타의 절연물로 피복한 것일 경우
바. 「전기용품 및 생활용품 안전관리법」의 적용을 받는 이중절연구조로 되어 있는 기계기구를 시설하는 경우
사. 저압용 기계기구에 전기를 공급하는 전로의 전원측에 절연변압기(2차 전압이 300[V] 이하이며, 정격용량이 3[kVA] 이하인 것에 한한다)를 시설하고 또한 그 절연변압기의 부하측 전로를 접지하지 않은 경우
아. 물기 있는 장소 이외의 장소에 시설하는 저압용의 개별 기계기구에 전기를 공급 하는 전로에 「전기용품 및 생활용품 안전관리법」의 적용을 받는 인체감전보호용 누전차단기(정격감도전류가 30[mA] 이하, 동작시간이 0.03초 이하의 전류동작형에 한한다)를 시설하는 경우
자. 외함을 충전하여 사용하는 기계기구에 사람이 접촉할 우려가 없도록 시설하거나 절연대를 시설하는 경우

**60** **조명용 전등을 호텔 또는 여관 객실의 입구에 설치할 때 입구등은 최대 몇 분 이내에 소등되는 타임스위치를 시설해야 하는가?**

① 1분 ② 3분
③ 5분 ④ 10분

**해설** [한국전기설비규정 234.6 점멸기의 시설]
다음의 경우에는 센서등(타임스위치 포함)을 시설하여야 한다.

- 관광숙박업 또는 숙박업에 이용되는 객실의 입구등은 1분 이내로 소등되어야 한다.
- 일반주택 및 아파트 각 호실의 현관등은 3분 이내에 소등되어야 한다.



정답 59 ④ 60 ①

유단자 2026

# 전기기능사 _ 필기

발　　행　2025년 2월 10일 제1판
　　　　　2025년 12월 30일 제2판
편　　저　Y.S.전기교육연구회
발 행 인　정재철
발 행 처　미디어몬
주　　소　07532
　　　　　서울특별시 강서구 양천로 551-17, 1210호(가양동, 한화비즈메트로 1차)
전　　화　(02) 2659-8831
팩　　스　(02) 2659-8832
등　　록　제2021-000083호

정가　24,000원
ISBN　979-11-24115-02-2 13560